I0882876

HEINRICH DÖRRIE · UNENDLICHE REIHEN

UNENDLICHE REIHEN

VON

HEINRICH DÖRRIE

Mit 21 Abbildungen

VERLAG VON R. OLDENBOURG

MÜNCHEN 1951

Copyright 1951 by R. Oldenbourg, Munchen

Printed in Germany

VORWORT

Das vorliegende Buch verfolgt den Zweck, den Leser mit den wichtigsten Satzen der Theorie der unendlichen Reihen und Produkte bekannt zu machen und ihn vermittels zahlreicher durchgerechneter Beispiele in die Praxis des Rechnens mit unendlichen Reihen und Produkten einzuführen.

Demgemaß steht das Buch etwa in der Mitte zwischen einer systematischen Darlegung der Theorie und einer mit Lösungen versehenen Aufgabensammlung über unendliche Reihen und Produkte.

Was zunachst die Theorie betrifft, so enthalt das Buch außer einem großen Bestande allgemeiner Satze auch mehr oder weniger ausführliche Exkurse über spezielle Reihen und Produkte wie Asymptotische Reihen, Besselreihen, Dirichletreihen, Fourierreihen, Thetareihen, Eulerprodukte, Gammaprodukte, Thetaprodukte usw.

Der Vollstandigkeit wegen und um dem Leser das Nachschlagen in anderen Büchern zu ersparen, wurden auch die Reihen von Taylor, Laurent und Lagrange sowie die Cauchyschen Integralsätze – die in den meisten Büchern über unendliche Reihen als bekannt vorausgesetzt werden – in die theoretische Darstellung mit aufgenommen.

Was die Anwendungsbeispiele angeht, so ist der Text laufend mit zahlreichen vollstandig gelösten Aufgaben durchsetzt. Darüber hinaus ist der ganze dritte Teil des Buches den Anwendungen der unendlichen Reihen und Produkte gewidmet und bietet dem Leser in drei Abschnitten die ausführlichen Lösungen einer reichen Fülle von arithmetischen, geometrischen und physikalischen Problemen, unter ihnen, um nur einige Beispiele zu nennen, Dirichlets Primzahlsatz, die diophantischen Gleichungen von Fermat-Euler und Lagrange-Jacobi, Weierstraß' Existenzbeweis für stetige und doch nichtdifferenzierbare Funktionen, Hurwitz' isoperimetrischer Hauptsatz, Keplers Gleichung, Schwin-

gungsdauer des Pendels, Schwingungen einer kreisförmigen Membran, Fraunhofers Beugungserscheinung an einer kreisförmigen Öffnung.
Diese Anwendungen zeigen eindrucksvoll den *gewaltigen Nutzen, den unendliche Reihen und Produkte zu leisten vermögen.*
Der Verfasser hofft, die Beweise der Sätze und die Lösungen der Aufgaben einfach und leichtverstandlich dargestellt und dadurch allen mathematisch Interessierten einen bequemen Zugang zu dem wichtigen Gebiet der unendlichen Reihen und Produkte vermittelt zu haben.

Wiesbaden, im November 1950

Heinrich Dörrie

INHALTSVERZEICHNIS

ERSTER TEIL

Analytische Hilfsmittel

Erster Abschnitt

Grenzen

Zweiter Abschnitt

Ungleichungen

Dritter Abschnitt

Restbrüche

Vierter Abschnitt

Integrale

ZWEITER TEIL

Unendliche Reihen und Produkte

Erster Abschnitt

Reihen mit konstanten Gliedern

Zweiter Abschnitt

Reihen mit variablen Gliedern

Dritter Abschnitt

Doppelreihen

Vierter Abschnitt

Potenzreihen

Fünfter Abschnitt

Elementarreihen

Sechster Abschnitt

Unendliche Produkte

Siebenter Abschnitt

Trigonometrische Reihen

Achter Abschnitt

Dirichletreihen

Neunter Abschnitt

Asymptotische Reihen

Zehnter Abschnitt

Besselreihen

DRITTER TEIL

Anwendungen der unendlichen Reihen

Erster Abschnitt
Arithmetische Anwendungen

Zweiter Abschnitt
Geometrische Anwendungen

Dritter Abschnitt
Physikalische Anwendungen

ERSTER TEIL

ANALYTISCHE HILFSMITTEL

ERSTER ABSCHNITT

GRENZEN

§ 1. Mengen

Eine *Zahlenmenge* oder *Punktmenge* ist der Inbegriff aller Zahlen oder Punkte der Zahlenebene, die durch eine gewisse, allen diesen Zahlen gemeinsame Eigenschaft als zusammengehörig gekennzeichnet und zu einem Ganzen vereinigt sind.

Die zur Menge gehörigen Zahlen bzw. Punkte heißen die *Elemente* oder *Glieder* der Menge. Im allgemeinen sind die Elemente einer Menge als untereinander verschieden zu denken; man kann aber auch Mengen betrachten, in denen einander gleiche Elemente vorkommen.

Eine Menge heißt *endlich* oder *unendlich*, je nachdem sie endlich viele oder unendlich viele Elemente enthält.

Aus Gründen der Vollständigkeit und im Interesse uneingeschränkter Gültigkeit der Sätze der Mengenlehre hat man auch eine gar kein Element enthaltende uneigentliche Menge, die „*Nullmenge*" oder „*leere Menge*" eingeführt. Sie rechnet zu den endlichen Mengen, und man sagt, daß sie in jeder Menge als Teilmenge enthalten ist.

Von den endlichen Mengen abgesehen, sind die einfachsten Mengen die *abzählbaren Mengen*. Eine Menge heißt *abzählbar*, wenn man ihre Elemente numerieren kann, so daß sich die Menge als – nicht notwendig unendlich viel Glieder enthaltende – sog. *Zahlenfolge* oder *Punktfolge*

$$z_1, z_2, z_3, \ldots$$

darstellen läßt, die abgekürzt oft durch $\{z_n\}$ bezeichnet wird. Der Index n von z_n ist die *Nummer* des Elements z_n dieser Menge.

Eine Folge $x_1, x_2, x_3, \ldots$ reeller Zahlen, deren Elemente mit zunehmendem Zeiger ständig wachsen oder doch wenigstens nicht kleiner werden [ständig fallen oder doch wenigstens nicht größer werden] heißt eine Steigfolge [Sinkfolge]. Steigfolgen und Sinkfolgen führen den gemeinsamen Namen *monotone Folgen*.

Die einfachste abzahlbare unendliche Menge ist die Folge 1, 2, 3, ... der natürlichen Zahlen.

Die Menge aller reellen Rationalzahlen ist ebenfalls abzählbar.

Um das einzusehen, zeigen wir zuerst, daß die Menge aller rationalen positiven Echtbrüche abzählbar ist. Die Abzählbarkeit erkennt man sofort an der nur die irreduziblen Echtbrüche enthaltenden Anordnung

$$\frac{1}{2}, \frac{1}{3}, \frac{2}{3}, \frac{1}{4}, \frac{3}{4}, \frac{1}{5}, \frac{2}{5}, \frac{3}{5}, \frac{4}{5}, \frac{1}{6}, \frac{5}{6}, \frac{1}{7}, \frac{2}{7}, \frac{3}{7}, \frac{4}{7}, \frac{5}{7}, \frac{6}{7}, \ldots,$$

in welchem jedem positivrationalen Echtbruch seine Nummer zugewiesen ist. Beispielsweise ist $\frac{1}{2}$ der erste, $\frac{2}{5}$ der siebente, $\frac{5}{6}$ der 11te Echtbruch.

Um die Abzählbarkeit *aller* Rationalzahlen darzutun, schreiben wir die angegebene Echtbruchfolge nochmals nieder, jedoch mit der Abänderung, daß zwischen je zwei sukzessiven Elementen $p : q$ und $r : s$ noch die neuen Brüche $q : p$, $-p : q$ und $-q : p$ eingeschaltet werden. Setzt man vor die so entstehende Folge noch die beiden Zahlen 0 und 1, so hat man *alle* Rationalzahlen in einer eindeutig bestimmten, also numerierbaren Anordnung.

Auch die Gitterpunkte der Zahlenebene bilden eine abzahlbare Menge. (Ein Gitterpunkt ist ein Punkt mit ganzzahligen Koordinaten.)

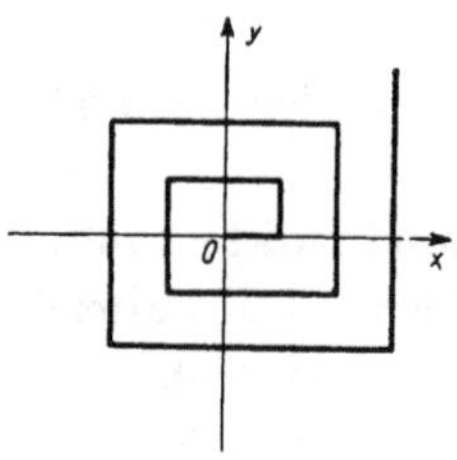

Beweis. Die Realachse der Zahlenebene laufe wie üblich waagrecht nach rechts, die Imaginarachse lotrecht nach oben; als Langeneinheit diene das cm. Unter einem Rechtsknick (bzw. Linksknick) verstehen wir einen Streckenzug ABC, welcher aus einer nach rechts (bzw. links) laufenden Strecke AB und einer ebenso langen nach oben (bzw. unten) laufenden Strecke BC besteht.

Die Länge der Strecke heiße die Breite des Knicks. Wir zeichnen nun folgenden stetigen spiralförmigen unendlichen Streckenzug.

Wir beginnen im Ursprung 0 mit einem 1 cm breiten Rechtsknick, reihen daran einen 2 cm breiten Linksknick, fahren fort mit einem 3 cm breiten Rechtsknick, setzen daran einen 4 cm breiten Linksknick usw. Die Spirale läuft sukzessiv durch sämtliche Gitterpunkte der Ebene, so daß jeder nur einmal passiert wird und dabei seine Nummer erhält, womit die behauptete Abzahlbarkeit dargetan ist.

Satz von Georg Cantor:

Die Zahlen des Fundamentalintervalls sind nicht abzählbar. (Crelles Journal, Bd. 77.)

[Fundamentalintervall ist das Intervall (0, 1).]

Beweis. Cantor denkt sich jede Zahl des Intervalls (0, 1) als unendlichen Dezimalbruch geschrieben (der also nicht mit lauter Nullen endigt), so daß z. B. für 7 : 8 0,8749999... geschrieben wird.
Angenommen, die Zahlen des Intervalls (0, 1) seien abzahlbar und demgemaß durch die Folge $x_1, x_2, x_3, \ldots$ in inf. in der Cantorschen Schreibung dargestellt.
Durch folgende Vorschrift Cantors gelingt es jetzt, beliebig viele Zahlen des Fundamentalintervalls anzugeben, die in der Folge $\{x_n\}$ nicht vorkommen: Man bildet einen positiven Echtbruch y so, daß seine ν-te Dezimale [$\nu = 1, 2, 3, \ldots$] von der ν-ten Dezimale von x_ν abweicht. Dieses y kann der Folge $\{x_n\}$ nicht angehören, womit die angenommene Abzählbarkeit sich als unhaltbar erweist.
Da man bei Befolgung der Cantorschen Vorschrift bei jeder Dezimale die Wahl unter 8 verschiedenen Ziffern hat, so gibt es 8^∞ Zahlen y des Fundamentalintervalls, die alle der Folge $\{x_n\}$ nicht angehören. Umfaßt also beispielsweise die Folge $x_1, x_2, x_3, \ldots$ die samtlichen Rationalzahlen des Fundamentalintervalls, so liefert Cantors Vorschrift nicht weniger als 8^∞ Irrationalzahlen des Fundamentalintervalls!

Etwas allgemeiner lautet *Cantors Satz:*

Auf jeder noch so kleinen Strecke der Zahlenachse liegen unendlich viele Punkte, die einer vorgelegten Punktfolge der Strecke nicht angehören.

Beweis. $x' = a$ und $x' = b > a$ seien die Endpunkte der Strecke, und der bewegliche Punkt x' durchlaufe die Strecke von links nach rechts. Durch die Vorschrift

$$x = (x' - a)/(b - a)$$

wird dann die Strecke eineindeutig auf das Fundamentalintervall abgebildet, so daß jedem Punkt x' der Strecke genau *ein* Punkt x des Fundamentalintervalls entspricht und aus der vorgelegten Punktfolge der Strecke eine Punktfolge des Fundamentalintervalls wird. Die den Punkten y (s. o.) vermöge der Abbildungsformel

$$y = (y' - a)/(b - a)$$

entsprechenden Streckenpunkte y' gehören dann der vorgelegten Folge nicht an, w. z. b. w.
Die Gesamtheit aller Punkte einer Strecke bildet ein sog. *Kontinuum*, das *Streckenkontinuum*. Mit Benutzung dieses Ausdrucks erhalt *Cantors Satz* die prägnante Fassung:

Das Streckenkontinuum ist nicht abzählbar.

Eine Realzahlenmenge heißt *nach oben beschränkt*, wenn es eine endliche Zahl O gibt, die sämtliche Elemente der Menge überschreitet. Die Zahl O heißt eine *obere Schranke* der Menge.
Eine Menge heißt *nach unten beschränkt*, wenn eine endliche Zahl U existiert, die alle Mengenglieder unterschreitet. Die Zahl U ist eine *untere Schranke* der Menge.
Eine Zahlenmenge heißt *beschränkt*, wenn es eine endliche Zahl gibt, die den Betrag jedes Elements der Menge überschreitet.

Häufungsstellen

Ein Punkt der Zahlenebene heißt eine *Häufungsstelle* einer Menge, wenn in jeder reduzierten Umgebung des Punktes unendlich viele Glieder der Menge liegen.
Dabei versteht man unter der „reduzierten Umgebung" ε des Punktes c der Zahlenebene die Gesamtheit der von c verschiedenen Punkte z, für welche $|z - c| < \varepsilon$ ausfällt und – wenn es sich nur um Realzahlen handelt – unter der „reduzierten Umgebung" ε des Punktes $x = a$ der Realachse die Gesamtheit der von a verschiedenen Punkte x der Realachse, für welche $|x - a| < \varepsilon$ ist.
Eine Häufungsstelle kann auch so definiert werden:
Ein Punkt heißt *Häufungsstelle* einer Menge, wenn in jeder Umgebung des Punktes außer ihm selbst mindestens ein Punkt der Menge liegt.
In dieser zweiten Definition ist die erste enthalten.
In der Tat: P sei ein Punkt der Menge, derart, daß in jeder Umgebung von P (außer P) mindestens ein Punkt der Menge liegt. In der beliebig kleinen positiven Umgebung ε liege demgemäß das von P um $d < \varepsilon$ abstehende Mengenglied Q. Wir nehmen jetzt die Umgebung $\varepsilon_1 = d : 2$ von P; in ihr muß mindestens ein von P verschiedenes Mengenelement Q_1 liegen, dessen Abstand d_1 von $P < \varepsilon_1$ ist. Wir gehen zur Umgebung $\varepsilon_2 = d_1 : 2$ über; in ihr muß mindestens ein von P verschiedenes Element Q_2 der Menge liegen, dessen Abstand d_2 von $P < \varepsilon_2$ ist. Darauf finden wir in der neuen Umgebung $\varepsilon_3 = d_2 : 2$ einen neuen Mengenpunkt Q_3 usf. Wir haben damit das Vorhandensein von *unendlich vielen* Mengengliedern $Q, Q_1, Q_2, Q_3, \ldots$ in der beliebig vorgegebenen Umgebung ε von P festgestellt, so daß P auch nach der ersten Definition eine Häufungsstelle ist.
Eine Häufungsstelle einer Menge braucht nicht notwendig der Menge anzugehören.

Beispiele

1. Die durch die Formel $x_n = (n + \iota^n) : (2n + \iota^n)$, $[n = 1, 2, 3, \ldots]$ definierte Realzahlenmenge oder Folge $\{x_n\}$ besteht aus den Elementen

$$0, \frac{3}{5}, \frac{2}{5}, \frac{5}{9}, \frac{4}{9}, \frac{7}{13}, \frac{6}{13}, \ldots$$

und hat die einzige der Menge nicht angehörige Haufungsstelle $x = \frac{1}{2}$.

2. Die Menge bestehe aus den Zahlen der drei Folgen $\{x_n\}$, $\{y_n\}$, $\{z_n\}$ mit

$$x_n = 1 + \frac{1}{2} + \frac{1}{2^2} + \cdots + \frac{1}{2^n}, \quad y_n = 1 + \frac{1}{3} + \frac{1}{3^2} + \cdots + \frac{1}{3^n},$$

$$z_n = 1 + \frac{1}{4} + \frac{1}{4^2} + \cdots + \frac{1}{4^n}.$$

Diese Menge hat *drei* Häufungsstellen $x = 2$, $y = 1\frac{1}{2}$, $z = 1\frac{1}{3}$.

3. Die Menge der Zahlen, die entsteht, wenn im Ausdruck

$$1 + \frac{1}{r+1} + \frac{1}{(r+1)^2} + \cdots + \frac{1}{(r+1)^s}$$

r und s unabhängig voneinander alle natürlichen Zahlen durchlaufen, hat die unendlich vielen Haufungsstellen $2, {}^3/_2, {}^4/_3, {}^5/_4, {}^6/_5, \ldots$

4. Die Menge aller Rationalzahlen des Fundamentalintervalls hat *jede* Zahl dieses Intervalls zur Häufungsstelle, besitzt demnach unendlich viel mehr Haufungsstellen wie sie selbst Elemente hat.

5. Die Menge aller Punkte der Zahlenebene von der Form

$$z_n = \sqrt[n]{2} + 2\omega^n \qquad \text{mit} \quad \omega = (-1 + i\sqrt{3}) : 2$$

hat die drei Häufungsstellen $i\sqrt{3}$, $-i\sqrt{3}$ und 3, von denen keine der Menge angehört.

6. Die Folge $\{z_n = \sqrt[n]{n} + i^n\}$ hat die 4 Haufungsstellen $1 + i$, 0, $1 - i$, 2, von denen nur die erste der Menge angehört. (Es ist $\lim \sqrt[n]{n} = 1$.) *)

Punktarten einer Menge

Ein Punkt heißt *Innenpunkt einer Menge*, wenn er eine Umgebung besitzt, die der Menge angehört. Die Gesamtheit aller Innenpunkte bildet das *Innere* der Menge.

[Unter der *Umgebung* ε eines Punktes c der Zahlenachse bzw. Zahlenebene versteht man die Gesamtheit aller Realzahlen bzw. Komplexzahlen z, für, welche $|z - c| < \varepsilon$ ist.]

Ein Punkt heißt *Außenpunkt einer Menge*, wenn er eine Umgebung besitzt, von der kein Punkt der Menge angehört. Die Gesamtheit aller Außenpunkte bildet das *Äußere* oder auch das *Komplement* der Menge.

Ein Punkt heißt *Randpunkt* einer Menge, wenn in jeder Umgebung desselben mindestens ein Punkt liegt, welcher der Menge angehört, und mindestens einer, welcher ihr nicht angehört.

---

*) Nach dem binomischen Satze ist $\left(1 + \sqrt{\frac{2}{n}}\right)^n > 1 + \sqrt{2n} + (n-1) > n$, mithin $1 < \sqrt[n]{n} < 1 + \sqrt{\frac{2}{n}}$.

Die Gesamtheit der Randpunkte einer Menge bildet den *Rand* oder die *Grenze* der Menge.
Ein Punkt heißt *Isolierter Punkt* einer Menge, wenn er der Menge angehört, aber eine Umgebung besitzt, von der außer ihm kein Punkt zur Menge gehört.

Offene und abgeschlossene Mengen

Eine Menge heißt *offen*, wenn sie nur aus Innenpunkten besteht. Sie heißt *abgeschlossen*, wenn sie alle ihre Häufungsstellen enthält oder aber, wenn sie keine Häufungsstelle hat. Die Nullmenge gilt als abgeschlossen.
Dementsprechend heißt ein *Intervall* der Zahlenachse *abgeschlossen* oder *offen*, je nachdem die beiden Endpunkte des Intervalls zum Intervall gerechnet werden oder nicht.
Sind a und b die Intervallenden, so wird das offene Intervall mit (a, b), das abgeschlossene mit $[a, b]$ oder $\langle a, b\rangle$ bezeichnet.
Ebenso heißt eine in der Zahlenebene liegende Fläche (als Menge ihrer Punkte) *abgeschlossen* oder *offen*, je nachdem ihre Randpunkte ihr zugerechnet werden oder nicht.

Zusammenhang

Eine Menge heißt *zusammenhängend*, wenn je zwei ihrer Punkte durch eine stetige Linie verbunden werden können, deren Punkte alle der Menge angehören.
Eine abgeschlossene zusammenhängende Punktmenge heißt *Kontinuum*.

Ableitung einer Menge

Unter der *Ableitung einer Menge* versteht man die Gesamtheit ihrer Häufungsstellen. Die Ableitung der Menge $\mathfrak{M}$ wird mit $\mathfrak{M}'$ bezeichnet.
Die Ableitung einer Menge ist eine abgeschlossene Menge.
Beweis. Wir brauchen uns nur um den Fall zu kümmern, daß die Ableitung $\mathfrak{M}'$ der gegebenen Menge $\mathfrak{M}$ unendlich viele verschiedene Haufungsstellen besitzt, da jede Menge mit endlich vielen Häufungsstellen von selbst abgeschlossen ist.
ε sei eine beliebige Umgebung einer Häufungsstelle g von $\mathfrak{M}'$. In der Umgebung $\varepsilon/2$ von g liegt mindestens ein von g verschiedenes Element z' von $\mathfrak{M}'$, so daß $|g - z'| < \varepsilon : 2$ ist. Da z' eine Häufungsstelle von $\mathfrak{M}$ ist, liegt in der Umgebung $\varepsilon/2$ von z' mindestens ein Punkt z von $\mathfrak{M}$ so, daß $|z' - z| < \varepsilon/2$ ist. Aus den beiden Ungleichungen folgt $|g - | z < \varepsilon$. Damit liegt aber in der beliebigen Umgebung ε von g mindestens ein von g verschiedener Punkt (z) von $\mathfrak{M}$, d. h. g ist Häufungsstelle von $\mathfrak{M}$ und gehört als solche zu $\mathfrak{M}'$. Folglich enthält $\mathfrak{M}'$ jede seiner Häufungsstellen und ist somit abgeschlossen.

Mit Benutzung des Ableitungsbegriffs kann man noch sagen:

Eine Menge heißt *abgeschlossen*, wenn sie ihre Ableitung enthält.

Ist umgekehrt eine Menge in ihrer Ableitung enthalten, m. a. W., ist jeder Punkt der Menge eine ihrer Häufungsstellen, so heißt die Menge *in sich dicht*.

Eine Menge, die mit ihrer Ableitung übereinstimmt, heißt *perfekt*.

Eine Punktmenge heißt *dicht*, wenn die Verbindungsstrecke je zweier ihrer Punkte mindestens einen weiteren Punkt der Menge enthält.

Durchmesser einer Menge

Die Verbindungsstrecke je zweier Punkte einer Menge heißt eine Strecke der Menge.

Unter dem *Durchmesser einer Punktmenge* versteht man die obere Grenze aller Strecken der Menge (§ 4).

§ 2. Wege, Gebiete, Bereiche

I. Wege

Eine ebene *Kurve* $\mathfrak{c}$ ist der Ort oder die Bahn des Mobils (beweglichen Punktes) P, dessen Koordinaten x und y sich durch die Bahngleichungen (Gleichungen der Kurve in Parameterdarstellung)

$$x = \varphi(t), \quad y = \psi(t)$$

bestimmen. Während der veränderliche Parameter t, den wir uns zweckmäßig als Zeit vorstellen, vom Anfangswerte a bis zum Endwerte e eines vorgelegten Intervalls $J = [a, e]$ anwächst, durcheilt das Mobil P die Kurve oder den *Kurvenbogen* oder kurz *Bogen* $\mathfrak{c}$ vom „Anfangspunkte" A bis zum „Endpunkte" E.

Ein solcher Kurvenbogen ist *„orientiert"*; d. h. von zwei beliebigen seiner den Parameterwerten t_1 und $t_2 > t_1$ entsprechenden Punkten P_1 und P_2 liegt P_2 *vor* P_1, und der dem Teilintervall $[t_1, t_2]$ entsprechende Teilbogen der Kurve liegt *zwischen* P_1 und P_2.

Da die Ebene, in welcher wir hier Kurven betrachten, die komplexe Zahlenebene ist, wird die Lage des Mobils P durch die Zahl $z = x + iy$ bestimmt, die in der geometrischen Darstellung der komplexen Zahlen dem Punkte $P(x, y)$ entspricht. Statt daher die Kurve $\mathfrak{c}$ durch das Gleichungspaar

$$x = \varphi(t), \quad y = \psi(t)$$

festzulegen, genügt zur Festlegung eine einzige Gleichung $z = \mathfrak{F}(t)$, wo dann $\mathfrak{F}(t)$ eine komplexe Funktion der reellen Variable t bedeutet $[\mathfrak{F}(t) = \varphi(t) + i\,\psi(t)]$.

Der Punkt z durcheilt die Kurve $\mathfrak{c}$, wenn das Argument t das vorgelegte Intervall J durchläuft.

Die Kurve $\mathfrak{c}$ heißt *stetig*, wenn die Funktionen φ und ψ stetige Funktionen von t sind.

Die Kurve heißt *doppelpunktfrei*, wenn *verschiedenen* Parameterwerten stets *verschiedene* Kurvenpunkte entsprechen.

Eine doppelpunktfreie stetige Kurve heißt *Jordankurve* (nach dem französischen Mathematiker Camille Jordan).

Die Kurve $\mathfrak{c}$ heißt *geschlossen*, wenn ihr Endpunkt E mit ihrem Anfangspunkt A zusammenfällt, wenn m. a. W. [außer $t = a$] $t = e$ der einzige Parameterwert ist, für welchen $\varphi(t) = \varphi(a)$ und zugleich $\psi(t) = \psi(a)$ wird.

Der zum Intervall $J = [a, e]$ gehörige Bogen $\mathfrak{c}$ heißt *glatt*, wenn die Funktionen φ und ψ in diesem Intervall stetige Ableitungen

$$x' = \varphi'(t), \quad y' = \psi'(t)$$

besitzen. Ein glatter Bogen ist stets *rektifizierbar* oder *streckbar*; d. h. er besitzt eine endliche Länge l. Diese bestimmt sich durch das Integral

$$l = \int_a^b v\,dt,$$

wo $v = \sqrt{x'^2 + y'^2}$ die „Geschwindigkeit" des Mobils P im Punkte $P(x, y)$ bedeutet.

Eine aus unmittelbar aufeinanderfolgenden glatten Bogen bestehende stetige Kurve soll kurz ein *Weg* genannt werden.

Einen geschlossenen doppelpunktfreien Weg nennen wir einen *Umlauf* oder eine *Kontur*.

Ein Weg kann in zwei verschiedenen Sinnen durchlaufen werden: einmal in dem schon beschriebenen Sinne vom Anfangspunkte A bis zum Endpunkte E, wobei der Parameter t von a bis e läuft, dann aber auch „im entgegengesetzten Sinne" von E bis A, wobei der Parameter von e bis a läuft.

Ebenso kann ein Umlauf in zwei verschiedenen Sinnen durcheilt werden: *im positiven Sinne*, wobei das Umlaufsinnere zur Linken des den Umlauf durcheilenden Mobils bleibt, dann aber auch *im negativen* Sinne (Uhrzeigersinn), wobei das Umlaufsinnere stets rechts vom Mobil liegt.

Ein Weg wird zweckmäßig durch einen kleinen deutschen Buchstaben bezeichnet.

II. Gebiete und Bereiche

Unter einem *Gebiet* versteht man eine zusammenhängende, nur aus Innenpunkten bestehende Punktmenge der z-Ebene.

Die Randpunkte des Gebiets gehören demnach dem Gebiet nicht an.

Wegen dieser Ausschließung heißt das Gebiet ausführlicher auch „*offenes Gebiet*". Wenn, wie es bisweilen vorkommt, ein Teil der Randpunkte eines Gebiets zum Gebiet gerechnet wird, muß das ausdrücklich angegeben werden.

Eine Menge, die aus den Punkten eines Gebiets und allen Randpunkten dieses Gebiets besteht, wird ein *abgeschlossenes Gebiet* oder kurz ein *Bereich* genannt. Ein *Bereich* ist also eine aus Innen- und Randpunkten bestehende zusammenhängende abgeschlossene Punktmenge.

Gebiete und Bereiche werden zweckmäßig durch große deutsche Buchstaben wie $\mathfrak{G}$, $\mathfrak{B}$ bezeichnet. Das aus dem Gebiet $\mathfrak{G}$ *und* seinen Randpunkten bestehende abgeschlossene Gebiet erhalt die Bezeichnung $\overline{\mathfrak{G}}$.

Besonders häufig kommen Gebiete und Bereiche von Kreisform vor. Faßt man die im Innern einer Kreisfläche $\mathfrak{K}$ vom Zentrum c und Radius r liegenden Punkte zu einem Gebiet zusammen, so wird dieses Gebiet etwa auch durch den Buchstaben $\mathfrak{K}$ bezeichnet; man bezeichnet es aber auch als *das Gebiet* $|z - c| < r$, weil es alle Punkte z (und keine anderen) umfaßt, die diese Ungleichung befriedigen.

Ebenso wird das abgeschlossene Gebiet $\overline{\mathfrak{K}}$ – der Bereich $\mathfrak{K}$ – als „Bereich $|z - c| \leqq r$" bezeichnet. Ein besonders häufig vorkommendes Gebiet ist das aus sämtlichen Innenpunkten des Gaußkreises $|z| = 1$ bestehende *Gaußgebiet*, also das Gebiet $|z| < 1$, bzw. der aus sämtlichen Punkten der Gaußkreisfläche bestehende *Gaußbereich* ($|z| \leqq 1$).

Unter der *Umgebung* $\mathfrak{U}$ des Punktes c versteht man das Gebiet, welches alle Innenpunkte eines um den Punkt c als Zentrum beschriebenen Kreises $\mathfrak{U}$ von hinlänglich kleinem Halbmesser δ umfaßt. Dieses durch die Bedingung $|z - c| < \delta$ fixierte Gebiet heißt auch die „*Umgebung* δ" des Punktes c.

Unter der *Umgebung* δ *des unendlich fernen Punktes* versteht man die Gesamtheit aller Punkte, welche außerhalb des um den Ursprung beschriebenen Kreises mit dem sehr großen Radius $R = 1 : \delta$ liegen. Die Umgebung δ des Punktes $z = \infty$ ist also die Gesamtheit aller Punkte z, für welche $|z| > 1 : \delta$ ausfällt.

Unter der *Umgebung* δ *eines Weges* versteht man das Gebiet, welches aus der Umgebung δ jedes Wegpunktes besteht.

Unter dem *Gebiet eines Umlaufs* versteht man die Gesamtheit aller innerhalb des Umlaufs liegenden Punkte. Ebenso ist der *Bereich eines Umlaufs* die Gesamtheit aller Punkte, die innerhalb des Umlaufs oder auf dem Umlauf selbst liegen.

Ein Gebiet bzw. Bereich heißt *endlich*, wenn alle seine Punkte im Endlichen liegen.

Ein Gebiet oder Bereich heißt *k-fach zusammenhängend*, wenn sein Rand aus k getrennten Punkten oder Kontinuen besteht. Ein Kontinuum ist, wie schon im § 1 gesagt wurde, eine zusammenhangende abgeschlossene Punktmenge.

Eine Kreisfläche z. B. ist *einfach zusammenhängend*; denn ihr Rand ist ein (lineares) Kontinuum. Auch jeder *Umlaufsbereich ist einfach zusammenhängend*, sein Rand gleichfalls ein lineares Kontinuum. Die außerhalb eines Umlaufs liegenden Punkte der z-Ebene bilden gleichfalls ein einfach zusammenhängendes Gebiet.

Liegt ein Umlauf ganz innerhalb eines andern Umlaufs, so ist das zwischen den beiden Umläufen liegende Gebiet *zweifachzusammenhängend*.

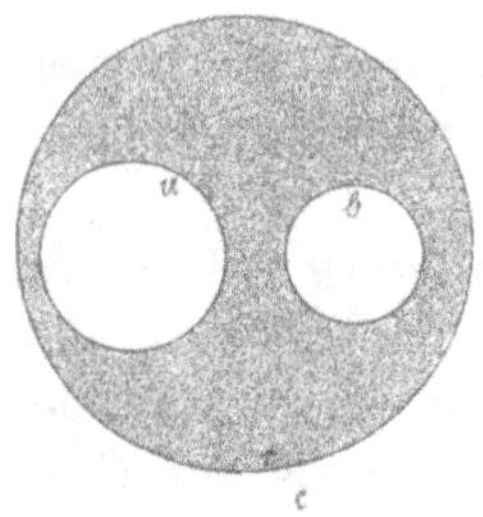

Zeichnet man außerhalb eines Kreises $\mathfrak{a}$ einen zweiten Kreis $\mathfrak{b}$, sodann einen beide Kreise einschließenden dritten Kreis $\mathfrak{c}$, so bilden die Punkte, die zugleich außerhalb der Kreise $\mathfrak{a}$ und $\mathfrak{b}$ und innerhalb des Kreises $\mathfrak{c}$ liegen, ein *dreifachzusammenhängendes Gebiet* usw.

§ 3. Dedekinds Schnittsatz

Von größter Bedeutung für die Beweise vieler Sätze der Analysis ist die zuerst (1872) von Richard Dedekind genauer betrachtete *Klasseneinteilung der Realzahlen*, d. h. die Einteilung aller Realzahlen in zwei Klassen derart, daß jede Zahl der ersten Klasse kleiner ist als jede Zahl der zweiten Klasse.

Man nennt die erste Klasse zweckmäßig die *Unterklasse*, die zweite die *Oberklasse*, die Angehörigen der beiden Klassen entsprechend *Unterzahlen* und *Oberzahlen*.

Die einfachste derartige Klasseneinteilung entsteht, wenn man nach Fixierung einer gewissen Realzahl r die beliebige Realzahl z in die Ober- oder Unterklasse tut, je nachdem z die Fixzahl r überschreitet oder nicht. Bei dieser Einteilung ist r die größte aller Unterzahlen.

Die Einteilung läßt sich auch so einrichten, daß die Fixzahl r die kleinste aller Oberzahlen wird: Man tut die beliebige Zahl z in die Unter- oder Oberklasse, je nachdem z die Fixzahl r unterschreitet oder nicht. Jede Realzahl r vermag demnach genau *zwei* solche Klasseneinteilungen zu „erzeugen“.

Wir geben noch zwei Beispiele von Klasseneinteilungen.

1. In die Oberklasse kommt jede Zahl, deren Quadrat die gegebene positive Ganzzahl g überschreitet, in die Unterklasse jede andere Zahl. Die Einteilung wird in diesem Beispiel durch die Quadratwurzel aus g hervorgebracht.

2. In die Unterklasse kommt jede Zahl von der Form $\varphi_n = \left(1 + \frac{1}{n}\right)^n$ mit positivem n, außerdem jede Zahl, die unterhalb einer solchen Zahl φ_n liegt; in die Oberklasse kommt jede andere Zahl. Diese Klasseneinteilung wird durch Eulers Zahl e erzeugt, die die kleinste Zahl der Oberklasse ist (§ 15).

Die Betrachtung der Klasseneinteilungen führt zu dem

Fundamentalsatz von Dedekind:

Jede Einteilung aller Realzahlen in Unter- und Oberklasse bestimmt eine einzige Zahl s derart, daß jede Zahl $< s$ *zur Unterklasse, jede Zahl* $> s$ *zur Oberklasse gehört.*

Am schnellsten sieht man das ein, wenn man jeden Punkt der Zahlenachse gelb oder blau markiert derart, daß jeder gelbe Punkt links von jedem blauen liegt. Die gelben Punkte bilden die Unter-, die blauen die Oberklasse der Einteilung. Dann ist klar, daß auf der Zahlenachse genau *ein* Punkt s (eine Zahl s) existiert derart, daß jeder Punkt links von s (jede Zahl $< s$) gelb, jeder Punkt rechts von s (jede Zahl $> s$) blau markiert ist. Dieses eindeutig bestimmte s ist die Zahl, deren Existenz unser Satz behauptet.
Eine Klasseneinteilung der Realzahlen wird auch ein *Dedekindschnitt*, die durch sie erzeugte Zahl s die *Schnittzahl* der Einteilung genannt. Mit Benutzung dieser Ausdrücke erhalt *Dedekinds Schnittsatz* die Form:

Jeder Dedekindschnitt erzeugt genau eine Schnittzahl derart, daß jede kleinere Zahl der Unterklasse, jede größere Zahl der Oberklasse des Schnitts angehört.

Die Schnittzahl selbst gehört zur Unter- oder Oberklasse.
Sieht man die Klasseneinteilung als durch die Schnittzahl s bewirkt an, so kann man die Unterklasse bzw. Oberklasse der Einteilung auch die Unterklasse bzw. Oberklasse der Schnittzahl nennen. Bisweilen sagt man statt „Schnittzahl" auch kurzweg „Schnitt". Das erregt keinerlei Bedenken, wenn aus dem Zusammenhange hervorgeht, daß der Ausdruck „Schnitt" dann nicht den *Akt* der Einteilung, sondern das *Ergebnis* dieses Akts bedeutet.
Der folgende Paragraph soll an einigen Anwendungen die *große Bedeutung von Dedekinds Schnittsatz* zeigen.

§ 4. Grenzen und Limiten

1. Satz von der oberen Grenze:

Jede nach oben beschränkte Menge reeller Zahlen besitzt genau eine obere Grenze,

d. h. es existiert eine einzige, der Menge nicht notwendig angehörige Zahl G mit folgenden zwei Eigenschaften:
1. Oberhalb von G liegt keine Zahl der Menge.
2. In jedem abgeschlossenen Intervall mit dem Rechtsende G liegt mindestens eine Zahl der Menge.

Diese Zahl G heißt *obere Grenze* der Menge. Der Beweis dieses Satzes folgt ohne weiteres aus folgender Definition der oberen Grenze.

Die *obere* Grenze ist der Schnitt, in dessen *Unter*klasse jede Zahl kommt, *ober*halb welcher wenigstens ein Mengenglied liegt, in dessen Oberklasse jede Zahl kommt, oberhalb welcher kein Mengenglied liegt.
Ist also beispielsweise $\{x_n\} \equiv x_1, x_2, x_3, \ldots, x_n, \ldots$ eine Folge unaufhörlich wachsender Zahlen, die sämtlich unterhalb einer endlichen Zahl E liegen, so besitzt die Folge eine obere Grenze G, und man schreibt

$$\lim_{n\to\infty} x_n = G.$$

Diese Gleichung bedeutet: Zu jedem positiven ε existiert ein Zeiger n derart, daß für jeden größeren Zeiger N

$$G - \varepsilon < x_N < G$$

ist. In der Tat: im Intervall $[G - \varepsilon, G]$ liegt mindestens eine Zahl, etwa x_n, der Folge. Demnach ist $G - \varepsilon \leqq x_n \leqq G$, also sicher $x_N > G - \varepsilon$. Da ferner für $M > N$ $x_N < x_M$ und $x_M > G$ odeı $x_M \leqq G$ ist, folgt ferner $x_N < G$.
Die obere Grenze der Folge

$$x_1 = \left(1 + \frac{1}{1}\right)^1, \quad x_2 = \left(1 + \frac{1}{2}\right)^2, \quad x_3 = \left(1 + \frac{1}{3}\right)^3, \ldots$$

ist z. B. die Eulersche Zahl e (§ 15).

2. Satz von der unteren Grenze:

Jede nach unten beschränkte Menge reeller Zahlen besitzt genau eine untere Grenze;

d. h. es gibt eine einzige der Menge nicht notwendig angehörige Zahl g mit folgenden zwei Eigenschaften:

1. Unterhalb von g liegt keine Zahl der Menge.

2. In jedem abgeschlossenen Intervall mit dem Linksende g liegt wenigstens eine Zahl der Menge.

Diese Zahl g heißt *untere Grenze* der Menge. Der Beweis des Satzes folgt sofort aus folgender Definition der unteren Grenze:
Die *untere* Grenze der Menge ist der Schnitt, in dessen *Ober*klasse jede Zahl kommt, *unter*halb welcher wenigstens ein Mengenglied liegt, in dessen Unterklasse jede Zahl kommt, unterhalb welcher kein Mengenglied liegt.

Jede Folge $x_1, x_2, x_3, \ldots$ unaufhörlich fallender Zahlen, die samtlich oberhalb einer festen endlichen Zahl e liegen, besitzt eine untere Grenze g, und man schreibt

$$\lim_{n\to\infty} x_n = g.$$

Diese Gleichung bedeutet: Zu jedem positiven ε existiert ein endlicher Zeiger n derart, daß für jeden größeren Zeiger N

$$g < x_N < g + \varepsilon$$

ist. Eine Menge, die sowohl nach oben als auch nach unten beschränkt ist, besitzt sowohl eine obere als auch eine untere Grenze. Kurz:

Jede beschränkte Realzahlenmenge besitzt genau eine obere und eine untere Grenze.

Auch bei einer nach oben bzw. unten nicht beschränkten Zahlenmenge spricht man von einer oberen bzw. unteren Grenze der Menge und meint damit die „Zahl" $+\infty$ bzw. $-\infty$. Auch schreibt man dann

$$\lim x_n = +\infty \qquad \text{bzw.} \qquad \lim x_n = -\infty.$$

Wenn die obere bzw. untere Grenze einer Menge der Menge angehört, so heißt sie das *Maximum bzw. Minimum der Menge.*

3. Satz vom Oberlimes:

Jede beschränkte unendliche Menge verschiedener reeller Zahlen besitzt genau einen Oberlimes;

d. h. es gibt eine einzige der Menge nicht notwendig angehörige endliche Zahl L mit folgenden zwei Eigenschaften:
Für jedes positive ε liegen
rechts von $L - \varepsilon$ unendlich viele Mengenglieder,
rechts von $L + \varepsilon$ endlich viele oder keine Mengenglieder.
Die Zahl L heißt *Oberlimes,* Hochlimes oder *Superlimes* oder limes superior der gegebenen Menge $\mathfrak{M}$, und man schreibt

$$\overline{\lim}\, \mathfrak{M} = L \qquad \text{oder} \qquad \lim\sup \mathfrak{M} = L.$$

Der Beweis des Satzes folgt ohne weiteres aus folgender Definition des Oberlimes: Der *Ober*limes einer beschrankten Realzahlenmenge ist der Schnitt, in dessen *Unter*klasse jede Zahl kommt, *ober*halb welcher unendlich viele Mengenglieder liegen, in dessen Oberklasse jede Zahl kommt, bei welcher das nicht der Fall ist.

4. Satz vom Unterlimes:

Jede beschränkte unendliche Menge verschiedener reeller Zahlen besitzt einen einzigen Unterlimes;

d. h. es gibt genau eine der Menge nicht notwendig angehörige endliche Zahl l mit folgenden zwei Eigenschaften:
Für jedes positive ε liegen

links von $l + \varepsilon$ unendlich viele Mengenglieder,
links von $l - \varepsilon$ endlich viele oder keine Mengenglieder.
Diese Zahl l heißt *Unterlimes*, Tieflimes oder *limes inferior* der vorgelegten Menge $\mathfrak{M}$, und man schreibt

$$\underline{\lim}\, \mathfrak{M} = l \qquad \text{oder} \qquad \lim\inf.\, \mathfrak{M} = l.$$

Den Beweis entnimmt man bequem der Definition: Der *Unter*limes einer Menge ist der Schnitt, in dessen *Ober*klasse jede Zahl kommt, *unter*halb welcher unendlich viele Mengenglieder liegen, in dessen Unterklasse jede andere Zahl kommt.

Korollar:

Es ist stets $\boxed{l \leqq L}$.

Von besonderer Bedeutung sind Punktmengen der Zahlenachse, welche abzählbar sind, welche m. a. W. Folgen darstellen. Für Folgen geben wir den Sätzen vom Ober- und Unterlimes die folgende Form:

Jede beschränkte Folge $x_1, x_2, x_3, \ldots$ reeller Zahlen besitzt genau einen Oberlimes L und einen Unterlimes l.
Die Zahl L ist der Oberlimes der Folge $\{x_n\}$, wenn zu jedem positiven ε erstens ein endlicher Zeiger n existiert derart, daß für jeden größeren Zeiger N

$$x_N < L + \varepsilon$$

ist, zweitens beliebig große Zeiger M existieren, für welche

$$x_M > L - \varepsilon$$

ausfällt.
Die Zahl l ist der Unterlimes der Folge $\{x_n\}$, wenn zu jedem positiven ε erstens ein endlicher Zeiger n existiert derart, daß für jeden größeren Zeiger N

$$x_N > l - \varepsilon$$

ist, zweitens beliebig große Zeiger M existieren, für welche

$$x_M < l + \varepsilon$$

ausfällt.
Man schreibt

$$\overline{\lim_{n\to\infty}}\, x_n = L, \qquad \underline{\lim_{n\to\infty}}\, x_n = l.$$

Bei einer nach unten (oben) beschränkten, nach oben (unten) nicht beschränkten Realzahlenmenge ist nur ein endlicher Unterlimes l (Oberlimes L) vorhanden; als Oberlimes (Unterlimes) gilt die Zahl $\mathfrak{L} = +\infty$ ($\mathfrak{l} = -\infty$).
Eine unmittelbare Anwendung der Sätze vom Hoch- und Tieflimes bietet der

Satz von Bolzano:

Jede beschränkte unendliche Punktmenge der Zahlenachse besitzt mindestens eine Häufungsstelle.

Beweis. Die Menge besitzt nach 3. und 4. einen Oberlimes L und einen Unterlimes l. Jeder von ihnen ist eine Häufungsstelle der Menge. Wenn Oberlimes und Unterlimes voneinander verschieden sind, besitzt die Menge sogar mindestens *zwei* Häufungsstellen.

Von allen Häufungsstellen einer beschränkten Zahlenmenge ist der Oberlimes die größte, der Unterlimes die kleinste. Deshalb heißen Oberlimes und Unterlimes auch Extremlimiten der Menge.

Hat eine Menge nur *eine* Haufungsstelle, so ist diese zugleich Ober- und Unterlimes der Menge.

Beispiele

1. Die Menge aller irreduziblen Echtbrüche:

$$\pm\frac{1}{2},\ \pm\frac{1}{3},\ \pm\frac{2}{3},\ \pm\frac{1}{4},\ \pm\frac{3}{4},\ \pm\frac{1}{5},\ \pm\frac{2}{5},\ \pm\frac{3}{5},\ \pm\frac{4}{5},\ \ldots$$

hat die drei Haufungsstellen -1, 0, $+1$, von denen die erste der Unterlimes, die dritte der Oberlimes ist. Die Haufungsstellen gehören der Menge nicht an.

2. Die Menge aller Zahlen der Form

$$x_n = \frac{n-1}{n+1}\cos n\tau \qquad \text{mit} \quad \tau = \frac{\pi}{3}; \quad n = 1, 2, 3, 4, \ldots$$

hat vier Häufungsstellen

$$l = -1, \quad h = -\frac{1}{2}, \quad H = +\frac{1}{2}, \quad L = +1,$$

die gleichfalls der Menge nicht angehören.

3. Die Zahlenfolge

$$\left\{x_n = \frac{n+1}{n}\sin n\sigma\right\} \qquad \text{mit} \quad \sigma = \frac{\pi}{6}$$

hat sieben Haufungsstellen:

$$l = -1, \quad h = -\frac{\sqrt{3}}{2}, \quad k = -\frac{1}{2}, \quad m = 0, \quad K = +\frac{1}{2}, \quad H = +\frac{\sqrt{3}}{2}, \quad L = +1,$$

von denen nur m der Menge angehört ($m = x_6 = x_{12} = x_{18} = \cdots$).

4. Die aus den Folgen $\left\{x_n = \left(1+\frac{1}{n}\right)^n - 1\right\}$ und $\left\{y_n = \left(1+\frac{1}{n}\right)^{n+1}\right\}$ bestehende Menge hat nur zwei Häufungsstellen

$$l = e - 1 \qquad \text{und} \qquad L = e,$$

welche beide der Menge nicht angehören.

5. Die Folge

$$\frac{1}{1}, \frac{1}{2}, \frac{2}{3}, \frac{3}{5}, \frac{5}{8}, \frac{8}{13}, \frac{13}{21}, \ldots$$

hat nur die eine Häufungsstelle

$$L = l = (\sqrt{5} - 1) : 2$$

[Die Folge besteht aus den Näherungswerten des Kettenbruches für die positive Wurzel der Gleichung $x^2 + x = 1$.]

6. Die Folge $\left\{x_n = \frac{n-1}{n+1} \sin^2 n\delta\right\}$ mit $\delta = \frac{\pi}{10}$ hat die sechs Häufungsstellen

$$l = 0, \quad h = \frac{3 - \sqrt{5}}{8}, \quad k = \frac{5 - \sqrt{8}}{8}, \quad K = \frac{3 + \sqrt{5}}{8}, \quad H = \frac{5 + \sqrt{5}}{8}, \quad L = 1,$$

aber nur ihr Unterlimes $l = 0$ gehört der Folge an.

§ 5. Cauchys Konvergenzkriterium

Wenn eine beschränkte Realzahlenmenge $\mathfrak{M}$ nur *eine* Häufungsstelle λ hat, d. h. wenn Ober- und Unterlimes der Menge denselben Wert λ haben, so sagt man die *Menge ist konvergent*; sie *konvergiert gegen den Grenzwert* oder *Limes* λ, und man schreibt

$$\lim \mathfrak{M} = \lambda.$$

Am einfachsten läßt sich die Frage nach der Konvergenz einer Menge bei einer abzählbaren Menge, d. h. einer Folge $\{x_n\} \equiv x_1, x_2, x_3, \ldots$ reeller Zahlen entscheiden.

Wenn die Folge $\{x_n\}$ gegen den endlichen Grenzwert λ konvergiert, so liegen wegen der Ober- und Unterlimeseigenschaft von λ bei jedem positiven ε im Intervall $(\lambda - \varepsilon, \lambda + \varepsilon)$ unendlich viele Folgeglieder, außerhalb dieses Intervalls nur endlich viele Folgeglieder. Es muß daher einen endlichen Zeiger n geben derart, daß für jeden größeren Zeiger N x_N in diesem Intervall liegt, also

$$|x_N - \lambda| < \varepsilon$$

ausfällt.

Ist umgekehrt diese Bedingung erfüllt, so besitzt die Folge $\{x_n\}$ die einzige Häufungsstelle λ, konvergiert also gegen den Grenzwert λ. Folglich:

Eine Realzahlenfolge $x_1, x_2, x_3, \ldots$ in inf. konvergiert dann und nur dann gegen den endlichen Grenzwert λ, wenn zu jedem positiven ε ein Zeiger n existiert derart, daß für jeden größeren Zeiger N

$$|x_N - \lambda| < \varepsilon$$

ist, und man schreibt

$$\lim_{n \to \infty} x_n = \lambda.$$

Die Frage nach der Konvergenz einer Realzahlenfolge wird entschieden durch das hochwichtige

Konvergenzmerkmal von Cauchy:

Die Realzahlenfolge

$$x_1, x_2, x_3, \ldots \text{ in inf.}$$

konvergiert dann und nur dann gegen einen endlichen Grenzwert, wenn zu jedem positiven ε ein endlicher Zeiger n existiert derart, daß für jeden größeren Zeiger N die Cauchysche Ungleichung gilt:

$$|x_N - x_n| < \varepsilon .$$

Beweis. I. Besitzt die Folge den Limes λ, so existiert zu jedem positiven ε ein Zeiger n derart, daß für jeden Zeiger $N \geqq n$ $|x_N - \lambda| < \varepsilon : 2$ ausfällt. Aus $|x_n - \lambda| < \varepsilon : 2$ und $|x_N - \lambda| < \varepsilon : 2$ ergibt sich

$$|x_N - x_n| < \varepsilon .$$

Cauchys Ungleichung ist also notwendig.

II. Ist umgekehrt Cauchys Ungleichung erfüllt, so folgt aus $|x_N| < |x_n| + \varepsilon$ die Beschränktheit der Folge $x_1, x_2, x_3, \ldots$ und daraus das Vorhandensein des Oberlimes L und Unterlimes l.

Wir behaupten, daß beide Limiten denselben Wert λ haben.

Beweis. Ist $L \neq l$, so setzen wir $L - l = 4\varepsilon$. Dann liegen in den beiden Intervallen $(l - \varepsilon, l + \varepsilon)$ und $(L - \varepsilon, L + \varepsilon)$ unendlich viele Folgeglieder. Nach Fixierung von x_n ist dann, etwa für x_M (mit $M > n$) aus dem ersten, für x_N mit $N > n$) aus dem zweiten dieser Intervalle, sowohl $|x_M - x_n|$ als auch $x_N - x_n|$ kleiner als ε, mithin $|x_M - x_N| < 2\varepsilon$, was aber unmöglich ist, da x_M und x_N um wenigstens 2ε auseinanderliegen.

Demnach ist tatsächlich $L = l = \lambda$, und dieses λ ist der Limes unserer Folge.

Eine Zahlenfolge $x_1, x_2, x_3, \ldots,$ die Cauchys Ungleichung $|x_N - x_n| < \varepsilon$ befriedigt, heißt *konzentriert* oder auch eine *Cauchyfolge.* Bei Benutzung dieser Redeweise lautet unser Konvergenzsatz kurz wie folgt:

Cauchys Konvergenzmerkmal:

Eine Zahlenfolge konvergiert dann und nur dann gegen einen endlichen Grenzwert, wenn sie konzentriert ist.

Zusatz. Eine konvergente Folge mit verschwindendem Grenzwert heißt *Nullfolge.*

Wenn die Glieder x_n der Folge $\{x_n\}$ unbegrenzt wachsen, schreibt man natürlich

$$\lim_{n \to \infty} x_n = \infty .$$

§ 6. Das Schachtelungsprinzip

I. Intervallschachtelung

Unter einer *Intervallschachtelung* versteht man eine Folge von unbegrenzt abnehmenden *abgeschlossenen* Intervallen $J_1, J_2, J_3, \ldots$ der Zahlenachse, bei welcher jedes Intervall der Folge im vorhergehenden Intervall liegt.
Jedes Intervall der Schachtelung enthält also alle folgenden Intervalle und ist selbst in allen vorhergehenden Intervallen enthalten. Es gilt folgender

Intervallschachtelungssatz:

In jeder Intervallschachtelung existiert genau ein Punkt, der allen Intervallen der Schachtelung angehört.

In anderer Ausdrucksweise:

Die Intervalle einer Schachtelung schrumpfen schließlich auf einen Punkt, den „Schrumpfpunkt", zusammen.

Beweis. Zunächst ist klar, daß es nicht *zwei* allen Intervallen der Schachtelung angehörige Punkte A und B geben kann, da die endliche Strecke AB wegen der unbegrenzten Abnahme der Intervalle bei hinreichend hohem Zeiger n im Intervall J_n nicht mehr Platz hat.
Wir betrachten nun den Dedekindschnitt, bei welchem jedes linke Intervallende und jeder links davon liegende Punkt in die Unterklasse, jeder andere Punkt der Zahlenachse in die Oberklasse kommt.
Da nach Voraussetzung kein rechtes Intervallende Linksende eines andern Intervalls sein kann oder gar links vom Linksende eines Intervalls liegen kann, so ist jedes rechte Intervallende eine Oberzahl.
Unser Dedekindschnitt definiert eine einzige Schnittzahl s derart, daß

$$u \leqq s \leqq o$$

ist, wo u eine beliebige Unterzahl, o eine beliebige Oberzahl der Einteilung bedeutet.
Da nun das Linksende l_n des Intervalls J_n eine Unterzahl, das Rechtsende r_n eine Oberzahl der Einteilung ist, so gilt auch die Ungleichung

$$l_n \leqq s \leqq r_n .$$

Sie zeigt, daß der Schnitt s sämtlichen Intervallen der Schachtelung angehört, womit unser Satz bewiesen ist.
Die Annahme der *Abgeschlossenheit* der Intervalle $J_1, J_2, \ldots$ hat ihren guten Grund. Die *offenen* Intervalle $\left(0, \frac{1}{1}\right), \left(0, \frac{1}{2}\right), \left(0, \frac{1}{3}\right), \ldots$ bilden beispielsweise auch eine Schachtelung, sie haben aber *keinen* Punkt gemeinsam.

II. Rechtecksschachtelung

Unter einer *Rechtecksschachtelung* verstehen wir eine Folge von abgeschlossenen Rechtecken R_1, R_2, ... der Zahlenebene mit achsenparallelen unbegrenzt abnehmenden Seiten, bei welcher jedes Rechteck der Folge im vorhergehenden Rechteck liegt.
Jedes Rechteck der Schachtelung enthält alle folgenden Rechtecke und ist selbst in allen vorhergehenden Rechtecken enthalten.
Es gilt folgender

Rechtecksschachtelungssatz:

Es gibt genau einen Punkt, der allen Rechtecken einer Schachtelung angehört (Schrumpfstelle).

Beweis. Zunächst steht fest, daß nicht *zwei* allen Rechtecken der Schachtelung angehörige Punkte A und B existieren können, da die Strecke AB bei hinreichend hohem n im Rechteck R_n nicht untergebracht werden kann.
Wir projizieren nun die abszissenachsenparallelen Rechtecksseiten auf die x-Achse, die ordinatenachsenparallelen Rechtecksseiten auf die y-Achse. Dadurch entsteht auf jeder Achse eine Intervallschachtelung. Die erste von ihnen bestimmt auf der Abszissenachse einen allen hier liegenden Intervallen gemeinsamen Schrumpfpunkt mit etwa der Abszisse x, die zweite auf der Ordinatenachse einen Schrumpfpunkt mit der Ordinate y.
Der Punkt (x, y) mit der Abszisse x, der Ordinate y ist der allen Rechtecken unserer Schachtelung angehörige Schrumpfpunkt, dessen Existenz unser Satz behauptet.

§ 7. Anwendungen des Schachtelungsprinzips

I. Satz von Bolzano-Weierstraß:

Jede beschränkte unendliche Punktmenge der Zahlenebene besitzt mindestens eine Häufungsstelle.

(D. h. eine Stelle, in deren noch so kleiner Umgebung unendlich viele Punkte der Menge liegen.)
Beweis. Wir zeichnen ein Quadrat Q_1 mit achsenparallelen Seiten, welches sämtliche Punkte der Menge enthalt, und teilen es durch zwei Achsenparallelen in vier gleiche Quadrate. Mindestens eins dieser Quadrate, etwa das Quadrat Q_2, enthält unendlich viele Punkte der Menge. Auch Q_2 zerlegen wir durch Achsenparallelen in vier gleiche Quadrate. Mindestens eins von ihnen, etwa Q_3, enthalt unendlich viele Punkte der Menge. So fahren wir fort und erhalten die Quadratschachtelung $Q_1, Q_2, Q_3, \ldots$.

Nach dem vorhergehenden Satze bestimmt diese Schachtelung genau *einen*, allen Quadraten der Schachtelung gemeinsamen Punkt, den Schrumpfpunkt P.
Nun enthält jedes Quadrat Q_n einerseits unendlich viele Punkte der Menge, anderseits den Punkt P. Ist also r der Radius einer beliebig kleinen kreisförmigen Umgebung $\mathfrak{U}$ des Punktes P und das Quadrat Q_n so klein, daß seine Seite $< r : 2$ ist, so liegt Q_n ganz im Kreise $\mathfrak{U}$, so daß $\mathfrak{U}$ unendlich viele Punkte der Menge enthält.
Daher ist P eine Häufungsstelle der Menge.

II. Cauchys Konvergenzkriterium

Besonderes Interesse beanspruchen beschränkte Punktmengen der Zahlenebene, die erstens abzählbar sind und zweitens nur eine Häufungsstelle besitzen.
Eine solche in Gestalt einer Punktfolge $z_1, z_2, z_3, \ldots$ in inf. mit einer einzigen Häufungsstelle L erscheinende Menge heißt *konvergent*; man sagt: sie *konvergiert oder strebt gegen den Grenzwert L oder Limes L* und schreibt

$$\lim_{n \to \infty} z_n = L.$$

Wir betrachten eine konvergente Punktmenge der Zahlenebene mit dem Limes L.
ε sei der Radius eines um das Zentrum L beschriebenen Kreises $\mathfrak{k}$, und der Zeiger ν der zu unserer Menge gehörigen Quadratschachtelung (s. o.) sei so groß, daß Q_ν innerhalb von $\mathfrak{k}$ liegt. Da unendlich viele Punkte der Menge in Q_ν liegen, dagegen – weil nur *eine* Häufungsstelle vorhanden – nur endlich viele Mengenpunkte außerhalb von Q_ν, so liegen auch innerhalb von $\mathfrak{k}$ unendlich viele Punkte der Folge $\{z_n\}$, während außerhalb von $\mathfrak{k}$ nur endlich viele liegen können. Daher gibt es einen Zeiger n derart, daß für jeden größeren Zeiger N z_N innerhalb von $\mathfrak{k}$ liegt.
Wenn also die Folge $z_1, z_2, z_3, \ldots$ einen endlichen Grenzwert L hat, laßt sich zu jedem positiven ε ein Zeiger n angeben derart, daß für jeden größeren Zeiger N

$$|z_N - L| < \varepsilon$$

ausfällt. Daß umgekehrt bei Erfülltsein dieser Ungleichung die Folge $z_1, z_2, \ldots$ die einzige Häufungsstelle L besitzt, ist klar.
Wir notieren:

Die Punktfolge

$$z_1, z_2, z_3, \ldots \text{ in inf.}$$

der Zahlenebene konvergiert dann und nur dann gegen den endlichen Grenzwert L, wenn zu jedem positiven ε ein endlicher Zeiger n existiert derart, daß für jeden größeren Zeiger N

$$|z_N - L| < \varepsilon$$

ausfällt.

Die etwaige Konvergenz einer Punktfolge $z_1, z_2, \ldots$ der Zahlenebene erkennt man durch das

Konvergenzmerkmal von Cauchy:

Die Punktfolge

$$z_1, z_2, z_3, \ldots \text{ in inf.}$$

der Zahlenebene konvergiert dann und nur dann gegen einen endlichen Grenzwert, wenn zu jedem positiven ε ein endlicher Zeiger n existiert derart, daß für jeden größeren Zeiger N Cauchys Ungleichung

$$|z_N - z_n| < \varepsilon$$

gilt.

Beweis. I. Besitzt die Folge den endlichen Grenzwert L, so existiert zu jedem positiven ε ein endlicher Zeiger n derart, daß für jeden Zeiger $N \geqq n$ $|z_N - L| < \varepsilon : 2$ ausfällt. Aus $|z_n - L| < \varepsilon : 2$ und $|z_N - L| < \varepsilon : 2$ folgt

$$|z_N - z_n| < \varepsilon.$$

Die Cauchybedingung ist also *notwendig*.

II. Ist umgekehrt Cauchys Ungleichung erfüllt, so folgt zunächst aus $|z_N| \leqq |z_n| + \varepsilon$, daß unsere Folge beschränkt ist. Daher besitzt sie nach dem Satze von Bolzano-Weierstraß mindestens eine Häufungsstelle H. Eine *zweite* Häufungsstelle K kann sie aber nicht besitzen, da sonst für zwei hinreichend hohe Zeiger M und N die Ungleichungen

$$|z_M - H| < \varepsilon \quad \text{und} \quad |z_N - K| < \varepsilon$$

gelten würden, aus denen unter Hinzunahme der Cauchyschen Ungleichungen

$$|z_M - z_n| < \varepsilon \quad \text{und} \quad |z_N - z_n| < \varepsilon$$

die Ungleichung

$$|H - K| < 4\varepsilon$$

folgen würde. Letztere Ungleichung ist aber absurd, da die *feste* Zahl $|H - K|$ nicht unter die *beliebig kleine* positive Zahl 4ε herabgedrückt werden kann. Unsere Folge besitzt demnach nur die *eine* Häufungsstelle H, welche zugleich ihren Limes L darstellt.

Eine Folge $z_1, z_2, z_3, \ldots$, welche Cauchys Ungleichung

$$|z_N - z_n| < \varepsilon$$

befriedigt, heißt *konzentriert* oder eine *Cauchyfolge.*

Demgemäß läßt sich unser Konvergenzsatz kurz folgendermaßen ausdrücken:

Cauchys Konvergenzkriterium:

Eine Punktfolge der Zahlenebene konvergiert dann und nur dann gegen einen endlichen Grenzwert, wenn sie konzentriert ist.

§ 8. Heine-Borels Überdeckungssatz

Wenn ein System $\mathfrak{S}$ von gegebenen endlichen Intervallen einer Geraden so beschaffen ist, daß jeder Punkt einer auf der Geraden liegenden Punktmenge $\mathfrak{M}$ innerhalb mindestens eines dieser Intervalle liegt, so heißt das System $\mathfrak{S}$ ein *Überdeckungssystem* oder kurz *Decksystem* der Menge $\mathfrak{M}$; und man sagt „das System $\mathfrak{S}$ überdeckt oder bedeckt die Menge $\mathfrak{S}$". Das Decksystem heißt endlich oder unendlich, je nachdem es aus endlich vielen oder unendlich vielen Intervallen besteht.

Betrachtungen von E. Heine (Crelles Journal, Bd. 74) und E. Borel (Leçons sur les fonctions de variables réelles) führten auf den fundamentalen

Überdeckungssatz:

Jedes unendliche Decksystem einer abgeschlossenen beschränkten Punktmenge einer Geraden enthält mindestens ein endliches Decksystem der Menge.

In anderer Ausdrucksweise:

In jedem auf einer Geraden gegebenen unendlichen Überdeckungssystem einer vorgelegten abgeschlossenen beschränkten Punktmenge der Geraden gibt es stets **endlich viele** *Intervalle, die allein schon ausreichen, die Menge zu überdecken.*

Beweis. Wir zeigen zunächst durch ein Beispiel, daß die in diesem Satze gemachte Annahme der Abgeschlossenheit der Punkte im allgemeinen nicht fortgelassen werden darf.

Die geradlinige Punktmenge $\mathfrak{M}$ bestehe aus samtlichen Punkten des *offenen* Fundamentalintervalls, d. h. aus allen Realzahlen, die zwischen 0 und 1 liegen. Das Decksystem $\mathfrak{S}$ bestehe aus den Intervallen

$$\left[\frac{1}{2}, 1\right], \left[\frac{1}{3}, \frac{2}{3}\right], \left[\frac{1}{4}, \frac{2}{4}\right], \left[\frac{1}{5}, \frac{2}{5}\right], \ldots \text{ in inf.}$$

Jeder Punkt von $\mathfrak{M}$ liegt im Innern mindestens *eines* Intervalls des Systems $\mathfrak{S}$, aber mit nur *endlich vielen* Intervallen von $\mathfrak{S}$ ist $\mathfrak{M}$ *nicht* zu überdecken.

1 Beweis des Überdeckungssatzes in dem Sonderfalle, in dem die vom gegebenen System $\mathfrak{S}$ überdeckte Punktmenge $\mathfrak{M}$ aus sämtlichen Punkten eines abgeschlossenen Intervalls, etwa des Fundamentalintervalls $\mathfrak{F} = [0, 1]$ besteht. Da der Punkt 0 im Innern eines Intervalls J_0 des Systems $\mathfrak{S}$ liegt, so gibt es rechts von 0 noch weitere Punkte, die ebenfalls im Innern von J_0 liegen.

Wir sagen: Ein Punkt x von $\mathfrak{F}$ wird „erreicht", wenn es endlich viele Intervalle $J_1, J_2, \ldots, J_n$ aus $\mathfrak{S}$ gibt, deren System alle Punkte des Intervalls $[0, x]$ überdeckt.

Unsere Behauptung lautet: Der Punkt 1 wird erreicht.

Wenn diese Behauptung *nicht* zutrifft, muß es auf der Strecke $[0, 1]$ einen links von 1 liegenden Punkt g geben, welcher entweder den letzten erreichten oder den ersten nicht erreichten Punkt darstellt, für den also das rechts offene Intervall $[0, g)$ etwa von dem aus den n Intervallen $J_1, J_2, \ldots, J_n$ bestehenden Teilsystem von $\mathfrak{S}$ überdeckt wird.

Nach Voraussetzung liegt g im Innern eines Intervalls J von $\mathfrak{S}$.

Bedeutet also G einen *rechts* von g im Innern von J liegenden Punkt, so wird dieser durch das System der $(n + 1)$ Intervalle $J_1, J_2, \ldots, J_n, J$ erreicht, im Widerspruch zu der obigen Feststellung, daß g der letzte erreichte bzw. erste nicht erreichte Punkt sein sollte.

Mithin muß die Annahme, der Punkt 1 würde *nicht* erreicht, fallen. Unser Satz ist richtig.

2. Beweis des Überdeckungssatzes für eine beliebige abgeschlossene beschränkte Punktmenge $\mathfrak{M}$ der Zahlenachse.

Der Beweis verlauft ahnlich. Wir sagen: Der Punkt x der Menge $\mathfrak{M}$ wird „erreicht", wenn es ein endliches, etwa aus m Intervallen von $\mathfrak{S}$ bestehendes Teilsystem von $\mathfrak{S}$ gibt, welches samtliche Mengenpunkte $\leqq x$ überdeckt.

Wird wieder angenommen, daß der letzte Punkt z der Menge $\mathfrak{M}$ *nicht* erreicht wird, daß vielmehr ein gewisser links von z liegender Mengenpunkt g der letzte erreichte oder erste nichterreichte Mengenpunkt ist, so haben wir etwa die n Intervalle $J_1, J_2, \ldots, J_n$ von $\mathfrak{S}$, deren System alle links von g liegenden Mengenpunkte überdeckt und weiter das Intervall J von $\mathfrak{S}$, in dessen Innern g liegt, so daß das System $J_1, J_2, \ldots, J_n, J$ alle Punkte x der Menge überdeckt, für die $x \leqq g$ ist.

Der erste rechts von g liegende Mengenpunkt sei G; er ist entweder ein isolierter Punkt oder (linksseitiger) Haufungspunkt von $\mathfrak{M}$. In beiden Fällen gibt es ein Intervall J' aus $\mathfrak{S}$, in dessen Innern G liegt.

Dann überdeckt aber das endliche System $J_1, J_2, \ldots, J_n, J, J'$ von $\mathfrak{S}$ sämtliche Mengenpunkte $\leqq G$, womit – gegen unsere Annahme – auch G erreicht wird. Daher muß unsere Annahme falsch sein. M. a. W.:

Der letzte Mengenpunkt z wird erreicht, und die Menge laßt sich durch ein endliches Teilsystem von $\mathfrak{S}$ überdecken.

Der Überdeckungssatz für ebene Punktmengen

Der Satz von Heine-Borel läßt sich auf Punktmengen und Intervallsysteme der Zahlenebene übertragen.

Wir müssen zunächst auseinandersetzen, was unter einem Intervall der Zahlenebene zu verstehen ist.

Unter einem *Intervall* der Ebene der komplexen Zahlen $z = x + iy$ versteht man die Gesamtheit der Punkte eines Rechtecks der Zahlenebene, dessen Seiten der x-Achse und y-Achse (Realzahlen- und Imaginärzahlenachse) parallel laufen.

Das Intervall heißt *abgeschlossen* oder *offen*, je nachdem die Rechtecksrandpunkte ihm zugerechnet werden oder nicht.

Ist a die kleinst,- A die größtmögliche Abszisse, b die kleinst-, B die größtmögliche Ordinate eines Rechteckspunktes, so besteht das offene Intervall J aus allen Punkten $z = x + iy$, für welche

$$a < x < A \quad \text{und} \quad b < y < B$$

ist, das abgeschlossene Intervall $\bar{J}$ aus allen Punkten z, für welche

$$a \leqq x \leqq A \quad \text{und} \quad b \leqq y \leqq B$$

ist. Nennen wir das durch die Ungleichung $a < x < A$ auf der x-Achse bestimmte Intervall J', das durch die Ungleichung $b < y < B$ definierte Intervall der y-Achse J'', so bezeichnet man das Intervall J auch wohl durch das Zeichen $J'J''$.

Wenn ein System $\mathfrak{S}$ von gegebenen endlichen Intervallen der Zahlenebene so beschaffen ist, daß jeder Punkt z einer vorgelegten Punktmenge $\mathfrak{M}$ der Zahlenebene im Innern mindestens eines der Systemintervalle liegt, so heißt das System $\mathfrak{S}$ ein *Überdeckungssystem* oder *Decksystem* der Menge $\mathfrak{M}$; und man sagt: „das System $\mathfrak{S}$ überdeckt die Menge $\mathfrak{M}$". Das System $\mathfrak{S}$ heißt *endlich* oder *unendlich*, je nachdem es endlich viele oder unendlich viele Intervalle umfaßt.

Für *ebene* Punktmengen und Decksysteme lautet der Satz von Heine-Borel wie folgt:

Überdeckungssatz:

Jedes unendliche Decksystem einer abgeschlossenen beschränkten ebenen Punktmenge enthält mindestens ein endliches Decksystem der Menge.

Ausführlich:

Aus den unendlich vielen Intervallen eines Decksystems einer abgeschlossenen beschränkten ebenen Punktmenge lassen sich **endlich viele** *auswählen, die allein schon ausreichen, die Menge zu überdecken.*

Der Beweis des Satzes läßt sich auf den Fall gradliniger Mengen und Systeme zurückführen. Doch möge hier ein anderer auf dem Schachtelungsprinzip beruhender Beweis angegeben werden.

Das vorgelegte Intervallsystem heiße $\mathfrak{S}$, die gegebene Punktmenge $\mathfrak{M}$.

Angenommen, der Überdeckungssatz wäre falsch; es wären zur Überdeckung von $\mathfrak{M}$ vielmehr unendlich viele Intervalle von $\mathfrak{S}$ *nötig*.

Wir zeichnen ein $\mathfrak{M}$ einschließendes achsenparalleles Quadrat Q_1 und zerlegen es durch zwei Achsenparallele in vier gleiche Quadrate. Mindestens eins von diesen, etwa das Quadrat Q_2, enthält so viel Punkte von $\mathfrak{M}$, daß zu ihrer Überdeckung unendlich viele Intervalle von $\mathfrak{S}$ *nötig* sind.

Das Quadrat Q_2 zerlegen wir ebenfalls durch Achsenparallelen in vier gleiche Quadrate. Mindestens eins von ihnen, etwa das Quadrat Q_3, enthält so viel Punkte von $\mathfrak{M}$, daß zu ihrer Überdeckung unendlich viele Intervalle von $\mathfrak{S}$ nötig sind, usf.

Nach dem Schachtelungsprinzip bestimmen die ineinander geschachtelten Quadrate $Q_1, Q_2, Q_3, \ldots$ einen einzigen allen Quadraten der Schachtelung angehörigen Punkt P. Dieser ist Häufungsstelle von $\mathfrak{M}$ und gehört infolge der Abgeschlossenheit von $\mathfrak{M}$ zu $\mathfrak{M}$.

Nun existiert ein Intervall J von $\mathfrak{S}$, *in dessen Innern P* liegt. Im Innern dieses Intervalls liegt also auch ein hinreichend kleines Quadrat Q_n unserer Schachtelung. Nach obigem sind aber zur Überdeckung der in Q_n liegenden Punkte von $\mathfrak{M}$ *unendlich viele* Intervalle von $\mathfrak{S}$ nötig, während wir eben feststellten, daß zur Überdeckung von Q_n ein *einziges* Intervall J von $\mathfrak{S}$ ausreicht.

Dieser Widerspruch verschwindet nur, wenn man die Richtigkeit des Überdeckungssatzes zugibt.

Korollar zum Überdeckungssatz:

Gibt es zu einer beschränkten abgeschlossenen Punktmenge $\mathfrak{M}$ ein unendliches System $\mathfrak{S}$ von Kreisen derart, daß jeder Punkt von $\mathfrak{M}$ Mittelpunkt eines Kreises von $\mathfrak{S}$ ist, so existiert mindestens ein aus endlich vielen Kreisen von $\mathfrak{S}$ bestehendes Decksystem $\mathfrak{s}$ von $\mathfrak{S}$ derart, daß jeder Punkt von $\mathfrak{M}$ im Innern mindestens eines Kreises von $\mathfrak{s}$ liegt.

Beweis. Ist ein Punkt von $\mathfrak{M}$ Mittelpunkt des zu $\mathfrak{S}$ gehörigen Kreises $\mathfrak{K}$, so ist er auch Mittelpunkt des dem Kreise $\mathfrak{K}$ einbeschriebenen achsenparallelen Quadrats. Daher existiert ein aus unendlich vielen Quadraten bestehendes Decksystem $\mathfrak{S}'$ von $\mathfrak{M}$. Dieses enthält nach dem Überdeckungssatze ein endliches Decksystem $\mathfrak{s}'$ von $\mathfrak{M}$. Das System der Umkreise der Quadrate von $\mathfrak{s}'$ ist zugleich ein endliches Teilsystem $\mathfrak{s}$ von $\mathfrak{S}$ und ein Decksystem von $\mathfrak{M}$.

Wir zeigen die *Wichtigkeit des Überdeckungssatzes* an zwei Beispielen.

I. Cantors Stetigkeitssatz:

Eine in einem endlichen abgeschlossenen Intervall stetige Funktion einer reellen Variable ist in diesem Intervall gleichmäßig stetig.

Das heißt: Ist $f(x)$ eine in dem endlichen abgeschlossenen Intervall I der Zahlenachse stetige Funktion von x, so gibt es zu jedem positiven ε ein *nur von ε abhängiges* positives δ derart, daß für je zwei um weniger als δ voneinander abstehende Punkte x und x' des Intervalls I $[|x - x'| < \delta]$

$$|f(x) - f(x')| < \varepsilon$$

ausfällt.

Beweis. „Die Funktion $f(x)$ ist an der Stelle x stetig" heißt bekanntlich: zu jedem positiven ε existiert eine positive (von x abhängige) Schranke $\Delta = \Delta_x$ derart, daß für jedes Wertepaar X, X' des Intervalls $(x - \Delta, x + \Delta)$

$$|f(X) - f(X')| < \varepsilon$$

ausfallt.

Wir ordnen jedem Punkte x aus I das von $x - \frac{1}{2}\Delta$ bis $x + \frac{1}{2}\Delta$ reichende Intervall J_x zu und bekommen so ein System $\mathfrak{S}$ von unendlich vielen Intervallen J_x derart, daß jeder Punkt von I im Innern eines Systemintervalls liegt. Nach dem Überdeckungssatze gibt es ein etwa aus n Intervallen von $\mathfrak{S}$ bestehendes Teilsystem $\mathfrak{s}$ von $\mathfrak{S}$ derart, daß jeder Punkt von I im Innern eines der n Intervalle von $\mathfrak{s}$ liegt.

Das kleinste dieser n Intervalle habe die Länge 2δ.

Wir behaupten: Sind x und x' zwei *beliebige* um weniger als δ voneinander entfernte Punkte aus I, so ist

$$|f(x) - f(x')| < \varepsilon.$$

In der Tat! Liegt x etwa im Innern des dem System $\mathfrak{s}$ angehörigen Intervalls J mit der Mitte m und der Länge Δ_m, so liegen wegen $|x - x'| < \delta < \frac{1}{2}\Delta_m$ x und x' *beide* im Innern des Intervalls $[m - \Delta_m, m + \Delta_m]$, ist mithin [laut Voraussetzung]

$$|f(x) - f(x')| < \varepsilon.$$

Demnach haben wir zu jedem positiven ε das Vorhandensein eines positiven δ nachgewiesen derart, daß für jedes die Bedingung $|x - x'| < \delta$ erfüllende Wertepaar x, x' aus I die Ungleichung

$$|f(x) - f(x')| < \varepsilon$$

befriedigt wird. Damit ist die *gleichmäßige* Stetigkeit von $f(x)$ in I erwiesen.

II. Gleichmäßige Stetigkeit in der Zahlenebene

Eine in einem beschränkten abgeschlossenen Gebiet $\mathfrak{B}$ der Zahlenebene stetige Funktion $f(z)$ des komplexen Arguments z ist in $\mathfrak{B}$ gleichmäßig stetig.

Das bedeutet: Zu jedem positiven ε existiert ein nur von ε abhängiges positives δ derart, daß für jedes die Bedingung $|z - z'| < \delta$ erfüllende Wertepaar z, z' aus $\mathfrak{B}$

$$|f(z) - f(z')| < \varepsilon$$

ausfallt.

Beweis. ε sei eine beliebig vorgegebene positive Größe. Wegen der Stetigkeit von $f(z)$ in $\mathfrak{B}$ existiert zu jedem z aus $\mathfrak{B}$ eine von z abhangige Umgebung $\Delta = \Delta_z$ derart, daß für je zwei Stellen Z und Z' dieser Umgebung $[|Z - z| < \Delta, |Z' - z| < \Delta]$

$$|f(Z) - f(Z')| < \varepsilon$$

ausfällt.

Wir ordnen jedem Punkte z von $\mathfrak{B}$ den Kreis $\mathfrak{K}_z$ mit dem Zentrum z und Radius $\frac{1}{2}\Delta_z$ zu. Dadurch entsteht das aus den unendlich vielen Kreisen $\mathfrak{K}_z$ bestehende Decksystem $\mathfrak{S}$ von $\mathfrak{B}$.

Nach dem Korollar des Überdeckungssatzes existiert ein *endliches* Teilsystem s von $\mathfrak{S}$, welches allein schon die Überdeckung von $\mathfrak{B}$ bewirkt (so daß jeder Punkt von $\mathfrak{B}$ im Innern eines Kreises von $\mathfrak{s}$ liegt).

Der kleinste der Kreise von $\mathfrak{s}$ habe den Halbmesser δ.

Wir behaupten: Sind z und z' zwei beliebige Punkte aus $\mathfrak{B}$ derart, daß

$$|z - z'| < \delta$$

ist, so wird

$$|f(z) - f(z')| < \varepsilon.$$

Liegt nämlich z etwa im Innern des zu $\mathfrak{s}$ gehörigen Kreises $\mathfrak{K}_m$ mit dem Zentrum m und dem Halbmesser $\frac{1}{2}\Delta_m$, so liegen wegen $|z - z'| < \delta \leqq \frac{1}{2}\Delta_m$ z und z' *beide* im Innern des Kreises vom Zentrum m und Halbmesser Δ_m, ist also laut Voraussetzung $|f(z) - f(z')| < \varepsilon$.

Mit dieser Ungleichung ist die gleichmäßige Stetigkeit von $f(z)$ in $\mathfrak{B}$ dargetan.

§ 9. Spezielle Grenzwerte

Wir stellen in diesem Paragraphen eine Anzahl von besonders wichtigen Grenzwerten zusammen, die bei vielen Untersuchungen von Nutzen sind.

I. $$\lim_{n \to \infty} \boldsymbol{H}_n \quad \text{mit} \quad H_n = \frac{1}{1} + \frac{1}{2} + \frac{1}{3} + \cdots + \frac{1}{n}.$$

Wir notieren folgendes Schema

$$\frac{1}{1} > \frac{1}{2} = 0{,}5$$

$$\frac{1}{2} = \frac{1}{2} = 0{,}5$$

$$\frac{1}{3} + \frac{1}{4} > \frac{2}{4} = 0{,}5$$

$$\frac{1}{5} + \frac{1}{6} + \frac{1}{7} + \frac{1}{8} > \frac{4}{8} = 0{,}5$$

$$\frac{1}{9} + \frac{1}{10} + \frac{1}{11} + \cdots + \frac{1}{16} > \frac{8}{16} = 0{,}5$$

$$\frac{1}{17} + \frac{1}{18} + \frac{1}{19} + \cdots + \frac{1}{32} > \frac{16}{32} = 0{,}5$$

. . . .

$$\frac{1}{2^\nu + 1} + \frac{1}{2^\nu + 2} + \frac{1}{2^\nu + 3} + \cdots + \frac{1}{2^\mu} > \frac{2^\nu}{2^\mu} = 0{,}5\,, \qquad (\mu = \nu + 1)$$

Die Addition der $(\mu + 1)$ Zeilen des Schemas gibt

$$H_M > \frac{\mu + 1}{2} \qquad \text{mit} \quad M = 2^\mu\,.$$

Wegen dieser Ungleichung wächst H_n mit unbegrenzt wachsendem n gleichfalls unbegrenzt. Daher ist

(1) $$\boxed{\lim_{n\to\infty} H_n = +\infty}\,.$$

Korollar:

Bedeutet a eine positive Zahl und K_n den Ausdruck

$$K_n = \frac{1}{a} + \frac{1}{a+1} + \frac{1}{a+2} + \cdots + \frac{1}{a+n}\,,$$

so ist auch

(1a) $$\boxed{\lim_{n\to\infty} K_n = +\infty}\,.$$

Beweis. Bedeutet k die kleinste oberhalb a liegende Ganzzahl, so ist

$$\frac{1}{a} > \frac{1}{k}\,, \quad \frac{1}{a+1} > \frac{1}{k+1}\,, \quad \frac{1}{a+2} > \frac{1}{k+2}\,, \quad \ldots, \quad \frac{1}{a+n} > \frac{1}{k+n}\,,$$

mithin sicher

$$K_n > \frac{1}{k+1} + \frac{1}{k+2} + \cdots + \frac{1}{k+n} = H_N - H_k$$

mit $N = n + k$. Die rechte Seite dieser Ungleichung strebt bei unbegrenzt wachsendem n gegen $+\infty$, also auch die linke:

$$\lim_{n\to\infty} K_n = +\infty, \quad \text{w. z. b. w.}$$

II. $\qquad$ **lim D_n** $\qquad$ mit $D_n = H_n - ln$.

Setzen wir in der Ungleichung

$$\frac{1}{X} < \frac{lX - lx}{X - x} < \frac{1}{x}$$

(die laut § 25 für $X > x > 0$ gilt) für das Wertepaar (x, X) sukzessiv $(1, 2)$, $(2, 3), \ldots, (n, m)$ mit $m = n + 1$, so ergibt sich durch Addition der entstehenden n Ungleichungen

$$H_m - 1 < lm < H_m - \frac{1}{m},$$

so daß zunächst

$$\frac{1}{m} < D_m < 1$$

wird.

Anderseits folgt aus

$$lm - ln > \frac{1}{m} = H_m - H_n$$

$$D_m < D_n.$$

Die Größe D_ν nimmt also mit wachsendem Zeiger ν ab, wobei sie aber ständig positiv bleibt. Sie strebt sonach mit unbegrenzt wachsendem Zeiger gegen einen (echt gebrochenen) Grenzwert C, welcher nach seinem Entdecker die *Eulersche Konstante* genannt wird. Euler ermittelte C auf 16 Dezimalen:

$$C = 0{,}5772\,1566\,4901\,5328;$$

seine Rechnung findet sich im § 122.

Wir merken

$$\boxed{\lim D_n = C}$$

$$\text{mit} \begin{cases} D_n = H_n - ln = \frac{1}{1} + \frac{1}{2} + \frac{1}{3} + \cdots + \frac{1}{n} - ln \\ C = 0{,}57721\,56649\,01532\,86060\ldots \end{cases}$$

Diese Eulersche Formel läßt sich auch

$$\boxed{H_n = ln + C + d_n \qquad \text{mit} \quad \lim d_n = 0}$$

schreiben und in dieser Schreibung – *auch wenn der Zahlwert von C* **nicht** *bekannt ist* – nutzbringend verwerten, wofür gleich zwei Beispiele angegeben werden sollen:

III. $\lim K_n$ mit $K_n = \frac{1}{1} - \frac{1}{2} + \frac{1}{3} - \frac{1}{4} + - \cdots - \frac{\iota^n}{n}$.

Es ist

$$K_{2n} = \frac{1}{1} - \frac{1}{2} + \frac{1}{3} - \frac{1}{4} + - \cdots - \frac{1}{2n},$$

$$H_n = 2\left[\frac{1}{2} + \frac{1}{4} + \frac{1}{6} + \cdots + \frac{1}{2n}\right],$$

mithin

$$K_{2n} + H_n = H_{2n}.$$

Nun ist nach Eulers Formel

$$H_n = C + ln + d_n, \qquad H_{2n} = C + l\,2n + d_{2n},$$

folglich

$$K_{2n} = l2 + d_{2n} - d_n.$$

Laßt man nun n unendlich werden, so wird wegen $\lim d_n = 0$

$$\lim K_{2n} = l2,$$

und damit auch – gleichgültig ob der Zeiger n grade oder ungrade ist –

$$\boxed{\lim K_n = l2}, \qquad K_n = \frac{1}{1} - \frac{1}{2} + \frac{1}{3} - \frac{1}{4} + - \cdots - \frac{\iota^n}{n}.$$

Die Reihe

$$\frac{1}{1} - \frac{1}{2} + \frac{1}{3} - \frac{1}{4} + - \cdots$$

wurde zuerst von dem Engländer Brouncker betrachtet (Philosophical Transactions 1668). Wir können demnach auch sagen:

Die Brounckersche Reihe

$$\frac{1}{1} - \frac{1}{2} + \frac{1}{3} - \frac{1}{4} + - \cdots$$

hat den Wert $l2$.

IV. $\lim G_n$ mit $G_n = \frac{1}{n+1} + \frac{1}{n+2} + \cdots + \frac{1}{n+n}$.

Aus

$$G_n = H_{2n} - H_n$$

und Eulers Formel $H_n = ln + C + d_n$ folgt

$$G_n = l2 + d_{2n} - d_n,$$

und, da d_n und d_{2n} für $n \to \infty$ gegen Null streben, wird

$$\boxed{\lim G_n = l\,2}, \qquad G_n = \frac{1}{n+1} + \frac{1}{n+2} + \cdots + \frac{1}{n+n}.$$

V. $$\lim_{n \to \infty} n\left[\left(1 + \frac{1}{n}\right)^c - 1\right],$$

wo c eine gegebene reelle Konstante bedeutet.

Der Limes läßt sich leicht bestimmen mittels des Schrankensatzes für den Differenzenquotient der Potenz x^c, demzufolge

$$\frac{X^c - x^c}{X - x}$$

zwischen $c x^{c-1}$ und $c X^{c-1}$ liegt (§ 25). Hier ist $x = 1$ und $X = 1 + \frac{1}{n}$, so daß

$$\frac{\left(1 + \frac{1}{n}\right)^c - 1}{\frac{1}{n}}$$

zwischen den Schranken c und $c\left(1 + \frac{1}{n}\right)^{c-1}$ liegt.

Bei unbegrenzt wachsendem n fallen die beiden Schranken schließlich zusammen, ist also für beliebiges konstantes c

$$\boxed{\lim_{n \to \infty} n\left[\left(1 + \frac{1}{n}\right)^c - 1\right] = c},$$

und diese Limesgleichung gilt, einerlei ob n ganzzahlig oder beliebig variabel ist.

Man sieht leicht, daß sich unsere Limesgleichung auch

$$\lim n\left[1 - \left(\frac{n}{n+1}\right)^c\right] = c$$

schreiben läßt.

VI. Grenzwert des Bruches

$$q_n = \frac{a\,(a+d)\,(a+2\,d) \ldots (a+n\,d)}{b\,(b+d)\,(b+2\,d) \ldots (b+n\,d)},$$

dessen Zahler und Nenner nur nichtverschwindende Faktoren besitzen und in dem d eine positive Größe bedeutet.

Wir setzen a und b zunachst als positiv voraus. Außerdem sei $b > a$, so daß der positive Unterschied $k = b - a$ den konstanten Unterschied zweier beliebiger untereinander stehender Faktoren $a + rd$ und $b + rd$ des Bruches q_n darstellt.

x und y seien zwei positive Größen mit dem positiven Unterschied $u = y - x$. Nach der Potenzungleichung (§ 13) ist für jede oberhalb 1 liegende natürliche Zahl ν oder μ

$$\left(\frac{y}{x}\right)^\nu > 1 + \nu\frac{u}{x} \qquad \text{sowie} \qquad \left(\frac{y}{x}\right)^{\frac{1}{\mu}} < 1 + \frac{u}{\mu x}.$$

Daher gilt die Ungleichung

$$\sqrt[\nu]{1+\frac{\nu u}{x}} < \frac{y}{x} < \left(1+\frac{u}{\mu x}\right)^{\mu}$$

oder

$$\left(\frac{x}{x+\frac{u}{\mu}}\right)^{\mu} < \frac{x}{y} < \sqrt[\nu]{\frac{x}{x+\nu u}}.$$

Wir nehmen für μ und ν nur solche Werte, daß

$$u:\mu < d \qquad \text{sowie} \qquad \nu u > d$$

ausfällt. Dann wird

$$\left(\frac{x}{x+d}\right)^{\mu} < \left(\frac{x}{x+\frac{u}{\mu}}\right)^{\mu} < \frac{x}{y} < \sqrt[\nu]{\frac{x}{x+\nu u}} < \sqrt[\nu]{\frac{x}{x+d}}.$$

Damit haben wir die bemerkenswerte Ungleichung

$$\boxed{\left(\frac{x}{x+d}\right)^{\mu} < \frac{x}{y} < \sqrt[\nu]{\frac{x}{x+d}}},$$

die den positiven Echtbruch $x:y$ in Schranken einschließt und für alle Exponenten μ und ν gilt, die die Werte $(y-x):d$, $d:(y-x)$ und 1 überschreiten. In dieser Ungleichung setzen wir sukzessiv

$$\left\{\begin{matrix} x=a, & a+d, & a+2d, & \ldots, & a+nd \\ y=b, & b+d, & b+2d, & \ldots, & b+nd \end{matrix}\right\}.$$

Dadurch entsteht das Ungleichungssystem

$$\left(\frac{a}{a+d}\right)^{\mu} < \frac{a}{b} < \sqrt[\nu]{\frac{a}{a+d}},$$

$$\left(\frac{a+d}{a+2d}\right)^{\mu} < \frac{a+d}{b+d} < \sqrt[\nu]{\frac{a+d}{a+2d}},$$

. . . .

$$\left(\frac{a+nd}{a+md}\right)^{\mu} < \frac{a+nd}{b+nd} < \sqrt[\nu]{\frac{a+nd}{a+md}} \qquad \text{mit } m=n+1.$$

Die Multiplikation seiner Ungleichungen gibt

$$\left(\frac{a}{a+md}\right)^{\mu} < q_n < \sqrt[\nu]{\frac{a}{a+md}}.$$

Läßt man n unbegrenzt wachsen, so strebt die linke wie auch rechte Seite der gefundenen Ungleichung gegen Null; daher ist auch

$$\boxed{\lim_{n\to\infty} q_n = 0}\,, \qquad (b > a > 0).$$

Ist $b < a$, so wird nach dieser Limesformel $\lim(1 : q_n) = 0$, mithin

$$\lim q_n = \infty \qquad (a > b > 0).$$

Für $b = a$ ist $q_n = 1$, also auch $\lim q_n = 1$.
Sind a und b nicht beide positiv, so gibt es sicher einen endlichen Zeiger e derart, daß

$$A = a + ed \qquad \text{und} \qquad B = b + ed$$

positiv sind.
Man schreibt dann für $n = e + \nu$

$$q_n = E \cdot Q_\nu \quad \text{mit} \quad E = \frac{a\,(a+d)\ldots(a+\overline{e-1}\,d)}{b\,(b+d)\ldots(b+\overline{e-1}\,d}\,, \qquad Q_\nu = \frac{A\,(A+d)\ldots(A+\nu d)}{B\,(B+d)\ldots(B+\nu d)}.$$

Mit unbegrenzt wachsendem n strebt dann Q_ν gegen 0, 1 oder $+\infty$, je nachdem $a < b$, $a = b$ oder $a > b$ ist, und q_n strebt gegen dieselben Grenzwerte, falls E positiv ist. Bei negativem E wird für $a < b$ und für $a = b$ ebenfalls $\lim q_n = 0$ bzw. 1, für $a > b$ dagegen $\lim q_n = -\infty$.

Wir beschränken uns darauf, folgendes Ergebnis zu verzeichnen:
Der Bruch

$$\frac{a\,(a+d)\,(a+2d)\ldots\;.\,(a+nd)}{b\,(b+d)\,(b+2d)\ldots\;.\,(b+nd)}\,,$$

in welchem Zähler und Nenner nur nichtverschwindende Faktoren besitzen, in welchem d eine positive Größe und $b > a$ ist, strebt mit unbegrenzt wachsendem Zeiger n gegen den Wert Null.

§ 10. Cauchys Bruch-Wurzel-Satz

Ist $t_1, t_2, t_3, \ldots$ eine Folge positiver Zahlen, so heißt der Bruch

$$C_n = \frac{t_{n+1}}{t_n}$$

der (n te) *Cauchybruch* und die Wurzel

$$\mathfrak{C}_n = \sqrt[n]{t_n}$$

die (n te) *Cauchywurzel* der Folge.

Über den Zusammenhang der beiden Zahlen C_n und $\mathfrak{C}_n$ hat Cauchy folgenden Satz entdeckt:

Bruchwurzelsatz:

Die Extremlimiten der Wurzelfolge $\{\mathfrak{C}_n\}$ *liegen zwischen den Extremlimiten der Bruchfolge* $\{C n\}$.
In Zeichen:

$$\boxed{\underline{\lim}\, C_n \leqq \underline{\lim}\, \mathfrak{C}_n \leqq \overline{\lim}\, C_n},$$

ausführlich:

$$\underline{\lim}\, \frac{t_{n+1}}{t_n} \leqq \overline{\lim}\, \sqrt[n]{t_n} \leqq \overline{\lim}\, \frac{t_{n+1}}{t_n}.$$

Von besonderer Bedeutung ist der Fall, wo die Bruchfolge $\{C_n\}$ nur *eine* Häufungsstelle, $\lim C_n$, besitzt:

Existiert $\lim C_n$, *so existiert auch* $\lim \mathfrak{C}_n$, *und es ist*

$$\boxed{\lim \mathfrak{C}_n = \lim C_n},$$

ausführlich:

$$\boxed{\lim \sqrt[n]{t_n} = \lim \frac{t_{n+1}}{t_n}}.$$

Strebt insonderheit der Cauchybruch C_n *bei unbegrenzt wachsendem* n *gegen* ∞, *so wächst auch die Cauchywurzel ins Unendliche.*

Beweis. $H > 0$ sei der Hochlimes, $K > 0$ der Tieflimes von $\{C_n\}$, ε eine beliebig kleine positive Zahl < 1. Dann laßt sich ein Zeiger n angeben derart, daß für jeden Zeiger $N \geqq n$ die Ungleichung

$$K(1-\varepsilon) < C_N < H(1+\varepsilon)$$

gilt. Wir notieren diese Ungleichung für die ν Zeiger $n, n+1, \ldots, n+\nu-1 = N-1$ und multiplizieren die entstehenden $\nu = N - n$ Ungleichungen. Das gibt

$$K^\nu (1-\varepsilon)^\nu < \frac{t_N}{t_n} < H^\nu (1+\varepsilon)^\nu,$$

mithin erst recht [wegen $N = n + \nu$, $(1-\varepsilon)^N < (1-\varepsilon)^\nu$, $(1+\varepsilon)^\nu < (1+\varepsilon)^N$]

$$\frac{t_n}{K^n}(1-\varepsilon)^N < \frac{t_N}{K^N} \quad \text{und} \quad \frac{t_N}{H^N} < \frac{t_n}{H^n}(1+\varepsilon)^N$$

oder, die festen endlichen Zahlen

$$\frac{t_n}{K^n} = k, \qquad \frac{t_n}{H^n} = h$$

setzend und radizierend,

$$\sqrt[N]{k}\,(1-\varepsilon) < \frac{\mathfrak{C}_N}{K} \quad \text{und} \quad \frac{\mathfrak{C}_N}{H} < \sqrt[N]{h}\,(1+\varepsilon)\,.$$

Nun ist sicher *für hinreichend hohe* N

$$\sqrt[N]{k} > \frac{1-2\varepsilon}{1-\varepsilon} \quad \text{und auch} \quad \sqrt[N]{h} < \frac{1+2\varepsilon}{1+\varepsilon}.$$

Für *diese* N ist sonach erst recht

$$1-2\varepsilon < \frac{\mathfrak{C}_N}{K} \quad \text{sowie} \quad \frac{\mathfrak{C}_N}{H} < 1+2\varepsilon\,,$$

und diese Ungleichungen sagen aus, daß

$$\underline{\lim}\,\frac{\mathfrak{C}_N}{K} \geqq 1 \quad \text{und} \quad \overline{\lim}\,\frac{\mathfrak{C}_N}{H} \leqq 1$$

oder

$$K \leqq \underline{\lim}\,\mathfrak{C}_N \quad \text{und} \quad \overline{\lim}\,\mathfrak{C}_N \leqq H$$

oder

$$\underline{\lim}\,C_N \leqq \underline{\lim}\,\mathfrak{C}_N \quad \text{und} \quad \overline{\lim}\,\mathfrak{C}_N \leqq \overline{\lim}\,C_N$$

ist.

Zusammenfassend und als variablen Zeiger wieder n verwendend, entsteht

Cauchys Ungleichung:

$$\boxed{\underline{\lim}\,C_n \leqq \overline{\lim}\,\mathfrak{C}_n \leqq \overline{\lim}\,C_n}\,.$$

Wir haben diese Ungleichung unter der Annahme positiver H und K hergeleitet. Ist nur $K = 0$, aber $H > 0$, so gilt nach obigem der rechte Teil

$$\overline{\lim}\,\mathfrak{C}_n \leqq \overline{\lim} C_n$$

der Cauchyschen Ungleichung. Der linke Teil

$$\underline{\lim}\,C_n \leqq \underline{\lim}\,\mathfrak{C}_n$$

ist aber von selbst erfüllt, da ja $\underline{\lim}\,\mathfrak{C}_n$ nicht negativ sein kann.

Ist $H = 0$ — und damit auch $K = 0$ —, also

$$\underline{\lim}\,C_n = \overline{\lim}\,C_n = \lim C_n\,,$$

so läßt sich zu beliebig kleinem positivem ε ein fester endlicher Zeiger n angeben derart, daß für jeden Zeiger $N \geqq n$

$$C_N < \varepsilon$$

ausfällt. Wir bilden diese Ungleichung für die $\nu = N - n$ Zeiger $n, n+1, n+2, \ldots, n+\nu-1 = N-1$, multiplizieren die entstehenden ν Ungleichungen und bekommen

$$t_N : t_n < \varepsilon^\nu$$

oder, mit N radizierend und $\sqrt[N]{t_n} = a_N$ setzend,

$$\mathfrak{C}_N = \sqrt[N]{t_N} < a_N \cdot \varepsilon^{\frac{\nu}{N}}.$$

Nun ist für *hinreichend hohe* Zeiger N

$$a_N < 1 + \sqrt{\varepsilon} \qquad \text{und} \qquad \varepsilon^{\frac{\nu}{N}} < \sqrt{\varepsilon}.$$

Für alle *diese* N ist dann

$$\mathfrak{C}_N < \varepsilon + \sqrt{\varepsilon}.$$

Demnach ist

$$\overline{\lim}\, \mathfrak{C}_N \leqq 0,$$

damit natürlich

$$\overline{\lim}\, \mathfrak{C}_N = 0$$

und schließlich

$$\lim \mathfrak{C}_n = \lim C_n \ (= 0).$$

Cauchys Ungleichung gilt also uneingeschränkt.

Hat die Bruchfolge $\{C_n\}$ nur *eine* (nicht verschwindende) Häufungsstelle:

$$K = \underline{\lim}\, C_n = \overline{\lim}\, C_n = H = \lim C_n,$$

so hat auch die Wurzelfolge $\{\mathfrak{C}_n\}$, wie Cauchys Ungleichung lehrt, nur die eine Häufungsstelle

$$\underline{\lim}\, \mathfrak{C}_n = \overline{\lim}\, \mathfrak{C}_n = \lim \mathfrak{C}_n,$$

und es ist

$$\boxed{\lim \mathfrak{C}_n = \lim C_n}.$$

Bleibt nur noch der Fall

$$\lim C_n = \infty$$

zu erörtern.

In diesem Falle läßt sich zu jeder noch so großen Positivzahl G ein endlicher Zeiger n angeben derart, daß für jeden Zeiger $N \geqq n$

$$C_N > G$$

ausfällt. Wir bilden diese Ungleichung für die ν Zeiger $n, n+1, n+2, \ldots, N-1 = n+\nu-1$ und multiplizieren die entstehenden $\nu = N - n$ Ungleichungen. Das gibt

$$t_N : t_n > G^\nu$$

oder, mit N radizierend und

$$\sqrt[N]{t_n : G^n} = \zeta_N$$

setzend,

$$\mathfrak{C}_N = \sqrt[N]{t_N} > G \cdot \zeta_N .$$

Nun ist für *hinreichend hohe* N wegen $\zeta_N \to 1$ sicher $\zeta_N > 0{,}99$, so daß für *diese* N

$$\mathfrak{C}_N > 0{,}99\, G$$

ausfällt. Das heißt aber: auch $\mathfrak{C}_N$ strebt mit unbegrenzt wachsendem N gegen ∞:

$$\lim_{n\to\infty} \mathfrak{C}_n = \infty .$$

Beispiele zum Bruchwurzelsatz

Aufgabe 1. Wie groß ist

$$\lim_{n\to\infty} \sqrt[n]{n}\ ?$$

Lösung. Wir betrachten die Folge

$$t_1 = 1,\ t_2 = 2,\ t_3 = 3,\ \ldots,\ t_n = n,\ \ldots,$$

deren Cauchybruch und Cauchywurzel die Werte

$$C_n = \frac{t_{n+1}}{t_n} = 1 + \frac{1}{n}, \qquad \mathfrak{C}_n = \sqrt[n]{t_n} = \sqrt[n]{n}$$

haben. Hier existiert $\lim C_n = 1$; folglich existiert auch $\lim \mathfrak{C}_n$, und dieser Grenzwert hat gleichfalls den Wert 1:

$$\lim \mathfrak{C}_n = \boxed{\lim \sqrt[n]{n} = 1} .$$

Aufgabe 2. Wie groß ist

$$\lim_{n\to\infty} \sqrt[n]{n^k},$$

wo k eine beliebige Konstante ist?

Lösung. Wir betrachten die Folge $t_1 = 1^k$, $t_2 = 2^k$, $t_3 = 3^k$, $\ldots$, $t_n = n^k$, $\ldots$, deren Cauchybruch und Cauchywurzel die Werte

$$C_n = \frac{t_{n+1}}{t_n} = \left(1 + \frac{1}{n}\right)^k, \qquad \mathfrak{C}_n = \sqrt[n]{t_n} = \sqrt[n]{n^k}$$

haben.

Auch hier ist $\lim\limits_{n\to\infty} C_n = 1$; folglich ist $\lim\limits_{n\to\infty} \mathfrak{C}_n = 1$, d. h.

$$\boxed{\lim_{n\to\infty} \sqrt[n]{n^k} = 1}\,.$$

Aufgabe 3. Wie groß ist

$$\lim \sqrt[n]{c_n} \qquad \text{mit} \qquad c_n = \frac{1.3.5.\ldots\cdot(2n-1)}{2.4.6.\ldots\cdot(2n)}\,?$$

Die Folge $\{c_n\}$ hat

$$\text{den Cauchybruch } C_n = \frac{2n+1}{2n+2} \text{ und die Cauchywurzel } \mathfrak{C}_n = \sqrt[n]{c_n}\,.$$

Da $\lim C_n = 1$ ist, hat $\lim \mathfrak{C}_n$ nach dem Bruchwurzelsatze auch den Wert 1, ist sonach

$$\boxed{\lim \sqrt[n]{c_n} = 1}$$

Aufgabe 4. Wie groß ist

$$\lim \sqrt[n]{n!} : n\,?$$

Unsere Folge hat das allgemeine Glied $t_n = \frac{n!}{n^n}$, ihr Cauchybruch den Wert $C_n = t_{n+1} : t_n = n^n : (n+1)^n = 1 : \left(1 + \frac{1}{n}\right)^n$, so daß $\lim C_n = 1 : e$ ist. Die Cauchywurzel der Folge ist $\mathfrak{C}_n = \sqrt[n]{n!} : n$, und da $\lim \mathfrak{C}_n = \lim C_n$, so ist

$$\boxed{\lim \sqrt[n]{n!} : n = 1 : e}\,.$$

§ 11. Bruchlimessätze

Erster Bruchlimessatz:

Konvergieren a_n und b_n mit unbegrenzt wachsendem Zeiger gegen Null und nimmt außerdem b_n mit wachsendem n ständig ab, so ist

$$\boxed{\lim \frac{a_n}{b_n} = \lim \frac{a_n - a_m}{b_n - b_m}} \quad \textit{mit} \quad m = n+1\,,$$

falls der zweite Grenzwert existiert.

Beweis. Zunächst sei

$$\lim \frac{a_n - a_m}{b_n - b_m} = l$$

eine endliche Größe. Dann existiert zu beliebig kleinem positivem ε ein endlicher Zeiger n derart, daß für jeden Zeiger $N \geqq n$

$$l - \varepsilon < \frac{a_N - a_M}{b_N - b_M} < l + \varepsilon \qquad \text{mit} \quad M = N + 1$$

oder

$$(l - \varepsilon)\,(b_N - b_M) < a_N - a_M < (l + \varepsilon)\,(b_N - b_M)$$

ist. In dieser Ungleichung setzen wir sukzessiv $N = n + \nu,\ n + \nu + 1,\ n + \nu + 2, \ldots, n + \mu - 1$, addieren die entstehenden $(\mu - \nu)$ Zeilen und erhalten

$$(l - \varepsilon)\,(b_{n+\nu} - b_{n+\mu}) < a_{n+\nu} - a_{n+\mu} < (l + \varepsilon)\,(b_{n+\nu} - b_{n+\mu})\,.$$

Lassen wir in dieser Ungleichung μ gegen ∞ wachsen, so entsteht

$$(l - \varepsilon)\,b_{n+\nu} \leqq a_{n+\nu} \leqq (l + \varepsilon)\,b_{n+\nu}$$

oder

$$\left|\frac{a_{n+\nu}}{b_{n+\nu}} - l\right| \leqq \varepsilon\,,$$

und diese Ungleichung sagt aus, daß

$$\lim_{r \to \infty} \frac{a_r}{b_r} = l$$

ist.

Wenn

$$\lim \frac{a_n - a_m}{b_n - b_m}$$

aber keine endliche Größe, sondern $+\infty$ ist, so existiert zu jedem noch so großen positiven G ein endlicher Zeiger n derart, daß für jeden Zeiger $N \geqq n$

$$\frac{a_N - a_M}{b_N - b_M} > G$$

ausfällt.

Ähnlich wie oben entsteht jetzt die Ungleichung

$$a_{n+\nu} - a_{n+\mu} > G\,(b_{n+\nu} - b_{n+\mu})$$

und hieraus, indem man μ unbegrenzt wachsen läßt,

$$a_{n+\nu} \geqq G\,b_{n+\nu}$$

oder

$$\frac{a_{n+\nu}}{b_{n+\nu}} \geqq G\,.$$

Diese Ungleichung sagt aus, daß

$$\lim_{r \to \infty} \frac{a_r}{b_r} = \infty$$

ist.

Zweiter Bruchlimessatz:

Wächst b_n mit zunehmendem Zeiger und mit **unbegrenzt** *zunehmendem Zeiger ins Unendliche, so ist*

$$\boxed{\lim \frac{a_n}{b_n} = \lim \frac{a_m - a_n}{b_m - b_n}} \qquad \textit{mit} \quad m = n + 1\,,$$

falls der zweite Grenzwert existiert.

Beweis. Zunächst sei

$$\lim \frac{a_m - a_n}{b_m - b_n} = l$$

eine endliche Größe. Dann existiert zu jedem positiven ε ein endlicher Zeiger n derart, daß für jeden Zeiger $N \geqq n$

$$l - \varepsilon < \frac{a_M - a_N}{b_M - b_N} < l + \varepsilon \qquad \text{mit } M = N + 1$$

oder

$$(l - \varepsilon)(b_M - b_N) < a_M - a_N < (b_M - b_N)(l + \varepsilon)$$

ist. In dieser Ungleichung setzen wir sukzessiv $N = n + \nu,\ n + \nu + 1,\ n + \nu + 2,\ \ldots,\ n + \mu - 1$, addieren die entstehenden $(\mu - \nu)$ Zeilen und erhalten

$$(l - \varepsilon)(b_{n+\mu} - b_{n+\nu}) < a_{n+\mu} - a_{n+\nu} < (l + \varepsilon)(b_{n+\mu} - b_{n+\nu})$$

oder

$$(l - \varepsilon)\left(1 - \frac{b_{n+\nu}}{b_{n+\mu}}\right) < \frac{a_{n+\mu} - a_{n+\nu}}{b_{n+\mu}} < (l + \varepsilon)\left(1 - \frac{b_{n+\nu}}{b_{n+\mu}}\right)$$

oder

$$(l - \varepsilon)\left(1 - \frac{b_{n+\nu}}{b_{n+\mu}}\right) + \frac{a_{n+\nu}}{b_{n+\mu}} < \frac{a_{n+\mu}}{b_{n+\mu}} < (l + \varepsilon)\left(1 - \frac{b_{n+\nu}}{b_{n+\mu}}\right) + \frac{a_{n+\nu}}{b_{n+\mu}}.$$

Hier strebt die linke Seite bei unbegrenzt wachsendem μ (und festgehaltenem ν) gegen $l - \varepsilon$, die rechte gegen $l + \varepsilon$, so daß für hinreichend hohe μ sicher

$$l - 2\varepsilon < \frac{a_{n+\mu}}{b_{n+\mu}} < l + 2\varepsilon$$

ist. Diese Ungleichung aber sagt aus, daß

$$\lim_{r \to \infty} \frac{a_r}{b_r} = l$$

ist.

Wenn aber

$$\lim \frac{a_m - a_n}{b_m - b_n} = +\infty$$

ist, existiert zu beliebig großem G ein endlicher Index n derart, daß für jedes $N \geqq n$

$$\frac{a_M - a_N}{b_M - b_N} > G$$

und damit, ähnlich wie oben,

$$a_{n+\mu} - a_{n+\nu} > G\,(b_{n+\mu} - b_{n+\nu})$$

oder

$$\frac{a_{n+\mu}}{b_{n+\mu}} > \frac{a_{n+\nu}}{b_{n+\mu}} + G\left(1 - \frac{b_{n+\nu}}{b_{n+\mu}}\right)$$

ist. Halten wir ν fest und lassen μ unbegrenzt zunehmen, so folgt aus dieser Ungleichung, daß für hinreichend hohe μ

$$\frac{a_{n+\mu}}{b_{n+\mu}} \quad \text{zumindest} \quad > {}^1/_2 G$$

ausfällt. Das bedeutet aber, daß der Bruch $a_r : b_r$ mit unbegrenzt zunehmendem r ebenfalls unbegrenzt wächst.

Korollar:

Konvergiert eine Folge gegen einen Grenzwert, so konvergieren das arithmetische und geometrische Mittel ihrer ersten n Glieder gegen denselben Grenzwert.

Beweis. Die Folge $\{t_n\}$ konvergiere gegen einen Grenzwert. Wir bilden die neuen Folgen

$$\{a_n = s_n\} \text{ und } \{b_n = n\} \qquad \text{mit} \quad a_n = s_n = t_1 + t_2 + \cdots + t_n .$$

Dann ist $a_m = s_m = t_1 + t_2 + \cdots + t_n + t_m \doteq s_n + t_m$, $b_m = m$ und

$$\frac{a_m - a_n}{b_m - b_n} = t_m, \qquad \frac{a_n}{b_n} = \frac{t_1 + t_2 + \cdots + t_n}{n}.$$

Aus dem zweiten Bruchlimessatz folgt jetzt

$$\boxed{\lim \frac{s_n}{n} = \lim t_n} \qquad \text{mit } s_n = t_1 + t_2 + \cdots + t_n .$$

Diese Limesformel stammt von Cauchy.

Was die zweite Aussage anbetrifft, so setzen wir $\sqrt[n]{t_1 t_2 \cdots t_n} = g_n$ und haben

$$\lim l\, g_n = \lim \frac{l\, t_1 + l\, t_2 + \cdots + l\, t_n}{n} = \lim l\, t_n$$

oder

$$\lim l \frac{g_n}{t_n} = 0 .$$

Hieraus folgt

$$\lim (g_n : t_n) = 1 \qquad \text{oder} \qquad \lim g_n = \lim t_n .$$

Aus dem letzten Resultat folgt noch

Cauchys Bruch-Wurzel-Satz:

Konvergiert der Bruch $\frac{t_{n+1}}{t_n}$ *gegen einen Grenzwert,*

so konvergiert die Wurzel $\sqrt[n]{t_n}$ *gegen denselben Grenzwert.*

Beweis. Wir setzen

$$q_1 = t_1, \quad q_2 = t_2 : t_1, \quad q_3 = t_3 : t_2, \quad \ldots, \quad q_n = t_n : t_{n-1}$$

und folgern aus dem obigen Satze vom geometrischen Mittel sofort

$$\lim \sqrt[n]{q_1 q_2 \cdots q_n} = \lim q_n$$

oder

$$\lim \sqrt[n]{t_n} = \lim \frac{t_n}{t_{n-1}} = \lim \frac{t_{n+1}}{t_n} .$$

ZWEITER ABSCHNITT

UNGLEICHUNGEN

§ 12. Cauchys Mittelwertsatz

In der 1821 erschienenen Analyse algébrique Cauchys findet sich der wichtige

Satz vom arithmetischen und geometrischen Mittel:

Das geometrische Mittel positiver Zahlen ist kleiner als das arithmetische Mittel der Zahlen mit Ausnahme des Falles, in dem die Zahlen einander gleichen, in welchem Ausnahmefalle auch die beiden Mittel einander gleichen.

Der hier folgende Beweis des Satzes beruht auf dem

Lemma vom Einheitsprodukt:

Die Summe der Faktoren eines Einheitsprodukts ist stets größer als die Anzahl der Faktoren, es sei denn, daß jeder Faktor der Einheit gleicht, in welchem Ausnahmefalle auch Summe und Anzahl der Faktoren übereinstimmen.

Dabei ist unter einem *Einheitsprodukt* ein Produkt positiver Faktoren zu verstehen, welches den Wert 1 hat.

Beweis des Lemma. Hat das Produkt *zwei* Faktoren a, b:

$$ab = 1,$$

so sei einer der Faktoren, etwa a, größer als 1: $a = 1 + \alpha$ mit $\alpha > 0$; der andere, b, ist dann kleiner als 1. Aus

$$ab = 1 \qquad \text{oder} \qquad b + b\alpha = 1$$

folgt dann, da $b\alpha$ nur ein Bruchteil von α ist,

$$b + \alpha > 1 \qquad \text{und damit} \qquad b + a > 2,$$

womit der Satz für *zwei*gliedrige Produkte bewiesen ist.

Hat das Produkt *drei* Faktoren, a, b, c:

$$abc = 1,$$

sein kann. Wäre das nämlich der Fall und $2p$ der positive Überschuß der linken Seite dieser Ungleichung über die rechte, so bestimme man einen so wenig von j abweichenden rationalen Echtbruch $r < j$, daß a^r von a^j sowie $1 + r(a - 1)$ von $1 + j(a - 1)$ um weniger als p abweicht. Dann wäre auch noch

$$a^r > 1 + r(a - 1),$$

was zufolge (1) absurd ist.

Sei nunmehr die positive Zahl z so klein, daß $i + z$ und $i - z$ positive Echtbrüche sind. Dann haben wir, da das arithmetische Mittel der Zahlen a^z und a^{-z} nach Cauchys Satz das geometrische Mittel [1] übertrifft,

$$a^i < a^i \cdot \frac{a^z + a^{-z}}{2}$$

oder

$$a^i < \frac{a^{i+z} + a^{i-z}}{2}.$$

Nach obigem ist aber

$$a^{i+z} \leqq 1 + (i + z)(a - 1) \qquad \text{und} \qquad a^{i-z} \leqq 1 + (i - z)(a - 1),$$

mithin

$$\frac{a^{i+z} + a^{i-z}}{2} \leqq 1 + i(a - 1),$$

also sicher

$$a^i < 1 + i(a - 1).$$

Ungleichung (1) gilt daher für *jeden* positiven Echtbruch ε.

Bedeutet nunmehr u einen beliebigen positiven Unechtbruch, b eine beliebige von 1 verschiedene Positivzahl, so ist auch

$$a = 1 + u(b - 1)$$

eine von 1 verschiedene Zahl, die allerdings sowohl positiv als auch (bei $b < 1$) nichtpositiv sein kann. Bei positivem a gilt mit $\varepsilon = 1 : u$ die Ungleichung

$$a^\varepsilon < 1 + \varepsilon(a - 1)$$

oder, da $1 + \varepsilon(a - 1)$ den Wert b hat,

$$b^u > 1 + u(b - 1). \tag{2}$$

Bei nichtpositivem a ist (2) eine Selbstverständlichkeit, die keines Beweises bedarf.

Die Zusammenfassung der beiden Ungleichungen (1) und (2) liefert den

Satz von der Potenzungleichung:

Bedeutet x eine beliebige von 1 verschiedene positive Größe, c einen beliebigen von 1 verschiedenen positiven Exponenten, so gilt die Potenzungleichung

$$\boxed{x^c \gtrless 1 + c(x - 1)},$$

wo das obere oder untere Zeichen stehen muß, je nachdem c größer oder kleiner als 1 ist.

Hat eine der beiden Größen x und c den Wert 1, so geht die Potenzungleichung in die triviale Identität $1 = 1$ über.
Die Potenzungleichung liefert bei echt gebrochenem Exponenten c eine obere, bei unecht gebrochenem c eine untere Schranke für die Potenz x^c. Man kann sie leicht so umformen, daß sie auch eine untere bzw. obere Schranke liefert. Nach der Potenzungleichung ist nämlich

$$\text{bei} \begin{Bmatrix} c > 1 \\ c < 1 \end{Bmatrix} \qquad \left(\frac{1}{x}\right)^c \gtrless 1 + c\left(\frac{1}{x} - 1\right) = 1 - c\,\frac{x-1}{x}.$$

Sofern nun $c(x-1):x$ unterhalb der Einheit liegt, ist die rechte Seite hier positiv, so daß sich die Ungleichung umkehren läßt:

$$x^c \lesseqgtr \frac{1}{1 - c\,\dfrac{x-1}{x}} \qquad \text{mit} \quad \begin{Bmatrix} c > 1 \\ c < 1 \end{Bmatrix}.$$

Durch Zusammenziehung gewinnen wir die

Schrankenformel für die Potenz x^c:

$$\boxed{1:\left[1 - c\,\frac{x-1}{x}\right] \lesseqgtr x^c \lesseqgtr 1 + c\,(x-1)} \qquad \text{mit} \quad \begin{Bmatrix} c < 1 \\ c > 1 \end{Bmatrix}.$$

Dabei wird die *eckige Klammer* als *positiv* vorausgesetzt.

Einige einfache Beispiele mögen sogleich den Nutzen der Potenzungleichung zeigen.

1. Wie groß ist $\sqrt[10]{1{,}0003}$?
Nach der Potenzungleichung für $x = 1{,}0003$ und $c = 0{,}1$ ist

$$1:\left[1 - \frac{0{,}00003}{1{,}0003}\right] < 1{,}0003^{1/10} < 1 + 0{,}00003$$

oder

$$1{,}000029992 < \sqrt[10]{1{,}0003} < 1{,}00003.$$

Mithin ist auf mindestens 8 Stellen genau

$$\sqrt[10]{1{,}0003} = 1{,}00002999.$$

2. Wie groß ist

$$\lim_{n\to\infty} \sqrt[n]{a} \qquad \text{mit} \quad a > 0\,?$$

Nach der Potenzungleichung ist

$$1:\left[1-\frac{a-1}{n\,a}\right]<\sqrt[n]{a}<1+\frac{a-1}{n}.$$

Bei unbegrenzt wachsendem n streben die Schranken von $\sqrt[n]{a}$ gegen die Einheit; mithin ist

$$\boxed{\lim\sqrt[n]{a}=1}\,.$$

3. Wie groß ist

$$\lim\sqrt[n]{n}?$$

Aus $n<(1+\sqrt{n})^2$ folgt sukzessiv [für $n>2$]

$$\sqrt[n]{n}<(1+\sqrt{n})^{2/n}<1+\frac{2}{n}\sqrt{n}=1+\frac{2}{\sqrt{n}};$$

folglich ist

$$\boxed{\lim_{n\to\infty}\sqrt[n]{n}=1}\,.$$

Zusatz

Die oben entwickelte Potenzungleichung läßt sich wesentlich erweitern.

Es seien $x, y, z, \ldots$ m positive Größen, $\alpha, \beta, \gamma, \ldots$ m positive Echtbrüche, deren Summe gleichfalls echt gebrochen ist.

Sind $\alpha, \beta, \gamma, \ldots$ *rational*, so bringen wir sie auf ihren Hauptnenner H:

$$\alpha=\frac{a}{H},\qquad \beta=\frac{b}{H},\qquad \gamma=\frac{c}{H},\quad \ldots,$$

wo nun $a, b, c, \ldots, H$ positive Ganzzahlen sind, für welche die Summe $s=a+b+c+\cdots$ *unterhalb* H liegt, so daß $u=H-s$ eine positive Ganzzahl ist. Nach Cauchys Satze ist dann

$$\sqrt[H]{x^a\cdot y^b\cdot z^c\ldots\cdot 1^u}\leqq\frac{a\,x+b\,y+c\,z+\cdots+u\cdot 1}{H},$$

wobei das Gleichheitszeichen nur gilt, wenn jede der Basen $x, y, z, \ldots$ den Wert 1 hat. Ersetzen wir in dieser Ungleichung rechtsseitig u durch $H-a-b-c-\cdots$, so verwandelt sie sich in

$$x^\alpha y^\beta z^\gamma\cdots\leqq 1+\alpha(x-1)+\beta(y-1)+\gamma(z-1)+\cdots.$$

Die gefundene Ungleichung gilt zunächst nur für rationale Exponenten $\alpha, \beta, \gamma, \ldots$ Ganz ähnlich wie oben läßt sich aber zeigen, daß sie auch für *irrationale*, daß sie für beliebige Realexponenten gilt.

wo das obere oder untere Zeichen stehen muß, je nachdem c größer oder kleiner als 1 *ist.*

Hat eine der beiden Größen x und c den Wert 1, so geht die Potenzungleichung in die triviale Identität $1 = 1$ über.
Die Potenzungleichung liefert bei echt gebrochenem Exponenten c eine obere, bei unecht gebrochenem c eine untere Schranke für die Potenz x^c. Man kann sie leicht so umformen, daß sie auch eine untere bzw. obere Schranke liefert. Nach der Potenzungleichung ist nämlich

$$\text{bei } \begin{Bmatrix} c > 1 \\ c < 1 \end{Bmatrix} \qquad \left(\frac{1}{x}\right)^c \gtrless 1 + c\left(\frac{1}{x} - 1\right) = 1 - c\,\frac{x-1}{x}.$$

Sofern nun $c(x - 1) : x$ unterhalb der Einheit liegt, ist die rechte Seite hier positiv, so daß sich die Ungleichung umkehren läßt:

$$x^c \lesseqgtr \frac{1}{1 - c\,\dfrac{x-1}{x}} \qquad \text{mit} \quad \begin{Bmatrix} c > 1 \\ c < 1 \end{Bmatrix}.$$

Durch Zusammenziehung gewinnen wir die

Schrankenformel für die Potenz x^c:

$$\boxed{1 : \left[1 - c\,\frac{x-1}{x}\right] \lesseqgtr x^c \lesseqgtr 1 + c\,(x - 1)} \qquad \text{mit} \quad \begin{Bmatrix} c < 1 \\ c > 1 \end{Bmatrix}.$$

Dabei wird die *eckige Klammer* als *positiv* vorausgesetzt.

Einige einfache Beispiele mögen sogleich den Nutzen der Potenzungleichung zeigen.

1. Wie groß ist $\sqrt[10]{1{,}0003}$?
Nach der Potenzungleichung für $x = 1{,}0003$ und $c = 0{,}1$ ist

$$1 : \left[1 - \frac{0{,}00003}{1{,}0003}\right] < 1{,}0003^{1/10} < 1 + 0{,}00003$$

oder

$$1{,}000029992 < \sqrt[10]{1{,}0003} < 1{,}00003.$$

Mithin ist auf mindestens 8 Stellen genau

$$\sqrt[10]{1{,}0003} = 1{,}00002999.$$

2. Wie groß ist

$$\lim_{n \to \infty} \sqrt[n]{a} \qquad \text{mit} \quad a > 0\,?$$

Nach der Potenzungleichung ist

$$1:\left[1-\frac{a-1}{n\,a}\right]<\sqrt[n]{a}<1+\frac{a-1}{n}.$$

Bei unbegrenzt wachsendem n streben die Schranken von $\sqrt[n]{a}$ gegen die Einheit; mithin ist

$$\boxed{\lim \sqrt[n]{a}=1}\,.$$

3. Wie groß ist

$$\lim \sqrt[n]{n}\,?$$

Aus $n<(1+\sqrt{n})^2$ folgt sukzessiv [für $n>2$]

$$\sqrt[n]{n}<(1+\sqrt{n})^{2/n}<1+\frac{2}{n}\sqrt{n}=1+\frac{2}{\sqrt{n}};$$

folglich ist

$$\boxed{\lim_{n\to\infty}\sqrt[n]{n}=1}\,.$$

Zusatz

Die oben entwickelte Potenzungleichung läßt sich wesentlich erweitern.

Es seien $x, y, z, \ldots$ m positive Größen, $\alpha, \beta, \gamma, \ldots$ m positive Echtbrüche, deren Summe gleichfalls echt gebrochen ist.

Sind $\alpha, \beta, \gamma, \ldots$ *rational*, so bringen wir sie auf ihren Hauptnenner H:

$$\alpha=\frac{a}{H}, \qquad \beta=\frac{b}{H}, \qquad \gamma=\frac{c}{H}, \quad \ldots,$$

wo nun $a, b, c, \ldots, H$ positive Ganzzahlen sind, für welche die Summe $s=a+b+c+\cdots$ *unterhalb* H liegt, so daß $u=H-s$ eine positive Ganzzahl ist. Nach Cauchys Satze ist dann

$$\sqrt[H]{x^a\cdot y^b\cdot z^c\cdot\ldots\cdot 1^u}\leqq\frac{a\,x+b\,y+c\,z+\cdots+u\cdot 1}{H},$$

wobei das Gleichheitszeichen nur gilt, wenn jede der Basen $x, y, z, \ldots$ den Wert 1 hat. Ersetzen wir in dieser Ungleichung rechtsseitig u durch $H-a-b-c-\cdots$, so verwandelt sie sich in

$$x^\alpha y^\beta z^\gamma\cdots\leqq 1+\alpha(x-1)+\beta(y-1)+\gamma(z-1)+\cdots.$$

Die gefundene Ungleichung gilt zunächst nur für rationale Exponenten $\alpha, \beta, \gamma, \ldots$ Ganz ähnlich wie oben läßt sich aber zeigen, daß sie auch für *irrationale*, daß sie für beliebige Realexponenten gilt.

Zunächst erkennt man wie oben, daß für beliebige (nicht notwendig rationale) $\alpha, \beta, \gamma, \ldots$

$$x^\alpha y^\beta \cdots \leqq 1 + \alpha(x-1) + \beta(y-1) + \cdots$$

ist. Wenn nun *mindestens eine der Basen* $x, y, \ldots$, etwa x, *von* 1 *verschieden* ist, so wähle man die positive Zahl π so klein, daß jede der beiden Zahlen $\alpha + \beta + \gamma + \cdots + \pi$ und $\alpha - \pi$ noch positiv echt ist. Man hat dann (bei *beliebigen* $\alpha, \beta, \ldots$)

$$x^{\alpha+\pi} y^\beta z^\gamma \ldots \leqq 1 + (\alpha + \pi)(x-1) + \beta(y-1) + \gamma(z-1) + \cdots$$

und

$$x^{\alpha-\pi} y^\beta z^\gamma \ldots \leqq 1 + (\alpha - \pi)(x-1) + \beta(y-1) + \gamma(z-1) + \cdots$$

und hieraus durch Addition

$$x^\alpha y^\beta z^\gamma \ldots \cdot \frac{x^\pi + x^{-\pi}}{2} \leqq 1 + \alpha(x-1) + \beta(y-1) + \gamma(z-1) + \cdots.$$

Wieder ist das geometrische Mittel 1 von x^π und $x^{-\pi}$ kleiner als das arithmetische $(x^\pi + x^{-\pi}) : 2$, mithin die linke Seite der gefundenen Ungleichung *größer* als $x^\alpha y^\beta z^\gamma \ldots$ und folglich

$$x^\alpha y^\beta z^\gamma \ldots < 1 + \alpha(x-1) + \beta(y-1) + \gamma(z-1) + \cdots$$

Demgemäß:

Satz von der erweiterten Potenzungleichung:

Sind $x, y, z, \ldots$ *m positive Basen,* $\alpha, \beta, \gamma, \ldots$ *m ihnen zugeordnete echtgebrochene positive Exponenten, deren Summe gleichfalls echtgebrochen ist, so gilt die*

Erweiterte Potenzungleichung:

$$\boxed{x^\alpha y^\beta z^\gamma \ldots \leqq 1 + \alpha(x-1) + \beta(y-1) + \gamma(z-1) + \cdots},$$

in welcher das Gleichheitszeichen nur fungiert, wenn alle m Basen $x, y, z, \ldots$ *den Wert 1 haben.*

Dieser Satz läßt sich noch etwas bequemer formulieren.

$x, y, z, \ldots, t$ seien m positive Basen,

$\alpha, \beta, \gamma, \ldots, \varepsilon$ ihnen zugeordnete echtgebrochene positive Exponenten der Summe 1. Wenden wir den obigen Satz auf die $(m-1)$ Basen $x/t, y/t, z/t, \ldots$ an, so wird

$$\left(\frac{x}{t}\right)^\alpha \cdot \left(\frac{y}{t}\right)^\beta \cdot \left(\frac{z}{t}\right)^\gamma \cdots \leqq 1 + \alpha\left(\frac{x}{t} - 1\right) + \beta\left(\frac{y}{t} - 1\right) + \gamma\left(\frac{z}{t} - 1\right) + \cdots,$$

in welcher Ungleichung der Exponent ε nicht vorkommt und das Gleichheitszeichen nur gilt, wenn alle $(m-1)$ Brüche $x/t, y/t, z/t, \ldots$ den Wert 1 haben, wenn also alle m Basen $x, y, z, \ldots, t$ gleich groß sind.

Diese Ungleichung schreibt sich

$$\frac{x^\alpha y^\beta z^\gamma \ldots}{t^{\alpha+\beta+\gamma+\cdots}} \leqq 1 + \alpha\left(\frac{x}{t} - 1\right) + \beta\left(\frac{y}{t} - 1\right) + \gamma\left(\frac{z}{t} - 1\right) + \cdots$$

oder, wenn man sie mit t multipliziert und berücksichtigt, daß der Nennerexponent ihrer linken Seitė den Wert $1 - \varepsilon$ hat,

$$x^\alpha y^\beta z^\gamma \ldots t^\varepsilon \leqq \alpha x + \beta y + \gamma z + \cdots + \varepsilon t.$$

Folglich:

Satz von der Potenzungleichung:

Sind $x, y, z, \ldots$ m positive Basen, $\alpha, \beta, \gamma, \ldots$ m ihnen zugeordnete echtgebrochene positive Exponenten der Summe 1, so gilt die

Potenzungleichung:

$$\boxed{x^\alpha y^\beta z^\gamma \ldots \leqq \alpha x + \beta y + \gamma z + \cdots},$$

in welcher das Gleichheitszeichen nur fungiert, wenn die m Basen $x, y, z, \ldots$ einander gleichen.

Und dieser Satz bleibt, wie ohne weiteres einzusehen, bestehen, wenn – unter Beibehaltung der übrigen Annahmen – auch verschwindende Basen zugelassen werden.

§ 14. Die Ungleichung der Potenzsumme

Zufolge der Potenzungleichung ist für jedes positive von 1 verschiedene x und für jeden oberhalb der Einheit liegenden Exponenten P

$$x^P > 1 + P(x - 1).$$

In dieser Ungleichung setzen wir einmal $x = m : n$, einmal $x = n : m$, wo n und $m = n + 1$ zwei benachbarte natürliche Zahlen sind. Dadurch erhalten wir die beiden Ungleichungen

$$m^P > n^P + P n^p \quad \text{und} \quad n^P > m^P - P m^p \quad \text{mit} \quad p = P - 1,$$

die wir zu *einer* Ungleichung zusammenziehen:

$$P n^p < m^P - n^P < P m^p.$$

Hierin ist also n, m irgendein Paar sukzessiver natürlicher Zahlen, p irgendeine positive ganze oder gebrochene Zahl und

$$P = p + 1.$$

Diese Ungleichung bilden wir für die ω Nachbarzahlenpaare

$$(0, 1), \quad (1, 2), \quad (2, 3), \quad (3, 4), \ldots, \quad (\omega - 1, \omega)$$

[für das erste dieser Zahlenpaare ist sie eine Selbstverständlichkeit] und addieren die entstehenden ω Zeilen. Das gibt, wenn wir die *Potenzsumme*

$$1^p + 2^p + 3^p + \cdots + \omega^p = \widehat{p}$$

setzen,

$$P(\widehat{p} - \omega^p) < \omega^P < P\widehat{p}$$

oder, wenn wir den Quotient

$$\boxed{\bar{p} = \frac{1^p + 2^p + 3^p + \cdots + \omega^p}{\omega^P}} \qquad \text{mit} \quad P = p + 1$$

einführen,

$$\boxed{\frac{1}{P} < \bar{p} < \frac{1}{P} + \frac{1}{\omega}}.$$

Dies ist die *Ungleichung der Potenzsumme.*
Ausführlich schreibt sie sich

$$\boxed{\frac{1}{p+1} < \frac{1^p + 2^p + 3^p + \cdots + \omega^p}{\omega^{p+1}} < \frac{1}{p+1} + \frac{1}{\omega}};$$

dabei ist p eine beliebige Positivzahl, ω eine beliebige – meist sehr große – natürliche Zahl.
Bei sehr großem ω, etwa

$$\omega \geqq \omega_0 = 1000^{1000},$$

wird der Unterschied der beiden Schranken für $\bar{p}$ unmerklich, so daß es keinen Sinn mehr hat, von einer *Un*gleichung zu reden. Wir kommen so zu der für hinreichend hohe ω gültigen Gleichung

$$\boxed{\frac{1^p + 2^p + 3^p + \cdots + \omega^p}{\omega^{p+1}} = \frac{1}{p+1}},$$

welche für $\omega \geqq \omega_0$ unbedenklich verwandt werden kann.
Diese Gleichung läßt sich mit großem Nutzen für die Bestimmung zahlreicher Flächeninhalte, Volumina, Schwerpunkte, Trägheitsmomente usw. verwerten.
Wir geben nur ein Beispiel an.

Wie groß ist das Trägheitsmoment eines Zylinders von r cm Radius, h cm Höhe und M gr Masse für die Zylinderachse als Drehachse?

Wir zerlegen den Zylinder in ω Hohlzylinder von der Wandstärke $d = r : \omega$, wo $\omega > \omega_0$ sein soll. Der νte Hohlzylinder hat von der Achse den Abstand $\varrho = \nu r : \omega$, hat die Masse $\mu = 2\pi\varrho h d D$, wo D die Materialdichte bedeutet, und liefert zum gesuchten Trägheitsmoment Θ den Beitrag

$$\theta = \mu\varrho^2 = 2\pi h D r^4 \nu^3 : \omega^4 = 2 M r^2 \nu^3 : \omega^4.$$

Das Trägheitsmoment Θ hat den Wert

$$\Theta = \Sigma\theta = 2 M r^2 \cdot \frac{1^3 + 2^3 + 3^3 + \cdots + \omega^3}{\omega^4}.$$

Da der rechtsstehende Bruch den Wert $^1/_4$ hat, wird das gesuchte Trágheitsmoment

$$\boxed{\Theta = \frac{1}{2} M r^2}.$$

Schranken für die Summe $\frac{1}{a^m} + \frac{1}{b^m} + \cdots + \frac{1}{z^m}$.

Wir suchen eine obere und eine untere Schranke für die Summe

$$S = \frac{1}{a^m} + \frac{1}{b^m} + \cdots + \frac{1}{z^m},$$

in welcher m einen positiven unechten Bruch, $a, b, \ldots, z$ eine *arithmetische Reihe* mit dem positiven Anfangsgliede a, dem Endgliede z und der positiven Differenz d bedeutet. Wir finden diese Schranken am einfachsten durch den Vergleich von S mit der Flache, die von der Kurve $y = 1 : x^m$, der Abszissenachse und zwei passenden Randordinaten $1 : h^m$ und $1 : k^m$ begrenzt wird, die bekanntlich den Inhalt

$$J = \frac{1}{n h^n} - \frac{1}{n k^n} \qquad \text{mit} \quad n = m - 1$$

hat, und die wir kurz mit $\mathfrak{F}_h^k$ bezeichnen wollen.

Wir führen folgende Flachenstücke ein: 1. das Rechteck $\mathfrak{R}_x$ mit der auf der Abszissenachse zwischen den Abszissen x und $x + d$ liegenden Grundlinie d, der Höhe $y = 1 : x^m$ und dem Inhalt $R_x = dy = d : x^m$, 2. das Rechteck $\mathfrak{R}'_x$ mit der auf der Abszissenachse zwischen den Abszissen $x - \frac{d}{2}$ und $x + \frac{d}{2}$ liegenden Grundlinie d, derselben Höhe $y = 1 : x^m$ und demselben Inhalt $R'_x = d : x^m$, 3. das Kurventrapez $\mathfrak{T}_x$, welches von unserer Kurve, der Abszissenachse und den beiden Ordinaten $1 : x^m$ und $1 : (x + d)^m$ begrenzt wird, dessen Inhalt T_x sei, 4. endlich das Kurventrapez $\mathfrak{T}'_x$, welches von unserer Kurve, der Abszissenachse und den beiden Ordinaten $1 : \left(x - \frac{d}{2}\right)^m$ und $1 : \left(x + \frac{d}{2}\right)^m$ begrenzt wird, dessen Inhalt T'_x sei:

Zunächst folgt aus dem Anblick der Figur ohne weiteres

$$R_x > T_x.$$

Setzen wir in dieser Ungleichung sukzessiv $x = a, b, \ldots, z$ und addieren alle so entstehenden Ungleichungen, so ergibt sich

$$\frac{d}{a^m} + \frac{d}{b^m} + \cdots + \frac{d}{z^m} > T_a + T_b + \cdots + T_z.$$

Die linke Seite dieser Ungleichung ist das d-fache unserer Summe S, die rechte Seite der Inhalt der Fläche, welche von unserer Kurve, der Abszissenachse, der Anfangsordinate $\frac{1}{a^m}$ und der Endordinate $\frac{1}{(z+d)^m}$ begrenzt wird, welcher Inhalt nach obigem $\frac{1}{n\,a^n} - \frac{1}{n\,(z+d)^n}$ ist. Folglich:

$$dS > \frac{1}{n\,a^n} - \frac{1}{n\,(z+d)^n}, \tag{1}$$

womit die gesuchte untere Schranke gefunden ist.

Wir achten jetzt auf das Rechteck $\mathfrak{R}'_x$ und das Trapez $\mathfrak{T}'_x$ und behaupten, daß

$$R'_x < T'_x$$

ist.

Beweis. Nach der Potenzungleichung gelten für jeden positiven Echtbruch $u : x$ die Ungleichungen

$$\left(1 + \frac{u}{x}\right)^m > 1 + m\,\frac{u}{x}, \qquad \left(1 - \frac{u}{x}\right)^m > 1 - m\,\frac{u}{x}.$$

Ihre Addition liefert

$$\left(1 + \frac{u}{x}\right)^m + \left(1 - \frac{u}{x}\right)^m > 2$$

oder

$$(x+u)^m + (x-u)^m > 2x^m$$

oder

$$\frac{1}{(x-u)^m} + \frac{1}{(x+u)^m} > 2\,\frac{x^m}{(x^2-u^2)^m},$$

so daß erst recht

$$\frac{1}{(x-u)^m} + \frac{1}{(x+u)^m} > \frac{2}{x^m}$$

wird. Wir schreiben diese Ungleichung

$$\frac{1}{(x-u)^m} + \frac{1}{(x+u)^m} > \frac{1}{x^m} + \frac{1}{x^m},$$

denken uns $2u \leq d$ und lesen aus der gefundenen Ungleichung ab:

Die Summe der beiden zu den Abszissen $x-u$ und $x+u$ gehörigen Ordinaten des Trapezes $\mathfrak{T}'_x$ ist *größer* als die Summe der beiden zu diesen Abszissen gehörigen Ordinaten des Rechtecks $\mathfrak{R}'_x$, woraus wegen der Willkür von u sofort folgt, daß das Trapez größer als das Rechteck ist:

$$R'_x < T'_x.$$

Bilden wir diese Ungleichung für die Abszissen $a, b, \ldots, z$, wobei wir aber $2a > d$ voraussetzen müssen, und addieren, so entsteht links wieder dS, rechts der Inhalt der Fläche, die von der Kurve, der Abszissenachse und den zu den Abszissen $a_1 = a - \frac{d}{2}$ und $z_1 = z + \frac{d}{2}$ gehörigen Randordinaten $\frac{1}{a_1^m}$ und $\frac{1}{z_1^m}$ begrenzt wird, mithin den Wert $\frac{1}{n a_1^n} - \frac{1}{n z_1^n}$ hat. Daher ist

$$dS < \frac{1}{n a_1^n} - \frac{1}{n z_1^n} < \frac{1}{n a_1^n}. \tag{2}$$

Ungleichung (2) enthält die obere Schranke für S.

Ergebnis:

Ist $a, b, \ldots, z$ eine arithmetische Reihe mit der positiven Differenz d und dem oberhalb $d:2$ liegenden Anfangsgliede a, m ein unechtgebrochener positiver Exponent, so gilt die Unformel

$$\boxed{\frac{1}{n d a^n} - \frac{1}{n d (z+d)^n} < \frac{1}{a^m} + \frac{1}{b^m} + \cdots + \frac{1}{z^m} < \frac{1}{n d a_1^n}} \quad \text{mit} \quad \begin{Bmatrix} n = m - 1 \\ a_1 = a - \frac{d}{2} \end{Bmatrix}.$$

§ 15. Die Ungleichung der Exponentialfunktion

In der Potenzungleichung

$$x^c > 1 + c(x-1) \qquad \text{mit} \quad c > 1$$

setzen wir

$$\left.\begin{aligned} &\text{einmal } x = 1 + \frac{1}{a}, \quad && c = \frac{a}{b} \\ &\text{dann } \quad x = 1 - \frac{1}{a+1}, \quad && c = \frac{a+1}{b+1} \end{aligned}\right\} \quad \text{mit} \quad a > b > 0.$$

Das gibt im ersten Falle

$$\left(1 + \frac{1}{a}\right)^{a/b} > 1 + \frac{1}{b}$$

oder

$$\left(1 + \frac{1}{a}\right)^a > \left(1 + \frac{1}{b}\right)^b, \tag{1}$$

im zweiten Falle

$$\left(1 - \frac{1}{a+1}\right)^{\frac{a+1}{b+1}} > 1 - \frac{1}{b+1} \qquad \text{oder} \qquad \left(\frac{a}{a+1}\right)^{a+1} > \left(\frac{b}{b+1}\right)^{b+1}$$

oder

$$\left(1+\frac{1}{a}\right)^{a+1} < \left(1+\frac{1}{b}\right)^{b+1}. \tag{2}$$

Die Ungleichungen (1) und (2) lehren:

Die Funktion

$$\varphi(x) = \left(1+\frac{1}{x}\right)^{x}$$

des positiven Arguments x wächst mit zunehmendem x, während die Funktion

$$\Phi(x) = \left(1+\frac{1}{x}\right)^{x+1}$$

mit zunehmendem x fällt.

Für $X > x > 0$ ist also

$$\boxed{\varphi(X) > \varphi(x)}, \qquad \text{dagegen} \qquad \boxed{\Phi(X) < \Phi(x)}.$$

Im übrigen ist für jeden positiven Argumentwert x wegen $\Phi(x) = \left(1+\frac{1}{x}\right)\cdot\varphi(x)$

$$\boxed{\Phi(x) > \varphi(x)}.$$

Aus den Ungleichungen

$$\varphi(x) < \varphi(X) < \Phi(X) \qquad \text{und} \qquad \varphi(X) < \Phi(X) < \Phi(x)$$

folgt noch:

Jeder Wert der Funktion Φ ist größer als jeder Wert der Funktion φ.

Wir markieren nun auf der reellen Zahlenachse jede der Zahlen

$$\varphi_1 = \left(1+\frac{1}{1}\right)^{1}, \quad \varphi_2 = \left(1+\frac{1}{2}\right)^{2}, \quad \varphi_3 = \left(1+\frac{1}{3}\right)^{3}, \ldots$$

durch einen blauen, jede der Zahlen

$$\Phi_1 = \left(1+\frac{1}{1}\right)^{2}, \quad \Phi_2 = \left(1+\frac{1}{2}\right)^{3}, \quad \Phi_3 = \left(1+\frac{1}{3}\right)^{4}, \ldots$$

durch einen roten Punkt.

Dann gilt folgendes:

1. Die blauen Punkte wandern mit wachsendem Zeiger nach rechts, die roten nach links.
2. Jeder rote Punkt liegt rechts von jedem blauen Punkte.
3. Der Abstand des blauen Punktes φ_n vom roten Punkte Φ_n strebt wegen der Gleichung

$$\Phi_n : \varphi_n = 1 + \frac{1}{n}$$

bei unbegrenzt wachsendem n gegen Null.

Mithin liegt auf der Zahlachse eine Stelle, welcher die blauen Punkte von links her, die roten von rechts her unbegrenzt nahekommen, ohne sie jedoch zu erreichen. Der Abstand dieser Stelle vom Nullpunkt ist die *Eulersche Zahl e,* welche demnach durch jede der beiden Limesgleichungen

$$\boxed{e = \lim \left(1 + \frac{1}{n}\right)^n}, \qquad \boxed{e = \lim \left(1 + \frac{1}{n}\right)^{n+1}}$$

definiert werden kann.

Was den Zahlwert von e anbetrifft, so können wir einstweilen nicht viel mehr versichern, als daß e größer als $2\frac{1}{4}$, dagegen kleiner als $3\frac{3}{8}$ ist

$$\left[\left(1 + \frac{1}{2}\right)^2 = 2\frac{1}{4}, \quad \left(1 + \frac{1}{2}\right)^3 = 3\frac{3}{8}\right].$$

Eine bequeme Methode zur Berechnung von e werden wir später kennenlernen (§ 83); sie ergibt für e den Zahlwert

$$e = 2{,}718281828459045\ldots$$

Aus unseren Darlegungen folgt noch, daß die Funktion $\varphi(x)$ für jeden Wert ihres positiven Arguments unterhalb, die Funktion $\Phi(x)$ dagegen oberhalb der Eulerschen Zahl liegt. Demgemaß gilt die fundamentale Ungleichung

$$\varphi(x) < e < \Phi(x)$$

ausführlich:

$$\boxed{\left(1 + \frac{1}{x}\right)^x < e < \left(1 + \frac{1}{x}\right)^{x+1}} \qquad \text{für jedes positive } x.$$

Wir nennen diese Ungleichung kurz die *Ungleichung der Zahl e.*

Unter der *Exponentialfunktion* versteht man die Funktion

$$y = e^x$$

für jedes reelle x, wobei e die Eulersche Zahl bedeutet.

Ihre *Fundamentaleigenschaft* ist die *Ungleichung der Exponentialfunktion:*

$$\boxed{e^x > 1 + x},$$

welche für jedes reelle nichtverschwindende x gilt.

Beweis dieser Ungleichung. Wir unterscheiden drei Fälle:

$$1^\circ \quad x > 0, \qquad 2^\circ \quad -1 < x < 0, \qquad 3^\circ \quad x \leqq -1.$$

Im ersten Falle ist nach der Ungleichung der Zahl e

$$(1 + x)^{\frac{1}{x}} < e \qquad \text{oder} \qquad e^x > 1 + x.$$

Im zweiten Falle liegt $-1 : x = 1 + u$ oberhalb der Einheit, ist also nach der Ungleichung der Zahl e

$$e < \left(1+\frac{1}{u}\right)^{u+1} \qquad \text{oder} \qquad e^{-x} < 1 + \frac{1}{u} = \frac{1}{1+x}, \qquad \text{d. h.} \quad e^x > 1 + x.$$

Im dritten Falle ist e^x positiv, $1 + x$ nichtpositiv, mithin selbstverständlich $e^x > 1 + x$.

Womit die Ungleichung der Exponentialfunktion in allen drei Fallen bewiesen ist.

Die Ungleichung der Exponentialfunktion liefert zwar zunachst nur eine *untere* Schranke für e^x. Doch gestattet sie auch leicht die Angabe einer *oberen* Schranke. Es gilt namlich für jedes reelle nichtverschwindende x die Ungleichung

$$e^{-x} > 1 - x.$$

Multipliziert man diese Ungleichung mit e^x, so wird aus ihr $1 > e^x - xe^x$ oder

$$\boxed{e^x < 1 + xe^x},$$

womit eine obere Schranke für e^x festgestellt ist.

Die Ungleichung der Exponentialfunktion liefert auch sofort die wichtige *Limesgleichung der Exponentialfunktion.* Bedeutet x einen beliebigen nichtverschwindenden reellen Wert, n eine beliebige positive Zahl so groß, daß $x : n$ und $x^2 : n$ Echtbrüche sind, so ergibt sich durch Potenzieren der beiden Ungleichungen

$$1 + \frac{x}{n} < e^{\frac{x}{n}} \qquad \text{und} \qquad 1 + \frac{x}{n} > e^{\frac{x}{n}}\left(1 - \frac{x^2}{n^2}\right)$$

$\left[\text{die zweite folgt sofort aus } e^{-\frac{x}{n}} > 1 - \frac{x}{n} \text{ durch Multiplikation mit } \left(1 + \frac{x}{n}\right) \cdot e^{\frac{x}{n}}\right]$

$$\left(1 + \frac{x}{n}\right)^n < e^x \qquad \text{und} \qquad \left(1 + \frac{x}{n}\right)^n > e^x\left(1 - \frac{x^2}{n^2}\right)^n,$$

von welchen Ungleichungen die zweite, da nach der Potenzungleichung $\left(1 - \frac{x^2}{n^2}\right)^n > 1 - \frac{x^2}{n}$ ist, noch zu

$$\left(1 + \frac{x}{n}\right)^n > e^x\left(1 - \frac{x^2}{n}\right)$$

vereinfacht werden kann. Demnach gilt die Ungleichung

$$\boxed{e^x > \left(1 + \frac{x}{n}\right)^n > e^x\left(1 - \frac{x^2}{n}\right)}.$$

Aus ihr folgt sofort die für jedes x gültige *fundamentale Limesgleichung der Exponentialfunktion:*

$$\boxed{\lim_{n\to\infty}\left(1+\frac{x}{n}\right)^n = e^x}\,.$$

§ 16. Die Ungleichung der logarithmischen Funktion

Unter dem *natürlichen Logarithmus* von x versteht man den Exponent, mit dem man Eulers Zahl e potenzieren muß, um x zu erhalten. Bedeutet demnach y den natürlichen Logarithmus von x, so gilt die Gleichung

$$e^y = x\,.$$

Man schreibt $y = \log\operatorname{nat} x$ oder einfacher

$$y = \ln x \qquad \text{oder kurz} \qquad y = lx$$

und nennt $y = lx$ die *logarithmische Funktion.*

Soll y einen reellen Wert haben, so muß x positiv sein.

Zugleich erkennt man das wichtige Gesetz:

Die logarithmische Funktion nimmt mit wachsendem Argument zu.

Nahert sich x, unbegrenzt fallend, der Null, so strebt $y = lx$, gleichfalls unbegrenzt fallend, ins negative Unendliche, und man schreibt demgemäß

$$l0 = -\infty.$$

Die Schaukurve der logarithmischen Funktion, die sog. logarithmische Kurve, steigt, aus dem negativen Unendlichen kommend, wo die negative Ordinatenachse ihre Asymptote ist, steil empor, durchschreitet bei $x = 1$ die Abszissenachse und läuft dann, schwach ansteigend, im ersten Quadranten ins Unendliche.

Nach der Ungleichung der Exponentialfunktion ist für jedes reelle (positive) von 1 verschiedene x

$$e^{x-1} > x \qquad \text{und} \qquad e^{\frac{1}{x}-1} > \frac{1}{x}\,.$$

Logarithmisch gelesen, schreiben sich diese Ungleichungen

$$lx < x - 1 \qquad \text{und} \qquad l\frac{1}{x} < \frac{1}{x} - 1$$

oder, da sich die zweite dieser Ungleichungen wegen $l(1:x) = -lx$ besser $lx > 1 - 1:x = (x-1):x$ schreibt, zusammengezogen:

$$\boxed{\frac{x-1}{x} < lx < x - 1}\,.$$

Dies ist die für jedes positive von 1 verschiedene x geltende

Ungleichung der logarithmischen Funktion.

Es darf nicht unerwähnt bleiben, daß ihre linksseitige Aussage aus ihrer rechtsseitigen gefolgert werden kann, insofern sich aus $lu < u - 1$ mit $u = 1 : x$ sofort $l(1 : x) < (1 - x) : x$ oder $lx > (x - 1) : x$ ergibt.
Da bei hinreichend großem x die 1 in der oberen Schranke von lx gegenüber dem x vernachlässigt werden kann, so genügt es, bei großem x

$$lx < x$$

zu schreiben. In dieser Ungleichung ersetzen wir x durch x^p, wo p irgendeine positive Zahl bedeutet, und bekommen wegen $l(x^p) = plx$ die Ungleichung

$$lx < x^p : p, \qquad \text{mit} \qquad x > 0, \;\; p > 0.$$

Diese neue Ungleichung erscheint besonders eindrucksvoll, wenn man sich p als kleinen Echtbruch ε vorstellt:

$$\boxed{lx < x^\varepsilon : \varepsilon}, \quad \varepsilon > 0, \quad x > 0.$$

Sie sagt dann aus: *Die logarithmische Funktion wird im Unendlichen von beliebig kleiner Ordnung unendlich.* Genauer ausgedrückt:

Für jedes positive p ist $$\boxed{\lim_{x\to\infty} \frac{lx}{x^p} = 0}.$$

Beweis. Man setze $p = 2\varepsilon$. Dann ist $lx < x^\varepsilon : \varepsilon$, mithin für positive x

$$\frac{lx}{x^p} < \frac{1}{\varepsilon x^\varepsilon}.$$

Dieser Sachverhalt sagt deutlicher, was unter dem „schwachen Ansteigen" der logarithmischen Kurve im ersten Quadranten zu verstehen ist.
Die Frage:

„Wie groß ist bei positivem p $\lim_{x\to 0} x^p lx$?"

kommt auf die obige Limesformel

$$\lim_{x\to\infty} \frac{lx}{x^p} = 0$$

hinaus. Man setzt $x = \frac{1}{u}$ und hat

$$x^p lx = -\frac{lu}{u^p}.$$

Wenn x auf Null zueilt, strebt u gegen Unendlich, und, da $\lim_{u\to\infty} lu : u^p$ verschwindet, ist

$$\boxed{\lim_{x\to 0} x^p\, l\, x = 0} \qquad \text{für jedes positive } p.$$

Aus der Ungleichung der logarithmischen Funktion entwickeln wir noch eine zur *numerischen Berechnung von Logarithmen* geeignete Formel.

V und $v < V$ seien zwei positive Echtbrüche, $V - v = d$ ihr Unterschied. Nach der Ungleichung des Logarithmus ist

$$\frac{d}{1+V} < l\frac{1+V}{1+v} < \frac{d}{1+v} \qquad \text{und} \qquad \frac{d}{1-v} < l\frac{1-v}{1-V} < \frac{d}{1-V}.$$

Durch Addition dieser Ungleichungen und Einführung der Abkürzungen

$$W = \frac{1+V}{1-V}, \qquad w = \frac{1+v}{1-v}$$

entsteht die neue Ungleichung

$$\frac{d}{1-v} + \frac{d}{1+V} < lW - lw < \frac{d}{1+v} + \frac{d}{1-V}.$$

Hier addieren und subtrahieren wir

$$\text{links } \frac{d}{1+v}, \qquad \text{rechts } \frac{d}{1+V}$$

und bekommen

$$\left(\frac{d}{1-v} + \frac{d}{1+v}\right) - \left(\frac{d}{1+v} - \frac{d}{1+V}\right) < lW - lw < \left(\frac{d}{1-V} + \frac{d}{1+V}\right) + \left(\frac{d}{1+v} - \frac{d}{1+V}\right)$$

oder

$$\frac{d}{1-v^2} - \frac{d^2:2}{(1+V)(1+v)} < l\sqrt{\frac{W}{w}} < \frac{d}{1-V^2} + \frac{d^2:2}{(1+V)(1+v)}.$$

Mithin ist erst recht

$$\frac{d}{1-v^2} - \frac{1}{2}d^2 < l\sqrt{\frac{W}{w}} < \frac{d}{1-V^2} + \frac{1}{2}d^2.$$

Nun ist mit $m = n + 1$

$$\frac{1}{1-z^2} = 1 + z^2 + z^4 + z^6 + \cdots + z^{2n} + \frac{z^{2m}}{1-z^2},$$

folglich

$$\frac{1}{1-v^2} > 1 + v^2 + v^4 + v^6 + \cdots + v^{2n}$$

und, wenn V den festen positiven Echtbruch F nicht überschreitet,

$$\frac{1}{1-V^2} \leqq 1 + V^2 + V^4 + V^6 + \cdots + V^{2n} + f\,V^{2m} \qquad \text{mit } f = \frac{1}{1-F^2}.$$

Daher verstärken wir die gefundene Ungleichung, wenn wir schreiben

$$(\mathfrak{U})\quad \sum_0^n d\,v^{2r} - \frac{1}{2}d^2 < l\sqrt{\frac{W}{w}} < \sum_0^n d\,V^{2r} + d\,f\,V^{2m} + \frac{1}{2}d^2.$$

Nunmehr sei x ein fester positiver Echtbruch und

$$u = \frac{1+x}{1-x}\,.$$

In der Ungleichung ($\mathfrak{U}$) setzen wir sukzessiv

$$\left\{\begin{matrix} v = 0\,, & d\,,\ 2d\,,\ \ldots,\ (\omega-1)\,d \\ V = d\,, & 2d\,,\ 3d\,,\ \ldots,\ \omega\,d \end{matrix}\right\},$$

wo ω eine sehr große natürliche Zahl und d den ω ten Teil von x bedeutet. Dadurch entstehen ω Ungleichungen, deren Addition auf die Ungleichung

$$\sum_0^n \left(\overline{2r}\,x^{2r+1} - \frac{x^{2r+1}}{\omega}\right) - \frac{x^2}{2\omega} < l\sqrt{u} < \sum_0^n \overline{2r}\,x^{2r+1} + f\,\overline{2m}\,x^{2m+1} + \frac{x^2}{2\omega}$$

führt, wobei $\bar{\alpha}$ eine Abkürzung für den Bruch

$$(1^\alpha + 2^\alpha + 3^\alpha + \cdots + \omega^\alpha) : \omega^{\alpha+1}$$

bedeutet. Nach der Ungleichung der Potenzsumme (§ 14) hat man

$$\frac{1}{2r+1} < \overline{2r} < \frac{1}{2r+1} + \frac{1}{\omega}\,.$$

Daher wird stärker

$$\sum_0^n \frac{x^{2r+1}}{2r+1} - \frac{H}{\omega} < l\sqrt{u} < \sum_0^n \frac{x^{2r+1}}{2r+1} + f\,\frac{x^{2m+1}}{2m+1} + \frac{K}{\omega}$$

mit

$$H = \sum_0^n x^{2r+1} + x^2 : 2 \qquad \text{und} \qquad K = \sum_0^n x^{2r+1} + f\,x^{2m+1} + x^2 : 2\,.$$

Lassen wir jetzt ω unendlich werden, so fallen die Brüche mit den Zählern H und K fort, und es bleibt

$$\sum_0^n \frac{x^{2r+1}}{2r+1} < l\sqrt{u} < \sum_0^n \frac{x^{2r+1}}{2r+1} + f\,\frac{x^{2m+1}}{2m+1}\,.$$

Hierbei ist f der Kehrwert von $1 - F^2$, und F ein Echtbruch, welcher keinen der für V vorgekommenen Werte unterschreiten darf, so daß wir für F den Wert x nehmen können.

Ergebnis:

Ist u ein positiver unechter Bruch, $x = \frac{u-1}{u+1}$,

so gilt die Formel

$$\boxed{l\sqrt{u} = x + \frac{x^3}{3} + \frac{x^5}{5} + \cdots + \frac{x^{2n+1}}{2n+1} + \mathfrak{r}},$$

wo n eine beliebige natürliche Zahl und der positive Rest

$$\mathfrak{r} < \frac{x^{2m+1}}{2m+1} : (1 - x^2) \qquad \text{mit} \quad m = n + 1$$

ist.

Gewöhnlich schreibt man die gefundene Formel

$$l\sqrt{u} = x + \frac{x^3}{3} + \frac{x^5}{5} + \cdots; \qquad \left(x = \frac{u-1}{u+1}\right)$$

mit der Absicht, die Reihe rechts an einer geeigneten Stelle abzubrechen. Damit begeht man zwar einen Fehler; doch ist dieser kleiner als das f-fache des ersten nicht mehr berücksichtigten Gliedes, wo f den Kehrwert von $1 - x^2$ *bedeutet.*

Um z. B. $l\,2$ zu berechnen, nimmt man $u = 2$, $x = 1:3$ und schreibt

$$l\sqrt{2} = \frac{1}{3} + \frac{1}{3 \cdot 3^3} + \frac{1}{5 \cdot 3^5} + \cdots + \frac{1}{n \cdot 3^n},$$

wo nun der damit begangene Fehler kleiner als

$$O = \frac{9}{8\,m\,3^m} \qquad \text{mit} \quad m = n + 2$$

ist. Will man $l\,2$ auf 10 Dezimalstellen genau haben, so braucht man m nur so groß zu nehmen, daß $2\,O$ unterhalb $5 : 10^{11}$ liegt oder

$$2m\,3^n > 10^{10} \qquad \text{oder} \qquad n \lg 3 + \lg 2m > 10$$

ist. Das gibt $n = 19$. Man erhalt daher $l\,2$ auf mindestens 10 Dezimalen genau, wenn man

$$l\,2 = 2\left[\frac{1}{3} + \frac{1}{3 \cdot 3^3} + \frac{1}{5 \cdot 3^5} + \cdots + \frac{1}{19 \cdot 3^{19}}\right]$$

schreibt, wenn man also nur 10 Glieder unserer Reihe berücksichtigt.
Um $l\,5$ zu bekommen, nehmen wir

$$u = \frac{128}{125} = \frac{2^7}{5^3}, \qquad x = \frac{3}{253}$$

und haben auf mindestens 13 Stellen genau

$$3{,}5\,l\,2 - 1{,}5\,l\,5 = x + \frac{x^3}{3} + \frac{x^5}{5}, \qquad (x = 3:253).$$

Um $l\,3$ zu berechnen, nehmen wir

$$u = \frac{81}{80}, \qquad x = \frac{1}{161}$$

und haben auf mindestens 10 Stellen genau

$$2l3 - 2l2 - 0{,}5l5 = x + \frac{x^3}{3}, \qquad (x = 1:161).$$

Zur Berechnung von $l\,7$ berücksichtigen wir, daß

$$7^4 = 2401$$

ist, und nehmen daraufhin

$$u = \frac{2401}{2400}, \qquad x = \frac{1}{4801}.$$

Dann wird auf mindestens 18 Stellen genau

$$2l7 - 2{,}5l2 - l5 - 0{,}5l3 = x + \frac{x^3}{3}, \qquad (x = 1:4801).$$

Usw.

§ 17. Die Ungleichungen der Kreisfunktionen

I. Die Ungleichung der Sinusfunktion

Trägt man den Winkel x auf dem Einheitskreise vom Zentrum O als Bogen $AP = x$ ab, so stellt das von P auf OA gefällte Lot $PF = y$ den Sinus von x dar. Da dieses Lot aber kürzer als der Bogen AP ist, so gilt die Ungleichung $y < x$ oder

$$\sin x < x.$$

Damit ist eine *obere* Schranke für $\sin x$ gefunden.

Zur Ermittlung einer unteren Schranke dient der *Satz*

Die Funktion

$$y = \frac{\sin x}{x}$$

nimmt mit wachsendem Konkavwinkel ab.

Beweis. Wir betrachten vorerst nur *spitze* Winkel. Wir tragen die beiden Winkel x und $X > x$ als Bogen Ap und AP von einem Festpunkte A des Einheitskreises $\mathfrak{k}$ vom Zentrum O auf $\mathfrak{k}$ ab, so daß Bogen $pP = \xi = X - x$ ist, fallen von p und P die Lote

$$pf = y = \sin x \qquad \text{und} \qquad PF = Y = \sin X$$

auf OA und verlängern die Sehne $Pp = \zeta$ bis zum Schnitt S mit der Verlangerung von OA, wodurch die Strecken

$$Sp = z \qquad \text{und} \qquad SP = Z$$

entstehen.
Nach dem Strahlensatze ist nun

$$Y : y = Z : z \qquad \text{oder} \qquad \frac{Y}{y} - 1 = \zeta/z\,.$$

Da aber $\zeta < \xi$ und $z > x$ ist, so wird

$$\frac{Y}{y} - 1 < \frac{\xi}{x} = \frac{X}{x} - 1$$

oder

$$\frac{Y}{y} < \frac{X}{x}$$

oder endlich

$$\frac{\sin X}{X} < \frac{\sin x}{x}\,.$$

Bei wachsendem *stumpfem* Winkel fällt sowohl $\sin x$ als auch $1/x$, erst recht also $\sin x/x$.
Damit ist dieser wichtige Satz für konkave Winkel bewiesen.
Der Satz liefert sofort eine *untere* Schranke für den Sinus eines spitzen Winkels x. Da nämlich $\sin x/x$ im ersten Quadranten fällt, ist für jeden spitzen Winkel x

$$\frac{\sin x}{x} > \frac{\sin \varkappa}{\varkappa} \qquad \text{mit} \quad \varkappa = \frac{\pi}{2}$$

oder

$$\frac{\sin x}{x} > \frac{2}{\pi}$$

oder

$$\sin x > \frac{2}{\pi}\,x\,.$$

Zusammenfassend können wir sagen:

Für jeden spitzen Winkel x gilt die Ungleichung

$$\boxed{\frac{2}{\pi}\,x < \sin x < x}\,,$$

während der rechte Teil dieser Ungleichung für jeden nicht verschwindenden Winkel x gilt.

II. Die Ungleichung der Cosinusfunktion

Wieder sei x zunächst ein konkaver Winkel, den wir uns als Spitzenwinkel eines gleichschenkligen Dreiecks mit dem Schenkel 1 und der Basis u vorstellen.
Nach dem Cosinussatz ist dann

$$\cos x = \frac{2 - u^2}{2} = 1 - \frac{u^2}{2}.$$

Da aber $u < x$ ist, gilt die Ungleichung

$$\cos x > 1 - \frac{1}{2} x^2.$$

Und diese Ungleichung gilt für oberhalb π liegende Winkel x natürlich erst recht. Da anderseits für jeden nicht grade ein Multiplum von 2π bildenden Winkel x $\cos x$ unterhalb 1 liegt, können wir zur Ungleichung

$$\boxed{1 > \cos x > 1 - \frac{1}{2} x^2}$$

zusammenfassen, wofern wir ihren linken Teil auf Winkel x beschränken, die kein Multiplum von 2π sind.

§ 18. Abels Lemma

Um den Inhalt des wichtigen Abelschen Lemmas bequem aussprechen zu können, schicken wir eine Bemerkung voraus.
Ist

$$g_1, g_2, \ldots, g_n$$

ein n-gliedriges Zahlsystem, so heißt das n-gliedrige Zahlsystem

$$s_1, s_2, \ldots, s_n$$

mit $s_1 = g_1, \quad s_2 = g_1 + g_2, \quad s_3 = g_1 + g_2 + g_3, \quad \ldots, \quad s_n = g_1 + g_2 + \cdots + g_n$
die *Summenfolge*, das n-gliedrige Zahlsystem

$$d_1, d_2, \ldots, d_n$$

mit $$d_1 = g_1 - g_2, d_2 = g_2 - g_3, \ldots, d_{n-1} = g_{n-1} - g_n, d_n = g_n$$

die Differenzenfolge des vorgelegten Zahlsystems.
Die Abelsche Formel besteht in der Verwandlung des „Produkts

$$f_1\varphi_1 + f_2\varphi_2 + \cdots + f_n\varphi_n$$

der beiden Zahlsysteme“

$$f_1, f_2, \ldots, f_n \qquad \text{und} \qquad \varphi_1, \varphi_2, \ldots, \varphi_n$$

in das Produkt

$$s_1\delta_1 + s_2\delta_2 + \cdots + s_n\delta_n$$

aus der Summenfolge $s_1, s_2, \ldots, s_n$ des ersten und der Differenzenfolge $\delta_1, \delta_2, \ldots, \delta_n$ des zweiten Systems. Sie lautet demnach

$$\boxed{\sum_1^n f_\nu \varphi_\nu = \sum_1^n s_\nu \delta_\nu} \qquad [\textit{Abels Formel}]$$

mit

$$\left\{\begin{array}{l} s_\nu = f_1 + f_2 + \cdots + f_\nu, \quad (\nu = 1, 2, \ldots, n) \\ \delta_1 = \varphi_1 - \varphi_2, \ \delta_2 = \varphi_2 - \varphi_3, \ \ldots, \ \delta_{n-1} = \varphi_{n-1} - \varphi_n, \ \delta_n = \varphi_n \end{array}\right\}.$$

In Worten:

Abels Satz:

Das Produkt zweier Zahlsysteme ist gleich dem Produkt aus der Summenfolge des einen und der Differenzenfolge des andern Systems.

Der Beweis der Abelschen Formel ist außerst einfach.

Wir schreiben

$$\begin{aligned} & f_1\varphi_1 + f_2\varphi_2 + f_3\varphi_3 + \cdots + f_n\varphi_n \\ & \quad = s_1\varphi_1 + (s_2 - s_1)\varphi_2 + (s_3 - s_2)\varphi_3 + \cdots + (s_n - s_{n-1})\varphi_n \\ & \quad = s_1(\varphi_1 - \varphi_2) + s_2(\varphi_2 - \varphi_3) + \cdots + s_{n-1}(\varphi_{n-1} - \varphi_n) + s_n\varphi_n \\ & \quad = s_1\delta_1 + s_2\delta_2 + \cdots + s_{n-1}\delta_{n-1} + s_n\delta_n. \end{aligned}$$

Cfr. Abels Abhandlung über die Binomialformel (Werke, Bd. I; Crelles Journal, Bd. 1).

Aus der Abelschen Formel ergibt sich als Korollar die wichtige Ungleichung, die in der mathematischen Literatur das Abelsche Lemma genannt wird.

Abels Lemma:

Sind $f_1, f_2, \ldots, f_n$ n beliebige reelle Zahlen, $\varphi_1, \varphi_2, \ldots, \varphi_n$ n abnehmende (oder doch wenigstens nicht zunehmende) Positivzahlen, und liegt jede der n Summen

$$s_1 = f_1, \quad s_2 = f_1 + f_2, \quad s_3 = f_1 + f_2 + f_3, \ \ldots, \quad s_n = f_1 + f_2 + \cdots + f_n$$

zwischen den Schranken A und B ($> A$), so liegt das Produkt

$$f_1\varphi_1 + f_2\varphi_2 + \cdots + f_n\varphi_n$$

der beiden Folgen

$$f_1, f_2, \ldots, f_n \quad \text{und} \quad \varphi_1, \varphi_2, \ldots, \varphi_n$$

zwischen den beiden Schranken $A\varphi_1$ und $B\varphi_1$. In Zeichen:

$$\boxed{A\varphi_1 < \sum_1^n f_\nu \varphi_\nu < B\varphi_1}\ .$$

In der Tat: Nach Abels Formel ist

$$\sum_1^n f_\nu \varphi_\nu = \sum_1^n s_\nu \delta_\nu .$$

Nun sind $\delta_1, \delta_2, \ldots, \delta_n$ positive oder doch wenigstens nichtnegative Größen, und s_ν liegt zwischen A und B. Daher ist

$$A\,\delta_\nu < s_\nu \delta_\nu < B\delta_\nu$$

und weiter

$$A \sum_1^n \delta_\nu < \sum_1^n s_\nu \delta_\nu < B \sum_1^n \delta_\nu$$

oder

$$A\,\varphi_1 < \sum_1^n s_\nu \delta_\nu < B\,\varphi_1$$

oder endlich gemäß Abels Formel

$$A\,\varphi_1 < \sum_1^n f_\nu \varphi_\nu < B\,\varphi_1 .$$

Q. e. d.

Wenn die Glieder der beiden Ausgangssysteme *komplexe* Zahlen sind, nimmt Abels Lemma folgende Gestalt an:

$$\left| \sum_1^n f_\nu \varphi_\nu \right| < S\Delta ,$$

wo S eine obere Schranke der Glieder der Folge $|s_1|, |s_2|, \ldots, |s_n|$ und Δ die Summe $|\delta_1| + |\delta_2| + \cdots + |\delta_n|$ bedeutet.

In Worten:

Das Produkt zweier Zahlsysteme I und II liegt betraglich unterhalb $S\Delta$, wo S eine obere Schranke für die Beträge der Glieder der Summenfolge von I und Δ die Summe der Beträge der Glieder der Differenzenfolge von II ist.

§ 19. Die Ungleichungen von Lagrange und Schwarz

Sind $(a, b, c, \ldots)$ und $(A, B, C, \ldots)$ zwei Systeme zu je n reellen Zahlen, so gilt die

Ungleichung von Lagrange:

$$\boxed{(A\,a + B\,b + C\,c + \cdots)^2 \leqq (A^2 + B^2 + C^2 + \cdots)(a^2 + b^2 + c^2 + \cdots)} .$$

Dabei steht das Gleichheitszeichen *nur*, wenn das eine Zahlsystem dem andern proportional ist, d. h. wenn die Gleichung

$$\frac{A}{a} = \frac{B}{b} = \frac{C}{c} = \cdots$$

besteht.

Beweis. Man überzeugt sich leicht von der Richtigkeit der *Lagrangeidentität*

$$(A^2 + B^2 + C^2 + \cdots)(a^2 + b^2 + c^2 + \cdots) - (Aa + Bb + Cc + \cdots)^2$$
$$= (Ab - Ba)^2 + (Ac - Ca)^2 + (Bc - Cb)^2 + \cdots$$

in deren rechter Seite alle Determinanten

$$\begin{vmatrix} X & Y \\ x & y \end{vmatrix}$$

vorkommen, deren erste Zeile zwei Zahlen des ersten Systems, deren zweite Zeile die entsprechenden Zahlen des zweiten Systems enthält. Man sieht, daß die linke Seite der Identität im allgemeinen positiv sein muß und nur in dem Ausnahmefalle verschwindet, wo *sämtliche* auf der rechten Seite stehenden Quadrate verschwinden, d. h. alle Determinanten der aufgeführten Form Null sind, d. h. wo die Proportion

$$\frac{A}{a} = \frac{B}{b} = \frac{C}{c} = \cdots$$

stattfindet.

Von besonders häufigem Vorkommen sind die beiden Sonderfälle

$$\boxed{(Aa + Bb)^2 \leqq (A^2 + B^2)(a^2 + b^2)} \tag{1}$$

und

$$\boxed{(Aa + Bb + Cc)^2 \leqq (A^2 + B^2 + C^2)(a^2 + b^2 + c^2)}\,, \tag{2}$$

von denen die erste im Falle

$$A = b, \quad B = a$$

auf die bekannte Ungleichung führt

$$\boxed{2ab \leqq a^2 + b^2}\,,$$

in welcher das Gleichheitszeichen nur für $a = b$ gilt, die zweite im Falle

$$A = b, \quad B = c, \quad C = a$$

auf die Ungleichung

$$\boxed{bc + ca + ab \leqq a^2 + b^2 + c^2}$$

führt, in welcher das Gleichheitszeichen nur für

$$a = b = c$$

gilt.

[Aus $\frac{b}{a} = \frac{c}{b} = \frac{a}{c}$ folgt, wenn der gemeinsame Wert dieser drei Brüche mit t bezeichnet wird, $b = at$, $c = bt$, $a = ct$, also $abc = abc\,t^3$ und $t^3 = 1$ oder $t = 1$, d. h. $a = b = c$.]

Nur drei einfache Beispiele für den Nutzen solcher Ungleichungen!

Es handle sich z. B. um die wichtige Aufgabe

„Die Extreme des Kreisbinoms

$$y = a \cos x + b \sin x$$

zu ermitteln."

Hier ist ohne weiteres (1) anwendbar mit $A = \cos x$, $B = \sin x$:

$$(a \cos x + b \sin x)^2 \leqq a^2 + b^2.$$

Das Maximum von y^2 tritt also ein, wenn

$$a : b = \cos x : \sin x \qquad \text{oder} \qquad \operatorname{tg} x = b : a$$

wird. Diese Bedingungsgleichung hat zwei Wurzeln $x = \alpha$ und $x = \alpha + \pi = \beta$. Für den ersten Winkel ist $y = a \cos\alpha + b \sin\alpha = y_1$, für den zweiten $y = a \cos\beta + b \sin\beta = y_2 = -y_1$.

Die beiden Extreme des Kreisbinoms

$$y = a \cos x + b \sin x$$

sind y_1 und $y_2 = -y_1$. Das erste wird für $x = \operatorname{at} b : a$, das zweite für den um π größeren Winkel erreicht.

Eine andere Aufgabe laute:

Wie heißt die Gleichung der durch den Punkt (x, y, z) des Ellipsoids

$$\frac{x^2}{a^2} + \frac{y^2}{b^2} + \frac{z^2}{c^2} = 1$$

laufenden Tangentialebene?

Lösung. Zum gegebenen Ellipsoidpunkt $P(x, y, z)$ bestimme man die drei Größen

$$A = \frac{x}{a}, \quad B = \frac{y}{b}, \quad C = \frac{z}{c}.$$

Dann heißt die Gleichung der durch P gehenden Tangentialebene E des Ellipsoids in laufenden Koordinaten ξ, η, ζ

$$\boxed{\frac{A}{a}\xi + \frac{B}{b}\eta + \frac{C}{c}\zeta = 1}.$$

Beweis. 1. Die Ebene E läuft durch den Ellipsoidpunkt P wegen $A\frac{x}{a} + B\frac{y}{b} + C\frac{z}{c} = 1$.

2. Die Ebene E läuft durch keinen *andern* Ellipsoidpunkt $\Pi\,(\xi, \eta, \zeta)$, da für diesen

$$\frac{A}{a}\xi + \frac{B}{b}\eta + \frac{C}{c}\zeta \neq 1$$

ist. [Wäre nämlich $\frac{A}{a}\xi + \frac{B}{b}\eta + \frac{C}{c}\zeta = 1$, so hätte man (wegen $1^2 = 1.1$)

$$\left(A\frac{\xi}{a} + B\frac{\eta}{b} + C\frac{\zeta}{c}\right)^2 = (A^2 + B^2 + C^2)\left(\left[\frac{\xi}{a}\right]^2 + \left[\frac{\eta}{b}\right]^2 + \left[\frac{\zeta}{c}\right]^2\right),$$

müßte also nach Lagranges Ungleichung

$$\frac{\xi}{a} : \frac{\eta}{b} : \frac{\zeta}{c} = A : B : C = \frac{x}{a} : \frac{y}{b} : \frac{z}{c}$$

oder

$$\xi : \eta : \zeta = x : y : z$$

sein. Hieraus würde folgen $\xi = xt$, $\eta = yt$, $\zeta = zt$ und dann nach der Ellipsoidgleichung $t = -1$, also $\xi = -x$, $\eta = -y$, $\zeta = -z$. Das ist aber nicht möglich, da die Ebene E, falls sie durch $P(x, y, z)$ und $\Pi(-x, -y, -z)$ ginge, auch durch das Flachenzentrum gehen müßte, was aber ihrer Gleichung wegen nicht der Fall ist.] Folglich *berührt* E das Ellipsoid.

Aufgabe 3. Zu zeigen, daß der Ausdruck

$$U = x^3 + y^3 + z^3 - 3xyz$$

für positive x, y, z, die nicht alle drei denselben Wert haben, stets positiv ist.

Nachweis. Zunächst hat man identisch

$$x^3 + y^3 + z^3 - 3xyz = (x + y + z) \cdot [x^2 + y^2 + z^2 - yz - zx - xy].$$

Nach Lagranges Ungleichung ist aber die eckige Klammer positiv.

Die Ungleichung von Schwarz

$\varphi(x)$ und $\Phi(x)$ seien zwei im Intervall $I\;[a, b]$ stetige Funktionen von x. Wir teilen das Intervall durch die Teilpunkte

$$x_r = a + re \quad \text{mit} \quad r = 1, 2, \ldots, n \quad \text{und} \quad e = l : n,$$

wo $l = b - a$ ist, in n gleiche Teile e, setzen

$$\varphi_r = \varphi(x_r), \qquad \Phi_r = \Phi(x_r)$$

und bilden die arithmetischen Mittel

$$m = \frac{\varphi_1^2 + \varphi_2^2 + \varphi_3^2 + \cdots + \varphi_n^2}{n}$$

$$M = \frac{\Phi_1^2 + \Phi_2^2 + \Phi_3^2 + \cdots + \Phi_n^2}{n}$$

$$s = \frac{\Phi_1\varphi_1 + \Phi_2\varphi_2 + \Phi_3\varphi_3 + \cdots + \Phi_n\varphi_n}{n}.$$

Nach Lagranges Ungleichung ist

$$s^2 \leqq M m .$$

Lassen wir jetzt n unbegrenzt wachsen, so konvergieren die drei arithmetischen Mittel gegen die Mittelwerte μ, M, σ der drei Funktionen φ^2, Φ^2, $\Phi\,\varphi$ im Intervall I. Daher gilt die Ungleichung

$$\boxed{\sigma^2 \leqq \mathsf{M}\,\mu} .$$

In Worten:

Das Quadrat des Mittelwerts des Produkts der beiden Funktionen $\Phi(x)$ und $\varphi(x)$ in einem Intervall liegt nicht oberhalb des Produkts der Mittelwerte der Quadrate $\Phi^2(x)$ und $\varphi^2(x)$ dieser Funktionen im Intervall.

In der Zeichensprache der Integralrechnung:

$$\boxed{\left[\int_a^b \Phi(x)\,\varphi(x)\,d x\right]^2 \leqq \int_a^b \Phi^2(x)\,d x \cdot \int_a^b \varphi^2(x)\,d x} .$$

Schwarz selbst beweist diese Ungleichung folgendermaßen:

$\Phi(x)$ und $\varphi(x)$ seien zwei in $I\ [a, b]$ stetige Funktionen derart, daß der Quotient $\Phi(x):\varphi(x)$ *nicht konstant* ist. Dann ist für jede reelle Zahl λ

$$\int_a^b [\Phi(x) - \lambda\,\varphi(x)]^2\,d x \qquad (\text{mit } b > a)$$

sicher positiv.

Daher ist das Trinom

$$T = P\lambda^2 - 2Q\lambda + R$$

mit $\quad P = \int_a^b \varphi^2(x)\,d x, \qquad Q = \int_a^b \Phi(x)\,\varphi(x)\,d x, \qquad R = \int_a^b \Phi^2(x)\,d x$

für jedes reelle λ positiv. Das ist nur möglich, wenn die Diskriminante

$$Q^2 - P R$$

der quadratischen Gleichung $T = 0$ einen negativen Wert hat. Daher hat man

$$Q^2 < P R$$

oder

$$\left[\int_a^b \Phi(x)\,\varphi(x)\,d x\right]^2 < \int_a^b \Phi^2(x)\,d x \cdot \int_a^b \varphi^2(x)\,d x .$$

Daß diese Ungleichung im Falle der Konstanz des Quotienten $\Phi(x):\varphi(x)$ in eine Gleichung übergeht, ist ohne weiteres ersichtlich. Folglich:

Satz von Schwarz:

Für die im Intervall $[a, b]$ stetigen Funktionen $\Phi(x)$ und $\varphi(x)$ gilt die Ungleichung

$$\left[\int_a^b \Phi\varphi\,dx\right]^2 < \int_a^b \Phi^2\,dx\cdot\int_a^b \varphi^2\,dx\,,$$

es sei denn, daß der Quotient der beiden Funktionen im Intervall konstant bleibt, in welchem Ausnahmefalle die Ungleichung zur Gleichung wird.

§ 20. Der Produktflächensatz

Die in der analytischen Geometrie betrachteten Kurven werden gewöhnlich auf ein rechtwinkliges Koordinatensystem mit waagerechter Abszissenachse bezogen, welch letztere wir im folgenden kurz *Achse* nennen wollen. Eine solche Kurve läßt sich gewöhnlich aus Stücken folgender Arten zusammensetzen:

1. das Kurvenstück steigt dauernd und ist auf seiner Unterseite hohl (konkav),
2. das Stück steigt dauernd und ist unterwärts gewölbt (konvex),
3. das Stück fällt dauernd und ist auf seiner Oberseite hohl,
4. das Stück fällt dauernd und ist oberwärts gewölbt,
5. das Stück verlauft gradlinig.

Da die so beschaffenen Kurvenstücke oder Bogen gewissermaßen die Grundlage aller gebrauchlichen Kurven bilden, so wird man sie zweckmaßig *Grundbogen* nennen.

Wir definieren demnach:

Ein *Grundbogen* ist ein zum vorgelegten Intervall $I(a, b)$ gehöriger Bogen, dessen der Abszisse x entsprechende Ordinate $g = g(x)$ im Intervall stetig ist sowie hier stetige Erstableitung $g'(x)$ und Zweitableitung $g''(x)$ besitzt, welche beide in I keine Vorzeichenänderung erleiden. Dieser Grundbogen heißt ausführlicher ein *Grundbogen des Intervalls I.*

Zwei Bogen – einerlei, ob Grundbogen oder nicht – heißen *gleichartig*, wenn jeder von ihnen oberhalb oder jeder unterhalb seiner Sehne verlauft; sie heißen *ungleichartig*, wenn der eine oberhalb, der andere unterhalb der Bogensehne verlauft.

Teilt man ein Intervall $I\ (a, b)$ durch seine Mitte $m = \frac{a+b}{2}$ in zwei anstoßende Teilintervalle $I_1\ (a, m)$ und $I_2\ (m, b)$, und spiegelt man einen Grundbogen AM von I_1 in der Grade $x = m$, so entsteht ein gleichartiger Grundbogen BM von I_2. Der entstandene Bogen AMB erinnert an den Berg oder an das Tal einer Welle und soll deshalb kurz ein *Wellenbogen* des Intervalls I genannt werden.

Die von einem Bogen $\mathfrak{a}$, seinen Endpunktsordinaten und der Achse begrenzte Fläche heiße kurz die *Fläche des Bogens* $\mathfrak{a}$.

Schließlich nennen wir noch die zur Abszisse x gehörige Ordinate $y = f(x)$ eines Grundbogens oder Wellenbogens $\mathfrak{a}$ des Intervalls I die *Grundfunktion* oder *Wellenfunktion* des Bogens $\mathfrak{a}$. Eine Grund- oder Wellenfunktion $f(x)$ des Intervalls $I(a, b)$ ist also eine Funktion, deren im Intervall I entworfene Schaukurve einen Grund- bzw. Wellenbogen $\mathfrak{a}$ von I liefert, welcher Bogen dann kurz der *Bogen der Funktion f* heiße, so daß die Flache des Bogens $\mathfrak{a}$ auch als „*Fläche der Funktion f*" bezeichnet werden kann. Diese Fläche hat den Inhalt

$$F = \int_a^b f(x)\,dx.$$

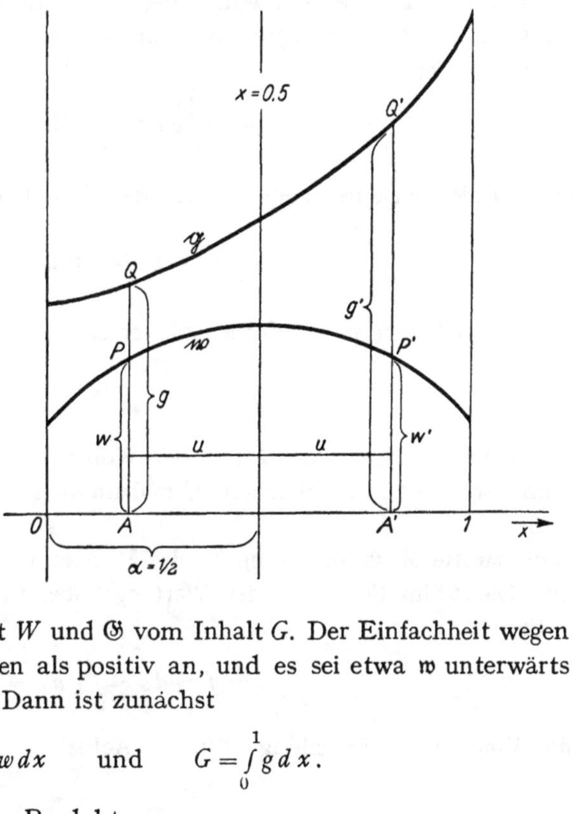

Zwei derartige Funktionen heißen *gleichartig* oder *ungleichartig*, je nachdem ihre Bögen gleichartig oder ungleichartig sind.

Wir betrachten nun eine Wellenfunktion $w = w(x)$ und eine Grundfunktion $g = g(x)$ des Fundamentalintervalls $\mathfrak{i}$ (0, 1) sowie den zugehörigen Wellenbogen $\mathfrak{w}$ und Grundbogen $\mathfrak{g}$ mit ihren Flächen $\mathfrak{W}$ vom Inhalt W und $\mathfrak{G}$ vom Inhalt G. Der Einfachheit wegen nehmen wir beide Funktionen als positiv an, und es sei etwa $\mathfrak{w}$ unterwärts hohl, $\mathfrak{g}$ unterwärts gewölbt. Dann ist zunächst

$$W = \int_0^1 w\,dx \qquad \text{und} \qquad G = \int_0^1 g\,dx.$$

Außerdem betrachten wir das Produkt

$$y = w \cdot g = w(x) \cdot g(x) = y(x)$$

der beiden Funktionen w und g, die Schaukurve $\mathfrak{y}$ der Funktion y und ihre Fläche $\mathfrak{Y}$ mit dem Inhalt

$$Y = \int_0^1 y\,dx = \int_0^1 wg\,dx.$$

Wir stellen uns die Aufgabe, das Integral

$$Y = \int wg\,dx$$

des Produkts $w \cdot g$ mit dem Produkt

$$W \cdot G = \int w\,dx \cdot \int g\,dx$$

der beiden Faktoren W und G zu vergleichen, wobei die Integration jetzt wie im folgenden über das Fundamentalintervall zu erstrecken ist.

Wir achten zunächst auf den Wellenbogen $\mathfrak{w}$ und nehmen auf ihm eine Massenverteilung $\mathfrak{m}$ vor, belegen ihn nämlich derart mit Masse, daß die Dichte dieser Massenverteilung im Bogenpunkte P (mit der Abszisse x und Ordinate w) dem Cosinus o der Achsenneigung von $\mathfrak{w}$ an der Stelle P gleicht. Die Gesamtmasse m dieser Belegung ist dann, wenn l die Bogenlange, ds das Bogenelement bedeutet,

$$m = \int_0^l o\,ds = \int_0^1 dx = 1,$$

das auf die Achse bezogene Moment der Verteilung $\mathfrak{m}$

$$\mu = \int_0^l w \cdot o\,ds = \int_0^1 w\,dx = W,$$

so daß der Schwerpunkt der Massenverteilung $\mathfrak{m}$ den Achsenabstand

$$s = \frac{\mu}{m} = W \tag{1}$$

hat. Damit fällt also der Inhalt der Wellenbogenfläche oder das Integral W numerisch mit dem Schwerpunktsabstand s unserer Massenbelegung zusammen.

Eine zweite Massenbelegung $\mathfrak{M}$ des Bogens $\mathfrak{w}$ werde so vorgenommen, daß ihre Dichte im Punkte P den Wert og habe. Die verteilte Gesamtmasse ist dabei

$$M = \int_0^l og\,ds = \int_0^1 g\,dx = G,$$

das Moment der Verteilung $\mathfrak{M}$ für die Achse

$$\mathsf{M} = \int_0^l w \cdot og\,ds = \int_0^1 wg\,dx = Y,$$

und der Schwerpunktsabstand dieser Verteilung (von der Achse)

$$S = \frac{\mathsf{M}}{M} = \frac{Y}{G} \tag{2}$$

Neben dieser Verteilung $\mathfrak{M}$ betrachten wir folgende Hilfsverteilung $\mathfrak{M}'$. Wir spiegeln die Ordinate $AP = w$ des Wellenbogens $\mathfrak{w}$ in der Mittellinie $x = 0{,}5$ des Wellenbogens nach $A'P' = w'$ $(= w)$, konstruieren die zu den Punkten A

und A' auf den Graden AP und $A'P'$ liegenden Grundbogenordinaten $AQ = g$ und $A'Q' = g'$ und achten auf die Mittellinie

$$h = \frac{g + g'}{2}$$

des Trapezes $AA'QQ'$. Bedeutet u den Abstand der Ordinate AP (oder $A'P'$) von der Mittellinie, so ist

$$2h = g(\alpha - u) + g(\alpha + u) \qquad \text{mit } \alpha = \frac{1}{2}$$

eine bei wachsendem u *zunehmende Funktion von* u, da ihre Ableitung nach u, nämlich $-g'(\alpha - u) + g'(\alpha + u)$ positiv ausfällt. [Bei *steigendem* $\mathfrak{g}$ ist nämlich $g'(\alpha + u)$ die Steigung von $\mathfrak{g}$ im Punkte Q', $g'(\alpha - u)$ die Steigung von $\mathfrak{g}$ an der Stelle Q; da aber $\mathfrak{g}$ unterwärts gewölbt ist, hat die Steigung in Q' einen höheren Wert als in Q. Bei *fallendem* $\mathfrak{g}$ ist $-g'(\alpha - u)$ das Gefälle von $\mathfrak{g}$ in Q, $-g'(\alpha + u)$ das Gefälle in Q', und das Gefälle in Q ist größer als das in Q'.]

Die neue Verteilung $\mathfrak{M}'$ belegt nun die spiegelbildlich liegenden Stellen P und P' des Wellenbogens beide mit *derselben* Dichte oh.

Dadurch wird – gegenüber $\mathfrak{M}$ – die Gesamtmasse und auch das Gesamtmoment *nicht* geändert. Erstere ist also $M' = M$, letzteres $\mathsf{M}' = \mathsf{M}$. Dabei hat die Gesamtmasse der Hilfsverteilung $\mathfrak{M}'$ den Wert

$$M' = \int_0^l o\,h\,ds = \int_0^1 h\,dx = \int_0^1 g\,dx = G,$$

das Moment M' von $\mathfrak{M}'$ den Wert

$$\mathsf{M}' = \int_0^l w \cdot oh\,ds = \int_0^1 wh\,dx = \int_0^1 wg\,dx = Y.$$

Daher hat der Schwerpunkt der Hilfsverteilung von der Achse *denselben* Abstand S' wie der der Verteilung $\mathfrak{M}$:

(3) $$S' = S = \frac{\mathsf{M}'}{M'} = \frac{Y}{G}.$$

Nun wird aber – gegenüber der Verteilung $\mathfrak{m}$ mit der Dichte o – bei der Hilfsverteilung $\mathfrak{M}'$ mit der Dichte oh wegen des oben gezeigten Wachstums der Funktion h von u die Dichte in den unteren Partien von $\mathfrak{w}$ *stärker* vervielfacht als in den oberen. Das bedeutet, daß der Schwerpunkt von $\mathfrak{M}'$ *tiefer* liegt als der von $\mathfrak{m}$:

$$S' < s,$$

und diese Ungleichung liefert wegen (1) und (3) das gesuchte Ergebnis

$$\frac{Y}{G} < W$$

oder

$$\int_0^1 wg\,dx < \int_0^1 w\,dx \cdot \int_0^1 g\,dx.$$

Nimmt man den Grundbogen $\mathfrak{g}$ statt unterwärts gewölbt, unterwärts hohl an, so erweist sich h als fallende Funktion, und es wird

$$S' > s.$$

In diesem Falle ist also

$$\int wg\,dx > \int w\,dx \cdot \int g\,dx.$$

Bei gradlinigem Grundbogen endlich stellt die Funktion h eine Konstante dar, und alle drei Belegungen haben denselben Schwerpunktsabstand, so daß jetzt

$$\int wg\,dx = \int w\,dx \cdot \int g\,dx$$

ist usw.

Als Ergebnis unserer Überlegungen erscheint der

Produktflächensatz (Produktintegralsatz):

Das über das Fundamentalintervall erstreckte Integral des Produkts einer Wellenfunktion und einer Grundfunktion liegt oberhalb oder unterhalb des Produkts der über dasselbe Intervall erstreckten Integrale der beiden Funktionen, je nachdem diese Funktionen gleichartig oder ungleichartig sind. Bei gradlinigem Verlauf der Grundfunktion gleicht das erste Integral dem Produkt der beiden andern Integrale.

In Zeichen:

$$\boxed{\int_0^1 wg\,dx \gtreqless \int_0^1 w\,dx \cdot \int_0^1 g\,dx}\ .$$

Zusatz

Wird statt des Intervalls (0, 1) ein beliebiges Intervall (a, b) von der Länge

$$e = b - a$$

zugrunde gelegt, so hat die Belegung $\mathfrak{m}$ die Gesamtmasse e, und es wird $s = W : e$. Alles andere bleibt unverandert, und als Ergebnis erscheint die Relation

$$e\int_a^b wg\,dx \gtreqless \int_a^b w\,dx \cdot \int_a^b g\,dx$$

oder

$$\boxed{\frac{1}{e}\int_a^b wg\,dx \gtreqless \frac{1}{e}\int_a^b w\,dx \cdot \frac{1}{e}\int_a^b g\,dx}\ .$$

In Worten:

Mittelwertsatz:

Der Mittelwert des Produkts einer Wellenfunktion und einer Grundfunktion liegt oberhalb oder unterhalb des Produkts der Mittelwerte dieser Funktionen, je nachdem die Funktionen gleichartig oder ungleichartig sind.
Bei linearem Verlauf der Grundfunktion gleicht der erste Mittelwert dem Produkt der beiden andern.

§ 21. Fakultätsschranken

Eine etwas grobe Ungleichung für die Fakultat

$$n!$$

bekommt man leicht.
Zunächst ist nach Cauchys Satz das geometrische Mittel der n Zahlen $1, 2, 3, \ldots, n$ kleiner als das arithmetische Mittel

$$\frac{1+2+3+\cdots+n}{n}=\frac{n+1}{2}$$

dieser Zahlen:

$$\sqrt[n]{n!}<\frac{n+1}{2}.$$

Das gibt

$$n!<\left(\frac{n+1}{2}\right)^n.$$

Anderseits ist für $n > 2$

$$n\cdot 1=n,\ (n-1)\cdot 2>n,\ (n-2)\cdot 3>n,\ \ldots,\ 2(n-1)>n,\ 1\cdot n=n.$$

Die Multiplikation dieser n Ungleichungen gibt

$$n!^2>n^n$$

oder

$$n!>\sqrt{n}^{\,n}, \qquad (n>2).$$

Durch Zusammenfassung der beiden Ergebnisse erhalten wir die Ungleichung

$$\boxed{\sqrt{n}^{\,n}<n!<\left(\frac{n+1}{2}\right)^n}, \qquad (n>2).$$

Zu einer feineren Ungleichung gelangte der schottische Mathematiker Stirling. Sie lautet:

$$\left(\frac{n}{e}\right)^n \sqrt{2\pi n} < n! < \left(\frac{n}{e}\right)^n \sqrt{2\pi n}\cdot e^{\frac{1}{12n}},$$

wo e die Eulersche, π die Archimedische Zahl bedeutet.
Zu ihrer Herleitung (nach Cesàro) benötigen wir zwei Hilfssätze.

I. Die Formel von Wallis

Bekanntlich ist (mit $\varkappa = \pi : 2$)

$$\int_0^\varkappa \sin^{2n} x\, d\varkappa = c_n \varkappa \qquad \text{und} \qquad \int_0^\varkappa \sin^{2n+1} x\, d x = \frac{1}{c_n(2n+1)},$$

wo c_n den Bruch

$$c_n = \frac{1\cdot 3\cdot 5 \ldots\cdot (2n-1)}{2\cdot 4\cdot 6 \ldots\cdot (2n)} = \frac{(2n)!}{n!^2\, 4^n}$$

bedeutet [§ 33].
Da nun

$$(\sin x)^{2n} > (\sin x)^{2n+1} > (\sin x)^{2n+2},$$

also auch

$$\int_0^\varkappa \sin^{2n} x\, dx > \int_0^\varkappa \sin^{2n+1} x\, dx > \int_0^\varkappa \sin^{2n+2} x\, dx$$

ist, so gilt die Ungleichung

$$c_n\varkappa > \frac{1}{c_n(2n+1)} > c_n \frac{2n+1}{2n+2}\varkappa$$

oder

$$\frac{2n}{2n+1} < \pi n c_n^2 < \frac{2n}{2n+1}\cdot\frac{2n+2}{2n+1}.$$

Aus dieser Ungleichung liest man ab, daß der ,,Wallisbruch"

$$\boxed{W_n = c_n\sqrt{\pi n} = \frac{2n!}{n!^2 4^n}\cdot\sqrt{\pi n}}$$

bei unbegrenzt wachsendem n gegen den Wert 1 strebt:

$$\boxed{\lim W_n = 1}.$$

II. Cesàros Ungleichung

Bekanntlich (§ 16) gilt für positive Unechtbrüche u die Formel

$$l\sqrt{u} = x + \frac{x^3}{3} + \frac{x^5}{5} + \cdots + \frac{x^{2n-1}}{2n-1} + \mathfrak{r} \qquad \text{mit } x = \frac{u-1}{u+1},$$

wo n eine beliebige natürliche Zahl und

$$0 < \mathfrak{r} < f\frac{x^{2n+1}}{2n+1} \qquad \text{mit } f(1-x^2) = 1$$

ist.

Daher ist einerseits

$$l\sqrt{u} > x,$$

anderseits, wenn wir $n = 1$ wählen,

$$l\sqrt{u} < x + \frac{x^3}{3(1-x^2)}.$$

Durch Zusammenfassung erhalten wir die Ungleichung

$$x < l\sqrt{u} < x + \frac{x^3}{3(1-x^2)} \qquad \text{mit } x = \frac{u-1}{u+1}.$$

In dieser Ungleichung setzen wir

$$u = \frac{m}{n}, \quad x = \frac{1}{s}. \qquad \text{mit } s = m + n,$$

wo (n, m) zwei aufeinanderfolgende natürliche Zahlen sind. Dann wird

$$\frac{x^3}{3(1-x^2)} = \frac{1}{12\,m\,n\,s},$$

und unsere Ungleichung verwandelt sich in

$$\frac{1}{s} < l\sqrt{\frac{m}{n}} < \frac{1}{s}\left(1 + \frac{1}{12\,m\,n}\right)$$

oder

$$1 < l\left(1 + \frac{1}{n}\right)^{n,5} < 1 + \frac{1}{12\,m\,n}$$

oder

$$\boxed{e < \left(1 + \frac{1}{n}\right)^{n,5} < e \cdot e^{\frac{1}{12mn}}}\,.$$

Dies ist die *Ungleichung von Cesàro.*

Nun zu Cesàros Herleitung der Stirlingschen Ungleichung!

Wir betrachten den „Stirlingbruch"

$$\boxed{S_n = \frac{e^n\, n!}{n^n} : \sqrt{2\pi n}}\,.$$

Aus

$$S_m : S_n = e : \left(\frac{m}{n}\right)^{n,5} < 1$$

folgt:

S_n nimmt mit wachsendem Zeiger ab.

Neben S_n betrachten wir den kleineren Bruch

$$s_n = S_n : e^{\frac{1}{12n}}.$$

Aus

$$s_m : s_n = (S_m : S_n) \cdot e^{\overline{12mn}} = e \cdot e^{\overline{12mn}} : \left(\frac{m}{n}\right)^{n,5} > 1$$

folgt:

s_n nimmt mit wachsendem Zeiger zu.

Demnach streben die auf der Zahlenachse aufgetragenen Zahlen

$S_1, S_2, S_3, \ldots$ von rechts her, $s_1, s_2, s_3, \ldots$ von links her

gegen *denselben* Grenzpunkt bzw. Grenzwert

$$S = \lim S_n = \lim s_n.$$

Um den Wert von S zu bekommen, achten wir auf den *Zusammenhang zwischen den Brüchen von Stirling und Wallis,* welcher sich durch die einfache Formel

$$\boxed{S_{2n} : S_n^2 = W_n}$$

ausdrückt.

In dieser Formel lassen wir n unbegrenzt wachsen und erhalten wegen $\lim W_n = 1$

$$S : S^2 = 1$$

oder

$$S = 1.$$

Aus der Ungleichung

$$s_n < S = 1 < S_n$$

ergibt sich nun sofort

Stirlings Ungleichung:

$$1 < \frac{e^n n!}{n^n \sqrt{2\pi n}} < e^{\frac{1}{12n}}$$

oder

$$\boxed{\frac{n^n}{e^n} \cdot \sqrt{2\pi n} < n! < \frac{n^n}{e^n} \cdot \sqrt{2\pi n} \cdot e^{\frac{1}{12n}}},$$

welche als Gleichung geschrieben so aussieht:

$$\boxed{n! = \frac{n^n}{e^n} \cdot \sqrt{2\pi n} \cdot e^{\frac{\theta}{12n}}} \qquad \text{mit } 0 < \theta < 1 .$$

Diese Formel spielt in der Wahrscheinlichkeitsrechnung eine große Rolle. Sie sagt aus, daß das Verhaltnis

$$n! : \sqrt{2\pi n}\left(\frac{n}{e}\right)^n$$

der Einheit um so näher kommt, je größer n wird.

§ 22. Hölders Ungleichung

Eine der wichtigsten Ungleichungen ist die Höldersche. (O. Hölder, Über einen Mittelwertsatz, Göttinger Nachrichten, 1889.) Die hier folgende Ableitung dieser Ungleichung beruht lediglich auf der am Schluß von § 13 aufgestellten Potenzungleichung, die ihrerseits sich ohne weiteres aus Cauchys Satz vom arithmetischen und geometrischen Mittel ergab.

Die Höldersche Ungleichung enthält eine Aussage über m Systeme $\mathfrak{x}$, $\mathfrak{y}$, $\mathfrak{z}$, ... zu je n Größen:

$$\begin{array}{lcl}
\mathfrak{x} = (x_1, x_2, \ldots, x_n) & \text{oder auch} & \mathfrak{x} = (x, x', x'', \ldots), \\
\mathfrak{y} = (y_1, y_2, \ldots, y_n) & ,, \quad ,, & \mathfrak{y} = (y, y', y'', \ldots), \\
\mathfrak{z} = (z_1, z_2, \ldots, z_n) & ,, \quad ,, & \mathfrak{z} = (z, z', z'', \ldots), \\
\ldots & \ldots & \ldots ,
\end{array}$$

in denen die x_ν, y_ν, z_ν, ... $(\nu = 1, 2, 3, \ldots, n)$ Größen bedeuten, die im allgemeinen positiv sind, in Ausnahmefällen auch verschwinden können. Wenn insonderheit *alle* n Größen eines Systems, etwa des Systems $\mathfrak{x}$, verschwinden, so sagt man kurz „$\mathfrak{x}$ ist Null“ oder „$\mathfrak{x}$ verschwindet“ und schreibt $\mathfrak{x} = 0$.

Zwei Systeme $\mathfrak{x}$ und $\mathfrak{y}$ heißen *proportional* oder *ähnlich*, wenn die Proportion

$$\frac{x}{y} = \frac{x'}{y'} = \frac{x''}{y''} = \cdots$$

besteht.

Da diese Proportion nichts anderes als das Erfülltsein der n_2 Bedingungen $xy' = yx'$, $xy'' = yx''$, ..., $x'y'' = y'x''$, ... bedeutet, so ist das Nullsystem jedem System ähnlich.

Wir führen die m Summen

$$X = x + x' + x'' + \cdots, \quad Y = y + y' + y'' + \cdots, \quad Z = z + z' + z'' + \cdots, \quad \cdots$$

ein und setzen sie zunächst alle von Null verschieden voraus, so daß jeder der mn Brüche

$$\frac{x}{X}, \frac{y}{Y}, \frac{z}{Z}, \ldots; \quad \frac{x'}{X}, \frac{y'}{Y}, \frac{z'}{Z}, \ldots; \quad \frac{x''}{X}, \frac{y''}{Y}, \frac{z''}{Z}, \ldots; \ldots$$

einen endlichen nichtnegativen Wert hat.

Weiter seien $\alpha, \beta, \gamma, \ldots$ m positive Echtbrüche der Summe 1:

$$\alpha + \beta + \gamma + \cdots = 1.$$

Zufolge der Potenzungleichung gelten dann folgende n Ungleichungen:

$$\left(\frac{x}{X}\right)^{\alpha} \left(\frac{y}{Y}\right)^{\beta} \cdots \leqq \alpha \frac{x}{X} + \beta \frac{y}{Y} + \cdots,$$

$$\left(\frac{x'}{X}\right)^{\alpha} \left(\frac{y'}{Y}\right)^{\beta} \cdots \leqq \alpha \frac{x'}{X} + \beta \frac{y'}{Y} + \cdots,$$

$$\left(\frac{x''}{X}\right)^{\alpha} \left(\frac{y''}{Y}\right)^{\beta} \cdots \leqq \alpha \frac{x''}{X} + \beta \frac{y''}{Y} + \cdots,$$

$$\cdot \quad \cdot \quad \cdot \quad \cdot \quad \cdot \quad \cdot \quad \cdot \quad \cdot \quad \cdot \quad \cdot \quad \cdot \quad \cdot \quad \cdot \;,$$

wo in einer Zeile das Gleichheitszeichen nur gilt, wenn die in ihr stehenden m Brüche einander gleichen, wenn also beispielsweise in der ersten Zeile

$$\frac{x}{X} = \frac{y}{Y} = \frac{z}{Z} = \cdots$$

ist.

Durch Addition dieser n Ungleichungen entsteht

$$\left(\frac{x}{X}\right)^{\alpha} \cdot \left(\frac{y}{Y}\right)^{\beta} \cdots + \left(\frac{x'}{X}\right)^{\alpha} \cdot \left(\frac{y'}{Y}\right)^{\beta} \cdots + \cdots \leqq \alpha \frac{x + x' + \cdots}{X} + \beta \frac{y + y' + \cdots}{Y} + \cdots$$

eine Ungleichung, deren Rechtsseite sich zu

$$\alpha + \beta + \cdots = 1$$

vereinfacht.

Demnach gilt die Ungleichung

$$\text{(H)} \qquad x^{\alpha} y^{\beta} \cdots + x'^{\alpha} y'^{\beta} \cdots + \cdots \leqq X^{\alpha} Y^{\beta} \ldots,$$

in welcher das Gleichheitszeichen nur statthat, wenn die n Bedingungen

$$\text{(B)} \quad \frac{x}{X} = \frac{y}{Y} = \frac{z}{Z} = \cdots, \frac{x'}{X} = \frac{y'}{Y} = \frac{z'}{Z} = \cdots, \frac{x''}{X} = \frac{y''}{Y} = \frac{z''}{Z} = \cdots, \cdots$$

erfüllt sind, wenn m. a. W. die Reihen der n-reihigen Matrix

$$\begin{pmatrix} x & y & z & \ldots \\ x' & y' & z' & \ldots \\ x'' & y'' & z'' & \ldots \\ . & . & . & \ldots \end{pmatrix}$$

proportional oder ähnlich sind.

Man kann hinzufügen, daß in der gefundenen Ungleichung das Gleichheitszeichen auch noch gilt, wenn von den Systemen $\mathfrak{x}, \mathfrak{y}, \mathfrak{z}, \ldots$ (wenigstens) eins verschwindet.

Die beiden Fälle, in denen bei (H) das Gleichheitszeichen gilt, lassen sich, wie folgt, zusammenziehen.

Verschwindet keins der Systeme $\mathfrak{x}, \mathfrak{y}, \mathfrak{z}, \ldots$, so folgt aus den Bedingungen (B), daß beispielsweise das System $\mathfrak{x}$ jedem der anderen Systeme ähnlich ist; wie auch umgekehrt aus den Ähnlichkeiten $\mathfrak{x} \sim \mathfrak{y}$, $\mathfrak{x} \sim \mathfrak{z}, \ldots$ die Bedingungen (B) folgen würden.

Verschwindet eins der Systeme $\mathfrak{x}, \mathfrak{y}, \mathfrak{z}, \ldots$, etwa das System $\mathfrak{x}$, so ist dieses ebenfalls den andern Systemen ähnlich.

Das Gleichheitszeichen in (H) gilt also dann und nur dann, wenn eins der Systeme $\mathfrak{x}, \mathfrak{y}, \mathfrak{z}, \ldots$ den andern $(m-1)$ Systemen ähnelt.

Als Ergebnis unserer Überlegungen erscheint der

Satz von Hölder:

Für m Systeme $\mathfrak{x} = (x, x', x'', \ldots)$, $\mathfrak{y} = (y, y', y'', \ldots)$, $\mathfrak{z} = (z, z', z'', \ldots), \ldots$ *zu je n Nichtnegativzahlen und m positive Echtbrüche* $\alpha, \beta, \gamma, \ldots$ *der Summe* 1 *gilt die Ungleichung*

$$\boxed{x^\alpha y^\beta \cdots + x'^\alpha y'^\beta \cdots + \cdots \leqq X^\alpha Y^\beta \ldots} \qquad \text{(Hölders Ungleichung)}$$

mit $X = x + x' + x'' + \cdots$, $Y = y + y' + y'' + \cdots$, $\ldots$, *wobei das Gleichheitszeichen nur fungiert, wenn eins der Systeme* $\mathfrak{x}, \mathfrak{y}, \mathfrak{z}, \ldots$ *den übrigen Systemen ähnelt.*

In abgekürzter Form schreibt sich Hölders Ungleichung

$$\text{(H)} \qquad \boxed{\sum x^\alpha y^\beta \cdots \leqq \sum^\alpha x \cdot \sum^\beta y \ldots}$$

Dabei bedeutet das Summenzeichen der Linksseite, daß $x, y, \ldots$ im Produkt $x^\alpha y^\beta \ldots$ die Werte des Systems $\mathfrak{x}, \mathfrak{y}, \ldots$ durchläuft, und $\sum^\alpha x$ beispielsweise bezeichnet den Wert $(\sum x)^\alpha = (x + x' + x'' + \cdots)^\alpha = X^\alpha$. Diese Schreibung eignet sich gut zur gedächtnismäßigen Einprägung.

Der einfachste Fall des Hölderschen Satzes ergibt sich durch die Annahme

$$\alpha = \beta = \gamma = \cdots = 1/m.$$

Er hat die Form

$$\boxed{\sqrt[m]{x y z \cdots} + \sqrt[m]{x' y' z' \cdots} + \sqrt[m]{x'' y'' z'' \cdots} + \cdots \leqq \sqrt[m]{XYZ \ldots}}$$

mit

$$X = x + x' + x'' + \cdots, \qquad Y = y + y' + y'' + \cdots, \qquad \ldots,$$

und das Gleichheitszeichen dieser Unformel gilt nur, wenn eins der Systeme $\mathfrak{x}, \mathfrak{y}, \mathfrak{z}, \ldots$ den übrigen proportional ist.

Das erste bzw. zweite, dritte, ... Glied der Linksseite von (H) ist ein Produkt von Potenzen der m Größen $x, y, z, \ldots$ bzw. $x', y', z', \ldots; x'', y'', z'', \ldots; \ldots$ Es liegt nahe, sich nach einer Ungleichung umzusehen, in welcher das erste; zweite; dritte; ... Glied nur ein schlichtes Produkt der Größen $x, y, z, \ldots;$ $x', y', z', \ldots; x'', y'', z'', \ldots; \ldots$ darstellt. Zu dieser Ungleichung gelangt man leicht, wenn man neben den Echtbrüchen $\alpha, \beta, \gamma, \ldots$ ihre Kehrwerte $\mathsf{A}, \mathsf{B}, \Gamma, \ldots$ einführt, so daß dann

$$\frac{1}{\mathsf{A}} + \frac{1}{\mathsf{B}} + \frac{1}{\Gamma} + \cdots = 1$$

ist.

Wendet man nun (H) auf die m Systeme $\mathfrak{X} = (x^{\mathsf{A}}, x'^{\mathsf{A}}, x''^{\mathsf{A}}, \ldots)$, $\mathfrak{Y} = (y^{\mathsf{B}}, y'^{\mathsf{B}}, y''^{\mathsf{B}}, \ldots)$, $\mathfrak{Z} = (z^{\Gamma}, z'^{\Gamma}, z''^{\Gamma}, \ldots), \ldots$ an, so ergibt sich laut (H)

$$\sum (x^{\mathsf{A}})^{\alpha} (y^{\mathsf{B}})^{\beta} (z^{\Gamma})^{\gamma} \cdots \leqq \sum{}^{\alpha} x^{\mathsf{A}} \cdot \sum{}^{\beta} y^{\mathsf{B}} \cdot \sum{}^{\gamma} z^{\Gamma} \ldots$$

oder, da die linke bzw. rechte Seite dieser Ungleichung den Wert

$$\sum x\,y\,z \ldots \quad \text{bzw.} \quad \sqrt[\mathsf{A}]{x^{\mathsf{A}} + x'^{\mathsf{A}} + \cdots} \cdot \sqrt[\mathsf{B}]{y^{\mathsf{B}} + y'^{\mathsf{B}} + \cdots} \cdot \sqrt[\Gamma]{z^{\Gamma} + z'^{\Gamma} + \cdots} \ldots$$

hat,

$$\sum x\,y\,z \cdots \leqq \sqrt[\mathsf{A}]{\sum x^{\mathsf{A}}} \cdot \sqrt[\mathsf{B}]{\sum y^{\mathsf{B}}} \cdot \sqrt[\Gamma]{\sum z^{\Gamma}} \cdots,$$

wobei das Gleichheitszeichen nur gilt, wenn eins der Systeme $\mathfrak{X}, \mathfrak{Y}, \mathfrak{Z}, \ldots$ den übrigen ähnlich ist.

Damit haben wir folgendes

Korollar zu Hölders Satz:

Für m Systeme $(x, x', x'', \ldots), (y, y', y'', \ldots), \ldots$ zu je n nichtnegativen Gliedern und m positive Unechtbrüche $\mathsf{A}, \mathsf{B}, \Gamma, \ldots$, deren Kehrwerte die Summe 1 haben, gilt die Ungleichung

$$\text{(K)} \begin{cases} \sum \boldsymbol{x}\,\boldsymbol{y}\,\boldsymbol{z} \cdots \\ \leqq \sqrt[\mathsf{A}]{\boldsymbol{x}^{\mathsf{A}} + \boldsymbol{x}'^{\mathsf{A}} + \boldsymbol{x}''^{\mathsf{A}} + \cdots} \cdot \sqrt[\mathsf{B}]{\boldsymbol{y}^{\mathsf{B}} + \boldsymbol{y}'^{\mathsf{B}} + \boldsymbol{y}''^{\mathsf{B}} + \cdots} \cdot \sqrt[\Gamma]{\boldsymbol{z}^{\Gamma} + \boldsymbol{z}'^{\Gamma} + \boldsymbol{z}''^{\Gamma} + \cdots} \cdots, \end{cases}$$

wobei das Gleichheitszeichen nur statthat, wenn eins der Systeme $(x^{\mathsf{A}}, x'^{\mathsf{A}}, x''^{\mathsf{A}}, \ldots)$, $(y^{\mathsf{B}}, y'^{\mathsf{B}}, y''^{\mathsf{B}}, \ldots)$, $(z^{\Gamma}, z'^{\Gamma}, z''^{\Gamma}, \ldots), \ldots$ den übrigen ahnelt.

In dem einfachsten Falle, wo m den Wert 2 hat, ist speziell

$$\text{(k)} \quad \boxed{x\,y + x'\,y' + x''\,y'' + \cdots \leqq \sqrt[\mathsf{A}]{x^{\mathsf{A}} + x'^{\mathsf{A}} + x''^{\mathsf{A}} + \cdots} \cdot \sqrt[\mathsf{B}]{y^{\mathsf{B}} + y'^{\mathsf{B}} + y''^{\mathsf{B}} + \cdots}}$$

mit
$$\mathsf{A} + \mathsf{B} = \mathsf{A}\mathsf{B}, \quad \mathsf{A} > 1, \quad \mathsf{B} > 1,$$

wo das Gleichheitszeichen nur gilt, wenn die Proportion

$$\frac{x^{\mathsf{A}}}{y^{\mathsf{B}}} = \frac{x'^{\mathsf{A}}}{y'^{\mathsf{B}}} = \frac{x''^{\mathsf{A}}}{y''^{\mathsf{B}}} = \cdots$$

besteht.

Sind $(a, a', a'', \ldots)$ und $(b, b', b'', \ldots)$ zwei n-gliedrige Systeme *komplexer* Zahlen, so ist für

$$x = |a|, \quad x' = |a'|, \quad x'' = |a''|, \quad \ldots; \qquad y = |b|, \quad y' = |b'|, \quad y'' = |b''|, \quad \ldots$$

nach (k)

$$|ab| + |a'b'| + |a''b''| + \cdots$$
$$\leqq \sqrt[\mathsf{A}]{|a|^{\mathsf{A}} + |a'|^{\mathsf{A}} + |a''|^{\mathsf{A}} + \cdots} \cdot \sqrt[\mathsf{B}]{|b|^{\mathsf{B}} + |b'|^{\mathsf{B}} + |b''|^{\mathsf{B}} + \cdots},$$

mithin auch, da

$$\left|\sum ab\right| \leqq \sum |ab|$$

ist,

$$|ab + a'b' + a''b'' + \cdots| \leqq \sqrt[\mathsf{A}]{|a|^{\mathsf{A}} + |a'|^{\mathsf{A}} + |a''|^{\mathsf{A}} + \cdots} \cdot \sqrt[\mathsf{B}]{|b|^{\mathsf{B}} + |b'|^{\mathsf{B}} + |b''|^{\mathsf{B}} + \cdots}$$

kürzer geschrieben:

$$\text{(h)} \qquad \boxed{\left|\sum ab\right| \leqq \sqrt[\mathsf{A}]{\sum |a|^{\mathsf{A}}} \cdot \sqrt[\mathsf{B}]{\sum |b|^{\mathsf{B}}}}\,.$$

Dies ist die Ungleichung, die Hölder in der obenerwahnten Abhandlung aufgestellt hat, und die die Veranlassung gewesen ist, die obige allgemeinere Ungleichung (H) ebenfalls „Höldersche Ungleichung" zu nennen.

In (h) *sind* A *und* B *positive Unechtbrüche, deren Kehrwerte sich zu* 1 *ergänzen. Das Gleichheitszeichen in* (h) *gilt natürlich nur, wenn erstens die Proportion*

$$|a|^{\mathsf{A}} : |b|^{\mathsf{B}} = |a'|^{\mathsf{A}} : |b'|^{\mathsf{B}} = |a''|^{\mathsf{A}} : |b''|^{\mathsf{B}} = \cdots$$

erfüllt ist und wenn zweitens die n Produkte ab, $a'b'$, $a''b''$, ... *gleiche Winkel haben.*

§ 23. Newtons und Maclaurins Ungleichungen

Die Cauchysche Ungleichung vom arithmetischen und geometrischen Mittel kann als ein Spezialfall einer älteren von Maclaurin herrührenden Ungleichung angesehen werden, die der Vollständigkeit wegen hier noch folgen möge.

Sind

$$\alpha_1, \ \alpha_2, \ \alpha_3, \ \ldots, \ \alpha_n$$

n positive „Elemente"

$$e_1 = \alpha_1 + \alpha_2 + \cdots + \alpha_n, \quad e_2 = \alpha_1\alpha_2 + \alpha_1\alpha_3 + \cdots + \alpha_2\alpha_3 + \cdots + \alpha_{n-1}\alpha_n,$$

$$e_3 = \alpha_1\alpha_2\alpha_3 + \alpha_1\alpha_2\alpha_4 + \cdots + \alpha_{n-2}\alpha_{n-1}\alpha_n, \ \ldots$$

ihre Einerpolynome, wo also e_k die Summe der k-terklassekombinationen ohne Wiederholung der Elemente $e_1, e_2, \ldots, e_n$ ist, so entsteht aus jedem Einerpolynom e_k das *Newtonpolynom*

$$\boxed{p_k = e_k : n_k},$$

indem man e_k durch die Anzahl n_k seiner Glieder teilt. Zu den so entstehenden n Newtonpolynomen $p_1, p_2, \ldots, p_n$ rechnet man noch das „Polynom" $p_0 = 1$. Newton fand folgenden *Satz:*

Jedes Newtonpolynom ist größer als das geometrische Mittel seiner beiden Nachbarn:

$$\boxed{p_r > \sqrt{p_{r-1} \cdot p_{r+1}}}, \qquad r = 1, 2, \ldots, n-1,$$

mit alleiniger Ausnahme des Falles, wo die n Elemente $\alpha_1, \alpha_2, \ldots, \alpha_n$ einander gleichen, in welchem Ausnahmefalle Newtons Ungleichung zur Gleichung wird:

$$p_r = \sqrt{p_{r-1} \cdot p_{r+1}}.$$

(Es wird dann nämlich

$$p_r = \alpha^r,$$

wo α den gemeinsamen Wert der n gleichen Elemente bedeutet.)

Beweis der Newtonschen Ungleichung

Bei 2 Elementen $\alpha_1 = \alpha$, $\alpha_2 = \beta$ ist

$$p_0 = 1, \quad p_1 = \frac{\alpha + \beta}{2}, \quad p_2 = \alpha\beta$$

und offensichtlich

$$p_1 \geqq \sqrt{p_0 \, p_2},$$

wo das Gleichheitszeichen nur im Falle $\alpha = \beta$ gilt.

Für $n = 2$ ist sonach Newtons Satz richtig. Den weiteren Beweis führen wir durch Induktion. Wir nehmen an, Newtons Satz sei schon für alle Zeiger bis einschließlich n bewiesen und zeigen, daß er dann auch für den folgenden Zeiger $N = n + 1$ gilt.

Die n Ausgangselemente seien $\alpha_1, \alpha_2, \ldots, \alpha_n$, ihre Einerpolynome $e_1, e_2, \ldots, e_n$, ihre Newtonpolynome $p_0 = 1, p_1, p_2, \ldots, p_n$.

Kommt ein weiteres Element

$$\alpha_N = \zeta$$

hinzu, so seien die zugehörigen Einerpolynome $E_1, E_2, \ldots, E_N$ und Newtonpolynome $P_0 = 1, P_1, P_2, \ldots, P_N$.
Für zwei beliebige Zeiger ν und $\mu = \nu + 1$ ist also

$$E_\mu = e_\mu + e_\nu \zeta,$$

mithin, indem wir diese Gleichung durch

$$N_\mu = \frac{N}{N-\mu} \cdot n_\mu = \frac{N}{\mu} \cdot n_\nu$$

teilen und $E_\mu : N_\mu$, $e_\mu : n_\mu$, $e_\nu : n_\nu$ durch P_μ, p_μ, p_ν ersetzen,

(1) $$N P_\mu = (N-\mu) p_\mu + \mu p_\nu \zeta.$$

Diese Formel bilden wir auch für die Zeiger $\lambda = \mu + 1$ und $\nu = \mu - 1$ und haben noch

(2) $$N P_\lambda = (N-\lambda) p_\lambda + \lambda p_\mu \zeta$$

und

(3) $$N P_\nu = (N-\nu) p_\nu + \nu p_\pi \zeta \qquad \text{mit } \pi = \nu - 1.$$

Jetzt führen wir die Unterschiede

$$U_\mu = P_\mu^2 - P_\lambda P_\nu, \qquad u_\mu = p_\mu^2 - p_\lambda p_\nu$$

ein.
Aus (1), (2), (3) ergibt sich

$$N^2 U_\mu = A + B\zeta + C\zeta^2$$

$$\text{mit} \left\{ \begin{aligned} A &= (N-\mu)^2 p_\mu^2 - (N-\lambda)(N-\nu) p_\lambda p_\nu = p_\mu^2 + [\overline{N-\mu}^2 - 1]\, u_\mu, \\ B &= (2\mu\, \overline{N-\mu} - \lambda\, \overline{N-\nu})\, p_\mu p_\nu - \nu (N-\lambda) p_\lambda p_\pi, \\ C &= \mu^2 p_\nu^2 - \lambda\nu p_\mu p_\pi = p_\nu^2 + [\mu^2 - 1]\, u_\nu. \end{aligned} \right\}$$

Abschätzung der Größen A, B, C. Nach Voraussetzung sind u_μ und u_ν positiv, im Ausnahmefalle $\alpha_1 = \alpha_2 = \cdots = \alpha_n$ Null; die vor ihnen stehenden eckigen Klammern sind sicher nicht negativ. Folglich ist

$$A \geqq p_\mu^2 \qquad \text{und} \qquad C \geqq p_\nu^2,$$

wo *beide* Gleichheitszeichen nur stehen, wenn ausnahmsweise $\alpha_1 = \alpha_2 = \cdots = \alpha_n$ sein sollte.
Zur Abschätzung von B erwägen wir zunächst, daß

$$p_\mu^2 \geqq p_\lambda p_\nu \qquad \text{und} \qquad p_\nu^2 \geqq p_\mu p_\pi$$

ist, woraus dann durch Multiplikation

$$p_\lambda p_\pi \leqq p_\mu p_\nu$$

folgt, so daß

$$B \geqq (2\mu\, \overline{N-\mu} - \lambda\, \overline{N-\nu})\, p_\mu p_\nu - \nu (N-\lambda) p_\mu p_\nu = -2 p_\mu p_\nu.$$

In den drei Abschätzungen für A, B, C gilt das Gleichheitszeichen alle dreimal nur, wenn $\alpha_1 = \alpha_2 = \alpha_3 = \cdots = \alpha_n$ ist.
Daher ist

$$A + B\zeta + C\zeta^2 \geqq p_\mu^2 - 2p_\mu p_\nu \zeta + p_\nu^2 \zeta^2 = (p_\mu - p_\nu \zeta)^2,$$

wobei das vordere Gleichheitszeichen nur im Ausnahmefalle $\alpha_1 = \alpha_2 = \cdots = \alpha_n = \alpha$ gilt, in welchem Falle $p_\mu = \alpha^\mu$, $p_\nu = \alpha^\nu$, also

$$A + B\zeta + C\zeta^2 = \alpha^{2\nu}(\alpha - \zeta)^2$$

ist.
Im Nichtausnahmefalle ist

$$A + B\zeta + C\zeta^2 > (p_\mu - p_\nu \zeta)^2 \geqq 0,$$

im Ausnahmefalle

$$A + B\zeta + C\zeta^2 = \alpha^{2\nu}(\alpha - \zeta)^2 > 0,$$

wofern $\zeta \neq \alpha$ ist.
Falls also $\alpha_1, \alpha_2, \ldots, \alpha_n, \alpha_N$ nicht alle denselben Wert haben, ist sicher

$$A + B\zeta + C\zeta^2 > 0$$

oder $N^2 U_\mu$ und damit U_μ *positiv*, womit Newtons Satz bewiesen ist.
Aus der Newtonschen Ungleichung ergibt sich leicht die

Ungleichung von Maclaurin:

$$\boxed{p_1 > \sqrt[2]{p_2} > \sqrt[3]{p_3} > \cdots > \sqrt[n]{p_n}}\,.$$

Diese Ungleichung geht nur dann in eine Gleichung über, wenn die n Elemente $\alpha_1, \alpha_2, \ldots, \alpha_n$ gleich groß sind.

Beweis. Wir schreiben die erste, zweite, ..., $e$te Newtonsche Ungleichung untereinander, erheben die erste, zweite, ..., $e$te dieser Ungleichungen in die erste, zweite, ..., $e$te Potenz und multiplizieren. Sind a, b, c, d, e fünf sukzessive natürliche Zahlen, so sehen die vorletzten drei notierten Ungleichungen so aus:

$$p_b^{2b} > p_a^b\, p_c^b$$
$$p_c^{2c} > p_b^c\, p_d^c$$
$$p_d^{2d} > p_c^d\, p_e^d\,.$$

Man sieht, daß bei der Multiplikation p_c^{2c} sich wegen $2c = b + d$ gegen $p_c^b \cdot p_c^d$ hebt, daß sich also sämtliche Potenzen mit Ausnahme der Potenzen von p_d und p_e heben. Es bleibt nur

$$p_d^{2d} > p_d^c\, p_e^d \qquad \text{oder} \qquad p_d^e > p_e^d \qquad \text{oder endlich} \quad \sqrt[d]{p_d} > \sqrt[e]{p_e}, \quad \text{q.e.d.}$$

Der Cauchysche Satz vom arithmetischen und geometrischen Mittel ist nichts weiter als ein Ausschnitt aus dem Maclaurinschen Formelsystem

$$p_1 > \sqrt[2]{p_2} > \sqrt[3]{p_3} > \cdots > \sqrt[n]{p_n},$$

nämlich die Formel

$$p_1 > \sqrt[n]{p_n}$$

oder

$$\sqrt[n]{\alpha_1 \alpha_2 \cdots \alpha_n} < \frac{\alpha_1 + \alpha_2 + \cdots + \alpha_n}{n}.$$

§ 24. Bessels Ungleichung

Die Besselsche Ungleichung liefert eine obere Schranke für die quadratische Summe der Komponenten einer Funktion nach einem (normierten) Orthogonalsystem (s. u.).

Wir gehen aus von einem gegebenen Intervall $I = [a, b]$ der x-Achse.

Zwei in I definierte stetige Funktionen $\varphi = \varphi(x)$ und $\psi = \psi(x)$ heißen in I *orthogonal*, wenn das über I erstreckte Integral des Produkts der beiden Funktionen verschwindet:

$$\int_a^b \varphi(x)\psi(x)\,dx = \int \varphi\psi\,dx = 0.$$

Ein System von in I stetigen und hier nicht identisch verschwindenden Funktionen

$$\varphi_1 = \varphi_1(x), \qquad \varphi_2 = \varphi_2(x), \qquad \varphi_3 = \varphi_3(x), \quad \ldots$$

heißt ein *Orthogonalsystem*, wenn je zwei dieser Funktionen in I orthogonal sind.

So bildet beispielsweise die Funktionenfolge

$$\varphi_1, \varphi_2, \varphi_3, \ldots \qquad \text{mit} \quad \varphi_n = D^n X,$$

wo $D^n X$ die $n$te Ableitung von $X = (x^2 - 1)^n$ bedeutet, ein Orthogonalsystem für das Intervall $[-1, +1]$. (Seine Glieder $\varphi_1, \varphi_2, \varphi_3, \ldots$ sind ersichtlich Polynome 1., 2., 3., ... Grades in x.)

Um das nachzuweisen, erwäge man erstens, daß die 1., 2., 3., ... bis einschließlich $(n-1)$te Ableitung von X die Nullstellen $+1$ und -1 hat und zweitens, daß die Ableitung des Ausdrucks

$$\mathfrak{w} = \mathfrak{u}\,\mathfrak{v}^{n-1} - \mathfrak{u}^1\,\mathfrak{v}^{n-2} + \mathfrak{u}^2\,\mathfrak{v}^{n-3} - + \cdots \pm \mathfrak{u}^{n-1}\,\mathfrak{v},$$

in welchem $\mathfrak{u}^\nu$ bzw. $\mathfrak{v}^\nu$ die νte Ableitung von $\mathfrak{u}$ bzw. $\mathfrak{v}$ bedeutet, den Wert

$$\mathfrak{w}' = \mathfrak{u}\,\mathfrak{v}^n \pm \mathfrak{u}^n\,\mathfrak{v}$$

hat, daß mithin

$$\int_{-1}^{+1} \mathfrak{u}\,\mathfrak{v}^n\,dx \pm \int_{-1}^{+1} \mathfrak{u}^n\,\mathfrak{v}\,dx = \Big|_{-1}^{+1} \mathfrak{w}$$

ist. Wir wählen, unter m und n $(>m)$ zwei beliebige Zeiger verstanden,

$$\mathfrak{u} = \varphi_m \qquad \text{und} \qquad \mathfrak{v} = X, \quad \mathfrak{v}^n = D^n X\,.$$

Dann verschwindet in den n Gliedern von $\mathfrak{w}$ jeder Zweitfaktor an den Stellen ± 1, ist also

$$\Big|_{-1}^{+1} \mathfrak{w} = 0 \qquad \text{und daher auch} \qquad \int_{-1}^{+1} \mathfrak{u}\,\mathfrak{v}^n\,dx \pm \int_{-1}^{+1} \mathfrak{u}^n\,\mathfrak{v}\,dx = 0\,.$$

Da aber die $n$te Ableitung des m-gradigen Polynoms $\mathfrak{u} = \varphi_m$ wegen $n > m$ *identisch* verschwindet, ist das zweite dieser beiden Integrale gleich Null, und es bleibt

$$\int_{-1}^{+1} \mathfrak{u}\,\mathfrak{v}^n\,dx = 0 \qquad \text{oder} \quad \int_{-1}^{+1} \varphi_m \varphi_n\,dx = 0\,. \qquad \text{Q.e.d.}$$

Ein Orthogonalsystem erfreut sich der fundamentalen Eigenschaft:

Beliebig viele Funktionen eines Orthogonalsystems sind stets linear unabhängig.

Das heißt: Sind $\varphi_1, \varphi_2, \ldots, \varphi_n$ n Glieder eines Orthogonalsystems, so ist es unmöglich, n nicht samtlich verschwindende Konstanten $k_1, k_2, \ldots, k_n$ derart anzugeben, daß das Linearaggregat

$$L = k_1\,\varphi_1 + k_2\,\varphi_2 + \cdots + k_n\,\varphi_n$$

in I identisch verschwindet.

Beweis. Es sei etwa $k_1 \neq 0$. Man erhielte dann bei der Annahme identischen Verschwindens von L durch Multiplikation mit φ_1 und Integration die Gleichung

$$\int L\,\varphi_1\,dx = k_1 \int \varphi_1^2\,dx + k_2 \int \varphi_2\,\varphi_1\,dx + \cdots + k_n \int \varphi_n\,\varphi_1\,dx\,.$$

Hier verschwinden sämtliche Glieder bis auf das Anfangsglied der Rechtsseite, und man bekäme den Widerspruch

$$k_1 \int \varphi_1^2\,dx = 0 \qquad \text{oder} \qquad k_1 = 0\,.$$

Von besonderer Einfachheit sind *normierte Orthogonalsysteme.*

Eine Funktion φ eines Orthogonalsystems heißt *normiert,* wenn das über I erstreckte Quadratintegral von φ den Wert 1 hat:

$$\int \varphi^2\,dx = 1\,,$$

und ein Orthogonalsystem heißt *normiert,* wenn jedes seiner Glieder normiert ist.

So ist z. B. das Orthogonalsystem

$$\frac{1}{\sqrt{2\pi}}, \quad \frac{\cos x}{\sqrt{\pi}}, \quad \frac{\sin x}{\sqrt{\pi}}, \quad \frac{\cos 2x}{\sqrt{\pi}}, \quad \frac{\sin 2x}{\sqrt{\pi}}, \quad \frac{\cos 3x}{\sqrt{\pi}}, \quad \frac{\sin 3x}{\sqrt{\pi}}, \ldots$$

für jedes Intervall der Lange 2π normiert, wie man durch Ausführung der vorgeschriebenen Integrationen leicht feststellt. [Diese Integrationen erledigen sich sehr einfach vermittels der Verwandlungsformeln

$$2\cos mx \cos nx = \cos\overline{m-n}\,x + \cos\overline{m+n}\,x,$$

$$2\sin mx \sin nx = \cos\overline{m-n}\,x - \cos\overline{m+n}\,x,$$

$$2\sin mx \cos nx = \sin\overline{m+n}\,x + \sin\overline{m-n}\,x.]$$

Jedes nichtnormierte Orthogonalsystem

$$\Phi_1, \Phi_2, \ldots$$

läßt sich leicht in ein normiertes System

$$\varphi_1, \varphi_2, \ldots$$

überführen. Man braucht nur

$$\varphi_\nu = \Phi_\nu : K \qquad \text{mit} \quad K_\nu = \int \Phi_\nu^2\, dx$$

zu setzen.

Es sei nunmehr $f(x)$ eine in $I\,[a, b]$ stetige oder doch wenigstens stückweise $n$tetige Funktion von x, $\varphi_1, \varphi_2, \varphi_3, \ldots$ ein normiertes Orthogonalsystem in I, s ein beliebiger, aber fester Zeiger. Wir stellen uns die *Aufgabe*:

Die Konstanten $C_1, C_2, \ldots, C_n$ *des Linearaggregats*

$$L = L_n = C_1\varphi_1 + C_2\varphi_2 + \cdots + C_n\varphi_n$$

so zu bestimmen, daß das Aggregat von f längs des Intervalls I um möglichst wenig abweicht, genauer gesagt, daß das „mittlere Abweichungsquadrat“

$$U = U_n = \int u^2 dx \qquad \text{mit} \quad u = f - L$$

möglichst klein ausfällt.

In kürzester Ausdrucksweise:

Die Funktion f durch das Aggregat

$$L_n = C_1\varphi_1 + C_2\varphi_2 + \cdots + C_n\varphi_n$$

„möglichst gut zu approximieren“.

Auf Grund der Orthogonalitätsbedingungen $\int \varphi_\mu \varphi_\nu\, dx = 0$ mit $\mu \neq \nu$ und der Normierungsbedingungen $\int \varphi_\nu^2\, dx = 1$ wird

$$U = \int \Big(f - \sum_1^n C_\nu \varphi_\nu\Big)^2 dx = \int f^2\, dx - 2\sum_1^n C_\nu c_\nu + \sum_1^n C_\nu^2,$$

nur dann, wenn $\lim M_n = 0$, d. h. wenn das mittlere Fehlerquadrat

$$M_n = \int (f - l_n)^2 \, dx$$

bei unbegrenzt wachsendem n gegen Null konvergiert. Folglich:

Konvergiert das mittlere Fehlerquadrat bei unbegrenzt wachsendem Zeiger gegen Null, so gilt Bessels Gleichung

$$\boxed{\sum_1^\infty c_\nu^2 = \int f^2 \, dx} \, .$$

Diese unter der Voraussetzung $\lim M_n = 0$ bestehende Gleichung wird meist als „*Vollständigkeitsrelation*" bezeichnet.

DRITTER ABSCHNITT

RESTBRÜCHE

§ 25. Restbruchschranken

Unter dem *Differenzenquotient* oder *Restbruch einer Funktion* $f(x)$ des Arguments (der unabhängigen Variable) x versteht man den Quotient

$$\mathfrak{D} = \frac{f(X) - f(x)}{X - x},$$

in welchem x und X zwei verschiedene Argumentwerte bedeuten.
Um auf die Beziehung des Restbruchs $\mathfrak{D}$ zu den beiden Argumentwerten x und X hinzuweisen, nennt man $\mathfrak{D}$ ausführlich den Restbruch der Funktion $f(x)$ für die Stellen x und X oder auch für das Intervall (x, X).
Es ist von höchster Wichtigkeit, Schranken ausfindig zu machen, welche den Restbruch einschließen. Dieses Schrankenproblem läßt sich aber nicht allgemein lösen, sondern muß für jede besondere Funktion gesondert behandelt werden. Wir befassen uns in diesem Paragraphen nur mit den Restbruchschranken für die sechs Elementarfunktionen

$$x^n, \quad e^x, \quad l\,x, \quad \sin x, \quad \cos x, \quad \operatorname{at} x.$$

Wir nehmen X stets größer als x an.

I. Die Potenz $y = x^n$,

wobei n einen beliebigen konstanten Exponenten bedeutet.
Wir beschränken uns auf positive (oder doch zumindest nichtnegative) Argumentwerte. Demnach sei

$$\mathfrak{D} = \frac{X^n - x^n}{X - x} \qquad \text{mit} \quad X > x \geqq 0,$$

der Differenzenquotient von x^n.
Wir unterscheiden zwei Hauptfälle:

1° n positiv, 2° n negativ.

Im ersten Hauptfalle halten wir die beiden Unterfälle 1a) $n > 1$, 1b) $n < 1$ auseinander. (Der Fall $n = 1$ ist trivial.)
Die Differenz $X - x$ kürzen wir ξ ab.
1a: Wir setzen in der für jedes positive $q \neq 1$ gültigen Potenzungleichung

$$q^n > 1 + n(q-1)$$

$$\text{einmal } q = \frac{X}{x}, \qquad \text{dann } q = \frac{x}{X}.$$

Das gibt sukzessiv

$\left(\frac{X}{x}\right)^n > 1 + n\left(\frac{X}{x} - 1\right)$	$\left(\frac{x}{X}\right)^n > 1 + n\left(\frac{x}{X} - 1\right)$
$X^n > x^n + n\,\xi\,x^{n-1}$	$x^n > X^n - n\,\xi\,X^{n-1}$
$\mathfrak{D} > n\,x^{n-1}$	$\mathfrak{D} < n\,X^{n-1}.$

Zusammengefaßt:

(1a) $$n\,x^{n-1} < \frac{X^n - x^n}{X - x} < n\,X^{n-1},$$

und das gilt auch bei $x = 0$.
1b: In der für jedes positive $q \neq 1$ gültigen Potenzungleichung

$$q^n < 1 + n(q-1)$$

setzen wir

$$\text{einmal } q = \frac{X}{x}, \qquad \text{dann } q = \frac{x}{X}.$$

Das gibt sukzessiv

$\left(\frac{X}{x}\right)^n < 1 + n\left(\frac{X}{x} - 1\right)$	$\left(\frac{x}{X}\right)^n < 1 + n\left(\frac{x}{X} - 1\right)$
$X^n < x^n + n\,\xi\,x^{n-1}$	$x^n < X^n - n\,\xi\,X^{n-1}$
$\mathfrak{D} < n\,x^{n-1}$	$\mathfrak{D} > n\,X^{n-1}.$

Zusammengefaßt:

(1b) $$n\,X^{n-1} < \frac{X^n - x^n}{X - x} < n\,x^{n-1}, \qquad (x \geqq 0).$$

Im zweiten Hauptfalle setzen wir $n = -m$ und unterscheiden die drei Unterfälle 2a) $m > 1$, 2b) $m < 1$, 2c) $m = 1$.
2a: Nach (1a) ist

$$m\left(\frac{1}{X}\right)^{m-1} < \frac{\left(\frac{1}{x}\right)^m - \left(\frac{1}{X}\right)^m}{\frac{1}{x} - \frac{1}{X}} < m\left(\frac{1}{x}\right)^{m-1}$$

oder

$$\frac{m}{X^m x} < \frac{\frac{1}{x^m} - \frac{1}{X^m}}{X - x} < \frac{m}{x^m X},$$

a fortiori

$$\text{(2a)} \qquad \frac{m}{X^{m+1}} < \frac{\frac{1}{x^m} - \frac{1}{X^m}}{X - x} < \frac{m}{x^{m+1}}.$$

2b: Nach (1b) ist

$$m\left(\frac{1}{x}\right)^{m-1} < \frac{\left(\frac{1}{x}\right)^m - \left(\frac{1}{X}\right)^m}{\frac{1}{x} - \frac{1}{X}} < m\left(\frac{1}{X}\right)^{m-1}$$

oder

$$\frac{m}{x^m X} < \frac{\frac{1}{x^m} - \frac{1}{X^m}}{X - x} < \frac{m}{X^m x},$$

a fortiori

$$\text{(2b)} \qquad \frac{m}{X^{m+1}} < \frac{\frac{1}{x^m} - \frac{1}{X^m}}{X - x} < \frac{m}{x^{m+1}}.$$

2c: Es ist

$$\frac{\frac{1}{x} - \frac{1}{X}}{X - x} = \frac{1}{Xx},$$

mithin

$$\text{(2c)} \qquad \frac{1}{X^2} < \frac{\frac{1}{x} - \frac{1}{X}}{X - x} < \frac{1}{x^2}.$$

Die Ungleichungen (2a), (2b), (2c) lassen sich in die *eine* Ungleichung

$$-\frac{m}{x^{m+1}} < \frac{X^{-m} - x^{-m}}{X - x} < -\frac{m}{X^{m+1}}$$

oder

$$n\,x^{n-1} < \frac{X^n - x^n}{X - x} < nX^{n-1}$$

zusammenfassen, welche für jedes negative n gilt.

Diese letzte Ungleichung und die beiden Ungleichungen (1a) und (1b) enthalten den

Schrankensatz für den Restbruch der Potenz x^n:

Der Differenzenquotient $\frac{X^n - x^n}{X - x}$ der Potenz x^n liegt stets zwischen den beiden Schranken $n\,x^{n-1}$ und $n\,X^{n-1}$.

Dabei darf n eine beliebige reelle Konstante sein. (Selbst die trivialen Fälle $n = 0$ und $n = 1$ sind zulässig.)

x und X sind beliebige positive Größen, deren erste unterhalb der zweiten liegt. x darf ausnahmsweise auf Null herabsinken.

II. Die Exponentialfunktion $y = e^x$

Der Differenzenquotient ist

$$\mathfrak{D} = \frac{e^X - e^x}{X - x}.$$

Wir nehmen wieder $X > x$ an, lassen aber für x und X diesmal auch negative Werte zu.

Wir gehen aus von der für jedes nicht verschwindende q geltenden Ungleichung der Exponentialfunktion:

$$e^q > 1 + q.$$

In ihr setzen wir (nach wie vor ist $\xi = X - x$)

$$\text{einmal } q = \xi, \qquad \text{dann } q = -\xi.$$

Das gibt sukzessiv

$e^{X-x} > 1 + \xi$	$e^{x-X} > 1 - \xi$
$e^X > e^x + \xi e^x$	$e^x > e^X - \xi e^X$
$\mathfrak{D} > e^x$	$\mathfrak{D} < e^X.$

Zusammengefaßt:

$$\boxed{e^x < \frac{e^X - e^x}{X - x} < e^X}, \qquad (X > x).$$

In Worten:

Der Restbruch der Exponentialfunktion liegt zwischen den beiden Schranken e^x und e^X.

Da wir später auch eine obere Schranke für den Betrag des Restbruchs der Exponentialfunktion für *komplexes* Argument z benötigen, so möge diese Schranke hier noch angegeben werden.

Seien also $z = x + iy$ und $Z = X + iY$ zwei beliebige Argumentwerte und $w = e^z$ und $W = e^Z$ die zugehörigen Funktionswerte. Unser Restbruch lautet dann

$$\mathfrak{D} = \frac{e^Z - e^z}{Z - z}.$$

Als Abkürzungen für die Differenzen $X - x$, $Y - y$, $Z - z$ und $W - w$ mögen die Buchstaben ξ, η, ζ und ω dienen. Für den Zahler von $\mathfrak{D}$ erhalten wir den Wert

$$\omega = e^Z - e^z = e^X e^{Yi} - e^x e^{yi} = (e^X \cos Y - e^x \cos y) + i(e^X \sin Y - e^x \sin y).$$

Daher wird

$$|\omega|^2 = e^{2X} + e^{2x} - 2e^{2\sigma}\cos\eta \qquad \text{mit} \quad 2\sigma = X + x$$

oder

$$|\omega|^2 = (e^X - e^x)^2 + 4e^{2\sigma}\sin^2\frac{\eta}{2}.$$

Hieraus folgt wegen $\sin\varphi \leqq \varphi$

$$(1) \qquad \left|\frac{e^Z - e^z}{e^X - e^x}\right|^2 \leqq 1 + \eta^2 \left(\frac{e^\sigma}{e^X - e^x}\right)^2 = 1 + \frac{\eta^2}{e^\xi + e^{-\xi} - 2}.$$

Nun ist aber $|\zeta|^2 = \xi^2 + \eta^2$, mithin

$$(2) \qquad \left|\frac{\zeta}{\xi}\right|^2 = 1 + \frac{\eta^2}{\xi^2}.$$

Nach der Exponentialreihe ergibt sich sofort

$$e^\xi + e^{-\xi} > 2 + \xi^2$$

und hieraus, daß die rechte Seite von (1) unterhalb der rechten Seite von (2) liegt. Daher ist

$$\left|\frac{e^Z - e^z}{e^X - e^x}\right|^2 \leqq \left|\frac{\zeta}{\xi}\right|^2$$

oder

$$\boxed{\left|\frac{e^Z - e^z}{Z - z}\right| \leqq \frac{e^X - e^x}{X - x}},$$

und diese Ungleichung, in welcher das Gleichheitszeichen nur für $\eta = 0$, d. h. bei $\boxed{Y = y}$ gilt, liefert den Restbruch

$$\underline{\frac{e^X - e^x}{X - x} \quad \text{als obere Schranke für} \quad \left|\frac{e^Z - e^z}{Z - z}\right|}.$$

Eine weitere wichtige Ungleichung gilt für das Verhaltnis der beiden Restbrüche

$$\frac{e^{aX} - e^{ax}}{aX - ax} \quad \text{und} \quad \frac{e^{bX} - e^{bx}}{bX - bx},$$

in denen a und b positive, X und x reelle Größen bedeuten. Sie lautet:

Satz vom Restbruchverhältnis der Exponentialfunktion:

Sind a und b positve Größen positiver Differenz $d = a - b$, ferner X und x beliebige Realzahlen positiver Differenz $\xi = X - x$, so ist

$$\boxed{e^{dx} < \frac{e^{aX} - e^{ax}}{a} : \frac{e^{bX} - e^{bx}}{b} < e^{dX}}.$$

Beweis. Sukzessive Umschreibung der Behauptung ergibt

$$a\,e^{dx} e^{bX} - a\,e^{ax} < b\,e^{aX} - b\,e^{ax} < d\,e^{aX} - a\,e^{dX} e^{bx} \quad |: e^{ax}$$

$$a\,e^{b\xi} - a < b\,e^{a\xi} - b < a\,e^{a\xi} - a\,e^{d\xi}.$$

Um hier a frei zu bekommen und es dann durch $b + d$ zu ersetzen, multiplizieren wir links mit $e^{-b\xi}$, rechts mit $e^{-d\xi}$ und erhalten

$$b\,e^{d\xi} + d\,e^{-b\xi} > b + d \qquad \text{bzw.} \qquad b\,e^{-d\xi} + d\,e^{b\xi} > b + d,$$

welche Ungleichungen aber beide auf Grund der Ungleichung der Exponentialfunktion erfüllt sind.

III. Die logarithmische Funktion $y = lx$

Der Restbruch ist

$$\mathfrak{D} = \frac{lX - lx}{X - x},$$

wobei $X > x > 0$ vorausgesetzt wird.

Wir setzen $u = lx$, $U = lX$ oder $x = e^u$, $X = e^U$, so daß $U > u$ ist. Nach der Schrankenformel für den Restbruch der Exponentialfunktion ist

$$e^u < \frac{e^U - e^u}{U - u} < e^U$$

oder, zu x und X zurückkehrend,

$$x < \frac{X - x}{lX - lx} < X$$

oder endlich

$$\boxed{\frac{1}{X} < \frac{lX - lx}{X - x} < \frac{1}{x}}. \quad \text{mit } X > x > 0.$$

In Worten:

Der Differenzenquotient der logarithmischen Funktion liegt zwischen den Schranken $\frac{1}{x}$ und $\frac{1}{X}$.

IV. Die Sinusfunktion $y = \sin x$

Der Restbruch ist

$$\mathfrak{D} = \frac{\sin X - \sin x}{X - x}.$$

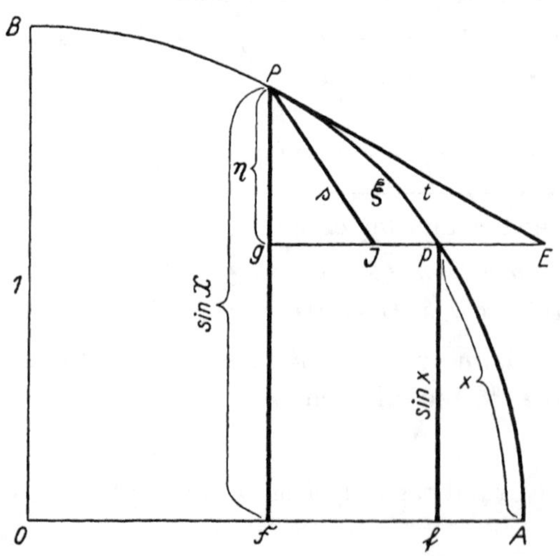

Wir nehmen das Argument im Bogenmaß und tragen die Bogen

$$Ap = x \quad \text{und} \quad AP = X = x + \xi$$

auf dem Quadranten AB des Einheitskreises vom Zentrum O ab, so daß $pP = \xi$ ist. Von P fallen wir das Lot PF, von p das Lot pf auf OA, ferner von p das Lot pg auf PF. Dann ist $fp = \sin x = Fg$ und $FP = \sin X$, also

$$Pg = \eta = \sin X - \sin x.$$

Von P aus zeichnen wir die beiden Strecken

$$PI = s \perp Op \qquad \text{und} \qquad PE = t \perp OP,$$

deren Endpunkte I und E auf der Geraden pg liegen, I innerhalb, E außerhalb des Kreises.

Nun ist

$$s < \xi < t$$

oder

$$\frac{1}{t} < \frac{1}{\xi} < \frac{1}{s}$$

oder

$$\frac{\eta}{t} < \mathfrak{D} < \frac{\eta}{s}.$$

Nun stehen die Schenkel des Winkels gPI auf denen des Winkels x, die Schenkel des Winkels gPE auf denen des Winkels X senkrecht; folglich ist

$$\sphericalangle\, gPI = x, \qquad \sphericalangle\, gPE = X.$$

Daher ergibt sich aus den rechtwinkligen Dreiecken gPI und gPE

$$\cos x = \frac{\eta}{s} \qquad \text{und} \qquad \cos X = \frac{\eta}{t}.$$

Die Verknüpfung dieses Gleichungspaares mit der obigen Ungleichung liefert die gesuchte Schrankenformel:

$$\boxed{\cos X < \frac{\sin X - \sin x}{X - x} < \cos x}, \qquad X > x \geqq 0.$$

In Worten:

Der Differenzenquotient der Funktion $\sin x$ *liegt zwischen den Schranken* $\cos x$ *und* $\cos X$.

Wir haben diesen Satz hier zwar nur für spitze Winkel hergeleitet. Es bereitet aber keinerlei Schwierigkeit, ihn auf alle möglichen Fälle auszudehnen.

V. Die Cosinusfunktion $y = \cos x$

Der Differenzenquotient ist

$$\mathfrak{D} = \frac{\cos X - \cos x}{X - x}.$$

Seine Einschließung in Schranken erfolgt ganz ähnlich wie bei der Sinusfunktion. Es wird genügen, das Ergebnis hierherzusetzen:

$$\boxed{-\sin X < \frac{\cos X - \cos x}{X - x} < -\sin x}.$$

Hierbei sind x und X als spitze Winkel angenommen.
Es gilt aber für *alle* Winkelpaare der x, X der *Satz*:

Der Restbruch der Funktion $\cos x$ *liegt stets zwischen* $-\sin x$ *und* $-\sin X$.

VI. Die Arcustangensfunktion $y = \operatorname{at} x$

Der Restbruch ist

$$\mathfrak{D} = \frac{\operatorname{at} X - \operatorname{at} x}{X - x},$$

wo wir $X > x > 0$ voraussetzen. Wir zeichnen den Quadrant AB des Einheitskreises vom Zentrum O, legen an ihn in A die Tangente und tragen auf dieser in gleicher Richtung die beiden Stücke

$$Ap = x \qquad \text{und} \qquad AP = X$$

ab, so daß $pP = X - x = \xi$ ist.
Die Strecken $Op = r$ und $OP = R$ mögen den Quadrant in q und Q schneiden. Dann ist

$$\text{Bogen } Aq = y = \operatorname{at} x \qquad \text{und} \qquad \text{Bogen } AQ = Y = \operatorname{at} X,$$

so daß

$$\text{Bogen } qQ = \eta = Y - y = \operatorname{at} X - \operatorname{at} x$$

ist.
Wir zeichnen noch die zu η konzentrischen Kreisbogen

$$ph = \varphi \qquad \text{und} \qquad PH = \Phi,$$

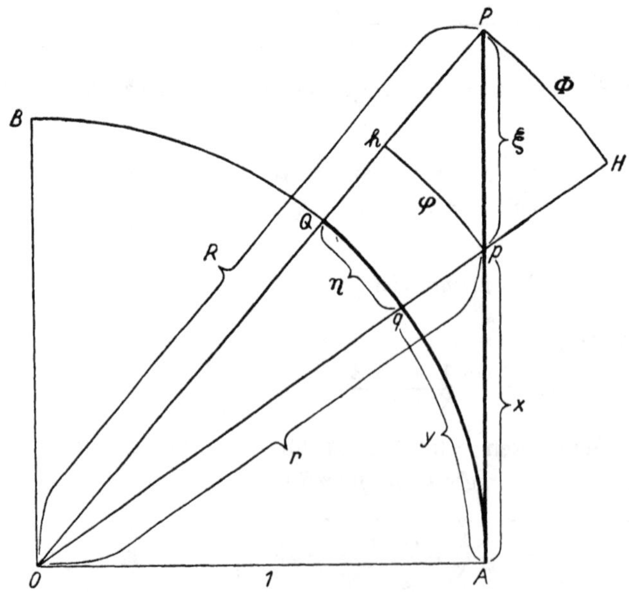

deren Endpunkte h und H auf OP und der Verlängerung von Op liegen.
Nun liegt der Inhalt des Dreiecks OpP zwischen den Inhalten der Sektoren Oph und OPH. Daher gilt die Ungleichung

$$r\varphi < \xi < R\Phi.$$

Ersetzen wir in ihr φ durch $r\eta$ und Φ durch $R\eta$, so verwandelt sie sich in

$$r^2\eta < \xi < R^2\eta,$$

so daß wir wegen $\mathfrak{D} = \eta : \xi$ schreiben können

$$\frac{1}{R^2} < \mathfrak{D} < \frac{1}{r^2}.$$

Aus dem auf die Rechtwinkeldreiecke OAp und OAP angewandten pythagoreischen Satze folgt aber

$$r^2 = 1 + x^2 \qquad \text{und} \qquad R^2 = 1 + X^2.$$

Daher wird

$$\boxed{\frac{1}{1+X^2} < \frac{\operatorname{at} X - \operatorname{at} x}{X - x} < \frac{1}{1+x^2}}\,, \qquad X > x \geqq 0.$$

In Worten:

Der Restbruch der Funktion at x *liegt zwischen den Schranken* $\frac{1}{1+x^2}$ *und* $\frac{1}{1+X^2}$.

VII. *Die Arcussinusfunktion* $y = \operatorname{as} x$

Der Restbruch ist

$$\mathfrak{D} = \frac{\operatorname{as} X - \operatorname{as} x}{X - x},$$

wo wir wieder $X > x \geqq 0$ voraussetzen.

Auf dem Quadrant AB des Einheitskreises vom Zentrum O nehmen wir zwei Punkte p und P willkürlich an, jedoch so, daß p dem Punkte A näher liegt als P. Wir fällen die Lote $pf = x$ und $PF = X$ von p und P auf OA und nennen die Bogen Ap und AP y und Y. Dann ist

$$y = \operatorname{as} x, \qquad Y = \operatorname{as} X.$$

Wir fällen von p das Lot pG auf FP und zeichnen senkrecht zu Op und zu OP die beiden Strecken

$$PS = s \qquad \text{und} \qquad PT = t,$$

deren Endpunkte S und T auf der Geraden Gp liegen. Schließlich sei noch

$$GP = \xi \quad \text{und} \quad \text{Bogen } pP = \eta.$$

Dann ist $\xi = X - x$,
$\eta = Y - y = \operatorname{as} X - \operatorname{as} x$ und

$$\mathfrak{D} = \frac{\eta}{\xi} = \frac{Y - y}{X - x} = \frac{\operatorname{as} X - \operatorname{as} x}{X - x}.$$

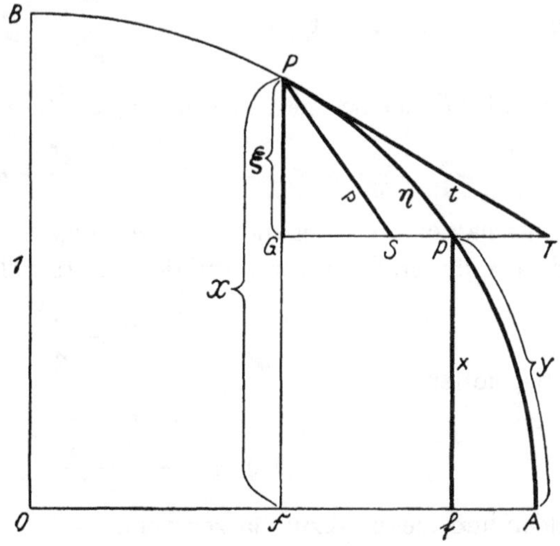

Um $\mathfrak{D}$ in Schranken einzuschließen, haben wir

$$s < \eta < t,$$

mithin

$$\frac{s}{\xi} < \frac{\eta}{\xi} < \frac{t}{\xi}.$$

Die Quotienten $s:\xi$ und $t:\xi$ sind die Secans der Winkel GPS und GPT, d. h. der Winkel $AOp = y$ und $AOP = Y$. Daher verwandelt sich unsere Ungleichung in

$$\sec y < \mathfrak{D} < \sec Y.$$

Nun ist $\cos y = \sqrt{1-x^2}$ und $\cos Y = \sqrt{1-X^2}$, so daß

$$\boxed{\frac{1}{\sqrt{1-x^2}} < \frac{\operatorname{as} X - \operatorname{as} x}{X - x} < \frac{1}{\sqrt{1-X^2}}}$$

wird.

In Worten:

Der Restbruch der Funktion $y = \operatorname{as} x$ *liegt zwischen den Schranken*

$$\frac{1}{\sqrt{1-x^2}} \quad \text{und} \quad \frac{1}{\sqrt{1-X^2}}.$$

§ 26. Die *Nn*-Ungleichung

Bekanntlich konvergiert der Restbruch

$$\mathfrak{D} = \frac{X^n - x^n}{X - x}$$

bei festgehaltenem x und variablem, dem Werte x unbegrenzt zueilendem X gegen den Grenzwert

$$\mathfrak{d} = n\,x^{n-1}.$$

Man wird daher bestrebt sein, den Überschuß

$$\mathfrak{D} - \mathfrak{d} = \frac{X^n - x^n}{X - x} - n\,x^{n-1}$$

abzuschätzen. Wir behandeln diese Aufgabe gleich etwas allgemeiner, indem wir aus diesem Überschuß und dem Restbruch

$$\frac{X^N - x^N}{X - x}$$

den Quotient

$$q = \frac{X^N \cdot \dfrac{X^n - x^n}{X - x} - x^N \cdot n\,x^{n-1}}{X - x}$$

bilden und diesen abzuschätzen versuchen.

Hierbei seien x und X zwei ungleiche reelle oder komplexe Zahlen, n und N zwei Ganzzahlen, von denen die erste oberhalb 1, die zweite oberhalb —1 liege. Nach der bekannten Divisionsformel

$$\frac{X^n - x^n}{X - x} = X^{n-1} + X^{n-2} x + X^{n-3} x^2 + \cdots + x^{n-1}$$

hat der Zähler von q den Minuend

$$\left.\begin{array}{l} M = X^{s+1} + X^s \cdot x + X^{s-1} \cdot x^2 + \cdots + X^N \cdot x^{n-1} \\ \text{und den Subtrahend} \\ S = x^{s+1} + x^s \cdot x + x^{s-1} \cdot x^2 + \cdots + x^N \cdot x^{n-1} \end{array}\right\} \quad \text{mit } s = N + n - 2,$$

wobei Minuend wie Subtrahend je n Posten enthält.
Bei spaltenweiser Ausführung der Subtraktion bekommen wir, der Gliederzahl n von Minuend und Subtrahend entsprechend, n Differenzen von der Form

$$X^{s-\nu} x^{\nu+1} - x^{s-\nu} x^{\nu+1} = [X^{s-\nu} - x^{s-\nu}] x^{\nu+1}.$$

Hier verwandeln wir jede eckige Klammer auf Grund der obigen Divisionsformel in das Produkt aus $(X - x)$ und der $(s - \nu)$-gliedrigen Summe

$$X^{s-\nu-1} + X^{s-\nu-2} x + \cdots + x^{s-\nu-1}.$$

Bei Weglassung des allen Differenzen gemeinsamen Faktors $(X - x)$ entsteht so das n-zeilige Aggregat $\mathfrak{a} =$

$$\begin{array}{r|l} X^s + X^{s-1} x + X^{s-2} x^2 + \cdots + X^N x^{n-2} & + X^{N-1} x^{n-1} + X^{N-2} x^n + \cdots + x^s \\ X^{s-1} x + X^{s-2} x^2 + \cdots + X^N x^{n-2} & + X^{N-1} x^{n-1} + X^{N-2} x^n + \cdots + x^s \\ X^{s-2} x^2 + \cdots + X^N x^{n-2} & + X^{N-1} x^{n-1} + X^{N-2} x^n + \cdots + x^s \\ \cdot \quad \cdot \quad \cdot \quad \cdot \quad \cdot & \cdot \quad \cdot \quad \cdot \quad \cdot \quad \cdot \quad \cdot \quad \cdot \quad \cdot \quad \cdot \quad \cdot \quad \cdot \quad \cdot \quad \cdot \quad \cdot \\ X^N x^{n-2} & + X^{N-1} x^{n-1} + X^{N-2} x^n + \cdots + x^s \\ & X^{N-1} x^{n-1} + X^{N-2} x^n + \cdots + x^s, \end{array}$$

in welchem jede folgende Zeile ein Glied weniger als die darüberstehende Zeile aufweist. Dieses Aggregat besteht – nach spaltenweiser Addition – aus der $(n - 1)$-gliedrigen Summe

$$\mathfrak{s} = X^s + 2 X^{s-1} x + 3 X^{s-2} x^2 + \cdots + (n - 1) X^N x^{n-2}$$

und der N-gliedrigen Summe

$$\mathfrak{t} = n X^{N-1} x^{n-1} + n X^{N-2} x^n + \cdots + n x^s,$$

so daß also

$$\mathfrak{a} = \mathfrak{s} + \mathfrak{t}$$

ist.

Damit hat sich für den Zähler von q der Wert

$$(X-x)\mathfrak{a}=(X-x)(\mathfrak{s}+\mathfrak{t})$$

ergeben, und q selbst wird

$$q=\mathfrak{a}=\mathfrak{s}+\mathfrak{t}.$$

Bedeutet nun G den größeren der beiden Beträge $|X|$ und $|x|$, so gelten für die Beträge $\mathfrak{S}$ und $\mathfrak{T}$ von $\mathfrak{s}$ und $\mathfrak{t}$ die Ungleichungen

$$\mathfrak{S}<[1+2+3+\cdots+(n-1)]\,G^s=n_2G^s \qquad \text{und} \qquad \mathfrak{T}<Nn\,G^s,$$

so daß der Betrag $\mathfrak{A}$ von $\mathfrak{a}$ die Ungleichung

$$\mathfrak{A}<(Nn+n_2)G^s$$

befriedigt. Da aber $q=\mathfrak{a}$ ist, stimmen die Beträge Q und $\mathfrak{A}$ von q und $\mathfrak{a}$ überein, und wir erhalten die Ungleichung

$$\boxed{Q<\mathfrak{N}\,G^s} \qquad \text{mit } Q=|q|,$$

in welcher

$$\mathfrak{N}=Nn+n_2, \qquad s=N+n-2$$

und G der größere der beiden Beträge $|X|$ und $|x|$ ist.
Ausführlich:

Sind X und x zwei ungleiche, sonst aber beliebige reelle oder komplexe Zahlen, $N\geqq 0$ und $n>1$ zwei Ganzzahlen, so ist

$$\boxed{\left|\frac{X^N\cdot\dfrac{X^n-x^n}{X-x}-x^N\cdot n\,x^{n-1}}{X-x}\right|<\mathfrak{N}G^{N+n-2}},$$

wo

$$\mathfrak{N}=Nn+n_2$$

ist und G den größeren der beiden Beträge $|X|$ und $|x|$ bedeutet.
Setzen wir den Betrag der Differenz $d=X-x$ gleich D, so läßt sich die Ungleichung auch

$$\boxed{\left|X^N\cdot\frac{X^n-x^n}{X-x}-n\,x^{N+n-1}\right|<\mathfrak{N}DG^{N+n-2}}$$

schreiben.
Aus ihr gewinnt man die Gleichung

$$\boxed{X^N\cdot\frac{X^n-x^n}{X-x}-n\,x^{N+n-1}=\theta\,\mathfrak{N}\,d\,G^{N+n-2}}$$

mit

$$|\theta|<1, \qquad \mathfrak{N}=Nn+n_2, \qquad d=X-x, \qquad G=\operatorname{Max}(|X|,\ |x|).$$

In Ermangelung einer besseren Benennung soll die gefundene Ungleichung bzw. Gleichung „*Nn-Ungleichung*" bzw. „*Nn-Gleichung*" genannt werden. Für speziell $N = 0$ nimmt sie die Form

$$\boxed{\left| \frac{X^n - x^n}{X - x} - n\,x^{n-1} \right| < n_2 D G^{n-2}}$$

bzw.

$$\frac{X^n - x^n}{X - x} - n\,x^{n-1} = \theta\, n_2 d G^{n-2} \qquad \text{mit } |\theta| < 1$$

an.

§ 27. Lagranges Restbruchsatz

Der Satz von Lagrange ist die Beziehung, die zwischen dem Restbruch einer Funktion $f(x)$ für die beiden Stellen a und b und der Ableitung $f'(x)$ der Funktion für eine gewisse Zwischenstelle z besteht. Dabei wird vorausgesetzt, daß die Funktion $f(x)$ im Intervall (a, b) stetig ist und in jedem Punkt x des Intervalls – oder doch wenigstens in jedem Innenpunkt dieses Intervalls – eine Ableitung $f'(x)$ besitzt.

Zur Gewinnung des Lagrangeschen Satzes benutzen wir die Hilfsfunktion

$$\varphi(x) = f(b) - f(x) - K(b - x),$$

in der wir uns die Konstante K so gewählt denken, daß $\varphi(a)$ verschwindet. K ist also nichts anderes als der Restbruch der Funktion $f(x)$ für die Stellen a und b:

$$K = \frac{f(b) - f(a)}{b - a}.$$

Diese Hilfsfunktion verschwindet an den Stellen a und b. Wenn sie also nicht gerade zufällig an allen Stellen des Intervalls (a, b) verschwindet, muß sie im Intervallinnern etwa positive Werte annehmen. Unter diesen Werten wird einer, etwa $\varphi(z)$ [wo also $a < z < b$ ist], der größte sein, da $\varphi(x)$ die Ableitung

$$\varphi'(x) = K - f'(x)$$

besitzt, mithin eine stetige Funktion von x im Intervall darstellt und als solche einen größten Wert, das genannte $\varphi(z) = M$, erreicht.

Nun ist die Ableitung $[\varphi'(z)]$ von $\varphi(x)$ an der Stelle z der Grenzwert von

$$\mathrm{I} = \frac{\varphi(z + h) - \varphi(z)}{h} \qquad \text{oder auch von} \qquad \mathrm{II} = \frac{\varphi(z) - \varphi(z - h)}{h},$$

wenn das positive Inkrement h der Null zustrebt:

$$\varphi'(z) = \lim_{h \to 0} \mathrm{I} = \lim_{h \to 0} \mathrm{II}.$$

Da nun wegen der Maximaleigenschaft von $\varphi(z)$

$$\varphi(z+h) \leqq M \qquad \text{wie auch} \qquad \varphi(z-h) \leqq M$$

sein muß, ist

$$\mathrm{I} \leqq 0 \qquad \text{und} \qquad \mathrm{II} \geqq 0,$$

folglich auch

$$\varphi'(z) \leqq 0 \qquad \textbf{\textit{und}} \qquad \varphi'(z) \geqq 0.$$

Mithin kann nur

$$\varphi'(z) = 0$$

sein.

Auf dieselbe Gleichung werden wir geführt, wenn $\varphi(x)$ im Intervall nur negative Werte annimmt. Und die Gleichung $\varphi'(z) = 0$ gilt für *jede* Zwischenstelle z, falls $\varphi(x)$ im Intervall überall verschwinden sollte.

Nun ist

$$\varphi'(z) = K - f'(z).$$

Demnach erhalten wir die Gleichung

$$K = f'(z)$$

oder

$$\boxed{\frac{f(b) - f(a)}{b - a} = f'(z)}\,.$$

Diese fundamentale Formel bildet den *Satz von Lagrange*. Ihrer außerordentlichen Wichtigkeit wegen fassen wir sie in Worte.

Lagranges Restbruchsatz:

Besitzt die in einem vorgelegten Intervall (inkl. Grenzen) stetige Funktion $f(x)$ in jedem Innenpunkte des Intervalls eine endliche Ableitung, so gleicht ihr Restbruch für das Intervall ihrer Ableitung in einem gewissen Zwischenpunkte.

Dieser Satz wird in der Literatur meist der *Mittelwertsatz der Differentialrechnung* genannt. Ob diese Benennung gerade glücklich gewahlt ist, steht dahin, da ja z im allgemeinen keineswegs der Mittelwert von a und b ist, vielmehr in der Regel ein ganz anderer Zwischenwert zwischen a und b ist.

Bedeutet h den Rest $b - a$, so schreibt sich Lagranges Formel

$$\boxed{f(a+h) = f(a) + h f'(z)}\,,$$

in welcher Fassung sie gewöhnlich erscheint und die meiste Verwendung findet.

Ein Spezialfall von Lagranges Formel ist der sog. Satz von Rolle, der zum Vorschein kommt, wenn

$$f(b) = f(a)$$

ist. Die Lagrangesche Formel führt dann auf die Gleichung

$$f'(z) = 0,$$

welche folgenden Wortlaut zuläßt:

Satz von Rolle:

Wenn eine im Intervalle $[a, b]$ stetige Funktion von x an den Intervallenden a und b verschwindet und an jeder Zwischenstelle eine endliche Ableitung besitzt, so verschwindet diese Ableitung an wenigstens einer Zwischenstelle.

Kurz ausgedrückt:

Besitzt eine Gleichung $f(x) =$ zwei verschiedene Wurzeln a und b, so besitzt auch die Gleichung $f'(x) = 0$ zwischen a und b mindestens eine Wurzel.

Die geometrischen Veranschaulichungen der Sätze von Lagrange und Rolle sind bekannt.

O. Bonnet hat den Satz von Lagrange folgendermaßen erweitert.

$f(x)$ und $\varphi(x)$ seien zwei im Intervall $[a, b]$ stetige Funktionen, die an jeder Stelle des Intervalls (a, b) eine endliche Ableitung besitzen. Dann gilt dasselbe von der Funktion

$$F(x) = \begin{vmatrix} f(x) & f(a) & f(b) \\ \varphi(x) & \varphi(a) & \varphi(b) \\ 1 & 1 & 1 \end{vmatrix}.$$

Da diese Funktion außerdem an den Intervallenden verschwindet, muß nach Rolles Satz ihre Ableitung $F'(x)$ an einer gewissen Zwischenstelle z verschwinden:

$$\begin{vmatrix} f'(z) & f(a) & f(b) \\ \varphi'(z) & \varphi(a) & \varphi(b) \\ 0 & 1 & 1 \end{vmatrix} = 0$$

oder

$$f'(z)\,[\varphi(a) - \varphi(b)] + \varphi'(z)\,[f(b) - f(a)] = 0.$$

Folglich gilt

Bonnets Restbruchsatz:

Besitzen die im Intervall $[a, b]$ stetigen Funktionen $f(x)$ und $\varphi(x)$ an jeder Innenstelle des Intervalls eine endliche Ableitung, so gilt die Formel

$$\boxed{\frac{f(b) - f(a)}{\varphi(b) - \varphi(a)} = \frac{f'(z)}{\varphi'(z)}},$$

wo z einen gewissen zwischen a und b liegenden Wert bedeutet.

Für Funktionen einer *komplexen* Variable, selbst für Regulärfunktionen des komplexen Arguments x gilt Lagranges Satz in der obigen Fassung nicht mehr! Als Äquivalent geben wir eine Ungleichung an, welche den Überschuß $\mathfrak{q} - \mathfrak{p}$ des Restbruchs $\mathfrak{q}$ der Regulärfunktion $f(x)$ für die Stellen x und X über die Ableitung $\mathfrak{p} = f'(x)$ abzuschätzen gestattet.
Die Funktion $f(x)$ des komplexen Arguments x verhalte sich im Gebiet $\mathfrak{G}$ regulär, und x und X seien zwei beliebige Punkte in $\mathfrak{G}$. $\mathfrak{u}$ sei ein in $\mathfrak{G}$ liegender, die beiden Stellen x und X umgebender Umlauf von der Länge l, und die kürzeste von allen möglichen Verbindungslinien der Punkte x und X mit Umlaufspunkten sei k, ferner das Maximum von $|f(x)|$ auf $\mathfrak{u}$ M.
Nach Cauchys Integralformel (§ 41) ist

$$f(x) = \mathfrak{T}\int_{\mathfrak{u}} \frac{f(\zeta)\,d\zeta}{\zeta - x} \quad \text{und} \quad f(X) = \mathfrak{T}\int_{\mathfrak{u}} \frac{f(\zeta)\,d\zeta}{\zeta - X} \quad \text{mit} \quad \mathfrak{T} = 1:2\pi i.$$

Hieraus folgt durch Subtraktion

$$\mathfrak{q} = \frac{f(X) - f(x)}{X - x} = \mathfrak{T}\int_{\mathfrak{u}} \frac{f(\zeta)\,d\zeta}{(\zeta - x)(\zeta - X)}.$$

Ferner ist

$$\mathfrak{p} = f'(x) = \mathfrak{T}\int_{\mathfrak{u}} \frac{f(\zeta)\,d\zeta}{(\zeta - x)^2},$$

mithin

$$\mathfrak{q} - \mathfrak{p} = \mathfrak{T}(X - x)\int_{\mathfrak{u}} \frac{f(\zeta)\,d\zeta}{(\zeta - x)^2(\zeta - X)}$$

Was das hier rechts stehende Integral anbetrifft, so liegt sein Betrag wegen der Ungleichungen

$$|f(\zeta)| \leqq M, \qquad |\zeta - x| > k, \qquad |\zeta - X| > k, \qquad |d\zeta| < dl,$$

wo dl das Bogenelement von $\mathfrak{u}$ bedeutet, unterhalb $Ml : k^3$, gilt also die Ungleichung

$$\boxed{|\mathfrak{q} - \mathfrak{p}| < E|X - x|} \qquad \text{mit} \quad E = \frac{Ml}{2\pi k^3},$$

ausführlich geschrieben:

$$\boxed{\left|\frac{f(X) - f(x)}{X - x} - f'(x)\right| < E|X - x|}.$$

In Worten:

Der Überschuß des Restbruchs der Regulärfunktion $f(x)$ über ihre Ableitung $f'(x)$ liegt betraglich unterhalb des E-fachen Argumentrestes, wobei E eine endliche Zahl bedeutet.

Für E kann man den Wert

$$E = Ml : 2\pi k^3$$

nehmen, wo M das Maximum von $|f(x)|$ auf einem im Regularitätsbereich verlaufenden, die Stellen x und X umgebenden Umlauf von der Länge l und k die kürzeste Verbindung des Umlaufs mit den Stellen x und X bedeutet.
Der Satz von Lagrange ist zahlreicher Anwendungen fähig. Wir beschränken uns hier darauf, an den in den nächsten drei Paragraphen behandelten Beispielen seine große Bedeutung darzutun.

§ 28. Der Konstantensatz

Es gibt wenig Sätze der Mathematik, die so oft angewandt werden wie der

Konstantensatz:

Verschwindet die Ableitung einer Funktion von x in jedem Punkte eines Bereiches, so ist die Funktion im Bereich eine Konstante.

Beweis. Handelt es sich um eine Funktion $f(x)$ des reellen Arguments x, deren Ableitung $f'(x)$ in jedem Punkte des Bereichs (a, b) verschwindet, und bedeutet x einen beliebigen, c einen festen Punkt des Bereichs, so ist nach dem Satze von Lagrange

$$f(x) - f(c) = (x - c) f'(z),$$

wo z einen gewissen zwischen c und z liegenden Argumentwert darstellt. Laut Voraussetzung ist

$$f'(z) = 0.$$

Folglich wird

$$f(x) = f(c),$$

d. h. die Funktion $f(x)$ hat in sämtlichen Bereichpunkten denselben Wert $f(c)$; sie ist eine Konstante.
Handelt es sich um eine im Bereich $\mathfrak{B}$ der x-Ebene regulare Funktion $f(x)$ des komplexen Arguments x, so nehmen wir zum Beweise die Ungleichung

$$|\mathfrak{q} - \mathfrak{p}| < E|X - x|$$

zu Hilfe, in welcher $\mathfrak{q}$ den Restbruch der Funktion für die zwei Bereichstellen x und X und $\mathfrak{p}$ die Ableitung der Funktion an der Stelle x bedeutet. Da laut Voraussetzung $f'(x)$ in allen Bereichpunkten verschwindet, nimmt unsere Ungleichung hier die Form

$$|f(X) - f(x)| < E|X - x|^2$$

an, und diese Ungleichung gilt für jedes Punktepaar x, X des Bereichs. Es sei wieder c ein fester, x ein beliebiger Punkt des Bereichs. Wir verbinden c mit x durch einen im Bereichinnern verlaufenden Bogen $\mathfrak{a}$ von der Länge a und umgeben ihn mit einem gleichfalls in $\mathfrak{B}$ verlaufenden Umlauf $\mathfrak{u}$ von der Lange l. Die kürzeste Verbindung zwischen $\mathfrak{a}$ und $\mathfrak{u}$ sei k, das Maximum von $|f(x)|$ auf $\mathfrak{u}$ M.

Wir wählen auf $\mathfrak{a}$ $(n+1)$ äquidistante Punkte

$$x_0 = c,\ x_1,\ x_2,\ x_3,\ \ldots,\ x_{n-1},\ x_n = x,$$

so daß für jedes Zeigerpaar (ν, μ) mit $\mu = \nu + 1$

$$|x_\mu - x_\nu| = d$$

sei. Nach unserer Ungleichung ist

$$|f(x_\mu) - f(x_\nu)| < E\, d^2 \qquad \text{mit } E = \frac{Ml}{2\pi k^3}.$$

Diese Ungleichung bilden wir für $\mu = 1, 2, \ldots, n$ und addieren. Das gibt

$$\sum |f(x_\mu) - f(x_\nu)| < End^2.$$

Nun ist

$$f(x) - f(c) = \sum [f(x_\mu) - f(x_\nu)],$$

mithin

$$|f(x) - f(c)| \leqq \sum |f(x_\mu) - f(x_\nu)|,$$

ferner

$$nd < a.$$

Daher wird erst recht

$$|f(x) - f(c)| < Ea^2 : n.$$

Aus dieser Ungleichung folgt, da E und a feste Größen sind und n beliebig groß gemacht werden kann,

$$f(x) - f(c) = 0 \qquad \text{oder} \qquad f(x) = f(c),$$

d. h. $f(x)$ behalt überall im Bereich denselben Wert $f(c)$; die Funktion $f(x)$ ist eine Konstante, q. e. d.

§ 29. Dirichlets Sinus- und Cosinusreihe

In diesem Paragraph zeigen wir, wie Lagranges Satz dazu verwandt werden kann, die Dirichletschen Reihen

$$\sin x + \frac{1}{2}\sin 2x + \frac{1}{3}\sin 3x + \cdot$$

und

$$\cos x + \frac{1}{2}\cos 2x + \frac{1}{3}\cos 3x + \cdots$$

zu summieren, d. h. die Grenzwerte u und v der Summen

$$u_n = u_n(x) = \sin x + \frac{1}{2}\sin 2x + \frac{1}{3}\sin 3x + \cdots + \frac{1}{n}\sin nx$$

und

$$v_n = v_n(x) = \cos x + \frac{1}{2}\cos 2x + \frac{1}{3}\cos 3x + \cdots + \frac{1}{n}\cos nx$$

bei unbegrenzt wachsendem n zu bestimmen.

Wir bilden zunächst die Ableitungen dieser Summen:

$$u_n' = \cos x + \cos 2x + \cos 3x + \cdots + \cos nx,$$
$$v_n' = -\sin x - \sin 2x - \sin 3x - \cdots - \sin nx.$$

Da nach einer bekannten Formel der Trigonometrie

$$\left.\begin{aligned} \cos x + \cos 2x + \cdots + \cos nx &= \frac{\sin m\frac{x}{2}}{2\sin\frac{x}{2}} - \frac{1}{2}, \\ \sin x + \sin 2x + \cdots + \sin nx &= \frac{1}{2}\cot\frac{x}{2} - \frac{\cos m\frac{x}{2}}{2\sin\frac{x}{2}} \end{aligned}\right\} \text{ mit } m = 2n+1$$

ist, so haben wir einfacher

$$u_n' = \frac{\sin m\frac{x}{2}}{2\sin\frac{x}{2}} - \frac{1}{2} \quad \text{und} \quad v_n' = -\frac{1}{2}\cot\frac{x}{2} + \frac{\cos m\frac{x}{2}}{2\sin\frac{x}{2}}.$$

Es liegt also nahe, die Funktionen

$$U_n(x) = U_n = u_n + \frac{1}{2}x + \frac{\cos m\frac{x}{2}}{m\sin\frac{x}{2}} \quad \text{und} \quad V_n(x) = V_n = v_n + l\sin\frac{x}{2} - \frac{\sin m\frac{x}{2}}{m\sin\frac{x}{2}}$$

einzuführen, da ihre Ableitungen

$$U_n' = -\frac{\cos\frac{x}{2}\cos m\frac{x}{2}}{2m\sin^2\frac{x}{2}} \quad \text{und} \quad V_n' = \frac{\cos\frac{x}{2}\sin m\frac{x}{2}}{2m\sin^2\frac{x}{2}}$$

bei unbegrenzt wachsendem Zeiger n gegen Null konvergieren, wofern x kein Multiplum von 2π ist.

Nunmehr sei x ein von π verschiedener, oberhalb 0, aber unterhalb 2π liegender beliebiger Argumentwert. Im Intervall (π, x) befriedigen die beiden Funktionen U_n und V_n die Bedingung des Lagrangeschen Satzes. Mithin gelten die Gleichungen

$$U_n(x) - U_n(\pi) = (x - \pi)\, U_n'(z), \quad V_n(x) - V_n(\pi) = (x - \pi) V_n'(\mathfrak{z}),$$

wo z und $\mathfrak{z}$ gewisse zwischen π und x liegende Argumentwerte sind. Diese Gleichungen schreiben sich, da

$$U_n(\pi) = \frac{\pi}{2}$$

und $$-V_n(\pi) = s_n = \frac{1}{1} - \frac{1}{2} + \frac{1}{3} - \frac{1}{4} + - \cdots + \frac{\iota^n}{n} + \frac{\iota^\mu}{m} \quad \text{mit} \quad \mu = \frac{m-1}{2}$$

ist,

$$U_n(x) - \frac{\pi}{2} = (x - \pi)\, U_n'(z) \qquad \text{und} \qquad V_n(x) + s_n = (x - \pi)\, V_n'(\mathfrak{z})$$

oder

$$u_n + \frac{x - \pi}{2} = (x - \pi)\, U_n'(z) - \frac{\cos m \frac{x}{2}}{m \sin \frac{x}{2}}$$

und $$v_n + l \sin\frac{x}{2} + s_n = (x - \pi)\, V_n'(\mathfrak{z}) + \frac{\sin m \frac{x}{2}}{m \sin \frac{x}{2}}.$$

Jetzt lassen wir den Zeiger n unbegrenzt wachsen. Dann konvergieren die auf den rechten Seiten dieser Gleichungen stehenden Brüche, dgl. – wie oben schon angegeben – $U_n'(z)$ und $V_n'(\mathfrak{z})$ gegen Null, während s_n gegen den Wert $l2$ der Brounckerschen Reihe

$$\frac{1}{1} - \frac{1}{2} + \frac{1}{3} - \frac{1}{4} + - \cdots$$

konvergiert (vgl. § 9).
Daher wird

$$u = \lim u_n = \frac{\pi - x}{2} \qquad \text{und} \qquad v = \lim v_n = -l2 \sin\frac{x}{2},$$

ausführlich:

$$\boxed{\begin{aligned} \sin x + \frac{1}{2}\sin 2x + \frac{1}{3}\sin 3x + \cdots &= \frac{\pi - x}{2} \\ \cos x + \frac{1}{2}\cos 2x + \frac{1}{3}\cos 3x + \cdots &= -l2 \sin\frac{x}{2} \end{aligned}}, \quad \boxed{0 < x < 2\pi}.$$

Es ist bemerkenswert, daß diese interessanten Formeln für die Grenzen 0 und 2π des Konvergenzintervalls $(0, 2\pi)$ der beiden Dirichletschen Reihen *nicht gelten*! Die linken Formelseiten werden nämlich für $x = 0$ und $x = 2\pi$ Null und Unendlich, die rechten $\pm\frac{\pi}{2}$ und $-\infty$.

Liegt x zwischen den beiden Sukzessivmultipla $k\,2\pi$ und $(k+1)\,2\pi$ von 2π, so hat die erste Dirichletsche Reihe den Wert $(\pi - x + k\,2\pi) : 2$, die zweite den Wert $-l\,2\,\iota^k \sin\frac{x}{2}$, da die Funktionen u und v die Periode 2π haben, mithin $u(x) = u(x - 2k\pi)$ und $v(x) = v(x - 2k\pi)$ ist.

Ersetzt man in Dirichlets Formeln den Winkel x durch $x = \pi + \xi$, wobei ξ dann auf das offene Intervall $(-\pi, +\pi)$ beschränkt bleibt, so entstehen die neuen Relationen

$$\sin\xi - \frac{1}{2}\sin 2\xi + \frac{1}{3}\sin 3\xi - + \cdots = \frac{1}{2}\xi$$

und

$$\cos\xi - \frac{1}{2}\cos 2\xi + \frac{1}{3}\cos 3\xi - + \cdots = l\,2\cos\frac{\xi}{2}$$

oder zum Buchstaben x zurückkehrend,

$$\boxed{\begin{aligned}\sin x - \frac{1}{2}\sin 2x + \frac{1}{3}\sin 3x - + \cdots &= \frac{x}{2}\\ \cos x - \frac{1}{2}\cos 2x + \frac{1}{3}\cos 3x - + \cdots &= l\,2\cos\frac{x}{2}\end{aligned}}\,, \qquad \boxed{-\pi < x < \pi}\,.$$

§ 30. Der Satz von Taylor

Die reelle Funktion $f(x)$ des reellen Arguments x sei nebst ihren n ersten Ableitungen $f'(x), f''(x), \ldots, f^n(x)$ im Intervall $[a, b]$ stetig und besitze auch noch in jedem Innenpunkte des Intervalls die folgende Ableitung $f^m(x)$ [mit $m = n + 1$].

Ähnlich wie beim Lagrangeschen Satze gehen wir von einer Hilfsfunktion aus, der Funktion

$$\varphi(x) = f(b) - f(x) - [b - x]f'(x) - [b - x]^2\frac{f''(x)}{2!} - - \cdots$$
$$- [b - x]^n\frac{f^n(x)}{n!} - K[b - x]^p,$$

wo wir die Konstante K so gewählt denken, daß $\varphi(a)$ verschwindet, und wo p ein fester, vorerst aber noch willkürlicher positiver Exponent ist.

Diese Funktion verschwindet an den Intervallenden:

$$\varphi(a) = 0, \qquad \varphi(b) = 0.$$

Wir bilden ihre Ableitung in einem Intervallpunkte und erhalten

$$\varphi'(x) = -[b - x]^n\frac{f^m(x)}{n!} + Kp[b - x]^{p-1}.$$

Nach Rolles Satz muß diese in einem zwischen a und b liegenden Punkte z verschwinden:

$$\varphi'(z) = 0.$$

Das gibt die Möglichkeit, zu einer neuen Aussage über die Konstante K zu gelangen, nämlich zur Gleichung

$$K p [b - z]^{p-1} = [b - z]^n \frac{f^m(z)}{n!}$$

und damit zur Formel

$$K = [b - z]^{n+1-p} \cdot \frac{f^m(z)}{p\,n!}.$$

Anderseits ist der Gleichung $\varphi(a) = 0$ gemaß

$$K(b - a)^p = R$$

mit

$$R = f(b) - f(a) - [b - a] f'(a) - [b - a]^2 \frac{f''(a)}{2!} - - \cdots - [b - a]^n \frac{f^n(a)}{n!}.$$

Aus den beiden für K geltenden Gleichungen ergibt sich,

$$b - a = h \qquad \text{und} \qquad z = a + \Theta h \quad \text{mit} \quad 0 < \Theta < 1$$

setzend, für R der Ausdruck

$$R = K h^p = h^m [1 - \Theta]^{m-p} f^m(z) : n!\, p.$$

Man wählt nun p am besten entweder gleich m oder gleich 1. Bei der ersten Wahl wird

$$R = h^m \frac{f^m(z)}{m!},$$

bei der zweiten

$$R = h^m \frac{f^m(z)}{m!} \cdot m [1 - \Theta]^n.$$

Wir lösen die Definitionsgleichung für R nach

$$f(b) = f(a + h)$$

auf und erhalten

Taylors Formel:

$$\boxed{f(a + h) = f(a) + \frac{f'(a)}{1!} h + \frac{f''(a)}{2!} h^2 + \cdots + \frac{f^n(a)}{n!} h^n + R}$$

mit

$$\boxed{R = \frac{f^m(z)}{m!} h^m} \qquad \text{oder} \qquad \boxed{R = \frac{f^m(z)}{m!} h^m \cdot m [1 - \Theta]^n},$$

wo z einen gewissen Zwischenwert zwischen a und $b = a + h$ bedeutet, den man gewöhnlich

$$\boxed{z = a + \Theta h} \quad \text{mit} \quad 0 < \Theta < 1$$

schreibt.

Taylors Formel gestattet, $f(a + h)$ in ein um den sog. Rest R vermehrtes Polynom $n$ten Grades von h zu verwandeln.

Die erste Form des Restes stammt von *Lagrange*, die zweite von *Cauchy*; bisweilen ist die eine, bisweilen die andere vorteilhafter.
Es gibt viele Funktionen, bei denen der Rest R mit unbegrenzt wachsendem Zeiger n gegen Null konvergiert. Für solche Funktionen läßt sich $f(a + h)$ als konvergente unendliche Potenzreihe darstellen:

$$\boxed{f(a+h) = f(a) + \frac{f'(a)}{1!} h + \frac{f''(a)}{2!} h^2 + \frac{f'''(a)}{3!} h^3 + \cdots}\,.$$

Die rechte Seite dieser fundamentalen Formel ist die *Taylorsche Reihe für die Funktion $f(x)$* in der Umgebung der Stelle $x = a$. Wie weit diese Umgebung reicht, d. h. bis zu welchem Höchstbetrage von h die Reihenentwicklung gilt, hängt von der Natur der in Frage kommenden Funktion $f(x)$ ab.
Den Restausdrücken

$$R = \frac{f^m(a + \Theta h)}{m!} h^m \qquad \text{(Lagrange)}$$

und

$$R = \frac{f^m(a + \Theta h)}{m!} h^m \cdot m(1 - \Theta)^n \qquad \text{(Cauchy)}$$

haftet ein gewisser Nachteil an:
Sie enthalten eine Unbekannte Θ, von der man nur weiß, daß sie zwischen 0 und 1 liegt.
Von diesem Nachteil ist eine andere Form des Restes der Taylorschen Reihe frei, die wir jetzt angeben wollen.
Die folgende auf diese Form führende Herleitung der Taylorschen Reihe beruht auf der Leibnizschen Regel über die Differentiation unter dem Integralzeichen (§ 37).
Wir betrachten eine nebst ihren m $(= n + 1)$ ersten Ableitungen in einem gewissen abgeschlossenen Intervalle I stetige Funktion $f(x)$. a sei ein fester, $a + h$ ein variabler Punkt dieses Intervalls, und wir setzen in Anlehnung an unsere obige Entwicklung an

$$f(a+h) = f(a) + f'(a) h + \frac{f''(a)}{2!} h^2 + \cdots + \frac{f^n(a)}{n!} h^n + R,$$

wo es sich nun darum handelt, näheren Aufschluß über den Rest R zu gewinnen. Zu diesem Zwecke bilden wir auf Grund dieses Ansatzes die ersten m Ableitungen von R nach h und finden so, daß R folgende Bedingungen zu erfüllen hat:

(B) Die $m$te Ableitung von R nach h ist

$$R^m = f^m(a + h),$$

und alle niedrigeren Ableitungen verschwinden an der Stelle $h = 0$.

Diese Bedingungen bestimmen R eindeutig. Ist nämlich F eine Funktion von h, die die Bedingung (B) befriedigt, so stellt der Unterschied

$$U = R - F$$

eine Funktion dar, deren $m$te Ableitung in I verschwindet, die sonach ein Polynom $n$ten Grades in h sein muß. Da dieses Polynom nebst seinen m Ableitungen an der Stelle $h = 0$ verschwindet, so verschwindet es identisch in I, und man hat überall in I

$$R = F.$$

Es macht aber keine Schwierigkeit, eine Funktion F anzugeben, die die Bedingung (B) erfüllt. Die Funktion

$$F = \frac{1}{n!}\int_0^h (h - t)^n f^m(a + t)\, dt$$

leistet das Gewünschte, wie sich ohne weiteres durch Anwendung der Leibnizschen Regel auf das hier verzeichnete Integral ergibt. [Der Parameter, nach welchem zu differenzieren ist, ist h.] Damit wird

$$R = \frac{1}{n!}\int_0^h (h - t)^n f^m(a + t)\, dt, \qquad [m = n + 1].$$

Hier kann man noch unter Einführung einer neuen Integrationsvariable τ $t = h\tau$ setzen und hat

$$R = \frac{h^m}{n!}\int_0^1 (1 - \tau)^n f^m(a + h\tau)\, d\tau.$$

Ergebnis:

Für jede nebst ihren ersten m ($= n + 1$) Ableitungen im abgeschlossenen Intervall I stetige Funktion $f(x)$ und zwei beliebige Punkte $x = a$ und $x = a + h$ des Intervalls gilt die

Formel von Taylor:

$$\boxed{f(a + h) = f(a) + f'(a)\cdot h + \frac{f''(a)}{2!}h^2 + \cdots + \frac{f^n(a)}{n!}h^n + R}$$

mit

$$\boxed{R = \frac{h^m}{n!} \int_0^1 (1-\tau)^n f^m (a + h\tau)\, d\tau}\ .$$

In der hier angegebenen Form des Restes R ist keinerlei Unbestimmte Θ mehr vorhanden.

Man kann übrigens leicht aus dieser Restform die obigen Formen von Lagrange und Cauchy gewinnen. Man schreibe den Integrand von R zu dem Zwecke als Produkt der beiden Funktionen

$$\varphi = (1-\tau)^{p-1} \qquad \text{und} \qquad \psi = (1-\tau)^{m-p} f^m(a + h\tau),$$

wo p eine m nicht überschreitende natürliche Zahl bedeute. Da φ im Integrationsintervall positiv ist, folgt aus dem auf das Integral $\int_0^1 \varphi\psi\, d\tau$ angewandten ersten Mittelwertsatze (§ 35)

$$R = \frac{h^m}{n!} (1-\Theta)^{m-p} f^m (a + \Theta h) \int_0^1 (1-\tau)^{p-1}\, d\tau$$

oder

$$R = \frac{h^m}{p\, n!} (1-\Theta)^{m-p} f^m (a + \Theta h),$$

wo Θ einen gewissen positiven Echtbruch bedeutet; und dies ist die Restform, aus der wir oben die Reste von Lagrange und Cauchy erhielten.

Taylors Reihe für Regulärfunktionen

Es sei nunmehr $f(x)$ eine Funktion des ***komplexen*** Arguments x, die sich im Gebiet $\mathfrak{G}$ der x-Ebene regulär verhält. Wir stellen uns die *Aufgabe*,

die Regulärfunktion $f(x)$ in der Umgebung der Stelle a von $\mathfrak{G}$ in eine nach Potenzen von $h = x - a$ fortschreitende Reihe zu entwickeln.

Die Lösung dieser fundamentalen Aufgabe beruht einerseits auf Cauchys Integralformel (§ 41)

$$f(x) = \mathfrak{T} \int_{\mathfrak{k}} \frac{f(X)\, dX}{X - x} \qquad \text{mit } \mathfrak{T} = 1 : 2\pi i,$$

in welcher die Integrationsvariable X einen den festen Punkt x einschließenden ganz in $\mathfrak{G}$ liegenden Kreis $\mathfrak{k}$ durchläuft, anderseits auf der Restbruchformel

$$\frac{H^m - h^m}{H - h} = H^{m-1} + H^{m-2} h + H^{m-3} h^2 + \cdots + h^{m-1},$$

in welcher

$$h = x - a, \qquad H = X - a$$

und a das Zentrum des Kreises $\mathfrak{k}$ ist.

Wir teilen die Restbruchformel durch H^m, setzen

$$h : H = q, \qquad m - 1 = n$$

und lösen sie nach $1 : (X - x) = 1 : (H - h)$ auf:

$$\frac{1}{X-x} = \frac{1}{H-h} = \frac{1}{H} + \frac{h}{H^2} + \frac{h^2}{H^3} + \cdots + \frac{h^n}{H^m} + \frac{q^m}{X-x}.$$

Diesen Wert substituieren wir im Integranden des Cauchyintegrals und erhalten

$$f(x) = f_0 + f_1 h + f_2 h^2 + \cdots + f_n h^n + R$$

mit

$$f_\nu = \mathfrak{C}\int_{\mathfrak{k}} \frac{f(X)\,dX}{H^\mu}, \qquad \mu = \nu + 1, \qquad \text{und} \qquad R = \mathfrak{C}\int_{\mathfrak{k}} \frac{q^m}{X-x} f(X)\,dX.$$

Nach Cauchys Integralformel (bzw. ihrer νten Ableitung) ist f_ν die νte Ableitung von $f(x)$ an der Stelle a, geteilt durch $\nu!$:

$$f_\nu = f^\nu(a) : \nu!$$

Um den Rest R abzuschätzen, substituieren wir im Integranden

$$X = k e^{i\varphi}, \quad dX = i k e^{i\varphi} d\varphi,$$

wo k den Halbmesser des Kreises $\mathfrak{k}$ bedeutet, nennen das Maximum von $|f(X)|$ auf $\mathfrak{k}$ M, den *echtgebrochenen* Betrag von q Q und haben, wenn wir den kürzesten Abstand des Punktes x von $\mathfrak{k}$ l nennen, wegen $|X - x| > l$,

$$|R| < C Q^m \qquad \text{mit} \quad C l = k M.$$

Bei unbegrenzt wachsendem m strebt R gegen Null, und wir erhalten die gesuchte Reihenentwicklung, die *Taylorsche Reihe:*

$$\boxed{f(a+h) = f(a) + \frac{f'(a)}{1!} h + \frac{f''(a)}{2!} h^2 + \frac{f'''(a)}{3!} h^3 + \cdots}\,.$$

Sie konvergiert in jedem Punkte $x = a + h$ der Fläche des um das Zentrum a beschriebenen Kreises, der noch ganz dem Regularitätsgebiet der Funktion $f(x)$ angehört und stellt hier den Wert $f(x) = f(a + h)$ der Funktion dar.

Der Radius dieses „Konvergenzkreises“ ist also der Abstand des der Stelle a nachstgelegenen singularen Punktes der Funktion vom Punkte a.
Die oben zunächst nur für Funktionen $f(x)$ des *reellen* Arguments x gegebene Herleitung der Taylorschen Formel

$$\boxed{f(a+h) = f(a) + f'(a) h + \frac{f''(a)}{2!} h^2 + \cdots + \frac{f^n(a)}{n!} h^n + R}$$

mit

$$\boxed{R = \frac{h^m}{n!} \int_0^1 (1-\tau)^n f^m (a + h\tau)\, d\tau}, \qquad (m = n+1)$$

läßt sich ohne weiteres auf Regulärfunktionen $f(x)$ des *komplexen* Arguments x übertragen.

Diese Gestalt der Taylorformel gilt also auch für Regulärfunktionen $f(x)$.

§ 31. Restbruch und Mittelwert

Unter dem Mittelwert der im Intervall $[a, b]$ stetigen Funktion $f(x)$ versteht man den Grenzwert

$$\mu = \lim_{n\to\infty} M_n$$

des arithmetischen Mittels

$$M_n = \frac{f(x_1) + f(x_2) + \cdots + f(x_n)}{n}$$

der n Funktionswerte $f(x_1), f(x_2), \ldots, f(x_n)$, wo $x_0 = a, x_1, x_2, x_3, \ldots, x_{n-1}, x_n = b$ aquidistante Intervallpunkte sind, wo m. a. W. für jeden Zeiger r der Folge $0, 1, 2, 3, \ldots, n$

$$x_r = a + re \qquad \text{mit} \quad e = \frac{b-a}{n}$$

ist. Man schreibt gewöhnlich

$$\mu = \overset{b}{\underset{a}{\mathfrak{M}}} f(x).$$

Dieser Mittelwert ist die *mittlere Höhe* der Schaukurve $y = f(x)$ der Funktion im Intervall $[a, b]$, d. h. der Faktor, mit dem man die Länge $l = b - a$ des Intervalls multiplizieren muß, um den Flächeninhalt I des Trapezes zu erhalten, welches von der x-Achse, der Kurve und ihren beiden Endordinaten $f(a)$ und $f(b)$ begrenzt wird. In der Tat ist

$$I = \lim_{n\to\infty} [ef(x_1) + ef(x_2) + \cdots + ef(x_n)] = \lim lM_n = l\mu,$$

also

$$\boxed{I = l\mu}.$$

Es sei nunmehr $F(x)$ das Primitiv oder die Stammfunktion von $f(x)$, d. h. eine Funktion, deren Ableitung im Intervall (a, b) den Wert $f(x)$ hat:

$$F'(x) = f(x).$$

Nach Lagranges Satz gilt für jedes Zeigerpaar (r, s) mit $s = r + 1$ die Gleichung

$$F(x_s) - F(x_r) = (x_s - x_r) \cdot f(z_s),$$

wo z_s einen gewissen Zwischenwert im Intervall $[x_r, x_s]$ bedeutet. Bilden wir diese Gleichung für jedes der n Intervalle $[x_r, x_s]$ mit $s = 1, 2, \ldots, n$ und addieren die entstehenden n Gleichungen, so ergibt sich

$$F(b) - F(a) = F(x_n) - F(x_0) = ef(z_1) + ef(z_2) + \cdots + ef(z_n).$$

Die hier rechts stehende Summe S vergleichen wir mit der Summe

$$lM_n = ef(x_1) + e\,f(x_2) + \cdots + e\,f(x_n):$$

$$S - lM_n = e[f(z_1) - f(x_1)] + e[f(z_2) - f(x_2)] + \cdots + e[f(z_n) - f(x_n)].$$

Bedeutet O_s die Schwankung (Oszillation) unserer Funktion $f(x)$ im Teilintervall $[x_r, x_s]$, d. h. den Überschuß ihrer oberen über ihre untere Grenze [ihres Höchstwerts über ihren Tiefstwert] im Teilintervall, so ist

$$|f(z_s) - f(x_s)| \leqq O_s,$$

mithin

$$|S - lM_n| \leqq e(O_1 + O_2 + \cdots + O_n)$$

oder, wenn O den größten der n Schwankungswerte bedeutet,

$$|S - lM_n| \leqq lO.$$

Bei unbegrenzt wachsendem n nimmt wegen der Stetigkeit der Funktion $f(x)$ O unbegrenzt ab. Folglich ist

$$l \lim M_n = S$$

oder, da $S = F(b) - F(a)$ und $l = b - a$ ist,

$$\boxed{\mu = \frac{F(b) - F(a)}{b - a}}.$$

Diese fundamentale Formel stellt den einfachen Zusammenhang dar, der zwischen dem Mittelwert μ einer Funktion $f(x)$ im Intervall $[a, b]$ und dem zu diesem Intervall gehörigen Restbruch der Stammfunktion $F(x)$ von $f(x)$ besteht:

Mittelwert-Restbruchsatz:

Der Mittelwert einer in einem Intervalle stetigen Funktion gleicht dem Restbruch ihrer Stammfunktion für dieses Intervall.

Es muß noch auf die Beziehung des Mittelwerts μ zum bestimmten Integral

$$\int_a^b f(x)\,dx$$

der Funktion $f(x)$ für das Intervall $[a, b]$ hingewiesen werden. Da dieses Integral bekanntlich dem Flächeninhalt I gleicht und $I = l\mu$ war, so erhalten wir noch die Formel

$$\boxed{\mu = \frac{1}{b-a}\int_a^b f(x)\,dx}$$

oder

$$\boxed{\mathop{\mathfrak{M}}_a^b f(x) = \frac{1}{b-a}\int_a^b f(x)\,dx}\,.$$

In Worten:

Man erhält den Mittelwert der Funktion $f(x)$ im Intervall $[a, b]$, wenn man das über das Intervall erstreckte Integral der Funktion durch die Intervallänge teilt.

§ 32. Die Mittelwerte der Elementarfunktionen

Auf Grund des im vorhergehenden Paragraph abgeleiteten fundamentalen Mittelwert-Restbruchsatzes ist es nun ein leichtes, die Mittelwerte der Elementarfunktionen x^c, e^x, lx, $\sin x$, $\cos x$, $\operatorname{tg} x$, $\cot x$, $\sec x$, $\operatorname{at} x$, $\operatorname{as} x$ anzugeben. Es brauchen zu dem Zwecke nur die Primitiven dieser Funktionen bestimmt zu werden.

Nun, die Primitiven der ersten sieben dieser Funktionen sind wohl bekannt. Wir stellen sie in einer kleinen Tafel zusammen:

Funktion	Primitiv
x^c	$x^{c+1} : (c+1)$ für $c \neq -1$
$1 : x$	lx
e^x	e^x
lx	$x\,lx - x$
$\sin x$	$-\cos x$
$\cos x$	$\sin x$
$\operatorname{tg} x$	$-l\,|\cos x|$
$\cot x$	$l\,|\sin x|$

Es handelt sich demnach nur noch um die Ermittlung der Stammfunktionen der drei Funktionen

$$\sec x, \quad \operatorname{at} x, \quad \operatorname{as} x.$$

Das Primitiv von $\sec x$ findet man am einfachsten folgendermaßen. Man setze

$$s = \sec x, \qquad t = \operatorname{tg} x$$

und hat

$$s' = st, \qquad t' = s^2.$$

Hieraus folgt

$$s' + t' = s(s+t)$$

oder

$$\frac{s' + t'}{s + t} = s .$$

Das Primitiv der linken Seite dieser Gleichung ist aber $l(s + t)$. Folglich:

Das Primitiv der Funktion $\sec x$ *ist* $l(\sec x + \operatorname{tg} x)$.

Da

$$\sec x + \operatorname{tg} x = \frac{1 + \sin x}{\cos x} = \frac{1 + 2\sin\frac{x}{2}\cos\frac{x}{2}}{\cos^2\frac{x}{2} - \sin^2\frac{x}{2}} = \frac{\left(\cos\frac{x}{2} + \sin\frac{x}{2}\right)^2}{\cos^2\frac{x}{2} - \sin^2\frac{x}{2}}$$

$$= \frac{\cos\frac{x}{2} + \sin\frac{x}{2}}{\cos\frac{x}{2} - \sin\frac{x}{2}} = \frac{1 + \operatorname{tg}\frac{x}{2}}{1 - \operatorname{tg}\frac{x}{2}} = \operatorname{tg}\left(\frac{\pi}{4} + \frac{x}{2}\right)$$

ist, kann man auch sagen:

Das Primitiv von $\sec x$ *ist* $l\operatorname{tg}\left(\frac{\pi}{4} + \frac{x}{2}\right)$.

Die Primitiven von $\operatorname{at} x$ und $\operatorname{as} x$ endlich sind durch partielle Integration leicht zu ermitteln.

Das Primitiv von $\operatorname{at} x$ *ist* $x \operatorname{at} x - l\sqrt{1 + x^2}$,

Das Primitiv von $\operatorname{as} x$ ist $x \operatorname{as} x + \sqrt{1 - x^2}$.

Nach dem Gesagten wird es dem Leser keine Schwierigkeit bieten, nunmehr die Mittelwerte der Elementarfunktionen niederzuschreiben.
Beschränkt man sich auf das – meist in Frage kommende – Intervall $(0, x)$, so erhält man folgende kleine Tabelle:

Funktion	Mittelwert im Intervall $(0, x)$	
x^c	$x^c : (c + 1)$	für $c > 0$
e^x	$(e^x - 1) : x$	
$\sin x$	$(1 - \cos x) : x$	
$\cos x$	$\sin x : x$	
$\operatorname{tg} x$	$l \sec x : x$	mit $0 < x < \frac{\pi}{2}$
$\sec x$	$l(\sec x + \operatorname{tg} x) : x$	,,
$\operatorname{at} x$	$(x \operatorname{at} x - l\sqrt{1 + x^2}) : x$	,,
$\operatorname{as} x$	$(x \operatorname{as} x + \sqrt{1 - x^2} - 1) : x$	,,

Die Mittelwerte der Funktionen $1 : x$ und $l x$ im Intervall $(1, x)$ sind $l x : (x - 1)$ und $(x l x - x + 1) : (x - 1)$.

§ 33. Mittelwert von $\sin^n x$ und $\cos^n x$

Der Mittelwert-Restbruchsatz bietet auch eine bequeme Möglichkeit, die Mittelwerte der Funktionen $\sin^n x$ und $\cos^n x$ im Intervall $(0, \varkappa)$ mit $\varkappa = \frac{\pi}{2}$ zu berechnen.

Zunachst ist wegen der für zwei komplementäre Winkel x und y geltenden Relation

$$\sin x = \cos y$$

klar, daß die genannten Mittelwerte einander gleichen:

$$\overset{\varkappa}{\underset{0}{\mathfrak{M}}} \sin^n x = \overset{\varkappa}{\underset{0}{\mathfrak{M}}} \cos^n x\,,$$

so daß wir uns nur um einen dieser Mittelwerte zu kümmern brauchen. Es handle sich etwa um den Mittelwert

$$\mu = \overset{\varkappa}{\underset{0}{\mathfrak{M}}} \sin^n x = \frac{1}{\varkappa} \int_0^{\varkappa} \sin^n x \, dx\,,$$

den wir wegen seiner Abhangigkeit von n statt μ ausführlicher μ_n schreiben.
Zu seiner Bestimmung dient die *Hilfsfunktion*

$$F(x) = \sin^n x \cos x\,.$$

Ihre Ableitung $f(x)$ ist

$$F'(x) = f(x) = n \sin^{n-1} x \cos^2 x - \sin^{n+1} x$$

oder, wenn wir $\cos^2 x$ durch $1 - \sin^2 x$ ersetzen,

$$f(x) = n \sin^\nu x - m \sin^m x \qquad \text{mit} \quad \nu = n - 1\,,\; m = n + 1\,.$$

Da $F(x)$ die Stammfunktion von $f(x)$ ist, hat der Mittelwert von $f(x)$ im Intervall $(0, \varkappa)$ nach dem Mittelwert-Restbruchsatz den Wert

$$\frac{F(\varkappa) - F(0)}{\varkappa - 0} = 0\,,$$

ist also

$$\overset{\varkappa}{\underset{0}{\mathfrak{M}}} f(x) = 0$$

oder

$$n \overset{\varkappa}{\underset{0}{\mathfrak{M}}} \sin^\nu x = m \overset{\varkappa}{\underset{0}{\mathfrak{M}}} \sin^m x$$

oder endlich

$$\boxed{\mu_m = \frac{m-1}{m} \mu_\nu} \qquad \text{mit} \quad \nu = m - 2\,.$$

Durch diese Reduktionsformel wird der Mittelwert für den Zeiger m auf den Mittelwert für den Zeiger $v = m - 2$ zurückgeführt.

Demnach kommt es nur darauf an, die beiden Mittelwerte μ_1 und μ_2 zu bestimmen. μ_1 hat den Wert

$$\mu_1 = \frac{1}{\varkappa}\int_0^{\varkappa} \sin x\, d\, x = \left|_{\varkappa}^{0} \frac{\cos x}{\varkappa} = \frac{1}{\varkappa} = \frac{2}{\pi}.$$

μ_2 findet sich zu

$$\mu_2 = \mathop{\mathfrak{M}}_0^{\varkappa} \sin^2 x = \frac{1}{2}\left[\mathfrak{M}\sin^2 x + \mathfrak{M}\cos^2 x\right] = \frac{1}{2}\mathfrak{M}(\sin^2 x + \cos^2 x) = \frac{1}{2}\mathfrak{M}\,1 = \frac{1}{2}.$$

Nunmehr ergibt die fortgesetzte Anwendung der Rekursionsformel

$$\mu_4 = \frac{3}{4}\mu_2 = \frac{3}{4}\cdot\frac{1}{2}, \qquad \mu_6 = \frac{5}{6}\mu_4 = \frac{5}{6}\cdot\frac{3}{4}\cdot\frac{1}{2} \quad \text{usw.,}$$

allgemein *für den graden Zeiger* $2n$

$$\mu_{2n} = c_n \qquad \text{mit} \quad c_n = \frac{1\cdot 3\cdot 5\cdot \,\cdots\, \cdot(2n-1)}{2\cdot 4\cdot 6\cdot \,\cdots\, \cdot(2n)}.$$

Für die ungraden Zeiger erhalten wir

$$\mu_3 = \frac{2}{3}\mu_1 = \frac{2}{3} : \varkappa, \quad \mu_5 = \frac{4}{5}\mu_3 = \frac{4\cdot 2}{5\cdot 3} : \varkappa \quad \text{usw.,}$$

allgemein *für den ungraden Zeiger* $2n + 1$

$$\mu_{2n+1} = \frac{1}{c_n(2n+1)} : \varkappa.$$

Ergebnis:

Der Mittelwert der Funktion $\sin^{2n} x$ *bzw.* $\sin^{2n+1} x$ *im Intervall* $(0, \varkappa)$ *ist*

$$c_n \qquad \text{bzw.} \qquad \frac{1}{c_n(2n+1)} : \varkappa.$$

In der Sprache der Integralrechnung:

$$\boxed{\int_0^{\varkappa} \sin^{2n} x\, d\, x = \varkappa\, c_n}\,, \qquad \boxed{\int_0^{\varkappa} \sin^{2n+1} x\, d\, x = \frac{1}{c_n(2n+1)}}\,.$$

Dabei ist $\varkappa = \pi : 2$ und

$$c_n = \frac{1\cdot 3\cdot 5\cdot 7\cdot \,\cdots\, \cdot(2n-1)}{2\cdot 4\cdot 6\cdot 8\cdot \,\cdots\, \cdot(2n)}.$$

Das Formelpaar bleibt gültig, wenn man das Funktionszeichen sin *durch* cos *ersetzt.*

VIERTER ABSCHNITT

INTEGRALE

§ 34. Der Integralbegriff

Der fundamentale Begriff des bestimmten Integrals geht vor allem auf Riemanns Abhandlung „Über die Darstellbarkeit einer Funktion durch eine trigonometrische Reihe" zurück [B. Riemann, Gesammelte Werke, 2. Aufl., S. 227–271]. Die Riemannsche Darstellung ist dann später von Darboux in seiner Arbeit „Sur les fonctions discontinues" [Annales de l'École Normale supérieure, 2e série, t. IV) zur Abrundung gebracht worden.

I. Zerlegung und Zerlegungssummen

$f(x)$ sei eine beschränkte [nicht unbedingt stetige] Funktion des Arguments x im abgeschlossenen Intervall I, das von $x = a$ bis $x = b > a$ reicht und die Länge $l = b - a$ besitzt. Die obere bzw. untere Grenze von $f(x)$ in I sei M bzw. m, die Schwankung von f in I also $O = M - m$.
Das Intervall I werde durch eine *Zerlegung* oder *Division* $\mathfrak{Z}$ in die n *Teilintervalle*

$$I_1 = [x_0, x_1], \quad I_2 = [x_1, x_2], \quad \ldots, \quad I_n = [x_{n-1}, x_n]$$

zerlegt, wobei

$$x_0 < x_1 < x_2 \ldots < x_n, \quad x_0 = a, \quad x_n = b$$

und die Länge des νten Teilintervalls

$$l_\nu = x_\nu - x_{\nu-1}$$

ist.
Die Längen $l_1, l_2, \ldots, l_n$ der Intervalle $I_1, I_2, \ldots, I_n$ brauchen durchaus nicht gleich zu sein. Es wird dann im allgemeinen eine größte unter ihnen geben, zumindest aber eine, die von den andern nicht übertroffen wird; das zu ihr gehörige Intervall heiße das *Maximalintervall der Zerlegung*.

M_ν sei die obere, m_ν die untere Grenze von $f(x)$ im Intervall I_ν, also

$$O_\nu = M_\nu - m_\nu$$

die Schwankung der Funktion f im Intervall I_ν.

Wir bilden die Summen – *Zerlegungssummen* –

$$Z = M_1 l_1 + M_2 l_2 + \cdots + M_n l_n$$

und

$$z = m_1 l_1 + m_2 l_2 + \cdots + m_n l_n,$$

ausführlicher geschrieben:

$$Z = M_1(x_1 - x_0) + M_2(x_2 - x_1) + \cdots + M_n(x_n - x_{n-1}),$$
$$z = m_1(x_1 - x_0) + m_2(x_2 - x_1) + \cdots + m_n(x_n - x_{n-1}),$$

die wir wegen $Z > z$ als *Obersumme* und *Untersumme* der Zerlegung $\mathfrak{Z}$ (obere Zerlegungssumme und untere Zerlegungssumme) voneinander unterscheiden. Aus den beiden Zahlen z und Z bilden wir noch auf der Zahlenachse das Intervall

$$\mathfrak{z} = [z, Z],$$

welches, da es auf der Zahlenachse als Strecke erscheint, kurz die *Strecke der Zerlegung* $\mathfrak{Z}$ genannt werden soll. Die Länge dieses Intervalls bzw. dieser Strecke ist

$$\zeta = Z - z.$$

Der Summenunterschied $\zeta = Z - z$, der hier als *Strecke* gedeutet wird, kann geometrisch auch als *Fläche* aufgefaßt werden. Wir schreiben ihn zu dem Zwecke

$$Z - z = O_1 l_1 + O_2 l_2 + \cdots + O_n l_n,$$

wo $O_\nu = M_\nu - m_\nu$ die Schwankung der Funktion f im Intervall I_ν ist.

Stellt man sich nun l_ν als Grundlinie, O_ν als Höhe eines Rechtecks vor, so hat dieses Rechteck den Inhalt $l_\nu O_\nu$, und die Summe $O_1 l_1 + O_2 l_2 + \cdots + O_n l_n$ stellt als Summe von Rechtecken eine *Fläche dar.* Diese Fläche nennen wir kurz die *Fläche der Zerlegung* $\mathfrak{Z}$, bezeichnen ihren Inhalt mit Z und haben die Gleichung

$$\mathsf{Z} = O_1 l_1 + O_2 l_2 + \cdots + O_n l_n.$$

Da sowohl ζ als auch Z der Differenz $Z - z$ gleich ist, so gilt die Formel

$$\mathsf{Z} = \zeta,$$

in Worten:

Zerlegungsfläche und Zerlegungsstrecke sind numerisch gleich.

Da für jeden Zeiger ν

$$M_\nu \leqq M \qquad \text{und} \qquad m_\nu \geqq m$$

ist, so gilt für die Zerlegung $\mathfrak{Z}$ die *Zerlegungsungleichung*

$$\boxed{ml \leqq z \leqq Z \leqq Ml}\,.$$

II. Subdivision

Unterteilen wir jedes der Intervalle $I_1, I_2, \ldots, I_n$ weiter in kleinere Teilintervalle, z. B. das Intervall I_ν durch die von links nach rechts aufeinanderfolgenden $\nu' + 1$ Teilpunkte

$$x_\nu^0, x_\nu^1, x_\nu^2, \ldots, x_\nu^{\nu'},$$

wo

$$x_\nu^0 = x_{\nu-1} < x_\nu^1 < x_\nu^2 < \cdots < x_\nu^{\nu'} = x_\nu$$

ist, in die kleineren Intervalle – *Subintervalle* –

$$I_\nu^1 = [x_\nu^0, x_\nu^1], \quad I_\nu^2 = [x_\nu^1, x_\nu^2], \quad I_\nu^3 = [x_\nu^2, x_\nu^3], \quad \ldots, \quad I_\nu^{\nu'} = [x_\nu^{\nu'-1}, x_\nu]$$

mit den Längen $l_\nu^1, l_\nu^2, \ldots, l_\nu^{\nu'}$, so erhalten wir durch die Gesamtheit *aller* Teilpunkte x_ν^μ [ν und μ variabel] die neue feinere Zerlegung $\mathfrak{Z}'$ des Intervalls I, die wir eine *Subdivision* oder *Unterzerlegung* der Division oder Zerlegung $\mathfrak{Z}$ nennen.

Bedeutet M_ν^μ die obere, m_ν^μ die untere Grenze von $f(x)$ im Intervall I_ν^μ, so sind die Summen

$$Z' = \sum_\nu \sum_\mu M_\nu^\mu l_\nu^\mu, \qquad z' = \sum_\nu \sum_\mu m_\nu^\mu l_\nu^\mu,$$

in denen l_ν^μ sämtliche aufeinanderfolgenden Längen der Subintervalle durchläuft, die Obersumme Z' bzw. Untersumme z' der Subdivision $\mathfrak{Z}'$, während das Intervall

$$\mathfrak{z}' = [z', Z']$$

die Strecke

$$\zeta' = Z' - z'$$

der Zerlegung $\mathfrak{Z}'$ darstellt.

Nach der Zerlegungsungleichung gilt für die beiden Summen

$$\sum_\mu M_\nu^\mu l_\nu^\mu \qquad \text{und} \qquad \sum_\mu m_\nu^\mu l_\nu^\mu,$$

in denen ν einen beliebigen festen Zeiger $\leqq n$ bedeutet und l_ν^μ die Längen aller Subintervalle des Intervalls I_ν durchläuft, die Ungleichung

$$m_\nu l_\nu \leqq \sum_\mu m_\nu^\mu l_\nu^\mu \leqq \sum_\mu M_\nu^\mu l_\nu^\mu \leqq M_\nu l_\nu.$$

Bildet man diese Ungleichung für jeden Zeiger ν und addiert die entstehenden n Ungleichungen, so ergibt sich die neue Ungleichung

$$z \leqq z' \leqq Z' \leqq Z,$$

die sich auch folgendermaßen geometrisch veranschaulichen läßt:

Schachtelungssatz:

Das Intervall $\mathfrak{z}' = [z', Z']$ der Subdivision $\mathfrak{Z}'$ liegt im Intervall $\mathfrak{z} = [z, Z]$ der Division $\mathfrak{Z}$.

III. Die Darbouxintegrale

Wie die Zerlegungsungleichung zeigt, liegen die Obersummen aller möglichen Zerlegungen oberhalb der unteren Schranke ml, ebenso die Untersummen unterhalb der oberen Schranke Ml.

Die Gesamtheit aller möglichen Obersummen besitzt also eine untere Grenze D, die Gesamtheit aller Untersummen eine obere Grenze d.

Die beiden Grenzen D und d heißen das *obere* bzw. *untere Darbouxintegral* der Funktion $f(x)$ für das Intervall I.

Diese Darbouxintegrale sind also mit der beliebigen Obersumme Z bzw. Untersumme z durch die Ungleichungen

$$Z \geqq D, \qquad z \leqq d$$

verknüpft. In Worten:

Jede Obersumme liegt oberhalb des oberen Darbouxintegrals, jede Untersumme liegt unterhalb des unteren Darbouxintegrals.

Da jede Obersumme oberhalb jeder Untersumme liegt ($Z \geqq z$), so kann D nicht kleiner als d sein. Die beiden Darbouxintegrale befolgen also die Ungleichung

$$D \geqq d.$$

Durch Zusammenfassung der drei letzten Ungleichungen entsteht die

Darbouxungleichung $\boxed{z \leqq d \leqq D \leqq Z}$.

IV. Normale Zerlegungsfolgen

Unter einer Folge

$$\mathfrak{Z}_1, \mathfrak{Z}_2, \mathfrak{Z}_3, \ldots$$

von Zerlegungen versteht man eine unendliche Gesamtheit von Zerlegungen des Integrationsintervalls I.

Die Obersummen Z_1, Z_2, Z_3, ... bzw. Untersummen z_1, z_2, z_3, ... der Zerlegungen $\mathfrak{Z}_1$, $\mathfrak{Z}_2$, $\mathfrak{Z}_3$, ... nennen wir kurz die Obersummen bzw. Untersummen der Zerlegungsfolge $\mathfrak{Z}_1, \mathfrak{Z}_2, \mathfrak{Z}_3, \ldots$ Ebenso sollen die Strecken $\zeta_1, \zeta_2, \zeta_3, \ldots$ bzw. Flächen $Z_1, Z_2, Z_3, \ldots$ der Zerlegungen $\mathfrak{Z}_1, \mathfrak{Z}_2, \mathfrak{Z}_3, \ldots$ die Strecken bzw. Flachen der Folge heißen.

Die Folge $\mathfrak{Z}_1, \mathfrak{Z}_2, \mathfrak{Z}_3, \ldots$ heißt *normal* (oder auch wohl *ausgezeichnet*), wenn bei unbegrenzt wachsendem Zeiger ν das Maximalintervall von $\mathfrak{Z}_\nu$ gegen Null konvergiert.

Für normale Zerlegungsfolgen gilt der

Satz von Darboux:

Die oberen bzw. unteren Summen einer normalen Zerlegungsfolge konvergieren gegen das obere bzw. untere Darbouxintegral.

Es wird genügen, den Satz für die Obersummen der Folge zu beweisen.

Es sei $\mathfrak{C}$ eine Zerlegung mit den Teilpunkten

$$a = c_0, c_1, c_2, c_3, \ldots, \quad c_n = b$$

derart, daß ihre Obersumme C noch nicht um ε von D abweicht, wo ε eine beliebig vorgegebene kleine positive Zahl bedeutet, so daß also

$$C < D + \varepsilon$$

ist.

Wir greifen nun aus der vorgelegten normalen Zerlegungsfolge $\mathfrak{Z}_1, \mathfrak{Z}_2, \mathfrak{Z}_3, \ldots$ eine beliebige Division $\mathfrak{Z}_N = \mathfrak{Z}$ mit den Teilpunkten

$$a = x_0, x_1, x_2, \ldots, \quad x_N = b,$$

den Teilintervallen

$$I_1, \quad I_2, \quad \ldots, \quad I_N$$

und der Obersumme Z heraus, bei welcher die Teilung schon so weit vorgeschritten ist, daß das Maximalintervall – seine Lange sei λ – noch kürzer ist als das kürzeste der Intervalle der Zerlegung $\mathfrak{C}$. Es ist dann zunachst sicher

$$\text{(I)} \qquad Z \geqq D,$$

womit eine *untere Schranke* für Z festgelegt ist.

Es handelt sich darum, auch eine *obere Schranke* für Z zu gewinnen.

Zu diesem Behufe bilden wir die Zerlegung $\mathfrak{Z}'$, die durch die Teilpunkte der beiden Zerlegungen $\mathfrak{C}$ und $\mathfrak{Z}$ hervorgebracht wird.

Diese ist dann eine Subdivision sowohl der Division $\mathfrak{C}$ wie auch der Division $\mathfrak{Z}$. Daher gilt nach dem Schachtelungssatz für die Obersumme Z' von $\mathfrak{Z}'$ sowohl $Z' \leqq C$ als auch $Z' \leqq Z$.

Aus der ersten dieser Ungleichungen und der Ungleichung $C < D + \varepsilon$ folgt

$$\text{(1)} \qquad Z' < D + \varepsilon.$$

Was die zweite anbetrifft, so suchen wir eine obere Schranke der positiven (oder doch wenigstens nicht negativen) Differenz $Z - Z'$, um die dadurch entstehende Ungleichung mit (1) durch Addition zu verknüpfen und so die fehlende obere Schranke für Z zu gewinnen.

Nun, der Überschuß $Z - Z'$ resultiert aus *den* Intervallen der Subdivision, an deren Bildung die Intervalle der Zerlegung $\mathfrak{C}$ beteiligt sind; das sind aber sicher nicht mehr als n Stück, und folglich ist

$$Z - Z' \leqq nM\lambda.$$

Jetzt wählen wir das bislang noch nicht endgültig festgelegte λ so klein, daß die rechte Seite der gefundenen Ungleichung $< \varepsilon$ [d. h. daß $\lambda < \varepsilon : nM$] ausfällt. Dann haben wir

$$Z - Z' < \varepsilon, \tag{2}$$

und die Addition der Ungleichungen (1) und (2) gibt

$$Z < D + 2\varepsilon. \tag{II}$$

Aus den Ungleichungen (I) und (II) folgt sofort, daß die Obersumme $Z = Z_N$ der der normalen Zerlegungsfolge $\mathfrak{Z}_1, \mathfrak{Z}_2, \ldots$ angehörigen Zerlegung $\mathfrak{Z} = \mathfrak{Z}_N$ mit unbegrenzt wachsendem Zeiger N gegen das obere Darbouxintegral D konvergiert.

Damit ist Darboux' Satz bewiesen.

V. Integrierbarkeit

Die Funktion $f(x)$ heißt im Intervalle I *integrierbar* oder *integrabel*, wenn das obere und untere Darbouxintegral einander gleich sind, und man nennt den gemeinsamen Wert der beiden Darbouxintegrale D und d das *über das Intervall* $I = [a, b]$ *genommene oder erstreckte Integral der Funktion* $f(x)$ und schreibt dieses Integral

$$\int_I f(x)\,dx \qquad \text{oder} \qquad \int_a^b f(x)\,dx.$$

Es gilt also die Gleichung

$$\int_a^b f(x)\,dx = D = d.$$

Aus der Darbouxungleichung ergibt sich nun folgender wichtige

Integrabilitätssatz 1:

Eine Funktion $f(x)$ ist im Intervalle $I = [a, b]$ dann und nur dann integrabel, wenn sich eine normale Zerlegungsfolge des Intervalls I angeben läßt, deren Strecken oder Flächen unbegrenzt abnehmen.

Beweis. ζ_n bedeute die Strecke, Z_n (bekanntlich *gleich* ζ_n) die Fläche der Zerlegung $\mathfrak{Z}_n$ unserer Folge.

Aus

$$\lim_{n\to\infty} \zeta_n = 0 \qquad \text{bzw.} \qquad \lim_{n\to\infty} \mathsf{Z}_n = 0$$

folgt zunächst

$$\lim_{n\to\infty} Z_n = \lim_{n\to\infty} z_n .$$

Der in dieser Limesgleichung links stehende Limes ist aber D, der rechts stehende d. Mithin ist

$$D = d,$$

d. h. $f(x)$ integrabel im Intervalle I.

Umgekehrt folgt aus

$$D = d$$

$$\lim_{n\to\infty} Z_n = \lim_{n\to\infty} z_n$$

und hieraus

$$\lim_{n\to\infty} \zeta_n = \lim_{n\to\infty} \mathsf{Z}_n = 0.$$

Der bewiesene Satz kann auch so formuliert werden:

Integrabilitätssatz 2:

Eine Funktion $f(x)$ ist im Intervalle $[a, b]$ dann und nur dann integrierbar, wenn sich zu einer beliebig kleinen positiven Größe ε eine Zerlegung angeben läßt, deren Fläche (oder Strecke) unterhalb ε liegt.

Beweis. Nach der Darbouxungleichung haben wir $\mathsf{Z} = Z - z \geqq D - d$, mithin, wenn Z unterhalb ε liegt,

$$D - d < \varepsilon.$$

Letztere Ungleichung ist aber nur denkbar im Falle $D = d$.

Die zweite Formulierung des Integrabilitätssatzes ist für die praktische Anwendung offensichtlich bequemer als die erste.

Die notwendige und hinreichende Bedingung für die Integrierbarkeit einer Funktion $f(x)$ läßt sich nach Riemann auch folgendermaßen aussprechen:

Integrabilitätssatz 3:

Eine im Intervall I beschränkte Funktion $f(x)$ ist hier dann und nur dann integrabel, wenn zu zwei beliebig vorgegebenen positiven Zahlen o und ω eine Zerlegung $\mathfrak{Z}$ existiert, bei der die Summe j aller Teilintervalle[1]*, in denen die Schwankung der Funktion den Wert o überschreitet, unterhalb der Schranke ω liegt.*

Beweis. Wir stellen zunachst zwei Schranken für die Flache Z der beliebigen Zerlegung $\mathfrak{Z}$ her. Diese Fläche bekommt man bekanntlich, indem man jedes

[1]) Unter der Summe von Intervallen versteht man hier natürlich die Summe der Längen der Intervalle.

Teilintervall (von I) mit der Schwankung der Funktion in ihm multipliziert und die so entstehenden Produkte addiert.
Da die Teilintervalle, in denen die Funktionsschwankung den Betrag o überschreitet, die Gesamtlänge j haben, so ist sicher

$$Z \geqq jo.$$

Da ferner in diesen Teilintervallen die Funktionsschwankung unterhalb O liegt, in den übrigen Teilintervallen unterhalb o liegt, so ist anderseits

$$Z \leqq jO + (l - j)o$$

(wo l die Länge des Integrationsintervalls I bedeutet), also erst recht

$$Z \leqq jO + lo.$$

Folglich besteht die Ungleichung

$$jo \leqq Z \leqq jO + lo,$$

womit die gesuchten Schranken für die Zerlegungsfläche Z gefunden sind.
1. Wenn f integrabel ist, existiert sicher eine Zerlegung Z, für welche, bei beliebig vorgegebenen o und ω, $Z < o\omega$ ist. Nach der linken Seite unserer Ungleichung ist dann

$$jo < o\omega,$$

mithin

$$j < \omega.$$

2. Existiert umgekehrt eine Zerlegung $\mathfrak{Z}$, für welche

$$j < \omega$$

ist, so wählen wir

$$o = \varepsilon : l \qquad \text{und} \qquad \omega = \varepsilon : O.$$

Für die Flache Z unserer Zerlegung gilt dann auf Grund der rechten Seite der aufgestellten Ungleichung die Beziehung

$$Z < \omega O + \varepsilon = 2\varepsilon.$$

Diese neue Ungleichung lehrt aber die Integrierbarkeit von f.
Wir haben das über das Intervall $I = [a, b]$ erstreckte Integral

$$\int_a^b f(x)\,dx$$

der (in I integrablen) Funktion $f(x)$ durch den gemeinsamen Wert der Limiten $\lim Z_n$ und $\lim z_n$ der Obersumme $Z_n = \sum_{\nu}^{1,n} M_\nu l_\nu$ und der Untersumme $z_n = \sum_{\nu}^{1,n} m_\nu l_\nu$ erklärt [wo l_ν die Lange $x_\nu - x_{\nu-1}$ des νten Teilintervalls der durch die $(n-1)$ Teilpunkte $x_1, x_2, \ldots, x_{n-1}$ bewirkten Teilung (Division) des Intervalls I ist].

Statt der Summen Z_n und z_n benutzt man zur Erklärung des Integrals häufig einen noch etwas allgemeiner gebauten Summenausdruck.

Es sei ξ_ν ein *beliebiger* Wert aus dem Teilintervall I_ν unserer Zerlegung, so daß

$$x_{\nu-1} \leqq \xi_\nu \leqq x_\nu$$

ist. Wir multiplizieren den zum Argumentwert ξ_ν gehörigen Funktionswert $f(\xi_\nu)$ mit der Länge $l_\nu = x_\nu - x_{\nu-1}$ des Teilintervalls I_ν und bilden die Summe

$$S_n = \sum_\nu^{1,n} f(\xi_\nu) \cdot l_\nu = \sum_\nu^{1,n} f(\xi_\nu) \cdot (x_\nu - x_{\nu-1}) .$$

Da S_n zwischen z_n und Z_n liegt, strebt (wegen der vorausgesetzten Integrierbarkeit von f) die Summe S_n bei unbegrenzt wachsender Gliederzahl n (und unbegrenzt abnehmendem Maximalintervall unserer Zerlegung) gegen den gemeinsamen Grenzwert

$$\int_a^b f(x)\, dx$$

von z_n und Z_n, und wir haben folgende

Definition des Integrals $\int_a^b f(x)\, dx$:

Ist die Funktion $f(x)$ im Intervall $I = [a, b]$ beschränkt und integrabel, so strebt die n-gliedrige Summe

$$\sum_\nu^{1,n} f(\xi_\nu) \cdot (x_\nu - x_{\nu-1}) ,$$

in welcher ξ_ν einen beliebigen Punkt des Teilintervalls $I_\nu = [x_{\nu-1}, x_\nu]$ bedeutet, bei unbegrenzter Abnahme des maximalen Teilintervalls gegen einen endlichen Grenzwert; dieser ist das über das Intervall $[a, b]$ erstreckte Integral der Funktion $f(x)$:

$$\int_a^b f(x)\, dx = \lim_{n \to \infty} \sum_\nu^{1,n} f(\xi_\nu) \cdot (x_\nu - x_{\nu-1}) ,$$

wobei das Zeichen $n \to \infty$ zusätzlich bedeutet, daß mit unbegrenzt zunehmendem n *jedes* der n Teilintervalle I_ν gegen Null strebt.

Es wird nützlich sein, die wichtigsten Arten von Funktionen, denen man die Integrierbarkeit sofort ansehen kann, zusammenzustellen.

I. *Jede stetige Funktion ist integrabel.*

II. *Jede monotone Funktion ist integrabel.*

(Eine Funktion heißt monoton, wenn sie im Definitionsbereich nirgends wächst oder aber, wenn sie hier nirgends fällt.) Ist $f(x)$ in $I[a, b]$ beispielsweise nirgends fallend, so daß für die Zerlegung $(a, x_1, x_2, \ldots, b)$

$$f(x_0) = f(a) \leqq f(x_1) \leqq f(x_2) \ldots \leqq f(b) = f(x_n)$$

und die obere bzw. untere Zerlegungssumme

$$Z = f(x_1)(x_1 - x_0) + f(x_2)(x_2 - x_1) + \cdots + f(x_n)(x_n - x_{n-1})$$

bzw.

$$z = f(x_0)(x_1 - x_0) + f(x_1)(x_2 - x_1) + \cdots + f(x_{n-1})(x_n - x_{n-1})$$

ist, so wird, falls jedes Teilintervall unterhalb ε liegt,

$$Z - z < \varepsilon[f(x_n) - f(x_0)] = \varepsilon[f(b) - f(a)],$$

und die rechtsstehende Schranke kann unter jeden noch so kleinen Positivwert herabgedrückt werden.

III. *Eine in I beschränkte Funktion, die hier nur endlich viele Unstetigkeiten aufweist und in jedem zwischen zwei sukzessiven Unstetigkeitsstellen liegenden Teilintervall integrabel ist, ist auch in I integrabel.*

IV. Satz III gilt auch noch bei *unendlich vielen* Unstetigkeiten, falls man die Unstetigkeitsstellen in Kleinintervalle einschließen kann, deren Summe unter jede vorgegebene Positivzahl herabgedrückt werden kann.

V. *Jede im Integrationsintervall beschränkt schwankende Funktion ist integrabel.*

(Folgt sofort daraus, daß eine solche Funktion als Summe oder Differenz zweier Monotonfunktionen dargestellt werden kann.)

Anmerkung: *Beschränkt schwankende Funktionen.*

Der Begriff „Beschrankt schwankende Funktion" stammt von Ç. Jordan. Zerlegt man das Definitionsintervall $I[a, b]$ der Funktion $f(x)$ durch die Teilpunkte

$$a = x_0 < x_1 < x_2 < x_3 \cdots < x_n = b$$

in n Teile, so stellt die Summe

$$v = |f(x_1) - f(x_0)| + |f(x_2) - f(x_1)| + \cdots + |f(x_n) - f(x_{n-1})|$$

die sog. *Schwankung* oder *Variation* der Funktion $f(x)$ für diese Zerlegung dar. Die Funktion f heißt in *I beschränkt schwankend* [à variation bornée], wenn jede mögliche Schwankung (wie auch zerlegt werde) unterhalb einer festen endlichen Zahl liegt.

Die obere Grenze V aller möglichen Schwankungen v heißt die *Totalschwankung* oder *Totalvariation* der Funktion $f(x)$ im Intervall I.

Man sieht leicht ein:

Jede Monotonfunktion schwankt beschränkt.

Ist p bzw. $-n$ die Summe der Differenzen $f(x_\mu) - f(x_\nu)$ mit $\nu = \mu - 1$, welche positiv bzw. negativ sind, so gelten die Formeln

$$v = p + n \quad \text{und} \quad f(b) - f(a) = p - n$$

oder

$$v = 2p + f(a) - f(b) \quad \text{und} \quad v = 2n + f(b) - f(a).$$

Neben der oberen Grenze V aller v betrachtet man auch die obere Grenze P bzw. N aller p bzw. aller n, welche man die *positive* bzw. *negative Totalschwankung* nennt.

Auch die Totalschwankungen befriedigen die Relationen

$$V = 2P + f(a) - f(b), \qquad V = 2N + f(b) - f(a).$$

Führt man noch die drei entsprechenden Totalschwankungen $V(x)$, $P(x)$, $N(x)$ für das Intervall $[a, x]$ ein, so ist natürlich auch

$$V(x) = 2P(x) + f(a) - f(x) \quad \text{und} \quad V(x) = 2N(x) + f(x) - f(a).$$

Es gilt der

Satz von Jordan:

Die Funktion $f(x)$ ist dann und nur dann im Intervall I beschränkt schwankend, wenn sie dort als Differenz zweier Steigfunktionen (oder auch als Differenz zweier Fallfunktionen) *darstellbar ist.*

Beweis. 1. $V(x)$, $P(x)$ und $N(x)$ sind alle drei Steigfunktionen. Weiter hat man dann

$$f(x) = [f(a) + P(x)] - [N(x)],$$

und damit ist $f(x)$ als Differenz zweier Steigfunktionen dargestellt.

2. sei umgekehrt

$$f(x) = M(x) - S(x),$$

wo sowohl Minuend M als auch Subtrahend S eine Steigfunktion ist. Jede der beiden Monotonfunktionen M und S schwankt beschränkt, und die (Summe oder) Differenz von zwei beschrankt schwankenden Funktionen schwankt natürlich gleichfalls beschränkt. Q. e. d.

Aus Jordans Satz und der Tatsache, daß eine Monotonfunktion nur einfache[1]) Unstetigkeiten besitzen kann, folgt noch:

Eine beschränkt schwankende Funktion kann nur einfache[1]) Unstetigkeiten besitzen.

Bei unserer obigen Darlegung wurde der Integrand $f(x)$ im Integrations-

---

[1]) Die Funktion $f(x)$ besitzt an der Stelle $x = a$ eine einfache Unstetigkeit, wenn $f(a + \varepsilon)$ und $f(a - \varepsilon)$ bei unbegrenzt abnehmendem (positivem) ε gegen endliche Grenzwerte streben.

intervall $I = [a, b]$ als beschrankt vorausgesetzt. Wie man aus der Praxis der Integralrechnung weiß, kommen aber auch außerordentlich häufig Integrale von nicht beschränkten Funktionen vor. Beispielsweise hat das Integral der Funktion $f(x) = 1 : \sqrt{x}$, erstreckt über das Intervall $[\varepsilon, 1]$, wo ε eine kleine Positivgröße bedeutet, den Wert

$$\int_\varepsilon^1 f\,dx = \Big|_\varepsilon^1 2\sqrt{x} = 2 - 2\sqrt{\varepsilon}.$$

Dieser Wert strebt gegen die endliche Zahl 2, wenn sich ε unbegrenzt der Null nahert. Damit rechtfertigt sich die Redeweise:

„Das über das Intervall [0, 1] erstreckte ‚Integral' $\int_0^1 \frac{dx}{\sqrt{x}}$ hat den Wert 2."

Und das, obgleich der Integrand an der Stelle 0 des Integrationsintervalls Unendlich wird!

Allgemein: Ist $f(x)$ im Intervall $I\ [a, b]$ nicht beschränkt, jedoch in jedem Teilintervall $i\ [a + \varepsilon, b - \varepsilon]$ von I (mit positivem ε) integrabel, existiert ferner

$$\lim_{\varepsilon \to 0} \int_{a+\varepsilon}^{b-\varepsilon} f\,dx,$$

so heißt f im Intervall I *„uneigentlich" integrierbar*, und eine in I *beschränkte* integrierbare Funktion wird des Gegensatzes wegen nunmehr *„eigentlich" integrierbar* genannt.

Eine Funktion $f(x)$ heißt in I *absolut integrierbar*, wenn daselbst sowohl $f(x)$ als auch $|f(x)|$ integrabel ist.

Eine *eigentlich* integrable Funktion ist stets auch absolut integrabel. [Dies folgt aus der Ungleichung

$$|\varphi(X) - \varphi(x)| \leqq |f(X) - f(x)| \qquad \text{mit} \quad \varphi(x) = |f(x)|.]$$

§ 35. Die Mittelwertsätze der Integralrechnung

Erster Mittelwertsatz

$f(x)$ und $\psi(x)$ seien zwei im Intervall $I\ [a, b]$ (mit $b > a$) *integrable Funktionen* des reellen Arguments x; *$\psi(x)$ sei außerdem positiv in I.*

Wir teilen das Intervall durch die äquidistanten Teilpunkte

$$x_0 = a, \quad x_1 = a + e, \quad x_2 = a + 2e, \quad \ldots, \quad x_n = a + ne = b$$

in n gleiche Teile und betrachten das Integral

$$S = \int_a^b f(x)\,\psi(x)\,dx$$

als Grenzwert der Summe

$$S_n = \sum_1^n f_\nu \psi_\nu e_\nu$$

mit

$$f_\nu = f(x_\nu), \qquad \psi_\nu = \psi(x_\nu), \qquad e_\nu = x_\nu - x_{\nu-1} = e$$

bei unbegrenzt wachsendem n.

Die *obere und untere Grenze von* $f(x)$ im Intervall I seien G *und* g, so daß für jedes x aus I

$$g \leqq f(x) \leqq G$$

ist.

Wir bilden für $\nu = 1, 2, 3, \ldots, n$ die Ungleichung

$$g \leqq f_\nu \leqq G,$$

multiplizieren sie mit der *positiven* Größe $\psi_\nu\, e_\nu$ und addieren die so entstehenden n Ungleichungen. Das gibt [der Fall $f(x) = \text{const}$ interessiert nicht]

$$g\, \mathfrak{s}_n < S_n < G\, \mathfrak{s}_n$$

mit

$$\mathfrak{s}_n = \sum_1^n \psi_\nu e_\nu .$$

Lassen wir jetzt n unbegrenzt wachsen, so konvergiert $\mathfrak{s}_n$ gegen den Wert

$$\mathfrak{s} = \int_a^b \psi(x)\, dx,$$

und die gefundene Ungleichung verwandelt sich in

$$g\, \mathfrak{s} \leqq S \leqq G\, \mathfrak{s}.$$

Daher können wir schreiben

$$S = \mu\, \mathfrak{s}$$

oder

$$\text{(I)} \qquad \boxed{\int_a^b f(x)\, \psi(x)\, dx = \mu \int_a^b \psi(x)\, dx},$$

wo μ ein gewisser zwischen der oberen und unteren Grenze von $f(x)$ im Integrationsintervall liegender Wert ist und $\psi(x)$ im Integrationsintervall positiv bleibt.

Von besonderer Wichtigkeit ist der Fall, wo $f(x)$ *eine stetige Funktion in I* ist. In diesem Falle gibt es einen Wert z im Intervall $[a, b]$, für welchen

$$f(z) = \mu$$

ist, und unsere Formel erhält die Gestalt

$$\text{(II)} \qquad \boxed{\int_a^b f(x)\, \psi(x)\, dx = f(z) \int_a^b \psi(x)\, dx} \qquad \text{mit } a \leqq z \leqq b.$$

Ist speziell $\psi(x) = 1$, so erhält unser Ergebnis die Form

(I a) $$\boxed{\int_a^b f(x)\,dx = \mu(b-a)} \qquad \text{mit } g < \mu < G$$

bzw. (bei stetigem $f(x)$)

(II a) $$\boxed{\int_a^b f(x)\,dx = (b-a)f(z)} \qquad \text{mit } a \leqq z \leqq b.$$

Die beiden Formeln (I) und (II) und die zugehörigen Sonderfälle (I a) und (II a) bilden den *Ersten Mittelwertsatz* der Integralrechnung.

Zweiter Mittelwertsatz

Bonnets Mittelwertsatz

$f(x)$ und $\psi(x)$ seien zwei im Intervall I $[a, b]$ mit $b > a$ *integrable Funktionen*. Von $\psi(x)$ setzen wir außerdem voraus, daß es in I *positiv* ist und *entweder ständig fällt* (Fall 1) *oder ständig wächst* (Fall 2).
Unsere Aufmerksamkeit gilt dem Integral

$$S = \int_a^b f(x)\,\psi(x)\,dx,$$

welches wir als Grenzwert der Summe

$$S_n = f_1\varphi_1 e_1 + f_2\varphi_2 e_2 + \cdots + f_n\varphi_n e_n$$

auffassen. Dabei denken wir uns das Intervall I durch die äquidistanten Teilpunkte

$$x_0 = a, \qquad x_1 = a + e, \qquad x_2 = a + 2e, \qquad \ldots, \qquad x_n = a + ne = b$$

in n gleiche Teile e geteilt und setzen im ersten Falle

$$f_\nu = f(x_\nu), \qquad \varphi_\nu = \psi(x_\nu), \qquad e_\nu = x_\nu - x_{\nu-1} = e,$$

im zweiten Falle

$$f_\nu = f(x_{n-\nu+1}), \qquad \varphi_\nu = \psi(x_{n-\nu+1}), \qquad e_\nu = x_{n-\nu+1} - x_{n-\nu} = e.$$

Dann ist in jedem Falle

$$\varphi_1 > \varphi_2 > \varphi_3 \cdots > \varphi_n.$$

Wir vergleichen S_n mit den beiden Summen

$$\mathfrak{S}_n = G_1\varphi_1 e_1 + G_2\varphi_2 e_2 + \cdots + G_n\varphi_n e_n$$

und

$$\mathfrak{s}_n = g_1\varphi_1 e_1 + g_2\varphi_2 e_2 + \cdots + g_n\varphi_n e_n,$$

wobei G_ν die obere, g_ν die untere Grenze von $f(x)$ im Intervall e_ν bedeutet.

Aus

$$\mathfrak{S}_n - S_n = \sum_1^n (G_\nu - f_\nu)\,\varphi_\nu e_\nu \leqq \sum_1^n O_\nu \varphi_\nu e_\nu < \varphi_1 \sum_1^n O_\nu e_\nu\,,$$

wobei

$$O_\nu = G_\nu - g_\nu$$

die Schwankung von $f(x)$ im Intervall e_ν ist, und der wegen der Integrabilität von $f(x)$ bestehenden Limesgleichung

$$\lim_{n\to\infty} \sum_1^n O_\nu e_\nu = 0$$

ist $\lim(\mathfrak{S}_n - S_n) = 0$, strebt also auch $\mathfrak{S}_n$ bei unbegrenzt wachsendem n gegen S.

Ebenso läßt sich zeigen, daß auch $\mathfrak{s}_n$ bei unbegrenzt wachsendem n gegen S konvergiert.

Nunmehr sei

$$\text{im Falle 1}\quad F_\nu = \int_{x_{\nu-1}}^{x_\nu} f(x)\,dx\,,\qquad \text{im Falle 2}\quad F_\nu = \int_{x_{n-\nu}}^{x_{n-\nu+1}} f(x)\,dx\,.$$

Dieses F_ν liegt nach dem ersten Mittelwertsatz zwischen eg_ν und eG_ν. Daher liegt die Summe

$$\sigma_n = F_1\varphi_1 + F_2\varphi_2 + \cdots + F_n\varphi_n$$

zwischen $\mathfrak{s}_n$ und $\mathfrak{S}_n$; und da sowohl $\mathfrak{s}_n$ als auch $\mathfrak{S}_n$ für $n\to\infty$ gegen das Integral S konvergiert, so ist auch

$$\lim_{n\to\infty} \sigma_n = S\,.$$

Nach Abels Formel hat man aber

$$\sigma_n = s_1\delta_1 + s_2\delta_2 + \cdots + s_n\delta_n$$

mit

$$s_\nu = F_1 + F_2 + \cdots + F_\nu\,,\quad \delta_1 = \varphi_1 - \varphi_2\,,\ \delta_2 = \varphi_2 - \varphi_3\,,\ \ldots,\ \delta_n = \varphi_n\,.$$

Dabei ist noch

$$\text{im Falle 1}\quad s_\nu = \int_a^{x_\nu} f(x)\,dx\,,\qquad \text{im Falle 2}\quad s_\nu = \int_{x_{n-\nu}}^{b} f(x)\,dx\,.$$

Bedeutet also m bzw. m' das Minimum, M bzw. M' das Maximum der stetigen Funktion

$$g(x) = \int_a^x f(x)\,dx \qquad \text{bzw.}\qquad h(x) = \int_x^b f(x)\,dx$$

von x, so gelten die Ungleichungen

$$m \leqq s_\nu \leqq M \text{ im Falle 1} \qquad \text{und} \qquad m' \leqq s_\nu \leqq M' \text{ im Falle 2.}$$

Wenden wir diese Ungleichungen auf die für σ_n gefundene Summe an, so ergibt sich

$$m\,(\delta_1 + \delta_2 + \cdots + \delta_n) < \sigma_n < M\,(\delta_1 + \delta_2 + \cdots + \delta_n) \text{ im Falle 1},$$

$$m'(\delta_1 + \delta_2 + \cdots + \delta_n) < \sigma_n < M'(\delta_1 + \delta_2 + \cdots + \delta_n) \text{ im Falle 2}$$

oder, da $\delta_1 + \delta_2 + \cdots + \delta_n = \varphi_1$ ist,

$$m\,\varphi_1 < \sigma_n < M\,\varphi_1 \text{ im Falle 1}, \qquad m'\,\varphi_1 < \sigma_n < M'\,\varphi_1 \text{ im Falle 2}.$$

Laßt man n unbegrenzt wachsen, so konvergiert σ_n gegen S, und man erhält die Ungleichung

$$m\varphi_1 \leqq S \leqq M\varphi_1 \text{ im Falle 1}, \qquad m'\,\varphi_1 \leqq S \leqq M'\,\varphi_1 \text{ im Falle 2}.$$

Da g und h stetige Funktionen von x sind, kann man setzen

$$S = \varphi_1\, g(z) \text{ im Falle 1}, \quad S = \varphi_1\, h(\mathfrak{z}) \text{ im Falle 2},$$

wo z wie auch $\mathfrak{z}$ einen gewissen im Intervall $[a, b]$ liegenden Argumentwert bedeutet. Im Falle 1 ist $\varphi_1 = \psi(a)$, im Falle 2 $\varphi_1 = \psi(b)$, und wir erhalten das

Formelpaar von Bonnet:

$$\boxed{\int_a^b f(x)\,\psi(x)\,dx = \psi(a)\int_a^z f(x)\,dx} \qquad \boxed{\int_a^b f(x)\,\psi(x)\,dx = \psi(b)\int_z^b f(x)\,dx},$$

in welchem z einen gewissen im Intervall $[a, b]$ (mit $b > a$) liegenden Wert bedeutet.

Dabei ist $f(x)$ eine integrable Funktion, $\psi(x)$ eine positive stetige, bei der ersten Formel fallende, bei der zweiten steigende Funktion von x im Intervall $[a, b]$.

Das Bonnetsche Formelpaar wird gewöhnlich der *zweite Mittelwertsatz der Integralrechnung* genannt.

§ 36. Frullanis Satz

$f(x)$ sei eine stetige Funktion des positiven Arguments x, und das Integral

$$\int_p^\infty \frac{f(x)}{x}\,dx$$

konvergiere für jedes positive p gegen einen endlichen Grenzwert.

Frullani betrachtete das Integral

$$F = \int_0^\infty \frac{f(a\,x) - f(b\,x)}{x}\,dx \qquad \text{mit } a > 0,\ b > 0.$$

Man hat

$$F = \lim_{\varepsilon \to 0} \left[\int_{\varepsilon}^{\infty} \frac{f(a x)}{x} d x - \int_{\varepsilon}^{\infty} \frac{f(b x)}{x} d x \right].$$

Im ersten Integral ersetzen wir $a x$ durch u, im zweiten $b x$ durch v und haben

$$F = \lim_{\varepsilon \to 0} \left[\int_{a\varepsilon}^{\infty} \frac{f(u)}{u} d u - \int_{b\varepsilon}^{\infty} \frac{f(v)}{v} d v \right]$$

$$= \lim_{\varepsilon \to 0} \left[\int_{a\varepsilon}^{\infty} \frac{f(x)}{x} d x - \int_{b\varepsilon}^{\infty} \frac{f(x)}{x} d x \right] = \lim_{\varepsilon \to 0} \int_{a\varepsilon}^{b\varepsilon} \frac{f(x)}{x} d x .$$

Nach dem ersten Mittelwertsatze ist aber

$$\int_{a\varepsilon}^{b\varepsilon} f(x) \cdot \frac{1}{x} d x = f(z) \int_{a\varepsilon}^{b\varepsilon} \frac{d x}{x},$$

wo z einen gewissen Zwischenwert zwischen $a\varepsilon$ und $b\varepsilon$ bedeutet. Das gibt, da

$$\int_{a\varepsilon}^{b\varepsilon} \frac{d x}{x} = l b \varepsilon - l a \varepsilon = l \frac{b\varepsilon}{a\varepsilon} = l \frac{b}{a}$$

ist,

$$F = \lim_{\varepsilon \to 0} f(z) l \frac{b}{a} = f(0) l \frac{b}{a}.$$

Damit haben wir den merkwürdigen

Satz von Frullani:

Wenn das Integral

$$\int_{p}^{\infty} \frac{f(x)}{x} d x \qquad \text{mit } p > 0$$

der im Positiven stetigen Funktion $f(x)$ konvergiert, so ist

$$\boxed{\int_{0}^{\infty} \frac{f(a x) - f(b x)}{x} d x = f(0) l \frac{b}{a}},$$

wo a und b zwei beliebige positive Werte bedeuten und $f(0) = \lim\limits_{p \to 0} f(p)$ ist.

Die Merkwürdigkeit des Satzes liegt darin, daß der Wert des Integrals *nur vom Wert der Funktion $f(x)$ an der Stelle Null* abhängt.

Die Angabe einiger Beispiele wird nicht überflüssig sein.

$$\boxed{\int_0^\infty \frac{e^{-ax} - e^{-bx}}{x}\,dx = l\,\frac{b}{a}},$$

$$\boxed{\int_0^\infty \frac{\cos ax - \cos bx}{x}\,dx = l\,\frac{b}{a}},$$

$$\boxed{\int_0^1 \frac{x^a - x^b}{lx}\,dx = l\,\frac{a+1}{b+1}}.$$

§ 37. Die Leibnizsche Regel

Die Funktion $f(x, p)$ des Arguments x und des variablen Parameters p sei eine stetige Funktion der beiden Variablen x und p in dem durch die Bedingungen

$$a \leqq x \leqq b, \qquad h \leqq p \leqq k$$

fixierten Bereich $\mathfrak{B}$.

Neben $f(x, p)$ betrachten wir die nach p genommene Partialableitung

$$\frac{\partial f}{\partial p} = f_p(x, p) = g(x, p),$$

welche wir gleichfalls in $\mathfrak{B}$ als stetig voraussetzen.

Wir lenken unsere Aufmerksamkeit auf das Integral

$$F(p) = \int_a^b f(x, p)\,dx,$$

welches eine Funktion von p im Intervall $\mathfrak{H}[h, k]$ darstellt.

Sind p und P zwei benachbarte Werte aus $\mathfrak{H}$, so wird

$$F(P) - F(p) = \int_a^b [f(x, P) - f(x, p)]\,dx,$$

und wir erhalten für den Restbruch von $F(p)$ die Gleichung

$$\frac{F(P) - F(p)}{P - p} = \int_a^b \frac{f(x, P) - f(x, p)}{P - p}\,dx.$$

Hier hat der Integrand nach Lagranges Mittelwertsatz den Wert

$$\frac{f(x, P) - f(x, p)}{P - p} = g(x, \zeta),$$

wo ζ einen gewissen Zwischenwert zwischen p und P bedeutet.
Wir schreiben

$$g(x, \zeta) = g(x, p) + u \qquad \text{mit} \quad u = g(x, \zeta) - g(x, p).$$

Wegen der Stetigkeit von g in $\mathfrak{H}$ existiert zu jedem positiven ε ein positives δ derart, daß für jedes die Bedingung

$$|\mathfrak{P} - \mathfrak{p}| < \delta$$

befriedigende Wertepaar $\mathfrak{p}$, $\mathfrak{P}$ von p die Ungleichung

$$|g(x, \mathfrak{P}) - g(x, \mathfrak{p})| < \varepsilon$$

erfüllt ist.
Wir denken uns P so nahe an p gewählt, daß $|P - p| < \delta$ ist. Dann können wir

$$u = \theta\varepsilon \qquad \text{mit} \quad |\theta| < 1$$

schreiben, so daß nunmehr

$$g(x, \zeta) = g(x, p) + \theta\varepsilon$$

und weiter

$$\frac{F(P) - F(p)}{P - p} = \int_a^b g(x, p)\, dx + \int_a^b \theta\varepsilon\, dx$$

wird.
Das zweite Integral der rechten Seite liegt zwischen den Schranken

$$\int_a^b \varepsilon\, dx = \varepsilon(b - a) \qquad \text{und} \qquad \int_a^b -\varepsilon\, dx = -\varepsilon(b - a),$$

so daß

$$\left| \frac{F(P) - F(p)}{P - p} - \int_a^b g(x, p)\, dx \right| \leqq \varepsilon(b - a)$$

ausfällt.
Diese Ungleichung bedeutet:
Bei festgehaltenem p und $P \to p$ strebt der Restbruch

$$\frac{F(P) - F(p)}{P - p}$$

gegen den Wert

$$\int_a^b g(x, p)\, dx.$$

M. a. W.:
Das von p abhängige Integral

$$F(p) = \int_a^b f(x, p)\, dx$$

hat im Intervall $\mathfrak{H}$ die Ableitung

$$F'(p) = \int_a^b f_p(x, p)\, dx\,.$$

Damit haben wir die überaus wichtige

Regel von Leibniz:

Sind $f(x, p)$ und die Partialableitung $f_p(x, p)$ in den durch die Bedingungen

$$a \leqq x \leqq b, \qquad h \leqq p \leqq k$$

definierten Bereich stetige Funktionen der beiden Variablen x und p, so wird die Formel

$$F(p) = \int_a^b f(x, p)\, dx$$

nach p differenziert, indem man unter dem Integralzeichen differenziert:

$$F'(p) = \int_a^b f_p(x, p)\, dx\,.$$

Dieser Vorgang heißt *Differentiation unter dem Integralzeichen*

und stellt eine der wichtigsten Operationen der Analysis dar.
Sind die Integrationsgrenzen a und b nicht wie oben Konstanten, sondern stetige ableitbare Funktionen des Parameters p:

$$a = \varphi(p), \qquad b = \psi(p),$$

so modifiziert sich die Sache etwas. Es wird nunmehr,

$$A = \varphi(P), \qquad B = \psi(P)$$

gesetzt,

$$F(P) - F(p) = \int_A^B f(x, P)\, dx - \int_a^b f(x, p)\, dx$$

$$= \int_a^b [f(x, P) - f(x, p)]\, dx + \int_b^B f(x, P)\, dx - \int_a^A f(x, P)\, dx\,.$$

Nach dem ersten Mittelwertsatz der Integralrechnung ist aber

$$\int_b^B f(x, P)\, dx = (B - b) f(\eta, P), \qquad \int_a^A f(x, P)\, dx = (A - a) f(\xi, P),$$

wo ξ bzw. η einen gewissen Wert aus dem Intervall $[a, A]$ bzw. $[b, B]$ bedeutet. Daher wird nunmehr

$$\frac{F(P) - F(p)}{P - p} = \int_a^b \frac{f(x, P) - f(x, p)}{P - p}\, dx + \frac{B - b}{P - p} f(\eta, P) - \frac{A - a}{P - p} f(\xi, P)\,.$$

Wenn jetzt P gegen p konvergiert, strebt wie oben der erste Posten der rechten Seite dieser Gleichung gegen

$$\int_a^b f_p(x, p)\,dx,$$

der zweite bzw. dritte gegen

$$b' f(b, p) \qquad \text{bzw.} \qquad -a' f(a, p),$$

wo a' und b' die Ableitungen von a und b nach p bedeuten.

Das gibt die

Verallgemeinerte Formel von Leibniz:

$$\boxed{\Delta \int_a^b f(x, p)\,dx = \int_a^b \Delta f(x, p)\,dx + f(b, p)\,\Delta b - f(a, p)\,\Delta a},$$

wo das Zeichen Δ die Differentiation nach p bedeutet, und diese Formel gilt unter denselben Bedingungen wie die obige.

Leibniz' Regel gilt auch für Funktionen $f(x, p)$ komplexer Argumente x und p, sofern sich $f(x, p)$ in den für x und p zugrunde liegenden Gebieten nur regulär verhält.

Das laßt sich ganz ähnlich wie oben entwickeln, wofern man nur statt der Lagrangeschen Relation aus § 27 die ebendort abgeleitete Unformel

$$\left| \frac{f(X) - f(x)}{X - x} - f'(x) \right| < E\,|X - x|$$

benutzt, welche hier die Form

$$\left| \frac{f(x, P) - f(x, p)}{P - p} - g(x, p) \right| < E\,|P - p|$$

annimmt.

§ 38. Integration unter dem Integralzeichen

$f(x, y)$ sei eine stetige Funktion der beiden Variablen x und y in dem durch die Bedingungen

$$a \leqq x \leqq A, \qquad b \leqq y \leqq B$$

definierten Bereich $\mathfrak{R}$, d. h. in dem Rechteck $\mathfrak{R}$ der xy-Ebene, dessen Ecken die Koordinaten

$$(a, b), \quad (A, b), \quad (A, B), \quad (a, B)$$

haben.

Wir achten auf die Funktionen

$$\varphi(x) = \int_b^B f(x, y)\,dy \qquad \text{und} \qquad \psi(y) = \int_a^A f(x, y)\,dx$$

sowie die Integrale

$$\mathrm{I} = \int_a^A \varphi(x)\, dx \qquad \text{und} \qquad \mathrm{II} = \int_b^B \psi(y)\, dy.$$

Wir suchen die Beziehung zwischen I und II. Zu dem Zwecke ersetzen wir die Konstante A einstweilen durch die das Intervall $[a, A]$ durchlaufende Variable p und betrachten demgemäß zunächst statt $\psi(y)$ die Funktion

$$\psi(y, p) = \int_a^p f(x, y)\, dx$$

von y und p sowie statt I und II die Funktionen

$$\Phi(p) = \int_a^p \varphi(x)\, dx \qquad \text{und} \qquad \Psi(p) = \int_b^B \psi(y, p)\, dy$$

von p.

Die nach p genommenen Ableitungen dieser Funktionen sind

$$\psi_p(y, p) = f(p, y),$$

$$\Phi'(p) = \varphi(p) = \int_b^B f(p, y)\, dy$$

und wegen der in Anbetracht der Stetigkeit von $\psi(y, p)$ und $\psi_p(y, p)$ hier anwendbaren Leibnizschen Regel

$$\Psi'(p) = \int_b^B \psi_p(y, p)\, dy = \int_b^B f(p, y)\, dy.$$

Daher ist

$$\Phi'(p) = \Psi'(p)$$

und folglich

$$\Phi(p) = \Psi(p) + \text{const.}$$

Die Konstante bestimmt sich durch die Annahme $p = a$ wegen

$$\Phi(a) = 0 \qquad \text{und} \qquad \Psi(a) = \int_b^B \psi(y, a)\, dy = \int_b^B 0\, dx = 0$$

zu Null, und wir erhalten

$$\Phi(p) = \Psi(p).$$

In dieser Gleichung setzen wir nun

$$p = A$$

und bekommen wegen

$$\Phi(A) = \int_a^A \varphi(x)\, dx = \mathrm{I} \qquad \text{und} \qquad \Psi(A) = \int_b^B \psi(y, A)\, dy = \int_b^B \psi(y)\, dy = \mathrm{II}$$

$$\mathrm{I} = \mathrm{II},$$

womit die gesuchte Beziehung gefunden ist.

Ihr zufolge ist also

$$\int_a^A \varphi(x)\,dx = \int_b^B \psi(y)\,dy,$$

ausführlich

$$\boxed{\int_a^A \int_b^B f(x, y)\,dy\,dx = \int_b^B \int_a^A f(x, y)\,dx\,dy}\,.$$

Diese fundamentale Formel bildet den *Satz von der Integration unter dem Integralzeichen*, auch *Satz von der Umkehrung der Integrationsfolge* genannt.
Sie gilt für jede im Integrationsintervall $[a, A]$ (für x) und $[b, B]$ (für y) stetige Funktion $f(x, y)$.
Geometrisch leuchtet sie ohne weiteres ein, insofern jede ihrer Seiten das Volumen des von der xy-Ebene, der Fläche

$$z = f(x, y)$$

und den fünf Ebenen $z = 0$, $x = a$, $x = A$, $y = b$, $y = B$ begrenzten Körpers darstellt.

§ 39. Regulärfunktionen

Die Funktionentheorie ist bekanntlich die Theorie der analytischen Funktionen.
Eine Funktion $f(z)$ des komplexen Arguments $z = x + iy$ heißt in einem Gebiet $\mathfrak{G}$ oder in einem Bereich $\mathfrak{B}$ *regulär* (man sagt auch „sie *verhält sich* regulär"), wenn sie in jedem Punkte z von $\mathfrak{G}$ bzw. $\mathfrak{B}$ eine endliche Ableitung $f'(z)$ besitzt, d. h. wenn

$$\boxed{\lim_{Z \to z} \frac{f(Z) - f(z)}{Z - z} = f'(z)}$$

wird, einerlei auf welchem Wege das Mobil Z in $\mathfrak{G}$ bzw. $\mathfrak{B}$ dem festen Punkte z zueilt.
Diese Regularitätsbedingung drückt sich reell durch die Cauchy-Riemannschen Differentialgleichungen aus.
Man setzt gewöhnlich

$$f(z) = \varphi(x, y) + i\psi(x, y),$$

wo φ den Realteil, ψ den Imaginärteil von f bedeutet.
Von den Wanderungen des Mobils $Z = X + iY$ zum Fixpunkt z sind die einfachsten die Wanderung I auf der durch z laufenden Abszissenachsenparallele und die Wanderung II auf der durch z laufenden Ordinatenachsenparallele.

Bei I hat der Restbruch von $f(z)$ die Form

$$\frac{[\varphi(X, y) + i\psi(X, y)] - [\varphi(x, y) + i\psi(x, y)]}{X - x}$$

$$= \frac{\varphi(X, y) - \varphi(x, y)}{X - x} + i\frac{\psi(X, y) - \psi(x, y)}{X - x},$$

mithin den Grenzwert

$$f'(z) = \frac{\partial\varphi}{\partial x} + i\frac{\partial\psi}{\partial x},$$

bei II hat er die Form

$$\frac{[\varphi(x, Y) + i\psi(x, Y)] - [\varphi(x, y) + i\psi(x, y)]}{iY - iy}$$

$$= \frac{\psi(x, Y) - \psi(x, y)}{Y - y} - i\frac{\varphi(x, Y) - \varphi(x, y)}{Y - y},$$

mithin den Grenzwert

$$f'(z) = \frac{\partial\psi}{\partial y} - i\frac{\partial\varphi}{\partial y}.$$

Die Gleichsetzung der beiden für die Ableitung $f'(z)$ gefundenen Werte liefert die

Regularitätsbedingungen:

$$\boxed{\frac{\partial\varphi}{\partial x} = \frac{\partial\psi}{\partial y}}, \quad \boxed{\frac{\partial\varphi}{\partial y} = -\frac{\partial\psi}{\partial x}},$$

kurz geschrieben:

$$\varphi_x = \psi_y, \qquad \varphi_y = -\psi_x,$$

die erwähnten *Cauchy-Riemannschen Differentialgleichungen.*
Man merke sich gleich den fundamentalen

Konstantensatz:

Eine in einem Bereiche reguläre Funktion $f(z) = \varphi(x, y) + i\psi(x, y)$, deren Ableitung im Bereich überall verschwindet, ist eine Konstante.

Der Beweis ergibt sich ohne weiteres aus dem Gleichungspaar

$$\varphi_x = \psi_y = 0, \qquad \varphi_y = -\psi_x = 0.$$

(Vgl. § 28.)
Analytisch heißt die Funktion $f(z)$ im Gebiet $\mathfrak{G}$ oder im Bereich $\mathfrak{B}$, wenn sie überall in $\mathfrak{G}$ bzw. $\mathfrak{B}$ regular ist mit Ausnahme *singulärer Stellen*, wofern diese die Kontinuität von $\mathfrak{G}$ bzw. $\mathfrak{B}$ nicht stören [d. h. zwei nichtsinguläre Stellen von $\mathfrak{G}$ bzw. $\mathfrak{B}$ müssen stets durch einen in $\mathfrak{G}$ bzw. $\mathfrak{B}$ verlaufenden Weg verbunden werden können, der keine singuläre Stelle enthalt].

Integral einer Regulärfunktion

Ist $\mathfrak{w}$ ein im Regularitätsbereich der Funktion $f(z)$ verlaufender durch das Gleichungspaar

$$x = \mathfrak{x}(t), \qquad y = \mathfrak{y}(t)$$

[mit stückweise stetig ableitbarem $\mathfrak{x}(t)$ und $\mathfrak{y}(t)$] definierter Weg, welcher vom Mobil z vom Anfangspunkte $z = a$ des Weges bis zum Endpunkte $z = b$ beschrieben wird, wenn der Parameter t das Intervall I $[\alpha, \beta]$ durchläuft; sind ferner

$$t_0 = \alpha, \ t_1, t_2, t_3, \ldots, \ t_{n-1}, \ t_n = \beta$$

$(n + 1)$ sukzessive Teilpunkte des Intervalls I,

$$z_0 = a, \ z_1, z_2, z_3, \ldots, \ z_{n-1}, z_n = b$$

die zugehörigen z-Werte [also $z_\nu = x_\nu + i y_\nu = \mathfrak{x}(t_\nu) + i\,\mathfrak{y}(t_\nu)$], so versteht man unter dem über den Weg $\mathfrak{w}$ erstreckten Integral W – *Wegintegral* – der Funktion $f(z)$, geschrieben

$$W = \int_{\mathfrak{w}} f(z)\,dz,$$

den Grenzwert, dem die Summe

$$S_n = f(z_1)(z_1 - z_0) + f(z_2)(z_2 - z_1) + \cdots + f(z_n)(z_n - z_{n-1})$$

zueilt, wenn der größte der Parameterunterschiede $\tau_\nu = t_{\nu+1} - t_\nu$ gegen Null strebt, also n unendlich wird.

Natürlich kann man das Integral auch als Grenzwert der Summe

$$\mathfrak{S}_n = f(z_0)(z_1 - z_0) + f(z_1)(z_2 - z_1) + \cdots + f(z_{n-1})(z_n - z_{n-1})$$

definieren.

Bedeutet nämlich ε eine beliebig kleine positive Größe, so ist bei hinreichend feiner Intervallteilung wegen der Stetigkeit von $f(z)$ in $\mathfrak{B}$ für jedes ν

$$|f(z_\mu) - f(z_\nu)| < \varepsilon \quad \text{mit} \quad \mu = \nu + 1,$$

folglich

$$|S_n - \mathfrak{S}_n| < \varepsilon\,[\,|z_1 - z_0| + |z_2 - z_1| + \cdots + |z_n - z_{n-1}|\,],$$

und da die eckige Klammer kleiner als die Länge l des Weges $\mathfrak{w}$ ist,

$$|S_n - \mathfrak{S}_n| < \varepsilon\, l.$$

Diese Ungleichung bedeutet aber, daß bei unbegrenzt wachsendem n und unbegrenzt fallenden τ_ν die Summen S_n und $\mathfrak{S}_n$ gegen denselben Wert W konvergieren.

Durchläuft das Mobil z (die Integrationsvariable z) den Weg $\overline{\mathfrak{w}}$, d. h. den Weg, der längs $\mathfrak{w}$ im umgekehrten Sinne wie oben von b nach a führt, so erhalten die Summen S_n und $\mathfrak{S}_n$ entgegengesetzte Werte, so daß

$$\boxed{\int_{\overline{\mathfrak{w}}} f(z)\,dz = -\int_{\mathfrak{w}} f(z)\,dz}$$

ist.

In Worten:

Das Wegintegral geht in seinen entgegengesetzten Wert über, wenn die Integrationsvariable den Integrationsweg im entgegengesetzten Sinne durchläuft.

Bildet der Integrationsweg $\mathfrak{w}$ speziell einen Umlauf $\mathfrak{u}$ (eine Kontur $\mathfrak{u}$), so versteht man unter

$$\int_{\mathfrak{u}} f(z)\,dz$$

denjenigen Wert des über $\mathfrak{u}$ erstreckten Integrals, bei welchem die Integrationsvariable z den Umlauf so durchläuft, daß der von $\mathfrak{u}$ umschlossene Bereich stets zur Linken des Mobils z liegt.

§ 40. Cauchys Hauptsatz

Der wichtigste Satz der Funktionentheorie ist

Cauchys Hauptsatz:

Verhält sich die Funktion $f(z)$ in einem Bereiche $\mathfrak{B}$ regulär, so verschwindet das über den Bereichrand $\mathfrak{r}$ erstreckte Integral der Funktion:

$$\boxed{\int_{\mathfrak{r}} f(z)\,dz = 0}\,.$$

Beweis. Der Bereich sei zunächst einfach zusammenhängend, sein Rand $\mathfrak{r}$ also ein Umlauf. Der folgende *Goursatsche Beweis* des Cauchyschen Hauptsatzes beruht auf zwei einfachen Hilfssätzen

Hilfssatz I:

Die Integrale

$$\int_{\mathfrak{w}} dz \qquad \textit{und} \qquad \int_{\mathfrak{w}} z\,dz$$

verschwinden für jeden geschlossenen Weg.

Beweis. Für das erste Integral ist

$$S_n = (z_1 - z_0) + (z_2 - z_1) + \cdots + (z_n - z_{n-1}) = z_n - z_0 .$$

Bei geschlossenem Wege $\mathfrak{w}$ ist $z_n = z_0$, also

$$S_n = 0 \qquad \text{und} \qquad \lim S_n = 0,$$

folglich

$$\int_{\mathfrak{w}} dz = 0 .$$

Für das zweite Integral ist

$$S_n = z_1(z_1 - z_0) + z_2(z_2 - z_1) + \cdots + z_n(z_n - z_{n-1})$$
$$\mathfrak{S}_n = z_0(z_1 - z_0) + z_1(z_2 - z_1) + \cdots + z_{n-1}(z_n - z_{n-1}),$$

also

$$S_n + \mathfrak{S}_n = (z_1^2 - z_0^2) + (z_2^2 - z_1^2) + \cdots + (z_n^2 - z_{n-1}^2) = z_n^2 - z_0^2.$$

Bei geschlossenem Wege $\mathfrak{w}$ fällt z_n mit z_0 zusammen, ist also

$$S_n + \mathfrak{S}_n = 0 \qquad \text{und} \qquad \lim (S_n + \mathfrak{S}_n) = 0,$$

folglich

$$\int_{\mathfrak{w}} z\,d\,z = \frac{\lim S_n + \lim \mathfrak{S}_n}{2} = 0, \quad \text{q.e.d.}$$

Hilfssatz II (Lemma von Goursat)

Vorbemerkungen

Unter einem *Deckquadrat* verstehen wir ein Quadrat mit achsenparallelen Seiten, welches einen Teil des Bereichs $\mathfrak{B}$ bedeckt oder enthält.
Unter einem *Mosaik* von $\mathfrak{B}$ verstehen wir eine aus Deckquadraten bestehende einfach zusammenhängende Fläche, unter einem *Totalmosaik* speziell eine solche, welche den *ganzen* Bereich $\mathfrak{B}$ bedeckt.
ε sei eine *beliebig klein gewählte*, für das folgende ***fest**gehaltene* positive Größe.
Ein Deckquadrat $\mathfrak{D}$ heiße *normal*, wenn ein $\mathfrak{D}$ und $\mathfrak{B}$ gemeinsamer Punkt c existiert derart, daß für jeden $\mathfrak{D}$ und $\mathfrak{B}$ gemeinsamen von c verschiedenen Punkt z

$$\left| \frac{f(z) - f(c)}{z - c} - f'(c) \right| < \varepsilon$$

ausfällt.
Ein Mosaik heiße *normal* oder *anormal*, je nachdem es aus lauter Normaldeckquadraten besteht oder nicht. Ein aus normalen Mosaiken bestehendes Mosaik ist also stets auch normal.

Goursats Lemma:

Es gibt stets mindestens ein normales Totalmosaik von $\mathfrak{B}$.

Beweis. Angenommen, der Satz wäre falsch, es gäbe sonach nur anormale Totalmosaiken von $\mathfrak{B}$.
Wir zeichnen das Umquadrat $\mathfrak{D}_1$ von $\mathfrak{B}$ mit achsenparallelen Seiten; es ist anormal. Wir zerlegen $\mathfrak{D}_1$ durch seine Mittellinien in vier kongruente Quadrate; mindestens eins von ihnen, etwa $\mathfrak{D}_2$, ist ein Deckquadrat und anormal. Wir zerlegen $\mathfrak{D}_2$ durch seine Mittellinien in vier Viertel; mindestens eins von ihnen, etwa $\mathfrak{D}_3$, ist Deckquadrat und anormal usf.

Damit haben wir eine Rechtecksschachtelung $\mathfrak{D}_1, \mathfrak{D}_2, \mathfrak{D}_3, \ldots$, welche nach dem Schachtelungsprinzip einen allen Rechtecken der Schachtelung gemeinsamen Schrumpfpunkt s bestimmt.

Dieses s gehört sicher dem Bereich $\mathfrak{B}$ an. Hätte nämlich s (als Außenpunkt von $\mathfrak{B}$) von $\mathfrak{r}$ den Abstand $d > 0$, so könnte man wegen der unbegrenzten Abnahme der Quadrate $\mathfrak{D}_\nu$ ein ganz außerhalb $\mathfrak{B}$ liegendes, den Punkt s enthaltendes Quadrat $\mathfrak{D}_n$ angeben, was aber der Tatsache widerstreitet, daß $\mathfrak{D}_n$ ein Deckquadrat von $\mathfrak{B}$ ist.

Demnach gibt es einen zu $\mathfrak{B}$ gehörigen Kreis $\mathfrak{K}$ mit dem Zentrum s derart, daß für jeden Punkt z aus $\mathfrak{K}$

$$\left| \frac{f(z) - f(s)}{z - s} - f'(s) \right| < \varepsilon$$

ausfallt. Diese Ungleichung wäre dann auch für jedes innerhalb $\mathfrak{K}$ liegende Quadrat $\mathfrak{D}_N$ erfüllt, was jedoch nicht sein kann, da ja $\mathfrak{D}_N$ *anormal* ist.

Der so auftretende Widerspruch verschwindet nur, wenn man zugibt, daß $\mathfrak{B}$ mindestens ein normales Totalmosaik besitzt. Goursats Lemma ist also richtig.

Nun zum Beweise des Cauchyschen Hauptsatzes!

Nach Goursats Lemma existiert sicher ein normales Totalmosaik von $\mathfrak{B}$.

Der Rand $\mathfrak{r}$ von $\mathfrak{B}$ treffe die Umfänge der das Mosaik bildenden Quadrate sukzessiv in den Punkten $1, 2, 3, \ldots, n$ [wobei der Anfangspunkt beliebig ist], so daß das Mosaik den Rand $\mathfrak{r}$ in die n Randstücke $\mathfrak{r}_1, \mathfrak{r}_2, \ldots, \mathfrak{r}_n$ zerlegt.

Das Randstück $\mathfrak{r}_\nu$, dessen Länge r_ν sei, zerlegt das von ihm durchsetzte Deckquadrat $\mathfrak{A}_\nu$, dessen Seitenlange a_ν, dessen Inhalt A_ν sei, in zwei Teile, von denen der zu $\mathfrak{B}$ gehörige Teil den Rand $\mathfrak{a}_\nu = \mathfrak{r}_\nu + \mathfrak{s}_\nu$ habe, wo $\mathfrak{s}_\nu$ ein Teil des Quadratumfangs ist.

Außer den n Deckquadraten $\mathfrak{A}_1, \mathfrak{A}_2, \ldots, \mathfrak{A}_n$ enthalt das Mosaik etwa m Innenquadrate $\mathfrak{J}_1, \mathfrak{J}_2, \ldots, \mathfrak{J}_m$, von denen $\mathfrak{J}_\mu$ den Inhalt I_μ, die Seitenlänge i_μ und den Rand $\mathfrak{i}_\mu$ habe.

Ist $\mathfrak{w}$ einer der Wege $\mathfrak{r}, \mathfrak{r}_\nu, \mathfrak{s}_\nu, \mathfrak{i}_\mu$, so wollen wir das über $\mathfrak{w}$ erstreckte Integral

$$\int_{\mathfrak{w}} f(z)\, dz$$

kurz mit $(f, \mathfrak{w})$ bezeichnen. Dabei durchlaufe die Integrationsvariable z den Weg $\mathfrak{w}$ stets so, daß bei $\mathfrak{r}, \mathfrak{r}_\nu, \mathfrak{s}_\nu$ die Fläche $\mathfrak{B}$, bei $\mathfrak{i}_\mu$ die Fläche $\mathfrak{J}_\mu$ zur Linken des Mobils z bleibt.

Cauchys Behauptung lautet

$$(f, \mathfrak{r}) = 0.$$

Um sie zu beweisen, betrachten wir zunachst die Summe

$$S = \sum_1^n (f, \mathfrak{s}_\nu) + \sum_1^m (f, \mathfrak{i}_\mu).$$

Wir zerlegen jeden der in ihr vorkommenden Wege $\mathfrak{s}_\nu$, $\mathfrak{i}_\mu$ in seine Teile $\mathfrak{t}$, wobei unter einem Teil $\mathfrak{t}$ von $\mathfrak{i}_\mu$ eine Seite des Quadrats $\mathfrak{J}_\mu$, unter einem Teil $\mathfrak{t}$ von $\mathfrak{s}_\nu$ entweder eine ganz in $\mathfrak{B}$ verlaufende Seite von $\mathfrak{A}_\nu$ oder ein ganz in $\mathfrak{B}$ verlaufendes Stück einer Seite von $\mathfrak{A}_\nu$ mit dem Endpunkt ν oder $\nu - 1$ zu verstehen ist. Dadurch wird

$$S = \sum (f, \mathfrak{t}).$$

Da aber in dieser Summe neben jedem Teile $\mathfrak{t}$ auch der entgegengesetzte Weg $\bar{\mathfrak{t}}$, neben jedem Posten $(f, \mathfrak{t})$ also auch der entgegengesetzt gleiche Posten $(f, \bar{\mathfrak{t}})$ auftritt, so ist $S = 0$ oder

$$\sum_1^n (f, \mathfrak{s}_\nu) + \sum_1^m (f, i_\mu) = 0.$$

Auf Grund dieser Formel wird

$$(f, \mathfrak{r}) = \sum_1^n (f, \mathfrak{r}_\nu) = \sum_1^n (f, \mathfrak{r}_\nu) + \sum_1^n (f, \mathfrak{s}_\nu) + \sum_1^m (f, \mathfrak{i}_\mu)$$

oder

$$(f, \mathfrak{r}) = \sum_1^n (f, \mathfrak{a}_\nu) + \sum_1^m (f, \mathfrak{i}_\mu).$$

Da unser Totalmosaik normal ist, existiert nach Goursats Lemma in jedem Quadrat $\mathfrak{A}_\nu$ bzw. $\mathfrak{J}_\mu$ ein Punkt c derart, daß für jeden (von c verschiedenen) Punkt z von $\mathfrak{a}_\nu$ bzw. $\mathfrak{i}_\mu$

$$\left| \frac{f(z) - f(c)}{z - c} - f'(c) \right| < \varepsilon$$

ausfällt. Daher ist für jeden von c verschiedenen Punkt z von $\mathfrak{a}_\nu$ bzw. $\mathfrak{i}_\mu$

$$\frac{f(z) - f(c)}{z - c} = f'(c) + \theta\varepsilon \qquad \text{mit} \quad |\theta| < 1$$

und

$$f(z) = f(c) + f'(c)(z - c) + \varepsilon\theta(z - c),$$

und diese Gleichung gilt natürlich auch für den Punkt $z = c$.
Durch Integration entsteht

$$(f, \mathfrak{a}_\nu) = \int_{\mathfrak{a}_\nu} f(z)\,dz = \int_{\mathfrak{a}_\nu} f(c)\,dz + \int_{\mathfrak{a}_\nu} f'(c)(z - c)\,dz + \varepsilon \int_{\mathfrak{a}_\nu} \theta(z - c)\,dz.$$

Nach dem ersten Hilfssatz verschwinden das erste und zweite der rechtsstehenden Integrale. Bleibt

$$(f, \mathfrak{a}_\nu) = \varepsilon \int_{\mathfrak{a}_\nu} \theta(z - c)\,dz,$$

ist also, da $|z - c|$ die Quadratdiagonale $a_\nu\sqrt{2}$ nicht überschreiten kann,

$$|(f, \mathfrak{a}_\nu)| < \varepsilon\sqrt{2}\,a_\nu \int_{\mathfrak{a}_\nu} |dz|$$

und, da $\int |dz|$ sicher $< 4a_\nu + r_\nu$ ist,

$$|(f, \mathfrak{a}_\nu)| < 4\sqrt{2}\,\varepsilon\, a_\nu^2 + \sqrt{2}\,\varepsilon\, a_\nu r_\nu .$$

Für $(f, \mathfrak{i}_\mu)$ findet sich ebenso, nur etwas einfacher,

$$|f, \mathfrak{i}_\mu| < 4\sqrt{2}\,\varepsilon\, i_\mu^2 .$$

Folglich wird

$$|(f, \mathfrak{r})| < 4\sqrt{2}\,\varepsilon \left(\sum_1^n a_\nu^2 + \sum_1^m i_\mu^2\right) + \sqrt{2}\,\varepsilon \sum_1^n a_\nu r_\nu .$$

Nun ist die runde Klammer der Flächeninhalt F unserer Totalmosaik. Bedeutet ferner a die größte der n Quadratseiten a_ν, so hat man noch $\sum a_\nu r_\nu < a \sum r_\nu = ar$, wo r die Länge des Randes $\mathfrak{r}$ ist.
Daher wird schließlich

$$|(f, \mathfrak{r})| < \varepsilon E \qquad \text{mit} \quad E = 4\sqrt{2}F + \sqrt{2}\,a\,r .$$

Diese Ungleichung kann aber, da ε beliebig klein gewählt werden darf, nur bestehen, wenn (f, r) verschwindet. Folglich ist

$$\int_{\mathfrak{r}} f(z)\,dz = 0$$

und Cauchys Hauptsatz – wenigstens für einfach zusammenhängende Bereiche – bewiesen.
Ist der Bereich $\mathfrak{B}$ zweifach zusammenhängend, so umfasse er etwa die zwischen zwei Konturen, einer innern im negativen Sinne verlaufenden Kontur $\mathfrak{i}$ und einer äußeren im positiven Sinne verlaufenden Kontur $\mathfrak{a}$, liegende Fläche. Wir denken uns $\mathfrak{a}$ durch die zwei Punkte A und A' in die beiden Teile $\mathfrak{a}_1$ und $\mathfrak{a}_2$, ebenso $\mathfrak{i}$ durch die zwei Punkte I und I' in die beiden Teile $\mathfrak{i}_1$ und $\mathfrak{i}_2$ zerlegt und führen von A nach I den in $\mathfrak{B}$ verlaufenden Weg $\mathfrak{w}$, von A' nach I' den in $\mathfrak{B}$ verlaufenden Weg $\mathfrak{w}'$ derart, daß $\mathfrak{B}$ in zwei einfach zusammenhängende Bereiche $\mathfrak{B}_1$ und $\mathfrak{B}_2$ zerlegt wird, wobei der Rand $\mathfrak{r}_1$ von $\mathfrak{B}_1$ aus den vier Stücken $\mathfrak{a}_1$, $\mathfrak{w}'$, $\mathfrak{i}_1$, $\overline{\mathfrak{w}}$, der Rand $\mathfrak{r}_2$ von $\mathfrak{B}_2$ aus den vier Stücken $\mathfrak{a}_2$, $\mathfrak{w}$, $\mathfrak{i}_2$, $\overline{\mathfrak{w}'}$ besteht.

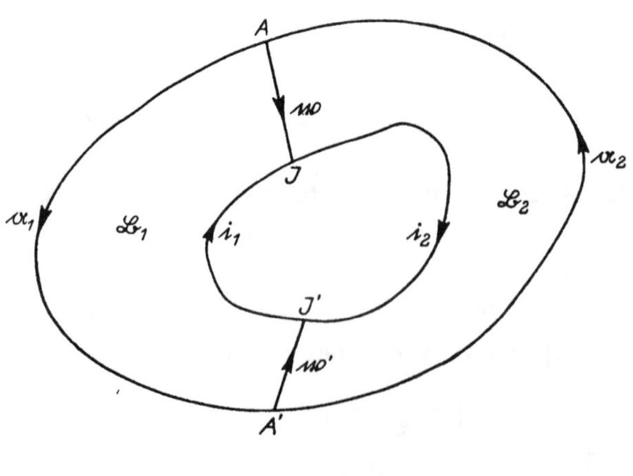

Dann ist

$$\int_{\mathfrak{r}} f(z)\,dz = \int_{\mathfrak{r}_1} f(z)\,dz + \int_{\mathfrak{r}_2} f(z)\,dz .$$

Da aber nach Cauchys Hauptsatz jedes der beiden rechtsstehenden Integrale verschwindet, so ist auch

$$\int_{\mathfrak{r}} f(z)\,dz = 0,$$

womit Cauchys Hauptsatz auch für zweifach zusammenhängende Bereiche bewiesen ist.

Ähnlich verläuft der Beweis für dreifach oder mehrfach zusammenhängende Bereiche.

Cauchys Hauptsatz gilt demnach auch für n-fach zusammenhängende Bereiche.

Aus Cauchys Hauptsatz folgt sofort:

Ist $f(z)$ eine im Umlaufs-Bereich $\mathfrak{B}$ reguläre Funktion von z, c ein fester, z ein variabler Punkt von $\mathfrak{B}$, $\mathfrak{w}$ ein beliebiger von c nach z führender Weg in $\mathfrak{B}$, so ist das über den Weg $\mathfrak{w}$ erstreckte Integral

$$I = \int_{\mathfrak{w}} f(\zeta)\,d\zeta$$

vom Wege $\mathfrak{w}$ unabhängig, also nur vom Endpunkt z des Weges abhängig, und man schreibt es deshalb auch

$$I = \int_c^z f(\zeta)\,d\zeta = F(z).$$

Hieran schließt sich dann unmittelbar der

Satz:

Das Integral

$$F(z) = \int_c^z f(\zeta)\,d\zeta$$

ist eine in $\mathfrak{B}$ reguläre Funktion von z; seine Ableitung ist

$$F'(z) = f(z).$$

Beweis. z sei ein beliebiger, Z ein in seiner Nachbarschaft liegender Punkt aus $\mathfrak{B}$, $\mathfrak{w}$ ein in $\mathfrak{B}$ verlaufender von c nach z führender Weg, $\mathfrak{g}$ die in $\mathfrak{B}$ liegende Strecke mit den Endpunkten z und Z. Dann ist

$$F(z) = \int_{\mathfrak{w}} f(\zeta)\,d\zeta, \qquad F(Z) = \int_{\mathfrak{w}} f(\zeta)\,d\zeta + \int_{\mathfrak{g}} f(\zeta)\,d\zeta,$$

mithin

$$F(Z) - F(z) = \int_{\mathfrak{g}} f(\zeta)\,d\zeta = \int_z^Z f(\zeta)\,d\zeta.$$

Wegen der Stetigkeit von f in $\mathfrak{B}$ existiert zu jedem noch so kleinen positiven ε ein in $\mathfrak{B}$ liegender Kreis $\mathfrak{k}$ mit dem Zentrum z und Radius $\varrho > 0$ derart, daß für jedes ζ aus $\mathfrak{k}$

$$|f(\zeta) - f(z)| < \varepsilon, \qquad \text{also} \quad f(\zeta) = f(z) + \varepsilon\theta \qquad \text{mit} \quad |\theta| < 1$$

ist. Daher wird, falls Z in $\mathfrak{k}$ liegt,

$$F(Z) - F(z) = \int_z^Z f(z)\, d\zeta + \varepsilon \int_z^Z \theta\, d\zeta,$$

und, da das erste rechtsstehende Integral den Wert $f(z) \cdot (Z - z)$ hat, das zweite betraglich unterhalb $|Z - z|$ liegt, folglich

$$\left| \frac{F(Z) - F(z)}{Z - z} - f(z) \right| < \varepsilon \qquad \text{für jedes } Z \text{ aus } \mathfrak{k}.$$

Diese Ungleichung sagt aus, daß die Funktion $F(z)$ die Ableitung $f(z)$ hat, q. e. d.

Hinsichtlich des letzten Satzes ist noch folgende zusätzliche Betrachtung von größter Wichtigkeit.

$f(z)$ sei eine Funktion von z, die, während der Punkt z den *beliebigen* Weg $\mathfrak{w}$ durcheilt, sich jeweils in einer Umgebung $\mathfrak{U}_z$ des Wegpunktes z regular verhält. Dabei wird folgendes stillschweigend vorausgesetzt: Durcheilt das Mobil $\mathfrak{z}$ das in $\mathfrak{U}_z$ verlaufende Stück des Weges $\mathfrak{w}$, so stimmen die in den Bereichen $\mathfrak{U}_z$ und $\mathfrak{U}_{\mathfrak{z}}$ definierten Werte der Funktion f an jeder beiden Bereichen *gemeinsamen* Stelle ζ miteinander überein. Ist c ein irgendwie fixierter Anfangspunkt des Weges, so stellt nach obigem das langs des von c bis z reichenden Wegstücks erstreckte Integral $\int_c^z f(\zeta)\, d\zeta$ eine Funktion $F(z)$ von z dar, die sich ebenfalls in jedem $\mathfrak{U}_z$ regulär verhält, und deren Ableitung an der Stelle z den Wert $f(z)$ hat.

Nun ereignet es sich oft, daß man (von F abgesehen) eine Funktion $\mathfrak{F}(z)$ angeben kann, die sich gleichfalls in jedem $\mathfrak{U}_z$ regulär verhält und hier die Ableitung $f(z)$ hat. Eine solche Funktion heißt das *unbestimmte Integral von* $f(z)$, und es gilt der wegen seiner außerordentlich häufigen Anwendungen hochwichtige

Fundamentalsatz:

Sind $f(z)$ und $\mathfrak{F}(z)$ Funktionen, die sich in einer Umgebung $\mathfrak{U}_z$ jedes Punktes z eines beliebigen Weges $\mathfrak{w}$ regulär verhalten, und für die in jedem $\mathfrak{U}_z$

$$\mathfrak{F}'(z) = f(z)$$

ist, so gilt für das längs des von z nach Z führenden Bogens des Weges $\mathfrak{w}$ erstreckte Integral von f die Formel

$$\int_z^Z f(\zeta)\, d\zeta = \mathfrak{F}(Z) - \mathfrak{F}(z).$$

Beweis. Die Differenz der Funktionen $\mathfrak{F}(z)$ und $F(z)$ sei u. Während das Mobil z etwa mit konstanter Geschwindigkeit den Weg $\mathfrak{w}$ durcheilt, ist z und damit auch u eine Funktion der Zeit t, und es gilt die Gleichung $\dot{u} = u' \cdot \dot{z}$, wo der Strich bzw. Punkt die Ableitung nach z bzw. t bedeutet. Da nun wegen $F'(z) = f(z)$ und $\mathfrak{F}'(z) = f(z)$ $u' = 0$ ist, so ist auch $\dot{u} = 0$ und $u = \text{const} = C$ oder längs $\mathfrak{w}$ $\mathfrak{F}(z) = F(z) + C$. Da aber

$$\int_c^Z = \int_c^z + \int_z^Z \quad \text{oder} \quad \int_z^Z f(\zeta)\, d\zeta = F(Z) - F(z)$$

ist, so folgt

$$\int_z^Z f(\zeta)\, d\zeta = \mathfrak{F}(Z) - \mathfrak{F}(z),$$

q. e. d.

§ 41. Cauchys Integralformel

Die Funktion $f(z)$ des komplexen Arguments z verhalte sich in dem vom Umlauf $\mathfrak{r}$ berandeten einfach zusammenhängenden Bereich $\mathfrak{B}$ der Gaußebene regulär. z sei ein beliebiger Innenpunkt von $\mathfrak{B}$, ζ eine Integrationsvariable, die den Rand $\mathfrak{r}$ im positiven Sinne durchläuft. Wir achten auf das Integral

$$J = \int_{\mathfrak{r}} \frac{f(\zeta)\, d\zeta}{\zeta - z}.$$

Wir beschreiben einen kleinen ganz in $\mathfrak{B}$ im positiven Sinne verlaufenden Kreis $\mathfrak{k}$ vom Radius k um z als Zentrum. Dann ist die Funktion

$$F(\zeta) = \frac{f(\zeta)}{\zeta - z}$$

in dem von den beiden Umläufen $\mathfrak{r}$ und $\mathfrak{k}$ begrenzten ringförmigen Bereich $\mathfrak{R}$ regulär, so daß nach Cauchys Hauptsatz das über den aus den Umläufen $\mathfrak{r}$ und $\mathfrak{k}$ bestehenden Rand von $\mathfrak{R}$ erstreckte Integral

$$\int F(\zeta)\, d(\zeta)$$

verschwindet, mithin

$$\int_{\mathfrak{r}} F(\zeta)\, d\zeta + \int_{\bar{\mathfrak{k}}} F(\zeta)\, d\zeta = 0$$

ist. Wir schreiben diese Gleichung

$$\int_{\mathfrak{r}} F(\zeta)\, d\zeta = \int_{\mathfrak{k}} F(\zeta)\, d\zeta$$

und haben

$$J = \int_{\mathfrak{r}} \frac{f(\zeta)}{\zeta - z}\, d\zeta = \int_{\mathfrak{k}} \frac{f(\zeta)}{\zeta - z}\, d\zeta.$$

Um das rechtsstehende Integral auszuwerten, substituieren wir

$$\zeta = z + k\, e^{it}, \qquad d\zeta = i k e^{it}\, dt$$

und bekommen

$$J = \int_{\mathfrak{k}} \frac{f\zeta}{z-\zeta}\, d\zeta = i \int_0^{2\pi} f(\zeta)\, dt,$$

von ζ im rechtsstehenden Integral den Kreis $\mathfrak{k}$ durchläuft. Da die Funktion $f(\zeta)$ in $\mathfrak{B}$ stetig ist, läßt sich jedem positiven ε ein positives δ zuordnen derart, daß

$$\text{für} \quad |\zeta - z| < \delta \qquad |f(\zeta) - f(z)| < \varepsilon \quad \text{ist.}$$

Wir wählen $k < \delta$ und haben für jeden Punkt ζ von $\mathfrak{k}$

$$|f(\zeta) - f(z)| < \varepsilon \qquad \text{oder} \qquad f(\zeta) = f(z) + \theta\varepsilon \qquad \text{mit} \quad |\theta| < 1.$$

Daher wird

$$J = i \int_0^{2\pi} [f(z) + \theta\varepsilon]\, dt = i \int_0^{2\pi} f(z)\, dt + i\varepsilon \int_0^{2\pi} \theta\, dt.$$

Das erste der rechtsstehenden Integrale hat den Wert $2i\pi f(z)$, das zweite liegt wegen $|\theta| < 1$ betraglich unterhalb 2π. Daher wird

$$J = 2\, i\, \pi\, f(z) + 2\pi\, \varepsilon\, \Theta \qquad \text{mit} \quad |\Theta| < 1.$$

Folglich ist

$$|J - 2\, i\, \pi\, f(z)| < 2\pi\, \varepsilon.$$

Diese Ungleichung kann aber wegen der Willkür von ε nur bestehen, wenn die feste Größe $J - 2\, i\pi f(z)$ verschwindet. Daher wird

$$J = 2 i\, \pi\, f(z)$$

oder

$$\boxed{f(z) = \mathfrak{T} \int_{\mathfrak{r}} \frac{f(\zeta)}{\zeta - z}\, d\zeta} \qquad \text{mit} \quad 2\, i\, \pi\, \mathfrak{T} = 1\,.$$

Dies ist *Cauchys Integralformel.*

Sie enthalt das außerordentlich merkwürdige Resultat:

Die Innenpunktwerte einer auf einem Bereiche regulären Funktion sind durch die Randwerte der Funktion vollständig bestimmt.

Ist der Bereich $\mathfrak{B}$ speziell ein Kreis $\mathfrak{K}$ und z das Zentrum, r der Radius dieses Kreises, so verwandelt sich Cauchys Integralformel durch die Substitution

$$\zeta - z = r\, e^{it}, \qquad d\zeta = i\, r\, e^{it}\, dt$$

in

$$f(z) = \frac{1}{2\pi} \int_0^{2\pi} f(\zeta)\, dt,$$

wo die Integrationsvariable ζ den Rand $\mathfrak{r}$ des Kreises $\mathfrak{K}$ im positiven Sinne durchläuft. Da die rechte Seite dieser Formel das arithmetische Mittel aller Werte darstellt, die unsere Funktion f auf dem Kreise $\mathfrak{r}$ annimmt, so haben wir den

Satz vom arithmetischen Mittel:

Der Wert einer Regulärfunktion $f(z)$ an irgendeiner Stelle z ist das arithmetische Mittel der Werte, die die Funktion auf einem im Regularitätsbereich verlaufenden Kreise mit dem Zentrum z annimmt.

Zusatz. Man schreibt Cauchys Integralformel zweckmäßig

$$\boxed{f(z) = \mathfrak{T} \int_{\mathfrak{u}} \frac{f(\zeta)}{\zeta - z} d\zeta},$$

wo $\mathfrak{T}$ den Kehrwert der Konstante $2\pi i$ und $\mathfrak{u}$ eine im Regularitätsbereich der Funktion f verlaufende, den Punkt z umschlingende Kontur bedeutet, welche von der Integrationsvariable ζ im positiven Sinne durcheilt wird.

§ 42. Ableitungen einer Regulärfunktion

Die Cauchysche Integralformel

$$f(z) = \mathfrak{T} \int_{\mathfrak{u}} \frac{f(\zeta)}{\zeta - z} d\zeta \qquad \text{mit} \quad 2\pi i \mathfrak{T} = 1$$

ermöglicht die Bildung samtlicher Ableitungen

$$f'(z), \quad f''(z), \quad f'''(z), \ \ldots$$

einer Regulärfunktion.

Um diesen Vorgang schnell durchzuführen, wird man zweckmäßig vorher die Ableitung der Funktion

$$\varphi(z) = \mathfrak{T} \int_{\mathfrak{u}} \frac{f(\zeta)}{(\zeta - z)^n} d\zeta$$

betrachten, wo n eine natürliche Zahl bedeutet.

Wir nehmen *im Innern* des von der Kontur $\mathfrak{u}$ umschlungenen Regularitätsbereichs der Funktion $f(z)$ in der Nahe des *festen* Punktes z einen *beweglichen* Punkt Z an, den wir später auf z zueilen lassen. Dann ist auch

$$\varphi(Z) = \mathfrak{T} \int_{\mathfrak{u}} \frac{f(\zeta)}{(\zeta - Z)^n} d\zeta$$

und

$$\varphi(Z) - \varphi(z) = \mathfrak{T} \int_{\mathfrak{u}} f(\zeta) \Phi \, d\zeta,$$

wo Φ den Wert

$$\Phi = \frac{1}{U^n} - \frac{1}{u^n} = \frac{u^n - U^n}{U^n u^n} \qquad \text{mit} \quad u = \zeta - z\,, \ U = \zeta - Z$$

bedeutet.

Teilen wir hier durch $Z - z = u - U$, so erhalten wir für den Restbruch $[\varphi(Z) - \varphi(z)] : [Z - z]$ der Funktion $\varphi(z)$ die Formel

$$\frac{\varphi(Z) - \varphi(z)}{Z - z} = \mathfrak{C} \int_{\mathfrak{u}} f(\zeta) \cdot \Psi \, d\zeta$$

mit

$$\Psi = \frac{u^n - U^n}{u - U} : U^n u^n .$$

Da Ψ bei unbegrenzt abnehmendem $|Z - z| = |u - U|$ in $n : u^{n+1}$ übergeht, so steht zu vermuten, daß die Funktion $\varphi(z)$ die Ableitung

$$\psi(z) = \mathfrak{C} \int_{\mathfrak{u}} \frac{n f(\zeta)}{u^{n+1}} d\zeta$$

besitzt.

Zur Prüfung dieser Vermutung bilden wir den Überschuß

$$\Delta = \frac{\varphi(Z) - \varphi(z)}{Z - z} - \psi(z)$$

des Differenzenquotienten der Funktion φ über den vermutlichen Differentialquotient ψ. Dieser Überschuß wird

$$\Delta = \mathfrak{C} \int f(\zeta) \, W \, d\zeta ,$$

wo der Faktor W den Wert

$$W = V : U^n u^{n+1} \qquad \text{mit} \quad V = u \frac{u^n - U^n}{u - U} - n U^n$$

hat.

Nach der Nn-Ungleichung (§ 26) ist

$$V = \theta n \frac{n+1}{2} |Z - z| G^{n-1} \qquad \text{mit} \quad |\theta| < 1$$

wo G den größeren der beiden Beträge $|u|$ und $|U|$ bedeutet, mithin

$$\Delta = E |Z - z| ,$$

wo E den endlichen Wert

$$E = \mathfrak{C} n \frac{n+1}{2} \int_{\mathfrak{u}} \frac{f(\zeta)\, v}{U^n u^{n+1}} d\zeta \qquad \text{mit} \quad v = \theta G^{n-1}$$

bedeutet.

Wenn jetzt das Mobil Z auf den Fixpunkt z zueilt, bleibt E dauernd endlich, und die rechte Seite der Überschußformel

$$\frac{\varphi(Z) - \varphi(z)}{Z - z} - \psi(z) = E(Z - z)$$

strebt gegen Null. Folglich ist

$$\lim_{Z \to z} \frac{\varphi(Z) - \varphi(z)}{Z - z} = \psi(z).$$

In Worten:

Die Funktion

$$\varphi(z) = \mathfrak{C} \int\limits_{\mathfrak{u}} \frac{f(\zeta)}{(\zeta - z)^n} d\zeta$$

besitzt an jeder innerhalb des Umlaufs $\mathfrak{u}$ *liegenden Stelle* z *die Ableitung*

$$\varphi'(z) = \psi(z) = \mathfrak{C} \int\limits_{\mathfrak{u}} \frac{n f(\zeta)}{(\zeta - z)^{n+1}} d\zeta.$$

Die Funktion $\varphi(z)$ *ist sonach im Innern des Umlaufs* $\mathfrak{u}$ *eine Regulärfunktion von* z,

und ihre Ableitung wird gefunden, indem man unter dem Integralzeichen nach z differenziert (Regel von Leibniz!).

Wenden wir diesen Satz auf die Funktion $f(z)$ selbst, also auf

$$f(z) = \mathfrak{C} \int\limits_{\mathfrak{u}} \frac{f(\zeta)}{\zeta - z} d\zeta, \qquad [2\pi i \mathfrak{C} = 1]$$

an, so erhalten wir für die Ableitung von $f(z)$ die Formel

$$f'(z) = \mathfrak{C} \int\limits_{\mathfrak{u}} \frac{f(\zeta)}{(\zeta - z)^2} d\zeta.$$

Wenden wir ihn auf *diese* Formel an, so ergibt sich

$$f''(z) = 2\mathfrak{C} \int \frac{f(\zeta)}{(\zeta - z)^3} d\zeta.$$

Hieraus entsteht durch abermaliges Differenzieren

$$f'''(z) = 3!\,\mathfrak{C} \int\limits_{\mathfrak{u}} \frac{f(\zeta)}{(\zeta - z)^4} d\zeta$$

usw. Allgemein:

Die n te Ableitung von $f(z)$ ist

$$\boxed{f^n(z) = n!\,\mathfrak{C} \int\limits_{\mathfrak{u}} \frac{f(\zeta)}{(\zeta - z)^{n+1}} d\zeta} \qquad \text{mit} \quad 2\pi i \mathfrak{C} = 1.$$

Eine in einem Bereich reguläre Funktion besitzt demnach im Bereichinnern sämtliche Ableitungen, und jede dieser Ableitungen verhält sich im Bereich regulär.

§ 43. Liouvilles Satz

Einer der wichtigsten Satze der Funktionentheorie ist der

Satz von Liouville:

Eine Funktion, die sich überall im Endlichen regulär verhält und dort nirgends einen endlichen Festwert betraglich überschreitet, ist eine Konstante.

Beweis. $f(z)$ sei eine Funktion, die sich überall im Endlichen regulär verhält, und deren Betrag dort nirgends den festen endlichen Wert E überschreitet. Wir behaupten, daß die Ableitung $f'(z)$ der Funktion überall verschwindet. Angenommen, z sei eine Stelle, wo $f'(z)$ den von Null verschiedenen Wert h hat, dessen Betrag H sei.

Wir konstruieren einen Kreis $\mathfrak{k}$ mit dem Zentrum z und Radius $r = 2E : H$. Nach Cauchys Integralformel ist

$$f'(z) = \frac{1}{2\pi i} \int_{\mathfrak{k}} \frac{f(\zeta)}{(\zeta - z)^2} d\zeta .$$

Wir substituieren im Integral

$$\zeta = z + r e^{it}, \qquad d\zeta = r i e^{it} dt$$

und bekommen

$$h = f'(z) = \frac{1}{2\pi r} \int_0^{2\pi} f(\zeta) e^{-it} dt .$$

Da

$$|f(\zeta)| \leqq E \qquad \text{und} \qquad |e^{-it}| = 1$$

ist, wird

$$H \leqq \frac{1}{2\pi r} \int_0^{2\pi} E dt = \frac{E}{r},$$

mithin wegen $r = 2E : H$

$$H \leqq H : 2 .$$

Diese unsinnige Ungleichung kann nur auf einer falschen Voraussetzung beruhen: namlich der Voraussetzung $H \neq 0$. Also ist

$$h = f'(z) = 0,$$

und die Ableitung $f'(z)$ verschwindet, wie behauptet wurde, überall.

Aus der für jedes z gültigen Gleichung

$$f'(z) = 0$$

folgt nun sofort

$$f(z) = \text{const},$$

auf Grund des Konstantensatzes (§ 28 oder § 39).

§ 44. Cauchys Residuensatz

Die in einem von der Kontur $\mathfrak{r}$ berandeten Bereich $\mathfrak{R}$ analytische Funktion $f(z)$ verhalte sich in $\mathfrak{R}$ mit Ausnahme einer endlichen Anzahl innerhalb $\mathfrak{r}$ liegender isolierter Singularpunkte regulär.

Sind $\alpha, \beta, \gamma, \ldots$ diese Singularpunkte, und umgibt man sie mit hinreichend kleinen, einander ausschließenden Kreisen $\mathfrak{a}, \mathfrak{b}, \mathfrak{c}, \ldots$ von den Flachen $\mathfrak{A}, \mathfrak{B}, \mathfrak{C}, \ldots$, so ist die Funktion $f(z)$ auf der Fläche $\mathfrak{S}$, die man erhalt, wenn man vom Bereich $\mathfrak{R}$ die Kreisflachen $\mathfrak{A}, \mathfrak{B}, \mathfrak{C}, \ldots$ ausschließt, regular.

Nach Cauchys Hauptsatz ist daher

$$\int_{\mathfrak{s}} f(z)\, dz = 0,$$

wo das Integral über den Rand $\mathfrak{s}$ der Fläche $\mathfrak{S}$ zu erstrecken ist, und wo die Integrationsvariable z den Rand $\mathfrak{s}$ so durchlauft, daß die Flache $\mathfrak{S}$ stets zu ihrer Linken bleibt. Durch Auflösung des Integrals in seine Teile gewinnt man die Formel

$$(1) \qquad \int_{\mathfrak{r}} f(z)\, dz = \int_{\mathfrak{a}} f(z)\, dz + \int_{\mathfrak{b}} f(z)\, dz + \int_{\mathfrak{c}} f(z)\, dz + \ldots,$$

wo nun alle Rander $\mathfrak{r}, \mathfrak{a}, \mathfrak{b}, \mathfrak{c}, \ldots$ im positiven Sinne zu durchlaufen sind.

Nun läßt sich mittels Cauchys Integralformel (§ 41) leicht (§ 75) zeigen, daß eine analytische Funktion $f(z)$ in einer gewissen kreisförmigen Umgebung $\mathfrak{K}$ eines isolierten Singulärpunktes c die Darstellung

$$f(z) = g(z) + \varphi(z)$$

– sog. *Laurententwicklung* – gestattet, wo $g(z)$ eine Regulärfunktion in $\mathfrak{K}$ und $\varphi(z)$ eine Reihe von der Form

$$(2) \qquad \varphi(z) = \frac{A}{z-c} + \frac{B}{(z-c)^2} + \frac{C}{(z-c)^3} + \cdots$$

ist. Die singulare Stelle heißt ein *Pol* (auch *außerwesentlich singulär*) oder *wesentlich singulär*, je nachdem die Reihe φ eine endliche oder eine unendliche Anzahl von Gliedern umfaßt. Im zweiten dieser Fälle konvergiert die Reihe φ an jeder von c verschiedenen Stelle des Kreises $\mathfrak{K}$ und auf dem Rande $\mathfrak{k}$ von $\mathfrak{K}$ sogar gleichmaßig.

Dieser Darstellung zufolge läßt sich das über $\mathfrak{k}$ erstreckte Integral von $f(z)$ leicht auswerten.

Es ist nämlich

$$\int_{\mathfrak{k}} f(z)\, dz = \int_{\mathfrak{k}} g(z)\, dz + \int_{\mathfrak{k}} \varphi(z)\, dz.$$

Das erste der rechtsstehenden Integrale verschwindet nach Cauchys Hauptsatz, das zweite läßt sich [wegen der gleichmäßigen Konvergenz (§ 64)] in folgende Reihe verwandeln:

$$(3) \qquad \int \varphi\, dz = A \int_{\mathfrak{k}} \frac{dz}{z-c} + B \int_{\mathfrak{k}} \frac{dz}{(z-c)^2} + C \int_{\mathfrak{k}} \frac{dz}{(z-c)^3} + \cdots.$$

Um das Integral

$$J = \int_{\mathfrak{k}} \frac{dz}{(z-c)^n}$$

zu berechnen, substituieren wir

$$z - c = k e^{it}, \qquad dz = k i e^{it},$$

wo k den Radius des Kreises $\mathfrak{k}$ bedeutet. Das gibt

$$J = i \int_0^{2\pi} e^{(1-n)it} dt.$$

Hier hat man zwei Fälle zu unterscheiden:

$$1.\ n = 1, \qquad 2.\ n > 1.$$

Im ersten Falle wird

$$J = 2\pi i,$$

im zweiten, $1 - n = \nu$ gesetzt,

$$J = i \int_0^{2\pi} e^{\nu i t} = \Big|_0^{2\pi} e^{\nu i t} : \nu = 0.$$

Daher verschwinden in der für das Integral von φ gefundenen Reihe (3) sämtliche Glieder bis auf das erste, welches den Wert $A \cdot 2\pi i$ hat.
Somit entsteht die Formel

$$\boxed{\int_{\mathfrak{k}} f(z)\, dz = 2\pi i A}.$$

Mit Rücksicht auf die Wichtigkeit dieser Formel, nennt Cauchy den Koeffizient A der in der Umgebung eines isolierten Singulärpunktes c der analytischen Funktion $f(z)$ gültigen Entwicklung

$$f(z) = g(z) + \frac{A}{z-c} + \frac{B}{(z-c)^2} + \frac{C}{(z-c)^3} + \cdots \qquad \text{mit regularem } g(z)$$

das *Residuum der Funktion* $f(z)$ *an der Stelle* c. Mit Benutzung dieses Ausdrucks gewinnt man für die gefundene Formel folgenden Wortlaut:

Cauchys Lemma:

Umgibt man einen isolierten Singulärpunkt einer analytischen Funktion mit einem hinreichend kleinen Kreise, so ist das über diesen Kreis im positiven Sinne erstreckte Integral der Funktion das $2\pi i$*-fache ihres Residuums im Singulärpunkt.*

Dieses Cauchysche Lemma können wir nun auf jedes der rechtsseitigen Integrale der Formel (1) anwenden, wofern die Kreise $\mathfrak{a}$, $\mathfrak{b}$, $\mathfrak{c}$, ... nur hinreichend klein sind.

Nennen wir also die Residuen unserer Ausgangsfunktion $f(z)$ an den Stellen $\alpha, \beta, \gamma, \ldots, \mathsf{A}, \mathsf{B}, \Gamma, \ldots$ so ist

$$\int_{\mathfrak{a}} f(z)\,dz = 2\pi i \mathsf{A}, \qquad \int_{\mathfrak{b}} f(z)\,dz = 2\pi i \mathsf{B}, \qquad \int_{\mathfrak{c}} f(z)\,dz = 2\pi i \Gamma, \ldots$$

und es entsteht

Cauchys Residuenformel:

$$\boxed{\int_{\mathfrak{r}} f(z)\,dz = 2\pi i\,[\mathsf{A} + \mathsf{B} + \Gamma + \ldots]}\,.$$

In Worten:

Residuensatz:

Verhält sich eine analytische Funktion auf einer Kontur überall regulär, und besitzt sie innerhalb der Kontur nur isolierte Singularitäten, so ist das über die Kontur erstreckte Integral der Funktion das $2\pi i$-fache der Summe aller zu jenen Singularitäten gehörigen Residuen.

Bei der großen Wichtigkeit des Residuumbegriffes ist es von großem Vorteil, das Residuum R einer vorgelegten analytischen Funktion $f(z)$ an der singulären Stelle $z = c$ schnell ermitteln zu können. In der Praxis erscheint die Funktion $f(z)$ zumeist in der Form eines Quotienten

$$f(z) = \mathfrak{P}(z) : \mathfrak{p}(z)$$

zweier Funktionen $\mathfrak{P}(z)$ und $\mathfrak{p}(z)$, die sich in der Umgebung $\mathfrak{U}$ der Stelle $z = c$ regulär verhalten, so daß also in jener Umgebung

$$\left.\begin{aligned} \mathfrak{P}(z) &= A + Bu + Cu^2 + \cdots \\ \mathfrak{p}(z) &= au^n + bu^{n+1} + cu^{n+2} + \cdots \end{aligned}\right\} \quad \begin{aligned} &\text{mit } u = z - c \\ &\text{und } n \geqq 1 \end{aligned}$$

ist. Hier handelt es sich also lediglich darum, in der Entwicklung des Quotienten $\mathfrak{P} : \mathfrak{p}$ in eine nach Potenzen von u fortschreitende Reihe den Koeffizient der ι ten Potenz von u ausfindig zu machen; dieser bevorzugte Koeffizient ist das gesuchte Residuum. Wie man leicht feststellt, findet man für

n	$= 1$	2	3	4	
R	$= A : a$	$-\begin{vmatrix} A & B \\ a & b \end{vmatrix} : a^2$	$\begin{vmatrix} A & B & C \\ a & b & c \\ 0 & a & b \end{vmatrix} : a^3$	$-\begin{vmatrix} A & B & C & D \\ a & b & c & d \\ 0 & a & b & c \\ 0 & 0 & a & b \end{vmatrix} : a^4$	usw.

§ 45. Cauchys Pol-Wurzel-Satz

Eine in der Umgebung des Punktes $z = \alpha$ reguläre Funktion $f(z)$ gestattet [§ 30] in einem gewissen Kreise $\mathfrak{K}$ vom Zentrum α die Taylorentwicklung

$$f(z) = f(\alpha) + f'(\alpha)(z - \alpha) + \frac{f''(\alpha)}{2!}(z - \alpha)^2 + \cdots.$$

Die Stelle α heißt eine *Wurzel* oder *Nullstelle* von $f(z)$, wenn $f(\alpha)$ verschwindet. Verschwinden außer $f(\alpha)$ auch noch die $(n-1)$ ersten Ableitungen von $f(z)$ an der Stelle $z=\alpha$, die $n$te Ableitung dagegen nicht mehr, so hat die Entwicklung die Form

$$f(z) = A(z-\alpha)^n + B(z-\alpha)^{n+1} + \cdots$$

oder

$$\boxed{f(z) = (z-\alpha)^n \cdot \varphi(z)},$$

wo $\varphi(z)$ *in* $\mathfrak{K}$ *regulär ist und* $\varphi(\alpha)$ *nicht verschwindet.* Man sagt dann: $f(z)$ *hat die* n*-fache Wurzel* α *oder die Nullstelle* n*ter Ordnung* α.

Unter einem Pol der analytischen Funktion $f(z)$ versteht man eine Wurzel ihres Kehrwerts $1 : f(z)$. Genauer:

Die Funktion $f(z)$ hat den n*-fachen Pol* β oder den *Pol* n*ter Ordnung* β, *falls* $f(z)$ *in einer gewissen Umgebung der Stelle* β die Form

$$\boxed{f(z) = \frac{\varphi(z)}{(z-\beta)^n}}$$

hat, *wo* $\varphi(z)$ *in der Umgebung regulär ist und* $\varphi(\beta)$ *nicht verschwindet.*

Eine analytische Funktion, welche in einem Gebiete $\mathfrak{G}$ außer endlich vielen Polen keine Singularitaten besitzt, heißt in $\mathfrak{G}$ *meromorph.*

Cauchy hat über die in einem Gebiete liegenden Wurzeln und Pole einer meromorphen Funktion den folgenden fundamentalen Satz aufgestellt.

Pol-Wurzel-Satz:

Ist die Funktion $f(z)$ *im Gebiet* $\mathfrak{G}$ *meromorph, besitzt sie auf einer in* $\mathfrak{G}$ *verlaufenden Kontur* $\mathfrak{c}$ *nirgends Wurzeln oder Pole, sind ferner* $\alpha, \alpha', \alpha'', \ldots$ *ihre Wurzeln,* $\beta, \beta', \beta'', \ldots$ *ihre Pole innerhalb* $\mathfrak{c}$, *so gilt Cauchys Formel*

$$\boxed{\sum [g(\alpha) - g(\beta)] = \mathfrak{T} \int_{\mathfrak{c}} g(\zeta) \frac{f'(\zeta)}{f(\zeta)} d\zeta}, \qquad [2\pi i \mathfrak{T} = 1],$$

wo $g(z)$ *eine beliebige in* $\mathfrak{G}$ *reguläre Funktion bedeutet.*

Dabei ist die Summe über sämtliche innerhalb $\mathfrak{c}$ liegenden Wurzeln α und Pole β von $f(z)$ zu erstrecken, jede Wurzel α und jeder Pol β so oft gezahlt wie der betreffenden Ordnung entspricht.

Beweis. Wir bestimmen zunächst die singulären Stellen der Funktion

$$F(z) = g(z) \cdot \frac{f'(z)}{f(z)}$$

innerhalb $\mathfrak{c}$. Solche Stellen können nur dort liegen, wo $f(z)$ verschwindet oder unendlich wird.

Es sei demnach etwa α eine a-fache Wurzel von f. Dann ist in einer gewissen Umgebung $\mathfrak{K}$ von α

$$g(z) = g(\alpha) + g'(\alpha)(z-\alpha) + \cdots,$$

$$f(z) = (z-\alpha)^a \varphi(z), \qquad f'(z) = a(z-\alpha)^{a-1}\varphi(z) + (z-\alpha)^a \varphi'(z),$$

wo $\varphi(z)$ in $\mathfrak{K}$ regulär ist und in α nicht verschwindet. Daher wird in $\mathfrak{K}$

$$F(z) = \frac{a\,g(\alpha)}{z-\alpha} + \Phi(z),$$

wo sich die Funktion $\Phi(z)$ sicher in einer gewissen Umgebung $\mathfrak{K}'$ von α regulär verhalt und sonach hier die Taylorentwicklung

$$A + A'(z-\alpha) + A''(z-\alpha)^2 + \cdots$$

gestattet. In $\mathfrak{K}'$ gilt also die Laurententwicklung

$$F(z) = \frac{a\,g(\alpha)}{z-\alpha} + A + A'(z-\alpha) + A''(z-\alpha)^2 + \cdots,$$

und *unsere Funktion F hat an der Stelle α das Residuum $a\,g(\alpha)$*.

Es sei nunmehr β ein b-facher Pol von f und in einer gewissen Umgebung $\mathfrak{K}$ von β

$$f(z) = \frac{\psi(z)}{(z-\beta)^b}, \qquad f'(z) = \frac{\psi'(z)}{\psi(z)} f(z) - \frac{b}{z-\beta} f(z),$$

wo $\psi(z)$ in $\mathfrak{K}$ regulär ist und in β nicht verschwindet. Daher wird in $\mathfrak{K}$

$$F(z) = -\frac{b\,g(\beta)}{z-\beta} + \Psi(z),$$

wo $\Psi(z)$ in einer gewissen Umgebung $\mathfrak{K}'$ von β regulär ist und deshalb in $\mathfrak{K}'$ die Taylorentwicklung

$$\Psi(z) = B + B'(z-\beta) + B''(z-\beta)^2 + \cdots$$

gestattet. In $\mathfrak{K}'$ gilt daher die Laurententwicklung

$$F(z) = \frac{-b\,g(\beta)}{z-\beta} + B + B'(z-\beta) + B''(z-\beta)^2 + \cdots,$$

und $F(z)$ *hat in β das Residuum $-b\,g(\beta)$*.

Die Funktion $F(z)$ verhält sich also auf und innerhalb $\mathfrak{c}$ regulär mit Ausnahme der Stellen $\alpha, \alpha', \alpha'', \ldots$, wo f verschwindet, und der Stellen $\beta, \beta', \beta'', \ldots$, wo f Pole besitzt. An den genannten Stellen hat $F(z)$ einfache Pole mit den Residuen $a\,g(\alpha), \ldots$ und $-b\,g(\beta), \ldots$

Daher ist nach Cauchys Residuensatz

$$\int_{\mathfrak{c}} F(\zeta)\,d\zeta = 2\pi i\,\{\sum a\,g(\alpha) - \sum b\,g(\beta)\}$$

oder, wie oben behauptet wurde,

$$\sum [g(\alpha) - g(\beta)] = \mathfrak{T} \int_{\mathfrak{c}} g(\zeta) \cdot \frac{f'(\zeta)}{f(\zeta)} d\zeta .$$

Zwei spezielle Fälle sind besonders bedeutungsvoll.

1. *Sonderfall:* $g(z) = 1$.

In diesem Falle wird

$$\sum [g(\alpha) - g(\beta)] = n - \nu ,$$

wo n die Gesamtzahl aller innerhalb $\mathfrak{c}$ gelegenen Wurzeln, ν die Gesamtzahl aller innerhalb $\mathfrak{c}$ liegenden Pole von $f(z)$ bedeutet, jede Wurzel und jeden Pol so oft gezählt, wie seine Vielfachheit angibt.
Damit haben wir den

Satz von der Anzahl der Nullstellen und Pole:

$$\boxed{n - \nu = \mathfrak{T} \int_{\mathfrak{c}} \frac{f'(\zeta)}{f(\zeta)} d\zeta} .$$

2. *Sonderfall:* $g(z) = z$.

In diesem Falle wird

$$\boxed{\sum \alpha - \sum \beta = \mathfrak{T} \int_{\mathfrak{c}} \zeta \frac{f'(\zeta)}{f(\zeta)} d\zeta} ,$$

welche Formel den Überschuß der Summe der Nullstellen über die Summe der Pole durch das rechtsstehende Cauchysche Integral ausdrückt.
In beiden Fällen handelt es sich um die innerhalb der Kontur $\mathfrak{c}$ liegenden Wurzeln und Pole der auf $\mathfrak{c}$ selbst weder verschwindenden noch unendlich werdenden analytischen Funktion $f(z)$.

ZWEITER TEIL

UNENDLICHE REIHEN UND PRODUKTE

ERSTER ABSCHNITT

REIHEN MIT KONSTANTEN GLIEDERN

§ 46. Konvergenz und Divergenz einer unendlichen Reihe

Verbindet man unendlich viele gegebene Zahlen $t_1, t_2, t_3, \ldots$ durch Pluszeichen miteinander, so entsteht eine sog. *unendliche Reihe.* Zu ihrer bequemen Bezeichnung dient ein besonderer Buchstabe, etwa $\mathfrak{S}$, und man schreibt

$$\mathfrak{S} = t_1 + t_2 + t_3 + \cdots \quad \text{in inf.},$$

ohne damit aber sagen zu wollen, daß $\mathfrak{S}$ ein Zahlwert ist, der durch „Summation der unendlich vielen *Glieder*" $t_1, t_2, t_3, \ldots$ *der Reihe* entsteht.

Der Ausdruck

$$S_n = t_1 + t_2 + \cdots + t_n$$

heißt der n te *Abschnitt* oder die n te *Teilsumme* oder auch der n te *Naherungswert* der Reihe $\mathfrak{S}$.

Die Reihe $\mathfrak{S}$ heißt *konvergent,* wenn die Folge $\{S_n\}$ ihrer Abschnitte gegen einen endlichen Grenzwert konvergiert, dieser Grenzwert

$$\lim_{n \to \infty} S_n = S$$

heißt die *Summe der Reihe,* und man schreibt

$$S = t_1 + t_2 + t_3 + \cdots.$$

Konvergiert die Folge $\{S_n\}$ nicht, so heißt die Reihe $\mathfrak{S}$ *divergent.* Man schreibt dann nach wie vor

$$\mathfrak{S} = t_1 + t_2 + t_3 + \cdots,$$

aber diese symbolische Gleichung bedeutet nichts weiter, als daß $\mathfrak{S}$ eine Abkürzung für die „Reihe" $t_1 + t_2 + t_3 + \cdots$ ist.

Nach Cauchys Konvergenzkriterium konvergiert S_n dann und nur dann gegen einen endlichen Grenzwert, wenn zu jedem positiven ε ein endlicher Zeiger n existiert derart, daß für jeden größeren Zeiger N

$$|S_N - S_n| < \varepsilon$$

ausfällt.

Nun ist

$$S_N - S_n = t_{n+1} + t_{n+2} + t_{n+3} + \cdots + t_N$$

oder, wenn $N = n + p$ gesetzt wird,

$$S_N - S_n = t_{n+1} + t_{n+2} + \cdots + t_{n+p}.$$

Man kann also sagen:

Die Reihe $t_1 + t_2 + t_2 + \cdots$ konvergiert dann und nur dann, wenn zu jedem positiven ε ein endlicher Zeiger n existiert, derart, daß für jede natürliche Zahl p

$$|t_{n+1} + t_{n+2} + \cdots + t_{n+p}| < \varepsilon$$

ausfällt.

Der Ausdruck

$$R_n^p = t_{n+1} + t_{n+2} + \cdots + t_{n+p}$$

heißt ein *Restteil* oder *Teilrest* der Reihe $\mathfrak{S}$. Damit haben wir

Cauchys Konvergenzregel:

Die Reihe $t_1 + t_2 + \cdots$ konvergiert dann und nur dann, wenn zu jedem positiven ε ein endlicher Zeiger n existiert derart, daß der Restteil R_n^p für jedes p betraglich unterhalb ε liegt:

$$\boldsymbol{|R_n^p| < \varepsilon}.$$

Die Benennung „Restteil“ oder „Teilrest“ erklärt sich dadurch, daß die Reihe

$$\mathfrak{R} = t_{n+1} + t_{n+2} + t_{n+3} + \cdots$$

der auf das Glied t_n folgende *Rest* der Reihe

$$\mathfrak{S} = t_1 + t_2 + t_3 + \cdots$$

genannt wird.

Wenn $\mathfrak{S}$ konvergiert, konvergiert auch $\mathfrak{R}$, etwa gegen den endlichen Wert R, so daß man

$$R = t_{n+1} + t_{n+2} + t_{n+3} + \cdots$$

schreibt; und zu jedem noch so kleinen positiven ε existiert ein endliches n derart, daß

$$|R| \leqq \varepsilon$$

ausfällt.

Das ergibt sich ohne weiteres aus der obigen Ungleichung

$$|R_n^p| < \varepsilon.$$

Läßt man in dieser p unbegrenzt wachsen, so wird $\lim\limits_{p\to\infty} R_n^p = R$ und somit

$$|R| \leqq \varepsilon.$$

Aus Cauchys Konvergenzregel folgt zunächst, daß bei einer konvergenten Reihe $t_1 + t_2 + t_3 + \cdots$

$$\lim_{n \to \infty} t_n = 0$$

sein muß, d. h. daß eine Reihe nur konvergieren kann, wenn ihre Glieder betraglich unbegrenzt abnehmen. Doch ist dies nur eine notwendige, keine hinreichende Konvergenzbedingung. Das zeigt schon die harmonische Reihe

$$\mathfrak{H} = \frac{1}{1} + \frac{1}{2} + \frac{1}{3} + \cdots, \qquad \left(t_n = \frac{1}{n}\right),$$

bei welcher wohl $\lim t_n$ verschwindet, die Reihe aber nicht konvergiert, da ihr n ter Abschnitt

$$H_n = \frac{1}{1} + \frac{1}{2} + \cdots + \frac{1}{n}$$

bei unbegrenzt wachsendem n unendlich groß wird (§ 9).
Da die Bedingung $\lim t_n = 0$ die Konvergenz nicht verbürgt, liegt der Gedanke nahe, durch die viel stärkere Forderung

$$\lim n\, t_n = 0$$

die Konvergenz zu gewährleisten. Aber auch dies ist, wie wir weiter unten sehen werden, nur eine notwendige, keine hinreichende Bedingung. In dieser Hinsicht ist von besonderem Interesse der folgende

Satz von Pringsheim:

Damit eine unendliche Reihe

$$\mathfrak{S} = t_1 + t_2 + t_3 + \cdots$$

mit sinkenden positiven Gliedern konvergiert, ist notwendig, daß

$$\lim_{n \to \infty} n\, t_n = 0,$$

jedoch nicht notwendig, daß die noch schärfere Forderung

$$\lim_{n \to \infty} n\, \varphi(n)\, t_n = 0$$

erfüllt ist, in welcher $\varphi(n)$ eine Funktion von n bedeutet, die mit unbegrenzt wachsendem n ebenfalls unbegrenzt wächst.

Beweis. Wenn $\mathfrak{S}$ konvergiert, können wir zu beliebig vorgegebenem positivem ε den Zeiger n so wählen, daß für jeden größeren Zeiger N

$$t_{n+1} + t_{n+2} + \cdots + t_N < \varepsilon$$

ausfällt. Da keins der hier notierten $(N - n)$ Reihenglieder das letzte, t_N, übertrifft, so ist erst recht

$$(N-n)\,t_N < \varepsilon$$

oder

$$N t_N < \varepsilon + n\,t_N\,.$$

Da weiter $\lim\limits_{N\to\infty} t_N = 0$ ist, können wir den Zeiger $m > n$ so bestimmen, daß für jeden größeren Zeiger N $n\,t_N < \varepsilon$ ausfällt. Mithin wird für jeden oberhalb n und m liegenden Zeiger N

$$N t_N < 2\,\varepsilon\,;$$

und das bedeutet, daß

$$\lim_{N\to\infty} N t_N = 0$$

wird, womit die erste Behauptung des Pringsheimschen Satzes bewiesen ist. Um auch die zweite zu beweisen, bestimmen wir die wachsenden Zeiger $a, b, c, \ldots$ derart, daß

$$\varphi(a) \geqq 2, \qquad \varphi(b) \geqq 2^2, \qquad \varphi(c) \geqq 2^3, \qquad \ldots$$

und bilden dann die unendliche Reihe

$$t_1 + t_2 + \cdots + t_a + t_{a+1} + t_{a+2} + \cdots + t_b + t_{b+1} + t_{b+2} + \cdots + t_c + \cdots$$

derart, daß

$$\begin{aligned} t_1 = t_2 = t_3 = \cdots = t_a &= 1 : a\,\varphi(a)\,, \\ t_{a+1} = t_{a+2} = \cdots = t_b &= 1 : b\,\varphi(b)\,, \\ t_{b+1} = t_{b+2} = \cdots = t_c &= 1 : c\,\varphi(c)\,, \\ \cdots\cdots\cdots\cdots\cdots \end{aligned}$$

ist.

Die so gebildete Reihe ist sicher konvergent, da

$$\begin{aligned} t_1 + t_2 + \cdots + t_a &= \frac{1}{\varphi(a)} \leqq \frac{1}{2}\,, \\ t_{a+1} + t_{a+2} + \cdots + t_b &= \frac{b-a}{b\,\varphi(b)} < \frac{1}{\varphi(b)} < \frac{1}{2^2}\,, \\ t_{b+1} + t_{b+2} + \cdots + t_c &= \frac{c-b}{c\,\varphi(c)} < \frac{1}{\varphi(c)} < \frac{1}{2^3}\,, \\ \cdots\cdots\cdots\cdots\cdots \end{aligned}$$

Daher ist die Reihe stärker konvergent als die geometrische Reihe

$$\frac{1}{2} + \frac{1}{2^2} + \frac{1}{2^3} + \cdots.$$

Ferner ist für alle Zeiger $a, b, c, \ldots$ $a\varphi(a)t_a = 1$, $b\varphi(b)t_b = 1$, $c\varphi(c)t_c = 1, \ldots$, ist m. a. W. für unendlich viele Zeiger n

$$n\varphi(n)\,t_n = 1,$$

kann also *nicht*

$$\lim_{n\to\infty} n\varphi(n)\,t_n = 0$$

sein. Das heißt, es ist für eine konvergente Reihe mit sinkenden positiven Gliedern $t_1, t_2, t_3, \ldots$ nicht notwendig, daß außer der stets notwendigen Bedingung

$$\lim n\,t_n = 0$$

auch noch die stärkere Forderung

$$\lim n\varphi(n)\,t_n = 0$$

erfüllt werden muß. Q. e. d.

Zusatz

Die obige Konvergenzbedingung

$$\lim n\,t_n = 0$$

ist nur eine notwendige, keineswegs auch eine hinreichende Bedingung.

Das zeigt beispielsweise Abels Reihe

$$1 + \frac{1}{2l2} + \frac{1}{3l3} + \frac{1}{4l4} + \cdots,$$

bei welcher zwar $\lim nt_n$ verschwindet, die aber trotzdem divergiert (§ 50).

§ 47. Reihenvergleichung

Der einfachste Weg, die Konvergenz (Divergenz) einer Reihe

$$\mathfrak{X} = x_1 + x_2 + x_3 + \cdots$$

mit positiven Gliedern festzustellen, besteht darin, eine Hilfsreihe

$$\mathfrak{H} = h_1 + h_2 + h_3 + \cdots$$

mit positiven Gliedern ausfindig zu machen, deren Konvergenz (Divergenz) schon feststeht, und deren Glieder über (unter) den Gliedern von $\mathfrak{X}$ liegen, so daß für jeden Zeiger n

$$x_n < h_n \qquad (x_n > h_n)$$

ist.

Eine solche Reihe $\mathfrak{H}$ heißt eine *Majorante* bzw. *Minorante* von $\mathfrak{X}$.

Ist nämlich $\mathfrak{H}$ konvergent, H die Summe der Reihe $\mathfrak{H}$ und für jedes n $x_n < h_n$, so ist

$$h_1 + h_2 + \cdots + h_n = H_n, \qquad x_1 + x_2 + \cdots + x_n = X_n$$

gesetzt,

$$X_n < H_n,$$

d. h. erst recht

$$X_n < H$$

für jedes n.

Das heißt aber: die Reihe $\mathfrak{X}$ konvergiert.

Ist dagegen $\mathfrak{H}$ divergent, und für jedes n $x_n > h_n$, so wird

$$X_n > H_n,$$

und da H_n mit unbegrenzt wachsendem n unbegrenzt zunimmt, so wächst X_n erst recht unbegrenzt. Das heißt die Reihe $\mathfrak{X}$ divergiert.

Um das Verfahren anwenden zu können, ist es natürlich unerläßlich, möglichst viele konvergente oder divergente Hilfsreihen $\mathfrak{H}$ zur Hand zu haben, mit denen man die zu prüfenden Reihen $\mathfrak{X}$ vergleichen kann.

Wir stellen deshalb einige oft vorkommende Vergleichsreihen zusammen.

I.

Das einfachste Beispiel bildet die schon im Schulunterricht vorkommende

geometrische Reihe

$$1 + q + q^2 + q^3 + \cdots$$

Sie konvergiert oder divergiert, je nachdem der Quotient q echt gebrochen ist oder nicht.

Das folgt sofort aus der bekannten Summenformel

$$1 + q + q^2 + \cdots + q^{n-1} = \frac{1 - q^n}{1 - q},$$

in welcher q^n bei unbegrenzt wachsendem n gegen Null oder Unendlich strebt, je nachdem $q < 1$ oder $q > 1$ ist. Daß die Reihe für $q = 1$ divergiert, sieht man direkt.

II.

Die harmonische Reihe

$$1 + \frac{1}{2} + \frac{1}{3} + \frac{1}{4} + \cdots$$

divergiert.

Der einfachste Beweis dieses Satzes beruht auf Cauchys Kondensationsmerkmal (§ 50). Um aber nichts Späteres vorwegzunehmen, folge hier ein anderer Beweis, der auf der Schrankenformel

$$\frac{1}{X} < \frac{lX - lx}{X - x} < \frac{1}{x}, \qquad [X > x > 0]$$

für den Restbruch der logarithmischen Funktion (§ 25) beruht. Nach dieser Formel ist

$$l2 - l1 < \frac{1}{1}, \quad l3 - l2 < \frac{1}{2}, \quad l4 - l3 < \frac{1}{3}, \quad \ldots, \quad lm - ln < \frac{1}{n}$$

mit $m = n + 1$. Die Addition dieser n Ungleichungen gibt

$$s_n = \frac{1}{1} + \frac{1}{2} + \frac{1}{3} + \cdots + \frac{1}{n} > lm.$$

Daher strebt s_n mit unbegrenzt wachsendem n gegen $+\infty$; die harmonische Reihe divergiert.

Man kann hinzufügen, daß die Reihe

$$1 + \frac{1}{2^\varkappa} + \frac{1}{3^\varkappa} + \frac{1}{4^\varkappa} + \cdots,$$

in welcher $\varkappa < 1$ ist, erst recht divergiert.

III.

Die Reihe

$$\frac{1}{1^p} + \frac{1}{2^p} + \frac{1}{3^p} + \frac{1}{4^p} + \cdots$$

kongergiert für jeden oberhalb der Einheit liegenden Exponent p.

Beweis. Nach der Schrankenformel für den Differenzenquotient der Potenz (§ 25) ist für $X > x > 0$, $p = q + 1$ und jedes positive q

$$\frac{q}{X^p} < \frac{\frac{1}{x^q} - \frac{1}{X^q}}{X - x} < \frac{q}{x^p}.$$

Im linken Teil dieser Ungleichung setzen wir sukzessiv

$$X = 2,\ x = 1; \quad X = 3,\ x = 2; \quad X = 4,\ x = 3; \quad \ldots; \quad X = m,\ x = n = m - 1.$$

Das gibt

$$\frac{q}{2^p} < \frac{1}{1^q} - \frac{1}{2^q}, \quad \frac{q}{3^p} < \frac{1}{2^q} - \frac{1}{3^q}, \quad \frac{q}{4^p} < \frac{1}{3^q} - \frac{1}{4^q}, \quad \ldots, \quad \frac{q}{m^p} < \frac{1}{n^q} - \frac{1}{m^q}.$$

Die Addition dieser n Ungleichungen liefert

$$q\left(\frac{1}{2^p} + \frac{1}{3^p} + \frac{1}{4^p} + \cdots + \frac{1}{m^p}\right) < 1 - \frac{1}{m^q} < 1$$

oder

$$\frac{1}{1^p} + \frac{1}{2^p} + \frac{1}{3^p} + \cdots + \frac{1}{m^p} < 1 + \frac{1}{q}.$$

Diese Ungleichung sagt aus: die vorgelegte Reihe konvergiert für jedes $p > 1$.

IV.

Bei positivem a und $b > a + 1$ konvergiert die Reihe

$$\frac{a}{b} + \frac{a}{b} \cdot \frac{a+1}{b+1} + \frac{a}{b} \cdot \frac{a+1}{b+1} \cdot \frac{a+2}{b+2} + \cdots$$

gegen den Wert $a : d$ mit $d = b - a - 1$.

Beweis. n sei ein beliebiger nichtnegativer Zeiger, $m = n + 1$, $\nu = n - 1$. Wir setzen $q_\iota = 0$, $Q_\iota = a$,

$$q_n = \frac{a}{b} \cdot \frac{a+1}{b+1} \cdot \frac{a+2}{b+2} \cdot \cdots \cdot \frac{a+n}{b+n}, \qquad Q_n = q_n \cdot (a + m).$$

Dann ist $Q_\nu = q_n \cdot (b + n)$, mithin

$$Q_\nu - Q_n = d q_n.$$

Bilden wir diese Gleichung für $n = 0, 1, 2, \ldots, s$ und addieren, so entsteht

$$d(q_0 + q_1 + q_2 + \cdots + q_s) = Q_\iota - Q_s = a - Q_s.$$

Nun ist

$$Q_s = a \cdot P_s \qquad \text{mit} \quad P_s = \frac{\alpha(\alpha+1)(\alpha+2)\cdots(\alpha+s)}{\beta(\beta+1)(\beta+2)\cdots(\beta+s)}$$

und $\alpha = a + 1$, $\beta = b$. Der Bruch P_s aber konvergiert wegen $\beta > \alpha$ bei unbegrenzt wachsendem s gegen Null (§ 9), so daß

$$\lim_{s \to \infty} Q_s = 0$$

wird. Folglich:

Die Reihe $q_0 + q_1 + q_2 + \cdots$ konvergiert und hat die Summe $a : d$. Q. e. d.

V.

Die Reihe

$$t_1 + t_2 + t_3 + \cdots \qquad \text{mit} \quad t_n = \sqrt[n]{a} - 1 \quad \text{und} \quad a > 0$$

divergiert.

Beweis. Man hat zwei Fälle zu unterscheiden: 1° $a > 1$, 2° $a < 1$. Im ersten Falle sind alle Reihenglieder positiv, im zweiten negativ.

Im ersten Falle folgern wir aus der Potenzungleichung

$$\sqrt[n]{\frac{1}{a}} < 1 - \frac{\alpha}{n} \qquad \text{mit} \quad \alpha = \frac{a-1}{a}.$$

Daher ist

$$\sqrt[n]{a} > \frac{1}{1-\frac{\alpha}{n}} > 1 + \frac{\alpha}{n}$$

oder

$$t_n > \frac{\alpha}{n}.$$

Das gibt

$$t_1 + t_2 + t_3 + \cdots + t_n > \alpha\left[\frac{1}{1} + \frac{1}{2} + \frac{1}{3} + \cdots + \frac{1}{n}\right].$$

Wegen der Divergenz der harmonischen Reihe wächst [ ] bei unbegrenzt zunehmendem n über alle Grenzen, und die vorgelegte Reihe divergiert.
Im zweiten Falle $[a < 1]$ handelt es sich um die aus positiven Gliedern bestehende Reihe

$$\tau_1 + \tau_2 + \tau_3 + \cdots \qquad \text{mit} \quad \tau_n = -t_n = 1 - \sqrt[n]{a}.$$

Nach der Potenzungleichung ist

$$\sqrt[n]{a} < 1 - \frac{\beta}{n} \qquad \text{mit} \quad \beta = 1 - a > 0,$$

so daß

$$\tau_n > \frac{\beta}{n}$$

wird. Daher ist

$$\tau_1 + \tau_2 + \cdots + \tau_n > \beta\left[\frac{1}{1} + \frac{1}{2} + \cdots + \frac{1}{n}\right].$$

Die rechte Seite dieser Ungleichung strebt mit $n \to \infty$ gegen Unendlich, erst recht also die linke Seite, und die vorgelegte Reihe divergiert.

VI.

Die Reihe

$$t_2 + t_3 + t_4 + \cdots \qquad \text{mit} \quad t_n = \frac{1}{(l\,n)^E}$$

divergiert für jeden noch so hohen endlichen festen Exponenten E.

Beweis. Für jedes positive x ist bekanntlich $lx < x$, mithin für jeden positiven Exponenten p $l(n^p) < n^p$ oder, da $l(n^p) = p\,l n$,

$$\boxed{l n < n^p : p}\,.$$

Daher ist

$$t_n > \frac{p^E}{n^{Ep}}.$$

Wir wählen das bislang beliebige p gleich $1 : E$. Dann wird

$$t_n > \frac{A}{n} \qquad \text{mit} \quad A = 1 : E^E$$

und weiter

$$t_2 + t_3 + \cdots + t_n > A\left[\frac{1}{2} + \frac{1}{3} + \cdots + \frac{1}{n}\right].$$

Wegen lim [ ] $= \infty$ divergiert die vorgelegte Reihe.

VII.

Die Reihe

$$t_2 + t_3 + t_4 + \cdots \qquad \text{mit} \quad t_n = \frac{1}{(l\,n)^n}$$

konvergiert.

Beweis. Da mit unbegrenzt wachsendem n die Funktion $l n$ unbegrenzt wächst, die Funktion $\sqrt[n]{n^2}$ gegen den Grenzwert 1 strebt (§ 10 oder § 13), so läßt sich ein endlicher Zeiger n_0 angeben derart, daß für jeden Zeiger

$$n \geqq n_0 \qquad l n > \sqrt[n]{n^2}$$

ausfällt.

Für jeden solchen Zeiger ist daher

$$(l\,n)^n > n^2 \quad \text{oder} \quad \frac{1}{(l\,n)^n} < \frac{1}{n^2},$$

d. h. jedes Glied der Reihe

$$\frac{1}{(l\,n)^n} + \frac{1}{(l\,[n+1])^{n+1}} + \frac{1}{(l\,[n+2])^{n+2}} + \cdots$$

kleiner als das entsprechende Glied der konvergenten Reihe

$$\frac{1}{n^2} + \frac{1}{(n+1)^2} + \frac{1}{(n+2)^2} + \cdots.$$

Die vorgelegte Reihe $t_2 + t_3 + t_4 + \cdots$ konvergiert.

VIII.

Die Reihen

$$\sin\frac{1}{1} + \sin\frac{1}{2} + \sin\frac{1}{3} + \cdots$$

und

$$\operatorname{at}\frac{1}{1} + \operatorname{at}\frac{1}{2} + \operatorname{at}\frac{1}{3} + \cdots$$

divergieren.

Beweis. Für $x < \frac{\pi}{2}$ ist $\sin x > a x$ mit $a = 2 : \pi$.

Folglich ist

$$\sin\frac{1}{1} > a\cdot\frac{1}{1}, \qquad \sin\frac{1}{2} > a\cdot\frac{1}{2}, \qquad \sin\frac{1}{3} > a\cdot\frac{1}{3} \qquad \text{usw.},$$

mithin

$$\sin\frac{1}{1} + \sin\frac{1}{2} + \sin\frac{1}{3} + \cdots > a\left[\frac{1}{1} + \frac{1}{2} + \frac{1}{3} + \cdots\right].$$

Da [ ] divergiert, divergiert auch die vorgelegte erste Reihe.

Um die Divergenz der zweiten Reihe nachzuweisen, benutzen wir die Schrankenformel

$$\frac{1}{1+X^2} < \frac{\operatorname{at} X - \operatorname{at} x}{X - x} < \frac{1}{1+x^2}$$

für den Differenzenquotient der Arcustangensfunktion. Wir nehmen $x = 0$ und $X = \frac{1}{n}$ und erhalten

$$\operatorname{at}\frac{1}{n} > \frac{1}{n}\cdot\frac{n^2}{n^2+1}.$$

Da $\frac{n^2}{n^2+1}$ für alle natürlichen Zahlen n oberhalb $\frac{1}{3}$ liegt, ist $\operatorname{at}\frac{1}{n} > \frac{1}{3n}$, mithin

$$\operatorname{at}\frac{1}{1} + \operatorname{at}\frac{1}{2} + \operatorname{at}\frac{1}{3} + \cdots > \frac{1}{3}\left[\frac{1}{1} + \frac{1}{2} + \frac{1}{3} + \cdots\right].$$

Daher divergiert auch die zweite vorgelegte Reihe.

IX.

Die Reihe $\sum \frac{\cos^2 n\alpha}{n}$ *divergiert stets; die Reihe* $\sum \frac{\sin^2 n\alpha}{n}$ *divergiert, wenn* α *kein Multiplum von* π *ist.*

Beweis. Es sei

$$U_n = \frac{\cos^2\alpha}{1} + \frac{\cos^2 2\alpha}{2} + \frac{\cos^2 3\alpha}{3} + \cdots + \frac{\cos^2 n\alpha}{n},$$

$$V_n = \frac{\sin^2\alpha}{1} + \frac{\sin^2 2\alpha}{2} + \frac{\sin^2 3\alpha}{3} + \cdots + \frac{\sin^2 n\alpha}{n}.$$

Wir schreiben

$$2\cos^2\nu\alpha = 1 + \cos 2\nu\alpha, \qquad 2\sin^2\nu\alpha = 1 - \cos 2\nu\alpha$$

und haben

$$2U_n = H_n + \zeta_n, \qquad 2V_n = H_n - \zeta_n$$

mit

$$\left\{\begin{aligned} H_n &= \frac{1}{1} + \frac{1}{2} + \frac{1}{3} + \cdots + \frac{1}{n} \\ \zeta_n &= \frac{\cos 2\alpha}{1} + \frac{\cos 4\alpha}{2} + \frac{\cos 6\alpha}{3} + \cdots + \frac{\cos 2n\alpha}{n} \end{aligned}\right\}.$$

Es gilt, ζ_n abzuschätzen.

Zu diesem Behufe bilden wir

$$\varrho = 2 i \zeta_n = \sum_{\nu}^{1,n} \frac{2 \cos 2\nu\alpha \sin\alpha}{\nu} \qquad \text{mit} \quad i = \sin\alpha\,.$$

Nun ist

$$2 \cos 2\nu\alpha \sin\alpha = \sin(2\nu+1)\alpha - \sin(2\nu-1)\alpha\,,$$

mithin

$$\varrho = \sum_{1}^{n} \frac{\sin(2\nu+1)\alpha - \sin(2\nu-1)\alpha}{\nu} = -\frac{1}{1}\sin\alpha + \left(\frac{1}{1}-\frac{1}{2}\right)\sin 3\alpha$$

$$+ \left(\frac{1}{2}-\frac{1}{3}\right)\sin 5\alpha + \cdots + \left(\frac{1}{n-1}-\frac{1}{n}\right)\sin(2n-1)\alpha + \frac{1}{n}\sin(2n+1)\alpha\,.$$

Wie man sieht, kann ϱ den Wert

$$-\frac{1}{1} - \left(\frac{1}{1}-\frac{1}{2}\right) - \left(\frac{1}{2}-\frac{1}{3}\right) - \cdots - \left(\frac{1}{n-1}-\frac{1}{n}\right) - \frac{1}{n} = -2$$

nicht unterschreiten, den Wert

$$+\frac{1}{1} + \left(\frac{1}{1}-\frac{1}{2}\right) + \left(\frac{1}{2}-\frac{1}{3}\right) + \cdots + \left(\frac{1}{n-1}-\frac{1}{n}\right) + \frac{1}{n} = +2$$

nicht überschreiten. Daher ist

$$\varrho = 2\Theta \qquad \text{mit} \quad -1 \leqq \Theta \leqq 1\,.$$

Um die Gleichung $i\zeta_n = \Theta$ nach ζ_n auflösen zu können, darf α kein Multiplum von π sein.
Erledigen wir den Ausnahmefall „α ist ein Multiplum von π“ gesondert! In diesem Ausnahmefalle divergiert, wie man sofort übersteht, die erste Reihe, während die zweite verschwindet.
Ist α kein Multiplum von π, so haben wir

$$\zeta_n = \Theta : i \qquad \text{mit} \quad i \neq 0 \quad \text{und} \quad |\Theta| \leqq 1\,.$$

Das gibt

$$2U_n = H_n + \zeta_n, \qquad 2V_n = H_n - \zeta_n \qquad \text{mit} \quad |\zeta_n| \leqq 1 : |i|\,.$$

Da nun $1 : i$ eine feste endliche Größe und $\lim H_n = \infty$ ist, so wird sowohl $\lim U_n$ als auch $\lim V_n$ gleich Unendlich, q. e. d.

§ 48. Teleskopreihen

Eine *Teleskopreihe* (teleskopische Reihe) ist eine Reihe von einer der beiden Formen

$$(x_1 - x_2) + (x_2 - x_3) + (x_3 - x_4) + \cdots,$$

$$(x_2 - x_1) + (x_3 - x_2) + (x_4 - x_3) + \cdots.$$

Sie konvergiert dann und nur dann, wenn

$$\lim_{n\to\infty} x_n = L$$

endlich ist, und hat die Summe

$$x_1 - L \qquad \text{bzw.} \qquad L - x_1.$$

Wegen dieser überaus einfachen Ermittlung der Summe einer konvergenten Teleskopreihe bemüht man sich vielfach, eine vorgelegte konvergente Reihe in eine Teleskopreihe zu verwandeln. Hat man beispielsweise die Reihe

$$\mathfrak{S} = \frac{1}{2} + \frac{1}{6} + \frac{1}{12} + \frac{1}{20} + \cdots,$$

deren allgemeines Glied

$$t_n = \frac{1}{n\,m} \qquad \text{mit} \quad m = n + 1$$

ist, so schreibt man

$$t_n = \frac{1}{n} - \frac{1}{m}$$

und hat

$$\mathfrak{S} = (x_1 - x_2) + (x_2 - x_3) + \cdots = \left(\frac{1}{1} - \frac{1}{2}\right) + \left(\frac{1}{2} - \frac{1}{3}\right) + \left(\frac{1}{3} - \frac{1}{4}\right) + \cdots$$

mit $x_n = \frac{1}{n}$. Damit ist $\mathfrak{S}$ in eine konvergente Teleskopreihe ($\lim x_n = 0$) verwandelt, deren Summe 1 ist. Daher ist

$$\mathfrak{S} = 1.$$

Wir zeigen an einigen Beispielen die Verwandlung einer vorgelegten Reihe in eine Teleskopreihe.

I.

$$\mathfrak{S} = \sin\alpha + \sin(\alpha + \delta) + \sin(\alpha + 2\delta) + \cdots + \sin(\alpha + \overline{n-1}\,\delta),$$

$$\mathfrak{T} = \cos\alpha + \cos(\alpha + \delta) + \cos(\alpha + 2\delta) + \cdots + \cos(\alpha + \overline{n-1}\,\delta).$$

Wir multiplizieren jede dieser beiden Reihen mit dem Faktor

$$f = 2\sin\frac{\delta}{2}$$

und verwandeln jedes rechts entstehende Produkt von der Form $f\sin(\alpha + \nu\delta)$ bzw. $f\cos(\alpha + \nu\delta)$ in eine Differenz:

$$f\sin(\alpha + \nu\,\delta) = \cos\left(\alpha + \overline{2\nu - 1}\,\frac{\delta}{2}\right) - \cos\left(\alpha + \overline{2\nu + 1}\,\frac{\delta}{2}\right),$$

$$f\cos(\alpha + \nu\,\delta) = \sin\left(\alpha + \overline{2\nu + 1}\,\frac{\delta}{2}\right) - \sin\left(\alpha + \overline{2\nu - 1}\,\frac{\delta}{2}\right).$$

Das gibt

$$f\mathfrak{S} = \left[\cos\left(\alpha - \frac{\delta}{2}\right) - \cos\left(\alpha + \frac{\delta}{2}\right)\right] + \left[\cos\left(\alpha + \frac{\delta}{2}\right) - \cos\left(\alpha + 3\frac{\delta}{2}\right)\right] + \cdots$$
$$+ \left[\cos\left(\alpha + \overline{2n-3}\,\frac{\delta}{2}\right) - \cos\left(\alpha + \overline{2n-1}\,\frac{\delta}{2}\right)\right],$$

$$f\mathfrak{T} = \left[\sin\left(\alpha + \frac{\delta}{2}\right) - \sin\left(\alpha - \frac{\delta}{2}\right)\right] + \left[\sin\left(\alpha + 3\frac{\delta}{2}\right) - \sin\left(\alpha + \frac{\delta}{2}\right)\right] + \cdots$$
$$+ \left[\sin\left(\alpha + \overline{2n-1}\,\frac{\delta}{2}\right) - \sin\left(\alpha + \overline{2n-3}\,\frac{\delta}{2}\right)\right].$$

Damit sind $f\mathfrak{S}$ und $f\mathfrak{T}$ in Teleskopreihen verwandelt, und es wird, summierend,

$$f\mathfrak{S} = \cos\left(\alpha - \frac{\delta}{2}\right) - \cos\left(\alpha + \overline{2n-1}\,\frac{\delta}{2}\right) = 2\sin\left(\alpha + \overline{n-1}\,\frac{\delta}{2}\right)\sin n\frac{\delta}{2},$$

$$f\mathfrak{T} = \sin\left(\alpha + \overline{2n-1}\,\frac{\delta}{2}\right) - \sin\left(\alpha - \frac{\delta}{2}\right) = 2\cos\left(\alpha + \overline{n-1}\,\frac{\delta}{2}\right)\sin n\frac{\delta}{2}.$$

Durch diese Verwandlung ist es also gelungen, die Reihen $\mathfrak{S}$ und $\mathfrak{T}$ auszuwerten. Es ist sehr nützlich, das Ergebnis genau zu verbuchen. Was zunächst den Winkel

$$\mu = \alpha + \overline{n-1}\,\frac{\delta}{2}$$

anbetrifft, so stellt er den *Mittelwert* μ *der* n *Winkel*

$$\alpha, \qquad \alpha+\delta, \qquad \alpha+2\delta, \qquad \ldots, \qquad \alpha+\overline{n-1}\,\delta,$$

zugleich den *Mittelwert* μ *der beiden Winkel*

$$\alpha \quad \text{und} \quad \alpha + \overline{n-1}\,\delta$$

dar. Daher schreibt sich kurz

$$\mathfrak{S} = \frac{\sin n\frac{\delta}{2}}{\sin\frac{\delta}{2}}\cdot\sin\mu, \qquad \mathfrak{T} = \frac{\sin n\frac{\delta}{2}}{\sin\frac{\delta}{2}}\cdot\cos\mu.$$

Der beidemal auftretende Multiplikator $\sin n\frac{\delta}{2} : \sin\frac{\delta}{2}$ hat für kleine Winkel δ den einfachen Wert n; wir setzen

$$\frac{\sin n\frac{\delta}{2}}{\sin\frac{\delta}{2}} = \tilde{n}$$

und haben

$$\mathfrak{S} = \tilde{n}\sin\mu, \qquad \mathfrak{T} = \tilde{n}\cos\mu,$$

ausführlich:

$$\boxed{\sin\alpha + \sin(\alpha+\delta) + \sin(\alpha+2\delta) + \cdots + \sin(\alpha + \overline{n-1}\,\delta) = \tilde{n}\sin\mu},$$

$$\boxed{\cos\alpha + \cos(\alpha+\delta) + \cos(\alpha+2\delta) + \cdots + \cos(\alpha + \overline{n-1}\,\delta) = \tilde{n}\cos\mu}$$

mit

$$\tilde{n} = \sin n\frac{\delta}{2} : \sin\frac{\delta}{2} \qquad \text{und} \quad \mu = \alpha + \overline{n-1}\,\frac{\delta}{2}.$$

Diese beiden Summenformeln sind von größter Wichtigkeit.

II.

$$\mathfrak{S}_n = \frac{a}{b} + \frac{a}{b}\frac{a+1}{b+1} + \frac{a}{b}\frac{a+1}{b+1}\frac{a+2}{b+2} + \cdots + \frac{a}{b}\frac{a+1}{b+1}\frac{a+2}{b+2}\cdots\frac{a+n-1}{b+n-1}.$$

Dabei seien a, b und $d = b - a - 1$ positiv. Wir setzen zur Abkürzung

$$\frac{a}{b}\frac{a+1}{b+1}\frac{a+2}{b+2}\cdots\frac{a+\nu-1}{b+\nu-1} = t_\nu.$$

Es ist z. B.

$$\frac{a}{b}\frac{a+1}{b+1}\frac{a+2}{b+2}(a+3) - \frac{a}{b}\frac{a+1}{b+1}\frac{a+2}{b+2}\frac{a+3}{b+3}(a+4) = \frac{a}{b}\frac{a+1}{b+1}\frac{a+2}{b+2}\frac{a+3}{b+3}\cdot d$$

oder, wenn man

$$a+1 = A, \quad b = B, \quad a:d = e \quad \text{und} \quad \frac{A}{B}\frac{A+1}{B+1}\frac{A+2}{B+2}\cdots\frac{A+\nu-1}{B+\nu-1} = \tau_\nu$$

setzt,

$$t_4 = e\tau_3 - e\tau_4$$

allgemein

$$t_\nu = e\tau_{\nu-1} - e\tau_\nu.$$

Demnach ist, wenn man noch $\tau_0 = 1$ setzt,

$$\mathfrak{S}_n = (x_0 - x_1) + (x_1 - x_2) + (x_2 - x_3) + \cdots + (x_{n-1} - x_n) \qquad \text{mit} \quad x_\nu = e\tau_\nu.$$

Hierdurch ist $\mathfrak{S}_n$ in eine Teleskopreihe entwickelt worden mit der Summe

$$\mathfrak{S}_n = x_0 - x_n = e - e\tau_n,$$

ausführlich

$$\frac{a}{b} + \frac{a}{b}\frac{a+1}{b+1} + \frac{a}{b}\frac{a+1}{b+1}\frac{a+2}{b+2} + \cdots + \frac{a}{b}\frac{a+1}{b+1}\cdots\frac{a+n-1}{b+n-1}$$
$$= \frac{a}{d} - \frac{a}{b}\frac{a+1}{b+1}\cdots\frac{a+n-1}{b+n-1}\cdot\frac{a+n}{d}.$$

Bei unserer Annahme $B > A$ ist $\lim_{n\to\infty} \tau_n = 0$, die Teleskopreihe konvergiert, und es wird

$$\boxed{\frac{a}{b} + \frac{a}{b}\,\frac{a+1}{b+1} + \frac{a}{b}\,\frac{a+1}{b+1}\,\frac{a+2}{b+2} + \cdots \text{ in inf.} = \frac{a}{b-a-1}}\,.$$

III.

$$\mathfrak{S}_n = \operatorname{cosec}\varphi + \operatorname{cosec} 2\varphi + \operatorname{cosec} 4\varphi + \operatorname{cosec} 8\varphi + \cdots + \operatorname{cosec} 2^{n-1}\varphi\,.$$

Zur Umwandlung dieser Reihe in eine Teleskopreihe dient die Formel

$$\operatorname{cosec} x = \cot\frac{x}{2} - \cot x\,.$$

Ihr zufolge wird $\mathfrak{S}$ die Teleskopreihe

$$\mathfrak{S}_n = \left(\cot\frac{\varphi}{2} - \cot\varphi\right) + (\cot\varphi - \cot 2\varphi) + (\cot 2\varphi - \cot 4\varphi) + \cdots$$
$$+ (\cot 2^{n-2}\varphi - \cot 2^{n-1}\varphi)\,.$$

Damit wird

$$\boxed{\mathfrak{S}_n = \cot\frac{\varphi}{2} - \cot 2^{n-1}\varphi}\,.$$

IV.

$$\mathfrak{S}_n = \operatorname{tg}\varphi + \frac{1}{2}\operatorname{tg}\frac{\varphi}{2} + \frac{1}{4}\operatorname{tg}\frac{\varphi}{4} + \cdots + \frac{1}{2^{n-1}}\operatorname{tg}\frac{\varphi}{2^{n-1}}\,.$$

Hier benutzt man die Formel

$$\operatorname{tg} x = \cot x - 2\cot 2x$$

und erhält

$$\mathfrak{S}_n = (\cot\varphi - 2\cot 2\varphi) + \left(\frac{1}{2}\cot\frac{\varphi}{2} - \cot\varphi\right) + \left(\frac{1}{4}\cot\frac{\varphi}{4} - \frac{1}{2}\cot\frac{\varphi}{2}\right) + \cdots$$
$$+ \left(\frac{1}{2^{n-1}}\cot\frac{\varphi}{2^{n-1}} - \frac{1}{2^{n-2}}\cot\frac{\varphi}{2^{n-2}}\right),$$

so daß $\mathfrak{S}_n$ teleskopisch geschrieben ist.

Die vorgelegte Reihe hat den Wert

$$\boxed{\mathfrak{S}_n = \frac{1}{2^{n-1}}\cot\frac{\varphi}{2^{n-1}} - 2\cot 2\varphi}\,.$$

Da $\lim \frac{1}{2^{n-1}}\cot\frac{\varphi}{2^{n-1}} = \frac{1}{\varphi}$ ist, konvergiert die unendliche Reihe

$$\mathfrak{S} = \operatorname{tg}\varphi + \frac{1}{2}\operatorname{tg}\frac{\varphi}{2} + \frac{1}{4}\operatorname{tg}\frac{\varphi}{4} + \frac{1}{8}\operatorname{tg}\frac{\varphi}{8} + \cdots$$

gegen den Wert

$$\mathfrak{S} = \frac{1}{\varphi} - 2\cot 2\varphi\,.$$

V. *Bernoullis Formel*

Wir stellen uns die Aufgabe, *die Summe*

$$\boxed{S_p = 1^p + 2^p + 3^p + \cdots + n^p}$$

der n ersten p ten Potenzen zu bestimmen, wo p eine natürliche Zahl bedeutet.

Lösung. Wir verstehen unter $(u + \mathfrak{s})^\nu$ den Ausdruck, in den die binomische Entwicklung von $(u + \mathfrak{s})^\nu$ übergeht, wenn man die sich ergebenden Potenzen $\mathfrak{s}^1, \mathfrak{s}^2, \mathfrak{s}^3 \ldots \mathfrak{s}^\nu$ nicht als Potenzen, sondern als ν Unbekannte auffaßt, die ein weiter unten auftretendes Gleichungssystem befriedigen müssen.

Nun ist

$$(x + \mathfrak{s} + 1)^P = x^P + Px^{P-1}(\mathfrak{s} + 1) + P_2 x^{P-2}(\mathfrak{s} + 1)^2 + P_3 x^{P-3}(\mathfrak{s} + 1)^3 + \cdots,$$

$$(x + \mathfrak{s})^P = x^P + Px^{P-1}\mathfrak{s} + P_2 x^{P-2}\mathfrak{s}^2 + P_3 x^{P-3}\mathfrak{s}^3 + \cdots,$$

mithin

$$(x + \mathfrak{s} + 1)^P - (x + \mathfrak{s})^P = Px^{P-1} + P_2 x^{P-2}[(\mathfrak{s} + 1)^2 - \mathfrak{s}^2] + P_3 x^{P-3}[(\mathfrak{s} + 1)^3 - \mathfrak{s}^3] + \cdots.$$

Wir setzen jetzt

$$P = p + 1$$

und denken uns die Unbekannten $\mathfrak{s}^1, \mathfrak{s}^2, \mathfrak{s}^3, \mathfrak{s}^4, \ldots$ durch das Gleichungssystem

$$\boxed{(\mathfrak{s} + 1)^2 = \mathfrak{s}^2, \quad (\mathfrak{s} + 1)^3 = \mathfrak{s}^3, \quad (\mathfrak{s} + 1)^4 = \mathfrak{s}^4, \ldots} \quad (\mathfrak{R})$$

bestimmt. Dann verschwinden alle eckigen Klammern, und es wird einfach

$$Px^p = (x + \mathfrak{s} + 1)^P - (x + \mathfrak{s})^P.$$

In dieser Relation setzen wir sukzessiv $x = 0, 1, 2, \ldots, n$, und wir erhalten für PS_p die Teleskopreihe

$$PS_p = [(\mathfrak{s} + 1)^P - \mathfrak{s}^P] + [(\mathfrak{s} + 2)^P - (\mathfrak{s} + 1)^P] + [(\mathfrak{s} + 3)^P - (\mathfrak{s} + 2)^P] + \cdots + [(\mathfrak{s} + n + 1)^P - (\mathfrak{s} + n)^P].$$

Daher wird einfach

$$\boxed{PS_p = (N + \mathfrak{s})^P - \mathfrak{s}^P} \qquad \text{mit} \quad N = n + 1.$$

ausführlich

$$\boxed{1^p + 2^p + 3^p + \cdots + n^p = \frac{(N + \mathfrak{s})^P - \mathfrak{s}^P}{P}} \qquad \text{mit} \begin{Bmatrix} P = p + 1 \\ N = n + 1 \end{Bmatrix}.$$

Dies ist *Bernoullis Formel.* Die in ihr auftretenden Zahlen $\mathfrak{s}^1, \mathfrak{s}^2, \mathfrak{s}^3, \ldots$ heißen *Bernoullizahlen.*

Sie bestimmen sich durch das *Rekursionsformelsystem* ($\mathfrak{R}$).

Aus $(\mathfrak{s}+1)^2=\mathfrak{s}^2$ folgt $2\mathfrak{s}^1+1=0$ und $\mathfrak{s}^1=-\frac{1}{2}$,

aus $(\mathfrak{s}+1)^3=\mathfrak{s}^3$ folgt $3\mathfrak{s}^2+3\mathfrak{s}^1+1=0$ und $\mathfrak{s}^2=\frac{1}{6}$,

aus $(\mathfrak{s}+1)^4=\mathfrak{s}^4$ folgt $4\mathfrak{s}^3+6\mathfrak{s}^2+4\mathfrak{s}^1+1=0$ und $\mathfrak{s}^3=0$,

aus $(\mathfrak{s}+1)^5=\mathfrak{s}^5$ folgt $5\mathfrak{s}^4+10\mathfrak{s}^3+10\mathfrak{s}^2+5\mathfrak{s}^1+1=0$ und $\mathfrak{s}^4=-\frac{1}{30}$

usw. Wir notieren

$$\mathfrak{s}^1=-\frac{1}{2},\quad \mathfrak{s}^2=\frac{1}{6},\quad \mathfrak{s}^3=0,\quad \mathfrak{s}^4=-\frac{1}{30},\quad \mathfrak{s}^5=0,\quad \mathfrak{s}^6=\frac{1}{42},\quad \mathfrak{s}^7=0$$

$$\mathfrak{s}^8=-\frac{1}{30},\quad \mathfrak{s}^9=0,\quad \mathfrak{s}^{10}=\frac{5}{66},\quad \mathfrak{s}^{11}=0,\quad \mathfrak{s}^{12}=-\frac{691}{2730},\quad \mathfrak{s}^{13}=0,\quad \mathfrak{s}^{14}=\frac{7}{6}.$$

$$\mathfrak{s}^{15}=0,\quad \mathfrak{s}^{16}=-\frac{3617}{510},\quad \mathfrak{s}^{17}=0,\quad \mathfrak{s}^{18}=\frac{43\,867}{798},\quad \mathfrak{s}^{19}=0,\quad \mathfrak{s}^{20}=-\frac{174\,611}{330}.$$

Der Anblick dieser Tafel läßt vermuten, daß alle Bernoullizahlen mit 1 übersteigendem ungradem Zeiger verschwinden. Um diese Vermutung zu begründen, schreiben wir

$$\begin{aligned}(\iota+\mathfrak{s})^n &= \iota^n+n_1\iota^{n-1}\mathfrak{s}^1+n_2\iota^{n-2}\mathfrak{s}^2+n_3\iota^{n-3}\mathfrak{s}^3+\cdots\\ &= \iota^n+n_1\iota^{n-1}(\mathfrak{s}+1)+n_2\iota^{n-2}(\mathfrak{s}+1)^2+n_3\iota^{n-3}(\mathfrak{s}+1)^3+\cdots+n\iota^n\\ &= (\iota+\mathfrak{s}+1)^n+n\iota^n=\mathfrak{s}^n+n\iota^n,\end{aligned}$$

so daß

$$\boxed{\mathfrak{s}^n=(\mathfrak{s}-1)^n-n\iota^n},\qquad (n\geqq 1)$$

ist. Demnach gestattet die Definitionsformel

$$\boxed{(\mathfrak{s}+1)^n=\mathfrak{s}^n},\qquad (n\geqq 2)$$

der Bernoullizahlen auch die Schreibung

$$\boxed{(\mathfrak{s}+1)^n-(\mathfrak{s}-1)^n=n\iota^{n-1}}.\qquad (n\geqq 2)$$

Diese neue Formel ergibt, auf $n=4, 6, 8, \ldots$ angewandt, sukzessiv

$$\begin{gathered}2(4\mathfrak{s}^3+4\mathfrak{s}^1)=-4,\\ 2(6\mathfrak{s}^5+6_3\mathfrak{s}^3+6\mathfrak{s}^1)=-6,\\ 2(8\mathfrak{s}^7+8_3\mathfrak{s}^5+8_3\mathfrak{s}^3+8\mathfrak{s}^7)=-8\end{gathered}$$

usw., woraus man sofort $\left(\text{wegen } \mathfrak{s}^1=-\frac{1}{2}\right)$ sukzessiv erkennt, daß $\mathfrak{s}^3$, $\mathfrak{s}^5$, $\mathfrak{s}^7$, ... alle verschwinden. Damit braucht man sich nur um die Berechnung von

$\mathfrak{s}^2$, $\mathfrak{s}^4$, $\mathfrak{s}^6$, ... zu kümmern. Zu dem Zwecke setzt man in der letzten Gleichung $n = m$, wo m eine ungrade Zahl $\geqq 3$ ist. Die Gleichung wird dann

$$(\mathfrak{s} + 1)^m - (\mathfrak{s} - 1)^m = m$$

oder

$$\boxed{m_2 \mathfrak{s}^2 + m_4 \mathfrak{s}^4 + m_6 \mathfrak{s}^6 + \cdots = \frac{m-2}{2}},$$

und diese Rekursionsformel liefert sukzessiv für $m = 3, 5, 7, 9, \ldots$ $\mathfrak{s}^2$, $\mathfrak{s}^4$, $\mathfrak{s}^6$, $\mathfrak{s}^8 \ldots$

Mit Hilfe der Bernoullizahlen sind die Potenzsummen S_p leicht anzugeben. So ist

$$S_1 = 1 + 2 + 3 \quad + \cdots + n = \frac{(N + \mathfrak{s})^2 - \mathfrak{s}^2}{2} = \frac{N^2 + 2N\mathfrak{s}^1}{2} = \frac{N^2 - N}{2} = n\,\frac{n+1}{2},$$

$$S_2 = 1^2 + 2^2 + 3^2 + \cdots + n^2 = \frac{(N + \mathfrak{s})^3 - \mathfrak{s}^3}{3} = \frac{N^3 + 3N^2\mathfrak{s}^1 + 3N\mathfrak{s}^2}{3}$$

$$= \frac{N^3 - \frac{3}{2}N^2 + \frac{N}{2}}{3} = \frac{n(n+1)(2n+1)}{6},$$

$$S_3 = 1^3 + 2^3 + 3^3 + \cdots + n^3 = \frac{(N + \mathfrak{s})^4 - \mathfrak{s}^4}{4} = \frac{N^4 - 2N^3 + N^2}{4} = \left(n\,\frac{n+1}{2}\right)^2,$$

$$S_4 = 1^4 + 2^4 + 3^4 + \cdots + n^4 = \frac{(N + \mathfrak{s})^5 - \mathfrak{s}^5}{5} = \frac{N^5 - \frac{5}{2}N^4 + \frac{5}{3}N^3 - \frac{1}{6}N}{5}$$

$$= \frac{n(n+1)(2n+1)(3n^2 + 3n - 1)}{30},$$

$$S_5 = \frac{n^2(n+1)^2(2n^2 + 2n - 1)}{12}, \quad S_6 = \frac{n(n+1)(2n+1)(3n^4 + 6n^3 - 3n + 1)}{42}.$$

§ 49. Cauchys Bruch- und Wurzelkriterium

Die Konvergenz oder Divergenz einer unendlichen Reihe

$$t_1 + t_2 + t_3 + \cdots$$

läßt sich oft aus dem Verhalten des Bruches

$$\boxed{C_n = \frac{t_{n+1}}{t_n}}$$

beurteilen, auf dessen Bedeutung vor allem Cauchy hingewiesen hat, und den wir deshalb kurz den *Cauchybruch* der Reihe nennen wollen.

Es gilt z. B. folgender von Cauchy stammender Satz.

Cauchys Bruchmerkmal:

Die aus positiven Gliedern bestehende Reihe

$$\mathfrak{S} = t_1 + t_2 + t_3 + \cdots$$

konvergiert oder divergiert, je nachdem der Hochlimes ihres Cauchybruchs kleiner als 1 oder der Tieflimes ihres Cauchybruchs größer als 1 ist.

Die Reihe konvergiert also, wenn

$$\overline{\lim_{n\to\infty}} C_n < 1,$$

sie divergiert, wenn

$$\underline{\lim_{n\to\infty}} C_n > 1$$

ist.

Beweis. Liegt $\overline{\lim} C_n$ unterhalb 1, so daß

$$\overline{\lim} C_n = e \qquad \text{mit} \quad 0 < e < 1$$

ist, so läßt sich ein endlicher Index n angeben derart, daß für jeden Index $N \geqq n$

$$C_N < q$$

ausfällt, wo q ein beliebig ausgewählter fester *Echt*bruch oberhalb e ist, etwa $q = (1 + e) : 2$. Dann haben wir bei beliebigem positiven ν

$$\frac{t_{n+1}}{t_n} < q, \qquad \frac{t_{n+2}}{t_{n+1}} < q, \qquad \ldots, \qquad \frac{t_{n+\nu}}{t_{n+\nu-1}} < q,$$

mithin, wie aus der Multiplikation dieser ν Ungleichungen folgt,

$$t_{n+\nu} < a\,q^\nu \qquad \text{mit} \quad a = t_n.$$

Daher sind die Glieder der Reihe

$$t_{n+1} + t_{n+2} + t_{n+3} + \cdots$$

kleiner als die entsprechenden Glieder der konvergenten geometrischen Reihe

$$a q + a q^2 + a q^3 + \cdots.$$

Das heißt aber: die Reihe $\mathfrak{S}$ konvergiert.

Liegt $\underline{\lim}\, C_n$ oberhalb 1, so daß

$$\underline{\lim}\, C_n = \mu \qquad \text{mit} \quad \mu > 1$$

ist, so laßt sich ein endlicher Zeiger n angeben derart, daß für jeden Zeiger $N \geqq n$

$$C_N > Q$$

ausfällt, wo Q ein beliebiger fester unterhalb μ liegender unechter Bruch etwa $Q = (\mu + 1) : 2$ ist. Diesmal haben wir für beliebiges positives ν

$$\frac{t_{n+1}}{t_n} > Q, \qquad \frac{t_{n+2}}{t_{n+1}} > Q, \qquad \cdots, \qquad \frac{t_{n+\nu}}{t_{n+\nu-1}} > Q,$$

mithin, wie die Multiplikation dieser ν Ungleichungen ergibt,

$$t_{n+\nu} > a Q^\nu \qquad \text{mit} \quad a = t_n.$$

Daher liegen die Glieder der Reihe

$$t_{n+1} + t_{n+2} + t_{n+3} + \cdots$$

oberhalb der Glieder der divergenten geometrischen Reihe

$$aQ + aQ^2 + aQ^3 + \cdots.$$

Das heißt: die Reihe $\mathfrak{S}$ divergiert.

Zusatz. Hat die Folge C_1, C_2, C_3, ... nur *eine* Häufungsstelle, existiert m. a. W. $\lim C_n$, so nimmt Cauchys Satz die Form an:

Die aus positiven Termen bestehende Reihe

$$t_1 + t_2 + t_3 + \cdots$$

konvergiert oder divergiert, je nachdem der Grenzwert ihres Cauchybruches C_n für unbegrenzt wachsendes n kleiner oder größer als 1 ausfällt.

Kurz:

Die Reihe

$$t_1 + t_2 + t_3 + \cdots$$

konvergiert, wenn $\lim C_n < 1$, *divergiert, wenn* $\lim C_n > 1$ *ist.*

Diesen Satz kannte schon D'Alembert, so daß er oft *D'Alemberts Konvergenzkriterium* genannt wird.

Der obige allgemeinere Satz wird zweckmaßig

Cauchys Bruchkriterium

genannt und begreift D'Alemberts Kriterium als Sonderfall in sich. Im Falle $\lim C_n = 1$ versagt das Bruchmerkmal.

Wie wir aus § 47 wissen, wird die Konvergenz bzw. Divergenz einer Reihe sehr oft dadurch nachgewiesen, daß man die Reihe mit einer andern Reihe vergleicht, deren Konvergenz bzw. Divergenz schon feststeht.

In dieser Hinsicht leistet nun der folgende Satz erheblichen Nutzen.

Vergleichungssatz:

Konvergiert bzw. divergiert von den zwei Reihen

$$a_1 + a_2 + a_3 + \cdots \qquad \textit{und} \qquad x_1 + x_2 + x_3 + \cdots$$

mit positiven Gliedern die erste, und liegt der Cauchybruch der zweiten stets unterhalb bzw. oberhalb des Cauchybruches der ersten, so konvergiert bzw. divergiert auch die zweite Reihe.

Beweis. Das Zeichen $\lesseqgtr$ bedeute „kleiner als bzw. größer als". Nach Voraussetzung gelten die n Ungleichungen

$$\frac{x_2}{x_1} \lesseqgtr \frac{a_2}{a_1}, \qquad \frac{x_3}{x_2} \lesseqgtr \frac{a_3}{a_2}, \qquad \ldots, \qquad \frac{x_{n+1}}{x_n} \lesseqgtr \frac{a_{n+1}}{a_n}.$$

Ihre Multiplikation ergibt

$$\frac{x_{n+1}}{x_1} \lesseqgtr \frac{a_{n+1}}{a_1} \qquad \text{oder} \qquad x_{n+1} \lesseqgtr f a_{n+1} \qquad \text{mit} \quad f = \frac{x_1}{a_1}.$$

Demnach ist ($n = 1, 2, 3, \ldots, n - 2$)

$$x_2 \lesseqgtr f a_2, \qquad x_3 \lesseqgtr f a_3, \qquad x_4 \lesseqgtr f a_4, \qquad \ldots, \qquad x_n \lesseqgtr f a_n.$$

Die Addition dieser ($n - 1$) Ungleichungen liefert

$$x_2 + x_3 + x_4 + \cdots + x_n \lesseqgtr f(a_2 + a_3 + a_4 + \cdots + a_n),$$

und der Anblick dieser für jedes $n > 2$ geltenden Ungleichung zeigt die Richtigkeit unseres Satzes.

Neben dem Cauchybruch

$$C_n = \frac{t_{n+1}}{t_n}$$

der unendlichen Reihe

$$t_1 + t_2 + t_3 + \cdots$$

spielt auch die *Cauchywurzel*

$$\mathfrak{C}_n = \sqrt[n]{t_n}$$

der Reihe eine wichtige Rolle.

Zu den wichtigsten Kriterien für Konvergenz oder Divergenz einer Reihe gehört

Cauchys Wurzelmerkmal:

Die positivgliedrige Reihe

$$\mathfrak{S} = t_1 + t_2 + t_3 + \cdots$$

konvergiert oder divergiert, je nachdem der Hochlimes ihrer Cauchywurzel unterhalb oder oberhalb der Einheit liegt.

M. a. W.:

Die Reihe konvergiert, wenn $\overline{\lim}\, \mathfrak{C}_n < 1$, *divergiert, wenn* $\overline{\lim}\, \mathfrak{C}_n > 1$.

Man achte darauf, daß bei diesem Wurzelkriterium nur der Hochlimes von $\mathfrak{C}_n$ vorkommt, wahrend beim Bruchkriterium Hoch- *und* Tieflimes von C_n auftreten!

Beweis. Liegt $\overline{\lim}\, \mathfrak{C}_n = e$ unterhalb 1, so existiert zu jedem $\varepsilon > 0$ ein Festzeiger n derart, daß für jeden höheren Zeiger N $\mathfrak{C}_N < q$ ausfällt, wo q einen beliebigen oberhalb e liegenden *Echt*bruch, etwa $q = (1 + e) : 2$, bedeutet. Dann ist für jedes $N > n$

$$\mathfrak{C}_N < q \qquad \text{oder} \qquad t_N < q^N.$$

Daher liegen die Glieder der Reihe

$$t_{n+1} + t_{n+2} + t_{n+3} + \cdots$$

unter den Gliedern der konvergenten geometrischen Reihe

$$q^{n+1} + q^{n+2} + q^{n+3} + \cdots.$$

Das heißt: die Reihe $\mathfrak{S}$ konvergiert.

Liegt $\overline{\lim}\, C_n = \mu$ oberhalb 1, so existieren sicher *unendlich viele* Zeiger n: $n = a, b, c, \ldots$ für welche $\mathfrak{C}_n > Q$ ausfällt, wo Q den *unechten* Bruch $(1 + \mu) : 2$ bedeutet. Für diese Zeiger ist jeweils $t_n > Q^n$, so daß sicher

$$t_a + t_b + t_c + \cdots > Q^a + Q^b + Q^c + \cdots,$$

und da die rechte Seite dieser Ungleichung unendlich viele über 1 liegende Terme enthält, divergiert $\mathfrak{S}$.

Zusatz. Vielfach hat die Cauchywurzelfolge $\mathfrak{C}_1, \mathfrak{C}_2, \mathfrak{C}_3, \ldots$ nur *eine* Häufungsstelle, fallen mithin die beiden Extremlimiten $\overline{\lim}\, \mathfrak{C}_n$ und $\underline{\lim}\, \mathfrak{C}_n$ zu $\lim \mathfrak{C}_n$ zusammen:

$$\underline{\lim}\, \mathfrak{C}_n = \overline{\lim}\, \mathfrak{C}_n = \lim \mathfrak{C}_n.$$

Dann nimmt Cauchys Wurzelmerkmal die einfachste Form an:

Die aus positiven Termen bestehende Reihe

$$t_1 + t_2 + t_3 + \cdots$$

konvergiert oder divergiert, je nachdem

$$\lim \mathfrak{C}_n = \lim \sqrt[n]{t_n}$$

unterhalb oder oberhalb der Einheit liegt.

Über den leider häufig vorkommenden Ausnahmefall

$$\lim \mathfrak{C}_n = 1$$

sagt das Kriterium nichts aus.

§ 50. Cauchys Kondensationskriterium

Vorgelegt sei die aus fallenden positiven Termen $t_1, t_2, t_3, \ldots$ aufgebaute Reihe

$$\mathfrak{S} = t_1 + t_2 + t_3 + \cdots.$$

Wir fassen die Glieder von $\mathfrak{S}$ zu „Abschnitten" zusammen, einmal zu den Abschnitten

$$U_0, U_1, U_2, U_3, \cdots,$$

ein andermal zu den Abschnitten

$$V_0, V_1, V_2, V_3, \cdots,$$

so daß sowohl

$$\mathfrak{S} = U_0 + U_1 + U_2 + U_3 + \cdots$$

als auch

$$\mathfrak{S} = V_0 + V_1 + V_2 + V_3 + \cdots$$

ist.

Dabei besteht der Abschnitt U_n aus den $(a^m - a^n)$ Termen mit den sukzessiven Zeigern

$$a^n, \; a^n + 1, \; a^n + 2, \; \ldots, \; a^m - 1 \qquad \text{mit} \quad m = n + 1,$$

der Abschnitt V_n aus den $(a^n - a^\nu)$ Termen mit den sukzessiven Zeigern

$$a^n, \; a^n - 1, \; a^n - 2, \; \ldots, \; a^\nu + 1 \qquad \text{mit} \quad \nu = n - 1,$$

speziell V_0 aus dem einzigen Term t_1, und a ist eine feste oberhalb 1 gelegene Ganzzahl. Nach Voraussetzung ist von allen Termen von U_n der erste der größte, von allen Termen von V_n der letzte der kleinste.

Daher ist

$$U_n < (a^m - a^n)\, t_{a^n}$$

und

$$V_n > (a^n - a^\nu)\, t_{a^n}$$

oder, wenn wir

$$a^n \cdot t_{a^n} = C_n,$$

$$a - 1 = P, \quad 1 - \frac{1}{a} = p$$

setzen,

$$U_n < P C_n$$

und

$$V_n > p\, C_n.$$

Nach diesen beiden Ungleichungen ist für beliebige Zeiger r

$$U_0 + U_1 + U_2 + \cdots + U_r < P(C_0 + C_1 + C_2 + \cdots + C_r)$$

und

$$V_0 + V_1 + V_2 + \cdots + V_r > p(C_0 + C_1 + C_2 + \cdots + C_r).$$

Aus diesen beiden Ungleichungen folgt sofort:
Die vorgelegte Reihe $\mathfrak{S}$ konvergiert oder divergiert, je nachdem die Reihe

$$C_0 + C_1 + C_2 + \cdots$$

konvergiert oder divergiert.
Damit haben wir

Cauchys Kondensationskriterium:

Eine aus fallenden positiven Termen $t_1, t_2, t_2, \ldots$ bestehende Reihe

$$t_1 + t_2 + t_3 + \cdots$$

konvergiert oder divergiert, je nachdem die Cauchysche Hilfsreihe

$$C_0 + C_1 + C_2 + C_3 + \cdots \qquad \textit{mit} \qquad C_n = a^n \cdot t_{a^n} \ \text{ und } \ a > 1$$

konvergiert oder divergiert.

Für $a = 2$ z. B. heißt es:

Die aus fallenden positiven Gliedern bestehende Reihe

$$t_1 + t_2 + t_3 + \cdots$$

konvergiert oder divergiert, je nachdem die Cauchysche Hilfsreihe

$$t_1 + 2t_2 + 4t_4 + 8t_8 + 16t_{16} + \cdots$$

konvergiert oder divergiert.

Betrachten wir beispielsweise die

Harmonische Reihe:

$$\frac{1}{1} + \frac{1}{2} + \frac{1}{3} + \frac{1}{4} + \cdots!$$

Die Cauchysche Hilfsreihe heißt hier (für $a = 2$)

$$1 + 1 + 1 + 1 + \cdots,$$

ist also divergent. Folglich:

Die harmonische Reihe

$$\frac{1}{1} + \frac{1}{2} + \frac{1}{3} + \frac{1}{4} + \ldots$$

divergiert.

Als zweites Beispiel betrachten wir die etwas allgemeinere Reihe

$$\frac{1}{1^p} + \frac{1}{2^p} + \frac{1}{3^p} + \cdots.$$

Die Cauchysche Hilfsreihe lautet ($a = 2$)

$$1 + \frac{1}{2^{p-1}} + \frac{1}{4^{p-1}} + \frac{1}{8^{p-1}} + \cdots$$

oder

$$1 + \left(\frac{1}{2^{p-1}}\right) + \left(\frac{1}{2^{p-1}}\right)^2 + \left(\frac{1}{2^{p-1}}\right)^3 + \cdots.$$

Dies ist eine geometrische Reihe mit dem Quotienten

$$q = 1 : 2^{p-1}$$

und konvergiert oder divergiert, je nachdem $q < 1$ oder $q \geqq 1$ ist, d. h. hier, je nachdem

$$p > 1 \qquad \text{oder} \qquad p \leqq 1 \qquad \text{ist.}$$

Folglich:

Die Reihe

$$\frac{1}{1^p} + \frac{1}{2^p} + \frac{1}{3^p} + \cdots$$

konvergiert oder divergiert, je nachdem p oberhalb der Einheit liegt oder nicht.

Aus

$$S = \frac{1}{1^p} + \frac{1}{2^p} + \frac{1}{3^p} + \cdots \qquad \text{mit} \quad p > 1$$

und

$$S < 1 + \frac{2}{2^p} + \frac{4}{4^p} + \frac{8}{8^p} + \cdots$$

oder (mit $\pi = p - 1$)

$$S < 1 + \frac{1}{2^\pi} + \frac{1}{(2^\pi)^2} + \frac{1}{(2^\pi)^3} + \cdots$$

folgt noch

$$S < \frac{1}{1 - \frac{1}{2^\pi}}$$

oder

$$\boxed{S < 2^{p-1} : (2^{p-1} - 1)}\,.$$

Ist $p > 2$, so lehrt die Potenzungleichung, daß

$$2^{p-1} > 1 + p - 1 = p$$

ist. Folglich:

$$\boxed{S < \frac{p}{p-1}} \qquad \text{falls} \quad p > 2.$$

Als drittes Beispiel diene die

Reihe von Abel:

$$1 + \frac{1}{2l2} + \frac{1}{3l3} + \frac{1}{4l4} + \cdots,$$

die Abel vermutlich dadurch erhielt, daß er den Nenner n der divergenten harmonischen Reihe

$$\sum \frac{1}{n},$$

um eine *konvergente* Reihe zu erzielen, mit dem Faktor ln behaftete, welcher mit unbegrenzt wachsendem n unendlich wird, doch schwächer als n^ε, wo ε ein beliebiger positiver echter Bruch ist. [Der Zusatzfaktor n^ε würde die harmonische Reihe in

$$\sum \frac{1}{n^{1+\varepsilon}}$$

verwandeln, also sicher Konvergenz bewirken. Anderseits ist

$$l\sqrt{n^\varepsilon} < \sqrt{n^\varepsilon}, \qquad \text{d.h.} \qquad ln : n^\varepsilon < 2 : \varepsilon\sqrt{n^\varepsilon},$$

so daß $\lim\limits_{n\to\infty} ln : n^\varepsilon = 0$, also ln viel schwächer ∞ wird als n^ε.]
Die Cauchysche Hilfsreihe wird (für $a = 2$)

$$1 + \frac{1}{l2} + \frac{1}{l4} + \frac{1}{l8} + \cdots = 1 + \frac{1}{l2}\left[1 + \frac{1}{2} + \frac{1}{3} + \frac{1}{4} + \cdots\right],$$

divergiert mithin. Folglich:

Abels Reihe

$$1 + \frac{1}{2l2} + \frac{1}{3l3} + \frac{1}{4l4} + \cdots$$

divergiert.

Bertrand hat die in den Nennern der Abelschen Reihe stehenden Logarithmen mit dem unecht gebrochenen positiven Exponenten p potenziert und dadurch die Reihe

$$1 + \frac{1}{2(l2)^p} + \frac{1}{3(l3)^p} + \frac{1}{4(l4)^p} + \cdots$$

erhalten. Jetzt wird Cauchys Hilfsreihe

$$1+\frac{1}{(l\,2)^p}+\frac{1}{(l\,4)^p}+\frac{1}{(l\,8)^p}+\cdots=1+\frac{1}{(l\,2)^p}\left[1+\frac{1}{2^p}+\frac{1}{3^p}+\frac{1}{4^p}+\cdots\right],$$

und diese Reihe konvergiert oder divergiert, je nachdem p oberhalb der Einheit liegt oder nicht. Folglich:

Bertrands Reihe

$$1+\frac{1}{2\,(l\,2)^p}+\frac{1}{3\,(l\,3)^p}+\frac{1}{4\,(l\,4)^p}+\cdots$$

konvergiert oder divergiert, je nachdem der Exponent p oberhalb der Einheit liegt oder nicht.

Bertrand bildet weiter die Reihe

$$1+\frac{1}{2\,l\,2\,(L\,2)^p}+\frac{1}{3\,l\,3\,(L\,3)^p}+\frac{1}{4\,l\,4\,(L\,4)^p}+\cdots,$$

in welcher das Zeichen $L\,x$ den Logarithmus von $l\,x$ bedeutet:

$$L\,x=l(l\,x).$$

Da $L\,2$ negativ ist, nehmen wir die Cauchysche Hilfsreihe nicht für $a=2$, sondern für einen ganzzahligen Wert, der $L\,a$ positiv macht, was schon $a=3$ leistet. Für dieses a wird Cauchys Hilfsreihe

$$\mathfrak{R}=1+\frac{1}{l\,3\,(L\,3)^p}+\frac{1}{l\,9\,(L\,9)^p}+\frac{1}{l\,27\,(L\,27)^p}+\cdots$$

oder $\mathfrak{R}=1+\mathfrak{r}$ mit $\mathfrak{r}=\sum_n^{1,\infty}\frac{1}{l\,(3^n)\,[L\,(3^n)]^p}=\sum\frac{1}{\lambda\,n\,[l\,n+\Lambda]^p}$

mit $\lambda=l\,3,\qquad \Lambda=l\,\lambda=l(l\,3).$

Daher handelt es sich um die Reihe

$$\mathfrak{s}=\sum_1^\infty\frac{1}{n\,[l\,n+\Lambda]^p}.$$

Nun ist für $n>1$

$$l\,n<l\,n+\Lambda<2\,l\,n,$$

mithin

$$\frac{1}{2^p\cdot n\,[l\,n]^p}<\frac{1}{n\,[l\,n+\Lambda]^p}<\frac{1}{n\,[l\,n]^p},$$

und folglich

$$\frac{1}{2^p}\cdot\sum_2^\infty\frac{1}{n\,[l\,n]^p}<\sum_2^\infty\frac{1}{n\,[l\,n+\Lambda]^p}<\sum_2^\infty\frac{1}{n\,[l\,n]^p}.$$

Da nun Bertrands Reihe (s. o.) $\sum_{2}^{\infty} \frac{1}{n\,[l\,n]^p}$

für $p > 1$ konvergiert, für $p \leqq 1$ divergiert, so konvergiert oder divergiert

$$\sum_{2}^{\infty} \frac{1}{n\,[l\,n + \Lambda]^p}$$

und damit auch $\mathfrak{s}$, je nachdem p die Einheit überschreitet oder nicht. Die Konvergenz bzw. Divergenz von $\mathfrak{s}$ zieht die Konvergenz bzw. Divergenz von $\mathfrak{r}$ und $\mathfrak{R}$ und damit der Ausgangsreihe nach sich. Ergo:

Die Bertrandsche Reihe

$$1 + \frac{1}{2\,l\,2\,(L\,2)^p} + \frac{1}{3\,l\,3\,(L\,3)^p} + \frac{1}{4\,l\,4\,(L\,4)^p} + \cdots \qquad \textit{mit} \quad L\,n = l\,(l\,n)$$

konvergiert oder divergiert, je nachdem der Exponent p die Einheit übertrifft oder nicht.

Der nächste Schritt führt Bertrand zur Reihe

$$1 + \frac{1}{2\,l\,2\,L\,2\,(\mathfrak{L}\,2)^p} + \frac{1}{3\,l\,3\,L\,3\,(\mathfrak{L}\,3)^p} + \frac{1}{4\,l\,4\,L\,4\,(\mathfrak{L}\,4)^p} + \cdots,$$

wo $\mathfrak{L}\,x$ den Logarithmus von $L\,x$ bedeutet:

$$\mathfrak{L}\,x = l\,(L\,x) = l\,(l\,[l\,x]),$$

was meist $l_3(x)$ oder $l_3 x$ geschrieben wird.
Da $\mathfrak{L}\,2$, $\mathfrak{L}\,3$, ... bis inkl. $\mathfrak{L}\,15$ negativ sind, während erst $\mathfrak{L}\,16$ positiv wird, nehmen wir zur Bildung von Cauchys Hilfsreihe

$$a = 16.$$

Die Hilfsreihe ist dann

$$\mathfrak{R} = 1 + \sum_{n}^{1,\infty} \frac{1}{l\,(a^n)\,L\,(a^n)\,[\mathfrak{L}\,(a^n)]^p}$$

oder $\mathfrak{R} = 1 + \mathfrak{r}$ mit

$$\mathfrak{r} = \sum_{1}^{\infty} \frac{1}{\lambda\,n\,(l\,n + \Lambda)\,[l\,(l\,n + \Lambda)]^p}$$

und $\lambda = l\,a$, $\Lambda = l\,\lambda = l\,(l\,a)$.
Daher kommt es auf das Verhalten der Reihe

$$\mathfrak{s} = \sum_{1}^{\infty} \frac{1}{n\,(l\,n + \Lambda)\,[l\,(l\,n + \Lambda)]^p}$$

an.

Nun ist für hinreichend hohe n, etwa $n \geqq n_0$

$$ln < ln + \Lambda < 2\, ln \qquad \text{und} \qquad l(ln) < l(ln + \Lambda) < 2\, l(ln),$$

mithin für diese n

$$\frac{1}{2^{p+1} \cdot n\, l\, n\, [L\, n]^p} < \frac{1}{n\,(l\, n + \Lambda)\,[l\,(l\, n + \Lambda)]^p} < \frac{1}{n\, l\, n\, [L\, n]^p}$$

und weiter

$$\frac{1}{2^{p+1}} \cdot \sum_{n_0}^{\infty} \frac{1}{n\, l\, n\, [L\, n]^p} < \sum_{n_0}^{\infty} \frac{1}{n\,(l\, n + \Lambda)\,[l\,(l\, n + \Lambda)]^p} < \sum_{n_0}^{\infty} \frac{1}{n\, l\, n\, [L\, n]^p}.$$

Da nun Bertrands Reihe

$$\sum_{n_0}^{\infty} \frac{1}{n\, l\, n\, [L\, n]^p},$$

wie oben gezeigt, für $p > 1$ konvergiert, für $p \leqq 1$ divergiert, so konvergiert oder divergiert

$$\sum_{n_0}^{\infty} \frac{1}{n\,(l\, n + \Lambda)\,[l\,(l\, n + \Lambda)]^p}$$

und damit $\mathfrak{s}$, je nachdem p die Einheit übertrifft oder nicht. Die Konvergenz bzw. Divergenz von $\mathfrak{s}$ zieht die von $\mathfrak{r}$ und $\mathfrak{R}$ und damit die der Ausgangsreihe nach sich. Ergo:

Bertrands Reihe

$$1 + \frac{1}{2\, l\, 2\, L\, 2\, (\mathfrak{L}\, 2)^p} + \frac{1}{3\, l\, 3\, L\, 3\, (\mathfrak{L}\, 3)^p} + \frac{1}{4\, l\, 4\, L\, 4\, (\mathfrak{L}\, 4)^p} + \cdots$$

$$\textit{mit} \quad Ln = l(ln), \qquad \mathfrak{L}\, n = l[l(ln)].$$

konvergiert oder divergiert, je nachdem der Exponent p die Einheit übertrifft oder nicht.

Man sieht, wie es weiter geht. Es gilt

Bertrands Satz:

Die Reihe

$$1 + \sum_{n}^{2,\infty} \frac{1}{n \cdot l_1 n \cdot l_2 n \cdot l_3 n \cdot \cdots \cdot l_\nu n\, (l_\mu n)^p}$$

mit $\quad l_1 n = ln, \quad l_2 n = l(l_1 n), \quad l_3 n = l(l_2 n), \quad \ldots, \quad l_\mu n = l(l_\nu n), \quad \mu = \nu + 1$

konvergiert oder divergiert, je nachdem der Exponent p die Einheit übertrifft oder nicht.

§ 51. Cauchys Integralkriterium

In den Fallen, wo das Cauchysche Bruch- und Wurzelkriterium über die Konvergenz einer vorgelegten unendlichen Reihe keine Auskunft geben, leistet das Integralkriterium von Cauchy haufig gute Dienste.

$f(x)$ sei eine stetige positive Funktion von x, die von einer Stelle a an mit wachsendem x fallt, um für $x \to \infty$ gegen Null zu konvergieren. f_n sei der Wert der Funktion an der Stelle $x = n$, und es handle sich um die Frage der Konvergenz bzw. Divergenz der unendlichen Reihe

$$\mathfrak{S} = f_1 + f_2 + f_3 + \cdots.$$

Nach Voraussetzung ist im Intervall $[r, s]$ der beiden sukzessiven Ganzzahlen r und $s = r + 1$

$$f_r > f(x) > f_s.$$

Diese Ungleichung integrieren wir über das Intervall $[r, s]$ und erhalten die neue Ungleichung

$$f_r > \int_r^s f(x)\,dx > f_s.$$

In ihr substituieren wir sukzessiv die $\nu = N - n$ Zeigerwerte

$$r = n,\ n+1,\ n+2,\ \ldots,\ n+\nu-1 = N-1$$

und addieren die entstehenden ν Ungleichungen. Das gibt,

$$f_{n+1} + f_{n+2} + \cdots + f_N = \mathfrak{R}_n^N$$

gesetzt,

$$\boxed{f_N - f_n + \int_n^N f(x)\,dx < \mathfrak{R}_n^N < \int_n^N f(x)\,dx}\,.$$

Wir unterscheiden zwei Fälle:

$$1^\circ \quad \int_a^\infty f(x)\,dx \quad \text{konvergiert,} \qquad 2^\circ \quad \int_a^\infty f(x)\,dx \quad \text{divergiert.}$$

Im ersten Falle existiert zu jedem positiven ε ein endlicher Zeiger n derart, daß für jeden größeren Zeiger N

$$\int_n^N f(x)\,dx < \varepsilon$$

ausfällt. Dann ist erst recht

$$\mathfrak{R}_n^N < \varepsilon,$$

und diese Ungleichung sagt aus, daß die Reihe $\mathfrak{S}$ konvergiert.

Im zweiten Falle wird das auf der rechten Seite der Ungleichung

$$\mathfrak{R}_n^N > f_N - f_n + \int_n^N f(x)\,dx$$

stehende Integral bei festem n und unbegrenzt wachsendem N unendlich groß, wächst also auch $\mathfrak{R}_n^N$ über alle Grenzen; d. h. die Reihe $\mathfrak{S}$ divergiert.
Damit gilt

Cauchys Integralkriterium:

Die Reihe

$$f_1 + f_2 + f_3 + \cdots \text{ in inf.},$$

in welcher f_n den Wert $f(n)$ der stetigen positiven, von einer Stelle a an unbegrenzt fallenden Funktion $f(x)$ bedeutet,

konvergiert oder divergiert,

je nachdem $\int_a^\infty f(x)\,dx$ *konvergiert oder divergiert.*

Wir betrachten einige Beispiele.

Beispiel 1

$$\mathfrak{S} = \frac{1}{1^p} + \frac{1}{2^p} + \frac{1}{3^p} + \cdots \qquad \text{mit} \quad p > 0.$$

Hier handelt es sich um die Funktion

$$f(x) = \frac{1}{x^p}$$

und das Integral

$$J = \int_1^\infty \frac{dx}{x^p}.$$

Nun hat

$$J_\omega = \int_1^\omega \frac{dx}{x^p}$$

den Wert

$$J_\omega = l\omega \qquad \text{oder} \qquad J_\omega = \frac{1}{p-1}\left[1 - \frac{1}{\omega^{p-1}}\right],$$

je nachdem p der Einheit gleicht oder nicht. Für $p > 1$ konvergiert J, für $p \leqq 1$ divergiert es. Folglich:

Die Reihe

$$\frac{1}{1^p} + \frac{1}{2^p} + \frac{1}{3^p} + \cdots$$

konvergiert oder divergiert, je nachdem p die Einheit übertrifft oder nicht.

Beispiel 2

$$\mathfrak{S} = \frac{1}{2(l\,2)^p} + \frac{1}{3(l\,3)^p} + \frac{1}{4(l\,4)^p} + \cdots \qquad \text{mit} \quad p > 0.$$

Hier ist

$$f(x) = \frac{1}{x\,(l\,x)^p}$$

und das unbestimmte Integral

$$\int f(x)\,dx = l(l\,x) \qquad \text{oder} \qquad (l\,x)^{1-p} : (1-p),$$

je nachdem p der Einheit gleicht oder nicht, mithin

$$\int_2^\omega f(x)\,dx = l(l\,\omega) - l(l\,2) \qquad \text{oder} \qquad [(l\,2)^{1-p} - (l\,\omega)^{1-p}] : (p-1).$$

Aus dieser Formel folgt, daß

$$\int_2^\infty f(x)\,dx$$

konvergiert oder divergiert, je nachdem $p > 1$ oder $p \leqq 1$ ist.

Die Reihe

$$\frac{1}{2(l\,2)^p} + \frac{1}{3(l\,3)^p} + \frac{1}{4(l\,4)^p} + \cdots$$

konvergiert oder divergiert, je nachdem p die Einheit übertrifft oder nicht.

Beispiel 3

$$\mathfrak{S} = \frac{1}{3\,l\,3\,(L\,3)^p} + \frac{1}{4\,l\,4\,(L\,4)^p} + \frac{1}{5\,l\,5\,(L\,5)^p} + \cdots,$$

wo

$$L\,x = l(l\,x)$$

ist.

Hier haben wir

$$f(x) = \frac{1}{x\,l\,x\,(L\,x)^p}$$

und das unbestimmte Integral

$$\int f(x)\,dx = l(L\,x) \qquad \text{oder} \qquad (L\,x)^{1-p} : (1-p),$$

je nachdem $p = 1$ oder $p \neq 1$ ist, mithin

$$\int_3^\omega f(x)\,dx = l(L\,\omega) - l(L\,3) \qquad \text{oder} \qquad [(L\,3)^{1-p} - (L\,\omega)^{1-p}] : (p-1).$$

Diese Formel zeigt, daß

$$\int_3^\infty f(x)\,dx$$

konvergiert oder divergiert, je nachdem p die Einheit übertrifft oder nicht. Folglich:

Die Reihe

$$\frac{1}{3\,l\,3\,(L\,3)^p} + \frac{1}{4\,l\,4\,(L\,4)^p} + \frac{1}{5\,l\,5\,(L\,5)^p} + \cdots \quad \textit{mit} \qquad L\,x = l\,(l\,x)$$

konvergiert oder divergiert, je nachdem p die Einheit übertrifft oder nicht.

Beispiel 4.

Welchen Wert hat

$$\lim_{n\to\infty}\left[\frac{1}{n+1} + \frac{1}{n+2} + \frac{1}{n+3} + \cdots + \frac{1}{n+n}\right]?$$

Die Lösung dieser Aufgabe kann ebenfalls mittels der gerahmten Ungleichung bewirkt werden. Ihr zufolge liegt nämlich die eckige Klammer zwischen den beiden Schranken [es ist $f(x) = 1 : x$]

$$\frac{1}{2n} - \frac{1}{n} + \int_n^{2n} \frac{dx}{x} \qquad \text{und} \qquad \int_n^{2n} \frac{dx}{x},$$

mithin zwischen den Schranken

$$l\,2 - \frac{1}{2n} \qquad \text{und} \qquad l\,2 .$$

Folglich ist

$$\boxed{\lim\left(\frac{1}{n+1} + \frac{1}{n+2} + \cdots + \frac{1}{n+n}\right) = l\,2} \;.$$

§ 52. Gauß' Konvergenzkriterium

Die Reihe

$$S = T_1 + T_2 + T_3 + \cdots,$$

deren Cauchybruch

$$C_n = \frac{T_{n+1}}{T_n}$$

sich auf die Form

$$C_n = \frac{n^p + a\,n^{p-1} + b\,n^{p-2} + \cdots}{n^p + A\,n^{p-1} + B\,n^{p-2} + \cdots}$$

mit positiv ganzzahligem p bringen läßt, konvergiert oder divergiert, je nachdem die Differenz

$$d = A - a$$

die Einheit übertrifft oder nicht.

Der folgende Beweis beruht auf dem Vergleich der Reihe S mit der Rouchéschen Hilfsreihe

$$\mathfrak{S} = \mathfrak{T}_1 + \mathfrak{T}_2 + \mathfrak{T}_3 + \cdots,$$

deren Cauchybruch

$$\mathfrak{C}_n = \frac{\mathfrak{T}_{n+1}}{\mathfrak{T}_n}$$

die Form

$$\mathfrak{C}_n = \frac{n-k+\theta}{n-k+1}$$

hat, wo θ ein positiver oder negativer Echtbruch oder Null ist und k eine passend gewählte feste natürliche Zahl bedeutet. Diese Rouchéreihe wird durch folgende Tafel erklärt:

$$\begin{array}{l} \mathfrak{T}_1 + \mathfrak{T}_2 + \mathfrak{T}_3 + \cdots + \mathfrak{T}_k + \mathfrak{T}_{k+1} + \mathfrak{T}_{k+2} + \mathfrak{T}_{k+3} + \cdots \\ 0 + 0 + 0 + \cdots + 0 + \mathfrak{p}_1 + \mathfrak{p}_2 + \mathfrak{p}_3 + \cdots \\ 0 + 0 + 0 + \cdots + 0 + \mathfrak{q}_1 + \mathfrak{q}_2 + \mathfrak{q}_3 + \cdots, \end{array}$$

wobei

$$\mathfrak{p}_1 = \theta, \quad \mathfrak{p}_2 = \theta \cdot \frac{1+\theta}{2}, \quad \mathfrak{p}_3 = \theta \cdot \frac{1+\theta}{2} \cdot \frac{2+\theta}{3}, \quad \mathfrak{p}_4 = \theta \cdot \frac{1+\theta}{2} \cdot \frac{2+\theta}{3} \cdot \frac{3+\theta}{4}, \quad \ldots$$

$$\mathfrak{q}_1 = \frac{1}{1}, \quad \mathfrak{q}_2 = \frac{1}{2}, \quad \mathfrak{q}_3 = \frac{1}{3}, \quad \mathfrak{q}_4 = \frac{1}{4}, \quad \ldots$$

ist und die erste Festsetzung für $\theta \neq 0$, die zweite für $\theta = 0$ gilt. Bei solcher Festsetzung ist in der Tat

im 1. Falle $$\frac{\mathfrak{T}_{k+\nu+1}}{\mathfrak{T}_{k+\nu}} = \frac{\mathfrak{p}_{\nu+1}}{\mathfrak{p}_\nu} = \frac{\nu+\theta}{\nu+1},$$

im 2. Falle $$\frac{\mathfrak{T}_{k+\nu+1}}{\mathfrak{T}_{k+\nu}} = \frac{\mathfrak{q}_{\nu+1}}{\mathfrak{q}_\nu} = \frac{\nu}{\nu+1}$$

oder, wenn man $k + \nu = n$, $\nu = n - k$ schreibt,

bei der ersten Reihenform $$\frac{\mathfrak{T}_{n+1}}{\mathfrak{T}_n} = \frac{n-k+\theta}{n-k+1},$$

bei der zweiten Reihenform $$\frac{\mathfrak{T}_{n+1}}{\mathfrak{T}_n} = \frac{n-k+0}{n-k+1}.$$

Für unsere Rouchéreihe

$$\mathfrak{T}_1 + \mathfrak{T}_2 + \mathfrak{T}_3 + \cdots$$

hat also der Cauchybruch in jedem der beiden Fälle die Form

$$\mathfrak{C}_n = \frac{n-k+\theta}{n-k+1}, \qquad [-1 < \theta < 1].$$

Das gilt zwar nur für die oberhalb k liegenden Zeiger n, bei Konvergenzbetrachtungen braucht man sich aber nur um die Reihenglieder zu kümmern, deren Zeiger oberhalb einer festen endlichen Zahl liegen.

Erörtern wir nunmehr die Konvergenzfrage der Rouchéreihe!

Im 1. *Fall haben wir,*

$$\mathfrak{p}_1 + \mathfrak{p}_2 + \mathfrak{p}_3 + \cdots + \mathfrak{p}_\nu = \mathfrak{s}_\nu$$

gesetzt,

$$\mathfrak{s}_2 + 1 = 1 + \theta + \theta \frac{1+\theta}{2} = (1+\theta)\left(1 + \frac{\theta}{2}\right),$$

$$\mathfrak{s}_3 + 1 = (\mathfrak{s}_2 + 1) + \mathfrak{p}_3 = (1+\theta)\left(1 + \frac{\theta}{2}\right)\left(1 + \frac{\theta}{3}\right),$$

$$\mathfrak{s}_4 + 1 = (\mathfrak{s}_3 + 1) + \mathfrak{p}_4 = (1+\theta \left(1 + \frac{\theta}{2}\right)\left(1 + \frac{\theta}{3}\right)\left(1 + \frac{\theta}{4}\right),$$

usw.

Folglich ist

$$\mathfrak{s}_\nu + 1 = (1+\theta)\left(1 + \frac{\theta}{2}\right)\left(1 + \frac{\theta}{3}\right)\cdots\left(1 + \frac{\theta}{\nu}\right).$$

Es kommt jetzt darauf an, für die rechte Seite R dieser Gleichung Schranken zu finden.

Nach der Ungleichung der Exponentialfunktion ($e^x > 1 + x$) ist

$$R < e^{\theta} \cdot e^{\theta:2} \cdot e^{\theta.3} \cdot \ldots \cdot e^{\theta.\nu} = e^{\theta H_\nu} \qquad \text{mit} \quad H_\nu = \frac{1}{1} + \frac{1}{2} + \cdots + \frac{1}{\nu},$$

womit schon eine obere Schranke gefunden ist.

Ferner ist

$$(1+\theta)\left(1 + \frac{\theta}{2}\right) > 1 + \theta H_2,$$

folglich

$$(1+\theta)\left(1 + \frac{\theta}{2}\right)\left(1 + \frac{\theta}{3}\right) > (1 + \theta H_2)\left(1 + \frac{\theta}{3}\right) > 1 + \theta H_3$$

usw.; allgemein

$$R > 1 + \theta H_\nu,$$

womit auch eine untere Schranke ermittelt ist.

Somit gilt die Ungleichung

$$1 + \theta H_\nu < \mathfrak{s}_\nu + 1 < e^{\theta H_\nu}.$$

Da H_ν mit unbegrenzt wachsendem ν gleichfalls unbegrenzt wächst, lehrt sie: Die Reihe $\mathfrak{S}$ konvergiert oder divergiert, je nachdem θ negativ oder positiv ist.

Im Falle $\theta = 0$ *ist*

$$\mathfrak{S} = \frac{1}{1} + \frac{1}{2} + \frac{1}{3} + \cdots,$$

so daß die Rouchéreihe divergiert.

Zusammenfassend können wir sagen:

Die Rouchéreihe konvergiert oder divergiert, je nachdem θ negativ ist oder nicht.

Nunmehr vergleichen wir die Cauchybrüche C_n und $\mathfrak{C}_n$ der vorgelegten Reihe S und der Rouchéreihe $\mathfrak{S}$ miteinander, bilden also den Quotient

$$q_n = C_n : \mathfrak{C}_n .$$

Eine einfache Rechnung ergibt

$$q_n = \frac{n^{p+1} + (a - k + 1)\, n^p + (b - k\, a + a)\, n^{p-1} + \cdots}{n^{p+1} + (A - k + \theta)\, n^p + (B - k\, A + A\, \theta)\, n^{p-1} + \cdots}$$

oder

$$q_n = 1 - \zeta_n$$

mit

$$\zeta_n = \frac{(d - 1 + \theta)\, n^p + (B - b - k\, d + A\, \theta - a)\, n^{p-1} + \cdots}{n^{p+1} + (A - k + \theta)\, n^p + \cdots} .$$

Wir unterscheiden drei Fälle:

$$1^\circ\ d > 1, \qquad 2^\circ\ d = 1, \qquad 3^\circ\ d < 1 .$$

Im ersten Falle wahlen wir bei willkürlichem k für θ einen *negativen* Echtbruch, dessen Betrag unterhalb $d - 1$ liegt. Bei hinreichend hohem festem n_0 ist dann für *jeden* Zeiger $n > n_0$ ζ_n positiv und

$$q_n < 1 \qquad \text{oder} \qquad C_n < \mathfrak{C}_n .$$

Da die Reihe $\mathfrak{S}$ (wegen des negativen θ) konvergiert, so konvergiert auch S.

Im zweiten Falle wahlen wir zunächst $\theta = 0$ und haben

$$\zeta_n = \frac{(B - b - k - a)\, n^{p-1} + \cdots}{n^{p+1} + \cdots} .$$

Darauf nehmen wir für k einen die Konstante $B - b - a$ übersteigenden Wert. Dann wird bei hinreichend hohem festem n_0 für *jedes* $n > n_0$ ζ_n negativ, also

$$q_n > 1 \qquad \text{oder} \qquad C_n > \mathfrak{C}_n .$$

Da für verschwindendes θ die Reihe $\mathfrak{S}$ divergiert, so divergiert auch S.

Im dritten Falle endlich wählen wir (bei willkürlichem k) $\theta = 0$. Dann wird bei hinreichend hohem festem n_0 für *jeden* Zeiger $n > n_0$ ζ_n negativ, also

$$q_n > 1 \qquad \text{oder} \qquad C_n > \mathfrak{C}_n .$$

Auch in diesem Falle divergiert die Rouchéreihe und damit auch die vorgelegte Reihe.

Der Beweis des Gaußschen Satzes ist erbracht.

Der Gaußsche Konvergenzsatz bildet eins der wichtigsten Konvergenzkriterien.

Cfr. Gauß' Abhandlung „Disquisitiones generales circa seriem infinitam $1+\frac{\alpha\cdot\beta}{1\cdot\gamma}x+\cdots$“ (Werke, Bd. III).

Die Reihe, der diese Abhandlung gewidmet wurde, ist die sog. hypergeometrische Reihe

$$F(\alpha,\beta,\gamma,x)=1+\frac{\alpha\cdot\beta}{\gamma}\cdot\frac{x}{1!}+\frac{\alpha(\alpha+1)\cdot\beta(\beta+1)}{\gamma(\gamma+1)}\cdot\frac{x^2}{2!}+\cdots,$$

deren allgemeines Glied

$$t_n=\frac{\alpha(\alpha+1)(\alpha+2)\cdots(\alpha+n-1)\cdot\beta(\beta+1)(\beta+2)\cdots(\beta+n-1)}{\gamma(\gamma+1)(\gamma+2)\cdots(\gamma+n-1)}\cdot\frac{x^n}{n!}$$

lautet ($t_0=1$).

Nach Cauchys Bruchkriterium konvergiert oder divergiert sie, je nachdem das positive Argument x kleiner oder größer als 1 ist.

Für $x=1$ hat der Cauchyquotient der Reihe den Wert

$$C_n=\frac{t_{n+1}}{t_n}=\frac{(\alpha+n)(\beta+n)}{(n+1)(\gamma+n)}=\frac{n^2+\overline{\alpha+\beta}\,n+\alpha\beta}{n^2+\overline{\gamma+1}\,n+\gamma},$$

so daß nach Gauß' Konvergenzmerkmal

die hypergeometrische Reihe für $x=1$ konvergiert oder divergiert, je nachdem γ das Binom $\alpha+\beta$ übertrifft oder nicht.

§ 53. Raabes Konvergenzmerkmal

Für die Fälle, daß Cauchys Bruchkriterium versagt, *für die Fälle also, in welchem der Grenzwert des Cauchybruchs* ($\lim C_n$) *der Einheit gleicht*, hat Raabe im Jahre 1832 im Journal von Ettinghausen und Baumgartner ein Kriterium bekanntgemacht, welches in diesen Ausnahmefällen meistens über die Konvergenz oder Divergenz der Reihe Auskunft gibt. Die entscheidende Rolle dabei spielt das Verhalten des Ausdrucks

$$R_n=n(1-C_n)\qquad\text{mit}\quad C_n=t_{n+1}:t_n$$

bei unbegrenzt wachsendem n, wo t_n das allgemeine Glied der vorgelegten Reihe bedeutet.

Wir nennen diesen Ausdruck der Kürze halber die *Raabezahl* der Reihe

$$t_1+t_2+t_3+\cdots$$

und sprechen das Kriterium in etwas modernisierter Form folgendermaßen aus:

Raabes Konvergenzmerkmal:

Die positivgliedrige Reihe

$$\mathfrak{S}=t_1+t_2+t_3+\cdots,$$

deren Cauchybruch den Grenzwert 1 hat, konvergiert oder divergiert, je nachdem der Tieflimes der Raabezahl oberhalb oder der Hochlimes der Raabezahl unterhalb der Einheit liegt

Also:

$$\boxed{\begin{array}{r} \text{Konvergenz, falls } \underline{\lim}\, R_n > 1 \\ \text{Divergenz, falls } \overline{\lim}\, R_n < 1 \end{array}}$$

mit $$R_n = n(1 - C_n) \qquad \text{und} \qquad C_n = t_{n+1} : t_n .$$

Beweis. Bei dem folgenden einfachen Beweise des Satzes ist es zweckmäßig, statt R_n den Ausdruck $\mathfrak{R}_n = m(1 - C_n)$ mit $m = n + 1$ zu betrachten, welcher wegen $\mathfrak{R}_n - R_n = 1 - C_n$ und $\lim C_n = 1$ dieselben Limiten wie R_n hat.
Es sei also zunächst $\underline{\lim}\, \mathfrak{R}_n = \mu > 1$. Dann existiert ein endlicher Zeiger n derart, daß für jeden Zeiger $N \geqq n$

$$\mathfrak{R}_N > 1 + p \qquad \text{mit} \quad p = \frac{\mu - 1}{2} > 0$$

ist. Diese Ungleichung schreibt sich

$$N t_N - M t_M > p t_N \qquad \text{mit} \quad M = N + 1 .$$

Hier setzen wir sukzessiv $N = n, n + 1, n + 2, \ldots, n + s$ und addieren die entstehenden $s + 1$ Ungleichungen. Das gibt

$$p(t_n + t_{n+1} + t_{n+2} + \cdots + t_{n+s}) < n t_n - (m + s) t_{m+s} < n t_n$$

oder, wenn die feste endliche positive Zahl $n t_n : p$ gleich E gesetzt wird,

$$t_n + t_{n+1} + t_{n+2} + \cdots + t_{n+s} < E ,$$

und zwar *für jeden positiven Zeiger s*. Die letzte Ungleichung sagt aus, daß die Reihe $\mathfrak{S}$ konvergiert.
Ist zweitens $\overline{\lim}\, \mathfrak{R}_n = e < 1$, so gibt es einen endlichen Zeiger n derart, daß für jeden Zeiger $N \geqq n$

$$\mathfrak{R}_N < 1 - p \qquad \text{mit} \quad p = \frac{1 - e}{2} > 0$$

ist. Diese Ungleichung schreibt sich

$$N t_N - M t_M < -p t_N \qquad \text{mit} \quad M = N + 1 ,$$

so daß a. f.

$$N t_N - M t_M < 0$$

ist.
Wieder setzen wir hier sukzessiv $N = n, n + 1, n + 2, \ldots, n + s$ und addieren. Das gibt

$$n t_n - (m + s) t_{m+s} < 0$$

oder

$$t_{m+s} > \frac{a}{m + s} \qquad \text{mit} \quad a = n t_n .$$

Demnach sind die Glieder der Reihe

$$t_{n+1} + t_{n+2} + t_{n+3} + \cdots$$

größer als die entsprechenden Glieder der divergenten Reihe

$$\frac{a}{n+1} + \frac{a}{n+2} + \frac{a}{n+3} + \cdots.$$

Daher divigiert die Reihe $\mathfrak{S}$. Q. e. d.

Sehr oft fallen Hoch- und Tieflimes der Raabezahl zusammen. Für diesen besonders wichtigen Fall gilt folgendes

Korollar zu Raabes Satz:

Eine positivgliedrige unendliche Reihe konvergiert oder divergiert, je nachdem der Grenzwert der Raabezahl:

$$\lim R_n = \lim n(1 - C_n) \qquad \textit{mit} \quad C_n = \frac{t_{n+1}}{t_n}$$

oberhalb oder unterhalb der Einheit liegt.

Wegen der Wichtigkeit dieses Korollars geben wir noch einen zweiten Beweis, welcher auf dem Vergleichungssatz von § 47 beruht.

Vorgelegt sei die positivgliedrige Reihe

$$\mathfrak{S} = t_1 + t_2 + t_3 + \cdots,$$

deren Raabezahl

$$R_n = n(1 - C_n) \qquad \text{mit} \quad C_n = \frac{t_{n+1}}{t_n}$$

den von 1 verschiedenen Grenzwert

$$\lim_{n \to \infty} R_n = g$$

hat, während $\lim C_n$ gleich 1 ist.

Wir betrachten die Hilfsreihe

$$\mathfrak{A} = a_1 + a_2 + a_3 + \cdots \qquad \text{mit} \quad a_n = \frac{1}{n^p},$$

wo $p = \frac{1+g}{2}$ der Mittelwert von 1 und g ist. Diese Hilfsreihe konvergiert oder divergiert, je nachdem $p > 1$ oder $p < 1$, d. h. je nachdem 1° $g > 1$ oder 2° $g < 1$ ist.

Ihr Cauchybruch hat den Wert $c_n = \left(\frac{n}{n+1}\right)^p$, also den Grenzwert $\lim c_n = 1$, und ihre Raabezahl den Wert $r_n = n[1 - c_n]$, also den Grenzwert $\lim r_n = p$ (§ 9). Nun sei noch

$$h = \frac{g+p}{2}$$

der Mittelwert von g und p, so daß

$$\text{im Falle} \begin{Bmatrix} 1^\circ & p < h < g \\ 2^\circ & g < h < p \end{Bmatrix} \text{ ist.}$$

Wegen $\lim R_n = g$ und $\lim r_n = p$ läßt sich ein fester endlicher Zeiger n angeben derart, daß für jeden Zeiger $N \geqq n$

$$\text{im Falle} \begin{Bmatrix} 1^\circ & R_N > h, & \text{dagegen} & r_N < h \\ 2^\circ & R_N < h, & \text{dagegen} & r_N > h \end{Bmatrix} \text{ ist.}$$

$$\text{Daher gilt im Falle} \begin{Bmatrix} 1^\circ & R_N > r_N \\ 2^\circ & R_N < r_N \end{Bmatrix}.$$

Diese beiden Ungleichungen führen auf

$$C_N < c_N \text{ im Falle } 1^\circ, \qquad C_N > c_N \text{ im Falle } 2^\circ.$$

Im Falle 1° konvergiert $\mathfrak{A}$, nach dem Vergleichungssatze also auch $\mathfrak{S}$. Im Falle 2° divergiert $\mathfrak{A}$, nach dem Vergleichungssatze also auch $\mathfrak{S}$. Q. e. d.

Zusatz. Wenn $\lim R_n$ der Einheit gleicht, ist das Raabesche Kriterium nicht anwendbar.

Raabe hat aber einen sehr brauchbaren Satz angegeben, der in vielen Fallen nicht nur das obige Kriterium ersetzt, sondern vor allem im kritischen Falle $\lim R_n = 1$ über das Verhalten der Reihe entscheidet.

Satz von Raabe:

Läßt sich die Raabezahl R_n einer Reihe mit positiven Gliedern auf die Form

$$\boxed{R_n = K + \frac{e_n}{n^p}}$$

bringen, wo K eine Konstante, e_n eine eine feste endliche Schranke E betraglich nicht überschreitende Größe und p ein fester positver Wert ist, so konvergiert oder divergiert die Reihe, je nachdem die Konstante K größer als 1 ist oder nicht.

Beweis. Da $\lim R_n = K$ ist, so leuchtet zunächst ein, daß für $K > 1$ die Reihe konvergiert, für $K < 1$ dagegen divergiert. Die einzige Schwierigkeit macht also der Fall $K = 1$. Demnach sei jetzt

$$R_n = 1 + \frac{e_n}{n^p}.$$

Wir zeigen, daß die Reihe in diesem kritischen Falle ($\lim R_n = 1$) *divergiert.* Wir vergleichen die vorgelegte Reihe mit der *divergenten* Hilfsreihe

$$1 + \frac{1}{2\,l\,2} + \frac{1}{3\,l\,3} + \cdots,$$

deren Cauchybruch $\mathfrak{C}_n = n\,ln : m\,lm$ (mit $m = n + 1$), deren Raabezahl

$$\mathfrak{R}_n = n(1 - \mathfrak{C}_n)$$

ist. Wir brauchen nur zu zeigen, daß für alle hinreichend hohen Zeiger n

$$R_n < \mathfrak{R}_n$$

ist, um aus der hieraus folgenden Ungleichung

$$C_n > \mathfrak{C}_n$$

die Divergenz der vorgelegten Reihe abzulesen (§ 49).

Nun ist aber

$$\mathfrak{R}_n = \frac{n}{m}\left(1 + \frac{l\varphi_n}{l\,m}\right) \qquad \text{mit} \quad \varphi_n = \left(1 + \frac{1}{n}\right)^n,$$

so daß die behauptete Ungleichung $R_n < \mathfrak{R}_n$ auf die Ungleichung

$$\frac{1}{n} + \frac{m}{n}\,\frac{e_n}{n^p} < \frac{l\varphi_n}{l\,m}$$

hinauskommt. Letztere ist aber sicher erfüllt, falls wir für n nur Zeigerwerte zulassen, welche die Ungleichung

$$\frac{1}{n} + \frac{2E}{n^p} < \frac{0{,}5}{l\,m}$$

befriedigen (da $m e_n : n < 2E$ und $l\varphi_n > 0{,}5$ ist). Diese Bedingung ist aber wegen der bekannten für jeden positiven Echtbruch π gültigen Ungleichung

$$l\,m < m^\pi : \pi$$

leicht zu erfüllen. Man braucht ja nur π so klein und n so groß zu wählen, daß sowohl $1 : n$ als auch $2E : n^p$ unterhalb $\pi : 4m^\pi$ liegt, um sicher zu sein, daß für alle diese n

$$\frac{1}{n} + \frac{2E}{n^p} < \frac{0{,}5\,\pi}{m^\pi} < \frac{0{,}5}{l\,m}$$

ausfallt.

Damit ist der Beweis des Raabeschen Satzes erbracht.

Von Interesse ist der Umstand, daß das Gaußsche Konvergenzkriterium sich leicht aus Raabes Satz herleiten läßt.

Wenn der Cauchybruch der vorgelegten Reihe die Form

$$C_n = \frac{n^p + a\,n^{p-1} + b\,n^{p-2} + \cdots}{n^p + A\,n^{p-1} + B\,n^{p-2} + \cdots}$$

hat, erhalt die Raabezahl die Form

$$R_n = \frac{\alpha\,n^p + \beta\,n^{p-1} + \gamma\,n^{p-2} + \cdots}{n^p + A\,n^{p-1} + B\,n^{p-2} + \cdots}$$

mit $\alpha = A - a$, $\beta = B - b$, $\gamma = C - c$. ....

Subtrahiert man hier beiderseits α, so ergibt sich, $\beta - A\alpha = \mathsf{B}$, $\gamma - B\alpha = \Gamma$, $\delta - C\alpha = \Delta, \ldots$ gesetzt,

$$\boxed{R_n = \alpha + \frac{e_n}{n}} \qquad \text{mit} \quad e_n = \frac{\mathsf{B}\, n^{p-1} + \Gamma n^{p-2} + \cdots}{n^{p-1} + A\, n^{p-2} + B\, n^{p-3} + \cdots}.$$

Da $|e_n|$ für hinreichend hohe n unterhalb einer endlichen Schranke E liegt, so läßt sich Raabes Satz anwenden, und wir erhalten den

Satz von Gauß:

Die Reihe konvergiert oder divergiert, je nachdem der Überschuß $A - a$ die Einheit überschreitet oder nicht.

Damit ist Gauß' Konvergenzmerkmal (§ 52) von neuem bewiesen.

§ 54. Reihen mit beliebigen konstanten Gliedern

Wir haben bislang nur Reihen mit positiven Gliedern untersucht und ziehen nunmehr auch Reihen mit beliebigen Gliedern in Betracht.
Die einfachsten derartigen Reihen sind die *alternierenden*, die aus abwechselnd positiven und negativen Gliedern bestehen. Für alternierende Reihen gilt der im Jahre 1714 aufgestellte

Satz von Leibniz:

Eine alternierende Reihe konvergiert, wenn ihre Glieder betraglich unbegrenzt abnehmen.

Mit anderen Worten:
Die aus den positiven Zahlen $p_1, p_2, p_3, \ldots$ gebildete alternierende Reihe

$$\mathfrak{S} = p_1 - p_2 + p_3 - p_4 + - \cdots$$

konvergiert, wenn

$$\left.\begin{cases} \text{erstens} & p_1 > p_2 > p_3 > p_4 > \cdots \\ \text{zweitens} & \lim p_n = 0 \end{cases}\right\} \text{ ist.}$$

Beweis. Das Aggregat der ersten n Glieder heiße S_n. Dann ist

$$\begin{array}{lll} S_1 = p_1, & S_3 = p_1 - (p_2 - p_3) < S_1, & S_5 = S_3 - (p_4 - p_5) < S_3, \ldots \\ S_2 = p_1 - p_2, & S_4 = S_2 + (p_3 - p_4) > S_2, & S_6 = S_4 + (p_5 - p_6) > S_4, \ldots \end{array}$$

Aus dem Anblick dieser Ungleichungen folgt:

S_m für ungrades m fällt mit zunehmendem m,

S_n für grades n wächst mit zunehmendem n.

Da zudem
$$S_n < S_{n-1} \quad \text{und} \quad S_{n-1} < S_1$$
sowie
$$S_m > S_{m-1} \quad \text{und} \quad S_{m-1} > S_2 > 0$$
ist, also
$$\left\{\begin{array}{l} S_n \text{ für jedes grade } n \text{ unterhalb } S_1 \\ S_m \text{ für jedes ungrade } m \text{ oberhalb } 0 \end{array}\right\} \text{ liegt,}$$

so strebt sowohl S_n bei unbegrenzt wachsendem gradem n gegen einen endlichen Grenzwert A als auch S_m bei unbegrenzt wachsendem ungradem m gegen einen endlichen Grenzwert B.

Da ferner
$$S_m = S_n + p_m \qquad \text{mit} \quad m = n + 1$$
und $\lim p_m$ nach Voraussetzung verschwindet, stimmen die beiden Grenzwerte A und B überein:
$$\lim S_m = \lim S_n = S.$$

Dieser gemeinsame Wert S ist die endliche Summe der Reihe $\mathfrak{S}$. Q. e. d.

Der Leibnizsche Satz läßt sich bequemer noch *geometrisch* einsehen, indem man die Summen $S_1, S_2, S_3, \ldots$ vom Nullpunkt der Zahlenachse aus sukzessiv auf dieser abtragt. Die entstehenden Endpunkte der Abtragungen pendeln um eine gewisse Achsenstelle S hin und her, wobei sie ihr immer näher rücken, um sie bei unendlich großem Zeiger zu erreichen.

Die einfachste alternierende Reihe ist die schon 1668 von dem Englander Brouncker betrachtete Reihe
$$\frac{1}{1} - \frac{1}{2} + \frac{1}{3} - \frac{1}{4} + \frac{1}{5} - + \cdots$$

Ihr Wert wurde im § 9 zu $l2$ bestimmt.

Der Leibnizsche Satz schreibt zwei Bedingungen vor. Daß man mit einer dieser Bedingungen allein nicht auskommt, zeigen die beiden Beispiele
$$\mathfrak{A} = \frac{1}{\varphi_1} - \frac{1}{\varphi_2} + \frac{1}{\varphi_3} - \frac{1}{\varphi_4} + - \cdots \qquad \text{mit} \quad \varphi_n = \left(1 + \frac{1}{n}\right)^n,$$
$$\mathfrak{B} = \frac{1}{\sqrt{2} - 1} - \frac{1}{\sqrt{2} + 1} + \frac{1}{\sqrt{3} - 1} - \frac{1}{\sqrt{3} + 1} + - \cdots$$

Bei $\mathfrak{A}$ nehmen zwar wegen $\varphi_{n+1} > \varphi_n$ die Glieder betraglich dauernd ab, indessen nicht unbegrenzt ab, da $1 : \varphi_n$ stets $> 1 : e$ bleibt, also nicht auf 0 herabsinkt. Wegen $\lim (1 : \varphi_n) = 1 : e$ divergiert $\mathfrak{A}$.

Bei $\mathfrak{B}$ konvergieren zwar die Glieder gegen Null, sie nehmen aber nicht dauernd ab. Für $m = n + 1$ ist namlich $(\sqrt{m} - \sqrt{n}) \cdot (\sqrt{m} + \sqrt{n}) = 1$, mithin, da $\sqrt{m} + \sqrt{n}$ *größer* als 2 ist, $\sqrt{m} - \sqrt{n} <$ *kleiner* als 2 oder $\sqrt{m} - 1 < \sqrt{n} + 1$ oder $1 : (\sqrt{m} - 1) > 1 : (\sqrt{n} + 1)$.

Auch die Reihe $\mathfrak{B}$ divergiert, da die Summe ihrer ersten $2n$ Glieder

$$2\left(\frac{1}{1}+\frac{1}{2}+\frac{1}{3}+\cdots+\frac{1}{n}\right)$$

ist.

Anderseits ist jedoch zu beachten, daß die Leibnizsche Doppelbedingung für Konvergenz zwar hinreichend, aber nicht notwendig ist, wie das folgende Beispiel zeigt.

$$\mathfrak{C}=\frac{1}{2}-\frac{1}{3}+\frac{1}{4^2}-\frac{1}{5^2}+\frac{1}{6}-\frac{1}{7}+\frac{1}{8^2}-\frac{1}{9^2}+-\cdots$$

Hier nehmen die Gliederbeträge nicht dauernd ab – im Gegensatz zur ersten Bedingung – und doch konvergiert die Reihe. Es ist nämlich

$$\frac{1}{4^2}-\frac{1}{5^2}=\left(\frac{1}{4}-\frac{1}{5}\right)\left(\frac{1}{4}+\frac{1}{5}\right)<\frac{1}{4}-\frac{1}{5}\qquad\left[\text{da }\frac{1}{4}+\frac{1}{5}<1\right],$$

ebenso

$$\frac{1}{8^2}-\frac{1}{9^2}<\frac{1}{8}-\frac{1}{9},\qquad\frac{1}{12^2}-\frac{1}{13^2}<\frac{1}{12}-\frac{1}{13},\ \ldots,$$

mithin die Reihe kleiner als

$$\frac{1}{2}-\frac{1}{3}+\frac{1}{4}-\frac{1}{5}+\frac{1}{6}-\frac{1}{7}+\frac{1}{8}-\frac{1}{9}+-\cdots=1-l2.$$

Das Rechnen mit konvergenten alternierenden Reihen hat folgenden großen Vorteil:

Bricht man eine konvergente alternierende Reihe

$$t_1+t_2+t_3+\cdots$$

irgendwo ab, etwa mit dem $n$ten Gliede, um in dem damit erhaltenen Abschnitt

$$S_n=t_1-t_2+t_3-+\cdots+\iota^n t_n$$

einen angenaherten Wert für die Reihensumme S zu bekommen, *so ist der damit begangene Fehler kleiner als der Betrag des ersten nicht berücksichtigten Gliedes* (t_{n+1}).

Wenn eine Reihe mit positiven und negativen Gliedern nicht alterniert, so muß ihre Konvergenz bzw. Divergenz von Fall zu Fall entschieden werden. Es handle sich beispielsweise um die Reihe

$$\mathfrak{D}=\frac{1}{1^p}+\frac{1}{3^p}-\frac{1}{2^p}+\frac{1}{5^p}+\frac{1}{7^p}-\frac{1}{4^p}+\frac{1}{9^p}+\frac{1}{11^p}-\frac{1}{6^p}++-\cdots,$$

in der p eine positive Konstante bedeutet.

Ordnen wir ihre Glieder in der gegebenen Reihenfolge zu Trinomen an, so hat das $m$te Trinom den Wert

$$t_m=\frac{1}{(4n+1)^p}+\frac{1}{(4m-1)^p}-\frac{1}{(2m)^p}\qquad\text{mit}\quad n=m-1.$$

Am einfachsten erledigt sich der Fall $p > 1$. Hier schreibt sich die Summe der m ersten Trinome

$$S_m = \left(\frac{1}{1^p} + \frac{1}{3^p} + \frac{1}{5^p} + \cdots + \frac{1}{(m-1)^p}\right) - \frac{1}{2^p}\left[\frac{1}{1^p} + \frac{1}{2^p} + \cdots + \frac{1}{m^p}\right].$$

Da sowohl die runde als auch die eckige Klammer bei unbegrenzt wachsendem m gegen einen endlichen Grenzwert konvergiert, so konvergiert $\mathfrak{D}$.

Bei $p = 1$ ist

$$t_m = \frac{1}{4n+1} + \frac{1}{4n+3} - \frac{1}{2n+2} = \frac{8n+5}{32n^3 + 64n^2 + 38n + 6}.$$

Da der rechtsstehende Bruch unterhalb $1 : n^2$ liegt, ist

$$t_2 + t_3 + t_4 + \cdots + t_m < \frac{1}{1^2} + \frac{1}{2^2} + \frac{1}{3^2} + \cdots + \frac{1}{n^2}.$$

Auch jetzt konvergiert $\mathfrak{D}$.

Bei echtem p endlich folgt aus

$$\frac{1}{4n+1} > \frac{1}{4m-1} > \frac{1}{4m}$$

$$\frac{1}{(4n+1)^p} + \frac{1}{(4m-1)^p} > \frac{2}{2^p(2m)^p}$$

$$t_m > \left(\frac{2}{2^p} - 1\right)\frac{1}{(2m)^p} = \frac{d}{2^p} \qquad \text{mit} \quad d = \frac{2-2^p}{2^p} > 0$$

und hieraus

$$t_1 + t_2 + \cdots + t_m > \frac{d}{2^p}\left[\frac{1}{1^p} + \frac{1}{2^p} + \frac{1}{3^p} + \cdots + \frac{1}{m^p}\right].$$

Da die eckige Klammer bei unbegrenzt wachsendem m unendlich wird (§ 9), so divergiert $\mathfrak{D}$.

Ergebnis:

Die Reihe

$$\frac{1}{1^p} + \frac{1}{3^p} - \frac{1}{2^p} + \frac{1}{5^p} + \frac{1}{7^p} - \frac{1}{4^p} + \frac{1}{9^p} + \frac{1}{11^p} - \frac{1}{6^p} + + - \cdots$$

divergiert oder konvergiert, je nachdem der positive Exponent p echt ist oder nicht.

Die allgemeinste Bauart hat eine Reihe

$$\mathfrak{T} = t_1 + t_2 + t_3 + \cdots,$$

deren Glieder *komplexe* Zahlen sind:

$$t_n = u_n + iv_n$$

mit reellem u_n und v_n.

Eine solche Reihe ist konvergent, wenn die Reihen

$$\mathfrak{U} = u_1 + u_2 + u_3 + \cdots \qquad \text{und} \qquad \mathfrak{V} = v_1 + v_2 + v_3 + \cdots$$

beide konvergieren, sie ist divergent, wenn $\mathfrak{U}$ und $\mathfrak{B}$ divergieren oder wenn nur eine der Reihen $\mathfrak{U}$ und $\mathfrak{B}$ divergiert. Man sieht, daß eine Reihe mit komplexen Gliedern auf ein Reihenpaar mit reellen Gliedern hinauskommt.

§ 55. Absolut und unbedingt konvergent

Eine Reihe heißt *absolut konvergent*, wenn die aus den Beträgen ihrer Glieder gebildete Reihe konvergiert. Die Reihe

$$\mathfrak{s} = t_1 + t_2 + t_3 + \cdots$$

heißt also absolut konvergent, wenn die Reihe

$$\mathfrak{S} = T_1 + T_2 + T_3 + \cdots,$$

in welcher T_ν den Betrag von t_ν bedeutet, konvergiert.

Wenn $\mathfrak{S}$ konvergiert, so läßt sich zu jedem positiven ε ein endlicher Zeiger n angeben derart, daß für jedes natürliche p

$$T_{n+1} + T_{n+2} + \cdots + T_{n+p} < \varepsilon$$

ausfällt. Dann ist erst recht

$$|t_{n+1} + t_{n+2} + \cdots + t_{n+p}| < \varepsilon,$$

und diese Ungleichung sagt aus, daß die Reihe $\mathfrak{s}$ konvergiert.

Eine absolut konvergente Reihe konvergiert also auch im gewöhnlichen Sinne des Wortes.

Die Reihe

$$1 - \frac{1}{\sqrt{8}} + \frac{1}{\sqrt{27}} - \frac{1}{\sqrt{64}} - \frac{1}{\sqrt{125}} - + \cdots$$

konvergiert absolut, desgleichen die Reihe

$$\frac{1+4i}{4} + \frac{4+9i}{36} + \frac{9+16i}{144} + \frac{16+25i}{400} + \cdots,$$

deren allgemeines Glied $(n^2 + m^2 i) : n^2 m^2$ mit $m = n + 1$ den Betrag

$$\left|\frac{1}{m^2} + \frac{i}{n^2}\right| < \frac{1}{m^2} + \frac{1}{n^2}$$

hat.

Die Reihen

$$1 - \frac{1}{\sqrt{2}} + \frac{1}{\sqrt{3}} - \frac{1}{\sqrt{4}} + - \cdots$$

und

$$\frac{3-2i}{6} + \frac{4i-5}{20} + \frac{7-6i}{42} + \frac{8i-9}{72} + \cdots$$

sind zwar konvergent, aber nicht absolut konvergent. [Der Realteil der zweiten Reihe ist die konvergente Reihe

$$\frac{1}{2} - \frac{1}{4} + \frac{1}{6} - \frac{1}{8} + - \cdots,$$

der Imaginärteil die konvergente Reihe

$$-\frac{1}{3} + \frac{1}{5} - \frac{1}{7} + \frac{1}{9} - + \cdots.]$$

Eine konvergente Reihe, die nicht absolut konvergiert, heißt *semikonvergent.* Eine konvergente Reihe heißt *unbedingt konvergent,* wenn jede aus ihr durch *Umordnung,* d. h. durch andere Anordnung ihrer Glieder gebildete neue Reihe gleichfalls konvergiert und dieselbe Summe wie die Ausgangsreihe besitzt. [Bei der Umordnung wird stillschweigend angenommen, daß kein Glied der Ausgangsreihe mit endlichem Zeiger bei der neuen Reihe ins Unendllche gerät.] Eine konvergente Reihe, die nicht unbedingt konvergiert, heißt *bedingt konvergent.*

Es gilt folgender

Satz von Dirichlet:

Jede absolut konvergente Reihe ist unbedingt konvergent.

(Dirichlet, Abhandlungen der Berliner Akademie, 1837.)

Beweis. Wir zeigen zunächst, daß Dirichlets Satz für *Reihen mit positiven Gliedern* gilt.

Die aus positiven Gliedern bestehende Ausgangsreihe heiße

$$\mathfrak{A} = a_1 + a_2 + a_3 + \cdots,$$

ihre $n$te Teilsumme S_n, ihre Summe S. Die durch Umordnung entstandene neue Reihe sei

$$\mathfrak{A}' = a_1' + a_2' + a_3' + \cdots,$$

ihre $n$te Teilsumme S_n'. Die n Glieder $a_1', a_2', \ldots, a_n'$ kommen auch in der $m$ten Teilsumme S_m von $\mathfrak{A}$ vor, falls nur m hoch genug ist. Daher hat man

$$S_n' \leqq S_m,$$

und, da

$$S_m < S$$

ist, wird

$$S_n' < S.$$

Diese Ungleichung sagt aus, daß $\lim S_n'$ existiert und eine endliche Größe S' ist, die den Wert S nicht überschreiten kann:

$$S' \leqq S.$$

Ganz ahnlich gewinnt man die Ungleichung

$$S \leqq S'.$$

Aus diesen beiden Ungleichungen folgt

$$S' = S.$$

Die Reihe $\mathfrak{A}'$ konvergiert und hat dieselbe Summe wie die Ausgangsreihe $\mathfrak{A}$.
Auch wenn man die Glieder der Ausgangsreihe *gruppenweise* zu neuen Gliedern zusammenfaßt, etwa so:

$$a_1 + a_3 + a_2 = b_1, \qquad a_4 + a_6 + a_8 = b_2, \qquad a_5 + a_7 + a_{10} = b_3,$$
$$a_9 + a_{11} + a_{18} = b_4, \qquad a_{12} + a_{14} + a_{24} = b_5, \qquad \ldots,$$

konvergiert die umgeformte Reihe

$$b_1 + b_2 + b_3 + \cdots$$

und hat wieder den Wert S; wie ganz ahnlich gezeigt wird.
Sei nunmehr die vorgelegte absolut konvergente Reihe

$$\mathfrak{T} = t_1 + t_2 + t_3 + \cdots,$$

wo ganz allgemein

$$t_n = u_n + i v_n$$

komplex ist.
Beim Durchlaufen der Zahlenfolge $\{u_n\}$ bzw. $\{v_n\}$ mögen sukzessiv erscheinen die positiven Zahlen $a_1, a_2, a_3, \ldots$ und negativen Zahlen $-b_1, -b_2, -b_3, \ldots$ bzw. die positiven Zahlen $c_1, c_2, c_3, \ldots$ und negativen Zahlen $-d_1, -d_2, -d_3, \ldots$
Der Betrag von t_n, u_n, v_n sei bzw. T_n, U_n, V_n. Da die Reihe $\sum T_n$ konvergiert, so konvergieren wegen

$$U_n \leqq T_n, \qquad V_n \leqq T_n$$

auch die Reihen $\sum U_n$ und $\sum V_n$. Mithin konvergieren alle vier Reihen

$$\mathfrak{A} = \sum a_n, \qquad \mathfrak{B} = \sum b_n, \qquad \mathfrak{C} = \sum c_n, \qquad \mathfrak{D} = \sum d_n$$

gegen die endlichen Werte A, B, C, D, und die Summe der vorgelegten Reihe $\mathfrak{T}$ ist

$$T = A - B + Ci - Di,$$

gleichgültig wie die Glieder von $\mathfrak{T}$ angeordnet werden.
Damit ist Dirichlets Satz bewiesen.
Die einfachste bedingt konvergente Reihe ist Brounckers Reihe

$$\frac{1}{1} - \frac{1}{2} + \frac{1}{3} - \frac{1}{4} + \frac{1}{5} - \frac{1}{6} + - \cdots;$$

sie hat bekanntlich den Wert $l2$ (§ 9), und zwar erscheint dieser Wert, wenn wir die Glieder in der notierten Anordnung addieren.

Wir ordnen jetzt die Glieder etwas anders an. Wir nehmen sukzessiv folgende Glieder

1.	$\frac{1}{1}-\frac{1}{2}$	$\frac{1}{2}$
2.	$-\frac{1}{4}$	$-\frac{1}{4}$
3.	$\frac{1}{3}-\frac{1}{6}$	$\frac{1}{6}$
4.	$-\frac{1}{8}$	$-\frac{1}{8}$
5.	$\frac{1}{5}-\frac{1}{10}$	$\frac{1}{10}$
6.	$-\frac{1}{12}$	$-\frac{1}{12}$
7.	$\frac{1}{7}-\frac{1}{14}$	$\frac{1}{14}$
8.	$-\frac{1}{16}$	$-\frac{1}{16}$
⋮	⋮	⋮

Durch Addition in der notierten Reihenfolge entsteht – wie die rechtsstehende Spalte zeigt – als Summe der Reihe

$$\frac{1}{2}-\frac{1}{4}+\frac{1}{6}-\frac{1}{8}+\frac{1}{10}-\frac{1}{12}+-\cdots$$

der Wert

$$\frac{1}{2}\left[1-\frac{1}{2}+\frac{1}{3}-\frac{1}{4}+\frac{1}{5}-+\cdots\right]=\frac{1}{2}l2.$$

Es ergibt sich also das erstaunliche Faktum, daß die Brounckersche Reihe – die den Wert $l2$ besitzt – nach unserer Umordnung den Wert $l\sqrt{2}$ hat! Unser Beispiel lehrt:

Beim Rechnen mit bedingt konvergenten Reihen ist Vorsicht geboten. Jedenfalls kann von einer beliebigen Umordnung im allgemeinen keine Rede sein.

Eine genauere Aussage enthält der

Satz von Riemann:

Eine semikonvergente Reihe mit reellen Gliedern kann so umgeordnet werden, daß ihre Summe jeden vorgegebenen reellen Wert W annehmen kann.

(Riemann, Göttinger Abhandlungen, Bd. 13, 1867.)

Beweis. Die vorgelegte Reihe $\mathfrak{S}$ bestehe aus den positiven Gliedern a_1, a_2, $a_3, \ldots$ und den negativen Gliedern $-b_1, -b_2, -b_3, \ldots$ – in dieser Anordnung – mit $\lim a_n = 0$ und $\lim b_n = 0$. Dann sind die Reihen

$$\mathfrak{A} = \sum a_\nu \quad \text{und} \quad \mathfrak{B} = \sum b_\nu$$

beide divergent. Wären sie nämlich beide konvergent, so wäre $\mathfrak{S}$ absolut konvergent. Wäre nur eine von ihnen, etwa $\mathfrak{A}$, divergent, die andere konvergent, so wäre $\mathfrak{S} = \mathfrak{A} - \mathfrak{B}$ divergent.

Wir bilden nun die Teilsummen $S_1, S_2, S_3, \ldots$ von $\mathfrak{S}$ folgendermaßen. Wir bilden zunächst die nur Glieder von $\mathfrak{A}$ enthaltenden Summen

$$S_1 = a_1, \quad S_2 = S_1 + a_2, \quad S_3 = S_2 + a_3, \quad \ldots, \quad S_\alpha = S_{\alpha-1} + a_\alpha$$

derart, daß $S_{\alpha-1}$ noch kleiner als W ist, S_α aber schon größer als W oder gleich W wird:

$$S_{\alpha-1} < W \leqq S_\alpha \qquad \text{mit} \quad S_\alpha - S_{\alpha-1} = a_\alpha .$$

Darauf bilden wir

$$S_{\alpha+1} = S_\alpha - b_1, \quad S_{\alpha+2} = S_{\alpha+1} - b_2, \quad \ldots, \quad S_{\alpha+\beta} = S_{\alpha+\beta-1} - b_\beta$$

derart, daß $S_{\alpha+\beta-1}$ noch oberhalb, $S_{\alpha+\beta}$ aber schon unterhalb W liegt:

$$S_{\alpha+\beta-1} > W \geqq S_{\alpha+\beta} \qquad \text{mit} \quad S_{\alpha+\beta-1} - S_{\alpha+\beta} = b_\beta .$$

Darauf bilden wir

$$S_{\alpha+\beta+1} = S_{\alpha+\beta} + a_{\alpha+1}, \; S_{\alpha+\beta+2} = S_{\alpha+\beta+1} + a_{\alpha+2}, \; \ldots, \; S_{\alpha+\beta+\alpha'} = S_{\alpha+\beta+\alpha'-1} + a_{\alpha'}$$

derart, daß

$$S_{\alpha+\beta+\alpha'-1} < W \leqq S_{\alpha+\beta+\alpha'} \qquad \text{mit} \quad S_{\alpha+\beta+\alpha'} - S_{\alpha+\beta+\alpha'-1} = a_{\alpha'}$$

wird.

Darauf gelangen wir ähnlich zur Ungleichung

$$S_{\alpha+\beta+\alpha'+\beta'-1} > W \geqq S_{\alpha+\beta+\alpha'+\beta'} \qquad \text{mit} \quad S_{\alpha+\beta+\alpha'+\beta'-1} - S_{\alpha+\beta+\alpha'+\beta'} = b_{\beta'}$$

usw.

Die Teilsummen S_ν pendeln demgemäß um den Wert W hin und her, wobei sie mit wachsendem Zeiger wegen der Ungleichungen

$$|W - S_\alpha| < a_\alpha, \quad |W - S_{\alpha+\beta}| < b_\beta, \quad |W - S_{\alpha+\beta+\alpha'}| < a_{\alpha'},$$
$$|W - S_{\alpha+\beta+\alpha'+\beta'}| < b_{\beta'} \; \ldots,$$

und der unbegrenzten Abnahme der Zahlen $a_\alpha, a_{\alpha'}, a_{\alpha''}, \ldots$ sowie der Zahlen $b_\beta, b_{\beta'}, b_{\beta''}, \ldots$ dem Werte W beliebig nahe kommen. Damit ist

$$\lim S_n = W, \quad \text{q. e. d.}$$

Bei einer semikonvergenten Reihe $\mathfrak{S}$ mit komplexen Gliedern ist entweder die aus den Realteilen der Glieder bestehende Reihe $\mathfrak{R}$ oder die aus den Imaginärteilen aufgebaute Reihe $\mathfrak{J}$ oder endlich jede der Reihen $\mathfrak{R}$ und $\mathfrak{J}$ semikonvergent, kann also $\mathfrak{R}$ oder $\mathfrak{J}$ oder jedes von beiden einen beliebig vorgeschriebenen Wert annehmen.

Wie also auch eine semikonvergente Reihe aussehen mag, sie kann niemals unbedingt konvergent sein.

Aus den Sätzen von Dirichlet und Riemann ergibt sich demnach:

Die Begriffe „absolut konvergent" und „unbedingt konvergent" sind identisch.

Damit haben auch die Begriffe „semikonvergent" und „bedingt konvergent" gleiche Bedeutung.

§ 56. Multiplikation unendlicher Reihen

$$\mathfrak{a} = a_0 + a_1 + a_2 + a_3 + \cdots$$

und

$$\mathfrak{b} = b_0 + b_1 + b_2 + b_3 + \cdots$$

seien zwei konvergente unendliche Reihen. Das Problem ihrer Multiplikation hat erst Cauchy näher untersucht. Er setzt

$$\begin{aligned} c_0 &= a_0 b_0 \\ c_1 &= a_0 b_1 + a_1 b_0 \\ c_2 &= a_0 b_2 + a_1 b_1 + a_2 b_0 \\ c_3 &= a_0 b_3 + a_1 b_2 + a_2 b_1 + a_3 b_0 \\ &\cdots\cdots\cdots\cdots \\ c_n &= a_0 b_n + a_1 b_{n-1} + a_2 b_{n-2} + \cdots + a_n b_0 \end{aligned}$$

und bildet

Cauchys Produktreihe

$$\mathfrak{c} = c_0 + c_1 + c_2 + c_3 + \cdots.$$

Dann gilt

Cauchys Produktsatz:

Konvergieren die beiden Reihen $\mathfrak{a}$ und $\mathfrak{b}$ absolut, so konvergiert auch die Cauchysche Produktreihe $\mathfrak{c}$ absolut und ist das Produkt von $\mathfrak{a}$ und $\mathfrak{b}$:

$$\mathfrak{a}\mathfrak{b} = \mathfrak{c}.$$

Beweis. Wir setzen für jeden Zeiger n

$$|a_n| = A_n, \qquad |b_n| = B_n, \qquad |c_n| = C_n$$

$$\begin{aligned} a_0 + a_1 + \cdots + a_n &= \mathfrak{a}_n, & A_0 + A_1 + \cdots + A_n &= \mathfrak{A}_n, \\ b_0 + b_1 + \cdots + b_n &= \mathfrak{b}_n, & B_0 + B_1 + \cdots + B_n &= \mathfrak{B}_n, \\ c_0 + c_1 + \cdots + c_n &= \mathfrak{c}_n, & C_0 + C_1 + \cdots + C_n &= \mathfrak{C}_n \end{aligned}$$

$$A_0B_n + A_1B_{n-1} + A_2B_{n-2} + \cdots + A_nB_0 = D_n$$
$$D_0 + D_1 + \cdots + D_n = \mathfrak{D}_n,$$
$$\mathfrak{A} = A_0 + A_1 + A_2 + \cdots \text{ in inf.}, \qquad \mathfrak{B} = B_0 + B_1 + B_2 + \cdots \text{ in inf.},$$
$$\mathfrak{C} = C_0 + C_1 + C_2 + \cdots \text{ in inf.}, \qquad \mathfrak{D} = D_0 + D_1 + D_2 + \cdots \text{ in inf.}$$

Wir stellen zunächst fest, daß für jedes n

$$C_n \leqq D_n$$

ist.

Die Teilsumme $\mathfrak{D}_n$ besteht aus folgenden positiven Posten:

$$\begin{array}{l} A_0B_0 \\ A_0B_1 + A_1B_0 \\ A_0B_2 + A_1B_1 + A_2B_0 \\ \cdot\ \cdot\ \cdot\ \cdot\ \cdot\ \cdot\ \cdot\ \cdot\ \cdot \\ \underline{A_0B_n + A_1B_{n-1} + A_2B_{n-2} + \cdots + A_nB_0.} \end{array}$$

Wir sehen, daß im ausmultiplizierten Produkt $\mathfrak{A}_n \cdot \mathfrak{B}_n$ alle diese Posten vorkommen; außer diesen aber noch weitere positive Posten wie z. B. A_1B_n, A_2B_n, A_2B_{n-1}, usw. Folglich ist

$$\mathfrak{D}_n < \mathfrak{A}_n\mathfrak{B}_n.$$

Es sei jetzt $\nu = \frac{n}{2}$ oder $= \frac{n-1}{2}$, je nachdem n grade oder ungrade ist. Das ausmultiplizierte Produkt $\mathfrak{A}_\nu\mathfrak{B}_\nu$ besteht aus sämtlichen Posten A_rB_s, in denen keiner der Zeiger r und s den Wert ν überschreitet. In $\mathfrak{D}_n$ kommen alle diese Posten ebenfalls vor; außer ihnen aber auch noch andere Posten wie A_0B_n, A_1B_{n-1}, A_nB_0, $A_{n-1}B_1$ usw. Folglich ist

$$\mathfrak{A}_\nu\mathfrak{B}_\nu < \mathfrak{D}_n.$$

Demnach gilt die Ungleichung

$$\mathfrak{A}_\nu\mathfrak{B}_\nu < \mathfrak{D}_n < \mathfrak{A}_n\mathfrak{B}_n.$$

Mit unbegrenzt wachsendem n strebt jedes der Produkte $\mathfrak{A}_n\mathfrak{B}_n$, $\mathfrak{A}_\nu\mathfrak{B}_\nu$ gegen den endlichen Wert $\mathfrak{A}\mathfrak{B}$. Folglich ist auch

$$\lim_{n\to\infty} \mathfrak{D}_n = \mathfrak{A}\mathfrak{B}$$

M. a. W.:

Die Reihe

$$\mathfrak{D} = D_0 + D_1 + D_2 + \cdots$$

konvergiert.

Daher konvergiert die Reihe

$$\mathfrak{C} = C_0 + C_1 + C_2 + \cdots,$$

deren Glieder unterhalb der Glieder der Reihe $\mathfrak{D}$ liegen, erst recht, d. h. die Reihe $\mathfrak{c} = c_0 + c_1 + c_2 + \cdots$ konvergiert absolut.

Es ist noch zu zeigen, daß

$$\mathfrak{c} = \mathfrak{a}\,\mathfrak{b}$$

ist.

Man überblickt aber sofort, daß die beiden Überschüsse

$$\mathfrak{a}_n \mathfrak{b}_n - \mathfrak{c}_n \qquad \text{und} \qquad \mathfrak{A}_n \mathfrak{B}_n - \mathfrak{D}_n$$

dieselben Posten enthalten, nur das eine Mal mit kleinen, das andere Mal mit großen Buchstaben. Folglich ist

$$|\mathfrak{a}_n \mathfrak{b}_n - \mathfrak{c}_n| \leqq |\mathfrak{A}_n \mathfrak{B}_n - \mathfrak{D}_n|;$$

und da die rechte Seite dieser Ungleichung bei unbegrenzt wachsendem n gegen Null strebt, tut es auch die linke, ist sonach

$$\lim \mathfrak{c}_n = \lim \mathfrak{a}_n \mathfrak{b}_n$$

oder

$$\mathfrak{c} = \mathfrak{a}\mathfrak{b}, \qquad \text{q. e. d.}$$

Eine Erweiterung des Cauchyschen Produktsatzes gab Mertens (Journal für Mathematik, Bd. 79).

Satz von Mertens:

Wenn von zwei konvergenten Reihen

$$\mathfrak{a} = a_0 + a_1 + a_2 + \cdots,$$
$$\mathfrak{b} = b_0 + b_1 + b_2 + \cdots$$

nur eine absolut konvergiert, so konvergiert auch Cauchys Produktreihe

$$\mathfrak{c} = c_0 + c_1 + c_2 + \cdots$$

mit

$$c_n = a_0 b_n + a_1 b_{n-1} + \cdots + a_n b_0$$

und stellt das Produkt der beiden Reihen dar:

$$\mathfrak{c} = \mathfrak{a}\mathfrak{b}.$$

Beweis. Wir setzen die Reihe $\mathfrak{a}$ als absolut konvergent voraus.

Aus dem Schema

$$\begin{aligned}
c_0 &= a_0 b_0 \\
c_1 &= a_0 b_1 + a_1 b_0 \\
c_2 &= a_0 b_2 + a_1 b_1 + a_2 b_0 \\
c_3 &= a_0 b_3 + a_1 b_2 + a_2 b_1 + a_3 b_0 \\
&\cdot\ \cdot\ \cdot\ \cdot\ \cdot\ \cdot\ \cdot\ \cdot\ \cdot\ \cdot\ \cdot\ \cdot \\
c_n &= a_0 b_n + a_1 b_{n-1} + a_2 b_{n-1} + \cdots + a_n b_0
\end{aligned}$$

entsteht bei spaltenweiser Addition

$$\mathfrak{c}_n = a_0 \mathfrak{b}_n + a_1 \mathfrak{b}_{n-1} + a_2 \mathfrak{b}_{n-1} + \cdots + a_n \mathfrak{b}_0 .$$

Diese Gleichung subtrahieren wir von

$$\mathfrak{a}_n \mathfrak{b} = (a_0 + a_1 + \cdots + a_n)\, \mathfrak{b}$$

und erhalten

$$\mathfrak{a}_n \mathfrak{b} - \mathfrak{c}_n = a_0 \beta_n + a_1 \beta_{n-1} + a_2 \beta_{n-2} + \cdots + a_n \beta_0 ,$$

wo

$$\beta_r = b_{r+1} + b_{r+2} + b_{r+3} + \cdots$$

den auf das Glied b_r folgenden Rest der konvergenten Reihe $\mathfrak{b}$ bedeutet.

Wir wahlen wieder $\nu = \frac{n}{2}$ oder $= \frac{n-1}{2}$, je nachdem n grade oder ungrade ist und zerlegen die rechte Seite der obigen Gleichung in die beiden Teile

$$\mathrm{I} = a_0 \beta_n + a_1 \beta_{n-1} + \cdots + a_\mu \beta_{n-\mu} , \qquad \mathrm{II} = a_\nu \beta_{n-\nu} + \cdots + a_n \beta_0$$

mit $\mu = \nu - 1$, so daß

$$\mathfrak{a}_n \mathfrak{b} - \mathfrak{c}_n = \mathrm{I} + \mathrm{II}$$

wird.

Nun denken wir uns zu beliebig klein vorgegebenem positivem ε den Zeiger n_0 so groß bestimmt, daß für jeden größeren Zeiger n,

der Konvergenz der Reihe $\mathfrak{b}$ gemäß, die β von I betraglich unterhalb ε liegen,

der Absolutkonvergenz der Reihe $\mathfrak{a}$ gemäß,

$$|A_\nu + A_{\nu+1} + \cdots + A_n| < \varepsilon$$

ausfällt.

Dann ist, unter E die endliche obere Grenze der Beträge $|\beta_0|$, $|\beta_1|$, $|\beta_2|$, … verstanden,

$$\mathrm{I} < \mathfrak{A}\varepsilon, \qquad \mathrm{II} < E\varepsilon,$$

mithin

$$|\mathfrak{a}_n \mathfrak{b} - \mathfrak{c}_n| < (\mathfrak{A} + E)\, \varepsilon .$$

Hieraus folgt

$$\lim_{n \to \infty} (\mathfrak{a}_n \mathfrak{b} - \mathfrak{c}_n) = 0 .$$

Da nun

$$\lim \mathfrak{a}_n = \mathfrak{a}$$

ist, erhalten wir

$$\lim \mathfrak{c}_n = \mathfrak{a}\mathfrak{b} .$$

Das heißt:

die Reihe $\mathfrak{c}$ konvergiert gegen den Wert $\mathfrak{a}\mathfrak{b}$, w. z. b. w.

§ 57. Kummers Reihenumformung

Die Bestimmung der Summe s einer unendlichen Reihe ist eine einfache Sache, wenn die Reihe rasch konvergiert, d. h. wenn man nur wenige Glieder der Reihe zu berücksichtigen braucht, um ihre Summe hinreichend genau zu erhalten. So konvergiert z. B. die Reihe für $\operatorname{arc\,tg} \frac{1}{10}$

$$\operatorname{at} \frac{1}{10} = \frac{1}{10} - \frac{1}{3} \cdot \frac{1}{10^3} + \frac{1}{5} \cdot \frac{1}{10^5} - + \cdots$$

sehr schnell; die Summe der ersten drei Glieder liefert den Reihenwert schon auf 7 Dezimalen genau.

Die Leibnizsche Reihe

$$\frac{1}{1} - \frac{1}{3} + \frac{1}{5} - \frac{1}{7} + - \cdots$$

konvergiert sehr langsam: um den Wert der Reihe auf vier Dezimalen genau zu erhalten, benötigt man mindestens 50000 Glieder!

Will man also bei einer langsam konvergenten Reihe eine *genaue* Berechnung des Reihenwertes erzielen, muß man versuchen, die Reihe in eine rasch konvergente Reihe umzuformen. Solche Umformungen hat schon Euler angegeben. Wir beschreiben hier das einfache Umformungsverfahren, welches Kummer im 16. Bande (1837) von Crelles Journal bekanntgemacht hat.

Um die konvergente Reihe

$$s = \sum_0^\infty t_n$$

umzuformen, multiplizieren wir mit einer vorläufig noch unbestimmten Konstante K und schreiben

$$K s = \sum_0^\infty (K t_n - k_n t_n) + \sum_0^\infty k_n t_n ,$$

wo die Koeffizienten k_n so gedacht sind, daß $\sum_0^\infty k_n t_n$ eine konvergente Reihe ist, die wir uns der Einfachheit wegen teleskopisch denken, derart etwa, daß für jedes n $k_n t_n$ die Form

$$k_n t_n = h_n t_n - h_m t_m \qquad \text{mit} \quad m = n + 1$$

hat. Damit die teleskopische Reihe konvergiert, nehmen wir die Koeffizienten h_n so an, daß die Folge $\{h_n t_n\}$ konvergiert; ihr Grenzwert sei

$$\lim_{n\to\infty} h_n t_n = P.$$

Die teleskopische Reihe hat dann den Wert $d = h_0 t_0 - P$. Nun wird

$$\boxed{s = a + \sum_0^\infty \varepsilon_n t_n} \qquad \text{mit} \quad \boxed{\varepsilon_n = 1 - \varkappa_n}, \quad \varkappa_n = \frac{k_n}{K}, \quad a = \frac{d}{K}.$$

Dies ist *Kummers Transformationsformel.* Damit die neue Reihe

$$\sum_0^\infty \varepsilon_n t_n,$$

in die die alte umgeformt worden ist, rasch konvergiert, muß der Faktor ε_n mit wachsendem n möglichst klein werden. Das erreicht Kummer durch die Forderung

$$\lim_{n\to\infty} \varkappa_n = 1$$

oder, was dasselbe ist,

$$\lim_{n\to\infty} k_n = K.$$

Nun ist aber

$$k_n = h_n - C_n h_m, \qquad (m = n + 1)$$

wo C_n den Cauchybruch $t_m : t_n$ der vorgelegten Reihe bedeutet.
Wir haben demgemaß die Folge $\{h_n\}$, die bis jetzt nur der Bedingung

$$\lim_{n\to\infty} h_n t_n = P$$

unterworfen war, noch der zweiten Bedingung zu unterwerfen, daß die Folge $\{k_n\}$ oder $\{h_n - C_n h_m\}$ einen endlichen Grenzwert K hat:

$$\lim_{n\to\infty} k_n = \lim_{n\to\infty} (h_n - C_n h_m) = K.$$

Das Ergebnis unserer überaus einfachen Betrachtung ist folgender

Transformationssatz von Kummer:

Ist $s = \sum_0^\infty t_n$ eine konvergente Reihe, $\{h_n\}$ eine Zahlenfolge derart, daß erstens die Folge $\{h_n t_n\}$ gegen den endlichen Grenzwert P, zweitens die Folge $\{k_n = h_n - C_n h_m\}$ gegen den endlichen nicht verschwindenden Grenzwert K konvergiert, so gilt die Umformungsvorschrift

$$\boxed{s = a + \sum_0^\infty \varepsilon_n t_n} \qquad \text{mit} \quad \varepsilon_n = 1 - \varkappa_n, \quad \varkappa_n = \frac{k_n}{K}, \quad a = \frac{h_0 t_0 - P}{K}.$$

Da die Zahlenfolge $\{h_n\}$ nur zwei geringfügig einschränkende Bedingungen erfüllen muß, ist die große Allgemeinheit und Verwendungsfähigkeit der Kummerschen Transformation offensichtlich.
Um die Wirksamkeit der Kummerschen Umformung zu zeigen, behandeln wir als Beispiel die äußerst langsam konvergente Leibnizsche Reihe

$$s = \sum_0^\infty \frac{\iota^n}{2n+1}.$$

Wegen

$$C_n = -\frac{2n+1}{2m+1}, \qquad (m = n+1)$$

liegt es nahe, für jeden Zeiger n

$$h_n = 1$$

anzusetzen. Das gibt

$$P = 0, \quad k_n = 4m:(2m+1), \quad K = 2, \quad a = 0{,}5, \quad \varkappa_n = 2m:(2m+1),$$
$$\varepsilon_n = 1:(2n+3)$$

und

$$s = \frac{1}{2} + \sum_0^\infty \frac{1}{2n+3} \cdot \frac{\iota^n}{2n+1} = \frac{1}{2} + \sum_1^\infty \frac{\iota^{m-1}}{(2m+1)(2m-1)}.$$

Wir schreiben jetzt (mit neuer Bedeutung von t_n)

$$s = \sum_0^\infty t_n \quad \text{mit} \quad t_0 = \frac{1}{2}, \quad t_n = \frac{\iota^{n-1}}{4n^2-1} \quad \text{für} \quad n > 0$$

und formen wieder um.

Jetzt wird

$$C_n = -\frac{4n^2-1}{4m^2-1} = -\frac{2n-1}{2m+1} \quad \text{für} \quad n > 0, \qquad C_0 = \frac{2}{3}.$$

Wegen des Wertes für C_n liegt es nahe,

$$h_m = \frac{2m+1}{2m-1}, \qquad \text{also} \qquad h_n = \frac{2n+1}{2n-1}$$

zu wählen. Das gibt

$$h_0 = -1, \qquad h_0 t_0 = -\frac{1}{2}, \qquad P = 0; \qquad k_0 = -3,$$

$$k_n = \frac{2n+1}{2n-1} + \frac{2n-1}{2n+1} = 2 \cdot \frac{4n^2+1}{4n^2-1}, \qquad K = 2, \qquad a = -\frac{1}{4}, \qquad \varkappa_0 = -\frac{3}{2},$$

$$\varkappa_n = \frac{4n^2+1}{4n^2-1}, \quad \varepsilon_n = \frac{-2}{4n^2-1}, \quad \varepsilon_0 = 2{,}5, \quad \varepsilon_0 t_0 = \frac{5}{4}$$

und

$$s = -\frac{1}{4} + \sum_0^\infty \varepsilon_n t_n = 1 + \sum_1^\infty \varepsilon_n t_n$$

oder

$$s = 1 + \sum_1^\infty \frac{2\iota^n}{(4n^2-1)^2}.$$

Wir schreiben (mit abermals neuer Bedeutung von t_n)

$$s = \sum_0^\infty t_n \quad \text{mit} \quad t_0 = 1 \quad \text{und} \quad t_n = \frac{2\iota^n}{(4n^2-1)^2} \quad \text{für} \quad n > 0$$

und formen abermals um.

Jetzt wird $C_0 = -\frac{2}{9}$ und für positive n $C_n = -\left(\frac{2n-1}{2m+1}\right)^2$, so daß es nahe liegt,

$$h_m = \frac{2m+1}{2n-1}, \qquad \text{also} \qquad h_n = \frac{2n+1}{2n-3}$$

zu wählen. Das gibt

$$h_0 = -\frac{1}{3}, \qquad h_0 t_0 = -\frac{1}{3}, \qquad P = 0;$$

$$k_0 = h_0 - C_0 h_1 = -1, \quad k_n = \frac{2n+1}{2n-3} + \frac{2n-1}{2n+3} = 2 \cdot \frac{4n^2+3}{4n^2-9}, \quad K = 2, \; a = -\frac{1}{6},$$

$$\varkappa_n = \frac{4n^2+3}{4n^2-9}, \quad \varepsilon_n = \frac{-12}{4n^2-9}, \quad \varepsilon_0 = \frac{3}{2}, \quad \varepsilon_0 t_0 = \frac{3}{2}$$

und

$$s = -\frac{1}{6} + \sum_0^\infty \varepsilon_n t_n = \frac{4}{3} + \sum_1^\infty \varepsilon_n t_n$$

oder

$$s = \frac{4}{3} + \sum_1^\infty \frac{24\iota^{n-1}}{(4n^2-1)^2(4n^2-9)}.$$

Diese Reihe konvergiert hinreichend schnell. Der Fehler des unter Berücksichtigung von *nur vier Gliedern* entstehenden Näherungswertes für s liegt, da die gefundene Reihe alterniert, unterhalb des fünften Gliedes, ist mithin geringer als 0,00003, ein gewiß bewundernswertes Ergebnis!

§ 58. Die Umformung von Euler-Markoff

Wir gehen aus von zwei ähnlichen Matrizen

$$\mathfrak{A} = \begin{pmatrix} a_0^0 & a_0^1 & \dots & a_0^n \\ a_1^0 & a_1^1 & \dots & a_1^n \\ \cdot & \cdot & \cdot & \cdot \\ a_m^0 & a_m^1 & \dots & a_m^n \end{pmatrix} \qquad \text{und} \qquad \mathfrak{B} = \begin{pmatrix} b_0^0 & b_0^1 & \dots & b_0^n \\ b_1^0 & b_1^1 & \dots & b_1^n \\ \cdot & \cdot & \cdot & \cdot \\ b_m^0 & b_m^1 & \dots & b_m^n \end{pmatrix}.$$

In ihnen achten wir vorzugsweise auf *passende* Elemente. Ein Element a_r^s von $\mathfrak{A}$ bzw. b_r^s von $\mathfrak{B}$ heißt *passend*, wenn a_r^s einen unteren Nachbar a_{r+1}^s bzw. b_r^s einen rechten Nachbar b_r^{s+1} besitzt. Der Überschuß von a_r^s über seinen unteren Nachbar a_{r+1}^s bzw. der Überschuß von b_r^s über seinen rechten Nachbar b_r^{s+1} heiße *der Exzeß* von a_r^s und zugleich *ein Exzeß* von $\mathfrak{A}$ bzw. der Exzeß von b_r^s und zugleich ein Exzeß von $\mathfrak{B}$.

Die Voraussetzung lautet, daß passende entsprechende (homologe) Elemente a_r^s und b_r^s *gleiche* Exzesse besitzen:

(V) $$\boxed{a_r^s - a_{r+1}^s = b_r^s - b_r^{s+1}}.$$

Unter dieser Voraussetzung stimmt die Summe A aller Exzesse von $\mathfrak{A}$ mit der Summe B aller Exzesse von $\mathfrak{B}$ überein:

$$A = B.$$

Bedeutet $A_r (B^s)$ die Summe aller passenden Elemente der $r$ten Zeile von $\mathfrak{A}$ ($s$ten Spalte von $\mathfrak{B}$), so ist offensichtlich

$$A = \sum_0^{m-1} (A_r - A_{r+1}), \qquad B = \sum_0^{n-1} (B^s - B^{s+1})$$

oder, da die hier stehenden Reihen teleskopisch sind,

$$A = A_0 - A_m, \qquad B = B^0 - B^n,$$

und es wird

$$A_0 - A_m = B^0 - B^n.$$

Nun ist aber

$$A_0 = \sum_s^{0, n-1} a_0^s, \qquad A_m = \sum_s^{0, n-1} a_m^s, \qquad B^0 = \sum_r^{0, m-1} b_r^0, \qquad B^n = \sum_r^{0, m-1} b_r^n.$$

Daher gilt [unter der Voraussetzung (V)] die

Formel von Markoff:

$$\boxed{\sum_s^{0, n-1} a_0^s - \sum_s^{0, n-1} a_m^s = \sum_r^{0, m-1} b_r^0 - \sum_r^{0, m-1} b_r^n}\,.$$

(Markoff, Differenzenrechnung, 1896.)

Ehe wir in unserer Betrachtung fortfahren, schalten wir eine kurze Bemerkung über Differenzenreihen ein.

Ist

$$(0) \qquad e_0, \quad e_1, \quad e_2, \quad e_3, \quad \ldots$$

eine unendliche Reihe und

$$\Delta e_\nu = e_{\nu+1} - e_\nu,$$

so heißt die Reihe

$$(1) \qquad \Delta e_0, \quad \Delta e_1, \quad \Delta e_2, \quad \Delta e_3, \quad \ldots$$

ihre *Differenzenreihe*, ausführlicher ihre *erste Differenzenreihe*. Die Differenzenreihe von (1), geschrieben

$$(2) \qquad \Delta^2 e_0, \quad \Delta^2 e_1, \quad \Delta^2 e_2, \quad \Delta^2 e_3, \quad \ldots,$$

heißt die *zweite Differenzenreihe* von (0), die Differenzenreihe

$$\Delta^3 e_0, \quad \Delta^3 e_1, \quad \Delta^3 e_2, \quad \ldots$$

von (2) die dritte Differenzenreihe von (0) usw.

Man findet leicht

$$\Delta^2 e_0 = e_2 - 2e_1 + e_0, \qquad \Delta^3 e_0 = e_3 - 3e_2 + 3e_1 - e_0,$$
$$\Delta^4 e_0 = e_4 - 4e_3 + 6e_2 - 4e_1 + e_0,$$

allgemein durch Induktion

$$\Delta^n e_0 = e_n - n_1 e_{n-1} + n_2 e_{n-2} - n_3 e_{n-3} + - \cdots$$

und ebenso

$$\Delta^n e_m = e_{m+n} - n_1 e_{m+n-1} + n_2 e_{m+n-2} - + \cdots.$$

Um dieser ,,Grundformel der Differenzenreihen" auch für den Fall $n = 0$ Gültigkeit zu verleihen, definiert man

$$\Delta^0 e_m = e_m.$$

Die Grundformel schreibt sich am bequemsten symbolisch

$$\Delta^n e_m = e^m \{e - 1\}^n,$$

was so zu verstehen ist, daß das Binom $e - 1$ nach der Binomialformel mit n zu potenzieren, dann mit e^m durchzumultiplizieren ist und schließlich jede so entstehende Potenz e^ν in e_ν zu verwandeln ist.

Von Markoffs Formel kommt man durch den Ansatz

$$a_r^s = p^r q^s \Delta^r e_s, \qquad b_r^s = (1+p)\, a_r^s \qquad \text{mit} \quad q = \frac{p}{1+p}$$

zur Formel von Euler.

Zunächst stellt man leicht fest, daß die Größen a_r^s und b_r^s die Markoffsche Bedingung (V) befriedigen:

$$a_r^s - a_{r+1}^s = p^r q^s (\Delta^r e_s - p\, \Delta^{r+1} e_s) = p^r q^s (\Delta^r e_s - p\, [\Delta^r e_{s+1} - \Delta^r e_s])$$
$$= p^r q^s ([1+p]\, \Delta^r e_s - p\, \Delta^r e_{s+1})$$

und

$$b_r^s - b_r^{s+1} = (1+p)\, p^r q^s \Delta^r e_s - (1+p)\, p^r q^s \cdot q\, \Delta^r e_{s+1}$$
$$= p^r q^s ([1+p]\, \Delta^r e_s - p\, \Delta^r e_{s+1}),$$

mithin

$$a_r^s - a_{r+1}^s = b_r^s - b_r^{s+1}.$$

Damit gilt Markoffs Formel, die bei dem obigen Ansatz die Gestalt

$$\sum_0^{n-1} q^s e_s - p^m \sum_0^{n-1} q^s \Delta^m e_s = (1+p) \sum_0^{m-1} p^r \Delta^r e_0 - q^n (1+p) \sum_0^{m-1} p^r \Delta^r e_n$$

annimmt.

Konvergieren nun die beiderseitigen Subtrahenden dieser Gleichung bei unbegrenzt wachsenden m und n gegen Null, so entsteht die

Formel von Euler:

$$\boxed{\sum_0^\infty q^s e_s = (1+p)\sum_0^\infty p^r \Delta^r e_0}, \qquad \left(q = \frac{p}{1+p}\right),$$

durch welche die Umformung einer unendlichen Reihe in eine andere (rascher konvergente) unendliche Reihe bewirkt wird.
(Euler, Institutiones calculi differentialis, 1755.)
Als Anwendung der Eulerschen Formel diene die Umformung der Leibnizschen Reihe

$$\frac{\pi}{4} = \frac{1}{1} - \frac{1}{3} + \frac{1}{5} - \frac{1}{7} + - \cdots.$$

Um zu ihr zu gelangen, nehmen wir in Markoffs Formel

$$p = -\frac{1}{2}, \; q = -1, \; e_\nu = \frac{1}{2\nu+1}, \text{ also } \Delta^r e_s = \iota^r \frac{2\cdot 4\cdot 6 \ldots 2r}{(2s+1)(2s+3)\ldots(2s+2r+1)}.$$

Das gibt

$$\sum_0^{n-1} \iota^s e_s - \sum_0^{n-1} \iota^s \frac{m!}{(2s+1)(2s+3)\ldots(2s+2m+1)}$$

$$= \frac{1}{2}\sum_0^{m-1} \frac{r!}{1\cdot 3\cdot 5 \ldots (2r+1)} - \frac{\iota^n}{2}\sum_0^{m-1} \frac{r!}{(2n+1)(2n+3)\ldots(2n+2r+1)}.$$

Hier handelt es sich zunächst um die Abschätzung der beiden Summen

$$S = \sum_0^{n-1} \iota^s \frac{m!}{(2s+1)\ldots(2s+2m+1)} \quad \text{und} \quad \mathfrak{S} = \sum_0^{m-1} \frac{r!}{(2n+1)\ldots(2n+2r+1)}.$$

Am einfachsten erledigt sich $\mathfrak{S}$. Es ist

$$\mathfrak{S} < \frac{1}{2n+1}\left[1 + \frac{1!}{3} + \frac{2!}{3\cdot 5} + \frac{3!}{3\cdot 5\cdot 7} + \cdots \text{in inf.}\right].$$

Da der Cauchybruch von [ ] unterhalb $1/2$ liegt, konvergiert [ ], und $\mathfrak{S}$ strebt bei unbegrenzt wachsendem n gegen Null.
Bei S liegt der Betrag g_s des $s$ten Gliedes für positives s unterhalb $1 : s^2(2m+1)$, da $2s + 2m + 1 > 2m + 1$ und

$$(2s+1)(2s+3)\ldots(2s+2m-1) > 5\cdot 7\cdot 9 \ldots (2m-1)\cdot 4s^2 > m!\, s^2,$$

und da $g_0 < 1 : (2m+1)$ ist, folgt

$$|S| < g_0 + g_1 + g_2 + \cdots < \frac{1}{2m+1}\left[1 + \sum_1^\infty \frac{1}{s^2}\right].$$

Damit konvergiert S bei unbegrenzt wachsendem m gegen Null.

Demgemäß gilt Eulers Formel, und es wird

$$\boxed{\frac{\pi}{4} = \sum_0^\infty \iota^s e_s = \frac{1}{2}\sum_0^\infty \frac{r!}{1\cdot 3\cdot 5\ \ldots\ (2r+1)}},$$

wo die rechte Reihe rasch konvergiert.

§ 59. Tannerys Satz

Unter einer *Tanneryreihe* versteht man die aus Funktionen $v_r(n)$ des ganzzahligen positiven Arguments n aufgebaute Reihe

$$t_n = v_1(n) + v_2(n) + \cdots + v_p(n),$$

falls folgende drei Bedingungen erfüllt sind:

1. Jedes Glied $v_r(n)$ der Reihe strebt bei festgehaltenem r und unbegrenzt wachsendem n gegen den endlichen Grenzwert w_r.

2. Bei unbegrenzt wachsendem n wächst auch der Schlußzeiger p der Reihe unbegrenzt.

3. Von einem gewissen Zeiger $\mathfrak{a}$ ab liegt für jeden Zeiger $r \geqq \mathfrak{a}$ der Betrag von $v_r(n)$ unterhalb oder doch wenigstens nicht oberhalb einer endlichen von n unabhängigen Schranke V_r:

$$|v_r(n)| \leqq V_r$$

derart, daß die Schrankenreihe

$$V_\mathfrak{a} + V_{\mathfrak{a}+1} + V_{\mathfrak{a}+2} + V_{\mathfrak{a}+3} + \cdots$$

konvergiert.

Unter einem *Tanneryprodukt* versteht man das mittels der p Terme $v_1(n)$, $v_2(n)$, …, $v_p(n)$ einer Tanneryreihe gebildete Produkt

$$T_n = [1 + v_1(n)][1 + v_2(n)] \ldots [1 + v_p(n)].$$

Es gilt der fundamentale

Satz von Tannery:

Bei unbegrenzt wachsendem n strebt die Tanneryreihe

$$t_n = v_1(n) + v_2(n) + \cdots + v_p(n)$$

gegen den endlichen Grenzwert

$$t = w_1 + w_2 + w_3 + \cdots,$$

das Tanneryprodukt

$$T_n = [1 + v_1(n)]\,[1 + v_2(n)] \cdots [1 + v_p(n)]$$

gegen den endlichen Grenzwert

$$T = [1 + w_1]\,[1 + w_2]\,[1 + w_3] \ldots .$$

Beweis des Tanneryschen Satzes

Wir wählen zu beliebig kleinem vorgegebenem positivem ε den Index ν so, daß

$$V_{\nu+1} + V_{\nu+2} + V_{\nu+3} + \cdots \leqq \varepsilon$$

ausfällt, wobei wir von vornherein n schon so groß annehmen, daß p oberhalb ν liegt. Darauf zerlegen wir den Unterschied $t_n - t$ in drei Teile I, II, III:

$$\begin{aligned} \mathrm{I} &= [v_1(n) + v_2(n) + \cdots + v_\nu(n)] - [w_1 + w_2 + \cdots + w_\nu], \\ \mathrm{II} &= v_{\nu+1}(n) + v_{\nu+2}(n) + \cdots + v_p(n), \\ \mathrm{III} &= -w_{\nu+1} - w_{\nu+2} - w_{\nu+3} - \cdots \text{ in inf.} \end{aligned}$$

Laut Bedingung 3. liegt sowohl |II| als auch |III| unterhalb ε. Außerdem liegt zufolge 1. – für hinreichend hohe n – der Betrag von I ebenfalls unterhalb ε. Daher gilt der Relation

$$t_n - t = \mathrm{I} + \mathrm{II} + \mathrm{III}$$

gemäß für hinreichend hohe n die Ungleichung

$$|t_n - t| < 3\varepsilon.$$

Sie sagt aus:

$$\lim_{n\to\infty} t_n = t,$$

womit der erste Teil des Tanneryschen Satzes bewiesen ist.

Auch beim Nachweis des zweiten Teils zerlegen wir den Unterschied $T_n - T$ in drei Teile I, II, III:

$$T_n - T = \mathrm{I} + \mathrm{II} + \mathrm{III}.$$

Diesmal ist aber

$$\mathrm{I} = \mathfrak{p}_\nu - \mathfrak{P}_\nu, \qquad \mathrm{II} = (\mathfrak{p}_\nu - \mathfrak{P}_\nu)(\mathfrak{r}_\nu - 1), \qquad \mathrm{III} = \mathfrak{P}_\nu(\mathfrak{r}_\nu - \mathfrak{R}_\nu)$$

mit

$$\begin{aligned} \mathfrak{p}_\nu &= [1 + v_1(n)]\,[1 + v_2(n)] \cdots [1 + v_\nu(n)], \\ \mathfrak{P}_\nu &= [1 + w_1]\,[1 + w_2] \cdots [1 + w_\nu], \\ \mathfrak{r}_\nu &= [1 + v_{\nu+1}(n)]\,[1 + v_{\nu+2}(n)] \cdots [1 + v_p(n)], \\ \mathfrak{R}_\nu &= [1 + w_{\nu+1}]\,[1 + w_{\nu+2}]\,[1 + w_{\nu+3}] \ldots \text{in inf.} \end{aligned}$$

Auch setzen wir das vorgegebene ε selbstverstandlich kleiner als $\frac{1}{2}$ voraus. Dann ist (z. B. nach Weierstraß' Ungleichung)

$$|\mathfrak{r}_\nu - 1| < 2\varepsilon \qquad \text{wie auch} \qquad |\mathfrak{R}_\nu - 1| < 2\varepsilon,$$

woraus noch

$$|\mathfrak{r}_\nu - \mathfrak{R}_\nu| < 4\varepsilon$$

folgt.

Außerdem ist nach der Ungleichung der Exponentialfunktion $[e^x > 1 + x]$

$$\mathfrak{P}_\nu < e^t.$$

Ferner wird für hinreichend hohe n

$$|\mathfrak{p}_\nu - \mathfrak{P}_\nu| < \varepsilon .$$

Daher haben wir bei hinreichend hohen n die Schranken

$$|\mathrm{I}| < \varepsilon, \qquad |\mathrm{II}| < 2\varepsilon^2, \qquad \mathrm{III} < 4\varepsilon e^t,$$

so daß sicher

$$|\mathrm{I} + \mathrm{II} + \mathrm{III}| < 7\varepsilon e^t$$

ausfällt.

Aus

$$|T_n - T| < 7\varepsilon e^t$$

folgt nun sofort

$$\lim_{n\to\infty} T_n = T,$$

womit auch der zweite Teil des Tanneryschen Satzes bewiesen ist.

ZWEITER ABSCHNITT

REIHEN MIT VARIABLEN GLIEDERN

§ 60. Gleichmäßige Konvergenz

Früher glaubte man, daß eine konvergente Reihe

$$f_1(x) + f_2(x) + f_3(x) + \cdots,$$

deren Glieder $f_\nu(x)$ stetige Funktionen von x in einem Intervall I sind, selbst eine stetige Funktion von x in I darstelle.

Erst Abel (Crelles Journal, Bd. I) zerstörte diese Annahme durch sein Beispiel

$$\varphi(x) = \sin x + \frac{\sin 2x}{2} + \frac{\sin 3x}{3} + \cdots.$$

Diese Reihe konvergiert für jedes x; ihre Glieder sind stetige Funktionen von x im Intervall $[0, 2\pi]$, aber trotzdem ist die Reihe *an den Stellen* $x = 0$ *und* $x = 2\pi$ *unstetig*. Es ist nämlich (§ 29) für $x = 0$ und $x = 2\pi$ $\quad\varphi(x) = 0$, für jedes andere x des Intervalls

$$\varphi(x) = \frac{\pi - x}{2},$$

ist also z. B. nicht

$$\varphi(0) = \lim_{x \to 0} \varphi(x).$$

Es lassen sich auch einfachere Beispiele für diese Erscheinung bilden.

Ist z. B.

$$f_n(x) = x^n(1 - x),$$

so konvergiert die Reihe

$$\varphi(x) = f_1(x) + f_2(x) + f_3(x) + \cdots$$

für jedes x des Intervalls $[0, 1]$, ist aber keine stetige Funktion im Intervall, da sie an der Stelle $x = 1$ den Wert $\varphi(1) = 0$, an jeder von 1 verschiedenen Stelle x den Wert $\varphi(x) = x$ hat, mithin nicht, wie es bei Stetigkeit von $\varphi(x)$ doch sein müßte,

$$\varphi(1) = \lim_{x \to 1} \varphi(x)$$

ist.

Damit also eine konvergente Reihe im Intervall I stetiger Funktionen $f_n(x)$ eine in diesem Intervall stetige Funktion von x darstelle, muß noch eine besondere Bedingung erfüllt sein. Eine solche (hinreichende) Bedingung ist z. B. die *gleichmäßige Konvergenz* der Reihe.

Wir erörtern die Erscheinung der gleichmäßigen Konvergenz am besten zuerst an *Funktionenfolgen*.

Eine im abgeschlossenen Intervall I konvergente Folge

$$f_1(x), \quad f_2(x), \quad f_3(x), \quad \cdots$$

in I stetiger Funktionen heißt *in I gleichmäßig konvergent*, wenn zu jedem noch so kleinen positiven ε ein endlicher *von x unabhängiger* Zeiger n existiert derart, daß für jeden Zeiger $N \geqq n$ und für jedes x aus I

$$|f_N(x) - \varphi(x)| < \varepsilon$$

ausfällt, wo $\varphi(x)$ die Grenzfunktion der Folge ist. Und man sagt:

$f_\nu(x)$ konvergiert mit unbegrenzt wachsendem ν in I gleichmäßig gegen seine Grenzfunktion $\varphi(x)$.

Daß mit dieser neuen Forderung der *Gleichmäßigkeit* der Konvergenz eine *wesentliche* neue Forderung zur Konvergenzforderung hinzukommt, zeigt besonders instruktiv das folgende Beispiel von Darboux:

$$f_n(x) = x^2 + n x e^{-n x^2}.$$

Die Folge $\{f_n\} \equiv \{f_n(x)\}$ konvergiert für jedes x des Intervalls $[0, 1]$ gegen die Grenzfunktion

$$\varphi(x) = x^2,$$

jedoch *nicht* gleichmäßig.

Wäre nämlich n der obenerwahnte endliche Zeiger derart, daß für jedes $N \geqq n$ und jedes x des Intervalls

$$|f_N(x) - \varphi(x)| < \varepsilon$$

ausfiele, so müßte auch z. B. für $x = 1 : \sqrt{n}$

$$|f_n(x) - \varphi(x)| = \frac{\sqrt{n}}{e} < \varepsilon$$

sein, q. e. a.

Im übrigen lassen sich natürlich leicht zahlreiche Beispiele gleichmaßig konvergenter Funktionenfolgen bilden. So konvergiert die Funktion

$$f_n(x) = x + \frac{n x^2}{1 + n^2 x}$$

im Intervall $[0, 1]$ gleichmäßig gegen ihre Grenzfunktion

$$\varphi(x) = x.$$

[Man wähle n so groß, daß $n:(1+n^2)$ unterhalb ε liegt. Dann ist für jedes $N \geqq n$ und jedes x des Intervalls

$$|f_N(x) - \varphi(x)| = \frac{Nx^2}{1+N^2x} < \frac{N}{1+N^2} < \frac{n}{1+n^2} < \varepsilon.]$$

Die obige Definition der gleichmäßigen Konvergenz der Funktionenfolge $\{f_n\}$ setzt die Bekanntschaft der Grenzfunktion $\varphi(x)$ von $\{f_n(x)\}$ voraus. Da es von Wichtigkeit ist, die Gleichmaßigkeit der Konvergenz einer Funktionenfolge *ohne Kenntnis der Grenzfunktion* ausmachen zu können, geben wir noch eine

Zweite Definition der gleichmäßigen Konvergenz:

Eine im abgeschlossenen Intervall I konvergente Folge

$$f_1(x), \quad f_2(x), \quad f_3(x), \quad \ldots$$

in I stetiger Funktionen ist in I gleichmäßig konvergent, wenn zu jedem noch so kleinen positiven ε ein endlicher von x unabhängiger Zeiger n existiert derart, daß für jeden größeren Zeiger N und für jedes x aus I

$$|f_N(x) - f_n(x)| < \varepsilon$$

ausfallt.

Daß diese Definition dasselbe aussagt wie die obige Definition, folgt so:
1. Bei Gleichmaßigkeit der Konvergenz existiert zu jedem positiven ε ein endlicher (von x unabhangiger) Zeiger n derart, daß für jedes $N \geqq n$ und für jedes x aus I

$$|f_N(x) - \varphi(x)| < \frac{\varepsilon}{2}, \qquad \text{also auch} \qquad |f_n(x) - \varphi(x)| < \frac{\varepsilon}{2}$$

ist, wo φ die Grenzfunktion von $\{f_n\}$ bedeutet. Aus diesen beiden Ungleichungen folgt

$$|f_N(x) - f_n(x)| < \varepsilon.$$

Die oben angegebene Bedingung ist also *notwendig* für Konvergenzgleichmaß.
2. Sie ist aber auch hinreichend.
Ist sie namlich erfüllt, so konvergiert nach Cauchys Konvergenzmerkmal einerseits $f_\nu(x)$ für $\nu \to \infty$ gegen eine Grenzfunktion $\varphi(x)$, anderseits ist für jedes Zeigerpaar N, M mit $N \geqq n$, $M \geqq n$

$$|f_N(x) - f_n(x)| < \varepsilon \qquad \text{und} \qquad |f_M(x) - f_n(x)| < \varepsilon,$$

also auch

$$|f_N(x) - f_M(x)| < 2\varepsilon.$$

Halt man in dieser Ungleichung N fest, wahrend M unbegrenzt wächst, so geht sie in

$$|f_N(x) - \varphi(x)| \leqq 2\varepsilon$$

über, und diese Ungleichung sagt aus, daß die Folge $\{f_\nu(x)\}$ *gleichmäßig* gegen ihre Grenzfunktion $\varphi(x)$ konvergiert.

Wir haben bei der Definition der gleichmaßigen Konvergenz das Intervall I als abgeschlossen angenommen.

Angenommen, man wüßte nur von den Argumentwerten x des *offenen* Intervalls $i \equiv (a, b)$, daß die Ungleichung

$$|f_N(x) - f_n(x)| < \varepsilon$$

gilt. Da die Funktionen $f_n(x)$ und $f_N(x)$ in $I \equiv [a, b]$ stetig sind, so läßt sich beispielsweise rechts von a eine Stelle x aus i angeben, für welche

$$|f_n(x) - f_n(a)| < \varepsilon \qquad \text{und auch} \qquad |f_N(x) - f_N(a)| < \varepsilon$$

ausfällt. Aus

$$f_N(a) - f_n(a) = [f_N(a) - f_N(x)] + [f_N(x) - f_n(x)] + [f_n(x) - f_n(a)]$$

folgt nun

$$|f_N(a) - f_n(a)| < 3\varepsilon,$$

und dieselbe Ungleichung laßt sich für $x = b$ gewinnen. Daher gilt die Ungleichung

$$|f_N(x) - f_n(x)| < 3\varepsilon$$

für jedes x des *abgeschlossenen* Intervalls I.

Folglich:

Ein Intervall gleichmäßiger Konvergenz ist stets als abgeschlossen anzusehen.

Gleichmäßige Konvergenz einer unendlichen Reihe

Nach unserer Betrachtung über gleichmaßige Konvergenz von Funktionenfolgen ist es nun leicht, die gleichmaßige Konvergenz von unendlichen Reihen zu erklaren und zu verstehen.

Eine unendliche Reihe

$$t_1(x) + t_2(x) + t_3(x) + \cdots,$$

deren Glieder $t_\nu(x)$ stetige Funktionen von x in einem Intervall I sind, und die für jedes x des Intervalls konvergiert, so daß die Reihe in I eine Funktion $\varphi(x)$ von x darstellt, heißt *im Intervall I gleichmäßig konvergent*, wenn die Folge $\{f_n(x)\}$ der Abschnitte

$$f_n(x) = t_1(x) + t_2(x) + \cdots + t_n(x)$$

der Reihe gleichmäßig in I konvergiert.

Wir können demnach sagen:

Die Reihe

$$t_1(x) + t_2(x) + \cdots$$

heißt *im Intervall I gleichmäßig konvergent*, wenn ihr $n$ter Abschnitt in I gleichmaßig gegen eine Grenzfunktion $\varphi(x)$ konvergiert.

Oder, was meist praktischer ist, im Hinblick auf die obige zweite Definition der gleichmäßigen Konvergenz einer Funktionenfolge:
Die Reihe

$$t_1(x) + t_2(x) + \cdots$$

heißt *im Intervall I gleichmäßig konvergent*, wenn zu jedem positiven ε ein endlicher *von x unabhängiger* Zeiger n existiert derart, daß für jeden größeren Zeiger N und für jedes x aus I der Restteil

$$\mathfrak{r} = t_{n+1}(x) + t_{n+2}(x) + \cdots + t_N(x)$$

der Reihe betraglich unterhalb ε liegt.
Im Vorstehenden war x ein *reelles* Argument, welches alle Werte eines abgeschlossenen Intervalls annehmen kann.
Es macht nicht die geringsten Schwierigkeiten, unsere Definitionen auf Funktionen *komplexen* Arguments x zu übertragen, wobei wir uns allerdings auf Regulärfunktionen beschränken.

Definition 1:

Eine im Bereich $\mathfrak{B}$ der Gaußebene konvergente Folge

$$f_1(x), \quad f_2(x), \quad f_3(x), \quad \ldots$$

in $\mathfrak{B}$ regulärer Funktionen des komplexen Arguments x heißt *in $\mathfrak{B}$ gleichmäßig konvergent*, wenn zu jedem positiven ε ein endlicher von x unabhängiger Zeiger n existiert derart, daß für jeden Zeiger $N \geqq n$ und für jedes x aus $\mathfrak{B}$

$$|f_N(x) - \varphi(x)| < \varepsilon$$

ausfällt, wo $\varphi(x)$ die Grenzfunktion der Folge ist. Und man sagt:

$f_\nu(x)$ konvergiert mit unbegrenzt wachsendem ν in $\mathfrak{B}$ gleichmäßig gegen seine Grenzfunktion $\varphi(x)$.

Definiton 2:

Eine im Bereich $\mathfrak{B}$ der x-Ebene konvergente Folge

$$f_1(x), \quad f_2(x), \quad f_3(x), \quad \ldots$$

in $\mathfrak{B}$ regulärer Funktionen ist in $\mathfrak{B}$ gleichmäßig konvergent, wenn zu jedem positiven ε ein endlicher, von x unabhängiger Zeiger n existiert derart, daß für jeden größeren Zeiger N und für jedes x aus $\mathfrak{B}$

$$|f_N(x) - f_n(x)| < \varepsilon$$

ausfällt.

Daß diese Definition dasselbe aussagt wie Definition 1, wird genau so gezeigt wie bei den Funktionen reellen Arguments.

Weiß man von einer Folge

$$f_1(x), \quad f_2(x), \quad f_3(x), \quad \ldots$$

in einem *Gebiet* $\mathfrak{G}$ regulärer Funktionen nur, daß sie im *Gebiet* gleichmäßig konvergiert, so konvergiert sie darüber hinaus im Bereich $\overline{\mathfrak{G}}$ gleichmäßig, falls sie auf dem Gebietsrande stetig ist; denn es gilt der

Satz:

Ein Gebiet gleichmäßiger Konvergenz ist stets als abgeschlossen anzusehen, wofern die Funktionen der betreffenden Folge auf dem Gebietsrande auch noch stetig sind.

Der Beweis verläuft ähnlich wie oben.

Bei unendlichen Reihen

$$t_1(x) + t_2(x) + t_3(x) + \cdots,$$

deren Glieder $t_\nu(x)$ Regulärfunktionen eines Bereiches $\mathfrak{B}$ sind, lauten unsere Definitionen wie folgt:

Definition 1:

Eine unendliche Reihe

$$t_1(x) + t_2(x) + t_3(x) + \cdots,$$

deren Glieder $t_\nu(x)$ reguläre Funktionen von x im Bereich $\mathfrak{B}$ sind, und die für jedes x von $\mathfrak{B}$ konvergiert, heißt in $\mathfrak{B}$ gleichmäßig konvergent, wenn die Folge $\{f_n(x)\}$ der Abschnitte

$$f_n(x) = t_1(x) + t_2(x) + \cdots + t_n(x)$$

der Reihe gleichmäßig in $\mathfrak{B}$ konvergiert.

Definition 2:

Die Reihe

$$t_1(x) + t_2(x) + t_3(x) + \cdots$$

der im Bereich $\mathfrak{B}$ regulären Funktionen $t_1(x)$, $t_2(x)$, … heißt in $\mathfrak{B}$ gleichmäßig konvergent, wenn zu jedem positiven ε ein endlicher von x unabhängiger Zeiger n existiert derart, daß für jeden größeren Zeiger N und für jedes x aus $\mathfrak{B}$ der Restteil

$$\mathfrak{r} = t_{n+1}(x) + t_{n+2}(x) + \cdots + t_N(x)$$

der Reihe betraglich unterhalb ε liegt.

§ 61. Merkmale für gleichmäßige Konvergenz

I. Weierstraß' Konvergenzmerkmal:

Die Reihe

$$f_1(x) + f_2(x) + f_3(x) + \cdots$$

konvergiert im Bereich $\mathfrak{B}$ *gleichmäßig, wenn* $|f_n(x)|$ *in* $\mathfrak{B}$ *eine gewisse von* n *abhängige, von* x *aber unabhängige Schranke* M_n *nicht überschreitet und die Schrankenreihe*

$$M_1 + M_2 + M_3 + \cdots$$

konvergiert.

Der Beweis ist überaus einfach.

Wegen der Konvergenz der Schrankenreihe existiert zu jedem positiven ε ein endlicher Index n derart, daß für jeden positiven Zeiger p

$$M_{n+1} + M_{n+2} + \cdots + M_{n+p} < \varepsilon$$

ausfallt. Daher ist erst recht

$$|f_{n+1}(x) + f_{n+2}(x) + \cdots + f_{n+p}(x)| < \varepsilon,$$

und zwar für jedes x aus $\mathfrak{B}$. Diese Ungleichung sagt aber aus, daß die vorgelegte Reihe in $\mathfrak{B}$ gleichmäßig konvergiert.

Es verdient noch, bemerkt zu werden, daß die Reihe auch *absolut* konvergiert, da ja auch die Ungleichung

$$|f_{n+1}(x)| + |f_{n+2}(x)| + \cdots + |f_{n+p}(x)| < \varepsilon$$

gilt.

II. Abels Konvergenzmerkmal:

Die Reihe

$$f_1(x)\varphi_1(x) + f_2(x)\varphi_2(x) + f_3(x)\varphi_3(x) + \cdots$$

konvergiert im Bereich $\mathfrak{B}$ *gleichmäßig, wenn die Reihe*

$$f_1(x) + f_2(x) + f_3(x) + \cdots$$

in $\mathfrak{B}$ *gleichmäßig konvergiert, und wenn in* $\mathfrak{B}$ *die Reihe*

$$|\delta_1(x)| + |\delta_2(x)| + |\delta_3(x)| + \cdots \qquad \text{mit} \quad \delta_\nu(x) = \varphi_\nu(x) - \varphi_{\nu+1}(x)$$

gleichmäßig beschränkt ist [d. h. eine endliche, von x unabhängige Schranke g nicht überschreitet].

Beweis. Wir zeigen zuerst, daß auch $|\varphi_n(x)|$ für jedes x in $\mathfrak{B}$ und für jeden Zeiger n eine endliche Schranke G nicht überschreitet. Es ist

$$\varphi_1(x) - \varphi_n(x) = \delta_1(x) + \delta_2(x) + \cdots + \delta_{n-1}(x).$$

Folglich ist

$$|\varphi_1(x) - \varphi_n(x)| < g \qquad \text{und} \qquad |\varphi_n(x)| < G = g + h,$$

wo h eine Schranke für $|\varphi_1(x)|$ in $\mathfrak{B}$ bedeutet.

Nun betrachten wir den Restteil

$$r_p = f_{n+1}(x)\,\varphi_{n+1}(x) + f_{n+2}(x)\,\varphi_{n+2}(x) + \cdots + f_{n+p}(x)\,\varphi_{n+p}(x)$$

der vorgelegten Reihe.

Er gestattet nach Abels Formel die Schreibung

$$\mathfrak{s}_1(x)\,\mathfrak{d}_1(x) + \mathfrak{s}_2(x)\,\mathfrak{d}_2(x) + \cdots + \mathfrak{s}_p(x)\,\mathfrak{d}_p(x)$$

mit

$$\mathfrak{s}_1(x) = f_{n+1}(x), \qquad \mathfrak{s}_2(x) = f_{n+1}(x) + f_{n+2}(x), \qquad \ldots,$$
$$\mathfrak{s}_p(x) = f_{n+1}(x) + f_{n+2}(x) + \cdots + f_{n+p}(x);$$
$$\mathfrak{d}_1(x) = \delta_{n+1}(x), \quad \mathfrak{d}_2(x) = \delta_{n+2}(x), \ \ldots, \ \mathfrak{d}_{p-1}(x) = \delta_{n+p-1}(x), \quad \mathfrak{d}_p(x) = \varphi_{n+p}(x).$$

ε sei eine beliebig kleine positive Größe und n sei so bestimmt, daß für jeden Zeiger p

in $\mathfrak{B}$
$$|\mathfrak{s}_p(x)| < \varepsilon$$

ausfällt (was wegen der gleichmaßigen Konvergenz der Reihe $f_1(x) + f_2(x) + \cdots$ möglich ist).

Dann wird für jeden Zeiger p und jedes x in $\mathfrak{B}$

$$|r_p| < \varepsilon\,(|\mathfrak{d}_1(x)| + |\mathfrak{d}_2(x)| + \cdots + |\mathfrak{d}_p(x)|).$$

Die runde Klammer besteht aus einem Posten $(|\mathfrak{d}_1(x)| + |\mathfrak{d}_2(x)| + \cdots + |\mathfrak{d}_{p-1}(x)|)$, welcher unterhalb g liegt, und einem Posten $|\mathfrak{d}_p(x)|$, der unterhalb G liegt. Folglich wird

$$|r_p| < 2G\varepsilon,$$

und diese Ungleichung sagt aus, daß die vorgelegte Reihe gleichmäßig konvergiert.

III. Dirichlets Konvergenzmerkmal:

Die Reihe

$$f_1(x)\,\varphi_1(x) + f_2(x)\,\varphi_2(x) + f_3(x)\,\varphi_3(x) + \cdots$$

konvergiert im Bereich $\mathfrak{B}$ gleichmäßig, wenn die Teilsummen der Reihe

$$f_1(x) + f_2(x) + f_3(x) + \cdots$$

in $\mathfrak{B}$ gleichmäßig beschränkt sind [d. h. für jedes x in $\mathfrak{B}$ betraglich unterhalb einer endlichen Schranke E liegen], *und die Reihe*

$$|\delta_1(x)| + |\delta_2(x)| + |\delta_3(x)| + \cdots \qquad \text{mit} \quad \delta_\nu(x) = \varphi_\nu(x) - \varphi_{\nu+1}(x)$$

in $\mathfrak{B}$ gleichmäßig konvergiert sowie noch $\varphi_n(x)$ in $\mathfrak{B}$ mit unbegrenzt wachsendem n gleichmäßig gegen Null konvergiert.

Beweis. Der Restteil

$$r_p = f_{n+1}(x)\,\varphi_{n+1}(x) + \cdots + f_{n+p}(x)\,\varphi_{n+p}(x)$$

wird nach Abels Formel wieder umgeschrieben:

$$r_p = \mathfrak{s}_1(x)\mathfrak{d}_1(x) + \mathfrak{s}_2(x)\mathfrak{d}_2(x) + \cdots + \mathfrak{s}_p(x)\mathfrak{d}_p(x).$$

Jetzt existiert zu beliebigem positivem ε ein fester endlicher Zeiger n derart, daß in $\mathfrak{B}$

$$|\mathfrak{d}_1(x)| + |\mathfrak{d}_2(x)| + \cdots + |\mathfrak{d}_p(x)| < \varepsilon$$

ausfällt. Da aber wegen $|f_\nu(x)| < 2E$

$$|r_p| < 2E\,(|\mathfrak{d}_1(x)| + |\mathfrak{d}_2(x)| + \cdots + |\mathfrak{d}_p(x)|)$$

ist, so wird für jedes p

$$|r_p| < 2E\varepsilon\,;$$

und diese Ungleichung sagt aus, daß die vorgelegte Reihe in $\mathfrak{B}$ gleichmäßig konvergiert.

§ 62. Stetigkeit

Die große Wichtigkeit des Begriffs der gleichmäßigen Konvergenz ergibt sich aus den Sätzen dieses und der nächsten Paragraphen.

Satz I:

Die Grenzfunktion einer gleichmäßig konvergenten Folge stetiger Funktionen eines Intervalls ist ebenfalls eine stetige Funktion in diesem Intervall.

Beweis. $\{f_n(x)\}$ sei eine gleichmäßig konvergente Folge von Funktionen $f_n(x)$, die im Intervall I stetig sind, $\varphi(x)$ die Grenzfunktion der Folge.

Um die Abweichung $\varphi(X) - \varphi(x)$ der beiden Funktionswerte $\varphi(x)$ und $\varphi(X)$ für benachbarte Argumentwerte x und X des Intervalls I beurteilen zu können, schreiben wir

$$\varphi(X) - \varphi(x) = [\varphi(X) - f_n(X)] + [f_n(X) - f_n(x)] + [f_n(x) - \varphi(x)].$$

Ist nun ε eine beliebig kleine positive Größe, so existiert wegen der gleichmäßigen Konvergenz der Folge ein endliches n derart, daß für jedes $\mathfrak{x}$ des Intervalls I

$$|\varphi(\mathfrak{x}) - f_n(\mathfrak{x})| < \varepsilon$$

ausfallt.

Demgemaß liegt die erste wie auch die dritte eckige Klammer unserer Gleichung betraglich unterhalb ε. Nach Bestimmung von n wählen wir — was wegen der Stetigkeit der Funktion f_n möglich ist — ein positives δ so, daß für jedes Wertepaar x, X aus I, bei dem $|X - x| < \delta$ ist, auch die mittlere eckige Klammer betraglich unterhalb ε liegt. Dann wird also nach unserer Gleichung

$$|\varphi(X) - \varphi(x)| < 3\varepsilon,$$

wofern nur $|X - x| < \delta$ ist; und diese Ungleichung sagt aus, daß die Funktion $\varphi(x)$ in I stetig ist. Q. e. d.

Satz II:

Eine aus stetigen Termen $t_n(x)$ eines Intervalls I bestehende, *in I gleichmäßig konvergente unendliche Reihe*

$$\varphi(x) = t_1(x) + t_2(x) + t_3(x) + \cdots$$

stellt in I eine stetige Funktion von x dar.

Beweis. Die Summe $\varphi(x)$ der Reihe ist die Grenzfunktion der in I gleichmäßig konvergenten Funktionenfolge $\{f_n(x)\}$ mit

$$f_n(x) = t_1(x) + t_2(x) + \cdots + t_n(x)$$

und stellt als solche nach Satz I eine in I stetige Funktion von x dar.

Der obige Stetigkeitssatz läßt sich nicht umkehren; man kann nicht behaupten, daß eine Folge $\{f_n(x)\}$ stetiger Funktionen, die in einem Intervall gegen eine *stetige* Grenzfunktion $\varphi(x)$ konvergiert, im Intervall *gleichmäßig* konvergiert. Das zeigt schon das im § 60 erörterte Darbouxsche Beispiel, zeigt ebenso das Cantorsche Beispiel

$$f_n(x) = \frac{x}{1 + x^2} - \frac{m x}{1 + m^2 x^2} \qquad (\text{mit } m = n + 1).$$

Die Grenzfunktion $\varphi(x) = x : (1 + x^2)$ stellt im Intervall $[0, 1]$ eine *stetige* Funktion dar, während die Folge hier *nicht* gleichmäßig konvergiert. Es ist nämlich

$$\varphi(x) - f_N(x) = \frac{M x}{1 + M^2 x^2} \qquad (\text{mit } M = N + 1),$$

und dieser Ausdruck müßte sich bei gleichmäßiger Konvergenz für *jeden* oberhalb eines gewissen Zeigers n liegenden Zeiger N und für *jedes* x des Intervalls unter eine beliebig kleine vorgegebene positive Zahl ε herabdrücken lassen, während der Ausdruck beispielsweise für $x = 1/M$ doch den Wert 0,5 hat.

Jedoch gilt folgende wichtige

Teilumkehrung (Satz von Dini):

Wenn die stetige Funktionenfolge $\{f_n(x)\}$ in einem abgeschlossenen Intervall gegen eine stetige Grenzfunktion $\varphi(x)$ konvergiert, und wenn außerdem die Folgeglieder $f_n(x)$ mit wachsendem Zeiger zunehmen, so ist die Konvergenz gleichmäßig.

Beweis. Das vorgelegte Intervall heiße I und die Bedingung gleichmaßiger Konvergenz kurz G-Bedingung. Wir zerlegen I in seine beiden Halften I_1 und I_1'. Angenommen, die G-Bedingung ließe sich für I *nicht* erfüllen, dann läßt sie sich auch etwa für I_1 nicht erfüllen. [Ließe sie sich nämlich für I_1 mittels des Zeigers n, für I_1' mittels des Zeigers n' erfüllen, so wäre sie für I mittels des größeren der beiden Zeiger n und n' erfüllt.] Wir zerlegen nun I_1 in seine zwei Halften I_2 und I_2'. Dann läßt sich die G-Bedingung etwa für I_2

nicht erfüllen. Darauf zerlegen wir I_2 in die beiden Hälften I_3' und I_3 derart, daß sich die G-Bedingung für I_3 nicht erfüllen läßt. Usw. Unsere Intervallschachtelung $I, I_1, I_2, I_3, \ldots$ bestimmt in I den Schrumpfpunkt $x = s$, der allen Intervallen der Schachtelung angehört.
Nun schreiben wir

$$\varphi = f_N + u_N \qquad \text{mit} \quad u_N = \varphi - f_N,$$

wobei also u_N nach Voraussetzung positiv ist. Nach Voraussetzung sind ferner φ und f_N stetige Funktionen von x in I. Folglich muß auch u_N in I, also auch in der Umgebung von $x = s$ stetig sein. Mithin muß sich zu unserm vorgegebenen (der G-Bedingung entsprechenden) ε ein Intervall $i[s - \delta, s + \delta]$ angeben lassen derart, daß sich die u_N-Werte für zwei beliebige Punkte aus i um weniger als $\varepsilon/2$ voneinander unterscheiden. Nun sei ν ein Zeiger so hoch, daß I_ν im Innern von i liegt. Wegen der Konvergenz von u_N gegen Null einerseits, wegen der Nichterfüllbarkeit der G-Bedingung für I_ν anderseits, laßt sich ein Zeiger N angeben derart, daß einerseits $u_N(s) < \varepsilon/2$, daß anderseits für mindestens ein x aus I_ν und damit aus i $u_N(x) > \varepsilon$ ausfallt. Das gibt aber

$$|u_N(x) - u_N(s)| > \varepsilon/2,$$

wahrend doch (s. o.) dieser Betrag *kleiner* als $\varepsilon/2$ sein sollte. Dieser Widerspruch verschwindet nur, wenn man die G-Bedingung für I als erfüllbar anerkennt, d. h. also, wenn man zugibt, daß $f_n(x)$ *gleichmäßig* gegen $\varphi(x)$ konvergiert. Q. e. d.

Korollar (Satz von Dini):

Eine aus im abgeschlossenen Intervall I stetigen Positiv-Funktionen $t_n(x)$ aufgebaute Reihe

$$\varphi(x) = t_1(x) + t_2(x) + t_3(x) + \cdots$$

konvergiert in I dann und nur dann gleichmäßig, wenn sie eine stetige Funktion von x in I darstellt.

§ 63. Ableitung einer konvergenten Funktionenfolge

$$F_1(x), \qquad F_2(x), \qquad F_3(x), \qquad \ldots$$

sei eine im abgeschlossenen Intervall I konvergente Folge stetiger Funktionen mit der Grenzfunktion

$$\Phi(x) = \lim_{n \to \infty} F_n(x).$$

In der Regel besitzt jede Funktion $F_n(x)$ der Folge in I eine Ableitung

$$f_n(x) = F_n'(x),$$

so daß man Veranlassung hat, neben der Folge $\{F_n\} \equiv \{F_n(x)\}$ auch die Folge $\{f_n\} \equiv \{f_n(x)\}$ in I zu betrachten.

Die Folge

$$F'_1(x), \quad F'_2(x), \quad F'_3(x), \quad \ldots$$

heißt die *Ableitung* oder der Differentialquotient *der Folge*

$$F_1(x), \quad F_2(x), \quad F_3(x), \quad \ldots$$

Haufig konvergiert auch die Ableitung $\{f_n(x)\}$ der Folge $\{F_n(x)\}$ in I gegen eine Grenzfunktion

$$\varphi(x) = \lim_{n \to \infty} f_n(x),$$

und es erhebt sich die Frage:

In welchem Zusammenhange steht $\varphi(x)$ zu $\Phi(x)$?

Diese Frage wird durch folgenden sehr wichtigen Satz beantwortet:

Fundamentalsatz:

Konvergiert die Ableitung einer in einem Intervall I konvergenten Funktionenfolge in I gleichmäßig gegen eine Grenzfunktion, so ist diese in I die Ableitung der Grenzfunktion der vorgelegten Folge.

Ganz kurz, aber einprägsam:

Die Grenzfunktion der (gleichmäßig konvergenten) *Ableitung ist die Ableitung der Grenzfunktion.*

Beweis. Die vorgelegte in I konvergente Funktionenfolge sei $\{F_n(x)\}$, ihre Grenzfunktion $\Phi(x)$, ihre Ableitung $\{f_n(x)\}$ und deren Grenzfunktion $\varphi(x)$. ε sei eine beliebig kleine vorgegebene positive Größe. Zufolge der gleichmäßigen Konvergenz der Folge $\{f_n\}$ existiert ein endlicher Zeiger n derart, daß für jedes $N \geqq n$ und jedes x aus I

$$|f_N(x) - \varphi(x)| < \varepsilon : 2$$

ausfallt.

Wir lenken unsere Aufmerksamkeit auf den Unterschied

$$U(x) = F_N(x) - F_n(x)$$

und seine Ableitung

$$U'(x) = u(x) = f_N(x) - f_n(x).$$

Aus

$$u(x) = [f_N(x) - \varphi(x)] + [\varphi(x) - f_n(x)]$$

folgt, daß für jedes $N \geqq n$ und jedes x aus I

$$|u(x)| < \varepsilon$$

ausfällt.

Sodann bilden wir den Restbruch

$$\frac{U(X) - U(x)}{X - x}$$

von U, wo X ein dem Argumentwert x benachbarter Argumentwert aus I ist. Dieser schreibt sich einerseits

$$\frac{F_N(X) - F_N(x)}{X - x} - \frac{F_n(X) - F_n(x)}{X - x},$$

hat anderseits nach Lagranges Satz den Wert

$$u(z),$$

wo z einen gewissen Zwischenwert zwischen x und X bedeutet.
Daher entsteht die Gleichung

$$\frac{F_N(X) - F_N(x)}{X - x} = \frac{F_n(X) - F_n(x)}{X - x} + u(z),$$

die wir in Ansehung der oberen Schranke für $|u|$ auch

$$\frac{F_N(X) - F_N(x)}{X - x} = \frac{F_n(X) - F_n(x)}{X - x} + \theta\varepsilon \qquad \text{mit} \quad |\theta| < 1$$

schreiben können.
In dieser Gleichung lassen wir N unbegrenzt wachsen. Sie verwandelt sich dann, da $\lim\limits_{N \to \infty} F(x) = \Phi(x)$ ist, in

$$\frac{\Phi(X) - \Phi(x)}{X - x} = \frac{F_n(X) - F_n(x)}{X - x} + \Theta\varepsilon \qquad \text{mit} \quad |\Theta| \leqq 1.$$

Diese Gleichung schreiben wir folgendermaßen:

$$\frac{\Phi(X) - \Phi(x)}{X - x} - \varphi(x) = [f_n(x) - \varphi(x)] + \left[\frac{F_n(X) - F_n(x)}{X - x} - f_n(x)\right] + [\Theta\varepsilon].$$

Beschranken wir nun X auf eine so kleine Umgebung δ von x, daß für jedes X dieser Umgebung

$$\left|\frac{F_n(X) - F_n(x)}{X - x} - f_n(x)\right| < \varepsilon$$

ausfallt, so liegt nicht nur die erste und dritte, sondern auch noch die zweite eckige Klammer der rechten Seite unserer Gleichung betraglich unterhalb ε, und für jedes X aus der Umgebung δ wird

$$\left|\frac{\Phi(X) - \Phi(x)}{X - x} - \varphi(x)\right| < 3\varepsilon.$$

Diese Ungleichung aber sagt aus:
Die Funktion $\Phi(x)$ besitzt für jedes x aus I eine Ableitung, und diese Ableitung ist $\varphi(x)$.
Das war zu beweisen.
Die Bedingung des Konvergenzgleichmaßes der Ableitung unserer Folge ist nur eine *hinreichende* Bedingung für das Bestehen der Gleichung

$$\Phi'(x) = \varphi(x),$$

keine *notwendige*.
Nehmen wir z. B. die Folge $\{F_n\}$ mit

$$F_n = e^x - n\,x^2 e^{-n^2 x^4},$$

welche für jedes x des Intervalls $I \equiv [0, 1]$ gegen den Wert

$$\Phi = e^x$$

konvergiert. Ihre Ableitung $\{f_n\}$ ist durch die Gleichung

$$f_n = e^x - 2\,n\,x\,e^{-n^2 x^4} + 4\,n^3\,x^5\,e^{-n^2 x^4}$$

fixiert und hat die Grenzfunktion

$$\varphi = e^x$$

in I, so daß

$$\Phi' = \varphi$$

ist, obwohl die Ableitung $\{f_n\}$ *nicht* gleichmäßig konvergiert! [Die für das Gleichmaß erforderliche Bedingung

$$| f_N(x) - \varphi(x) | < \varepsilon$$

erhält für $x = 1 : \sqrt{n}$ und $N = n$ die Gestalt

$$2\sqrt{n} : e < \varepsilon,$$

q. e. a.]
Dagegen ist im Beispiel

$$F_n = x - \frac{x^n}{n}, \qquad f_n = 1 - x^{n-1}$$

im Intervall I [0, 1]

$$\Phi(x) = x, \qquad \varphi(x) = \begin{Bmatrix} 0 \text{ für } x = 1 \\ 1 \text{ für } x \neq 1 \end{Bmatrix},$$

so daß die Formel

$$\Phi'(x) = \varphi(x)$$

in I nicht gilt.
Hier ist $\varphi(x)$ eine unstetige Funktion in I, und die Ableitung $\{f_n\}$ der Ausgangsfolge konvergiert infolgedessen *nicht* gleichmäßig.

Ableitung einer unendlichen Reihe

$$\Phi(x) = T_1(x) + T_2(x) + T_3(x) + \cdots$$

sei eine im Intervall I konvergente Reihe, deren Glieder $T_\nu(x)$ in I stetige Funktionen von x sind und in jedem Punkte von I eine endliche Ableitung

$$T'_\nu(x) = t_\nu(x)$$

besitzen.

Die Reihe

$$t_1(x) + t_2(x) + t_3(x) + \cdots,$$

deren Glieder die Ableitungen der Glieder der vorgelegten Reihe

$$T_1(x) + T_2(x) + T_3(x) + \cdots$$

sind, heißt die *Formalableitung* der vorgelegten Reihe, und es erhebt sich die Frage, *ob die Formalableitung die Ableitung der Reihe ist.*

Bei dem obigen Maße an Voraussetzungen *muß diese Frage im allgemeinen verneint werden.*

Um das sofort zu erkennen, genügt es, das Abelsche Beispiel

$$\Phi(x) = \sin x + \frac{\sin 2x}{2} + \frac{\sin 3x}{3} + \cdots$$

heranzuziehen. Diese Reihe stellt in jedem Punkte des Intervalls $(0, 2\pi)$ die Funktion

$$\Phi(x) = \frac{\pi - x}{2}$$

dar, hat sonach in jedem Punkte dieses Intervalls die Ableitung

$$\Phi'(x) = -\frac{1}{2},$$

wahrend ihre Formalableitung

$$\cos x + \cos 2x + \cos 3x + \cdots$$

eine divergente Reihe bildet, so daß von einer Übereinstimmung der Formalableitung mit der Ableitung keine Rede sein kann.

Das Mindeste, was also zu den obigen Voraussetzungen hinzugefügt werden muß, ist die Konvergenz der Formalableitung.

Aber auch das genügt in vielen Fällen noch nicht, um die Übereinstimmung von Formalableitung und Ableitung zu verbürgen. Schon ganz einfache Beispiele wie das folgende zeigen das.

Ist

$$T_n(x) = \frac{x^n}{n} - \frac{x^m}{m}, \qquad t_n(x) = x^{n-1}(1-x) \qquad \text{mit} \quad m = n+1,$$

so konvergieren im Intervall I [0, 1] beide Reihen:

$$\Phi(x) = T_1(x) + T_2(x) + T_3(x) + \cdots$$

und ihre Formalableitung

$$\varphi(x) = t_1(x) + t_2(x) + t_3(x) + \cdots, \qquad [t_\nu(x) = T'_\nu(x)].$$

Φ hat in I den Wert

$$\Phi(x) = x,$$

φ den Wert

$$\varphi(x) = \begin{Bmatrix} 1 \text{ für } x \neq 1 \\ 0 \text{ für } x = 1 \end{Bmatrix},$$

während $\Phi'(x)$ in I den Wert 1 hat, so daß Formalableitung und Ableitung in I nicht überall übereinstimmen.

Die Übereinstimmung von Formalableitung und Ableitung ist dagegen gesichert, wenn man die *gleichmäßige* Konvergenz der Formalableitung voraussetzen kann. Denn es gilt der

Fundamentalsatz:

Konvergiert die Formalableitung einer in einem Intervall I konvergenten Reihe in I gleichmäßig, so stellt die Formalableitung die Ableitung der Reihe in I dar.

Beweis. Die Reihe

$$\Phi(x) = T_1(x) + T_2(x) + T_3(x) + \cdots$$

konvergiere im Intervall I, ihre Formalableitung

$$\varphi(x) = t_1(x) + t_2(x) + t_3(x) + \cdots, \qquad [t_\nu(x) = T'_\nu(x)]$$

in I gleichmäßig. Wir behaupten, daß in I

$$\varphi(x) = \Phi'(x)$$

ist.

Zum Beweise brauchen wir nur die beiden Funktionenfolgen $\{F_n(x)\}$ und $\{f_n(x)\}$ zu betrachten, wo

$$F_n(x) = T_1(x) + T_2(x) + \cdots + T_n(x),$$

den $n$ten Abschnitt von Φ,

$$f_n(x) = t_1(x) + t_2(x) + \cdots + t_n(x)$$

den $n$ten Abschnitt von φ bedeutet, f_n also die Ableitung von F_n ist.

Die erste Funktionenfolge konvergiert in I gegen die Grenzfunktion $\Phi(x)$, die zweite konvergiert in I *gleichmäßig* gegen ihre Grenzfunktion $\varphi(x)$. Nach dem Fundamentalsatz des vorigen Paragraphen ist daher

$$\Phi'(x) = \varphi(x), \qquad \text{q. e. d.}$$

§ 64. Integration

In Paragraph 62 haben wir gesehen, daß die Grenzfunktion $\varphi(x)$ einer in einem Intervall $I\,[a, b]$ mit $b > a$ gleichmäßig konvergenten Stetigfunktionenfolge $\{f_n(x)\}$ eine stetige Funktion von x in I darstellt.
Mithin existiert das Integral

$$\Phi(x) = \int_c^x \varphi(x)\,dx,$$

dessen untere Grenze c einen gewissen Fixpunkt (etwa $x = a$), dessen obere Grenze x einen beliebigen Punkt von I bedeutet, und stellt eine in I stetige Funktion von x dar.
Natürlich ist auch das Integral

$$F_n(x) = \int_c^x f_n(x)\,dx$$

eine stetige Funktion von x in I.
Die neue Folge

$$F_1(x), \quad F_2(x), \quad F_3(x), \quad \ldots$$

heißt das Integral der Ausgangsfolge

$$f_1(x), \quad f_2(x), \quad f_3(x), \quad \ldots$$

Wir vergleichen $F_N(x)$ mit $\Phi(x)$. Es ist

$$F_N(x) - \Phi(x) = \int_c^x [f_N(x) - \varphi(x)]\,dx.$$

Wegen des Konvergenzgleichmaßes von $\{f_\nu(x)\}$ existiert zu jedem positiven ε ein endlicher Zeiger n derart, daß für jeden Zeiger $N \geqq n$ und jedes x aus I

$$|f_N(x) - \varphi(x)| < \varepsilon$$

ausfällt. Daher ist

$$|F_N(x) - \Phi(x)| < \int_c^x \varepsilon\,dx = \varepsilon(x - c) < \varepsilon\,l,$$

wo l die Lange $b - a$ des Intervalls I bedeutet.
Die für jedes $N \geqq n$ und für jedes x aus I gültige Ungleichung

$$|F_N(x) - \Phi(x)| < \varepsilon\,l$$

sagt aber aus:
Auch die Folge $\{F_n(x)\}$ konvergiert in I gleichmaßig, und ihre Grenzfunktion $\Phi(x)$ ist das Integral der Grenzfunktion $\varphi(x)$ von $\{f_n(x)\}$.

Demnach gilt der

Integrationssatz I:

Das Integral einer in I gleichmäßig konvergenten Stetigfunktionenfolge konvergiert ebenfalls in I gleichmäßig, und
die Grenzfunktion des Integrals der Folge ist das Integral der Grenzfunktion der Folge.

In Zeichen:

$$\boxed{\lim \int_c^x f_n(x)\,dx = \int_c^x \lim f_n(x)\,dx}\,.$$

(Links steht $\lim F_n = \Phi$, rechts $\int \varphi\, dx$.)
Dieser fundamentale Satz gestattet die unmittelbare Anwendung auf unendliche Reihen.

$$\varphi(x) = t_1(x) + t_2(x) + t_3(x) + \cdots$$

sei eine im Intervall I gleichmäßig konvergente Reihe, deren Glieder t_ν in I stetig sind. Wir wissen schon, daß $\varphi(x)$ eine stetige Funktion von x in I darstellt.
Auch die Funktionen

$$T_n(x) = \int_c^x t_n(x)\,dx \qquad \text{mit} \quad a \leqq c < x \leqq b$$

sind in I stetige Funktionen der oberen Integralgrenze x.
Wir lenken unsere Aufmerksamkeit auf die beiden Folgen

$$\{f_n(x)\} \qquad \text{und} \qquad \{F_n(x)\},$$

wo

$$f_n(x) = t_1(x) + t_2(x) + \cdots + t_n(x)$$

den $n$ten Abschnitt der Reihe $t_1 + t_2 + t_3 + \cdots$ und

$$F_n(x) = T_1(x) + T_2(x) + \cdots + T_n(x)$$

den $n$ten Abschnitt der Reihe $T_1 + T_2 + T_3 + \cdots$ bedeutet, zugleich aber auch das Integral

$$F_n(x) = \int_c^x f_n(x)\,dx$$

darstellt.
Da die Folge $\{f_n(x)\}$ voraussetzungsgemäß in I gleichmäßig gegen ihre Grenzfunktion $\varphi(x)$ konvergiert, so konvergiert nach Satz I auch die Folge $\{F_n(x)\}$ gleichmaßig gegen ihre Grenzfunktion $\Phi(x)$, und es ist

$$\Phi(x) = \int_c^x \varphi(x)\,dx$$

sowie

$$\begin{aligned}\Phi(x) &= \lim F_n(x) = \lim \int_c^x f_n(x)\,dx \\ &= \lim \int_c^x [t_1(x) + t_2(x) + \cdots + t_n(x)]\,dx \\ &= \lim \Big[\int_c^x t_1(x)\,dx + \int_c^x t_2(x)\,dx + \cdots + \int_c^x t_n(x)\,dx\Big] \\ &= \int_c^x t_1(x)\,dx + \int_c^x t_2(x)\,dx + \cdots \text{ in inf.}\end{aligned}$$

Aus diesen beiden Darstellungen von Φ resultiert die Formel

$$\int_c^x t_1(x)\,dx + \int_c^x t_2(x)\,dx + \cdots \text{ in inf.} = \int_c^x [t_1(x) + t_2(x) + \cdots \text{ in inf.}]\,dx.$$

Als Ergebnis dieser einfachen Betrachtung erscheint

Integrationssatz II:

Eine in einem Intervall I gleichmäßig konvergente unendliche Reihe stetiger Funktionen darf in jedem Teilintervall von I gliedweise integriert werden. Die durch diese Integration erhaltene unendliche Reihe konvergiert ebenfalls in I gleichmäßig.

Die beiden im Vorstehenden bewiesenen Fundamentalsätze lassen sich, wie im nächsten Paragraphen gezeigt werden soll, mit Zuhilfenahme der Cauchyschen Integralformel ohne Schwierigkeit auf Funktionen $f_n(x)$, $t_n(x)$ *komplexen* Arguments x übertragen, die sich in einem vorgegebenen Bereich der x-Ebene *regulär* verhalten.

Aus Satz I ergibt sich gleichfalls ohne weiteres

Integrationssatz III:

Konvergiert die Folge $\{f_n\}$ im Intervall I stetiger, mit wachsendem Zeiger zunehmender Positivfunktionen $f_n = f_n(x)$ gegen die in I stetige Grenzfunktion $\varphi(x)$, so ist

$$\lim_{n\to\infty} \int_I f_n\,dx = \int_I \varphi\,dx,$$

ausführlich:

$$\lim \int_I f_n\,dx = \int_I \lim f_n\,dx.$$

Der Beweis folgt sofort aus der gleichmaßigen Konvergenz der Folge (§ 62).

Dieser fundamentale Satz bleibt bestehen, wenn die Folgeglieder an gewissen (endlich vielen) kritischen Stellen Unstetigkeiten aufweisen und eventuell auch φ nur stückweise stetig ist sowie auch, wenn das Intervall I unendlich groß wird.

Beweis. Wir zerlegen das Integral

$$\int_I = \int_I f_n\,dx$$

in die Teile

$$\int_I = \int_{\mathfrak{A}} + \int_{\mathfrak{B}} + \int_{\mathfrak{C}} + \cdots \qquad \text{mit} \quad \mathfrak{A} + \mathfrak{B} + \mathfrak{C} + \cdots = I,$$

wo der Integrand (f_n) jedes Teils *im Innern* des Integrationsintervalls $\mathfrak{A}$ bzw. $\mathfrak{B}$, $\mathfrak{C}$, ... stetig verläuft.

Entfernt man aus den Integrationsintervallen $\mathfrak{A}$, $\mathfrak{B}$, $\mathfrak{C}$, ... die Umgebungen der kritischen Stellen [wobei unter der Umgebung des Punktes $x = \infty$ das von dem zwar großen, aber endlichen Werte $x = \omega$ bis $x = \infty$ reichende Stück der x-Achse zu verstehen ist], und nennt die verbleibenden Intervalle $\mathfrak{a}, \mathfrak{b}, \mathfrak{c}, \ldots$, so ist

$$\int_I f_n > \int_{\mathfrak{a}} f_n + \int_{\mathfrak{b}} f_n + \int_{\mathfrak{c}} f_n + \cdots,$$

mithin

$$\lim \int_I f_n \geqq \lim \int_{\mathfrak{a}} f_n + \lim \int_{\mathfrak{b}} f_n + \lim \int_{\mathfrak{c}} f_n + \cdots.$$

Nun ist aber nach unserem obigen Satze

$$\lim \int_{\mathfrak{a}} f_n = \int_{\mathfrak{a}} \lim f_n = \int_{\mathfrak{a}} \varphi$$

und ähnlich für die andern Limiten, so daß

$$\lim \int_I f_n \geqq \int_{\mathfrak{a}} \varphi + \int_{\mathfrak{b}} \varphi + \int_{\mathfrak{c}} \varphi + \cdots.$$

Lassen wir jetzt $\mathfrak{a}, \mathfrak{b}, \mathfrak{c}, \ldots$ gegen $\mathfrak{A}, \mathfrak{B}, \mathfrak{C}, \ldots$ wachsen, so wird

$$\lim \int_I f_n \geqq \int_{\mathfrak{A}} \varphi + \int_{\mathfrak{B}} \varphi + \int_{\mathfrak{C}} \varphi + \cdots$$

oder

$$\text{(1)} \qquad \lim_{n\to\infty} \int_I f_n\,dx \geqq \int_I \varphi\,dx.$$

Anderseits ist aber wegen $f_n < \varphi$

$$\int_I f_n < \int_I \varphi,$$

mithin auch

$$\text{(2)} \qquad \lim_{n\to\infty} \int_I f_n\,dx \leqq \int_I \varphi\,dx.$$

Aus (1) und (2) folgt

$$\lim_{n\to\infty} \int_I f_n\,dx = \int_I \varphi\,dx, \qquad \text{q. e. d.}$$

Wir merken uns noch

Integrationssatz IV:

Konvergiert die aus den im Intervall I stetigen Positivfunktionen $t_1(x)$, $t_2(x)$, $t_3(x), \ldots$ *bestehende unendliche Reihe*

$$\varphi(x) = t_1(x) + t_2(x) + t_3(x) + \cdots$$

gegen die in I stetige Grenzfunktion $\varphi(x)$, *so läßt sich die Reihe über I gliedweise integrieren.*

Der Beweis folgt ohne weiteres aus dem letzten Satze von § 62, aus dem ja hervorgeht, daß im vorliegenden Falle unsere Reihe in *I gleichmäßig* konvergiert. Auch Integrationssatz IV läßt sich ohne Mühe auf unendliche Integrationsgrenzen übertragen:

Ist $t_n(x)$ *für jeden Zeiger n und jeden Argumentwert x positiv, und existieren*

$$\int_a^\infty t_n(x)\,dx = T_n \qquad \text{und} \qquad \int_a^\infty \varphi(x)\,dx = \Phi,$$

so folgt aus

$$\varphi(x) = t_1(x) + t_2(x) + t_3(x) + \cdots$$

(wobei φ *und die* t_ν *überall im Endlichen als stetig vorausgesetzt sind)*

$$\Phi = T_1 + T_2 + T_3 + \cdots$$

ausführlich:

$$\int_a^\infty \varphi\,dx = \int_a^\infty t_1\,dx + \int_a^\infty t_2\,dx + \int_a^\infty t_3\,dx + \cdots.$$

Beweis. Aus den Relationen

$$(1) \qquad \varphi = \sum_1^\infty t_\nu, \qquad\qquad (2) \qquad \varphi > \sum_1^n t_\nu$$

folgt nach Satz IV bzw.

$$(1') \qquad \int_a^\omega \varphi\,dx = \sum_1^\infty \int_a^\omega t_\nu\,dx, \qquad\qquad (2') \qquad \Phi \geqq \sum_1^n T_\nu,$$

wo ω eine zwar große, aber vorerst noch endliche Zahl bedeutet. Läßt man jetzt n unbegrenzt wachsen, so folgt aus (2'), daß $\lim\limits_{n\to\infty} \sum\limits_1^n T_\nu$, existiert und

$$\sum_1^\infty T_\nu \leqq \Phi$$

ist, während aus (1') bei unbegrenzt wachsendem ω sich ergibt, daß

$$\sum_1^\infty T_\nu \nless \Phi$$

sein kann. Demnach kann nur

$$\Phi = \sum_1^\infty T_\nu$$

sein.

§ 65. Weierstraß' Konvergenzsatz

Einer der wichtigsten Sätze der Analysis ist der Weierstraßsche Konvergenzsatz. Er sagt aus, daß die Grenzfunktion einer Folge von Regularfunktionen unter Umständen gleichfalls eine Regulärfunktion ist.

$$f_1(z), \quad f_2(z), \quad f_3(z), \quad \ldots$$

sei eine in einem Gebiet $\mathfrak{G}$ der z-Ebene gleichmaßig konvergente Folge von Funktionen des komplexen Arguments z, welche sich in $\mathfrak{G}$ regulär verhalten. Ihre Grenzfunktion sei $f(z)$. Dieses $f(z)$ ist dann eine stetige Funktion von z in $\mathfrak{G}$, wie sich genau wie im § 62 zeigen läßt.

Wir führen einen im Innern von $\mathfrak{G}$ liegenden Bereich $\mathfrak{B}$ ein, dessen Rand dem Rande von $\mathfrak{G}$ beliebig nahe verlaufe, sowie eine den Bereich $\mathfrak{B}$ umschlingende geschlossene Kurve $\mathfrak{c}$, die aber noch ganz im Innern von $\mathfrak{G}$ verlaufe. Darauf betrachten wir die Funktion

$$\varphi(z) = \mathfrak{T} \int_{\mathfrak{c}} \frac{f(\zeta)}{\zeta - z} d\zeta, \qquad \text{mit} \quad \mathfrak{T} = \frac{1}{2\pi i},$$

wobei z ein beliebiger Fixpunkt aus $\mathfrak{B}$ sei und die Integrationsvariable ζ die Kurve $\mathfrak{c}$ so durchlaufe, daß $\mathfrak{B}$ stets zu ihrer Linken liegt.

Der Differenzenquotient dieser Funktion hat den Wert

$$\frac{\varphi(Z) - \varphi(z)}{Z - z} = \mathfrak{T} \int_{\mathfrak{c}} \frac{f(\zeta)}{(\zeta - z)(\zeta - Z)} d\zeta$$

[Z ist ein beliebiger Nachbarpunkt von z in $\mathfrak{B}$] und strebt für $Z \to z$, wie eine leichte Überlegung zeigt, gegen den endlichen Wert

$$\varphi'(z) = \mathfrak{T} \int_{\mathfrak{c}} \frac{f(\zeta)}{(\zeta - z)^2} d\zeta.$$

Die hier eingeführte Funktion $\varphi(z)$ ist also eine *Regulär*funktion von z in $\mathfrak{B}$. Wir vergleichen sie mit der nach Cauchys Integralformel gültigen Relation

$$f_n(z) = \mathfrak{T} \int_{\mathfrak{c}} \frac{f_n(\zeta)}{\zeta - z} d\zeta$$

und bekommen die Gleichung

$$f_n(z) - \varphi(z) = \mathfrak{T} \int_{\mathfrak{c}} \frac{f_n(\zeta) - f(\zeta)}{\zeta - z} d\zeta.$$

Da die Folge $\{f_\nu(z)\}$ in $\mathfrak{G}$ gleichmaßig gegen ihre Grenzfunktion $f(z)$ konvergiert, existiert ein endlicher Zeiger ν derart, daß für *jeden* größeren Zeiger n überall in $\mathfrak{G}$ – es genügt jetzt, zu sagen *überall auf* $\mathfrak{c}$ –

$$|f_n(\zeta) - f(\zeta)| < \varepsilon$$

ausfallt, wo ε eine beliebig vorgegebene positive Größe ist. Da ferner $|\zeta - z|$ für jedes ζ von $\mathfrak{c}$ und jedes z aus $\mathfrak{B}$ oberhalb einer festen endlichen Größe E liegt, so liegt der Integrand des letzten Integrals betraglich unterhalb $\varepsilon : E$, das Integral selbst betraglich unterhalb $l\varepsilon : E$, wo l die Länge des Integrationsweges bedeutet, und wir haben die Ungleichung

$$|f_n(z) - \varphi(z)| < \mathfrak{e}\,\varepsilon \qquad \text{mit} \quad \mathfrak{e} = \frac{l}{2\pi E}.$$

Diese Ungleichung lehrt:

$\varphi(z)$ ist die Grenzfunktion von $\{f_n(z)\}$, ist also nichts anderes als $f(z)$. Folglich:

Die Grenzfunktion der vorgelegten Folge verhält sich in $\mathfrak{B}$ regulär.

Vergleichen wir jetzt $\varphi'(z) = f'(z)$ mit $f_n'(z)$! Dazu dienen die Formeln

$$\varphi'(z) = \mathfrak{T}\int_{\mathfrak{c}} \frac{f(\zeta)}{(\zeta - z)^2}\,d\zeta \qquad \text{und} \qquad f_n'(z) = \mathfrak{T}\int_{\mathfrak{c}} \frac{f_n(\zeta)}{(\zeta - z)^2}\,d\zeta.$$

Es ist demgemäß

$$f_n'(z) - \varphi'(z) = \mathfrak{T}\int_{\mathfrak{c}} \frac{f_n(\zeta) - f(\zeta)}{(\zeta - z)^2}\,d\zeta.$$

Wie oben resultiert

$$|f_n'(z) - \varphi'(z)| < \mathfrak{E}\,\varepsilon \qquad \text{mit} \quad \mathfrak{E} = \frac{l}{2\pi E^2},$$

und diese Ungleichung lehrt:

Die Folge $\{f_n'(z)\}$ konvergiert in $\mathfrak{B}$ *gleichmäßig* gegen die Grenzfunktion $\varphi'(z) = f'(z)$.

Als Ergebnis unserer Überlegung erscheint der

Konvergenzsatz von Weierstraß:

Konvergiert eine Folge

$$f_1(z), \quad f_2(z), \quad f_3(z), \quad \ldots$$

von Regulärfunktionen eines Gebiets $\mathfrak{G}$ gleichmäßig in $\mathfrak{G}$ gegen eine Grenzfunktion $f(z)$, so verhält sich diese Grenzfunktion in jedem Innenbereiche $\mathfrak{B}$ von $\mathfrak{G}$ regulär. Auch die Ableitung

$$f_1'(z), \quad f_2'(z), \quad f_3'(z), \quad \ldots$$

der Folge konvergiert in $\mathfrak{B}$ gleichmäßig gegen eine reguläre Grenzfunktion, und die Grenzfunktion der Ableitung der Ausgangsfolge ist die Ableitung der Grenzfunktion der Ausgangsfolge.

Zusatz. Neben der Ableitung der Folge

$$f_1(z), \quad f_2(z), \quad f_3(z), \quad \ldots$$

hat man auch häufig ihr über einen vorgeschriebenen in $\mathfrak{G}$ verlaufenden Weg $\mathfrak{w}$ erstrecktes Integral

$$\int_{\mathfrak{w}} f_1(z)\,dz, \quad \int_{\mathfrak{w}} f_2(z)\,dz, \quad \int_{\mathfrak{w}} f_3(z)\,dz, \quad \ldots$$

zu betrachten. Die Frage, ob auch dieses Integral, d. h. diese neue Folge gleichmäßig konvergiert, ist viel leichter zu entscheiden. Setzen wir

$$F_n(z) = \int_{\mathfrak{w}} f_n(\zeta)\, d\zeta,$$

wo z den Endpunkt des Weges $\mathfrak{w}$ (mit vorgeschriebenem festem Anfangspunkt) bedeutet, so ist

$$F_N(z) - F_n(z) = \int_{\mathfrak{w}} [f_N(\zeta) - f_n(\zeta)]\, d\zeta.$$

Nun existiert zu jedem positiven ε ein endlicher Zeiger n derart, daß für jeden größeren Zeiger N und für jedes ζ aus $\mathfrak{G}$

$$|f_N(\zeta) - f_n(\zeta)| < \varepsilon$$

ausfällt. Bedeutet weiter l die als endlich vorausgesetzte Länge des Integrationsweges $\mathfrak{w}$, so ist

$$\left|\int_{\mathfrak{w}} [f_N(\zeta) - f_n(\zeta)]\, d\zeta\right| < \int_{\mathfrak{w}} \varepsilon\, |d\zeta| = \varepsilon l,$$

mithin

$$|F_N(z) - F_n(z)| < l\varepsilon;$$

und diese für jedes $N \dot{>} n$ und für jedes z aus $\mathfrak{G}$ gültige Ungleichung sagt aus, daß das Integral $\{F_\nu(z)\}$ unserer Folge $\{f_\nu(z)\}$ ebenfalls in $\mathfrak{G}$ gleichmäßig gegen seine Grenzfunktion $F(z)$ konvergiert. Diese Grenzfunktion ist zugleich das Integral der Grenzfunktion $f(z)$ der Ausgangfolge:

$$F(z) = \int_{\mathfrak{w}} f(\zeta)\, d\zeta,$$

wie aus der Gleichung

$$F(z) - \int_{\mathfrak{w}} f\zeta\, d\zeta = [F(z) - F_\nu(z)] + \int_{\mathfrak{w}} [f_\nu(\zeta) - f(\zeta)]\, d\zeta,$$

deren rechtsseitige Bestandteile für hinreichend hohes ν betraglich beliebig klein gemacht werden können, ohne weiteres hervorgeht.

Wir verzeichnen dieses Ergebnis als

Zusatz zu Weierstraß' Konvergenzsatz:

Das Integral einer im Gebiet $\mathfrak{G}$ gleichmäßig konvergenten Regulärfunktionenfolge $\{f_n(z)\}$ konvergiert in $\mathfrak{G}$ gleichmäßig gegen das Integral der Grenzfunktion der Folge.

Der Weierstraßsche Konvergenzsatz gipfelt also in den beiden

Limesformeln

$$\boxed{\lim D f_n(z) = D \lim f_n(z)} \quad \text{und} \quad \boxed{\lim \int f_n(z)\, dz = \int \lim f_n(z)\, dz}.$$

[Der Cauchysche Operator D bedeutet die Ableitung nach z.]

Weierstraß' Konvergenzsatz findet außerordentlich häufige Anwendung in folgender Form:

Weierstraß' Summensatz:

Konvergiert die unendliche Reihe

$$u_1(z) + u_2(z) + u_3(z) + \cdots,$$

deren Glieder sich in einem gewissen Gebiete $\mathfrak{G}$ regulär verhalten, gleichmäßig in $\mathfrak{G}$, so darf die Reihe in $\mathfrak{G}$ gliedweise differenziert wie auch gliedweise integriert werden; die so erhaltene Reihe konvergiert – die erste in jedem Innenbereiche von $\mathfrak{G}$, die zweite in $\mathfrak{G}$ selbst – gleichmäßig und stellt hier die Ableitung bzw. das Integral der Reihe dar.

Der Beweis resultiert sofort aus Weierstraß' Konvergenzsatz, wenn man den $n$ten Abschnitt $u_1(z) + u_2(z) + \cdots + u_n(z)$ der Reihe mit $f_n(z)$ bezeichnet.

Notiz. Daß die *durch gliedweise Ableitung* erhaltene Reihe durchaus nicht überall in $\mathfrak{G}$ zu konvergieren braucht, geht schon aus den einfachen Potenzreihen

$$1 - \frac{k^2}{2!} z^2 + \frac{k^2(k^2 - 2^2)}{4!} z^4 - \frac{k^2(k^2 - 2^2)(k^2 - 4^2)}{6!} z^6 + - \cdots$$

und

$$k z - \frac{k(k^2 - 1^2)}{3!} z^3 + \frac{k(k^2 - 1^2)(k^2 - 3^2)}{5!} z^5 - + \cdots$$

hervor, die beide im Kreise $|z| \leqq 1$ gleichmaßig konvergieren, deren Ableitungen aber z. B. für $z = \pm 1$ nicht mehr konvergieren.

§ 66. Gleichmäßig konvergente Integrale

Wenn das Integral

$$\int_a^\omega f(x)\, dx$$

bei festgehaltener unterer Grenze a und unbegrenzt wachsendem ω gegen einen endlichen Grenzwert konvergiert, so sagt man bekanntlich:

Das Integral $\int_a^\infty f(x)\, dx$ *konvergiert.*

Vielfach hängt der Integrand außer von x noch von einem Parameter p ab und ist dann eine Funktion $f(x, p)$ der beiden Variablen x und p.

Das Integral

$$\int_a^\infty f(x, p)\, dx$$

heißt in dem durch die Bedingung

$$h \leqq p \leqq k$$

fixierten Intervall I des Parameters p konvergent, wenn zu jedem positiven ε ein endlicher – im allgemeinen von p abhängiger – Wert ω existiert derart, daß für jedes größere Ω

$$\left|\int_\omega^\Omega f(x, p)\, dx\right| < \varepsilon$$

ausfallt.

Das Integral

$$\int_a^\infty f(x, p)\, dx$$

heißt im Intervall I *gleichmäßig konvergent*, wenn zu jedem positiven ε ein endlicher – von p unabhängiger – Wert ω existiert derart, daß für jedes $\Omega > \omega$

$$\left|\int_\omega^\Omega f(x, p)\, dx\right| < \varepsilon$$

ausfällt.

Die hohe diesem Begriff zukommende Bedeutung erhellt aus zwei äußerst wichtigen Sätzen:

I. Fundamentalsatz:

Leibniz' Regel über die Differentiation unter dem Integralzeichen bleibt auch auf das im Intervall I konvergente Integral

$$F(p) = \int_a^\infty f(x, p)\, dx$$

anwendbar, falls das so entstehende Integral in I gleichmäßig konvergiert.

Ausführlich: Sind $f(x, p)$ und seine Partialableitung $f_p(x, p)$ nach p stetige Funktionen der Variablen x und p für jedes $x \geqq a$ und für jedes p des Intervalls $I\ [h, k]$, konvergiert ferner das Integral

$$F(p) = \int_a^\infty f(x, p)\, dx$$

für jedes p aus I, und konvergiert das Integral

$$\int_a^\infty f_p(x, p)\, dx \qquad \text{mit} \quad f_p = \frac{\partial f}{\partial p}$$

in I *gleichmäßig*, so gilt im Intervall I die Leibnizsche Formel

$$F'(p) = \int_a^\infty f_p(x, p)\, dx,$$

darf man also unter dem Integralzeichen differenzieren.

Beweis. Man achte auf die beiden Funktionenfolgen

$$\{F_n(p)\} \qquad \text{und} \qquad \{f_n(p)\}$$

mit

$$F_n(p) = \int_a^n f(x, p)\, dx \qquad \text{und} \qquad f_n(p) = \int_a^n \frac{\partial f(x, p)}{\partial p}\, dx.$$

Nach Leibniz' Regel ist also $f_n(p)$ die Ableitung von $F_n(p)$ nach p:

$$f_n(p) = F_n'(p).$$

Wegen der Konvergenz des Integrals

$$\int_a^\infty f(x, p)\, dx$$

im Intervall I konvergiert $F_n(p)$ bei unbegrenzt wachsendem Zeiger n gegen die Grenzfunktion

$$\Phi(p) = F(p) = \int_a^\infty f(x, p)\, dx$$

und wegen der gleichmäßigen Konvergenz des Integrals

$$\int_a^\infty \frac{\partial f(x, p)}{\partial p}\, dx$$

$f_n(p)$ in I *gleichmäßig* gegen seine Grenzfunktion

$$\varphi(p) = \int_a^\infty \frac{\partial f(x, p)}{\partial p}\, dx.$$

Daher ist nach dem Fundamentalsatz von § 63 in I

$$\Phi'(p) = \varphi(p)$$

oder

$$F'(p) = \int_a^\infty f_p(x, p)\, dx,$$

q. e. d.

II. Fundamentalsatz:

Die Regel von der Integration unter dem Integralzeichen bleibt auch auf das Integrationsintervall I $[h, k]$ des Parameters p anwendbar, wofern das Integral

$$\int_a^\infty f(x, p)\, dx$$

in I gleichmäßig konvergiert.

Ausführlich:

Ist $f(x, p)$ eine stetige Funktion der beiden Variablen x und p für alle $x \geqq a$ und alle p des Intervalls I $[h, k]$, ist ferner

$$\int_a^\infty f(x, p)\, dx$$

in I gleichmäßig konvergent, so gilt die Formel

$$\boxed{\int_h^k \int_a^\infty f(x, p)\, dx\, dp = \int_a^\infty \int_h^k f(x, p)\, dp\, dx}\,.$$

Beweis. Zunächst hat man für endliche ω

$$\int_h^k \int_a^\omega f(x, p)\, dx\, dp = \int_a^\omega \int_h^k f(x, p)\, dp\, dx.$$

Die linke Seite dieser Relation:

$$F(\omega) = \int_h^k \int_a^\omega f(x, p)\, dx\, dp$$

konvergiert aber bei unbegrenzt wachsendem ω gegen einen endlichen Grenzwert G, da wegen des vorausgesetzten Konvergenzgleichmaßes zu jedem positiven ε ein endliches ω existiert derart, daß für jedes größere Ω

$$\left|\int_\omega^\Omega f(x, p)\, dx\right| = \left|\int_a^\Omega f(x, p)\, dx - \int_a^\omega f(x, p)\, dx\right| < \varepsilon,$$

mithin

$$|F(\Omega) - F(\omega)| < \varepsilon (k - h)$$

ausfällt.

Dieser Grenzwert ist natürlich

(1) $$G = \int_h^k \int_a^\infty f(x, p)\, dx\, dp.$$

Damit konvergiert aber auch die rechte Seite der Relation, nämlich das Integral

$$\int_a^\omega \int_h^h f(x, p)\, dp\, dx,$$

bei unbegrenzt wachsendem ω gegen den Grenzwert G, ist also

$$\int_a^\infty \int_h^k f(x, p)\, dp\, dx = G. \tag{2}$$

Aus (1) und (2) ergibt sich

$$\int_h^k \int_a^\infty f(x, p)\, dx\, dp = \int_a^\infty \int_h^k f(x, p)\, dp\, dx,$$

q. e. d.

Wir fügen noch hinzu: Konvergiert die linke Seite der letzten Formel bei unbegrenzt wachsendem k gegen den Grenzwert Γ, so auch die rechte, und wir haben das

Korollar:

Ist das Integral

$$P = \int_a^\infty f(x, p)\, dx$$

für alle positiven p gleichmäßig konvergent, das Integral

$$\int_h^\infty P\, dp$$

konvergent, so gilt die Vertauschungsformel

$$\boxed{\int_h^\infty \int_a^\infty f(x, p)\, dx\, dp = \int_a^\infty \int_h^\infty f(x, p)\, dp\, dx}\,.$$

Wir wollen diese fundamentale Vertauschungsformel noch unter etwas anderen Ausgangsbedingungen betrachten.

Eine über einen endlichen oder unendlichen Raum $\mathfrak{T}$ integrierbare Funktion $f = f(P)$ des variablen Raumpunktes P kann von recht allgemeiner Gestalt sein. Eine über $\mathfrak{T}$ integrierbare Funktion f jedoch, wie sie in der Praxis zumeist auftritt, hat gewöhnlich folgende Struktur:

1. Sie ist in $\mathfrak{T}$ nirgends negativ.
2. Sie ist – mit Ausnahme endlich vieler im Endlichen liegender singularer Punkte – stetig oder doch wenigstens stückweise stetig.
3. In den singularen Punkten wird f unendlich, jedoch so, daß folgende Bedingung erfüllt ist: Zu jedem beliebig kleinen vorgegebenen positiven ε existiert eine (kleine) positive Größe R derart, daß das über jede durch R bestimmte reduzierte Umgebung*) $\mathfrak{R}$ der singulären Stelle K erstreckte Integral von f unterhalb ε liegt:

$$\int_{\mathfrak{R}} f\, d\tau < \varepsilon.$$

*) Eine durch R bestimmte reduzierte Umgebung $\mathfrak{R}$ der Stelle K ist die Gesamtheit der zu $\mathfrak{T}$ gehorigen Punkte P, für die KP zwischen R und r liegt, wo r eine beliebige *unterhalb* R liegende positive Große bedeutet.

4. Bei unendlicher Ausdehnung von $\mathfrak{T}$ existiert zu jedem noch so kleinen vorgegebenen positiven ε eine (große, aber endliche) positive Zahl R derart, daß das über jede durch R bestimmte reduzierte Umgebung*) $\mathfrak{R}$ des Unendlichfernen erstreckte Integral von f unterhalb ε liegt:

$$\int_{\mathfrak{R}} f\,d\tau < \varepsilon.$$

Eine Funktion $f = f(P)$, welche die aufgeführten vier Bedingungen erfüllt, soll *pseudostetig* heißen.

Die pseudostetige Funktion f hat demgemäß das über den gegebenen Raum [bzw. den beliebigen Teil $\mathfrak{t}$ von $\mathfrak{T}$] erstreckte Integral

$$S = \int_{\mathfrak{T}} f\,d\tau \qquad [\text{bzw. } s = \int_{\mathfrak{t}} f\,d\tau]$$

(wo natürlich $d\tau$ das an der Stelle P liegende Raumelement bedeutet).

Weiter sei $f_n = f_n(P)$ eine vom Zeiger n abhangige Funktion von P, die mit $f(P)$ übereinstimmt, dort wo $f(P) \leqq n$ ist, dagegen den Wert n hat an jeder Stelle P, wo $f(P) \geqq n$ ist:

$$f_n = f_n(P) = \begin{Bmatrix} f(P), & \text{falls } f(P) \leqq n \\ n\;\;, & \text{falls } f(P) \geqq n \end{Bmatrix}.$$

Ferner bedeute $\mathfrak{T}_n$ einen Teil des Raumes $\mathfrak{T}$, der bei wachsendem n größer wird, bei unbegrenzt wachsendem n gegen $\mathfrak{T}$ strebt.

Die Größe

$$S_n = \int_{\mathfrak{T}_n} f_n\,d\tau$$

wachst dann mit wachsendem Zeiger n, und da sie unterhalb

$$S = \int_{\mathfrak{T}} f\,d\tau$$

liegt, konvergiert sie gegen einen Grenzwert L:

$$L = \lim_{n\to\infty} \int_{\mathfrak{T}_n} f_n\,d\tau,$$

und es ist

(1) $$L \leqq S.$$

Bedeutet weiter ν einen Festzeiger, n einen oberhalb ν liegenden variablen Zeiger, so ist sukzessiv

$$\mathfrak{T}_n \geqq \mathfrak{T}_\nu, \qquad f_n \geqq f_\nu,$$

$$\int_{\mathfrak{T}_n} f_n\,d\tau \geqq \int_{\mathfrak{T}_\nu} f_n\,d\tau,$$

mithin

$$L = \lim_{n\to\infty} \int_{\mathfrak{T}_n} f_n\,d\tau \geqq \lim_{n\to\infty} \int_{\mathfrak{T}_\nu} f_n\,d\tau.$$

---

*) Eine durch R bestimmte reduzierte Umgebung $\mathfrak{R}$ des Unendlichfernen ist die Gesamtheit der zu $\mathfrak{T}$ gehorigen Punkte P, deren Abstand vom Nullpunkt zwischen R und r liegt, wo r eine beliebige *oberhalb* R liegende positive Größe bedeutet.

Aus der Definition von f_n ergibt sich aber

$$\lim_{n\to\infty} f_n = f$$

und damit

$$\lim_{n\to\infty} \int_{\mathfrak{T}_\nu} f_n\, d\tau = \int_{\mathfrak{T}_\nu} f\, d\tau.$$

Folglich ist

$$L \geqq \int_{\mathfrak{T}_\nu} f\, d\tau.$$

Läßt man jetzt den bislang festen Zeiger ν unbegrenzt wachsen, so geht die Rechtsseite in $\int_{\mathfrak{T}} f\, d\tau = S$ über, und wir erhalten die Ungleichung

(2) $$L \geqq S.$$

Aus (1) und (2) folgt die *Formel von De la Vallée-Poussin:*

$$\boxed{L = S}.$$

Der Leser wird bei der vorstehenden Lektüre an gewöhnliche euklidische dreidimensionale Räume gedacht haben; er sieht aber unmittelbar, daß das Gesagte wortwörtlich auch für ein- und zweidimensionale Räume, also für die x-Achse und auch für die xy-Ebene gilt.
Es handle sich jetzt um den Vergleich der beiden Integrale

$$\mathrm{I} = \int_b^\infty \int_a^\infty f\, dx\, dy \qquad \text{und} \qquad \mathrm{II} = \int_a^\infty \int_b^\infty f\, dy\, dx,$$

in denen f *als pseudostetige Funktion von x und y,*

$$\int_a^\infty f\, dx \text{ als stückweise stetige Funktion von } y$$

und

$$\int_b^\infty f\, dy \text{ als stückweise stetige Funktion von } x$$

vorausgesetzt werden.
Wir betrachten den von $x = a$ bis $x = \infty$ reichenden zwischen den Graden $y = b$ und $y = B$ liegenden Streifen $\mathfrak{S}$ der xy-Ebene sowie das von diesem Streifen durch die Grade $x = n$ abgeschnittene endliche Rechteck $\mathfrak{R}$ mit der Grundlinie $n - a$ und der Höhe $B - b$.
Nach De la Vallée-Poussins Formel ist

$$\int_{\mathfrak{S}} f\, d\sigma = \lim_{n\to\infty} \int_{\mathfrak{R}} f_n\, d\sigma,$$

wo $d\sigma$ das Flächenelement $(dx \cdot dy)$ der xy-Ebene bedeutet. Nun ist aber

$$\int_{\mathfrak{R}} f_n\, d\sigma = \int_b^B \int_a^n f_n\, dx\, dy$$

oder, wenn wir

$$\int_a^n f_n\,dx = F_n = F_n(y)$$

setzen,

$$\int_{\mathfrak{R}} f_n\,d\sigma = \int_b^B F_n\,dy,$$

mithin

$$\int_{\mathfrak{S}} f\,d\sigma = \lim_{n\to\infty} \int_b^B F_n\,dy.$$

Nach Voraussetzung ist F_n wie auch

$$\lim F_n = \lim \int_a^n f_n\,dx = \int_a^\infty f\,dx$$

eine zumindest stückweise stetige Funktion von y. Daher ist nach Satz III von § 64

$$\lim \int_b^B F_n\,dy = \int_b^B \lim F_n\,dy = \int_b^B \int_a^\infty f\,dx\,dy$$

und weiter

$$\int_{\mathfrak{S}} f\,d\sigma = \int_b^B \int_a^\infty f\,dx\,dy.$$

Lassen wir jetzt B unbegrenzt wachsen, so konvergiert die rechte Seite dieser Formel gegen I, $\mathfrak{S}$ gegen den durch die Bedingungen $x \geqq a$, $y \geqq b$ bestimmten Quadrant Q der xy-Ebene, und wir erhalten den

Satz:

Das über den unendlichen Quadrant Q der xy-Ebene erstreckte Integral der Funktion f existiert und hat den Wert

(1)
$$\int_Q f\,d\sigma = \int_b^\infty \int_a^\infty f\,dx\,dy.$$

Genau so beweist sich die Formel

(2)
$$\int_Q f\,d\sigma = \int_a^\infty \int_b^\infty f\,dy\,dx.$$

Aus (1) und (2) folgt die

fundamentale Vertauschungsformel:

$$\boxed{\int_a^\infty \int_b^\infty f\,dy\,dx = \int_b^\infty \int_a^\infty f\,dx\,dy},$$

die hier unter der Voraussetzung hergeleitet wurde, daß *f eine pseudostetige Funktion der beiden Argumente x und y, das linke Innenintegral eine stückweise stetige Funktion von x, das rechte eine stückweise stetige Funktion von y ist.*

DRITTER ABSCHNITT

DOPPELREIHEN

§ 67. Doppelreihen mit positiven Gliedern

Wir denken uns ein aus quadratischen Feldern, etwa Quadratzentimetern, bestehendes Gitter, welches oben durch eine waagrechte Grade $\mathfrak{a}$, links durch eine lotrechte Grade $\mathfrak{b}$ begrenzt ist, sich aber nach unten und nach rechts-unbegrenzt ausdehnt. Das r te (quadratische) Feld von oben und zugleich s te Feld von links ist durch das Zahlenpaar (r, s) – in dieser Ordnung – gekennzeichnet und heiße das Feld $\overline{r, s}$. Dem Mittelpunkte jedes Feldes wird eine gewisse Zahl, dem Felde $\overline{r, s}$ etwa die Zahl (Feldzahl) f_{rs}, zugeordnet. Dadurch entsteht eine aus ∞^2 Elementen aufgebaute Zahlentafel. Denken wir uns die Zahlen unserer Tafel durch Pluszeichen miteinander verbunden, so haben wir eine sog. Doppelreihe $\mathfrak{D}$ mit den ,,Gliedern" f_{rs}. Um anzudeuten, daß diese Doppelreihe aus samtlichen Feldzahlen f_{rs} besteht, schreibt man

$$\mathfrak{D} = \sum f_{rs},$$

wobei die Zeiger r und s unabhangig voneinander alle Zahlen von 1 bis $+\infty$ durchlaufen. Hiermit soll aber durchaus noch nicht gesagt sein, daß die ,,Summe" $\sum f_{rs}$ aller Feldzahlen einen angebbaren endlichen oder unendlichen Wert $\mathfrak{D}$ hat, zumal besagte Summe häufig genug überhaupt nicht existiert.

Nunmehr denken wir uns unendlich viele sukzessive Gebiete $\mathfrak{C}_1, \mathfrak{C}_2, \mathfrak{C}_3, \ldots,$ von denen jedes oben durch $\mathfrak{a}$ und links durch $\mathfrak{b}$ berandet ist, so beschaffen, daß jedes dieser Gebiete nur ein Teil des ihm folgenden Gebiets ist, und daß jedes Feld $\overline{r, s}$ mindestens einem der Gebiete angehört [so daß die Gebietsinhalte mit unbegrenzt wachsendem Gebietszeiger auch unbegrenzt wachsen].

Eine derartige Gesamtheit von wachsenden Gebieten $\mathfrak{C}_1, \mathfrak{C}_2, \ldots$ soll eine *Gebietsschar* genannt und mit $\mathfrak{C}$ bezeichnet werden.

Solche Gebietsscharen sind beispielsweise folgende: 1. die Schar $\mathfrak{A}$ der rechteckigen waagrechten Streifen $\mathfrak{A}_n$ von der variablen Höhe n, 2. die Schar $\mathfrak{B}$ der lotrechten rechteckigen Streifen $\mathfrak{B}_n$ von der Breite n, 3. die Schar $\mathfrak{F}$ der gleich-

schenklig rechtwinkligen Dreiecke $\mathfrak{F}_n$ von der Kathetenlänge n, 4. die Schar $\mathfrak{Q}$ der Quadrate $\mathfrak{Q}_n$ von der Seitenlange n usw.
In jedem Gebiet $\mathfrak{C}_n$ liegen mehr oder weniger viele Feldzahlen f_{rs}, wobei jede etwa auf dem Rande $\mathfrak{c}_n$ liegende Feldzahl als im Gebiet gelegen angesehen werden soll. Die Summe dieser Zahlen – wofern sie existiert – soll die *Zahl* des Gebiets $\mathfrak{C}_n$ genannt und mit C_n bezeichnet werden.
Wir setzen zunächst alle Feldzahlen als positiv voraus.
Nunmehr sei $\mathfrak{C}$ eine aus den endlichen Gebieten $\mathfrak{C}_1$, $\mathfrak{C}_2$, $\mathfrak{C}_3$, ... bestehende Gebietsschar mit den Gebietszahlen C_1, C_2, C_n, ... *Wir nehmen an, daß die Folge $\{C_n\}$ einen endlichen Grenzwert C hat.*
$\mathfrak{K}_1$, $\mathfrak{K}_2$, $\mathfrak{K}_3$, ... sei eine andere aus endlichen Gebieten bestehende Gebietsschar mit den Zahlen K_1, K_2, K_3, ...
Zu jedem $\mathfrak{K}_n$ läßt sich ein $\mathfrak{C}_\nu$ angeben, von dem $\mathfrak{K}_n$ nur einen Teil umfaßt. Daher ist

$$K_n \leqq C_\nu,$$

also erst recht

$$K_n < C.$$

Mithin konvergiert auch die Folge $\{K_n\}$ gegen einen endlichen Grenzwert K, und es ist

$$(1) \qquad K \leqq C.$$

Zu jedem $\mathfrak{C}_n$ läßt sich aber auch ein Gebiet $\mathfrak{K}_\mu$ angeben, von dem $\mathfrak{C}_n$ nur einen Teil ausmacht. Daher ist

$$C_n \leqq K_\mu,$$

also erst recht

$$C_n < K,$$

mithin auch

$$(2) \qquad C \leqq K.$$

Aus (1) und (2) ergibt sich

$$K = C.$$

Das heißt:

Konvergieren die Gebietszahlen einer aus endlichen Gebieten bestehenden Gebietsschar gegen einen endlichen Grenzwert, so konvergieren die Zahlen einer beliebigen anderen aus endlichen Gebieten bestehenden Gebietsschar gegen denselben Grenzwert.

Achten wir nunmehr auf das Gebiet $\mathfrak{A}_n^\nu$, welches von $\mathfrak{A}_n$ durch eine im Abstande ν von $\mathfrak{b}$ zu $\mathfrak{b}$ parallele Grade abgeschnitten wird! Es enthält alle Feldzahlen $f_{r\varrho}$, für die $r \leqq n$ und $\varrho \leqq \nu$ ist. Die Summe dieser Zahlen sei A_n^ν. Nun läßt sich sicher ein Gebiet $\mathfrak{C}_p$ angeben, von dem $\mathfrak{A}_n^\nu$ nur einen Teil umfaßt, so daß

$$A_n^\nu < C_p,$$

also erst recht

$$A_n^\nu < C$$

ist. Halten wir in dieser Ungleichung n fest und lassen ν unbegrenzt wachsen, so strebt A_n^ν gegen einen endlichen C nicht überschreitenden Grenzwert A_n, der die Summe aller im Streifen $\mathfrak{A}_n$ stehenden Feldzahlen darstellt:

$$A_n \leqq C.$$

Hieraus folgt insbesondere, wenn man n sukzessiv gleich 1, 2, 3, ... setzt:

1. Die Zahlen einer Tafelzeile bilden eine konvergente Reihe, deren Summe die *Summe dieser Zeile* oder kurz der *Wert dieser Zeile* genannt wird.

2. Auch die Summe aller Zeilenwerte, kurz: die Summe aller Zeilen, nämlich $\lim\limits_{n\to\infty} A_n$ bildet eine konvergente Reihe, deren Summe A die Ungleichung

$$A \leqq C \tag{3}$$

befriedigt.

Bedeutet nun $\mathfrak{C}_n$ ein beliebiges Gebiet der Schar $\mathfrak{C}$, so existiert sicher ein Rechteck $\mathfrak{A}_m^\mu$, von dem $\mathfrak{C}_n$ nur ein Teil ist. Daher hat man

$$C_n < A_m^\mu,$$

und diese Ungleichung gilt erst recht, wenn man den Zeiger μ durch einen größeren Zeiger ersetzt. Folglich ist

$$C_n < A_m$$

und a. f.

$$C_n < A.$$

Hieraus resultiert

$$C \leqq A. \tag{4}$$

Aus den Ungleichungen (3) und (4) ergibt sich

$$A = C.$$

Das heißt:

Die Summe A aller Zeilen unserer Tafel hat den Wert C.

Ebenso zeigt man:

Die Summe B aller Spalten hat den Wert C.

Unsere Ergebnisse wurden *unter der Annahme* gefunden, *daß die Zahlen* ***einer einzigen Gebietsschar*** *eine konvergente Folge bilden.*

Wir nehmen jetzt umgekehrt an, daß erstens jede Zeile r unserer Tafel eine konvergente Reihe mit der Summe Z_r darstellt, und daß zweitens die Summe

$$A = Z_1 + Z_2 + Z_3 + \cdots$$

der Zeilenwerte gleichfalls eine konvergente Reihe bildet.

$\mathfrak{C}$ sei eine beliebige aus endlichen Gebieten bestehende Gebietsschar, $\mathfrak{C}_n$ das $n$te Gebiet der Schar.

Zweifellos läßt sich ein Rechteck $\mathfrak{A}_p^q$ von der Länge q und Höhe p angeben (oben von $\mathfrak{a}$, links von $\mathfrak{b}$ begrenzt), von dem $\mathfrak{C}_n$ nur einen Teil umfaßt. Demgemäß ist

$$C_n < A_p^q,$$

also erst recht

$$C_n < A.$$

Diese Ungleichung lehrt, daß die Folge $\{C_n\}$ gegen einen endlichen Wert C konvergiert, und daß

$$C \leqq A \tag{5}$$

ist.

In ähnlicher Weise zeigt man

$$A \leqq C \tag{6}$$

und zieht nun aus (5) und (6) den Schluß

$$C = A.$$

Das heißt:

Stellt jede Zeile der Tafel eine konvergente Reihe dar und ist auch die Summe aller Zeilen konvergent, so konvergiert auch die Folge der Zahlen einer beliebigen aus endlichen Gebieten bestehenden Gebietsschar, und der Grenzwert dieser Folge ist gleich der Summe aller Tafelzeilen.

Wir fassen das Ergebnis unserer Überlegungen folgendermaßen zusammen:

Jeder oben durch die Waagrechte $\mathfrak{a}$, links durch die Lotrechte $\mathfrak{b}$ berandeten Tafel einer Doppelreihe ordnen wir ein Gebietsscharentripel zu:

1. die Schar $\mathfrak{A}$ der waagrechten Streifen $\mathfrak{A}_1, \mathfrak{A}_2, \ldots,$ wo $\mathfrak{A}_n$ den [oben von $\mathfrak{a}$ berandeten] rechteckigen Streifen von der Höhe n bedeutet und die ersten n Zeilen der Doppelreihe enthalt,
2. die Schar $\mathfrak{B}$ der lotrechten Streifen $\mathfrak{B}_1, \mathfrak{B}_2, \ldots,$ wo $\mathfrak{B}_n$ den [links von $\mathfrak{b}$ berandeten] rechteckigen Streifen von der Breite n bedeutet und die ersten n Spalten der Doppelreihe enthält,
3. eine beliebige Schar $\mathfrak{C}$ von oben durch $\mathfrak{a}$, links durch $\mathfrak{b}$ berandeten Gebieten $\mathfrak{C}_1, \mathfrak{C}_2, \ldots$ derart, daß jedes Gebiet nur einen Teil des folgenden bildet und jedes Glied der Doppelreihe in mindestens einem Gebiet enthalten ist.

Dieses Gebietsscharentripel heißt das *Gebietsscharentripel der Doppelreihe.*

Man spricht dann und nur dann von einer Gebietszahl, falls die im Gebiet enthaltenen Doppelreihenglieder eine endliche Summe bilden, welche Summe durch das Gebiet bestimmt und die Zahl des Gebiets genannt wird.

Definition der Konvergenz und Divergenz einer Doppelreihe

Eine Doppelreihe mit beliebigen endlichen Gliedern *heißt konvergent,* wenn die Gebiete jeder Schar des der Doppelreihe zugeordneten Gebietsscharentripels eine konvergente Gebietszahlenfolge bestimmen, und wenn alle drei Folgen denselben endlichen Grenzwert S haben. Dieser Wert S heißt die Summe der Doppelreihe.
Ist auch nur eine der genannten Bedingungen nicht erfüllt, so *heißt die Doppelreihe divergent.*
Aus unseren Ausführungen folgt der *fundamentale*

Doppelreihensatz I:

Eine Doppelreihe mit positiven Gliedern konvergiert, wenn die Gebiete **einer** *der drei Scharen des Gebietsscharentripels der Doppelreihe eine konvergente Gebietszahlenfolge bestimmen.*

Der Grenzwert dieser Folge ist die Summe der Doppelreihe und zugleich der Grenzwert jeder der beiden andern Gebietszahlenfolgen, die durch das Gebietsscharentripel der Doppelreihe bestimmt werden.

Korollar:

Bilden die Glieder jeder Zeile r einer Doppelreihe mit positiven Gliedern eine konvergente Reihe – sog. Zeilenreihe – *mit der Summe S_r* – sog. Zeilenwert –, *und konvergiert die Summe $\sum S_r$ aller Zeilenwerte* – man sagt auch kurz die „Summe aller Zeilen" – *gegen einen endlichen Grenzwert S, so bilden auch die Glieder jeder Spalte s der Doppelreihe eine konvergente Reihe* – Spaltenreihe – *mit endlicher Summe S_s* – Spaltenwert –, und *die Summe $\sum S_s$ aller Spaltenwerte* – kurz die Summe aller Spalten – *konvergiert auch gegen den Grenzwert S.*
Dieser Satz gilt auch umgekehrt, d.h. er bleibt richtig, wenn man in ihm die Wörter „Zeile" und „Spalte" vertauscht.

§ 68. Doppelreihen mit beliebigen Gliedern

Die einfachen Gesetzmäßigkeiten, die wir bei der Betrachtung von Doppelreihen *mit positiven Gliedern* gefunden haben, gelten bei *andern* Doppelreihen im allgemeinen nicht mehr, wovon man sich durch Beispiele leicht überzeugen kann.

Ein interessantes Beispiel dieser Art bildet die 1848 von Arndt im 11. Bande von Grunerts Archiv angegebene Doppelreihe mit dem allgemeinen Gliede

$$f_{rs} = \frac{1}{s+1}\left(\frac{s}{s+1}\right)^r - \frac{1}{s+2}\left(\frac{s+1}{s+2}\right)^r.$$

Die r te Zeile dieser Doppelreihe liefert die konvergente Teleskopreihe

$$\left[\frac{1}{2}\left(\frac{1}{2}\right)^r - \frac{1}{3}\left(\frac{2}{3}\right)^r\right] + \left[\frac{1}{3}\left(\frac{2}{3}\right)^r - \frac{1}{4}\left(\frac{3}{4}\right)^r\right] + \cdots$$

und hat die Summe

$$Z_r = \frac{1}{2^{r+1}}.$$

Auch die Summe aller Zeilenwerte konvergiert:

$$\sum Z_r = \frac{1}{2^2} + \frac{1}{2^3} + \frac{1}{2^4} + \cdots$$

und hat den Wert

$$S = \frac{1}{2}.$$

Die s te Spalte setzt sich subtraktiv aus den beiden geometrischen Reihen

$$\frac{1}{s+1}(q + q^2 + q^3 + \cdots) \qquad \text{mit} \quad q = \frac{s}{s+1}$$

und

$$\frac{1}{s+2}(Q + Q^2 + Q^3 + \cdots) \qquad \text{mit} \quad Q = \frac{s+1}{s+2}$$

zusammen, so daß der Spaltenwert

$$S_s = \frac{1}{s+1}\cdot\frac{q}{1-q} - \frac{1}{s+2}\cdot\frac{Q}{1-Q} = \frac{s}{s+1} - \frac{s+1}{s+2} = \frac{\iota}{(s+1)(s+2)} = \frac{1}{s+2} - \frac{1}{s+1}$$

wird. Für die Summe

$$S' = \sum S_s$$

aller Spalten erhalten wir die konvergente Teleskopreihe

$$S' = \left(\frac{1}{3} - \frac{1}{2}\right) + \left(\frac{1}{4} - \frac{1}{3}\right) + \left(\frac{1}{5} - \frac{1}{4}\right) + \cdots,$$

deren Wert

$$S' = -\frac{1}{2}$$

ist.

Bei Arndts Doppelreihe ist sonach die Summe aller Zeilen $+\frac{1}{2}$, die Summe aller Spalten $-\frac{1}{2}$; die Doppelreihe divergiert (konvergiert nicht). Der Grund für diese Divergenz ist die Anwesenheit unendlich vieler negativer Glieder in der Doppelreihe. Das allgemeine Glied f_{rs} ist nämlich positiv oder negativ, je nachdem $\left(1 + \frac{1}{s+1}\right)^{r+1} \gtrless \left(1 + \frac{1}{s}\right)^r$ ist.

Wir unterscheiden zwei Fälle:

$$1^\circ \quad r > s \qquad\qquad 2^\circ \quad r \leqq s.$$

Im Falle 1° ist $r \geqq s + 1$, etwa $r = s + 1 + \pi$ mit positivem oder doch wenigstens nichtnegativem π. Nun gilt bekanntlich (§ 15) die Ungleichung

$$\left(1 + \frac{1}{s}\right)^{s+1} > \left(1 + \frac{1}{s+1}\right)^{s+2},$$

also a. f. die Ungleichung

$$\left(1 + \frac{1}{s}\right)^{s+1+\pi} > \left(1 + \frac{1}{s+1}\right)^{s+2+\pi}$$

oder

$$\left(1 + \frac{1}{s}\right)^{r} > \left(1 + \frac{1}{s+1}\right)^{r+1}.$$

Im Falle $r > s$ ist f_{rs} negativ.

Im Falle 2° ist $r = s - \pi$ mit $\pi \geqq 0$. Durch Multiplikation der beiden Ungleichungen

$$\left(1 + \frac{1}{s}\right)^{s} < \left(1 + \frac{1}{s+1}\right)^{s+1} \quad \text{und} \quad \left(1 + \frac{1}{s}\right)^{-\pi} < \left(1 + \frac{1}{s+1}\right)^{-\pi}$$

entsteht

$$\left(1 + \frac{1}{s}\right)^{r} < \left(1 + \frac{1}{s+1}\right)^{r+1}.$$

Im Falle $r \leqq s$ ist f_{rs} positiv.

Das Arndtsche Beispiel lehrt:

Wenn auch bei einer Doppelreihe mit positiven und negativen Gliedern jede Zeile und jede Spalte eine konvergente Reihe bildet, und wenn ferner auch sowohl die Summe aller Zeilen als auch die Summe aller Spalten eine konvergente Reihe darstellt, kann gleichwohl die Doppelreihe divergieren!

Beispiel 2

Die Felder der Doppelreihentafel seien so mit Feldzahlen f_{rs} besetzt, daß die Summe aller Feldzahlen, die in dem durch den oberen und linken Tafelrand begrenzten Rechteck von der Höhe r und Breite s liegen,

$$F_{rs} = \frac{r s}{(r+s)^2}$$

ist. Dann heißen die Glieder der ersten Zeile

$$\frac{1}{4}, \quad \frac{2}{(1+2)^2} - \frac{1}{4}, \quad \frac{3}{(1+3)^2} - \frac{2}{(1+2)^2}, \quad \frac{4}{(1+4)^2} - \frac{3}{(1+3)^2}, \quad \ldots,$$

bilden also eine Teleskopreihe mit der Summe 0.

Die Glieder der ersten Spalte bilden dieselbe Teleskopreihe.

Die Feldzahl f_{rs} mit $r > 1$, $s > 1$ ist

$$f_{rs} = \frac{rs}{(r+s)^2} - \frac{r(s-1)}{(r+s-1)^2} - \frac{s(r-1)}{(r+s-1)^2} + \frac{(r-1)(s-1)}{(r+s-2)^2}.$$

Die Summe der ersten s Glieder der $r$ten Zeile ist

$$\frac{rs}{(r+s)^2} - \frac{(r-1)s}{(r+s-1)^2},$$

strebt daher mit unbegrenzt wachsendem s gegen Null.

Jede Zeile unserer Doppelreihe stellt demnach eine konvergente Reihe mit der Summe Null dar.

Ebenso stellt jede Spalte eine konvergente Reihe mit der Summe Null dar.

Daher konvergiert sowohl die Summe der Zeilen wie auch die Summe der Spalten gegen denselben Wert Null. Trotzdem divergiert die Doppelreihe!

Betrachten wir nämlich die Schar der durch den oberen und linken Tafelrand begrenzten Quadrate $\mathfrak{Q}_n$ von der Seite n, so haben ihre Gebietszahlen

$$Q_n = \frac{n \cdot n}{(n+n)^2}$$

alle denselben Wert $^1/_4$, können somit nicht, wie es bei Konvergenz unserer Doppelreihe sein müßte, gegen den obigen Wert Null konvergieren.

Unsere Beispiele zeigen deutlich, daß bei Konvergenzaussagen über Doppelreihen mit positiven und negativen Gliedern Vorsicht geboten ist.

Absolute Konvergenz

Eine Doppelreihe heißt *absolutkonvergent*, wenn die aus den Beträgen ihrer Glieder gebildete Doppelreihe konvergiert.

Es gilt der fundamentale

Doppelreihensatz II:

Eine Doppelreihe mit beliebigen Gliedern konvergiert, wenn sie absolut konvergent ist.

Beweis. Die Doppelreihe heiße Δ, ihr allgemeines Glied f_{rs}. Wir nehmen zunächst an, daß die Doppelreihe nur reelle Glieder enthält. Wir bilden aus Δ zwei neue Doppelreihen I und II mit den allgemeinen Gliedern h_{rs} und k_{rs}, und zwar nehmen wir $h_{rs} = f_{rs}$ oder 0, je nachdem f_{rs} positiv oder negativ ist, $k_{rs} = -f_{rs}$ oder 0, je nachdem f_{rs} negativ oder positiv ist. Die Doppelreihen I und II enthalten dann nur nichtnegative Glieder, und da keins ihrer Glieder oberhalb des Betrages des homologen Gliedes von Δ liegt und Δ absolut konvergiert, so sind I und II beide konvergent. Nun fassen wir bei jeder der drei Doppelreihen eine der drei Gebietsscharen $\mathfrak{A}$, $\mathfrak{B}$, $\mathfrak{C}$ des zugehörigen Gebietsscharentripels ins Auge; die Schar sei $\mathfrak{G}_1, \mathfrak{G}_2, \ldots$ Die zu $\mathfrak{G}_n$ gehörige Gebietszahl bei I, II, Δ sei H_n, K_n, G_n, und es sei $\lim\limits_{n\to\infty} H_n = H$ die Summe von I, $\lim K_n = K$ die Summe von II. Dann ist

$$G_n = H_n - K_n,$$

mithin auch

$$\lim_{n\to\infty} G_n = H - K.$$

Gleichgültig also, welche der drei Gebietsscharen ausgewahlt wird, die Gebietszahlenfolge $G_1, G_2, \ldots$ strebt stets gegen den Grenzwert $D = H - K$. Das heißt aber, daß die Doppelreihe Δ konvergiert, und daß ihre Summe den Wert D hat.

Nunmehr seien die Glieder von Δ komplexe Zahlen

$$f_{rs} = h_{rs} + i k_{rs},$$

wo also h_{rs} den Realteil, k_{rs} den Imaginärteil von f_{rs} bedeutet. Wieder betrachten wir die beiden Hilfsdoppelreihen I mit dem allgemeinen Gliede h_{rs} und II mit dem allgemeinen Gliede k_{rs}. Da

$$|h_{rs}| \leqq |f_{rs}| \qquad \text{und} \qquad |k_{rs}| \leqq |f_{rs}|$$

ist und die Doppelreihe mit dem allgemeinen Gliede $|f_{rs}|$ nach Voraussetzung konvergiert, so konvergieren auch die Doppelreihen mit den allgemeinen Gliedern $|h_{rs}|$ und $|k_{rs}|$ und damit nach dem schon Bewiesenen auch die Doppelreihen I und II. Wieder ziehen wir die obige Gebietsschar $\mathfrak{G}_1, \mathfrak{G}_2, \ldots$ und die zu $\mathfrak{G}_n$ gehörigen Gebietszahlen H_n, K_n, G_n bei I, II, Δ heran, und wieder sei $\lim H_n = H$ die Summe von I, $\lim K_n = K$ die Summe von II. Diesmal wird

$$G_n = H_n + i K_n$$

und

$$\lim G_n = H + i K.$$

Einerlei also, welche Gebietsschar ausgewählt wird, die Gebietszahlenfolge $G_1, G_2, \ldots$ strebt gegen den Grenzwert $G = H + iK$. Die Doppelreihe Δ konvergiert und hat die Summe G. Q. e. d.

Der zweite Doppelreihensatz sagt u. a. aus:

Die Summe der in irgendeinem Gebiet der Doppelreihentafel liegenden Glieder einer absolut konvergenten Doppelreihe strebt mit unbegrenzter Gebietsvergrößerung gegen einen von der Form des Gebiets unabhängigen Grenzwert, welcher die Summe der Doppelreihe darstellt.

Ferner:

Die Summe einer absolut konvergenten Doppelreihe wird sowohl durch Zeilensummation als auch durch Spaltensummation erhalten.

§ 69. Anwendungen der Doppelreihen

I. Aufgabe. Wie groß ist die Summe der Reihe

$$\mathfrak{S} = 1 + 2x + 3x^2 + 4x^3 + \cdots ?$$

Lösung. Zunächst ist klar, daß $|x| < 1$ vorausgesetzt werden muß, da die Reihe für $|x| \geqq 1$ divergiert. Da anderseits der Grenzwert des Cauchybruchs der Reihe

$$C_n = \frac{n}{n-1}x$$

bei echtgebrochenem $|x|$ unterhalb der Einheit liegt, konvergiert die Reihe für $|x| < 1$ absolut.

Um die Reihensumme zu finden, braucht man die Reihe nur als Doppelreihe darzustellen:

$$\begin{array}{l} 1 + x + x^2 + x^3 + x^4 + x^5 + \cdots \\ \quad + x + x^2 + x^3 + x^4 + x^5 + \cdots \\ \qquad + x^2 + x^3 + x^4 + x^5 + \cdots \\ \qquad\quad + x^3 + x^4 + x^5 + \cdots \\ \qquad\qquad + x^4 + x^5 + \cdots \\ \qquad\qquad \cdot \; \cdot \; \cdot \; \cdot \; \cdot \; \cdot \end{array}$$

Diese Doppelreihe konvergiert absolut, wenn der Betrag X von x ein Echtbruch ist. In der Tat ist die Summe der absolut genommenen Glieder der $r$ten Zeile

$$Z_r = X^{r-1} + X^r + X^{r+1} + \cdots = X^{r-1} : (1 - X)$$

und die Summe aller Z_r

$$\sum Z_r = \frac{1}{1-X} + \frac{X}{1-X} + \frac{X^2}{1-X} + \cdots = \frac{1}{(1-X)^2}.$$

Wegen der Konvergenz der Doppelreihe kann die Summierung ihrer Glieder sowohl spaltenweise als auch zeilenweise vorgenommen werden. Bei spaltenweiser Summation erhalten wir die Reihe $\mathfrak{S}$, bei zeilenweiser Summierung für den Wert der $r$ten Zeile $z_r = x^{r-1} : (1 - x)$ für die Summe aller Zeilen

$$\sum z_r = \frac{1}{1-x} + \frac{x}{1-x} + \frac{x^2}{1-x} + \cdots = \frac{1}{(1-x)^2}.$$

Folglich:

$$\boxed{1 + 2x + 3x^2 + 4x^3 + \cdots = \frac{1}{(1-x)^2}}, \quad |x| < 1.$$

II. Aufgabe. Die Lambertsche Reihe

$$L = \frac{x}{1-x} + \frac{x^2}{1-x^2} + \frac{x^3}{1-x^3} + \cdots, \qquad |x| < 1$$

in eine Potenzreihe zu verwandeln.

Lösung. Das $n$te Glied von Lamberts Reihe, als Potenzreihe geschrieben, ist $\mathfrak{Z}_n = x^n + x^{2n} + x^{3n} + \cdots$, so daß es nahe liegt, die Doppelreihe zu betrachten, deren $n$te Zeile $\mathfrak{Z}_n$ ist:

$$\begin{array}{l}
x + x^2 + x^3 + x^4 + x^5 + x^6 + x^7 + x^8 + x^9 + x^{10} + \cdots \\
\quad x^2 \quad + x^4 \quad + x^6 \quad + x^8 \quad + x^{10} + \cdots \\
\qquad x^3 \qquad + x^6 \qquad + x^9 + \cdots \\
\qquad\quad x^4 \qquad\qquad + x^8 + \cdots \\
\qquad\qquad x^5 \qquad\qquad\qquad + x^{10} + \cdots \\
\cdot\ \cdot\ \cdot\ \cdot\ \cdot\ \cdot\ \cdot\ \cdot\ \cdot\ \cdot\ \cdot\ \cdot\ \cdot\ \cdot
\end{array}$$

Diese Doppelreihe konvergiert für $|x| < 1$ absolut, da die Summe der Betrage ihrer $n$ten Zeile $X^n : (1 - X^n)$ ist [mit $X = |x|$] und die Reihe

$$\frac{X}{1-X} + \frac{X^2}{1-X^2} + \frac{X^3}{1-X^3} + \cdots$$

ebenfalls konvergiert. [Der Grenzwert ihres Cauchybruches $X(1 - X^n) : (1 - X^{n+1})$ ist der Echtbruch X.] Wegen der Konvergenz der Doppelreihe darf sie sowohl zeilenweise als auch spaltenweise summiert werden. Ihre $n$te Zeile hat den Wert

$$x^n + x^{2n} + x^{3n} + \cdots = \frac{x^n}{1 - x^n}.$$

Die Summe der Doppelreihe ist also der Wert L von Lamberts Reihe.

Bei spaltenweiser Addition ist erstens zu beachten, daß in der $s$ten Spalte nur Glieder von der Form x^s stehen, und zweitens, daß die $n$te Zeile nur dann einen Beitrag (x^s) zur $s$ten Spalte liefert, wenn n ein Teiler von s ist. Das Glied x^s kommt also in der $s$ten Spalte genau so oft vor wie es Teiler von s gibt. In der Zahlentheorie bezeichnet man die Anzahl der positiven Teiler einer Ganzzahl g mit $T(g)$ oder T_g. Demgemäß erscheint das Glied x^s in der $s$ten Spalte genau $T_s$mal, und der Wert dieser Spalte ist $T_s x^s$. Die Summe der Doppelreihe ist daher auch

$$T_1 x^1 + T_2 x^2 + T_3 x^3 + \cdots,$$

und dies muß somit auch die Summe L der Lambertschen Reihe sein.

Ergebnis.

$$\boxed{\frac{x}{1-x} + \frac{x^2}{1-x^2} + \frac{x^3}{1-x^3} + \cdots = T_1 x + T_2 x^2 + T_3 x^3 + \cdots}\,.$$

Dies ist *Lamberts Formel*; in ihr bedeutet x einen beliebigen Echtbruch, T_n die Anzahl aller positiven Teiler der Zahl n.

III. Cauchys Multiplikationssatz

Konvergieren die beiden Reihen

$$\mathfrak{a} = a_1 + a_2 + a_3 + \cdots$$

und

$$\mathfrak{b} = b_1 + b_2 + b_3 + \cdots$$

absolut, so konvergiert auch Cauchys Produktreihe

$$\mathfrak{c} = c_1 + c_2 + c_3 + \cdots$$

mit

$$c_n = a_1 b_n + a_2 b_{n-1} + a_3 b_{n-2} + \cdots + a_n b_1$$

absolut und gleicht dem Produkt der beiden Reihen $\mathfrak{a}$ *und* $\mathfrak{b}$:

$$\mathfrak{c} = \mathfrak{a} \cdot \mathfrak{b}.$$

Der einfachste Beweis dieses Satzes wird mittels einer Doppelreihe geführt, der Doppelreihe $\mathfrak{D}$, deren Feld $\overline{r, s}$ die Zahl

$$f_{rs} = a_r b_s$$

trägt. Abkürzungsweise sei

$$|a_\nu| = A_\nu, \qquad |b_\nu| = B_\nu, \qquad |c_\nu| = C_\nu, \qquad |f_{rs}| = F_{rs}, \qquad \sum_\nu^{1,n} A_\nu B_{n-\nu} = K_n$$

$$\sum_1^\infty A_\nu = \mathfrak{A}, \qquad \sum_1^\infty B_\nu = \mathfrak{B}, \qquad \sum_1^\infty C_\nu = \mathfrak{C}, \qquad \sum_1^\infty K_\nu = \mathfrak{K}.$$

Unsere Doppelreihe konvergiert absolut. Die $r$te Zeile der Doppelreihe $\mathfrak{D}$ mit dem allgemeinen Gliede F_{rs} hat nämlich den Wert $A_r \mathfrak{B}$ und die Summe aller Zeilen den Wert $\mathfrak{A}\mathfrak{B}$. Wegen der Konvergenz von $\mathfrak{D}$ findet sich sein Wert auch als Grenzwert der Gebietszahl G_n des gleichschenkligen Rechtwinkeldreiecks mit der Kathete n, welches oben und links durch den Rand von $\mathfrak{D}$ berandet ist. Diese Gebietszahl ist aber

$$G_n = K_1 + K_2 + K_3 + \cdots + K_n,$$

so daß

$$\mathfrak{A}\mathfrak{B} = \mathfrak{K}$$

ist. Wegen der Konvergenz von $\mathfrak{K}$ konvergiert auch $\mathfrak{C}$, und $\mathfrak{c}$ konvergiert absolut.

Da $\mathfrak{D}$ konvergiert, erhalten wir seine Summe einmal zeilenweise. Die $r$te Zeile hat den Wert $z_r = a_r \mathfrak{b}$, die Doppelreihe $\mathfrak{D}$ also den Wert $\sum z_r = \mathfrak{a}\mathfrak{b}$. Diese Summe muß aber auch als Grenzwert der Gebietszahl g_n des gleichschenkligen Rechtwinkeldreiecks mit der Kathete n erscheinen, welches oben und links durch den Rand von $\mathfrak{D}$ berandet ist. Diese Gebietszahl ist aber

$$g_n = c_1 + c_2 + c_3 + \cdots + c_n.$$

Mithin ist

$$\mathfrak{a}\mathfrak{b} = \mathfrak{c},$$

und daß $\mathfrak{c}$ absolut konvergiert, wurde schon oben bemerkt.

§ 70. Jacobis Doppelreihenformeln

Jacobi geht aus von der divergenten Doppelreihe $\mathfrak{x}$, in welcher jede Zeile und jede Spalte eine arithmetische Reihe darstellt. Wenn e das Eckelement dieser Doppelreihe, a bzw. b die Differenz der ersten Zeile bzw. Spalte bedeutet, so hat $\mathfrak{x}$ die Form

$$\begin{array}{lllll}
e & e+a & e+2a & e+3a & e+4a \cdots \\
e+b & e+a+b+c & e+2a+b+2c & e+3a+b+3c & e+4a+b+4c \;\cdots \\
e+2b & e+a+2b+2c & e+2a+2b+4c & e+3a+2b+\;\;6c & e+4a+2b+\;\;8c \cdots \\
e+3b & e+a+3b+3c & e+2a+3b+6c & e+3a+3b+\;\;9c & e+4a+3b+12c \cdots \\
e+4b & e+a+4b+4c & e+2a+4b+8c & e+3a+4b+12c & e+4a+4b+16c \cdots \\
\cdot & \cdot\;\cdot\;\cdot & \cdot\;\cdot\;\cdot & \cdot\;\cdot\;\cdot & \cdot\;\cdot\;\cdot\;,
\end{array}$$

wo c eine Konstante ist.

Die Differenz der 2ten, 3ten, ..., $r$ten Zeile ist dann

$$a+c, \qquad a+2c, \qquad \ldots, \qquad a+\overline{r-1}\,c,$$

die Differenz der 2ten, 3ten, ..., $s$ten Spalte

$$b+c, \qquad b+2c, \qquad \ldots, \qquad b+\overline{s-1}\,c.$$

Daher heißt die Feldzahl von $\mathfrak{x}$

$$\iota_r^s = e + a\,\overline{s-1} + b\,\overline{r-1} + c\,\overline{r-1}\cdot\overline{s-1}\,.$$

Nunmehr betrachtet Jacobi die Doppelreihe $\mathfrak{F}$, deren Feldzahl die Form

$$f_r^s = k_r^s\, x^{e_r^s} \qquad \text{mit} \quad |x| < 1$$

hat, wo die Koeffizienten k_r^s so gewählt sind, daß die Doppelreihe $\mathfrak{F}$ absolut konvergiert. Diese Konvergenz wird nach Festlegung der Bildungsvorschrift für die Koeffizienten k_r^s in jedem Einzelfalle auf Grund unserer Doppelreihensätze leicht festgestellt.

Führt man nun die Summation der Doppelreihe $\mathfrak{F}$ einmal zeilenweise, einmal spaltenweise aus, so erhält man das eine Mal etwa die Summe I, das andere Mal die Summe II, welche Summen aber beide den Wert $\mathfrak{F}$ der Doppelreihe darstellen, so daß sich die Formel

$$\text{(1)} \qquad \mathrm{I} = \mathrm{II}$$

ergibt.

Ein Weg zur Gewinnung weiterer Formeln besteht in folgender Summationsart. Man summiert die Elemente der *1. Zeile* [1. Spalte], dann die davon *nicht betroffenen* Elemente der *1. Spalte* [1. Zeile], dann die noch nicht berücksichtigten Elemente der *2. Zeile* [2. Spalte], darauf die noch nicht betroffenen Elemente der *2. Spalte* [2. Zeile], darauf die noch nicht genommenen Elemente der *3. Zeile* [3. Spalte] usw., immer Zeile und Spalte [Spalte und Zeile] abwechselnd. Die so erhaltenen Summen werden addiert und liefern als Totalsumme etwa den Wert III [IV]. Dieses III bzw. IV stellt ebenfalls den Wert $\mathfrak{F}$ der Doppelreihe F dar, so daß sich die Formel

$$\text{III} = \text{IV} \tag{2}$$

ergibt.

Wenn man will, kann man (1) und (2) auch zu einer einzigen Formel

$$\text{I} = \text{II} = \text{III} = \text{IV} \tag{3}$$

zusammenfassen, wo nun jeder der vier Ausdrücke I, II, III, IV den Wert F von $\mathfrak{F}$ darstellt.

Durch Variation der Zahlen e, a, b, c und der Koeffizienten k_r^s läßt sich so nach Jacobis Vorgange [Fundamenta nova theoriae functionum ellipticarum] eine Mannigfaltigkeit bemerkenswerter Identitäten gewinnen, von denen wir hier einige angeben.

1.

Der einfachste Fall für die Ausgangsparameter e, a, b, c lautet natürlich $e = 1$, $a = 1$, $b = 1$, $c = 1$, was wir kurz

$$(e,\ a,\ b,\ c) = (1,\ 1,\ 1,\ 1)$$

schreiben. Es wird dann $e_r^s = rs$. Wollte man nun auch noch $k_r^s = 1$ setzen, so käme man zu Trivialitäten. Jacobi setzt beispielsweise

$$k_r^s = r \cdot \iota^{(r-1)\,(s-1)},$$

wodurch $\mathfrak{F}$ die Form

$$\begin{array}{l}
x + x^2 + x^3 + x^4 + + \cdots \\
+ 2x^2 - 2x^4 + 2x^6 - 2x^8 + - \cdots \\
+ 3x^3 + 3x^6 + 3x^9 + 3x^{12} + + \cdots \\
+ 4x^4 - 4x^8 + 4x^{12} - 4x^{16} + - \cdots \\
\cdots\cdots\cdots\cdots\cdots\cdots
\end{array}$$

erhält.

Hier haben die sukzessiven Zeilen die Werte

$$Z_1 = \frac{x}{1-x}, \qquad Z_2 = \frac{2x^2}{1+x^2}, \qquad Z_3 = \frac{3x^3}{1-x^3}, \qquad Z_4 = \frac{4x^4}{1+x^4}, \qquad \ldots,$$

die sukzessiven Spalten die Summen

$$S_1 = \frac{x}{(1-x)^2}, \qquad S_2 = \frac{x^2}{(1+x^2)^2}, \qquad S_3 = \frac{x^3}{(1-x^3)^2}, \qquad S_4 = \frac{x^4}{(1+x^4)^2}, \quad \ldots,$$

so daß

$$\mathrm{I} = \frac{x}{1-x} + \frac{2x^2}{1+x^2} + \frac{3x^3}{1-x^3} + \frac{4x^4}{1+x^4} + \cdots,$$

$$\mathrm{II} = \frac{x}{(1-x)^2} + \frac{x^2}{(1+x^2)^2} + \frac{x^3}{(1-x^3)^2} + \frac{x^4}{(1+x^4)^2} + \cdots$$

wird. Unsere Formel (1) wird zu

$$\frac{x}{1-x} + \frac{2x^2}{1+x^2} + \frac{3x^3}{1-x^3} + \frac{4x^4}{1+x^4} + \cdots$$
$$= \frac{x}{(1-x)^2} + \frac{x^2}{(1+x^2)^2} + \frac{x^3}{(1-x^3)^2} + \frac{x^4}{(1+x^4)^2} + \cdots.$$

2.

Man setze

$(e,\ a,\ b,\ c) = (1,\ 1,\ 1,\ 2)$, also $e_r^s = 1 - r - s + 2rs$, $k_r^s = s\,\iota^{\overline{r-1}\,\overline{s-1}}$.

Dadurch entsteht die Doppelreihe

$$\begin{array}{l} x + 2x^2 + 3x^3 + 4x^4 + 5x^5 + + \cdots \\ + x^2 - 2x^5 + 3x^8 - 4x^{11} + 5x^{14} - + \cdots \\ + x^3 + 2x^8 + 3x^{13} + 4x^{18} + 5x^{23} + + \cdots \\ + x^4 - 2x^{11} + 3x^{18} - 4x^{25} + 5x^{32} - + \cdots \\ \cdots\cdots\cdots\cdots\cdots\cdots \end{array}$$

Für I ergibt sich die Reihe

$$\mathrm{I} = \frac{x}{(1-x)^2} + \frac{x^2}{(1+x^3)^2} + \frac{x^3}{(1-x^5)^2} + \frac{x^4}{(1+x^7)^2} + \cdots,$$

für II die Reihe

$$\mathrm{II} = \frac{x}{1-x} + \frac{2x^2}{1+x^3} + \frac{3x^3}{1-x^5} + \frac{4x^4}{1+x^7} + \cdots,$$

und (1) wird zu

$$\frac{x}{(1-x)^2} + \frac{x^2}{(1+x^3)^2} + \frac{x^3}{(1-x^5)^2} + \frac{x^4}{(1+x^7)^2} + \cdots$$
$$= \frac{x}{1-x} + \frac{2x^2}{1+x^3} + \frac{3x^3}{1-x^5} + \frac{4x^4}{1+x^7} + \cdots.$$

3.

Man setze

$(e,\ a,\ b,\ c) = (1,\ 1,\ 2,\ 2)$, $e_r^s = 2rs - s$, $k_r^s = 1$.

Dadurch erhält $\mathfrak{F}$ die Form

$$\begin{array}{l} x + x^2 + x^3 + x^4 + x^5 + \cdots \\ + x^3 + x^6 + x^9 + x^{12} + x^{15} + \cdots \\ + x^5 + x^{10} + x^{15} + x^{20} + x^{25} + \cdots \\ + x^7 + x^{14} + x^{21} + x^{28} + x^{35} + \cdots \\ \cdot \quad \cdot \quad \cdot \quad \cdot \quad \cdot \quad \cdot \quad \cdot \quad \cdot \quad \cdot \quad \cdot \quad \cdot \quad \cdot \end{array}$$

Die Summen I und II werden

$$\mathrm{I} = \frac{x}{1-x} + \frac{x^3}{1-x^3} + \frac{x^5}{1-x^5} + \frac{x^7}{1-x^7} + \cdots,$$

$$\mathrm{II} = \frac{x}{1-x^2} + \frac{x^2}{1-x^4} + \frac{x^3}{1-x^6} + \frac{x^4}{1-x^8} + \cdots,$$

und wir erhalten nach (1) die Jacobische Formel

$$\frac{x}{1-x} + \frac{x^3}{1-x^3} + \frac{x^5}{1-x^5} + \frac{x^7}{1-x^7} + \cdots$$
$$= \frac{x}{1-x^2} + \frac{x^2}{1-x^4} + \frac{x^3}{1-x^6} + \frac{x^4}{1-x^8} + \cdots.$$

Für III und IV ergibt sich

$$\mathrm{III} = \frac{x}{1-x} + \frac{x^3}{1-x^2} + \frac{x^6}{1-x^3} + \frac{x^{10}}{1-x^4} + \cdots,$$

$$\mathrm{IV} = \frac{x}{1-x^2} + \frac{x^2}{1-x} + \frac{x^6}{1-x^4} + \frac{x^9}{1-x^3} + \cdots,$$

und (2) wird die Jacobische Formel

$$\frac{x}{1-x} + \frac{x^3}{1-x^2} + \frac{x^6}{1-x^3} + \frac{x^{10}}{1-x^4} + \cdots$$
$$= \frac{x}{1-x^2} + \frac{x^2}{1-x} + \frac{x^6}{1-x^4} + \frac{x^9}{1-x^3} + \cdots,$$

wobei nicht zu vergessen ist, daß alle vier Reihen I, II, III, IV gleich sind.

4.

Man setze

$$(e,\ a,\ b,\ c) = (1,\ 1,\ 2,\ 2), \qquad e_r^s = 2rs - s, \qquad k_r^s = \iota^{r+s}.$$

$\mathfrak{F}$ wird dann

$$\begin{array}{l} x - x^2 + x^3 - x^4 + x^5 - + \cdots \\ - x^3 + x^6 - x^9 + x^{12} - x^{15} + - \cdots \\ + x^5 - x^{10} + x^{15} - x^{20} + x^{25} - + \cdots \\ - x^7 + x^{14} - x^{21} + x^{28} - x^{35} + - \cdots \\ \cdot \quad \cdot \quad \cdot \quad \cdot \quad \cdot \quad \cdot \quad \cdot \quad \cdot \quad \cdot \quad \cdot \quad \cdot \quad \cdot \end{array}$$

Die Summen I, II, III, IV werden

$$\mathrm{I} = \frac{x}{1+x} - \frac{x^3}{1+x^3} + \frac{x^5}{1+x^5} - \frac{x^7}{1+x^7} + - \cdots,$$

$$\mathrm{II} = \frac{x}{1+x^2} - \frac{x^2}{1+x^4} + \frac{x^3}{1+x^6} - \frac{x^4}{1+x^8} + - \cdots,$$

$$\mathrm{III} = \frac{x}{1+x} - \frac{x^3}{1+x^2} + \frac{x^6}{1+x^3} - \frac{x^{10}}{1+x^4} + - \cdots,$$

$$\mathrm{IV} = \frac{x}{1+x^2} - \frac{x^2}{1+x} + \frac{x^6}{1+x^4} - \frac{x^9}{1+x^3} + - \cdots,$$

und diese vier Jacobischen Reihen sind einander gleich.

5.

Man setze

$$(e,\ a,\ b,\ c) = (1,\ 1,\ 2,\ 1), \qquad e_r^s = rs + r - 1, \qquad k_r^s = 1.$$

$\mathfrak{F}$ hat die Form

$$\begin{array}{l} x + x^2 + x^3 + x^4 + \cdots \\ + x^3 + x^5 + x^7 + x^9 + \cdots \\ + x^5 + x^8 + x^{11} + x^{14} + \cdots \\ + x^7 + x^{11} + x^{15} + x^{19} + \cdots \\ \cdot\ \cdot\ \cdot\ \cdot\ \cdot\ \cdot\ \cdot\ \cdot\ \cdot\ \cdot \end{array}$$

Die Summen I bis IV werden

$$\mathrm{I} = \frac{x}{1-x} + \frac{x^3}{1-x^2} + \frac{x^5}{1-x^3} + \frac{x^7}{1-x^4} + \cdots,$$

$$\mathrm{II} = \frac{x}{1-x^2} + \frac{x^2}{1-x^3} + \frac{x^3}{1-x^4} + \frac{x^4}{1-x^5} + \cdots,$$

$$\mathrm{III} = \frac{x}{1-x} + \frac{x^3}{1-x^2} + \frac{x^5}{1-x^2} + \frac{x^8}{1-x^3} + \cdots,$$

$$\mathrm{IV} = \frac{x}{1-x^2} + \frac{x^2}{1-x} + \frac{x^5}{1-x^3} + \frac{x^7}{1-x^2} + \cdots,$$

und alle vier Reihen sind gleich groß.

6.

$$(e,\ a,\ b,\ c) = (1,\ 1,\ 2,\ 1), \qquad e_r^s = rs + r - 1, \qquad k_r^s = rs$$

$\mathfrak{F}$ wird

$$\begin{array}{l} x + 2x^2 + 3x^3 + 4x^4 + \cdots \\ + 2x^3 + 4x^5 + 6x^7 + 8x^9 + \cdots \\ + 3x^5 + 6x^8 + 9x^{11} + 12x^{14} + \cdots \\ + 4x^7 + 8x^{11} + 12x^{15} + 16x^{19} + \cdots \\ \cdot\ \cdot\ \cdot\ \cdot\ \cdot\ \cdot\ \cdot\ \cdot\ \cdot\ \cdot\ \cdot\ \cdot \end{array}$$

Hier wird

$$\mathrm{I} = \frac{x}{(1-x)^2} + \frac{2x^3}{(1-x^2)^2} + \frac{3x^5}{(1-x^3)^2} + \frac{4x^7}{(1-x^4)^2} + \cdots,$$

$$\mathrm{II} = \frac{x}{(1-x^2)^2} + \frac{2x^2}{(1-x^3)^2} + \frac{3x^3}{(1-x^4)^2} + \frac{4x^4}{(1-x^5)^2} + \cdots,$$

und es ist

$$\mathrm{I} = \mathrm{II}.$$

7.

$$(e, a, b, c) = (1, 2, 2, 4), \qquad e_r^s = 4rs - 2r - 2s + 1, \qquad k_r^s = \iota^{r-1}.$$

$\mathfrak{F}$ wird

$$\begin{array}{l} x + x^3 + x^5 + x^7 + \cdots \\ - x^3 - x^9 - x^{15} - x^{21} - \cdots \\ + x^5 + x^{15} + x^{25} + x^{35} + \cdots \\ \cdot\ \cdot\ \cdot\ \cdot\ \cdot\ \cdot\ \cdot\ \cdot\ \cdot\ \cdot\ \cdot \end{array}$$

$$\mathrm{I} = \frac{x}{1-x^2} - \frac{x^3}{1-x^6} + \frac{x^5}{1-x^{10}} - \frac{x^7}{1-x^{14}} + - \cdots,$$

$$\mathrm{II} = \frac{x}{1+x^2} + \frac{x^3}{1+x^6} + \frac{x^5}{1+x^{10}} + \frac{x^7}{1+x^{14}} + + \cdots,$$

$$\mathrm{III} = \frac{x}{1-x^2} - \frac{x^3}{1+x^2} - \frac{x^9}{1-x^6} + \frac{x^{15}}{1+x^6} + \frac{x^{25}}{1-x^{10}} - \frac{x^{35}}{1+x^{10}} \cdots,$$

$$\mathrm{IV} = \frac{x}{1+x^2} + \frac{x^3}{1-x^2} - \frac{x^9}{1+x^6} - \frac{x^{15}}{1-x^6} + \frac{x^{25}}{1+x^{10}} + \frac{x^{35}}{1-x^{10}} \cdots,$$

und die vier Reihen I, II, III, IV haben denselben Wert $\mathfrak{F}$.
Die angegebenen Beispiele, deren Anzahl sich beliebig vermehren läßt, zeigen die außerordentliche Fruchtbarkeit des einfachen Jacobischen Gedankens für die Aufstellung zahlreicher bemerkenswerter Relationen zwischen unendlichen Reihen.

§ 71. Hilberts Doppelreihensatz

Der Hilbertsche Doppelreihensatz enthält eine Aussage über die Konvergenz der Doppelreihe

$$\mathfrak{H} = \sum_{r,s} \frac{x_r y_s}{r+s},$$

in welcher sich die Summation über alle Paare natürlicher Zahlen erstreckt, und die x_r und y_r nichtnegative Größen sind so beschaffen, daß die Reihen

$\sum\limits_1^\infty x_r^m$ und $\sum\limits_1^\infty y_s^n$, in denen m und n zwei feste perfekte*) positive Exponenten bedeuten, endliche Werte:

$$\sum_1^\infty x_r^m = M, \qquad \sum_1^\infty y_s^n = N$$

haben.

Demgemäß setzen wir für das Folgende die Konvergenz der beiden Reihen $\sum\limits_1^\infty x_r^m$ und $\sum\limits_1^\infty y_s^n$ voraus, und die Summen dieser Reihen seien die endlichen Zahlen M und N.

Der Nachweis der Konvergenz der Doppelreihe $\mathfrak{H}$ beruht auf der Hölderschen Ungleichung (k) aus § 22:

$$\text{(k)} \qquad x \cdot y + x' \cdot y' + x'' \cdot y'' + \cdots$$
$$\leqq \sqrt[m]{x^m + x'^m + x''^m + \cdots} \cdot \sqrt[n]{y^n + y'^n + y''^n + \cdots}.$$

Um diese Ungleichung zur Anwendung zu bringen, schreiben wir das allgemeine Glied

$$z_{rs} = \frac{x_r y_s}{r+s}$$

der Doppelreihe $\mathfrak{H}$ unter Benutzung der Abkürzungen

$$\overline{r,s} = \frac{1}{r+s} \qquad \text{und} \qquad a = mn$$

folgendermaßen als *Produkt zweier Faktoren:*

$$z_{rs} = \frac{x_r y_s}{r+s} = x_r \sqrt[m]{\overline{r,s}} \sqrt[a]{r/s} \cdot y_s \sqrt[n]{\overline{r,s}} \sqrt[a]{s/r},$$

wobei also der linke Faktor den ersten Faktor eines Gliedes g der Linksseite von (k), der rechte Faktor den zweiten Faktor von g darstellen soll.

Dann wird nach (k)

$$\mathfrak{H} = \sum z_{rs} \leqq \sqrt[m]{X} \cdot \sqrt[n]{Y}$$

mit

$$X = \sum_r x_r^m \sum_s \overline{r,s} \sqrt[n]{r/s}, \qquad Y = \sum_s y_s^n \sum_r \overline{r,s} \sqrt[m]{s/r}.$$

Wegen des gleichartigen Baus der beiden Größen X und Y wird es genügen, eine, etwa X, abzuschätzen.

---

*) Zwei Zahlen m und n heißen perfekt, wenn ihre Summe mit ihrem Produkt übereinstimmt: $m + n = m \cdot n$, wenn m. a. W. ihre Kehrwerte sich zu 1 ergänzen: $1/m + 1/n = 1$.

Da handelt es sich vor allem um die Abschätzung der Summe

$$\mathfrak{S} = \sum_s \overline{r, s} \sqrt[n]{r/s}$$

mit dem allgemeinen Gliede

$$t_s = \overline{r, s} \sqrt[n]{r/s},$$

wobei r eine festgehaltene natürliche Zahl bedeutet und s alle Zeiger von 1 bis ∞ durchläuft.

Wir schreiben

$$t_s = \frac{1}{r+s} \sqrt[n]{r/s} = \frac{1}{r} \cdot \frac{1}{1+s/r} \cdot (s/r)^{-1/n} = \frac{1}{r} \cdot \frac{(s/r)^{1/m-1}}{1+s/r}.$$

Diese Schreibung gibt Veranlassung, die Kurve

$$t = f(u) \qquad \text{mit} \quad f(u) = \frac{u^{1/m-1}}{1+u}$$

ins Auge zu fassen, zu welcher die abzuschätzende Summe $\mathfrak{S}$ in Beziehung gesetzt werden kann.

Zuerst bemerkt man, daß die Kurve mit asymptotischer Berührung der t-Achse aus dem Unendlichen steil herabkommt, mit wachsender Abszisse u ständig fällt, um sich schließlich der u-Achse asymptotisch zu nähern. Sodann, daß die von der Kurve, der positiven u-Achse und der positiven t-Achse eingeschlossene Fläche den Inhalt

$$F = \int_0^\infty \frac{u^{1/m-1}}{1+u} du = \frac{\pi}{\sin \pi/m} \qquad (\S\, 145)$$

hat.

Zerlegt man weiter die positive u-Achse in sukzessive Stücke von der gemeinsamen Länge $1/r$ und errichtet über dem $s$ten Stück ($s = 1, 2, 3, \ldots$) das Rechteck, dessen Höhe die Kurvenordinate

$$f(s/r) = \frac{(s/r)^{1/m-1}}{1+s/r}$$

ist, dessen Inhalt also den Wert t_s hat, so liegt jedes dieser unendlich vielen Rechtecke unterhalb der Kurve, so daß der Gesamtinhalt aller Rechtecke kleiner als F ist:

$$\sum_s t_s < F \qquad \text{oder} \qquad \mathfrak{S} < \frac{\pi}{\sin \pi/m} = p.$$

Nachdem so $\mathfrak{S}$ abgeschatzt ist, haben wir

$$X = \sum_r x_r^m \mathfrak{S} < p \sum_r x_r^m = pM.$$

Genau so liefert die Abschätzung von Y die Ungleichung

$$Y < qN \qquad \text{mit} \quad q = \frac{\pi}{\sin \pi/n}.$$

Aus $X < pM$ und $Y < qN$ folgt schließlich

$$\mathfrak{H} \leqq \sqrt[m]{X} \cdot \sqrt[n]{Y} < p^{1/m} M^{1/m} \cdot q^{1/n} N^{1/n} = p\, M^{1/m} N^{1/n},$$

da wegen $\pi/m + \pi/n = \pi$ $\sin \pi/m = \sin \pi/n$ also $p = q$ und wegen $^1/_m + {}^1/_n = 1$ $p^{1/m} p^{1/n} = p$ ist.

Als Endergebnis unserer Betrachtung erscheint

Hilberts Doppelreihensatz:

Die unendliche Doppelreihe

$$\sum_{r,s} \frac{x_r\, y_s}{r+s},$$

in welcher die Summation alle positiven Zeigerpaare (r, s) *umfaßt und die* x_r *und* y_s *Nichtnegativzahlen bedeuten, konvergiert, wenn die beiden Potenzsummen*

$$x_1^m + x_2^m + x_3^m + \cdots \qquad \text{und} \qquad y_1^n + y_2^n + y_3^n + \cdots,$$

in denen m *und* n *perfekte Positivzahlen sind, endliche Werte haben.*

Sind M *und* N *die Werte dieser Potenzsummen, so liegt die Summe der Doppelreihe unterhalb der Schranke*

$$\frac{\pi}{\sin \pi/n} \sqrt[m]{M} \sqrt[n]{N}.$$

In dem trivialen Falle, wo sämtliche x_r (oder sämtliche y_s) verschwinden, artet die Ungleichung

$$\sum \frac{x_r\, y_s}{r+s} < \frac{\pi}{\sin \pi/n} \sqrt[m]{M} \sqrt[n]{N}$$

zur Gleichung aus.

Doppelreihen von obiger und ahnlicher Form wurden zuerst von Hilbert untersucht. Sein Konvergenzbeweis für die obige Reihe, der jedoch komplizierter als der oben gegebene Beweis ist, sich außerdem nur auf den Fall $m = n = 2$ bezieht, wurde 1908 von Hilberts Schüler Weyl (in dessen Inauguraldissertation) bekanntgemacht. Der hier dargelegte einfache Beweis geht auf Schur (Crelles Journal, Bd. 140) und Hardy (Journ. London. Math. Soc., Bd. 2, 1927) zurück.

VIERTER ABSCHNITT

POTENZREIHEN

§ 72. Konvergenz von Potenzreihen

Eine Potenzreihe ist eine unendliche Reihe von der Form

$$\mathfrak{p}(z) = c_0 + c_1 z + c_2 z^2 + c_3 z^3 + \cdots$$

oder etwas allgemeiner von der Form

$$\mathfrak{P}(z) = c_0 + c_1(z-\gamma) + c_2(z-\gamma)^2 + c_3(z-\gamma)^3 + \cdots,$$

wo die Koeffizienten c konstante Größen sind.

Diese zweite Form läßt sich durch die Substitution

$$z - \gamma = \zeta$$

auf die erste:

$$\mathfrak{p}(\zeta) = c_0 + c_1 \zeta + c_2 \zeta^2 + c_3 \zeta^3 + \cdots$$

zurückführen.

Unter dem Konvergenzgebiet einer Potenzreihe versteht man die Gesamtheit der Stellen z der z-Ebene, an denen die Potenzreihe konvergiert. Das Konvergenzgebiet einer Potenzreihe ist zuerst von Cauchy bestimmt worden. Seine Betrachtung verläuft im wesentlichen wie folgt.

Wir gehen aus von der Potenzreihe

$$\mathfrak{p}(z) = c_0 + c_1 z + c_2 z^2 + \cdots$$

und setzen den Betrag des Koeffizienten c_n gleich C_n. Es sei

$$L = \overline{\lim_{n\to\infty}} \sqrt[n]{C_n}$$

der Hochlimes der Folge

$$C_1, \ \sqrt[2]{C_2}, \ \sqrt[3]{C_3}, \ \sqrt[4]{C_4}, \ \cdots$$

und z ein beliebiger endlicher Wert vom Betrage Z. Dann ist

$$\overline{\lim} \sqrt[n]{C_n Z^n} = LZ.$$

Wir unterscheiden nun drei Fälle:

$$1^\circ\ LZ < 1, \qquad 2^\circ\ LZ > 1, \qquad 3^\circ\ LZ = 1.$$

Im ersten Falle sei e ein zwischen LZ und 1 liegender *echter* Bruch, etwa

$$e = \frac{1 + LZ}{2}.$$

Dann ist von einem gewissen endlichen Zeiger n_0 ab für jeden Zeiger $n > n_0$

$$\sqrt[n]{C_n Z^n} < e,$$

mithin

$$C_n Z^n < e^n, \qquad (n > n_0),$$

d. h. von einer gewissen Stelle ab liegen die Beträge der Glieder $c_n z^n$ der Potenzreihe $\mathfrak{p}(z)$ unterhalb der Glieder e^n der konvergenten geometrischen Reihe

$$1 + e + e^2 + e^3 + \cdots$$

Die Potenzreihe $\mathfrak{p}(z)$ konvergiert, und zwar sogar absolut für jedes z, dessen Betrag unterhalb des Kehrwertes von L liegt.

Im zweiten Falle sei u ein zwischen LZ und 1 liegender *unechter* Bruch, etwa

$$u = \frac{LZ + 1}{2}.$$

Dann existieren unendlich viele Zeiger n, für welche

$$\sqrt[n]{C_n Z^n} > u$$

ausfällt, gibt es also unendlich viele Terme der Reihe $\mathfrak{p}(z)$, für welche

$$|c_n z^n| > u^n$$

ist. Die Reihe divergiert.

Die Potenzreihe $\mathfrak{p}(z)$ divergiert also für jedes z, dessen Betrag den Kehrwert von L überschreitet.

Im dritten Falle vermögen wir so ohne weiteres über die Konvergenz oder Divergenz der Reihe nichts auszusagen.

Um das Ergebnis unserer Betrachtung anschaulich auszusprechen, führen wir den um den Nullpunkt der z-Ebene beschriebenen Kreis $\mathfrak{k}$ ein, dessen Halbmesser k der Kehrwert des Hochlimes L ist:

$$k = 1 : L.$$

Ergebnis:

Cauchys Konvergenzkreissatz:

Die Potenzreihe

$$\mathfrak{p}(z) = c_0 + c_1 z + c_2 z^2 + c_3 z^3 + \cdots$$

konvergiert, je nachdem der Punkt z innerhalb oder außerhalb des Kreises $\mathfrak{k}$ liegt.

Der Kreis $\mathfrak{k}$ heißt *Konvergenzkreis*, sein Radius k *Konvergenzradius* der Reihe.

Der Konvergenzradius der Potenzreihe

$$\mathfrak{p}(z) = c_0 + c_1 z + c_2 z^2 + c_3 z^3 + \cdots$$

ist der Kehrwert des Hochlimes L der Folge $\{\sqrt[n]{|c_n|}\}$:

$$k = 1 : L.$$

Das Gebiet $\mathfrak{K}$ der vom Konvergenzkreise $\mathfrak{k}$ umschlossenen Punkte ist also das Konvergenzgebiet der Reihe.
Die Konvergenz der Reihe in den Punkten von $\mathfrak{K}$ ist absolut.

Wir fügen hinzu:

Die Potenzreihe $\mathfrak{p}(z)$ konvergiert auf jedem innerhalb $\mathfrak{K}$ liegenden mit $\mathfrak{K}$ konzentrischen Kreise $\mathfrak{K}'$ gleichmäßig.

Beweis. Ist k' der Halbmesser von K', h die Halbsumme von k und k', so konvergiert $\mathfrak{p}(h)$ absolut. Da nun $C_n Z^n$ für jedes z aus $\mathfrak{K}'$ unterhalb $C_n h^n$ liegt und $\mathfrak{p}(h)$ absolut konvergiert, so konvergiert $\mathfrak{p}(z)$ in $\mathfrak{K}'$ (nach Weierstraß' Konvergenzmerkmal für gleichmäßige Konvergenz) gleichmäßig.

Über die Konvergenz oder Divergenz in den Punkten der Konvergenzkreises $\mathfrak{k}$ kann keine allgemein gültige Aussage gemacht werden; sie muß vielmehr von Fall zu Fall entschieden werden.

Wie man sofort übersieht,

gilt Cauchys Konvergenzsatz auch für die Potenzreihe

$$\mathfrak{P}(z) = c_0 + c_1(z - \gamma) + c_2(z - \gamma)^2 + \cdots$$

mit der einzigen Abänderung, daß das Zentrum des Konvergenzkreises $\mathfrak{k}$ nicht der Nullpunkt, sondern der Punkt γ ist.

Der Satz vom Konvergenzkreis wurde von Cauchy 1821 in seinem Buche Analyse algébrique aufgestellt.

Beispiele:

1. Die einfachste Potenzreihe ist die geometrische Reihe

$$\mathfrak{p}(z) = 1 + z + z^2 + z^3 + \cdots$$

Hier ist $c_n = 1$, $C_n = 1$, $\overline{\lim} \sqrt[n]{C_n} = L = 1$ und der Konvergenzradius

$$k = 1 : L = 1.$$

Die Reihe konvergiert im Innern des um den Nullpunkt beschriebenen Einheitskreises, was von vornherein klar war.

2. Als zweites Beispiel wählen wir die Exponentialreihe

$$E(z) = 1 + z + \frac{z^2}{2!} + \frac{z^3}{3!} + \cdots .$$

Hier ist

$$c_n = \frac{1}{n!}, \qquad C_n = \frac{1}{n!} \qquad \text{und} \quad L = \overline{\lim}\, 1 : \sqrt[n]{n!}\,.$$

Nun folgt aus den n Relationen

$$1.\ n = n,\quad 2.\ (n-1) > n,\quad 3.\ (n-2) > n,\ \cdots,\ (n-1)\cdot 2 > n,\ n\cdot 1 = n$$

durch Multiplikation

$$n!^2 > n^n \qquad \text{oder} \qquad \sqrt[n]{n!} > \sqrt{n}.$$

Folglich ist $1 : \sqrt[n]{n!} < 1 : \sqrt{n}$ und

$$L = \overline{\lim} \sqrt[n]{C_n} = \lim \sqrt[n]{C_n} = 0.$$

Der Konvergenzradius k ist unendlich, der Konvergenzkreis $\mathfrak{k}$ unendlich groß.

Die Exponentialreihe konvergiert für jeden endlichen Wert von z, ein gleichfalls allgemein bekannter Satz.

3. $$\mathfrak{q}(z) = 1 + z + 2!\,z^2 + 3!\,z^3 + 4!\,z^4 + \cdots .$$

Hier ist $L = \infty$, mithin $k = 0$.

Die Reihe $\mathfrak{q}(z)$ hat nur einen unendlich kleinen Konvergenzkreis; sie konvergiert nur für $z = 0$.

4. $$\mathfrak{r}(z) = 1 + c_1 z + c_2 z^2 + c_3 z^3 + \cdots \quad \text{mit} \quad c_n = \frac{1\cdot 3\cdot 5\cdot \cdots \cdot (2n-1)}{2\cdot 4\cdot 6\cdot \cdots \cdot (2n)}.$$

Nach § 10 ist

$$L = \lim \sqrt[n]{c_n} = 1.$$

Der Konvergenzradius der Reihe $\mathfrak{r}(z)$ ist

$$k = 1 : L = 1.$$

Für $|z| < 1$ stellt die Reihe $\mathfrak{r}(z)$ übrigens den Wert $1 : \sqrt{1-z}$ dar.

5. $$\mathfrak{s}(z) = z^2 + 2^3 z^3 + z^5 + 2^6 z^6 + z^8 + 2^9 z^9 + \cdots .$$

Hier ist $c_n = 0$, 1 oder 2^n, je nachdem n bei der Division durch 3 den Rest 1, 2 oder 0 läßt. Die Folge $\{\sqrt[n]{C_n}\}$ hat daher drei Häufungsstellen: 0, 1, 2. Von diesen ist 2 die größte, der Hochlimes $L = 2$ und folglich $k = 1 : L = 0{,}5$. Der Konvergenzradius der Reihe $\mathfrak{s}(z)$ ist $^1/_2$.

Majorante und Minorante

Wenn bei zwei Potenzreihen

$$\mathfrak{p}(z) = c_0 + c_1 z + c_2 z^2 + c_3 z^3 + \cdots$$

und

$$\mathfrak{q}(z) = k_0 + k_1 z + k_2 z^2 + k_3 z^3$$

erstens alle Koeffizienten k_ν positiv sind, zweitens für jeden Zeiger ν

$$|c_\nu| \leqq k_\nu$$

ist, so heißt die Reihe $\mathfrak{q}$ eine *Majorante* der Reihe $\mathfrak{p}$ oder auch die Reihe $\mathfrak{p}$ eine *Minorante* der Reihe $\mathfrak{q}$.

§ 73. Abels Stetigkeitssatz

Im ersten Bande von Crelles Journal bewies 1826 Abel den *Satz:*

Konvergiert eine Potenzreihe $\mathfrak{P}(z)$ in einem Punkte c ihres Konvergenzkreises $\mathfrak{k}$, und beschreibt der Punkt z den vom Nullpunkt zum Punkte c führenden Radius $\mathfrak{c}$, so ist

$$\lim_{z \to c} \mathfrak{P}(z) = \mathfrak{P}(c).$$

Picard hat 1893 gezeigt, daß es nicht notwendig ist, den beweglichen Punkt z auf den Radius $\mathfrak{c}$ zu beschränken, daß vielmehr der Punkt z beliebig im Raume des stumpfen Winkels wandern darf, der von zwei beliebig kleinen in c endigenden gleichen Sehnen von $\mathfrak{k}$ gebildet wird.

Demgemäß konstruieren wir in $\mathfrak{k}$ zwei in c endigende Sehnen von der gemeinsamen beliebig geringen Lange $2s > 0$ und beschreiben um c einen von diesen Sehnen begrenzten Kreissektor S mit dem Halbmesser s. Diesen Sektor nennen wir den *Sektor des Punktes c* und sprechen den erweiterten Abelschen Satz folgendermaßen aus.

Abels Stetigkeitssatz:

Konvergiert eine Potenzreihe $\mathfrak{P}(z)$ im Punkte c ihres Konvergenzkreises $\mathfrak{k}$, und beschreibt der Punkt z einen im Sektor S des Punktes c verlaufenden in c endigenden Weg $\mathfrak{w}$, so ist

$$\lim_{z \to c} \mathfrak{P}(z) = \mathfrak{P}(c).$$

M. a. W.: *Die Funktion $\mathfrak{P}(z)$ ist nicht nur im Innern, sondern auch noch im Endpunkte c des Weges $\mathfrak{w}$ stetig.*

Beweis. Die Potenzreihe heiße

$$\mathfrak{P}(z) = a_0 + a_1 z + a_2 z^2 + a_3 z^3 + \cdots.$$

Wir wissen dann erstens, daß $\mathfrak{P}(z)$ im Innern von $\mathfrak{k}$ eine stetige Funktion von z darstellt, zweitens, daß im Randpunkte c

$$\mathfrak{P}(c) = a_0 + a_1 c + a_2 c^2 + \cdots$$

konvergiert.

Dieser Konvergenz zufolge läßt sich zu beliebig kleinem positivem ε ein endlicher Zeiger n bestimmen, derart, daß jede der Summen

$$s_p = a_{n+1} c^{n+1} + a_{n+2} c^{n+2} + \cdots + a_{n+p} c^{n+p}$$

betraglich unterhalb ε liegt.

Wir zerlegen $\mathfrak{P}(z)$ in die zwei Teile

$$g(z) = a_0 + a_1 z + \cdots + a_n z^n \quad \text{und} \quad \mathfrak{R}(z) = a_{n+1} z^{n+1} + a_{n+2} z^{n+2} + \cdots,$$

ebenso $\mathfrak{P}(c)$ in die zwei Teile

$$g(c) = a_0 + a_1 c + \cdots + a_n c^n \quad \text{und} \quad \mathfrak{R}(c) = a_{n+1} c^{n+1} + a_{n+2} c^{n+2} + \cdots.$$

Der wichtigste Teil unserer Aufgabe besteht in der Abschätzung von $\mathfrak{R}(z)$.

Wir betrachten die Teilsumme

$$\mathfrak{s}_p = a_{n+1} z^{n+1} + a_{n+2} z^{n+2} + \cdots + a_{n+p} z^{n+p}$$

von $\mathfrak{R}$. Wir schreiben

$$\mathfrak{s}_p = a_{n+1} c^{n+1} \cdot q^{n+1} + a_{n+2} c^{n+2} \cdot q^{n+2} + \cdots + a_{n+p} c^{n+p} \cdot q^{n+p} \qquad \text{mit} \quad q = \frac{z}{c},$$

ersetzen hier die Koeffizienten von $q^{n+1}, q^{n+2}, \ldots, q^{n+p}$ durch s_1, $s_2 - s_1$, $s_3 - s_2, \ldots, s_p - s_{p-1}$, vereinfachen und bekommen*)

$$\mathfrak{s}_p = [s_1 q^{n+1} + s_2 q^{n+2} + \cdots + s_{p-1} q^{n+p-1}](1-q) + s_p q^{n+p}.$$

Nun ist $|s_\nu| < \varepsilon$, mithin, wenn Q den Betrag von q bedeutet,

$$|\mathfrak{s}_p| < \varepsilon (Q^{n+1} + Q^{n+2} + \cdots) |1-q| + \varepsilon Q^{n+p},$$

also

$$|\mathfrak{s}_p| < \varepsilon Q^{n+1} \frac{|1-q|}{1-Q} + \varepsilon Q^{n+p}$$

und, da $Q < 1$ ist,

$$|\mathfrak{s}_p| < \varepsilon \left(1 + \frac{|1-q|}{1-Q}\right).$$

Demgemäß handelt es sich um die Abschätzung des Bruches

$$\mathfrak{B} = \frac{|1-q|}{1-Q} = \frac{|c-z|}{|c| - |z|}.$$

*) Diese Umformung ist natürlich nichts anderes als die Anwendung der Abelschen Formel auf die Zahlsysteme

$$a_{n+1} c^{n+1}, \; a_{n+2} c^{n+2}, \ldots, a_{n+p} c^{n+p} \quad \text{und} \quad q^{n+1}, \; q^{n+2}, \ldots, q^{n+p}.$$

Nun ist $|c - z|$ der Abstand ϱ des Punktes z von c, $|c|$ der Radius k des Konvergenzkreises, $|z|$ der Abstand r des Punktes z vom Nullpunkt, mithin

$$\mathfrak{B} = \frac{\varrho}{k - r}.$$

Da die Potenz des Kreises $\mathfrak{k}$ im Punkte z den Wert

$$\varrho\,\sigma = k^2 - r^2$$

hat, wo σ die zwischen z und $\mathfrak{k}$ liegende Verlängerung der Strecke cz bedeutet, so wird

$$\mathfrak{B} = \frac{k + r}{\sigma}$$

und da natürlich – nach unserer Annahme liegt z im Sektor S – $\sigma > s$ und $r < k$ ist,

$$\mathfrak{B} < \frac{2k}{s}.$$

Folglich wird

$$|\mathfrak{z}_p| < E\varepsilon \qquad \text{mit} \quad E = 1 + \frac{2k}{s},$$

mithin auch

(1) $$|\mathfrak{R}(z)| \leqq E\varepsilon.$$

Für $\mathfrak{R}(c)$ haben wir sofort

(2) $$|\mathfrak{R}(c)| \leqq \varepsilon.$$

Mit diesen beiden Ungleichungen ausgerüstet, läßt sich der Nachweis der Stetigkeit der Funktion $\mathfrak{P}(z)$ an der Stelle $z = c$ leicht erbringen.

Wir brauchen nur z in so enger Nachbarschaft $\mathfrak{N}$ der Stelle c anzunehmen, daß für jedes z dieser Nachbarschaft

(3) $$|g(z) - g(c)| < \varepsilon$$

ausfällt, was wegen der Stetigkeit des Polynoms $g(z)$ keine Mühe macht.

Nun zerlegen wir den Unterschied $\mathfrak{P}(z) - \mathfrak{P}(c)$ in drei Teile:

$$\mathfrak{P}(z) - \mathfrak{P}(c) = [g(z) - g(c)] + [\mathfrak{R}(z)] + [-\mathfrak{R}(c)].$$

Nach den Ungleichungen (1), (2), (3) liegt die rechte Seite dieser Gleichung betraglich unter $\varepsilon + E\varepsilon + \varepsilon$, also unter $F\varepsilon$, wo F die feste endliche Zahl $3 + \frac{2k}{s}$ bedeutet.

Folglich ist für jedes z aus $\mathfrak{N}$

$$|\mathfrak{P}(z) - \mathfrak{P}(c)| < F\varepsilon,$$

und diese Ungleichung lehrt die Stetigkeit von $\mathfrak{P}(z)$ an der Stelle c, bewahrheitet die Limesgleichung

$$\lim_{z \to c} \mathfrak{P}(z) = \mathfrak{P}(c).$$

Q. e. d.

§ 74. Ableitung einer Potenzreihe

Vorgelegt sei die Potenzreihe

$$\mathfrak{p}(z) = c_0 + c_1 z + c_2 z^2 + c_3 z^3 + \cdots$$

mit dem Konvergenzkreise $\mathfrak{k}$, dem Konvergenzradius k und dem vom Kreise $\mathfrak{k}$ begrenzten Konvergenzgebiet $\mathfrak{K}$.

Wir betrachten den Differenzenquotienten

$$\mathfrak{D} = \frac{\mathfrak{p}(Z) - \mathfrak{p}(z)}{Z - z}$$

der Funktion $\mathfrak{p}(z)$, wobei z ein beliebig herausgegriffener, aber fester Punkt von $\mathfrak{K}$, Z ein in $\mathfrak{K}$ beweglicher Punkt ist, und fragen uns, ob $\mathfrak{D}$ einem bestimmten Grenzwerte

$$\lim_{Z \to z} \mathfrak{D}$$

zustrebt, wenn sich der Punkt Z der Stelle z unbegrenzt nähert. Dieser Grenzwert – falls er existiert – heißt die *Ableitung* oder der *Differentialquotient* oder endlich die *Derivierte* der Funktion $\mathfrak{p}(z)$ an der Stelle z und wird mit $\mathfrak{p}'(z)$ bezeichnet.

Besteht die Funktion $\mathfrak{p}(z)$ nur aus *einem* Gliede:

$$\mathfrak{p}(z) = c z^n,$$

so ist besagte Ableitung leicht zu finden. In diesem einfachsten Falle ist nämlich

$$\mathfrak{D} = c \frac{Z^n - z^n}{Z - z} = c\,[Z^{n-1} + Z^{n-2} z + Z^{n-3} z^2 + \cdots + z^{n-1}]\,.$$

Beim Grenzübergange $Z \to z$ strebt jedes der n Klammerglieder gegen den Wert z^{n-1}, die Klammer also gegen den Wert $n z^{n-1}$ und der Differenzenquotient $\mathfrak{D}$ gegen den Grenzwert

$$\mathfrak{p}'(z) = n c z^{n-1}.$$

Besteht die Funktion $\mathfrak{p}(z)$ aus einer *endlichen* Anzahl von Gliedern; ist etwa

$$\mathfrak{p}(z) = a z^\alpha + b z^\beta + c z^\gamma,$$

so findet man ganz ähnlich, daß auch diese Funktion eine Ableitung besitzt, und daß diese den Wert

$$\mathfrak{p}'(z) = \alpha a z^{\alpha-1} + \beta b z^{\beta-1} + \gamma c z^{\gamma-1}$$

hat.

Man kann also vermuten, daß auch bei unendlich vielen Gliedern die vorgelegte Potenzreihe $\mathfrak{p}(z)$ eine Ableitung besitzt, und daß diese Ableitung den Wert

$$\mathfrak{p}'(z) = c_1 + 2 c_2 z + 3 c_3 z^2 + 4 c_4 z^3 + \cdots$$

hat.

Um diese Vermutung zu prüfen, betrachten wir jedenfalls einmal die Formalableitung

$$\mathfrak{q}(z) = c_1 + 2c_2 z + 3c_3 z^2 + 4c_4 z^3 + \cdots$$

der Potenzreihe. Bedeutet C_n den Betrag von c_n und L den Oberlimes von $\sqrt[n]{n\,C_n}$, so ist der Kehrwert von L bekanntlich der Konvergenzradius von $\mathfrak{q}(z)$. Nun ist aber

$$L = \overline{\lim_{n\to\infty}} \sqrt[n]{n\,C_n} = \overline{\lim} \sqrt[n]{n} \cdot \overline{\lim} \sqrt[n]{C_n},$$

und da

$$\overline{\lim} \sqrt[n]{n} = \lim \sqrt[n]{n} = 1\,, \qquad \overline{\lim} \sqrt[n]{C_n} = 1 : k$$

ist, so folgt

$$Lk = 1.$$

Das heißt:

Die Formalableitung einer Potenzreihe hat denselben Konvergenzradius wie die Potenzreihe.

Und da dieser Satz auch auf die Potenzreihe $\mathfrak{q}(z)$ und ferner auf die formale Ableitung *dieser* Potenzreihe usw. angewandt werden kann, so haben wir den

Satz:

Die durch fortgesetzte formale Ableitung aus einer Potenzreihe entstehenden Potenzreihen haben alle denselben Konvergenzradius wie die Ausgangsreihe.

Insbesondere konvergieren also die Reihen

$$\mathfrak{q}(z) = c_1 + 2c_2 z + 3c_3 z^2 + 4c_4 z^3 + \cdots$$

und

$$\mathfrak{r}(z) = 2c_2 + 2\cdot 3c_3 z + 3\cdot 4c_4 z^2 + 4\cdot 5c_5 z^3 + \cdots$$

beide im Kreise $\mathfrak{K}$.

Auf unsere Vermutung zurückkommend, bilden wir nun den Überschuß des Differenzenquotienten $\mathfrak{D}$ über die Formalableitung $\mathfrak{q}(z)$ von $\mathfrak{p}(z)$. Das n te Glied dieses Überschusses hat den Wert

$$U_n = c_n \frac{Z^n - z^n}{Z - z} - n\,c_n\,z^{n-1} = c_n u_n$$

mit

$$u_n = \frac{Z^n - z^n}{Z - z} - n\,z^{n-1}.$$

Nach der Nn-Ungleichung (§ 26) ist

$$|u_n| < n_2\,G^{n-2}|Z - z|,$$

wo G den größeren der beiden Beträge $|Z|$ und $|z|$ bedeutet.

Nun ist $|z| < k$, also auch

$$h = \frac{|z| + k}{2} < k.$$

Wir setzen fest, daß Z bei seiner Wanderung zum Punkte z stets innerhalb des mit $\mathfrak{k}$ konzentrischen Kreises vom Radius h bleibt. Dann ist sowohl $|z|$ als auch jedes $|Z| < h$. Daher ist für jeden positiven Zeiger n, $|Z - z| = \delta$ gesetzt,

$$|u_n| < n_2 h^{n-2} \delta \qquad \text{und} \qquad |U_n| < n(n-1) C_n h^{n-2} \cdot \frac{\delta}{2}.$$

Daher wird

$$|\mathfrak{D} - \mathfrak{q}(z)| < [2C_2 + 2 \cdot 3C_3 h + 3 \cdot 4C_4 h^2 + 4 \cdot 5\, C_5 h^3 + \cdots] \cdot \frac{\delta}{2}.$$

Da aber die Reihe $\mathfrak{r}(z)$ für $z = h$ konvergiert – und das sogar absolut – stellt die eckige Klammer eine feste *endliche* Zahl E dar, und es ist

$$|\mathfrak{D} - \mathfrak{q}(z)| < \frac{1}{2} E \delta.$$

Dieser Ungleichung zufolge (es ist $\delta = |Z - z|$) strebt der Überschuß $\mathfrak{D} - \mathfrak{q}(z)$ für $Z \to z$ gegen Null, ist also

$$\lim_{Z \to z} \mathfrak{D} = \lim_{Z \to z} \frac{\mathfrak{p}(Z) - \mathfrak{p}(z)}{Z - z} = \mathfrak{q}(z)$$

oder

$$\mathfrak{p}'(z) = \mathfrak{q}(z).$$

Ergebnis:

Satz von der Ableitung einer Potenzreihe:

Die Potenzreihe

$$\mathfrak{p}(z) = c_0 + c_1 z + c_2 z^2 + c_3 z^3 + \cdots$$

hat in jedem Punkte ihres Konvergenzgebiets $\mathfrak{K}$ die Ableitung

$$\mathfrak{p}'(z) = c_1 + 2c_2 z + 3c_3 z^2 + \cdots,$$

und diese Ableitung hat gleichfalls das Konvergenzgebiet $\mathfrak{K}$.

Wir haben diesen Satz hier ganz elementar hergeleitet. Setzt man funktionentheoretische Hilfsmittel als bekannt voraus, so erscheint er als unmittelbare Folge von Weierstraß' Konvergenzsatz (§ 65).

§ 75. Die Reihen von Laurent und Taylor

Die Funktion $f(z)$ verhalte sich im Kreisringe $\mathfrak{R}$ mit dem Zentrum c und den Begrenzungskreisen $\mathfrak{i}$ und $\mathfrak{a}$ überall – auch auf $\mathfrak{a}$ und $\mathfrak{i}$ – regular.

Nach Cauchys Integralformel ist dann für jeden Innenpunkt z von $\mathfrak{R}$

$$f(z) = \mathfrak{T} \int_{\mathfrak{r}} \frac{f(\zeta)}{\zeta - z} d\zeta \qquad \text{mit} \quad 2\pi i \mathfrak{T} = 1,$$

wo die Integration so über den Ringrand $\mathfrak{r}$ zu erstrecken ist, daß das Ringinnere stets zur Linken des den Rand $\mathfrak{r}$ durchlaufenden Punktes ζ bleibt. Naturgemäß zerfällt das Integral in zwei Teile

$$\int_{\mathfrak{a}} \frac{f(\zeta)}{\zeta - z} d\zeta \qquad \text{und} \qquad \int_{\mathfrak{i}} \frac{f(\zeta)}{z - \zeta} d\zeta,$$

wo sowohl der Außenrand $\mathfrak{a}$ als auch der Innenrand $\mathfrak{i}$ im positiven Sinne zu durchlaufen ist, so daß

$$f(z) = \mathfrak{C} \int_{\mathfrak{a}} \frac{f(\zeta)}{\zeta - z} d\zeta + \mathfrak{C} \int_{\mathfrak{i}} \frac{f(\zeta)}{z - \zeta} d\zeta$$

wird.

Wir setzen

$$z - c = v, \qquad \zeta - c = \varphi, \qquad \zeta - z = \varphi - v$$

und achten auf die Differenz $u = \zeta - z = \varphi - v$. Im ersten Integral, A, ist $q = v : \varphi$, im zweiten, B, $\varkappa = \varphi : v$ ein Echtbruch, so daß wir

$$\left.\begin{aligned} &\text{in } A \quad \frac{1}{u} = \frac{1}{\zeta - z} = \frac{1}{\varphi - v} = \frac{1}{\varphi} + \frac{v}{\varphi^2} + \frac{v^2}{\varphi^3} + \cdots + \frac{v^n}{\varphi^m} + \frac{q^m}{u} \\ &\text{in } B \; -\frac{1}{u} = \frac{1}{z - \zeta} = \frac{1}{v - \varphi} = \frac{1}{v} + \frac{\varphi}{v^2} + \frac{\varphi^2}{v^3} + \cdots + \frac{\varphi^n}{v^m} - \frac{\varkappa^m}{u} \end{aligned}\right\} \quad \text{mit} \quad m = n + 1$$

schreiben. Dadurch ergibt sich

$$f(z) = \sum_{0}^{+n} a_\nu v^\nu + \sum_{1}^{m} b_\nu : v^\nu + r - \varrho$$

mit

$$\left\{\begin{aligned} a_\nu &= \mathfrak{C} \int_{\mathfrak{a}} \frac{f(\zeta)}{\varphi^{\nu+1}} d\zeta, & b_\nu &= \mathfrak{C} \int_{\mathfrak{i}} f(\zeta)\, \varphi^{\nu-1} d\zeta \\ r &= \mathfrak{C} \int_{\mathfrak{a}} \frac{f(\zeta)\, q^m}{u} d\zeta, & \varrho &= \mathfrak{C} \int_{\mathfrak{i}} \frac{f(\zeta)\, \varkappa^m}{u} d\zeta \end{aligned}\right\}.$$

Wir bringen zunächst die Integrale a_ν und b_ν auf eine gemeinsame Form, indem wir einen zwischen den Kreisen $\mathfrak{a}$ und $\mathfrak{i}$ verlaufenden Zwischenkreis $\mathfrak{z}$ einführen. Da der Integrand von a_ν bzw. b_ν im Ringe des Kreispaares $\mathfrak{a}$, $\mathfrak{z}$ bzw. $\mathfrak{i}$, $\mathfrak{z}$ eine reguläre Funktion von ζ darstellt, ist nach Cauchys Hauptsatz

$$\int_{\mathfrak{a}} \frac{f(\zeta)}{\varphi^{\nu+1}} d\zeta = \int_{\mathfrak{z}} \frac{f(\zeta)}{\varphi^{\nu+1}} d\zeta \qquad \text{und} \qquad \int_{\mathfrak{i}} f(\zeta)\, \varphi^{\nu-1} d\zeta = \int_{\mathfrak{z}} f(\zeta)\, \varphi^{\nu-1} d\zeta,$$

mithin

$$a_\nu = \mathfrak{C} \int_{\mathfrak{z}} \frac{f(\zeta)}{\varphi^{\nu+1}} d\zeta \qquad \text{und} \qquad b_\nu = \mathfrak{C} \int_{\mathfrak{z}} f(\zeta)\, \varphi^{\nu-1} d\zeta.$$

Sodann schätzen wir die Integrale r und ϱ ab. Zu dem Zwecke nennen wir die bei festem z konstanten Echtbrüche $|q|$ und $|\varkappa|$ Q und K, das Maximum von

$|f(z)|$ in $\mathfrak{R}$ M, das von z auf $\mathfrak{a}$ bzw. $\mathfrak{i}$ gefallte Lot h bzw. k. Dann ist wegen $|u| > h$ in r und $|u| > k$ in ϱ

$$|r| < \frac{MQ^m}{2\pi h}\int_{\mathfrak{a}} |d\zeta| \qquad \text{und} \qquad |\varrho| < \frac{MK^m}{2\pi k}\int_{\mathfrak{i}} |d\zeta|,$$

folglich, da $\int_{\mathfrak{a}} |d\zeta|$ den Umfang $2\pi a$ des Kreises $\mathfrak{a}$, $\int_{\mathfrak{i}} |d\zeta|$ den Umfang $2\pi b$ des Kreises $\mathfrak{i}$ bedeutet,

$$|r| < MaQ^m : h \qquad \text{und} \qquad |\varrho| < MbK^m : k.$$

Bei unbegrenzt wachsendem m konvergieren also die Integrale r und ϱ gegen Null, und wir erhalten die

Reihenentwicklung von Laurent:

$$\boxed{f(z) = \sum_0^\infty a_\nu v^\nu + \sum_1^\infty b_\nu : v^\nu}, \qquad v = z - c$$

mit

$$a_\nu = \mathfrak{T}\int_{\mathfrak{z}} \frac{f(\zeta)}{(\zeta - c)^{\nu+1}}\, d\zeta, \qquad b_\nu = \mathfrak{T}\int_{\mathfrak{z}} f(\zeta)\,(\zeta - c)^{\nu-1}\, d\zeta,$$

wo $\mathfrak{z}$ einen beliebigen Kreis des Kreisringes bedeutet, in welchem sich die Funktion $f(z)$ regular verhält.

Wir fügen hinzu:

Jeder der beiden Bestandteile

$$\sum_0^\infty a_\nu v^\nu \qquad \text{und} \qquad \sum_1^\infty b_\nu : v^\nu, \qquad [v = z - c]$$

von $f(z)$ konvergiert auf $\mathfrak{z}$ gleichmäßig, da die erste dieser beiden Potenzreihen auf der Fläche des Kreises $\mathfrak{a}$, die zweite auf der Außenfläche des Kreises $\mathfrak{i}$ gleichmaßig konvergiert.

Führt man auch negative Zeiger ν ein, so läßt sich Laurents Formel noch etwas einfacher schreiben. Als Ergebnis unserer Betrachtung erscheint dann der

Satz von Laurent:

Verhält sich die Funktion $f(z)$ auf einem Kreisringe vom Zentrum c überall regulär, so gilt für jeden Innenpunkt z des Ringes die gleichmäßig konvergente Entwicklung

$$\boxed{f(z) = \sum_{-\infty}^{+\infty} k_\nu (z - c)^\nu},$$

wobei die Koeffizienten k_ν durch die Formel

$$\boxed{k_\nu = \mathfrak{T}\int_{\mathfrak{k}} \frac{f(\zeta)}{(\zeta - c)^{\nu+1}}\, d\zeta} \qquad \text{mit } 2\pi i\mathfrak{T} = 1$$

bestimmt sind, in welcher $\mathfrak{k}$ einen beliebigen Kreis des Ringes bedeutet und die Integration im positiven Sinne zu vollziehen ist.

(H. Laurent, Comptes rendus de l'Académie des Sciences, T. XVII.)
Ein Spezialfall der Laurentschen Entwicklung ist die Taylorsche Reihe.
Verhält sich $f(z)$ in einem Kreise $\mathfrak{K}$ vom Zentrum c und Radius k regulär, so läßt sich $\mathfrak{K}$ als Kreisring mit den Radien k und 0 auffassen, alle Koeffizienten b_ν verschwinden nach Cauchys Hauptsatz wegen der Regularität der Funktionen $f(\zeta)(\zeta - c)^{\nu-1}$, und es bleibt nur

$$f(z) = \sum_0^\infty a_\nu (z - c)^\nu \qquad \text{mit} \quad a_\nu = \mathfrak{T} \int_{\mathfrak{c}} \frac{f(\zeta)\, d\zeta}{(\zeta - c)^{\nu+1}},$$

wo $\mathfrak{c}$ einen beliebigen in $\mathfrak{K}$ verlaufenden Kreis vom Zentrum $z = c$ bedeutet.
Nach Cauchys Ableitungsformel (§ 42) ist übrigens

$$a_\nu = \frac{f^\nu(c)}{\nu!},$$

und wir haben den

Satz von Taylor:

Verhält sich die Funktion $f(z)$ in einem Kreise vom Zentrum c regulär, so gilt für jeden Innenpunkt z des Kreises die konvergente Entwicklung

$$\boxed{f(z) = \sum_0^\infty a_\nu (z - c)^\nu} \qquad \text{mit} \quad a_\nu = \frac{f^\nu(c)}{\nu!}.$$

§ 76. Methode der unbestimmten Koeffizienten

Die Methode der unbestimmten Koeffizienten besteht darin, aus der in einem gewissen Gebiet der z-Ebene gültigen Übereinstimmung zweier Reihen, deren Glieder Funktionen von z sind, die Übereinstimmung der Koeffizienten entsprechender Glieder der beiden Reihen zu erschließen.
Der älteste und einfachste Fall der Methode bezieht sich auf zwei in einem Kreise $\mathfrak{K}$ von nicht verschwindendem Radius konvergierenden Potenzreihen

$$\mathfrak{P}(z) = a_0 + a_1 z + a_2 z^2 + \cdots$$

mit *bekannten* Koeffizienten und

$$\mathfrak{Q}(z) = k_0 + k_1 z + k_2 z^2 + \cdots$$

mit *unbekannten* Koeffizienten.
Ist die Übereinstimmung der beiden Reihen im Kreise $\mathfrak{K}$ irgendwie festgestellt, so ergeben sich die unbekannten Koeffizienten der zweiten Reihe durch das einfache Formelsystem

$$k_0 = a_0, \qquad k_1 = a_1, \qquad k_2 = a_2, \; \ldots$$

Diese überaus fruchtbare Methode der Koeffizientenbestimmung beruht auf dem

Fundamentalsatz:

Stellen zwei in einem Kreise $\mathfrak{K}$ von nicht verschwindendem Radius konvergente Potenzreihen

$$\mathfrak{P}(z) = a_0 + a_1 z + a_2 z^2 + \cdots,$$

$$\mathfrak{Q}(z) = b_0 + b_1 z + b_2 z^2 + \cdots$$

dieselbe Funktion von z dar, so stimmen je zwei entsprechende Koeffizienten der beiden Reihen überein.

Die Richtigkeit dieses Satzes folgt leicht aus folgendem

Lemma:

Hat eine in einem Kreise $\mathfrak{K}$ um den Nullpunkt mit nicht verschwindendem Radius konvergente Potenzreihe

$$\mathfrak{R}(z) = c_0 + c_1 z + c_2 z^2 + \cdots$$

in diesem Kreise unendlich viele Nullstellen (Wurzeln) mit der Häufungsstelle 0, so ist die Potenzreihe identisch 0, d. h. so verschwinden ihre sämtlichen Koeffizienten.

Beweis. Angenommen, c_n sei der erste *nicht* verschwindende Koeffizient der Reihe, so daß diese die Form

$$\mathfrak{R}(z) = c_n z^n f(z) \qquad \text{mit} \quad f(z) = 1 + az + bz^2 + \cdots$$

hat. Die neue Potenzreihe $f(z)$ konvergiert gleichfalls in $\mathfrak{K}$ und hat hier dieselben Nullstellen wie $\mathfrak{R}(z)$, ausgenommen die Stelle $z = 0$, die aber nach wie vor Häufungsstelle der Wurzeln ist. Nun ist $f(z)$ als in $\mathfrak{K}$ konvergente Potenzreihe in der Umgebung des Nullpunkts eine stetige Funktion von z. Daher existiert zu jedem positiven ε – wir nehmen hier $\varepsilon = {}^1/_2$ – ein Kreis $\mathfrak{C}$ um den Nullpunkt derart, daß für jeden Punkt z dieses Kreises

$$|f(z) - f(0)| < \varepsilon \qquad \text{oder} \qquad |f(z) - 1| < \varepsilon$$

ausfallt.

Da aber $z = 0$ Haufungsstelle für die Wurzeln von $f(z)$ ist, gibt es unendlich viele Stellen $\alpha, \beta, \gamma, \ldots$ in $\mathfrak{C}$, welche Wurzeln von $f(z)$ sind. Wir benötigen nur eine von ihnen, etwa $z = \alpha$. Für diese ist also $f(z) = f(\alpha) = 0$. Wenden wir dieses z auf die obige Ungleichung an, so entsteht das absurde Ergebnis

$$1 < \varepsilon.$$

Dieser Widersinn verschwindet nur, wenn man zugibt, daß die Potenzreihe $\mathfrak{R}(z)$ keinen einzigen von Null verschiedenen Koeffizienten besitzt, womit dann die Richtigkeit des Lemma erwiesen ist.

Um auch die Richtigkeit des Fundamentalsatzes einzusehen, braucht man nur

$$\mathfrak{R}(z) = c_0 + c_1 z + c_2 z^2 + \cdots \qquad \text{mit} \quad c_n = b_n - a_n$$

zu nehmen. Dann hat $\mathfrak{R}(z)$ in $\mathfrak{K}$ unendlich viele Wurzeln (nämlich *jede* Stelle von $\mathfrak{K}$), die sich unzweifelhaft um $z = 0$ häufen. Da $\mathfrak{R}(z)$ nach dem Lemma identisch verschwindet, ist für jedes n

$$c_n = 0$$

und damit

$$b_n = a_n, \qquad \text{q. e. d.}$$

Der nächst einfache Fall, auf den sich die Methode der unbestimmten Koeffizienten anwenden läßt, ist der Fall zweier in einem Kreisringe übereinstimmender konvergenter Laurentreihen.

Eine Laurentreihe ist (§ 75) eine Potenzreihe, die sowohl nach steigenden wie auch nach fallenden Potenzen von z fortschreitet, also eine Reihe von der Form

$$\mathfrak{L}(z) = \sum_{-\infty}^{+\infty} c_\nu z^\nu,$$

wo der Zeiger ν alle Ganzzahlen von $-\infty$ bis $+\infty$ durchläuft.

Setzt man für positive Zeiger ν $c_\nu = a_\nu$, für negative Zeiger $\nu = -\mu$ $c_\nu = c_{-\mu} = \alpha_u$, so zerlegt sich die Laurentreihe in die beiden Teile

$$\mathfrak{P}(z) = a_0 + a_1 z + a_2 z^2 + \cdots$$

und, mit $1 : z = \zeta$,

$$\mathfrak{R}(z) = \mathfrak{Q}\left(\frac{1}{z}\right) = \mathfrak{Q}(\zeta) = \alpha_1 \zeta + \alpha_2 \zeta^2 + \alpha_3 \zeta^3 + \cdots,$$

so daß

$$\mathfrak{L}(z) = \mathfrak{P}(z) + \mathfrak{Q}\left(\frac{1}{z}\right) = \mathfrak{P}(z) + \mathfrak{R}(z).$$

Bedeutet h den Konvergenzradius der Potenzreihe $\mathfrak{P}(z)$, $\varkappa$ den Konvergenzradius der Potenzreihe $\mathfrak{Q}(\zeta)$, k den Kehrwert von $\varkappa$, und ist

$$k < h,$$

so konvergiert $\mathfrak{P}(z)$ für jedes z, dessen Betrag unterhalb h liegt, $\mathfrak{Q}(\zeta)$ für jedes ζ, dessen Betrag unterhalb $\varkappa$ liegt, d. h. $\mathfrak{R}(z)$ für jedes z, dessen Betrag oberhalb k liegt, konvergiert also sowohl $\mathfrak{P}(z)$ wie auch $\mathfrak{R}(z)$ und damit auch $\mathfrak{P}(z) + \mathfrak{R}(z) = \mathfrak{L}(z)$ für jedes im Innern des von den Radien h und k begrenzten Kreisringes $\mathfrak{K}$.

Die Laurentreihe $\mathfrak{L}(z)$ konvergiert im Kreisringe $\mathfrak{K}$, außerhalb dieses Ringes divergiert sie.

Dieser Kreisring ist demnach das Konvergenzgebiet der Laurentreihe $\mathfrak{L}(z)$ und heißt deshalb der *Konvergenzring der Laurentreihe.*

Und nun gilt folgender

Fundamentalsatz:

Stimmen die beiden im Kreisringe $\mathfrak{K}$ konvergenten Laurentreihen

$$\mathfrak{A}(z) = \sum_{-\infty}^{+\infty} a_\nu z^\nu \quad \text{und} \quad \mathfrak{B}(z) = \sum_{-\infty}^{+\infty} b_\nu z^\nu$$

in sämtlichen Punkten z eines im Innern von $\mathfrak{K}$ verlaufenden dem Ringrande konzentrischen Kreises $\mathfrak{k}$ überein, so stimmen auch je zwei entsprechende Koeffizienten der Reihen überein, ist also für jeden Zeiger ν

$$b_\nu = a_\nu .$$

Beweis. Wir bilden die aus $\mathfrak{A}$ und $\mathfrak{B}$ durch Subtraktion entstehende gleichfalls in $\mathfrak{K}$ konvergente Laurentreihe

$$\mathfrak{D}(z) = \sum d_\nu z^\nu \qquad \text{mit} \quad d_\nu = a_\nu - b_\nu .$$

Diese konvergiert auf $\mathfrak{k}$ gleichmäßig und verschwindet überall auf $\mathfrak{k}$. Daher läßt sich zu beliebig vorgegebenem positivem ε ein endlicher Zeiger n angeben derart, daß,

$$\sum_{-n}^{+n} d_\nu z^\nu = \varphi(z)$$

gesetzt, die Differenz $\mathfrak{D}(z) - \varphi(z)$ in allen Punkten von $\mathfrak{k}$ betraglich unterhalb ε liegt, so daß in jedem Punkte z von $\mathfrak{k}$ (wegen $\mathfrak{D}(z) = 0$)

$$\varphi(z) = \theta\varepsilon \qquad \text{mit} \quad |\theta| < 1$$

ist.

Wir nehmen jetzt eine Gaußzahl γ zu Hilfe, deren sämtliche natürlichen Potenzen von 1 abweichen, z. B. die Zahl

$$\gamma = \frac{3-i}{3+i} .$$

[Wäre für irgendein natürliches m $\gamma^m = 1$, so wäre

$$(3-i)^m = (3+i)^m = (2i + [3-i])^m = (2i)^m + Z ,$$

wo sich das Zusatzglied Z auf die Form

$$Z = (3-i)(a+bi)$$

mit ganzzahligem a und b bringen läßt. Das gibt

$$(2i)^m = (3-i)(A+Bi)$$

mit ganzzahligem A und B und, zu den Beträgen übergehend,

$$4^m = 10(A^2 + B^2) .$$

Gemäß dieser Gleichung müßte 4^m durch 5 teilbar sein, was natürlich nicht angeht. Mithin kann für kein ganzzahliges m $\gamma^m = 1$ sein.]

Der Radius des Kreises $\mathfrak{k}$ sei k.

Nunmehr ersetzen wir in der Relation

$$\sum_{-n}^{+n} d_\nu z^\nu = \theta\,\varepsilon$$

z sukzessiv durch die N Punkte

$$z = k\gamma^r, \qquad r = 0, 1, 2, 3, \ldots, N-1,$$

wo N eine große Ganzzahl bedeutet, und addieren die entstehenden N-Gleichungen. Das gibt

$$N d_0 + \sum_{-n}^{+n}{}' d_\nu k^\nu \frac{\gamma^{N\nu} - 1}{\gamma^\nu - 1} = N\Theta\,\varepsilon \qquad \text{mit} \quad |\Theta| < 1,$$

wo der Strich am Summenzeichen bedeutet, daß ν alle nichtverschwindenden Ganzzahlen von $-n$ bis $+n$ durchlaufen soll.

Nun ist $|\gamma^{N\nu}| = 1$, mithin $|\gamma^{N\nu} - 1| \leqq 2$, und die Summe $\sum'$ liegt betraglich unterhalb des *endlichen von N unabhängigen Wertes*

$$E = \sum_{-n}^{+n}{}' 2 D_\nu k^\nu : |\gamma^\nu - 1| \qquad \text{mit} \quad D_\nu = |d_\nu|.$$

Damit erhalten wir die Gleichung

$$d_0 + \mathsf{H}\frac{E}{N} = \Theta\,\varepsilon \qquad \text{mit} \quad |\mathsf{H}| < 1.$$

Wegen der beliebigen Kleinheit von ε und des beliebig groß zu machenden N kann diese Gleichung für *nicht*verschwindendes d_0 nicht möglich sein. Folglich muß

$$d_0 = 0$$

sein.

Damit haben wir gezeigt, daß das Freiglied der Laurentreihe $\mathfrak{D}(z)$ verschwinden muß.

Dasselbe können wir nun auch leicht für *jeden* andern Koeffizient d_ν zeigen. Nehmen wir beispielsweise d_3! Wir bilden die neue Laurentreihe

$$\mathfrak{H}(z) = \mathfrak{D}(z) : z^3.$$

Auch diese hat den Konvergenzring $\mathfrak{K}$ und verschwindet in sämtlichen Punkten des Kreises $\mathfrak{k}$. Daher verschwindet nach obigem ihr Freiglied; das ist aber d_3.

Wir haben also gezeigt, daß *alle* Koeffizienten d_ν der Reihe $\mathfrak{D}(z)$ verschwinden; und das bedeutet, daß für jeden Zeiger ν

$$a_\nu = b_\nu$$

ist, q. e. d.

§ 77. Riemanns Identitätssatz

Die im vorigen Paragraphen aufgestellten Potenreihensätze sind Spezialfälle des folgenden allgemeinen Gesetzes:

Riemanns Identitätssätz:

Verschwindet eine Regulärfunktion eines Gebiets in einem noch so kleinen Innenbereich des Gebiets unendlich oft, so verschwindet sie im Gebiet identisch.

Beweis. $f(z)$ sei im Gebiet $\mathfrak{G}$ regulär und habe in dem ganz innerhalb von $\mathfrak{G}$ liegenden Bereich $\mathfrak{B}$ unendlich viele Nullstellen. Nach dem Lemma des vorigen Paragraphen existiert dann in $\mathfrak{B}$ eine Häufungsstelle α_0 der unendlich vielen Wurzeln von f sowie ein Kreis $\mathfrak{C}$ mit dem Zentrum α_0 und nicht verschwindendem Radius R, in welchem $f(z)$ überall verschwindet.

Wir verbinden nun den beliebigen Punkt z von $\mathfrak{G}$ mit α_0 durch einen ganz innerhalb von $\mathfrak{G}$ verlaufenden Bogen $\mathfrak{b}$ derart, daß jeder Punkt von $\mathfrak{b}$ sich als Zentrum eines Kreises vom festen Radius r auffassen läßt, dessen sämtliche Punkte in $\mathfrak{G}$ liegen. Wir wählen auf $\mathfrak{b}$ die sukzessiven Teilpunkte $\alpha_0, \alpha_1, \alpha_2, \ldots, \alpha_n = z$ derart, daß die Distanz zweier benachbarter Teilpunkte unterhalb $r/2$ liegt, und beschreiben um jeden Teilpunkt α_ν den Kreis $\mathfrak{K}_\nu$ vom Radius r.

Nach Taylors Satz gestattet $f(z)$ in $\mathfrak{K}_0$ die gleichmäßig konvergente Entwicklung

$$f(z) = f(\alpha_0) + f'(\alpha_0)(z - \alpha_0) + \frac{f''(\alpha_0)}{2!}(z - \alpha_0)^2 + \cdots.$$

Da $f(z)$ in $\mathfrak{C}$ identisch verschwindet, ist

$$f(\alpha_0) = f'(\alpha_0) = f''(\alpha_0) = \cdots = 0,$$

mithin $f(z)$ in $\mathfrak{K}_0$ überall gleich Null.

Nach Taylors Satz gestattet $f(z)$ in $\mathfrak{K}_1$ die Entwicklung

$$f(z) = f(\alpha_1) + f'(\alpha_1)(z - \alpha_1) + \frac{f''(\alpha_1)}{2!}(z - \alpha_1)^2 + \cdots.$$

Da α_1 in $\mathfrak{K}_0$ liegt, wo $f(z)$ identisch verschwindet, ist

$$f(\alpha_1) = f'(\alpha_1) = f''(\alpha_1) = \cdots = 0,$$

mithin $f(z)$ in $\mathfrak{K}_1$ überall gleich Null.

Nach Taylor gilt in $\mathfrak{K}_2$

$$f(z) = f(\alpha_2) + f'(\alpha_2)(z - \alpha_2) + \frac{f''(\alpha_2)}{2!}(z - \alpha_2)^2 + \cdots.$$

Da α_2 in $\mathfrak{K}_1$ liegt, wo $f(z)$ überall verschwindet, ist

$$f(\alpha_2) = f'(\alpha_2) = f''(\alpha_2) = \cdots = 0,$$

mithin $f(z)$ in $\mathfrak{K}_2$ überall gleich Null.

So fährt man fort und kommt schließlich zur Gleichung

$$f(\alpha_n) = 0 \qquad \text{oder} \quad f(z) = 0.$$

Da z ein beliebiger Punkt aus $\mathfrak{G}$ war, verschwindet $f(z)$ überall in $\mathfrak{G}$, q. e. d.

§ 78. Kehrwert einer Potenzreihe

Wir stellen uns die Aufgabe, *den Kehrwert einer Potenzreihe in eine Potenzreihe zu entwickeln.*

Dabei setzen wir als selbstverständlich voraus, daß die vorgelegte Potenzreihe einen nicht verschwindenden Konvergenzradius r hat. Weiter nehmen wir zunächst an, daß das Freiglied der gegebenen Potenzreihe den einfachen Wert 1 hat. Die Reihe heiße etwa

$$\mathfrak{p}(z) = 1 - a_1 z - a_2 z^2 - a_3 z^3 - \cdots.$$

Die Beträge von $a_1, a_2, a_3, \ldots$ seien $A_1, A_2, A_3, \ldots$

Dann ist der Oberlimes der Folge

$$A_1, \sqrt[2]{A_2}, \sqrt[3]{A_3}, \ldots, \sqrt[n]{A_n}, \ldots$$

$1 : r$, mithin endlich, so daß alle Zahlen der Folge unterhalb einer gewissen *endlichen* Schranke g liegen. Demnach ist für jeden Zeiger ν

$$\sqrt[\nu]{A_\nu} < g \qquad \text{oder} \qquad A_\nu < g^\nu.$$

Nun bestimmen wir die Koeffizienten der Potenzreihe

$$\mathfrak{q}(z) = 1 + b_1 z + b_2 z^2 + b_3 z^3 + \cdots$$

gemaß der Forderung

$$\mathfrak{p}(z) \cdot \mathfrak{q}(z) = 1,$$

der Methode der unbestimmten Koeffizienten und der Multiplikationsregel für Potenzreihen (§ 56), wobei wir stillschweigend voraussetzen, daß auch die Reihe $\mathfrak{q}(z)$ einen nichtverschwindenden Konvergenzradius hat, welche Voraussetzung indessen durch den Bau der entstehenden Werte $b_1, b_2, b_3, \ldots$ ihre Rechtfertigung finden wird. Die Beträge der Größen $b_1, b_2, \ldots$ werden wir durch $B_1, B_2, \ldots$ bezeichnen.

Nach der Multiplikationsregel und der Methode der unbestimmten Koeffizienten wird

$$b_\nu - a_1 b_{\nu-1} - a_2 b_{\nu-2} - \cdots - a_{\nu-1} b_1 - a_\nu = 0$$

oder

$$(1) \qquad b_\nu = a_1 b_{\nu-1} + a_2 b_{\nu-2} + \cdots + a_{\nu-1} b_1 + a_\nu,$$

wobei zu beachten ist, daß nur positive Zeiger auftreten.

Wir suchen eine obere Schranke für B_ν. Es ist wegen $A_\nu < g^\nu$

(2) $$B_\nu < g \cdot B_{\nu-1} + g^2 \cdot B_{\nu-2} + \cdots + g^{\nu-1} B_1 + g^\nu,$$

demnach sukzessive

$$B_1 < g,$$
$$B_2 < g \cdot g + g^2 = 2g^2,$$
$$B_3 < g \cdot 2g^2 + g^2 \cdot g + g^3 = 4g^3,$$
$$B_4 < g \cdot 4g^3 + g^2 \cdot 2g^2 + g^3 \cdot g + g^4 = 8g^4,$$

so daß man die allgemeine Ungleichung vermutet

(3) $$B_\nu < 2^{\nu-1} g^\nu.$$

Durch den Schluß von n auf $m = n + 1$ wird die Vermutung zur Gewißheit. In der Tat: es sei schon festgestellt, daß für jeden Zeiger $\nu < m$

$$B_\nu < 2^{\nu-1} g^\nu$$

ist. Dann folgt aus (2) für $\nu = m = n + 1$

$$B_m < g \cdot 2^{n-1} g^n + g^2 \cdot 2^{n-2} g^{n-1} + \cdots + g^n \cdot 2^0 g + g^m$$

oder

$$B_m < g^m [2^{n-1} + 2^{n-2} + \cdots + 2^0 + 1] = 2^n g^m.$$

Mithin gilt (3) allgemein.

Nach (3) ist nun $\mathfrak{q}(z)$ eine Minorante von

$$\mathfrak{Q}(z) = 1 + gz + 2g^2 z^2 + 2^2 g^3 z^3 + 2^3 g^4 z^4 + \cdots.$$

Die Potenzreihe $\mathfrak{Q}(z)$ konvergiert aber absolut, sofern

$$|2gz| < 1 \qquad \text{oder} \qquad |z| < \frac{1}{2g}$$

ausfällt. Daher konvergiert die gefundene Potenzreihe $\mathfrak{q}(z)$ sicher absolut für alle z des Gebiets $\mathfrak{G}$:

$$|z| < 1 : 2g;$$

und da $1 : r \leqq g$ war, ist $r \geqq 1 : g$, also erst recht $r > 1 : 2g$, so daß das Konvergenzgebiet von $\mathfrak{p}(z)$ über $\mathfrak{G}$ hinausragt, $\mathfrak{p}(z)$ mithin gleichfalls in $\mathfrak{G}$ absolut konvergiert.

Folglich ist — zumindest im Gebiet $\mathfrak{G}$ $[|z| < 1 : 2g]$ — *die hier absolut konvergente Potenzreihe*

$$\mathfrak{q}(z) = 1 + b_1 z + b_2 z^2 + b_3 z^3 + \cdots$$

der Kehrwert der Potenzreihe

$$\mathfrak{p}(z) = 1 - a_1 z - a_2 z^2 - a_3 z^3 - \cdots.$$

Hierbei ist

$$b_1 = a_1, \quad b_2 = a_1 b_1 + a_2, \quad b_3 = a_1 b_2 + a_2 b_1 + a_3, \quad b_4 = a_1 b_3 + a_2 b_2 + a_3 b_1 + a_4$$

usw.

Wir haben die Konvergenz des Kehrwerts $\mathfrak{q}(z)$ von $\mathfrak{p}(z)$ lediglich für das Gebiet

$$|z| < 1 : 2g$$

bewiesen. Es ist aber anzunehmen, daß das Konvergenzgebiet im allgemeinen größer sein wird.

Es sei z. B.

$$\mathfrak{p}(z) = \frac{1}{\sqrt{1-z}} = 1 + a_1 z + a_2 z^2 + a_3 z^3 + \cdots$$

mit

$$a_1 = \frac{1}{2}, \qquad a_2 = \frac{1 \cdot 3}{2 \cdot 4}, \qquad a_3 = \frac{1 \cdot 3 \cdot 5}{2 \cdot 4 \cdot 6}, \qquad \ldots$$

Hier ist

$$\lim \sqrt[n]{a_n} = 1, \qquad \text{also} \qquad r = 1.$$

[Nach der Formel von Wallis (§ 21) ist

$$\lim c_n \sqrt{\pi n} = 1,$$

mithin

$$\lim \sqrt[n]{c_n} = 1, \qquad \text{da} \quad \lim \sqrt[n]{n} = 1 \quad \text{ist.]}$$

Und da jedes a_n ein echter Bruch ist, liegt $\sqrt[n]{a_n}$ für jedes n unterhalb 1. Das gibt $g = 1$ und für $\mathfrak{q}(z)$ das Konvergenzgebiet $|z| < 0,5$. Da aber

$$\mathfrak{q}(z) = \sqrt{1-z} = 1 - \frac{1}{2} z - \frac{1}{8} z^2 - \frac{1}{16} z^3 - \frac{5}{128} z^4 - \cdots$$

den Konvergenzradius 1 hat, ist das wahre Konvergenzgebiet $|z| < 1$.

§ 79. Substitution einer Potenzreihe in eine andere Potenzreihe

Vorgelegt seien die beiden Potenzreihen

$$\varphi(x) = a_0 + a_1 x + a_2 x^2 + \cdots \qquad \text{mit dem Konvergenzradius } R$$

und

$$\psi(y) = b_0 + b_1 y + b_2 y^2 + \cdots \qquad \text{mit dem Konvergenzradius } S.$$

Wann läßt sich die Potenzreihe φ für y in die Potenzreihe ψ substituieren?

Wir erörtern zwei besonders häufig vorkommende Fälle:

1. den Fall, in dem das Freiglied a_0 von φ nicht verschwindet,
2. den Fall, in dem a_0 verschwindet, der Koeffizient a_1 des Lineargliedes aber nicht.

1. Fall. $a_0 \neq 0$.

Sehen wir uns zunächst einmal an, wie sich die Substitution formal gestaltet, gleichgültig, ob sie zulässig ist oder nicht! Wir bilden also eine Doppelreihe, deren Spalten sukzessiv die Werte

$$b_0, \quad b_1\varphi, \quad b_2\varphi^2, \quad b_3\varphi^3, \quad \ldots$$

aufnehmen, wobei wir jede Spalte nach steigenden Potenzen von x ordnen. Die $n$te Spalte [es gibt auch eine nullte Spalte, nämlich b_0], etwa $b_n y^n$ überschrieben, enthält dann die aus

$$b_n(a_0 + a_1 x + a_2 x^2 + \cdots)^n$$

entspringenden Glieder, d. h. sukzessiv die Glieder

$$\begin{gathered} b_n a_0^n \\ n b_n a_0^{n-1} a_1 x \\ b_n(n_1 a_0^{n-1} a_2 + n_2 a_0^{n-2} a_1^2) x^2 \\ \vdots \end{gathered}$$

Wir legen natürlich den größten Wert darauf, daß unsere Doppelreihe absolut konvergiert, daß also jede Spalte eine absolut konvergente Reihe darstellt. Um das zu erreichen, betrachten wir neben den Reihen φ und ψ ihre beiden Majoranten

$$\Phi(x) = \frac{M}{1 - \frac{x}{r}} = A_0 + A_1 x + A_2 x^2 + \cdots \qquad \text{mit} \quad A_n = M : r^n$$

und

$$\Psi(y) = \frac{N}{1 - \frac{y}{s}} = B_0 + B_1 y + B_2 y^2 + \cdots \qquad \text{mit} \quad B_n = N : s^n,$$

wo $r < R$ und $s < S$ ist, und wo M eine obere Schranke der unendlich vielen Terme $|a_n| r^n$, N eine obere Schranke der unendlich vielen Terme $|b_n| s^n$ darstellt. Substituieren wir Φ in Ψ, so entsteht dieselbe Doppelreihe wie oben, nur mit dem Unterschiede, daß alle Buchstaben a und b durch A und B ersetzt sind. Man erkennt sofort, daß wegen $A_n > |a_n|$ und $B_n > |b_n|$ der Koeffizient jeder Potenz von x in der $n$ten Spalte der ersten Doppelreihe betraglich unterhalb desselben Koeffizienten in der zweiten Doppelreihe liegt. Wenn also die zweite Doppelreihe absolut konvergiert, so auch die erste.

Suchen wir also die Bedingung für absolute Konvergenz der zweiten Doppelreihe!

Nun hat die $n$te Spalte dieser Reihe den Wert

$$B_n \Phi^n = \frac{N}{s^n}\left(\frac{M}{1 - \frac{x}{r}}\right)^n = N\left(\frac{M}{s\left(1 - \frac{x}{r}\right)}\right)^n.$$

Entwickeln wir dies nach steigenden Potenzen von x und schreiben dann $|x|$ statt x, so bekommen wir den Wert

$$N\left[\frac{M}{s\left(1-\frac{|x|}{r}\right)}\right]^n$$

als Summe der Beträge der Glieder der $n$ten Spalte. Und als Summe der Beträge aller einzelnen Glieder der Doppelreihe ergibt sich

$$\sum_0^\infty N[\;]^n.$$

Diese Reihe konvergiert aber absolut, falls $[\;] < 1$ ist, d. h. falls

$$\frac{M}{s\left(1-\frac{|x|}{r}\right)} < 1$$

ausfällt, und die Erfüllung dieser Bedingung garantiert die absolute Konvergenz der zweiten Doppelreihe.

Das gibt für x die Bedingung

$$\boxed{|x| < r\left(1-\frac{M}{s}\right)}. \tag{1}$$

Wenn diese Bedingung erfüllt ist, konvergiert die zweite und damit auch die erste Doppelreihe absolut, ist sonach die Substitution der Reihe φ in die Reihe ψ erlaubt.

Nach (1) muß $M < s$ sein, und da M jeden der Werte $|a_0|, |a_1|r, |a_2|r^2, \ldots$ übertrifft, so muß $|a_0| < s$ und damit, was übrigens von vornherein klar ist,

$$|a_0| < S$$

sein.

Umgekehrt ist diese Bedingung völlig hinreichend, um die Ausführbarkeit der Substitution φ in ψ zu verbürgen. In der Tat: man nehme zunächst einen zwischen $|a_0|$ und S liegenden Wert s, darauf, nachdem r und M, wie oben angegeben, bestimmt sind, einen Wert $\varrho < r$ und $< \frac{|a_0|}{M} r$; dann ist für jedes $n > 0$

$$|a_n|\varrho^n \leqq |a_n| r^{n-1}\varrho = |a_n| r^n \cdot \frac{\varrho}{r} < M\frac{\varrho}{r} < |a_0|,$$

und Bedingung (1) verwandelt sich (ϱ und $|a_0|$ statt r und M verwendend) in

$$|x| < \varrho\left(1-\frac{|a_0|}{s}\right).$$

Vermöge dieser Ungleichung ist aber die Substitution von φ in ψ für alle betraglich unterhalb $\varrho\left(1-\frac{|a_0|}{s}\right)$ gelegenen Werte x erlaubt.

Ergebnis:

Die Substitution der Potenzreihe

$$\varphi(x) = a_0 + a_1 x + a_2 x^2 + \cdots \qquad \text{mit} \quad a_0 \neq 0$$

für y in die Potenzreihe

$$\psi(y) = b_0 + b_1 y + b_2 y^2 + \cdots$$

ist sicher gestattet, wenn das Freiglied $|a_0|$ *von* φ *den Konvergenzradius* S *von* ψ *betraglich unterschreitet.*

Sie ist bei allen Werten von x *ausführbar, deren Betrag unterhalb* $r\left(1 - \frac{M}{s}\right)$ *liegt und führt dann zu einer absolut konvergenten Potenzreihe in* x.

Dabei bedeutet r einen beliebig wählbaren Wert zwischen 0 und dem Konvergenzradius R von φ, M eine – natürlich möglichst kleine – obere Schranke der Werte $|a_0|$, $|a_1|r$, $|a_2|r^2$, ... und s einen beliebig wählbaren zwischen M und S gelegenen Wert.

Von besonderem Interesse ist der Fall, wo die Reihe ψ für *jeden* Wert von y konvergiert, wo also ihr Konvergenzradius S unendlich groß ist. In diesem Falle wird Bedingung (1) zu

$$|x| < r;$$

und da r, wenn nur unterhalb R bleibend, beliebig nahe an R herangerückt werden kann, so nimmt (1) die einfache Form

$$|x| < R$$

an. Daher gilt das

Korollar:

Konvergiert die Potenzreihe

$$\psi(y) = b_0 + b_1 y + b_2 y^2 + \cdots$$

für jedes y, *so ist die Substitution von*

$$\varphi(x) = a_0 + a_1 x + a_2 x^2 + \cdots$$

für y *in* ψ *für alle* x *des Konvergenzgebiets der Potenzreihe* φ *erlaubt.*

2. Fall. $a_0 = 0, \quad a_1 \neq 0$.

In diesem Falle lautet die Majorante Φ der Reihe φ

$$\Phi = \frac{Mx}{r - x} = \frac{M}{1 - \frac{x}{r}} \cdot \frac{x}{r}.$$

Die $n$te Spalte der zweiten Doppelreihe ist dann

$$B_n \Phi^n = \frac{N}{s^n}\left(\frac{Mx}{r - x}\right)^n = N\left(\frac{M}{sr}x + \frac{M}{sr^2}x^2 + \frac{M}{sr^3}x^3 + \cdots\right)^n.$$

Wenn wir diesen Ausdruck nach steigenden Potenzen von x entwickeln und dann $|x|$ statt x schreiben, so entsteht der Wert

$$N\left[\frac{M|x|}{s(r-|x|)}\right]^n$$

als Summe der Beträge der Glieder der $n$ten Spalte. Und als Summe der Beträge aller einzelnen Glieder der zweiten Doppelreihe ergibt sich

$$\sum_0^\infty N[\;]^n.$$

Diese Reihe konvergiert absolut, wenn $[\;] < 1$ ist, d. h. wenn

$$\frac{M|x|}{s(r-|x|)} < 1$$

ausfällt.

Die Erfüllung dieser Bedingung oder, was dasselbe ist, der Bedingung

$$|x| < \frac{rs}{s+M} \tag{2}$$

verbürgt sonach absolute Konvergenz der zweiten Doppelreihe und damit auch der ersten, berechtigt also zur Ausführung der Substitution von φ in ψ.

Die gefundene Bedingung (2) raumt dem Argument x einen größeren Spielraum ein als Bedingung (1), da

$$\frac{rs}{s+M} > r\left(1-\frac{M}{s}\right)$$

ist.

Die Richtigkeit dieser Ungleichung erkennt man leicht aus der bequem zu überblickenden Ungleichung

$$\frac{s}{s+M} + \frac{M}{s} > 1.$$

Ergebnis:

Die Substitution der Potenzreihe

$$\varphi = a_1x + a_2x^2 + a_3x^3 + \cdots$$

für y in die Potenzreihe

$$\psi = b_0 + b_1y + b_2y^2 + \cdots$$

ist gestattet und führt zu einer absolut konvergenten Potenzreihe $\psi(\varphi(x))$ in x, falls

$$|x| < \frac{rs}{s+M}$$

ist.

Dabei bedeutet, um es zu wiederholen, s einen unterhalb des Konvergenzradius S der Reihe ψ liegenden positiven Wert, ebenso r einen unterhalb des Konvergenzradius R der Reihe φ liegenden positiven Wert und M eine obere Schranke der Zahlen $|a_1|r$, $|a_2|r^2$, $|a_3|r^3, \ldots$

Korollar:

Konvergiert die Reihe ψ für jeden Wert von y, so ist die Substitution für alle x des Konvergenzgebiets der Reihe φ erlaubt.

Zusatz

Wir haben mit unseren Ungleichungen

$$|x| < r\left(1 - \frac{M}{s}\right) \qquad \text{und} \qquad |x| < \frac{rs}{s+M}$$

Gebiete angegeben, in denen die neue Potenzreihe $\psi[\varphi(x)]$ absolut konvergiert. Wir haben aber nicht behauptet, daß die neue Reihe außerhalb dieser Gebiete divergiert. Es ist vielmehr durchaus möglich, daß das Konvergenzgebiet der neuen Reihe über die durch unsere Ungleichungen definierten Gebiete mehr oder weniger weit hinausgeht. Als Beispiel betrachten wir Cauchys bemerkenswerte

Herleitung des binomischen Satzes:

Es sei

$$\varphi(x) = \mu\left(x - \frac{1}{2}x^2 + \frac{1}{3}x^3 - + \cdots\right),$$

wo μ eine beliebige Konstante bedeutet,

$$\psi(y) = 1 + y + \frac{y^2}{2!} + \frac{y^3}{3!} + \cdots,$$

m. a. W.

$$\varphi(x) = \mu l(1+x), \qquad \psi(y) = e^y.$$

Da ψ für jedes y konvergiert und φ den Konvergenzradius 1 hat, ist die Substitution von φ in ψ für alle x des Gebiets

$$|x| < 1$$

erlaubt und führt zur neuen Potenzreihe

$$\psi(\varphi(x)) = e^{\mu l(1+x)} = (1+x)^\mu$$

$$= 1 + \mu\left(x - \frac{1}{2}x^2 + \frac{1}{3}x^3 - + \cdots\right) + \frac{\mu^2}{2!}\left(x - \frac{1}{2}x^2 + \frac{1}{3}x^3 - + \cdots\right)^2$$

$$+ \frac{\mu^3}{3!}\left(x - \frac{1}{2}x^2 + \frac{1}{3}x^3 - + \cdots\right)^3 + \cdots = 1 + \mu_1 x + \mu_2 x^2 + \mu_3 x^3 + \cdots,$$

wo die Koeffizienten $\mu_1, \mu_2, \mu_3, \ldots$ noch zu ermitteln sind. Man sieht, daß μ_n ein Polynom $n$ten Grades in μ mit dem Anfangsgliede $\mu^n : n!$ ist, und daß dieses Polynom für jeden positiv ganzzahligen unterhalb n liegenden Wert von μ sowie auch für $\mu = 0$, verschwindet. Folglich ist

$$\mu_n = \mu(\mu-1)(\mu-2)\ldots(\mu-n+1) : n!$$

Demnach gilt für $|x| < 1$ und jedes μ die binomische Entwicklung

$$(1+x)^\mu = 1 + \mu_1 x + \mu_2 x^2 + \cdots,$$

wo μ_n den $n$ten Binomialkoeffizient der Basis μ bedeutet.

§ 80. Umkehrung einer Potenzreihe

Ist y eine durch die für $|x| \leqq r$ konvergente Potenzreihe von x

$$y = a_1 x + a_2 x^2 + a_3 x^3 + \cdots$$

definierte Funktion von x, so läßt sich auch umgekehrt x als Funktion von y auffassen; und man wird die Frage aufwerfen, ob sich nicht auch x in eine konvergente Potenzreihe von y entwickeln läßt. Diese Frage muß bejaht werden. Es gilt folgender

Umkehrungssatz oder *Inversionssatz:*

Konvergiert die Potenzreihe

(1) $$y = a_1 x + a_2 x^2 + a_3 x^3 + \cdots \qquad \text{mit} \quad a_1 \neq 0$$

für $|x| \leqq r$, so existiert genau eine Potenzreihe

(2) $$x = b_1 y + b_2 y^2 + b_3 y^3 + \cdots,$$

welche für jedes y, dessen Betrag unterhalb einer geeigneten nicht zu hoch gewählten Schranke s liegt, konvergiert und Gleichung (1) identisch befriedigt.
Als eine solche Schranke paßt z. B. der Wert

$$s = 2O + ar - \sqrt{4O^2 + 4Oar},$$

wo a den Betrag von a_1 bedeutet und O die obere Grenze der Größen $|a_n| r^n$ ist.

Um den Beweis dieses fundamentalen Satzes unterbrechungslos durchführen zu können, schicken wir einen Hilfssatz voraus.

Lemma:

Sind a und $b > a$ zwei positive Konstanten, $\beta = b - \sqrt{b^2 - a^2}$ die kleinere Nullstelle der Quadratwurzel $w = \sqrt{a^2 + z^2 - 2bz}$, so gilt für $|z| \leqq \beta$ die Ungleichung

$$\left|a + z \pm \sqrt{a^2 + z^2 - 2bz}\right| < a + b.$$

Beweis indirekt. Wir nehmen an, es gäbe eine das Binom $c = a + b$ betraglich nicht unterschreitende Zahl $de^{i\alpha}$, für welche

$$a + z \pm w = de^{i\alpha} \quad \text{ist} \quad [\text{mit } d \geqq c].$$

Um Schreibwerk zu sparen, kürzen wir die Größen $\cos\alpha$, $\sin\alpha$, $e^{i\alpha}$, $e^{-i\alpha}$ mit α_0, α_1, $\dot{\alpha}$, $\bar{\alpha}$ und den Betrag von z mit Z ab.
Dann ist also sukzessiv

$$a + z - d\dot{\alpha} = \mp w,$$

$$a^2 + z^2 + 2az - 2ad\dot{\alpha} - 2zd\dot{\alpha} + d^2\dot{\alpha}^2 = a^2 + z^2 - 2bz,$$

$$2z(c - d\dot{\alpha}) = d(2a\dot{\alpha} - d\dot{\alpha}^2),$$

$$2z(d - c\bar{\alpha}) = d(d\dot{\alpha} - 2a),$$

$$2z = d(d\alpha_0 - 2a + d\alpha_1 i) : (d - c\alpha_0 + c\alpha_1 i),$$
$$4Z^2 = d^2(d^2 + 4a^2 - 4ad\alpha_0) : (d^2 + c^2 - 2cd\alpha_0),$$
$$4d\alpha_0[ad^2 - 2cZ^2] = d^2(d^2 + 4a^2) - 4Z^2(d^2 + c^2).$$

Nun ist $\beta < a$, also $2\beta < c$ und $2cZ^2 \leqq 2c\beta^2 < ac^2$. Folglich ist [ ] positiv, und man hätte

$$4d[ad^2 - 2cZ^2] \geqq d^2(d^2 + 4a^2) - 4Z^2(d^2 + c^2)$$

oder

$$d^2(d^2 + 4a^2 - 4da) \leqq 4Z^2(d^2 + c^2 - 2dc)$$

oder

$$d \cdot (d - 2a) \leqq 2Z \cdot (d - c), \qquad \text{q. e. a.},$$

da ja

$$d > 2Z \qquad \text{und} \qquad d - 2a > d - c \qquad \text{ist.}$$

Mithin muß die Annahme $|a + z + w| \geqq a + b$ falsch sein, so daß, wie behauptet wurde, $|a + z \pm w| < a + b$ ist.

Nun zum Beweise des Inversionssatzes! Ersetzen wir x durch ru und y durch $a_1 r v$, so verwandelt sich (1) in

$$(3) \qquad v = u - h_2 u^2 - h_3 u^3 - \cdots \qquad \text{mit} \quad h_\nu = -a_\nu r^\nu : a_1 r,$$

und diese Reihe konvergiert laut Voraussetzung für $|u| \leqq 1$. Außerdem gilt die Ungleichung

$$|h_\nu| < H = O : ar.$$

Nunmehr substituieren wir die Potenzreihe

$$(4) \qquad u = v + k_2 v^2 + k_3 v^3 + \cdots$$

in (3), wobei wir voraussetzen, daß (4) konvergiert. Das gibt

$$k_2 v^2 + k_3 v^3 + \cdots = h_2(v + k_2 v^2 + k_3 v^3 + \cdots)^2 + h_3(v + k_2 v^2 + k_3 v^3 + \cdots)^3 + \cdots.$$

Nach der Methode der unbestimmten Koeffizienten finden wir für den Koeffizient von v_n

$$k_n = P_n(h_2, h_3, \ldots, h_n;\ k_2, k_3, \ldots, k_{n-1}),$$

wobei P_n ein Polynom der h und k mit positiven Koeffizienten bedeutet. Da $k_2 = h_2$ ist, erhalten wir, indem wir sukzessiv $n = 3, 4, 5, \ldots$ nehmen,

$$k_n = p_n(h_2, h_3, \ldots, h_n),$$

wo p_n ein Polynom der *h mit positiven Koeffizienten* darstellt.

Damit sind die unbekannten Koeffizienten $k_2, k_3, k_4, \ldots$ (und damit auch $b_1, b_2, b_3, \ldots$) – unter der Voraussetzung, daß die Reihe (4) konvergiert – festgelegt.

Bleibt nur noch zu zeigen, daß die Reihe (4) für jedes v, dessen Betrag den Bruch $q = s : ar$ nicht überschreitet, konvergiert und in (3) substituiert werden darf.

Das geschieht folgendermaßen:
Aus $|h_\nu| < H$ folgt $|k_n| < p_n(H, H, \ldots, H)$. Demgemaß betrachten wir die Hilfsreihe

$$v = u - Hu^2 - Hu^3 - \cdots = u - Hu^2 : (1 - u), \tag{3'}$$

so daß aus (3')

$$u = [1 + v - \sqrt{1 + v^2 - 2(1 + 2H)v}] : 2(1 + H)$$

folgt, wo die Wurzel so fixiert ist, daß sie bei unbegrenzt abnehmendem $|v|$ gegen 1 konvergiert.
Nach dem Lemma liegt der hier rechtsstehende Ausdruck für $|v| \leqq q$ betraglich unterhalb der Einheit. Er darf demnach für solche v sicher statt u in (3) substituiert werden.
Da die Wurzel für alle v, deren Betrag unterhalb q liegt, sich regular verhalt, gestattet unser Ausdruck ferner die für $|v| \leqq q$ konvergente Taylorentwicklung

$$u = v + K_2 v^2 + K_3 v^3 + \cdots, \tag{4'}$$

wo nun

$$K_n = p_n(H, H, \ldots, H) > |k_n| \qquad \text{ist.}$$

Da nun schon

$$U = q + K_2 q^2 + K_3 q^3 + \cdots$$

konvergiert und in (3) substituiert werden darf, so erst recht das betraglich unterhalb U liegende u aus (4).
Damit ist der Beweis des Umkehrungssatzes erbracht.

§ 81. Lagranges Reihe

In dem durch die Kontur $\mathfrak{c}$ berandeten Bereich $\mathfrak{B}$ mögen sich die Funktionen $f(z)$ und $g(z)$ regulär verhalten; z sei ein fester Innenpunkt von $\mathfrak{B}$ und ε eine so kleine Konstante, daß in jedem Konturpunkte ζ der Bruch

$$q = \frac{\varepsilon f(\zeta)}{\zeta - z}$$

echt ausfällt (d. h. $|q| < 1$ ist).
Dann verschwindet Langranges Funktion

$$\varphi(\zeta) = \zeta - z - \varepsilon f(\zeta)$$

nirgends auf $\mathfrak{c}$, und da sie außerdem in $\mathfrak{B}$ überall regulär ist, so gilt nach Cauchys Polwurzelsatz die Formel

$$s = \sum g(\alpha) = \mathfrak{T} \int_{\mathfrak{c}} g(\zeta) \frac{\varphi'(\zeta)}{\varphi(\zeta)} d\zeta \qquad \text{mit} \quad \mathfrak{T} = 1 : 2i\pi,$$

wo sich die Summation links auf alle Wurzeln von $\varphi(\zeta)$ in $\mathfrak{B}$ erstreckt und $g(z)$ eine beliebige in $\mathfrak{B}$ reguläre Funktion von z bedeutet.

Demnach hat man

$$s = \mathfrak{T}\int_{\mathfrak{t}} \frac{g(\zeta)\,[1-\varepsilon f'(\zeta)]}{\zeta - z - \varepsilon f(\zeta)}\,d\zeta .$$

Der Integrandnenner laßt sich wegen $|q| < 1$ in die geometrische Reihe

$$\frac{1}{\zeta - z - \varepsilon f(\zeta)} = \frac{1}{\zeta - z} + \frac{\varepsilon f(\zeta)}{(\zeta - z)^2} + \frac{\varepsilon^2 [f(\zeta)]^2}{(\zeta - z)^3} + \cdots$$

entwickeln, so daß

$$s = \mathfrak{T}\int_{\mathfrak{c}} \sum_{0}^{\infty} \varepsilon^n \frac{g(1-\varepsilon f')f^n}{(\zeta - z)^{n+1}}\,d\zeta$$

mit $\qquad g = g(\zeta), \qquad f = f(\zeta), \qquad f' = f'(\zeta) \qquad$ ist.

Da die unter dem Summenzeichen stehende geometrische Reihe auf $\mathfrak{c}$ gleichmäßig konvergiert, gestattet sie gliedweise Integration, und wir bekommen

$$s = \sum_{0}^{\infty} \varepsilon^n \cdot \mathfrak{T}\int_{\mathfrak{c}} \frac{g f^n (1-\varepsilon f')}{(\zeta - z)^{n+1}}\,d\zeta .$$

Nach Cauchys Ableitungsformel ist aber der hier verzeichnete Faktor von ε^n nichts anderes als

$$\frac{1}{n!} D^n g(z)\,[f(z)]^n\,(1-\varepsilon f'(z)),$$

wo D^n die $n$te Ableitung (nach z) bedeutet. Daher wird

$$s = \sum_{0}^{\infty} \frac{\varepsilon^n}{n!} D^n g f^n (1-\varepsilon f'),$$

wo jetzt g, f und f' Abkürzungen für $g(z)$, $f(z)$ und $f'(z)$ bedeuten. Das gibt

$$s = \left\{ \begin{array}{l} g + \frac{\varepsilon^1}{1!} D^1 g f + \frac{\varepsilon^2}{2!} D^2 g f^2 + \frac{\varepsilon^3}{3!} D^3 g f^3 + \cdots \\ \quad - \frac{\varepsilon^1}{1!} g f' - \frac{\varepsilon^2}{2!} D^1 2 g f f' - \frac{\varepsilon^3}{3!} D^2 3 g f^2 f' - \cdots \end{array} \right\},$$

also bei Ausführung *einer* Ableitung in der oberen Zeile und spaltenweiser Zusammenfassung

$$s = g + \frac{\varepsilon^1}{1!} g' f + \frac{\varepsilon^2}{2!} D^1 g' f^2 + \frac{\varepsilon^3}{3!} D^2 g' f^3 + \cdots$$

oder kurz

$$s = g + \sum_{1}^{\infty} \frac{\varepsilon^n}{n!} D^{n-1} g' f^n$$

mit $\quad g = g(z), \qquad g' = g'(z), \qquad f = f(z).$

Da aber $s = \sum g(\alpha)$ war, wird

$$\sum g(\alpha) = g(z) + \sum_{1}^{\infty} \frac{\varepsilon^n}{n!} D^{n-1} g'(z) [f(z)]^n .$$

Im Sonderfalle

$$g(z) = 1 , \qquad g'(z) = 0$$

entsteht links die Anzahl aller Nullstellen von $\varphi(\zeta) = \zeta - z - \varepsilon f(\zeta)$ in $\mathfrak{B}$, rechts die Einheit. Folglich hat $\varphi(\zeta)$ genau *eine* Nullstelle α in $\mathfrak{B}$, und die gefundene Formel erhält die endgültige Form

$$\boxed{g(\alpha) = g(z) + \sum_{1}^{\infty} \frac{\varepsilon^n}{n!} D^{n-1} g'(z) [f(z)]^n} .$$

Dies ist die *Lagrangesche Entwicklung*. Für $g(z) = z$ *nimmt sie die spezielle Form*

$$\boxed{\alpha = z + \sum_{1}^{\infty} \frac{\varepsilon^n}{n!} D^{n-1} [f(z)]^n}$$

an, welche gestattet, die Wurzel α *der*

Lagrangeschen Gleichung $\boxed{\zeta - z - \varepsilon f(\zeta) = 0}$

bei gegebenem z *mittels einer konvergenten Reihe zu berechnen.*

Lagranges Entwicklung gilt unter der Voraussetzung, daß die Funktionen g und f im Bereich $\mathfrak{B}$ regulär sind, und daß für die Randpunkte ζ von $\mathfrak{B}$ der Bruch

$$\left| \frac{\varepsilon f(\zeta)}{\zeta - z} \right| < 1$$

ausfällt. z ist ein beliebig gegebener Innenpunkt von $\mathfrak{B}$ und α die einzige in $\mathfrak{B}$ liegende Wurzel der Lagrangeschen Gleichung.

FÜNFTER ABSCHNITT

ELEMENTARREIHEN

§ 82. Die Sinus- und Cosinusreihe

Die schnellste Herleitung der Sinus- und Cosinusreihe erfolgt mittels der Reihe von Taylor

$$f(x) = f(0) + f'(0)\frac{x^1}{1!} + f''(0)\frac{x^2}{2!} + \cdots + f^n(0)\frac{x^n}{n!} + R,$$

wobei der Rest R am besten in der Lagrangeschen Form

$$R = f^m(z)\frac{x^m}{m!}, \qquad [m = n + 1]$$

verwandt wird, unter z einen gewissen Zwischenwert zwischen 0 und x verstanden.

Es handelt sich also nur um die Bestimmung der ν ten Ableitung $f^\nu(x)$ von

$$f(x) = \sin x \qquad \text{bzw.} \qquad f(x) = \cos x$$

und um Begutachtung des Rests.

Nun findet man bekanntlich die Ableitung jeder dieser beiden Kreisfunktionen, indem man das Funktionszeichen beibehält und das Argument um $\varkappa = \pi : 2$ vermehrt:

$$D\sin x = \sin(x + \varkappa), \qquad D\cos x = \cos(x + \varkappa).$$

Mithin ist für jeden Zeiger ν

$$f^\nu(x) = D^\nu \sin x = \sin(x + \nu\varkappa) \qquad \text{bzw.} \qquad f^\nu(x) = D^\nu \cos x = \cos(x + \nu\varkappa),$$

also

$$f^\nu(0) = \sin\nu\varkappa \qquad \text{bzw.} \qquad f^\nu(0) = \cos\nu\varkappa.$$

Für grades ν ist demgemäß

$$f^\nu(0) = 0 \qquad \text{bzw.} \qquad f^\nu(0) = \iota^{\frac{\nu}{2}},$$

für ungrades ν

$$f^\nu(0) = \iota^{\frac{\nu-1}{2}} \qquad \text{bzw.} \qquad f^\nu(0) = 0.$$

Das gibt

$$\sin x = x - \frac{x^3}{3!} + \frac{x^5}{5!} - \frac{x^7}{7!} + - \cdots + \iota^{\frac{n-1}{2}} \frac{x^n}{n!} + R$$

mit

$$R = \sin(z + m\varkappa) \cdot \frac{x^m}{m!}$$

und

$$\cos x = 1 - \frac{x^2}{2!} + \frac{x^4}{4!} - \frac{x^6}{6!} + - \cdots + \iota^{\frac{n}{2}} \frac{x^n}{n!} + R$$

mit

$$R = \cos(z + m\varkappa) \cdot \frac{x^m}{m!}.$$

Bei unbegrenzt wachsendem m strebt sowohl bei der Sinus- als auch bei der Cosinusreihe der Rest gegen Null, gleichgültig, welchen (reellen) Wert x auch haben mag. Daher ist schließlich

$$\boxed{\begin{aligned} \sin x &= x - \frac{x^3}{3!} + \frac{x^5}{5!} - \frac{x^7}{7!} + - \cdots \\ \cos x &= 1 - \frac{x^2}{2!} + \frac{x^4}{4!} - \frac{x^6}{6!} + - \cdots \end{aligned}},$$

wo *jede dieser Reihen für jedes endliche reelle x konvergiert.*

Der Anblick der Reihen ruft die bekannte wichtige Eigenschaft ins Gedächtnis:

$\sin x$ *ist eine ungrade,* $\cos x$ *eine grade Funktion des Arguments x.*

Will man aus besonderen Gründen die Bekanntschaft der Taylorschen Reihe nicht voraussetzen, so läßt sich gleichwohl eine Herleitung der Sinus- und Cosinusreihe geben, die an Einfachheit und Übersichtlichkeit nichts zu wünschen übrigläßt. Diese Herleitung beruht lediglich auf der Kenntnis der Mittelwerte der Funktionen Sinus und Cosinus und der Funktion x^p, wo p eine natürliche Zahl bedeutet. Um *nichts* vorauszusetzen, wollen wir diese Mittelwerte zunächst entwickeln.

Mittelwerte der Sinus- und Cosinusfunktion

Auf einem Kreise $\mathfrak{k}$ tragen wir, im Randpunkte O beginnend, n gleiche je zum Zentriwinkel δ gehörige Sehnen $OA, AB, BC, \ldots, MN$ hintereinander ab. Wir wählen die gemeinsame Länge dieser n Sehnen als Längeneinheit. Dann ist der Durchmesser von k, da jede Sehne den Randwinkel $\delta : 2$ besitzt

$$d = 1 : \sin\frac{\delta}{2}.$$

Die Verlängerung jeder Sehne bildet mit der folgenden Sehne den Winkel δ, so daß, wenn die erste Sehne gegen eine durch O laufende Waagrechte $\mathfrak{w}$ um α geneigt ist, die Neigung von ON gegen $\mathfrak{w}$

$$M = \alpha + \frac{n-1}{2}\delta$$

ist. Die Sehne ON, da zum Randwinkel $n \cdot \frac{\delta}{2}$ gehörig, hat die Lange

$$ON = \tilde{n} = d \sin n \frac{\delta}{2} = \sin n \frac{\delta}{2} : \sin \frac{\delta}{2}.$$

Nun haben die n Sehnen OA, AB, ..., MN gegen $\mathfrak{w}$ die Neigungen

$$\alpha, \qquad \alpha + \delta, \qquad \alpha + 2\delta, \qquad \ldots, \qquad \alpha + (n-1)\delta,$$

mithin die Horizontal- bzw. Vertikalprojektionen

$$\cos\alpha, \qquad \cos(\alpha+\delta), \qquad \cos(\alpha+2\delta), \qquad \ldots, \qquad \cos(\alpha+\overline{n-1}\,\delta),$$

bzw.

$$\sin\alpha, \qquad \sin(\alpha+\delta), \qquad \sin(\alpha+2\delta), \qquad \ldots, \qquad \sin(\alpha+\overline{n-1}\,\delta).$$

Die Summe dieser Projektionen ist aber nichts anderes als die Horizontal- bzw. Vertikalprojektion von ON, also

$$\tilde{n}\cos M \qquad \text{bzw.} \qquad \tilde{n}\sin M.$$

Damit haben wir auf überaus einfachem Wege die beiden Summenformeln

$$\boxed{\begin{aligned} \cos\alpha + \cos(\alpha+\delta) + \cos(\alpha+2\delta) + \cdots + \cos(\alpha+\overline{n-1}\,\delta) &= \tilde{n}\cos M \\ \sin\alpha + \sin(\alpha+\delta) + \sin(\alpha+2\delta) + \cdots + \sin(\alpha+\overline{n-1}\,\delta) &= \tilde{n}\sin M \end{aligned}}$$

gewonnen, in denen

$$M = \alpha + \frac{n-1}{2}\delta$$

das arithmetische Mittel der n Winkel

$$\alpha, \qquad \alpha+\delta, \qquad \alpha+2\delta, \qquad \ldots, \qquad \alpha+\overline{n-1}\,\delta$$

und der Multiplikator $\tilde{n}$ den Bruch

$$\tilde{n} = \sin n \frac{\delta}{2} : \sin \frac{\delta}{2}$$

bedeutet.

Mit Hilfe dieser Formeln ist es ein leichtes, die Mittelwerte der Sinus- und Cosinusfunktion im Intervall $(0, x)$ zu finden.

Wir bilden zunächst den Mittelwert

$$M_n = \frac{\sin x_1 + \sin x_2 + \cdots + \sin x_n}{n}$$

der Sinus der n Winkel

$$x_1 = \frac{x}{n}, \qquad x_2 = 2\frac{x}{n}, \qquad x_3 = 3\frac{x}{n}, \qquad \ldots, \qquad x_n = n\frac{x}{n} = x.$$

Nach der zweiten Formel unseres Formelpaares hat er den Wert $[\delta = x : n]$

$$M_n = \frac{\sin\frac{x}{2}}{n \sin\frac{x}{2n}} \cdot \sin\left(1 + \frac{1}{n}\right)\frac{x}{2}.$$

Bei unbegrenzt wachsendem n strebt der Nenner des rechtsstehenden Bruches gegen den Wert

$$\frac{x}{2} \cdot \lim_{u \to 0} \sin u : u \qquad \text{mit} \quad u = x : 2n,$$

d. h. gegen den Wert $x : 2$, der rechte Faktor gegen $\sin\frac{x}{2}$. Daher ist der

Mittelwert von $\sin x$ *im Intervall* $(0, x)$

$$\underline{\frac{1 - \cos x}{x}}.$$

Bei der Bildung des Mittelwerts der Cosinusfunktion gehen wir natürlich vom Mittelwert

$$M_n = \frac{\cos x_1 + \cos x_2 + \cdots + \cos x_n}{n}$$

aus und finden für ihn nach der ersten Formel unseres Formelpaares

$$M_n = \frac{\sin\frac{x}{2}}{n \sin\frac{x}{2n}} \cdot \cos\left(1 + \frac{1}{n}\right)\frac{x}{2}.$$

Folglich:

Der Mittelwert von $\cos x$ *im Intervall* $(0, x)$ *ist*

$$\frac{\sin x}{x}.$$

Es fehlt uns noch der

Mittelwert von x^p.

Diesen finden wir am einfachsten wie folgt. Bekanntlich gilt die Formel

$$\frac{X^P - x^P}{X - x} = X^p + X^{p-1}x + X^{p-2}x^2 + \cdots + x^p \qquad \text{mit} \quad P = p + 1.$$

Für $0 \leqq x < X$ gilt daher die Ungleichung

$$Px^p < \frac{X^P - x^P}{X - x} < PX^p.$$

In dieser Ungleichung substituieren wir für das Paar (x, X) sukzessiv die n Paare

$$(0, x_1), \quad (x_1, x_2), \quad (x_2, x_3), \quad \ldots, \quad (x_{n-1}, x_n = x) \qquad \text{mit} \quad x_\nu = \nu\frac{x}{n}$$

und addieren. Setzen wir wieder

$$M_n = \frac{x_1^p + x_2^p + \cdots + x_n^p}{n},$$

so gibt das

$$P(M_n - x^p : n) < x^p < PM_n$$

oder

$$\frac{x^p}{P} < M_n < \frac{x^p}{P} + \frac{x^p}{n}.$$

Bei unbegrenzt wachsendem n strebt M_n gegen den Wert $x^p : P$. Folglich:

Der Mittelwert der Funktion x^p im Intervall $(0, x)$ *ist*

$$\frac{x^p}{p+1}.$$

Nach dieser einfachen Vorbereitung ist die Herleitung der Sinus- und Cosinusreihe nur ein Spiel.

Wir setzen x als positiven Winkel voraus, was keine Beschränkung der Allgemeinheit bedeutet, und betrachten das Intervall $(0, x)$. Wir gehen aus von der Ungleichung

$$\sin x < x$$

und bilden aus ihr sukzessiv eine Kette neuer Ungleichungen, indem wir von jeder entstehenden Ungleichung den Mittelwert im Intervall $(0, x)$ bilden. Das gibt

1. $\frac{1-\cos x}{x} < \frac{x}{2}$ oder $\cos x > 1 - \frac{x^2}{2!}$,

2. $\frac{\sin x}{x} > 1 - \frac{x^2}{3!}$ oder $\sin x > x - \frac{x^3}{3!}$,

3. $\frac{1-\cos x}{x} > \frac{x}{2} - \frac{x^3}{4!}$ oder $\cos x < 1 - \frac{x^2}{2!} + \frac{x^4}{4!}$,

4. $\frac{\sin x}{x} < 1 - \frac{x^2}{3!} + \frac{x^4}{5!}$ oder $\sin x < x - \frac{x^3}{3!} + \frac{x^5}{5!}$,

5. $\frac{1-\cos x}{x} < \frac{x}{2} - \frac{x^3}{4!} + \frac{x^5}{6!}$ oder $\cos x > 1 - \frac{x^2}{2!} + \frac{x^4}{4!} - \frac{x^6}{6!}$

usw., ein frappierend einfaches Verfahren!

Als Ergebnis erscheinen die beiden Ungleichungen

$$\boxed{x - \frac{x^3}{3!} + \frac{x^5}{5!} - + \cdots - \frac{x^n}{n!} < \sin x < x - \frac{x^3}{3!} + \frac{x^5}{5!} - + \cdots + \frac{x^m}{m!}},$$

wo n und m zwei aufeinanderfolgende ungrade Zahlen von der Form $4r - 1$ und $4r + 1$ bedeuten, und

$$1 - \frac{x^2}{2!} + \frac{x^4}{4!} - + \cdots - \frac{x^n}{n!} < \cos x < 1 - \frac{x^2}{2!} + \frac{x^4}{4!} - + \cdots + \frac{x^m}{m!},$$

wo n und m zwei sukzessive grade Zahlen von der Form $4r - 2$ und $4r$ bedeuten.

Aus diesen Ungleichungen folgt sofort

$$\begin{aligned} \sin x &= x - \frac{x^3}{3!} + \frac{x^5}{5!} - \frac{x^7}{7!} + - \cdots \\ \cos x &= 1 - \frac{x^2}{2!} + \frac{x^4}{4!} - \frac{x^6}{6!} + - \cdots \end{aligned},$$

wo x jeden beliebigen endlichen reellen Wert haben darf. *Eines besonderen Konvergenznachweises für die erhaltenen Reihen bedarf es bei dieser schönen Methode nicht!*

Zugleich lehren die gefundenen Ungleichungen:

Wenn man die Sinus- oder Cosinusreihe irgendwo abbricht, ist der begangene Fehler betraglich kleiner als das erste nicht berücksichtigte Glied, und die den Fehler aufhebende Korrektion hat das Vorzeichen dieses Gliedes.

§ 83. Die Exponentialreihe

Unter der Exponentialreihe versteht man die Potenzreihe für die Exponentialfunktion e^x.

Da die Ableitungen der Exponentialfunktion e^x alle den Wert e^x haben, gibt es keine kürzere Herleitung der Exponentialreihe als die Anwendung der Taylorschen Formel.

Man hat

$$f(x) = f(0) + f'(0) \cdot \frac{x^1}{1!} + f''(0) \cdot \frac{x^2}{2!} + \cdots + f^n(0) \cdot \frac{x^n}{n!} + R$$

mit

$$R = f^m(z) \cdot \frac{x^m}{m!}, \qquad [m = n + 1].$$

Für

$$f(x) = e^x$$

wird sonach

$$e^x = 1 + x + \frac{x^2}{2!} + \frac{x^3}{3!} + \cdots + \frac{x^n}{n!} + R$$

mit

$$R = e^z \cdot \frac{x^m}{m!},$$

wo z ein gewisser zwischen 0 und x liegender Wert ist. Der Rest R strebt wegen der Ungleichung

$$m! > \sqrt{m}^m$$

und der daraus folgenden Ungleichung

$$\frac{X^m}{m!} < \left(\frac{X}{\sqrt{m}}\right)^m \quad \text{mit} \quad X = |x|$$

bei unbegrenzt wachsendem m und jedem endlichen x gegen Null. Daher ist

$$\boxed{e^x = 1 + x + \frac{x^2}{2!} + \frac{x^3}{3!} + \cdots}\ .$$

Die Exponentialreihe konvergiert für jedes endliche x.

Eine insofern elementarere Herleitung der Exponentialreihe als sie von der Taylorschen Reihe keinen Gebrauch macht, ist die folgende, die auf der Ungleichung der Exponentialfunktion und dem Mittelwert μ von e^x im Intervall $(0, x)$ beruht.

Die Gewinnung von μ ist außerst einfach. Man teilt das Intervall $(0, x)$ durch die äquidistanten Teilpunkte

$$x_0 = 0, \quad x_1 = \delta, \quad x_2 = 2\delta, \quad x_3 = 3\delta, \quad \ldots, \quad x_n = x = n\delta$$

in n gleiche Teile δ und bildet den Mittelwert

$$M_n = \frac{e^{x_1} + e^{x_2} + \cdots + e^{x_n}}{n}$$

der zu den n Argumentwerten $x_1, x_2, \ldots, x_n$ gehörigen Funktionswerte. Da der Zahler dieses Bruches eine geometrische Reihe darstellt, ist

$$M_n = e^\delta \cdot \frac{e^x - 1}{n(e^\delta - 1)}\ .$$

Nach der Ungleichung der Exponentialfunktion ist

$$1 + \delta < e^\delta < 1 + \delta e^\delta .$$

Daher liegt $n(e^\delta - 1)$ zwischen x und $x e^\delta$ und strebt bei $n \to \infty$ gegen x, so daß

$$\mu = \lim_{n \to \infty} M_n = \frac{e^x - 1}{x}$$

ist.

Der Mittelwert der Exponentialfunktion e^x im Intervall $(0, x)$ ist

$$(e^x - 1) : x .$$

Nunmehr bilden wir eine Kette von Ungleichungen, bei welcher jede Zeile aus der vorhergehenden durch Mittelwertbildung entsteht.

Eine Bemerkung über den Mittelwert $\overline{n}$ des Produkts $x^n \cdot e^x$ muß vorausgeschickt werden. Da e^x im Intervall $(0, x)$ zwischen seinen beiden Grenzen 1 und e^x liegt, muß der Mittelwert $\overline{n}$ zwischen den beiden Werten $x^n : m$ und $e^x x^n : m$ liegen.

Am besten behandeln wir jeden der beiden Falle 1° „x positiv", 2° „x negativ" gesondert.

Erster Fall, $x > 0$.

$$1 + x < e^x < 1 + x\,e^x.$$

$$1 + \frac{x}{2} < \frac{e^x - 1}{x} < 1 + \frac{x}{2}\,e^x \quad \text{oder} \quad 1 + x + \frac{x^2}{2!} < e^x < 1 + x + \frac{x^2}{2!}\,e^x,$$

$$1 + \frac{x}{2} + \frac{x^2}{3!} < \frac{e^x - 1}{x} < 1 + \frac{x}{2} + \frac{x^2}{3!}\,e^x$$

oder
$$1 + x + \frac{x^2}{2!} + \frac{x^3}{3!} < e^x < 1 + x + \frac{x^2}{2!} + \frac{x^3}{3!}\,e^x,$$

$$1 + \frac{x}{2} + \frac{x^2}{3!} + \frac{x^3}{4!} < \frac{e^x - 1}{x} < 1 + \frac{x}{2} + \frac{x^2}{3!} + \frac{x^3}{4!} \cdot e^x$$

oder
$$1 + x + \frac{x^2}{2!} + \frac{x^3}{3!} + \frac{x^4}{4!} < e^x < 1 + x + \frac{x^2}{2!} + \frac{x^3}{3!} + \frac{x^4}{4!} \cdot e^x$$

usw.

Zweiter Fall, $x < 0$.

$$1 + x < e^x < 1 + x\,e^x.$$

$$1 + \frac{x}{2} < \frac{e^x - 1}{x} < 1 + \frac{x}{2}\,e^x \quad \text{oder} \quad 1 + x + \frac{x^2}{2!}\,e^x < e^x < 1 + x + \frac{x^2}{2!},$$

$$1 + \frac{x}{2} + \frac{x^2}{3!}\,e^x < \frac{e^x - 1}{x} < 1 + \frac{x}{2} + \frac{x^2}{3!}$$

oder
$$1 + x + \frac{x^2}{2!} + \frac{x^3}{3!} < e^x < 1 + x + \frac{x^2}{2!} + \frac{x^3}{3!}\,e^x,$$

$$1 + \frac{x}{2} + \frac{x^2}{3!} + \frac{x^3}{4!} < \frac{e^x - 1}{x} < 1 + \frac{x}{2} + \frac{x^2}{3!} + \frac{x^3}{4!}\,e^x$$

oder
$$1 + x + \frac{x^2}{2!} + \frac{x^3}{3!} + \frac{x^4}{4!}\,e^x < e^x < 1 + x + \frac{x^2}{2!} + \frac{x^3}{3!} + \frac{x^4}{4!}$$

usw.

In beiden Fallen gilt der

Satz:

Für jedes endliche x liegt e^x zwischen

$$1 + x + \frac{x^2}{2!} + \frac{x^3}{3!} + \cdots + \frac{x^n}{n!} \quad \text{und} \quad 1 + x + \frac{x^2}{2!} + \frac{x^3}{3!} + \cdots + \frac{x^n}{n!} \cdot e^x,$$

ist also

$$\boxed{e^x = 1 + x + \frac{x^2}{2!} + \frac{x^3}{3!} + \cdots + \frac{x^n}{n!} + \Theta\,\frac{x^m}{m!}\,e^x},$$

wo $m = n + 1$ ist und Θ einen gewissen Echtbruch bedeutet.

Da der Rest $\Theta\,x^m e^x : m!$ bei unbegrenzt wachsendem m gegen Null strebt, so *gilt für jedes endliche x die Entwicklung*

$$\boxed{e^x = 1 + x + \frac{x^2}{2!} + \frac{x^3}{3!} + \cdots}.$$

Die Exponentialreihe mit komplexem Argument

Die Reihe

$$1 + x + \frac{x^2}{2!} + \frac{x^3}{3!} + \cdots$$

konvergiert auch für jeden endlichen *komplexen* Wert x, und zwar absolut, wie durch Anwendung des Cauchyschen Konvergenzkriteriums auf die Reihe

$$1 + X + \frac{X^2}{2!} + \frac{X^3}{3!} + \cdots,$$

in welcher X den Betrag von x bedeutet, sofort zu sehen ist.
Man behält auch für diesen allgemeinen Fall die Benennung *Exponentialreihe* bei und schreibt *bei beliebig komplexem* x

$$\boxed{e^x = 1 + x + \frac{x^2}{2!} + \frac{x^3}{3!} + \cdots},$$

damit *dem Zeichen* e^x *die Bedeutung der rechtsstehenden Reihe beilegend.*
Diese Schreibung rechtfertigt sich durch das Bestehen der *fundamentalen Relation*

$$\boxed{e^x \cdot e^y = e^{x+y}},$$

in welcher x und y zwei beliebige komplexe Zahlen sind, und die wir jetzt herleiten wollen.
Es ist laut Definition

$$e^x = 1 + x + \frac{x^2}{2!} + \frac{x^3}{3!} + \cdots, \qquad e^y = 1 + y + \frac{y^2}{2!} + \frac{y^3}{3!} + \cdots$$

und

$$e^z = 1 + z + \frac{z^2}{2!} + \frac{z^3}{3!} + \cdots \quad \text{mit} \quad z = x + y.$$

Da die beiden Reihen e^x und x^y absolut konvergieren, dürfen wir sie nach Cauchys Multiplikationsregel multiplizieren. Das gibt

$$e^x \cdot e^y = w_0 + w_1 + w_2 + w_3 + \cdots$$

mit

$$w_n = \frac{x^n}{n!} \cdot 1 + \frac{x^{n-1}}{(n-1)!} \cdot y + \frac{x^{n-2}}{(n-2)!} \cdot \frac{y^2}{2!} + \cdots + 1 \cdot \frac{y^n}{n!}$$

oder

$$n!\, w_n = x^n + n_1 x^{n-1} y + n_2 x^{n-2} y^2 + \cdots + y^n = (x + y)^n.$$

Daher ist

$$w_n = \frac{z^n}{n!}$$

und

$$e^x \cdot e^y = 1 + z + \frac{z^2}{2!} + \frac{z^3}{3!} + \cdots = e^z, \qquad \text{q. e. d.}$$

Die Gleichung

$$\boxed{e^{x+y} = e^{r} \cdot e^{y}}$$

heißt *Funktionalgleichung der Exponentialfunktion*, auch *Additionstheorem* der Exponentialfunktion.
Wir folgern aus ihr noch das *Multiplikationstheorem der Exponentialfunktion:*

$$\boxed{(e^{x})^{n} = e^{n\,x}}\,,$$

wobei n eine beliebige Ganzzahl bedeutet.

Zusammenhang zwischen der Exponentialfunktion und den Kreisfunktionen

Es sei jetzt

$$z = x + i\,y$$

eine beliebige komplexe Zahl, x ihr Real-, y ihr Imaginärteil.
Dann ist nach der Funktionalgleichung der Exponentialfunktion

$$e^{z} = e^{x} \cdot e^{i\,y}.$$

Dabei hat $e^{i\,y}$ den Wert

$$e^{i\,y} = 1 + i\,y + \frac{i^2\,y^2}{2!} + \frac{i^3\,y^3}{3!} + \cdots$$

$$= \left(1 - \frac{y^2}{2!} + \frac{y^4}{4!} - \frac{y^6}{6!} + - \cdots\right) + i\left[y - \frac{y^3}{3!} + \frac{y^5}{5!} - \frac{y^7}{7!} + - \cdots\right].$$

Hier hat die runde Klammer den Wert $\cos y$, die eckige den Wert $\sin y$.
Damit haben wir die berühmte

Eulersche Gleichung $\boxed{e^{i\,y} = \cos y + i \sin y}\,,$

in welcher y irgendeine Realzahl bedeutet.
Speziell ist

$$\boxed{e^{i\,\pi} = -1}\,.$$

Aus

$$e^{i\,y} = \cos y + i \sin y \qquad \text{und} \qquad e^{-i\,y} = \cos y - i \sin y$$

ergeben sich durch Addition und Subtraktion die *Fundamentalformeln*

$$\boxed{\cos y = \frac{e^{i\,y} + e^{-i\,y}}{2}}\,, \qquad \boxed{\sin y = \frac{e^{i\,y} - e^{-i\,y}}{2\,i}}\,,$$

vermöge welcher *die beiden Kreisfunktionen Sinus und Cosinus durch die Exponentialfunktion ausgedrückt* werden.

Da e^{iy} (weil gleich $\cos y + i \sin y$) eine Gaußzahl darstellt, so gibt die Relation

$$e^z = e^x \cdot e^{iy}$$

die *trigonometrische Schreibung der komplexen Zahl* e^z wieder.

e^x *ist der Betrag (Modul),* y *der Winkel der komplexen Zahl* e^z.

Die Gleichung $e^z = 1$

Wir setzen wieder $z = x + iy$ und haben

$$e^x \cdot (\cos y + i \sin y) = 1 .$$

Hieraus folgt zunächst

$$e^x = 1, \qquad \text{also} \qquad x = 0,$$

sodann

$$\cos y = 1 \qquad \text{und} \qquad \sin y = 0,$$

also

$$y = g \cdot 2\pi$$

mit beliebig ganzzahligem g.

Demnach wird $z = iy = g \cdot 2\pi i$.

Die Gleichung

$$e^z = 1$$

hat also unendlich viele Wurzeln; diese sind die Multipla von $2\pi i$.

Die Gleichung $e^z = e^c$

Um die Gleichung $e^z = e^c$, in welcher c eine beliebig vorgelegte komplexe Konstante bedeutet, zu lösen, schreiben wir sie

$$e^{z-c} = 1 .$$

Hieraus ergibt sich, daß $z - c$ ein Multiplum von $2\pi i$ ist, und wir erhalten

$$z = c + g\, 2\pi i$$

bei beliebig ganzzahligem g.

Die Gleichung

$$e^z = e^c$$

hat unendlich viele Wurzeln. Man bekommt sie, wenn man die Konstante c *um ein beliebiges Multiplum von* $2\pi i$ *vermehrt.*

Man merke die wichtige *Regel:*

Aus

$$e^z = e^c$$

folgt

$$z = c + g \cdot 2\pi i,$$

wo g *eine Ganzzahl bedeutet.*

Es gilt also für jede Ganzzahl g die sehr bemerkenswerte Formel

$$\boxed{e^{c+g2\pi i} = e^c}.$$

In Worten:

Periodizität der Exponentialfunktion:

Die Exponentialfunktion

$$E(x) = e^x$$

ist periodisch. Ihre Periode hat den Wert

$$P = 2\pi i.$$

Für jedes x gilt die Formel

$$\boxed{E(x+P) = E(x)} \quad \text{oder} \quad \boxed{e^{x+P} = e^x}.$$

Eine andere Periode als P hat die Exponentialfunktion nicht.

[Ein Multiplum einer Periode, z. B. $Q = 3P$, für welches ebenfalls die Formel $E(x+Q) = E(x)$ gilt, ist zwar auch eine Periode der Funktion $E(x)$. Unter Periode im strengen Sinne des Wortes versteht man aber von allen Multiplen P, $2P$, $3P$, ... nur das kleinste, namlich P, wofern es eine kleinere Periode als P nicht gibt.]

Die Gleichung $e^z = c$,

wo $z = x + iy$ eine gesuchte, $c = a + ib$ eine gegebene Komplexzahl ist. Wir stellen c trigonometrisch dar:

$$c = d(\cos\alpha + i\sin\alpha),$$

wo d den Betrag, α den Winkel von c bedeutet. Aus

$$e^x(\cos y + i\sin y) = d(\cos\alpha + i\sin\alpha)$$

folgt dann

$$e^x = d, \qquad y = \alpha + g\,2\pi$$

mit beliebig ganzzahligem g.

Die Gleichung $e^x = d$ hat bei nicht verschwindendem endlichem d stets genau eine endliche Wurzel x: $x = ld$.

Die Gleichung $e^z = c$ hat demnach bei nichtverschwindendem endlichem c stets unendlich viele Wurzeln. Diese sind

$$\boxed{z = ld + \alpha i + g\,2i\pi},$$

wo d den Betrag, α den Winkel von c bedeutet und g alle Ganzzahlen durchläuft.

Man merke speziell:

Die Exponentialfunktion e^z verschwindet im Endlichen nirgends.

Die Ungleichung

$$e^x > 1 + x,$$

die Potenzreihendarstellung und die Periodizität sind die wichtigsten Eigenschaften der Exponentialfunktion, wobei zu beachten ist, daß die Potenzreihe und die Periodizität aus der Ungleichung gefolgert wurden.

Ableitung der Exponentialfunktion

Aus

$$e^z = 1 + z + \frac{z^2}{2!} + \frac{z^3}{3!} + \cdots$$

folgt sofort die

Ableitung von e^z nach z.

$$\boxed{D e^z = 1 + z + \frac{z^2}{2!} + \frac{z^3}{3!} + \cdots} \quad \text{oder} \quad \boxed{D e^z = e^z}.$$

Die Exponentialfunktion verhält sich im Endlichen überall regulär.

Kreisfunktionen komplexen Arguments

Bedeutet wieder

$$z = x + iy$$

eine *komplexe* Variable, so versteht man unter $\sin z$ und $\cos z$ die Werte

$$\boxed{\sin z = \frac{e^{iz} - e^{-iz}}{2i}}, \qquad \boxed{\cos z = \frac{e^{iz} + e^{-iz}}{2}}.$$

Substituiert man für e^{iz} und e^{-iz} die Exponentialreihen, so ergibt sich

$$\boxed{\begin{aligned} \sin z &= z - \frac{z^3}{3!} + \frac{z^5}{5!} - + \cdots \\ \cos z &= 1 - \frac{z^2}{2!} + \frac{z^4}{4!} - + \cdots \end{aligned}}.$$

Diese Reihen konvergieren absolut für jedes endliche z.

Aus ihnen resultieren die

Ableitungen der Kreisfunktionen:

$$\boxed{D \sin z = \cos z}, \qquad \boxed{D \cos z = -\sin z}.$$

Folglich:

Die beiden Kreisfunktionen $\sin z$ *und* $\cos z$ *verhalten sich überall im Endlichen regulär.*

Additionstheorem der Kreisfunktionen

Aus dem Formelpaare

$$\cos z = \frac{e^{iz} + e^{-iz}}{2}, \qquad \sin z = \frac{e^{iz} - e^{-iz}}{2i}$$

ergeben sich durch einfachste Rechnungen die für jedes Paar komplexer Zahlen u und v gültigen

Funktionalgleichungen

$$\boxed{\begin{aligned}\cos(u \pm v) &= \cos u \cos v \mp \sin u \sin v\\ \sin(u \pm v) &= \sin u \cos v \pm \cos u \sin v\end{aligned}}$$

der Kreisfunktionen Sinus und Cosinus.

Damit behalten alle aus dem Additionstheorem der Kreisfunktionen entspringenden Relationen der Trigonometrie ihre Gültigkeit, auch wenn die beteiligten Winkel komplexe Größen sind.

Sinus und Cosinus hyperbolicus

Unter dem *hyperbolischen Sinus bzw. Cosinus* des Arguments t versteht man die Reihe

$$\boxed{\operatorname{sh} t = t + \frac{t^3}{3!} + \frac{t^5}{5!} + \cdots}$$

bzw.

$$\boxed{\operatorname{ch} t = 1 + \frac{t^2}{2!} + \frac{t^4}{4!} + \cdots},$$

so daß

$$\boxed{\operatorname{sh} t = \frac{e^t - e^{-t}}{2}, \qquad \operatorname{ch} t = \frac{e^t + e^{-t}}{2}}$$

ist.

Statt des Funktionszeichens sh bzw. ch kann man auch das Zeichen Sin bzw. Cos benutzen.

Der hyperbolische Cosinus bzw. Sinus hat seinen Namen von der Einheitshyperbel, deren Gleichung in Parameterdarstellung

$$x = \operatorname{Cos} t, \qquad y = \operatorname{Sin} t$$

lautet. [Das zweite obige Formelpaar zeigt sofort, daß $x^2 - y^2 = 1$ ist.]

Hyperbelsinus und Hyperbelcosinus stehen mit Kreissinus und Kreiscosinus in den einfachen Beziehungen

$$\boxed{\sin it = i \operatorname{Sin} t, \qquad \cos it = \operatorname{Cos} t},$$

welche zugleich über den Kreissinus und Kreiscosinus rein imaginärer Winkel bequemen Aufschluß geben.

§ 84. Die logarithmische Reihe

Die kürzeste Herleitung der Potenzreihe für die logarithmische Funktion

$$y = f(x) = l(1 + x)$$

führt wieder über die Taylorsche Reihe:

$$f(x) = f(0) + f'(0) \cdot \frac{x^1}{1!} + f''(0) \cdot \frac{x^2}{2!} + \cdots + f^n(0) \cdot \frac{x^n}{n!} + R.$$

Doch werden diesmal *beide* Restformeln, sowohl die Lagrangesche

$$R = f^m(z) \cdot \frac{x^m}{m!},$$

als auch die Cauchysche

$$R = f^m(z) \cdot \frac{x^m}{m!} \cdot m(1 - \Theta)^n$$

$(m = n + 1)$ benötigt.
Zunachst findet man für die μ te Ableitung $f^\mu(x)$ leicht den Wert

$$f^\mu(x) = \iota^\nu \cdot \frac{\nu!}{(1 + x)^\mu} \qquad \text{mit} \quad \nu = \mu - 1.$$

Daraus wird

$$f^\mu(0) = \iota^\nu \nu!$$

und

$$R = \iota^n \cdot \frac{x^m}{m} \cdot \frac{1}{(1 + z)^m} \qquad \text{bzw.} \qquad R = \iota^n \cdot \frac{x^m}{1 + \Theta x} \cdot \left[\frac{1 - \Theta}{1 + \Theta x}\right]^n.$$

Lassen wir jetzt n unbegrenzt wachsen!
Bei positivem, die Einheit nicht übertreffendem x wird dann Lagranges Rest Null, bei negativem, oberhalb -1 liegendem x der Cauchysche Rest Null (da $[\;] \leqq 1$ bleibt).
Damit erhalten wir die

für jeden Echtbruch x und für $x = 1$ konvergente logarithmische Reihe

$$\boxed{l(1 + x) = x - \frac{x^2}{2} + \frac{x^3}{3} - \frac{x^4}{4} + - \cdots}.$$

Für $x = -1$ divergiert die Reihe.
Will man die logarithmische Reihe ohne Zuhilfenahme der Taylorreihe entwickeln, so verfahrt man ganz elementar wie folgt.
Zunachst bestimmt man den Mittelwert μ der Funktion $1 : x$ im Intervall $(1, x)$, wo x beliebig positiv ist.
Zu dem Zweck teilen wir das Intervall durch die aquidistanten Teilpunkte

$$x_0 = 1, \quad x_1 = 1 + c, \quad x_2 = 1 + 2e, \quad x_3 = 1 + 3e, \cdots, \quad x_n = x = 1 + ne$$

in n gleiche Teile e. Dann ersetzen wir in der Restbruchformel

$$\frac{1}{X} < \frac{lX - lx}{X - x} < \frac{1}{x} \qquad \text{mit} \quad X > x > 0$$

das Paar (x, X) sukzessiv durch die n Paare

$$(x_0, x_1), \qquad (x_1, x_2), \qquad \ldots, \qquad (x_{n-1}, x_n)$$

und addieren. Das gibt,

$$\frac{1:x_1 + 1:x_2 + 1:x_3 + \cdots + 1:x_n}{n} = M_n$$

gesetzt,

$$(x-1)\cdot M_n < lx < (x-1)\left[M_n + \frac{x-1}{nx}\right]$$

oder

$$\frac{lx}{x-1} - \frac{x-1}{nx} < M_n < \frac{lx}{x-1}.$$

Bei $x < 1$ steht in der Ungleichung das Zeichen $>$.

Bei unbegrenzt wachsendem n strebt M_n gegen

$$\mu = \frac{lx}{x-1}.$$

Wir können das Ergebnis auch so aussprechen:

Der Mittelwert der Funktion $1:(1+x)$ *im Intervall* $(0, x)$ *mit echtem* x *ist*

$$l(1+x):x.$$

Natürlich hätte man diesen Satz bei Anwendung des Mittelwert-Restbruchsatzes aus § 31 ohne weiteres hinschreiben können.
Nun schreiben wir (Geometr. Reihe!)

$$\frac{1}{1+x} = 1 - x + x^2 - x^3 + - \cdots + \iota^n x^n + \frac{\iota^m x^m}{1+x} \qquad \text{mit} \quad m = n+1$$

und bilden beiderseits den Mittelwert. Was dabei den Mittelwert von $x^m:(1+x)$ anbetrifft, so liegt er — betraglich — sicher unterhalb des g-fachen Mittelwerts von x^m, wo g den größten Wert bedeutet, den $1:(1+x)$ im Intervall $(0, x)$ annimmt, kann er also gleich $\Theta g x^m:(m+1)$ gesetzt werden, wo Θ ein gewisser positiver Echtbruch ist.
Wir erhalten

$$l(1+x):x = 1 - \frac{x}{2} + \frac{x^2}{3} - \frac{x^3}{4} + - \cdots + \iota^n \frac{x^n}{n+1} + \iota^m \Theta g \frac{x^m}{m+1}$$

oder

$$l(1+x) = x - \frac{x^2}{2} + \frac{x^3}{3} - \frac{x^4}{4} + - \cdots + \iota^n \frac{x^{n+1}}{n+1} + \iota^m \Theta g \frac{x^{m+1}}{m+1}.$$

Bei unbegrenzt wachsendem m strebt das Restglied

$$\iota^m \Theta g x^{m+1}:(m+1),$$

– wofern x ein Echtbruch oder die positive Einheit ist – gegen Null. Daher ist wie oben

$$\boxed{l(1+x) = x - \frac{x^2}{2} + \frac{x^3}{3} - \frac{x^4}{4} + - \cdots} \quad \text{mit} \quad -1 < x \leqq +1.$$

Substituiert man in der logarithmischen Reihe $-x$ statt x, so erhält sie die Form

$$l(1-x) = -x - \frac{x^2}{2} - \frac{x^3}{3} - - \cdots \qquad \text{mit} \quad -1 \leqq x < 1.$$

Subtrahiert man diese Formel von der obigen, so ergibt sich

$$l\frac{1+x}{1-x} = 2\left[x + \frac{1}{3}x^3 + \frac{1}{5}x^5 + \cdots\right],$$

welche Relation sicher für jeden Echtbruch x gilt.
Man setzt gewöhnlich

$$\frac{1+x}{1-x} = z, \qquad x = \frac{z-1}{z+1}$$

und schreibt

$$\boxed{lz = 2\left[\frac{z-1}{z+1} + \frac{1}{3}\left(\frac{z-1}{z+1}\right)^3 + \frac{1}{5}\left(\frac{z-1}{z+1}\right)^5 + \cdots\right]}.$$

Diese Reihenentwicklung gilt für jedes positive unechtgebrochene z.

Sind a und b zwei beliebige Positivzahlen und ist $a > b$, so bildet der Quotient $a : b$ einen solchen Unechtbruch z. Dann hat $(z-1) : (z+1)$ den Wert $(a-b) : (a+b)$, und wir erhalten die wichtige logarithmische Reihe

$$\boxed{la - lb = 2\left[Q + \frac{1}{3}Q^3 + \frac{1}{5}Q^5 + \cdots\right]} \qquad \text{mit} \quad Q = \frac{a-b}{a+b}.$$

Durch diese Reihe wird der Logarithmus einer Positivzahl a auf den einer kleineren Positivzahl b zurückgeführt.

Die Reihe von Borda

a, b, c, d, e seien 5 positive Zahlen, die eine arithmetische Reihe mit der Differenz 1 bilden.
Da das Polynom $c^3 - 3c + 2$ die drei Wurzeln $1, 1, -2$, das Polynom $c^3 - 3c - 2$ mithin die drei Nullstellen $-1, -1, +2$ hat, so ist

$$c^3 - 3c + 2 = (c-1)^2(c+2) = eb^2, \quad c^3 - 3c - 2 = (c+1)^2(c-2) = ad^2,$$

und der Unechtbruch

$$C = \frac{c^3 - 3c + 2}{c^3 - 3c - 2} = \frac{eb^2}{ad^2}.$$

Folglich wird

$$l\frac{e\,b^2}{a\,d^2} = l\,C = 2\left[\frac{C-1}{C+1} + \frac{1}{3}\left(\frac{C-1}{C+1}\right)^3 + \cdots\right]$$

oder

$$\boxed{l e + 2 l b - l a - 2 l d = 2\mathfrak{S}}\,,$$

wo $\mathfrak{S}$ die *Bordasche Reihe*

$$\boxed{\mathfrak{S} = \mathfrak{c} + \frac{1}{3}\mathfrak{c}^3 + \frac{1}{5}\mathfrak{c}^5 + \cdots} \qquad \text{mit } \mathfrak{c} = \frac{2}{c^3 - 3c}$$

bedeutet.

Bei großem c ist $\mathfrak{c}$ sehr klein, und die Bordasche Reihe konvergiert rasch. Wenn also von den Logarithmen der vier Zahlen $a = c - 2$, $b = c - 1$, $d = c + 1$, $e = c + 2$ drei bekannt sind, läßt sich der vierte leicht berechnen.

Die Reihe für $l(1 + x)$ bei komplexem x

Wenn nichts anderes ausdrücklich bemerkt ist, versteht man unter dem Logarithmus einer komplexen Zahl z gewöhnlich den Ausdruck

$$\boxed{l z = l r + i\vartheta}\,,$$

wo r den Betrag $|z|$ der Zahl z und ϑ den durch die Bedingung

$$-\pi < \vartheta \leqq +\pi$$

fixierten Winkel der Zahl z bedeutet.

Es ist dann

$$e^{lz} = e^{lr + i\vartheta} = e^{lr}\cdot e^{i\vartheta} = r(\cos\vartheta + i\sin\vartheta)\,,$$

also

$$\boxed{e^{lz} = z}\,,$$

was mit der gewöhnlichen Definition

„Unter dem Logarithmus einer Zahl versteht man den Exponent, mit dem man e potenzieren muß, um die Zahl zu erhalten“

im Einklange steht.

Wir gehen aus von der für jeden reellen oder komplexen Echtbruch x absolut konvergenten Reihe

$$\varphi(x) = x - \frac{1}{2}x^2 + \frac{1}{3}x^3 - + \cdots,$$

die im Innern $\mathfrak{J}$ des Einheitskreises $\mathfrak{e}(|x| = 1)$ eine Regulärfunktion von x darstellt. Wir bilden die gleichfalls in $\mathfrak{J}$ reguläre Funktion

$$u = e^{\varphi(x)}$$

und bestimmen ihre Ableitung u':

$$u' = e^{\varphi(x)}\cdot\varphi'(x) = u\cdot\varphi'(x)\,.$$

Nun ist aber in $\mathfrak{J}$

$$\varphi'(x) = 1 - x + x^2 - x^3 + - \cdots = \frac{1}{1+x}.$$

Wir schreiben

$$v = 1 + x, \qquad v' = 1$$

und haben die Relation

$$\frac{u'}{u} = \frac{v'}{v}.$$

Wenn aber die bezogenen Ableitungen zweier Funktionen (u und v) übereinstimmen, so ist der Quotient der Funktionen eine Konstante. Demnach ist in $\mathfrak{J}$

$$u : v = \text{const.}$$

Durch die Annahme $x = 0$ wird $u = 1$ und $v = 1$, so daß die Konstante den Wert 1 hat.

Daher wird

$$u = v$$

oder

$$e^{\varphi(x)} = 1 + x$$

oder

$$e^{\varphi(x)} = e^{l(1+x)}.$$

Aus einer Gleichung von der Form

$$e^X = e^Y$$

folgt aber, daß der Unterschied $X - Y$ der beiden Exponenten ein Multiplum von $2i\pi$ sein muß. Folglich ist

$$\varphi(x) = l(1 + x) + g\,2i\pi,$$

wo g eine gewisse Ganzzahl bedeutet.

Um sie zu bestimmen, setzen wir $x = 0$. Das gibt $\varphi(x) = 0$ und $l(1 + x) = 0$ (da der Betrag von $1 + x$ für $x = 0$ den Wert 1, der Winkel ϑ den Wert 0 hat) und damit $g = 0$.

Folglich ist

$$\boxed{l(1 + x) = x - \frac{x^2}{2} + \frac{x^3}{3} - \frac{x^4}{4} + - \cdots},$$

und *diese Formel gilt für jeden reellen oder komplexen Echtbruch x.*

Die logarithmische Reihe auf ihrem Konvergenzkreise

Wir betrachten die Werte der Reihe

$$w = x - \frac{x^2}{2} + \frac{x^3}{3} - + \cdots$$

auf dem Konvergenzkreise $\mathfrak{e}$.

In einem Punkte x von $\mathfrak{e}$ ist der Betrag von x 1, der Winkel ϑ, wo ϑ im Intervall $(-\pi, +\pi]$ liegt, mithin

$$x = \cos\vartheta + i\sin\vartheta, \qquad x^n = \cos n\vartheta + i\sin n\vartheta.$$

Daher ist der Realteil u von w

$$u = \cos\vartheta - \frac{1}{2}\cos 2\vartheta + \frac{1}{3}\cos 3\vartheta - + \cdots,$$

der Imaginärteil v

$$v = \sin\vartheta - \frac{1}{2}\sin 2\vartheta + \frac{1}{3}\sin 3\vartheta - + \cdots.$$

Nach Dirichlets Formeln (§ 29) ist für jeden zwischen $-\pi$ und $+\pi$ liegenden Winkel ϑ

$$\cos\vartheta - \frac{1}{2}\cos 2\vartheta + \frac{1}{3}\cos 3\vartheta - + \cdots = l\,2\cos\frac{\vartheta}{2}$$

und

$$\sin\vartheta - \frac{1}{2}\sin 2\vartheta + \frac{1}{3}\sin 3\vartheta - + \cdots = \frac{\vartheta}{2}.$$

Daher ist

$$u = l\,2\cos\frac{\vartheta}{2}, \qquad v = \frac{\vartheta}{2} \qquad \text{mit} \quad -\pi < \vartheta < +\pi.$$

Ergebnis:

Die logarithmische Reihe

$$l(1+x) = x - \frac{1}{2}x^2 + \frac{1}{3}x^3 - + \cdots$$

konvergiert in sämtlichen Punkten ihres Konvergenzkreises mit Ausnahme der Stelle $x = -1$, wo sie divergiert.

Ihr Wert im Punkte $x = \cos\vartheta + i\sin\vartheta$ ist $u + iv$ mit

$$u = \cos\vartheta - \frac{1}{2}\cos 2\vartheta + \frac{1}{3}\cos 3\vartheta - + \cdots = l\,2\cos\frac{\vartheta}{2}$$

und

$$v = \sin\vartheta - \frac{1}{2}\sin 2\vartheta + \frac{1}{3}\sin 3\vartheta - + \cdots = \frac{\vartheta}{2}.$$

Wir haben dieses interessante und wichtige Ergebnis hier aus den Dirichletschen Reihen gewonnen. Man kann es aber auch ebenso einfach mittels des Abelschen Stetigkeitssatzes erhalten, wenn man nur zuvor die Konvergenz der beiden Reihen

$$\left.\begin{aligned} u &= \cos\vartheta - \frac{1}{2}\cos 2\vartheta + \frac{1}{3}\cos 3\vartheta - + \cdots \\ \text{und} \quad v &= \sin\vartheta - \frac{1}{2}\sin 2\vartheta + \frac{1}{3}\sin 3\vartheta - + \cdots \end{aligned}\right\} \quad -\pi < \vartheta < \pi$$

feststellt, was aber mittels Abels Formel schnell erledigt ist. Da der Betrag von $1+x$ (mit $x = x_0 = \cos\vartheta + i\sin\vartheta$) den Wert $r = 2\cos\frac{\vartheta}{2}$, der Winkel von $1+x$ den Wert $\vartheta : 2$ hat, strebt der Wert der Reihe, wenn sich der Punkt x, aus $\mathfrak{I}$ kommend, der Randstelle x_0 unbegrenzt nähert, gegen $l\,2\cos\frac{\vartheta}{2} + i\frac{\vartheta}{2}$, nach dem Stetigkeitssatze aber zugleich gegen $u + iv$, mit

$$u = \cos\vartheta - \frac{1}{2}\cos 2\vartheta + \frac{1}{3}\cos 3\vartheta - + \cdots$$

und

$$v = \sin\vartheta - \frac{1}{2}\sin 2\vartheta + \frac{1}{3}\sin 3\vartheta - + \cdots.$$

Daher kommen wir auch auf diesem Wege zu den beiden Reihensummierungen

$$\boxed{\begin{aligned} \cos\vartheta - \frac{1}{2}\cos 2\vartheta + \frac{1}{3}\cos 3\vartheta - + \cdots &= l\,2\cos\frac{\vartheta}{2} \\ \sin\vartheta - \frac{1}{2}\sin 2\vartheta + \frac{1}{3}\sin 3\vartheta - + \cdots &= \frac{\vartheta}{2} \end{aligned}}\,.$$

Zusatz

Oben wurde der Logarithmus der Zahl z durch die Relation

$$lz = lr + i\vartheta$$

definiert, in welcher r den Betrag und ϑ den durch die Begrenzung $-\pi < \vartheta \leqq +\pi$ fixierten Winkel von z bedeutet. Ausführlicher gesprochen ist lz der „*Hauptwert*" des Logarithmus von z, denn in Anlehnung an die aus den Elementen bekannte Definition des gemeinen Logarithmus definiert man etwas allgemeiner meist so:

Unter dem Logarithmus der Zahl z – geschrieben $\operatorname{Log} z$ oder kurz Lz – versteht man den Exponent, mit dem man e potenzieren muß, um z zu erhalten:

$$\boxed{e^{Lz} = z}\,.$$

Da nun schon $e^{lz} = z$ ist, gilt die Relation

$$e^{Lz} = e^{lz}.$$

Aus ihr folgt

$$\boxed{Lz = lz + g\,2i\pi}$$

mit beliebig ganzzahligem g.

Jede Zahl z hat also unendlich viele Logarithmen, die eine arithmetische Reihe mit der Differenz $2\pi i$ bilden, und von denen der Hauptwert lz der wichtigste ist.

§ 85. Die Arcustangensreihe

Eine der wichtigsten Aufgaben der Trigonometrie ist die Aufstellung einer konvergenten Potenzreihe für die Funktion.

$$y = \operatorname{arc tg} x = \operatorname{at} x;$$

bietet diese Reihe doch die Möglichkeit, die Winkel eines Dreiecks aus den Seiten zu berechnen, ohne eine Logarithmentafel zu benötigen.
Unter Heranziehung von Taylors Reihe ist wieder

$$y = \operatorname{at} x = f(x) = f(0) + f'(0) \cdot \frac{x^1}{1!} + f''(0) \cdot \frac{x^2}{2!} + \cdots + f^n(0) \cdot \frac{x^n}{n!} + R$$

mit

$$R = f^m(z) \frac{x^m}{m!}, \qquad m = n + 1, \qquad 0 < z < x.$$

Die einzige Schwierigkeit bei der Verwendung der Taylorreihe besteht in der Aufstellung einer independenten Formel für die $n$te Ableitung $f^n(x)$ von $f(x)$. Diese Schwierigkeit wird auf einfache und eigenartige Weise überwunden durch Einführung der Hilfsgrößen

$$\eta = y + \varkappa \qquad \text{und} \qquad i = \sin\eta, \qquad o = \cos\eta \quad \text{mit} \quad \varkappa = \frac{\pi}{2}.$$

Es ist zunächst die Ableitung von y

$$y_1 = y' = f'(x) = \frac{1}{1 + x^2} = \frac{1}{1 + \operatorname{tg}^2 y} = \frac{1}{\sec^2 y} = \cos^2 y = \sin^2 \eta = i^2.$$

Durch Ableitung folgt hieraus

$$y_2 = y'' = 2io\eta' = 2ioy' = i^2 \sin 2\eta.$$

Die dritte Ableitung wird

$$y_3 = y''' = 2io\eta' \cdot \sin 2\eta + i^2 \cdot \cos 2\eta \cdot 2\eta' = 2i^3[o \sin 2\eta + i \cos 2\eta] = 2i^3 \sin 3\eta.$$

Die vierte Ableitung wird

$$y_4 = 3!(i^2 o\eta' \cdot \sin 3\eta + i^3 \cdot \cos 3\eta \cdot \eta') = 3!i^4[o \sin 3\eta + i \cos 3\eta] = 3!i^4 \sin 4\eta.$$

Nach diesen vier Formeln hat es den Anschein, daß allgemein die $n$te Ableitung von y nach x

$$\boxed{y_n = (n-1)!\,i^n \sin n\eta}, \qquad (i = \sin\eta, \quad \eta = y + \varkappa)$$

ist. Wir erheben durch den Schluß von n auf $m = n + 1$ diese Vermutung zur Gewißheit:
Unter der Annahme $y_n = (n-1)!\, i^n \sin n\eta$ wird in der Tat

$$y_m = n!(i^{n-1} o\eta' \cdot \sin n\eta + i^n \cdot \cos n\eta \cdot \eta') = n!i^m[o \sin n\eta + i \cos n\eta]$$
$$= n!\, i^m \sin m\eta.$$

Die eingerahmte Formel ist sonach für jeden Zeiger n richtig.
Demnach erhalten wir, da

$$\text{für } x=0 \quad y=0,\ \eta=\varkappa,\ i=1 \quad \text{und} \quad \sin n\eta=0 \quad \text{oder} \quad =\iota^{\frac{n-1}{2}} \text{ ist,}$$

je nachdem n grade oder ungrade ist,

$$\text{bei gradem } n \quad f^n(0)=0, \text{ bei ungradem } n \quad f^n(0)=(n-1)!\,\iota^{\frac{n-1}{2}}$$

und

$$y=\operatorname{at} x = x-\frac{x^3}{3}+\frac{x^5}{5}-+\cdots+\iota^{\frac{n-1}{2}}\frac{x^n}{n}+R$$

mit

$$R=f^m(z)\cdot\frac{x^m}{m}=I^m\sin m\mathrm{H}\cdot\frac{x^m}{m}$$

und

$$I=\sin Y, \qquad \mathrm{H}=Y+\varkappa,$$

wo Y einen gewissen zwischen at 0 und at x liegenden Winkel bedeutet.
Bei unbegrenzt wachsendem n strebt also der Rest R gegen Null, wofern x das Intervall $[-1, +1]$ nicht überschreitet.
Daher *gilt für jeden Echtbruch x und für x* $=\pm 1$ *die konvergente Entwicklung*

$$\boxed{\operatorname{at} x = x-\frac{1}{3}x^3+\frac{1}{5}x^5-\frac{1}{7}x^7+-\cdots}\,.$$

Die rechtsstehende Potenzreihe ist *Gregorys Arcustangensreihe.*
Um die Arcustangensreihe ohne Zuhilfenahme der Taylorschen Reihe abzuleiten, verfahrt man am besten folgendermaßen.
Man bestimmt zunächst etwa mittels der Schrankenformel

$$\frac{1}{1+X^2}<\frac{\operatorname{at} X-\operatorname{at} x}{X-x}<\frac{1}{1+x^2}, \qquad [0\leqq x<X]$$

den Mittelwert μ der Funktion $\varphi(x)=1:(1+x^2)$ im Intervall $(0, x)$:

$$\mu=\operatorname{at} x : x.$$

[Man teilt das Intervall $(0, x)$ durch die Teilpunkte $x_0=0,\ x_1=e,\ x_2=2e, \ldots, x_n=x=ne$ in n gleiche Teile e. Man ersetzt in der Schrankenformel das Paar (x, X) sukzessiv durch $(x_0, x_1), (x_1, x_2), \ldots, (x_{n-1}, x_n)$ und addiert. Das gibt,

$$\frac{\varphi(x_1)+\varphi(x_2)+\cdots+\varphi(x_n)}{n}=M_n$$

gesetzt,

$$xM_n<\operatorname{at} x<xM_n+\frac{e\,x^2}{1+x^2}$$

oder

$$\frac{\operatorname{at} x}{x}-\frac{e\,x}{1+x^2}<M_n<\frac{\operatorname{at} x}{x}.$$

Bei unbegrenzt wachsendem n strebt M_n gegen den Grenzwert $\operatorname{at} x : x$. Daher wird

$$\mu = \operatorname{at} x : x.$$

Setzt man die Mittelwert-Restbruchformel aus § 31 als bekannt voraus, so kann man die Formel $\mu = \operatorname{at} x : x$ *ohne weiteres* hinschreiben.]

Darauf schreiben wir (Geometr. Reihe)

$$\frac{1}{1+x^2} = 1 - x^2 + x^4 - x^6 + - \cdots + \iota^n x^{2n} + \iota^m \frac{x^{2m}}{1+x^2}, \qquad [m = n+1]$$

und bilden nun beiderseits den Mittelwert im Intervall $(0, x)$. Dabei berücksichtigen wir den Umstand, daß der Mittelwert des unterhalb x^{2m} liegenden Bruches $x^{2m} : (1 + x^2)$ unterhalb des Mittelwerts von x^{2m} liegt, mithin der Mittelwert dieses Bruches $\Theta x^{2m} : (2m+1)$ geschrieben werden kann, wo Θ ein gewisser positiver Echtbruch ist.

Es ergibt sich dann

$$\frac{\operatorname{at} x}{x} = 1 - \frac{x^2}{3} + \frac{x^4}{5} - \frac{x^6}{7} + - \cdots + \iota^n \frac{x^{2n}}{2n+1} + \iota^m \Theta \frac{x^{2m}}{2m+1}$$

oder

$$\operatorname{at} x = x - \frac{x^3}{3} + \frac{x^5}{5} - \frac{x^7}{7} + - \cdots + \iota^n \frac{x^{2n+1}}{2n+1} + \iota^m \Theta \frac{x^{2m+1}}{2m+1}.$$

Bei unbegrenzt wachsendem n strebt das letzte Glied rechts gegen Null, falls x das Intervall $[-1, +1]$ nicht überschreitet.

Folglich gilt die Entwicklung

$$\boxed{\operatorname{at} x = x - \frac{1}{3}x^3 + \frac{1}{5}x^5 - \frac{1}{7}x^7 + - \cdots} \qquad \text{für} \quad -1 \leqq x \leqq +1.$$

Die Arcustangensreihe divergiert für Unechtbrüche x. Mit Hilfe der Formel

$$\boxed{\operatorname{at} x + \operatorname{at} y = \frac{\pi}{2}},$$

in der y den Kehrwert von x bedeutet, hat man aber

$$\operatorname{at} x = \frac{\pi}{2} - \operatorname{at} y = \frac{\pi}{2} - y + \frac{y^3}{3} - \frac{y^5}{5} + - \cdots, \qquad [y = 1 : x]$$

und kann sonach den Arcustangens eines Unechtbruches x mittels der Arcustangensreihe für $y = 1 : x$ berechnen.

Bei Echtbrüchen x, die von 1 nicht viel abweichen, konvergiert die Reihe für $\operatorname{at} x$ *langsam* und ist deshalb für numerische Berechnung von $\operatorname{at} x$ nicht zu empfehlen. In diesem Falle führt man das Quasireziprok

$$z = \frac{1-x}{1+x}$$

von x ein, benutzt die Formel

$$\boxed{\operatorname{at} x + \operatorname{at} z = \frac{\pi}{4}}$$

und berechnet $\operatorname{at} x$ mittels der rasch konvergenten Reihe für $\operatorname{at} z$.

§ 86. Die Binomialreihe

Die Binomialreihe ist die Reihe

$$1 + \mu_1 z + \mu_2 z^2 + \mu_3 z^3 + \cdots,$$

wo μ_r den $r$ten Binomialkoeffizient der Basis μ bedeutet:

$$\mu_r = \frac{\mu}{1} \cdot \frac{\mu - 1}{2} \cdot \frac{\mu - 2}{3} \cdot \ldots \cdot \frac{\mu - r + 1}{r}.$$

Man kommt ungezwungen zu ihr, wenn man sich die rechte Seite der bekannten für *natürliche* μ gültigen Binomialformel

$$(1 + z)^\mu = 1 + \mu_1 z + \mu_2 z^2 + \cdots \text{ in inf.}$$

unabhängig von der linken Seite vorstellt und dann μ als *beliebige* reelle oder komplexe Zahl annimmt.

Die erste grundlegende Betrachtung der Binomialreihe stammt von Abel („Untersuchungen über die Reihe

$$1 + \frac{m}{1} x + \frac{m(m-1)}{1 \cdot 2} x^2 + \cdots\text{“)}$$

und steht im ersten Bande von Crelles Journal.

Die folgende Darlegung des allgemeinen binomischen Satzes

$$(1 + z)^\mu = 1 + \mu_1 z + \mu_2 z^2 + \cdots,$$

wo der Exponent μ eine beliebige reelle oder komplexe Zahl bedeutet, ist im wesentlichen die vorbildlich einfache Darstellung Goursats (Cours d'Analyse, T II, No 272).

Zunächst stellt man durch Betrachtung des Cauchybruches

$$C_n = \frac{\mu - n + 1}{n} \cdot z$$

der Reihe fest, daß sie für jedes reelle oder komplexe μ und z absolut konvergiert, falls $|z|$ ein Echtbruch ist.

Demgemäß nehmen wir jetzt z als feste betraglich unterhalb 1 liegende Zahl an und setzen für beliebiges μ

$$\varphi(\mu) = 1 + \mu_1 z + \mu_2 z^2 + \cdots.$$

Bedeutet ν eine andere beliebige endliche (komplexe) Zahl, so ist ebenso

$$\varphi(\nu) = 1 + \nu_1 z + \nu_2 z^2 + \cdots .$$

Wegen der absoluten Konvergenz der beiden rechtsstehenden Reihen dürfen wir sie nach Cauchys Produktregel multiplizieren und erhalten dadurch

$$\varphi(\mu) \cdot \varphi(\nu) = 1 + c_1 z + c_2 z^2 + c_3 z^3 + \cdots$$

mit

$$c_r = \mu_r + \mu_{r-1}\nu_1 + \mu_{r-2}\nu_2 + \cdots + \nu_r .$$

Nach Vandermondes Satz (Binomischer Satz für Binomialkoeffizienten) ist

$$c_r = (\mu + \nu)_r$$

[wo die rechte Seite den $r$ten Binomialkoeffizient der Basis $\mu + \nu$ bedeutet], und damit ergibt sich die Funktionalgleichung

$$\boxed{\varphi(\mu + \nu) = \varphi(\mu) \cdot \varphi(\nu)} .$$

Um noch eine zweite Möglichkeit für die Multiplikation von $\varphi(\mu)$ mit $\varphi(\nu)$ zu bekommen, schreiben wir $\varphi(\mu)$ als Doppelreihe, in welcher die $s$te Spalte aus dem nach steigenden Potenzen von μ entwickelten Gliede $\mu_s z^s$ der Binomialreihe besteht, wobei die $r$te Zeile die $r$te Potenz von μ enthält:

$$\varphi(\mu) = \begin{cases} 1 + \mu z - \frac{1}{2}\mu z^2 + \frac{1}{3}\mu z^3 - \frac{1}{4}\mu z^4 + - \cdots \\ \qquad\quad + \frac{1}{2}\mu^2 z^2 - \frac{1}{2}\mu^2 z^3 + \frac{11}{24}\mu^2 z^4 - + \cdots \\ \qquad\qquad\qquad\quad + \frac{1}{6}\mu^3 z^3 - \frac{1}{4}\mu^3 z^4 + - \cdots \\ \qquad\qquad\qquad\quad . \; . \; . \; . \; . \; . \; . \; . \; . \; . \end{cases}$$

Hier hat die Summe der Beträge der $s$ten Spalte den Wert

$$\overset{s}{\mathsf{M}} Z^s = \frac{\mathsf{M}(\mathsf{M}+1)(\mathsf{M}+2)\ldots(\mathsf{M}+s-1)}{s!} Z^s \qquad \text{mit} \quad \begin{Bmatrix} \mathsf{M} = |\mu| \\ Z = |z| \end{Bmatrix},$$

und da die aus den Gliedern $\overset{s}{\mathsf{M}} Z^s$ aufgebaute Reihe

$$\sum_0^\infty \overset{s}{\mathsf{M}} Z^s$$

($\overset{0}{\mathsf{M}} = 1$) nach Cauchys Bruchmerkmal konvergiert, so gestattet die Doppelreihe nach dem zweiten Doppelreihensatz auch *zeilen*weise Summierung, und die dadurch entstehende Reihe

$$\varphi(\mu) = 1 + z_1 \mu + z_2 \mu^2 + z_3 \mu^3 + \cdots$$

konvergiert für jedes endliche μ absolut.

Der Koeffizient z_1 hat den Wert

$$z_1 = z - \frac{1}{2} z^2 + \frac{1}{3} z^3 - + \cdots = l(1+z).$$

Um die Koeffizienten $z_2, z_3, \ldots$ zu finden, halten wir μ für den Augenblick fest, führen eine Hilfsvariable t ein, und schreiben

$$\varphi(\mu t) = 1 + z_1 \mu t + z_2 \mu^2 t^2 + z_3 \mu^3 t^3 + \cdots$$

sowie

$$\varphi(\nu t) = 1 + z_1 \nu t + z_2 \nu^2 t^2 + z_3 \nu^3 t^3 + \cdots.$$

Da diese beiden Reihen absolut konvergieren, ist Cauchys Produktregel anwendbar, und wir erhalten die Formel

$$\varphi(\mu t) \cdot \varphi(\nu t) = \sum_0^\infty k_n t^n$$

mit

$$k_0 = 1 \quad \text{und sonst} \quad k_n = z_n \mu^n + z_{n-1} z_1 \mu^{n-1} \nu + z_{n-2} z_2 \mu^{n-2} \nu^2 + \cdots + z_n \nu^n.$$

Nach obiger Funktionalgleichung ist aber

$$\varphi(\mu t) \cdot \varphi(\nu t) = \varphi(\overline{\mu + \nu}\, t) = \sum_0^\infty z_n (\mu + \nu)^n t^n.$$

Der Vergleich der beiden für $\varphi(\mu t) \cdot \varphi(\nu t)$ gefundenen Reihen liefert die Formel

$$(k_n =)\, z_n (\mu + \nu)^n = z_n \mu^n + z_{n-1} z_1 \mu^{n-1} \nu + z_{n-2} z_2 \mu^{n-2} \nu^2 + \cdots + z_n \nu^n,$$

und aus dieser für jedes μ und ν geltenden Formel folgt weiter

$$n_1 z_n = z_{n-1} z_1, \qquad n_2 z_n = z_{n-2} z_2, \qquad n_3 z_n = z_{n-3} z_3, \qquad \ldots$$

In der ersten dieser Formeln setzen wir $n = 2$ und erhalten

$$z_2 = z_1^2 : 2!.$$

Darauf setzen wir in der zweiten dieser Formeln $n = 3$ und erhalten

$$z_3 = z_1 z_2 : 3 = z_1^3 : 3!.$$

Dann gibt die dritte Formel mit $n = 4$

$$z_4 = z_1 z_3 : 4 = z_1^4 : 4!$$

usw. Kurzum, wir haben

$$z_r = z_1^r : r!.$$

Damit wird

$$\varphi(\mu) = 1 + z_1 \mu + \frac{z_1^2 \mu^2}{2!} + \frac{z_1^3 \mu^3}{3!} + \cdots,$$

d. h.

$$\varphi(\mu) = e^{\mu z_1} = e^{\mu\, l(1+z)}.$$

Als Ergebnis unserer Überlegungen erscheint der

Satz von Abel:

Die Binomialreihe

$$1 + \mu_1 z + \mu_2 z^2 + \mu_3 z^3 + \cdots$$

hat für jeden endlichen reellen oder komplexen Exponent und für jeden Echtbruch z den Wert

$$e^{\mu l(1+z)}$$

[welchen man gewöhnlich $(1 + z)^\mu$ schreibt]:

$$\boxed{(1+z)^\mu = 1 + \mu_1 z + \mu_2 z^2 + \cdots}, \qquad (\mu \text{ beliebig}, \ |z| < 1).$$

Dies ist die berühmte *Abelsche Binomialformel*.

Goursat untersucht in seiner Entwicklung auch das *Verhalten der Binomialreihe auf ihrem Konvergenzkreise* $|z| = 1$. Auch hier wird man am besten seiner überaus einfachen Darstellung folgen.

Es handelt sich also um die Betrachtung der Reihe

$$\mathfrak{s} = t_0 + t_1 + t_2 + \cdots \qquad \text{mit} \quad t_r = \mu_r z^r,$$

wo z einen beliebigen Festpunkt des Einheitskreises $|z| = 1$ bedeutet. Der komplexe Exponent μ habe den Realteil $\varkappa$, den Imaginärteil λ, so daß

$$\mu = \varkappa + i\lambda$$

ist.

Der Cauchybruch der Reihe

$$\mathfrak{S} = T_0 + T_1 + T_2 + \cdots,$$

in welcher T_r den Betrag von t_r bedeutet, hat den Wert

$$C_n = \frac{|\mu + 1 - n|}{n} = \frac{w}{n} \qquad \text{mit} \quad w = \sqrt{(n-K)^2 + \lambda^2}, \quad K = \varkappa + 1,$$

die Raabezahl also den Wert

$$R_n = n(1 - C_n) = n - w.$$

Nun ist

$$n - K - w = \frac{(n-K)^2 - w^2}{n - K + w} = \frac{-\lambda^2}{n - K + w},$$

so daß

$$R_n = K + \frac{e_n}{n} \qquad \text{mit} \quad e_n = \frac{-\lambda^2 n}{n + w - K}$$

wird, wo e_n für hinreichend hohe n betraglich unterhalb einer endlichen Fixzahl E bleibt.

Nach Raabes Satz konvergiert oder divergiert $\mathfrak{S}$, je nachdem

$$K = \varkappa + 1$$

die Einheit überschreitet oder nicht. Folglich:

I. Für positiven Realteil ($\varkappa$) von μ konvergiert demnach die Binomialreihe an jeder Stelle ihres Konvergenzkreises.

Für nichtpositiven Realteil $\varkappa$ von μ divergiert zwar die Reihe $\mathfrak{S}$. Damit ist aber noch nicht gesagt, daß auch $\mathfrak{s}$ divergiert.
Bei nichtpositivem K folgt aber aus $R_n = K + e_n : n$

$$C_n = 1 - \frac{K}{n} - \frac{e_n}{n^2},$$

und diese Gleichung sagt aus – selbst wenn K verschwindet, da e_n für hinreichend hohe n negativ bleibt – daß (für alle hinreichend hohen n) C_n *oberhalb* der Einheit liegt, die Betrage der Reihe $\mathfrak{s}$ (wie es bei Konvergenz doch sein müßte) also niemals abnehmen. Und das gilt auch im Falle $K = 0$, $\lambda = 0$ ($e_n = 0$) oder $\mu = -1$. Folglich:

II. Für jedes $\varkappa \leqq -1$ divergiert sonach die Binomialreihe an jeder Stelle ihres Konvergenzkreises.

Bleibt noch der Fall

$$-1 < \varkappa \leqq 0, \qquad 0 < K \leqq 1$$

zu erörtern.
Nun ist für positives p

$$C_n^p = 1 - \frac{Kp}{n} + \frac{\varepsilon_n}{n^2},$$

wo wiederum ε_n bei hinreichend hohem n betraglich unterhalb einer endlichen Schranke liegt. Weiter liegt bei hinreichend hohem p Kp oberhalb der Einheit, und nach Raabes Satz muß die Reihe

$$T_0^p + T_1^p + T_2^p + \cdots$$

(die ja den Cauchybruch C_n^p hat) konvergieren. Daher ist

$$\lim_{n\to\infty} T_n^p = 0, \quad \text{mithin auch} \quad \lim T_n = 0 \quad \text{und} \quad \lim t_n = 0.$$

Nachdem dieser Punkt festgestellt ist, multiplizieren wir den $n$ten Abschnitt

$$s_n = 1 + \mu_1 z + \mu_2 z^2 + \cdots + \mu_n z^n$$

der Reihe $\mathfrak{s}$ mit $1 + z$ und erhalten (auf Grund der bekannten Binomialkoeffizientenformel

$$n_r + n_s = m_s \qquad \text{mit} \quad m = n + 1, \qquad s = r + 1)$$

$$(1 + z) s_n = 1 + \mathsf{M}_1 z + \mathsf{M}_2 z^2 + \cdots + \mathsf{M}_n z^n + \mu_n z^{n+1} \qquad \text{mit} \quad \mathsf{M} = \mu + 1$$

oder, wenn wir den n ten Abschnitt

$$S_n = 1 + \mathsf{M}_1 z + \mathsf{M}_2 z^2 + \cdots + \mathsf{M}_n z^n$$

der Reihe

$$\varphi(M) = 1 + \mathsf{M}_1 z + \mathsf{M}_2 z^2 + \cdots, \quad (\mathsf{M} = \mu + 1)$$

einführen,

$$(1 + z) s_n = S_n + z t_n .$$

Wegen [$\mathsf{M} = K + i\lambda$ und] $K > 0$ konvergiert S_n nach I bei unbegrenzt wachsendem Zeiger n gegen einen endlichen Grenzwert. Dasselbe tut t_n ($\lim t_n = 0$). Folglich konvergiert auch s_n bei $n \to \infty$ gegen einen endlichen Grenzwert, wofern nicht grade $1 + z$ verschwindet. Folglich:

III. Im Falle $-1 < \varkappa \leqq 0$ konvergiert die Binomialreihe in allen Punkten ihres Konvergenzkreises, ausgenommen den Punkt $z = -1$.

Zusammenfassend können wir sagen:

Die Binomialreihe konvergiert an sämtlichen Stellen oder an allen Stellen bis auf eine: $z = -1$ oder endlich an keiner Stelle ihres Konvergenzkreises, je nachdem der Realteil des Exponenten positiv oder nichtpositiv, aber doch wenigstens größer als -1, oder endlich negativ und nicht größer als -1 ist.

§ 87. Die Arcussinusreihe

Die Herleitung der Potenzreihe für die Funktion

$$y = \operatorname{arc} \sin x = \operatorname{as} x$$

mit Hilfe der Taylorschen Reihe ist eine mühsame Sache, da es nicht einfach ist, eine independente Darstellung für die n te Ableitung der Funktion $y = \operatorname{as} x$ anzugeben. Wir schlagen deshalb einen etwas andern Weg ein.

Nach der Binomialreihe ist für jeden Echtbruch x

$$(1) \qquad \frac{1}{\sqrt{1 - x^2}} = c_0 + c_1 x^2 + c_2 x^4 + c_3 x^6 + \cdots$$

mit

$$c_0 = 1 \qquad \text{und} \qquad c_n = \frac{1 \cdot 3 \cdot 5 \ldots \cdot (2n-1)}{2 \cdot 4 \cdot 6 \ldots \cdot (2n)} = \frac{(2n)!}{2^{2n} (n!)^2} .$$

Die rechtsstehende Reihe konvergiert in jedem Intervall $I\ [-e, +e]$, wo e ein beliebig großer positiver Echtbruch ist, absolut und gleichmäßig.

Die Reihe

$$(2) \qquad \Phi(x) = c_0 x + c_1 \frac{x^3}{3} + c_2 \frac{x^5}{5} + c_3 \frac{x^7}{7} + \cdots,$$

deren Glieder die Primitiven der Glieder von (1) sind, konvergiert nach Gauß' Konvergenzmerkmal für $x = 1$ und damit im abgeschlossenen Intervall

$[-1, +1]$ absolut und gleichmäßig. [Für unseren Zweck genügt die schlichte Konvergenz im Intervall I.]

Nach dem Satz von der Ableitung der Potenzreihe ist demnach in I

$$\Phi'(x) = c_0 + c_1 x^2 + c_2 x^4 + \cdots$$

oder

$$\Phi'(x) = \frac{1}{\sqrt{1-x^2}} .$$

Da aber $1 : \sqrt{1-x^2}$ die Ableitung von $y = \operatorname{as} x$ darstellt, ist

$$y' = \Phi'(x)$$

und damit

$$y = \Phi(x) + C,$$

wo C eine Konstante bedeutet, die durch die Annahme $x = 0$ zu $C = 0$ bestimmt wird.

Demnach ist

$$\boxed{\operatorname{as} x = c_0 x + c_1 \frac{x^3}{3} + c_2 \frac{x^5}{5} + c_3 \frac{x^7}{7} + \cdots} .$$

Diese Formel gilt zunächst für jeden Echtbruch x. Da aber die rechtsstehende Reihe auch noch an den Stellen $x = \pm 1$ konvergiert, gilt die Formel nach Abels Stetigkeitssatz (§ 73) auch noch für $x = \pm 1$.

Die Arcussinusreihe

$$\operatorname{as} x = x + c_1 \frac{x^3}{3} + c_2 \frac{x^5}{5} + \cdots$$

konvergiert demnach an allen Stellen des abgeschlossenen Intervalls $[-1, +1]$.

Wer eine elementare Herleitung der Arcussinusreihe wünscht, d. h. eine Herleitung, die von der Binomialreihe usw. unabhängig ist, kann etwa wie folgt verfahren.

Wir versuchen zunächst – ohne Kenntnis der Binomialreihe – die Funktion

$$\psi(x) = \frac{1}{\sqrt{1-x}}$$

in eine Potenzreihe zu entwickeln.

Zu dem Zwecke setzen wir versuchsweise an

$$\psi(x) = c_0 + c_1 x + c_2 x^2 + c_3 x^3 + \cdots,$$

wo die Koeffizienten c zu bestimmen sind. Die Berechtigung dieses Ansatzes werden wir weiter unten erkennen.

Wir multiplizieren $\psi(x)$ mit sich selbst und erhalten die Relation

$$(c_0 + c_1 x + c_2 x^2 + \cdots)(c_0 + c_1 x + c_2 x^2 + \cdots) = 1 : (1-x).$$

Hier multiplizieren wir links nach der gewöhnlichen Klammerregel aus, unbekümmert darum, ob diese Multiplikation erlaubt ist oder nicht. Wir werden im Verlauf unserer Darlegung sehen, daß dieser Zweifel völlig belanglos ist. Der Koeffizient von x^n wird dann

$$d_n = c_0 c_n + c_1 c_{n-1} + c_2 c_{n-2} + \cdots + c_n c_0$$

und das Produkt der beiden Klammern

$$d_0 + d_1 x + d_2 x^2 + \cdots.$$

Nun zur rechten Seite unserer Gleichung! Diese gestattet für echtgebrochene x die Entwicklung

$$1 : (1 - x) = 1 + x + x^2 + x^3 + \cdots.$$

Unser Ansatz führt daher auf die Gleichung

$$d_0 + d_1 x + d_2 x^2 + d_3 x^3 + \cdots = 1 + x + x^2 + x^3 + \cdots,$$

wo wir nun allerdings $|x| < 1$ voraussetzen müssen; und diese Gleichung ist sicher erfüllt, wenn jeder der Koeffizienten d den Wert 1 hat. Wir müssen uns also nach Zahlen $c_0, c_1, c_2, \ldots$ umsehen, die für jeden Zeiger n die Formel $d = 1$ oder

$$\boxed{c_0 c_n + c_1 c_{n-1} + c_2 c_{n-2} + \cdots + c_n c_0 = 1}$$

befriedigen, und unsere bisherige Überlegung hatte lediglich den Zweck, auf diese Relation zu kommen.

Die einfachsten c-Werte sind leicht zu finden.

Aus $d_0 = 1$	oder $c_0 c_0 = 1$	folgt	$c_0 = 1,$
,, $d_1 = 1$	,, $c_0 c_1 + c_1 c_0 = 1$	,,	$c_1 = \frac{1}{2},$
,, $d_2 = 1$	,, $c_0 c_2 + c_1 c_1 + c_2 c_0 = 1$	,,	$c_2 = \frac{1 \cdot 3}{2 \cdot 4},$
,, $d_3 = 1$		,,	$c_3 = \frac{1 \cdot 3 \cdot 5}{2 \cdot 4 \cdot 6},$
,, $d_4 = 1$		,,	$c_4 = \frac{1 \cdot 3 \cdot 5 \cdot 7}{2 \cdot 4 \cdot 6 \cdot 8}.$

. . . .

Demnach vermuten wir, daß

$$c_n = \frac{1 \cdot 3 \cdot 5 \cdot 7 \ldots \cdot (2n - 1)}{2 \cdot 4 \cdot 6 \cdot 8 \ldots \cdot (2n)}$$

ist.

Um diese Vermutung zur Gewißheit zu erheben, betrachten wir allgemein Ausdrücke von der Form

$$v_n = \frac{v}{1} \frac{v+1}{2} \frac{v+2}{3} \cdots \frac{v+n-1}{n} \quad \text{mit} \quad n > 0,$$

wozu wir noch $v_0 = 1$ ansetzen.

Wir zeigen, daß diese Ausdrücke für jeden Zeiger n die Relation

$$\boxed{(a+b)_n = a_n b_0 + a_{n-1} b_1 + a_{n-2} b_2 + \cdots + a_0 b_n}$$

befriedigen.

Für die einfachsten Zeigerwerte läßt sich das leicht bestätigen. Es sei $a + b = k$. Wir nehmen an, die Formel für k_n sei für alle Zeiger von 1 bis einschließlich n bewiesen und zeigen, daß sie dann auch für den Zeiger $N = n + 1$ gilt.

Der Kürze wegen schreiben wir die Formel

$$(a+b)_n = \sum a_r b_s,$$

wo die Summation über alle nichtnegativen Zeiger r und s mit der Summe n zu erstrecken ist.

Wir verwenden folgende Abkürzungen

$$A = a+1, \quad B = b+1, \quad C = a+b+1, \quad R = r+1, \quad S = s+1, \quad R+S = N.$$

Dann ist noch

$$R+s = r+S = N-1 = n.$$

(n Abkürzung für $N - 1$.)

Gesucht wird die Summe

$$\zeta = \sum a_R b_S \qquad \text{mit} \quad R+S = N.$$

Wir multiplizieren diese Gleichung mit N:

$$N\zeta = \sum N a_R b_S = \sum (R+S) a_R b_S = \sum R a_R \cdot b_S + \sum a_R \cdot S b_S.$$

Hier ersetzen wir $R a_R$ durch $a \cdot A_r$ und $S b_S$ durch $b \cdot B_s$. Dann wird

$$N\zeta = a \sum A_r b_S + b \sum a_R B_s.$$

Die erste rechtsstehende Summe ist voraussetzungsgemäß $(A + b)_n$ oder C_n, die zweite $(a + B)_n$ oder C_n. Daher hat die rechte Seite unserer Gleichung den Wert $(a + b)\, C_n$, und es wird

$$N\zeta = (a+b)\, C_n \qquad \text{oder} \qquad \zeta = \frac{a+b}{N} \cdot C_n = (a+b)_N.$$

Folglich ist auch für den Zeiger $N = n + 1$

$$(a+b)_N = \sum a_R b_S \qquad \text{mit} \quad R+S = N,$$

womit unsere Formel für jeden Zeiger bewiesen ist.

Ist speziell $a = \frac{1}{2}$, $b = \frac{1}{2}$, also $k = 1$, so entsteht wegen $k_n = 1$ und

$$a_n = b_n = \frac{1}{2} \cdot \frac{3/2}{2} \cdot \frac{5/2}{3} \cdots \frac{2n - 1/2}{n} = \frac{1}{2} \cdot \frac{3}{4} \cdot \frac{5}{6} \cdots \frac{2n-1}{2n} = c_n$$

$$c_n c_0 + c_{n-1} c_1 + c_{n-2} c_2 + \cdots + c_0 c_n = 1,$$

q. e. d.

Auf Grund unserer Betrachtung setzen wir jetzt

$$\psi = \frac{1}{\sqrt{1-x}} = c_0 + c_1 x + c_2 x^2 + \cdots + c_n x^n + u,$$

wobei wir x als positiven Echtbruch annehmen, und versuchen, den Unterschied u zwischen dem Kehrwert ψ von $w = \sqrt{1-x}$ und dem Polynom

$$\mathfrak{p} = c_0 + c_1 x + c_2 x^2 + \cdots + c_n x^n$$

abzuschätzen.

Es ist nun

$$u = \frac{1 - w\mathfrak{p}}{w} = \frac{1 - w^2 \mathfrak{p}^2}{w(1 + w\mathfrak{p})}.$$

Der Subtrahend des rechtsstehenden Zählers ist

$$(c_0 + c_1 x + c_2 x^2 + \cdots + c_n x^n)(c_0 + c_1 x + c_2 x^2 + \cdots + c_n x^n)[1 - x].$$

Hier hat das Produkt der runden Klammern den Wert

$$d_0 + d_1 x + d_2 x^2 + \cdots + d_n x^n + \alpha x^{n+1} + \beta x^{n+2} + \cdots + \nu x^{2n}$$

mit
$$\begin{cases} d_0 = d_1 = d_2 = \cdots = d_n = 1, \\ \alpha = c_1 c_n + c_2 c_{n-1} + c_3 c_{n-2} + \cdots + c_n c_1, \\ \beta = c_2 c_n + c_3 c_{n-1} + c_4 c_{n-2} + \cdots + c_n c_2, \\ \dots\dots\dots\dots\dots\dots \end{cases}$$

Wir sehen, daß die positiven Zahlen $\alpha, \beta, \ldots$ alle < 1 sind, sowie daß wegen $c_1 > c_2 > c_3 > \ldots$ $\alpha > \beta > \gamma > \ldots$ ist.

Die Multiplikation des gefundenen Ausdrucks $1 + x + x^2 + \cdots + x^n + \alpha x^{n+1} + \beta x^{n+2} + \cdots + \nu x^{2n}$ mit $[1 - x]$ liefert den Wert

$$1 - (1-\alpha) x^{n+1} - (\alpha - \beta) x^{n+2} - (\beta - \gamma) x^{n+3} - \cdots - \nu x^{2n+1}.$$

Daher wird

$$1 - w^2 \mathfrak{p}^2 = (1-\alpha) x^{n+1} + (\alpha - \beta) x^{n+2} + (\beta - \gamma) x^{n+3} + \cdots + (\nu) x^{2n+1},$$

wo alle runden Klammern positive Echtbrüche sind. Daher ist

$$1 - w^2 \mathfrak{p}^2 < x^{n+1} + x^{n+2} + x^{n+3} + \cdots \text{ in inf.} = \frac{x^{n+1}}{1-x}$$

und weiter, da $1 + w\mathfrak{p} \geqq 1$ ist,

$$0 < u < x^{n+1} : w^3.$$

Ergebnis:

Es ist

$$\frac{1}{\sqrt{1-x}} = c_0 + c_1 x + c_2 x^2 + \cdots + c_n x^n + u$$

mit
$$\left\{ \begin{matrix} c_0 = 1, \quad c_r = \frac{1}{2} \cdot \frac{3}{4} \cdot \frac{5}{6} \cdot \ldots \cdot \frac{2r-1}{2r} \\ 0 < u < x^{n+1} : \sqrt{1-x}^{\,3} \end{matrix} \right\}.$$

Bei echtem x strebt u mit unbegrenzt wachsendem n gegen Null. Daher gilt die Reihenentwicklung

$$\boxed{\frac{1}{\sqrt{1-x}} = c_0 + c_1 x + c_2 x^2 + \cdots \text{ in inf.}}\,, \qquad 0 \leqq x < 1.$$

Setzen wir also an

$$\frac{1}{\sqrt{1-x}} = c_0 + c_1 x + c_2 x^2 + \cdots + c_n x^n + \mathfrak{r},$$

so ist

$$\mathfrak{r} = c_{n+1} x^{n+1} + c_{n+2} x^{n+2} + \cdots \text{ in inf.},$$

d. h. wegen

$$c_{n+1} < 1, \quad c_{n+2} < 1, \ \ldots$$
$$\mathfrak{r} < x^{n+1} : (1-x).$$

Nach dieser Vorbetrachtung über die Funktion

$$\psi(x) = 1 : \sqrt{1-x}$$

lenken wir unsere Aufmerksamkeit auf die Funktion

$$\varphi(x) = 1 : \sqrt{1-x^2},$$

die die Ableitung der Funktion

$$\Phi(x) = \operatorname{as} x$$

darstellt.

Wir bestimmen – auf zwei Weisen – den Mittelwert μ der Funktion $\varphi(x)$ im Intervall $(0, x)$ und setzen dann die gefundenen Werte einander gleich.

Einmal haben wir

$$\varphi(x) = \frac{1}{\sqrt{1-x^2}} = c_0 + c_1 x^2 + c_2 x^4 + \cdots + c_n x^{2n} + \Re$$

mit

$$0 < \Re < x^{2n+2} : (1-x^2).$$

Daher ist

$$\mu = c_0 + c_1 \frac{x^2}{3} + c_2 \frac{x^4}{5} + \cdots + c_n \frac{x^{2n}}{2n+1} + R$$

mit

$$0 < R < \frac{1}{2n+3} \frac{x^{2n+2}}{1-x^2}.$$

Für echte x und unbegrenzt wachsendes n strebt R gegen Null. Folglich: Der Mittelwert der Funktion

$$\varphi(x) = \frac{1}{\sqrt{1-x^2}}$$

im Intervall $(0, x)$ ist die konvergente Potenzreihe

$$\mu = c_0 + c_1 \frac{x^2}{3} + c_2 \frac{x^4}{5} + c_3 \frac{x^6}{7} + \cdots, \qquad (x < 1).$$

Dieser Mittelwert ist anderseits nach dem Restbruch-Mittelwertsatz von § 31

$$\mu = \operatorname{as} x : x,$$

kann aber auch [ähnlich wie bei der Bestimmung des Mittelwerts der Funktion x^p im § 32] direkt aus der Schrankenformel der Arcussinusfunktion (§ 25) ermittelt werden.

Die Gleichsetzung der beiden μ-Werte ergibt die

Arcussinusreihe

$$\boxed{\operatorname{as} x = x + c_1 \frac{x^3}{3} + c_2 \frac{x^5}{5} + c_3 \frac{x^7}{7} + \cdots}, \quad 0 \leqq x < 1.$$

Setzt man dabei

$$\operatorname{as} x = x + c_1 \frac{x^3}{3} + \cdots + c_n \frac{x^{2n+1}}{2n+1},$$

so ist der damit begangene Fehler kleiner als

$$c_{n+1} \frac{x^{2n+3}}{2n+3} : (1 - x^2),$$

wie sofort zu sehen, wenn man den weggelassenen Reihenrest mit der geometrischen Reihe

$$c_{n+1} \frac{x^{2n+3}}{2n+3} + c_{n+1} \frac{x^{2n+5}}{2n+3} + \cdots$$

vergleicht.

§ 88. Teilbruchzerlegung von cot x und cosec x

Wir gehen aus von der Formel

$$\cos n\varphi = u^n - n_2 u^{n-2} v^2 + n_4 u^{n-4} v^4 - + \cdots \quad \text{mit} \quad u = \cos\varphi, \quad v = \sin\varphi.$$

Auf Grund der Relation $u^2 + v^2 = 1$ beseitigen wir in ihr v und erhalten

$$\cos n\varphi = u^n - n_2 u^{n-2}(1 - u^2) + n_4 u^{n-4}(1 - u^2)^2 - + \cdots.$$

Durch Auflösung der Klammern und Zusammenfassung entsteht rechts ein Polynom $n$ten Grades in u von der Form

$$A u^n + B u^{n-2} + C u^{n-4} + \cdots,$$

wobei der Koeffizient A den Wert

$$A = 1 + n_2 + n_4 + n_6 + \cdots$$

hat.

Nun ist nach dem binomischen Satze

$$(1+1)^n = 1 + n_1 + n_2 + n_3 + n_4 + \cdots, \quad (1-1)^n = 1 - n_1 + n_2 - n_3 + n_4 - + \cdots$$

Hieraus ergibt sich durch Addition

$$A = 1 + n_2 + n_4 + n_6 + \cdots = 2^{n-1}.$$

$\cos n\varphi$ ist also ein Polynom $n$ten Grades in $u = \cos\varphi$, dessen höchstes Glied den Koeffizient 2^{n-1} hat.

Daran ändert sich auch nichts, wenn man $\cos n\varphi$ um eine Konstante vermindert. Als solche wählen wir $\cos n\lambda$ und haben den *Satz*:

Der Unterschied $\cos n\varphi - \cos n\lambda$ *ist ein Polynom nten Grades in* $u = \cos\varphi$ *mit dem Anfangskoeffizient* 2^{n-1}.

Nach dem Fundamentalsatz der Algebra hat dieses Polynom n Wurzeln u_1, $u_2, \ldots, u_n$ und ist – vom Faktor 2^{n-1} abgesehen – das Produkt der n Linearfaktoren $u - u_1, u - u_2, \ldots, u - u_n$.

Folglich gilt die Gleichung

$$\cos n\varphi - \cos n\lambda = 2^{n-1}(u - u_1)(u - u_2) \ldots \cdot (u - u_n).$$

Die Wurzeln $u_1, u_2, \ldots, u_n$ finden wir leicht durch Nullsetzen der linken Seite dieser Gleichung. Nun wird aber

$$\cos n\varphi = \cos n\lambda \qquad \text{für} \qquad \varphi = \lambda + r\frac{2\pi}{n},$$

wo r irgendeine Ganzzahl sein darf.

Wir wählen

$$r = 0, 1, 2, \ldots, n-1$$

und bekommen für φ die Werte

$$\varphi = \lambda + r\gamma \qquad \text{mit} \quad \gamma = \frac{2\pi}{n} \qquad \text{und} \qquad r = 0, 1, 2, \ldots, n-1.$$

Das gibt

$$u_1 = \cos\lambda, \quad u_2 = \cos(\lambda + \gamma), \quad u_3 = \cos(\lambda + 2\gamma), \quad \ldots, \quad u_n = \cos(\lambda + \overline{n-1}\,\gamma).$$

Tatsächlich sind diese n Werte paarweise verschieden, da aus

$$\cos(\lambda + r\gamma) = \cos(\lambda + s\gamma) \qquad (r - s)\gamma = \frac{r-s}{n} 2\pi$$

als ganzzahliges Vielfaches von 2π folgen würde, was wegen $|r - s| < n$ nicht sein kann.

Damit haben wir die Formel

$$\cos n\varphi - \cos n\lambda = 2^{n-1}\prod_0^{n-1}[\cos\varphi - \cos(\lambda + r\gamma)].$$

In ihr setzen wir

$$\varphi = 0, \qquad \lambda = 2\theta, \qquad \gamma = 2\alpha$$

und benutzen überall die Formel $1 - \cos 2\omega = 2\sin^2\omega$. Das gibt

$$\sin^2 n\theta = 2^{2n-2}\prod_0^{n-1}\sin^2(\theta + r\alpha) \qquad \text{mit} \quad \alpha = \frac{\pi}{n}$$

oder

$$\boxed{\sin n\theta = 2^{n-1}\prod_0^{n-1}\sin(\theta + r\alpha)} \qquad \text{mit} \quad \alpha = \frac{\pi}{n}.$$

(Daß das Vorzeichen einer Seite dieser Gleichung nicht – sein darf, folgt durch die Annahme $\theta = \pi : 2n$, für welche die linke Seite $+1$ ist und die rechte lauter positive Faktoren unmfaßt.)

In der gefundenen Formel bedeutet θ einen beliebigen reellen oder komplexen Winkel. Wir nehmen ihn als Argument und bilden beiderseits die bezogene Ableitung. Das gibt

$$(1) \qquad n\cot n\theta = \sum_0^{n-1}\cot(\theta + r\alpha), \qquad \left[\alpha = \frac{\pi}{n}\right],$$

und die Ableitung dieser Formel liefert

$$(2) \qquad n^2\operatorname{cosec}^2 n\theta = \sum_0^{n-1}\operatorname{cosec}^2(\theta + r\alpha), \qquad \left[\alpha = \frac{\pi}{n}\right].$$

Die Formeln (1) *und* (2) *bilden den Ausgangspunkt für die Zerlegung der Funktionen Cotangens und Cosecans in Partialbrüche.*

Wir bringen sie zunächst noch auf eine *symmetrische* Form, indem wir jeweils die beiden Glieder

$$\cot(\theta + r\alpha),\ \cot(\theta + s\alpha) \ \text{bzw.}\ \operatorname{cosec}^2(\theta + r\alpha),\ \operatorname{cosec}^2(\theta + s\alpha) \ \text{mit}\ s = n - r$$

zu einem Binom zusammenfassen. Da hierbei aber das Glied $\cot\theta$ von (1) und $\operatorname{cosec}^2\theta$ von (2) kein Binom liefert, so müssen wir für das folgende $n-1$ als gerade Zahl 2μ, n als ungerade Zahl m voraussetzen:

$$n = m = 2\mu + 1.$$

Nach den Formeln

$$\cot(\zeta + \pi) = \cot\zeta, \qquad \operatorname{cosec}(\zeta + \pi) = -\operatorname{cosec}\zeta$$

werden unsere Binome [es ist $n\alpha = \pi$]

$$\cot(\theta + r\alpha) + \cot(\theta - r\alpha) \quad \text{und} \quad \operatorname{cosec}^2(\theta + r\alpha) + \operatorname{cosec}^2(\theta - r\alpha),$$

und wir erhalten alle Binome, wenn wir r von 1 bis μ laufen lassen.

So entstehen die Formeln

$$(1') \qquad m\cot m\theta = \cot\theta + \sum_1^{\mu}[\cot(\theta + r\alpha) + \cot(\theta - r\alpha)],$$

(2′) $$m^2 \operatorname{cosec} m\theta = \operatorname{cosec}^2\theta + \sum_1^{\mu} [\operatorname{cosec}^2(\theta + r\alpha) + \operatorname{cosec}^2(\theta - r\alpha)],$$

in denen also m eine beliebige positive ungerade Zahl, $\mu = (m-1):2$ und $\alpha = \pi : m$ ist.

Da nun nach dem Additionstheorem

$$\cot(\theta + r\alpha) + \cot(\theta - r\alpha) = \frac{\sin 2\theta}{\sin^2\theta - \sin^2 r\alpha}$$

und

$$\operatorname{cosec}^2(\theta + r\alpha) + \operatorname{cosec}^2(\theta - r\alpha) = \frac{\sin^2\sigma + \sin^2\delta}{(\sin^2\theta - \sin^2 r\alpha)^2}$$

mit $$\sigma = \theta + r\alpha, \qquad \delta = \theta - r\alpha$$

ist, so nehmen unsere Formeln, wenn wir noch

$$m\theta = x, \qquad \theta = \frac{x}{m}$$

setzen, die endgültige Gestalt

(1″) $$\cot x - \frac{1}{m}\cot\frac{x}{m} = \varphi_1(m) + \varphi_2(m) + \cdots + \varphi_\mu(m),$$

(2″) $$\operatorname{cosec}^2 x - \frac{1}{m^2}\operatorname{cosec}^2\frac{x}{m} = \psi_1(m) + \psi_2(m) + \cdots + \psi_\mu(m)$$

an, wobei

$$\varphi_r(m) = \frac{m \sin\frac{2x}{m}}{m^2\left(\sin^2\frac{x}{m} - \sin^2 r\frac{\pi}{m}\right)}, \qquad \psi_r(m) = \frac{m^2(\sin^2\sigma + \sin^2\delta)}{m^4\left(\sin^2\frac{x}{m} - \sin^2 r\frac{\pi}{m}\right)^2}$$

ist. Dabei denken wir uns x als gegebenen reellen oder komplexen Winkel, der aber kein Multiplum von π sein soll, m als ganzzahlige Variable.

Wir behaupten: Die Rechtsseiten von (1″) und (2″) sind Tanneryreihen.

Beweis. Erstens ist bei festgehaltenem r

$$\lim_{m\to\infty} \varphi_r(m) = \frac{2x}{x^2 - r^2\pi^2}, \qquad \lim_{m\to\infty} \psi_r(m) = 2\frac{x^2 + r^2\pi^2}{(x^2 - r^2\pi^2)^2}.$$

Zweitens wächst mit unbegrenzt wachsendem m auch der Schlußzeiger μ.

Drittens ist wegen der Ungleichungen

$$\left|\sin\frac{x}{m}\right| < \frac{E}{m}, \quad \left|\sin\frac{2x}{m}\right| < \frac{2E}{m} \quad \text{mit} \quad E = \operatorname{Sin}|x|, \quad \sin\frac{r\pi}{m} > \frac{2r}{m}, \quad \sin\frac{r\pi}{m} < \frac{r\pi}{m}$$

für jedes oberhalb $E:2$ liegende r

$$\left|\sin^2\frac{x}{m} - \sin^2 r\frac{\pi}{m}\right| \geq \sin^2\frac{r\pi}{m} - \left|\sin^2\frac{x}{m}\right| > (4r^2 - E^2) : m^2,$$

mithin

$$|\varphi_r(m)| < \Phi_r = \frac{2E}{4r^2 - E^2} \quad \text{sowie} \quad |\psi_r(m)| < \Psi_r = 2\cdot\frac{\pi^2 r^2 + E^2}{(4r^2 - E^2)^2},$$

so daß die beiden Schrankenreihen

$$\sum \Phi_r \quad \text{und} \quad \sum \Psi_r$$

(in denen r alle oberhalb $E:2$ liegenden Zeiger durchläuft) konvergieren. Daher gestatten die Gleichungen (1″) und (2″) die Anwendung des Tannery-schen Satzes. Der durch ihn vermittelte Grenzübergang liefert wegen

$$\lim \frac{1}{m} \cot \frac{x}{m} = \frac{1}{x} \qquad \text{und} \qquad \lim \frac{1}{m^2} \operatorname{cosec}^2 \frac{x}{m} = \frac{1}{x^2}$$

die beiden Relationen

$$\cot x - \frac{1}{x} = \sum_{1}^{\infty} \frac{2x}{x^2 - \pi^2 r^2}$$

und

$$\operatorname{cosec}^2 x - \frac{1}{x^2} = \sum_{1}^{\infty} \frac{2x^2 + 2\pi^2 r^2}{(x^2 - \pi^2 r^2)^2} = \sum_{1}^{\infty} \left[\frac{1}{(x + \pi r)^2} + \frac{1}{(x - \pi r)^2} \right].$$

Damit haben wir die

Partialbruchzerlegungen für $\cot x$ *und* $\operatorname{cosec}^2 x$*:*

$$\boxed{\cot x = \sum_{-\infty}^{+\infty} \frac{x}{x^2 - \pi^2 r^2}}, \qquad \boxed{\operatorname{cosec}^2 x = \sum_{-\infty}^{+\infty} \frac{1}{(x - \pi r)^2}}.$$

Sie gelten für jeden reellen oder komplexen Winkel x und konvergieren für jedes x, das kein Multiplum von π ist.

Durch Heranziehung der Formel

$$\operatorname{cosec} x = \cot \frac{x}{2} - \cot x$$

gewinnt man aus der Teilbruchzerlegung von $\cot x$ die von $\operatorname{cosec} x$:

$$\operatorname{cosec} x = \sum \frac{2x}{x^2 - 4\pi^2 r^2} - \sum \frac{x}{x^2 - \pi^2 r^2} = \sum \frac{x}{x^2 - \pi^2 n^2} - \sum \frac{x}{x^2 - \pi^2 m^2},$$

wo n alle geraden, m alle ungeraden Zahlen durchläuft. Das gibt

$$\boxed{\frac{1}{\sin x} = \sum_{-\infty}^{+\infty} \frac{\iota^r x}{x^2 - \pi^2 r^2}}.$$

Wie leicht festzustellen, konvergieren die drei gefundenen Teilbruchreihen in jedem Bereiche der x-Ebene, der kein Multiplum von π enthält, *gleichmäßig* (und absolut).

§ 89. Die Potenzreihe für $\frac{x}{e^x - 1}$

Wir stellen uns die *Aufgabe*:

Die Funktion

$$y = \frac{x}{e^x - 1}$$

in eine nach Potenzen von x fortschreitende Reihe zu verwandeln.

Eine einfache Lösung dieser Aufgabe beruht auf der für jedes x gültigen Partialbruchzerlegung von $\cot x$:

$$\cot x = \sum_{-\infty}^{+\infty} \frac{x}{x^2 - \nu^2 \pi^2}.$$

In dieser Formel setzen wir ix statt x und bekommen

$$i \cot i x = \sum \frac{x}{x^2 + \nu^2 \pi^2}$$

oder, da

$$\cos i x = \mathrm{Cos}\, x, \qquad \sin i x = i\, \mathrm{Sin}\, x$$

ist, wo $\mathrm{Cos}\, x$ und $\mathrm{Sin}\, x$ den hyperbolischen Cosinus und Sinus von x bedeuten,

$$\mathit{Cot}\, x = \sum_{-\infty}^{+\infty} \frac{x}{x^2 + \nu^2 \pi^2}$$

oder

$$\frac{e^x + e^{-x}}{e^x - e^{-x}} = \sum \frac{x}{x^2 + \nu^2 \pi^2}$$

oder

$$\frac{e^{2x} + 1}{e^{2x} - 1} = \sum_{-\infty}^{+\infty} \frac{x}{x^2 + \nu^2 \pi^2}$$

oder, indem wir statt x überall $x : 2$ schreiben,

$$\frac{e^x + 1}{e^x - 1} = \sum_{-\infty}^{+\infty} \frac{2x}{x^2 + 4\pi^2 \nu^2} = \frac{2}{x} + \sum_{1}^{\infty} \frac{4x}{x^2 + 4\pi^2 \nu^2}$$

oder endlich, da

$$\frac{e^x + 1}{e^x - 1} = \frac{2}{e^x - 1} + 1$$

ist,

$$u = \frac{x}{e^x - 1} - 1 + \frac{x}{2} = \sum_{1}^{\infty} \frac{2x^2}{x^2 + 4\pi^2 \nu^2}.$$

Nun ist für $|x| < o$ und $o = 2\pi$

$$\frac{2x^2}{x^2 + o^2 r^2} = \frac{2x^2}{o^2 r^2} \cdot \frac{1}{1 + \frac{x^2}{o^2 r^2}} = 2\left[\frac{x^2}{o^2 r^2} - \frac{x^4}{o^4 r^4} + \frac{x^6}{o^6 r^6} - + \cdots\right].$$

Damit läßt sich u als Doppelreihe schreiben, in welcher das in der r ten Zeile und s ten Spalte stehende Glied

$$f_{rs} = 2\,\iota^{s-1} x^{2s} : o^{2s} r^{2s}$$

heißt. Diese Doppelreihe konvergiert absolut, da jede Zeile (für $|x| < o$ nämlich) eine absolut konvergente Reihe darstellt und die Summe der Reihen

$$2\frac{X^2}{o^2 r^2} + 2\frac{X^4}{o^4 r^4} + 2\frac{X^6}{o^6 r^6} + \cdots \quad \text{mit} \quad X = |x|,$$

nämlich

$$\sum_1^\infty \frac{2X^2}{o^2 r^2 - X^2},$$

gleichfalls absolut konvergiert.

Daher darf die Doppelreihe auch spaltenweise summiert werden.

Die s te Spalte hat die Summe

$$2\,\iota^{s-1} x^{2s} \cdot S_{2s} : o^{2s}$$

mit

$$S_{2s} = \frac{1}{1^{2s}} + \frac{1}{2^{2s}} + \frac{1}{3^{2s}} + \frac{1}{4^{2s}} + \cdots,$$

und die Summe der Doppelreihe wird

$$u = \sum_1^\infty \frac{2x^2}{x^2 + 4\pi^2 r^2} = 2\sum_1^\infty \iota^{s-1} \frac{S_{2s}}{o^{2s}} \cdot x^{2s}.$$

Die gesuchte Entwicklung lautet demnach

$$\boxed{\frac{x}{e^x - 1} = 1 - \frac{x}{2} + 2\sum \iota^{\frac{n}{2}-1} \frac{S_n}{o^n} \cdot x^n}, \qquad |x| < 2\pi,$$

wo n alle positiven geraden Zahlen durchläuft, o eine Abkürzung für 2π ist und S_n die Reihe

$$S_n = \frac{1}{1^n} + \frac{1}{2^n} + \frac{1}{3^n} + \cdots$$

bedeutet. Die Potenzreihe für $x : (e^x - 1)$ konvergiert für jedes betraglich unterhalb $o = 2\pi$ liegende x.

Man schreibt die Potenzreihe für die Funktion

$$y = \frac{x}{e^x - 1}$$

gewöhnlich

$$\sum_0^\infty B_n \frac{x^n}{n!} \quad \text{oder auch} \quad \sum_0^\infty B^n \frac{x^n}{n!},$$

wobei man natürlich mit der zweiten Schreibung die Vorstellung verbindet, daß B^n keine Potenz einer Zahl B, sondern den Koeffizient von $x^n : n!$ in der Entwicklung von y bedeuten soll. Diese zweite Schreibung hat den Vorteil, daß man statt

$$\sum_0^\infty B^n \frac{x^n}{n!} \quad \text{einfach} \quad e^{Bx}$$

schreiben kann, wobei man lediglich die in der Entwicklung von e^{Bx} auftretenden „Potenzen" B^n von B symbolisch, d. h. als *Koeffizienten* B^n (oder B_n) aufzufassen hat.

Wir haben dann höchst einfach

$$\boxed{\frac{x}{e^x - 1} = e^{Bx}} \qquad \text{mit} \quad |x| < 2\pi.$$

Die in der Exponentialreihe e^{Bx} auftretenden Koeffizienten

$$B^0, \quad B^1, \quad B^2, \quad \ldots$$

heißen *Bernoullische Zahlen*, und zwar ist $B^0 = 1$, $B^1 = -\frac{1}{2}$, für positiv gerades n:

$$\boxed{B^n = 2\,\iota^{\frac{n}{2}-1} \cdot \frac{S_n \cdot n!}{o^n}}$$

und für jeden ungeraden Zeiger $m > 1$

$$B^m = 0.$$

Bricht man die Reihe e^{Bx} irgendwo ab, schreibt z. B.

$$\frac{x}{e^x - 1} - 1 + \frac{x}{2} = \frac{B^2}{2!} x^2 + \frac{B^4}{4!} x^4 + \cdots + \frac{B^n}{n!} x^n,$$

so kann man nach der Größe des damit begangenen Fehlers fragen. Diese Frage entscheiden wir zweckmäßig, wenn wir auf die geometrische Reihe für $x^2 : (x^2 + o^2 r^2)$ zurückgehen.

Bekanntlich ist für jedes reelle x

$$\frac{x^2}{x^2 + o^2 r^2} = \frac{x^2}{o^2 r^2} - \frac{x^4}{o^4 r^4} + \frac{x^6}{o^6 r^6} - + \cdots - \iota^{\frac{n}{2}} \frac{x^n}{o^n r^n} - \iota^{\frac{m}{2}} \frac{x^m}{o^m r^m} \cdot \theta,$$

wo θ den positiven Echtbruch $1:(1+q)$ mit $q = x^2 : o^2 r^2$ bedeutet, n eine gerade Zahl und $m = n + 2$ ist.

Daher wird

$$\sum_1^\infty \frac{x^2}{x^2 + o^2 r^2} = S_2 \frac{x^2}{o^2} - S_4 \frac{x^4}{o^4} + S_6 \frac{x^6}{o^6} - + \cdots - \iota^{\frac{n}{2}} S_n \frac{x^n}{o^n} - \iota^{\frac{m}{2}} S_m \frac{x^m}{o^m} \Theta,$$

wo wiederum Θ einen positiven Echtbruch darstellt. [Die Summe $\alpha a + \beta b + \gamma c + \cdots$, in welcher $a, b, c, \ldots$ positive Zahlen, $\alpha, \beta, \gamma, \ldots$ positive Echtbrüche sind, liegt oberhalb 0 und unterhalb $a + b + c + \cdots$, hat also den Wert $\theta(a + b + c + \cdots)$, wo θ ein positiver Echtbruch ist.] Demnach wird *für jedes reelle* x

$$\boxed{\frac{x}{e^x - 1} - 1 + \frac{x}{2} = \frac{B^2}{2!} + \frac{B^4}{4!} x^4 + \cdots + \frac{B^n}{n!} x^n + \Theta \frac{B^m}{m!} x^m}$$

mit $m = n + 2$ und $0 < \Theta < 1$.

Der begangene Fehler ist also betraglich kleiner als das erste nicht berücksichtigte Glied, und die anzubringende Korrektion hat das Vorzeichen dieses Gliedes.

Exkurs über Bernoullizahlen

Die Berechnung der Bernoullischen Zahlen erfolgt gewöhnlich durch ein Rekursionsverfahren:

Versteht man unter $e^{\mathfrak{A}x}$ die Reihe

$$1 + \mathfrak{A}^1 x + \mathfrak{A}^2 \frac{x^2}{2!} + \mathfrak{A}^3 \frac{x^3}{3!} + \cdots,$$

unter $\mathfrak{A}^n$ aber nur eine *symbolische Potenz*, d. h. keine Potenz im gewöhnlichen Sinne des Wortes, sondern eine Zahl, ebenso unter $e^{\mathfrak{B}x}$ die Reihe

$$1 + \mathfrak{B}^1 x + \mathfrak{B}^2 \frac{x^2}{2!} + \mathfrak{B}^3 \frac{x^3}{3!} + \cdots,$$

ferner unter $e^{(\mathfrak{A} + \mathfrak{B}x)}$ die Reihe

$$1 + (\mathfrak{A} + \mathfrak{B})^1 \cdot x + (\mathfrak{A} + \mathfrak{B})^2 \cdot \frac{x^2}{2!} + (\mathfrak{A} + \mathfrak{B})^3 \cdot \frac{x^3}{3!} + \cdots,$$

endlich unter $(\mathfrak{A} + \mathfrak{B})^n$ den Ausdruck

$$\mathfrak{A}^n + n \mathfrak{A}^{n-1} \mathfrak{B}^1 + n_2 \mathfrak{A}^{n-2} \mathfrak{B}^2 + n_3 \mathfrak{A}^{n-3} \mathfrak{B}^3 + \cdots + \mathfrak{B}^n,$$

den man erhält, wenn man die $n$te Potenz des Binoms $\mathfrak{A} + \mathfrak{B}$ unter der Annahme, daß $\mathfrak{A}$ und $\mathfrak{B}$ Zahlen sind nach dem binomischen Satze entwickelt, nach der Entwicklung aber die entstandenen Potenzen von $\mathfrak{A}$ und $\mathfrak{B}$ wieder symbolisch auffaßt, so gilt die unmittelbar aus Cauchys Produktformel (§ 56) folgende Relation

$$\boxed{e^{\mathfrak{A}x} \cdot e^{\mathfrak{B}x} = e^{(\mathfrak{A} + \mathfrak{B}x)}},$$

und zwar können in dieser Formel $\mathfrak{A}$ oder $\mathfrak{B}$ oder $\mathfrak{A}$ und $\mathfrak{B}$ alle beide ebensogut als Zahlen wie auch als Symbole aufgefaßt werden.

Nun folgt aus

$$\frac{x}{e^x - 1} = e^{Bx}$$

$$e^{(B+1)x} - e^{Bx} = x .$$

Entwickeln wir hier links nach der Exponentialreihe, so wird der Koeffizient von $x^n : n!$

$$(B + 1)^n - B^n .$$

Daher gilt für $n > 1$ die Gleichung $(B + 1)^n - B^n = 0$ oder

$$\boxed{(B+1)^n = B^n}, \qquad n > 1 .$$

Diese symbolische Gleichung enthält das *Rezept für die rekursorische Berechnung der Bernoullizahlen.*

Für $n = 2$ bekommen wir – was wir aber schon wissen –

$$B^1 = -\frac{1}{2} .$$

Für $n = 3$ entsteht

$$3B^2 + 3B^1 + 1 = 0, \qquad \text{mithin} \quad B^2 = \frac{1}{6},$$

für $n = 4$

$$4B^3 + 6B^2 + 4B^1 + 1 = 0, \qquad \text{mithin} \quad B^3 = 0,$$

für $n = 5$

$$5B^4 + 10B^3 + 10B^2 + 5B^1 + 1 = 0, \qquad \text{mithin} \quad B^4 = -\frac{1}{30}$$

usw. So ergibt sich folgende kleine

Bernoullizahlentafel

$$B^1 = -\frac{1}{2}, \quad B^3 = B^5 = B^7 = B^9 = \cdots = 0, \quad B^2 = \frac{1}{6}, \quad B^4 = -\frac{1}{30}, \quad B^6 = \frac{1}{42},$$

$$B^8 = -\frac{1}{30}, \quad B^{10} = \frac{5}{66}, \quad B^{12} = -\frac{691}{2730}, \quad B^{14} = \frac{7}{6}, \quad B^{16} = -\frac{3617}{510},$$

$$B^{18} = \frac{43867}{798}, \quad B^{20} = -\frac{174611}{330} .$$

Die obige Formel

$$\boxed{B^n = 2\iota^{\frac{n}{2}-1} S_n : \frac{o^n}{n!}}$$

zeigt wegen

$$\lim_{n\to\infty} S_n = 1 , \qquad \lim \frac{o^n}{n!} = 0 ,$$

daß die Bernoullizahlen mit unbegrenzt wachsendem Zeiger n gleichfalls unbegrenzt wachsen.

Löst man die Formel für B^n nach S_n auf, so haben wir, vom Vorzeichen abgesehen,

$$2 S_n = \frac{B^n}{n!} o^n .$$

Diese Formel gestattet die Ermittlung der Summen

$$\boxed{S_n = \frac{1}{1^n} + \frac{1}{2^n} + \frac{1}{3^n} + \cdots}$$

für positive gerade n. Aus

$$B^2 = \frac{1}{6}, \qquad B^4 = -\frac{1}{30}, \qquad B^6 = \frac{1}{42}, \qquad B^8 = -\frac{1}{30}, \qquad B^{10} = \frac{5}{66}$$

beispielsweise ergibt sich so

$$\boxed{S_2 = \frac{\pi^2}{6}, \quad S_4 = \frac{\pi^4}{90}, \quad S_6 = \frac{\pi^6}{945}, \quad S_8 = \frac{\pi^8}{9450}, \quad S_{10} = \frac{\pi^{10}}{93555}} .$$

Nachdem wir für $x : (e^x - 1)$ die Potenzreihe

$$\frac{x}{e^x - 1} = e^{Bx} = \sum_0^\infty B^n \frac{x^n}{n!}, \qquad |x| < 2\pi$$

gefunden haben, werfen wir noch einen Blick auf die Potenzreihe der Funktion

$$Y = \frac{x e^x}{e^x - 1} .$$

Aus

$$Y - y = \frac{x(e^x - 1)}{e^x - 1} = x$$

folgt sofort

$$Y = x + y,$$

und, da

$$y = \frac{x}{e^x - 1} = 1 - \frac{1}{2} x + \sum_2^\infty B^n \frac{x^n}{n!}$$

war,

$$Y = \frac{x e^x}{e^x - 1} = 1 + \frac{1}{2} x + \sum_2^\infty B^n \frac{x^n}{n!} \quad \text{mit} \quad |x| < 2\pi .$$

Dasselbe Ergebnis erhalten wir auch aus

$$Y = e^x y = e^x e^{Bx} = e^{(B+1)x} = \sum_0^\infty (B+1)^n \frac{x^n}{n!},$$

wenn wir für

$(B+1)^0$ 1, für $(B+1)^1 = B + 1 = \frac{1}{2}$ und sonst für $(B+1)^n$ B^n

schreiben.

Bisweilen definiert man die Bernoullizahlen $\mathfrak{B}^0, \mathfrak{B}^1, \mathfrak{B}^2, \ldots$ durch die Gleichung

$$\boxed{\frac{x\,e^x}{e^x - 1} = \sum_0^\infty \mathfrak{B}^n \frac{x^n}{n!} = e^{\mathfrak{B}x}}\;.$$

Wie aus dem Formelpaar

$$\frac{x}{e^x - 1} = 1 - \frac{1}{2}x + \sum_2^\infty B^n \frac{x^n}{n!} = \sum_0^\infty B^n \frac{x^n}{n!}, \quad \frac{x\,e^x}{e^x - 1} = 1 + \frac{1}{2}x + \sum_2^\infty \mathfrak{B}^n \frac{x^n}{n!}$$

hervorgeht, stimmen die Bernoullizahlen

$$\mathfrak{B}^0, \quad \mathfrak{B}^1, \quad \mathfrak{B}^2, \quad \mathfrak{B}^3, \quad \ldots$$

mit den Bernoullizahlen

$$B^0, \quad B^1, \quad B^2, \quad B^3, \quad \ldots$$

überein mit Ausnahme der beiden Werte $\mathfrak{B}^1$ und B^1, die nicht *gleich*, sondern *entgegengesetzt* gleich sind:

$$B^1 = -\frac{1}{2}, \qquad \mathfrak{B}^1 = +\frac{1}{2}.$$

Von dieser einzigen Ausnahme abgesehen, ist also für jeden Zeiger n

$$\boxed{\mathfrak{B}^n = B^n}\;.$$

Doch muß man sich hüten zu glauben, daß das Rekursionsrezept für die Berechnung der $\mathfrak{B}^n$ ebenso lautet wie das für die B^n. Um ersteres zu finden, haben wir die Gleichung

$$\frac{x\,e^x}{e^x - 1} = e^{\mathfrak{B}x}.$$

Aus ihr entsteht

$$e^{(\mathfrak{B}+1)x} - e^{\mathfrak{B}x} = x\,e^{x}.$$

Da der Koeffizient von $x^n : n!$ linksseitig $(\mathfrak{B} + 1)^n - \mathfrak{B}^n$, rechtsseitig n ist, so lautet das *Rekursionsrezept für die* $\mathfrak{B}$:

$$\boxed{(\mathfrak{B} + 1)^n - \mathfrak{B}^n = n} \qquad \text{mit} \quad n \geqq 1.$$

Es laßt sich noch etwas anders formulieren. Für $n \geqq 2$ hat man

$$(\mathfrak{B} + \iota)^n = \mathfrak{B}^n + n_1 \mathfrak{B}^{n-1}\iota + n_2 \mathfrak{B}^{n-2}\iota^2 + \cdots + n\,\mathfrak{B}^1 \iota^{n-1} + \iota^n.$$

Hier ersetze man rechts jedes $\mathfrak{B}^\nu$ durch $(\mathfrak{B} + 1)^\nu - \nu$. Das gibt rechts

$$(\mathfrak{B} + 1)^n + n_1 (\mathfrak{B} + 1)^{n-1}\iota + \cdots + n(\mathfrak{B} + 1)\,\iota^{n-1} + \iota^n - [\;]$$

mit

$$\begin{aligned}[\;] &= n + n_1 (n-1)\,\iota + n_2 (n-2)\,\iota^2 + \cdots + n\,\iota^{n-1} \\ &= n\,\{1 + \nu_1 \iota + \nu_2 \iota^2 + \nu_3 \iota^3 + \cdots + \iota^\nu\} = n\,\{1 + \iota\}^\nu = 0,\end{aligned}$$

wo ν die Zahl $n - 1$ bedeutet. Folglich hat die rechte Seite den Wert

$$(\mathfrak{B}+1)^n + n_1(\mathfrak{B}+1)^{n-1}\iota + n_2(\mathfrak{B}+1)^{n-2}\iota^2 + \cdots = (\mathfrak{B}+1+\iota)^n = \mathfrak{B}^n,$$

und die Rekursionsvorschrift lautet

$$\boxed{(\mathfrak{B}-1)^n = \mathfrak{B}^n} \quad \text{mit} \quad n \geqq 2.$$

Schneller noch laßt sich diese Vorschrift aus der obigen Gleichung

$$e^{(\mathfrak{B}+1)x} - e^{\mathfrak{B}x} = x\,e^x$$

gewinnen, wenn man sie mit e^{-x} multipliziert. Sie erhält dann die Form

$$e^{\mathfrak{B}x} - e^{(\mathfrak{B}-1)x} = x,$$

und aus dieser Gleichung folgt sofort

$$\mathfrak{B}^n - (\mathfrak{B}-1)^n = 0 \quad \text{für} \quad n \geqq 2.$$

Eine kleine Anwendung möge noch den Nutzen derartiger symbolischer Schreibweisen zeigen.

p sei eine natürliche Zahl, $P = p + 1$. Dann gilt die Gleichung

$$(x+\mathfrak{B})^P - (x+\mathfrak{B}-1)^P = P x^p + P_2 x^{p-1}[\mathfrak{B}^2 - (\mathfrak{B}-1)^2] + P_3 x^{p-2}[\mathfrak{B}^3 - (\mathfrak{B}-1)^3] + \cdots$$

oder einfacher, da alle eckigen Klammern verschwinden,

$$P x^p = (x+\mathfrak{B})^P - (x+\mathfrak{B}-1)^P.$$

In dieser Formel setzen wir sukzessiv $x = 1, 2, 3, \ldots, n$ und addieren. Das gibt,

$$\boxed{P(1^p + 2^p + 3^p + \cdots + n^p) = (n+\mathfrak{B})^P - \mathfrak{B}^P}, \quad P = p + 1.$$

Diese Formel lehrt:

Die Summe der $p$ten Potenzen der ersten n natürlichen Zahlen ist ein Polynom $(p+1)$ten Grades in n mit bekannten durch die ersten p Bernoullizahlen ($\mathfrak{B}^1$, $\mathfrak{B}^2, \ldots, \mathfrak{B}^p$) ausdrückbaren Koeffizienten.

Zusammenstellung der Ergebnisse

$$\boxed{\frac{x}{e^x-1} = e^{Bx}, \qquad \frac{x\,e^x}{e^x-1} = e^{\mathfrak{B}x}},$$

wobei x beliebig komplex, jedoch *betraglich kleiner als* 2π ist und, unter n und m zwei sukzessive gerade Zahlen verstanden,

$$\boxed{\frac{x}{e^x - 1} = 1 - \frac{x}{2} + \frac{B^2}{2!}x^2 + \frac{B^4}{4!}x^4 + \frac{B^6}{6!}x^6 + \cdots + \frac{B^n}{n!}x^n + \Theta\frac{B^m}{m!}x^m},$$

$$0 < \Theta < 1,$$

wobei x *beliebig reell* sein darf.

$$B^0 = \mathfrak{B}^0 = 1, \qquad B^1 = -\frac{1}{2}, \quad \mathfrak{B}^1 = +\frac{1}{2}.$$

Für ungerade Zeiger $m > 1$ ist $\boxed{B^m = \mathfrak{B}^m = 0}$,

für gerade Zeiger $n > 0$ ist $\boxed{B^n = \mathfrak{B}^n = 2\,\iota^{\frac{n}{2}-1}\frac{n!}{o^n}S_n}$

mit $\qquad o = 2\pi, \qquad S_n = \frac{1}{1^n} + \frac{1}{2^n} + \frac{1}{3^n} + \cdots.$

Die Bernoullizahlen B^n bzw. $\mathfrak{B}^n$ bestimmen sich für jeden positiven Zeiger n durch die Rekursionsformeln

$$\boxed{(B+1)^n = B^n}, \qquad \boxed{(\mathfrak{B}-1)^n = \mathfrak{B}^n}.$$

§ 90. Die Tangens- und Secansreihe

Zur Gewinnung der Tangensreihe benutzen wir am einfachsten die Cotangensreihe und die bekannte Formel

$$\operatorname{tg} x = \cot x - 2\cot 2x.$$

Die Cotangensreihe finden wir entweder aus der Partialbruchzerlegung

$$\cot x = \sum_{-\infty}^{+\infty}\frac{x}{x^2 - \pi^2\nu^2}$$

oder auf Grund der Ergebnisse des vorigen Paragraphen wie folgt. Zunächst ist der hyperbolische Cotangens

$$\operatorname{Cot} x = \frac{e^x + e^{-x}}{e^x - e^{-x}} = \frac{e^{2x}+1}{e^{2x}-1} = 1 + \frac{2}{e^{2x}-1},$$

so daß

$$x\operatorname{Cot} x = x + \frac{2x}{e^{2x}-1} = x + e^{2Bx} \qquad \text{mit} \quad |x| < \pi.$$

In dieser Formel verwandeln wir x in ix. Dadurch wird wegen $\operatorname{Cos} ix = \cos x$ und $\operatorname{Sin} ix = i\sin x$

$$x\cot x = ix + 1 + 2B^1 ix - 2^2 B^2\frac{x^2}{2!} + 2^4 B^4\frac{x^4}{4!} - 2^6 B^6\frac{x^6}{6!} + - \cdots$$

oder

$$\boxed{x \cot x = \cos 2Bx = \cos 2\mathfrak{B}x}, \qquad |x| < \pi.$$

Weiter folgt nun aus $\operatorname{tg} x = \cot x - 2\cot 2x$

$$x \operatorname{tg} x = \cos 2Bx - \cos 4Bx$$

und schließlich

$$\boxed{\operatorname{tg} x = \frac{\cos 2Bx - \cos 4Bx}{x}} \qquad \text{mit} \quad |x| < \frac{\pi}{2}.$$

Da

$$\cos\varphi = \sum \iota^{\frac{n}{2}} \frac{\varphi^n}{n!}$$

ist, wo n alle nichtnegativen geraden Zahlen durchläuft, so lautet der Koeffizient von x^m in der nur *ungerade* Potenzen von x umfassenden Entwicklung für $\operatorname{tg} x$

$$\boxed{T_m = 2^n \frac{2^n - 1}{n!} |B^n|} \qquad \text{mit} \quad n = m + 1.$$

Das gibt

$$T_1 = 1, \quad T_3 = \frac{1}{3}, \quad T_5 = \frac{2}{15}, \quad T_7 = \frac{17}{315}, \quad T_9 = \frac{62}{2835}, \ldots,$$

so daß

$$\boxed{\operatorname{tg} x = x + \frac{1}{3}x^3 + \frac{2}{15}x^5 + \frac{17}{315}x^7 + \cdots}, \qquad |x| < \frac{\pi}{2}.$$

Hieraus folgt, der Relation $\operatorname{tg} ix = i \operatorname{Tg} x$ gemäß, sofort die Reihe für den hyperbolischen Tangens:

$$\boxed{\operatorname{Tg} x = x - \frac{1}{3}x^3 + \frac{2}{15}x^5 - \frac{17}{315}x^7 + - \cdots},$$

die natürlich ebenfalls für $|x| < \frac{\pi}{2}$ $\left[\text{aber auch noch für } x = \frac{\pi}{2}\right]$ konvergiert.
Nun zur Secansreihe!
Wir beginnen zweckmäßig mit dem hyperbolischen Secans:

$$\operatorname{Sec} x = \frac{2}{e^x + e^{-x}}$$

und schreiben

$$2x \operatorname{Sec} x = \frac{4x}{e^x + e^{-x}} = \frac{4x(e^x - e^{-x})}{e^{2x} - e^{-2x}} = \frac{4x(e^{3x} - e^x)}{e^{4x} - 1} = e^{4Bx}(e^{3x} - e^x),$$

womit die Entwicklung von $x \operatorname{Sec} x$ in eine für jedes $|x| < \frac{\pi}{2}$ konvergente Potenzreihe gesichert ist. Wir haben also

$$\operatorname{Sec} x = \frac{e^{(4B+3)x} - e^{(4B+1)x}}{2x}.$$

Mit Einführung des neuen Symbols E setzen wir

$$\boxed{\operatorname{Sec} x = e^{Ex}}$$

und haben wegen $(e^x + e^{-x}) \operatorname{Sec} x = 2$

$$e^{(E+1)x} + e^{(E-1)x} = 2,$$

so daß sich für die symbolischen Potenzen $E^1, E^2, E^3, \ldots$ die Rekursionsvorschrift

$$\boxed{(E+1)^n + (E-1)^n = 0} \qquad \text{mit} \quad n > 0$$

ergibt. Die durch diese Vorschrift definierten Zahlen $E^1, E^2, E^3, \ldots$, zu denen übrigens noch die Zahl $E^0 = 1$ gerechnet wird, heißen *Eulerzahlen*. Wie unsere Darlegung zeigt, lassen sich die Eulerzahlen aber nicht nur durch ihre Rekursionsvorschrift, sondern auch noch durch die Formel

$$\boxed{2mE^n = (4B+3)^m - (4B+1)^m} \qquad \text{mit} \quad m = n+1$$

berechnen, welche die $n$te Eulerzahl durch die m ersten Bernoullizahlen auszudrücken lehrt. Beide Formeln liefern

$$E^1 = 0,\ E^2 = -1,\ E^3 = 0,\ E^4 = 5,\ E^5 = 0,\ E^6 = -61,\ E^7 = 0,\ E^8 = 1385,$$
$$E^9 = 0,\ E^{10} = -50521,\ E^{11} = 0,\ E^{12} = 2702765,\ \ldots.$$

Die Rekursionsvorschrift zeigt, daß alle Eulerzahlen mit ungeradem Exponent verschwinden.

Aus

$$\boxed{\operatorname{Sec} x = e^{Ex} = \sum E^n \frac{x^n}{n!}}$$

folgt nun

$$\boxed{\operatorname{Sec} x = 1 - \frac{1}{2}x^2 + \frac{5}{24}x^4 - \frac{61}{720}x^6 + \frac{277}{8064}x^8 - + \cdots} \qquad \text{mit} \quad |x| < \frac{\pi}{2}.$$

Mit Benutzung der Formel $\operatorname{Sec} ix = \sec x$ wird weiter

$$\sec x = e^{Eix}$$

und hieraus, da E^m für jedes ungerade m verschwindet,

$$\sec x = 1 - E^2 \frac{x^2}{2!} + E^4 \frac{x^4}{4!} - + \cdots$$

oder

$$\boxed{\sec x = \cos Ex} \qquad \text{mit} \quad |x| < \frac{\pi}{2},$$

oder

$$\boxed{\sec x = 1 + \frac{1}{2}x^2 + \frac{5}{24}x^4 + \frac{61}{720}x^6 + \cdots}, \qquad |x| < \frac{\pi}{2}.$$

Oben fanden wir, daß sich die Eulerzahlen durch die Bernoullizahlen ausdrücken lassen. Wir zeigen noch, daß auch umgekehrt die Bernoullizahlen durch die Eulerzahlen ausdrückbar sind. Man hat

$$\frac{2x}{e^{2x}-1} - \frac{4x}{e^{4x}-1} = \frac{2x}{e^{2x}+1} = x \cdot e^{-x} \cdot \frac{2}{e^x + e^{-x}} = x\, e^{(E-1)x}$$

oder

$$e^{2Bx} - e^{4Bx} = x\, e^{(E-1)x}.$$

Der Vergleich gleichhoher Potenzen von x auf beiden Seiten dieser Gleichung gibt

$$\frac{2^m B^m - 4^m B^m}{m!} = \frac{(E-1)^n}{n!} \qquad \text{mit} \quad m = n+1$$

oder, wenn man $(E-1)^n$ durch $-(E+1)^n$ ersetzt,

$$\boxed{B^m = \frac{m}{2^m(2^m-1)}(E+1)^n}, \qquad m = n+1,$$

welche Formel nur für $m = 1$, $n = 0$ nicht gilt, da $(E+1)^0 \neq -(E-1)^0$ ist.

Einen reizvollen Zugang zu den Potenzreihen der Funktionen $\sec x$ und $\operatorname{tg} x$ bietet das *Verfahren der Zickzackpermutationen* des französischen Mathematikers André (Comptes Rendus 1879 und Journal de Mathématiques 1881).
Eine Zickzackpermutation der n Zahlen $1, 2, 3, \ldots, n$ ist eine Anordnung $c_1, c_2, \ldots, c_n$ dieser Zahlen, bei der kein Element c_ν *der Größe nach* zwischen seinen Nachbarn $c_{\nu-1}$ und $c_{\nu-1}$ liegt. Markiert man in einem rechtwinkligen Koordinatensystem die Punkte $P_1, P_2, \ldots, P_n$, deren Abszissen $1, 2, \ldots, n$, deren Ordinaten $c_1, c_2, \ldots, c_n$ sind, so bildet der Streckenzug $P_1 P_2 \ldots P_n$ eine Zickzacklinie.
Eine Zickzacklinie bzw. Zickzackpermutation beginnt entweder steigend oder fallend. Wir behaupten:

Es gibt ebensoviel Zickzackpermutationen (aus n Elementen) mit steigendem wie mit fallendem Anfang.

Beweis. $P_1 P_2 \ldots P_n$ sei die einer Zickzackpermutation entsprechende Zickzacklinie. Wir zeichnen durch ihren tiefsten und höchsten Punkt die Parallelen zur Abszissenachse und ihre Mittelparallele. Das Spiegelbild der Zickzacklinie in der Mittelparallele liefert eine neue Zickzacklinie $Q_1 Q_2 \ldots Q_n$ bzw. Zickzackpermutation, die fallend oder steigend beginnt, je nachdem die erste Zickzacklinie steigend oder fallend beginnt. So ordnen wir jeder Zickzackpermutation mit steigendem (fallendem) Anfang seine solche mit fallendem (steigendem) Anfang zu. Mithin gibt es von beiden Arten gleich viele.

Natürlich gibt es auch ebensoviel Zickzackpermutationen mit steigendem wie mit fallendem Ende.

Wir bezeichnen deshalb die Anzahl der Zickzackpermutationen aus n Elementen mit $2\,A_n$, so daß A_n die Anzahl der Zickzackpermutationen aus n Elementen mit steigendem (fallendem) Anfang [oder auch Ende] bedeutet.

Die Ermittlung von A_n erfolgt durch eine Rekursionsformel:

Wir denken uns alle $2A_n$ Zickzackpermutationen der n Elemente $1, 2, \ldots, n$ hingeschrieben und greifen eine von ihnen heraus, in der das höchste Element, n, an $(r+1)$ter Stelle steht (von links aus gezahlt). Links von n stehen dann etwa die r Elemente $\alpha_1, \alpha_2, \ldots, \alpha_r$, rechts von n die s Zahlen $\beta_1, \beta_2, \ldots, \beta_s$ mit $r+s=m=n-1$. Die Permutation $\alpha_1\,\alpha_2 \ldots \alpha_r$ hat *fallendes* Ende, da auf α_r das größere n folgt; die Permutation $\beta_1\,\beta_2 \ldots \beta_s$ hat *steigenden* Anfang, da β_1 dem größeren n folgt.

Nun lassen sich aus den r Elementen $\alpha_1, \alpha_2, \ldots, \alpha_r$ im ganzen A_r Zickzackpermutationen mit fallendem Ende, ebenso aus den s Elementen $\beta_1, \beta_2, \ldots, \beta_s$ A_s Zickzackpermutationen mit steigendem Anfang bilden.

Demnach gibt es $A_r \cdot A_s$ Zickzackpermutationen aus n Elementen, in denen n an $(r+1)$ter Stelle steht und links davon die Elemente $\alpha_1, \alpha_2, \ldots, \alpha_r$ stehen. Da es aber außer der betrachteten Kombination $\alpha_1\,\alpha_2 \ldots, \alpha_r$ noch viele andere Kombinationen aus m Elementen zur $r$ten Klasse gibt — solcher Kombinationen gibt es bekanntlich im ganzen m_r Stück —, so existieren im ganzen

$$p_r = m_r\,A_r\,A_s, \qquad (r+s=m)$$

Zickzackpermutationen aus n Elementen, in denen das höchste Element (n) an $(r+1)$ter Stelle steht. Und das gilt auch noch für die Zeiger $r = 0, 1, 2$, wofern man

$$A_0 = A_1 = A_2 = 1$$

setzt.

Die Anzahl aller Zickzackpermutationen aus n Elementen ist daher

$$2\,A_n = \sum_0^m p_r = \sum_r^{0,m} m_r A_r A_s .$$

Zur Vereinfachung dieser Formel setzen wir

$$m_r = \frac{m!}{r!\,s!} \qquad \text{und} \qquad \boxed{\frac{A_\nu}{\nu!} = a_\nu}\ .$$

Dann wird

$$\boxed{2\,n\,a_n = \sum a_r a_s}\ ,$$

wo r und s alle möglichen nichtnegativen Ganzzahlen der Summe $r+s=n-1$

durchlaufen. Dies ist die oben angekündigte *Rekursionsformel.* Sie gestattet, sukzessiv jede Zahl der Folge $a_3, a_4, a_5, \ldots$ aus $a_0 = 1$, $a_1 = 1$, $a_2 = {}^1/_2$ zu berechnen.

Aus a_n erhält man durch Multiplikation mit $n!$ die halbe Anzahl der Zickzackpermutationen von n Elementen.

Folgende kleine Tafel enthält die Werte von a_n und A_n für die Zeiger n von 0 bis 8:

$n =$	0	1	2	3	4	5	6	7	8
$a_n =$	1	1	$\frac{1}{2}$	$\frac{1}{3}$	$\frac{5}{24}$	$\frac{2}{15}$	$\frac{61}{720}$	$\frac{17}{315}$	$\frac{277}{8064}$
$A_n =$	1	1	1	2	5	16	61	272	1385

Von den Zickzackpermutationen zu der Secans- und Tangensreihe ist nicht mehr weit.

Wir vermerken zunächst, daß vom Zeiger 2 an alle a_n den Wert $\frac{1}{2}$ nicht überschreitende Echtbrüche sind. Da namlich für $n > 2$ die Anzahl $2A_n$ der Zickzackpermutationen kleiner sein muß als die Anzahl $n!$ *aller* Permutationen aus n Elementen, so muß $2a_n < 1$ sein. Daher konvergiert die Potenzreihe

$$y = a_0 + a_1 x + a_2 x^2 + a_3 x^3 + \cdots$$

absolut und gleichmaßig in jedem Bereich von $-h$ bis $+h$, für den $h < 1$ ist. Sie stellt daher in diesem Bereich eine stetige und gliedweise ableitbare Funktion von x dar. Die Ableitung ist

$$y' = a_1 + 2a_2 x + 3a_3 x^2 + \cdots$$

Da ferner die Reihe für y absolut konvergiert, können wir sie nach Cauchys Produktregel quadrieren und erhalten so

$$y^2 = \sum_n^{1,\infty} b_n x^{n-1}$$

mit

$$b_1 = 1 \quad \text{und sonst} \quad b_n = a_0 a_{n-1} + a_1 a_{n-2} + \cdots + a_{n-1} a_0.$$

Daher ist für jedes $n > 1$

$$b_n = 2n\, a_n$$

und

$$y^2 = 1 + 2\,[2a_2 x + 3a_3 x^2 + 4a_4 x^3 + \cdots]$$

oder auch

$$1 + y^2 = 2\,[a_1 + 2a_2 x + 3a_3 x^2 + \cdots]$$

oder endlich

$$1 + y^2 = 2y'.$$

Wir schreiben diese Gleichung

$$\frac{y'}{1+y^2} = \frac{1}{2}$$

und erkennen, daß die beiderseitigen Stammfunktionen $\operatorname{at} y$ und $\frac{1}{2}x$ sich nur um eine Konstante C unterscheiden können:

$$\operatorname{at} y - \frac{1}{2}x = C.$$

Die Konstante bekommen wir sofort durch den Ansatz $x = 0$, welcher $y = a_0 = 1$, $\operatorname{at} y = \frac{\pi}{4}$ und $C = \frac{\pi}{4}$ liefert.

Aus

$$\operatorname{at} y = \frac{\pi}{4} + \frac{x}{2}$$

folgt schließlich

$$y = \operatorname{tg}\left(\frac{\pi}{4} + \frac{x}{2}\right).$$

Damit ist für jedes echtgebrochene positive oder negative x

$$\operatorname{tg}\left(\frac{\pi}{4} + \frac{x}{2}\right) = a_0 + a_1 x + a_2 x^2 + \cdots$$

und, wenn wir hier x durch $-x$ ersetzen, auch

$$\operatorname{tg}\left(\frac{\pi}{4} - \frac{x}{2}\right) = a_0 - a_1 x + a_2 x^2 - + \cdots.$$

Nun bestätigt man leicht die Formeln

$$2 \sec x = \operatorname{tg}\left(\frac{\pi}{4} + \frac{x}{2}\right) + \operatorname{tg}\left(\frac{\pi}{4} - \frac{x}{2}\right)$$

und

$$2 \operatorname{tg} x = \operatorname{tg}\left(\frac{\pi}{4} + \frac{x}{2}\right) - \operatorname{tg}\left(\frac{\pi}{4} - \frac{x}{2}\right).$$

Substituiert man in ihnen die oben gefundenen Potenzreihen, so entstehen die gewünschten Reihen für $\sec x$ und $\operatorname{tg} x$:

$$\begin{aligned}\sec x &= a_0 + a_2 x^2 + a_4 x^4 + \cdots,\\ \operatorname{tg} x &= a_1 + a_3 x^3 + a_5 x^5 + \cdots\end{aligned}$$

oder, zu den *Halbzahlen A_n der Zickzackpermutationen* zurückkehrend,

$$\boxed{\begin{aligned}\sec x &= A_0 + A_2 \frac{x^2}{2!} + A_4 \frac{x^4}{4!} + A_6 \frac{x^6}{6!} + \cdots\\ \operatorname{tg} x &= A_1 + A_3 \frac{x^3}{3!} + A_5 \frac{x^5}{5!} + A_7 \frac{x^7}{7!} + \cdots\end{aligned}}$$

Diese Entwicklungen gelten jedenfalls für jeden positiven oder negativen

Echtbruch x. Sie gelten aber, wie wir aus den zuerst gefundenen Entwicklungen wissen, für jedes x, dessen Betrag unterhalb $\frac{\pi}{2}$ liegt. Da die Koeffizienten von $\frac{x^n}{n!}$ in $\sec x$ bzw. von $\frac{x^m}{m!}$ in $\operatorname{tg} x$

$$\iota^{n/2} E^n \qquad \text{bzw.} \qquad 2^n \frac{2^n - 1}{n} \, |B^n| \qquad \text{mit} \quad n = m + 1$$

waren, so besteht zwischen den Halbzahlen A_n der Zickzackpermutationen und den Euler- bzw. Bernoullizahlen der bemerkenswerte Zusammenhang

$$A_n = |E^n| \quad \text{für gerades } n$$

und

$$A_m = 2^n \cdot \frac{2^n - 1}{n} \, |B^n| \quad \text{für ungerades } m = n - 1 \, .$$

SECHSTER ABSCHNITT

UNENDLICHE PRODUKTE

§ 91. Konvergenz unendlicher Produkte

Ein aus unendlich vielen *nichtverschwindenden* Faktoren $f_1, f_2, f_3, \ldots$ bestehendes Produkt

$$\mathfrak{P} = f_1 f_2 f_3 \ldots {}^{*})$$

heißt *konvergent*, wenn das Produkt (Teilprodukt)

$$p_n = f_1 f_2 \ldots f_n$$

bei unbegrenzt wachsendem Zeiger n gegen einen endlichen nichtverschwindenden Wert p konvergiert. Dieses p heißt der Wert des unendlichen Produkts.

Das unendliche Produkt $\mathfrak{P}$, von dem eine endliche Anzahl von Faktoren f_ν verschwindet, heiß *konvergent*, wenn das Produkt der nichtverschwindenden Faktoren konvergiert. Der Wert des Produkts ist dann Null.

Ein aus unendlich vielen nichtverschwindenden Faktoren bestehendes Produkt $\mathfrak{P}$, bei dem gleichwohl $\lim p_n$ verschwindet, soll *nicht* als konvergent bezeichnet werden. Danach ist z. B. das Produkt

$$\mathfrak{P} = \frac{1}{1} \cdot \frac{1}{2} \cdot \frac{1}{3} \cdot \frac{1}{4} \cdots$$

nicht konvergent, trotzdem

$$p_n = \frac{1}{1} \cdot \frac{1}{2} \cdot \frac{1}{3} \cdots \frac{1}{n}$$

bei unbegrenzt wachsendem n gegen den endlichen Wert $p = 0$ strebt.

Das unendliche gegen den Wert p konvergierende Produkt $\mathfrak{P} = f_1 f_2 \ldots$ heißt *unbedingt konvergent*, wenn es nach beliebiger Umordnung seiner Faktoren $f_1, f_2, \ldots$ immer noch gegen den Wert p konvergiert.

Ein nichtverschwindendes unendliches Produkt, welches nicht konvergiert, heißt *divergent*.

---

*) Der Buchstabe $\mathfrak{P}$ bedeutet lediglich eine Bezeichnung für $f_1 f_2 f_3 \ldots$ in inf.

Gewöhnlich schreibt man die Faktoren des unendlichen Produkts $\mathfrak{P}$ in der Form

$$f_n = 1 + u_n.$$

Wir nennen u_n den *Kern* des Faktors f_n und $u_1, u_2, \ldots, u_n, \ldots$ die Kerne des Produkts

$$\mathfrak{P} = f_1 f_2 \ldots f_n \ldots = (1 + u_1)(1 + u_2) \ldots (1 + u_n) \ldots,$$

ferner die Reihe

$$u_1 + u_2 + \cdots + u_n \quad \text{bzw.} \quad u_1 + u_2 + \cdots \text{ in inf.}$$

die *Kernreihe* des Produkts p_n bzw. $\mathfrak{P}$.

Bei einem konvergenten Produkt

$$\mathfrak{P} = f_1 f_2 f_3 \ldots = (1 + u_1)(1 + u_2)(1 + u_3) \ldots$$

strebt der Kern u_n des $n$ten Faktors mit unbegrenzt wachsendem n gegen Null.

Beweis. Wenn das Produkt $\mathfrak{P}$ mit nichtverschwindenden Faktoren konvergiert, existiert zu jedem noch so kleinen positiven ε ein endlicher Zeiger n derart, daß für jeden höheren Zeiger N

$$|p_N - p_n| < \varepsilon$$

ausfällt. Demnach ist für jedes Paar N, M sukzessiver Zeiger (mit $N > n$)

$$|p_M - p_N| < 2\varepsilon$$

oder wegen $p_M = p_N(1 + u_M)$, falls man die Betrage von p_ν und u_ν P_ν und U_ν nennt,

$$P_N U_M < 2\varepsilon.$$

Da P_N bei unbegrenzt wachsendem N gegen einen endlichen nichtverschwindenden Wert strebt, konvergiert U_M für $M \to \infty$ gegen Null:

$$\boxed{\lim u_\nu = 0}, \quad \text{q. e. d.}$$

Die Kerne des Produkts

$$\mathfrak{P} = (1 + u_1)(1 + u_2)(1 + u_3) \ldots$$

seien zunächst alle positiv.

Dann folgt zunächst

$$p_n = (1 + u_1)(1 + u_2) \ldots (1 + u_n) > 1 + s_n,$$

wo

$$s_n = u_1 + u_2 + \cdots + u_n$$

die $n$te Teilsumme der Kernreihe von $\mathfrak{P}$ bedeutet. Da nun p_n für $n \to \infty$ gegen den endlichen Wert p konvergiert und $p_n < p$ ist, ergibt sich

$$s_n < p.$$

Diese Ungleichung lehrt, daß $\lim s_n$ existiert und unterhalb p liegt. Folglich:

Die Kernreihe eines konvergenten unendlichen Produkts mit positiven Kernen konvergiert.

Der Satz gilt auch umgekehrt:

Ist die Kernreihe eines unendlichen Produkts mit positiven Kernen konvergent, so konvergiert das Produkt.

Beweis. Nach der Ungleichung der Exponentialfunktion ist

$$f_n = 1 + u_n < e^{u_n},$$

mithin

$$p_n = f_1 f_2 \ldots f_n < e^{u_1} e^{u_2} \ldots e^{u_n} = e^{s_n}.$$

Da s_n für $n \to \infty$ gegen den endlichen Wert s konvergiert und $s_n < s$ ist, hat man

$$p_n < e^s,$$

und diese Ungleichung sagt aus, daß p_n bei unbegrenzt wachsendem Zeiger n gegen den endlichen Wert p konvergiert.

Sind die *Kerne des Produkts* $\mathfrak{P}$ *nicht positiv*, sondern beliebig, so achten wir vor allem auf die *unendlichen Produkte, deren Kernreihen absolut konvergieren.* Wir definieren:

Ein unendliches Produkt

$$(1 + u_1)(1 + u_2)(1 + u_3) \ldots$$

heißt *absolut konvergent*, wenn seine Kernreihe

$$u_1 + u_2 + u_3 + \cdots$$

absolut konvergiert. Es gilt der

Fundamentalsatz:

Ein aus nichtverschwindenden Faktoren aufgebautes absolutkonvergentes unendliches Produkt konvergiert gegen einen nichtverschwindenden endlichen Grenzwert.

Beweis. Zunächst vermerken wir, daß wegen

$$P_n = |1 + u_1| \cdot |1 + u_2| \ldots |1 + u_n| < (1 + U_1)(1 + U_2) \ldots (1 + U_n) < e^{U_1 + U_2 + \cdots + U_n}$$

und der Konvergenz der Reihe

$$U_1 + U_2 + U_3 + \cdots$$

der Betrag P_n des Teilprodukts p_n unterhalb der endlichen Größe

$$E = e^S \quad \text{mit} \quad S = U_1 + U_2 + \cdots$$

liegt.

Weiter existiert wegen der Konvergenz der Reihe $U_1 + U_2 + \cdots$ zu beliebig positivem ε ein endlicher Zeiger n derart, daß für jeden Zeiger $N \geqq n$ der Teilrest

$$R = U_{n+1} + U_{n+2} + \cdots + U_N$$

dieser Reihe kleiner als ε ausfällt. Nun ist für $N = n + \nu$

$$p_N = p_n (1 + u_{n+1})(1 + u_{n+2}) \ldots (1 + u_{n+\nu}),$$

mithin

$$p_N - p_n = p_n [(1 + u_{n+1})(1 + u_{n+2}) \ldots (1 + u_{n+\nu}) - 1],$$

folglich wegen

$$|(1 + u_{n+1})(1 + u_{n+2}) \ldots (1 + u_{n+\nu}) - 1| < (1 + U_{n+1})(1 + U_{n+2}) \ldots (1 + U_{n+\nu}) - 1$$
$$< e^{U_{n+1} + U_{n+2} + \cdots + U_{n+\nu}} - 1 = e^R - 1$$

und wegen

$$R < \varepsilon$$

$$|[\ ]| < e^\varepsilon - 1,$$

also

$$|p_N - p_n| < E(e^\varepsilon - 1).$$

Bei hinreichend kleinem ε wird die rechte Seite dieser Ungleichung beliebig klein, und die Ungleichung sagt aus, daß p_N bei unbegrenzt wachsendem N gegen einen endlichen Grenzwert p konvergiert.

Aus

$$|[\ ]| = \left| \frac{p_N}{p_n} - 1 \right| < e^\varepsilon - 1$$

folgt ferner, daß $p_N : p_n$ und damit auch $p : p_n$, weil beliebig nahe an 1 gelegen, nicht verschwinden kann. Mithin verschwindet auch der Wert p des unendlichen Produkts nicht. Q. e. d.

Wir fügen hinzu:

Jedes absolutkonvergente Produkt konvergiert unbedingt.

Beweis.

$$\mathfrak{P}' = (1 + u_1')(1 + u_2')(1 + u_3') \ldots$$

sei ein Produkt, welches aus dem absolut konvergenten Produkt

$$\mathfrak{P} = (1 + u_1)(1 + u_2)(1 + u_3) \ldots$$

durch Umordnung hervorgegangen ist, so daß also $u_1', u_2', u_3', \ldots$ eine andere Anordnung der Kerne $u_1, u_2, u_3, \ldots$ darstellt.

Wir betrachten das Teilprodukt

$$p_M' = (1 + u_1')(1 + u_2') \ldots (1 + u_M')$$

von $\mathfrak{P}'$, wobei wir M so groß wählen, daß unter den M Kernen $u_1', u_2', \ldots, u_M'$

die Kerne $u_1, u_2, \ldots, u_N$ vorkommen, wo N größer als das obige n ist. Die andern $M-N$ Kerne von p'_M seien $u_\alpha, u_\beta, u_\gamma, \ldots$ Dann ist

$$\frac{p'_M}{p_N} = (1+u_\alpha)(1+u_\beta)(1+u_\gamma)\ldots$$

Da nun wegen $R < \varepsilon$ die Summe $U_\alpha + U_\beta + U_\gamma + \cdots$ unterhalb ε liegt, ist wieder

$$\left|\frac{p'_M}{p_N} - 1\right| < e^\varepsilon - 1.$$

Diese Ungleichung lehrt, daß bei unbegrenzt wachsendem N (also auch unbegrenzt wachsendem M) der Quotient $p'_M : p_N$ gegen die Einheit konvergiert. Da aber

$$\lim p_N = p \quad \text{ist, ist auch} \quad \lim p'_M = p.$$

Wie also auch die Faktorenanordnung eines absolut konvergenten Produkts sein mag; ein solches Produkt konvergiert stets gegen denselben Grenzwert.

§ 92. Normalprodukte

Die wichtigsten unendlichen Produkte sind konvergente Produkte von der Form

$$F(z) = \prod_1^\infty f_n(z),$$

deren Faktoren $f_n(z)$ Funktionen des – wie wir der Allgemeinheit wegen gleich annehmen wollen – *komplexen* Arguments z sind, die sich sämtlich in einem gewissen vorgegebenen Gebiet $\mathfrak{G}$ regulär verhalten. Das Produkt ist dann ebenfalls eine Funktion $F(z)$ von z, von der wir allerdings nicht wissen, ob sie sich auch in $\mathfrak{G}$ regulär verhält.

Wir schreiben wie üblich

$$f_n(z) = 1 + u_n(z) = 1 + u_n$$

und wissen aus § 91, daß das Produkt (absolut) konvergiert, wenn seine Kernreihe

$$\sum u_n$$

absolut konvergiert.

Wir wollen, darüber hinausgehend, annehmen – und diese Annahme trifft bei den weitaus meisten Produkten der Praxis zu –, daß die Kernreihe in unserm Gebiet $\mathfrak{G}$ auch noch *gleichmäßig* konvergiert.

Ein Produkt, dessen Kernreihe in einem Gebiete $\mathfrak{G}$ *absolut und gleichmäßig* konvergiert, soll ein *Normalprodukt dieses Gebiets* heißen. Wir sagen auch:

„das Produkt ist in $\mathfrak{G}$ normal konvergent" oder „konvergiert in $\mathfrak{G}$ normal". Die Berechtigung für diese Benennung liefert der fundamentale

Normalproduktsatz:

Ein Normalprodukt eines Gebiets verhält sich im Gebiet regulär.

Beweis. Da die Reihe

$$|u_1| + |u_2| + |u_3| + \cdots$$

in dem vorgelegten Gebiet $\mathfrak{G}$ gleichmäßig konvergiert, existiert zu beliebig kleinem vorgegebenem positivem ε ein endlicher Zeiger n derart, daß für jeden größeren Zeiger N (mit $U_\nu = |u_\nu|$)

$$(1) \qquad U_{n+1} + U_{n+2} + \cdots + U_N < \varepsilon$$

ausfällt, und zwar für jedes z aus $\mathfrak{G}$. Es existiert also eine feste endliche Schranke E derart, daß für jedes z aus $\mathfrak{G}$ und jeden Zeiger ν

$$(2) \qquad U_1 + U_2 + \cdots + U_\nu < E$$

ist.

Bedeutet nun $F_\nu(z)$ den νten Näherungswert

$$F_\nu(z) = \prod_1^\nu f_r(z)$$

unseres unendlichen Produkts, so ist

$$F_N(z) - F_n(z) = F_n(z) \cdot [(1 + u_{n+1})(1 + u_{n+2}) \ldots (1 + u_N) - 1],$$

und es handelt sich um die Abschätzung der beiden rechtsstehenden Faktoren. Für den ersten

$$F_n(z) = (1 + u_1)(1 + u_2) \ldots (1 + u_n)$$

erhalten wir laut (2)

$$|F_n(z)| < e^{U_1 + U_2 + \cdots + U_n} < e^E,$$

für den zweiten laut (1)

$$|[\ ]| < e^{U_{n+1} + U_{n+2} + \cdots + U_N} - 1 < e^\varepsilon - 1.$$

Folglich wird

$$|F_N(z) - F_n(z)| < \mathfrak{e}(e^\varepsilon - 1) \qquad \text{mit} \quad \mathfrak{e} = e^E,$$

und diese *für jedes z aus* $\mathfrak{G}$ gültige Ungleichung lehrt, daß die Folge $\{F_\nu(z)\}$ in $\mathfrak{G}$ *gleichmäßig* gegen ihre Grenzfunktion $F(z)$ konvergiert. Daher ist $F(z)$ nach Weierstraß' Konvergenzsatz eine Regulärfunktion von $\mathfrak{G}$, q. e. d.

Nach Weierstraß' Konvergenzsatz konvergiert auch die Ableitung $\{F'_\nu(z)\}$ unserer Folge in jedem Innenbereiche $\mathfrak{B}$ von $\mathfrak{G}$ gleichmaßig gegen ihre Grenzfunktion, und diese Grenzfunktion ist zugleich die in $\mathfrak{B}$ reguläre Ableitung $F'(z)$ der Grenzfunktion $F(z)$ der Ausgangsfolge:

$$F'(z) = \lim F'_\nu(z).$$

Aus den beiden Gleichungen

$$F(z) = \lim F_\nu(z) \qquad \text{und} \qquad F'(z) = \lim F'_\nu(z)$$

folgt noch

$$\frac{F'(z)}{F(z)} = \lim \frac{F'_\nu(z)}{F_\nu(z)}$$

oder, wenn wir die bezogenen Ableitungen $F^*(z)$ und $F^*_\nu(z)$ von $F(z)$ und $F_\nu(z)$ einführen,

$$F^*(z) = \lim F^*_\nu(z).$$

Nun ist aber wegen $F_\nu = f_1 \cdot f_2 \cdots f_\nu$

$$F^*_\nu(z) = f_1^*(z) + f_2^*(z) + \cdots + f_\nu^*(z).$$

Folglich wird

$$\boxed{F^*(z) = f_1^*(z) + f_2^*(z) + f_3^*(z) + \cdots \text{ in inf.}}\,.$$

Diese Formel bildet das

Korollar zum Normalproduktsatz:

Die bezogene Ableitung eines Normalprodukts ist gleich der Summe der bezogenen Ableitungen seiner (unendlich vielen) Faktoren.

Und diese Gleichheit gilt für jeden Innenpunkt des Gebiets, in welchem das unendliche Produkt normal konvergiert.

§ 93. Die unendlichen Sinus- und Cosinusprodukte

Bekanntlich gilt das Formelpaar

$$\left.\begin{aligned} &(1) \qquad \cos n\varphi = u^n - n_2 u^{n-2} v^2 + n_4 u^{n-4} v^4 - + \cdots \\ &(2) \qquad \sin n\varphi = n u^{n-1} v - n_3 u^{n-3} v^3 + n_5 u^{n-5} v^5 - + \cdots \end{aligned}\right\} \text{ mit } \begin{Bmatrix} u = \cos\varphi \\ v = \sin\varphi \end{Bmatrix}.$$

Seine für jeden reellen oder komplexen Winkel φ gültige Ableitung ergibt sich am einfachsten aus dem Additionstheorem der Kreisfunktionen, indem man sukzessiv $\cos 2\varphi$, $\sin 2\varphi$; $\cos 3\varphi$, $\sin 3\varphi$; $\cos 4\varphi$, $\sin 4\varphi$ auf die obige Form bringt und dann durch Induktion von $\cos n\varphi$ und $\sin n\varphi$ zu $\cos(n+1)\varphi$ und $\sin(n+1)\varphi$ übergeht.

Wir achten hier lediglich auf (2), in welcher Formel wir durch die Annahme, daß n eine *ungerade* Zahl m ist, gemäß der Relation $u^2 + v^2 = 1$ die Potenzen von u durch v^2 ausdrücken:

$$\sin m\varphi = m(1 - v^2)^\mu v - m_3(1 - v^2)^{\mu-1} v^3 + m_5(1 - v^2)^{\mu-2} v^5 - + \cdots,$$

wo μ die Ganzzahl $(m-1):2$ bedeutet. So entsteht

$$\sin m\varphi = mv\,\mathfrak{p}(v),$$

wo $\mathfrak{p}(v)$ ein Polynom $(m-1)$ten Grades in v bedeutet, dessen Freiglied 1 ist. Jetzt setzen wir

$$m\varphi = x$$

und haben

$$\sin x = mv\,\mathfrak{p}(v) \qquad \text{mit } v = \sin\frac{x}{m}.$$

Das Polynom $v\,\mathfrak{p}(v)$ hat nach dem Fundamentalsatz der Algebra m Wurzeln $v_1, v_2, v_3, \ldots, v_m$, die wir leicht erhalten, indem wir $\sin x = 0$ setzen. Das gibt

$$x=0,\quad x=\pm\pi,\quad x=\pm 2\pi,\ \ldots,\quad x=\pm\mu\pi$$

und entsprechend

$$v=0,\quad v=\pm\sin\alpha,\quad v=\pm\sin 2\alpha,\ \ldots,\quad v=\pm\sin\mu\alpha$$

mit

$$\alpha = \frac{\pi}{m}.$$

Daher hat das Polynom $\mathfrak{p}(v)$ die 2μ verschiedenen Wurzeln

$$v_1=\sin\alpha,\quad v_2=\sin 2\alpha,\ \ldots,\quad v_\mu=\sin\mu\alpha,\quad -v_1,\quad -v_2,\ \ldots,\quad -v_\mu;$$

und da es das Freiglied 1 besitzt, laßt es sich nach dem Fundamentalsatz der Algebra als das Produkt der 2μ Linearfaktoren

$$1-\frac{v}{v_1},\quad 1-\frac{v}{v_2},\ \ldots,\quad 1-\frac{v}{v_\mu},\quad 1+\frac{v}{v_1},\quad 1+\frac{v}{v_2},\ \ldots,\quad 1+\frac{v}{v_\mu}$$

darstellen:

$$\mathfrak{p}(v) = \left(1-\frac{v^2}{v_1^2}\right)\left(1-\frac{v^2}{v_2^2}\right)\cdots\left(1-\frac{v^2}{v_\mu^2}\right).$$

Damit haben wir die Formel

$$\frac{\sin x}{m\sin\frac{x}{m}} = \prod_r^{1,\mu}\left(1-\frac{\sin^2\frac{x}{m}}{\sin^2\alpha r}\right), \qquad \left\{\begin{aligned}\alpha &= \pi : m\\ \mu &= \frac{m-1}{2}\end{aligned}\right\}.$$

In ihr denken wir uns jetzt x als gegebenen reellen oder komplexen Winkel, m als positiv ganzzahlige Variable, setzen

$$-\sin^2\frac{x}{m} : \sin^2\frac{\pi r}{m} = \varphi_r(m)$$

und haben

$$\text{(3)} \qquad \frac{\sin x}{m\sin\frac{x}{m}} = \prod_r^{1,\mu}\left[1+\varphi_r(m)\right].$$

Wir behaupten: Die rechte Seite dieser Formel ist ein Tanneryprodukt. Die dazu notwendigen drei Bedingungen sind in der Tat erfüllt:

1. Der Grenzwert von $\varphi_r(m)$ bei festgehaltenem r und unbegrenzt wachsendem m ist

$$\lim \varphi_r(m) = -x^2 : \pi^2 r^2.$$

2. Der Schlußzeiger μ wächst mit unbegrenzt wachsendem m gleichfalls unbegrenzt.

3. Auf Grund der Ungleichungen

$$\left|\sin \frac{x}{m}\right| < \frac{E}{m} \quad \text{mit } E = \operatorname{Sin}|x| \quad \text{und} \quad \sin \frac{\pi r}{m} > \frac{2r}{m}$$

liegt der Betrag von $\varphi_r(m)$ für jedes m unterhalb der endlichen Schranke $\Phi_r = E^2 : 4r^2$:

$$|\varphi_r(m)| < \Phi_r,$$

und außerdem ist die Reihe $\sum \Phi_r$ konvergent.
Daher läßt sich auf die gefundene Gleichung (3) Tannerys Satz anwenden, und da die linke Seite von (3) für $m \to \infty$ den Grenzwert $\sin x : x$ erreicht, so entsteht die bemerkenswerte Formel

$$\boxed{\frac{\sin x}{x} = \prod_{\nu}^{1,\infty} \left(1 - \frac{x^2}{\pi^2 \nu^2}\right)}\,, \tag{4}$$

ausführlich geschrieben:

$$\boxed{\frac{\sin x}{x} = \left(1 - \frac{x^2}{\pi^2}\right)\left(1 - \frac{x^2}{2^2 \pi^2}\right)\left(1 - \frac{x^2}{3^2 \pi^2}\right)\cdots}\,. \tag{4}$$

Damit ist die *Kreisfunktion* $\sin x$ *in ein unendliches für jedes reelle oder komplexe* x *konvergentes Produkt verwandelt.*
In derselben Weise könnte man aus (1) mit der Annahme eines geraden n ein unendliches Produkt für $\cos x$ herleiten. Man kommt aber bequemer auf folgende Weise zum Ziele.
Nach (4) ist

$$\left.\begin{aligned} \frac{\sin 2x}{2x} &= \prod_1^\infty \left(1 - \frac{x^2}{\varkappa^2 \nu^2}\right) \\ \text{und} \qquad & \\ \frac{\sin x}{x} &= \prod_1^\infty \left(1 - \frac{x^2}{\varkappa^2 (2\nu)^2}\right) \end{aligned}\right\} \text{ mit } \varkappa = \frac{\pi}{2}.$$

Teilt man die erste dieser Formeln durch die zweite, so ergibt sich sofort das

unendliche Produkt für die Cosinusfunktion

(5) $$\boxed{\cos x = \prod_1^\infty \left(1 - \frac{x^2}{\varkappa^2 r^2}\right)} \qquad \left\{\begin{matrix} \varkappa = \pi : 2, \\ r = 1, 3, 5, 7, \ldots \end{matrix}\right\},$$

ausführlich:

(5) $$\boxed{\cos x = \left(1 - \frac{x^2}{\varkappa^2}\right)\left(1 - \frac{x^2}{3^2 \varkappa^2}\right)\left(1 - \frac{x^2}{5^2 \varkappa^2}\right)\cdots} \qquad \text{mit} \quad \varkappa = \frac{\pi}{2}.$$

Die für $\sin x$ und $\cos x$ gefundenen unendlichen Produkte gelten auf Grund ihrer hier gegebenen Herleitung für jedes endliche reelle oder komplexe x. Wir dürfen also in den Formeln x durch $i x$ ersetzen. Dann wird

$$\sin i x = i \operatorname{Sin} x, \qquad \cos i x = \operatorname{Cos} x,$$

wo $\operatorname{Sin} x$ und $\operatorname{Cos} x$ den Hyperbelsinus und Hyperbelcosinus von x bedeuten. Dadurch entstehen die unendlichen Produkte für die Hyperbelfunktionen

$$\operatorname{ch} x = \operatorname{Cos} x = \frac{e^x + e^{-x}}{2} \quad \text{und} \quad \operatorname{sh} x = \operatorname{Sin} x = \frac{e^x - e^{-x}}{2}:$$

$$\boxed{\frac{\operatorname{Sin} x}{x} = \left(1 + \frac{x^2}{\pi^2}\right)\left(1 + \frac{x^2}{2^2 \pi^2}\right)\left(1 + \frac{x^2}{3^2 \pi^2}\right)\cdots}$$

$$\boxed{\operatorname{Cos} x = \left(1 + \frac{x^2}{\varkappa^2}\right)\left(1 + \frac{x^2}{3^2 \varkappa^2}\right)\left(1 + \frac{x^2}{5^2 \varkappa^2}\right)\cdots} \qquad \text{mit} \quad \varkappa = \frac{\pi}{2}.$$

Auch diese Produktentwicklungen konvergieren für jedes endliche reelle oder komplexe x.

Wallis' Formel

In der Formel

$$\frac{\sin x}{x} = \left(1 - \frac{x^2}{\pi^2}\right)\left(1 - \frac{x^2}{2^2 \pi^2}\right)\left(1 - \frac{x^2}{3^2 \pi^2}\right)\cdots$$

setzen wir

$$x = \pi : 2.$$

Sie verwandelt sich dann in

$$\frac{2}{\pi} = \left(1 - \frac{1}{2^2}\right)\cdot\left(1 - \frac{1}{4^2}\right)\cdot\left(1 - \frac{1}{6^2}\right)\cdots$$

oder in

$$\boxed{\frac{2}{\pi} = \frac{1 \cdot 3}{2^2} \cdot \frac{3 \cdot 5}{4^2} \cdot \frac{5 \cdot 7}{6^2} \cdot \ldots}.$$

Setzt man also

$$c_n = \frac{1 \cdot 3 \cdot 5 \cdot 7 \cdot \cdots \cdot (2n-1)}{2 \cdot 4 \cdot 6 \cdot 8 \cdot \cdots \cdot (2n)},$$

so wird

$$(2n+1)\, c_n^2 = \frac{1 \cdot 3}{2^2} \cdot \frac{3 \cdot 5}{4^2} \cdot \frac{5 \cdot 7}{6^2} \cdot \cdots \cdot \frac{(2n-1)(2n+1)}{(2n)^2}.$$

Folglich ist

$$\lim (2n+1)\, c_n^2 = \frac{2}{\pi}$$

oder

$$\boxed{\lim c_n \sqrt{n} = 1 : \sqrt{\pi}}\,.$$

Dies ist die *Formel von Wallis*.

Sie stellt $\sqrt{\pi}$ oder, wenn man will, *π als unendliches Produkt* dar.

§ 94. Das unendliche Produkt $\Pi(1 + c_n x)$

Wir beweisen folgenden

Fundamentalsatz:

Bei absoluter Konvergenz der Reihe

$$c_1 + c_2 + c_3 + \cdots$$

ist das Produkt

$$\prod_1^\infty (1 + c_n x)$$

eine ganze (transzendente) Funktion von x; d. h. es läßt sich in eine für jedes endliche x konvergente Potenzreihe entwickeln:

$$\Pi(1 + c_n x) = \mathfrak{P}(x) = 1 + e_1 x + e_2 x^2 + e_3 x^3 + \cdots.$$

Hierbei bedeutet der Koeffizient e_r die Summe aller r-klassigen Kombinationen der Elemente $c_1, c_2, c_3, \ldots$

Beweis. Wir setzen für das Teilprodukt

$$\pi_n = (1 + c_1 x)(1 + c_2 x) \ldots (1 + c_n x)$$
$$\pi_n = 1 + v_1 + v_2 + v_3 + \cdots + v_p$$

mit

$$v_r = f_r x^r \quad \text{und} \quad p = n,$$

wobei

$$f_r = \sum c_\alpha c_\beta c_\gamma \ldots$$

die Summe der r-klassigen Kombinationen $c_\alpha c_\beta c_\gamma \ldots$ der n Elemente $c_1, c_2, \ldots, c_n$ bedeutet.

Wir zeigen, daß die Reihe

$$v_1 + v_2 + v_3 + \cdots + v_p$$

eine Tanneryreihe ist.

Zu dem Zwecke bezeichnen wir die Beträge von c_ν, f_r, v_r und x mit C_ν, F_r, V_r und X.

Nach Voraussetzung stellt

$$\Gamma_n = C_1 + C_2 + C_3 + \cdots + C_n$$

für jedes n einen endlichen unterhalb einer gewissen unechtgebrochenen festen endlichen Größe E liegenden Wert dar.

Nun ist zunächst die Summe

$$\sum C_\alpha C_\beta C_\gamma \ldots$$

der r-klassigen *Variationen* $C_\alpha C_\beta C_\gamma \ldots$ der n Elemente $C_1, C_2, \ldots, C_n$ sicher kleiner als das r-gliedrige Produkt

$$(C_1 + C_2 + \cdots + C_n) \cdot (C_1 + C_2 + \cdots + C_n) \ldots (C_1 + C_2 + \cdots + C_n),$$

d. h. kleiner als Γ_n^r und erst recht kleiner als E^r. Da diese Summe aber das r!fache der Summe

$$\sum C_\alpha C_\beta C_\gamma \ldots$$

der r-klassigen *Kombinationen* der n Elemente $C_1, C_2, \ldots, C_n$ darstellt, liegt letztere Summe unterhalb $E^r : r!$, mithin F_r erst recht unterhalb $E^r : r!$, und V_r liegt unterhalb des endlichen Wertes

$$W_r = \frac{E^r X^r}{r!}.$$

Wir sehen:

Der Betrag von v_r liegt unterhalb des endlichen von n unabhängigen Wertes W_r, und die Reihe $\sum W_r$ konvergiert.

Wir zeigen jetzt, daß v_r bei festgehaltenem r und unbegrenzt wachsendem n gegen einen endlichen (unterhalb W_r liegenden) Grenzwert w_r konvergiert.

Um anzudeuten, daß f_r auch von n abhängig ist, schreiben wir

$$f_r = f_r^n.$$

Wegen der Konvergenz der Reihe

$$C_1 + C_2 + C_3 + \cdots$$

existiert zu jedem noch so kleinen positiven ε ein endlicher Zeiger ν derart, daß für jeden größeren Zeiger N

$$C_{\nu+1} + C_{\nu+2} + \cdots + C_N < \varepsilon$$

ausfällt.

Nun ist

$$f_r^N - f_r^\nu = \sum c_\alpha c_\beta c_\gamma \ldots,$$

gleich der Summe aller r-klassigen Kombinationen der N Elemente $c_\alpha, c_\beta, c_\gamma, \ldots$ unter denen *kein* Zeiger $> N$ und mindestens *ein* Zeiger $> \nu$ vorkommt. Achten wir statt dessen auf die $r!$mal so große Summe der entsprechenden *Variationen*, so liegt die in dieser Variationensumme enthaltene Teilsumme, deren Glieder λ Faktoren der Faktorenfolge $c_1, c_2, \ldots, c_\nu$ und μ Faktoren der Folge $c_{\nu+1}, c_{\nu+2}, \ldots, c_N$ enthalten, betraglich sicher unterhalb

$$\underbrace{(C_1 + C_2 + \cdots + C_\nu) \ldots (C_1 + C_2 + \cdots + C_\nu)}_{\lambda \text{ Klammern}}$$

$$\underbrace{\cdot (C_{\nu+1} + C_{\nu+2} + \cdots + C_N) \ldots (C_{\nu+1} + C_{\nu+2} + \cdots + C_N)}_{\mu \text{ Klammern}},$$

d. h. unterhalb $E^\lambda \varepsilon^\mu$. Besagte Variationensumme liegt also unterhalb

$$E^{r-1}\varepsilon + E^{r-2}\varepsilon^2 + \cdots + \varepsilon^r, \quad \text{d. h.} \quad a \cdot f \cdot \quad \text{unterhalb} \quad E^r \varepsilon : (1 - \varepsilon).$$

Daher ist

$$\left| f_r^N - f_r^\nu \right| < \frac{E^r}{r!} \cdot \frac{\varepsilon}{1 - \varepsilon}.$$

Diese Ungleichung lehrt: der Faktor f_r^n strebt bei unbegrenzt wachsendem n (und festgehaltenem r) gegen einen endlichen Grenzwert. Mithin existiert auch

$$\lim_{n \to \infty} v_r = \lim f_r x^r = w_r$$

(und liegt betraglich unterhalb W_r).

Schließlich vermerken wir noch, daß der Schlußzeiger p der Reihe

$$v_1 + v_2 + \cdots + v_p$$

mit unbegrenzt wachsendem n unendlich wird.

Damit sind alle drei Bedingungen des Tanneryschen Satzes erfüllt, und die Reihe

$$v_1 + v_2 + \cdots + v_p$$

ist, wie behauptet wurde, eine Tanneryreihe.

Nach Tannerys Satz ist demnach

$$\prod_1^\infty (1 + c_n x) = 1 + e_1 x + e_2 x^2 + e_3 x^3 + \cdots,$$

wo

$$e_r = \sum c_\alpha c_\beta c_\gamma \ldots$$

die Summe aller r-klassigen Kombinationen $c_\alpha c_\beta c_\gamma \ldots$ der Elemente $c_1, c_2, c_3, c_4, \ldots$ bedeutet.

Die gefundene Reihe konvergiert für jedes endliche x, ist sonach eine ganze, im allgemeinen transzendente Funktion von x.

§ 95. Die Eulerprodukte $\prod_1^\infty (1 + x^n)$ und $\prod_1^\infty (1 - x^n)$.

Wir betrachten die zuerst von Euler (Introductio in analysin infinitorum, 1748, 16. Kapitel) eingeführten unendlichen Produkte

$$P = (1 + x)(1 + x^2)(1 + x^3) \dots \quad \text{und} \quad Q = (1 - x)(1 - x^2)(1 - x^3) \dots$$

unter der Voraussetzung echtgebrochener x $[X = |x| < 1]$.
Da die Reihe

$$X + X^2 + X^3 + \cdots$$

für jedes echtgebrochene X konvergiert, so konvergiert jedes der beiden Eulerprodukte für echtgebrochene x absolut und unbedingt.

Wir stellen uns die *Aufgabe, die Eulerprodukte P und Q in Potenzreihen von x zu verwandeln.*

Teilungen

Da diese Aufgabe im engsten Zusammenhange mit *Zahlteilungen* steht, so schicken wir einen kurzen Exkurs über Teilungen voraus.

Unter einer *Teilung* z. B. der Ganzzahl 29 versteht man eine Zerlegung von 29 in positive ganzzahlige Teile und die Darstellung von 29 als Summe dieser Teile wie etwa

$$29 = 8 + 5 + 5 + 5 + 4 + 1 + 1;$$

und wir sagen:

die „*Teilung*" $8 + 5 + 5 + 5 + 4 + 1 + 1$

von 29 besteht aus den 7 Teilen 8, 5, 5, 5, 4, 1, 1. Hier tritt der Teil 8 *ein*mal, der Teil 5 *drei*mal, der Teil 4 *ein*mal und der Teil 1 *zwei*mal auf, so daß man diese Teilung abgekürzt auch

$$8^1\ 5^3\ 4^1\ 1^2$$

schreibt.

Neben dieser Schreibung ist von großem Vorteil die graphische Darstellung der Teilung durch ein Punkt- oder *Tupfendiagramm,* d. h. durch ein System übereinanderliegender waagrechter Tupfenreihen, derart, daß die unterste Reihe 8, die drei folgenden Reihen je 5, die nächste Reihe 3 und die beiden obersten Reihen je 1 Tupfen enthalten, wobei die Anfangstupfen der Reihen lotrecht übereinanderliegen und je zwei waagrecht sowie je zwei lotrecht benachbarte

Tupfen denselben (als Längeneinheit dienenden) Abstand haben, wobei ferner von zwei Nachbarreihen die untere nie die kürzere ist. Eine solche graphische Darstellung einer Teilung heißt das *Bild* der Teilung. Entsprechend den 3 gleichen Summanden 5, 5, 5 und den beiden gleichen Summanden 1, 1 enthalt das Bild

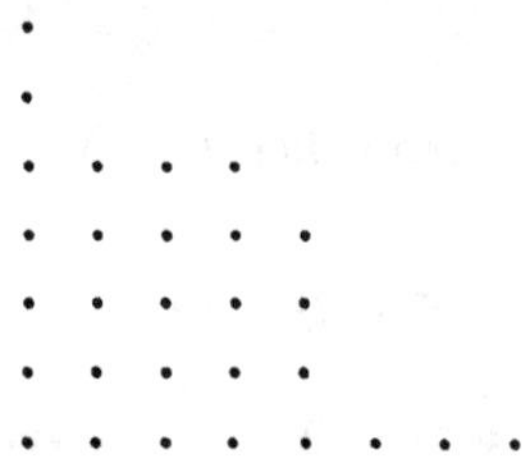

unserer Teilung 3 „*gleiche*“ Reihen zu je 5 Tupfen, ferner 2 gleiche Reihen mit je 1 Tupfen.

Die nächste Figur stellt das Bild einer Teilung von 29 dar, welches nur *ungleiche* Tupfenreihen enthält:

$$29 = 8 + 7 + 5 + 4 + 3 + 2$$

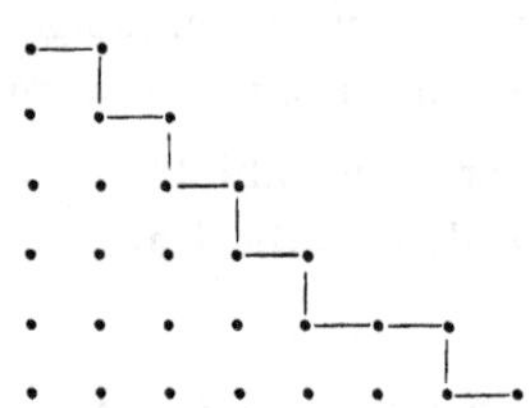

Da ein solches Bild einigermaßen einer Treppe ähnelt, nennen wir eine Teilung, in der keine gleichen Reihen bzw. Summanden vorkommen, eine *Treppenteilung* oder kurz *Treppe*. In Anlehnung an diesen Ausdruck nennt man die Reihen oder Zeilen eines Teilungsbildes und damit auch die Summanden der Teilung die *Stufen* der Teilung. Unser erstes Bild stellt demnach eine siebenstufige, unser zweites Bild eine sechsstufige Teilung von 29 dar. Ebenso heißt

$8 + 5 + 5 + 5 + 4 + 1 + 1$ eine siebenstufige,

$8 + 7 + 5 + 4 + 3 + 2$ eine sechsstufige

Teilung von 29.

Macht man die Spalten eines Teilungsbildes zu Zeilen eines neuen Teilungsbildes, so entsteht die zur Ausgangsteilung *konjugierte* Teilung bzw. das zum Ausgangsbild konjugierte Bild. Die Konjugierte eines Bildes mit r Zeilen und s Spalten hat s Zeilen und r Spalten.

In der nächsten Figur ist eine achtstufige Teilung der Zahl 23 und ihre sechsstufige Konjugierte dargestellt.

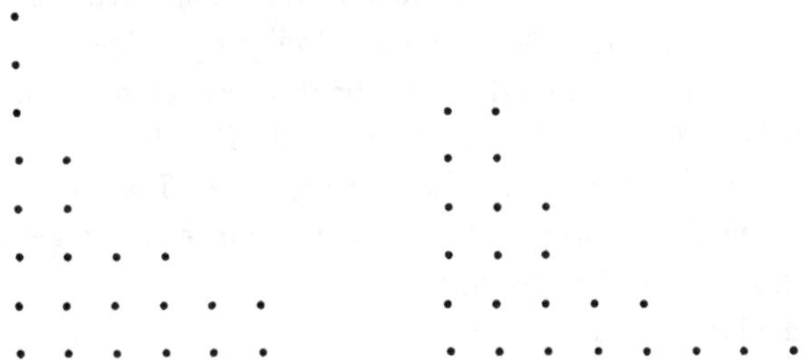

Das erste Bild gehört zur Teilung

$$6^2\ 4^1\ 2^2\ 1^3,$$

das zweite zur Teilung

$$8^1\ 5^1\ 3^2\ 2^2.$$

Diese beiden Teilungen sind „*einander konjugiert*".
Um schnell das konjugierte Bild einer Teilung zu betrachten, braucht man das vorgelegte Bild nur um 90^0 zu drehen.

Franklins Treppenbetrachtungen

(J. Franklin, Comptes Rendus, T 92, 1881)

Es gibt zweierlei Treppen einer vorgelegten Ganzzahl k: gerade und ungerade. Die Treppe heißt *gerade* oder *ungerade*, je nachdem sie eine gerade oder ungerade Stufenzahl (Zeilenzahl) besitzt. So ist z. B.

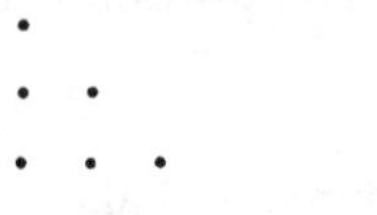

eine gerade Treppe,

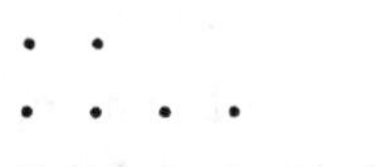

eine ungerade Treppe

der Zahl (Treppenzahl) $k = 12$.

Franklin hat gezeigt, daß eine Zahl k im allgemeinen ebensoviel gerade wie ungerade Treppen besitzt.
Das geschieht in der Weise, daß man in der Gesamtheit aller Treppen von k jeder geraden Treppe genau eine ungerade Treppe des Systems zuordnet, daß m. a. W. sich die Treppen des Systems paarweise anordnen lassen, wobei jedes

Paar eine gerade und eine ungerade Treppe enthält. Zu dem Zwecke führen wir die Begriffe Podest und Böschung einer Treppe ein. Der *Podest* einer Treppe ist ihre oberste Stufe. Zieht man durch den Schlußtupfen der untersten Treppenstufe eine Gerade mit der Horizontalneigung 45^0 von rechts unten nach links oben, so bildet das System der von ihr durchsetzten Tupfen die *Böschung* der Treppe. Die Anzahl der im Podest bzw. in der Böschung liegenden Treppentupfen ist die *Podestzahl* P bzw. *Böschungszahl* B der Treppe. Der *Schlußtupfen* des Podests bzw. der Böschung ist der am weitesten rechts liegende bzw. oberste Tupfen des Podests bzw. der Böschung.

Die folgenden drei Treppen

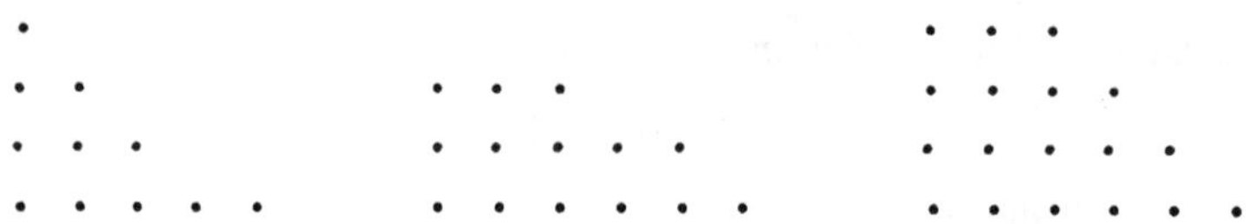

haben die Podestzahlen 1, 3, 3, die Böschungszahlen 1, 2, 4.

Wir unterscheiden nun bei einer vorgelegten Treppe zwei Fälle:

1. Die Schlußtupfen von Podest und Böschung koinzidieren nicht,

2. die beiden Schlußtupfen fallen zusammen.

Fall 1

Ist $P \leqq B$, so läßt sich der Podest, bei gleichzeitiger Dehnung auf die $\sqrt{2}$ fache Länge, zur neuen Böschung machen (der alten Böschung [rechts unten] parallel ansetzen); ist dagegen $P > B$, so läßt sich die Böschung, bei gleichzeitiger Kontraktion auf den $\sqrt{2}$ ten Teil ihrer Länge, zum neuen Podest machen (oberhalb des alten Podests aufsetzen). Dehnung wie Kontraktion liefern eine neue Treppe *anderer* Parität, aber *derselben* Treppenzahl (Tupfenzahl).

Fall 2

Auch jetzt läßt sich im Falle $P < B$ die Dehnung, im Falle $P > B + 1$ die Kontraktion bewirken, während das Verfahren in den Fällen $P = B$ und $P = B + 1$ scheitert.

Es gibt also zwei Treppenformen, bei denen weder Dehnung noch Kontraktion möglich ist; bei der ersten enthalten die Treppenstufen von oben nach unten

$$B, \quad B+1, \quad B+2, \ldots, \quad B+B-1,$$

bei der zweiten

$$B+1, \quad B+2, \quad B+3, \ldots, \quad B+B$$

Tupfen. Bei der ersten enthalt also die Treppe $B\dfrac{3B-1}{2}$, bei der zweiten $B\dfrac{3B+1}{2}$ Tupfen. Diese Ausnahmefälle sind demnach dadurch gekennzeichnet, daß die Treppenzahl k (die vorgelegte Zahl k, deren Treppenteilungen gesucht sind) eine Pentade*) p (Fünfeckszahl) von der Form

$$k = p = r\frac{3r \pm 1}{2}$$

ist.

In jedem andern Falle läßt sich jeder Treppe von k eine solche mit ebensoviel Tupfen, aber anderer Parität zuordnen. Aus den n geraden Treppen von k entstehen so n ungerade (paarweise verschiedene) Treppen. Weitere ungerade Treppen von k können aber nicht existieren, da sich ja jeder derartigen ungeraden Treppe eine gerade zuordnen ließe, die sich doch unter den n geraden Ausgangstreppen finden müßte. Folglich:

Satz von Franklin:

Jede Zahl, die keine Pentade ist, läßt sich ebensooft als gerade wie als ungerade Treppe darstellen.

Die Pentade

$$p = r\frac{3r-1}{2}$$

vom Rang r liefert eine gerade oder eine ungerade Treppe mehr, je nachdem ihr Rang gerade oder ungerade ist.

Unter den Teilungen einer Zahl k interessieren uns hier nur folgende vier: 1. die Teilungen mit n und weniger Stufen (Teilen), 2. Teilungen mit genau n Stufen, 3. Treppenteilungen mit genau n Stufen, 4. Treppenteilungen mit allen mög-

---

*) *Pentaden*

Wir gehen aus von einem regulären Fünfeck f_1 mit den Ecken O, A, B, C, D von 1 cm Seitenlänge. Verwandeln wir f_1 durch eine Homothetie mit dem Pol O und dem ganzzahligen Maßstabe n in ein Fünfeck f_n mit den Ecken O, A_n, B_n, C_n, D_n, schreiten seinen $5n$ cm langen Umfang, in O beginnend, cm für cm ab, wobei wir den Endpunkt jedes abgemessenen cm markieren, so entstehen genau $u_n = 5n$ markierte Punkte oder Tupfen. Zählen wir alle auf den r Fünfecken $f_0, f_1, f_2, \ldots, f_{r-1}$, entstandenen Tupfen ab, wobei wir den Tupfen O als „Fünfeck“ f_0 mitzählen, so erhalten wir sukzessiv folgende „Tupfenzahlen“

$$z_1 = 1, \quad z_2 = u_1 - 1 = 4, \quad z_3 = u_2 - 3 = 7, \quad z_4 = u_3 - 5 = 10, \; \ldots,$$
$$z_r = u_{r-1} - (2r-3) = 5(r-1) - 2r + 3 = 3r - 2.$$

Als Gesamtzahl der in unsern r Fünfecken $f_0, f_1, f_2, \ldots, f_{r-1}$ gemachten Tupfen erhalten wir daher den Wert

$$p_r = 1 + 4 + 7 + 10 + \cdots + (3r-2) = r \cdot \frac{3r-1}{2}.$$

Wegen der beschriebenen Fünfecksbeziehungen heißt die Zahl

$$\boxed{p_r = r\frac{3r-1}{2}}$$

die *$r$te Fünfeckszahl* oder die *Pentade vom Range r*. Man erweitert diese Definition auf negative r, so daß

$$p_s = s\frac{3s+1}{2}$$

die Pentade vom Range $r = -s$ ist.

lichen Stufen, d. h. mit k und weniger Stufen. Die Anzahl dieser Teilungen werde bzw. mit

$$\widetilde{k, n}, \quad \overline{k, n}, \quad \widehat{k, n}, \quad \hat{k}$$

bezeichnet.

Für alle diese Teilungen hat Euler sog. *Erzeugende Funktionen* (E.F.) angegeben. Dabei versteht man unter der E.F. von $\widehat{k, n}$ z. B. oder, wie man sagt, der n-stufigen Treppenteilungen die Potenzreihe

$$c_0 + c_1 x + c_2 x^2 + c_3 x^3 + \cdots,$$

in welcher der Koeffizient von x^k

$$c_k = \widehat{k, n}$$

ist.

Satz 1:

Die Erzeugende Funktion für Teilungen mit n und weniger Stufen ist

$$1 : \overline{n}|.$$

Dabei bedeutet das Zeichen $\overline{n}|$ die Funktion

$$\overline{n}| = (1 - x)(1 - x^2)(1 - x^3) \ldots (1 - x^n).$$

Beweis für $n = 6$ und $k = 20$ (was aber keinerlei Beschrankung der Allgemeinheit bedeutet). Man nehme z. B. die 6-stufige Teilung $7\ 4^2\ 3^1\ 1^2$ von k mit dem Bilde

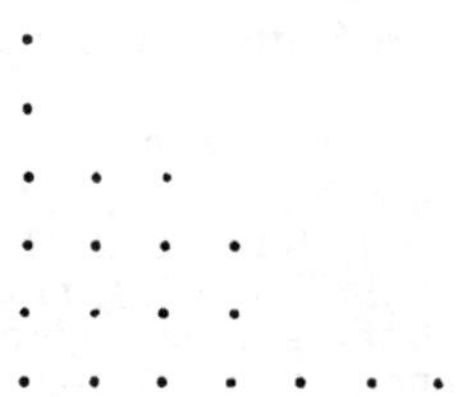

und lese sie wie Bild konjugiert:

$$6^1\ 4^2\ 3^1\ 1^3.$$

$1 : \overline{n}| = 1 : \overline{6}|$ ist das Produkt der n Reihen

$$\begin{aligned}
&1 + x + x^2 + x^3 + x^4 + x^5 + \cdots,\\
&1 + x^2 + x^4 + x^6 + x^8 + \cdots,\\
&1 + x^3 + x^6 + x^9 + x^{12} + \cdots,\\
&1 + x^4 + x^8 + x^{12} + x^{16} + \cdots,\\
&1 + x^5 + x^{10} + x^{15} + x^{20} + \cdots,\\
&1 + x^6 + x^{12} + x^{18} + x^{24} + \cdots,
\end{aligned}$$

wo die 1., 2., 3., 4., 5., 6. Reihe in den sukzessiven Exponenten Einer, Zweier, Dreier, Vierer, Fünfer und Sechser hat. Wir nehmen, der *konjugierten* Teilung entsprechend, einen Sechser (x^6) aus der 6. Reihe, zwei Vierer ($x^{2 \cdot 4} = x^8$) aus der 4. Reihe, einen Dreier (x^3) aus der 3. Reihe und drei Einer ($x^{1+1+1} = x^3$) aus der 1. Reihe. Das gibt im Produkt der Reihen

$$(x^6)^1 \cdot (x^4)^2 \cdot (x^3)^1 \cdot (x^1)^3 = x^k = x^{20}.$$

So liefert *jede* Teilung mit 6 oder weniger Stufen genau *ein* Glied x^{20} des Produkts. Daher ist die Anzahl der Teilungen $\widetilde{20,6} = \widetilde{k,n}$ der Koeffizient von $x^{20} = x^k$ des Reihenprodukts $1 : \overline{6}\rceil$, q. e. d.

Satz 2:

Die E.F. für Teilungen mit je n Stufen ist

$$x^n : \overline{n}\rceil .$$

Beweis. Die erste Spalte jeder n-stufigen Teilung von k enthält sicher n Tupfen. Nehmen wir von jeder der $\overline{k,n}$ Teilungen die erste Spalte fort, so entstehen *alle* maximal-n-stufigen Teilungen von $k - n$ und jede nur einmal. Daher ist $\overline{k,n} = \widetilde{k-n,n}$. Letztere Anzahl ist aber der Koeffizient von x^{k-n} in $1 : \overline{n}\rceil$, d. h. der Koeffizient von x^k in $x^n : \overline{n}\rceil$, q. e. d.

Satz 3:

Die E.F. für n-stufige Treppen ist

$$x^{n^{\cdot}} : \overline{n}\rceil ,$$

wo $n^{\cdot}$ die $n$te Dreieckszahl bedeutet.

Beweis. Man zeichne etwa die 3-stufigen Treppen von $k = 11$:

```
1 .                   1 .
2 . .                 3 . . .
8 . . . . . . . .     7 . . . . . . .

1 .            2 . .            2 . .
4 . . . .      3 . . .          4 . . . .
6 . . . . . .  6 . . . . . .    5 . . . . .,
```

5 an der Zahl und schreibe sie konjugiert. Das gibt lauter Treppen, deren Stufen nur Einer, Zweier und Dreier enthalten:

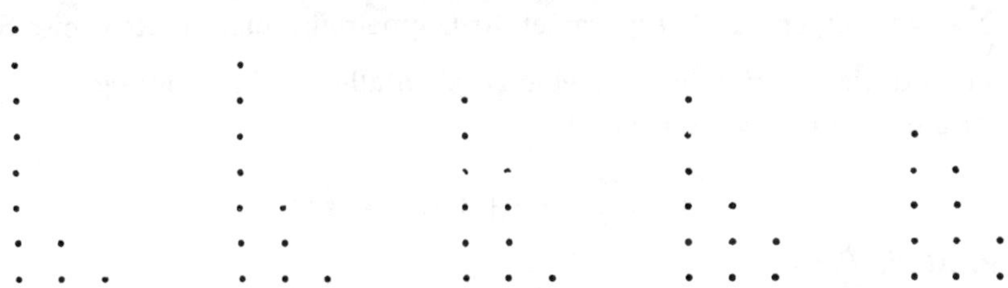

oder

$$3^1\, 2^1\, 1^6, \qquad 3^1\, 2^2\, 1^4, \qquad 3^1\, 2^3\, 1^2, \qquad 3^2\, 2^1\, 1^3, \qquad 3^2\, 2^2\, 1^1.$$

Die aus den notierten Einern, Zweiern, Dreiern erbauten (konjugierten) Treppen entstehen durch Multiplikation aus den Reihen:

$$\begin{aligned}&\text{Einerreihe: } x+x^2+x^3+x^4+x^5+\cdots,\\&\text{Zweierreihe: } x^2+x^4+x^6+x^8+x^{10}+\cdots,\\&\text{Dreierreihe: } x^3+x^6+x^9+x^{12}+x^{15}+\cdots,\end{aligned}$$

z. B. die Treppe $3^1\,2^1\,1^6$ als Exponent des Produkts der drei Faktoren x^3, x^2, x^6 aus der 3., 2., 1. Reihe, die Treppe $3^1\,2^2\,1^4$ als Exponent des Produkts der drei Faktoren x^3, $x^4=(x^2)^2$, x^4 aus Reihe 3, 2, 1 usw.
Jedes so gebildete Produkt entsteht nur *ein*mal; und umgekehrt findet sich der Exponent $\alpha+\beta+\gamma$ des Produkts $x^\alpha\cdot x^\beta\cdot x^\gamma=x^k$, dessen drei Faktoren x^α, x^β, x^γ den drei Reihen entstammen, unter den 5 dreistufigen Treppen von $k=11$ (man lese ihn konjugiert).
Mithin ist das Produkt dieser drei Reihen die E.F. für 3-stufige Treppenteilungen. Dieses Produkt ist aber

$$x\cdot\frac{1}{1-x}\cdot x^2\cdot\frac{1}{1-x^2}\cdot x^3\cdot\frac{1}{1-x^3}=x^{1+2+3}\cdot\frac{1}{\overline{3}|}=x^6:\overline{3}|=x^{3^\cdot}:\overline{3}|.$$

Bei n-stufigen Teilungen wird der Exponent des Faktors von $1:\overline{n}|$ natürlich $1+2+3+4+\cdots+n$, ist sonach die $n$te Triade $n^\cdot$.

Man schreibe die E.F. der r-stufigen Treppenteilungen als $r$te Zeile einer Doppelreihe, dabei die $s$te Spalte dieser Zeile mit dem Gliede $\widehat{s,r}\,x^s$ besetzend. Da die Summe der Beträge der Glieder der $r$ten Zeile den Wert

$$Z_r=\frac{X^{r^\cdot}}{(1-X)(1-X^2)\ldots(1-X^r)},\qquad (X=|x|)$$

hat und der Nenner dieses Bruches oberhalb

$$\mathfrak{Q}=(1-X)(1-X^2)(1-X^3)\ldots\ \text{in inf.}$$

liegt, so ist

$$Z_r<X^{r^\cdot}:\mathfrak{Q}$$

und $\sum\limits_1^\infty Z_r$ konvergent. Daher gestattet die Doppelreihe auch spaltenweise Summation, und die so entstehende Reihe ist ebenfalls absolut konvergent.
Nun ist die Summe der $s$ten Spalte

$$(\widehat{s,1}+\widehat{s,2}+\cdots+\widehat{s,s})\,x^s=\hat{s}\,x^s.$$

Mithin ist die Reihe

$$\mathfrak{P}(x)=1+\hat{1}\,x+\hat{2}\,x^2+\hat{3}\,x^3+\cdots$$

für jedes $|x|<1$ absolut konvergent.

Anderseits erkennt man leicht:
Der Koeffizient von x^s in der Entwicklung des Produkts

$$P_n = (1+x)(1+x^2)\dots(1+x^n)$$

ist für $s \leqq n$ gleich der Anzahl $\hat{s}$ aller Treppenteilungen von s und für $s > n$ kleiner als $\hat{s}$. Mithin gilt die Formel

$$P_n = 1 + \hat{1}\,x + \hat{2}\,x^2 + \cdots + \hat{n}\,x^n + \overline{n+1}\,x^{n+1} + \cdots + \overline{n^{\cdot}}\,x^{n^{\cdot}},$$

wobei $\overline{n+p}$ für jedes positive p unterhalb $\widehat{n+p}$ liegt.
Wir setzen

$$S_n = 1 + \hat{1}\,x + \hat{2}\,x^2 + \cdots + \hat{n}\,x^n$$

und haben

$$P_n - S_n = \overline{n+1}\,x^{n+1} + \overline{n+2}\,x^{n+2} + \cdots + \overline{n^{\cdot}}\,x^{n^{\cdot}},$$

folglich wegen $\overline{n+p} < \widehat{n+p}$

$$|P_n - S_n| < \sum_{n+1}^{\infty} \hat{\nu}\, X^{\nu}.$$

Nun läßt sich die rechte Seite dieser Ungleichung wegen der Konvergenz von $\mathfrak{P}(X)$ durch hinreichend hoch gewahltes n beliebig klein machen. Folglich ist

$$\lim P_n = \lim S_n,$$

d. h.

$$P = \mathfrak{P}(x).$$

Das Eulerprodukt $P = \prod_1^{\infty}(1+x^n)$ gestattet also die für jedes echtgebrochene x absolut konvergente Reihenentwicklung

$$\boxed{(1+x)(1+x^2)(1+x^3)\cdots = 1 + \hat{1}\,x + \hat{2}\,x^2 + \hat{3}\,x^3 + \cdots},$$

wo der Koeffizient $\hat{s}$ von x^s die Anzahl aller Treppenteilungen von s bedeutet.

Was das zweite Eulerprodukt $Q = \prod_1^{\infty}(1-x^{\nu})$ anbetrifft, so setzen wir

$$Q_n = (1-x)(1-x^2)\dots(1-x^n),$$

multiplizieren aus und haben

$$Q_n = 1 + e_1 x + e_2 x^2 + \cdots + e_n x^n + A\,x^a + B x^b + \cdots + G x^g$$

mit $a = n+1,\ b = n+2,\ \dots,\ g = n^{\cdot}$.
Was zunächst das Glied $e_{\nu} x^{\nu}$ anbetrifft, so entsteht es aus Q_n durch Multiplikation von Potenzen der Form $-x^{\alpha}$, $-x^{\beta}$, $-x^{\gamma}$, … mit $\alpha + \beta + \gamma + \cdots = \nu$ zum Produkt εx^{ν}, wobei also $\alpha + \beta + \gamma + \cdots$ eine Treppenteilung von ν ist und der Koeffizient ε den Wert $+1$ oder -1 hat, je nachdem die Teilung gerade

oder ungerade ist. Durch Zusammenfassung aller so entstehenden Posten εx^ν ergibt sich dann $e_\nu x^\nu$.

Wenn ν keine Pentade ist, muß e_ν nach Franklins Satz verschwinden. Ist ν aber eine Pentade p vom Range r, so ist $e_\nu = \iota^r$ und $e_\nu x^\nu = \iota^r x^p$.

Was die $A, B, C, \ldots$ anbetrifft, so läßt sich nichts Genaues über sie aussagen; es steht nur fest, daß

$$|A| < \hat{a}, \quad |B| < \hat{b}, \quad \ldots, \quad |G| < \hat{g}$$

sein muß.

Wir setzen nun

$$T_n = 1 + e_1 x + e_2 x^2 + \cdots + e_n x^n.$$

Dann ist einerseits $\lim T_n$ die für jedes echtgebrochene x absolut konvergente Potenzreihe

$$\mathfrak{Q}(x) = \sum_r^{-\infty, +\infty} \iota^r x^p, \qquad \left[p = r\frac{3r-1}{2}\right],$$

anderseits

$$Q_n - T_n = A x^a + B x^b + \cdots + G x^g$$

und damit wieder

$$|Q_n - T_n| < \sum_{1+n}^{\infty} \hat{\nu} X^\nu.$$

Wie oben wird

$$\lim Q_n = \lim T_n$$

oder

$$Q = \mathfrak{Q}(x).$$

Das Eulerprodukt $Q = \prod_1^\infty (1 - x^n)$ *gestattet die für jedes echtgebrochene* x *absolut konvergente Reihenentwicklung*

$$\boxed{(1-x)(1-x^2)(1-x^3)\cdots = \sum_{-\infty}^{+\infty} \iota^r x^p} \qquad \text{mit } p = r\frac{3r-1}{2},$$

wo r von $-\infty$ bis $+\infty$ lauft,

ausführlich geschrieben:

$$Q = 1 - x - x^2 + x^5 + x^7 - x^{12} - x^{15} + x^{22} + x^{26} - x^{35} - x^{40} + + - - \cdots$$

Wegen der Bedeutung, die in dieser Formel den pentadischen Exponenten zukommt, nennt man sie passend *Eulers Pentadenformel.*

§ 96. Jacobis Identität

Nach dem Satze vom unendlichen Produkt $\prod_1^\infty (1 + c_n x)$ [§ 94] stellt das unendliche Produkt

$$\varphi(x) = (1 + qx)(1 + q^3 x)(1 + q^5 x) \ldots$$

bei echtgebrochenem q eine ganze Funktion von x dar:

$$\varphi(x) = e_0 + e_1 x + e_2 x^2 + \cdots.$$

Um die Koeffizienten e_ν zu bestimmen, benutzen wir die Identität

$$(1 + qx)\varphi(q^2 x) = \varphi(x)$$

oder

$$(1 + qx)\,[e_0 + e_1 q^2 x + e_2 q^4 x^2 + e_3 q^6 x^3 + \cdots] = e_0 + e_1 x + e_2 x^2 + \cdots.$$

Nach der Methode der unbestimmten Koeffizienten erhalten wir hieraus

$$e_n = e_n q^{2n} + e_{n-1} q^{2n-1},$$

d. h.

$$e_n = e_{n-1} \frac{q^{2n-1}}{1 - q^{2n}}.$$

Durch fortgesetzte Anwendung dieser Rekursionsformel ergibt sich wegen $e_0 = 1$

$$e_1 = \frac{q}{1 - q^2}, \quad e_2 = \frac{q^4}{(1 - q^2)(1 - q^4)}, \quad e_3 = \frac{q^9}{(1 - q^2)(1 - q^4)(1 - q^6)}, \cdots,$$

allgemein

$$e_n = \frac{q^{n^2}}{Q_n} \quad \text{mit} \quad Q_n = (1 - q^2)(1 - q^4) \cdots (1 - q^{2n}).$$

Bedeutet y den Kehrwert von x, so ist ebenso

$$\varphi(y) = (1 + qy)(1 + q^3 y)(1 + q^5 y) \cdots = e_0 + e_1 y + e_2 y^2 + \cdots,$$

wo die rechtsstehende Potenzreihe in y für jedes endliche nichtverschwindende x absolut konvergiert.

Jetzt bilden wir die neue Funktion

$$f(x) = \varphi(x)\,\varphi(y) = \prod_1^\infty (1 + q^{2n-1} x)(1 + q^{2n-1} y).$$

Die Multiplikation der beiden Reihen $\varphi(x)$ und $\varphi(y)$ liefert die Laurentreihe

$$f(x) = c_0 + c_1(x + y) + c_2(x^2 + y^2) + c_3(x^3 + y^3) + \cdots$$

mit $c_0 = 1$ und

$$c_n = e_0 e_n + e_1 e_{n+1} + e_2 e_{n+2} + \cdots \text{ in inf.},$$

die in jedem Kreisringe um den Nullpunkt der x-Ebene mit endlichen nichtverschwindenden Radien absolut und gleichmäßig konvergiert.

Die Ermittlung der Koeffizienten c_n erfolgt am besten mit Hilfe der Funktionalgleichung

$$q x f(q^2 x) = f(x),$$

die man durch die Produktdarstellung von $f(x)$ leicht findet. Ihr zufolge ist also

$$\sum_{-\infty}^{+\infty} c_n x^n = q x \sum_{-\infty}^{+\infty} c_n q^{2n} x^n \qquad \text{mit} \quad c_{-n} = c_n.$$

Nach der Methode der unbestimmten Koeffizienten ergibt sich die Rekursionsformel

$$c_n = c_{n-1} q^{2n-1}$$

und hieraus sukzessiv

$$c_1 = c_0 q, \qquad c_2 = c_0 q^4, \qquad c_3 = c_0 q^9, \qquad \cdots, \qquad c_n = c_0 q^{n^2},$$

so daß

$$f(x) = c_0 \sum_{-\infty}^{+\infty} q^{n^2} x^n$$

wird.

Es handelt sich jetzt darum, den noch unbekannten Koeffizient c_0 zu ermitteln. Dazu benutzen wir die obige Formel

$$c_n = e_0\, e_n + e_1 c_{n+1} + e_2 c_{n+2} + \cdots \text{ in inf.}$$

Wir ersetzen in ihr c_n durch $c_0 q^{n^2}$ und e_ν durch $q^{\nu^2} : Q_\nu$ (s. o.). Das gibt nach Kürzung durch q^{n^2}

$$c_0 = \frac{1}{Q_n} + \frac{q^{2n+2}}{Q_1 Q_{n+1}} + \frac{q^{4n+8}}{Q_2 Q_{n+2}} + \frac{q^{6n+18}}{Q_3 Q_{n+3}} + \cdots,$$

mithin

$$c_0 Q_n - 1 = \frac{q^{2n+2}}{Q_1^2 q_1} + \frac{q^{4n+8}}{Q_2^2 q_2} + \frac{q^{6n+18}}{Q_3^2 q_3} + \cdots \qquad \text{mit} \quad q_\nu = \frac{Q_{n+\nu}}{Q_\nu}.$$

Hier ist die rechte Seite ϱ abzuschätzen. Zu dem Zwecke sei $\varkappa$ der echtgebrochene Betrag von q und $(1-\varkappa^2)(1-\varkappa^4)(1-\varkappa^6)\cdots = K$. Aus $|Q_\nu| > K$ und $|q_\nu| > K$ folgt

$$|\varrho| < (\varkappa^{2n} + \varkappa^{4n} + \varkappa^{6n} + \cdots) : K^2 = \varkappa^{2n} : K^2(1-\varkappa^{2n}).$$

Daher konvergiert ϱ bei unbegrenzt wachsendem n gegen Null, und wir erhalten

$$\lim (c_0 Q_n - 1) = 0 \qquad \text{oder} \qquad c_0 = 1 : \lim Q_n,$$

d. h.

$$c_0 = \frac{1}{Q} \qquad \text{mit} \quad Q = (1-q^2)(1-q^4)(1-q^6)\cdots.$$

Substituieren wir diesen Wert in der obigen Formel

$$f(x) = c_0 \sum_{-\infty}^{+\infty} q^{n^2} x^n,$$

so entsteht die *Jacobische Identität*

$$\boxed{\sum_{-\infty}^{+\infty} q^{n^2} x^n = Q \prod_1^{\infty} (1 + q^{2n-1} x)(1 + q^{2n-1} y)}$$

$$\text{mit} \quad y = 1 : x \qquad \text{und} \qquad \boxed{Q = (1-q^2)(1-q^4)(1-q^6)\ldots}\,.$$

Sie gilt für jeden Echtbruch q und jedes endliche nicht verschwindende x. Sie gestattet die Verwandlung der in jedem Kreisringe mit endlichen nichtverschwindenden Radien absolut und gleichmäßig konvergenten Laurentreihe

$$\sum_{-\infty}^{+\infty} q^{n^2} x^n \qquad \text{mit} \quad |q| < 1$$

in das Q-fache des gleichfalls in jenem Ringe absolut und gleichmäßig konvergenten unendlichen Produkts

$$\prod_1^{\infty} (1 + q^{2n-1} x)(1 + q^{2n-1} y) \qquad \text{mit} \quad y = 1 : x .$$

Anwendungen von Jacobis Identität

I. Eulers Pentadenformel

In der Jacobischen Formel

$$\sum_{-\infty}^{+\infty} q^{n^2} x^n = Q \prod_1^{\infty} (1 + q^{2n-1} x)(1 + q^{2n-1} y)$$

ersetzen wir q, x, y durch bzw. $\sqrt{x^3}$, $\iota\sqrt{x}$, $\iota : \sqrt{x}$ und erhalten

$$\sum_{-\infty}^{+\infty} \iota^n \sqrt{x}^{\,3n^2+n} = \prod_1^{\infty} (1 - x^{3n})(1 - x^{3n-1})(1 - x^{3n-2})$$

oder

$$\boxed{\prod_1^{\infty} (1 - x^{\nu}) = \sum_{-\infty}^{+\infty} \iota^r x^{r\frac{3r-1}{2}}}\,, \quad |x| < 1 .$$

Dies ist Eulers Pentadenformel, welche so überaus schnell und einfach aus Jacobis Identitat entfließt.

II. Jacobis Kubusformel

Wir ordnen die Glieder der linken Seite von Jacobis Identität zu Paaren an derart, daß wir dem Gliede $q^{n^2} x^n$ mit nichtnegativem Exponenten n das Glied $q^{m^2} x^{-m}$ mit $m = n + 1$ zuordnen. Das entstehende Binom wird

$$q^{n^2}(x^n + q^{2n+1} : x^{n+1}) = q^{n^2} \frac{x^{2n+1} + q^{2n+1}}{x^{n+1}}$$

und die linke Seite

$$\sum_0^{\infty} q^{n^2} \frac{x^{2n+1} + q^{2n+1}}{x^{n+1}} .$$

Die rechte Seite schreiben wir

$$\frac{x+q}{x} Q \prod_1^{\infty} (1 + q^{2n-1} x)(1 + q^{2n+1} y) .$$

Damit ergibt sich

$$\sum_0^\infty \frac{q^{n^2}}{x^n} \cdot \frac{x^{2n+1} + q^{2n+1}}{x+q} = Q \prod_1^\infty (1 + q^{2n-1} x)(1 + q^{2n+1} y)$$

oder wegen $\quad \dfrac{x^{2n+1} + q^{2n+1}}{x+q} = x^{2n} - x^{2n-1} q + x^{2n-2} q^2 - + \cdots + q^{2n}$

$$\sum_0^\infty \frac{q^{n^2}}{x^n} [x^{2n} - x^{2n-1} q + x^{2n-2} q^2 - + \cdots + q^{2n}]$$

$$= Q \prod_1^\infty (1 + q^{2n-1} x)(1 + q^{2n+1} y).$$

In dieser Formel setzen wir $x = -q$. Dann wird $[\ ] = (2n+1) q^{2n}$ und

$$\sum_0^\infty \iota^n (2n+1) q^{n^2+n} = Q \prod_1^\infty (1 - q^{2n}) \prod_1^\infty (1 - q^{2n})$$

oder

$$Q^3 = 1 - 3q^2 + 5q^6 - 7q^{12} + - \cdots$$

oder endlich, wenn wir x statt q^2 schreiben

$$\boxed{[(1-x)(1-x^2)(1-x^3)\ldots]^3 = 1 - 3x + 5x^3 - 7x^6 + 9x^{10} - + \ldots},$$

wo die in der rechtsstehenden Potenzreihe auftretenden Exponenten die sukzessiven Triaden sind.

Dies ist *Jacobis* berühmte *Kubusformel.*

Sie läßt sich folgendermaßen in Worte fassen:

Der Kubus der Eulerschen Pentadenreihe.

$$1 - x - x^2 + x^5 + x^7 - x^{12} - x^{15} + + - - \cdots$$

ist die Jacobische Triadenreihe

$$1 - 3x + 5x^3 - 7x^6 + 9x^{10} - + \cdots.$$

III. Gauß' Triadenformel

In Jacobis Identität ersetzen wir sowohl x als auch q durch $\sqrt{x}$. Das gibt

$$\sum_{-\infty}^{+\infty} x^{\frac{n^2+n}{2}} = \prod_1^\infty (1 - x^n) \cdot \prod_1^\infty (1 + x^n) \cdot \prod_1^\infty (1 + x^{n-1}).$$

Nun kommt jeder Exponent der linken Seite *zwei*mal vor, der Exponent $(n^2 + n) : 2$ z. B. nochmals als $(m^2 - m) : 2$ mit $m = n + 1$. Daher ist die linke Seite unserer Gleichung

$$2[1 + x + x^3 + x^6 + x^{10} + \cdots].$$

Auch die rechte Seite enthalt den Faktor 2 (als ersten Faktor des dritten Produkts). Daher wird die rechte Seite

$$2 \cdot \prod_1^\infty (1 - x^n) \cdot \prod_1^\infty (1 + x^n) \cdot \prod_1^\infty (1 + x^n)$$

oder, indem wir die beiden ersten Produkte zu $\prod_1^\infty (1 - x^{2n})$ zusammenfassen

$$2 \cdot \prod_1^\infty (1 - x^{2n}) \prod_1^\infty (1 + x^n) .$$

Demnach gilt folgende *Formel von Gauß*:

$$\boxed{\begin{aligned}(1+x)(1+x^2)(1+x^3)\ldots \cdot (1-x^2)(1-x^4)(1-x^6)\ldots \\ = 1 + x + x^3 + x^6 + x^{10} + \cdots\end{aligned}},$$

wo die Exponenten rechts alle Triaden durchlaufen.

§ 97. Unendliche Produkte für Thetafunktionen

$v = t + iu$ sei eine komplexe Variable, $\tau = \varrho + i\sigma$ ein Parameter, der im allgemeinen konstant bleibt, nach Bedarf aber auch variieren kann. Wir setzen

$$x = e^{2i\pi v}, \qquad q = e^{i\pi\tau}$$

und bilden die Jacobische Reihe

$$\sum q^{n^2} x^n,$$

wobei der Zeiger *n alle Ganzzahlen* (von $-\infty$ bis $+\infty$) durchläuft. Diese Reihe ist eine Funktion von v und τ. Wir schreiben sie deshalb $f(v, \tau)$ oder, wenn von einer Veränderung von τ abgesehen wird, einfacher $f(v)$. Sie konvergiert in jedem endlichen Gebiet G der v-Ebene E und in jedem endlichen Gebiet Γ der durch die Vorschrift $\sigma > 0$ definierten oberen Hälfte Δ der τ-Ebene absolut und gleichmäßig, da x für jeden endlichen Wert v eine endliche nicht verschwindende Größe und q für jeden Punkt aus Δ wegen $q = e^{i\pi(\varrho + i\sigma)}$ den echt gebrochenen Betrag $e^{-\pi\sigma}$ hat.

Die Funktion

$$f(v) = f(v, \tau) = \sum q^{n^2} x^n$$

ist also eine Regulärfunktion von v in G und von τ in Γ.

Die Funktion $f(v)$ ist eine sog. Thetafunktion. Ihre Entdeckung verdankt man Jacobi [Fundamenta nova theoriae functionum ellipticarum].

Jacobi stellte noch drei weitere Thetafunktionen auf. Zu diesen gelangen wir, wenn wir in $f(v)$ das Argument v um einen der drei Werte

$$h = \frac{1}{2}, \qquad k = \frac{\tau}{2}, \qquad l = \frac{1+\tau}{2}$$

vermehren. Die Argumentänderung äußert sich in der Weise, daß die Größe x resp. mit dem Faktor -1, q, $-q$ zu behaften ist.
So entsteht als neue Thetafunktion

$$g(v) = f(v+h) = \sum \varepsilon^n q^{n^2} x^n \qquad \text{mit} \quad \varepsilon = -1,$$

wo wieder n *alle Ganzzahlen* durchläuft.
Dann wird

$$f(v+k) = \sum q^{n^2+n} x^n .$$

Hier multiplizieren wir mit

$$d = e^{\frac{i\pi\tau}{4}} e^{i\pi v}, \quad \text{auch} \quad q^{\frac{1}{4}} x^{\frac{1}{2}} \qquad \text{oder} \quad \sqrt[4]{q}\sqrt{x} \qquad \text{geschrieben,}$$

und erhalten

$$d f(v+k) = \sum q^{n,5^2} x^{n,5}$$

oder einfacher, indem wir die Halbzahl*) $n,5$ ν schreiben,

$$d f(v+k) = \sum q^{\nu^2} x^{\nu},$$

wobei der Zeiger ν *alle Halbzahlen* zu durchlaufen hat. Die erhaltene Reihe ist die neue Thetafunktion $\varphi(v) = \varphi(v, \tau)$:

$$\varphi(v) = \sum q^{\nu^2} x^{\nu} .$$

Schließlich entsteht

$$f(v+l) = \sum q^{n^2} \varepsilon^n q^n x^n$$

oder

$$d f(v+l) = \sum \varepsilon^n q^{n,5^2} x^{n,5}.$$

Wir führen die Abkürzung

$$\boxed{\iota = e^{-i\pi}}$$

ein, multiplizieren, um auch beim Exponent von $\varepsilon = \iota$ auf $n,5$ zu kommen, mit $\iota^{0,5} = -i$ und erhalten

$$-i d f(v+l) = \sum \iota^{n,5} q^{n,5^2} x^{n,5}$$

oder $n,5$ wieder mit ν abkürzend, die Gleichung

$$-i d f(v+l) = \sum \iota^{\nu} q^{\nu^2} x^{\nu},$$

---

*) Halbzahlen sind die Zahlen $\pm 0,5$, $\pm 1,5$, $\pm 2,5$ ...

deren rechte Seite die letzte unserer vier Thetafunktionen darstellt:

$$\psi(v) = \sum \iota^\nu q^{\nu^2} x^\nu,$$

wo wieder ν *alle Halbzahlen* durchläuft und

$$i\psi(v) = d f(v + l)$$

ist.

Jacobis vier Thetafunktionen

$$f(v), \quad g(v), \quad \varphi(v), \quad \psi(v)$$

oder, wie Camille Jordan sie bezeichnet,

$$\vartheta_3(v), \quad \vartheta_2(v), \quad \vartheta_1(v), \quad \vartheta(v)$$

sind also die vier Reihen

$$\boxed{\begin{array}{ll} f(v) = \vartheta_3(v) = \sum q^{n^2} x^n, & g(v) = \vartheta_2(v) = \sum \iota^n q^{n^2} x^n \\ \varphi(v) = \vartheta_1(v) = \sum q^{\nu^2} x^\nu, & \psi(v) = \vartheta(v) = \sum \iota^\nu q^{\nu^2} x^\nu \end{array}},$$

wo n *alle Ganzzahlen*, ν *alle Halbzahlen* durchläuft, und

$$\iota = e^{-i\pi}, \quad q = e^{i\pi\tau}, \quad x = e^{2i\pi v}$$

ist.

Da das allgemeine Glied jeder der vier Jacobischen Thetareihen sich auf die Form

$$CT \quad \text{mit} \quad T = e^{\frac{n^2 i\pi\tau}{4}} e^{ni\pi v}$$

mit ganzzahligem n bringen läßt und T die partielle Differentialgleichung

$$\frac{\partial^2 T}{\partial v^2} = 4i\pi \frac{\partial T}{\partial \tau}$$

erfüllt; da ferner die zur gliedweisen Ableitung einer Jacobischen Thetareihe hinreichenden Konvergenzgleichmaßbedingungen erfüllt sind, so befriedigt auch jede Jacobische Thetafunktion $\theta = \theta(v) = \theta(v, \tau)$ die Differentialgleichung

$$\boxed{\frac{\partial^2 \theta}{\partial v^2} = 4i\pi \frac{\partial \theta}{\partial \tau}}.$$

Sieht man $f(v)$ als bekannt an, so kann man die andern drei Thetafunktionen auch durch die Ansatze

$$\boxed{g(v) = f(v + h), \quad \varphi(v) = d f(v + k), \quad i\psi(v) = d f(v + l)}$$

mit

$$h = \frac{1}{2}, \quad k = \frac{\tau}{2}, \quad l = \frac{1+\tau}{2}$$

definieren, wo $d = \sqrt[4]{q}\,\sqrt{x}$ der „Definitionsfaktor" ist.

Führt man v statt x ein, so erhalten die Thetareihen die Gestalt

$$\boxed{\begin{array}{ll} \vartheta_3(v) = \sum q^{n^2} \cos n w\,, & \vartheta_2(v) = \sum \cos n\pi \cdot q^{n^2} \cos n w \\ \vartheta_1(v) = \sum q^{\nu^2} \cos \nu w\,, & \vartheta(v) = \sum \sin \nu\pi \cdot q^{\nu^2} \sin \nu w \end{array}} \quad \text{mit} \quad w = 2\pi v\,,$$

wobei wieder der Summationszeiger n bzw. ν alle Ganzzahlen bzw. alle Halbzahlen durchläuft.

Wir sehen:

Die drei Thetafunktionen $\vartheta_1(v)$, $\vartheta_2(v)$, $\vartheta_3(v)$ sind gerade Funktionen, $\vartheta(v)$ dagegen ist eine ungerade Funktion des Arguments v.

Unsere Aufgabe besteht darin, *die vier Thetafunktionen in unendliche Produkte zu verwandeln.*

Für $f(v) = \vartheta_3(v)$ ist die Aufgabe schon gelöst durch die Jacobische Identität:

$$f(v) = \vartheta_3(v) = Q \prod_1^\infty (1 + q^{2n-1} \cdot x)(1 + q^{2n-1} : x)\,.$$

Zu $g(v) = \vartheta_2(v)$ gelangen wir höchst einfach durch die Verwandlung von x in $-x$:

$$g(v) = \vartheta_2(v) = Q \prod_1^\infty (1 - q^{2n-1} \cdot x)(1 - q^{2n-1} : x)\,.$$

Zu $\varphi(v) = \vartheta_1(v)$ und $\psi(v) = \vartheta(v)$ kommen wir, indem wir auf Grund der Formeln $\varphi(v) = d f(v + k)$, $i\psi(v) = d f(v + l)$ im obigen Produkt x in qx bzw. $-qx$ verwandeln und das neue Produkt mit dem Faktor d behaften. So entsteht

$$\vartheta_1(v) = \sqrt[4]{q}\sqrt{x}(1 + 1 : x) Q \prod_1^\infty (1 + q^{2n} \cdot x)(1 + q^{2n} : x)$$

oder

$$\varphi(v) = \vartheta_1(v) = 2\sqrt[4]{q} \cos \pi v \cdot Q \prod_1^\infty (1 + q^{2n} \cdot x)(1 + q^{2n} : x)$$

und

$$\psi(v) = \vartheta(v) = 2\sqrt[4]{q} \sin \pi v \cdot Q \prod_1^\infty (1 - q^{2n} \cdot x)(1 - q^{2n} : x)\,.$$

Der besseren Übersicht wegen stellen wir die Resultate zusammen:

$$\boxed{\begin{aligned} \vartheta_3(v) &= Q \prod_1^\infty (1 + q^{2n-1} \cdot x)(1 + q^{2n-1} : x) \\ \vartheta_2(v) &= Q \prod_1^\infty (1 - q^{2n-1} \cdot x)(1 - q^{2n-1} : x) \\ \vartheta_1(v) &= 2\sqrt[4]{q}\, Q \cdot \cos \pi v \cdot \prod_1^\infty (1 + q^{2n} \cdot x)(1 + q^{2n} : x) \\ \vartheta(v) &= 2\sqrt[4]{q}\, Q \cdot \sin \pi v \cdot \prod_1^\infty (1 - q^{2n} \cdot x)(1 - q^{2n} : x) \end{aligned}}$$

mit $\quad Q = (1 - q^2)(1 - q^4)(1 - q^6)\ldots$ und $x = e^{2i\pi v}$.

Bei speziell $v = 0$ und den Abkürzungen

$$\vartheta_\nu(0, \tau) = \vartheta_\nu, \qquad \vartheta'(0, \tau) = \vartheta'$$

wird

$$\vartheta_3 = Q U^2, \quad \vartheta_2 = Q V^2, \quad \vartheta_1 = 2\sqrt[4]{q}\, Q W^2, \quad \vartheta' = 2\pi \sqrt[4]{q}\, Q Q^2$$

mit $\quad U = \prod_1^\infty (1 + q^{2n-1}), \quad V = \prod_1^\infty (1 - q^{2n-1}), \quad W = \prod_1^\infty (1 + q^{2n})$.

Hieraus folgt noch

wegen $\quad UW = \prod_1^\infty (1 + q^n), \quad VQ = \prod_1^\infty (1 - q^n)$,

also $\quad UVWQ = Q$

oder $\quad UVW = 1$

die bemerkenswerte Formel

$$\boxed{\vartheta' = \pi\, \vartheta_1 \vartheta_2 \vartheta_3}\,.$$

Diese Produktdarstellungen haben den großen Vorteil, daß man mit ihrer Hilfe die Nullstellen der Thetafunktionen schnell finden kann, wozu die Reihendarstellungen nicht geeignet wären. Falls kein Faktor eines Thetaprodukts verschwindet, kann das Produkt, weil absolut konvergent, auch nicht verschwinden. Ein Thetaprodukt verschwindet sonach nur, wenn einer seiner Faktoren verschwindet.

Daher sind z. B. die Nullstellen von $\vartheta_3(v)$ die Punkte, in denen $-x$ eine Potenz von q mit ungeradem Exponent $2s + 1$ ist. Das führt zur Bedingungsgleichung

$$e^{2i\pi v} = e^{i\pi + (2s+1)i\pi\tau} \qquad \text{oder} \qquad v = l + r + s\tau$$

mit beliebigen Ganzzahlen r und s.

Genau so findet man die Nullstellen von $\vartheta_2(v), \vartheta_1(v), \vartheta(v)$. Das Ergebnis lautet:

Wurzelsatz der Thetafunktionen:

Die Wurzeln oder Nullstellen der vier Thetafunktionen

$$\vartheta(v), \qquad \vartheta_1(v), \qquad \vartheta_2(v), \qquad \vartheta_3(v)$$

haben beziehungsweise die Form

$$P, \qquad P + h, \qquad P + k, \qquad P + l,$$

wo $\quad P = r + s\tau$

ein beliebiges Linearaggregat von 1 und τ mit ganzzahligen Koeffizienten bedeutet, und umgekehrt, jede Zahl dieser Form stellt eine Wurzel der betreffenden Thetafunktion dar.

Um diese Wurzeln geometrisch in der v-Ebene darzustellen, ziehen wir die Verbindungsgerade $\mathfrak{a}$ der Punkte $v = 0$ und $v = 1$ und markieren auf ihr alle Ganzzahlen $v = r$ sowie die Verbindungsgerade $\mathfrak{b}$ der Punkte $v = 0$ und $v = \tau$ und markieren auf ihr alle Punkte $v = s\tau$ mit ganzzahligem s. Durch die Punkte der ersten Schar ziehen wir Parallelen zu $\mathfrak{b}$, durch die der zweiten Schar Parallelen zu $\mathfrak{a}$. Dadurch ist das Gitter der sog. *Periodenparallelogramme* entstanden. In diesen Parallelogrammen markieren wir erstens die Ecken, zweitens die Mitten der zu $\mathfrak{a}$ parallelen Grundseiten, drittens die Mitten der zu $\mathfrak{b}$ parallelen Schrägseiten, viertens die Zentren (Diagonalenschnittpunkte).

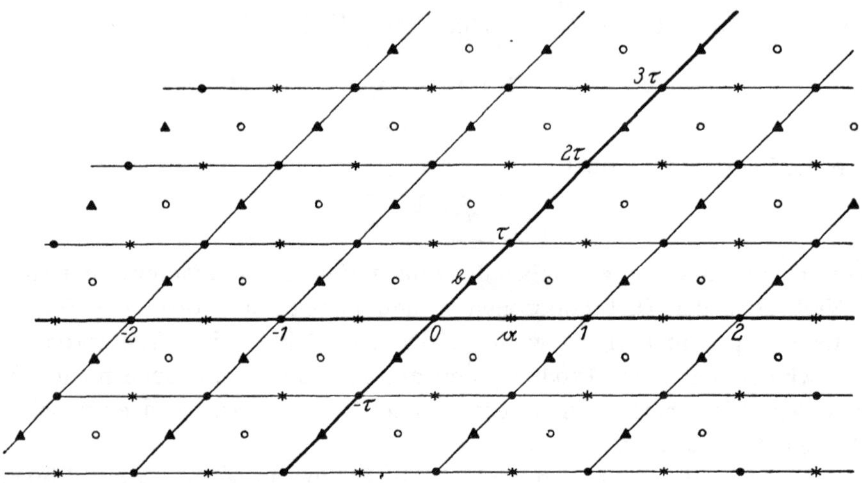

Die Nullstellen der Funktionen

$\vartheta(v)$, $\vartheta_1(v)$, $\vartheta_2(v)$, $\vartheta_3(v)$

sind die

Ecken, Grundseitenmitten, Schrägseitenmitten, Zentra

der Periodenparallelogramme.

Der Grund für die Benennung ,,Thetafunktion" ist folgender.

Unter einer *Thetafunktion nter Ordnung* versteht man eine ganze Funktion $\Theta(v)$ des Arguments v, die folgende Funktionsgleichungen befriedigt

$$\boxed{\Theta(v+1) = \iota^r \Theta(v), \qquad \Theta(v+\tau) = \iota^s P^n \Theta(v)},$$

wo das Ganzzahlenpaar (r, s) die sog. *Charakteristik*, der durch die Formel

$$\boxed{P q x = 1} \qquad \text{mit} \quad q = e^{i\pi\tau}, \quad x = e^{2i\pi v}$$

definierte Faktor $P = q^{-1} x^{-1}$ den sog. *Periodizitätsfaktor* der Funktion darstellt und wo $\tau = \varrho + i\sigma$ ein Parameter ist, der der durch die Bedingung $\sigma > 0$ bestimmten positiven Halbebene der komplexen τ-Ebene angehört.

Wie leicht nachzuprüfen, erfüllen alle vier Funktionen $\vartheta_3(v)$, $\vartheta_2(v)$, $\vartheta_1(v)$, $\vartheta(v)$ Jacobis diese Bedingungen für $n = 1$.

Die vier Funktionen $\vartheta_3(v)$, $\vartheta_2(v)$, $\vartheta_1(v)$, $\vartheta(v)$ sind also Thetafunktionen erster Ordnung. Sie haben bzw. die Charakteristik

$$(0, 0), \qquad (0, 1), \qquad (1, 0), \qquad (1.\,1),$$

so daß man auch schreibt

$$\vartheta_3(v) = \vartheta_{00}(v), \qquad \vartheta_2(v) = \vartheta_{01}(v), \qquad \vartheta_1(v) = \vartheta_{10}(v), \qquad \vartheta(v) = \vartheta_{11}(v).$$

Folgende Tafel, die zur Überführung einer dieser Funktionen in die andere dient, ist oft von Nutzen:

$\vartheta_3(v + Eh) = \vartheta_2(v)$	$\vartheta_3(v + Ek) = f\vartheta_1(v)$	$\vartheta_3(v + El) = Efi\vartheta(v)$
$\vartheta_2(v + Eh) = \vartheta_3(v)$	$\vartheta_2(v + Ek) = Efi\vartheta(v)$	$\vartheta_2(v + El) = f\vartheta_1(v)$
$\vartheta_1(v + Eh) = E\iota\vartheta(v)$	$\vartheta_1(v + Ek) = f\vartheta_3(v)$	$\vartheta_1(v + El) = fi\iota\vartheta_2(v)$
$\vartheta\ (v + Eh) = E\vartheta_1(v)$	$\vartheta\ (v + Ek) = Efi\vartheta_2(v)$	$\vartheta\ (v + El) = Ef\vartheta_3(v)$.

In ihr ist E die positive oder negative Einheit, f der Faktor ι^{Ev+c} mit $4c = \tau$, $\iota = e^{-\iota\pi}$,

$$h = \frac{1}{2}, \qquad k = \frac{\tau}{2}, \qquad l = \frac{1+\tau}{2} = h + k.$$

Als Abschluß unserer Betrachtung über die Thetafunktionen entwickeln wir noch die fundamentale *Jacobische Thetaformel.*

Jacobis Transformation

Ein System von vier Zahlen x, y, z, t möge kurz ein *Vierer* genannt werden. Sind alle vier Zahlen Ganzzahlen oder alle vier Halbzahlen, so soll der Vierer ein *Hauptvierer* genannt werden.

Unter einer *Jacobitransformation* verstehen wir die durch das Quadrupel

$$\left\{\begin{array}{l} 2X = x - y - z + t \\ 2Y = y - z - x + t \\ 2Z = z - x - y + t \\ 2T = x + y + z + t \end{array}\right\}$$

festgelegte Bildung eines neuen Vierers (X, Y, Z, T) aus einem gegebenen Vierer (x, y, z, t). Wir nennen den neuen Vierer das *Bild* des alten und den alten mit Beziehung auf das Bild das *Objekt* (des Bildes) und sprechen statt von einer Transformation auch von einer *Abbildung* des Vierers (x, y, z, t).

Löst man das Quadrupel nach x, y, z, t auf, so entsteht

$$\left\{\begin{array}{l} 2x = X - Y - Z + T \\ 2y = Y - Z - X + T \\ 2z = Z - X - Y + T \\ 2t = X + Y + Z + T \end{array}\right\}.$$

Folglich:

Erster Abbildungssatz. Wechselseitigkeitssatz:

Jacobis Abbildung ist wechselseitig.

Das heißt: Ist (X, Y, Z, T) das Bild von (x, y, z, t), so ist auch (x, y, z, t) das Bild von (X, Y, Z, T).

Zweiter Abbildungssatz. Hauptvierersatz:

Das Bild eines Hauptvierers ist wieder ein Hauptvierer.

Beweis. Aus der Abbildungsvorschrift

$$\left\{\begin{array}{l} 2A = a - b - c + d \\ 2B = b - c - a + d \\ 2C = c - a - b + d \\ 2D = a + b + c + d \end{array}\right\}$$

für den Hauptvierer (a, b, c, d) folgt

$$A + D = a + d, \qquad B + D = b + d, \qquad C + D = c + d.$$

Sind also a, b, c, d Ganzzahlen, so sind A, B, C, D Ganzzahlen oder alle vier Halbzahlen, je nachdem D Ganzzahl oder Halbzahl ist. Sind aber a, b, c, d Halbzahlen, so sind $a + d$, $b + d$, $c + d$ Ganzzahlen, mithin wiederum A, B, C, D Ganzzahlen oder Halbzahlen, je nachdem D Ganzzahl oder Halbzahl ist.

Dritter Abbildungssatz. Normsatz:

Bild und Objekt haben dieselbe Norm.

In Zeichen:

$$\boxed{X^2 + Y^2 + Z^2 + T^2 = x^2 + y^2 + z^2 + t^2}.$$

Beweis durch Ausrechnen unter Benutzung der Formel

$$(a-b-c)^2 + (b-c-a)^2 + (c-a-b)^2 + (a+b+c)^2 = 4[a^2 + b^2 + c^2].$$

Vierter Abbildungssatz. Skalarsatz:

Das Skalarprodukt aus zwei Vierern bleibt durch die Abbildung unverändert.

In Zeichen:

$$\boxed{AX + BY + CZ + DT = ax + by + cz + dt},$$

wo (a, b, c, d) und (x, y, z, t) zwei beliebige Objektvierer, (A, B, C, D) und (X, Y, Z, T) ihre Bilder sind.

Beweis. Da $(A + X, B + Y, C + Z, D + T)$ das Bild von $(a + x, b + y, c + z, d + t)$ ist, gilt nach dem Normsatz die Gleichung

$$(A + X)^2 + (B + Y)^2 + (C + Z)^2 + (D + T)^2$$
$$= (a + x)^2 + (b + y)^2 + (c + z)^2 + (d + t)^2.$$

Subtrahiert man hiervon die Gleichungen

$$A^2 + B^2 + C^2 + D^2 = a^2 + b^2 + c^2 + d^2 \qquad \text{und}$$
$$X^2 + Y^2 + Z^2 + T^2 = x^2 + y^2 + z^2 + t^2,$$

so entsteht die Behauptung.

Nun zu *Jacobis Thetaformel*!

x, y, z, t seien vier Werte des Arguments v der Funktion $\vartheta_3(v)$. Dann ist

$$\vartheta_3(x) = \sum q^{a^2} J^{ax}, \quad \vartheta_3(y) = \sum q^{b^2} J^{by}, \quad \vartheta_3(z) = \sum q^{c^2} J^{cz}, \quad \vartheta_3(t) = \sum q^{d^2} J^{dt},$$

wo jeder der vier Zeiger a, b, c, d alle Ganzzahlen durchläuft, und $J^{ax}, J^{by}, \ldots = e^{2i\pi ax}, e^{2i\pi by}, \ldots$ ist.

Da die vier Reihen absolut konvergieren, gilt für das Produkt der vier Thetawerte die Formel

$$\vartheta_3(x)\,\vartheta_3(y)\,\vartheta_3(z)\,\vartheta_3(t) = \sum q^{a^2+b^2+c^2+d^2} J^{ax+by+cz+dt},$$

wo die rechtsstehende Summe über alle aus *Ganzzahlen* bestehenden Vierer (a, b, c, d) zu erstrecken ist.

Genau so entsteht die Formel

$$\vartheta_1(x)\,\vartheta_1(y)\,\vartheta_1(z)\,\vartheta_1(t) = \sum q^{a^2+b^2+c^2+d^2} J^{ax+by+cz+dt},$$

wo nunmehr die Summation auf alle aus *Halbzahlen* bestehenden Vierer (a, b, c, d) zu erstrecken ist.

Daher gilt die bedeutsame Formel

$$\vartheta_3(x)\,\vartheta_3(y)\,\vartheta_3(z)\,\vartheta_3(t) + \vartheta_1(x)\,\vartheta_1(y)\,\vartheta_1(z)\,\vartheta_1(t) = \sum q^{a^2+b^2+c^2+d^2} J^{ax+by+cz+dt},$$

wo die Summation *über alle Hauptvierer* (a, b, c, d) zu erstrecken ist.

Nun bilden wir die rechtsseitige Summe $\mathfrak{s}$ ab, d. h. wir machen aus jedem Gliede

$$g = q^{a^2+b^2+c^2+d^2} J^{ax+by+cz+dt}$$

von $\mathfrak{s}$ vermöge Jacobis Transformation

$$\left\{\begin{array}{ll} 2A = a - b - c + d & 2X = x - y - z + t \\ 2B = b - c - a + d & 2Y = y - z - x + t \\ 2C = c - a - b + d & 2Z = z - x - y + t \\ 2D = a + b + c + d & 2T = x + y + z + t \end{array}\right\}$$

ein Glied

$$G = q^{A^2+B^2+C^2+D^2}\, J^{AX+BY+CZ+DT}$$

einer neuen Summe

$$S = \sum G = \sum q^{A^2+B^2+C^2+D^2}\, J^{AX+BY+CZ+DT}.$$

Da nach dem Normsatz

$$A^2 + B^2 + C^2 + D^2 = a^2 + b^2 + c^2 + d^2,$$

nach dem Skalarsatz

$$AX + BY + CZ + DT = ax + by + cz + dt$$

ist, so hat man zunachst

$$G = g.$$

Nach dem Hauptvierersatz der Abbildung ist (A, B, C, D) ein Hauptvierer. Und aus dem Wechselseitigkeitssatz folgt, daß jedes Neuglied G (jedes Glied g) nur *ein*mal erscheint. Durch die Abbildung (Transformation) von $\mathfrak{s}$ erhalt man aus $\mathfrak{s}$ also eine Summe $\mathfrak{S}$, die – wenn auch in anderer Anordnung – aus *denselben* Gliedern wie $\mathfrak{s}$ besteht; d. h. man hat

$$\boxed{\mathfrak{S} = \mathfrak{s}}\,.$$

In

$$\mathfrak{S} = \sum q^{A^2+B^2+C^2+D^2}\, J^{AX+BY+CZ+DT}$$

ist sonach die Summation über *alle* Hauptvierer (A, B, C, D) zu erstrecken. Die Summe $\mathfrak{S}$ ist demnach nichts anderes als das Binom

$$\vartheta_3(X)\,\vartheta_3(Y)\,\vartheta_3(Z)\,\vartheta_3(T) + \vartheta_1(X)\,\vartheta_1(Y)\,\vartheta_1(Z)\,\vartheta_1(T),$$

und wir haben die bemerkenswerte

Jacobische Thetaformel

$$\boxed{\begin{aligned}&\vartheta_3(x)\,\vartheta_3(y)\,\vartheta_3(z)\,\vartheta_3(t) + \vartheta_1(x)\,\vartheta_1(y)\,\vartheta_1(z)\,\vartheta_1(t)\\ &= \vartheta_3(X)\,\vartheta_3(Y)\,\vartheta_3(Z)\,\vartheta_3(T) + \vartheta_1(X)\,\vartheta_1(Y)\,\vartheta_1(Z)\,\vartheta_1(T)\end{aligned}}\,,$$

in welcher die Argumentwerte durch die Transformationsformeln

$$\left\{\begin{aligned} 2X &= x - y - z + t\\ 2Y &= y - z - x + t\\ 2Z &= z - x - y + t\\ 2T &= x + y + z + t\end{aligned}\right\}$$

verknüpft sind.

Wir schreiben abgekürzt [$\vartheta(v)$ dabei mit $\vartheta_0(v)$ bezeichnend]

$$\vartheta_\alpha(x)\,\vartheta_\beta(y)\,\vartheta_\gamma(z)\,\vartheta_\delta(t) = \underline{\alpha\beta\gamma\delta}\,, \qquad \vartheta_\alpha(X)\,\vartheta_\beta(Y)\,\vartheta_\gamma(Z)\,\vartheta_\delta(T) = \overline{\alpha\beta\gamma\delta}\,.$$

Mit Benutzung dieser Abkürzungen schreibt sich

Jacobis Thetaformel

$$\boxed{\underline{3333} + \underline{1111} = \overline{3333} + \overline{1111}}\,.$$

§ 98. Weierstraß' Produktsatz

Bei dem in diesem Paragraph zu erörternden Problem handelt es sich um die *Konstruktion einer ganzen Funktion mit gegebenen Nullstellen.*

Diese Konstruktion vollzieht sich schnell und einfach, wenn die Anzahl der vorgelegten Nullstellen endlich ist. Sind nämlich

$$\alpha_1,\ \alpha_2,\ \alpha_3,\ \ldots,\ \alpha_n$$

die gegebenen Wurzeln — jede ν-fache Wurzel α wird dabei als ν einfache Wurzeln $\alpha, \alpha, \ldots$ gezahlt —, so liefert der Fundamentalsatz der Algebra sofort die gesuchte ganze Funktion $g(x)$ mit den vorgeschriebenen Wurzeln:

$$g(x) = (x - \alpha_1)\,(x - \alpha_2)\ldots(x - \alpha_n)$$

oder, wie man im Hinblick auf das Folgende besser ansetzt,

$$g(x) = \left(1 - \frac{x}{\alpha_1}\right)\left(1 - \frac{x}{\alpha_2}\right)\ldots\left(1 - \frac{x}{\alpha_n}\right).$$

Das Problem erweckt also erst Interesse, *wenn die Anzahl der Wurzeln unendlich ist,* wobei wir aber voraussetzen wollen, daß jedes endliche Gebiet der x-Ebene nur endlich viele Nullstellen enthält. [Eine ganze Funktion, die in einem endlichen Gebiet unendlich oft verschwindet, verschwindet im Gebiet identisch (§ 76 und 77).]

Wir ordnen die vorgelegten unendlich vielen Wurzeln α_ν nach ihrem Betrage:

$$\alpha_1,\ \alpha_2,\ \alpha_3,\ \ldots,$$

so daß also für $N > n$ $|\alpha_N| \geqq |\alpha_n|$ ist, und zählen eine μ-fache Wurzel α_ν als μ sukzessive Einfachwurzeln:

$$\alpha_\nu,\ \alpha_{\nu+1} = \alpha_\nu,\ \alpha_{\nu+2} = \alpha_\nu,\ \ldots\ \alpha_{\nu+\mu-1} = \alpha_\nu\,.$$

Wenn die Kehrwerte der Wurzeln eine absolut konvergente Reihe

$$\frac{1}{\alpha_1} + \frac{1}{\alpha_2} + \frac{1}{\alpha_3} + \cdots$$

bilden, läßt sich die gesuchte Ganzfunktion $g(x)$ ebenso einfach wie oben angeben:

$$g(x) = \prod_1^\infty \left(1 - \frac{x}{\alpha_n}\right),$$

da das rechtsstehende Produkt nach dem Satz vom Produkt $\prod_1^\infty (1 + c_n x)$ [§ 94] eine Ganzfunktion mit den Nullstellen $\alpha_1, \alpha_2, \ldots$ [und nur mit diesen] darstellt.

Dieses Verfahren versagt indessen, wenn die Summe der Wurzelkehrwerte nicht konvergiert. In diesem die Regel bildenden Falle versieht Weierstraß, um Konvergenz zu erzwingen, die Faktoren des Produkts

$$\prod_1^\infty \left(1 - \frac{x}{\alpha_n}\right)$$

mit sog. *konvergenzerzeugenden Faktoren*,

den Faktor $1 - \frac{x}{\alpha_n}$ z. B. mit dem Faktor e^{φ_n}

wo φ_n ein Polynom von der Form

$$\varphi_n = \frac{x}{\alpha_n} + \frac{1}{2}\frac{x^2}{\alpha_n^2} + \frac{1}{3}\frac{x^3}{\alpha_n^3} + \cdots + \frac{1}{\nu}\frac{x^\nu}{\alpha_n^\nu}$$

von geeignet hohem, im allgemeinen von n abhängigem Grade ν darstellt. Das zu konstruierende unendliche Produkt erhalt also die Form

$$g(x) = \prod_1^\infty f_n \qquad \text{mit} \quad f_n = \left(1 - \frac{x}{\alpha_n}\right) e^{\varphi_n}.$$

Die Aufgabe besteht nun darin, die Zusatzfaktoren e^{φ_n} derart zu bestimmen, daß das Produkt $g(x)$ in jedem endlichen Gebiet $\mathfrak{G}$ absolut und gleichmäßig konvergiert.

Als solches Gebiet $\mathfrak{G}$ wählen wir den Kreis $\mathfrak{K}$ um den Nullpunkt der x-Ebene mit großem, aber endlichem Radius R, so daß

$$|x| < R$$

bleibt. $\mathfrak{e}$ sei ein positiver Echtbruch, etwa $\mathfrak{e} = 0{,}5$.

Die α_n zerfallen in zwei Klassen: in die erste kommen die α_n, für welche $R : \mathsf{A}_n \geqq \mathfrak{e}$ oder $\mathsf{A}_n \leqq R : \mathfrak{e}$ ist mit $\mathsf{A}_n = |\alpha_n|$. Diese Bedingung umfaßt die a α-Werte $\alpha_1, \alpha_2, \ldots, \alpha_a$, wo a eine feste endliche Zahl ist. Die zu ihnen gehörigen Faktoren f_n treten zum Produkt

$$\mathrm{I} = \prod_1^a \left(1 - \frac{x}{\alpha_n}\right) e^{\varphi_n}$$

zusammen, welches eine ganze Funktion darstellt [die in $\mathfrak{K}$ endlich bleibt].

In die zweite Klasse kommen die α_n, für welche $R : \mathsf{A}_n < \mathfrak{e}$ oder $\mathsf{A}_n > R : \mathfrak{e}$ ist. Die zu ihnen gehörigen unendlich vielen Faktoren f_n bilden das Produkt

$$\mathrm{II} = \prod_{a+1}^{\infty} \left(1 - \frac{x}{\alpha_n}\right) e^{\varphi_n},$$

welches nunmehr den Mittelpunkt unserer Betrachtung einnimmt.

Für jeden Faktor f_n von II liegt $R : \mathsf{A}_n$, erst recht also der Betrag Q von $q = x : \alpha_n$ unterhalb $\mathfrak{e}$, so daß

$$\psi = q + \frac{1}{2} q^2 + \frac{1}{3} q^3 + \cdots$$

eine Regulärfunktion in $\mathfrak{K}$ darstellt. Wir achten auf die beiden Hilfsfunktionen

$$v = 1 - q \qquad \text{und} \qquad w = e^{\psi}$$

des echtgebrochenen Arguments q. Ihre Ableitungen (nach q) sind

$$v' = -1 \qquad \text{und} \qquad w' = w : v,$$

so daß

$$\frac{w'}{w} + \frac{v'}{v}$$

verschwindet. Da aber weder v noch w für echtgebrochenes q verschwindet, muß $vw' + wv'$ verschwinden, mithin vw eine Konstante sein. Der Wert dieser Konstante bestimmt sich durch die Wahl $q = 0$ zu 1, und aus $vw = 1$ folgt

$$v = 1 - q = 1 - \frac{x}{\alpha_n} = 1 : w = e^{-\psi}.$$

Damit gewinnen wir für das Produkt II die Schreibung

$$\mathrm{II} = \prod_{a+1}^{\infty} f_n \qquad \text{mit} \quad f_n = e^{\varphi_n - \psi}$$

oder, da

$$\varphi_n - \psi = -\frac{1}{\mu} q^{\mu} - \frac{1}{\mu+1} q^{\mu+1} - \frac{1}{\mu+2} q^{\mu+2} - \cdots \qquad \text{mit} \quad \mu = \nu + 1$$

ist, mit

$$f_n = e^{-\mathfrak{r}} \qquad \text{mit} \quad \mathfrak{r} = \frac{1}{\mu} q^{\mu} + \frac{1}{\mu+1} q^{\mu+1} + \cdots,$$

wobei μ im allgemeinen von n abhangt.

Aus § 92 wissen wir: das Produkt II konvergiert in $\mathfrak{K}$ absolut und gleichmaßig, wenn hier die Reihe $\sum\limits_{a+1}^{\infty} |u_n|$ mit $u_n = f_n - 1$ gleichmäßig konvergiert. Nun ist der Betrag $\mathfrak{R}$ von $\mathfrak{r}$ kleiner als

$$\mathfrak{S} = \frac{1}{\mu} Q^{\mu} + \frac{1}{\mu+1} Q^{\mu+1} + \cdots < Q^{\mu} : \mu(1 - Q),$$

mithin, $1 - Q = E$ gesetzt,

$$U_n = |u_n| < e^{\mathfrak{R}} - 1 < e^{\mathfrak{S}} - 1 < \mathfrak{S} \cdot e^{\mathfrak{S}} < \frac{Q^\mu}{E\mu} \cdot e^{1:E}$$

oder kürzer

$$U_n < \frac{F}{\mu} Q^\mu \qquad \text{mit} \quad F = \sqrt[E]{e} : E,$$

wo also F eine feste endliche Größe ist.

Nun unterscheiden wir zwei Fälle:

1. Ein fester endlicher Exponent μ existiert derart, daß die Reihe

$$\frac{1}{\alpha_1^\mu} + \frac{1}{\alpha_2^\mu} + \frac{1}{\alpha_3^\mu} + \cdots$$

absolut konvergiert.

2. Ein solcher Exponent μ existiert nicht.

Im ersten Falle konvergiert

$$\sum_{a+1}^{\infty} Q^\mu = \sum_{a+1}^{\infty} X^\mu : A_n^\mu \qquad \text{mit} \quad X = |x|,$$

also erst recht $\sum\limits_{a+1}^{\infty} U_n$, und II konvergiert in $\mathfrak{K}$ absolut und gleichmäßig (wobei ν den festen Wert $\mu - 1$ hat).

Im zweiten Falle wählen wir μ gleich der kleinsten Ganzzahl, welche ln überschreitet. Dann wird

$$Q^\mu < Q^{ln} = e^{lQ\,ln} = [e^{ln}]^{lQ} = n^{lQ} = 1 : n^{l\frac{1}{Q}}$$

oder wegen $Q < \mathfrak{e}$, also $l1 : Q > l1 : \mathfrak{e} = 1 + p$, wo p einen positiven Wert hat,

$$Q^\mu < \frac{1}{n^{1+p}}.$$

Daher konvergiert die Reihe $\sum Q^\mu$, erst recht also die Reihe $\sum U_n$, und II konvergiert wiederum in $\mathfrak{K}$ absolut und gleichmäßig.

In beiden Fällen verhält sich II im Kreise $\mathfrak{K}$ regulär. Daher stellt das gefundene Produkt

$$g(x) = \mathrm{I} \cdot \mathrm{II}$$

eine Ganzfunktion mit den vorgeschriebenen Nullstellen dar.

Das Ergebnis unserer Betrachtung ist der

Produktsatz von Weierstraß:

Man kann stets eine Ganzfunktion angeben, welche die unendlich vielen nicht verschwindenden im Endlichen sich nicht häufenden Wurzeln

$$\alpha_1, \quad \alpha_2, \quad \alpha_3, \quad \ldots$$

besitzt. Sie lautet

$$\boxed{g(x) = \prod_{1}^{\infty} \left(1 - \frac{x}{\alpha_n}\right) e^{\varphi_n}},$$

wobei der „konvergenzerzeugende" Faktor e^{φ_n} *den Exponent*

$$\varphi_n = q + \frac{1}{2} q^2 + \frac{1}{3} q^3 + \cdots \frac{1}{\nu} q^\nu \qquad \text{mit} \quad q = x : \alpha_n$$

besitzt, und wo der Grad ν *des Hilfspolynoms* φ_n *die Form*

$$\nu = \mu - 1$$

hat.

Dabei ist μ *entweder der kleinste natürliche Exponent, für den die Reihe*

$$\frac{1}{\alpha_1^\mu} + \frac{1}{\alpha_2^\mu} + \frac{1}{\alpha_3^\mu} + \cdots$$

absolut konvergiert oder – falls ein solcher Exponent nicht existiert – die kleinste $l\,n$ *überschreitende Ganzzahl.*

§ 99. Die Gammafunktion als unendliches Produkt

Die in vielen mathematischen Untersuchungen vorkommende Gammafunktion ist von Euler [Institutiones calculi integralis] in der Gestalt

$$\Gamma(x) = \int_0^\infty e^{-t} t^{x-1}\, dt$$

eingeführt, in welcher Gestalt sie allerdings zunächst *nur für positive* x definiert war, da das Integral beispielsweise für negative x nicht konvergiert.

Da das Integral der Rechtsseite für jedes endliche x konvergiert, dessen Realteil $\Re x$ positiv ist, so läßt sich Eulers Formel

$$\Gamma(x) = \int_0^\infty e^{-t} t^{x-1}\, dt$$

auch noch zur Definition der Gammafunktion verwenden, wenn $\Re x$ oberhalb Null liegt.

Erst Gauß hat eine Definitionsformel der Gammafunktion gegeben, die für *beliebige* reelle und komplexe Argumentwerte x gilt. Um von der Eulerschen Definition zur Gaußschen zu gelangen, schließen wir das obige Integral – x als positiv vorausgesetzt – in zwei Schranken ein, die wir einander beliebig nähern können.

Wir gehen aus von der Ungleichung der Exponentialfunktion in der für den vorliegenden Zweck passenden Form

$$e^{-\frac{t}{n}} > 1 - \frac{t}{n},$$

wobei n eine große natürliche Zahl bedeute. Aus ihr folgt

$$e^{-t} > \left(1 - \frac{t}{n}\right)^n,$$

so daß der Integrand größer als

$$t^{x-1}\left(1 - \frac{t}{n}\right)^n,$$

mithin

$$\Gamma(x) > \int_0^n t^{x-1}\left(1 - \frac{t}{n}\right)^n dt$$

ist. Substituieren wir im rechten Integral

$$1 - \frac{t}{n} = v, \qquad t = n(1 - v), \qquad dt = -n\,dv,$$

so erhält es die Form

$$n^x \int_0^1 v^n (1 - v)^{x-1} dv,$$

so daß

$$\Gamma(x) > n^x \int_0^1 v^n (1 - v)^{x-1} dv$$

wird.

Das rechtsstehende Integral hat, wie man durch sukzessive Partialintegration leicht findet, den Wert

$$\frac{n!}{x(x+1)(x+2)\dots(x+n)}.$$

Daher wird

$$\Gamma(x) > \frac{n^x \cdot n!}{x(x+1)(x+2)\dots(x+n)}, \tag{1}$$

womit schon eine untere Schranke für $\Gamma(x)$ ermittelt ist.

Nach der Ungleichung der Exponentialfunktion ist ferner für positive p

$$e^{\frac{t}{p}} > 1 + \frac{t}{p},$$

mithin

$$e^{-t} < 1 : \left(1 + \frac{t}{p}\right)^p$$

und

$$\Gamma(x) < \int_0^\infty \frac{t^{x-1}}{\left(1 + \frac{t}{p}\right)^p} dt.$$

Um den Integrandnenner fortzuschaffen, substituieren wir im rechten Integral

$$1+\frac{t}{p}=1:v\,,\qquad t=p\,(1-v):v\,,\qquad dt=-\,p\,dv:v^2\,,$$

so daß das Integral in

$$p^x\cdot\int_0^1 v^{p-x-1}\,(1-v)^{x-1}\,dv$$

übergeht. Um das neue Integral bequem auswerten zu können, wählen wir p so, daß $p-x-1=n$ eine große natürliche Zahl ist. Das Integral hat dann wieder den obigen Wert $n!:x(x+1)(x+2)\ldots(x+n)$, und wir erhalten die Ungleichung

$$\Gamma(x)<\frac{(n+x+1)^x\cdot n!}{x(x+1)(x+2)\ldots(x+n)}\,, \tag{2}$$

welche uns eine obere Schranke für $\Gamma(x)$ liefert.

Führen wir den Quotient

$$\mathfrak{P}_n^x=\frac{n^{x-1}\cdot n!}{x(x+1)(x+2)\ldots(x+n-1)}$$

ein, so laßt sich die untere bzw. obere Schranke schreiben

$$\mathfrak{P}_n^x:\left(1+\frac{x}{n}\right)\qquad\text{bzw.}\qquad \mathfrak{P}_n^x\cdot\left(1+\frac{x+1}{n}\right)^x:\left(1+\frac{x}{n}\right),$$

und die gefundenen Ungleichungen lassen sich in die eine

$$\mathfrak{P}_n^x:\left(1+\frac{x}{n}\right)<\Gamma(x)<\mathfrak{P}_n^x\cdot\left(1+\frac{x+1}{n}\right)^x:\left(1+\frac{x}{n}\right)$$

zusammenfassen.

Der Anblick dieser Ungleichung lehrt, daß der Ausdruck $\mathfrak{P}_n^x$ bei unbegrenzt wachsendem n gegen $\Gamma(x)$ konvergiert. Für positive x ist sonach

$$\Gamma(x)=\lim_{n\to\infty}\mathfrak{P}_n^x\qquad\text{mit}\quad \mathfrak{P}_n^x=\frac{n^{x-1}\cdot n!}{x(x+1)(x+2)\ldots(x+n-1)}\,.$$

Der Ausdruck $\mathfrak{P}_n^x$ ist, wie wir jetzt sehen werden, geeignet, den Definitionsbereich der Gammafunktion auf beliebige reelle oder komplexe Argumentwerte x zu erweitern.

Wir untersuchen also jetzt das Verhalten unseres Ausdrucks bei unbegrenzt wachsendem n, wenn x ein beliebiger endlicher komplexer Wert ist. Eine Ausnahmestellung nehmen dabei die nichtpositiven Ganzzahlen

$$x=0,\ -1,\ -2,\ -3,\ \ldots$$

ein. Für jedes solche x wird nämlich $\mathfrak{P}_n^x$ unendlich, so daß dann auch

$$\lim_{n\to\infty}\mathfrak{P}_n^x=\infty$$

wird.

Sei nunmehr x ein beliebiger endlicher komplexer Wert, der weder Null noch negativ ganzzahlig ist. Wir schreiben

$$\mathfrak{P}_n^x = \prod_1^n f_\mu \qquad \text{mit} \quad f_\mu = \mathfrak{P}_\mu^x : \mathfrak{P}_\nu^x, \qquad \nu = \mu - 1,$$

wobei $\mathfrak{P}_0^x$ die Einheit bedeuten soll.

Damit haben wir $\mathfrak{P}_n^x$ als ein Produkt aus n Faktoren $f_1, f_2, \ldots, f_n$ dargestellt. Dieser Schreibung entsprechend ist der Grenzwert von $\mathfrak{P}_n^x$ bei unbegrenzt wachsendem n – falls er existiert – das unendliche Produkt

$$\mathfrak{P} = \prod_1^\infty f_\mu,$$

so daß es sich jetzt darum handelt, die Konvergenz dieses Produkts zu untersuchen. Wie wir wissen, kommt es dabei darauf an, die Konvergenz der Reihe

$$\mathfrak{S} = \sum_1^\infty U_\mu \qquad \text{mit} \quad U_\mu = |u_\mu|, \qquad u_\mu = f_\mu - 1$$

auszumachen.

Nun ist, wie man sofort berechnet,

$$f_\mu = \left(1 + \frac{1}{\nu}\right)^x : \left(1 + \frac{x}{\nu}\right).$$

Hier schreiben wir

$$\left(1 + \frac{1}{\nu}\right)^x = e^{x\,l\left(1+\frac{1}{\nu}\right)} \qquad \text{und} \qquad 1 + \frac{x}{\nu} = e^{\varphi(x)},$$

wo wie im § 98

$$\varphi(x) = q - \frac{1}{2} q^2 + \frac{1}{3} q^3 - + \cdots \qquad \text{mit} \quad q = x : \nu$$

ist und ν größer als der Betrag X von x vorausgesetzt wird. Damit erhält f_μ die Form

$$f_\mu = e^{w_\nu} \qquad \text{mit} \quad w_\nu = x\,l\left(1 + \frac{1}{\nu}\right) - \varphi(x).$$

Für den Exponent w_ν erhalten wir die Reihe

$$\begin{aligned} w_\nu &= q\left(1 - \frac{1}{2\nu} + \frac{1}{3\nu^2} - \frac{1}{4\nu^3} + - \cdots\right) - q + \frac{1}{2} q^2 - \frac{1}{3} q^3 + \frac{1}{4} q^4 - + \cdots \\ &= \frac{1}{2} q^2 \left[1 - \frac{2}{3} q + \frac{2}{4} q^2 - + \cdots\right] - \frac{q}{2\nu}\left\{1 - \frac{2}{3\nu} + \frac{2}{4\nu^2} - + \cdots\right\}. \end{aligned}$$

Nun ist, wenn Q den Betrag von q bedeutet,

$[\quad]$ betraglich $< 1 + Q + Q^2 + \cdots = 1 : (1 - Q)$,

$\{\quad\} < 1$, so daß sich für den Betrag W_ν

von w_ν die Ungleichung ergibt

$$2 W_\nu < Q : \nu + Q^2 : (1 - Q) \qquad \text{oder} \qquad 2 W_\nu < Q : \nu + 2 Q^2,$$

falls wir unsere Betrachtung auf Faktoren f_ν beschränken, deren Zeiger $\nu > 2X$ ist. Für jeden solchen Zeiger ν ist demnach

$$W_\nu < \frac{H}{\nu^2} \quad \text{mit} \quad 2H = X + 2X^2.$$

Das Argument x werde beschränkt auf ein endliches, aber beliebig großes, die Punkte $0, -1, -2, -3, \ldots$ nicht enthaltendes Gebiet $\mathfrak{G}$.
In diesem liegt X bzw. H unterhalb einer festen endlichen Größe A bzw. B, ist also für jeden $2A$ übertreffenden Zeiger ν

$$W_\nu < \frac{B}{\nu^2}$$

und

$$U_\mu = |f_\mu - 1| < e^{W_\nu} - 1 < W_\nu e^{W_\nu} < W_\nu e^B$$

oder

$$U_\mu < \frac{E}{\nu^2} \quad \text{mit} \quad E = B e^B.$$

Diese Ungleichung sagt aus, daß die Reihe

$$\Sigma U_\mu$$

in $\mathfrak{G}$ gleichmäßig konvergiert.
Daher stellt das Produkt $\mathfrak{P}$ eine in $\mathfrak{G}$ reguläre Funktion dar.

Ergebnis:

Der Ausdruck

$$\frac{n^{x-1} \cdot n!}{x(x+1)(x+2)\ldots(x+n-1)}$$

strebt für jedes nicht verschwindende, nicht negativ ganzzahlige endliche x gegen einen endlichen Grenzwert. Dieser Grenzwert stellt in jedem die Punkte $0, -1, -2, -3, \ldots$ nicht enthaltenden endlichen Gebiet eine Regulärfunktion von x dar. Diese Funktion ist die Gammafunktion

$$\boxed{\Gamma(x) = \lim_{n\to\infty} \frac{n!\, n^{x-1}}{x(x+1)(x+2)\ldots(x+n-1)}}.$$

Gauß zog übrigens statt des (von Legendre eingeführten) Funktionszeichens Γ das Zeichen Π vor und schrieb

$$\boxed{\Pi(x) = \lim_{n\to\infty} \frac{n!\, n^x}{(x+1)(x+2)\ldots(x+n)}},$$

so daß

$$\boxed{\Pi(x) = \Gamma(x+1)}$$

ist. Leider hat die Gaußsche Bezeichnung nur geringen Anklang gefunden.

Eine Funktion, die in einem endlichen Gebiet $\mathfrak{G}$ eine endliche Anzahl von Polen besitzt, sich aber sonst in $\mathfrak{G}$ regulär verhält, heißt bekanntlich eine *meromorphe* Funktion in $\mathfrak{G}$. Wir können also kürzer sagen:

Die Gammafunktion

$$\Gamma(x) = \lim \frac{n!\cdot n^{x-1}}{x(x+1)(x+2)\dots(x+n-1)}$$

ist in jedem endlichen Gebiet meromorph. Ihre Pole liegen an den Stellen

$$0,\ -1,\ -2,\ -3,\ \dots$$

und sind alle einfach. [*Vgl.* § 100, (4).]

Der Kehrwert von $\Gamma(x)$ als Ganzfunktion

Die einfachste ganze Funktion mit den Wurzeln $0, -1, -2, -3, \dots$ ist nach Weierstraß' Produktsatz die Funktion

$$g(x) = x\prod_1^\infty\left(1+\frac{x}{\nu}\right)e^{-\frac{x}{\nu}}.$$

Wir betrachten ihren $n$ten Näherungswert

$$g_n(x) = x\prod_1^n\left(1+\frac{x}{\nu}\right)e^{-\frac{x}{\nu}}.$$

Er schreibt sich

$$\frac{x(x+1)(x+2)\dots(x+n)}{m!\,m^{x-1}\cdot e^{d_n x}}$$

mit

$$m = n+1, \qquad d_n = H_n - l\,m$$

oder kürzer

$$1:\mathfrak{P}_m^x\cdot e^{d_n x},$$

so daß die Formel

$$e^{d_n x}\cdot g_n(x)\cdot\mathfrak{P}_m^x = 1$$

besteht. Für $n\to\infty$ gehen die Faktoren ihrer linken Seite über in

$$e^{Cx}, \qquad g(x), \qquad \Gamma(x),$$

wo C die Eulersche Konstante ist

$$[C = \lim(H_n - l\,m) = 0{,}5772156649\dots].$$

Daher gilt die folgende

Formel von Weierstraß:

$$\boxed{1:\Gamma(x) = e^{Cx}\cdot g(x)},$$

wo $g(x)$ die Ganzfunktion

$$g(x) = x\prod_1^\infty\left(1+\frac{x}{n}\right)e^{-\frac{x}{n}}$$

mit den Nullstellen $0, -1, -2, -3, \dots$ ist.

Der Kehrwert der Gammafunktion ist also eine Ganzfunktion (d. h. eine Funktion, die sich in eine für jedes endliche x konvergente Potenzreihe entwickeln läßt). Hieraus folgt noch der bemerkenswerte *Satz:*

Die Gammafunktion hat (wie die Exponentialfunktion) im Endlichen keine Nullstelle.

Auch der *Kehrwert* $1 : \Gamma(x)$ *der Gammafunktion läßt sich,* wie zuerst Hankel gezeigt hat (Zeitschrift für Mathematik und Physik, Bd. 9, 1864), *durch ein Integral darstellen,* was der Vollständigkeit wegen noch kurz auseinandergesetzt werden möge.

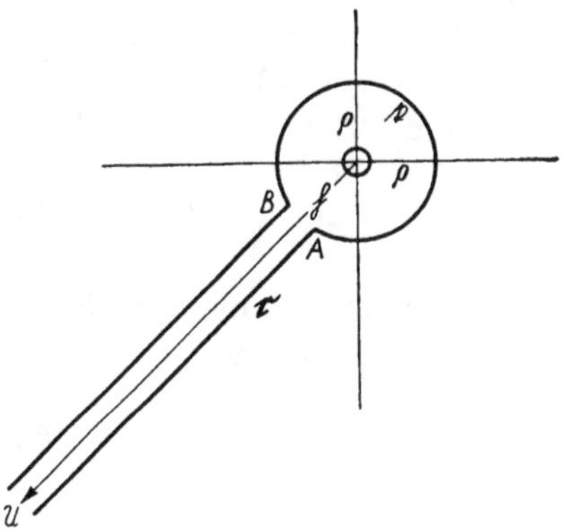

Wir ziehen vom Nullpunkt O der t-Ebene unterhalb der Realachse den Strahl $\mathfrak{h}$ unter dem spitzen Winkel γ gegen die negative Realachse geneigt ins Unendliche U, sodann den im positiven Sinne zu durchlaufenden Schleifenweg $\mathfrak{c}$, der aus folgenden drei Stücken besteht: 1. dem unterhalb $\mathfrak{h}$ und parallel zu $\mathfrak{h}$ verlaufenden „Ufer" UA, 2. dem symmetrisch zu $\mathfrak{h}$ liegenden Kreisbogen $\mathfrak{k} = AB$ mit dem Kreiszentrum O und dem Radius ϱ, 3. dem oberhalb $\mathfrak{h}$ und parallel zu $\mathfrak{h}$ verlaufenden Ufer BU, wobei O innerhalb $\mathfrak{c}$ liege. Nunmehr betrachten wir das Hankelsche Schleifenintegral

$$H = \int_{\mathfrak{c}} t^{-x} e^t \, dt,$$

in welchem $t^{-x} = e^{-xlt}$ so bestimmt gedacht wird, daß lt für positive t-Werte reell ausfallt.

Nach Cauchys Hauptsatz ändert sich das Integral H nicht, wenn man ϱ und damit die Distanz der beiden Ufer sukzessiv verkleinert. Bei negativem $\Re x$ (es genügt schon, $\Re x < 1$ vorauszusetzen) strebt der zu $\mathfrak{k}$ gehörige Anteil des Integrals, falls $\varrho \to 0$, gegen Null, und das Integral reduziert sich auf die beiden Uferanteile. Auf dem unteren Ufer ist der Winkel von t $\alpha = \gamma - \pi$, auf dem oberen $\beta = \gamma + \pi$, so daß, unter p eine positive Integrationsvariable verstanden, auf dem unteren Ufer $t = pe^{i\alpha}$, auf dem oberen $t = pe^{i\beta}$ zu setzen ist. Das gibt dann für H das Binom

$$H = [e^{i\beta(1-x)} - e^{i\alpha(1-x)}] \int_0^\infty p^{-x} e^{-p\gamma_1} dp,$$

wo $\gamma_1 = e^{i\gamma}$ ist.

In dem rechtsseitigen Integral führen wir, den Vorschriften $q = \gamma_1 p$, $dq = \gamma_1 dp$ entsprechend, die neue Integrationsvariable q ein und erhalten als Wert des Integrals

$$e^{i\gamma(x-1)} G \quad \text{mit} \quad G = \int_{\mathfrak{g}} q^{-x} e^{-q} dq,$$

wo der Integrationsweg $\mathfrak{g}$ geradlinig von O unter dem spitzen Winkel γ gegen die positive Realachse ins Unendliche läuft. Damit wird

$$H = [e^{i\pi(1-x)} - e^{-i\pi(1-x)}]\, G = 2i \sin \pi x \cdot G.$$

Zur Auswertung des Integrals G konstruieren wir den Bereich, der von der positiven Realachse, der Geraden $\mathfrak{g}$ und den beiden um O beschriebenen Kreisbogen $\mathfrak{a}$ und $\mathfrak{A}$ mit den Radien r und R und Längen $r\gamma$ und $R\gamma$ begrenzt wird, und wenden auf seine Berandung und den Integrand $q^{-x}\, e^{-q}$ Cauchys Hauptsatz an, wobei wir, um auf G zu kommen, r unbegrenzt abnehmen, R unbegrenzt zunehmen lassen. Die zu den Bogen $\mathfrak{a}$ und $\mathfrak{A}$ gehörigen Integralanteile streben dann gegen Null, der erste, weil wir $\Re x$ negativ annahmen, der zweite, weil auch der Betrag $R^{1-x} \cdot e^{-R\cos\gamma}$ des Integranden

$$\text{in} \quad \int_0^{\gamma} (R\varphi_1)^{-x} e^{-R\varphi_1}\, i\, R\varphi_1\, d\varphi \qquad \text{mit} \quad \varphi_1 = e^{i\varphi}$$

bei unbegrenzt wachsendem R wegen der Positivität von $\cos\gamma$ gegen Null strebt. Bleibt demnach

$$\int_0^{\infty} q^{-x} e^{-q}\, dq - \int_{\mathfrak{g}} q^{-x} e^{-q}\, dq = 0$$

oder

$$G = \int_0^{\infty} q^{-x} e^{-q}\, dq = \Gamma(1-x).$$

Man hat also die beachtliche Formel

$$\boxed{\Gamma(1-x) = \int_{\mathfrak{g}} t^{-x} e^{-t}\, dt},$$

in welcher $\mathfrak{g}$ den vom Nullpunkt der t-Ebene ausgehenden unter dem beliebigen spitzen Winkel γ gegen die positive Realachse geneigten Strahl bedeutet. Nunmehr wird

$$H = \int_{\mathfrak{c}} t^{-x} e^{t}\, dt = 2i \sin \pi x\, \Gamma(1-x)$$

oder nach der Komplementformel der Gammafunktion (§ 100) $H = 2i\pi : \Gamma(x)$, und es entsteht (mit $\mathfrak{T} = 1 : 2\pi i$)

Hankels Formel

$$\boxed{\frac{1}{\Gamma(x)} = \mathfrak{T} \int_{\mathfrak{c}} t^{-x} e^{t}\, dt}.$$

Zwar haben wir bei ihrer Herleitung $\Re x < 0$ angenommen; doch *gilt Hankels Formel für jedes x.* Das folgt sofort aus Riemanns Identitätssatz und dem Umstande, daß jede der beiden Formelseiten in jedem endlichen Gebiet der x-Ebene eine analytische Funktion von x darstellt.

§ 100. Grundeigenschaften der Gammafunktion

Die Gaußsche Definition der Gammafunktion

$$\Gamma(x) = \lim_{\omega \to \infty} \Gamma_\omega(x)$$

mit

$$\omega \Gamma_\omega(x) = \frac{\omega!\,\omega^x}{x(x+1)(x+2)\ldots(x+\omega-1)}$$

eignet sich vortrefflich zur Herleitung der Grundeigenschaften der Gammafunktion.

I. Die Funktionalgleichung

Aus

$$\omega \Gamma_\omega(x) = \frac{\omega!\,\omega^x}{x(x+1)\ldots(x+\omega-1)} \quad \text{und} \quad \omega \Gamma_\omega(x+1) = \frac{\omega!\,\omega^{x+1}}{(x+1)(x+2)\ldots(x+\omega)}$$

folgt durch Division

$$\frac{\Gamma_\omega(x+1)}{\Gamma_\omega(x)} = x \cdot \frac{\omega}{\omega + x}.$$

Hier strebt bei unbegrenzt wachsendem ω die linke Seite gegen $\Gamma(x+1) : \Gamma(x)$, die rechte gegen x. Folglich wird

$$\boxed{\Gamma(x+1) = x\,\Gamma(x)}. \tag{1}$$

Diese *Funktionalgleichung* eignet sich zur Berechnung der Werte der Gammafunktion, wenn das Argument x eine natürliche Zahl n ist. Nach der Funktionalgleichung ist

$$\Gamma(2) = 1 \cdot \Gamma(1), \quad \Gamma(3) = 2 \cdot \Gamma(2), \quad \ldots, \quad \Gamma(n) = (n-1) \cdot \Gamma(n-1).$$

Die Multiplikation dieser $(n-1)$ Gleichungen gibt

$$\Gamma(n) = (n-1)!\,\Gamma(1).$$

Nun ist aber

$$\omega \Gamma_\omega(1) = \frac{\omega!\,\omega^1}{1 \cdot 2 \cdot 3 \cdot \ldots \omega} = \omega, \quad \text{mithin} \quad \Gamma_\omega(1) = 1 \quad \text{und}$$

$$\boxed{\Gamma(1) = 1}.$$

Daraus folgt dann

$$\boxed{\Gamma(n) = (n-1)!}. \tag{2}$$

Man achte auf das Gleichungspaar

$$\boxed{\Gamma(1) = 1, \quad \Gamma(2) = 1}.$$

II. Die Komplementformel

Die sog. Komplementformel vermittelt die Beziehung zwischen $\Gamma(x)$ und $\Gamma(1-x)$.

Aus

$$\Gamma_\omega(x) = \frac{\omega^x}{x\frac{x+1}{1}\frac{x+2}{2}\cdots\frac{x+\omega}{\omega}}\cdot\frac{x+\omega}{\omega} \quad \text{und} \quad \omega\,\Gamma_\omega(1-x) = \frac{\omega^{1-x}}{\frac{1-x}{1}\frac{2-x}{2}\cdots\frac{\omega-x}{\omega}}$$

folgt durch Multiplikation

$$\Gamma_\omega(x)\,\Gamma_\omega(1-x) = \frac{1}{x\left(1-\frac{x^2}{1^2}\right)\left(1-\frac{x^2}{2^2}\right)\cdots\left(1-\frac{x^2}{\omega^2}\right)}\cdot\frac{x+\omega}{\omega}.$$

Bei unbegrenzt wachsendem ω strebt die linke Seite dieser Gleichung gegen $\Gamma(x)\,\Gamma(1-x)$, der Nenner des ersten rechtsseitigen Faktors gegen $\sin\pi x:\pi$ [§ 93], dei zweite rechtsseitige Faktor gegen 1. Daher wird

$$\boxed{\Gamma(x)\cdot\Gamma(1-x) = \pi:\sin\pi x}. \tag{3}$$

Dies ist die *Komplementformel.*

Für $x=\frac{1}{2}$ gibt sie

$$\boxed{\Gamma\left(\frac{1}{2}\right) = \sqrt{\pi}}.$$

Macht man in der Formel

$$\Gamma\left(\frac{1}{2}\right) = \int_0^\infty e^{-x}x^{-\frac{1}{2}}\,dx = \sqrt{\pi}$$

die Substitution $x=u^2$, $dx = 2u\,du$, so ergibt sich

$$\int_0^\infty e^{-x}x^{-\frac{1}{2}}\,dx = 2\int_0^\infty e^{-u^2}\,du = \sqrt{\pi}$$

und damit die Integralformel

$$\boxed{\int_{-\infty}^{+\infty} e^{-x^2}\,dx = \sqrt{\pi}}.$$

Durch Verknüpfung der Komplementformel mit der Funktionalgleichung

$$\Gamma(1-x) = -x\,\Gamma(-x)$$

entsteht die Formel

$$\boxed{\Gamma(-x) = -\frac{\pi}{x\,\Gamma(x)\sin\pi x}}, \tag{4}$$

welche $\Gamma(-x)$ aus $\Gamma(x)$ zu berechnen gestattet.

Aus (4) folgt sofort:

Die Gammafunktion hat im Endlichen nur Singularitäten – einfache Pole – an den Stellen, wo x eine nichtpositive Ganzzahl $-g$ ist:

$$x = -g;$$

ihr Residuum an dieser Stelle ist $\iota^g : g!$

Multipliziert man (3) mit x, so erhält diese Relation unter Berücksichtigung von (1) die Form

$$\boxed{\Gamma(1+x)\,\Gamma(1-x) = \frac{\pi x}{\sin \pi x}}\,,$$

in Gaußscher Schreibung

$$\boxed{\Pi(x)\,\Pi(-x) = \frac{\pi x}{\sin \pi x}}\,.$$

III. Legendres Formel

Wir multiplizieren die Gleichungen

$$\omega\,\Gamma_\omega(x) = \frac{\omega!\,\omega^x}{x\,(x+1\,(x+2)\ldots(x+\omega-1)}$$

und

$$\omega\,\Gamma_\omega\left(x+\frac{1}{2}\right) = \frac{\omega!\,\omega^{x{,}5}}{x{,}5\,(x{,}5+1)(x{,}5+2)\ldots(x{,}5+\omega-1)}$$

nach der Umformung

$$\omega\,\Gamma_\omega(x) = \frac{2^\omega\,\omega!\,\omega^x}{2x(2x+2)(2x+4)\ldots(2x+2\omega-2)}\,,$$

$$\omega\,\Gamma_\omega\left(x+\frac{1}{2}\right) = \frac{2^\omega\,\omega!\,\omega^{x{,}5}}{(2x+1)(2x+3)(2x+5)\ldots(2x+2\omega-1)}$$

miteinander und erhalten

$$\omega^2\,\Gamma_\omega(x)\,\Gamma_\omega\left(x+\frac{1}{2}\right) = \frac{2^{2\omega}\,\omega!^2\,\omega^{2x+\frac{1}{2}}}{2x(2x+1)(2x+2)\ldots(2x+2\omega-1)}$$

$$= \frac{2^{2\omega}\,\omega!^2}{(2\omega)!}\sqrt{\omega}\cdot 2\omega\,\Gamma_{2\omega}(2x) : 2^{2x}$$

oder

$$2^{2x}\cdot\frac{\Gamma_\omega(x)\,\Gamma_\omega\left(x+\frac{1}{2}\right)}{\Gamma_{2\omega}(2x)} = 2\cdot\frac{2^{2\omega}\,\omega!^2}{(2\omega)!\,\sqrt{\omega}}\,.$$

Hier strebt die linke Seite bei unbegrenzt wachsendem Zeiger ω gegen $2^{2x}\cdot\Gamma(x)\cdot\Gamma\left(x+\frac{1}{2}\right) : \Gamma(2x)$. Mithin strebt auch die rechte Seite gegen einen endlichen Grenzwert L, welcher jedoch von x unabhängig ist, so daß die linke Seite eine Konstante sein muß.

Nach der Wallisschen Formel (§ 93)

$$\lim_{\omega \to \infty} \frac{4^\omega \omega!^2}{(2\omega)! \sqrt{\omega}} = \sqrt{\pi}$$

hat L den Wert $2\sqrt{\pi}$. Doch laßt sich das auch ohne Zuhilfenahme der Wallisschen Formel erkennen. Man braucht ja nur für x den Wert $^1/_2$ einzusetzen, um

$$L = 2 \cdot \Gamma\left(\frac{1}{2}\right) = 2\sqrt{\pi}$$

zu bekommen.

Damit entsteht die

Verdoppelungs-Formel von Legendre

$$4^x \cdot \Gamma(x)\Gamma\left(x + \frac{1}{2}\right) = \sqrt{4\pi}\, \Gamma(2x) \tag{5}$$

Ersetzt man in ihr, der Komplementformel entsprechend, $\Gamma\left(x + \frac{1}{2}\right)$ durch $\pi : \cos \pi x \cdot \Gamma\left(\frac{1}{2} - x\right)$, so ergibt sich, wenn man noch x statt $2x$ schreibt,

$$\Gamma(x) = \sqrt{\pi} \frac{2^{x-1}}{\cos \frac{\pi}{2} x} \cdot \frac{\Gamma\left(\frac{x}{2}\right)}{\Gamma\left(\frac{1-x}{2}\right)} \tag{6}$$

Die Formeln (1) bis (6) bieten die Möglichkeit, die Werte der Gammafunktion für jeden reellen Argumentwert x zu berechnen, wofern ihre Werte im Intervall $\left(0, \frac{1}{4}\right)$ schon bekannt sind.

Um z. B. $\Gamma\left(\frac{3}{8}\right)$ zu berechnen, setzen wir in (5) $x = \frac{3}{8}$ und erhalten $\Gamma\left(\frac{3}{8}\right)$ ausgedrückt durch $\Gamma\left(\frac{7}{8}\right)$ und $\Gamma\left(\frac{3}{4}\right)$. Letztere aber lassen sich vermöge (3) auf $\Gamma\left(\frac{1}{8}\right)$ und $\Gamma\left(\frac{1}{4}\right)$ zurückführen.

IV. Eulers Formel

Die Eulersche Formel gestattet die Auswertung des Produkts

$$E_n = \Gamma\left(\frac{1}{n}\right)\Gamma\left(\frac{2}{n}\right)\Gamma\left(\frac{3}{n}\right) \cdots \Gamma\left(\frac{n-1}{n}\right),$$

wo n eine natürliche Zahl bedeutet.

Wir schreiben in umgekehrter Faktorenanordnung

$$E_n = \Gamma\left(1-\frac{1}{n}\right)\Gamma\left(1-\frac{2}{n}\right)\Gamma\left(1-\frac{3}{n}\right)\cdots\Gamma\left(\frac{1}{n}\right)$$

und multiplizieren gemäß der Formel (3):

$$\Gamma\left(\frac{\nu}{n}\right)\cdot\Gamma\left(1-\frac{\nu}{n}\right) = \pi : \sin\frac{\nu\pi}{n}.$$

Das gibt

$$E_n^2 = \pi^{n-1} : \sin\frac{\pi}{n}\sin\frac{2\pi}{n}\sin\frac{3\pi}{n}\cdots\sin\frac{(n-1)\pi}{n}.$$

Das im Divisor der rechten Seite stehende Produkt hat nach Cotes' Formel den Wert $n : 2^{n-1}$. Folglich wird

$$E_n = (2\pi)^{\frac{n-1}{2}} : \sqrt{n},$$

ausführlich:

$$\boxed{\Gamma\left(\frac{1}{n}\right)\Gamma\left(\frac{2}{n}\right)\Gamma\left(\frac{3}{n}\right)\ldots\cdot\Gamma\left(\frac{n-1}{n}\right) = (2\pi)^{\frac{n-1}{2}} : \sqrt{n}}. \tag{7}$$

Dies ist die *Eulersche Produktformel für die Gammafunktion.*

V. Die Formel von Gauß

Gauß hat eine Produktformel für die Gammafunktion gefunden, welche eine Verallgemeinerung der Eulerschen Formel darstellt.

n sei wieder eine natürliche Zahl, x ein beliebiger Argumentwert. Wir notieren die n Gleichungen (mit $\nu = 0, 1, 2, \ldots, n-1$)

$$\omega\Gamma_\omega\left(x+\frac{\nu}{n}\right) = \frac{\omega!\,\omega^{x+\frac{\nu}{n}}}{\left(x+\frac{\nu}{n}\right)\left(x+1+\frac{\nu}{n}\right)\left(x+2+\frac{\nu}{n}\right)\cdots\left(x+\omega-1+\frac{\nu}{n}\right)},$$

nachdem wir die Brüche im rechtsstehenden Nenner beseitigt haben:

$$\omega\Gamma_\omega(x) = \frac{n^\omega\,\omega!\,\omega^x}{(nx)(nx+n)(nx+2n)\ldots(nx+n[\omega-1])},$$

$$\omega\Gamma_\omega\left(x+\frac{1}{n}\right) = \frac{n^\omega\,\omega!\,\omega^{x+\frac{1}{n}}}{(nx+1)(nx+n+1)(nx+2n+1)\ldots(nx+n[\omega-1]+1)},$$

$$\omega\Gamma_\omega\left(x+\frac{2}{n}\right) = \frac{n^\omega\,\omega!\,\omega^{x+\frac{2}{n}}}{(nx+2)(nx+n+2)(nx+2n+2)\ldots(nx+n[\omega-1]+2)},$$

. . . .

$$\omega\Gamma_\omega\left(x+\frac{n-1}{n}\right)$$

$$= \frac{n^\omega\,\omega!\,\omega^{x+\frac{n-1}{n}}}{(nx+n-1)(nx+n+n-1)(nx+2n+n-1)\ldots(nx+n[\omega-1]+n-1)}.$$

Liest man die Faktoren der rechtsstehenden Nenner spaltenweise, so sieht man, daß das Produkt der n Nenner den Wert

$$(n x)(n x + 1)(n x + 2)(n x + 3)\dots(n x + n\omega - 1)$$

hat. Es liegt also nahe, das Produkt der n notierten Gleichungen durch die Gleichung

$$n\omega\Gamma_{n\omega}(n x) = \frac{(n\omega)!\,(n\omega)^{n x}}{(n x)(n x+1)(n x+2)\dots(n x+n\omega-1)}$$

zu teilen. Das gibt,

$$n^{n x}\cdot\Gamma_\omega(x)\cdot\Gamma_\omega\left(x+\frac{1}{n}\right)\cdot\Gamma_\omega\left(x+\frac{2}{n}\right)\dots\Gamma_\omega\left(x+\frac{n-1}{n}\right) : n\,\Gamma_{n\omega}(n x) = G_\omega$$

gesetzt,

$$G_\omega = \frac{n^{n\omega}\,\omega!^n}{\omega^{\frac{n-1}{2}}\,(n\omega)!}.$$

Bei unbegrenzt wachsendem Zeiger ω strebt die linke Seite dieser Formel gegen den endlichen Grenzwert

$$G = \lim_{\omega\to\infty} G_\omega = n^{n x}\,\Gamma(x)\,\Gamma\left(x+\frac{1}{n}\right)\Gamma\left(x+\frac{2}{n}\right)\dots\Gamma\left(x+\frac{n-1}{n}\right) : n\,\Gamma(n x).$$

Folglich konvergiert auch die rechte Seite gegen diesen Grenzwert und ist

$$\lim_{\omega\to\infty}\frac{n^{n\omega}\,\omega!^n}{\omega^{\frac{n-1}{2}}\,(n\omega)!} = G.$$

Um G zu ermitteln, setzen wir $x = \frac{1}{n}$. Dann wird (nach Eulers Formel)

$$G = \Gamma\left(\frac{1}{n}\right)\Gamma\left(\frac{2}{n}\right)\dots\Gamma\left(\frac{n-1}{n}\right) = (2\pi)^{\frac{n-1}{2}} : \sqrt{n}.$$

Damit haben wir die interessante Limesformel

$$\boxed{G = \lim_{\omega\to\infty}\frac{n^{n\omega}\,\omega!^n}{\omega^{\frac{n-1}{2}}\,(n\omega)!} = (2\pi)^{\frac{n-1}{2}} : \sqrt{n}}$$

und, was weit mehr ist, die

Produktformel von Gauß:

$$(8)\qquad \boxed{\frac{\Gamma(x)\,\Gamma\left(x+\frac{1}{n}\right)\Gamma\left(x+\frac{2}{n}\right)\dots\Gamma\left(x+\frac{n-1}{n}\right)}{\Gamma(n x)} = \frac{(2\pi)^{\frac{n-1}{2}}\cdot\sqrt{n}}{n^{n x}}}.$$

VI. Die Reihe für den Logarithmus der Gammafunktion

Wir setzen x echtgebrochen voraus und logarithmieren die Gleichung

$$\Gamma_\omega(1+x) = \frac{1}{1+x}\cdot\frac{2}{2+x}\cdot\frac{3}{3+x}\cdots\frac{\omega}{\omega+x}\cdot\omega^x.$$

Das gibt

$$l\Gamma_\omega(1+x) = x\,l\omega - l\left(1+\frac{x}{1}\right) - l\left(1+\frac{x}{2}\right) - l\left(1+\frac{x}{3}\right) - \cdots - l\left(1+\frac{x}{\omega}\right)$$

oder, indem wir die logarithmische Reihe

$$l\left(1+\frac{x}{\nu}\right) = \frac{x}{\nu} - \frac{1}{2}\frac{x^2}{\nu^2} + \frac{1}{3}\frac{x^3}{\nu^3} - + \cdots$$

benutzen,

$$l\Gamma_\omega(1+x) = -D_\omega x + \frac{1}{2}S_2^\omega x^2 - \frac{1}{3}S_3^\omega x^3 + \frac{1}{4}S_4^\omega x^4 - + \cdots = \mathfrak{P}_\omega(x)$$

mit

$$D_\omega = H_\omega - l\omega,\quad H_\omega = \frac{1}{1}+\frac{1}{2}+\cdots+\frac{1}{\omega},\quad S_r^\omega = \frac{1}{1^r}+\frac{1}{2^r}+\cdots+\frac{1}{\omega^r},$$

wobei die entstandene Potenzreihe die absolut konvergente Majorante

$$x + \frac{1}{2}S_2x^2 + \frac{1}{3}S_3x^3 + \frac{1}{4}S_4x^4 + \cdots \qquad \text{mit} \quad S_r = \frac{1}{1^r}+\frac{1}{2^r}+\frac{1}{3^r}+\cdots$$

hat.

Wir vergleichen die Potenzreihe $\mathfrak{P}_\omega(x)$ mit der absolut konvergenten Potenzreihe

$$\mathfrak{P}(x) = -Cx + \frac{1}{2}S_2x^2 - \frac{1}{3}S_3x^3 + \frac{1}{4}S_4x^4 - + \cdots,$$

in welcher C die Eulersche Konstante

$$C = \lim D_\omega = 0{,}5772156649\ldots$$

ist. Wir haben

$$\mathfrak{P}(x) - \mathfrak{P}_\omega(x) = a_1x + \frac{1}{2}a_2x^2 - \frac{1}{3}a_3x^3 + \frac{1}{4}a_4x^4 - + \cdots$$

mit

$$a_1 = D_\omega - C,\qquad a_2 = S_2 - S_2^\omega,\qquad a_3 = S_3 - S_3^\omega,\quad \ldots$$

Nun ist nach der Ungleichung von § 14

$$a_r = S_r - S_r^\omega < \frac{1}{(r-1)\,\omega^{r-1}} < \frac{1}{\omega},$$

mithin

$$|\mathfrak{P}(x) - \mathfrak{P}_\omega(x)| < a_1X + \left(\frac{1}{2}X^2 + \frac{1}{3}X^3 + \frac{1}{4}X^4 + \cdots\right):\omega \quad \text{mit} \quad X = |x|.$$

Wegen $\lim a_1 = 0$ konvergiert die rechte Seite dieser Ungleichung bei unbegrenzt wachsendem Zeiger ω gegen Null. Folglich ist

$$\lim \mathfrak{P}_\omega(x) = \mathfrak{P}(x)$$

oder

$$l\Gamma(1+x) = \mathfrak{P}(x)$$

oder endlich

$$(9) \qquad \boxed{l\Gamma(1+x) = -Cx + \frac{1}{2}S_2x^2 - \frac{1}{3}S_3x^3 + \frac{1}{4}S_4x^4 - + \cdots}, \quad |x| < 1$$

$$\text{mit} \quad C = 0{,}57721\ldots \qquad \text{und} \qquad S_r = \frac{1}{1^r} + \frac{1}{2^r} + \frac{1}{3^r} + \cdots.$$

Übrigens bietet diese Gleichung das Mittel, C in geschlossener Form auszudrücken. Die Ableitung der Gleichung lautet

$$\frac{\Gamma'(1+x)}{\Gamma(1+x)} = -C + S_2x - S_3x^2 + S_4x^3 - + \cdots.$$

Setzen wir in ihr $x = 0$, so erhalten wir den einfachen Wert $C = -\Gamma'(1) : \Gamma(1)$ oder

$$(10) \qquad \boxed{C = -\Gamma'(1)}$$

für Eulers Konstante.

Aus der für $l\Gamma(1+x)$ gefundenen Potenzreihe folgt noch

$$l\Gamma(1-x) = Cx + \frac{1}{2}S_2x^2 + \frac{1}{3}S_3x^3 + \frac{1}{4}S_4x^4 + \cdots.$$

Nun ist nach Funktionalgleichung und Komplementformel

$$\frac{\Gamma(1+x)}{\Gamma(1-x)} = \frac{\Gamma^2(1+x)}{x\Gamma(x)\Gamma(1-x)} = \frac{\sin\pi x}{\pi x}\cdot\Gamma^2(1+x).$$

Daher wird

$$2l\Gamma(1+x) = l\frac{\pi x}{\sin\pi x} + l\frac{\Gamma(1+x)}{\Gamma(1-x)}.$$

Hier kann man rechts für den zweiten Posten auf Grund unserer Reihenentwicklung

$$-2\left[Cx + \frac{1}{3}S_3x^3 + \frac{1}{5}S_5x^5 + \cdots\right]$$

schreiben und erhalt

$$\boxed{l\Gamma(1+x) = l\sqrt{\pi x : \sin\pi x} - \left[Cx + \frac{1}{3}S_3x^3 + \frac{1}{5}S_5x^5 + \cdots\right]}.$$

Um die gefundene Reihe für numerische Rechnungen noch besser geeignet zu machen, addieren wir die Formel

$$\frac{1}{2}\, l\, \frac{1+x}{1-x} = x + \frac{1}{3} x^3 + \frac{1}{5} x^5 + \cdots$$

und bekommen

$$(11)\qquad \boxed{l\,\Gamma(1+x) = l\sqrt{\frac{\pi x}{\sin \pi x}} - l\sqrt{\frac{1+x}{1-x}} + C_1 x - C_3 x^3 - C_5 x^5 - \cdots}\,, \quad |x| < 1$$

mit

$$C_1 = 1 - C, \qquad C_3 = \frac{S_3 - 1}{3}, \qquad C_5 = \frac{S_5 - 1}{5}, \quad \ldots$$

Diese für $l\Gamma(1+x)$ gefundene Reihe konvergiert, zumal wir nach obigem uns auf unterhalb $\frac{1}{4}$ liegende x-Werte beschränken dürfen, sehr gut. Die Koeffizienten C_ν haben folgende Zahlwerte:

$$\begin{aligned} &C_1 = 0{,}4227843351, && C_3 = 0{,}0673523011, && C_5 = 0{,}0073855510,\\ &C_7 = 0{,}0011927539, && C_9 = 0{,}0002231548, && C_{11} = 0{,}0000449262,\\ &\ldots\ldots\ldots \end{aligned}$$

Auf Grund der Formeln (1) *bis* (11) *läßt sich die Gammafunktion für jeden vorgelegten reellen Argumentwert x berechnen.*

VII. Reihe für die Zweitableitung von $l\,\Gamma(x)$

Wir führen die bezogene Ableitung

$$\Phi(x) = \Gamma'(x) : \Gamma(x)$$

der Gammafunktion ein [die nichts anderes ist als die Erstableitung $D\,l\,\Gamma(x)$ von $l\,\Gamma(x)$] und bilden die bezogene Ableitung der Gaußschen Produktformel

$$\frac{\Gamma(x)\,\Gamma\left(x+\frac{1}{n}\right)\Gamma\left(x+\frac{2}{n}\right)\cdots\Gamma\left(x+\frac{n-1}{\pi}\right)}{\Gamma(nx)} = \frac{(2\pi)^{\frac{n-1}{2}}\cdot\sqrt{n}}{n^{nx}}$$

nach x. Das gibt

$$n\Phi(nx) = n\,l\,n + \Phi(x) + \Phi\left(x+\frac{1}{n}\right) + \Phi\left(x+\frac{2}{n}\right) + \cdots + \Phi\left(x+\frac{n-1}{n}\right).$$

Wir führen auch noch die Ableitung

$$\varphi(x) = \Phi'(x)$$

von $\Phi(x)$ ein [welche zugleich die Zweitableitung $D^2 l\,\Gamma(x)$ von $l\,\Gamma(x)$ darstellt] und differenzieren die gefundene Formel nach x. Dadurch entsteht

$$n^2\varphi(nx) = \varphi(x) + \varphi\left(x+\frac{1}{n}\right) + \varphi\left(x+\frac{2}{n}\right) + \cdots + \varphi\left(x+\frac{n-1}{n}\right)$$

oder,

$$nx = X \quad \text{und} \quad \frac{\varphi(x) + \varphi\left(x+\frac{1}{n}\right) + \varphi\left(x+\frac{2}{n}\right) + \cdots + \varphi\left(x+\frac{n-1}{n}\right)}{n} = M_n$$

gesetzt,

$$\varphi(X) = M_n : n.$$

In dieser Formel lassen wir n unbegrenzt wachsen. Dann konvergiert M_n gegen den Mittelwert μ der Funktion $\varphi(x)$ im Intervall $(x, x+1)$, d. h. nach dem Mittelwert-Restbruchsatz (§ 31) gegen den endlichen Wert $\Phi(x+1) - \Phi(x)$, konvergiert also die rechte Seite unserer Formel gegen Null. Daher ist auch

$$\boxed{\lim_{X\to\infty} \varphi(X) = 0}; \tag{12}$$

in Worten:

Die Funktion $\varphi(x)$ [die Zweitableitung von $l\Gamma(x)$] verschwindet im Unendlichen.

Nach dieser Vorbereitung schreiben wir auf Grund der Funktionalgleichung

$$\Gamma(x) = \frac{\Gamma(x+1)}{x} = \frac{\Gamma(x+2)}{x(x+1)} = \frac{\Gamma(x+3)}{x(x+1)(x+2)} = \cdots$$
$$= \frac{\Gamma(x+n)}{x(x+1)(x+2)\ldots(x+n-1)}.$$

Wir bilden die bezogene Ableitung dieser Formel und erhalten

$$\Phi(x) = -\frac{1}{x} - \frac{1}{x+1} - \frac{1}{x+2} - \cdots - \frac{1}{x+n-1} + \Phi(x+n).$$

Die Differentiation dieser Gleichung nach x gibt

$$\varphi(x) = \frac{1}{x^2} + \frac{1}{(x+1)^2} + \frac{1}{(x+2)^2} + \cdots + \frac{1}{(x+n-1)^2} + \varphi(x+n).$$

Nun lassen wir n unbegrenzt wachsen; dann strebt nach obigem Hilfssatze das rechtsstehende Zusatzglied $\varphi(x+n)$ gegen Null, und wir haben die Reihenentwicklung

$$\boxed{\varphi(x) = \frac{1}{x^2} + \frac{1}{(x+1)^2} + \frac{1}{(x+2)^2} + \frac{1}{(x+3)^2} + \cdots}, \tag{13}$$

anders geschrieben:

$$D^2 l\Gamma(x) = \frac{1}{x^2} + \frac{1}{(x+1)^2} + \frac{1}{(x+2)^2} + \frac{1}{(x+3)^2} + \cdots,$$

welche *für jedes positive x konvergiert.*

VIII. Grenzwert von $\Phi(\omega) - l\omega$

Wir ermitteln noch den Grenzwert von

$$\Phi(\omega) - l\omega = \Gamma'(\omega) : \Gamma(\omega) - l\omega$$

für unbegrenzt wachsendes ω.

Wir fanden in VII

$$n\Phi(nx) = n l n + \Phi(x) + \Phi\left(x + \frac{1}{n}\right) + \Phi\left(x + \frac{2}{n}\right) + \cdots + \Phi\left(x + \frac{n-1}{n}\right).$$

Wir setzen demgemäß $x = 1$, $n = \omega$,

$$\mathfrak{M}_\omega = \frac{\Phi(1) + \Phi\left(1 + \frac{1}{\omega}\right) + \Phi\left(1 + \frac{2}{\omega}\right) + \cdots + \Phi\left(1 + \frac{\omega - 1}{\omega}\right)}{\omega}$$

und haben

$$\Phi(\omega) - l\,\omega = \mathfrak{M}_\omega.$$

Bei unbegrenzt wachsendem Zeiger ω konvergiert $\mathfrak{M}_\omega$ gegen den Mittelwert M der Funktion $\Phi(x)$ im Intervall $(1, 2)$. Dieser ist aber, da das Primitiv von $\Phi(x)$ die Funktion $l\,\Gamma(x)$ ist

$$\mathsf{M} = \frac{l\,\Gamma(2) - l\,\Gamma(1)}{2 - 1} = 0.$$

Folglich:

Der Grenzwert der Funktion

$$\frac{\Gamma'(\omega)}{\Gamma(\omega)} - l\omega$$

für unbegrenzt wachsendes ω ist Null:

$$\boxed{\lim_{\omega \to \infty} [\Phi(\omega) - l\omega] = 0}. \tag{14}$$

Da $\varphi(x)$ für jedes positive x ebenfalls positiv ist, *so nimmt ihr Primitiv*

$$\Phi(x) = \Gamma'(x) : \Gamma(x)$$

mit wachsendem positivem Argument x dauernd zu. An der Stelle $x = 1$ ist

$$\Phi(x) = \Gamma'(1) = -C = -0{,}57721\ldots$$

noch negativ. An einer gewissen Stelle z zwischen den Argumentwerten 1 und 2 muß es nach Rolles Satz verschwinden. [Aus $\Gamma(1) = \Gamma(2) = 1$ folgt, daß die Funktion $\Gamma(x) - 1$ an den Stellen 1 und 2 verschwindet, woraus $\Gamma'(z) = 0$.] Zur Ermittlung dieser Stelle deriviere man die für $l\,\Gamma(1 + x)$ gefundene Reihe (9) und setze die Derivierte gleich Null:

$$-C + S_2 x - S_3 x^2 + S_4 x^3 - + \cdots = 0.$$

Diese transzendente Gleichung hat eine Wurzel x zwischen 0 und 1, die man durch Versuche findet. Es wird dann

$$z = 1 + x = 1{,}4616321\ldots, \quad \Gamma(z) = 0{,}8856032.$$

Aus dem Verlauf der Funktion $\Phi(x)$ folgt noch:

Die Gammafunktion kann im Positiven kein Maximum haben; sie hat auch nur ein Minimum und zwar an der Stelle z.

IX. Cauchys Integral für $l\,\Gamma(x)$ und seine Ableitung

Wieder gehen wir aus von der Gaußschen Produktdarstellung für $\Gamma(x)$:

$$\Gamma_\omega(x) = \frac{\omega!\,\omega^{x-1}}{x(x+1)(x+2)\ldots(x+\omega-1)}, \qquad \Gamma(x) = \lim_{\omega\to\infty} \Gamma_\omega(x).$$

Wir schreiben sie

$$\Gamma_\omega(x) = \frac{1}{x}\cdot\frac{2}{x+1}\cdot\frac{3}{x+2}\cdots\cdot\frac{\omega}{x+\omega-1}\cdot\omega^{x-1}.$$

Hier logarithmieren wir:

$$l\,\Gamma_\omega(x) = l\frac{1}{x} + l\frac{2}{x+1} + l\frac{3}{x+2} + \cdots + l\frac{\omega}{x+\omega-1} + (x-1)\,l\,\omega.$$

Nach Frullanis Satz laßt sich jeder rechtsstehende Posten in ein bestimmtes Integral zwischen den Grenzen 0 und ∞ verwandeln, z. B.

$$l\frac{3}{x+2} = \int_0^\infty \frac{e^{-(x+2)u} - e^{-3u}}{u}\,du, \qquad l\,\omega = \int_0^\infty \frac{e^{-u} - e^{-\omega u}}{u}\,du.$$

So entsteht die Formel

$$l\,\Gamma_\omega(x) = \int_0^\infty \left[\sum_0^{\omega-1} \frac{e^{-(x+r)u} - e^{-(r+1)u}}{u} + (x-1)\frac{e^{-u} - e^{-\omega u}}{u}\right] du.$$

Die Summe $\sum$ hat als Differenz zweier geometrischen Reihen mit dem Quotient e^{-u} den Wert

$$\left[e^{-xu}\frac{1-e^{-\omega u}}{1-e^{-u}} - e^{-u}\frac{1-e^{-\omega u}}{1-e^{-u}}\right] : u,$$

so daß

$$l\Gamma_\omega(x) = \int_0^\infty \left[\frac{x-1}{u}e^{-u} - \frac{1}{u}\,\frac{e^{-u}-e^{-xu}}{1-e^{-u}}\right] du - \int_0^\infty \left\{\frac{x-1}{u} - \frac{1}{u}\,\frac{e^{-u}-e^{-xu}}{1-e^{-u}}\right\} e^{-\omega u}\,du.$$

Wir betrachten zuerst den Subtrahend J der rechten Seite. Man findet leicht, daß die geschweifte Klammer [die an der Stelle $u=0$ den Wert $x\,(x-1):2$ hat] für alle positiven u zwischen zwei endlichen Schranken A und B liegt:

$$A < \{\ \} < B .$$

Daher gilt für den Integrand i des Subtrahenden J die Ungleichung

$$A\,e^{-\omega u} < i < B\,e^{-\omega u}$$

und für das Integral J selbst die Ungleichung

$$\frac{A}{\omega} < J < \frac{B}{\omega} .$$

Daher ist

$$\lim_{\omega\to\infty} J = 0 ,$$

und wir erhalten einfach

$$\text{(15)}\qquad \boxed{l\,\Gamma(x) = \int_0^\infty \left[(x-1)\,e^{-u} - \frac{e^{-u}-e^{-xu}}{1-e^{-u}}\right]\frac{d\,u}{u}} .$$

Durch diese fundamentale *Cauchysche Formel* wird der *Logarithmus der Gammafunktion als bestimmtes Integral* zwischen den Grenzen 0 und ∞ dargestellt.

Die gefundene Formel befähigt uns, auch ein bestimmtes Integral für die bezogene Ableitung

$$\Phi(x) = \frac{\Gamma'(x)}{\Gamma(x)} = D\,l\,\Gamma(x)$$

von $\Gamma(x)$ anzugeben.

Für den Restbruch der Funktion $l\,\Gamma(x)$ erhalten wir

$$\frac{l\,\Gamma(X) - l\,\Gamma(x)}{X-x} = \int_0^\infty e^{-u}\frac{d\,u}{u} - \int_0^\infty \frac{e^{-xu}-e^{-Xu}}{Xu-xu}\,\frac{d\,u}{1-e^{-u}} .$$

Nach der Schrankenformel für die Exponentialfunktion liegt der im Integranden des zweiten Integrals stehende Restbruch zwischen e^{-xu} und e^{-Xu}, das Integral also zwischen

$$\int_0^\infty \frac{e^{-xu}}{1-e^{-u}}\,d\,u \qquad \text{und} \qquad \int_0^\infty \frac{e^{-Xu}}{1-e^{-u}}\,d\,u ,$$

so daß sein Limes für $X\to x$ den Wert

$$\int_0^\infty \frac{e^{-xu}}{1-e^{-u}}\,d\,u$$

hat. Damit wird

(16) $$\Phi(x) = \frac{\Gamma'(x)}{\Gamma(x)} = \int_0^\infty \left[e^{-u} - \frac{u\,e^{-xu}}{1-e^{-u}}\right] \frac{du}{u},$$

welche Formel natürlich auch sofort durch Ableitung nach x unter dem Integralzeichen erhalten werden kann, da das Integral Φ gleichmäßig konvergiert. Setzt man in ihr $x = 1$, so entsteht für die Eulersche Konstante C die Integraldarstellung

(17) $$C = \int_0^\infty \left[\frac{u\,e^{-u}}{1-e^{-u}} - e^{-u}\right] \frac{du}{u}.$$

Die Addition der beiden letzten Gleichungen gibt noch

$$\frac{\Gamma'(x)}{\Gamma(x)} + C = \int_0^\infty \frac{e^{-u} - e^{-xu}}{1-e^{-u}}\, du$$

oder, wenn hier $e^{-u} = v$ substituiert wird,

(18) $$\Phi(x) + C = \frac{\Gamma'(x)}{\Gamma(x)} + C = \int_0^1 \frac{1-v^{x-1}}{1-v}\, dv.$$

Dies ist die *Formel von Gauß*.

Auf eine etwas andere Schreibweise von (16) ist noch hinzuweisen. Substituiert man im Subtrahenden der rechten Seite

$$S = \int_0^\infty \frac{e^{-xu}}{1-e^{-u}}\, du$$

$v = e^u - 1$, so wird

$$S = \int_0^\infty \frac{dv}{v(1+v)^x} = \int_0^\infty \frac{du}{u(1+u)^x},$$

so daß man auch schreiben kann:

(19) $$\Phi(x) = \frac{\Gamma'(x)}{\Gamma(x)} = \int_0^\infty \left[e^{-u} - \frac{1}{(1+u)^x}\right] \frac{du}{u},$$

welche Formel gleichfalls von Cauchy herrührt.

SIEBENTER ABSCHNITT

TRIGONOMETRISCHE REIHEN

§ 101. Fourierkonstanten und Fourierreihen

Trigonometrische Reihen sind Reihen von der Form

$$\frac{a_0}{2} + \sum (a_n \cos n x + b_n \sin n x),$$

wo der Summenzeiger n alle natürlichen Zahlen durchläuft und die Größen

$$a_0, \quad a_1, \quad b_1, \quad a_2, \quad b_2, \quad \ldots$$

konstante Koeffizienten bedeuten.

Schon Euler hat solche Reihen betrachtet und (1753) die Frage aufgeworfen, ob und wann eine vorgelegte periodische Funktion $f(x)$ mit der Periode 2π eine Entwicklung von der Form

$$f(x) = \frac{a_0}{2} + \sum_1^\infty (a_n \cos n x + b_n \sin n x)$$

gestattet. Von ihm stammen auch die bejahendenfalls zur Bestimmung der Koeffizienten a_n und b_n dienenden Formeln

$$\boxed{a_n = \frac{1}{\pi} \int_0^{2\pi} f(u) \cos n u \, d u, \qquad b_n = \frac{1}{\pi} \int_0^{2\pi} f(u) \sin n u \, d u},$$

von denen die erste auch für $n = 0$ gilt.

Man erhält diese Formeln folgendermaßen.

Man multipliziert die Gleichung

$$f(x) = \frac{a_0}{2} + \sum_1^\infty (a_r \cos r x + b_r \sin r x)$$

einmal mit $\cos n x$, ein andermal mit $\sin n x$ und integriert von 0 bis 2π.

Dabei wird also stillschweigend angenommen

1. daß die angedeutete Entwicklung möglich ist,
2. daß die trigonometrische Reihe konvergiert,
3. daß sie gliedweise integriert werden darf.

Da für $r \neq n$ die drei Integrale

$$\int_0^{2\pi} \cos n x \cos r x \, d x, \quad \int_0^{2\pi} \cos n x \sin r x \, d x, \quad \int_0^{2\pi} \sin n x \sin r x \, d x$$

verschwinden und für $r = n$

$$\int_0^{2\pi} \cos n x \cos r x \, d x = \int_0^{2\pi} \sin n x \sin r x \, d x = \pi$$

und

$$\int_0^{2\pi} \cos n x \sin r x \, d x = 0$$

ist, entsteht auf diese Weise

$$\pi a_n = \int_0^{2\pi} f(x) \cos n x \, d x, \qquad \pi b_n = \int_0^{2\pi} f(x) \sin n x \, d x.$$

Durch diese Formeln werden die Entwicklungskoeffizienten a_n und b_n *eindeutig* festgelegt. Da nun die Bedingungen 2. und 3. bei einer gleichmäßig konvergenten trigonometrischen Reihe erfüllt sind, so gilt folgender

Eindeutigkeitssatz:

Die Entwicklung einer Funktion in eine gleichmäßig konvergente trigonometrische Reihe ist — wenn überhaupt — nur auf eine einzige Weise möglich.

Euler hielt die von Daniel Bernoulli behauptete Darstellbarkeit einer *beliebigen* Funktion $f(x)$ durch eine trigonometrische Reihe für unmöglich.
Spater hat Fourier in seiner 1822 erschienenen „Théorie analytique de la chaleur" umfangreiche Untersuchungen über trigonometrische Reihen angestellt. In Ansehung seiner Verdienste um die Entwicklung dieses wichtigen Zweiges der Mathematik nennt man die Konstanten

$$a_n = \frac{1}{\pi} \int_0^{2\pi} f(u) \cos n u \, d u, \qquad b_n = \frac{1}{\pi} \int_0^{2\pi} f(u) \sin n u \, d u$$

die *Fourierzahlen* oder *Fourierkonstanten der Funktion* $f(x)$ und die Reihe

$$T(x) = \frac{a_0}{2} + \sum_1^{\infty} (a_n \cos n x + b_n \sin n x)$$

— gleichgültig, ob sie konvergiert oder nicht — die *Fourierreihe der Funktion* $f(x)$.

So ist z. B. die Dirichletsche Reihe

$$D(x) = \sin x + \frac{1}{2}\sin 2x + \frac{1}{3}\sin 3x + \cdots$$

die Fourierreihe der Funktion

$$F(x) = \frac{\pi - x}{2}.$$

Beweis. Die zugehörigen Fourierzahlen werden durch die Vorschriften

$$2\pi a_n = \int_0^{2\pi} (\pi - x)\cos n x\, d x, \qquad 2\pi b_n = \int_0^{2\pi} (\pi - x)\sin n x\, d x$$

geliefert. Die Integrale

$$\int_0^{2\pi} \cos n x\, d x \qquad \text{und} \qquad \int_0^{2\pi} \sin n x\, d x$$

verschwinden für jedes natürliche n. Ferner verschwindet

$$2\pi a_0 = \int_0^{2\pi} (\pi - x)\, d x.$$

Die Integrale

$$\int_0^{2\pi} x\cos n x\, d x \qquad \text{und} \qquad \int_0^{2\pi} x\sin n x\, d x$$

werden durch teilweise Integration ermittelt; das erste ist 0, das zweite $-2\pi : n$. Demgemäß wird

$$a_0 = 0, \qquad a_n = 0, \qquad b_n = 1 : n, \qquad \text{q. e. d.}$$

Wir wissen schon (§ 29), daß für jedes zwischen 0 und 2π liegende x

$$F(x) = D(x)$$

ist.

Um diese Gleichung für *jedes* x gültig zu gestalten, muß die Funktion $F(x)$ folgendermaßen definiert werden:

1. Für jedes zwischen 0 und 2π liegende x ist

$$F(x) = \frac{\pi - x}{2}.$$

2. Für $x = 0$ und $x = 2\pi$ ist

$$F(x) = 0.$$

3. Für jedes andere x bestimmt sich $f(x)$ durch die Vorschrift: $F(x)$ hat die Periode 2π.

M. a. W.: Die Schaukurve der Funktion $F(x)$ besteht aus lauter auf der x-Achse an den Stellen $x = g\,2\pi$ mit $g = 0, \pm 1, \pm 2, \pm 3, \ldots$ liegenden isolierten

Punkten und aus lauter zwischen je zwei sukzessiven solchen Stellen unter dem Gefälle 1 : 2 abwärtslaufenden Strecken (von der Länge $\pi\sqrt{5}$).
Besonders merkwürdig ist folgendes Beispiel.

Die Fourierreihe einer gleichmäßig konvergenten trigonometrischen Reihe

$$\varphi(x) = \frac{\alpha_0}{2} + \sum_1^\infty (\alpha_r \cos r x + \beta_r \sin r x)$$

ist $\varphi(x)$ selbst. Insbesondere ist also die Fourierreihe einer endlichen trigonometrischen Reihe mit dieser identisch.

Beweis. Da die Reihe gleichmäßig konvergiert, gestattet sie gliedweise Integration, auch dann noch, wenn man sie mit $\cos n x$ oder $\sin n x$ multipliziert hat. Integriert man von 0 bis 2π, so erhält man für die Fourierzahlen a_n und b_n von $\varphi(x)$ die Formeln

$$\pi a_n = \int_0^{2\pi} \varphi(x) \cos n x\, d x = \alpha_n \cdot \int_0^{2\pi} \cos^2 n x\, d x = \alpha_n \cdot \pi,$$

$$\pi b_n = \int_0^{2\pi} \varphi(x) \sin n x\, d x = \beta_n \cdot \int_0^{2\pi} \sin^2 n x\, d x = \beta_n \pi,$$

so daß

$$a_n = \alpha_n \qquad \text{und} \qquad b_n = \beta_n$$

wird, q. e. d.

Die Frage der Darstellung einer Funktion $f(x)$ durch ihre Fourierreihe, wie sie beispielsweise für die obige Funktion $F(x)$ durch die Fourierreihe $D(x)$ beantwortet wird, erfordert es, die Funktion $f(x)$ für jeden außerhalb des Grundintervalls $[0, 2\pi]$ liegenden Argumentwert x durch die Vorschrift „die Funktion $f(x)$ hat die Periode 2π" festzulegen. Demgemäß denken wir uns im folgenden jede Funktion, deren Fourierreihe auftritt, periodisch mit der Periode 2π.

Für Funktionen $f(x)$ der Periode 2π kann die Bestimmung der Fourierkonstanten a_n und b_n auch durch die Formeln

$$\pi a_n = \int_\alpha^\beta f(x) \cos n x\, d x, \qquad \pi b_n = \int_\alpha^\beta f(x) \sin n x\, d x$$

erfolgen, wo α und β zwei beliebige Werte mit der Differenz

$$\beta - \alpha = 2\pi$$

sind, was durch einen Blick auf die Schaukurve des Integranden (der die Periode 2π hat) ohne weiteres erkannt wird.

Besonders einfache Verhältnisse für die Fourierzahlen treten auf, wenn die Funktion $f(x)$ gerade oder ungerade ist. Aus

$$\pi a_n = \int_{-\pi}^{+\pi} f(x) \cos n x\, d x, \qquad \pi b_n = \int_{-\pi}^{+\pi} f(x) \sin n x\, d x$$

folgt:

Eine gerade Funktion $f(x)$ hat nur Cosinuskonstanten a_n (während ihre Sinuskonstanten b_n verschwinden). *Ihre Fourierreihe ist eine reine Cosinusreihe.*
Eine ungerade Funktion $f(x)$ hat nur Sinuskonstanten b_n. Ihre Fourierreihe ist eine reine Sinusreihe.

Es wird genügen, den ersten Satz zu beweisen. Aus

$$\pi b_n = \int_{-\pi}^{0} f(x) \sin n x \, d x + \int_{0}^{\pi} f(x) \sin n x \, d x$$

ergibt sich, wenn man im ersten Integral $x = -u$, im zweiten $x = u$ substituiert,

$$\pi b_n = \int_{0}^{\pi} [f(u) - f(-u)] \sin n u \, d u,$$

mithin, da bei einer geraden Funktion $f(u)$ von u die eckige Klammer verschwindet,

$$\pi b_n = 0.$$

Der Beweis des zweiten Satzes resultiert ebenso aus der Relation $f(-u) = -f(u)$ der *ungeraden* Funktion $f(u)$.
Bei unserer obigen Funktion $F(x)$ ist, wie ein Blick auf ihre Schaukurve zeigt,

$$F(-x) = -F(x).$$

Die Funktion ist also ungerade, so daß ihre Fourierreihe nur Sinuskoeffizienten b_n enthält. Tatsächlich ist ihre Fourierreihe $D(x)$ eine reine Sinusreihe.
Wir merken uns die

Spezialformeln

$$\pi a_n = 2 \int_{0}^{\pi} f(u) \cos n u \, d u \qquad \text{bei geradem } f(x),$$

$$\pi b_n = 2 \int_{0}^{\pi} f(u) \sin n u \, d u \qquad \text{bei ungeradem } f(x).$$

Sind a_n, b_n die Fourierkonstanten der Funktion $f(x)$, α_n, β_n jene der Funktion $\varphi(x)$, so sind die Fourierkonstanten der Funktion $f(x) + \varphi(x)$, wie man sofort sieht, $a_n + \alpha_n$, $b_n + \beta_n$. Das gibt die wichtige

Summenregel:

Die Fourierreihe einer Summe von zwei Funktionen ist die Summe der Fourierreihen der beiden Funktionen.

Und diese Regel überträgt sich mühelos auf Summen von mehr als zwei Funktionen.
Im engsten Zusammenhang hiermit steht die ebenso leicht zu gewinnende

Konstantenregel:

Bedeutet k eine Konstante, so ist die Fourierreihe von $kf(x)$ das k-fache der Fourierreihe von $f(x)$.

Die mittels der Fourierkonstanten a_n, b_n gebildeten Summen

$$s_0 = w_0, \quad s_1 = w_0 + w_1, \quad s_2 = w_0 + w_1 + w_2, \quad \ldots, \quad s_n = w_0 + w_1 + \cdots + w_n,$$
$$\text{wo} \quad w_0 = a_0 : 2, \quad w_\nu = a_\nu \cos \nu x + b_\nu \sin \nu x \quad \text{ist,}$$

heißen der nullte, erste, 2te, ..., $n$te *Näherungswert* oder *Abschnitt* der Fourierreihe

$$w_0 + w_1 + w_2 + \cdots \quad \text{in inf.}$$

Auch für Abschnitte von Fourierreihen gilt die obige

Summenregel:

Der $n$te Abschnitt der Fourierreihe einer Summe von Funktionen gleicht der Summe der $n$ten Abschnitte der Fourierreihen dieser Funktionen.

§ 102. Die Sätze von Malmstèn und Dirichlet

Für die Frage nach der *Konvergenz trigonometrischer Reihen* sind von Bedeutung die Satze von Malmstèn und Dirichlet.

I. Satz von Malmstèn:

Die Reihen

$$\sum_1^\infty c_n \cos n x \quad \text{und} \quad \sum_1^\infty c_n \sin n x$$

konvergieren in jedem Innenintervall I des Grundintervalls $(0, 2\pi)$ gleichmäßig, wenn

$$\sum |c_n - c_{n+1}|$$

konvergiert und $\lim c_n$ *verschwindet.*

[Malmstèn, Nova acta Upsalensis, 1844.]

Dabei bedeutet ein Innenintervall des Intervalls $(0, 2\pi)$ ein Intervall $[p, 2\pi - p]$, in welchem p eine beliebige (unterhalb π liegende) positive Zahl ist. Um den Beweis gleichzeitig für beide Reihen zu führen, denken wir uns unter $\varphi(x)$ nach Belieben eine der beiden Funktionen $\cos x$ und $\sin x$. Wir betrachten den Restteil

$$\mathfrak{r}_n^N = c_{n+1}\varphi_{n+1} + c_{n+2}\varphi_{n+2} + \cdots + c_N \varphi_N$$

der Reihe

$$\sum_1^\infty c_r \varphi_r = \sum_1^\infty c_r \varphi(r x),$$

wobei also φ_r eine Abkürzung für $\varphi(r x)$ bedeutet.

Der Betrag einer mit einem kleinen Buchstaben benannten Größe werde durch den gleichnamigen großen Buchstaben bezeichnet.
Nach Abels Formel ist

$$\mathfrak{r}_n^N = s_1\delta_1 + s_2\delta_2 + \cdots + s_\nu\delta_\nu, \qquad [\nu = N - n]$$

mit

$$s_r = \varphi_{n+1} + \varphi_{n+2} + \cdots + \varphi_{n+r}$$

$$\delta_1 = c_{n+1} - c_{n+2}, \quad \delta_2 = c_{n+2} - c_{n+3}, \quad \ldots, \quad \delta_{\nu-1} = c_{N-1} - c_N, \quad \delta_\nu = c_N.$$

Die trigonometrische Summe s_r hat den Wert

$$s_r = \varphi(M) \cdot \sin\nu\frac{x}{2} : \sin\frac{x}{2},$$

wo M das arithmetische Mittel der ν Winkel $(n+1)x$, $(n+2)x$, ..., Nx bedeutet. Wegen

$$p \leqq x \leqq 2\pi - p \quad \text{ist} \quad \frac{p}{2} \leqq \frac{x}{2} \leqq \pi - \frac{p}{2},$$

mithin

$$\left|\frac{1}{\sin\frac{x}{2}}\right| \leqq 1 : \mathfrak{p} \quad \text{mit} \quad \mathfrak{p} = \sin\frac{p}{2}.$$

Die beiden Faktoren $\varphi(M)$ und $\sin\nu\frac{x}{2}$ liegen beide unterhalb 1. Daher ist

$$S_r < 1 : \mathfrak{p}.$$

Wir denken uns, bei beliebig vorgegebenem positivem ε n so fixiert, daß

$$\Delta_1 + \Delta_2 + \cdots + \Delta_{\nu-1} < \frac{\varepsilon\mathfrak{p}}{2} \quad \text{und} \quad \Delta_\nu < \frac{\varepsilon\mathfrak{p}}{2}$$

ausfällt.
Dann wird wegen der drei letzten Ungleichungen

$$\mathfrak{R}_n^N < \frac{1}{\mathfrak{p}} \cdot \left(\frac{\varepsilon\mathfrak{p}}{2} + \frac{\varepsilon\mathfrak{p}}{2}\right) = \varepsilon,$$

und diese für jedes $N > n$ und jedes x aus I gültige Ungleichung lehrt, daß die Reihe

$$\sum_1^\infty c_n\varphi(nx)$$

in I gleichmäßig konvergiert, q. e. d.

II. Satz von Dirichlet:

Die Reihe $\sum a_n \cos nx$ konvergiert in jedem Intervall gleichmäßig, wenn $\sum a_n$ absolut konvergiert.
Die Reihe $\sum b_n \sin nx$ konvergiert in jedem Intervall gleichmäßig, wenn $\{nb_n\}$ eine monotone Nullfolge bildet.

Es genügt, das Intervall $[0, \pi]$ zu betrachten.

Der erste Teil dieses Satzes ist eine Selbstverständlichkeit; eines Beweises bedarf nur der zweite Teil.

Wir setzen den Restteil wieder in der Form

$$\mathfrak{r}_n^N = b_{n+1}\,\varphi_{n+1} + b_{n+2}\,\varphi_{n+2} + \cdots + b_N\,\varphi_N$$

mit

$$\varphi_r = \varphi(r x) = \sin r x$$

an und betrachten zunächst zweierlei Restteile, 1. solche, u, in denen jeder Zeiger

$$r \leqq 1 : x$$

ist, 2. solche, v, in denen jeder Zeiger

$$r > 1 : x$$

ist.

Im ersten Falle hat man wegen $\Phi_r < r x$

$$B_r \Phi_r < r B_r \cdot x < n B_n x,$$

mithin

$$U < N \cdot n B_n x = n B_n \cdot N x \leqq n B_n,$$

d. h.

(1) $$U < n B_n.$$

Im zweiten Falle ist wie oben nach Abels Formel

$$v = s_1 \delta_1 + s_2 \delta_2 + \cdots + s_\nu \delta_\nu, \qquad [\nu = N - n]$$

mit

$$s_r = \varphi_{n+1} + \varphi_{n+2} + \cdots + \varphi_{n+r},$$

$$\delta_1 = b_{n+1} - b_{n+2}, \quad \delta_2 = b_{n+2} - b_{n+3}, \quad \ldots, \quad \delta_{\nu-1} = b_{N-1} - b_N, \quad \delta_\nu = b_N,$$

und die Summe s_r hat wie oben den Wert

$$s_r = \varphi(M) \sin \nu \frac{x}{2} : \sin \frac{x}{2},$$

so daß

$$S_r < 1 : \sin \frac{x}{2}$$

ist.

Da die Größen $\delta_1, \delta_2, \ldots, \delta_\nu$ alle dasselbe Vorzeichen haben, so ist

$$V < |\delta_1 + \delta_2 + \delta_3 + \cdots + \delta_\nu| : \sin \frac{x}{2} = B_{n+1} : \sin \frac{x}{2}.$$

Da ferner $x : 2$ den Wert $\pi : 2$ nicht überschreitet, gilt die Ungleichung $\sin \frac{x}{2} > \frac{x}{\pi}$, und wir erhalten die Ungleichung

$$V < \pi B_{n+1} : x < \pi (n+1) B_{n+1} < \pi n B_n,$$

d. h.

(2) $$V < \pi n B_n.$$

Aus (1) und (2) folgt:
Für *jeden* Restteil $\mathfrak{r}_n^N$ gilt sicher die Ungleichung

$$\mathfrak{R}_n^N < E n B_n \qquad \text{mit} \quad E = 1 + \pi .$$

Wählt man also bei willkürlich vorgegebenem positivem ε den Index n so groß, daß

$$n B_n < \varepsilon : E$$

ausfällt, so ist für jedes x und jedes $N > n$

$$\mathfrak{R}_n^N < \varepsilon .$$

Das heißt aber: die Reihe $\sum b_n \sin n x$ konvergiert gleichmäßig, q. e. d.
Wir haben hier nur gezeigt, daß die Bedingung der monotonen Nullfolge $\{n b_n\}$ für die Gleichmäßigkeit der Konvergenz hinreicht. Wir können noch hinzufügen, daß zumindest die Bedingung

$$\lim n b_n = 0$$

erfüllt sein muß.

Beweis. Die b seien etwa alle positiv, und x speziell $= \pi : (2N + 1)$.
Dann sind sämtliche Terme des Restteils $\mathfrak{r}_n^N$ positiv, und wir haben

$$\mathfrak{r}_n^N > b_N [\sin \overline{n+1}\, x + \sin \overline{n+2}\, x + \cdots + \sin N x] .$$

Die eckige Klammer hat den Wert

$$\sin M \, \sin \nu \frac{x}{2} : \sin \frac{x}{2} \qquad \text{mit} \quad \nu = N - n,$$

wo M das arithmetische Mittel der ν Winkel $\overline{n+1}\, x, \overline{n+2}\, x, \ldots, N x$, d. h. den Winkel $(N + n + 1)\, x : 2$ bedeutet. Wir schreiben

$$[\ ] = \frac{\cos \dfrac{2n+1}{2} x - \cos \dfrac{2N+1}{2} x}{2 \sin \dfrac{x}{2}} = \frac{\cos \dfrac{2n+1}{2} x}{2 \sin \dfrac{x}{2}} .$$

Nun nehmen wir $N > 2n$ an. Dann ist $2N > 4n + 1$, folglich $2N + 1 > 2(2n + 1)$ und $(2n + 1)\, x : 2 < \pi : 4$ und damit der Zähler von $[\ ] > 1 : \sqrt{2}$. Da der Nenner unterhalb $x = \pi : (2N + 1)$ liegt, wird

$$[\ ] > (2N + 1) : \pi \sqrt{2}$$

und

$$\mathfrak{r}_n^N > \frac{\sqrt{2}}{\pi} N b_N .$$

Diese Ungleichung lehrt, daß das Produkt

$$n b_n$$

gegen Null konvergieren *muß*, wenn die Reihe $\sum b_n \sin n x$ in jedem Intervall gleichmaßig konvergieren soll.

§ 103. Heine-Cantors Eindeutigkeitssatz

In diesem Paragraphen zeigen wir, daß es außer der – konvergent vorausgesetzten – Fourierreihe einer Funktion $f(x)$ keine andere trigonometrische Reihe gibt, die ebenfalls $f(x)$ darstellt.

Als Beweishilfsmittel dient dabei ein Lemma von Schwarz über die erweiterte Zweitableitung einer Funktion.

Unter der *erweiterten Zweitableitung* der in einem Intervall $[a, b]$ definierten Funktion $f(x)$ an einer Stelle x des Intervallinnern versteht man den Grenzwert

$$f^{\mathrm{II}}(x) = \lim_{h \to 0} \frac{f(x+h) + f(x-h) - 2f(x)}{h^2},$$

falls er existiert.

Man überzeugt sich leicht davon, daß die erweiterte Zweitableitung mit der gewöhnlichen Zweitableitung übereinstimmt, falls beide Ableitungen existieren. Faßt man nämlich in dem Bruche

$$q = \frac{f(x+h) + f(x-h) - 2f(x)}{h^2}$$

Zähler und Nenner als Funktionen des Arguments h auf, so ist nach Bonnets Restbruchsatz (§ 27)

$$q = \frac{f'(x+z) - f'(x-z)}{2z}, \qquad \text{mit } 0 < z < h$$

oder

$$q = \frac{f'(x+z) - f'(x)}{z} + \frac{f'(x) - f'(x-z)}{z}.$$

Läßt man nun h unbegrenzt abnehmen ($h \to 0$), so strebt jeder der beiden rechtsstehenden Brüche gegen $f''(x) : 2$, mithin q gegen

$$f^{\mathrm{II}}(x) = f''(x).$$

Lemma von Schwarz:

Verschwindet die erweiterte Zweitableitung einer im Intervall $[a, b]$ stetigen Funktion $f(x)$ an jeder Innenstelle des Intervalls, so ist $f(x)$ eine Linearfunktion.

Beweis. Wir bilden die Funktion

$$\varphi(x) = \varepsilon\{f(x) - f(a) - K(x-a)\} + p(x-a)(x-b),$$

in welcher K den Restbruch $[f(b) - f(a)] : [b - a]$, p eine positive Konstante und ε – nach Belieben – einen der beiden Werte ± 1 bedeutet.

Nach Voraussetzung erhalten wir für die erweiterte Zweitableitung von $\varphi(x)$

$$\lim_{h \to 0} \frac{\varphi(x+h) + \varphi(x-h) - 2\varphi(x)}{h^2} = 2p.$$

Daher ist der Zahler Z des linksstehenden Bruches für hinreichend kleine h positiv.

Wir behaupten jetzt: $\varphi(x)$ kann nirgends im Intervall positiv werden. Wäre nämlich $\varphi(x)$ irgendwo positiv, so müßte auch das Maximum von $\varphi(x)$, etwa $\varphi(z)$, positiv ausfallen, müßte also für hinreichend kleine h

$$\varphi(z+h)+\varphi(z-h)-2\varphi(z)$$

negativ sein, im Gegensatz zu der obigen Feststellung, daß Z überall (für hinreichend kleine h) *positiv* ist. Also ist *im ganzen Intervall* $\varphi(x) \leqq 0$, und zwar einerlei welches Vorzeichen ε hat.

Hieraus folgt, daß $\{\ \}$ im Intervall überall verschwindet. Hätte nämlich $\{\ \}$ etwa in $x = c$ den nichtverschwindenden Wert d, so wähle man $\varepsilon = |d| : d$ und $p < |d| : (c-a)(b-c)$. Dann wäre

$$0 \geqq \varphi(c) = |d| - p(c-a)(b-c) > 0, \qquad \text{q. e. a.}$$

Somit ist im ganzen Intervall $\{\ \} = 0$ oder

$$f(x) = f(a) + K(x-a), \qquad \text{q. e. d.}$$

Nunmehr beweisen wir den folgenden

Nullsatz:

Eine überall verschwindende konvergente trigonometrische Reihe verschwindet identisch.

M. a. W. Verschwindet die überall konvergente trigonometrische Reihe

$$S = \frac{a_0}{2} + \sum_1^\infty (a_n \cos nx + b_n \sin nx)$$

für jedes x, so ist

$$a_0 = a_1 = b_1 = a_2 = b_2 = \cdots = 0.$$

Beweis. Wir bilden die Hilfsfunktion

$$F(x) = a_0 \frac{x^2}{4} - \frac{w_1}{1^2} - \frac{w_2}{2^2} - \frac{w_3}{3^2} - \cdots \qquad \text{mit} \quad w_n = a_n \cos nx + b_n \sin nx$$

(die wegen der gleichmäßigen Konvergenz der Reihe $w_1/1^2 + w_2/2^2 + w_3/3^2 + \cdots$ eine im Endlichen überall stetige Funktion darstellt) und den Quotient

$$Q = \frac{F(x+h) + F(x-h) - 2F(x)}{h^2}.$$

Für die Funktion w_n von x hat der analoge Quotient auf Grund des Additionstheorems der Kreisfunktionen den Wert

$$2w_n \frac{\cos nh - 1}{h^2} = -w_n \frac{\sin^2 nk}{k^2} \qquad \text{mit} \quad 2k = h.$$

Mithin ergibt sich für Q der Wert

$$Q = \frac{a_0}{2} + w_1\left(\frac{\sin k}{k}\right)^2 + w_2\left(\frac{\sin 2k}{2k}\right)^2 + w_3\left(\frac{\sin 3k}{3k}\right)^2 + \cdots$$

oder

$$Q = S + s \qquad \text{mit} \quad s = \sum_1^\infty w_n u_n, \qquad u_n = \left(\frac{\sin nk}{nk}\right)^2 - 1$$

oder endlich, da S voraussetzungsgemäß verschwindet,

$$Q = + s.$$

Daher ist

$$\lim_{h\to 0} Q = \lim_{h\to 0} s.$$

Um den Grenzwert von s zu ermitteln, zerlegen wir s in zwei Teile:

$$s = s_n + r_n \qquad \text{mit} \quad s_n = \sum_1^n w_\nu u_\nu, \qquad r_n = \sum_{n+1}^\infty w_\nu u_\nu.$$

Nun sei ε eine beliebig kleine positive Größe. Wir betrachten den p-gliedrigen Restteil

$$r_n^p = \sum_{n+1}^{n+p} w_\nu u_\nu$$

von r_n und schatzen seinen Betrag ab, wobei wir uns wegen der späteren unbegrenzten Abnahme von k auf echtgebrochene k beschränken.
Nach Abels Formel ist

$$r_n^p = \sum_1^p \mathfrak{s}_\nu \delta_\nu$$

mit

$$\begin{cases} \mathfrak{s}_\nu = w_{n+1} + w_{n+2} + \cdots + w_{n+\nu}, \\ \delta_\nu = u_\nu - u_{\nu+1} = \left(\frac{\sin \nu k}{\nu k}\right)^2 - \left(\frac{\sin \mu k}{\mu k}\right)^2, \qquad [\nu < p, \quad \mu = \nu + 1], \\ \delta_p = u_p = \left(\frac{\sin pk}{pk}\right)^2 - 1. \end{cases}$$

Den Betrag einer kleinbuchstabigen Größe bezeichnen wir durch den gleichnamigen großen Buchstaben.
Dann ist zunächst

$$\Delta_p < 1.$$

Wegen der vorausgesetzten Konvergenz der Reihe s existiert ein endlicher Zeiger n derart, daß für jedes ν

$$\mathfrak{S}_\nu < \varepsilon$$

ausfallt. Hieraus folgt

$$R_n^p < \varepsilon \sum_1^p \Delta_\nu,$$

so daß die Summe

$$\Sigma_p = \sum_1^p \Delta_\nu$$

abgeschatzt werden muß.

Wir betrachten zunächst die aus beliebig vielen sukzessiven Gliedern der Summe

$$\sum_{p-1} = \Delta_1 + \Delta_2 + \cdots + \Delta_{p-1}$$

bestehenden Spezialsummen

$$\sum' = \Delta_a + \Delta_{a+1} + \Delta_{a-2} + \cdots + \Delta_e \qquad \text{mit} \quad (e+1)\,k \leqq \pi$$

und

$$\sum'' = \Delta_a + \Delta_{a+1} + \Delta_{a+2} + \cdots + \Delta_e \qquad \text{mit} \quad (\mathrm{a}+1)\,k > \pi\,.$$

Die erste Spezialsumme ist eine aus den *positiven* Gliedern $\delta_a, \delta_{a+1}, \ldots, \delta_e$ bestehende Teleskopreihe und als solche

$$< \left(\frac{\sin a k}{a k}\right)^2 < 1\,,$$

so daß

$$\sum' < 1\,.$$

In der zweiten Spezialsumme schreiben wir das beliebige Glied Δ_c

$$\Delta_c = \left|\left[\left(\frac{\sin c k}{c k}\right)^2 - \left(\frac{\sin c k}{d k}\right)^2\right] + \left\{\left(\frac{\sin c k}{d k}\right)^2 - \left(\frac{\sin d k}{d k}\right)^2\right\}\right|, \qquad (d = c+1)\,.$$

Hier ist $\left|\left[\ \right]\right| < \frac{1}{k^2}\left(\frac{1}{c^2} - \frac{1}{d^2}\right)$ und $\left|\left\{\ \right\}\right| = \frac{|\sin k \, \sin(c+d)\,k|}{d^2 k^2} < \frac{1}{k d^2}$.
Mithin ist

$$\sum \left|\left[\ \right]\right| < \frac{1}{k^2 a^2}, \qquad \sum \left|\left\{\ \right\}\right| < \frac{1}{k a}$$

und wegen $a k > \pi - k$

$$\sum'' < \frac{1}{(\pi-k)^2} + \frac{1}{(\pi-k)} < \frac{1}{(\pi-1)^2} + \frac{1}{(\pi-1)} < 1\,,$$

also auch

$$\sum'' < 1\,.$$

Da sich nun $\sum_{p-1}$ entweder als Spezialsumme oder als Summe zweier Spezialsummen schreiben läßt, ist sicher

$$\sum_{p-1} < 2\,,$$

mithin wegen

$$\Delta_p < 1$$

$$\sum_p < 3\,.$$

Folglich wird

$$R_n^p < 3\,\varepsilon$$

und

$$R_n \leqq 3\,\varepsilon\,.$$

Bedeutet weiter M das Maximum der n Größen $W_1, W_2, \ldots, W_n$, so ist *für hinreichend kleine* h und $\nu \leqq n$

$$|u_\nu| \leqq |u_n| < \varepsilon/M n, \quad \text{mithin}$$

$$|s_n| < \varepsilon\,.$$

Daher wird für alle hinreichend kleinen h

$$|s| < 4\varepsilon \qquad \text{und damit} \quad \lim_{h\to 0} s = 0.$$

Folglich ist auch

$$\lim_{h\to 0} Q = 0.$$

Demnach ist die Funktion F nach Schwarz' Lemma eine Linearfunktion und müssen somit alle Konstanten a_ν und b_ν verschwinden, q. e. d.

Aus unserm Nullsatz ergibt sich nun unmittelbar der

Eindeutigkeitssatz von Heine-Cantor:

Konvergieren zwei trigonometrische Reihen überall gegen denselben Wert, so sind sie identisch.

Korollar:

Außer der (konvergenten) Fourierreihe einer Funktion existiert keine andere trigonometrische Reihe, die auch die Funktion darstellt.

§ 104. Das Integral $\int\limits_0^\infty \frac{\sin x}{x}\,dx$

In der Lehre von den trigonometrischen Reihen spielt das Integral

$$J = \int\limits_0^\infty \frac{\sin x}{x}\,dx$$

eine große Rolle. Die in der Literatur vorhandenen Bestimmungen des Wertes von J sind ziemlich umständlich. Die folgende Bestimmung zeichnet sich durch große Einfachheit aus.

Zunächst eine Vorbemerkung über die Schaukurve der Funktion

$$y = \frac{\sin x}{x}.$$

Sie bildet, wie die graphische Darstellung zeigt, eine wellenartige Linie, die aus zwei zur y-Achse spiegelbildlich liegenden Hälften besteht. Die allein uns interessierende rechte Hälfte zerfällt in die arkadenförmigen Bogen b_1, b_2, $b_3, \ldots$, wobei die Endpunkte der Arkade b_n (für $n > 1$) die auf der x-Achse liegenden Stellen $x = (n-1)\pi$ und $x = n\pi$ sind, während der Bogen b_1 die Endpunkte $(0, 1)$ und $(\pi, 0)$ hat.

Die von der x-Achse und dem Bogen b_n begrenzte Fläche B_n hat den Inhalt

$$J_n = \iota^\nu \int\limits_{\nu\pi}^{n\pi} y\,dx \qquad \text{mit} \quad \nu = n - 1.$$

Substituiert man hier $x = \nu\pi + t$, $dx = dt$, so wird

$$J_n = \int_0^\pi \frac{\sin t}{\nu\pi + t}\, dt,$$

und der Anblick des Integranden zeigt, daß J_n mit wachsendem n immer kleiner wird, um bei unbegrenzt wachsendem n gegen Null zu konvergieren. Für die Zeiger $n = 1, 2, 3, 4, 5, 6$ gab Glaisher (Philosophical Transactions, Vol. 160, 1870) folgende Werte:

$$J_1 = 1{,}85194, \qquad J_2 = 0{,}43378, \qquad J_3 = 0{,}25661,$$
$$J_4 = 0{,}18261, \qquad J_5 = 0{,}14181, \qquad J_6 = 0{,}11593.$$

Unser Integral J ist nichts anderes als die Summe der konvergenten Reihe

$$J = J_1 - J_2 + J_3 - J_4 + - \cdots.$$

Insbesondere ist J kleiner als der Inhalt der ersten Arkade:

$$J < J_1 = Q = \int_0^\pi \frac{\sin x}{x}\, dx = 1{,}85194\ldots$$

und für *jedes* positive p gilt die Ungleichung

$$\boxed{0 < \int_0^p \frac{\sin x}{x}\, dx < Q}\,.$$

Nun zur Bestimmung von J! Wir beginnen mit der Betrachtung des Hilfsintegrals

$$H = \int_0^\varkappa \frac{\sin m x}{\sin x}\, dx \qquad \text{mit} \quad \varkappa = \frac{\pi}{2},$$

wo m eine positive ungerade Zahl von der Form $2n + 1$ bedeutet.
Da sich der Integrand von H als Reihe

$$\sum_{-n}^{+n} \cos 2 r x$$

schreiben läßt und das Integral von $\cos 2rx$ bei *nichtverschwindendem* r und den Grenzen 0 und $\varkappa$ den Wert Null hat, ergibt sich

$$H = \varkappa.$$

Im Integral H setzen wir jetzt

$$m x = \xi, \qquad m\, dx = d\xi$$

und bekommen

$$\varkappa = H = \int_0^{m\varkappa} \frac{\sin \xi}{m \sin \frac{\xi}{m}}\, d\xi.$$

Dieses neue Integral vergleichen wir mit dem Integral

$$J_m = \int_0^{m\varkappa} \frac{\sin\xi}{\xi}\, d\xi$$

und erhalten

$$\varkappa - J_m = \int_0^{m\varkappa} \sin\xi \cdot \frac{\frac{\xi}{m} - \sin\frac{\xi}{m}}{\xi \sin\frac{\xi}{m}}\, d\xi .$$

In dem rechtsstehenden Integral substituieren wir

$$\xi = m\zeta, \qquad d\xi = m\, d\zeta$$

und bekommen

$$\varkappa - J_m = \int_0^{\varkappa} F(\zeta) \sin m\zeta\, d\zeta \qquad \text{mit} \quad F = \frac{\zeta - \sin\zeta}{\zeta \sin\zeta}.$$

Da der Faktor $F(\zeta)$ im Intervall $[0, \varkappa]$ eine wachsende positive Funktion von ζ ist*), so hat man nach Bonnets Mittelwertsatze

$$\varkappa - J_m = F(\varkappa) \int_z^{\varkappa} \sin m\zeta\, d\zeta = F(\varkappa) \cos m z : m,$$

wo z einen gewissen Zwischenwert zwischen 0 und $\varkappa$ bedeutet.

Bei unbegrenzt wachsendem m strebt die rechte Seite dieser Gleichung gegen Null. Folglich wird

$$\lim J_m = \varkappa$$

oder

$$\boxed{\int_0^{\infty} \frac{\sin x}{x}\, dx = \frac{\pi}{2}}\,.$$

§ 105. Die Abschnitte der Dirichletschen Sinusreihe

Im Zusammenhang mit der im vorigen Paragraphen betrachteten Schaukurve der Funktion

$$y = \frac{\sin x}{x}$$

stehen die Abschnitte

$$D_n = D_n(x) = \sin x + \frac{\sin 2x}{2} + \frac{\sin 3x}{3} + \cdots + \frac{\sin nx}{n}$$

---

*) Die Funktion $F(\zeta)$ wächst als Produkt der beiden wachsenden Funktionen

$$\varphi(\zeta) = \zeta : \sin\zeta \qquad \text{und} \qquad \psi(\zeta) = (\zeta - \sin\zeta) : \zeta^2.$$

[ψ wächst, weil es den Wert

$$\psi = \frac{1}{3!}\left(\zeta - \frac{\zeta^3}{4\cdot 5}\right) + \frac{\zeta^4}{7!}\left(\zeta - \frac{\zeta^3}{8\cdot 9}\right) + \frac{\zeta^8}{11!}\left(\zeta - \frac{\zeta^3}{12\cdot 13}\right) + \cdots$$

hat und jede runde Klammer dieses Ausdrucks eine wachsende Funktion von ζ im Intervall $(0, \sqrt{20:3})$ ist.]

der Dirichletreihe

$$D(x) = \sin x + \frac{\sin 2x}{2} + \frac{\sin 3x}{3} + \cdots \text{ in inf.},$$

der wir schon einige Male begegneten (§ 29, § 101), die im Intervall $(0, 2\pi)$ mit der Linearfunktion

$$\varphi(x) = \frac{\pi - x}{2}$$

übereinstimmt, und die in der Lehre von den Fourierreihen eine besondere Bedeutung erlangt hat.

Die folgende Untersuchung bezweckt, zwei Schranken ausfindig zu machen, zwischen denen der Abschnitt D_n liegt.

Wir setzen dabei voraus, daß das Argument x auf das Intervall $(0, \pi)$ beschränkt bleibt, da der Fall eines andern x leicht auf diesen zurückgeführt werden kann.

Stellt man einen der Abschnitte D_n, etwa D_{100}, graphisch dar, so erhält man eine Kurve ϑ_{100}, die vom Ursprung aus sehr steil emporsteigt, an der durch die zwischen 0 und $\pi/101$ liegende Wurzel der Funktion $D_{100}(x) - \varphi(x)$ bestimmten Stelle die Gerade $\mathfrak{d}$ $[y = \varphi(x)]$ durchsetzt und dann in einer Wellenlinie, die aus 99 abwechselnd oberhalb und unterhalb der Grade $\mathfrak{d}$ verlaufenden, sich dieser mehr und mehr nähernden Arkaden besteht, bis zur Stelle $x = \pi$, wo sie die x-Achse erreicht, herabeilt.

Wir achten auf die Extreme der Kurve $y = D_n(x)$. Um nur mit spitzwinkligem Argument zu arbeiten, setzen wir

$$x = 2u \qquad \text{und} \qquad y = D_n(x) = \delta(u).$$

Zur Bestimmung der Extreme von $\delta(u)$ benötigen wir seine beiden nach u genommenen Ableitungen $\delta'(u)$ und $\delta''(u)$.

Aus

$$\delta(u) = \sin 2u + \frac{\sin 4u}{2} + \cdots + \frac{\sin 2nu}{n}$$

folgt

$$\delta'(u) = 2\cos 2u + 2\cos 4u + \cdots + 2\cos 2nu$$

oder

$$\delta'(u) + 1 = \frac{\sin Nu}{\sin u} \qquad \text{mit} \quad N = 2n + 1.$$

Die Extrembedingung $\delta'(u) = 0$ oder

$$\sin Nu = \sin u$$

wird erfüllt durch

$$Nu = u + 2\nu\pi \quad \text{wie auch durch} \quad Nu + u = (2\nu - 1)\pi,$$

was auf

$$u = \alpha_{2\nu} = \frac{2\nu}{n}\varkappa \quad \text{bzw.} \quad u = \alpha_{2\nu-1} = \frac{2\nu - 1}{m}\varkappa \qquad \text{mit} \quad \begin{cases} m = n + 1 \\ 2\varkappa = \pi \end{cases}$$

führt. Hierbei durchläuft der Zeiger ν alle natürlichen Zahlen $\leq n/2$.

Es steht zu vermuten, daß $\delta(\alpha_r)$ für ungerades r ein Maximum, für gerades r ein Minimum von $\delta(u)$ ist.
Zur Bestätigung dieser Vermutung bestimmen wir $\delta''(\alpha_r)$.
Nun ist wegen $\sin N\alpha_r = \sin \alpha_r$

$$\delta''(\alpha_r) = N \cos N \alpha_r / \sin \alpha_r - \cot \alpha_r ,$$

so daß es lediglich auf die Berechnung von $\cos N\alpha_r$ ankommt.
Nun ist

$$\cos N\alpha_{2\nu} = \cos(\alpha_{2\nu} + 4\nu\varkappa) = \cos\alpha_{2\nu}$$

und

$$\cos N\alpha_{2\nu-1} = \cos(\alpha_{2\nu-1} + \pi) = -\cos\alpha_{2\nu-1},$$

mithin

$$\delta''(\alpha_{2\nu}) = (N-1)\cot\alpha_{2\nu} \qquad \text{und} \qquad \delta''(\alpha_{2\nu-1}) = -(N+1)\cot\alpha_{2\nu-1}.$$

Da $\alpha_{2\nu}$ und $\alpha_{2\nu-1}$ Spitzwinkel sind, ist $\delta''(\alpha_{2\nu})$ positiv – ausgenommen den Fall, wo n gerade und $\nu = n/2$ ist, in welchem Ausnahmefalle $\delta''(\alpha_{2\nu})$ und übrigens auch $\delta(\alpha_{2\nu})$ verschwindet – und $\delta''(\alpha_{2\nu-1})$ negativ, womit obige Vermutung Gewißheit wird.
Demgemäß sind

$$\begin{array}{llll} \delta(\alpha_1), & \delta(\alpha_3), & \delta(\alpha_5), & \ldots \text{ Maxima,} \\ \delta(\alpha_2), & \delta(\alpha_4), & \delta(\alpha_6), & \ldots \text{ Minima,} \end{array}$$

ausgenommen $\delta(\alpha_n)$ bei geradem n, welches aber jedenfalls verschwindet.
Zugleich erkennen wir, daß $\delta(u)$ in jedem der „ungeraden" Intervalle $(0, \alpha_1)$, (α_2, α_3), (α_4, α_5), ... wachst, wahrend es in jedem der „geraden" Intervalle (α_1, α_2), (α_3, α_4), $\alpha_5, \alpha_6)$, ... fallt.
Nunmehr achten wir auf zwei Nachbarextreme von D_n: auf *das* ν*te Maximum* $D_n^\nu = \delta(\alpha_{2\nu-1})$ und *das* ν*te Minimum* $d_n^\nu = \delta(\alpha_{2\nu})$.
Die Kurve $y = D_n(x)$ fällt von

$$x = 2\alpha_{2\nu-1} = \frac{2\nu-1}{m}\pi \qquad \text{bis} \qquad x = 2\alpha_{2\nu} = \frac{2\nu}{n}\pi .$$

Wegen

$$2\alpha_{2\nu-1} = \frac{2\nu-1}{m}\pi < \beta = \frac{2\nu}{m}\pi < 2\alpha_{2\nu} = \frac{2\nu}{n}\pi$$

ist also

$$D_n(\beta) > D_n\left(\frac{2\nu}{n}\pi\right) = d_n^\nu . \tag{1}$$

Ferner ist für den Zeiger $m = n + 1$

$$D_m(\beta) = \sin\beta + \frac{\sin 2\beta}{2} + \cdots + \frac{\sin m\beta}{m},$$

mithin wegen $\sin m\beta = 0$

$$D_m(\beta) = D_n(\beta). \tag{2}$$

Da aber $D_m(\beta)$ das νte Minimum d_m^ν von $D_m(x)$ ist, folgt aus (1) und (2) die alerte Ungleichung

$$\boxed{d_m^\nu > d_n^\nu} \qquad \text{mit} \quad \left\{\begin{matrix} m = n+1 \\ \nu \leqq n/2 \end{matrix}\right\}.$$

Diese Ungleichung liefert den auf anderem Wege nur schwer beweisbaren einfachen und schönen

Satz 1:

Die Abschnitte der Dirichletschen Sinusreihe sind für konkave Winkel positiv.

In der Tat folgt aus unserer Ungleichung sukzessiv

$$\begin{array}{lll} & d_3^1 > d_2^1 = 0, & \\ d_4^1 > d_3^1 > 0, & d_4^2 = 0, & \\ d_5^1 > d_4^1 > 0, & d_5^2 > d_4^2 = 0, & \\ d_6^1 > d_5^1 > 0, & d_6^2 > d_5^2 > 0, & d_6^3 = 0, \\ d_7^1 > d_6^1 > 0, & d_7^2 > d_6^2 > 0, & d_7^3 > d_6^3 = 0, \\ \ldots & \ldots & \ldots \end{array}$$

so daß *alle Minima* der Abschnitte D_n ($n = 1, 2, 3, \ldots$) positiv oder Null sind. Mithin kann D_n nirgends verschwinden oder negativ werden.

Damit ist Null als *untere Schranke* für alle Abschnitte der Dirichletreihe im Intervall $[0, \pi]$ gefunden.

Wir suchen jetzt eine *obere Schranke*. Aus der Relation

$$2\Delta'(x) + 1 = \sin N\frac{x}{2} : \sin\frac{x}{2} \qquad \text{mit} \quad N = 2n+1$$

für die Ableitung $\Delta'(x)$ des $n$ten Abschnitts $D_n(x) = \Delta(x)$ der Dirichletreihe folgt durch Integration über das Intervall $(0, x)$, wo x ein beliebiger positiver Wert des Intervalls $(0, \pi)$ ist,

$$2\Delta(x) + x = \int_0^x \frac{\sin N\frac{u}{2}}{\sin\frac{u}{2}}\, du$$

oder, wenn wir $v = u/2$ als neue Integrationsvariable nehmen,

$$\Delta(x) + \mathfrak{x} = \int_0^{\mathfrak{x}} \frac{\sin Nv}{\sin v}\, dv \qquad \text{mit} \quad \mathfrak{x} = x/2.$$

Von dieser Gleichung subtrahieren wir die Identität

$$\int_0^X \frac{\sin V}{V}\, dV = \int_0^{\mathfrak{x}} \frac{\sin Nv}{v}\, dv, \qquad \left\{\begin{matrix} V = Nv \\ X = N\mathfrak{x} \end{matrix}\right\}$$

und erhalten

$$\text{(G)} \qquad \Delta(x) + \mathfrak{x} - \int_0^X \frac{\sin V}{V}\, dV = \int_0^{\mathfrak{x}} \sin N v F(v)\, dv\,,$$

wo

$$F(v) = \frac{1}{\sin v} - \frac{1}{v} = \frac{v - \sin v}{v \sin v}$$

die im vorigen Paragraphen nutzbringend verwandte im Intervall $[0, \varkappa]$ ständig wachsende positive Funktion bedeutet. Wie dort hat nach Bonnets Mittelwertsatz das Integral der rechten Seite den Wert

$$w = F(\mathfrak{x}) \int_z^{\mathfrak{x}} \sin N v\, dv = F(\mathfrak{x}) \cdot \frac{\cos N z - \cos N \mathfrak{x}}{N}\,,$$

wo z einen gewissen dem Integrationsintervall $[0, \mathfrak{x}]$ angehorigen Zwischenwert bedeutet. Nun liegt $F(\mathfrak{x})$ wegen $\mathfrak{x} \leqq \varkappa$ unterhalb $F(\varkappa) = \frac{\varkappa - 1}{\varkappa}$ und der Zähler Z des rechtsstehenden Bruches betraglich unterhalb $N(\mathfrak{x} - z)$, also erst recht unterhalb $N\mathfrak{x}$. Daher ist $w < \mathfrak{x} - \mathfrak{x}/\varkappa$ und

$$\Delta(x) < \int_0^X \frac{\sin V}{V}\, dV - \frac{x}{\pi}\,.$$

Nach § 104 ist aber für jedes positive X

$$\int_0^X \frac{\sin V}{V}\, dV < \int_0^\pi \frac{\sin V}{V}\, dV = 1{,}85194\,,$$

und wir haben die gesuchte Oberschranke gefunden:

Satz 2:

Jeder Abschnitt der Dirichletreihe

$$\sin x + \frac{\sin 2x}{2} + \frac{\sin 3x}{3} + \cdots$$

im Intervall $(0, \pi)$ *liegt unterhalb des Wertes*

$$Q = \int_0^\pi \frac{\sin V}{V}\, dV = 1{,}85194\,.$$

Bei x-Werten des Intervalls $(\pi, 2\pi)$ setzt man $x = 2\pi - u$ mit $0 < u < \pi$ und hat

$$D_n(x) = -\sin u - \frac{\sin 2u}{2} - \cdots - \frac{\sin n u}{u}\,,$$

so daß nach den Sätzen 1 und 2 $D_n(x)$ zwischen $-Q$ und 0 liegt.

Demnach *gilt für jedes x die Ungleichung*.

$$\boxed{|D_n(x)| < Q}\,.$$

Wir schließen unsere Betrachtung mit der bemerkenswerten

Gegenüberstellung:

Während die Abschnitte der Sinusreihe

$$\sin x + \frac{\sin 2x}{2} + \frac{\sin 3x}{3} + \cdots$$

gleichmäßig beschränkt sind), kann bei der analogen Reihe*

$$\cos x + \frac{\cos 2x}{2} + \frac{\cos 3x}{3} + \cdots$$

von gleichmäßiger Beschränktheit ihrer Abschnitte keine Rede sein.
[*Ihr n ter Abschnitt ist z. B. an der Stelle* 0 *größer als* ln.]

§ 106. Das Dirichletintegral

Unter dem *Integral von Dirichlet* versteht man das Integral

$$\mathfrak{D}_n = \int_0^\tau f(x) \frac{\sin n x}{\sin x}\, dx\,,$$

in welchem die obere Grenze τ zwischen 0 und π liegt, die Funktion $f(x)$ im Integrationsintervall stückweise monoton**) ist und n eine natürliche Zahl bedeutet.

Die Erschließung seiner fundamentalen von Dirichlet entdeckten Eigenschaft vollzieht sich am besten mittels des Hilfsintegrals

$$H_n = \int_a^b f(x) \frac{\sin n x}{x}\, dx \qquad \text{mit} \quad 0 \leqq a < b\,.$$

Der einfachste Fall liegt vor, wenn $f(x)$ den Wert 1 hat, d. h. beim Integral

$$\int_a^b \frac{\sin n x}{x}\, dx\,.$$

---

*) $|D_n|$ liegt für *jedes* n unterhalb einer festen endlichen Zahl Q.
**) Eine Funktion heißt in einem Intervall *stückweise monoton*, wenn sich das Intervall in endlich viele offene Teilintervalle zerlegen läßt so, daß die Funktion in jedem dieser Teilintervalle monoton verläuft.

Bei *verschwindender Untergrenze a* substituieren wir hier

$$n x = \xi, \qquad n d x = d\xi,$$

erhalten

$$\int_0^b \frac{\sin n x}{x} d x = \int_0^{n b} \frac{\sin \xi}{\xi} d\xi$$

und erkennen auf Grund der Eigenschaften des Integrals $\int_0^\infty \frac{\sin x}{x} d x$:

I. Bei unbegrenzt wachsendem n konvergiert das Integral

$$\int_0^b \frac{\sin n x}{x} d x$$

gegen $\varkappa = \pi : 2$.

Bei *nichtverschwindender Untergrenze a* schreiben wir

$$\int_a^b \frac{\sin n x}{x} d x = \int_a^b \frac{1}{x} \cdot \sin n x \, d x,$$

berücksichtigen, daß $1 : x$ im Intervall (a, b) eine positive Sinkfunktion ist, so daß nach Bonnets Mittelwertsatz

$$\int_a^b \frac{\sin n x}{x} d x = \frac{1}{a} \int_a^z \sin n x \, d x \qquad \text{mit} \quad a < z < b$$

ist.

Da das rechtsstehende Integral betraglich unterhalb $2 : n$ liegt, so gilt

II. Das Integral

$$\int_a^b \frac{\sin n x}{x} d x \qquad \text{mit} \quad 0 < a < b$$

liegt betraglich unterhalb $2 : n a$ *und strebt infolgedessen bei unbegrenzt wachsendem n gegen Null.*

Nach dieser Vorbemerkung betrachten wir

$$H_n = \int_a^b f(x) \frac{\sin n x}{x} d x$$

allgemein. Dabei setzen wir $f(x)$ im Intervall (a, b) zunächst als positive Sinkfunktion voraus.

Bei nichtverschwindendem a ist wieder nach Bonnets Satz

$$H_n = f(a) \int_a^z \frac{\sin n x}{x} d x \qquad \text{mit} \quad a < z < b,$$

und da das verbleibende Integral nach II. für $n \to \infty$ gegen Null konvergiert, so gilt

Satz 1:

Bei unbegrenzt wachsendem n konvergiert das Hilfsintegral

$$H_n = \int_a^b f(x) \frac{\sin n x}{x} d x \qquad \text{mit} \quad 0 < a < b$$

gegen Null, falls $f(x)$ im Integrationsintervall eine positive Sinkfunktion ist.

Bei *verschwindendem a* zerlegen wir:

$$H_n = h_n + k_n \qquad \text{mit} \quad h_n = \int_0^c f(x) \frac{\sin n x}{x} d x, \quad k_n = \int_c^b f(x) \frac{\sin n x}{x} d x,$$

wo c eine positive, jedoch noch näher zu fixierende hinreichend kleine (natürlich unterhalb b liegende) Zahl bedeutet.

Was k_n anbetrifft, so wissen wir schon, daß es für $n \to \infty$ gegen Null konvergiert. Was h_n angeht, so weicht $f(x)$ bei hinreichend kleinem c von $f_0 = f(+0)$*) nur sehr wenig ab, so daß man auf die Vermutung

$$\lim h_n = f_0 \cdot \lim \int_0^c \frac{\sin n x}{x} d x$$

kommen kann, welche auf

$$\lim h_n = \varkappa f_0$$

hinausläuft, da der rechtsstehende Limes laut I. den Wert $\varkappa$ hat.

Zur Prüfung dieser Vermutung ordnen wir folgendermaßen an:

$$H_n - \varkappa f_0 = \mathrm{I} + \mathrm{II} + \mathrm{III}$$

mit

$$\left\{ \begin{aligned} \mathrm{I} &= f_0 \cdot \left\{ \int_0^c \frac{\sin n x}{x} d x - \varkappa \right\}, \\ \mathrm{II} &= \int_0^c [f(x) - f_0] \frac{\sin n x}{x} d x, \\ \mathrm{III} &= \int_c^b f(x) \frac{\sin n x}{x} d x \end{aligned} \right\}.$$

Wir schatzen zunachst II und III ab.

*) Wenn x von links bzw. rechts her (also wachsend bzw. fallend) sich unbegrenzt dem Punkte $x = a$ nähert und dabei gegen einen gewissen Grenzwert konvergiert, so bezeichnet man diesen mit $f(a - 0)$ bzw. $f(a + 0)$.

Um bei II Bonnets Satz anwenden zu können, schreiben wir

$$\mathrm{II} = \int_0^c [f(x) - f(c)] \frac{\sin n x}{x} d x - [f_0 - f(c)] \int_0^c \frac{\sin n x}{x} d x,$$

wobei nun beide eckigen Klammern positiv sind. Nach Bonnets Satz hat das erste der rechtsstehenden Integrale den Wert

$$[f_0 - f(c)] \int_0^z \frac{\sin n x}{x} d x \qquad \text{mit} \quad 0 < z < c.$$

Da die Integrale

$$\int_0^z \frac{\sin n x}{x} d x = \int_0^{nz} \frac{\sin x}{x} d x \qquad \text{und} \qquad \int_0^c \frac{\sin n x}{x} d x = \int_0^{nc} \frac{\sin x}{x} d x$$

beide unterhalb der Konstante

$$Q = \int_0^\pi \frac{\sin x}{x} d x$$

liegen (§ 104), so ist

$$|\mathrm{II}| < 2 Q \,|\, f_0 - f(c) \,|$$

Bei III schreiben wir laut Bonnets Satz $\mathrm{III} = f(c) \int_c^z \frac{\sin n x}{x} d x$, so daß wegen II.

$$|\mathrm{III}| < 2 f(c) : n c$$

ist.

Nunmehr wählen wir bei beliebig kleinem vorgegebenem positivem ε die bis jetzt noch unbestimmte positive Integrationsgrenze c so klein, daß

$$2 Q \,|\, f_0 - f(c) \,| < \varepsilon : 3$$

ausfällt. Sodann wählen wir den Zeiger n, so groß, daß für jeden Zeiger $n \geqq n_1$,

$$1^\circ \quad 2 f(c) : n c \qquad \text{und} \qquad 2^\circ \quad |\mathrm{I}|$$

kleiner als $\varepsilon : 3$ ausfällt.

Dann ist für jeden Zeiger $n \geqq n_1$

$$|\mathrm{I} + \mathrm{II} + \mathrm{III}| < \varepsilon,$$

mithin

$$|H_n - \varkappa f_0| < \varepsilon;$$

und das bedeutet

$$\lim H_n = \varkappa f_0 .$$

Damit gilt

Satz 2:

Bei unbegrenzt wachsendem n konvergiert das Hilfsintegral

$$H_n = \int_0^b f(x) \frac{\sin n x}{x} d x \qquad \text{mit} \quad b > 0$$

gegen den Wert $\varkappa f_0 = \varkappa f(+0)$, *falls* $f(x)$ *im Intervall* $(0, b)$ *eine positive Sinkfunktion ist.*

Von der Einschränkung hinsichtlich der Funktion $f(x)$ können wir uns befreien.

1. Wenn $f(x)$ eine auch negativer Werte fähige Sinkfunktion ist, so bilden wir die Sinkfunktion

$$F(x) = f(x) + C,$$

wo die positive Konstante C so groß genommen wird, daß $F(x)$ positiv bleibt. Dann ist

$$\lim \int_a^b F(x) \frac{\sin n x}{x} d x = \varkappa F(+0) \quad \text{oder} \quad 0,$$

je nachdem $a = 0$ oder $a > 0$ ist.

Das gibt

$$\lim \int_a^b f(x) \frac{\sin n x}{x} d x + \lim \int_a^b C \frac{\sin n x}{x} d x = \varkappa f(+0) + \varkappa C \qquad \text{oder} \qquad 0$$

und damit

$$\lim \int_a^b f(x) \frac{\sin n x}{x} d x = \begin{Bmatrix} \varkappa f(+0) \\ 0 \end{Bmatrix},$$

je nachdem $a = 0$ oder $a > 0$ ist.

2. Wenn $f(x)$ eine Steigfunktion ist, so stellt

$$F(x) = -f(x)$$

eine Sinkfunktion dar; und da unser Doppelsatz für $F(x)$ gilt, gilt er auch, wie sofort zu übersehen, für $f(x)$.

3. Wenn $f(x)$ eine beschränkte Funktion darstellt, welche aus endlich vielen monotonen Zweigen besteht, die auf die Intervalle (a, α), (α, β), (β, γ), ... (ε, b) verteilt sind, wo $0 \leqq a < \alpha < \beta < \gamma < \dots$ ist, so schreiben wir

$$\int_a^b f(x) \frac{\sin n x}{x} d x = \int_a^\alpha f(x) \frac{\sin n x}{x} d x + \int_\alpha^\beta f(x) \frac{\sin n x}{x} d x + \cdots + \int_\varepsilon^b f(x) \frac{\sin n x}{x} d x.$$

Nach dem Vorhergehenden konvergiert jedes der rechtsstehenden Integrale bei unbegrenzt wachsendem n gegen Null, bis auf das erste, welches bei $a = 0$ gegen $\varkappa f(+0)$ konvergiert.

Daher ist auch in diesem sehr allgemeinen Falle

$$\lim \int_a^b f(x) \frac{\sin n x}{x} dx = \begin{Bmatrix} \varkappa f(+0) \\ 0 \end{Bmatrix},$$

je nachdem a verschwindet oder nicht.

Ergebnis:

Ist $f(x)$ eine im Intervall (a, b) stückweise monotone Funktion, so konvergiert das Integral

$$\int_a^b f(x) \frac{\sin n x}{x} dx \qquad \text{mit} \quad 0 \leqq a < b$$

bei unbegrenzt wachsendem Zeiger n gegen $\varkappa f(+0)$ oder 0, je nachdem die Untergrenze a verschwindet oder nicht verschwindet.

Nach diesen Vorbereitungen gestaltet sich die Untersuchung des Dirichletintegrals $\mathfrak{D}_n$ sehr einfach.

Wir setzen voraus, daß die Funktion $f(x)$ im Intervall $(0, \tau)$ stückweise monoton ist und schreiben

$$\mathfrak{D}_n = \int_0^\tau f(x) \frac{\sin n x}{\sin x} dx = \int_0^\tau \varphi(x) \frac{\sin n x}{x} dx$$

mit

$$\varphi(x) = f(x) \cdot \frac{x}{\sin x}.$$

Dann ist auch $\varphi(x)$ eine stückweise monotone Funktion, so daß nach unserm Ergebnis über das Hilfsintegral

$$\lim_{n \to \infty} \int_0^\tau \varphi(x) \frac{\sin n x}{x} dx = \varkappa \varphi(+0)$$

ist.

Da aber $\varphi(+0)$ den Wert $f(+0)$ hat, entsteht die

Formel von Dirichlet:

$$\boxed{\lim \int_0^\tau f(x) \frac{\sin n x}{\sin x} dx = \varkappa f(+0)} \quad \text{mit} \begin{Bmatrix} 0 < \tau < \pi \\ \varkappa = \pi : 2 \end{Bmatrix}.$$

In Worten:

Satz von Dirichlet:

Für jede im Intervall $(0, \tau)$ *stückweise monotone Funktion* $f(x)$ *konvergiert das Dirichletintegral*

$$\mathfrak{D}_n = \int_0^\tau f(x) \frac{\sin n x}{\sin x} d x \qquad \text{mit} \quad 0 < \tau < \pi$$

bei unbegrenzt wachsendem Zeiger n gegen den Wert $\varkappa f(+0)$.

Will man sich diesen merkwürdigen Satz, daß namlich bei der Bestimmung des Ausdrucks

$$\lim \int_0^\tau f(x) \frac{\sin n x}{\sin x} d x$$

trotz des außerordentlich willkürlichen Verlaufs der Funktion $f(x)$ im Intervall $(0, \tau)$ nur der Wert $f(+0)$ maßgebend ist, veranschaulichen, so muß man bedenken, daß, wenn x das Doppelintervall

$$\left(\frac{\lambda}{n} \pi, \frac{\mu}{n} \pi\right) + \left(\frac{\mu}{n} \pi, \frac{\nu}{n} \pi\right)$$

durchlauft, wo n eine *sehr große* Zahl, λ, μ, ν drei sukzessive natürliche Zahlen sind, die Funktion $f(x) : \sin x$ sich kaum andert, wahrend $\sin n x$ im zweiten dieser Intervalle die entgegengesetzten Werte durchläuft, die es im ersten Intervall angenommen hatte, so daß sich die zugehörigen Bestandteile des Integrals aufheben. Von einer solchen Aufhebung ist aber im Anfangsintervall $(0, \pi : n)$ keine Rede, da hier $1 : \sin x$ ungeheuer große Werte annimmt. Daher geben die Werte den Ausschlag, die $f(x)$ in diesem Anfangsintervall annimmt.

§ 107. Fourierreihen von Dirichletfunktionen

Eine Funktion $f(x)$ mit der Periode 2π heißt eine *Dirichletfunktion*, wenn sie folgende zwei Bedingungen erfüllt:

1. sie ist *stückweise monoton*,

2. sie besitzt höchstens *endlich viele*, und zwar *reguläre Unstetigkeiten*; d. h. an jeder Unstetigkeitsstelle a existieren die beiden Limiten $f(a + 0)$ und $f(a - 0)$, und ihr arithmetisches Mittel ist $f(a)$.

Für gewöhnlich denkt man sich die Werte des Arguments x auf der geradlinigen x-Achse abgetragen. Um die Periodizitat unserer Dirichletfunktion $f(x)$ ohne weiteres ersichtlich zu machen, ist es zweckmaßig, das Argument x auf dem Einheitskreise auszubreiten, nachdem auf diesem der Nullpunkt der Abtragungen und der Umlaufssinn festgelegt sind.

Wir bilden die Fourierkonstanten

$$a_\nu = \frac{1}{\pi}\int_0^{2\pi} f(\alpha)\cos\nu\alpha\, d\alpha, \qquad b_\nu = \frac{1}{\pi}\int_0^{2\pi} f(\alpha)\sin\nu\alpha\, d\alpha$$

und mit $a_0, a_1, a_2, \ldots, a_n, b_1, b_2, \ldots, b_n$ den $n$ten Näherungswert oder Abschnitt

$$S_n = \frac{a_0}{2} + \sum_1^n a_\nu \cos\nu x + b_\nu \sin\nu x$$

der Fourierreihe von $f(x)$. Es wird

$$S_n = \frac{1}{\pi}\int_0^{2\pi} f(\alpha)\, T\, d\alpha,$$

wo T die trigonometrische Reihe

$$T = \frac{1}{2} + \cos(\alpha - x) + \cos 2(\alpha - x) + \cdots + \cos n(\alpha - x)$$

bedeutet. Diese Reihe schreibt sich

$$\frac{1}{2}\sum_{-n}^{+n} \cos r(\alpha - x)$$

und hat daher den Wert

$$\frac{1}{2}\cdot\cos 0\cdot\sin m\frac{\alpha - x}{2} : \sin\frac{\alpha - x}{2} = \frac{\sin m\frac{\alpha - x}{2}}{2\sin\frac{\alpha - x}{2}},$$

wo m die ungerade Zahl

$$m = 2n + 1$$

bedeutet. Daher wird

$$S_n = \frac{1}{\pi}\int_0^{2\pi} f(\alpha)\frac{\sin m\frac{\alpha - x}{2}}{2\sin\frac{\alpha - x}{2}}\, d\alpha, \qquad [m = 2n + 1].$$

Im rechtsseitigen Integral dieser Gleichung substituieren wir

$$\frac{\alpha - x}{2} = u, \qquad d\alpha = 2\, du$$

und erhalten

$$\pi S_n = \int_{-\frac{x}{2}}^{\pi - \frac{x}{2}} f(x + 2u)\frac{\sin m u}{\sin u}\, du.$$

Das rechtsstehende Integral zerlegen wir in die beiden Teile

$$\int_{-\frac{x}{2}}^{0} \quad \text{und} \quad \int_{0}^{\pi-\frac{x}{2}},$$

substituieren im ersten dieser Teile $u = -v$ und bekommen, die Integrationsvariable v wieder durch u ersetzend,

$$\pi S_n = \int_0^{\frac{x}{2}} f(x-2u)\frac{\sin mu}{\sin u}\,du + \int_0^{\pi-\frac{x}{2}} f(x+2u)\frac{\sin mu}{\sin u}\,du.$$

Liegt x zwischen 0 und 2π, so stellt jedes der beiden rechtsstehenden Integrale ein Dirichletintegral dar, und es wird

$$\lim_{n\to\infty} \pi S_n = \frac{\pi}{2} f(x-0) + \frac{\pi}{2} f(x+0),$$

mithin

$$\lim_{n\to\infty} S_n = \frac{f(x+0)+f(x-0)}{2} = f(x).$$

Hat aber x den Wert 0, so wird

$$\pi S_n = \int_0^{\pi} f(2u)\frac{\sin mu}{\sin u}\,du.$$

Hier zerlegen wir (mit $2\varkappa = \pi$)

$$\pi S_n = \int_0^{\varkappa} f(2u)\frac{\sin mu}{\sin u}\,du + \int_{\varkappa}^{\pi} f(2u)\frac{\sin mu}{\sin u}\,du,$$

substituieren im zweiten Integral $u = \pi - v$, wodurch es in

$$\int_0^{\varkappa} f(-2v)\frac{\sin mv}{\sin v}\,dv$$

übergeht und erhalten

$$\pi S_n = \int_0^{\varkappa} f(2u)\frac{\sin mu}{\sin u}\,du + \int_0^{\varkappa} f(-2u)\frac{\sin mu}{\sin u}\,du.$$

Beim Übergang zur Grenze $n \to \infty$ wird das erste der beiden rechtsstehenden Dirichletintegrale $\varkappa f(+0)$, das zweite $\varkappa f(-0)$, mithin

$$\lim_{n\to\infty} S_n = \frac{f(+0)+f(-0)}{2} = f(0).$$

Für $x = 2\pi$ würden wir in ähnlicher Weise

$$\lim S_n = f(2\pi)$$

erhalten.

Damit haben wir den

Fundamentalsatz:

Die Fourierreihe einer Dirichletfunktion konvergiert und stellt die Funktion dar.

Dabei versteht man, um es zu wiederholen, unter einer Dirichletfunktion eine stückweise monotone Funktion mit der Periode 2π, die an jeder ihrer etwaigen endlich vielen Unstetigkeitsstellen a den Wert

$$f(a) = \frac{f(a+0) + f(a-0)}{2}$$

hat.

Der vorstehende überaus fruchtbare Satz stammt von Dirichlet, der zuerst die Theorie der Fourierreihen streng dargestellt hat.

(Dirichlet, ,,Sur la Convergence des Séries Trigonométriques", Crelles Journal, Bd. 4, 1829.)

Der bewiesene Dirichletsche Fundamentalsatz läßt sich auf weitere Funktionsklassen ausdehnen.

I. $f(x)$ *ist beschränkt schwankend.*

Ist die periodische Funktion $f(x)$ im Grundintervall $\mathfrak{g}$ $[0, 2\pi]$ beschrankt schwankend, so läßt sie sich als Summe zweier Monotonfunktionen $\varphi(x)$ und $\psi(x)$ darstellen:

$$f(x) = \varphi(x) + \psi(x).$$

Nach Dirichlets Satz konvergiert die Fourierreihe von φ wie auch die von ψ und stellt an jeder Stelle x den Wert

$$\frac{\varphi(x+0) + \varphi(x-0)}{2} \quad \text{bzw.} \quad \frac{\psi(x+0) + \psi(x-0)}{2}$$

dar. Da nun die Fourierreihe von f die Summe der Fourierreihen von ψ und φ ist [§ 101], so erhalten wir den

Satz von Jordan:

Die Fourierreihe einer beschränkt schwankenden periodischen Funktion $f(x)$ mit nur regulären Unstetigkeiten konvergiert und stellt an jeder Stelle x den Wert

$$f(x) = \frac{f(x+0) + f(x-0)}{2}$$

dar.

II. $f(x)$ *ist stückweise stetig ableitbar.*

Wenn sich das Grundintervall $\mathfrak{g}$ $[0, 2\pi]$ in endlich viele nicht notwendig geschlossene Teilintervalle zerlegen läßt derart, daß $f(x)$ in jedem Teilintervall eine stetige Ableitung besitzt, so ist $f(x)$ in $\mathfrak{g}$ beschrankt schwankend, und zufolge I gilt der

Satz:

Die Fourierreihe einer stückweise stetig ableitbaren Funktion $f(x)$ mit nur regulären Unstetigkeiten konvergiert und stellt an jeder Stelle x den Wert

$$f(x) = \frac{f(x+0) + f(x-0)}{2}$$

dar.

Wir kommen auf diesen Satz im § 110 nochmals zurück.

§ 108. Anwendungen von Dirichlets Satz

Wir wenden Dirichlets Satz auf einige Beispiele an.

Beispiel 1

Vielleicht die einfachste periodische Funktion $f(x)$ mit nichtkrummliniger Schaukurve wird folgendermaßen erklart:

1° $f(x)$ ist periodisch mit der Periode 2π,

2° $f(x)$ ist wie die Sinusfunktion ungerade,

3° für jedes Multiplum von π verschwindet $f(x)$,

4° für jedes zwischen 0 und π liegende x hat $f(x)$ den konstanten Wert k.

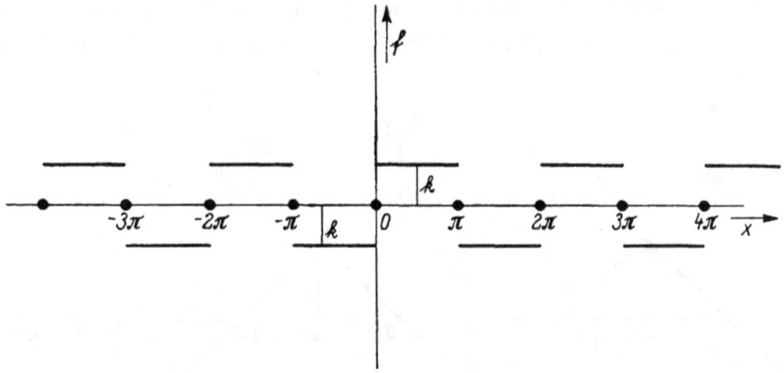

Das so definierte $f(x)$ ist ersichtlich eine Dirichletfunktion und als solche in eine konvergente Fourierreihe entwickelbar, die wegen ihrer Ungeradheit nur Sinusglieder enthalt. Für ihre Fourierzahl b_n gilt die Formel

$$\pi b_n = 2\int_0^\pi f(u) \sin nu \, du,$$

so daß

$$\pi b_n' = 2k\int_0^\pi \sin nu \, du = 2k\,\frac{1-\iota^n}{n}$$

wird. Das gibt zunächst $b_2 = b_4 = b_6 = \cdots = 0$ und ferner

$$\pi_1 b = 4k, \qquad \pi b_3 = 4k:3, \qquad \pi b_5 = 4k:5,$$

Daher wird man

$$k = \pi : 4$$

wählen und hat dann

$$b_1 = 1:1, \qquad b_3 = 1:3, \qquad b_5 = 1:5, \qquad b_7 = 1:7, \qquad \ldots$$

Damit entsteht die bemerkenswerte Formel

$$\boxed{\frac{\pi}{4} = \sin x + \frac{\sin 3x}{3} + \frac{\sin 5x}{5} + \cdots}, \quad 0 < x < \pi .$$

Für speziell $x = \frac{\pi}{2}$ geht sie in Leibniz' Formel

$$\frac{\pi}{4} = 1 - \frac{1}{3} + \frac{1}{5} - \frac{1}{7} + - \cdots$$

über.

Allgemein gilt für jedes x nebst zugehöriger Ordinate der Schaukurve der Funktion $f(x)$ mit $k = \pi : 4$ die Formel

$$f(x) = \sin x + \frac{\sin 3x}{3} + \frac{\sin 5x}{5} + \cdots$$

Beispiel 2

Die Funktion $f(x)$ hat die Periode 2π und ist ungerade. Ihre Schaukurve ist eine die x-Achse bei jedem Multiplum von π durchsetzende *stetige* Zickzacklinie mit 45^0 Achsenneigung, mit dem Maximum $\varkappa = \pi : 2$ an den Stellen von der Form $x = (4n + 1)\varkappa$, mit dem Minimum $-\varkappa$ an den Stellen von der Form $x = (4n - 1)\varkappa$.

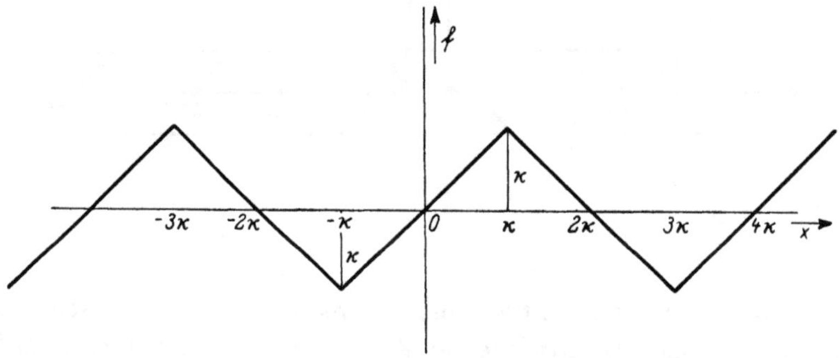

Die so definierte Funktion ist eine Dirichletfunktion. Daher ist im Grundintervall $[0, 2\pi]$

$$f(x) = \sum_1^\infty b_n \sin nx \qquad \text{mit} \quad \pi b_n = 2\int_0^\pi f(u) \sin nu\, du .$$

Im rechtsstehenden Integral hat $f(u)$ zwischen 0 und $\varkappa$ den Wert u, zwischen $\varkappa$ und π den Wert $\pi - u$, ist also

$$\pi b_n = 2\int_0^\varkappa u \sin nu\, du + 2\int_\varkappa^\pi (\pi - u) \sin nu\, du .$$

Das zweite rechtsseitige Integral verwandelt sich durch die Substitution $\pi - u = v$ in

$$\int_0^{\varkappa} v \sin n(\pi - v)\, dv = -\iota^n \int_0^{\varkappa} v \sin nv\, dv = -\iota^n \int_0^{\varkappa} u \sin nu\, du,$$

so daß

$$\pi b_n = 2(1 - \iota^n) \int_0^{\varkappa} u \sin nu\, du$$

wird. Das gibt $b_2 = b_4 = b_6 = \cdots = 0$ und für ungerade Zeiger n

$$\pi b_n = 4 \int_0^{\varkappa} u \sin nu\, du.$$

Teilweise Integration liefert

$$\int_0^{\varkappa} u \sin nu\, du = \left| \frac{u \cos nu}{n} \right|_{\varkappa}^{0} + \int_0^{\varkappa} \frac{\cos nu}{n}\, du = \frac{\sin n\varkappa}{n^2},$$

und hieraus folgt

$$\pi b_1 = \frac{+4}{1^2}, \qquad \pi b_3 = \frac{-4}{3^2}, \qquad \pi b_5 = \frac{+4}{5^2}, \qquad \pi b_7 = \frac{-4}{7^2},$$

Damit entsteht die für jedes x gültige Formel

$$f(x) = \frac{4}{\pi}\left[\sin x - \frac{\sin 3x}{3^2} + \frac{\sin 5x}{5^2} - \frac{\sin 7x}{7^2} + - \cdots\right].$$

Für jedes x des Intervalls $[-\varkappa, +\varkappa]$ ist beispielsweise

$$\boxed{x = \frac{4}{\pi}\left[\sin x - \frac{\sin 3x}{3^2} + \frac{\sin 5x}{5^2} - + \cdots\right]}.$$

Setzt man speziell $x = \varkappa$, so wird $f(\varkappa) = \varkappa$, und man erhält die bemerkenswerte Relation

$$\boxed{\frac{1}{1^2} + \frac{1}{3^2} + \frac{1}{5^2} + \frac{1}{7^2} + \cdots = \frac{\pi^2}{8}},$$

aus welcher man leicht die weitere Formel

$$\boxed{\frac{1}{1^2} + \frac{1}{2^2} + \frac{1}{3^2} + \frac{1}{4^2} + \cdots = \frac{\pi^2}{6}}$$

entnimmt.

Beispiel 3

Im Beispiel 2 erschien die einfachste Linearfunktion $y = x$ im Intervall $[-\varkappa, +\varkappa]$ (wegen ihrer Ungeradheit) als Sinusreihe.

Wir stellen jetzt die einfachste quadratische Funktion

$$y = x^2$$

welche eine gerade Funktion ist, im Intervall $[-\pi, +\pi]$, durch eine Cosinusreihe dar.

Im Hinblick auf die vereinbarte Periodizität handelt es sich um die stetige Funktion $y = f(x)$, welche erstens die Periode 2π hat und zweitens im Intervall $[-\pi, +\pi]$ den Wert x^2 hat, deren Schaukurve aus ununterbrochen aneinandergereihten nach oben offenen kongruenten Parabelbogen mit der Grundlinie 2π und der Höhe π^2 besteht.

Als Dirichletfunktion gestattet $f(x)$ die Entwicklung in eine Cosinusreihe

$$f(x) = \frac{a_0}{2} + \sum_1^\infty a_n \cos n x$$

mit

$$\pi a_n = 2 \int_0^\pi f(u) \cos n u\, d u .$$

Zunächst wird

$$a_0 = \frac{2}{\pi} \int_0^\pi u^2 d u = \frac{2}{3} \pi^2 .$$

Für positive n wird [teilweise Integration]

$$\varkappa a_n = \int_0^\pi u^2 \cos n u\, d u = \left| \frac{\sin n u}{n} u^2 \right|_0^\pi - 2 \int_0^\pi u \frac{\sin n u}{n} d u ,$$

mithin

$$-n \frac{\pi}{4} a_n = \int_0^\pi u \sin n u\, d u = \left| \frac{u \cos n u}{n} \right|_\pi^0 = - \iota^n \pi : n$$

oder

$$a_n = 4 \iota^n : n^2 .$$

Demnach wird für jedes x

$$f(x) = \frac{\pi^2}{3} - 4 \left[\cos x - \frac{\cos 2x}{2^2} + \frac{\cos 3x}{3^2} - + \cdots \right]$$

und speziell

$$\boxed{x^2 = \frac{\pi^2}{3} - 4 \left[\cos x - \frac{\cos 2x}{2^2} + \frac{\cos 3x}{3^2} - \frac{\cos 4x}{4^2} + - \cdots \right]} , \quad -\pi \leqq x \leqq \pi .$$

Für $x = 0$ bzw. $x = \pi$ ergeben sich hieraus die Formeln

$$1 - \frac{1}{2^2} + \frac{1}{3^2} - \frac{1}{4^2} + - \cdots = \frac{\pi^2}{12}, \qquad 1 + \frac{1}{2^2} + \frac{1}{3^2} + \frac{1}{4^2} + \cdots = \frac{\pi^2}{6} .$$

Beispiel 4

Die Funktion $f(x)$ mit der Periode 2π werde im Intervall $(-\pi, +\pi)$ durch die Vorschrift

$$f(x) = x^3,$$

an den Stellen $\pm\pi$ durch die Vorschrift $f(x) = 0$ definiert.
Sie ist eine ungerade Dirichletfunktion und hat daher die Fourierentwicklung

$$f(x) = \sum_1^\infty b_n \sin n x \qquad \text{mit} \qquad \pi b_n = 2\int_0^\pi f(u) \sin n u\, d u.$$

Teilweise Integration liefert

$$\int_0^\pi u^3 \sin n u\, d u = \Big|_\pi^0 u^3 \frac{\cos n u}{n} + 3\int_0^\pi \frac{u^2 \cos n u}{n}\, d u = -\frac{\pi^3}{n}\iota^n + \frac{3}{n}\int_0^\pi u^2 \cos n u\, d u\,.$$

Das verbliebene Integral fand sich im Beispiel 3 zu $2\pi\iota^n : n^2$, so daß b_n den Wert

$$b_n = 2\iota^n\left[\frac{6}{n^3} - \frac{\pi^2}{n}\right]$$

hat. Damit wird für jedes x

$$f(x) = (2\pi^2 - 12)\sin x - \left(\frac{2\pi^2}{2} - \frac{12}{2^3}\right)\sin 2x + \left(\frac{2\pi^2}{3} - \frac{12}{3^3}\right)\sin 3x - + \cdots$$

und speziell

$$x^3 = \left\{\begin{array}{l} 2\pi^2\left[\sin x - \dfrac{\sin 2x}{2} + \dfrac{\sin 3x}{3} - + \cdots\right. \\ -12\left[\sin x - \dfrac{\sin 2x}{2^3} + \dfrac{\sin 3x}{3^3} - + \cdots\right. \end{array}\right\} \quad \text{für} \quad -\pi < x < \pi\,.$$

Setzt man hierin $x = \varkappa = \pi : 2$, so kommt

$$\varkappa^3 = 2\pi^2\left[1 - \frac{1}{3} + \frac{1}{5} - \frac{1}{7} + - \cdots\right] - 12\left\{1 - \frac{1}{3^3} + \frac{1}{5^3} - \frac{1}{7^3} + - \cdots\right\}.$$

Da die in dieser Gleichung stehende eckige Klammer nach Leibniz' Formel den Wert $\pi : 4$ hat, ergibt sich die bemerkenswerte Formel

$$\boxed{\frac{1}{1^3} - \frac{1}{3^3} + \frac{1}{5^3} - \frac{1}{7^3} + - \cdots = \frac{\pi^3}{32}}\,.$$

Beispiel 5

$f(x)$ habe die Periode 2π und im Intervall $[-\pi, +\pi]$ den Wert

$$f(x) = x^4\,.$$

Sie stellt also eine überall stetige Dirichletfunktion dar, so daß für jedes x

$$f(x) = \frac{a_0}{2} + \sum_1^\infty a_n \cos n x$$

mit

$$\pi a_n = 2\int_0^\pi f(u)\cos n u\,d u$$

ist.

Für a_0 findet sich

$$a_0 = \frac{2}{5}\pi^4,$$

für a_n mit positivem Zeiger

$$\varkappa a_n = \int_0^\pi u^4 \cos n u\,d u = -\frac{4}{n}\int_0^\pi u^3 \sin n u\,d u,$$

so daß wegen des im Beispiel 4 gefundenen Wertes des rechtsstehenden Integrals

$$a_n = 8\iota^n\left(\frac{\pi^2}{n^2} - \frac{6}{n^4}\right)$$

wird.

Damit erhalten wir für jedes x

$$f(x) = \frac{\pi^4}{5} - 8\left(\frac{\pi^2}{1^2} - \frac{6}{1^4}\right)\cos x + 8\left(\frac{\pi^2}{2^2} - \frac{6}{2^4}\right)\cos 2x - 8\left(\frac{\pi^2}{3^2} - \frac{6}{3^4}\right)\cos 3x + - \cdots,$$

speziell für jedes x des Intervalls $[-\pi, +\pi]$

$$x^4 = \frac{\pi^4}{5} - 8\left(\frac{\pi^2}{1^2} - \frac{6}{1^4}\right)\cos x + 8\left(\frac{\pi^2}{2^2} - \frac{6}{2^4}\right)\cos 2x - 8\left(\frac{\pi^2}{3^2} - \frac{6}{3^4}\right)\cos 3x + - \cdots.$$

Substituiert man hier $x = 0$, so entsteht die Formel

$$\boxed{\frac{1}{1^4} - \frac{1}{2^4} + \frac{1}{3^4} - \frac{1}{4^4} + - \cdots = \frac{7}{720}\pi^4}\,.$$

Mit ihrer Hilfe findet man leicht die Summe S der Reihe

$$S = \frac{1}{1^4} + \frac{1}{2^4} + \frac{1}{3^4} + \frac{1}{4^4} + \cdots.$$

Es ist

$$S = \frac{1}{1^4} + \frac{1}{3^4} + \frac{1}{5^4} + \cdots + \frac{1}{16}S = \frac{1}{1^4} - \frac{1}{2^4} + \frac{1}{3^4} - \frac{1}{4^4} + - \cdots + \frac{1}{8}S,$$

mithin

$$\boxed{\frac{1}{1^4} + \frac{1}{2^4} + \frac{1}{3^4} + \frac{1}{4^4} + \cdots = \frac{\pi^4}{90}}\,.$$

Beispiel 6

$f(x)$ habe die Periode 2π, im Intervall $(0, 2\pi)$ den Wert

$$f(x) = e^x,$$

und für jedes Multiplum von 2π den Wert $(1 + e^{2\pi}) : 2$. Diese Dirichletfunktion hat die für jedes x gültige Fourierentwicklung

$$f(x) = \frac{a_0}{2} + \sum_1^\infty a_n \cos nx + b_n \sin nx.$$

Hier ist

$$\pi a_n = \int_0^{2\pi} f(u) \cos nu\, du, \qquad \pi b_n = \int_0^{2\pi} f(u) \sin nu\, du,$$

also

$$\pi(a_n + ib_n) = \int_0^{2\pi} e^{cu} du \qquad \text{mit. } c = 1 + in.$$

Das gibt

$$\pi(a_n + ib_n) = \Big|_0^{2\pi} e^{cu} : c = (e^{2\pi} - 1) \frac{1 - ni}{1 + n^2},$$

so daß

$$\pi a_n = \frac{e^{2\pi} - 1}{n^2 + 1}, \qquad \pi b_n = -n \frac{e^{2\pi} - 1}{n^2 + 1}$$

wird.

Daher wird im *offenen* Intervall $(0, 2\pi)$

$$e^x = \frac{e^{2\pi} - 1}{\pi} \left\{ \left[\frac{1}{2} + \frac{\cos x}{1^2 + 1} + \frac{\cos 2x}{2^2 + 1} + \frac{\cos 3x}{3^2 + 1} + \cdots \right] - \left(\frac{\sin x}{1^2 + 1} + \frac{2 \sin 2x}{2^2 + 1} + \frac{3 \sin 3x}{3^2 + 1} + \cdots \right) \right\}.$$

Bei beliebigem x bleibt diese Formel nur richtig, wenn man auf ihrer linken Seite $f(x)$ statt e^x schreibt.

So wird z. B. für $x = 0$

$$\frac{1}{1^2 + 1} + \frac{1}{2^2 + 1} + \frac{1}{3^2 + 1} + \cdots = \frac{\pi}{2} \frac{e^{2\pi} + 1}{e^{2\pi} - 1} - \frac{1}{2} = \frac{\pi \operatorname{Cot} \pi - 1}{2}$$

im Einklange mit der aus der Partialbruchentwicklung von $\operatorname{Cot} x$ für $x = \pi$ folgenden Reihe für $\operatorname{Cot} \pi$ (§ 88).

Beispiel 7

Die Funktion $f(x)$ hat die Periode 2π und im Intervall $[-\pi, +\pi]$ den Wert

$$y = f(x) = \cos cx,$$

wo c eine beliebig vorgelegte nicht ganze reelle Zahl ist. Die Schaukurve von $f(x)$ ist eine aus lauter kongruenten nach unten hohlen Bogen von der Horizontalprojektion $2\pi : c$ bestehende stetige Linie, die zur y-Achse symmetrisch liegt. $f(x)$ ist also eine Dirichletfunktion und hat als gerade Funktion die Fourierreihe

$$f(x) = \frac{a_0}{2} + \sum_1^\infty a_n \cos nx$$

mit

$$\pi a_n = 2 \int_0^\pi \cos cx \cos nx\, dx$$

Aus $2\cos cx\cos nx = \cos(c-n)x + \cos(c+n)x$ folgt

$$\pi a_n = \frac{\sin(c-n)\pi}{c-n} + \frac{\sin(c+n)\pi}{c+n} = \frac{2c\iota^n \sin c\pi}{c^2-n^2},$$

so daß im Intervall $[-\pi, +\pi]$

$$\cos cx = \frac{\sin c\pi}{c\pi} + \sum_1^\infty \frac{2c\iota^n \sin c\pi}{\pi(c^2-n^2)} \cos nx$$

ist.

In dieser Formel setzen wir

einmal $x = 0$, dann $x = \pi$

und erhalten die beiden Entwicklungen

$$\frac{1}{\sin c\pi} = \sum_{-\infty}^{+\infty} \frac{c\iota^n}{\pi(c^2-n^2)}, \qquad \cot c\pi = \sum_{-\infty}^{+\infty} \frac{c}{\pi(c^2-n^2)}.$$

Da c beliebig sein darf, setzen wir $c\pi = z$ und bekommen die Partialbruchentwicklungen

$$\boxed{\frac{1}{\sin z} = \sum_{-\infty}^{+\infty} \frac{\iota^n z}{z^2-\pi^2 n^2}}, \qquad \boxed{\cot z = \sum_{-\infty}^{+\infty} \frac{z}{z^2-\pi^2 n^2}}.$$

§ 109. Der Satz von Lebesgue

Der Satz, der uns in diesem Paragraph beschäftigt, klingt zwar höchst einfach, ist aber trotzdem außerordentlich wichtig. Er lautet:

Satz von Lebesgue:

Die Fourierreihe einer nicht identisch verschwindenden stetigen Funktion kann nicht identisch verschwinden.

Beweis. $f(x)$ sei eine im Grundintervall $\mathfrak{g}[0, 2\pi]$ nicht identisch verschwindende stetige Funktion von x mit der Periode 2π. Wir dürfen annehmen, daß die Schaukurve der Funktion teilweise oberhalb der x-Achse verlaufe. [Sollte diese Annahme nicht zutreffen, so nehmen wir statt der Funktion $f(x)$ die entgegengesetzte Funktion.] ,,Ihre Fourierreihe verschwindet identisch'' heißt ,,alle ihre Fourierkonstanten verschwinden''.

Angenommen nun, die Fourierreihe von $f(x)$ verschwindet identisch. Dann ist für jeden Zeiger r

$$\pi a_r = \int_0^{2\pi} f(x)\cos rx\,dx = 0, \qquad \pi b_r = \int_0^{2\pi} f(x)\sin rx\,dx = 0.$$

Wir werden zeigen, daß dieses Gleichungssystem auf einen Widerspruch führt. Wir fassen das Gleichungssystem zu einer einzigen Gleichung zusammen:

$$\int_0^{2\pi} f(x) L(x)\, dx = 0,$$

wobei $L(x)$ ein endlich viele Glieder umfassendes, sonst aber beliebiges Linarkompositum der Funktionen

$$\cos x,\ \cos 2x,\ \cos 3x,\ \ldots\ \sin x,\ \sin 2x,\ \sin 3x,\ \ldots$$

mit konstanten Koeffizienten bedeutet.

Da die Funktion $f(x)$ nicht identisch verschwindet, gibt es in $\mathfrak{g}$ eine Stelle $x = \alpha$, in deren Umgebung $\mathfrak{u}$ $[\alpha - \delta, \alpha + \delta]$ mit $0 < \delta < \pi$ $f(x)$ eine gewisse positive Größe p überschreitet, so daß

in $\mathfrak{u}$ $$f(x) > p$$

ausfällt.

Nun betrachten wir den Ausdruck

$$H(x) = [1 - \cos\delta + \cos(x - \alpha)]^n,$$

wo n eine hinreichend hohe gerade Zahl bedeutet. Er hat die Gestalt

$$H(x) = [a \cos x + b \sin x + c]^n,$$

wo a, b, c konstante Größen sind.

Wir zeigen, daß $H(x)$ ein Linearkompositum von der Form $L(x)$ ist.

Nach dem binomischen Satze ergibt sich namlich für H eine Entwicklung, in welcher, vom Freiglied abgesehen, nur Glieder von der Form u^r und v^r mit $u = \cos x$, $v = \sin x$ auftreten. Jedes derartige Glied gestattet aber die Verwandlung in ein Linearkompositum von der Form $L(x)$. Am bequemsten macht man sich das an Zahlenbeispielen klar:

Zunächst hat man

$$2u = e^{ix} + e^{-ix}, \qquad 2iv = e^{ix} - e^{-ix}.$$

Nun ist z. B.

$$(2u)^5 = 2^5 u^5 = (e^{ix} + e^{-ix})^5 = e^{5xi} + e^{-5xi} + 5_1 (e^{3xi} + e^{-3xi}) + 5_2 (e^{xi} + e^{-xi})$$
$$= 2\cos 5x + 2.5 \cos 3x + 2.5_2 \cos x,$$

$$(2iv)^6 = (e^{xi} - e^{-xi})^6 = e^{6xi} + e^{-6xi} - 6_1 (e^{4xi} + e^{-4xi}) + 6_2 (e^{2xi} + e^{-2xi}) - 6_3$$

oder

$$-2^5 v^6 = \cos 6x - 6_1 \cos 4x + 6_2 \cos 2x - 10,$$

$$(2iv)^7 = (e^{xi} - e^{-xi})^7$$
$$= e^{7xi} - e^{-7xi} - 7_1 (e^{5xi} - e^{-5xi}) + 7_2 (e^{3xi} - e^{-3xi}) - 7_3 (e^{xi} - e^{-xi})$$

oder

$$-2^6 v^7 = \sin 7x - 7_1 \sin 5x + 7_2 \sin 3x - 7_3 \sin x.$$

Diese Beispiele zeigen deutlich die Verwandelbarkeit von $H(x)$ in ein Linearkompositum von der Form $L(x)$.

Hieraus folgt dann, daß auch die Gleichung

$$\int_0^{2\pi} f(x) H(x) dx = 0$$

besteht.

Wegen der Periodizität der Funktionen $f(x)$ und $H(x)$ läßt sich diese Gleichung auch

$$\int_{\alpha-\pi}^{\alpha+\pi} f H dx = 0$$

schreiben. Hier zerlegen wir das Integrationsintervall in die 5 Teilintervalle

$$\mathrm{I} = [\alpha - \pi, \alpha - \varDelta], \ \mathrm{II} = [\alpha - \varDelta, \alpha - \delta], \ \mathrm{III} = [\alpha - \delta, \alpha + \delta], \ \mathrm{IV} = [\alpha + \delta, \alpha + \varDelta],$$
$$\mathrm{V} = [\alpha + \varDelta, \alpha + \pi],$$

wo $\varDelta$ ein passend gewählter, zwischen δ und π liegender Winkel ist. Damit zerfallt unser Integral in die 5 Teile:

$$\int_{\alpha-\pi}^{\alpha-\varDelta} f H dx + \int_{\alpha-\varDelta}^{\alpha-\delta} f H dx + \int_{\alpha-\delta}^{\alpha+\delta} f H dx + \int_{\alpha+\delta}^{\alpha+\varDelta} f H dx + \int_{\alpha+\varDelta}^{\alpha+\pi} f H dx,$$

die wir sukzessiv A, B, C, D, E nennen, und deren Beträge $\mathfrak{A}, \mathfrak{B}, \mathfrak{C}, \mathfrak{D}, \mathfrak{E}$ sein mögen.

In den Intervallen I und V liegt $\sqrt[n]{H}$ zwischen den beiden echtgebrochenen Schranken $-\cos\delta$ und $1-(\cos\delta - \cos\varDelta)$. Nennt man also den größeren der Beträge dieser Echtbrüche e, so liegt der Betrag von H sowohl in I als auch in V unterhalb e^n, ist mithin sicher

$$\mathfrak{A} < e^n F \quad \text{wie auch} \quad \mathfrak{E} < e^n F \quad \text{mit } F = \int_{\alpha-\pi}^{\alpha+\pi} |f| dx.$$

Bedeutet weiter M das Maximum von $|fH|$, so ist

$$\mathfrak{B} < M(\varDelta - \delta) \qquad \text{wie auch} \qquad \mathfrak{D} < M(\varDelta - \delta).$$

Was endlich C anbetrifft, so ist wegen $fH > f$ und $f > p$

$$\mathfrak{C} = C > 2p\delta.$$

Wir wahlen nun zunächst $\varDelta$ so nahe an δ, daß

$$\mathfrak{B} \text{ wie auch } \mathfrak{D} < p\delta : 2$$

ausfällt, sodann n so hoch, daß

$$\mathfrak{A} \text{ wie auch } \mathfrak{E} < p\delta : 2$$

ausfällt. Dann ist sicher

$$|A + B + D + E| \leqq \mathfrak{A} + \mathfrak{B} + \mathfrak{D} + \mathfrak{E} < 2p\delta,$$

wohingegen

$$C > 2p\delta$$

ist.

Daher muß das Integral

$$\int_{\alpha-\pi}^{\alpha+\pi} f H\,dx = A + B + C + D + E$$

positiv sein, wahrend es oben als verschwindende Größe erschien.

Dieser Widerspruch verschwindet nur, wenn man zugibt, daß nicht alle Fourierkonstanten von f Null sind, womit dann unser Satz bewiesen ist.

Aus Lebesgues Satz folgt sofort:

Zwei verschiedene stetige Funktionen haben verschiedene Fourierreihen.

Die Funktionen $f(x)$ und $g(x)$ sind im Intervall $[0,\ 2\pi]$ „verschieden" heißt natürlich „sie stimmen nicht für jedes x des Intervalls überein".

Bei Übereinstimmung der zu f und g gehörigen Fourierreihen, hätte – im Widerspruch zu Lebesgues Satz – die nicht identisch verschwindende Funktion $f - g$ eine identisch verschwindende Fourierreihe.

Aus Lebesgues Satz ergibt sich ferner der

Fundamentalsatz:

Konvergiert die Fourierreihe einer stetigen Funktion gleichmäßig, so stellt sie die Funktion dar.

Beweis. $f(x)$ sei die vorgelegte im Grundintervall $\mathfrak{g}$ stetige Funktion, $\varphi(x)$ ihre in $\mathfrak{g}$ gleichmaßig konvergente Fourierreihe.

Wegen der gleichmäßigen Konvergenz ist auch $\varphi(x)$ in $\mathfrak{g}$ stetig. Da nun die Fourierreihe von $\varphi(x)$ $\varphi(x)$ selbst ist (§ 101), so hat die stetige Funktion $f(x) - \varphi(x)$ die Fourierreihe $\varphi(x) - \varphi(x) = 0$. Wegen des identischen Verschwindens der Fourierreihe der stetigen Funktion $f(x) - \varphi(x)$ muß diese Funktion nach Lebesgues Satz identisch verschwinden, ist also identisch

$$f(x) = \varphi(x), \quad \text{q. e. d.}$$

§ 110. Gleichmäßig konvergente Fourierreihen

Wir lernten den Satz von Dirichlet (§§ 106–108) als ein überaus fruchtbares Mittel kennen, die Übereinstimmung einer Funktion mit ihrer Fourierreihe zu erschließen.

Ein anderes gleichfalls sehr wichtiges Mittel, diese Übereinstimmung zu erkennen, ist der am Schlusse des vorigen Paragraphen bewiesene

Fundamentalsatz:

Bei gleichmäßiger Konvergenz stellt die Fourierreihe einer Funktion die Funktion dar.

Wir betrachten zunächst zwei Beispiele dazu.

Wir wählen die folgenden beiden Funktionen mit der Periode 2π:

1. die ungerade Funktion $f(x)$, im Intervall $(-\pi, +\pi)$ durch die Vorschrift $f(x) = x$, an den Stellen $x = \pm\pi$ durch die Vorschrift $f(x) = 0$ definiert,

2. die gerade Funktion $F(x)$, im Intervall $[-\pi, +\pi]$ durch die Vorschrift $F(x) = x^2 : 2$ definiert.

Die Fourierreihe von $f(x)$ ist eine Sinusreihe, die von $F(x)$ eine Cosinusreihe, die zugehörigen Fourierkonstanten b_n [für $f(x)$] und A_n [für $F(x)$] berechnen sich aus

$$b_n = \frac{2}{\pi}\int_0^\pi x \sin n x \, d x\,, \qquad A_n = \frac{2}{\pi}\int_0^\pi \frac{x^2}{2}\cos n x \, d x$$

zu

$$b_n = -\frac{2}{n}\iota^n\,, \qquad A_0 = \frac{\pi^2}{3}\,, \qquad A_n = \frac{2}{n^2}\iota^n\,.$$

Demgemäß lauten die Fourierreihen von $f(x)$ und $F(x)$

$$\varphi(x) = 2\left[\frac{\sin x}{1} - \frac{\sin 2x}{2} + \frac{\sin 3x}{3} - + \cdots\right]$$

und

$$\Phi(x) = \frac{\pi^2}{6} - 2\left\{\frac{\cos x}{1^2} - \frac{\cos 2x}{2^2} + \frac{\cos 3x}{3^2} - + \cdots\right\}.$$

Am einfachsten erledigt sich $\Phi(x)$.

Da die Reihe

$$\frac{1}{1^2} + \frac{1}{2^2} + \frac{1}{3^2} + \cdots$$

konvergiert, konvergiert die Reihe { } und damit die Reihe Φ gleichmaßig. Nach unserem Fundamentalsatz ist also

$$F(x) = \Phi(x)\,.$$

Das heißt:

Für jedes x des Intervalls $[-\pi, +\pi]$ ist

$$\frac{x^2}{2} = \frac{\pi^2}{6} - \frac{2}{1^2}\cos x + \frac{2}{2^2}\cos 2x - \frac{2}{3^2}\cos 3x + - \cdots. \tag{1}$$

Insonderheit entsteht für $x = \pi$ die Formel

$$\boxed{\frac{1}{1^2} + \frac{1}{2^2} + \frac{1}{3^2} + \cdots = \frac{\pi^2}{6}}\,.$$

Die Reihe [ ] und damit $\varphi(x)$ konvergiert gleichmaßig im Intervall $\mathfrak{p}[-\pi + p,\ \pi - p]$, wo p eine beliebig kleine positive Größe bedeutet. Um das einzusehen, ersetzen wir x durch $\pi - u$ und erhalten

$$\left[\ \right] = \frac{\sin u}{1} + \frac{\sin 2u}{2} + \frac{\sin 3u}{3} + \cdots$$

Nach Malmstèns Satz (§ 102) konvergiert diese Reihe gleichmäßig für alle u zwischen p und $2\pi - p$, d. h. für alle x zwischen $-\pi + p$ und $+\pi - p$.
Nun ist die Formalableitung von (1)

$$x = 2\left[\frac{\sin x}{1} - \frac{\sin 2x}{2} + \frac{\sin 3x}{3} - + \cdots\right].$$

Da aber [ ] im Intervall $\mathfrak{p}$ gleichmäßig konvergiert, so gilt *überall in* $\mathfrak{p}$

$$x = 2\left[\frac{\sin x}{1} - \frac{\sin 2x}{2} + \frac{\sin 3x}{3} - + \cdots\right].$$

Folglich: *Im Intervall* $(-\pi, +\pi)$ *gilt die Fourierentwicklung*

$$\text{(2)} \qquad \underline{\frac{x}{2} = \frac{\sin x}{1} - \frac{\sin 2x}{2} + \frac{\sin 3x}{3} - + \cdots;}$$

für die Intervallenden $x = \pm\pi$ gilt sie jedoch nicht.
Da die Anwendbarkeit unseres Fundamentalsatzes lediglich von der gleichmäßigen Konvergenz der Fourierreihe abhängt, so ist es *von größter Bedeutung, Funktionsklassen mit gleichmäßig konvergenten Fourierreihen ausfindig zu machen.*

Eine solche Klasse ist die *Klasse der Normalfunktionen, welche so gut wie alle in den Anwendungen vorkommenden Funktionen umfaßt.*

Eine Funktion heißt *normal*, wenn sie stückweise glatt ist und nur reguläre Unstetigkeiten besitzt. [Eine Funktion heißt stückweise glatt, wenn sie stückweise stetig ist und eine stückweise stetige Ableitung besitzt. Die Anzahl der Stücke (Schaukurvenstücke) wird dabei stillschweigend als endlich vorausgesetzt.]
Für Normalfunktionen gilt folgender

Hauptsatz:

Jede Normalfunktion mit der Periode 2π läßt sich in eine konvergente Fourierreihe entwickeln, die in jedem abgeschlossenen Stetigkeitsintervall der Funktion gleichmäßig und absolut konvergiert.

Beweis. I. Die vorgelegte normale Funktion $f(x)$ sei zunächst *überall* stetig. Wir fassen die Fourierreihe der Ableitung $f'(x)$ ins Auge. Ihre Konstanten α_ν und β_ν bestimmen sich durch die Vorschriften

$$\alpha_\nu = \frac{1}{\pi}\int_0^{2\pi} f'(x)\cos\nu x\,dx\,, \qquad \beta_\nu = \frac{1}{\pi}\int_0^{2\pi} f'(x)\sin\nu x\,dx\,.$$

Durch partielle Integration findet sich

$$\alpha_\nu = \frac{1}{\pi}\int f(x)\cdot\nu\sin\nu x\,dx = \nu b_\nu\,,$$

$$\beta_\nu = \frac{1}{\pi}\int f(x) \cdot \nu \cos \nu x \, dx = -\nu a_\nu ,$$

wo a_ν, b_ν die Konstanten der Fourierreihe von $f(x)$ bedeuten.
Nun ist, mit den Abkürzungen o_ν und i_ν für $\cos \nu x$ und $\sin \nu x$, für zwei beliebige Zeiger n und $N > n$

$$\sum_n^N |a_\nu o_\nu + b_\nu i_\nu| = \sum_n^N \frac{1}{\nu} \cdot |\alpha_\nu i_\nu - \beta_\nu o_\nu| .$$

Nach der Lagrangeschen Ungleichung ist aber

$$\sum_n^N \frac{1}{\nu} \cdot |\alpha_\nu i_\nu - \beta_\nu o_\nu| \leqq \sqrt{\sum \frac{1}{\nu^2}} \cdot \sqrt{\sum (\alpha_\nu i_\nu - \beta_\nu o_\nu)^2}$$

und, da $\alpha_\nu^2 + \beta_\nu^2$ das Maximum der Funktion $(\alpha_\nu i_\nu - \beta_\nu o_\nu)^2$ ist, erst recht

$$\sum \frac{1}{\nu} \cdot |\alpha_\nu i_\nu - \beta_\nu o_\nu| \leqq \sqrt{\sum \frac{1}{\nu^2}} \cdot \sqrt{\sum (\alpha_\nu^2 + \beta_\nu^2)} .$$

Nach Bessels Ungleichung für das normierte Orthogonalsystem

$$\frac{1}{\sqrt{2\pi}}, \quad \frac{\cos x}{\sqrt{\pi}}, \quad \frac{\sin x}{\sqrt{\pi}}, \quad \frac{\cos 2x}{\sqrt{\pi}}, \quad \frac{\sin 2x}{\sqrt{\pi}}, \quad \ldots$$

ist weiter

$$\sum (\alpha_\nu^2 + \beta_\nu^2) \leqq \frac{1}{\pi}\int_0^{2\pi} f'^2 \, dx ,$$

so daß

$$\sum \frac{1}{\nu} \cdot |\alpha_\nu i_\nu - \beta_\nu o_\nu| \leqq \sqrt{\sum \frac{1}{\nu^2} \cdot \frac{1}{\pi}\int_0^{2\pi} f'^2 \, dx}$$

wird. Daher entsteht schließlich

$$\sum |a_\nu o_\nu + b_\nu i_\nu| \leqq E \sqrt{\sum 1 : \nu^2} ,$$

wo die Summierung über alle Zeiger ν von n bis N zu erstrecken ist und E den endlichen Wert $\int_0^{2\pi} f'^2 dx : \pi$ bedeutet.
Die gefundene Ungleichung lehrt, daß die Fourierreihe der Funktion $f(x)$ absolut und gleichmäßig konvergiert.

II. $\overset{\bullet}{f}(x)$ sei *stückweise* stetig mit den Sprüngen $s(\alpha)$ an den Stellen α.
Wir führen die Hilfsfunktion

$$h(x) = \sum_\alpha \frac{s(\alpha)}{\pi} D(x - \alpha)$$

ein, wo $D(x)$ die mit der Periode 2π behaftete Dirichletsche Funktion bedeutet, die für jedes x des Intervalls $[0, 2\pi]$ durch die Vorschrift

$$D(x) = \sin x + \frac{\sin 2x}{2} + \frac{\sin 3x}{3} + \cdots$$

definiert ist, also an den Intervallenden verschwindet, im Intervallinneren den Wert

$$D(x) = \frac{\pi - x}{2}$$

hat (§ 29). Diese Hilfsfunktion hat an den Stellen α die Sprünge $s(\alpha)$. Daher ist die Funktion

$$\varphi(x) = f(x) - h(x)$$

normal und zudem *überall* stetig. Nach I konvergiert die Fourierreihe von $\varphi(x)$ absolut und gleichmäßig; und da $D(x)$ in jedem kein Multiplum von 2π enthaltenden Intervall und damit $h(x)$ in jedem keine Sprungstelle α enthaltenden Intervall absolut und gleichmaßig konvergiert, so konvergiert auch die Fourierreihe von $f(x)$ in jedem unstetigkeitsfreien Intervall absolut und gleichmäßig. Q. e. d.

§ 111. Der Satz von Du Bois-Reymond

Nachdem wir gesehen haben, daß sowohl die außerordentlich umfassende Klasse der Dirichletfunktionen wie auch die der Normalfunktionen konvergente Fourierentwicklungen liefert, kann man leicht zur Vermutung kommen, daß jede stetige Funktion in eine Fourierreihe entwickelbar ist.

Wie Du Bois-Reymond 1873 an Beispielen gezeigt hat, trifft indessen diese Vermutung nicht zu.

Satz von Du Bois-Reymond:

Es gibt stetige Funktionen, die nicht in Fourierreihen entwickelbar sind.

Zum Beweise dieses bedeutsamen Satzes diene hier ein von Fejér ersonnenes Beispiel, welches besonders einfach ist.

Wir gehen aus von einer $2n$-gliedrigen trigonometrischen Reihe $f_n(x)$, die selbst für jedes x und jedes n betraglich unterhalb einer festen endlichen Schranke liegt, die, wie man sagt, gleichmaßig beschrankt ist, während ihr $n$ter Abschnitt $\varphi_n(x)$ *nicht* gleichmäßig beschrankt ist! Dieses $f_n(x)$ ist die Summe

$$f_n(x) = \sum_0^{2n} a_\nu \cos \nu u \qquad \text{mit} \quad u = x - \alpha, \qquad a_\nu = \frac{1}{n - \nu} \quad \text{für} \quad \nu \neq n, \qquad a_n = 0,$$

also ausführlich geschrieben

$$f_n(x) = \frac{1}{n} + \frac{\cos u}{n-1} + \frac{\cos 2u}{n-2} + \cdots + \frac{\cos (n-1)u}{1} + 0 \cos nu - \frac{\cos (n+1)u}{1} - \frac{\cos (n+2)u}{2} - \cdots - \frac{\cos 2nu}{n}.$$

Wir zeigen zunächst, daß $f_n(x)$ gleichmäßig beschränkt ist.
Man hat nämlich

$$f_n(x) = \sum_1^n \frac{\cos(n-\nu)u - \cos(n+\nu)u}{\nu} = 2\sin nu \sum_1^n \frac{\sin \nu u}{\nu}.$$

Da aber der $n$te Abschnitt der Dirichletreihe

$$\sin u + \frac{\sin 2u}{2} + \frac{\sin 3u}{3} + \cdots$$

betraglich unterhalb

$$Q = \int_0^\pi \frac{\sin v}{v} dv = 1{,}85194\ldots$$

liegt (§ 105), so ist

$$\left| \sum_1^n \frac{\sin \nu u}{\nu} \right| < 2,$$

mithin

$$|f_n(x)| < 4.$$

Zugleich bemerkt man, daß der $n$te Abschnitt

$$\varphi_n(x) = \frac{1}{n} + \frac{\cos u}{n-1} + \frac{\cos 2u}{n-2} + \cdots + \frac{\cos(n-1)u}{1}$$

nicht gleichmäßig beschränkt ist, da er z. B. an der Stelle $x = \alpha$ ($u = 0$) den Wert

$$\varphi_n(\alpha) = 1 + \frac{1}{2} + \frac{1}{3} + \cdots + \frac{1}{n}$$

hat, welcher oberhalb ln liegt (§ 9):

$$\varphi_n(\alpha) > ln,$$

so daß keine feste endliche Zahl E existiert, die für jedes x und jedes n oberhalb $|\varphi_n(x)|$ liegt.

Nun bilden wir die Funktion

$$F(x) = \sum_1^\infty \frac{f_{\bar{n}}(x)}{n^2} \quad \text{mit} \quad \bar{n} = 2^{n^3}.$$

Da für jedes n und jedes x

$$|f_n(x)| < 4$$

ist, stellt $F(x)$ eine gleichmäßig konvergente Reihe dar und bildet somit eine stetige (gerade) Funktion von x. Demnach sind die Fourierkonstanten A_n von $F(x)$ endliche Werte.

Bedeutet f_n^ν bzw. F^ν den νten Abschnitt von $f_n(x)$ bzw. $F(x)$ an der Stelle $x = \alpha$, so ist der Gleichung

$$F(x) = \frac{f_{\bar{1}}(x)}{1^2} + \frac{f_{\bar{2}}(x)}{2^2} + \frac{f_{\bar{3}}(x)}{3^2} + \cdots$$

gemäß

$$F^\nu = \frac{f_{\bar{1}}^\nu}{1^2} + \frac{f_{\bar{2}}^\nu}{2^2} + \frac{f_{\bar{3}}^\nu}{3^2} + \cdots.$$

Da aus dem Anblick von $f_n(x)$ folgt, daß f_n^ν positiv oder doch wenigstens nicht negativ ist, da ferner $f_n^n = \varphi_n(\alpha) > ln$ ist, so wird sicher

$$F^{\bar{r}} > \frac{f_{\bar{r}}^{\bar{r}}}{r^2} > \frac{l\bar{r}}{r^2},$$

also, da $l\bar{r} = r^3 l 2$ ist,

$$\boxed{F^{\bar{r}} > r l 2}.$$

Diese Ungleichung lehrt, daß die Fourierreihe der stetigen Funktion $F(x)$ an der Stelle $x = \alpha$ *divergiert.*

§ 112. Parsevals Formel

Wie wir im letzten Paragraph gesehen haben, ist keineswegs jede stetige periodische Funktion $f(x)$ in eine Fourierreihe entwickelbar. Es gilt jedoch der

Satz:

Die Abschnitte

$$s_n = \frac{a_0}{2} + a_1 \cos x + b_1 \sin x + \cdots + a_n \cos n x + b_n \sin n x$$

der Fourierreihe einer stetigen Funktion $f(x)$ der Periode 2π bringen bei unbegrenzt wachsendem Zeiger n das mittlere Fehlerquadrat

$$M_n = \int_0^{2\pi} (f - s_n)^2 \, dx$$

zum Verschwinden:

$$\lim_{n \to \infty} M_n = 0.$$

Beweis. Der Beweis beruht auf zwei Hilfsformeln.

I. Wir teilen das Intervall $\mathfrak{g}\,[0, 2\pi]$ in e gleiche Teile mit den Teilpunkten $x_0 = 0, x_1, x_2, \ldots, x_e = 2\pi$, nennen die zu den Teilpunkten gehörigen Ordinaten der Schaukurve $\mathfrak{c}$ von $y = f(x)$ $y_0, y_1, y_2, \ldots, y_e$ und konstruieren den durch die Punkte

$$(x_0, y_0), \quad (x_1, y_1), \quad (x_2, y_2), \quad \ldots, \quad (x_e, y_e)$$

laufenden Sehnenzug $\mathfrak{s}$ unserer Kurve. Er weicht von $\mathfrak{c}$ um so weniger ab, je größer e gewählt wird.
Seine zur Stelle x gehörige Ordinate sei $\eta = \varphi(x)$.

Es sei ε eine beliebig kleine positive Größe. Wir denken uns e so groß gewählt, daß für jedes x des Intervalls $\mathfrak{g}$

$$(1) \qquad |y-\eta| = |f(x) - \varphi(x)| < \frac{\varepsilon}{2}$$

ausfällt.

Da die Funktion $\varphi(x)$ normal ist, gestattet sie nach dem Hauptsatze (§ 110) eine gleichmäßig konvergente Fourierentwicklung, deren Abschnitte $\sigma_0, \sigma_1, \sigma_2, \ldots$ heißen mögen. Wegen der gleichmäßigen Konvergenz läßt sich ein endlicher Zeiger angeben derart, daß für jeden größeren Zeiger N und für jedes x aus $\mathfrak{g}$

$$(2) \qquad |\varphi(x) - \sigma_N| < \frac{\varepsilon}{2}$$

ausfällt.

Aus (1) und (2) folgt

$$(\mathrm{I}) \qquad |f(x) - \sigma_N| < \varepsilon, \quad (0 \leqq x \leqq 2\pi).$$

II. Es seien jetzt $s_0, s_1, s_2, \ldots$ die Abschnitte der Fourierreihe von f. Beziehen wir die Ungleichung (A) von § 24 auf das Orthogonalsystem

$$\varphi_1 = \frac{1}{\sqrt{2\pi}}, \quad \varphi_2 = \frac{\cos x}{\sqrt{\pi}}, \quad \varphi_3 = \frac{\sin x}{\sqrt{\pi}}, \quad \varphi_4 = \frac{\cos 2x}{\sqrt{\pi}}, \quad \varphi_5 = \frac{\sin 2x}{\sqrt{\pi}},$$

der Kreisfunktionen, so gelangen wir ohne weiteres zur Ungleichung

$$(\mathrm{II}) \qquad \int_0^{2\pi} (f - s_N)^2 dx \leqq \int_0^{2\pi} (f - \sigma_N)^2 dx.$$

Aus (I) und (II) folgt nun

$$\int_0^{2\pi} (f - s_N)^2 dx < 2\pi\varepsilon^2$$

mithin, indem man ε kleiner als $1 : 2\pi$ annimmt,

$$\int_0^{2\pi} (f - s_N)^2 dx < \varepsilon;$$

und diese Ungleichung lehrt:

Das mittlere Fehlerquadrat

$$M_n = \int_0^{2\pi} (f - s_n)^2 dx,$$

wo s_n den $n$ten Abschnitt der Fourierreihe der stetigen Funktion $f(x)$ (mit der Periode 2π) bedeutet, strebt bei unbegrenzt wachsendem Zeiger n gegen Null:

$$\lim M_n = 0. \qquad \text{Q. e. d.}$$

Der gefundene Satz gestattet überaus wichtige Folgerungen.

Ist z. B.

$$\frac{a_0}{2}+\sum_1^\infty (a_n \cos n x + b_n \sin n x)$$

die Fourierreihe der stetigen Funktion $f(x)$ mit der Periode 2π, so bildet

$$c_1\varphi_1 + c_2\varphi_2 + c_3\varphi_3 + \cdots$$

mit

$$c_1 = a_0\sqrt{\frac{\pi}{2}}, \quad c_2 = a_1\sqrt{\pi}, \quad c_3 = b_1\sqrt{\pi}, \quad c_4 = a_2\sqrt{\pi}, \quad c_5 = b_2\sqrt{\pi}, \quad \ldots$$

die Entwicklung von f nach den Gliedern des normierten Orthogonalsystems $\varphi_1, \varphi_2, \varphi_3, \ldots$

Wegen der Limesformel

$$\lim_{n\to\infty} \int (f - s_n)^2 dx = 0$$

gilt dann Bessels Gleichung aus § 24, die Vollständigkeitsrelation

$$\sum_1^\infty c_\nu^2 = \int_0^{2\pi} f^2 dx,$$

und wir bekommen die fundamentale Formel

$$\text{(Q)} \qquad \boxed{\frac{a_0^2}{2}+\sum_1^\infty (a_\nu^2 + b_\nu^2) = \frac{1}{\pi}\int_0^{2\pi} f^2\,dx},$$

in welcher $a_0, a_1, b_1, a_2, b_2, \ldots$ die Fourierkonstanten der stetigen periodischen Funktion $f(x)$ bedeuten.

Sie zeigt, daß die Quadratsumme der Fourierkonstanten einer beliebigen stetigen Funktion mit der Periode 2π stets konvergiert.

Formel (Q) ist ein spezieller Fall der Parsevalschen Formel, die wir aber leicht aus (Q) gewinnen.

Sind $F(x)$ und $f(x)$ zwei beliebige stetige Funktionen mit der Periode 2π, mit den Fourierkonstanten $A_0, A_1, B_1, A_2, B_2, \ldots$ und $a_0, a_1, b_1, a_2, b_2, \ldots$, so ist auch $\mathfrak{F} = F + f$ eine stetige Funktion mit der Periode 2π, und seine Fourierkonstanten sind $\mathfrak{A}_0 = A_0 + a_0$, $\mathfrak{A}_1 = A_1 + a_1$, $\mathfrak{B}_1 = B_1 + b_1$, $\mathfrak{A}_2 = A_2 + a_2, \ldots$
Nach (Q) gilt sonach die Formel

$$\frac{\mathfrak{A}_0^2}{2}+\sum_1^\infty (\mathfrak{A}_\nu^2 + \mathfrak{B}_\nu^2) = \frac{1}{\pi}\int_0^{2\pi} \mathfrak{F}^2\,dx.$$

Setzen wir die genannten Binome hier ein und führen die einzelnen Quadrierungen aus, so hebt sich wegen (Q)

$$\frac{A_0^2}{2}+\sum_1^\infty (A_\nu^2 + B_\nu^2) \text{ links gegen } \frac{1}{\pi}\int_0^{2\pi} F^2 dx \text{ rechts,}$$

ebenso

$$\frac{a_0^2}{2} + \sum_1^\infty (a_\nu^2 + b_\nu^2) \text{ links gegen } \frac{1}{\pi}\int_0^{2\pi} f^2 dx \text{ rechts,}$$

und es bleibt

$$\text{(P)} \qquad \boxed{\frac{A_0 a_0}{2} + \sum_1^\infty (A_\nu a_\nu + B_\nu b_\nu) = \frac{1}{\pi}\int_0^{2\pi} F f\, dx}\,.$$

Dies ist *Parsevals Formel*. Sie wurde im Jahre 1805 in einer im ersten Bande des Mémoire des savans étrangers erschienenen Abhandlung des französischen Mathematikers Parseval aufgestellt. Bei der obigen Ableitung der Formel wurde vorausgesetzt, daß F und f *stetige* Funktionen von x mit der Periode 2π sind.

Nimmt man in ihr $F = f$, mithin auch $A_\nu = a_\nu$, $B_\nu = b_\nu$ an, so verwandelt sie sich in die obige Formel (Q).

Parsevals Formel gilt auch noch, wenn F und f nicht überall, sondern nur stückweise stetig sind.

Unsere Herleitung paßt auch auf diesen Fall.

Man wählt den Streckenzug $\mathfrak{s}$ ähnlich wie oben mit der Maßgabe, daß $\mathfrak{s}$ in der Nähe einer Unstetigkeitsstelle α von f im hinreichend kleinen Intervall $\mathfrak{k}$ $[\alpha - \delta, \alpha + \delta]$ als Steilstrecke verläuft. Dann gilt (1) und damit (I) zwar nur außerhalb der kritischen Intervalle $\mathfrak{k}$, während für das Innere von $\mathfrak{k}$ lediglich behauptet werden kann, daß $|f - \sigma_N|$ einen gewissen endlichen Wert E nicht überschreitet. Da aber die Anzahl der Intervalle $\mathfrak{k}$ *endlich* ist und ihre Breite 2δ *beliebig klein* gemacht werden kann, so kann auch die Summe der ihnen entsprechenden Beiträge des Integranden $(f - \sigma_N)^2$ zum Integral unter die Schranke ε herabgedrückt werden, so daß man zweifellos die Ungleichung

$$\int_0^{2\pi} (f - \sigma_N)^2 dx < 2\varepsilon$$

erzwingen kann. Auch diese rechtfertigt den Schluß

$$\lim_{n\to\infty} M_n = 0.$$

§ 113. Gibbs' Phänomen

Nach dem Hauptsatz über Normalfunktionen (§ 110) läßt sich eine normale Funktion $f(x)$ durch eine konvergente Fourierreihe

$$F(x) = w_0 + w_1 + w_2 + \cdots \text{ in inf.}$$

mit

$$w_0 = a_0 : 2\,, \qquad w_n = a_n \cos nx + b_n \sin nx$$

darstellen [die in jedem keine Sprungstelle von $f(x)$ enthaltenden Intervall sogar gleichmäßig konvergiert], so daß die Schaukurven $\mathfrak{c}$ und $\mathfrak{C}$ von f und F zusammenfallen.

Graphische Darstellungen der Abschnitte

$$F_n(x) = w_0 + w_1 + w_2 + \cdots + w_n, \qquad (n = 1,\ 2,\ 3,\ \ldots)$$

der Fourierreihe liefern wellenartig verlaufende Schaukurven $\mathfrak{C}_n$, die sich zwar in jedem keine Sprungstelle von f enthaltenden Intervall der Kurve $\mathfrak{c}$ mit zunehmendem n mehr und mehr anschmiegen, *in unmittelbarer Nachbarschaft der Sprungstellen dagegen – auch bei unbegrenzt wachsendem n – von $\mathfrak{c}$ merklich abweichen.*

Diese merkwürdige Erscheinung wurde 1898 empirisch von dem amerikanischen Ingenieur Willard Gibbs entdeckt und im 59. Bande der Zeitschrift Nature bekanntgemacht.

Für unsere Zwecke wird es genügen, das Gibbsche Phänomen an einem Beispiel zu erörtern. Als solches wahlen wir die uns bekannte Dirichletsche Reihe

$$D(x) = \sin x + \frac{1}{2}\sin 2x + \frac{1}{3}\sin 3x + \cdots$$

im Intervall $[0,\ 2\pi]$, deren Schaukurve $\mathfrak{D}$ an den Stellen 0 und 2π die x-Achse durchsetzt, an allen andern Stellen des Intervalls die durch die Gleichung

$$y = \varphi(x) = \frac{\pi - x}{2}$$

definierte Gerade $\mathfrak{d}$ darstellt.

Für den $n$ten Abschnitt

$$D_n(x) = \delta(x) = \sin x + \frac{\sin 2x}{2} + \cdots + \frac{\sin nx}{n}$$

von $D(x)$ fanden wir im § 105 die Gleichung

$$\delta(x) + \mathfrak{x} - \int\limits_0^X \frac{\sin V}{V}\,dV = F(\mathfrak{x}) \cdot \frac{\cos mz - \cos m\mathfrak{x}}{m},$$

in welcher

$$\mathfrak{x} = \frac{x}{2}, \quad X = m\mathfrak{x}, \quad F(\mathfrak{x}) = \frac{\mathfrak{x} - \sin\mathfrak{x}}{\mathfrak{x}\sin\mathfrak{x}}, \quad 0 \leqq z \leqq \mathfrak{x}, \quad m = 2n + 1$$

ist. Dort fanden wir auch, daß $F(\mathfrak{x})$ unterhalb $F(\varkappa) = (\varkappa - 1) : \varkappa$ (mit $2\varkappa = \pi$) liegt.

Da der Zahler des rechtsstehenden Bruches betraglich unterhalb 2 liegt, $F(\varkappa) < 1$ und $m > 2n$ ist, können wir für die rechte Seite der Gleichung Θ/n schreiben, wo Θ einen gewissen Echtbruch bedeutet. Damit wird

$$\delta(x) + \mathfrak{x} - \int\limits_0^X \frac{\sin V}{V}\,dV = \Theta/n\,.$$

Es sei nunmehr

$$x = 2k/m,$$

wobei k irgendein positiver Festwert sein soll. Dann wird $\mathfrak{x} = k/m$, $X = k$, und wir erhalten

$$D_n(x) + k/m = \int_0^k \frac{\sin V}{V} dV + \Theta/n.$$

Lassen wir jetzt n und damit $m = 2n + 1$ sehr groß werden [etwa $m = 11^{100}$], so wird die Ordinate der Schaukurve $\mathfrak{D}_n$ des $n$ten Abschnitts D_n der Dirichletreihe für die Abszisse $x = 2k : m$

$$y = D_n(x) = D_n\left(\frac{2k}{m}\right) = \int_0^k \frac{\sin V}{V} dV,$$

da die winzigen Echtbrüche k/m und Θ/n nicht berücksichtigt werden können. Lassen wir nun k von 0 bis etwa 6π laufen, so steigt die Kurve außerst steil — von der y-Achse um höchstens $2\pi/m$, d. h. so gut wie gar nicht abweichend — bis zum Werte

$$y_1 = \int_0^\pi \frac{\sin V}{V} dV = 1{,}85194 = \varkappa + \underline{\underline{0{,}28114}},$$

den sie bei $x_1 = 2\pi/m$ erreicht, empor, fallt dann wieder, um höchstens $4\pi/m$ von der y-Achse abweichend, bis zum Werte

$$y_2 = \int_0^{2\pi} \frac{\sin V}{V} dV = 1{,}41816 = \varkappa - \underline{\underline{0{,}15264}}$$

herab, den sie bei $x_2 = 4\pi/m$ erreicht, steigt wieder, um höchstens $6\pi/m$ von der y-Achse abweichend, bis zum Werte

$$y_3 = \int_0^{3\pi} \frac{\sin V}{V} dV = 1{,}67477 = \varkappa + 0{,}10397$$

empor, der bei $x_3 = 6\pi/m$ erreicht wird, usw. Wir vermerken noch die zu den Abszissen $x_4 = 8\pi/m$, $x_5 = 10\pi/m$, $x_6 = 12\pi/m$ gehörigen Ordinaten y_4, y_5, y_6:

$$y_4 = \int_0^{4\pi} \frac{\sin V}{V} dV = 1{,}49216 = \varkappa - 0{,}07864,$$

$$y_5 = \int_0^{5\pi} \frac{\sin V}{V} dV = 1{,}63397 = \varkappa + 0{,}06317,$$

$$y_6 = \int_0^{6\pi} \frac{\sin V}{V} dV = 1{,}51804 = \varkappa - 0{,}05276.$$

Wir sehen: In der unmittelbaren Nachbarschaft der Ordinatenachse approximiert der Abschnitt D_n (mit $n \geqq 10^{100}$) die durch die Dirichletreihe dargestellte gerade Linie $\mathfrak{d}$ nicht, pendelt vielmehr wellenlinienartig um $\mathfrak{d}$ hin und her, wobei trotz des riesigen n-Wertes erhebliche Abweichungen von $\mathfrak{d}$ vorkommen, bei $x = x_1$ z. B. über $\mathfrak{d}$ um 0,28114, das sind 18 % der Ordinate $\varkappa = \pi/2$ von $\mathfrak{d}$, hinausgehend, bei $x = x_2$ unter $\mathfrak{d}$ um 0,15264, das sind immer noch 9,7 % der zugehörigen $\mathfrak{d}$-Ordinate, herabsinkend, usw.

In diesen außerordentlich starken Schwankungen der Approximationskurve $\mathfrak{D}_n$ um die durch die Fourierreihe dargestellte Schaukurve $\mathfrak{d}$ der vorgelegten Funktion besteht das Wesen der Gibbsschen Erscheinung.

§ 114. Fourierreihen nichtperiodischer Funktionen

Wenn eine Funktion $f(x)$ statt 2π die Periode ω besitzt, führt man das neue mit x durch die Linearrelation

$$\xi = \frac{2\pi}{\omega} x$$

verknüpfte Argument ξ ein, welches den Wert 2π annimmt, wenn $x = \omega$ wird, und betrachtet die mit $f(x)$ identische Funktion

$$\varphi(\xi) = f\left(\frac{\omega}{2\pi}\xi\right) = f(x)$$

des Arguments ξ. Für sie ist

$$\varphi(\xi + 2\pi) = f\left(\frac{\omega}{2\pi}[\xi + 2\pi]\right) = f(x + \omega) = f(x),$$

also

$$\varphi(\xi + 2\pi) = \varphi(\xi).$$

Die Funktion $\varphi(\xi)$ hat demnach die Periode 2π.

Wenn nun $f(x)$ etwa normal ist oder etwa eine Dirichletfunktion darstellt, so ist auch $\varphi(\xi)$ normal bzw. eine Dirichletfunktion und gestattet die Entwicklung in eine (konvergente) Fourierreihe:

$$\varphi(\xi) = \frac{a_0}{2} + \sum_1^\infty (a_n \cos n\xi + b_n \sin n\xi)$$

mit

$$a_n = \frac{1}{\pi}\int_0^{2\pi} \varphi(\tau) \cos n\tau\, d\tau, \qquad b_n = \frac{1}{\pi}\int_0^{2\pi} \varphi(\tau) \sin n\tau\, d\tau.$$

Hier setzt man

$$\xi = \frac{2\pi}{\omega} x \qquad \text{bzw.} \qquad \tau = \frac{2\pi}{\omega} t$$

und bekommt

$$f(x) = \frac{a_0}{2} + \sum_{1}^{\infty} \left(a_n \cos n \frac{2\pi}{\omega} x + b_n \sin n \frac{2\pi}{\omega} x \right)$$

mit

$$a_n = \frac{2}{\omega} \int_0^{\omega} f(t) \cos n \frac{2\pi}{\omega} t\, dt, \qquad b_n = \frac{2}{\omega} \int_0^{\omega} f(t) \sin n \frac{2\pi}{\omega} t\, dt.$$

Damit ist auch $f(x)$ in eine Fourierreihe entwickelt.

Meist kann indessen bei einer vorgelegten Funktion $f(x)$ die Periodizität *nicht* vorausgesetzt werden.

Ist eine solche Funktion $f(x)$ etwa im Intervall $[0, \alpha]$ definiert, so konstruiert man eine Funktion $F(x)$ *mit der Periode* α, die im Intervall $(0, \alpha)$ mit $f(x)$ übereinstimmt und an den Stellen 0 und α den Wert

$$F(0) = F(\alpha) = \frac{f(0) + f(\alpha)}{2}$$

hat.

Wenn $f(x)$ normal oder eine Dirichletfunktion ist, hat auch $F(x)$ diese Eigenschaft. Da $F(x)$ außerdem periodisch ist, läßt es sich in eine Fourierreihe $\mathfrak{F}(x)$ entwickeln:

$$F(x) = \mathfrak{F}(x).$$

Mithin gestattet auch $f(x)$ im Intervall $(0, \alpha)$ die Fourierentwicklung

$$f(x) = \mathfrak{F}(x).$$

Die Intervallenden 0 und α allerdings verhalten sich wie reguläre Unstetigkeitsstellen, insofern

$$\mathfrak{F}(0) = \mathfrak{F}(\alpha) = \frac{f(0) + f(\alpha)}{2}$$

ist.

Man kann die Fourierentwicklung für $f(x)$ sogar so einrichten, daß sie eine reine Sinusreihe oder auch eine reine Cosinusreihe ist.

Um eine Sinusreihe für $f(x)$ zu bekommen, führt man die Hilfsfunktion $F(x)$ mit der Periode 2α ein, die im Intervall $(0, \alpha)$ durch die Vorschrift $F(x) = f(x)$, im Intervall $(-\alpha, 0)$ durch die Vorschrift $F(x) = -f(-x)$, an den Stellen 0 und $\pm\alpha$ endlich durch die Vorschrift $F(0) = F(\pm\alpha) = 0$ definiert wird. Die Funktion $F(x)$ ist periodisch (mit der Periode 2α) und ungerade, da $F(-x) = -F(x)$ ist. Sie gestattet also eine Fourierentwicklung

$$F(x) = \mathfrak{F}(x),$$

die nur Sinusglieder enthält. Damit ist dann auch $f(x)$ durch eine reine Sinusreihe

$$f(x) = \mathfrak{F}(x)$$

dargestellt. An den Intervallenden jedoch wird $f(x)$ *nicht* durch die Reihe dargestellt.

Will man eine reine Cosinusreihe für $f(x)$ erhalten, so wird definiert

$$F(x) = f(x) \text{ in } (0, \alpha], \qquad F(x) = f(-x) \text{ in } [-\alpha, 0), \qquad F(0) = f(0).$$

Diesmal wird $f(x)$ auch an den Intervallenden durch die Reihe dargestellt.

ACHTER ABSCHNITT

DIRICHLETREIHEN

§ 115. Konvergenzabszissen

Eine Dirichletreihe ist eine Reihe von der Form

$$a_1 e^{-\lambda_1 z} + a_2 e^{-\lambda_2 z} + a_3 e^{-\lambda_3 z} + \cdots,$$

wo die Größen $a_1, a_2, a_3, \ldots$ reelle oder komplexe Konstanten sind, $(\lambda_1, \lambda_2, \lambda_3, \ldots)$ eine Folge unbegrenzt wachsender positiver Zahlen ist und $z = x + iy$ eine komplexe Variable bedeutet. Die Größen $a_1, a_2, \ldots$ heißen die *Koeffizienten*, die Zahlen $\lambda_1, \lambda_2, \ldots$ die *Exponenten* der Reihe.

Die wichtigste Art der Dirichletreihen erhält man durch den Ansatz

$$\lambda_n = l n,$$

nämlich die Reihe

$$\frac{a_1}{1^z} + \frac{a_2}{2^z} + \frac{a_3}{3^z} + \cdots.$$

Eine solche Reihe wird als *Gewöhnliche* oder *Gemeine Dirichletreihe* bezeichnet, während die Reihen mit einem anderen Bildungsgesetz für die Exponenten λ_n bisweilen *Allgemeine Dirichletreihen* genannt werden.

Als Spezialfall der Allgemeinreihe kann die *Potenzreihe*

$$a_1 w + a_2 w^2 + a_3 w^3 + \cdots$$

aufgefaßt werden. Sie entsteht aus der Dirichletreihe durch den Ansatz

$$\lambda_n = n, \qquad e^{-z} = w.$$

Was die *Konvergenz* der Dirichletreihe

$$\mathfrak{D} = a_1 e^{-\lambda_1 z} + a_2 e^{-\lambda_2 z} + \cdots$$

anbetrifft, so sind drei Fälle möglich:

1. $\mathfrak{D}$ konvergiert für *keinen* endlichen Argumentwert, z. B. die Reihe

$$\sum_1^\infty \frac{n!}{n^z}$$

[deren Cauchybruch den Betrag $(n+1)e^{-xl\left(1+\frac{1}{n}\right)}$ hat, mithin für hinreichend hohes n betraglich die Einheit (weit) überschreitet];

2. $\mathfrak{D}$ konvergiert für *jedes* endliche z, z. B. die Reihe

$$\sum_{1}^{\infty}\frac{n^{-z}}{n!};$$

3. endlich – und das ist der Fall, der uns im folgenden vorzugsweise beschäftigt –, die Reihe konvergiert nur in einem gewissen Bereiche der z-Ebene.

Demgemäß sei nunmehr $c = a + ib$ ein Punkt der z-Ebene, in welchem die Dirichletreihe konvergiert.

$z = x + iy$ sei ein beliebiger rechts der Geraden $x = a$ liegender Punkt so, daß $x - a = \xi$ eine positive endliche Größe ist, und

$$\mathfrak{D} = \sum_{1}^{\infty} a_\nu e^{-\lambda_\nu z}$$

die zugehörige Dirichletreihe.

Wir achten auf ihren Teilrest

$$\mathfrak{r} = \mathfrak{r}_m^M = \sum_{m}^{M} a_\nu e^{-\lambda_\nu z} \qquad \text{mit} \quad \begin{Bmatrix} m = n+1 \\ M = n+p \end{Bmatrix}.$$

Wir schreiben ihn

$$\mathfrak{r} = \sum_{m}^{M} t_\nu \cdot e^{-\lambda_\nu \zeta} \qquad \text{mit} \quad t_\nu = a_\nu e^{-\lambda_\nu c}, \quad \zeta = z - c.$$

Nach Abels Formel hat er den Wert

$$\mathfrak{r} = \sum_{m}^{N} s_\nu \left(e^{-\lambda_\nu \zeta} - e^{-\lambda_\mu \zeta}\right) + s_M e^{-\lambda_M \zeta}$$

mit

$$\mu = \nu + 1, \qquad N = M - 1, \qquad s_\nu = t_{n+1} + t_{n+2} + \cdots + t_{n+\nu}.$$

Wir denken uns – was laut Voraussetzung möglich ist – zu beliebig vorgegebenem positivem ε n so gewählt, daß für jedes ν $|s_\nu|$ unterhalb ε liegt. Dann ist wegen

$$\left|e^{-\lambda_M \zeta}\right| = e^{-\lambda_M \xi}$$

und wegen der Schrankenformel für den Restbruch der Exponentialfunktion (§ 25)

$$\left|e^{-\lambda_\nu \zeta} - e^{-\lambda_\mu \zeta}\right| \leq \left|\frac{\zeta}{\xi}\right| \left(e^{-\lambda_\nu \xi} - e^{-\lambda_\mu \xi}\right),$$

mithin, wenn $\mathfrak{R}$ den Betrag von $\mathfrak{r}$ und $s = \sec\theta$ den Secans der Neigung θ des Vektors $\overrightarrow{cz}$ gegen die Realachse bedeutet,

$$\mathfrak{R} \leqq \varepsilon s \left[\sum_m^N (e^{-\lambda_\nu \xi} - e^{\lambda_\mu \xi}) + e^{-\lambda_M \xi}\right] = \varepsilon s e^{-\lambda_m \xi}$$

und a. f.

$$\mathfrak{R} \leqq \varepsilon s.$$

Diese Ungleichung lehrt die Konvergenz der Reihe $\mathfrak{D}$ und damit folgenden

Konvergenzsatz I:

Konvergiert eine Dirichletreihe an einer Stelle c, so konvergiert sie für jedes endliche z, dessen Realteil den von c überschreitet.

Wir achten auf den konkaven Winkel $\widehat{c\gamma}$, dessen Scheitel c ist, dessen Schenkel gegen den von c nach rechts laufenden Realachsenparallelstrahl um den *spitzen* Winkel γ geneigt sind. Da für jedes z dieses Bereichs

$$\mathfrak{R} \leqq \varepsilon \sec\gamma$$

ist, so gilt noch folgendes

Korollar:

Konvergiert eine Dirichletreihe an der Stelle c, so konvergiert sie in jedem Konkavwinkelbereich $\widehat{c\gamma}$ gleichmäßig.

Wir setzen jetzt voraus, daß $\mathfrak{D}$ an der Stelle c *absolut* konvergiert.
Sie konvergiert dann auch an *jeder* Stelle u der Geraden $x = a$ absolut, wie aus

$$|a_n e^{-\lambda_n u}| = |a_n|\,|e^{-\lambda_n u}| = |a_n|\, e^{-\lambda_n a} = |a_n e^{-\lambda_n c}|$$

ohne weiteres hervorgeht.
Übertragen wir unter der neuen Voraussetzung die obige Betrachtung auf die Reihe, die aus $\mathfrak{D}$ durch Bildung der Beträge der Glieder entsteht, so erhalten wir zunachst für den Punkt $z_0 = c + \xi$ (mit positivem ξ) wegen $\theta = 0$ die Ungleichung

$$\mathfrak{R} \leqq \varepsilon,$$

wo nun $\mathfrak{R}$ die Summe der Beträge der p Glieder des Teilrests $\mathfrak{r}$ darstellt; und da $a_n e^{-\lambda_n z}$ für $z = c + \zeta$ (mit $\zeta = \xi + i\eta$) denselben Betrag wie $a_n e^{-\lambda_n z_0}$ hat, so gilt für jedes z der Halbebene $x \geqq a$ und für die Summe $\mathfrak{R}$ der Beträge der p Glieder des Teilrests $\mathfrak{r}$ unserer Reihe die Ungleichung

$$\mathfrak{R} \leqq \varepsilon.$$

Sie liefert den

Konvergenzsatz II:

Konvergiert eine Dirichletreihe an einer Stelle $c = a + ib$ absolut, so konvergiert sie in der ganzen Halbebene $x \geqq a$ absolut und gleichmäßig.

Aus den vorstehenden Überlegungen ergibt sich nun folgender

Hauptsatz:

Eine Dirichletreihe konvergiert entweder nirgends oder überall, oder aber es gibt eine Realzahl $\mathfrak{a}$ *derart, daß die Reihe konvergiert oder divergiert, je nachdem der Realteil* x *des Arguments oberhalb oder unterhalb* $\mathfrak{a}$ *liegt.*

Diese Zahl $\mathfrak{a}$ *heißt die Konvergenzabszisse und das Gebiet* $x > \mathfrak{a}$ *die Konvergenzhalbebene der Reihe. Die Reihe konvergiert in jedem Konkavwinkelraume* $\widehat{c\gamma}$ *gleichmäßig, dessen Scheitel* c *ein Konvergenzpunkt ist.*

Eine Dirichletreihe konvergiert absolut entweder nirgends oder überall, oder aber es gibt eine Realzahl $\mathfrak{b} \geqq \mathfrak{a}$ *derart, daß die Reihe absolut konvergiert, je nachdem der Realteil des Arguments oberhalb oder unterhalb* $\mathfrak{b}$ *liegt.*

Die Zahl $\mathfrak{b}$ *heißt die Betragskonvergenzabszisse und das Gebiet* $x > \mathfrak{b}$ *die Halbebene absoluter Konvergenz der Reihe.*

Konvergiert die Reihe im Punkte $c = a + ib$ *absolut, so konvergiert sie in der ganzen Halbebene* $x \geqq a$ *gleichmäßig (und absolut).*

Man wird fragen, um wieviel $\mathfrak{b}$ höchstens $\mathfrak{a}$ überschreiten kann.

Zur Beantwortung dieser Frage sei $c = a + i\,b$ ein Punkt, in dem $\mathfrak{D} = \sum a_\nu e^{-\lambda_\nu z}$ konvergiert, und

$$\overline{\lim_{n\to\infty}} \frac{l n}{\lambda_n} = L .$$

Es sei ferner $z = x + i\,y$ ein beliebiger Argumentwert, dessen Realteil x oberhalb $a + L$ liegt:

$$x > a + L .$$

Endlich sei p ein positiver Echtbruch derart, daß

$$1^\circ\ 2p < \frac{x-a}{L} - 1, \qquad 2^\circ\ \frac{l n}{\lambda_n} < L\,\frac{1+2p}{1+p} \quad \text{für} \quad n > n_0$$

ist.

Dann folgt aus

$$t_n = a_n e^{-\lambda_n z} = g_n e^{-\lambda_n (z-c)} \qquad \text{mit} \quad g_n = a_n e^{-\lambda_n c} ,$$

wenn T_n bzw. G_n den Betrag von t_n bzw. g_n bedeutet,

$$T_n = G_n e^{-\lambda_n (x-a)} < G_n e^{-\lambda_n L (1+2p)} ,$$

mithin für $n > n_0$

$$T_n < G_n e^{-(1+p)\, l n} = G_n / n^{1+p} .$$

Daher konvergiert $\sum t_\nu$ absolut, und $\mathfrak{b} - \mathfrak{a}$ kann den Superlimes L nicht überschreiten.

Die Abszisse $\mathfrak{b}$ *absoluter Konvergenz liegt höchstens um*

$$L = \overline{\lim}\, l n : \lambda_n$$

oberhalb der Konvergenzabszisse $\mathfrak{a}$; in Zeichen:

$$\boxed{\mathfrak{b} - \mathfrak{a} \leqq L} .$$

Als Beispiel diene die Reihe

$$\mathfrak{D} = \sum_{1}^{\infty} \frac{\iota^n}{n^z}.$$

Man bestätigt leicht, daß sie konvergiert oder divergiert, je nachdem x positiv oder negativ ist, und daß sie absolut konvergiert dann und nur dann, wenn $x > 1$ ist. Daher ist

$$\mathfrak{a} = 0 \qquad \text{und} \qquad \mathfrak{b} = 1\,.$$

Für den Superlimes L findet sich $L = \overline{\lim}\, ln : ln = 1$, so daß hier

$$\mathfrak{b} - \mathfrak{a} = L$$

ist.

Aus der gewonnenen Ungleichung folgt noch der

Satz:

Die Abszissen gewöhnlicher und absoluter Konvergenz stimmen überein, wenn der Oberlimes der Folge $\{ln/\lambda_n\}$ verschwindet.

Bestimmung der Konvergenzabszisse

Es muß noch gezeigt werden, wie sich aus den Koeffizienten a_ν und Exponenten λ_ν die Konvergenzabszisse $\mathfrak{a}$ ermitteln läßt.

Wir betrachten zunächst den einfachen, aber wichtigen Fall, daß

$$\boxed{L = \overline{\lim}\, \frac{ln}{\lambda_n} = 0}$$

ist. In diesem Falle gilt der

Satz von Valiron:

Wenn der Oberlimes L der Folge $\{ln/\lambda_n\}$ verschwindet, hat die Konvergenzabszisse der Dirichletreihe den Wert

$$\mathfrak{a} = \overline{\lim_{n \to \infty}}\, \frac{l|a_n|}{\lambda_n},$$

und dieses $\mathfrak{a}$ ist zugleich die Abszisse absoluter Konvergenz.

Beweis. Wir setzen

$$(1) \quad L = \overline{\lim}\, \frac{ln}{\lambda_n} = 0\,, \qquad (2) \quad \alpha = \overline{\lim}\, \frac{l|a_n|}{\lambda_n}.$$

Wir zeigen zuerst, daß die Dirichletreihe

$$\mathfrak{D} = \sum_{1}^{\infty} a_n e^{-\lambda_n z}$$

in jeder Halbebene $x \geqq \alpha + p$ bei beliebig kleinem positiven p absolut und gleichmäßig konvergiert.

ε sei eine unterhalb $p/3$ gelegene beliebig kleine positive Größe. Dann ist für alle oberhalb eines gewissen $n = n_0$ liegenden Zeiger n

$$1^\circ \ \frac{ln}{\lambda_n} < \varepsilon, \qquad 2^\circ \ \frac{lA_n}{\lambda_n} < \alpha + \varepsilon,$$

wo A_n den Betrag von a_n bedeutet. Hieraus folgt für den Betrag T_n des Reihengliedes $t_n = a_n e^{-\lambda_n z}$ (mit $x \geqq \alpha + p$)

$$T_n = A_n \cdot e^{-\lambda_n x} < e^{\lambda_n(\alpha+\varepsilon)} e^{-\lambda_n x} = e^{-\lambda_n[x-\alpha-\varepsilon]}.$$

Da aber $x - \alpha \geqq p > 3\varepsilon$ ist, liegt [ ] oberhalb 2ε und ist

$$T_n < e^{-2\varepsilon\lambda_n}, \quad \text{also laut } 1^\circ, \quad T_n < e^{-2ln} = \frac{1}{n^2}.$$

Daher konvergiert $\mathfrak{D}$ in der Halbebene $x \geqq \alpha + p$ gleichmäßig und absolut.

Sodann zeigen wir, daß $\mathfrak{D}$ für jedes z, dessen Realteil x *unterhalb* α liegt, divergiert.

Es sei also jetzt $x < \alpha$ und ε eine unterhalb $\alpha - x$ liegende positive Größe. Laut (2) ist für unendlich viele Zeiger n

$$lA_n/\lambda_n > \alpha - \varepsilon, \qquad \text{d. h.} \qquad A_n > e^{\lambda_n(\alpha-\varepsilon)}$$

und

$$T_n > e^{\lambda_n(\alpha-\varepsilon)} e^{-\lambda_n x} = e^{\lambda_n[\alpha-x-\varepsilon]}$$

mithin wegen [ ] > 0 für alle diese n

$$T_n > 1.$$

Die Reihe $\mathfrak{D}$ divergiert.

Aus unseren beiden Ergebnissen geht hervor, daß die Konvergenzabszisse von $\mathfrak{D}$ den Wert $\mathfrak{a} = \alpha$ hat. Q. e. d.

Wenn die Valironsche Bedingung

$$\overline{\lim} \frac{ln}{\lambda_n} = 0$$

nicht erfüllt ist, gestaltet sich die Bestimmung der Konvergenzabszisse $\mathfrak{a}$ nicht so einfach. Man hat dann den

Satz von Cahen:

Die Konvergenzabszisse $\mathfrak{a}$ der Dirichletreihe $\mathfrak{D} = \sum a_n e^{-\lambda_n z}$ ist

$$\mathfrak{a} = \overline{\lim_{n\to\infty}} \frac{l|c_n|}{\lambda_n} \qquad \text{mit} \quad c_n = \sum_1^n a_\nu,$$

wofern dieser Oberlimes positiv ist.

Beweis. Unsere Voraussetzung lautet

$$\mathfrak{c} = \overline{\lim} \frac{l\,|c_n|}{\lambda_n} > 0\,.$$

Wir zeigen zunächst, daß die Abszisse $x > 0$ einer *Konvergenzstelle* $z = x + iy$ von $\mathfrak{D}$ *nicht unterhalb* $\mathfrak{c}$ liegen kann.
Wir setzen

$$c_n = \sum_1^n a_\nu = \sum_1^n f_\nu \cdot \varphi_\nu \qquad \text{mit} \quad f_\nu = a_\nu e^{-\lambda_\nu z}, \quad \varphi_\nu = e^{\lambda_\nu z}$$

und bekommen nach Abels Formel

$$c_n = \sum_1^n s_\nu \delta_\nu \qquad \text{mit} \quad s_\nu = \sum_1^\nu f_r, \quad \delta_\nu = \varphi_\nu - \varphi_\mu, \quad \mu = \nu + 1, \quad \delta_n = \varphi_n.$$

Da laut Voraussetzung die Reihe $\sum_1^\infty f_r$ konvergiert, existiert eine endliche Oberschranke E für den Betrag S_ν von s_ν:

$$S_\nu < E,$$

und es wird, unter Benutzung von Großbuchstaben für die Beträge,

$$C_n \leqq \sum_1^n S_\nu \Delta_\nu < E \sum_1^n \Delta_\nu\,.$$

Nun ist aber [s. o.]

$$\Delta_\nu = |\varphi_\nu - \varphi_\mu| = |e^{\lambda_\nu z} - e^{\lambda_\mu z}| < \frac{Z}{x}\left(e^{\lambda_\mu x} - e^{\lambda_\nu x}\right) = \mathfrak{s}\left(e^{\lambda_\mu x} - e^{\lambda_\nu x}\right),$$

wo $\mathfrak{s}$ den Secans der Neigung des Moduls von z gegen die Realachse bedeutet. Folglich wird

$$C_n < E\mathfrak{s}\left[\sum_1^{n-1}\left(e^{\lambda_\mu x} - e^{\lambda_\nu x}\right) + e^{\lambda_n x}\right] < 2E\mathfrak{s}e^{\lambda_n x}$$

und weiter

$$\frac{l\,C_n}{\lambda_n} < x + \frac{l\,2E\mathfrak{s}}{\lambda_n}\,.$$

Aus dieser Ungleichung folgt aber (für $n \to \infty$)

$$\mathfrak{c} \leqq x \qquad \text{oder} \qquad x \geqq \mathfrak{c},$$

wie oben behauptet wurde.
Zweitens zeigen wir, daß die Dirichletreihe an *jeder* Stelle $z = x + iy$, deren Abszisse *oberhalb* $\mathfrak{c}$ liegt, konvergiert. Es sei demnach $x > \mathfrak{c}$, $\mathfrak{e}$ eine feste *unterhalb* $x - \mathfrak{c}$ liegende positive Größe und $\mathfrak{g} = \mathfrak{c} + \mathfrak{e}$. Zu diesem $\mathfrak{e}$ existiert ein endlicher Zeiger n derart, daß für jeden größeren Zeiger N

$$l\,C_N/\lambda_N < \mathfrak{g}, \qquad \text{also} \qquad C_N < e^{\mathfrak{g}\lambda_N}$$

ausfallt. Demgemäß erhalten wir, unter Anwendung der Abelschen Formel auf den Restteil

$$\mathfrak{r} = \mathfrak{r}_n^N = \sum_{n+1}^{N} a_\nu \cdot e^{-\lambda_\nu z}$$

von $\mathfrak{D}(z)$ die Gleichung

$$r = \sum_{n+1}^{N-1} c_\nu (e^{-\lambda_\nu z} - e^{-\lambda_\mu z}) + c_N e^{-\lambda_N z}$$

und weiter wegen

$$|e^{-\lambda_\nu z} - e^{-\lambda_\mu z}| \leqq \frac{Z}{x} |e^{-\lambda_\nu x} - e^{-\lambda_\mu x}| \quad \text{und} \quad |e^{-\lambda_N z}| = e^{-\lambda_N x}$$

die Ungleichung

$$\mathfrak{R} < Z \sum_{n+1}^{N-1} e^{\mathfrak{g}\lambda_\nu} \frac{e^{-\lambda_\nu x} - e^{-\lambda_\mu x}}{x} + e^{-\lambda_N (x-\mathfrak{g})}.$$

Der Summand unter dem Summenzeichen liegt nach dem Satz vom Restbruchverhaltnis der Exponentialfunktion (§ 25) unterhalb des Bruches

$$\frac{e^{-\delta\lambda_\nu} - e^{-\delta\lambda_\mu}}{\delta} \quad \text{mit} \quad \delta = x - \mathfrak{g}.$$

Folglich wird

$$\mathfrak{R} < Z \sum_{n+1}^{N-1} \frac{e^{-\delta\lambda_\nu} - e^{-\delta\lambda_\mu}}{\delta} + e^{-\delta\lambda_N} < \frac{Z}{\delta}(e^{-\delta\lambda_n} - e^{-\delta\lambda_N}) + e^{-\delta\lambda_N},$$

mithin wegen $Z/\delta > 1$ erst recht

$$\mathfrak{R} < \frac{Z}{\delta} e^{-\delta\lambda_n}.$$

Da Z und δ feste endliche Größen sind und λ_n mit unbegrenzt wachsendem n gegen ∞ strebt, so läßt sich der Betrag $\mathfrak{R}$ des Restteils $\mathfrak{r}$ durch hinreichend hochgewähltes n unter jeden noch so kleinen positiven Wert ε herabdrücken. Das heißt: die Dirichletreihe konvergiert an der Stelle $z = x + iy$, falls $x > \mathfrak{c}$. Damit ist der Beweis von Cahens Satz erbracht.

§ 116. Eindeutigkeitssätze

Die anläßlich der Untersuchung der Potenzreihen – Taylorreihen und Laurentreihen – erörterte Methode der unbestimmten Koeffizienten läßt sich auch auf Dirichletreihen übertragen.

Betrachten wir zunachst nur Dirichletreihen *reellen* Arguments x, so gilt der

Satz 1:

Wenn die Dirichletreihe

$$\mathfrak{D} = \mathfrak{D}(x) = \sum_{1}^{\infty} a_\nu e^{-\lambda_\nu x}$$

für alle oberhalb einer festen Zahl α liegenden x-Werte verschwindet, so verschwindet sie identisch, d. h. es ist

$$a_1 = a_2 = a_3 = \cdots = 0.$$

Beweis. Angenommen, es sei beispielsweise a_1 von Null verschieden. $x = c$ sei ein oberhalb α liegender x-Wert, für den $\mathfrak{D}$ verschwindet und damit konvergiert. Wie wir wissen, konvergiert dann $\mathfrak{D}$ gleichmäßig für alle $x \geqq c$, so daß in diesem Bereiche $\mathfrak{D}(x)$ und damit auch $\mathfrak{D}(x)/e^{-\lambda_1 x} = \sum a_\nu e^{-\delta_\nu x}$ (mit $\delta_\nu = \lambda_\nu - \lambda_1$) *gleichmäßig* gegen Null konvergiert.
Demnach existiert ein endliches n derart, daß

$$\left|\sum_1^n a_\nu e^{-\delta_\nu x}\right| < h \qquad \text{mit} \quad h = |a_1| : 2$$

oder

$$\left|a_1 + \sum_2^n a_\nu e^{-\delta_\nu x}\right| < h,$$

mithin

$$\left|\sum_2^n a_\nu e^{-\delta_\nu x}\right| > h \tag{1}$$

ausfällt.
Wegen des endlichen n-Werts wird aber für hinreichend hohes x

$$\left|\sum_2^n a_\nu e^{-\delta_\nu x}\right| < h. \tag{2}$$

Der durch (1) und (2) verzeichnete Widerspruch verschwindet nur, wenn man die Annahme $a_1 \neq 0$ fallen läßt. Folglich ist

$$a_1 = 0.$$

Nachdem das festgestellt ist, zeigt man gerade so, daß auch a_2, dann, daß a_3, $a_4, \ldots$ usw. verschwinden muß. Unser Satz ist bewiesen.
Aus Satz 1 folgt ohne weiteres

Eindeutigkeitssatz I:

Stimmen zwei an allen Stellen der Halbgeraden $x > \alpha$ konvergente Dirichletreihen reellen Arguments x mit denselben Exponenten an jeder Stelle der Halbgeraden überein:

$$\sum a_\nu e^{-\lambda_\nu x} = \sum b_\nu e^{-\lambda_\nu x},$$

so sind sie identisch;
d. h. es stimmen je zwei indexgleiche Koeffizienten überein:

$$a_\nu = b_\nu \qquad \text{mit} \qquad \nu = 1, 2, 3, \ldots$$

Zusatz:

Man sieht leicht ein, daß der Satz richtig bleibt, wenn in der Voraussetzung statt „an allen Stellen der Halbgeraden $x > \alpha$" steht „an unendlich vielen unbegrenzt wachsenden Stellen der Halbgeraden $x > \alpha$".

Wir gehen über zu Dirichletreihen komplexen Arguments $z = x + iy$ und beweisen das

Lemma:

Konvergiert eine nichtidentisch verschwindende Dirichletreihe

$$\mathfrak{D} = \mathfrak{D}(z) = \sum_1^\infty a_\nu e^{-\lambda_\nu z}$$

an einer Stelle z_0 absolut, so ist $\mathfrak{D}(z)$ für alle z, deren Realteil eine gewisse feste Zahl k überschreitet, von Null verschieden.

Beweis. Da $\mathfrak{D}$ nicht identisch verschwindet, so sei etwa

$$a_1 = a_2 = a_3 = \cdots = a_\varrho = 0 \quad \text{und} \quad a_\sigma \neq 0 \quad \text{mit} \quad \sigma = \varrho + 1.$$

Wir setzen $\lambda_\nu - \lambda_\sigma = \delta_\nu$ und haben

$$\mathfrak{D} \cdot e^{\lambda_\sigma z} = \sum_\sigma^\infty a_\nu e^{-\delta_\nu z} = a_\sigma + \sum_\tau^\infty a_\nu e^{-\delta_\nu z} \quad \text{mit} \quad \tau = \sigma + 1.$$

Da $\mathfrak{D}$ für alle z der Halbebene $x \geqq x_0$ (absolut und) gleichmäßig konvergiert, so existiert ein Zeiger m derart, daß in jedem Punkt z der Halbebene

$$\left| \sum_m^\infty a_\nu e^{-\delta_\nu z} \right| < h \qquad \text{mit} \quad h = |a_\sigma| : 2$$

ausfällt. Daher ist mit $n = m - 1$

$$\left| \sum_\tau^\infty a_\nu e^{-\delta_\nu z} \right| \leqq \left| \sum_\tau^n a_\nu e^{-\delta_\nu z} \right| + \left| \sum_m^\infty a_\nu e^{-\delta_\nu z} \right| < \left| \sum_\tau^n a_\nu e^{-\delta_\nu z} \right| + h,$$

also a. f.

$$\left| \sum_\tau^\infty a_\nu e^{-\delta_\nu z} \right| < \sum_\tau^n A_\nu e^{-\delta_\nu x} + h \qquad \text{mit} \quad A_\nu = |a_\nu|.$$

Nunmehr wählen wir k so, daß *für jedes* $x > k$ und für jeden Zeiger $\nu > \sigma$

$$A_\nu e^{-\delta_\nu x} < h : (n - \sigma)$$

ausfällt. Dann ist

$$\sum_\tau^n A_\nu e^{-\delta_\nu x} < h$$

und

$$\left| \sum_\tau^\infty a_\nu e^{-\delta_\nu z} \right| < 2h, \qquad [x > k]$$

Infolge dieser Ungleichung wird nun

$$|\sum_{\sigma}^{\infty} a_\nu e^{-\delta_\nu z}| = |a_\sigma + \sum_{\tau}^{\infty} a_\nu e^{-\delta_\nu z}| \geqq |a_\sigma| - |\sum_{\tau}^{\infty} a_\nu e^{-\delta_\nu z}| > 2h - 2h$$

oder $\quad |\sum_{\sigma}^{\infty} a_\nu e^{-\delta_\nu z}| > 0, \quad [x > k]$ oder $\quad |\sum_{\sigma}^{\infty} a_\nu e^{-\lambda_\nu z}| > 0, \quad [x > k]$

oder endlich

für $x > k$ $\qquad |\mathfrak{D}(z)| > 0,$ q. e. d.

Aus dem Lemma ergibt sich unmittelbar

Satz 2:

Konvergiert eine Dirichletreihe an einer Stelle absolut, und verschwindet sie an unendlich vielen Stellen mit unbegrenzt wachsenden Realteilen, so verschwindet sie identisch.

Und hieraus folgt sofort

Eindeutigkeitssatz II:

Konvergieren zwei exponentengleiche Dirichletreihen an einer Stelle absolut, und stimmen sie an unendlich vielen Stellen mit unbegrenzt wachsenden Realteilen überein, so sind die Reihen identisch.

§ 117. Multiplikation von Dirichletreihen

Um zwei an der Stelle z konvergente Dirichletreihen

$$\mathfrak{U} = \mathfrak{U}(z) = \sum_{1}^{\infty} u_r \qquad \text{mit} \quad u_r = a_r e^{-\lambda_r z}$$

und

$$\mathfrak{B} = \mathfrak{B}(z) = \sum_{1}^{\infty} v_s \qquad \text{mit} \quad v_s = b_s e^{-\mu_s z}$$

miteinander zu multiplizieren, setzen wir zunächst voraus, daß je zwei indexgleiche Exponenten gleichgroß sind:

$$\boxed{\mu_s = \lambda_r, \quad \text{falls} \quad s = r}\,.$$

Um diese Übereinstimmung indexgleicher Exponenten bei zwei beliebig vorgelegten Dirichletreihen zu gewährleisten, begaben wir $e^{-\lambda_r z}$ bzw. $e^{-\mu_s z}$, wenn es in $\mathfrak{B}$ bzw. $\mathfrak{U}$ nicht vorkommt, mit dem Koeffizienten $b_r = 0$ bzw. $a_s = 0$ und denken uns das so erzeugte Produkt v_r bzw. u_s als $r$tes bzw. $s$tes Glied in $\mathfrak{B}$ bzw. $\mathfrak{U}$ untergebracht.

Die endlichen Werte, die $\mathfrak{U}$ und $\mathfrak{V}$ an der Stelle z annehmen, seien U und V:

$$U = \sum_1^\infty u_r, \qquad V = \sum_1^\infty v_s.$$

Um die Multiplikation der beiden Reihen in der zuerst von Dirichlet vorgenommenen Manier zu bewirken, fassen wir jeweils alle summengleichen Exponentenpaare (λ_r, μ_s) zusammen, bilden also jeweils so oft die Summe $\lambda_r + \mu_s$ wie sie *denselben Wert* ν_t hat und dementsprechend die Summe der zugehörigen Produkte $u_r \cdot v_s$:

$$\sum_{\lambda_r + \mu_s = \nu_t} u_r v_s = w_t$$

und setzen

$$w_t = c_t e^{-\nu_t z} \qquad \text{mit} \quad c_t = \sum_{\lambda_r + \mu_s = \nu_t} a_r b_s.$$

Dann stellt die Dirichletreihe

$$\mathfrak{W} = \sum_1^\infty w_t = \sum_1^\infty c_t e^{-\nu_t z}$$

(in welcher also die Exponenten $\nu_1, \nu_2, \nu_3, \ldots$ wachsende positive Zahlen sind) das sog. „*Dirichletprodukt*" der beiden vorgelegten Dirichletreihen dar.
Wir beweisen jetzt den

Fundamentalsatz I:

Haben die beiden Dirichletreihen $\mathfrak{U}$ und $\mathfrak{V}$ an der Stelle z die endlichen Werte U und V, und konvergiert eine der beiden Reihen an dieser Stelle absolut, so konvergiert auch das Dirichletprodukt der beiden Reihen an der Stelle z gegen einen endlichen Wert W, und dieser ist das Produkt der Ausgangsreihen:

$$\boxed{W = U \cdot V}.$$

Beweis. Es sei etwa $\mathfrak{U}$ absolut konvergent,

$$U_r = u_1 + u_2 + \cdots + u_r, \quad V_s = v_1 + v_2 + \cdots + v_s, \quad W_t = w_1 + w_2 + \cdots + w_t,$$

und E sei eine endliche Fixzahl, die jede Teilsumme $|u_1| + |u_2| + \cdots + |u_r|$ wie auch den Betrag jeder Teilsumme $v_1 + v_2 + \cdots + v_s$ übertrifft.
ε sei eine beliebig kleine vorgegebene positive Zahl und n ein endlicher Zeiger derart, daß

1. $|U_n V_n - U V| < \varepsilon/2,$

2. jeder Restteil $|u_{n+1}| + |u_{n+2}| + \cdots + |u_{n+p}| < \varepsilon/4E,$

3. jeder Restteil $|v_{n+1} + v_{n+2} + \cdots + v_{n+p}| < \varepsilon/4E$

ist.

Weiter sei N ein Zeiger so hoch, daß in

$$W_N = \sum_1^N w_t$$

jedes Einzelprodukt $u_r v_s$ des ausmultiplizierten Klammerprodukts

$$(u_1 + u_2 + \cdots + u_n)(v_1 + v_2 + \cdots + v_n)$$

vorkommt.

Um über die Glieder von W_N einen Überblick zu gewinnen, fassen wir jeweils alle Produkte von u_r mit Gliedern aus $\mathfrak{V}$ zu einem Posten

$$\omega_r = u_r(v_a + v_b + \cdots + v_g)$$

zusammen, wo $a < b < c < \cdots < g$ ist.

Hier muß in der runden Klammer *jeder unterhalb* g liegende Zeiger s auftreten, da ja

$$\lambda_r + \mu_s < \lambda_r + \mu_g$$

ist. Unser Posten hat daher die Form

$$\omega_r = u_r(v_1 + v_2 + v_3 + \cdots + v_\mathfrak{r}),$$

wo $\mathfrak{r}$ eine Funktion von r ist.

Nun sind zwei Fälle zu unterscheiden: Für $r \leqq n$ hat ω_r die Form

$$\omega_r = u_r(v_1 + v_2 + \cdots + v_n + v_{n+1} + \cdots + v_{n+p}), \qquad [r \leqq n],$$

für $r > n$ können wir nur behaupten:

$$\omega_r = u_r(v_1 + v_2 + v_3 + \cdots + v_\mathfrak{r}), \qquad [r > n].$$

Wir achten jetzt auf die Differenz

$$d = W_N - U_n V_n.$$

Wie der Anblick der Formeln für ω_r zeigt, schreibt sie sich

$$d = \sum_1^n u_r(v_{n+1} + v_{n+2} + \cdots + v_{n+p}) + \sum_{n+1}^{n+\nu} u_r(v_1 + v_2 + \cdots + v_\mathfrak{r}),$$

wo aber p wie auch $\mathfrak{r}$ in jeder runden Klammer einen anderen Wert haben kann, und wo $n + \nu$ der höchste aller vorkommenden Zeiger von den u_r ist.

Nun liegt jede runde Klammer der ersten Summe betraglich unterhalb $\varepsilon/4E$, jede der zweiten Summe betraglich unterhalb E.

Mithin liegt die erste Summe betraglich unterhalb

$$\frac{\varepsilon}{4E} \cdot \sum_1^n |u_r| < \frac{\varepsilon}{4E} \cdot E = \frac{\varepsilon}{4},$$

die zweite betraglich unterhalb

$$E \cdot \sum_{n+1}^{n+\nu} |u_r| < E \cdot \frac{\varepsilon}{4E} = \frac{\varepsilon}{4}.$$

Demnach ist

$$|d| < \varepsilon/2.$$

Nun ist

$$W_N - UV = d + (U_n V_n - UV),$$

also

$$|W_N - UV| \leqq |d| + |U_n V_n - UV|$$

und zufolge 1.

$$|W_N - UV| < \varepsilon.$$

Diese Ungleichung lehrt, daß die Teilsumme W_N des Dirichletprodukts $\mathfrak{W}$ der vorgelegten Reihen $\mathfrak{U}$ und $\mathfrak{V}$ bei unbegrenzt wachsendem N gegen UV konvergiert:

$$W = UV, \qquad \text{q. e. d.}$$

In dem obigen Fundamentalsatze wurde gezeigt, daß das Produkt zweier konvergenter Dirichletreihen mit den Summen U und V gegen den Wert

$$W = UV$$

konvergiert, falls einer der beiden Faktoren *absolut* konvergiert.
Wenn die *absolute* Konvergenz dieses Faktors nicht verbürgt werden kann, wenn aber vorausgesetzt werden darf, daß das Produkt konvergiert, gilt

Fundamentalsatz II:

Konvergieren zwei Dirichletreihen und ihr Produkt an der Stelle z gegen die endlichen Werte U, V, W, so ist

$$W = UV.$$

Beweis. Die beiden Faktoren seien wieder

$$\mathfrak{U} = \mathfrak{U}(z) = \sum_1^\infty u_r \qquad \text{mit} \quad u_r = a_r e^{-\lambda_r z}$$

$$\mathfrak{V} = \mathfrak{V}(z) = \sum_1^\infty v_s \qquad \text{mit} \quad v_s = b_s e^{-\mu_s z}$$

(wobei $\mu_s = \lambda_s$) und ihr Produkt

$$\mathfrak{W} = \mathfrak{W}(z) = \sum_1^\infty w_t \qquad \text{mit} \quad w_t = c_t e^{-\nu_t z},$$

wo ν_t den *gemeinsamen* Wert aller möglichen Binome $\lambda_r + \mu_s$ bedeutet, $\nu_1 < \nu_2 < \nu_3 < \ldots$ ist und c_t aus allen Produkten $a_r \cdot b_s$ besteht, für welche $\lambda_r + \mu_s = \nu_t$ ist.
Der Beweis unseres Satzes beruht auf der Hilfsformel

$$\text{(I)} \qquad \int_{2\lambda_1}^{\omega} \mathfrak{w}(\tau)\, d\tau = \int_{\lambda_1}^{\omega-\lambda_1} \mathfrak{u}(\tau) \cdot \mathfrak{v}(\omega - \tau)\, d\tau,$$

in welcher die Funktionen $\mathfrak{u}(\tau)$, $\mathfrak{v}(\tau)$, $\mathfrak{w}(\tau)$ der positiven Variable τ folgendermaßen definiert sind:

Im Intervall	$[0, \lambda_1)$	$[\lambda_1, \lambda_2)$	$[\lambda_2, \lambda_3)$	$[\lambda_3, \lambda_4)$	...
$\mathfrak{u}(\tau) =$	0	u_1	$u_1 + u_2$	$u_1 + u_2 + u_3$	...
$\mathfrak{v}(\tau) =$	0	v_1	$v_1 + v_2$	$v_1 + v_2 + v_3$	...
Im Intervall	$[0, \nu_1)$	$[\nu_1, \nu_2)$	$[\nu_2, \nu_3)$	$[\nu_3, \nu_4)$	
$\mathfrak{w}(\tau) =$	0	w_1	$w_1 + w_2$	$w_1 + w_2 + w_3$	...

Der Beweis der Hilfsformel verläuft folgendermaßen (man hat $\mu_s = \lambda_s$): Zunächst ist

$$\mathfrak{w}(\tau) = \sum_{\lambda_r + \mu_s \leqq \tau} u_r v_s = \sum_{\lambda_r \leqq \tau - \lambda_1} (u_r \sum_{\mu_s \leqq \tau - \lambda_r} v_s).$$

[Um die Richtigkeit dieser Gleichung bequem zu erkennen, schreibe man die Summe $\sum u_r v_s$ wie folgt aus:

$$\begin{array}{ll} u_1(v_1 + v_2 + \cdots + v_s) & \{\text{mit } \lambda_s \leqq \tau - \lambda_1\} \\ + u_2(v_1 + v_2 + \cdots + v_s) & \{\text{mit } \lambda_s \leqq \tau - \lambda_2\} \\ + u_3(v_1 + v_2 + \cdots + v_s) & \{\text{mit } \lambda_s \leqq \tau - \lambda_3\} \\ \cdots\cdots\cdots & \cdots\cdots\cdots \\ + u_r(v_1 + v_2 + \cdots + v_s) & \{\text{mit } \lambda_s \leqq \tau - \lambda_r\}, \end{array}$$

wobei so viel Zeilen auftreten, daß der Zeiger r der letzten Zeile dadurch bestimmt ist, daß λ_r den Wert $\tau - \lambda_1$ nicht überschreitet.] Die Summe

$$\sum_{\mu_s \leqq \tau - \lambda_r} v_s = \sum_{\lambda_s \leqq \tau - \lambda_r} v_s$$

hat den Wert $\mathfrak{v}(\tau - \lambda_r)$, so daß

$$\mathfrak{w}(\tau) = \sum_{\lambda_r \leqq \tau - \lambda_1} u_r \mathfrak{v}(\tau - \lambda_r)$$

wird.

Hieraus ergibt sich für die Linksseite von (I)

$$\int_{2\lambda_1}^{\omega} \mathfrak{w}(\tau)\, d\tau = \int_{2\lambda_1}^{\omega} \sum_{\lambda_r \leqq \tau - \lambda_1} u_r \mathfrak{v}(\tau - \lambda_r)\, d\tau.$$

Nun verschwindet $\mathfrak{v}(\tau - \lambda_r)$, wenn $\tau - \lambda_r$ unterhalb λ_1 oder τ unterhalb $\lambda_1 + \lambda_r$ liegt. Daher hat das rechtsstehende Integral den Wert

$$u_1 \int_{\lambda_1 + \lambda_1}^{\omega} \mathfrak{v}(\tau - \lambda_1)\, d\tau + u_2 \int_{\lambda_1 + \lambda_2}^{\omega} \mathfrak{v}(\tau - \lambda_2)\, d\tau + u_3 \int_{\lambda_1 + \lambda_3}^{\omega} \mathfrak{v}(\tau - \lambda_3)\, d\tau + \cdots$$
$$= \sum u_r \int_{\lambda_1 + \lambda_r}^{\omega} \mathfrak{v}(\tau - \lambda_r)\, d\tau,$$

und es entsteht durch Einführung einer neuen Integrationsvariable

$$(1)\qquad \int_{2\lambda_1}^{\omega} \mathfrak{w}(\tau)\,d\tau = \sum u_r \int_{\lambda_1}^{\omega-\lambda_r} \mathfrak{v}(\tau)\,d\tau\,.$$

Wenden wir unsere Aufmerksamkeit jetzt dem rechtsseitigen Integral von (I) zu! Indem wir etwa annehmen, daß ω zwischen λ_4 und λ_5 liegt, schreibt sich

$$\int_{\lambda_1}^{\omega-\lambda_1} \mathfrak{u}(\tau)\mathfrak{v}(\omega-\tau)\,d\tau = \int_{\lambda_1}^{\lambda_2} \mathfrak{u}(\tau)\mathfrak{v}(\omega-\tau)\,d\tau + \int_{\lambda_2}^{\lambda_3} \mathfrak{u}(\tau)\mathfrak{v}(\omega-\tau)\,d\tau$$

$$+ \int_{\lambda_3}^{\lambda_4} \mathfrak{u}(\tau)\mathfrak{v}(\omega-\tau)\,d\tau + \int_{\lambda_4}^{\omega-\lambda_1} \mathfrak{u}(\tau)\mathfrak{v}(\omega-\tau)\,d\tau = u_1 \int_{\lambda_1}^{\lambda_2} \mathfrak{v}(\omega-\tau)\,d\tau$$

$$+ (u_1+u_2)\int_{\lambda_2}^{\lambda_3} \mathfrak{v}(\omega-\tau)\,d\tau + (u_1+u_2+u_3)\int_{\lambda_3}^{\lambda_4} \mathfrak{v}(\omega-\tau)\,d\tau$$

$$+ (u_1+u_2+u_3+u_4)\int_{\lambda_4}^{\omega-\lambda_1} \mathfrak{v}(\omega-\tau)\,d\tau = u_1 \int_{\lambda_1}^{\omega-\lambda_1} \mathfrak{v}(\omega-\tau)\,d\tau$$

$$+ u_2 \int_{\lambda_2}^{\omega-\lambda_1} \mathfrak{v}(\omega-\tau)\,d\tau + u_3 \int_{\lambda_3}^{\omega-\lambda_1} \mathfrak{v}(\omega-\tau)\,d\tau + u_4 \int_{\lambda_4}^{\omega-\lambda_1} \mathfrak{v}(\omega-\tau)\,d\tau\,.$$

Demnach ist allgemein

$$\int_{\lambda_1}^{\omega-\lambda_1} \mathfrak{u}(\tau)\mathfrak{v}(\omega-\tau)\,d\tau = \sum_{\lambda_r \leqq \omega-\lambda_1} u_r \int_{\lambda_r}^{\omega-\lambda_1} \mathfrak{v}(\omega-\tau)\,d\tau$$

oder, mit Einführung einer neuen Integrationsvariable

$$(2)\qquad \int_{\lambda_1}^{\omega-\lambda_1} \mathfrak{u}(\tau)\mathfrak{v}(\omega-\tau)\,d\tau = \sum u_r \int_{\lambda_1}^{\omega-\lambda_r} \mathfrak{v}(\tau)\,d\tau\,.$$

Aus (1) und (2) resultiert (I).

Alles Folgende ist nun einfach. Das rechtsseitige Integral von (I) heiße $\mathfrak{R}$, sein Integrand $\mathfrak{r}$. Wir zerlegen $\mathfrak{r}$ in vier Posten:

$$\mathfrak{r} = \mathfrak{u}(\tau)\mathfrak{v}(\omega-\tau)$$
$$= [\mathfrak{u}(\tau)-U][\mathfrak{v}(\omega-\tau)-V] + U[\mathfrak{v}(\omega-\tau)-V] + V[\mathfrak{u}(\tau)-U] + UV$$

und integrieren die Summe dieser Posten über das Intervall $(\lambda_1, \omega-\lambda_1)$, wodurch die vier Summanden

$$\mathrm{I} = \int_{\lambda_1}^{\omega-\lambda_1} [\mathfrak{u}(\tau)-U][\mathfrak{v}(\omega-\tau)-V]\,d\tau\,, \quad \mathrm{II} = U\int_{\lambda_1}^{\omega-\lambda_1} [\mathfrak{v}(\omega-\tau)-V]\,d\tau\,,$$

$$\mathrm{III} = V\int_{\lambda_1}^{\omega-\lambda_1} [\mathfrak{u}(\tau)-U]\,d\tau\,, \qquad \mathrm{IV} = UV(\omega-2\lambda_1)$$

entstehen. Zugleich ist

$$\mathfrak{R} = \mathrm{I} + \mathrm{II} + \mathrm{III} + \mathrm{IV}\,.$$

Diese Gleichung teilen wir durch ω und lassen dann ω unbegrenzt wachsen, wobei wir die Limesgleichungen

$$\lim_{\omega\to\infty} \mathfrak{u}(\omega) = U \qquad \text{und} \qquad \lim_{\omega\to\infty} \mathfrak{v}(\omega) = V$$

berücksichtigen. So ergibt sich

$$\lim \frac{\mathrm{I}}{\omega} = 0, \qquad \lim \frac{\mathrm{II}}{\omega} = 0, \qquad \lim \frac{\mathrm{III}}{\omega} = 0, \qquad \lim \frac{\mathrm{IV}}{\omega} = UV$$

und damit

$$\lim_{\omega\to\infty} \frac{\mathfrak{R}}{\omega} = UV.$$

Auf Grund dieser Gleichung verwandelt sich (I) in

$$\lim_{\omega\to\infty} \int_{2\lambda_1}^{\omega} \mathfrak{w}(\tau)\, d\tau : \omega = U\,V.$$

Da aber

$$\lim_{\omega\to\infty} \int_{0}^{2\lambda_1} \mathfrak{w}(\tau)\, d\tau : \omega = 0$$

ist, läßt sich auch schreiben

$$\text{(II)} \qquad \lim_{\omega\to\infty} \int_{0}^{\omega} \mathfrak{w}(\tau)\, d\tau : \omega = UV.$$

Hier subtrahieren wir W und bekommen

$$\text{(II')} \qquad \lim_{\omega\to\infty} \int_{0}^{\omega} [\mathfrak{w}(\tau) - W]\, d\tau : \omega = U\,V - W.$$

Nun läßt sich wegen $\lim_{\tau\to\infty} \mathfrak{w}(\tau) = W$ zu beliebig kleinem positivem ε ein endlicher fester Wert E angeben derart, daß für $\tau \geqq E$ $|\mathfrak{w}(\tau) - W|$ unterhalb ε und damit für jedes $\omega > E$

$$\left| \int_{E}^{\omega} [\mathfrak{w}(\tau) - W]\, d\tau : \omega \right| < \varepsilon$$

wird. Ist weiter G das endliche Maximum von $|\mathfrak{w}(\tau) - W|$ im Intervall $[0, E,]$ so wird

$$\left| \int_{0}^{E} [\mathfrak{w}(\tau) - W]\, d\tau \right| < EG.$$

Aus den beiden letzten Ungleichungen folgt nun

$$\left| \int_{0}^{\omega} [\mathfrak{w}(\tau) - W]\, d\tau : \omega \right| < \varepsilon + \frac{EG}{\omega}$$

und hieraus

$$\left| \lim_{\omega\to\infty} \int_{0}^{\omega} [\mathfrak{w}(\tau) - W]\, d\tau : \omega \right| \leqq \varepsilon.$$

Angesichts des willkürlichen ε-Wertes muß daher

(III) $$\lim_{\omega \to \infty} \int_0^\omega [\mathfrak{w}(\tau) - W]\, d\tau : \omega = 0$$

sein.

Schließlich folgt aus (II') und (III) $UV - W = 0$ oder

$$W = UV, \qquad \text{q. e. d.}$$

§ 118. Dirichlets L-Reihen

Unter einer *L-Reihe* versteht man eine Dirichletreihe von der Form

$$L = L(z, \chi) = \sum \frac{\chi(n)}{n^z},$$

wobei der Summationszeiger n alle natürlichen Zahlen durchläuft, und wo die zahlentheoretische Funktion $\chi(n)$ ein *zu einem gegebenen Modul K* gehöriger Charakter ist.

Unter einem *Charakter* modulo K versteht man eine Funktion χ ganzzahligen Arguments, die folgende *vier Grundeigenschaften* besitzt:

(0) $\chi(a) = 0$, falls a zu K verwandt ist,

(1) $\chi(1) = 1$,

(2) $\chi(ab) = \chi(a)\,\chi(b)$,

(3) $\chi(a) = \chi(b)$, falls $a \equiv b \bmod K$.

Daß solche Funktionen existieren, erkennt man wie folgt.

Hauptcharakter

Definiert man

$\chi(n) = 1$ oder 0, je nachdem n dem Modul K fremd oder verwandt ist, so stellt die so erklärte Funktion, da sie die vier Grundeigenschaften besitzt, einen Charakter dar.

Sie heißt *Hauptcharakter* (modulo K) und wird mit χ_1 bezeichnet.

Nebencharaktere

Außer dem Hauptcharakter χ_1 gibt es – bei $K > 2$ – auch Nebencharaktere modulo K, d. h. Charaktere, die nicht mit χ_1 übereinstimmen.

Um das einzusehen, denken wir uns K als Produkt fremder Primzahlpotenzen dargestellt. Indem wir $K > 2$ voraussetzen, kommt unter diesen Potenzen mindestens eine der drei folgenden Potenzen vor:

I. $\mathfrak{P} = p^\nu$ (p ungrade), II. $\mathfrak{P} = 2^\nu$ ($\nu = 2$), III. $\mathfrak{P} = 2^\nu$ ($\nu > 2$).

Im Falle I sei g eine Stammwurzel mod $\mathfrak{P}$, d. h. eine natürliche Zahl, deren Potenzen

$$g^1, g^2, g^3, \ldots, g^{\mathfrak{p}} \qquad \text{mit} \quad \mathfrak{p} = \varphi(\mathfrak{P})$$

[wo φ die Eulerfunktion bedeutet] modulo $\mathfrak{P}$ inkongruent sind.
Ist n verwandt zu K, so setzen wir $\chi(n) = 0$. Ist n fremd zu K, so setzen wir nach Bestimmung des Exponenten $\mathfrak{n}$ aus der Kongruenz

$$n \equiv g^{\mathfrak{n}} \bmod \mathfrak{P}$$

$$\chi(n) = E\left(\frac{\mathfrak{n}}{\mathfrak{p}}\,\omega\right),$$

wo $E(x)$ die Exponentialfunktion e^x und $\omega = 2\pi i$ ihre Periode bedeutet.
Die so definierte Funktion besitzt, wie man leicht nachprüft, die vier Grundeigenschaften.
Im Falle II setzen wir für dem Modul K verwandtes n natürlich wieder $\chi(n) = 0$, für fremdes n

$$\chi(n) = \iota^{\frac{n-1}{2}}.$$

Auch diese Funktion ist ein Charakter mod K.
[(2) folgt aus

$$\iota^{\frac{ab-1}{2}} = \iota^{\frac{a-1}{2}} \cdot \iota^{\frac{b-1}{2}},$$

da $\frac{ab-1}{2} - \frac{a-1}{2} - \frac{b-1}{2} = (a-1)(b-1):2$ gerade ist.

(3) folgt aus $\frac{a-1}{2} - \frac{b-1}{2} = \frac{a-b}{2}$, da $a-b$ als durch K teilbar, auch durch 4 teilbar ist.]
Im Falle III setzen wir für dem Modul K verwandtes n $\chi(n) = 0$, für fremdes n unter Berücksichtigung der Tatsache, daß die $2\mathfrak{p} = 2^{\nu-1}$ Zahlen [mit $\mathfrak{p} = 2^{\nu-2}$]

$$5^1, 5^2, 5^3, \ldots, 5^{\mathfrak{p}}; \quad -5^1, -5^2, -5^3, \ldots, -5^{\mathfrak{p}} \qquad [5^{\mathfrak{p}} \equiv 1 \bmod \mathfrak{P}]$$

modulo $\mathfrak{P}$ inkongruent sind,

$$n \equiv \iota^{\frac{n-1}{2}}\, 5^{\mathfrak{n}} \bmod \mathfrak{P}$$

und, nachdem $\mathfrak{n}$ so fixiert ist (mit $\mathfrak{n} \leqq \mathfrak{p}$),

$$\chi(n) = E\left(\frac{\mathfrak{n}}{\mathfrak{p}}\,\omega\right).$$

Auch die so erklärte Funktion $\chi(n)$ erfüllt die Grundbedingungen (0) bis (3).
Für jeden der in I, II, III bestimmten Charaktere ist nur dann

$$\chi(n) = 1,$$

wenn

$$n \equiv 1 \bmod \mathfrak{P}$$

ist. Für jedes andere zu K fremde n ist $\chi(n)$ von Null und von Eins verschieden.

Der gefundene Charakter χ ist also ein Nebencharakter mod K.

Zusatz

Wenn (das zu K fremde) n der Einheit modulo K inkongruent ist, so kann die Kongruenz

$$n \equiv 1 \bmod \mathfrak{P}$$

nicht für *jede* der Primzahlpotenzen $\mathfrak{P}$ gelten, deren Produkt K ausmacht, da ja sonst auch

$$n \equiv 1 \bmod K$$

wäre. Mithin gibt es unter jenen Primzahlpotenzen mindestens eine, $\mathfrak{P}$, für welche

$$n \not\equiv 1 \bmod \mathfrak{P}$$

ist. Bei dem mit diesem $\mathfrak{P}$ auf obige Weise definierten χ ist

$$\chi(n) \neq 1 .$$

Folglich:

Zu jedem dem Modul K fremden n, welches der Einheit modulo K inkongruent ist:

$$n \not\equiv 1 \bmod K,$$

läßt sich ein Charakter χ_α angeben, für den

$$\chi_\alpha(n) \neq 1$$

ist.

Zur Bildung weiterer Charaktere kann der Satz dienen:

Das Produkt zweier Charaktere modulo K ist wieder ein Charakter modulo K,

dessen Richtigkeit ohne weiteres aus den vier Grundeigenschaften folgt. Doch kann die Anzahl c aller Charaktere modulo K einen gewissen endlichen Wert nicht überschreiten. Denn es gilt der

Satz:

Für jeden zum Modul K fremden Argumentwert n ist der Charakter $\chi(n)$ eine $k$te Einheitswurzel mit $k = \varphi(K)$.

Beweis. Nach (2) ist $\chi(n) \cdot \chi(n) = \chi(n^2)$, mithin

$$\chi(n) \cdot \chi(n) \cdot \chi(n) = \chi(n^2) \cdot \chi(n) = \chi(n^3)$$

usw., also

$$\chi^k(n) = \chi(n^k).$$

Nach Fermats Satz ist

$$n^k \equiv 1 \bmod K,$$

daher nach (3) $\chi(n^k) = \chi(1)$, und dies ist nach (1) gleich 1. Demnach wird

$$\chi^k(n) = 1 \quad \text{oder} \quad \boxed{\chi(n) = \sqrt[k]{1}}\,.$$

Auf Grund dieses Satzes kann es zu jedem Argumentwert n höchstens $l = k + 1$ Charakterwerte geben: $\chi_1(n), \chi_2(n), \ldots, \chi_l(n)$. Und da die Funktion χ durch die K Argumentwerte 1, 2, 3, ..., K vollständig (d. h. für *alle* Argumentwerte) bestimmt ist, kann es nicht mehr als l^K Funktionen χ geben, ist also $c < l^K$.

Unsere Betrachtung hat gezeigt, daß es zweierlei Nebencharaktere gibt: solche, die für jeden Argumentwert reell, und solche, die nicht für jeden Argumentwert reell sind.

Man unterscheidet demgemäß *drei verschiedene Arten von Charakteren*:

Ein Charakter heißt

erster Art, wenn er der Hauptcharakter ist, d. h. wenn er nur die Werte 1 und 0 oder nur den Wert 1 annimmt,

zweiter Art, wenn er ein überall reeller Nebencharakter ist, d. h. wenn er außer 0 und 1 auch an gewissen Stellen den Wert -1 annimmt,

dritter Art endlich, wenn er ein nicht überall reeller Nebencharakter ist.

Wir beweisen jetzt den

Hauptsatz:

Die Anzahl c aller Charaktere modulo K hat den Wert $k = \varphi(K)$:

$$\boxed{c = k}.$$

Der Beweis dieses Hauptsatzes beruht auf den zwei Summensätzen:

Summensatz I:

Durchläuft bei konstantem x χ *alle Charaktere, so ist*

$$\sum_{\chi} \chi(x) = \begin{Bmatrix} c \text{ für } x \equiv 1 \bmod K \\ 0 \text{ für } x \not\equiv 1 \bmod K \end{Bmatrix}.$$

Summensatz II:

Durchläuft bei konstantem χ x *alle K Argumentwerte* (1, 2, 3, ..., K), so ist

$$\sum_{x} \chi(x) = \begin{Bmatrix} k \text{ für } \chi = \chi_1 \\ 0 \text{ für } \chi \neq \chi_1 \end{Bmatrix}.$$

Beweis von I. Wir beweisen zunächst den

Hilfssatz:

Durchläuft χ_ν *alle Charaktere* $\chi_1, \chi_2, \ldots, \chi_c$, *und ist* χ *ein beliebiger von ihnen, so durchläuft auch das Produkt* $\chi\chi_\nu$ *alle c Charaktere.*

Um das einzusehen, brauchen wir nur zu zeigen, daß die c Funktionen $\chi\chi_\nu$ voneinander verschieden sind, und zwar brauchen wir das nur für die zu K fremden Argumentwerte x zu zeigen. Wäre aber für ein solches x $\chi(x)\,\chi_\mu(x) = \chi(x)\,\chi_\nu(x)$, so wäre auch wegen $\chi(x) \neq 0$ $\chi_\mu(x) = \chi_\nu(x)$, welche Gleichung (wegen $\mu \neq \nu$) aber *nicht* für jedes Fremd x besteht.

Der Beweis von I gestaltet sich wie folgt.

Für $x \equiv 1 \mod K$ ist $\chi(x) = \chi(1) = 1$, also $\sum\limits_\chi \chi(x) = c$.

Für $x \not\equiv 1 \mod K$ und dem K verwandtes x ist $\chi(x) = 0$, also $\sum\limits_\chi \chi(x) = 0$.

Für $x \not\equiv 1 \mod K$ und dem K fremdes x ist mit $\chi_\alpha(x) \neq 1$ nach dem Hilfssatz

$$\sum_\chi \chi(x) = \sum_\chi \chi_\alpha(x)\chi(x) = \chi_\alpha(x) \sum_\chi \chi(x),$$

also wegen $\chi_\alpha(x) \neq 1$ $\sum\limits_\chi \chi(x) = 0$.

Beweis von II. Für den Hauptcharakter

$$\chi = \chi_1 \quad \text{ist} \quad \sum_x \chi(x) = 1 + 1 + \cdots + 1 \quad (k \text{ Einsen}) = k.$$

Ist aber χ ein Nebencharakter, so kann nicht für *jedes* zu K fremde x $\chi(x) = 1$ sein; sei etwa $\chi(a) \neq 1$. Durchläuft nun x ein Restsystem modulo K, so auch ax, und es ist deshalb

$$\sum_x \chi(x) = \sum_x \chi(ax) = \sum_x \chi(a)\chi(x) = \chi(a) \sum_x \chi(x),$$

also wegen $\chi(a) \neq 1$ $\sum\limits_x \chi(x) = 0$. Q. e. d.

Korollar zu Summensatz II:

Durchläuft x beliebig viele Sukzessivzahlen $(a + 1, a + 2, \ldots a + h)$, so ist für jeden Nebencharakter

$$\left|\sum \chi(x)\right| \leqq \frac{k}{2}.$$

Beweis. Da für K Sukzessivzahlen $\sum\chi(x)$ verschwindet, so darf für den Beweis die Anzahl h der Sukzessivzahlen $< K$ vorausgesetzt werden. Man vervollständige die Summe $\sum\chi(x)$ durch Hinzunahme weiterer $K - h$ sukzessiver y $(y = a + h + 1,\ a + h + 2, \ldots, a + K)$ zu einer Summe mit K Gliedern: $\sum\chi(x) + \sum\chi(y)$. Dann ist

$$\sum\chi(x) + \sum\chi(y) = 0.$$

In *einer* dieser beiden Summen kommen höchstens $k/2$ nichtverschwindende Glieder vor, da $\chi(z)$ nur dann nicht verschwindet, wenn z zu K fremd ist. *Diese* Summe ist also betraglich höchstens gleich $k/2$, damit aber auch die andere.

Nun zum Beweise des Hauptsatzes!

Der Beweis besteht in der zweimaligen Auswertung der Doppelsumme

$$D = \left\{ \begin{array}{l} \chi_1(1) + \chi_1(2) + \chi_1(3) + \cdots + \chi_1(K) \\ +\chi_2(1) + \chi_2(2) + \chi_2(3) + \cdots + \chi_2(K) \\ \cdot \quad \cdot \quad \cdot \quad \cdot \quad \cdot \quad \cdot \quad \cdot \quad \cdot \quad \cdot \quad \cdot \quad \cdot \quad \cdot \quad \cdot \\ +\chi_c(1) + \chi_c(2) + \chi_c(3) + \cdots + \chi_c(K) \end{array} \right\}.$$

Nach Summensatz I hat die erste Spalte von D den Wert c, jede andere Spalte den Wert 0.

Nach Summensatz II hat die erste Zeile von D den Wert k, jede andere Zeile den Wert 0.

Daher ist

$$D = c \qquad \text{sowie} \qquad D = k.$$

Hieraus folgt

$$c = k.$$

Wir schließen unsere Betrachtung der Charaktere mit dem

Divisionssatz:

Ist b fremd zu K, so hat die übcr alle k Charaktere χ erstreckte Summe

$$\sum_{\chi} \frac{\chi(a)}{\chi(b)}$$

den Wert k oder 0, nachdem

$$a \equiv b \qquad \text{oder} \qquad a \not\equiv b \mod K$$

ist.

Beweis. Man bestimme h so, daß $bh \equiv 1 \mod K$. Dann ist $\chi(bh) = \chi(1) = 1$, mithin $\chi(b)\,\chi(h) = 1$ und

$$\sum \frac{\chi(a)}{\chi(b)} = \sum \chi(h)\,\chi(a) = \sum \chi(ha).$$

Nach Summensatz I ist aber $\sum \chi(ha)$ gleich c oder 0, je nachdem $ha \equiv 1$ oder $\not\equiv 1 \mod K$ ist. Bei $ha \equiv 1 \mod K$ ist $a \equiv b$, bei $ha \not\equiv 1$ aber $a \not\equiv b \mod K$. Nach dem Hauptsatze ist ferner $c = k$.

Nach dieser Erörterung der wichtigsten Charaktereigenschaften wenden wir unsere Aufmerksamkeit Dirichlets L-Reihen zu, wobei wir uns jedoch auf die Betrachtung reeller Argumentwerte x beschranken. Neben

$$\boxed{L = L(x, \chi) = \sum_{1}^{\infty} \frac{\chi(n)}{n^x}}$$

achten wir auf die Reihe

$$\boxed{\Delta = \Delta(x,\chi) = \sum_{1}^{\infty} \frac{\chi(n)\, l\, n}{n^x}},$$

welche die entgegengesetzte Formalableitung von L darstellt.
Wir setzen x als nicht echtgebrochenen Positivwert:

$$x \geqq 1,$$

m. a. W. den Überschuß

$$u = x - 1$$

von x über die Einheit positiv oder doch wenigstens nichtnegativ voraus:

$$u \geqq 0.$$

Der Buchstabe $\mathfrak{e}$ bedeute einen sehr kleinen, beliebig gewahlten, dann aber festgehaltenen positiven Echtbruch.

Konvergenzsatz:

Die Reihen L und Δ konvergieren absolut und gleichmäßig für jedes $x \geqq 1 + \mathfrak{e}$. Ist χ speziell ein Nebencharakter, so gilt die gleichmäßige Konvergenz sogar für $x \geqq 1$. Außerdem bestehen dann die Ungleichungen

$$\boxed{|L| \leqq k/2, \qquad |\Delta| < k}, \quad (x \geqq 1).$$

Beweis. Der erste Teil des Satzes folgt ohne weiteres daraus, daß die Reihen L und Δ wegen $|\chi(n)| \leqq 1$ die Majoranten

$$\sum_{1}^{\infty} \frac{1}{n^x} \quad \text{und} \quad \sum_{1}^{\infty} \frac{l\, n}{n^x}$$

haben und diese für $u \geqq \mathfrak{e}$ konvergieren.
Ist χ ein Nebencharakter, so betrachte man die Restteile

$$\mathfrak{s}_a^A = \sum_{a}^{A} \frac{\chi(n)}{n^x} \quad \text{und} \quad \mathfrak{r}_a^A = \sum_{a}^{A} \frac{\chi(n)\, l(n)}{n^x}$$

der beiden Reihen, wo a und $A > a$ natürliche Zahlen bedeuten. Da die Summe beliebig vieler Sukzessivglieder der Folge $\chi(1), \chi(2), \chi(3), \ldots$ den Wert $k/2$ beträglich nicht überschreitet, und da $\frac{1}{n^x}$ für $n \geqq 1$ und $\frac{l\, n}{n^x}$ für $n \geqq 3$ *) fallende

*) Nach der Ungleichung der Exponentialfunktion ist $e^{U-u} > 1 + U - u$, mithin für $U > u \geqq 1$ $e^{U-u} > 1 + \dfrac{U-u}{u}$ oder $e^U : e^u > U : u$ oder, $e^u = n^x$, $e^U = N^x$ gesetzt, $N^x : l\, N > n^x : l\, n$, falls $n > e$ ist, da dann $e^u = n^x \geqq e$, also $u \geqq 1$ ist.

Funktionen von n sind, gelten nach Abels Lemma für die Betrage $\mathfrak{S}_a^A$ und $\mathfrak{R}_a^A$ dieser Restteile die Ungleichungen

$$\mathfrak{S}_a^A \leqq \frac{k}{2\,a^x} \leqq \frac{k}{2\,a}, \qquad \mathfrak{R}_a^A \leqq \frac{k\,l\,a}{2\,a^x} \leqq \frac{k\,l\,a}{2\,a}.$$

Diese Beträge lassen sich also für $x \geqq 1$ durch hinreichend hochgewähltes a unter jeden noch so kleinen Positivwert ε herabdrücken, womit das Konvergenzgleichmaß dargetan ist.

Wenden wir Abels Lemma auf die Summen

$$\mathfrak{s} = \sum_1^\infty \frac{\chi(n)}{n^x} \quad \text{und} \quad \mathfrak{r} = \sum_3^\infty \frac{\chi(n)\,l\,n}{n^x}$$

an, so wird

$$\mathfrak{S} \leqq \frac{k}{2} \quad \text{und} \quad \mathfrak{R} < \frac{k}{2}\,\frac{l\,3}{3} < \frac{k}{2}.$$

Daher gelten für die Beträge der Reihen L und Δ die Ungleichungen

$$|L| \leqq k/2, \quad |\Delta| < k, \quad \begin{bmatrix} \chi \neq \chi_1 \\ x \geqq 1 \end{bmatrix},$$

q. e. d.

Da $-\Delta$ die Formalableitung von L nach x ist, und da diese für $x \geqq 1 + \mathfrak{e}$ bzw. – falls χ Nebencharakter ist – für $x \geqq 1$ gleichmäßig konvergiert, gilt der

Ableitungssatz:

Die Reihe

$$\Delta = \Delta(x, \chi) = \sum_1^\infty \frac{\chi(n)\,l\,n}{n^x}$$

stellt für jedes $x \geqq 1 + \mathfrak{e}$, bei Nebencharakteren χ sogar für jedes $x \geqq 1$ die entgegengesetzte Ableitung von

$$L = L(x, \chi) = \sum_1^\infty \frac{\chi(n)}{n^x}$$

dar.

Kehrwert der L-Reihe

Für jeden oberhalb der Einheit liegenden Argumentwert x ist die Reihe

$$\boxed{M = M(x, \chi) = \sum_1^\infty \frac{\chi(n)\,\mu(n)}{n^x}},$$

in welcher μ die Möbiusfunktion*) bedeutet (wegen $|\chi(n)| \leqq 1$ und $|\mu(n)| \leqq 1$) *absolut konvergent.*

*) Die zahlentheoretische Möbiusfunktion $\mu(g)$ ist

$$= \begin{cases} 1 \text{ für } g = 1, \\ \iota^\nu, \text{ wenn } g \text{ das Produkt von } \nu \text{ verschiedenen Primzahlen ist,} \\ 0 \text{ in jedem anderen Falle.} \end{cases}$$

Es gilt

Kehrwertsatz 1:

Für jedes oberhalb der Einheit liegende x stellt die Reihe M den Kehrwert der L-Reihe dar:

$$\boxed{M = \frac{1}{L}}, \quad (x > 1).$$

Beweis. Zum Beweise bilden wir das Produkt $\mathfrak{P}$ der beiden absolut konvergenten Reihen

$$L = \sum_1^\infty \frac{\chi(n)}{n^x}, \qquad M = \sum_1^\infty \frac{\chi(n)\mu(n)}{n^x}:$$

$$\mathfrak{P} = L \cdot M = \sum_1^\infty \frac{\chi(a)}{a^x} \cdot \sum_1^\infty \frac{\chi(b)\mu(b)}{b^x}.$$

Bedeutet g eine beliebige natürliche Zahl, und stellt das Gleichungssystem

$$g = a_1 b_1, \qquad g = a_2 b_2, \qquad \ldots, \qquad g = a_\sigma b_\sigma$$

sämtliche σ Möglichkeiten der Zerlegung von g in ein Produkt zweier positiver ganzzahliger Faktoren dar, so ist

$$\mathfrak{P} = \sum_1^\infty \frac{\chi(g)F(g)}{g^x}$$

mit
$$F(g) = \mu(b_1) + \mu(b_2) + \cdots + \mu(b_\sigma).$$

Da $b_1, b_2, \ldots, b_\sigma$ samtliche Positivteiler von g sind, hat $F(g)$ den Wert 1 oder 0, je nachdem $g = 1$ oder $g > 1$ ist.

Daher wird

$$\mathfrak{P} = \frac{\chi(1)}{1^x} = 1$$

und

$$M = 1 : L. \qquad \text{Q. e. d.}$$

Man kann noch einen zweiten Ausdruck für den Kehrwert von L angeben. Zu dem Zweck betrachte man das über alle Primzahlen p erstreckte unendliche Produkt

$$P = \prod_p \left[1 - \frac{\chi(p)}{p^x}\right].$$

Man berechne zunächst das Produkt

$$P_\nu = \left[1 - \frac{\chi(p)}{p^x}\right]\left[1 - \frac{\chi(q)}{q^x}\right] \cdots \left[1 - \frac{\chi(t)}{t^x}\right],$$

wo $p, q, r, \ldots, t$ *die* Primzahlen bedeuten, die die Zahl ν nicht überschreiten.

Es ergibt sich

$$\begin{aligned} P_\nu &= 1 - \left[\frac{\chi(p)}{p^x} + \frac{\chi(q)}{q^x} + \cdots\right] + \left[\frac{\chi(pq)}{(pq)^x} + \frac{\chi(pr)}{(pr)^x} + \cdots\right] \\ &\quad - \left[\frac{\chi(pqr)}{(pqr)^x} + \frac{\chi(pqs)}{(pqs)^x} + \cdots\right] + \cdots \\ &= \chi(1)\,\mu(1) + \left[\frac{\chi(p)\,\mu(p)}{p^x} + \frac{\chi(q)\,\mu(q)}{q^x} + \cdots\right] \\ &\quad + \left[\frac{\chi(pq)\,\mu(pq)}{(pq)^x} + \frac{\chi(pr)\,\mu(pr)}{(pr)^x} + \cdots\right] + \cdots \\ &= \sum \frac{\chi(n)\,\mu(n)}{n^x}, \end{aligned}$$

wo der Summationsbuchstabe n alle natürlichen Zahlen durchläuft, die durch keine oberhalb t liegende Primzahl teilbar sind. Diese Summe strebt aber bei unbegrenzt wachsendem ν gegen M. Folglich ist

$$\lim_{\nu \to \infty} P_\nu = M$$

oder

$$\boxed{P = M}\,.$$

Wir haben

Kehrwertsatz 2:

Das über alle Primzahlen p erstreckte unendliche Produkt

$$\boxed{P = \prod_p \left[1 - \frac{\chi(p)}{p^x}\right]}$$

ist der Kehrwert der L-Reihe $L = \sum_1^\infty \frac{\chi(n)}{n^x}$:

$$\boxed{P = \frac{1}{L}}\,, \quad (x > 1).$$

Aus dem ersten Kehrwertsatz folgt unmittelbar:

Die L-Reihe kann für oberhalb der Einheit liegende Argumentwerte nicht verschwinden:

$$\boxed{L(x, \chi) \neq 0} \qquad \text{für } x > 1.$$

Darüber hinaus laßt sich noch zeigen:

Die L-Reihe mit Nebencharakter verschwindet auch an der Stelle $x = 1$ nicht:

$$\boxed{L(1, \chi) \neq 0} \qquad \text{für } \chi \neq \chi_1.$$

Der Beweis dieser bedeutsamen Ungleichung ist nicht ganz einfach.

Wir beginnen mit dem Falle eines Charakters χ dritter Art.

Wie schon oben bedeutet χ_1 den Hauptcharakter. Wir achten auf das Produkt

$$X = L^3(x, \chi_1) \cdot L^4(x, \chi) \cdot L^2(x, \chi^2).$$

Sein Kehrwert Y zerfallt nach Kehrwertsatz 2 in das Produkt der unendlich vielen Faktoren

$$f_p = \left[1 - \frac{\chi_1(p)}{p^x}\right]^3 \left[1 - \frac{\chi(p)}{p^x}\right]^4 \left[1 - \frac{\chi^2(p)}{p^x}\right]^2,$$

wo p alle zu K fremden Primzahlen durchlauft.

Das Produkt f_p hat für den Modul K fremde p die Form

$$f_p = (1-q)^3 (1-q\gamma)^4 (1-q\Gamma)^2,$$

wo $q = 1 : p^x$ einen positiven Echtbruch, $\gamma = e^{i\alpha}$ eine Gaußzahl und $\Gamma = e^{2i\alpha}$ das Quadrat dieser Gaußzahl bedeutet.

Wir achten auf das Produkt

$$\mathfrak{p} = |\gamma - q|^4 \, |\Gamma - q|^2,$$

welches mit $(1 - q\gamma)^4 (1 - q\Gamma)^2$ betragsgleich ist. Es schreibt sich

$$(1 + q^2 - 2\,qo)(1 + q^2 - 2\,qo)(1 + q^2 - 2\,qO),$$

wo o bzw. O den Cosinus von α bzw. 2α bedeutet, und ist nach Cauchys Satz vom arithmetischen und geometrischen Mittel

$$\leqq \left[1 + q^2 + \frac{2\,q}{3} + \frac{4\,q}{3}\,\omega(1-\omega)\right]^3,$$

wo ω den Cosinus von $\pi - \alpha$ bedeutet.

Da aber nach demselben Satze $\omega(1-\omega) \leqq 1/4$ ist, wird

$$\mathfrak{p} \leqq (1 + q + q^2)^3, \quad \text{also a. f.} \quad \mathfrak{p} < 1 : (1-q)^3.$$

Hieraus folgt dann sukzessiv

$$|f_p| < 1, \qquad |Y| < 1, \qquad |X| > 1.$$

Weiter ist nun für jeden positiven Echtbruch u [§ 14]

$$L(x, \chi_1) \leqq \sum_1^{\infty} \frac{1}{n^x} < \frac{2^u}{u} < \frac{2}{u}$$

sowie

$$|L(x, \chi^2)| \leqq k/2. \quad [\chi^2 \text{ ist nicht } \chi_1!]$$

Ware nun

$$L(1, \chi) = 0,$$

so ware wegen

$$L(x, \chi) - L(1, \chi) = \int_1^x L'(t, \chi)\,dt$$

und wegen

$$|L'(t, \chi)| < k$$

$$|L(x, \chi)| < k u.$$

Dann müßte also

$$|X| < \frac{8}{u^3} \cdot k^4 u^4 \cdot \frac{k^2}{4} = 2 k^6 u,$$

mithin wegen $|X| > 1$

$$u > 1 : 2 k^6$$

sein, was natürlich für alle unterhalb $1 : 2 k^6$ liegenden positiven u nicht stimmt. Damit zeigt sich ein Widerspruch, der nur verschwindet, wenn man die Ungleichung

$$L(1, \chi) \neq 0$$

zugibt.

Da die im vorstehenden Beweise benötigte Ungleichung

$$|L(x, \chi^2)| \leqq k/2$$

für einen Nebencharakter χ *zweiter* Art nicht gilt, weil ja χ^2 Hauptcharakter ist, so muß die Ungleichung

$$L(1, \chi) \neq 0$$

noch für einen Nebencharakter χ *zweiter* Art bewiesen werden.

Zu dem Zwecke führen wir die zahlentheoretische Funktion

$$F(z) = \sum \chi(\tau)$$

ein, wo der Summationsbuchstabe τ alle Positivteiler von z durchläuft.

Für den einfachsten Fall einer Primzahlpotenz, $z = p^m$, wird

$$F(p^m) = 1 + \chi(p) + \chi(p^2) + \cdots + \chi(p^m) = \begin{cases} 1, \text{ falls } \chi(p) = 0, \\ m+1, \text{ falls } \chi(p) = 1, \\ 0, \text{ falls } \chi(p) = -1 \text{ und } m \text{ ungerade}, \\ 1, \text{ falls } \chi(p) = -1 \text{ und } m \text{ gerade ist.} \end{cases}$$

Daher ist

(1) $$F(p^m) \geqq 0, \quad \text{bei gradem } m \text{ sogar } \geqq 1.$$

Weiter ist für das Produkt xy zweier Fremdzahlen x und y $[x \frown y]$

$$F(xy) = \sum \chi(\tau) = \sum \chi(\xi\eta) = \sum \chi(\xi)\chi(\eta),$$

wo τ alle Teiler von xy, ξ alle Teiler von x und η alle Teiler von y durchläuft. Da aber

$$\sum \chi(\xi)\chi(\eta) = \sum \chi(\xi) \cdot \sum \chi(\eta) = F(x) \cdot F(y)$$

ist, gilt die Formel

(2) $$F(xy) = F(x) \cdot F(y), \qquad x \frown y.$$

Aus (1) und (2) ergibt sich, daß

(3) $$F(z) \geqq 0, \quad \text{bei quadratischem } z \text{ sogar } \geqq 1$$

ist.

Wir setzen nunmehr

$$a = 4k, \quad b = a^2, \quad c = a^3, \quad d = a^4, \quad f = a^6$$

und betrachten die Summe

$$\mathfrak{S} = \sum_{t \leqq f} 2(f - t) F(t) = \sum_{rs \leqq f} 2(f - rs)\chi(s),$$

in welcher t alle f nicht überschreitenden Positivzahlen, r und s alle Positivzahlen, deren Produkt f nicht überschreitet, durchlaufen.

Wir verschaffen uns eine untere und eine obere Schranke, U bzw. O, von $\mathfrak{S}$, so daß also

$$U < \mathfrak{S} < O$$

wird. Aus der entstehenden Ungleichung

$$U < O$$

wird sich dann die erstrebte Ungleichung

$$L(1, \chi) \neq 0$$

ergeben.

Zunächst folgt aus (3)

$$\mathfrak{S} \geqq \sum_{\tau \leqq c} 2(f - \tau^2) = 2cf - 2\sum_{1}^{c} \tau^2 = 2cf - \frac{c(c+1)(2c+1)}{3}$$

und weiter, da der rechtsstehende Bruch unterhalb c^3 liegt (es ist $c \geqq 64$),

$$\mathfrak{S} > U \quad \text{mit} \quad U = 2cf - c^3 = cf.$$

Sodann zerlegen wir $\mathfrak{S}$, diesmal die zweite Schreibung benutzend, in zwei Teile:

$$\mathrm{I} = \sum_{r \leqq b} \sum_{d < s \leqq \frac{f}{r}} 2(f - rs)\chi(s) \quad \text{und} \quad \mathrm{II} = \sum_{s \leqq d} \sum_{r \leqq \frac{f}{s}} 2(f - rs)\chi(s).$$

Am einfachsten läßt sich I abschätzen. Da

$$f - rs < f \quad \text{und} \quad \left| \sum_{d+1}^{f.r} \chi(s) \right| \leqq k/2$$

ist, so ergibt sich sofort

$$|\mathrm{I}| < \sum_{1}^{b} fk = bfk; \qquad \text{also} \quad |\mathrm{I}| < cf : 4.$$

Um II abzuschatzen, schreiben wir

$$\mathrm{II} = \sum_{s \leqq d} \chi(s) \sum_{r \leqq g} (2f - 2rs),$$

wo g die größte in $f:s$ steckende Ganzzahl bedeutet, und berechnen zuerst

$$\sigma = \sum_{r \leqq g} (2f - 2rs).$$

Das gibt

$$\sigma = 2fg - 2s \sum_{r \leqq g} r = 2fg - sg(g+1) = g(2f - s) - g^2 s.$$

Hier ersetzen wir g durch $f:s - \theta$, wo θ einen gewissen nichtnegativen Echtbruch bedeutet, und bekommen

$$\sigma = \frac{f^2}{s} - f + s\varepsilon \qquad \text{mit} \quad \varepsilon = \theta(1-\theta).$$

Darauf wird

$$\text{II} = \sum_1^d{}' \sigma\chi(s) = f^2 \sum_1^d{}' \frac{\chi(s)}{s} - f \sum_1^d{}' \chi(s) + \sum_1^d{}' \varepsilon s \chi(s).$$

Das dritte Glied der rechten Seite dieser Gleichung ist wegen $\varepsilon < 1$ und $|\chi(s)| \leqq 1$ betraglich kleiner als $\sum_1^d s = d\frac{d+1}{2}$, also sicher kleiner als $cf:4$. Das zweite Glied ist wegen $|\sum_1^d \chi(s)| \leqq k/2$ betraglich kleiner als $kf:2$, also sicher kleiner als $cf:8$. Bleibt noch das erste Glied abzuschatzen. Wir schreiben es

$$f^2 \sum_1^\infty{}' \frac{\chi(s)}{s} - f^2 \sum_{d+1}^\infty{}' \frac{\chi(s)}{s} = f^2 L(1,\chi) - f^2 \sum_{d+1}^\infty{}' \frac{\chi(s)}{s}.$$

Nach der Ungleichung $\mathfrak{S}_a^A \leqq k:2a$ des Konvergenzsatzbeweises ist

$$\left| \sum_{d+1}^\infty{}' \frac{\chi(s)}{s} \right| \leqq \frac{k/2}{d+1} < \frac{k}{2d},$$

der Subtrahend unserer Gleichung also betraglich kleiner als $\frac{kf^2}{2d} = cf:8$. Damit wird

$$|\text{II}| < f^2 L(1,\chi) + \frac{1}{2} cf.$$

Demnach ist

$$\mathfrak{S} < O \qquad \text{mit} \quad O = f^2 L(1,\chi) + \frac{3}{4} cf.$$

Schließlich gibt die Ungleichung $O > U$

$$L(1, \chi) > \frac{1}{256 k^3},$$

womit zugleich gezeigt ist, daß $L(1,\chi)$ nicht verschwinden kann.
Der vorstehende Beweis stammt von Landau.

Der Quotient $Q = \Delta : L$

Wir beenden unsern Exkurs über L-Reihen mit einer kurzen Betrachtung der bezogenen Ableitung der L-Reihe, die nicht anderes ist als der entgegengesetzte Wert des Quotienten

$$Q = Q(x, \chi) = \Delta(x, \chi) : L(x, \chi).$$

Für diesen Quotienten gilt folgender

Entwicklungssatz:

Der Quotient Q läßt sich für $x > 1$ in eine absolut konvergente Dirichletreihe entwickeln:

$$\boxed{Q = \sum_1^\infty \frac{\chi(n)\Lambda(n)}{n^x}}, \quad (x > 1).$$

Dabei bedeutet $\Lambda(n)$ die zahlentheoretische Funktion, welche den Wert lp oder 0 hat, je nachdem an der kanonischen Zerlegung von n nur die eine Primzahl p oder mehrere ungleiche Primzahlen beteiligt sind.

In dem besonderen Falle, wo der Modul K den Wert 1 hat, wo also für jedes n $\chi(n) = 1$ ist, wird

$$L = \mathfrak{A} = \sum_1^\infty \frac{1}{n^x}, \qquad \Delta = \mathfrak{B} = \sum_1^\infty \frac{ln}{n^x}, \qquad Q = \mathfrak{C} = \sum_1^\infty \frac{\Lambda(n)}{n^x}$$

und

$$\mathfrak{B} : \mathfrak{A} = \mathfrak{C}.$$

Zum Beweise des Entwicklungssatzes bilden wir das Produkt der für $x > 1$ absolut konvergenten Reihen

$$L = L(x, \chi) = \sum_1^\infty \frac{\chi(r)}{r^x} \quad \text{und} \quad \mathfrak{Q} = \sum_1^\infty \frac{\chi(s)\Lambda(s)}{s^x}.$$

(Die Reihe $\mathfrak{Q}$ konvergiert für $x > 1$ absolut, weil $|\chi(s)\Lambda(s)| \leqq \Lambda(s) \leqq ls$ ist.) Das gibt

$$L\,\mathfrak{Q} = \sum_1^\infty \frac{\chi(r)}{r^x} \cdot \sum_1^\infty \frac{\chi(s)\Lambda(s)}{s^x} = \sum_1^\infty \frac{\chi(t)}{t^x} \sum_\tau \Lambda(\tau),$$

wobei die von 1 bis ∞ laufende natürliche Zahl t als Produkt rs gedacht ist und in $\sum_\tau$ τ alle Teiler von t durchläuft. Nach der Grundeigenschaft der Λ-Funktion ist aber $\sum_\tau \Lambda(\tau) = lt$, und es wird

$$L\,\mathfrak{Q} = \sum_1^\infty \frac{\chi(t)\,l\,t}{t^x} = \Delta,$$

d. h. $Q = \mathfrak{Q}$, q. e. d.

Schrankensatz:

Ist χ ein Nebencharakter, so bleibt der Quotient Q für $x \geqq 1$ beschränkt.
Ist χ ein Hauptcharakter, so ist Q zwar für $x > 1$ endlich, wächst aber bei unbegrenzter Annäherung von x an die Einheit ins Unendliche:

$$\lim_{x \to 1} Q(x, \chi_1) = +\infty.$$

Beweis. 1. Nach dem Konvergenzsatz ist $L(x, \chi)$ mit Nebencharakter für $x \geqq 1$ stetig. Nach Kehrwertsatz 1 verschwindet es für $x > 1$ nirgends. Nach der Ungleichung $L(1, \chi) \neq 0$ verschwindet es auch an der Stelle $x = 1$ nicht. Daher ist $1 : L(x, \chi)$ für $x \geqq 1$ beschränkt. Auch $\Delta(x, \chi)$ ist nach der Ungleichung $|\Delta| < k$ beschrankt.
Folglich ist auch Q für $x \geqq 1$ beschränkt.
2. Nach Kehrwertsatz 1 verschwindet $L(x, \chi_1)$ für $x > 1$ nirgends, bleibt also $1 : L(x, \chi_1)$ endlich. Nach dem Entwicklungssatz ist

$$Q(x, \chi_1) = \sum \frac{\Lambda(m)}{m^x},$$

wo der Summationsbuchstabe m alle zum Modul K fremden natürlichen Zahlen durchlauft.

Subtrahieren wir diese Summe von $\sum_1^\infty \frac{\Lambda(n)}{n^x}$, so wird, wenn $p, q, r, \ldots$ die in K aufgehenden Primzahlen bedeuten, die Differenz $\mathrm{I} + \mathrm{II} + \mathrm{III} + \cdots$ mit

$$\mathrm{I} = \frac{lp}{p^x} + \frac{lp}{p^{2x}} + \frac{lp}{p^{3x}} + \cdots = \frac{lp}{p^x - 1},$$

$$\mathrm{II} = \frac{lq}{q^x} + \frac{lq}{q^{2x}} + \frac{lq}{q^{3x}} + \cdots = \frac{lq}{q^x - 1} \quad \text{usw.}$$

Daher entsteht

$$Q(x, \chi_1) = \sum \frac{\Lambda(m)}{m^x} = \sum_2^\infty \frac{\Lambda(n)}{n^x} - E = \mathfrak{C} - E,$$

wo E den *endlichen* Wert $\mathrm{I} + \mathrm{II} + \mathrm{III} + \cdots$ bedeutet, so daß es nur darauf ankommt,

$$\lim_{x \to 1} \mathfrak{C}$$

zu ermitteln.
Nach dem Entwicklungssatze ist nun

$$\mathfrak{C} = \mathfrak{B} : \mathfrak{A},$$

und wir haben zu zeigen, daß der Quotient $\mathfrak{B} : \mathfrak{A}$ dem Unendlichen zustrebt, wenn sich x der Einheit unbegrenzt nahert.

Behauptet aber jemand, daß dieser Quotient eine gewisse *endliche* Schranke h nicht überschreiten kann, so bestimmen wir eine endliche Ganzzahl $g > e^{2h}$ und zerlegen $\mathfrak{A}$ und $\mathfrak{B}$ in zwei Teile

$$\mathfrak{A} = \mathfrak{a} + \mathfrak{a}', \qquad \mathfrak{B} = \mathfrak{b} + \mathfrak{b}',$$

von denen $\mathfrak{a}$ bzw. $\mathfrak{b}$ die ersten g Glieder von $\mathfrak{A}$ bzw. $\mathfrak{B}$ umfaßt. Dann ist

$$\mathfrak{B} > \mathfrak{b}' > lg \cdot (\mathfrak{A} - \mathfrak{a}),$$

mithin

$$\mathfrak{B} : \mathfrak{A} > lg \cdot \left(1 - \frac{\mathfrak{a}}{\mathfrak{A}}\right).$$

Darauf wählen wir, was wegen $\lim\limits_{x \to 1} \mathfrak{A} = \infty$ geht, x so nahe an 1, daß $\mathfrak{a} : \mathfrak{A}$ unterhalb $1/2$ liegt. Dann wird

$$\mathfrak{C} = \mathfrak{B} : \mathfrak{A} > \frac{1}{2} lg = l\sqrt{g} > h.$$

Die Behauptung war also falsch; daher ist

$$\lim_{x \to 1} \mathfrak{C} = \infty, \quad \text{q. e. d.}$$

NEUNTER ABSCHNITT

ASYMPTOTISCHE REIHEN

§ 119. Bernoullipolynome

Bei manchen analytischen Untersuchungen spielt das System der sog. Bernoullipolynome eine wichtige Rolle.

Das Bernoullipolynom [$m$ten Grades mit $m = n + 1$] $\varphi^n(x)$ ist definiert als Koeffizient von $t^n : n!$ in der Potenzreihe für die Funktion $(e^{xt} - 1) : (e^t - 1)$:

$$\frac{e^{xt}-1}{e^t-1} = x + \varphi^1(x)\,t + \varphi^2(x)\cdot\frac{t^2}{2!} + \varphi^3(x)\cdot\frac{t^3}{3!} + \varphi^4(x)\cdot\frac{t^4}{4!} + \cdots,$$

welche, wie wir wissen, für $|t| < 2\pi$ sicher konvergiert.

Wie wir gleich sehen werden, hangen die Koeffizienten der Bernoullipolynome von den Bernoullizahlen B^1, B^2, B^3, ... ab. Es ist doch (§ 89) symbolisch

$$\frac{t}{e^t-1} = e^{Bt},$$

mithin

$$t\,\frac{e^{xt}-1}{e^t-1} = e^{(B+x)t} - e^{Bt},$$

und der Koeffizient von $t^m : m!$ mit $m = n + 1$ der nach Potenzen von t entwickelten linken bzw. rechten Seite dieser Gleichung ist einerseits $m\varphi^n(x)$, anderseits $(B + x)^m - B^m$. Daher wird symbolisch

$$\boxed{\varphi^n(x) = \frac{(B+x)^m - B^m}{m}} \qquad \text{mit} \quad m = n + 1.$$

So ist beispielsweise [wegen $B_1 = -{}^1/_2$]

$$\varphi^1(x) = \frac{x^2 - x}{2} = \frac{1}{2}\,x\,(x-1)$$

$$\varphi^2(x) = \frac{2x^3 - 3x^2 + x}{6} = \frac{1}{3}\,x\left(x - \frac{1}{2}\right)(x-1)$$

$$\varphi^3(x) = \frac{x^4 - 2x^3 + x^2}{4} = \frac{1}{4}\,x^2(x-1)^2$$

$$\varphi^4(x) = \frac{6x^5 - 15x^4 + 10x^3 - x}{30} = \frac{1}{5}\,x\left(x - \frac{1}{2}\right)(x-1)\left(x^2 - x - \frac{1}{3}\right).$$

Wir wollen die Polynome

$$\varphi^1(x), \quad \varphi^3(x), \quad \varphi^5(x), \quad \ldots$$

kurzweg ungerade, die Polynome

$$\varphi^2(x), \quad \varphi^4(x), \quad \varphi^6(x), \quad \ldots$$

gerade Polynome nennen.

Um die ungeraden wie auch die geraden Polynome für sich zu betrachten, setzen wir in der Definitionsformel $-t$ statt t, und bekommen

$$\frac{e^{-xt}-1}{e^{-t}-1} = x - \varphi^1(x)\,t + \varphi^2(x)\frac{t^2}{2!} - \varphi^3(x)\frac{t^3}{3!} + - \cdots.$$

Durch Addition und Subtraktion erhalten wir die beiden Formeln

$$S(x) = \frac{e^{xt}-1}{e^t-1} + \frac{e^{-xt}-1}{e^{-t}-1} = \frac{e^{xt}-e^{\overline{1-x}t}}{e^t-1} + 1$$

mit

$$S(x) = 2\left[x + \varphi^2(x)\frac{t^2}{2!} + \varphi^4(x)\frac{t^4}{4!} + \cdots\right]$$

und

$$U(x) = \frac{e^{xt}-1}{e^t-1} - \frac{e^{-xt}-1}{e^{-t}-1} = \frac{e^{(x-\nu)t} + e^{(\nu-x)t} - e^{\nu t} - e^{-\nu t}}{e^{\nu t} - e^{-\nu t}}, \quad \{\nu = 1/2\},$$

mit

$$U(x) = 2\left[\varphi^1(x)\,t + \varphi^3(x)\frac{t^3}{3!} + \varphi^5(x)\frac{t^5}{5!} + \cdots\right].$$

Verwandeln wir jetzt in den beiden für $S(x)$ und $U(x)$ gefundenen Ausdrücken x in $1-x$, so ergeben sich die Gleichungen

$$S(x) + S(1-x) = 2 \quad \text{und} \quad U(1-x) = U(x).$$

Mit Benutzung der eckigen Klammern und der Abkürzungen

$$\varphi^n(x) + \varphi^n(1-x) = s^n(x) \quad \text{und} \quad \varphi^m(1-x) - \varphi^m(x) = u^m(x)$$

für grades n und ungerades m gehen die erhaltenen Gleichungen in

$$1 + s^2(x)\frac{t^2}{2!} + s^4(x)\frac{t^4}{4!} + \cdots = 1 \quad \text{und} \quad u^1(x)\,t + u^3(x)\frac{t^3}{3!} + u^5(x)\frac{t^5}{5!} + \cdots = 0$$

über. Nach der Methode der unbestimmten Koeffizienten ist daher

$$s^2(x)=0,\; s^4(x)=0,\; s^6(x)=0,\; \cdots \quad \text{und} \quad u^1(x)=0,\; u^3(x)=0,\; u^5(x)=0,\; \ldots$$

oder

$$\boxed{\varphi^n(1-x) = -\varphi^n(x) \quad \text{für gerades } n}$$

und

$$\boxed{\varphi^m(1-x) = \varphi^m(x) \quad \text{für ungerades } m}.$$

Geometrisch ausgedrückt:

Symmetriesatz:

Die Schaukurve des geraden Bernoullipolynoms ist symmetrisch zum Punkt $x = \frac{1}{2}$ *(der x-Achse).*

Die Schaukurve des ungeraden Bernoullipolynoms ist symmetrisch zur Geraden $x = \frac{1}{2}$.

Wurzelsatz:

Jedes Bernoullipolynom hat die Wurzeln 0 *und* 1, *jedes gerade Bernoullipolynom außerdem die Wurzel* $^1/_2$; *andere Wurzeln als die genannten haben die Bernoullipolynome im Grundintervall* $\mathfrak{g}$ [0, 1] *nicht.*

Beweis. Aus

$$\varphi^n(x) = \frac{(B+x)^m - B^m}{m} \qquad \text{mit } m = n+1$$

folgt zunachst

$$\varphi^n(0) = 0,$$

ferner wegen der Definitionsformel $(B+1)^m = B^m$ der Bernoullizahlen

$$\varphi^n(1) = 0.$$

Weiter hat man

$$e^{2Bt} = 2t : (e^{2t} - 1),$$

mithin

$$(e^t + 1)\, e^{2Bt} = 2 \cdot t : (e^t - 1) = 2\, e^{Bt}$$

oder

$$e^{(2B+1)t} + e^{2Bt} = 2\, e^{Bt}.$$

Nach der Methode der unbestimmten Koeffizienten folgt hieraus für den Koeffizient von $t^m : m!$

$$(2B+1)^m + 2^m B^m = 2B^m$$

oder

$$\boxed{\varphi^n\left(\frac{1}{2}\right) = \frac{\left(B + \frac{1}{2}\right)^m - B^m}{m} = -2B^m \cdot \frac{1 - 2^{-m}}{m}} \quad \text{mit } m = n+1$$

und hieraus

$$\text{für } gerades\ n \qquad \varphi^n\left(\frac{1}{2}\right) = 0.$$

Nun muß nachgewiesen werden, daß außer den genannten im Grundintervall keine anderen Wurzeln existieren.

Zu diesem Nachweise benötigen wir die Ableitung von $\varphi^n = \varphi^n(x)$ nach x:

$$\boxed{D\varphi^n = (B+x)^n = B^n + n\,\varphi^{n-1}}\,.$$

Wir behaupten zunachst:

Kein ungerades Polynom erreicht im Grundintervall mehr als zweimal denselben Wert.

Beweis. Angenommen, φ^7 etwa erreiche an den drei Stellen α, β, γ denselben Wert c. Dann verschwindet $\varphi^7 - c$ an diesen drei Stellen, und nach Rolles Satz verschwindet seine Ableitung $B^7 + 7\varphi^6 = 7\varphi^6$ *zwischen* α und β wie auch zwischen β und γ. Da φ^6 aber auch an den Intervallenden 0 und 1 verschwindet, wird φ^6 im Intervall mindestens *vier*mal Null, verschwindet mithin seine Ableitung $B^6 + 6\varphi^5$ mindestens *drei*mal in $\mathfrak{g}$, nimmt also φ^5 in $\mathfrak{g}$ mindestens dreimal denselben Wert an.

Hieraus folgt gerade so, daß auch φ^3 in $\mathfrak{g}$ und hieraus, daß auch φ^1 in $\mathfrak{g}$ mindestens *drei*mal denselben Wert erreicht. Letzteres aber ist unmöglich, da φ^1 nur vom 2ten Grade ist. Daher kann auch φ^7 in $\mathfrak{g}$ nicht mehr als zweimal denselben Wert erreichen. Und das gilt nicht nur für den Zeiger 7, sondern auch für jeden andern ungeraden Zeiger.

Folglich:

Ein ungerades Bernoullipolynom verschwindet im Grundintervallinnern nirgends; es behält also im Intervall überall dasselbe Vorzeichen.

Und hieraus folgt auch leicht:

Ein gerades Bernoullipolynom verschwindet nur an den drei Stellen 0, $^1/_2$, 1 *des Grundintervalls.*

In der Tat: verschwindet φ^n bei geradem n mehr als dreimal in $\mathfrak{g}$, so verschwindet nach Rolle seine Ableitung $B^n + n\varphi^{n-1}$ mindestens dreimal in $\mathfrak{g}$, erreicht sonach φ^{n-1} als ungerades Polynom dreimal denselben Wert, was aber nicht sein kann. Q. e. d.

Schaukurvenverlauf

Die Schaukurve eines ungeraden Bernoullipolynoms im Grundintervall bildet ein Wellental oder einen Wellenberg, je nachdem der Polynomzeiger von der Form $4n + 1$ *oder* $4n - 1$ *ist.*

Die Schaukurve eines geraden Bernoullipolynoms im Grundintervall stellt eine Welle dar, deren Tal die erste oder zweite Intervallhälfte einnimmt, je nachdem der Polynomzeiger von der Form $4n$ *oder* $4n + 2$ *ist.*

Beim ungeraden Polynom ist unter einem Wellenberg bzw. Wellental eine oberhalb bzw. unterhalb der x-Achse verlaufende Kurve zu verstehen, die aus zwei zur Geraden $x = {}^1/_2$ spiegelbildlich liegenden Hälften besteht.

Beim geraden Polynom wird unter einer Welle eine Kurve verstanden, die aus zwei zum Punkte $x = {}^1/_2$ (der x-Achse) spiegelbildlich liegenden Hälften Berg und Tal oder Tal und Berg besteht, wobei jedoch der Berg (das Tal) nicht aus zwei kongruenten Halften zu bestehen braucht.

Der Beweis dieses Satzes folgt ohne weiteres aus der Formel $D\varphi^n = B^n + n\varphi^{n-1}$.

Extreme

Was die in der Mitte des Grundintervalls liegenden abwechselnd Minimum und Maximum bildenden Extremwerte der ungeraden Bernoullipolynome anbetrifft, so ist

$$\varphi^1\left(\frac{1}{2}\right) = -\frac{1}{8}, \quad \varphi^3\left(\frac{1}{2}\right) = +\frac{1}{64}, \quad \varphi^5\left(\frac{1}{2}\right) = +\frac{1}{128}, \ \ldots$$

Trigonometrische Reihen für die Bernoullipolynome

Die Bernoullipolynome $\varphi^n(x) = \varphi^n$ lassen sich in einfache trigonometrische Reihen entwickeln.

Die einfachste dieser Reihen ist die für φ^1. Um sie zu erhalten, bilden wir die Ableitung von $\varphi^1 = (x^2 - x) : 2$:

$$D\varphi^1 = \frac{2x - 1}{2}.$$

Sodann erinnern wir uns der trigonometrischen Reihe von Dirichlet

$$\frac{\sin\xi}{1} + \frac{\sin 2\xi}{2} + \frac{\sin 3\xi}{3} + \cdots,$$

welche für jedes zwischen 0 und 2π liegende ξ den Wert $(\pi - \xi) : 2$ hat. Setzen wir $o = 2\pi$ und $\xi = ox$, so erkennen wir, daß die Reihe

$$\Phi^1 = 2\left(\frac{\sin ox}{o} + \frac{\sin 2ox}{2o} + \frac{\sin 3ox}{3o} + \cdots\right)$$

oder

$$\Phi^1 = \sum \frac{\sin \mu x}{\mu},$$

in welcher μ *alle* nichtverschwindenden Multipla von $o = 2\pi$ durchläuft, den Wert

$$\Phi^1 = \frac{1 - 2x}{2}$$

hat.

Nun ist aber in $(0, 1)$ $-\Phi^1$ die Ableitung der Reihe

$$\Phi^2 = \sum \frac{\cos \mu x}{\mu^2},$$

wo wieder μ alle nichtverschwindenden Multipla von o durchläuft. Demnach ist

$$D\varphi^1 = D\Phi^2,$$

folglich nach dem Konstantensatz in $(0, 1)$

$$\varphi^1 = \Phi^2 + \text{const},$$

und diese Gleichung gilt infolge der Stetigkeit der Funktionen φ^1 und Φ^2 im abgeschlossenen Intervall [0, 1] auch noch an den Stellen $x = 0$ und $x = 1$. An jeder dieser beiden Stellen ist $\varphi^1 = 0$ und $\Phi^2 = \sum \frac{1}{\mu^2} = \Phi_0^2$, so daß die Konstante den Wert-Φ_0^2 der Funktion-Φ^2 an der Stelle $x = 0$ hat und

$$\varphi^1 = \Phi^2 - \Phi_0^2$$

ist.
Damit ist einerseits gezeigt, daß φ^1 der trigonometrischen Reihe

$$\varphi^1 = \sum \frac{\cos \mu x - 1}{\mu^2}$$

gleicht, anderseits, daß

zwischen φ^1 und Φ^2 eine lineare Relation

besteht.
Wir werden zeigen, daß auch zwischen φ^n und Φ^m eine lineare Relation

$$\varphi^n = a_n \Phi^m + b_n \qquad \text{mit} \quad m = n + 1$$

besteht, wo a_n und b_n zwei Konstanten sind und Φ^m den $m$ten Angehörigen der Funktionenfolge

$$\Phi^1 = \sum \frac{\sin \mu x}{\mu}, \quad \Phi^2 = \sum \frac{\cos \mu x}{\mu^2}, \quad \Phi^3 = \sum \frac{\sin \mu x}{\mu^3}, \quad \Phi^4 = \sum \frac{\cos \mu x}{\mu^4}, \ \ldots$$

bedeutet, und wo μ in jeder Summe *alle* nichtverschwindenden Multipla von $o = 2\pi$ durchlauft.
Nebenbei werde bemerkt, daß jede dieser trigonometrischen Reihen konvergiert, jede der Reihen Φ^2, Φ^3, Φ^4, ... sogar gleichmaßig in jedem endlichen Intervall. [Auch Φ^1 konvergiert gleichmäßig, aber nur in jedem Intervall, welches kein Multiplum von o enthält (§ 102).]
Für die Funktion Φ^m gilt die Ableitungsregel

(1) $$D\Phi^m = \iota^n \Phi^n \qquad \text{mit} \quad m = n + 1,$$

für das Bernoullipolynom φ^n die Ableitungsvorschrift

$$D\varphi^m = B^m + m\,\varphi^n \qquad \text{mit} \quad m = n + 1.$$

Führen wir also die Hilfsfunktion

$$\psi^n = \varphi^n : n!$$

ein, so gilt für diese die Vorschrift

(2) $$D\psi^m = \frac{B^m}{m!} + \psi^n \qquad \text{mit} \quad m = n + 1.$$

Gesetzt nun, es sei für den Zeiger n schon die Linearrelation

(3) $$\psi^n = a_n \Phi^m + b_n \qquad \text{mit} \quad m = n + 1$$

bewiesen. Wir zeigen, daß dann auch die Linearrelation

(4) $$\psi^m = a_m \Phi^l + b_m \qquad \text{mit} \quad l = m + 1$$

gilt. Gleichung (3) gestattet namlich auf Grund von (1) und (2) die Schreibung

$$D\psi^m - \frac{B^m}{m!} = a_n \iota^m D\Phi^l + b_n$$

oder

$$D\psi^m = a_m D\Phi^l + \text{const} \qquad [\text{mit} \quad a_m = \iota^m a_n],$$

und aus dieser Gleichung folgt nach dem Konstantensatz

$$\psi^m = a_m \Phi^l + \text{const} \cdot x + b_m.$$

Da ψ^m und Φ^l an den Stellen $x = 0$ und $x = 1$ je denselben Wert haben, ergibt sich

$$\text{const} = 0,$$

und es wird in der Tat

$$\psi^m = a_m \Phi^l + b_m.$$

Zugleich gilt die Rekursionsformel

$$a^m = \iota^m a_n, \qquad (m = n + 1).$$

Nun war

$$\psi^1 = a_1 \Phi^2 + b_1 \qquad \text{mit} \quad a_1 = 1;$$

folglich ist

$$\psi^2 = a_2 \Phi^3 + b_2 \qquad \text{mit} \quad a_2 = \iota^2 a_1;$$

folglich ist

$$\psi^3 = a_3 \Phi^4 + b_3 \qquad \text{mit} \quad a_3 = \iota^3 a_2;$$

usw., allgemein

$$\psi^n = a_n \Phi^m + b_n \qquad \text{mit} \quad a_n = \iota^n a_{n-1}.$$

Die Multiplikation der rechtsstehenden Rekursionsformeln ergibt die Gleichung

$$a_n = -\iota^{\frac{mn}{2}} \qquad \text{mit} \quad m = n + 1.$$

Zur Bestimmung von b_n setzen wir $x = 0$ und bekommen

$$b_n = -a_n \Phi_0^m,$$

wo Φ_0^m den Wert der Funktion Φ^m an der Stelle $x = 0$ bedeutet. Daher wird

$$\psi^n = a_n(\Phi^m - \Phi_0^m) = \iota^{\frac{mn}{2}}(\Phi_0^m - \Phi^m).$$

Ergebnis

Für das Bernoullipolynom φ^n gilt im Grundintervall die trigonometrische Entwicklung

$$\boxed{\varphi^n : n! = \iota^{\frac{mn}{2}} [\Phi_0^m - \Phi^m]} \qquad \text{mit} \quad m = n + 1$$

und

$$\Phi^r = \sum \frac{\cos \mu x}{\mu^r} \text{ bei geradem } r \qquad \text{und} \qquad \Phi^s = \sum \frac{\sin \mu x}{\mu^s} \text{ bei ungeradem } s,$$

wo μ alle nichtverschwindenden Multipla von $o = 2\pi$ durchläuft.

Dabei fällt natürlich Φ_0^m bei ungeradem m fort, wahrend Φ_0^m bei geradem m den Wert

$$\Phi_0^m = \sum \frac{1}{\mu^m} = 2\, S_m : o^m$$

hat, wo S_m die Reihe

$$S_m = \frac{1}{1^m} + \frac{1}{2^m} + \frac{1}{3^m} + \cdots$$

bedeutet.

§ 120. Eulers Summenformel

Die Eulersche Summenformel gestattet bei vielen Funktionen $f(x)$ mit stetigen Ableitungen die Auswertung der Summe

$$S = f(a) + f(a+d) + f(a+2d) + \cdots + f(a + \overline{n-1}\, d),$$

wo also das Argument x die n Glieder

$$a, \quad a+d, \quad a+2d, \quad \ldots, \quad a + \overline{n-1}\, d$$

einer arithmetischen Reihe durchläuft.

Um sie herzuleiten, gehen wir aus von dem durch partielle Integration entstehenden Formelpaare

$$\int_0^1 \varphi^n F'\, dx = -\int_0^1 F\,(n\,\varphi^{n-1} + B^n)\, dx\,,$$

$$\int_0^1 \varphi^m F''\, dx = -\int_0^1 F'\, m\,\varphi^{m-1}\, dx\,,$$

wo F' und F'' die erste und zweite Ableitung einer Funktion $F = F(x)$, $\varphi^n = \varphi^n(x)$ das $n$te, $\varphi^m = \varphi^m(x)$ das $m$te Bernoullipolynom, B^n die $n$te Bernoullizahl, n eine gerade, $m = n+1$ eine ungerade Zahl bedeuten. Durch Elimination von F' liefert das Paar die Formel

$$\int_0^1 (\varphi^m F'' - m\,n\,\varphi^{n-1} F)\, dx = m\, B^n \int_0^1 F\, dx\,.$$

Nunmehr sei $f^r = f^r(x)$ die (als stetig vorausgesetzte) $r$te Ableitung der Funktion $f = f(x)$, k eine Konstante, ν eine positive gerade Zahl und $\mu = \nu + 2$ die folgende gerade Zahl. Bilden wir dann das Integralpaar

$$J_\nu = \frac{1}{(\nu-1)!}\int_0^1 \varphi^{\nu-1} f^{\nu+1}(x+k)\, dx\,, \quad J_\mu = \frac{1}{(\mu-1)!}\int_0^1 \varphi^{\mu-1} f^{\mu+1}(x+k)\, dx\,,$$

so wird

$$J_\mu - J_\nu = \frac{1}{(\mu-1)!}\int_0^1 [\varphi^{\mu-1} f^{\mu+1}(x+k) - (\mu-1)\,\nu\,\varphi^{\nu-1} f^{\nu+1}(x+k)]\, dx\,,$$

mithin laut obiger Formel

$$J_\mu - J_\nu = \frac{B^\nu}{\nu!}\int_0^1 f^{\nu+1}(x+k)\,dx$$

oder

$$(1) \qquad J_\mu - J_\nu = \frac{B^\nu}{\nu!}[f^\nu(k+1) - f^\nu(k)].$$

Für J_2 haben wir den Wert

$$J_2 = \int_0^1 \varphi^1 f^3(x+k)\,dx = \int_0^1 \frac{x^2-x}{2} f^3(x+k)\,dx.$$

Durch partielle Integration entsteht zunächst

$$J_2 = -\int_0^1 \frac{2x-1}{2} f^2(x+k)\,dx = -\left|_0^1 \frac{2x-1}{2} f'(x+k) + \int_0^1 f'(x+k)\,dx,\right.$$

also

$$J_2 = -\frac{f'(k+1)+f'(k)}{2} + [f(k+1) - f(k)],$$

so daß

$$(2) \qquad J_2 + \frac{f'(k+1)+f'(k)}{2} = f(k+1) - f(k)$$

wird.

Nun bilden wir (1) für die Zeigerpaare (2, 4), (4, 6), ..., (ν, μ), addieren die entstehenden Gleichungen zu (2) und erhalten

$$J_\mu + \frac{f'(k+1)+f'(k)}{2} = \sum \frac{B^r}{r!}[f^r(k+1) - f^r(k)],$$

wo der Zeiger r alle geraden Zahlen von 0 bis ν durchläuft. $[B^0 = 1]$.

In dieser Formel setzen wir sukzessiv

$$k = \alpha, \quad \alpha+1, \quad \alpha+2, \quad \ldots, \quad \alpha+\overline{n-1},$$

addieren die entstehenden n Gleichungen, schreiben dabei β statt $\alpha + n$ und bekommen

$$\mathfrak{S} - \mathfrak{R}_\mu = \sum \frac{B^r}{r!}[f^r(\beta) - f^r(\alpha)],$$

wobei

$$\mathfrak{S} = f'(\alpha) + f'(\alpha+1) + f'(\alpha+2) + \cdots + f'(\alpha+n-1)$$

$$-\mathfrak{R}_\mu = \frac{1}{(\mu-1)!}\int_0^1 \varphi^{\mu-1}[f^{\mu+1}(x+\alpha) + f^{\mu+1}(x+\alpha+1) + \cdots$$
$$+ f^{\mu+1}(x+\alpha+n-1)]\,dx,$$

und wo der Summenzeiger r alle Ganzzahlen von 0 bis ν durchläuft.

Unsere nächste Aufgabe besteht in der Abschätzung des Rests $\mathfrak{R}_\mu$.
Er besteht aus n Bestandteilen von der Form

$$\mathfrak{r} = -\frac{1}{(\mu-1)!}\int_0^1 \varphi^{\mu-1} f^{\mu+1}(x+k)\,dx\,.$$

Nach dem ersten Mittelwertsatz der Integralrechnung kann man, da $\varphi^{\mu-1}(x)$ sein Vorzeichen im Intervall (0, 1) nicht ändert, schreiben

$$\mathfrak{r} = -\frac{1}{(\mu-1)!} f^{\mu+1}(\mathfrak{z})\int_0^1 \varphi^{\mu-1}\,dx\,,$$

wo $\mathfrak{z}$ einen gewissen zwischen k und $k+1$ liegenden Wert bedeutet. Weiter ist

$$\psi = \frac{\varphi^\mu - B^\mu x}{\mu}$$

die Stammfunktion von $\varphi^{\mu-1}$, mithin

$$\int_0^1 \varphi^{\mu-1}\,dx = \Big|_0^1 \psi = -\frac{B^\mu}{\mu} \qquad \text{und somit}$$

$$\mathfrak{r} = \frac{B^\mu}{\mu!} f^{\mu+1}(\mathfrak{z})\,.$$

Notiert man für jeden Bestandteil von $\mathfrak{R}_\mu$ den so gebildeten Ausdruck $\mathfrak{r}$, so ergibt sich für $\mathfrak{R}_\mu$ der Wert

(I) $$\mathfrak{R}_\mu = \frac{B^\mu}{\mu!}\cdot n\, f^{\mu+1}(\zeta)\,,$$

wo ζ einen gewissen zwischen α und β liegenden Argumentwert bedeutet.
Eine zweite Abschätzung für $\mathfrak{R}_\mu$ ergibt sich in dem *oft vorkommenden Falle, wo die Ableitungen $f^{\mu+1}(x)$ und $f^{\mu+3}(x)$ im Intervall (α, β) dasselbe Vorzeichen behalten.* Aus dem Formelpaare

$$-\mathfrak{R}_\mu = \frac{1}{(\mu-1)!}\int_0^1 \varphi^{\mu-1}\,[f^{\mu+1}(x+\alpha) + \cdots + f^{\mu+1}(x+\alpha+n-1)]\,dx\,,$$

$$-\mathfrak{R}_{\mu+2} = \frac{1}{(\mu+1)!}\int_0^1 \varphi^{\mu+1}\,[f^{\mu+3}(x+\alpha) + \cdots + f^{\mu+3}(x+\alpha+n-1)]\,dx$$

ist dann ohne weiteres ersichtlich, daß die beiden Sukzessivreste

$$\mathfrak{R}_\mu \qquad \text{und} \qquad \mathfrak{R}_{\mu+2}$$

entgegengesetzte Vorzeichen haben, und hieraus folgt

$$\mathfrak{R}_\mu = \Theta\,(\mathfrak{R}_\mu - \mathfrak{R}_{\mu+2})\,,$$

wo Θ einen positiven Echtbruch bedeutet. Nun folgt aber aus

$$\mathfrak{S} - \mathfrak{R}_\mu = \sum_0^{\mu-2} \frac{B^\nu}{\nu!} [f^\nu(\beta) - f^\nu(\alpha)], \qquad \mathfrak{S} - \mathfrak{R}_{\mu+2} = \sum_0^{\mu} \frac{B^\nu}{\nu!} [f^\nu(\beta) - f^\nu(\alpha)]$$

$$\mathfrak{R}_\mu - \mathfrak{R}_{\mu+2} = \frac{B^\mu}{\mu!} [f^\mu(\beta) - f^\mu(\alpha)]$$

und damit

(II) $$\mathfrak{R}_\mu = \Theta \frac{B^\mu}{\mu!} [f^\mu(\beta) - f^\mu(\alpha)].$$

Diese zweite Restform lehrt:

Bricht man die Reihe

$$\mathfrak{S} - \mathfrak{R}_\mu = \sum_0 \frac{B^\nu}{\nu!} [f^\nu(\beta) - f^\nu(\alpha)]$$

mit dem νten Gliede ab, so ist der ,,Rest“ $\mathfrak{R}_\mu$ ein Bruchteil des ersten nicht berücksichtigten Gliedes:

$$\mathfrak{R}_\mu = \Theta \cdot \frac{B^\mu}{\mu!} [f^\mu(\beta) - f^\mu(\alpha)] \qquad \text{mit} \quad 0 < \Theta < 1.$$

Es sei nunmehr $F(X)$ ein Funktion von X, die mit ihren Ableitungen überall im Endlichen stetig ist. Wir suchen einen Ausdruck für die Summe

$$S = F'(a_1) + F'(a_2) + \cdots + F'(a_n),$$

wo

$$a_1 = a, \quad a_2 = a + d, \quad a_3 = a + 2d, \quad \ldots, \quad a_n = a + \overline{n-1}\, d$$

die n Glieder einer arithmetischen Reihe mit dem Anfangsglied a und der Differenz d sind.

Wir achten auf die Funktion $f(x)$ des Arguments x, welche durch die Vorschrift

$$f(x) = F(X) \qquad \text{mit} \quad X = dx$$

definiert ist. Auch sie ist mit ihren Ableitungen im Endlichen überall stetig, und zwischen den Ableitungen $f^\nu(x)$ und $F^\nu(X)$ besteht die Relation

$$f^\nu(x) = d^\nu F^\nu(X).$$

Während X die n Werte $a_1, a_2, \ldots, a_n$ unserer arithmetischen Reihe durcheilt, nimmt x die n Werte

$$\alpha, \quad \alpha + 1, \quad \alpha + 2, \quad \ldots, \quad \alpha + n - 1$$

einer arithmetischen Reihe mit der Differenz 1 und dem Anfangsgliede $\alpha = a : d$ an, und wenn wir

$$b = a + nd$$

setzen, ist

$$b = d\beta,$$

wo β unser obiges $\beta = \alpha + n$ bedeutet.

Nun gilt die Formel [μ gerade]

$$\mathfrak{S} - \mathfrak{R}_\mu = \sum_0^{\mu-2} \frac{B^\nu}{\nu!} [f^\nu(\beta) - f^\nu(\alpha)],$$

wo

$$\mathfrak{S} = f'(\alpha) + f'(\alpha+1) + f'(\alpha+2) + \cdots + f'(\alpha+n-1)$$

ist und der Rest $\mathfrak{R}_\mu$ sich

$$\mathfrak{R}_\mu = \frac{B^\mu}{\mu!} \cdot n\, f^{\mu+1}(\zeta)$$

schreiben läßt, wo ζ einen gewissen Zwischenwert zwischen α und β bedeutet, und wo man, falls die Ableitungen $f^{\mu+1}(x)$ und $f^{\mu+3}(x)$ im Intervall (α, β) dasselbe Vorzeichen haben, auch

$$\mathfrak{R}_\mu = \Theta \frac{B^\mu}{\mu!} [f^\mu(\beta) - f^\mu(\alpha)] \qquad \text{mit} \quad 0 < \Theta < 1$$

schreiben kann.

Diese Formel nimmt mit Einführung der Funktion $F(X)$ die Gestalt an

$$\text{(E)} \qquad \boxed{d S - R_\mu = \sum_0^{\mu-2} \frac{B^\nu d^\nu}{\nu!} [F^\nu(b) - F^\nu(a)]},$$

wo

$$S = F'(a) + F'(a+d) + F'(a+2d) + \cdots + F'(a+\overline{n-1}\,d)$$

ist und der Rest R_μ die Form

$$R_\mu = \frac{B^\mu}{\mu!} n\, d^{\mu+1} F^{\mu+1}(z)$$

hat, wo z einen gewissen zwischen a und b liegenden Wert bedeutet, und wo, falls die Ableitungen $F^{\mu+1}(X)$ und $F^{\mu+3}(X)$ im Intervall (a, b) dasselbe Zeichen haben, auch

$$R_\mu = \Theta \frac{B^\mu}{\mu!} d^\mu [F^\mu(b) - F^\mu(a)] \qquad \text{mit } 0 < \Theta < 1$$

geschrieben werden kann.

Dabei ist μ eine positive gerade Zahl, und der Summationszeiger ν durchlauft alle Ganzzahlen von 0 bis μ exkl. Die Formel (E) ist *Eulers Summenformel.*

§ 121. Eulers Limesformel

In Eulers Summenformel

$$\mathfrak{S} - \mathfrak{R}_\mu = \sum_0^{\nu} \frac{B^\nu}{\nu!} [f^\nu(\beta) - f^\nu(\alpha)] \qquad \text{mit} \quad \nu = \mu - 2,$$

$$\mathfrak{S} = f'(\alpha) + f'(\alpha+1) + f'(\alpha+2) + \cdots + f'(\alpha+n-1)$$

und

$$-\mathfrak{R}_\mu = \frac{1}{(\mu-1)!}\int_0^1 \varphi^{\mu-1}[f^{\mu+1}(x+\alpha) + f^{\mu+1}(x+\alpha+1) + \cdots$$
$$+ f^{\mu+1}(x+\alpha+n-1)]\,dx$$

setzen wir

$$\alpha = 1, \qquad \beta = \alpha + n = m = n+1$$

und haben

(1) $$\mathfrak{S} - \sum_0^\nu \frac{B^r}{r!} f^r(m) = \mathfrak{R}_\mu - E$$

mit

$$\mathfrak{S} = f'(1) + f'(2) + \cdots + f'(n),$$

$$-\mathfrak{R}_\mu = \frac{1}{(\mu-1)!}\int_0^1 \varphi^{\mu-1}[f^{\mu+1}(x+1) + f^{\mu+1}(x+2) + \cdots + f^{\mu+1}(x+n)]\,dx$$

und

$$E = \sum_0^\nu \frac{B^r}{r!} f^r(1).$$

Wir halten μ fest und lassen n wachsen. Dann muß vor allem festgestellt werden, wie sich der Rest $\mathfrak{R}_\mu$ dabei verhält. Um die Abhängigkeit des Rests von n anzudeuten, schreiben wir

$$\mathfrak{R}_\mu = \mathfrak{R}_\mu^n,$$

haben

$$-\mathfrak{R}_\mu^m = \frac{1}{(\mu-1)!}\int_0^1 \varphi^{\mu-1}[f^{\mu+1}(x+1) + f^{\mu+1}(x+2) + \cdots + f^{\mu+1}(x+m)]\,dx$$

und bekommen

$$\mathfrak{d} = \mathfrak{R}_\mu^n - \mathfrak{R}_\mu^m = \frac{1}{(\mu-1)!}\int_0^1 \varphi^{\mu-1}(x)\cdot f^{\mu+1}(x+m)\,dx.$$

Es handelt sich jetzt um Abschätzung des Integrals

$$\mathfrak{d} = \int_0^1 \Phi(x)\cdot F(x)\,dx$$

mit

$$\Phi(x) = \frac{\varphi^{\mu-1}(x)}{(\mu-1)!}, \qquad F(x) = f^{\mu+1}(x+m).$$

Nun ist μ eine feste gerade Zahl, folglich

$$w(x) = \varepsilon\Phi(x) = \varepsilon\frac{\varphi^{\mu-1}(x)}{(\mu-1)!} \qquad \text{mit} \quad \varepsilon = \iota^{\frac{\mu}{2}}$$

eine positive unten hohle Wellenfunktion des Fundamentalintervalls (0, 1).

Was $F(x)$ anbetrifft, so wollen wir, um einfache Verhältnisse zu bekommen, annehmen, daß

$$f^{\mu}(x), \quad f^{\mu+1}(x), \quad f^{\mu+2}(x) \qquad \text{und} \qquad f^{\mu+3}(x)$$

stetige mit unbegrenzt wachsendem x betraglich unbegrenzt fallende Funktionen des positiven Arguments x sind, so daß $f^{\mu+1}(x)$ in jedem Intervalle der positiven x-Achse eine positive unten konvexe oder negative oben konvexe Grundfunktion ist, die für $x \to \infty$ gegen Null konvergiert.
Dann ist also für eine gewisse positive oder negative Einheit e

$$g(x) = eF(x) = e f^{\mu+1}(x+m)$$

eine positive, unten konvexe Grundfunktion des Intervalls (0, 1).
Daher ist nach dem Produktflächensatz (§ 20) wegen der Ungleichartigkeit der beiden Funktionen w und g

$$\int_0^1 w g\,dx < \int_0^1 w\,dx \cdot \int_0^1 g\,dx .$$

Aus

$$\int_0^1 \varphi^r\,dx = \iota^r \frac{B^{r+1}}{r+1} \qquad \text{und} \qquad \int_0^1 f^{\mu+1}(x+m)\,dx = f^{\mu}(m+1) - f^{\mu}(m)$$

folgt nun

$$\int_0^1 w\,dx = -\varepsilon \frac{B^{\mu}}{\mu!} \qquad \text{und} \qquad \int_0^1 g\,dx = -e[f^{\mu}(m) - f^{\mu}(m+1)],$$

so daß

$$e\varepsilon\mathfrak{d} = \int_0^1 w g\,dx = e\varepsilon\theta \frac{B^{\mu}}{\mu!}[f^{\mu}(m) - f^{\mu}(m+1)]$$

gesetzt werden kann, wo θ einen positiven Echtbruch bedeutet.
Die für $\mathfrak{d}$ gesuchte Abschatzung lautet demnach

$$\mathfrak{d} = \theta \cdot \frac{B^{\mu}}{\mu!}[f^{\mu}(m) - f^{\mu}(m+1)] \qquad \text{mit} \quad 0 < \theta < 1 .$$

Bedeutet also $\mathfrak{e}$ die (nur von μ abhangige) Einheit, für welche das Produkt $\mathfrak{e} B^{\mu} f^{\mu}(m)$, also auch das Produkt $\mathfrak{e} B^{\mu}[\ ]$ positiv ausfällt, so gilt die Ungleichung

$$0 < \mathfrak{e}\mathfrak{d} = \mathfrak{e}(\mathfrak{R}_{\mu}^{n} - \mathfrak{R}_{\mu}^{m}) < \mathfrak{e}\frac{B^{\mu}}{\mu!}[f^{\mu}(m) - f^{\mu}(m+1)] .$$

Diese Ungleichung bilden wir sukzessiv für die Zahlenpaare

$$(n, m), \quad (n+1, m+1), \quad \ldots, \quad (N-1, N)$$

und addieren die entstehenden Ungleichungen. Das gibt (mit $M = N + 1$)

$$0 < \mathfrak{e}\,(\mathfrak{R}_\mu^n - \mathfrak{R}_\mu^N) < \mathfrak{e}\,\frac{B^\mu}{\mu!}\,[f^\mu(m) - f^\mu(M)],$$

mithin erst recht

$$0 < \mathfrak{e}\,(\mathfrak{R}_\mu^n - \mathfrak{R}_\mu^N) < \mathfrak{e}\,\frac{B^\mu}{\mu!}\,f^\mu(m).$$

Folglich ist für jedes $N > n$

$$\mathfrak{R}_\mu^n - \mathfrak{R}_\mu^N = \Theta \cdot \frac{B^\mu}{\mu!}\,f^\mu(m), \qquad [0 < \Theta < 1].$$

Da die Funktion $|f^\mu(x)|$ bei unbegrenzt wachsendem x unbegrenzt abnimmt, konvergiert der Rest $\mathfrak{R}_\mu^N$ bei unbegrenzt wachsendem N gegen einen endlichen Grenzwert $\overline{\mathfrak{R}}_\mu$, für welchen die Ungleichung

(2) $$\left|\mathfrak{R}_\mu^n - \overline{\mathfrak{R}}_\mu\right| < \left|\frac{B^\mu}{\mu!}\,f_\mu(m)\right|$$

gilt. Zu diesem Grenzwert können wir auch gelangen, wenn wir in (1) m unbegrenzt wachsen lassen (während nach wie vor μ festgehalten wird). Wir kommen dann zugleich zu dem *Eulerschen Limes*

$$\boxed{L = \lim_{m\to\infty}\left\{\mathfrak{S} - \sum_0^\nu \frac{B^\nu}{\nu!}\,f^\nu(m)\right\}}$$

mit

$$\mathfrak{S} = f'(1) + f'(2) + \cdots + f'(n) \qquad \text{und} \qquad m = n + 1$$

und erhalten die Gleichung

(3) $$L = \overline{\mathfrak{R}}_\mu - E \qquad \text{mit } E = \sum_0^\nu \frac{B^\nu}{\nu!}\,f^\nu(1).$$

Durch Subtraktion der Gleichungen (1) und (3) entsteht, wenn wir

$$\mathfrak{R}_\mu - \overline{\mathfrak{R}}_\mu = \mathfrak{R}_\mu^n - \overline{\mathfrak{R}}_\mu = \varrho$$

setzen,

Eulers Limesformel

(I) $$\boxed{\mathfrak{S} = L + \sum_0^\nu \frac{B^\nu}{\nu!}\,f^\nu(m) + \varrho}, \qquad [\nu = \mu - 2]$$

mit

$$\mathfrak{S} = f'(1) + f'(2) + \cdots + f'(n)$$

und

(II) $$\boxed{\varrho = \Theta\,\frac{B^\mu}{\mu!}\,f^\mu(m)}, \qquad 0 < \Theta < 1.$$

In dieser Formel bedeutet μ eine feste, sonst aber beliebige positive gerade Zahl, $f(x)$ eine Funktion des positiven Arguments x, deren Ableitungen

$$f^{\mu}(x), \qquad f^{\mu+1}(x), \qquad f^{\mu+2}(x), \qquad f^{\mu+3}(x)$$

stetige, betraglich unbegrenzt fallende Funktionen des positiven Arguments x darstellen, n die Anzahl der Glieder der Eulerschen Summe

$$\mathfrak{S} = f'(1) + f'(2) + \cdots + f'(n)$$

und m die Zahl $n+1$.

Von größter Bedeutung ist die Restformel (II). Sie lehrt:

Bricht man die Eulersche Reihe

$$\mathfrak{S} = L + B^0 f(m) + B^1 f'(m) + \frac{B^2}{2!} f''(m) + \cdots$$

irgendwo ab, so liegt die zur Beseitigung des damit gemachten Fehlers anzubringende Korrektion betraglich unterhalb des ersten unterschlagenen Gliedes und hat das Vorzeichen dieses Gliedes.

§ 122. Eulers Konstante und die harmonische Reihe

Wir wenden Eulers Limesformel auf die Funktion

$$f(x) = lx$$

an.

Zunächst haben wir dann

$$f^1(x) = \frac{1}{x}, \quad f^2(x) = \frac{-1}{x^2}, \quad f^3(x) = \frac{2}{x^3}, \quad f^4(x) = -\frac{2 \cdot 3}{x^4},$$

allgemein

$$f^r(x) = \iota^{r-1} \frac{(r-1)!}{x^r},$$

so daß für jedes positive r $f^r(x)$ eine stetige betraglich unbegrenzt fallende Funktion des positiven Arguments x ist.

Die Eulersche Summe wird

$$\mathfrak{S} = \frac{1}{1} + \frac{1}{2} + \frac{1}{3} + \cdots + \frac{1}{n},$$

ist mithin die Summe H_n der n ersten Glieder der harmonischen Reihe

$$\frac{1}{1} + \frac{1}{2} + \frac{1}{3} + \frac{1}{4} + \cdots.$$

Für Eulers Limes erhalten wir

$$L = \lim_{m \to \infty} \left\{ H_n - \sum_0^{\nu} \frac{B^r}{r!} f^r(m) \right\} \qquad \text{mit} \quad m = n + 1$$

oder, da in der rechtsstehenden Summe $\sum$, in welcher $\nu = \mu - 2$ eine feste endliche Zahl bedeutet, jedes Glied außer $B^0 f^0(m) = f(m) = l m$ für $m \to \infty$ gegen Null konvergiert,

$$L = \lim_{m\to\infty} \{H_n - l m\}.$$

Dieser Limes kam schon im § 9 vor; er ist die sog. Eulersche Konstante C. Wir ersetzen in Eulers Limesformel L durch C und haben nunmehr

$$\mathfrak{S} = C + \sum_0^{\nu} \frac{B^r}{r!} f^r(m) + \varrho = C + \sum_1^{\nu} \frac{B^r}{r} \cdot \frac{\iota^{r-1}}{m^r} + \varrho$$

mit

$$\varrho = -\Theta \frac{B^\mu}{\mu\, m^\mu} \qquad \text{und} \qquad 0 < \Theta < 1 .$$

Um C zu berechnen, nehmen wir etwa

$$m = 10 \qquad \text{und} \quad \mu = 18$$

und setzen

$$H_n - l m = C + \sum_1^{16} \frac{B^r}{r} \frac{\iota^{r-1}}{m^r} = C - \frac{1}{2m} - \sum_2^{16} \frac{B^r}{r\, m^r}.$$

Der damit auf der rechten Seite gemachte Fehler ist kleiner als

$$\frac{B^{18}}{18} : 10^{18},$$

d.h., da $B^{18} < 55$ ist, kleiner als

$$3{,}1 : 10^{18}.$$

Mithin ist *auf mindestens 16 Dezimalen genau*

$$C = H_9 - l\,10 + \frac{1}{20} + \sum_2^{16} \frac{B^r}{r\, 10^r}.$$

Die 19 einfachen Zahlen, die die rechte Seite dieser Formel enthalt, sind schnell zu addieren. Das Ergebnis lautet

$$C = 0{,}57721\ 56649\ 01532\ 8.$$

(Euler, Institutiones calculi differentialis, 1755.)
Gauß fügte die weiteren 4 Dezimalen 6 0 6 0 hinzu, womit auf 20 Stellen genau Eulers Konstante

$$C = 0{,}57721\ 56649\ 01532\ 86060$$

ist.
Das Erstaunliche an dieser doch recht genauen *Auswertung* der Zahl C ist der Umstand, daß die zur Berechnung benutzte Reihe ($m = 10$)

$$\frac{1}{2\,m} + \frac{B^2}{2\,m^2} + \frac{B^4}{4\,m^4} + \frac{B^6}{6\,m^6} + \cdots$$

divergiert!

In der Tat, ihr Cauchybruch hat den Wert

$$\mathfrak{C} = \frac{\nu}{\mu} \cdot \frac{B^\mu}{B^\nu} \cdot \frac{1}{m^2} \qquad \text{mit} \quad \mu = \nu + 2\,.$$

Nun ist aber (§ 89) $[o = 2\pi]$

$$\frac{B^\mu}{\mu!} = 2\iota^{\frac{\mu}{2}-1} \cdot \frac{S_\mu}{o^\mu}, \qquad \text{mithin} \quad \frac{\nu\, B^\mu}{\mu\, B^\nu} = -\frac{S_\mu}{S_\nu} \cdot \frac{\nu(\nu+1)}{o^2}$$

und

$$\mathfrak{C} = -\frac{S_\mu}{S_\nu} \cdot \frac{\nu(\nu+1)}{m^2 o^2}\,.$$

Weiter hat man $S_\mu > 1$ und (für $\nu > 2$) $S_\nu < \frac{\nu}{\nu - 1}$ [§ 51], also $S_\mu : S_\nu > (\nu - 1) : \nu$. Folglich wird

$$|\mathfrak{C}| > \frac{\nu^2 - 1}{m^2 o^2}\,.$$

Der Cauchybruch unserer Reihe wächst demnach (bei festgehaltenem m) mit unbegrenzt wachsendem Zeiger ν betraglich über alle Grenzen. Das heißt: Die Eulersche Reihe

$$\frac{1}{2m} + \frac{B^2}{2m^2} + \frac{B^4}{4m^4} + \frac{B^6}{6m^6} + \cdots$$

divergiert.

Unser Beispiel lehrt:

Auch eine divergente Reihe kann mit Vorteil zur Berechnung unbekannter Größen verwandt werden.

Wir geben für die Richtigkeit dieses merkwürdigen Satzes gleich noch einen weiteren Beleg.

Es handle sich um die *Aufgabe*

„Die ersten 100000 Glieder der harmonischen Reihe zu summieren.“

Nach Eulers Limesformel ist

$$H_n = C + l\,m - \frac{1}{2m} - \sum_2^\nu \frac{B^r}{r\,m^r} + \varrho$$

oder, beiderseits $\frac{1}{m}$ hinzufügend,

$$\boxed{H_m = C + l\,m + \frac{1}{2m} - \sum_2^\nu \frac{B^r}{r\,m^r} + \varrho} \qquad \text{mit} \quad \varrho = -\Theta \frac{B^\mu}{\mu\, m^\mu}\,.$$

Diese Eulersche Formel für die harmonische Reihe zeigt, daß *die Summe der ersten m Glieder der harmonischen Reihe bei hinreichend hohem m mit großer Genauigkeit berechnet werden kann.*

Wählen wir z. B. mit Rücksicht auf die gestellte Aufgabe ($m = 100000$) $\mu = 4$, so ist

$$H_m = C + lm + \frac{1}{2m} - \frac{1}{12m^2} + \varrho \qquad \text{mit} \quad \varrho = \frac{\Theta}{12 \cdot 10^{21}}$$

und auf mindestens 21 Dezimalen genau

$$H_m = C + lm + \frac{1}{2m} - \frac{1}{12m^2}, \qquad [m = 100000],$$

auf mindestens 10 Stellen genau

$$H_m = C + lm + \frac{1}{2m}.$$

Es ergibt sich so

$$\frac{1}{1} + \frac{1}{2} + \frac{1}{3} + \cdots + \frac{1}{100000} = 12{,}090146 \ \ldots,$$

welches Zahlenbeispiel hinwiederum zeigt, wie langsam die harmonische Reihe divergiert.

Schreiben wir in Eulers obiger Formel x statt m und bezeichnen die Funktion

$$H_m - lm = H_x - lx \qquad \text{mit} \quad F(x),$$

so läßt sich die Formel wie folgt schreiben:

$$F(x) = \sum_0^{\nu} \frac{a_r}{x^r} + \varrho \qquad \text{mit} \quad |\varrho| < \frac{a_\mu}{x^\mu},$$

wo $a_0 = C$ und $a_r = -B^r : r$ ist.

Wir haben dann weiter

$$\left| F(x) - \sum_0^{\nu} \frac{a_r}{x^r} \right| \cdot x^\nu < \left| \frac{a_\mu}{x^2} \right|,$$

mithin bei festgehaltenem ν und unbegrenzt wachsendem x

$$\lim_{x \to \infty} \left| F(x) - \sum_0^{\nu} \frac{a_r}{x^r} \right| \cdot x^\nu = 0.$$

Im Hinblick auf diese Relation gab Poincaré folgende

Definition einer asymptotischen Reihe:

Eine nicht notwendig konvergente Reihe von der Form

$$\mathfrak{S} = a_0 + \frac{a_1}{x} + \frac{a_2}{x^2} + \frac{a_3}{x^3} + \cdots \text{ in inf.}$$

mit dem $n$ten Abschnitt

$$\mathfrak{S}_n = a_0 + \frac{a_1}{x} + \frac{a_2}{x^2} + \cdots + \frac{a_n}{x^n}$$

heißt eine *asymptotische* Darstellung oder *Entwicklung* der Funktion $F(x)$ im Winkelraum $\mathfrak{W}$ ($\alpha < \sphericalangle x < \beta$), wenn für jeden Festzeiger n und in $\mathfrak{W}$ unbegrenzt wachsende $|x|$

$$\lim_{x\to\infty} [F(x) - \mathfrak{S}_n] \cdot x^n = 0$$

ist, selbst wenn (bei *fest*gehaltenem x)

$$\lim_{n\to\infty} |F(x) - \mathfrak{S}_n| \cdot |x|^n = \infty$$

wird.

Bei Erfülltsein dieses Sachverhalts kann man durch hinreichend hochgewähltes $|x|$ den Betrag des Produkts $x^n [F(x) - \mathfrak{S}_n]$ bei *beliebigem* n unter jeden noch so kleinen positiven Wert ε herabdrücken.

Man schreibt dann kurz

$$\boxed{F(x) \sim \mathfrak{S}}\,.$$

§ 123. Stirlings Reihe

In Eulers Limesformel

$$\mathfrak{S} = L + \sum_0^{\nu} \frac{B^r}{r!} f^r(m) + \varrho$$

mit

$$\mathfrak{S} = f'(1) + f'(2) + \cdots + f'(n), \qquad L = \lim_{m\to\infty} \left\{\mathfrak{S} - \sum_0^{\nu} \frac{B^r}{r!} f^r(m)\right\},$$

$$\varrho = \Theta \frac{B^{\mu}}{\mu!} f^{\mu}(m) \qquad \text{und} \qquad \mu = \nu + 2, \quad m = n + 1, \quad 0 < \Theta < 1$$

setzen wir

$$f(x) = x\,l x - x.$$

Dann wird

$$f'(x) = l x, \quad f^2(x) = \frac{1}{x}, \quad f^3(x) = \frac{-1}{x^2}, \quad \ldots, \quad f^r(x) = \frac{\iota^r (r-2)!}{x^{r-1}},$$

und wir erhalten

$$l n! = L + m\,l m - m - \frac{1}{2} l m + \sum_2^{\nu} \frac{\iota^r B^r}{r(r-1)\,m^{r-1}} + \varrho$$

oder, beiderseits $l m$ addierend,

$$(1) \qquad l m! = L + m{,}5\, l m - m + \sum_2^{\nu} \frac{B^r}{r(r-1)\,m^{r-1}} + \varrho$$

mit

$$\varrho = \Theta \frac{B^{\mu}}{\mu(\mu-1)\,m^{\mu-1}} \qquad \text{und} \qquad 0 < \Theta < 1.$$

Demnach ist [laut (1)]

$$L = \lim_{m\to\infty} l S_m \qquad \text{mit} \quad S_m = \frac{e^m\, m!}{m^{m,5}}.$$

Wir könnten diesen Limes in derselben Weise berechnen wie im vorigen Paragraph die Eulersche Konstante C, wollen hier aber einen anderen Weg einschlagen.

Da die erste Betrachtung des Bruches

$$S_n = \frac{e^n n!}{n^{n,5}}$$

von Stirling herrührt, wollen wir diesen Bruch den *Stirlingbruch* nennen.

Zunächst folgt aus $(m = n + 1)$

$$\frac{S_n}{S_m} = \frac{\left(1 + \frac{1}{n}\right)^{n,5}}{e},$$

da die rechte Seite dieser Gleichung (§ 21) ein Unechtbruch ist,

$$S_m < S_n,$$

so daß S_n mit wachsendem Zeiger abnimmt. Da ferner S_n stets positiv ist, strebt es mit unbegrenzt wachsendem Zeiger n gegen einen endlichen Grenzwert S.

Um diesen zu finden, bilden wir den neuen Bruch

$$s_n = S_{2n} : S_n^2.$$

Wir finden

$$s_n = \frac{2n! \sqrt{n}}{2^{2n} n!^2 \sqrt{2}} = \frac{c_n \sqrt{n}}{\sqrt{2}}$$

mit

$$c_n = \frac{1 \cdot 3 \cdot 5 \ldots \cdot (2n-1)}{2 \cdot 4 \cdot 6 \ldots \cdot (2n)},$$

oder

$$s_n = W_n : \sqrt{2\pi},$$

wo

$$W_n = c_n \sqrt{\pi n}$$

der Wallisbruch ist (§ 93), der mit unbegrenzt wachsendem n gegen die Einheit konvergiert. Daher ist

$$\lim s_n = 1 : \sqrt{2\pi},$$

also wegen

$$\lim s_n = S : S^2 = 1 : S$$

$$S = \sqrt{2\pi}.$$

Der Stirlingbruch $S_n = \frac{e^n n!}{n^{n,5}}$ *strebt mit unbegrenzt wachsendem n gegen den Wert* $\sqrt{2\pi}$. Damit wird

$$L = \lim l S_m = l S = l \sqrt{2\pi}.$$

Setzen wir diesen Wert in (1) ein, so erhalten wir die

asymptotische Reihe von Stirling:

$$\boxed{l m! = l\sqrt{2\pi} + m,5 l m - m + \sum_{2}^{\nu} \frac{B^r}{r(r-1)m^{r-1}} + \varrho}$$

mit

$$\varrho = \Theta \frac{B^\mu}{\mu(\mu-1)m^{\mu-1}}, \qquad [0 < \Theta < 1],$$

welche eine *gute und genaue Berechnung der Fakultät m! für große Werte von m* gestattet.

Bei z. B. $m = 100$ und *nur zwei Gliedern* der Summe $\sum$ erhalten wir

$$l m! = l\sqrt{2\pi} + m,5 l m - m + \frac{1}{12m} - \frac{1}{360 m^3} + \varrho$$

mit

$$0 < \varrho < \frac{1}{1260 m^5} < \frac{1}{10^{13}},$$

so daß Stirlings Formel *bei nur zwei Gliedern der Summe* $\sum$ $l\,100!$ auf mindestens 12 Dezimalen genau liefert.

Gleichwohl divergiert Stirlings Reihe, wie man durch Betrachtung ihres Cauchybruchs leicht feststellt.

§ 124. Die asymptotische Reihe für den Logarithmus der Gammafunktion

Um zu einer Reihe für $l\Gamma(x)$ bei positivem x zu gelangen, gehen wir aus von der Cauchyschen Formel

$$(1) \qquad l\Gamma(x) = \int_0^\infty \left[(x-1)e^{-u} - \frac{e^{-u} - e^{-xu}}{1-e^{-u}}\right]\frac{du}{u}.$$

Wir integrieren sie zunächst im Intervall $(x, x+1)$ und erhalten

$$(2) \quad \int_x^{x+1} l\Gamma(x)\,dx = \int_0^\infty \int_x^{x+1} [\;]\,dx\,\frac{du}{u} = \int_0^\infty \left\{\left(x - \frac{1}{2}\right)e^{-u} - \frac{e^{-u}}{1-e^{-u}} + \frac{e^{-xu}}{u}\right\}\frac{du}{u},$$

da wegen der gleichmäßigen Konvergenz des Ausgangsintegrals die Reihenfolge der Integrationen umgekehrt werden darf.

Wir achten zunächst auf die linke Seite der erhaltenen Formel

$$R = \int_x^{x+1} l\Gamma(v)\,dv,$$

welche das sog. *Integral von Raabe* darstellt, das auch

$$R = \int_0^1 l\Gamma(x+u)\,du$$

geschrieben werden kann. [Die zweite Form entsteht aus der ersten durch die Substitution $v = x + u$.]

Das Integral von Raabe ist, wie wir jetzt sehen werden, eine einfache Funktion von x. Zunachst erhalten wir für die Ableitung von R (nach x) den Wert

$$R' = l\Gamma(x+1) - l\Gamma(x) = l\frac{\Gamma(x+1)}{\Gamma(x)} = l\,x\,.$$

Daher ist

$$R = x\,l\,x - x + \mathfrak{C},$$

wo $\mathfrak{C}$ eine vorlaufig noch unbekannte Konstante bedeutet. Durch die Spezialisierung $x = 0$ erhalten wir

$$\mathfrak{C} = \int_0^1 l\Gamma(v)\,dv\,.$$

[Man hat unter ε eine positive nach Null strebende Größe und unter ω ihren nach Unendlich strebenden Kehrwert verstanden, $\varepsilon l \varepsilon = -\,l\omega : \omega$. Nun ist aber $l\sqrt{\omega} < \sqrt{\omega}$ oder $l\,\omega < 2\sqrt{\omega}$, mithin $l\omega : \omega < 2 : \sqrt{\omega}$ und deshalb

$$\lim_{\varepsilon \to 0} \varepsilon l \varepsilon = -\lim_{\omega \to \infty} l\omega : \omega = 0.]$$

Dieses Integral kann aber mit Benutzung von Eulers Produktformel (§ 100)

$$\Gamma\left(\frac{1}{n}\right)\cdot\Gamma\left(\frac{2}{n}\right)\cdots\Gamma\left(\frac{n-1}{n}\right) = (2\pi)^{\frac{n-1}{2}} : \sqrt{n}$$

leicht berechnet werden. Die Logarithmierung der Eulerschen Formel gibt,

$$\frac{l\Gamma\left(\frac{1}{n}\right) + l\Gamma\left(\frac{2}{n}\right) + \cdot\ \cdot + l\Gamma\left(\frac{n-1}{n}\right)}{n} = M_n$$

gesetzt,

$$M_n = \left(1 - \frac{1}{n}\right) l\sqrt{2\pi} - \frac{1}{2}\frac{l\,n}{n}\,.$$

Bei unbegrenzt wachsendem n strebt M_n gegen den Mittelwert der Funktion $l\Gamma x$ im Intervall (0, 1), d. h. gegen das Integral

$$\mathfrak{C} = \int_0^1 l\Gamma(v)\,dv$$

und die rechte Seite unserer Gleichung gegen $l\sqrt{2\pi}$.

Daher wird

$$\mathfrak{C} = l\sqrt{2\pi},$$

und wir erhalten für das Raabeintegral den einfachen Wert

$$\boxed{R = x\,l\,x - x + l\sqrt{2\pi}}\,. \tag{3}$$

Um aus dem Integral von (1) einige störende Posten fortzuschaffen, subtrahieren wir (2) und die Frullanische Gleichung

$$-\frac{1}{2} l x = \int_0^\infty \frac{e^{-xu} - e^{-u}}{2} \frac{du}{u}$$

von (1) und bekommen so

$$\text{(4)} \qquad \boxed{l\Gamma(x) - R + l\sqrt{x} = \int_0^\infty \left[\frac{1}{u(1 - e^{-u})} - \frac{1}{u^2} - \frac{1}{2u}\right] e^{-xu} du}\,.$$

Damit ist die Möglichkeit einer Reihenentwicklung für $l\Gamma(x)$ gegeben. Wir brauchen uns nur der bekannten Potenzreihe für die Funktion $x : (e^x - 1)$

$$\frac{x}{e^x - 1} = e^{Bx} = \sum_0^\infty \frac{B^n}{n!} x^n, \quad |x| < 2\pi$$

zu erinnern (§ 89). Aus ihr entsteht sofort

$$\frac{1}{x(e^x - 1)} - \frac{1}{x^2} + \frac{1}{2x} = \sum_2^\infty \frac{B^n}{n!} x^{n-2}$$

oder, x in $-u$ verwandelnd,

$$[\ \ ] = \frac{1}{u(1 - e^{-u})} - \frac{1}{u^2} - \frac{1}{2u} = \sum_2^\infty \frac{B^n}{n!} u^{n-2}, \qquad |u| < 2\pi\,.$$

Wir berücksichtigen aber von der rechtsstehenden Reihe nur eine *endliche* Anzahl von Gliedern:

$$[\ ] = \frac{B^2}{2!} + \frac{B^4}{4!} u^2 + \frac{B^6}{6!} u^4 + \cdots + \frac{B^n}{n!} u^{n-2} + \theta \frac{B^m}{m!} u^{m-2},$$

wo n eine beliebige positive gerade Zahl, $m = n + 2$ und θ ein positiver Echtbruch ist, so daß diese Gleichung (§ 89) für *jedes* reelle u gilt.

Diesen Wert setzen wir nun oben in (4) für die eckige Klammer ein und integrieren gliedweise. Dabei handelt es sich um Integrale von der Form

$$J_r = \int_0^\infty u^r e^{-xu} du\,.$$

Wir substituieren $xu = v$, $x\,du = dv$ und haben

$$J_r = \int_0^\infty e^{-v} v^r dv : x^{r+1} = \frac{\Gamma(r+1)}{x^{r+1}} = \frac{r!}{x^{r+1}}\,.$$

Damit erhalten wir für die rechte Seite von (4) den Ausdruck

$$\frac{B^2}{1\cdot 2}\cdot\frac{1}{x}+\frac{B^4}{3\cdot 4}\cdot\frac{1}{x^3}+\frac{B^6}{5\cdot 6}\frac{1}{x^5}+\cdots+\frac{B^n}{(n-1)n}\cdot\frac{1}{x^{n-1}}+\Theta\frac{B^m}{(m-1)m}\cdot\frac{1}{x^{m-1}},$$

wo Θ wiederum einen positiven Echtbruch bedeutet.

Das Ergebnis unserer Überlegungen ist folgende

Asymptotische Entwicklung für den Logarithmus der Gammafunktion:

$$\boxed{l\Gamma(x)-R+l\sqrt{x}=\frac{B^2}{1\cdot 2}\cdot\frac{1}{x}+\frac{B^4}{3\cdot 4}\cdot\frac{1}{x^3}+\frac{B^6}{5\cdot 6}\cdot\frac{1}{x^5}+\cdots+\frac{B^n}{(n-1)n}\cdot\frac{1}{x^{n-1}}+\Theta\frac{B^m}{(m-1)m}\cdot\frac{1}{x^{m-1}}}$$

Diese Entwicklung gilt für jedes positive x. R ist Raabes Funktion

$$\boxed{R=x\,lx-x+l\sqrt{2\pi}},$$

B^2, B^4, B^6, ... sind die sukzessiven Bernoullizahlen mit geradem Zeiger, die bekanntlich (§ 89) mit der Summe

$$S_n=\frac{1}{1^n}+\frac{1}{2^n}+\frac{1}{3^n}+\cdots\quad (n \text{ gerade})$$

durch die Formel

$$\boxed{B^n=-2\cdot\iota^{\frac{n}{2}}\cdot n!\,S_n:o^n}\qquad \text{mit}\quad o=2\pi$$

verbunden sind, m ist die auf n folgende gerade Zahl ($m=n+2$), und Θ ein gewisser positiver Echtbruch.

Setzt man also an

$$\boxed{l\Gamma(x)-R+l\sqrt{x}=\frac{B^2}{1\cdot 2}\cdot\frac{1}{x}+\frac{B^4}{3\cdot 4}\cdot\frac{1}{x^3}+\cdots+\frac{B^n}{(n-1)n}\cdot\frac{1}{x^{n-1}}},$$

so begeht man einen Fehler; doch *ist dieser Fehler geringer als das erste nicht berücksichtigte Glied,* und die den Fehler aufhebende Korrektion $[\Theta B^m : m(m-1)x^{m-1}]$ hat das Vorzeichen dieses Gliedes.

Doch darf man *nicht* setzen:

$$l\Gamma x-R+l\sqrt{x}=\frac{B^2}{1\cdot 2}\cdot\frac{1}{x}+\frac{B^4}{3\cdot 4}\cdot\frac{1}{x^3}+\frac{B^6}{5\cdot 6}\cdot\frac{1}{x^5}+\cdots \text{ in inf.},$$

da die rechtsstehende Reihe **divergiert!**

Die einfachste Anwendung unserer Formel ergibt sich, wenn man $m=2$ setzt. Man erhält wegen $B^2={}^1/_6$ die Gleichung

$$l\Gamma(x)-R+l\sqrt{x}=\Theta:12x\qquad \text{mit}\quad 0<\Theta<1$$

oder

$$l\{\Gamma(x)\sqrt{x}:\sqrt{2\pi}\,x^x\} = -x + \Theta : 12x$$

oder

$$\boxed{\Gamma(x) = \frac{\sqrt{2\pi}\,x^x}{e^x\sqrt{x}}\cdot e^{\frac{\Theta}{12x}}}\,.$$

Diese Formel gestattet eine gute Abschätzung der Gammafunktion für große Argumentwerte x. Liegt x beispielsweise oberhalb 1000, so ist mit großer Annäherung

$$\Gamma(x) = \frac{\sqrt{2\pi}\,x^x}{e^x\sqrt{x}},$$

insofern der *genaue* Wert von $\Gamma(x)$ noch nicht um $\frac{1}{100}$ Prozent größer ist. Ist x eine große Ganzzahl n, so wird wegen $\Gamma(n) = (n-1)!$

$$(n-1)! = \frac{\sqrt{2\pi}\,n^n}{e^n\sqrt{n}}\,e^{\frac{\Theta}{12n}} \qquad \text{oder} \qquad \boxed{n! = \frac{n^n}{e^n}\sqrt{2\pi n}\cdot e^{\frac{\Theta}{12n}}}\,,$$

welche Formel sich auch aus § 123 ergibt.

Um auch eine Reihenentwicklung für die bezogene Ableitung

$$\Phi(x) = \Gamma'(x) : \Gamma(x) = Dl\Gamma(x)$$

der Gammafunktion zu bekommen, brauchen wir die Formel

$$l\Gamma(x) - R + l\sqrt{x} = \int_0^\infty f(u)e^{-xu}\,du \qquad \text{mit} \quad f(u) = \frac{1}{u(1-e^{-u})} - \frac{1}{u^2} - \frac{1}{2u}$$

nur zu differenzieren. Hierbei ist die Ableitung unter dem Integralzeichen erlaubt, da das entstehende Integral gleichmaßig konvergiert. Daher ergibt sich

$$\Phi(x) - lx + \frac{1}{2x} = \int_0^\infty g(u)e^{-xu}du \qquad \text{mit} \quad g(u) = -uf(u).$$

Zur Integration benutzten wir oben für $f(u)$ den Ausdruck

$$f(u) = \frac{B^2}{2!} + \frac{B^4}{4!}u^2 + \frac{B^6}{6!}u^4 + \cdots + \frac{B^n}{n!}u^{n-2} + \theta\frac{B^m}{m!}u^{m-2},$$

so daß statt dessen jetzt der Ausdruck

$$g(u) = -\frac{B^2}{2!}u - \frac{B^4}{4!}u^3 - \frac{B^6}{6!}u^5 - \cdots - \frac{B^n}{n!}u^{n-1} - \theta\frac{B^m}{m!}u^{m-1}$$

benutzt werden muß. An die Stelle des obigen Integrals

$$\int_0^\infty u^r e^{-xu}\,du = \frac{r!}{x^{r+1}} \qquad \text{tritt jetzt} \qquad -\int_0^\infty u^{r+1}e^{-xu}\,du = -\frac{(r+1)!}{x^{r+2}},$$

und es entsteht die *asymptotische Reihe für* $\Phi(x) = \Gamma'(x) : \Gamma(x)$:

$$\Phi(x) - lx + \frac{1}{2x} = -\frac{B^2}{2x^2} - \frac{B^4}{4x^4} - \frac{B^6}{6x^6} - \cdots - \frac{B^n}{nx^n} - \Theta\frac{B^m}{mx^m}$$

oder

$$\boxed{\frac{\Gamma'(x)}{\Gamma(x)} = lx - \frac{1}{2x} - \frac{B^2}{2x^2} - \frac{B^4}{4x^4} - \frac{B^6}{6x^6} - - \cdots - \frac{B^n}{nx^n} - \Theta\frac{B^m}{mx^m}}\,.$$

Hierin sind n und $m = n + 2$ zwei sukzessive positive gerade Zahlen und Θ ein gewisser positiver Echtbruch.

Auch hier ist es *nicht erlaubt,*

$$\frac{\Gamma'(x)}{\Gamma(x)} = lx - \frac{1}{2x} - \frac{B^2}{2x^2} - \frac{B^4}{4x^4} - \frac{B^6}{6x^6} - - \text{in inf.}$$

zu schreiben, da die rechtsstehende Reihe divergiert.

Gleichwohl kann die gefundene ,,pseudokonvergente" Reihe mit bestem Erfolg zu numerischen Bestimmungen verwertet werden. Es sei z. B. die Aufgabe vorgelegt,

die Eulersche Konstante

$$C = \lim (H_n - ln) = -\Gamma'(1)$$

auf 20 *Dezimalstellen genau zu berechnen.*

Nach Gauß' Formel für die bezogene Ableitung $\Phi = \Gamma'(x) : \Gamma(x)$ der Gammafunktion

$$\Phi(x) + C = \int_0^1 \frac{1 - u^{x-1}}{1 - u}\, du \qquad (\S\ 100)$$

ist für ganzzahliges x, $x = n$,

$$\Phi(n) + C = \int_0^1 (1 + u + u^2 + \cdots + u^{n-2})\, du = 1 + \frac{1}{2} + \frac{1}{3} + \cdots + \frac{1}{n-1}$$

oder

$$C = H_{n-1} - \Phi(n)\,.$$

Wir nehmen etwa $n = 20$ und haben

$$C = \frac{1}{1} + \frac{1}{2} + \frac{1}{3} + \cdots + \frac{1}{19} - \Phi(20),$$

so daß es nur darauf ankommt, $\Phi(20)$ auf 20 Stellen genau zu ermitteln. Dazu schreiben wir (mit $n = 20$)

$$\Phi(n) = ln - \frac{1}{2n} - \frac{B^2}{2n^2} - \frac{B^4}{4n^4} - \cdots - \frac{B^{14}}{14n^{14}}\,,$$

indem wir also nur die sieben Terme mit B^2, B^4, $\ldots$, B^{14} unserer Reihe benutzen. Der damit begangene Fehler ist betraglich kleiner als das erste unberücksichtigte Glied, ist also wegen $|B^{16}| < 8$ kleiner als

$$\frac{|B^{16}|}{16 \cdot 20^{16}} < \frac{1}{2 \cdot 20^{16}} < \frac{1}{10^{21}}\,,$$

so daß der angegebene Wert für $\Phi(n)$ auf mindestens 20 Dezimalen genau ist.

ZEHNTER ABSCHNITT

BESSELREIHEN

§ 125. Legendrepolynome

In diesem Abschnitt gelangen einige wichtige Eigenschaften der Besselreihen zur Erörterung.

Den bequemsten Zugang zu diesen Reihen bildet die Verwendung einer sog. *erzeugenden Funktion* — eines *Generators*, wie man kurzt sagt —, in unserm Falle die Heranziehung des Hansenschen Generators (§ 126).

Ein *Generator* ist eine nach Potenzen eines variablen Parameters, etwa α, fortschreitende Reihe, deren Koeffizienten gewisse durch ein gemeinsames Band verknüpfte Funktionen des Arguments x sind, welche Funktionen eben durch den Generator „erzeugt" werden.

Einer der einfachsten Generatoren ist der Kehrwert der Quadratwurzel $w = \sqrt{Q}$, wo Q das quadratische Trinom $Q = 1 - 2x\,\alpha + \alpha^2$ bedeutet, also die Potenzreihe in α:

$$1 : w = 1 : \sqrt{1 - 2x\alpha + \alpha^2} = \mathfrak{P}(\alpha).$$

Mit $\beta = 2x\,\alpha - \alpha^2$ haben wir

$$1 : w = 1 : \sqrt{1-\beta} = 1 + c_1\beta + c_2\beta^2 + c_3\beta^3 + \cdots \qquad \text{mit} \quad c_\nu = \frac{(2n)!}{2^{2n}\,n!^2},$$

wobei wir $|\alpha|$ so klein voraussetzen, daß $|\beta|$ unterhalb der Einheit liegt, so daß diese Reihe für alle x eines endlichen Gebiets und für alle α eines hinreichend kleinen Kreises gleichmaßig konvergiert.

In dieser Reihe hat das Glied $c_\nu\,\beta^\nu$ den Wert $c_\nu\alpha^\nu(2x - \alpha)^\nu$, und in diesem Ausdruck ist der Koeffizient p_n von α^n nach dem binomischen Satze

$$p_n = \frac{(2\nu)!}{2^{2\nu}\,\nu!^2}\cdot\iota^s\frac{\nu!}{r!\,s!}\,2^r\cdot x^r \qquad \text{mit} \quad \nu + s = n, \quad r + s = \nu.$$

Hier ersetzen wir, der Gleichung $n + r = 2\nu$ gemäß, $2^{2\nu}$ durch 2^{n+r}, ferner $x^r : r!$ durch $D^n x^{r+n} : (r+n)! = D^n x^{2\nu} : (2\nu)!$ und bekommen

$$p_n = \frac{1}{2^n\,n!}\cdot D^n\,\iota^s\frac{n!}{\nu!\,s!}\,x^{2\nu}.$$

Daher ist der Koeffizient P_n von α^n in der Reihe für $1:w$

$$P_n = \sum_s p_n = \frac{1}{2^n\, n!} \cdot D^n \sum_s \iota^s \frac{n!}{\nu!\, s!} x^{2\nu} = \frac{1}{2^n\, n!} D^n (x^2-1)^n .$$

Der Koeffizient P_n wird das *nte Legendrepolynom* genannt.
Das $n$te Legendrepolynom ist also

$$\boxed{P_n = \frac{1}{2^n\, n!} D^n (x^2-1)^n},$$

und es gilt die für jedes x und alle hinreichend kleinen α zulassige Entwicklung

$$\boxed{\frac{1}{\sqrt{1-2\alpha x+\alpha^2}} = 1 + P_1\alpha + P_2\alpha^2 + P_3\alpha^3 + \cdots}.$$

[Es genügt, wenn $|2\alpha\, x - \alpha^2| < 1$ ist.]
Wie man sieht, ist P_n ein Polynom in x vom $n$ten Grade. Die ersten 6 dieser Polynome sind

$$P_0 = 1, \quad P_1 = x, \quad P_2 = \frac{3}{2}x^2 - \frac{1}{2}, \quad P_3 = \frac{5}{2}x^3 - \frac{3}{2}x,$$

$$P_4 = \frac{35}{8}x^4 - \frac{30}{8}x^2 + \frac{3}{8}, \quad P_5 = \frac{63}{8}x^5 - \frac{70}{8}x^3 + \frac{15}{8}x .$$

Wir halten fest:
Die Funktion $1:\sqrt{1-2x\alpha+\alpha^2}$ von α ist die erzeugende Funktion (der Generator) der Legendrepolynome

$$P_1, \quad P_2, \quad P_3, \quad \ldots$$

Wir lösen noch die Aufgabe, eine Differentialgleichung aufzustellen, welche das Legendrepolynom befriedigt.
Zu dem Zwecke differenzieren wir die gefundene Formel

$$\frac{1}{w} = 1 + P_1\alpha + P_2\alpha^2 + P_3\alpha^3 + \cdots$$

einmal nach α, dann nach x und setzen in jeder der beiden entstehenden Relationen auf Grund der Methode der unbestimmten Koeffizienten entsprechende Koeffizienten der beiden Formelseiten einander gleich. Wegen der gleichmaßigen Konvergenz der Ausgangsreihe und der entstehenden Reihen sind diese Differentiationen erlaubt.

I. *Ableitung nach α*

Es wird

$$\frac{x-\alpha}{wQ} = \sum_1^\infty n\, P_n\, \alpha^{n-1}$$

oder

$$(x-\alpha)\sum P_n\alpha^n = (1-2\alpha x+\alpha^2)\sum n\, P_n \alpha^{n-1} .$$

Die Gleichsetzung der Koeffizienten von α^n links und rechts liefert die Relation

$$x P_n - P_{n-1} = (n+1) P_{n+1} - 2xn P_n + (n-1) P_{n-1}$$

oder

$$(1) \qquad \boxed{(n+1) P_{n+1} = (2n+1) x P_n - n P_{n-1}}\,.$$

Diese Reduktionsformel kann zur bequemen sukzessiven Berechnung von $P_3, P_4, P_5, \ldots$ verwandt werden.

II. *Ableitung nach x*

Diesmal wird [der Strich bedeutet die Ableitung nach x]

$$\frac{\alpha}{wQ} = \sum P'_n \alpha^n$$

oder

$$\alpha \sum P_n \alpha^n = (1 - 2\alpha x + \alpha^2) \sum P'_n \alpha^n\,.$$

Der Vergleich der beiderseitigen Koeffizienten von α^{n+1} liefert die Relation

$$(2) \qquad P_n = P'_{n+1} - 2x P'_n + P'_{n-1}\,.$$

Um zur Differentialgleichung zu gelangen, benutzen wir die Rekursionsformeln (1) und (2). Um dabei bequemes Schreiben zu haben, verwenden wir die Abkürzungen

$n-1$	n	$n+1$	$n+2$	P_{n-1}	P_n	P_{n+1}	P_{n+2}
a	b	c	d	A	B	C	D .

Nach (1) und (2) ist

$$bA + cC = (b+c) x B,$$
$$A' + C' = B + 2x B'.$$

Durch Ableitung der ersten dieser Gleichungen und nachherige Elimination von A' entsteht

$$C' = cB + xB'$$

und hieraus durch nochmalige Ableitung

$$C'' = xB'' + dB'.$$

Zufolge (1) und (2) [$n+1$ statt n nehmend] ist ebenfalls

$$cB + dD = (c+d) x C,$$
$$B' + D' = C + 2xC'.$$

Durch Ableitung der ersten dieser Gleichungen und nachherige Elimination von D' ergibt sich

$$B' = xC' - cC$$

und hieraus

$$B'' = -bC' + xC''.$$

Ersetzen wir hier rechts C' und C'' durch die oben gefundenen Binome, so entsteht

$$(x^2-1)\,B''+2x\,B'=b\,c\,B$$

oder

$$\boxed{(x^2-1)\,P_n''+2x\,P_n'=n(n+1)\,P_n}\,.$$

Dies ist die *Differentialgleichung des Legendrepolynoms* P_n.

Das Legendrepolynom $P_n(x)$ *befriedigt sonach die homogene lineare Differentialgleichung zweiter Ordnung — Legendresche Differentialgleichung —*

$$(x^2-1)\,y''+2x\,y'-n(n+1)\,y=0\,,$$

welche auch

$$D(x^2-1)\,y'=n(n+1)\,y$$

geschrieben wird.

Legendres Differentialgleichung besitzt außer $u=D^nX^n$ mit $X=x^2-1$ noch eine zweite von u linear unabhängige Lösung v; diese Zweitlösung kann aber *kein* Polynom sein.

Aus den Gleichungen

$$Xu''+2xu'=hu \qquad \text{und} \qquad Xv''+2xv'=hv \qquad \text{mit} \quad h=n(n+1)$$

folgt nämlich

$$X(uv''-vu'')+2x(uv'-vu')=0$$

oder, wenn

$$\varDelta=\begin{vmatrix} u & v \\ u' & v' \end{vmatrix}$$

die Wronskische Determinante des Lösungspaares u, v ist,

$$X\varDelta'+2x\varDelta=0 \qquad \text{oder} \qquad \frac{X'}{X}+\frac{\varDelta'}{\varDelta}=0\,,$$

oder, wenn p das Produkt $\varDelta X$ bedeutet,

$$\frac{p'}{p}=0\,, \qquad p'=0 \qquad \text{und} \qquad p=\text{const}=C\,,$$

mithin

$$\varDelta=\frac{C}{X}\,.$$

Dieser Gleichung zufolge kann v kein Polynom sein, da das Polynom $\varDelta$ nicht dem Quotient $C:X$ gleichen kann.

§ 126. Besselreihen und ihre Differentialgleichung

Zur Besselschen Differentialgleichung und der sie befriedigenden Besselreihe $I_n=I_n(x)$ gelangen wir am einfachsten ebenfalls mittels einer erzeugenden Funktion, dem von dem deutschen Astronomen Hansen 1843 entdeckten Generator

$$H=e^{\mathfrak{x}(\alpha-\bar{\alpha})}\,,$$

wo $\mathfrak{x}$ eine Abkürzung für $x:2$, α den variablen Parameter und $\bar{\alpha}$ den Kehrwert von α bedeutet.

Die Hansensche Funktion ist eine überall im Endlichen regulare Funktion sowohl von x als auch von α, wofern der Nullpunkt der α-Ebene ausgeschlossen wird. Daher gilt in jedem um den Punkt $\alpha = 0$ beschriebenen Kreisringe mit den Radien $h > 0$ und $k > h$ die Laurententwicklung

$$\boxed{H \equiv e^{\mathfrak{x}(\alpha-\bar{\alpha})} = \sum_{-\infty}^{+\infty} I_n \alpha^n}. \qquad \text{(Hansens Formel)}$$

Die in dieser Entwicklung auftretenden Koeffizienten

$$\ldots,\ I_{-2},\ I_{-1},\ I_0,\ I_1,\ I_2,\ \ldots$$

heißen *Besselfunktionen* des Arguments x mit den Zeigern

$$\ldots,\ -2,\ -1,\ 0,\ 1,\ 2,\ \ldots$$

I_n wird auch die *Besselfunktion nter Ordnung* genannt.

Aus

$$e^{\mathfrak{x}\alpha} = \sum_0^\infty \frac{\mathfrak{x}^r \alpha^r}{r!}, \qquad e^{-\mathfrak{x}\bar{\alpha}} = \sum_0^\infty \iota^s \frac{\mathfrak{x}^s}{s!\,\alpha^s}$$

folgt durch Multiplikation

$$H = \sum_0^\infty \frac{\mathfrak{x}^r \alpha^r}{r!} \cdot \sum_0^\infty \iota^s \frac{\mathfrak{x}^s}{s!\,\alpha^s}.$$

Um zu I_n zu gelangen, müssen wir bei der Multiplikation der beiden Reihen jeweils zwei Glieder

$$\frac{\mathfrak{x}^r \alpha^r}{r!} \qquad \text{und} \qquad \iota^s \frac{\mathfrak{x}^s}{s!\,\alpha^s}$$

nehmen, deren Produkt p für den Exponent $r - s$ von α den Wert n liefert, so daß also

$$r = n + s.$$

Das Produkt p wird dann

$$p = \iota^s \frac{\mathfrak{x}^{n+2s}}{s!\,(n+s)!} \cdot \alpha^n,$$

und die Gesamtheit aller Produkte p mit dem Faktor α^n wird bei $n \geqq 0$

$$I_n \alpha^n = \sum p = \alpha^n \cdot \sum_0^\infty \iota^s \frac{\mathfrak{x}^{n+2s}}{s!\,(n+s)!}.$$

Das gibt

$$\boxed{I_n = I_n(x) = \sum_0^\infty \iota^s \frac{\mathfrak{x}^{n+2s}}{s!\,(n+s)!}} \qquad \text{mit} \quad \left\{\begin{matrix} \mathfrak{x} = \frac{x}{2} \\ n \geqq 0 \end{matrix}\right\}.$$

Bei negativem Zeiger, $n = -\nu$, müssen wir je zwei Glieder miteinander multiplizieren, für die $s - r = \nu$, also

$$s = \nu + r$$

ist. Das Produkt p wird dann

$$p = \iota^{\nu + r} \frac{\mathfrak{x}^{\nu + 2r}}{r!\,(\nu + r)!} : \alpha^{\nu}$$

und die Summe aller Produkte p mit dem Faktor α^n

$$I_n = \iota^{\nu} \sum_{0}^{\infty} \iota^{r} \frac{\mathfrak{x}^{\nu + 2r}}{r!\,(r + \nu)!}\,.$$

Da die hier rechtsstehende Summe aber I_ν ist, so wird $I_n = \iota^{\nu} I_{\nu}$ oder

$$\boxed{I_n = \iota^n I_{-n}} \qquad \text{mit} \quad n < 0\,.$$

Durch diese einfache Formel wird eine Besselfunktion mit negativem Zeiger auf eine solche mit dem entgegengesetzten Zeiger zurückgeführt.

Die Besselfunktion $I_n = I_n(x)$ ist kein Polynom, sondern eine ganze transzendente Funktion von x.

Sie verhält sich überall im Endlichen regulär.

Wir differenzieren nun die Gleichung

$$e^{\mathfrak{x}(\alpha - \bar{\alpha})} = \sum_{-\infty}^{+\infty} I_n \alpha^n$$

einmal nach α, dann nach x und setzen in jeder der entstehenden Formeln entsprechende Koeffizienten der beiden Seiten einander gleich. So ergibt sich aus

$$\left(\mathfrak{x} + \frac{\mathfrak{x}}{\alpha^2}\right) \sum_{-\infty}^{+\infty} I_n \alpha^n = \sum_{-\infty}^{+\infty} n\, I_n \alpha^{n-1}$$

durch Vergleich der Koeffizienten von α^{n-1}

$$\mathfrak{x} I_{n-1} + \mathfrak{x} I_{n+1} = n\, I_n$$

oder

(1)
$$\boxed{\frac{I_{n-1} + I_{n+1}}{2} = \frac{n\, I_n}{x}}$$

und aus

$$\frac{1}{2}\left(\alpha - \frac{1}{\alpha}\right) \sum_{-\infty}^{+\infty} I_n \alpha^n = \sum_{-\infty}^{+\infty} I'_n \alpha^n$$

(wo der Strich die Ableitung nach x bedeutet) durch Vergleich der Koeffizienten von α^n

(2) $$\boxed{\frac{I_{n-1} - I_{n+1}}{2} = I'_n}\,.$$

Die Rekursionsformel (1) gestattet die Bestimmung sämtlicher Besselfunktionen I_n, falls zwei benachbarte, etwa I_0 und I_1 bekannt sind.
Die zweite Rekursionsformel enthält als Sonderfall die bemerkenswerte Relation

$$\boxed{I_1 = -I'_0}\,.$$

Nun zur Differentialgleichung!
Um deutliche Übersicht und bequemes Schreiben zu haben, benutzen wir die Abkürzungen

$n-1$	n	$n+1$	$n+2$	I_{n-1}	I_n	I_{n+1}	I_{n+2}
a	b	c	d	A	B	C	D .

Nach (1) und (2) ist

$$\frac{A+C}{2} = \frac{bB}{x} \quad \text{und} \quad \frac{A-C}{2} = B'.$$

Hieraus wird durch Subtraktion

$$C = \frac{bB}{x} - B'.$$

Nach (1) und (2) [n durch $n+1$ ersetzend] ist auch

$$\frac{B+D}{2} = \frac{cC}{x} \quad \text{und} \quad \frac{B-D}{2} = C'.$$

Hieraus entsteht durch Addition

$$B = \frac{cC}{x} + C'.$$

In dieser Formel substituieren wir den Wert $C = bB/x - B'$ und den hieraus folgenden $C' = bB'/x - bB/x^2 - B''$ und erhalten

$$x^2 B'' + xB' + (x^2 - b^2)B = 0$$

oder

$$\boxed{x^2 I''_n + x I'_n + (x^2 - n^2) I_n = 0}\,.$$

Dies ist Bessels Differentialgleichung für I_n, und wir haben das

Ergebnis:

Die nte Besselfunktion (I_n) befriedigt die lineare homogene Differentialgleichung

$$x^2 y'' + xy' + (x^2 - n^2)y = 0.$$

Aus diesem Grunde heißt die Differentialgleichung

$$x^2 y'' + x y' + (x^2 - n^2) y = 0$$

– gleichgültig übrigens, ob n eine ganze Zahl oder eine beliebige (komplexe) Zahl bedeutet – die *Besselsche Differentialgleichung* oder kurz *Besselgleichung*. Die in der Gleichung auftretende Konstante n heißt die *Konstante der Besselgleichung*.

§ 127. Vom Legendrepolynom zur Besseltranszendente

Als wir im Einleitungsparagraphen dieses Exkurses über Besselfunktionen die Legendrepolynome betrachteten, taten wir das zunächst nur in der Absicht, ein einfaches Beispiel für die Erzeugung einer Funktionsklasse durch Generatorreihen zu geben. Diese Betrachtung hat aber noch folgenden zweiten Grund:

Die Besseltranszendenten lassen sich als Limiten der Legendrepolynome auffassen.

Und den Nachweis dieser interessanten Tatsache zu erbringen, ist jetzt unsere Aufgabe.

Da eine homogene lineare Differentialgleichung sich nicht ändert, wenn man die abhängige Variable mit einem konstanten Faktor behaftet, so wählen wir als νtes Legendrepolynom den Ausdruck

$$Q = Q_\nu = \varDelta^\nu o^{2\nu}.$$

Dabei dient als Argument der Sinus i eines variablen Winkels, dessen Cosinus o ist, und der Operator $\varDelta$ bedeutet die Differentiation nach dem Argument i. Es ist dann $Q_\nu = c P_\nu$ mit $c = \iota^\nu 2^\nu \nu!$ und [bei der früheren Bezeichnung] $P_\nu = P_\nu(i)$. Wie wir wissen, befriedigt Q die Legendresche Differentialgleichung

$$(1) \qquad o^2 Q^2 - 2iQ^1 + \nu\mu Q = 0 \qquad \text{mit} \quad \mu = \nu + 1,$$

wo die Exponenten *bei* Q Ableitungen nach i bedeuten.

Die Funktion

$$q = \varDelta^n Q,$$

in welcher n eine feste natürliche Zahl bedeutet, befriedigt gleichfalls eine homogene lineare Differentialgleichung, die wir bekommen, wenn wir (1) $n$mal nach i ableiten.

Nach Leibniz' Regel für die Ableitung eines Produkts ist wegen $do/di = -i/o$

$$\varDelta^n o^2 Q^2 = o^2 Q^{n+2} - n 2i Q^{n+1} - n(n-1) Q^n,$$

$$\varDelta^n i Q^1 = i Q^{n+1} + n Q^n,$$

mithin

$$o^2 Q^{n+2} - 2mi Q^{n+1} + (\nu\mu - nm) Q^n = 0 \qquad \text{mit} \quad m = n + 1.$$

oder (mit $q^1 = dq/di$, $q^2 = d^2q/di^2$)

$$(2) \qquad o^2 q^2 - 2miq^1 + (\nu\mu - nm)q = 0.$$

Von q gehen wir über zur Funktion

$$y = o^n q \quad (\text{von } i).$$

Wir erhalten sukzessiv

$$y^1 = o^n q^1 - n o^{n-2} i q$$

$$y^2 = o^n q^2 - 2ni o^{n-2} q^1 + (n^2 - 2n) o^{n-4} i^2 q - n o^{n-2} q,$$

wo wieder y^1 die erste, y^2 die zweite Ableitung von y nach i bedeutet, also

$$o^2 y^2 - 2iy^1 = o^n (o^2 q^2 - 2miq^1) + o^n q [n^2 o^{-2} i^2 - n]$$

[wegen (2)]

$$= o^n q \{nm - \nu\mu + n^2 o^{-2} i^2 - n\} = o^n q \{n^2 o^{-2} - \nu\mu\}$$

und damit

$$(3) \qquad o^2 y^2 - 2iy^1 + (\nu\mu - n^2 o^{-2}) y = 0.$$

In (3) führen wir statt des bisherigen Arguments i das Argument

$$x = \nu o$$

ein. Um anzudeuten, daß y nunmehr als Funktion von x aufgefaßt werden soll, schreiben wir

$$y = y(i) = f(x)$$

und bezeichnen die Ableitungen nach x durch Striche.

Da die erste bzw. zweite Ableitung von $x = \nu o$ nach i

$$x_1 = -\nu i/o, \qquad x_2 = -\nu/o^3$$

ist, ergibt sich

$$y^1 = -f' \cdot \nu i/o, \qquad y^2 = f'' \cdot \nu^2 i^2/o^2 - f' \cdot \nu/o^3$$

und (3) verwandelt sich unter Berücksichtigung der Relationen $\nu o = x$, $\nu^2 i^2 = \mu^2 - x^2$ in

$$\nu^2 o^2 \cdot \nu^2 i^2 f'' + \nu o \cdot (2\nu^2 i^2 - \nu^2) f' + \nu^2 (\nu\mu o^2 - n^2) f = 0$$

oder

$$x^2(\nu^2 - x^2) f'' + x(\nu^2 - 2x^2) f' + \nu^2 (x^2 + x^2/\nu - n^2) f = 0$$

oder endlich

$$(4) \qquad \left(1 - \frac{x^2}{\nu^2}\right) \cdot x^2 f'' + \left(1 - \frac{2x^2}{\nu^2}\right) \cdot x f' + [x^2 - n^2 + x^2/\nu] f = 0.$$

Bei unbegrenzt wachsendem Zeiger ν nimmt jede runde Klammer dieser Gleichung den Wert 1, die eckige den Wert $x^2 - n^2$ an, und es entsteht, wenn wir noch y statt f schreiben, die Differentialgleichung

$$(5) \qquad x^2 y'' + x y' + [x^2 - n^2] = 0,$$

Dies ist aber die Besselsche Differentialgleichung. Wir können daher sagen: *Der als Funktion von $x = \nu o$ aufgefaßte Grenzwert*

$$L = \lim_{\nu \to \infty} o^n \Delta^n Q_\nu(i),$$

in welchem

$$Q_\nu(i) = \Delta^\nu o^{2\nu}$$

das Legendrepolynom ν ter Ordnung des Arguments i bedeutet, ist eine Lösung der Besselschen Differentialgleichung

$$x^2 y'' + x y' + (x^2 - n^2) = 0.$$

Dabei hat man sich i und o als Sinus und Cosinus eines variablen Winkels zu denken.

Wir können dem gefundenen Limes noch eine andere vielleicht übersichtlichere Gestalt geben. Wenn wie oben Δ die Differentiation nach i, also $\Delta x = x_1$ die Ableitung von x nach i, ferner D die Differentiation nach x bedeutet, so ist für jede Funktion $F(i) = F\left(\sqrt{1 - \frac{x^2}{\nu^2}}\right)$

$$\Delta F(i) = x_1 D F\left(\sqrt{1 - \frac{x^2}{\nu^2}}\right).$$

Die Ableitung einer Funktion $F(i)$ nach i kann also erhalten werden, indem man die Ableitung $DF\left(\sqrt{1 - \frac{x^2}{\nu^2}}\right)$ mit dem Multiplikator x_1 behaftet oder wie man sagt – indem man auf die Funktion den Operator

$$O = x_1 D$$

anwendet. In Zeichen:

$$\Delta F(i) = OF\left(\sqrt{1 - \frac{x^2}{\nu^2}}\right).$$

Demgemäß ist

$$\Delta^2 F(i) = \Delta\Delta F(i) = \Delta OF\left(\sqrt{1 - \frac{x^2}{\nu^2}}\right) = O^2 F\left(\sqrt{1 - \frac{x^2}{\nu^2}}\right),$$

allgemein

$$\Delta^n F(i) = O^n F\left(\sqrt{1 - \frac{x^2}{\nu^2}}\right).$$

Mit Benutzung des Operators O schreibt sich unser Limes

$$L = \lim o^n O^n Q_\nu\left(\sqrt{1 - \frac{x^2}{\nu^2}}\right) = \lim \frac{x^n}{\nu^n} O^n Q_\nu\left(\sqrt{1 - \frac{x^2}{\nu^2}}\right).$$

Aus

$$O = x_1 D = -\nu \frac{i}{o} D = \iota \nu \cdot \frac{\sqrt{\nu^2 - x^2}}{x} D$$

folgt, daß O^n auch $\iota^n \nu^n \Omega^n$ geschrieben werden kann, wo Ω den Operator

$$\Omega = \frac{\sqrt{\nu^2 - x^2}}{x} D$$

bedeutet. Demnach wird

$$\frac{x^n}{\nu^n} O^n Q_\nu\left(\sqrt{1 - \frac{x^2}{\nu^2}}\right) = \iota^n x^n \Omega^n Q_\nu\left(\sqrt{1 - \frac{x^2}{\nu^2}}\right)$$

und

$$L = \lim_{\nu \to \infty} \iota^n x^n \Omega^n Q_\nu\left(\sqrt{1 - \frac{x^2}{\nu^2}}\right)$$

oder, wenn man den Operator ausschreibt,

$$\boxed{L = \lim_{\nu \to \infty} \iota^n x^n \left\{\frac{\sqrt{\nu^2 - x^2}}{x} D\right\}^n Q_\nu\left(\sqrt{1 - \frac{x^2}{\nu^2}}\right)},$$

wo die geschweifte Klammer ihren Inhalt als Operator kennzeichnen soll.

Dieser aus dem Legendrepolynom

$$Q_\nu(i) = \Delta^\nu (1 - i^2)^\nu \qquad \left(\text{mit} \quad i = \sqrt{1 - \frac{x^2}{\nu^2}}\right)$$

entstehende Limes L ist also eine Lösung der Besselschen Differentialgleichung

$$x^2 y'' + x y' + (x^2 - n^2) y = 0,$$

ist m. a. W. eine Besseltranszendente mit dem Zeiger n.

§ 128. Besselreihen beliebiger Ordnung

Wir haben gezeigt, daß für jede natürliche Zahl n (inkl. $n = 0$) die Besselreihe

$$I_n(x) = \sum_0^\infty \iota^s \frac{x^{n+2s}}{2^{n+2s} s!(n+s)!}$$

eine Lösung der Besselschen Differentialgleichung

(B) $$x^2 y'' + x y' + (x^2 - n^2) y = 0$$

darstellt.

Man wird sich im allgemeinen nicht daran binden wollen, den Wertebereich der Konstante n dieser Differentialgleichung durch Beschrankung auf ganzzahlige n unnötig einzuschränken.

So stehen wir vor der Frage:

Besitzt die Differentialgleichung

(B) $$x^2 y'' + x y' + (x^2 - n^2) y = 0,$$

in welcher n eine beliebige reelle oder komplexe Zahl bedeutet, *eine Lösung?*

Die Antwort auf diese anscheinend schwierige Frage ist sehr einfach. Wir brauchen nur unter Anwendung des Gaußschen Funktionszeichens Π für die Gammafunktion $[\Pi(z) = \Gamma(1+z)]$ in der obigen Gleichung für I_n statt $s!$ und $(n+s)!$ $\Pi(s)$ und $\Pi(n+s)$ zu schreiben, um in der Reihe

$$I_n(x) = \sum_0^\infty \iota^s \frac{x^{n+2s}}{2^{n+2s}\,\Pi(s)\,\Pi(n+s)},$$

gleichgültig welchen Wert die Konstante n besitzt, eine Lösung der Besselschen Differentialgleichung zu bekommen!

Der Beweis dieser Behauptung ist überaus einfach.

Erstens stellt die neue, von dem gemeinsamen Faktor x^n befreite Reihe, da die Gammafunktion im Endlichen nirgends verschwindet (§ 99), für jeden Wert der Konstante n eine ganze transzendente Funktion von x dar.

Zweitens befriedigt die Reihe die Besselsche Differentialgleichung!

Um das einzusehen, bilden wir das Binom $x^2y'' + xy'$, wo y eine Abkürzung für das obige $I_n(x)$ bedeutet. Wir erhalten, den Nenner $2^{n+2s}\,\Pi(s)\,\Pi(n+s)$ mit N abkürzend,

$$xy' = \sum_0^\infty \iota^s \frac{(n+2s)\,x^{n+2s}}{N}, \qquad x^2y'' = \sum_0^\infty \iota^s \frac{(n+2s)(n+2s-1)\,x^{n+2s}}{N},$$

$$x^2y'' + xy' = \sum_0^\infty \iota^s \frac{(n+2s)^2 x^{n+2s}}{N} \quad \text{und} \quad x^2y'' + xy' - n^2y = \sum_1^\infty \iota^s \frac{4s(n+s)\,x^{n+2s}}{N}.$$

Hier führen wir rechts den neuen Summationszeiger σ gemäß der Vorschrift $s = \sigma + 1$ ein, schreiben in N statt $\Pi(s)$ und $\Pi(s+n)$ nach der Funktionalgleichung der Gammafunktion $[\Pi(z+1) = (z+1)\,\Pi(z)]$ $s\,\Pi(\sigma)$ und $(s+n)\,\Pi(\sigma+n)$ und erhalten für die rechte Seite

$$-x^2 \sum_0^\infty \iota^\sigma \frac{x^{n+2\sigma}}{2^{n+2\sigma}\,\Pi(\sigma)\,\Pi(n+\sigma)} = -x^2 y.$$

Folglich ist in der Tat

$$x^2y'' + xy' + (x^2 - n^2)\,y = 0.$$

Als Ergebnis unserer einfachen Betrachtung erscheint der

Fundamentalsatz:

Die Besseltranszendente $n$ter Ordnung

$$\boxed{I_n(x) = \sum_0^\infty \iota^s \frac{x^{n+2s}}{2^{n+2s}\,\Pi(s)\,\Pi(s+n)}},$$

einerlei welchen Wert die Konstante n besitzt, ist eine Lösung der Besselschen Differentialgleichung

$$\text{(B)} \qquad x^2 y'' + x y' + (x^2 - n^2) y = 0,$$

ist zudem, durch x^n geteilt, eine ganze transzendente Funktion von x.

Ist speziell n eine negative Ganzzahl, etwa $n = -\nu$, so wird $\Pi(s+n)$ für die ν Zeiger $s = 0, 1, 2, \ldots, \nu - 1$ Unendlich, so daß die ersten ν Glieder der Reihe ausfallen und

$$I_n(x) = \sum_{\nu}^{\infty} \iota^s \frac{x^{n+2s}}{2^{n+2s}\Pi(s)\Pi(s+n)}$$

wird. Setzen wir hier

$$s = \nu + \sigma \qquad \text{mit} \quad \sigma = 0, 1, 2, 3, \ldots,$$

so ergibt sich

$$I_n(x) = \iota^\nu \sum_0^\infty \iota^\sigma \frac{x^{\nu+2\sigma}}{2^{\nu+2\sigma}\Pi(\nu+\sigma)\Pi(\sigma)}$$

oder

$$I_n(x) = \iota^\nu I_\nu(x) = \iota^n I_{-n}(x),$$

ein uns schon bekanntes Resultat.

Die Besselfunktion $I_n(x)$ *beliebiger* Ordnung n befriedigt gleichfalls die Rekursionsformeln (1) und (2) von § 126.

Beweis. Mit Hilfe der Reihe

$$I_n = \sum_0^\infty \iota^s \frac{x^{n+2s}}{2^{n+2s}\Pi(s)\Pi(s+n)}$$

bilden wir die Ableitungen

des Produkts $\boxed{P_n = x^n \cdot I_n}$

und des Quotienten $\boxed{Q_n = I_n : x^n}$

Das gibt

$$D P_n = \sum_0^\infty \iota^s \frac{(2n+2s)\, x^{2n-1+2s}}{2^{n+2s}\Pi(s)\Pi(s+n)} = x^n \cdot \sum_0^\infty \iota^s \frac{x^{n-1+2s}}{2^{n-1+2s}\Pi(s)\Pi(s+n-1)}$$
$$= x^n I_{n-1}$$

und (mit $s = \sigma + 1$)

$$D Q_n = \sum_0^\infty \iota^s \frac{2 s x^{2s-1}}{2^{n+2s}\Pi(s)\Pi(s+n)} = -x^{-n} \sum_0^\infty \iota^\sigma \frac{x^{n+1+2\sigma}}{2^{n+1+2\sigma}\Pi(\sigma)\Pi(\sigma+n+1)}$$
$$= \frac{-I_{n+1}}{x^n}.$$

Mit Einführung des Operators

$$\boxed{\mathfrak{D} = D : x}$$

entsteht demnach das aparte Formelpaar

$$\boxed{\mathfrak{D}P_n = P_{n-1}}\,, \quad \boxed{\mathfrak{D}Q_n = -Q_{n+1}} \qquad \text{mit} \quad P_n = I_n \cdot x^n, \quad Q_n = I_n : x^n.$$

Bei Durchführung der Ableitungen erhalten wir zunächst die Relationen

$$x I_n' + n I_n = x I_{n-1}\,, \qquad x I_n' - n I_n = -x I_{n+1}$$

und aus ihnen durch Subtraktion und Addition die genannten Rekursionsformeln

$$\boxed{\frac{I_{n-1} + I_{n+1}}{2} = \frac{n I_n}{x}}\,, \qquad \boxed{\frac{I_{n-1} - I_{n+1}}{2} = I_n'}\,,$$

wo nunmehr n eine beliebige reelle oder komplexe Zahl bedeutet.
Hinsichtlich des gefundenen Formelpaares folgt noch:

Jede Besselfunktion I_n mit nichtverschwindendem ganzzahligem Zeiger läßt sich auf

$$I_0 = 1 - \frac{x^2}{2^2} + \frac{x^4}{(2 \cdot 4)^2} - \frac{x^6}{(2 \cdot 4 \cdot 6)^2} + - \cdots$$

zurückführen.

Beispielsweise ist nach der Formel $\mathfrak{D}Q_n = -Q_{n+1}$

$$Q_3 = -\mathfrak{D}Q_2 = \mathfrak{D}\mathfrak{D}Q_1 = -\mathfrak{D}\mathfrak{D}\mathfrak{D}Q_0 = -\mathfrak{D}^3 I_0$$

und

$$I_3 = -x^3 \mathfrak{D}^3 I_0 .$$

Wir haben oben die Lösung $I_n(x)$ der Differentialgleichung (B) unter Bezugnahme auf die Hansensche Formel gewonnen. Von großer Wichtigkeit ist auch die Auffindung der Lösung durch direkte Inangriffnahme der Differentialgleichung. Das Verfahren verläuft wie folgt:
Man versucht, durch eine Potenzreihe

$$y = C x^e + C_1 x^{e_1} + C_2 x^{e_2} + \cdots$$

mit wachsenden Exponenten $[e < e_1 < e_2 < \ldots]$, die man sich stillschweigend als gleichmäßig konvergent vorstellt, die Differentialgleichung zu befriedigen. Um die mit der Substitution dieses Wertes in die Differentialgleichung verbundenen Rechnungen bequem ausführen zu können, führen wir den Operator

$$\Delta = x D$$

ein (wo D die Differentiation nach x bedeutet), schreiben die Differentialgleichung

$$\Delta^2 y - n^2 y = -x^2 y,$$

bedenken, daß $\Delta^2 x^\nu = \nu^2 x^\nu$ ist und erhalten

$$C(e^2 - n^2)\, x^e + C_1 (e_1^2 - n^2)\, x^{e_1} + C_2 (e_2^2 - n^2)\, x^{e_2} + \cdots$$
$$= -C\, x^{e+2} - C_1\, x^{e_1+2} - C_2\, x^{e_2+2} - \cdots.$$

Nach der Methode der unbestimmten Koeffizienten folgt hieraus zunächst, da $C \neq 0$ vorausgesetzt wird,

$$e^2 - n^2 = 0 \qquad \text{oder} \qquad e^2 = n^2,$$

sodann sukzessiv

$$\begin{array}{lll} C_1 (e_1^2 - n^2) = -C & \text{und} & e_1 = e + 2, \\ C_2 (e_2^2 - n^2) = -C_1 & \text{und} & e_2 = e_1 + 2, \\ C_3 (e_3^2 - n^2) = -C_2 & \text{und} & e_3 = e_2 + 2, \\ \ldots & & \ldots \end{array}$$

Die rechte Spalte dieses Systems gibt

$$e_s = e + 2s,$$

woraufhin die $s$te Zeile der linken Systemspalte die Form

$$4s(s+e)\, C_s = -C_{s-1} \qquad (\text{mit} \quad C_0 = C)$$

annimmt. Bildet man diese Gleichung für alle Zeiger von 1 bis s, so ergibt sich durch Multiplikation der entstehenden s Gleichungen

$$C_s = \iota^s \frac{C\, \Pi(e)}{4^s\, s!\, \Pi(s+e)}.$$

Das noch willkürliche C wahlen wir jetzt gleich $1 : 2^e\, \Pi(e)$ und bekommen

$$C_s = \frac{\iota^s}{2^{e+2s}\, \Pi(s)\, \Pi(e+s)}$$

und

$$y = \sum_0^\infty \iota^s \frac{x^{e+2s}}{2^{e+2s}\, \Pi(s)\, \Pi(e+s)},$$

wo e nach Belieben den Wert n oder $-n$ hat. Da die gefundene Reihe für jedes endliche x und n konvergiert und zudem die Differentialgleichung befriedigt, stellt sie die gesuchte Lösung dar. Man erkennt, daß sie dieselbe Gestalt wie die oben angegebene Lösung $y = I_n(x)$ hat.

§ 129. Grundsystem der Besselschen Differentialgleichung

Das geschilderte Verfahren hat eigentlich *zwei* Lösungen der Besselschen Differentialgleichung geliefert:

$$u = I_n(x) = \sum_0^\infty \iota^s \frac{x^{n+2s}}{2^{n+2s}\Pi(s)\Pi(n+s)}$$

und

$$v = I_m(x) = \sum_0^\infty \iota^s \frac{x^{m+2s}}{2^{m+2s}\Pi(s)\Pi(m+s)},$$

wo m den entgegengesetzten Wert von n bedeutet.

Doch stellen diese beiden Lösungen *bei ganzzahligem n* wegen der dann zwischen ihnen bestehenden Proportionalität $I_m = \iota^n I_n$ im Grunde genommen nur *eine* Lösung dar. Ganz anders dagegen bei nichtganzzahligem n! Dann gilt vielmehr der

Satz:

Bei nichtganzzahliger Ordnung n bilden die beiden Lösungen

$$u = I_n(x) \qquad \text{und} \qquad v = I_m(x) \qquad \text{mit} \quad m = -n$$

ein Grundsystem der Besselschen Differentialgleichung (B).

Das heißt: Jede Lösung von (B) ist ein Linearaggregat $au + bv$ von u und v mit konstanten Koeffizienten a und b.

Es wird zweckmäßig sein, an dieser Stelle eine kurze Betrachtung über Grundsysteme linearer Differentialgleichungen einzuschalten, wobei wir uns jedoch auf Gleichungen zweiter Ordnung beschränken.

Es sei also

$$\text{(D)} \qquad py'' + qy' + ry = 0$$

eine homogene lineare Differentialgleichung zweiter Ordnung, deren Koeffizienten p, q, r Funktionen von x bedeuten, die sich in einem gewissen Bereiche um den Nullpunkt regular verhalten.

Ist u eine Lösung von (D), so stellt auch ku mit konstantem k eine Lösung dar, die aber im Grunde genommen nichts Neues besagt. Zwei solche Lösungen sollen *ähnlich* heißen.

Die Ähnlichkeit zweier Lösungen u und v bedeutet analytisch das identische Verschwinden ihrer *Wronskideterminante*

$$\Delta = \begin{vmatrix} u & v \\ u' & v' \end{vmatrix}.$$

Unter einem *Grundsystem* von (D) versteht man zwei nichtahnliche Lösungen

u und v von (D), m. a. W. zwei Lösungen u und v, deren Wronskideterminante nicht identisch verschwindet.

Es gilt der wichtige

Satz:

Jede Lösung von (D) *ist Linearaggregat* $au + bv$ *eines Grundsystems* (u, v) *mit konstanten Koeffizienten* a *und* b.

Beweis. Aus

$$pu'' + qu' + ru = 0 \qquad \text{und} \qquad pv'' + qv' + rv = 0$$

folgt durch Elimination von r

$$\frac{\Delta'}{\Delta} = \theta,$$

wo

$$\Delta = \begin{vmatrix} u & v \\ u' & v' \end{vmatrix}$$

die Wronskideterminante des Systems (u, v) und θ den Bruch $-q/p$ bedeutet. Ist nun w eine beliebige Lösung von (D), so gilt ebenso für das System (u, w) die Relation

$$\frac{H'}{H} = \theta,$$

wo H die Wronskideterminante des Systems (u, w) bedeutet.

Nun ergibt sich aus

$$\frac{H'}{H} = \frac{\Delta'}{\Delta}$$

die Konstanz des Quotienten $H : \Delta$ oder die Relation

$$H = k\Delta \qquad \text{mit} \quad k = \text{const.}$$

Diese schreibt sich

$$uw' - wu' = k(uv' - vu') \qquad \text{oder} \qquad u(w' - kv') = u'(w - kv)$$

oder

$$\frac{w' - kv'}{w - kv} = \frac{u'}{u},$$

und hieraus folgt ebenso

$$w - kv = hu \qquad \text{mit} \quad h = \text{const}$$

oder

$$w = hu + kv, \qquad \text{q. e. d.}$$

Um demnach den obigen Satz über die beiden Lösungen

$$u = I_n(x) \qquad \text{und} \qquad v = I_m(x)$$

von (B) zu beweisen, brauchen wir nur zu zeigen, daß ihre Wronskideterminante

$$\Delta = \begin{vmatrix} u & v \\ u' & v' \end{vmatrix}$$

nicht identisch verschwindet.

Zu dem Zwecke schreiben wir

$$u = \sum_0^\infty \frac{x^{n+2s}}{N_s}, \qquad v = \sum_0^\infty \frac{x^{m+2s}}{M_s}$$

mit

$$N_s = \iota^s 2^{n+2s} \Pi(s) \Pi(n+s), \qquad M_s = \iota^s 2^{m+2s} \Pi(s) \Pi(m+s).$$

Dann wird

$$u' = \sum_0^\infty \frac{(n+2s) x^{n+2s-1}}{N_s}, \qquad v' = \sum_0^\infty \frac{(m+2s) x^{m+2s-1}}{M_s},$$

mithin, unter Hervorhebung des ersten Postens von Δ,

$$\Delta = \frac{2m}{\Pi(n)\Pi(m)} : x + \mathfrak{P}(x),$$

wo $\mathfrak{P}(x)$ eine Potenzreihe von der Form $Ax + Bx^3 + Cx^5 + \cdots$ ist.
Anderseits folgt aus

$$\frac{\Delta'}{\Delta} = \theta = -\frac{1}{x}$$

$$\Delta x = \text{const} = K.$$

Aus den beiden für Δ gefundenen Relationen geht hervor, daß die Potenzreihe $\mathfrak{P}(x)$ identisch verschwindet, und daß

$$K = \frac{2m}{\Pi(n)\Pi(m)}$$

ist.
Nach der Komplementformel der Gammafunktion ist aber

$$\Pi(n)\Pi(-n) = \frac{n\pi}{\sin n\pi},$$

und wir erhalten die Formel

$$\Delta = -\frac{2\sin n\pi}{\pi x}.$$

Diese lehrt, daß die Wronskideterminante Δ des Systems I_n, I_m nur dann identisch verschwindet, wenn die Ordnung n der Besselfunktion $I_n(x)$ eine Ganzzahl ist. Bei nichtganzzahligem n bilden also, wie behauptet wurde, $I_n(x)$ und $I_{-n}(x)$ ein Grundsystem von (B).
Verbleibt sonach nur noch die

Aufgabe: Ein Grundsystem der Besselschen Differentialgleichung

$$x^2 y'' + x y' + (x^2 - n^2) y = 0$$

ausfindig zu machen, wenn die Konstante n der Gleichung eine Ganzzahl ist.

Daß in diesem Falle die Besseltranszendenten

$$u = I_n(x) \qquad \text{und} \qquad v = I_m(x) \qquad \text{mit} \quad m = -n$$

kein Grundsystem abgeben, wurde schon oben zum Ausdruck gebracht. Hier müssen wir uns also – unter Beibehaltung von u – nach einem andern v umsehen.

Es sei also n eine vorgelegte Ganzzahl, m ihr entgegengesetzter Wert, ν eine dem n benachbarte Nichtganzzahl, μ ihr entgegengesetzter Wert.

Dann bilden I_ν und I_μ ein Grundsystem von (B) mit der Wronskideterminante

$$\varDelta = \frac{-2 \sin \pi \nu}{\pi x}.$$

Auch I_ν und L_ν, wo L_ν ein Linearaggregat

$$L_\nu = a I_\nu + b I_\mu$$

von I_ν und I_μ mit konstanten Koeffizienten a und b darstellt, bilden ein Grundsystem von (B), wenn ihre Wronskideterminante

$$E = \begin{vmatrix} I_\nu & L_\nu \\ I'_\nu & L'_\nu \end{vmatrix}$$

nicht identisch verschwindet, wenn also, da

$$E = b \varDelta$$

ist, b nicht verschwindet.

Wir wählen die Konstante b so, daß die *Wronskideterminante* E

$$E = -\frac{2b}{\pi} \cdot \frac{\sin \nu \pi}{x}$$

von ν *unabhängig* wird, also

$$b = -1 : \sin \nu \pi,$$

womit

$$E = 1 : \varkappa x, \qquad [2\varkappa = \pi]$$

wird.

Damit L_ν nicht sinnlos wird, wenn man ν gegen n konvergieren läßt, wählen wir weiter

$$a = \cot \pi \nu.$$

Dann ist nämlich

$$L_\nu = \frac{\cos \pi \nu \cdot I_\nu - I_\mu}{\sin \pi \nu};$$

und wenn ν gegen n konvergiert, strebt L_ν wegen $I_m = \iota^n I_n$ nach L'Hospitals Regel gegen den Grenzwert

$$\lim_{\nu \to n} L_\nu = L_n = \frac{\hat{I}_n + \iota^n \hat{I}_m}{\pi};$$

wobei $\hat{I}_\nu$ die Ableitung von I_ν nach ν und $\hat{I}_n$ den Wert dieser Ableitung an der Stelle $\nu = n$ bedeutet.

Da L_ν eine stetige Funktion von ν mit stetiger Ableitung nach ν ist; da ferner die Wronskideterminante von (I_ν, L_ν) von ν unabhängig ist, bildet auch L_n eine Lösung von (B) und (I_n, L_n) ein Grundsystem.

Ergebnis:

Bei ganzzahligem n bildet das Paar

$$\boxed{u = I_n, \quad v = L_n = \left(\hat{I}_n + \iota^n \hat{I}_m\right) : \pi} \qquad \text{mit} \quad \hat{I}_n = \frac{\partial I_n}{\partial n}, \quad m = -n$$

ein Grundsystem der Besselgleichung

$$x^2 y'' + x y' + (x^2 - n^2) y = 0.$$

Die neue Lösung $v = L_n$ der Besselgleichung ist die durch π geteilte Summe der beiden Reihen

$$\hat{I}_n = \sum_0^\infty \iota^s \frac{x^{n+2s}}{2^{n+2s} \Pi(s) \Pi(n+s)} \left\{ l \frac{x}{2} - \Pi^*(n+s) \right\},$$

$$\iota^n \hat{I}_m = \iota^n \sum_0^\infty \iota^s \frac{x^{m+2s}}{2^{m+2s} \Pi(s) \Pi(m+s)} \left\{ l \frac{x}{2} - \Pi^*(m+s) \right\},$$

wo $m = -n$ ist und $\Pi^*(x)$ die bezogene Ableitung von $\Pi(x)$ bedeutet.

Das 1873 von Heinrich Weber eingeführte Linearaggregat

$$Y_n = \frac{\cos \pi n \, I_n(x) - I_m(x)}{\sin \pi n}, \qquad [m = -n],$$

welches bei ganzzahligem n den Wert $(\hat{I}_n + \iota^n \hat{I}_m) : \pi$ annimmt, bildet mit I_n für jede (auch ganzzahlige) Ordnung n ein Grundsystem der Besselschen Differentialgleichung.

Die Wronskideterminante dieses Systems hat den Wert $1 : \varkappa x$.

I_n bzw. Y_n wird die zum Zeiger n gehörige *Besselfunktion erster bzw. zweiter Art* genannt.

Da auch Y_n das Formelpaar

$$D x^n \cdot Y_n = x^n Y_{n-1}, \qquad D Y_n : x^n = -Y_{n+1} : x^n$$

befriedigt (§ 128), so gelten auch für jede Ordnung n die Relationen

$$\boxed{\mathfrak{D}(Y_n \cdot x^n) = Y_{n-1} \cdot x^{n-1}, \qquad \mathfrak{D}(Y_n : x^n) = -Y_{n+1} : x^{n+1}},$$

wo $\mathfrak{D}$ den Operator $D : x$ bedeutet.

§ 130. Besselfunktionen endlicher Form

Es gibt einen Fall, in dem sich die Besselfunktion in endlicher Form darstellen laßt, den Fall nämlich, wo die Ordnung der Funktion eine Halbzahl*) ist. Es gilt der bemerkenswerte

Satz:

Ist die Ordnung n der Besselfunktion

$$I_n(x) = \sum_{-\infty}^{+\infty} \iota^s \frac{x^{n+2s}}{2^{n+2s}\Pi(s)\Pi(s+n)}$$

eine Halbzahl, so läßt sich die Funktion in endlicher Form durch Elementarfunktionen darstellen.

Ist die Konstante n der Besselgleichung

$$x^2y'' + xy' + (x^2 - n^2)y = 0$$

eine Halbzahl, so besitzt die Gleichung ein aus endlich vielen Elementarfunktionen aufgebautes Grundsystem.

Der folgende einfache Beweis dieses Satzes beruht auf zwei Hilfsformeln über Ableitungen, die wir zunachst entwickeln.

Ist α eine Konstante, $E = e^{\alpha x}$ eine Exponentialfunktion, $F(x)$ eine beliebig oft ableitbare Funktion, und bedeutet der Operator D die Differentiation nach x, so ist

$$DEF = \alpha EF + EDF = E[DF + \alpha F],$$

also, wenn man noch den Operator

$$\mathfrak{D} = D + \alpha$$

einführt, d. h. unter $\mathfrak{D}F$ den Wert $DF + \alpha F$ versteht,

$$\boxed{DEF = E\mathfrak{D}F} \qquad \text{mit } \mathfrak{D} = D + \alpha. \tag{1}$$

Durch nochmalige Ableitung ergibt sich

$$D^2EF = D(DEF) = D(E\mathfrak{D}F),$$

was nach (1) den Wert $E\mathfrak{D}(\mathfrak{D}F) = E\mathfrak{D}^2F$ hat, so daß

$$D^2EF = E\mathfrak{D}^2F$$

ist. Ähnlich ergibt sich

$$D^3EF = E\mathfrak{D}^3F$$

*) Halbzahlen sind die Zahlen $\pm 0{,}5$, $\pm 1{,}5$, $\pm 2{,}5$, ...

und für den beliebigen Zeiger n

$$D^n EF = E\mathfrak{D}^n F \qquad \text{mit} \quad \mathfrak{D} = D + \alpha. \tag{2}$$

Bedeutet demnach $P(D)$ ein Polynom von D mit konstanten Koeffizienten, so bekommt man durch mehrfache Anwendung von (2) die erste der angekündigten Hilfsformeln:

$$P(D)EF = EP(\mathfrak{D})F \qquad \text{mit} \quad E = e^{\alpha x} \quad \text{und} \quad \mathfrak{D} = D + \alpha. \tag{I}$$

Nunmehr werde die Größe α als variabler Parameter aufgefaßt und die Ableitung nach α durch den Operator Δ bezeichnet.
Bedeutet dann Q den Quotient

$$Q = E : x = e^{\alpha x} : x,$$

so wird

$$\Delta P(D)Q = P(D)\Delta Q = P(D)E = P(D)E \cdot 1.$$

Letzterer Wert ist aber nach (I) $EP(\mathfrak{D})\,1 = EP(\alpha)$. Damit entsteht die zweite der angekündigten Hilfsformeln:

$$\Delta P(D)Q = EP(\alpha) \qquad \text{mit} \quad E = e^{\alpha x}, \quad Q = E : x. \tag{II}$$

Für die Besselfunktion erster und zweiter Art wie auch für jedes aus beiden zusammengesetzte Linearaggregat y gilt die Besselgleichung

$$x^2 y'' + xy' + (x^2 - n^2)y = 0, \tag{L}$$

in welcher von jetzt an *n eine Halbzahl bedeuten soll.* Hier führen wir die *reduzierte* Besselfunktion η ein, die mit y in der Beziehung

$$y = x^\nu \eta$$

steht, wo der Exponent ν den Wert $+n$ oder $-n$ bedeutet, je nachdem n positiv oder negativ vorausgesetzt wird. Aus

$$y' = x^\nu \eta' + \nu x^{\nu-1}\eta \qquad \text{und} \qquad y'' = x^\nu \eta'' + 2\nu x^{\nu-1}\eta' + (\nu^2 - \nu)x^{\nu-2}\eta$$

und dem Einsatz dieser Werte in (L) entsteht die Differentialgleichung

$$\eta'' + \frac{2N}{x}\eta' + \eta = 0 \qquad \text{mit} \quad N = \frac{2|n|+1}{2} \tag{Λ}$$

oder

$$\mathfrak{B}\eta = 0,$$

wo $\mathfrak{B}$ den Operator

$$\mathfrak{B} = D^2 + 1 + \frac{2N}{x}D$$

bedeutet. Wegen der über n getroffenen Annahme, stellt N *eine natürliche Zahl* dar.

Wir suchen einen Ausdruck W, für welchen $\mathfrak{B}W$ verschwindet. Um dieses Ziel zu erreichen, bedenken wir, daß die nach α genommene Ableitung des Produkts

$$\Pi = Q(\alpha^2 + 1)^N$$

den Faktor

$$p(\alpha) = \alpha^2 + 1 + \frac{2N}{x}\alpha$$

enthält:

$$\Delta\Pi = E(\alpha^2 + 1)^N + E\frac{2N}{x}\alpha(\alpha^2 + 1)^{N-1} = E(\alpha^2 + 1)^{N-1}p(\alpha).$$

Bezeichnen wir nun das Polynom

$$(\alpha^2 + 1)^{N-1}p(\alpha) \qquad \text{mit} \quad P(\alpha),$$

so haben wir

$$\Delta\Pi = EP(\alpha).$$

Nach (II) ist aber

$$\Delta P(D)Q = EP(\alpha),$$

so daß

$$\Delta P(D)Q = \Delta\Pi$$

wird.

Aus dieser Gleichung folgt, daß die Differenz

$$P(D)Q - \Pi$$

einen von α unabhangigen, also nur von x abhängigen Wert z darstellt. Um diesen Wert zu erhalten, brauchen wir nur für α einen passenden Sonderwert zu substituieren, etwa $\alpha = -\infty$. Für diesen Wert ist bei positivem x sowohl $P(D)Q$ als auch Π Null. Folglich ist $z = 0$, und es gilt die Gleichung

$$P(D)Q = \Pi = Q(\alpha^2 + 1)^N.$$

In ihr setzen wir $\alpha = i$, weil dann ihre Rechtsseite verschwindet. Dadurch entsteht

$$P(D)Q = 0 \qquad \text{mit} \quad Q = e^{ix} : x$$

oder

$$p(D)(D^2 + 1)^{N-1}Q = 0$$

oder endlich, da $p(D) = D^2 + 1 + \frac{2N}{x}D = \mathfrak{B}$ ist,

$$\mathfrak{B}(D^2 + 1)^{N-1}Q = 0 \qquad \text{mit} \quad Q = e^{ix} : x.$$

Damit ist der gesuchte Ausdruck W gefunden:

$$\boxed{W = (D^2 + 1)^{N-1}Q} \qquad \text{mit} \quad Q = e^{ix} : x.$$

Dieser Ausdruck – eine rationale Funktion von x und e^{ix} – bildet eine Lösung von (Λ), sein $x^{|n|}$faches eine Lösung von (L).

Schreiben wir $e^{ix} = \cos x + i \sin x$ und trennen das Reelle vom Imaginären, so erhalten wir in

$$U = (D^2 + 1)^{N-1} \frac{\cos x}{x} \qquad \text{und} \qquad V = (D^2 + 1)^{N-1} \frac{\sin x}{x}$$

zwei unähnliche Lösungen von (Λ), die sonach ein Grundsystem von (Λ) bilden. Damit ist der Beweis unseres Satzes erbracht.

Mit Benutzung von (I) formen wir die gefundene Lösung W noch etwas um. Nach (I) ist

$$\begin{aligned}(D^2 + 1)^{N-1} e^{ix} \cdot 1/x &= e^{ix}([D + i]^2 + 1)^{N-1} 1/x = e^{ix}(D^2 + 2iD)^{N-1} 1/x \\ &= e^{ix}(D + 2i)^{N-1}[D^{N-1} 1/x] = c\, e^{ix}(D + 2i)^{N-1} 1/x^N,\end{aligned}$$

wo c den konstanten Faktor $\iota^{N-1}(N-1)!$ bedeutet.

Indem wir diesen konstanten Faktor beiseite lassen, können wir sagen:

Realteile u und Imaginärteil v des Ausdrucks

$$w = u + iv = e^{ix}(D + 2i)^{N-1} 1/x^N$$

bilden ein Grundsystem der reduzierten Besselgleichung

$$\eta'' + \frac{2N}{x}\eta' + \eta = 0.$$

Die Besselfunktion $I_n(x)$ mit halbzahligem Zeiger n, geteilt durch $x^{|n|}$, ist Linearaggregat von u und v für $2N = 2|n| + 1$.

Hiermit ist erneut die Darstellung von Besselfunktionen halbzahliger Ordnung durch Elementarfunktionen (e^{ix} und x^m) in endlicher Form zum Ausdruck gebracht.

Wir wenden das Gelernte auf die vier Zeiger $n = \frac{1}{2}, -\frac{1}{2}, \frac{3}{2}, -\frac{3}{2}$ von I_n an. Dem ersten Zeigerpaar entspricht der Wert $N = 1$, dem zweiten der Wert $N = 2$. Demgemäß bestimmen wir zunächst die Grundsysteme der beiden Gleichungen $\eta'' + \frac{2}{x}\eta' + \eta = 0$ und $\eta'' + \frac{4}{x}\eta' + \eta = 0$. Im ersten Falle ist einfach $w = e^{ix}\, 1/x = (\cos x + i \sin x) : x$, das Grundsystem der reduzierten Gleichung also

$$u = \frac{\cos x}{x}, \qquad v = \frac{\sin x}{x}.$$

Damit erhalten wir etwa

$$I_{1/2} = \sqrt{x}\,(a u + b v) = \frac{a \cos x + b \sin x}{\sqrt{x}}, \qquad I_{-1/2} = \frac{A \cos x + B \sin x}{\sqrt{x}}.$$

Zur Bestimmung der unbekannten Koeffizienten a, b, A, B genügt von jeder der vorkommenden unendlichen Reihen der Entwicklungsanfang. Der Koeffizientenvergleich ergibt wegen $\Pi\left(\frac{1}{2}\right) = \frac{\sqrt{\pi}}{2}$, $\Pi\left(-\frac{1}{2}\right) = \sqrt{\pi}$

$$a = 0, \quad b = \sqrt{2/\pi}; \qquad A = \sqrt{2/\pi}, \quad B = 0,$$

so daß

$$\boxed{I_{1/2}(x) = \sqrt{\frac{2}{\pi}}\,\frac{\sin x}{\sqrt{x}}, \qquad I_{-1/2}(x) = \sqrt{\frac{2}{\pi}}\,\frac{\cos x}{\sqrt{x}}}.$$

ist.

Im Falle $n = 1{,}5$ ist $N = 2$ und $w = e^{ix}(D + 2i)\,1/x^2 = 2e^{ix}\left(\frac{i}{x^2} - \frac{1}{x^3}\right)$, so daß

$$u = \frac{\cos x}{x^3} + \frac{\sin x}{x^2}, \qquad v = \frac{\sin x}{x^3} - \frac{\cos x}{x^2}$$

ein Grundsystem von $\eta'' + \frac{4}{x}\eta' + \eta = 0$ bilden. Nun ist

$$I_{1,5} = \frac{x^{1,5}}{2^{1,5}\,\Pi(1{,}5)} + \cdots = x^{1,5}\left[\frac{\sqrt{2}}{3\sqrt{\pi}} + c\,x^2 + \cdots\right],$$

mithin

$$\eta = I : x^{1,5} = \left[\frac{\sqrt{2}}{3\sqrt{\pi}} + cx^2 + \cdots\right] = a\,u + b\,v$$

oder

$$\frac{a\cos x + b\sin x}{x^3} + \frac{a\sin x - b\cos x}{x^2} = \frac{\sqrt{2}}{3\sqrt{\pi}} + c\,x^2 + \cdots.$$

Durch Koeffizientenvergleich folgt zunächst $a = 0$, dann $b = \sqrt{2/\pi}$, so daß

$$\boxed{I_{1,5}(x) = \sqrt{\frac{2}{\pi x}}\left(\frac{\sin x}{x} - \cos x\right)}$$

ist.

Im Falle $n = -1{,}5$ ist ebenfalls $N = 2$ und das eben benutzte Paar (u, v) ein Grundsystem der reduzierten Gleichung, aber wegen

$$I_{-1,5} = I = \frac{x^{-1,5}}{2^{-1,5}\,\Pi(-1{,}5)} + C\,x^{0,5} + D\,x^{2,5} + \cdots$$
$$= -\sqrt{\frac{2}{\pi}}\,x^{-1,5} + C\,x^{0,5} + D\,x^{2,5} + \cdots$$

und $I = x^{1,5}\eta$ diesmal

$$\eta = \frac{-\sqrt{2/\pi}}{x^3} + \frac{C}{x} + D\,x + \cdots \text{ (ohne Freiglied)}.$$

Da diese Reihe sich als Linearkompositum $A\,u + B\,v$ darstellen lassen muß, so ist identisch

$$\frac{-\sqrt{2/\pi}}{x^3} + \frac{C}{x} + D\,x + \cdots = \frac{A\cos x + B\sin x}{x^3} + \frac{A\sin x - B\cos x}{x^2}.$$

Durch Koeffizientenvergleich folgt $A = -\sqrt{2/\pi}$, und da das Freiglied $(B/3)$ der rechten Seite verschwinden muß, $B = 0$, mithin

$$\boxed{I_{-1,5}(x) = -\sqrt{\frac{2}{\pi x}}\left(\sin x + \frac{\cos x}{x}\right)}.$$

§ 131. Besselfunktion und Kreisfunktion

In der Hansenschen Formel

$$e^{x\frac{\alpha-\bar{\alpha}}{2}} = \sum_{-\infty}^{+\infty} I_n \alpha^n, \qquad [\bar{\alpha} = 1/\alpha]$$

wahlen wir den Parameter α als Gaußzahl:

$$\alpha = e^{i\varphi} = \cos\varphi + i\sin\varphi.$$

Sie verwandelt sich dann wegen $\alpha - \bar{\alpha} = 2i\sin\varphi$ in

$$e^{ix\sin\varphi} = \sum_{-\infty}^{+\infty} I_n(\cos n\varphi + i\sin n\varphi).$$

Setzen wir x vorerst als reell voraus, so entsteht durch Gleichsetzung der beiderseitigen Realteile wie auch Imaginärteile unter Berücksichtigung der Relation $I_{-n} = \iota^n I_n$ das Formelpaar

(1) $$\cos(x\sin\varphi) = I_0 + 2I_2\cos 2\varphi + 2I_4\cos 4\varphi + 2I_6\cos 6\varphi + \cdots,$$

(2) $$\sin(x\sin\varphi) = 2I_1\sin\varphi + 2I_3\sin 3\varphi + 2I_5\sin 5\varphi + \cdots$$

Zwar wurden diese Formeln unter der Annahme *reeller* x gewonnen; da aber jede Formelseite eine im Endlichen überall reguläre Funktion von x darstellt, so gelten die Formeln nach Riemanns Identitätssatz für jedes komplexe x eines endlichen Gebiets der x-Ebene.

Ersetzen wir in dem Formelpaar den Winkel φ durch $\varphi + \varkappa$, wo $\varkappa$ den Quadrant des Einheitskreises bedeutet, so nimmt es die Form

(3) $$\cos(x\cos\varphi) = I_0 - 2I_2\cos 2\varphi + 2I_4\cos 4\varphi - 2I_6\cos 6\varphi + - \cdots,$$

(4) $$\sin(x\cos\varphi) = 2I_1\cos\varphi - 2I_3\cos 3\varphi + 2I_5\cos 5\varphi - + \cdots$$

an.

Die auf den Rechtsseiten der Formeln (1) bis (4) stehenden unendlichen Reihen konvergieren in jedem endlichen Gebiet der x-Ebene und für alle Winkel φ gleichmäßig. Daher gestatten sie in jedem Winkelintervall die gliedweise Integration, auch dann noch, wenn man sie zuvor mit dem Faktor $\cos n\varphi$ oder

$\sin n\varphi$ multipliziert hat. Wir wählen $[0, \pi]$ als Integrationsintervall und bedenken, daß folgende drei Hilfsformeln gelten:

$$\int_0^\pi \cos n\varphi \cos \nu\varphi \, d\varphi = \begin{Bmatrix} 0, \text{ falls } n \neq \nu \\ \varkappa, \text{ falls } n = \nu \end{Bmatrix}, \qquad \int_0^\pi \sin n\varphi \sin \nu\varphi \, d\varphi = \begin{Bmatrix} 0, \text{ falls } n \neq \nu \\ \varkappa, \text{ falls } n = \nu \end{Bmatrix},$$

$$\int_0^\pi \sin n\varphi \cos \nu\varphi \, d\varphi = \begin{Bmatrix} \dfrac{2n}{n^2 - \nu^2}, \text{ falls } n \text{ und } \nu \text{ ungleichartig}, \\ 0, \text{ falls } n \text{ und } \nu \text{ gleichartig} \end{Bmatrix},$$

wo n und ν ganzzahlige Zeiger bedeuten. Das gibt folgende 8 Formeln mit geradem Zeiger n und 8 Formeln mit ungeradem Zeiger m, in denen sich alle Integrationen über das Intervall $[0, \pi]$ erstrecken:

$$\int \cos n\varphi \cos(x \cos\varphi)\, d\varphi = \pi \iota^{n/2} I_n, \qquad \int \cos m\varphi \cos(x \cos\varphi)\, d\varphi = 0,$$

$$\int \cos n\varphi \cos(x \sin\varphi)\, d\varphi = \pi I_n, \qquad \int \cos m\varphi \cos(x \sin\varphi)\, d\varphi = 0,$$

$$\int \cos n\varphi \sin(x \cos\varphi)\, d\varphi = 0, \qquad \int \cos m\varphi \sin(x \cos\varphi)\, d\varphi = \pi \iota^{\frac{m-1}{2}} I_m,$$

$$\int \cos n\varphi \sin(x \sin\varphi)\, d\varphi = 4\left[\frac{I_1}{1^2 - n^2} + \frac{3 I_3}{3^2 - n^2} + \frac{5 I_5}{5^2 - n^2} + \cdots\right],$$

$$\int \cos m\varphi \sin(x \sin\varphi)\, d\varphi = 0,$$

$$\int \sin n\varphi \cos(x \cos\varphi)\, d\varphi = 0,$$

$$\int \sin m\varphi \cos(x \cos\varphi)\, d\varphi = \frac{2m I_0}{m^2} - \frac{4m I_2}{m^2 - 2^2} + \frac{4m I_4}{m^2 - 4^2} - + \cdots,$$

$$\int \sin n\varphi \cos(x \sin\varphi)\, dx = 0,$$

$$\int \sin m\varphi \cos(x \sin\varphi)\, d\varphi = \frac{2m I_0}{m^2} + \frac{4m I_2}{m^2 - 2^2} + \frac{4m I_4}{m^2 - 4^2} + \cdots,$$

$$\int \sin n\varphi \sin(x \cos\varphi)\, d\varphi = -4n\left[\frac{I_1}{1^2 - n^2} - \frac{I_3}{3^2 - n^2} + \frac{I_5}{5^2 - n^2} - + \cdots\right],$$

$$\int \sin m\varphi \sin(x \cos\varphi)\, d\varphi = 0,$$

$$\int \sin n\varphi \sin(x \sin\varphi)\, d\varphi = 0, \qquad \int \sin m\varphi \sin(x \sin\varphi)\, d\varphi = \pi I_m.$$

Mittels dieser Tafel bestätigt man leicht die Richtigkeit der fünf Formeln

$$\int_0^\pi \cos(g\varphi + x \sin\varphi)\, d\varphi = \pi \iota^g I_g, \qquad \int_0^\pi \cos(g\varphi - x \sin\varphi)\, d\varphi = \pi I_g,$$

$$\int_0^\pi \sin(g\varphi + x \cos\varphi)\, d\varphi = 0, \qquad \int_0^\pi \sin(g\varphi - x \cos\varphi)\, d\varphi = 0,$$

$$\int_0^\pi \cos(x \cos\varphi - g\varkappa) \cos g\varphi \, d\varphi = \pi I_g, \qquad (2\varkappa = \pi),$$

n welchen g eine beliebige Ganzzahl bedeutet. Von ihnen sind die zweite und fünfte besonders bemerkenswert. Wir schreiben sie, zu unserer Ausgangszeigerbezeichnung n zurückkehrend:

$$\boxed{I_n = \frac{1}{\pi}\int_0^\pi \cos(n\varphi - x\sin\varphi)\,d\varphi, \qquad I_n = \frac{1}{\pi}\int_0^\pi \cos(x\cos\varphi - n\varkappa)\cos n\varphi\,d\varphi}\,.$$

Da die Schaukurve jedes Integranden zur Geraden $\varphi = \pi$ spiegelbildlich liegt, kann man auch schreiben

$$I_n = \frac{1}{2\pi}\int_0^{2\pi} \cos(n\varphi - x\sin\varphi)\,d\varphi, \qquad I_n = \frac{1}{2\pi}\int_0^{2\pi} \cos(x\cos\varphi - n\varkappa)\cos n\varphi\,d\varphi,$$

und man hat den

Satz:

Die Besselfunktion ganzzahliger Ordnung n ist der Mittelwert der Kreisfunktion $\cos(n\varphi - x\sin\varphi)$ *oder auch der Kreisfunktion* $\cos(x\cos\varphi - n\varkappa)\cos n\varphi$ *des Winkels* φ.

In Zeichen:

$$I_n(x) = \overset{2\pi}{\underset{0}{\mathfrak{M}}}\cos(n\varphi - x\sin\varphi) = \overset{2\pi}{\underset{0}{\mathfrak{M}}}\cos(x\cos\varphi - n\varkappa)\cos n\varphi\,.$$

Welchen Wert x dabei hat, ist gleichgültig.

§ 132. Die Differentialgleichung von Lommel

Im Jahre 1879 zeigte Lommel, daß man die Besselgleichung

$$\text{(B)} \qquad x^2y'' + xy' + (x^2 - n^2)\,y = 0$$

auf eine Form zurückführen kann, in welcher die Erstableitung der abhängigen Variable nicht mehr vorkommt.

Man schreibt die Gleichung mit $y = \varphi(x)$ zunächst

$$x^2\varphi''(x) + x\varphi'(x) + (x^2 - n^2)\,\varphi(x) = 0$$

und führt dann als neue abhängige Variable – mit Beibehaltung des Arguments x – die Funktion

$$\boxed{Y = r\varphi(X)} \qquad \text{mit} \quad r = \sqrt{x}, \quad X = hx$$

ein, wo h einen konstanten Faktor bedeutet. Es wird dann

$$Y' = hr\varphi'(X) + \varphi(X)/2r$$

und

$$Y'' = h^2r\varphi''(X) + h\varphi'(X)/r - \varphi(X)/4xr\,.$$

Durch Multiplikation mit $x^2/r = xr$ wird hieraus

$$X^2\varphi''(X) + X\varphi'(X) = xrY'' + Y/4r.$$

Zu dieser Gleichung addiert man

$$(X^2 - n^2)\varphi(X) = h^2xrY - n^2Y/r$$

und erhält wegen

$$X^2\varphi''(X) + X\varphi'(X) + (X^2 - n^2)\varphi(X) = 0$$

$$\boxed{Y'' + HY = 0} \qquad \text{mit} \quad H = h^2 + \frac{1-4n^2}{4x^2},$$

womit die angesagte Reduktion vollzogen ist.

Wir nennen die neue Differentialgleichung die. zum Paare (n, h) gehörige *Lommelgleichung*, ihren Koeffizient

$$H = h^2 + \frac{1-4n^2}{4x^2}$$

das *Aggregat des Paares* (n, h).

Unser Ergebnis heißt in Worten:

Satz von Lommel:

Ist $\varphi(x)$ eine Lösung der Besselgleichung mit der Konstante n, so ist $\sqrt{x}\,\varphi(hx)$ eine Lösung der zum Paare (n, h) gehörigen Lommelgleichung.

Es seien nun

$$u'' + Hu = 0 \qquad \text{und} \qquad v'' + Kv = 0$$

die beiden zu den Paaren (n, h) und (n, k) gehörigen Lommelgleichungen mit den Koeffizienten

$$H = h^2 + \frac{1-4n^2}{x^2} \qquad \text{und} \qquad K = k^2 + \frac{1-4n^2}{x^2},$$

$$u = \sqrt{x}\,I_n(hx) \qquad \text{und} \qquad v = \sqrt{x}\,I_n(kx)$$

uns bekannte Lösungen von ihnen. Aus ihnen folgt

$$uv'' - vu'' = (H - K)uv = (h^2 - k^2)uv$$

und hieraus durch Integration über ein Intervall $\mathfrak{I}\,[a, b]$, in dem uv stetig ist,

$$(h^2 - k^2)\int_a^b uv\,dx = [uv' - vu']_a^b,$$

wofür wir kurz

$$(h^2 - k^2)\int uv\,dx = uv' - vu'$$

schreiben.

Setzen wir die obigen Werte für u und v hier ein, so wird

$$\text{(I)} \qquad \boxed{\int x\varphi(hx)\varphi(kx)\,dx = x\,\frac{k\varphi(hx)\varphi'(kx) - h\varphi(kx)\varphi'(hx)}{h^2 - k^2}} \qquad \text{mit} \quad \varphi = I_n.$$

Diese wichtige Formel führt sogleich zu einer zweiten, wenn man h festhält und das variabel gedachte k gegen h streben laßt. Die Linksseite von (I) geht dann in $\int x\varphi^2(hx)\,dx$ über, die Rechtsseite strebt nach L'Hospitals Regel gegen

$$x\,\frac{hx\varphi'^2(hx)-\varphi(hx)\varphi'(hx)-hx\varphi(hx)\varphi''(hx)}{2h}\,.$$

Daher gilt die Gleichung

$$\int x\varphi^2(X)\,dx=\frac{x^2}{2}\left[\varphi'^2(X)-\frac{X^2\varphi''(X)+X\varphi'(X)}{X^2}\,\varphi(X)\right]\qquad\text{mit}\quad X=hx\,.$$

Nach Bessels Gleichung läßt sich der Zähler des in der eckigen Klammer stehenden Bruches durch $(n^2-X^2)\varphi(X)$ ersetzen. Daher erhalten wir die Formel

$$2\int X\varphi^2(X)dX=(X^2-n^2)\varphi^2(X)+X^2\varphi'^2(X),\qquad[\varphi=I_n]$$

oder, statt X den Buchstaben x benutzend,

$$\text{(II)}\quad\boxed{2\int x\varphi^2(x)\,dx=Z}\qquad\text{mit}\quad Z=N\varphi^2(x)+x^2\varphi'^2(x),\qquad N=x^2-n^2.$$

Da für $n>-1$, wie man unter Heranziehung der Potenzreihen für φ und φ' leicht feststellt, Z an der Stelle $x=0$ verschwindet, kann man schreiben

$$\text{(II)}\quad\boxed{2\int_0^x x\varphi^2dx=Z}\qquad\text{mit}\quad Z=N\varphi^2+x^2\varphi'^2,\quad N=x^2-n^2,\quad \varphi=I_n.$$

Was die hier auftretende Größe Z anbetrifft, so hat ihre Ableitung nach x im Hinblick auf die Besselgleichung $x^2\varphi''+x\varphi'+(x^2-n^2)\varphi=0$ den einfachen Wert

$$Z'=2x\varphi^2,$$

so daß sich für $NZ'-ZN'$ der Wert

$$NZ'-ZN'=-2x^3\varphi'^2$$

ergibt. Damit haben wir die

Formel von Watson: $$\boxed{D\frac{Z}{N}=D\left[\varphi^2+\frac{x^2}{N}\varphi'^2\right]=-\frac{2x^3\varphi'^2}{N^2}}$$

mit $\varphi=I_n(x)$, $\varphi'=I_n'(x)$, $N=x^2-n^2$, die über die Ableitung des Quotienten

$$\frac{Z}{N}=\varphi^2+\frac{x^2}{N}\varphi'^2$$

Aufschluß erteilt.

Auch der Quotient $\varphi:x\varphi'$ liefert eine bemerkenswert einfache Ableitung:

$$D\frac{\varphi}{x\varphi'}=\frac{x^2\varphi'^2-\varphi[x^2\varphi''+x\varphi']}{x^3\varphi'^2}=\frac{x^2\varphi'^2+N\varphi^2}{x^3\varphi'^2}=\frac{Z}{x^3\varphi'^2}$$

oder in Gemäßheit von (II)

(III) $$\boxed{D\frac{\varphi}{x\varphi'} = 2\int_0^x x\varphi^2 dx : x^3\varphi'^2}, \quad \varphi = I_n, \quad n > -1.$$

§ 133. Besselfunktion als Laplacetransformierte

Wir haben bislang das Argument der Besselfunktion I_n durch den Buchstaben x bezeichnet. Da die folgenden Betrachtungen über Besselfunktionen sich in der komplexen Zahlenebene abspielen, erscheint es zweckmaßig als Argumentsbezeichnung den Buchstaben z zu wählen und die Buchstaben x und y zur Bezeichnung des Realteils $\Re z$ und Imaginarteils $\Im z$ von z zu verwenden, so daß wie üblich $z = x + iy$ ist.

Nach unseren bisherigen Darlegungen ist

$$f(z) = I_n(z) : z^n$$

eine ganze Funktion von z. Auf Grund eines von Laplace ersonnenen Gedankenganges wollen wir versuchen, dieses $f(z)$ als „*Laplacetransformierte*" oder „*Unterfunktion*" einer geeigneten „*Oberfunktion*" $F = F(t)$ des komplexen Parameters t darzustellen:

$$f(z) = \int_a^b EF\,dt,$$

wo $E = e^{izt}$ der sog. *Transformationskern*,

$F = F(t)$ die *unbekannte* Oberfunktion ist,

und wo Anfangspunkt a und Endpunkt b des in der komplexen Zahlenebene verlaufenden Integrationsweges $\mathfrak{w}$ von z unabhangige Konstanten bedeuten. Demgemäß setzen wir an

$$I_n(z) = z^n \cdot f = z^n \int_a^b EF\,dt,$$

wobei wir also die Oberfunktion $F(t)$ so beschaffen denken, daß die Anwendung des Besseloperators

$$B = z^2\frac{d^2}{dz^2} + z\frac{d}{dz} + (z^2 - n^2)$$

auf die rechte Seite der angesetzten Gleichung Null ergibt.

Bei der Ausführung der Differentiation (bei $\acute{n}$ und $\grave{n}$ auch später) machen wir von den Abkürzungen

$$\acute{n} = n + \frac{1}{2}, \quad \grave{n} = n - \frac{1}{2}, \quad u = t - 1, \quad v = t + 1, \quad P = uv = t^2 - 1$$

Gebrauch und bezeichnen eine Differentiation nach t durch einen angehängten Strich. So entsteht

$$0 = -z^{n+2}\int_a^b EPF\,dt + \acute{n}\,i\,z^{n+1}\int_a^b EP'F\,dt.$$

Um rechts den Faktor z^{n+1} abspalten zu können, integrieren wir im ersten Integral teilweise

$$\int_a^b E\cdot PF\,dt = \Big|_a^b \frac{E}{i z}\cdot PF - \frac{1}{i z}\int_a^b E(PF' + FP')\,dt$$

und erhalten

$$\Big|_a^b EPF + \int_a^b E\,[\acute{n}FP' - PF']\,dt = 0.$$

Laßt sich die Oberfunktion F so angeben, daß diese Bedingung erfüllt ist, so läßt sich auch I_n laut obigem Ansatz als Laplacetransformierte darstellen. Wir erfüllen die Bedingung, indem wir die Einzelbedingungen

$$\text{(I)}\quad \Big|_a^b EPF = 0 \qquad \text{und} \qquad \text{(II)}\quad PF' = \acute{n}\,FP'$$

befriedigen.

(I) ist leicht zu erfüllen: man braucht den Weg $\mathfrak{w}$ nur so zu wahlen, daß das Produkt EPF an den Wegenden denselben Wert hat.

Um (II) zu erfüllen, führen wir die bezogenen Ableitungen $F^* = F' : F$ und $P^* = P' : P$ ein, haben zunächst

$$F^* = \acute{n}\cdot P^*$$

und wählen demgemaß, wenn C eine Konstante bedeutet,

$$\text{(II')}\qquad F = C\,P^{\acute{n}} = C\,e^{\acute{n}\,l P}, \qquad \left[P = t^2 - 1,\quad \acute{n} = n - \frac{1}{2}\right].$$

Die so ermittelte Oberfunktion befriedigt (II).

Dabei denken wir uns den Wert $F = F(t)$ der Oberfunktion an der Stelle t folgendermaßen bestimmt: Zunachst wahlen wir einen auf der Realachse rechts von $t = +1$ liegenden „Ausgangspunkt" $M_0\,(t = t_0)$, für den wir den Winkel jedes der Faktoren u und v von P gleich Null festsetzen, so daß $l\,P$ an der Stelle t_0 reell ausfallt. Dann zeichnen wir einen von t_0 nach der Stelle t, wo $F(t)$ bestimmt werden soll, führenden, die Punkte ± 1 vermeidenden Weg $\mathfrak{p}$, lassen das Mobil M den Weg $\mathfrak{p}$ durchlaufen und bestimmen dabei an jeder Wegstelle M den Wert der Funktion $F(M)$ durch die — selbstverstandliche — Vorschrift *stetiger* Änderung der Funktion $F = C\,P^{\acute{n}}$; der auf diese Weise für F an der Stelle t resultierende Wert ist $F(t)$. Die so definierte Oberfunktion $F = F(t)$ ist n jedem die Stellen ± 1 nicht enthaltenden einfach zusammenhangenden Gebiet eindeutig, stetig und sogar regulär. Die Eindeutigkeit gilt aber für Gebiete, die einen der beiden Punkte ± 1 enthalten, nicht mehr, auch nicht mehr für gewisse mehrfach zusammenhangende Gebiete, denen keiner der Punkte ± 1 angehört. Das liegt daran, daß bei einem Umlauf um den Punkt $t = +1$ bzw. $t = -1$ der Winkel des Faktors u bzw. v um 2π wächst oder fallt, je nachdem der Umlauf im positiven oder negativen Sinne erfolgt. Durch diesen Umstand regelt sich die Vieldeutigkeit der Funktion F durch das Rezept: Nach einem Umlauf des Mobils t um den Punkt $t = +1$ (ebenso um den Punkt $t = -1$) wird der Wert der Funktion $F(t)$ das $e^{\pm 2\pi i \dot{n}}$ fache ihres Anfangswertes, je nachdem der Umlauf im positiven oder negativen Sinne erfolgt.

Die Bedingung (I) kann man nach dem Vorgange von Hankel [Mathematische Annalen, Bd. I, 1869] auf zwei Weisen erfüllen:

I $\mathfrak{a}$. Man wählt als Integrationsweg $\mathfrak{w}$ den Achterweg $\mathfrak{a}$ mit dem Nullpunkt der Zahlenebene als Doppelpunkt, mit den beiden Achsen als Symmetrieachsen, welcher den Punkt $+1$ im positiven, den Punkt -1 im negativen Sinne umschlingt, so daß das Produkt $EFP = CEP^{\dot{n}}$ nach Durchlaufung von $\mathfrak{a}$ zu seinem Ausgangswerte zurückkehrt.

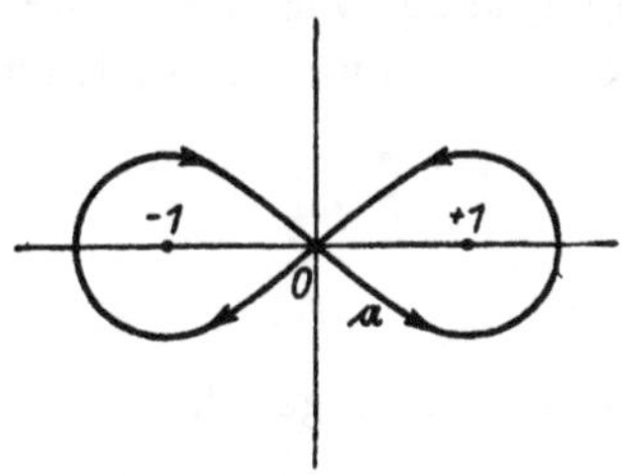

I $\mathfrak{b}$. Man wahlt als Integrationsweg den Umlauf $\mathfrak{b}$, der vom Punkte $U = +\infty\, i$ auf dem linken Ufer der Imaginarachse herabkommt, den Einheitskreis um $t = 0$ und damit die Stellen ± 1 im positiven Sinne umschlingt und auf dem rechten Ufer der Imaginarachse zum Ausgangspunkte U zurückkehrt. Zugleich setzt man den Realteil x von z als positiv voraus. Dann hat der Faktor E an der Stelle U den Wert Null, und das Produkt EFP kehrt nach Durchlaufung des Umlaufs $\mathfrak{b}$ ebenfalls zu seinem Ausgangswerte (Null) zurück.

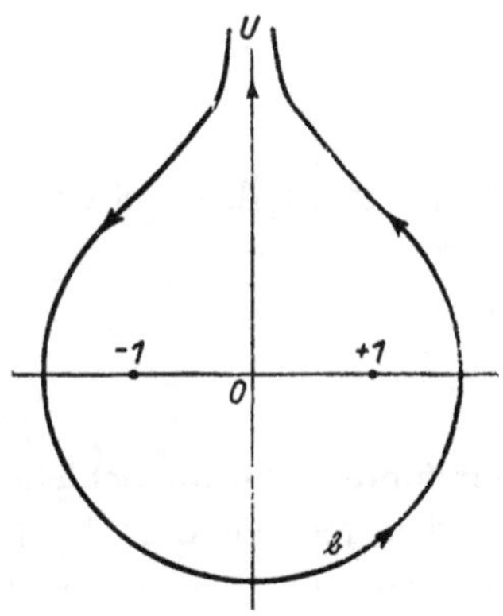

Im Falle I $\mathfrak{a}$ ist

$$f(z) = \int_{\mathfrak{a}} EF\,dt = C \int_{\mathfrak{a}} EP^{\dot{n}}\,dt,$$

im Falle I $\mathfrak{b}$

$$f(z) = \int_{\mathfrak{b}} EF\,dt = C \int_{\mathfrak{b}} EP^{\dot{n}}\,dt,$$

so daß wir uns um die beiden Integrale

$$\mathfrak{A} = \int_{\mathfrak{a}} EP^{\dot{n}}\,dt \qquad \text{und} \qquad \mathfrak{B} = \int_{\mathfrak{b}} EP^{\dot{n}}\,dt$$

kümmern müssen. Dabei müssen wir allerdings, damit diese Integrale benutzbar sind, *voraussetzen, daß*

$$n \neq \frac{1}{2}, \quad \frac{3}{2}, \quad \frac{5}{2}, \quad \frac{7}{2}, \quad \ldots$$

ist. [Für jeden dieser Ausnahmewerte würde nach Cauchys Hauptsatz jedes der beiden Integrale verschwinden.]

Bei der Auswertung von $\mathfrak{A}$ setzen wir wegen $E = e^{izt} = \sum_0^\infty i^s z^s t^s : s!$

$$E P^{\dot n} = \sum_0^\infty \frac{i^s z^s}{s!} t^s P^{\dot n},$$

integrieren, was wegen der gleichmäßigen Konvergenz der rechtsstehenden Reihe auf $\mathfrak{a}$ gestattet ist, gliedweise und erhalten

$$\mathfrak{A} = \sum_0^\infty \frac{i^s z^s}{s!} \int_{\mathfrak{a}} t^s P^{\dot n} dt.$$

Da $t^s P^{\dot n}$ eine gerade oder ungerade Funktion von t ist, je nachdem s gerade oder ungerade ist, so fallen alle Bestandteile $\int_{\mathfrak{a}} t^s P^{\dot n} dt$ mit ungeradem s weg, und es bleibt

$$\mathfrak{A} = \sum_0^\infty \frac{\iota^s z^{2s}}{(2s)!} \int_{\mathfrak{a}} t^{2s} P^{\dot n} dt$$

oder, wenn $\mathfrak{o}$ den rechten den Punkt $+1$ umschlingenden Umlauf von $\mathfrak{a}$ bedeutet,

$$\mathfrak{A} = 2 \sum_0^\infty \frac{\iota^s z^{2s}}{(2s)!} \int_{\mathfrak{o}} t^{2s} P^{\dot n} dt.$$

Wir führen jetzt die Schleife $\mathfrak{s}$ ein, die ein Mobil beschreibt, wenn es von $t = 0$ auf dem rechten Ufer der positiven Realachse bis zur Stelle $t = 1 - \varrho$ läuft, wo ϱ eine sehr kleine positive Größe bedeutet, dann den Punkt $t = +1$ auf einem Kreise $\mathfrak{k}$ vom Radius ϱ umläuft und schließlich auf dem linken Ufer der Realachse zum Ausgangspunkte 0 zurückkehrt. Nach Cauchys Hauptsatz ist

$$\int_{\mathfrak{o}} t^{2s} P^{\dot n} dt = \int_{\mathfrak{s}} t^{2s} P^{\dot n} dt,$$

wobei natürlich u auf dem rechten Ufer den Winkel $-\pi$, auf dem linken den Winkel $+\pi$ hat und auf $\mathfrak{k}$ sukzessiv alle Winkel von $-\pi$ bis $+\pi$ hat. Da auf $\mathfrak{k}$ $t = \varrho e^{i\varphi}$ zu setzen ist (wo φ von $-\pi$ bis $+\pi$ läuft), also $dt = i\varrho e^{i\varphi} d\varphi$ wird und $P^{\dot n}$ den Faktor $\varrho^{\dot n}$ hat, so strebt $\int_{\mathfrak{k}} t^{2s} P^{\dot n} dt$ bei unbegrenzt abnehmendem ϱ, wofern $\grave{n} + 1 = \acute{n}$ einen positiven Realteil besitzt, also $\Re\,\acute{n} > 0$ ist, gegen Null, und es wird für $\varrho \to 0$

$$\int\limits_{\mathfrak{o}} t^{2s} P^{\grave{n}}\, dt = e^{-\grave{n}\pi i}\int\limits_0^1 (1-p^2)^{\grave{n}} p^{2s}\, dp - e^{\grave{n}\pi i}\int\limits_0^1 (1-p^2)^{\grave{n}} p^{2s}\, dp$$

oder

$$\int\limits_{\mathfrak{o}} t^{2s} P^{\grave{n}}\, dt = 2i \cos\pi n \int\limits_0^1 p^{2s}(1-p^2)^{\grave{n}}\, dp = i \cos\pi n \int\limits_0^1 q^{\grave{s}}(1-q)^{\grave{n}}\, dq.$$

Das hier rechtsstehende Integral ist das Eulersche Integral $\mathsf{B}(\acute{n}, \acute{s})$ und hat als solches den Wert $\Gamma(\acute{n})\,\Gamma(\acute{s}) : \Pi(n+s)$. Daher ist

$$\int\limits_{\mathfrak{o}} t^{2s} P^{\grave{n}}\, dt = i \cos\pi n\, \Gamma(\acute{n})\, \Gamma(\acute{s}) : \Pi(n+s).$$

Zwar haben wir diese Relation nur unter der Voraussetzung $\Re\,\acute{n} > 0$ hergeleitet; da aber beide Seiten der Relation in jedem endlichen Gebiet der n-Ebene analytische Funktionen von n sind, so gilt die Relation nach Riemanns Identitätssatz (§ 77) für jedes n.

Setzen wir den gefundenen Wert für das über $\mathfrak{o}$ erstreckte Integral oben ein, so entsteht

$$\mathfrak{A} = 2i \cos\pi n\, \Gamma(\acute{n}) \sum_0^\infty \frac{\iota^s z^{2s}}{(2s)!} \frac{\Gamma(\acute{s})}{\Pi(n+s)}$$

oder wegen

$$\Gamma(\acute{s}) = \Gamma(s, 5) = \frac{(2s)!}{2^{2s} \cdot s!} \cdot \Gamma\left(\frac{1}{2}\right)$$

$$\mathfrak{A} = 2^{n+1} i \cos\pi n \cdot \Gamma\left(\frac{1}{2}\right) \Gamma(\acute{n}) \cdot \sum_0^\infty \iota^s \frac{z^{2s}}{2^{n+2s}\, \Pi(s)\, \Pi(n+s)}.$$

Die hier rechtsstehende unendliche Reihe ist aber nichts anderes als $I_n(z) : z^n = f(z)$.

Benutzen wir noch die bekannte Formel

$$\Gamma\left(\frac{1}{2} + x\right) \Gamma\left(\frac{1}{2} - x\right) = \pi : \cos\pi x,$$

so entsteht schließlich die bemerkenswerte

Hankelsche Formel

$$\boxed{I_n(z) = \frac{\Gamma(\mathfrak{n})}{\Gamma\left(\frac{1}{2}\right)} \cdot \left(\frac{z}{2}\right)^n \cdot \mathfrak{T} \int\limits_{\mathfrak{a}} E\, P^{\grave{n}}\, dt} \qquad \left(\mathfrak{T} = \frac{1}{2\pi i}\right)$$

mit $\grave{n} = n - \frac{1}{2}$, $\mathfrak{n} = \frac{1}{2} - n$, $E = e^{izt}$, $P = uv$, $u = t - 1$, $v = t + 1$,

in welcher $\mathfrak{a}$ den beschriebenen Achterweg bedeutet.

Sie wurde zwar unter der Voraussetzung $\Re \acute{n} > 0$ hergeleitet, gilt aber nach Riemanns Identitätssatz [da ja beide Seiten der Formel analytische Funktionen von n sind] für jedes endliche n, welches nicht zufällig einer der Zahlen 1/2, 3/2, 5/2, ... gleicht. Bei der Auswertung von $\mathfrak{B}$ denken wir uns den Weg $\mathfrak{b}$ als eine Schleife, deren Ufer der Imaginärachse parallel laufen, deren Kreisbogen $\mathfrak{k}$ den Radius ϱ hat, den Nullpunkt O als Mittelpunkt besitzt und den Einheitskreis mit dem Zentrum O umgibt. Für jeden Punkt von $\mathfrak{b}$ ist dann $|t|$ ein unechter Bruch, und $P^{\acute{n}}$ laßt sich auf Grund der Binomialreihe nach Potenzen von $T = 1 : t^2$ entwickeln:

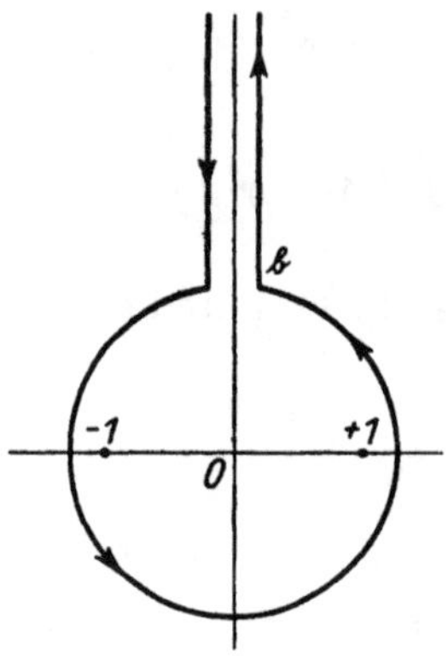

$$P^{\acute{n}} = (t^2 - 1)^{\acute{n}} = t^{2n-1} : (1 - T)^{\mathfrak{n}} = t^{2n-1} \sum_0^\infty \overset{s}{\mathfrak{n}}\, T^s,$$

mit

$$\mathfrak{n} = \frac{1}{2} - n \qquad \text{und} \qquad \overset{s}{\mathfrak{n}} = \frac{\mathfrak{n}(\mathfrak{n}+1)(\mathfrak{n}+2)\dots(\mathfrak{n}+s-1)}{s!} = \frac{\Gamma(\mathfrak{n}+s)}{s!\,\Gamma(\mathfrak{n})}.$$

Daher gilt die auf $\mathfrak{b}$ gleichmäßig konvergente Entwicklung

$$P^{\acute{n}} = \sum_0^\infty \overset{s}{\mathfrak{n}}\, t^{2n-1-2s},$$

und zu jedem noch so kleinen positiven ε existiert ein endlicher Zeiger derart, daß für jeden größeren Zeiger ν und für jedes t von $\mathfrak{b}$ der νte Abschnitt der Entwicklung von $P^{\acute{n}}$ betraglich um weniger als ε abweicht:

$$|P^{\acute{n}} - S_\nu| < \varepsilon \qquad \text{mit} \quad S_\nu = \sum_0^\nu \overset{s}{\mathfrak{n}}\, t^{2n-1-2s}.$$

Damit gelangen wir zur Gleichung

$$P^{\acute{n}} = S_\nu + \Theta\varepsilon \qquad \text{mit} \quad |\Theta| < 1.$$

Diese multiplizieren wir mit $E = e^{izt}$ und integrieren längs $\mathfrak{b}$:

$$\mathfrak{B} = \int_{\mathfrak{b}} E P^{\acute{n}}\, dt = \int_{\mathfrak{b}} E S_\nu\, dt + \int_{\mathfrak{b}} E\Theta\varepsilon\, dt \qquad \text{oder}$$

$$\mathfrak{B} = \sum_0^\nu \overset{s}{\mathfrak{n}} \int_{\mathfrak{b}} E t^{2n-1-2s}\, dt + R$$

mit

$$R = \int_{\mathfrak{b}} \Theta E \varepsilon\, dt.$$

Der hier auftretende Rest R kann betraglich, da ja $\Re z$ positiv vorausgesetzt wird, beliebig klein gemacht werden. (Für seinen zu $\mathfrak{k}$ gehörigen Anteil ist das ohne weiteres klar. Für das rechte Ufer ist etwa $t = p + iq$, $dt = i\,dq$, der Realteil von izt also $-qx - py$, $|E| = e^{-py}\cdot e^{-xq}$, mithin der Rechtsuferanteil betraglich kleiner als $\varepsilon e^{-py}\int\limits_0^\infty e^{-qx}dq = \varepsilon e^{-py}:.x$.) Daher wird (bei $\nu \to \infty$)

$$\mathfrak{B} = \sum_0^\infty \mathfrak{n}^{s} \int_{\mathfrak{b}} E\, t^{2\pi-1-2s}\, dt\,.$$

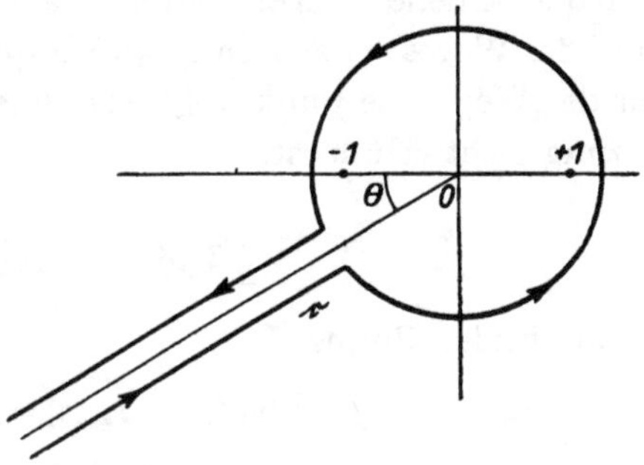

Um das hier rechtsstehende Integral j auszuwerten, führen wir die neue Integrationsvariable $\tau = izt$ ein. Dadurch geht die Schleife $\mathfrak{b}$ in die Schleife $\mathfrak{c}$ über, deren Ufer gegen die negative Realachse um den (spitzen) Winkel θ von z geneigt sind, und das Integral wird

$$\mathfrak{j} = \iota^s e^{-\pi i n} z^{2s-2n} \int_{\mathfrak{c}} e^{\tau} \tau^{2n-1-2s}\, d\tau\,.$$

Das so entstandene Integral [in welchem τ auf dem unteren bzw. oberen Ufer den Winkel $-3\varkappa + (\varkappa + \theta) = \theta - \pi$, bzw. $\varkappa + (\varkappa + \theta) = \theta + \pi$ hat] ist nichts anderes als das Hankelsche Schleifintegral für den Kehrwert von $\Gamma(2s-2n+1)$, so daß (§ 99)

$$\int_{\mathfrak{c}} e^{\tau}\tau^{2n-1-2s}\, d\tau = \frac{2\pi i}{\Gamma(2s-2n+1)}\,.$$

Damit wird

$$\mathfrak{B} = \frac{2\pi i e^{-\pi i n}}{\Gamma(\mathfrak{n})} \sum_0^\infty \iota^s \frac{z^{2s-2n}\,\Gamma(\mathfrak{n}+s)}{s!\,\Gamma(2\mathfrak{n}+2s)}\,.$$

Nach Legendres Verdopplungsformel (§ 100) ist aber

$$\frac{\Gamma(2\mathfrak{n}+2s)}{\Gamma(\mathfrak{n}+s)} = \frac{4^{\mathfrak{n}+s}}{\sqrt{4\pi}}\Gamma\left(\mathfrak{n}+s+\frac{1}{2}\right) = \frac{4^{m+s}\,\Pi(m+s)}{\sqrt{\pi}}\,,$$

wo m den entgegengesetzten Wert $(-n)$ von n bedeutet. Setzen wir dies oben ein, so kommt schließlich

$$\mathfrak{B} = \frac{\sqrt{\pi}\,2\pi i\, e^{\pi i m} z^m}{2^m\,\Gamma(\acute{m})}\cdot \sum_0^\infty \iota^s \frac{z^{m+2s}}{2^{m+2s}\,\Pi(s)\,\Pi(s+m)} = \frac{\sqrt{\pi}\,2\pi i\, e^{\pi i m}}{2^m\,\Gamma(\acute{m})}\cdot z^m I_m(z)$$

und damit die *Hankelsche Zweitformel*

$$\boxed{I_m(z) = e^{\pi i n}\cdot\frac{\Gamma(\mathfrak{n})}{\Gamma\left(\frac{1}{2}\right)}\cdot\left(\frac{z}{2}\right)^{n}\cdot \mathfrak{T}\int_{\mathfrak{b}} E\,P^{\acute{n}}\, dt}$$

$$m = -n$$
$$\acute{n} = n - \frac{1}{2}$$
$$\mathfrak{n} = \frac{1}{2} - n$$
$$\mathfrak{T} = 1 : 2\pi i\,.$$

Sie gilt für jedes z mit positivem Realteil und für jedes n, welches nicht zufallig einen der Werte $^1/_2$, $^3/_2$, $^5/_2$, ... hat.

Wir haben bei ihrer Herleitung zwar vorausgesetzt, daß der Gaußkreis innerhalb der Schleife $\mathfrak{b}$ liegen sollte. Da aber das rechtsseitige Integral bei Abanderung des Weges $\mathfrak{b}$ nach Cauchys Hauptsatz seinen Wert nicht ändert, wofern nur der Weg $\mathfrak{b}$ die Punkte ± 1 einschließt, so gilt sie auch, wenn jene Voraussetzung nicht erfüllt ist.

§ 134. Hankelfunktionen

In den beiden Formeln

$$I_n(z) = \mathfrak{z}\int_{\mathfrak{a}} E P^{\mathfrak{n}} dt, \qquad I_m(z) = e^{\pi i n}\mathfrak{z}\int_{\mathfrak{b}} E P^{\mathfrak{n}} dt, \qquad (m = -n)$$

in denen beidemal $\mathfrak{z}$ den Faktor

$$\mathfrak{z} = \frac{\Gamma(\mathfrak{n})}{\Gamma\left(\frac{1}{2}\right)} \cdot \left(\frac{z}{2}\right)^n \cdot \mathfrak{T} \qquad \text{mit } \mathfrak{T} = \frac{1}{2\pi i} \qquad \text{und} \qquad \mathfrak{n} = \frac{1}{2} - n$$

bedeutet, dürfen wir nach Cauchys Hauptsatz den Achterweg $\mathfrak{a}$ und den Umlauf $\mathfrak{b}$ in weiten Grenzen variieren, wenn nur die Bedingung unverletzt bleibt, daß der Achterweg den Punkt $+1$ im positiven, den Punkt -1 im negativen Sinne umläuft und der Umlauf $\mathfrak{b}$ beide Punkte im positiven Sinne umschlingt.

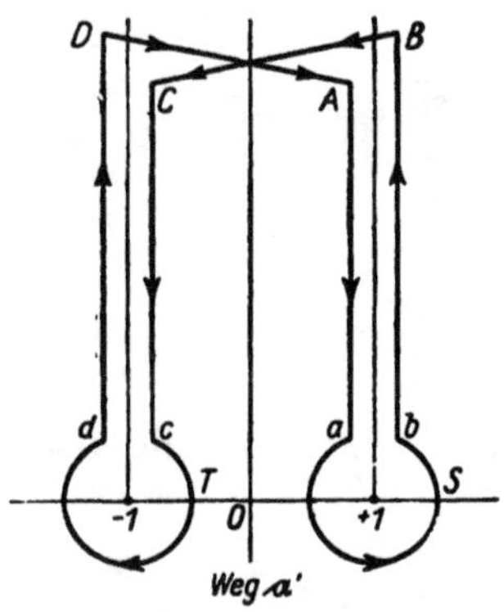

Von dieser Freiheit machen wir jetzt Gebrauch und wählen statt der Wege $\mathfrak{a}$ und $\mathfrak{b}$ die wie folgt beschriebenen Wege $\mathfrak{a}'$ und $\mathfrak{b}'$.

ϱ sei ein kleiner (etwa $\varrho < 0{,}1$), ε ein noch kleinerer positiver Echtbruch. Wir zeichnen das Trapez $ABCD$ mit den Eckpunktskoordinaten

$$A(1-\varepsilon,\ g-\varepsilon), \qquad B(1+\varepsilon,\ g+\varepsilon),$$
$$C(-1+\varepsilon,\ g-\varepsilon), \qquad D(-1-\varepsilon,\ g+\varepsilon),$$

wo g eine große Positivzahl bedeutet, sodann die imaginärachsenparallelen Strecken Aa, Bb, Cc, Dd und die die Punkte $+1$ und -1 umgebenden, zu den Geraden $x = 1$ und $x = -1$ symmetrisch liegenden Kreisbogen ab und cd mit dem Halbmesser ϱ, welche die Realachse rechts von den Punkten $+1$ und -1 an den Stellen S und T schneiden.

Als neuer Achterweg $\mathfrak{a}'$ diene dann der Weg $AaSbBCcTdDA$, der also den Punkt $+1$ im positiven, den Punkt -1 im negativen Sinne umschlingt.

Zur Festsetzung des neuen Umlaufs $\mathfrak{b}'$ benötigen wir noch der auf BD liegenden Hilfspunkte $E(\varepsilon, g+\varepsilon)$ und $F(-\varepsilon, g+\varepsilon)$ sowie des unendlich fernen Punktes

$U = +\infty i$. Der Umlauf $\mathfrak{b}'$ entsteht, wenn ein Mobil sukzessiv die Stücke UF, FD, Dd, dTc, cC, CA, Aa, aSb, bB, BE, EU durcheilt, wobei also die Kreisbogen aSb und dTc beide im positiven Sinne beschrieben werden.

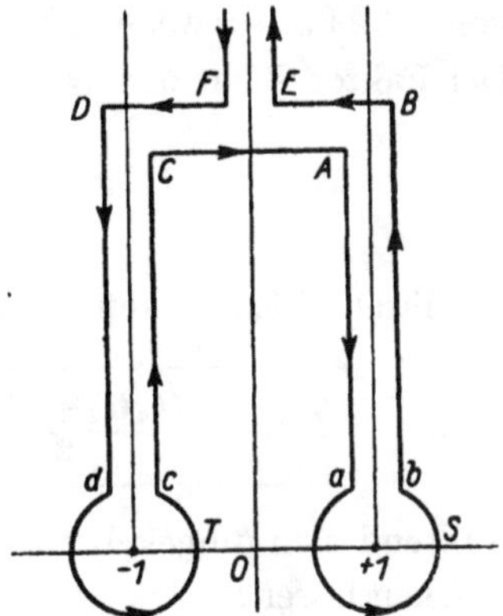

Weg $\mathfrak{B}'$

Der Anteil des Integrals $\int\limits_{\mathfrak{a}'} E P^{\dot{n}} dt$ bzw. $\int\limits_{\mathfrak{b}'} E P^{\dot{n}} dt$ für jeden der Wege DA, BC bzw. FD, CA, BE, sinkt wegen des niedrigen Betrages $e^{-py} \cdot e^{-qx}$ von E (wobei $t = p + iq$ gesetzt wurde) bei unbegrenzt wachsendem g auf Null herab. Ebenso sinken die zu den Wegstücken UF und EU von $\mathfrak{b}'$ gehörigen Anteile des $\mathfrak{b}'$-Integrals bei unbegrenzt wachsendem g auf Null herab. Bei unbegrenzt wachsendem g gehen die andern Wegteile in die beiden Schleifen $\mathfrak{h}$ und $\mathfrak{k}$ über, die aus den Kreisbogen ab und cd und den imaginärachsenparallelen Uferpaaren (aU, bU) und (cU, dU) bestehen, und von denen $\mathfrak{h}$ im positiven, $\mathfrak{k}$ im negativen Sinne zu durchlaufen ist. Demnach ergibt sich

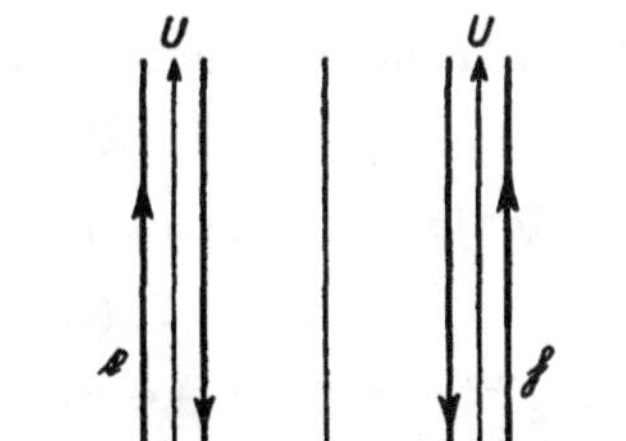

$$I_n(z) = \mathfrak{z}\left(\int\limits_{\mathfrak{h}} E P^{\dot{n}} dt + \int\limits_{\mathfrak{k}} E P^{\dot{n}} dt\right) \tag{1}$$

und für $m = -n$, da beim $\mathfrak{b}'$-Integral die Schleife $\mathfrak{k}$ ungleichsinnig wie beim $\mathfrak{a}'$-Integral durchlaufen wird,

$$I_m(z) = e^{\pi i n} \mathfrak{z}\left(\int\limits_{\mathfrak{h}} E P^{\dot{n}} dt - \int\limits_{\mathfrak{k}} E P^{\dot{n}} dt\right), \tag{2}$$

wobei jedoch noch zusatzlich zu beachten ist, daß im zweiten Integral von (2) der Winkel von u an der Stelle T den Wert $-\pi$ hat, während er beim zweiten Integral von (1) in T gleich $+\pi$ ist. Um diese kleine Diskrepanz zu beseitigen, wollen wir auch in (2) an Stelle des zweiten Integrals das zweite Integral von (1) einführen, wobei wir lediglich zu bedenken haben, daß ersteres aus letzterem entsteht, indem wir im letzteren den Winkel von u um 2π vermindern, d. h. indem wir letzteres mit dem Faktor $e^{-2\pi i \dot{n}}$ behaften. Das gibt dann statt (2)

$$I_m(z) = \mathfrak{z}\left(e^{\pi i n} \int\limits_{\mathfrak{h}} E P^{\dot{n}} dt + e^{\pi i m} \int\limits_{\mathfrak{k}} E P^{\dot{n}} dt\right), \tag{2'}$$

wo nun die zweiten Integrale von (2′) und (1) völlig übereinstimmen.

Auf diese Weise haben wir es nur noch mit den beiden Integralen

$$\text{(I)} \quad \boxed{H_n(z) = \mathfrak{Z} \int\limits_{\mathfrak{h}} E P^{\dot{n}} dt}, \quad \boxed{K_n(z) = \mathfrak{Z} \int\limits_{\mathfrak{k}} E P^{\dot{n}} dt} \quad \left\{\begin{matrix} \mathfrak{Z} = 2\mathfrak{z} \\ \dot{n} = n - \frac{1}{2} \end{matrix}\right\}$$

zu tun, in denen die den Punkt $+1$ bzw. -1 umgebende Schleife $\mathfrak{h}$ bzw. $\mathfrak{k}$ im positiven bzw. negativen Sinne zu durcheilen ist und bei $\mathfrak{h}$ der Winkel von u von $-3\varkappa$ bis $+\varkappa$ wächst, bei $\mathfrak{k}$ der Winkel von v von $+\varkappa$ bis $-3\varkappa$ fällt $[\pi = 2\varkappa]$. Der Faktor $\mathfrak{Z}$ hat den Wert

$$\mathfrak{Z} = 2\mathfrak{z} = \frac{\Gamma(\mathfrak{n})}{\Gamma\left(\frac{1}{2}\right)} \cdot \left(\frac{z}{2}\right)^n : \pi i, \qquad \mathfrak{n} = \frac{1}{2} - n.$$

Mit ihrer Hilfe drücken sich $I_n(z)$ und $I_m(z)$ [mit $m = -n$] folgendermaßen aus:

$$\boxed{I_n(z) = \frac{H_n(z) + K_n(z)}{2}, \qquad I_m(z) = \frac{e^{\pi i n} H_n(z) + e^{\pi i m} K_n(z)}{2}},$$

während sich umgekehrt $H_n(z)$ und $K_n(z)$ wie folgt durch $I_n(z)$ und $I_m(z)$ ausdrücken lassen:

$$H_n(z) = \frac{I_m(z) - e^{\pi i m} I_n(z)}{i \sin \pi n}, \qquad K_n(z) = \frac{e^{\pi i n} I_n(z) - I_m(z)}{i \sin \pi n}.$$

Bildet man also aus dem Grundsystem $I_n(z)$, $Y_n(z)$ der Besselgleichung

$$z^2 w'' + z w' + (z^2 - n^2) w = 0 \text{*)}$$

die Konjugiertkomplexen

$$I_n(z) + i Y_n(z), \qquad I_n(z) - i Y_n(z),$$

so ergibt sich das überraschende Formelpaar

$$\text{(II)} \qquad \boxed{H_n(z) = I_n(z) + i Y_n(z), \qquad K_n(z) = I_n(z) - i Y_n(z)}.$$

Die durch dieses Paar definiert gedachten Funktionen $H_n(z)$ und $K_n(z)$ — analytische Funktionen von z wie auch von n — heißen *Hankelfunktionen.* Für alle z mit positivem Realteil und alle $n \neq {}^1/_2, {}^3/_2, {}^5/_2, \ldots$ werden die Hankelfunktionen auch durch die Integraldarstellungen (I) geliefert.

Da $I_n(z)$ und $Y_n(z)$ ein Grundsystem der Besselgleichung bilden, so stellt auch das *Hankelfunktionenpaar ein Fundamentalsystem dieser Differentialgleichung* dar.

Ersetzt man in den obigen Formeln, die H_n und K_n durch I_n und I_m (mit $m = -n$) ausdrücken, m durch n und n durch m, so folgen noch die Formeln

$$\boxed{H_m = e^{\pi i n} H_n, \qquad K_m = e^{\pi i m} K_n}.$$

Allgemeiner gültige Integraldarstellungen der Hankelfunktionen

Die Integraldarstellungen (I) der Hankelfunktionen gelten nur, wenn der Realteil des Arguments z *positiv* ist. Um auch für andere z Integraldarstellungen zu

*) Ähnlich wie man aus dem Grundsystem $\cos z$, $\sin z$ der Differentialgleichung $w'' + z = 0$ die Konjugiertkomplexen $\cos z + i \sin z$ und $\cos z - i \sin z$ bildet.

erhalten, drehen wir die Schleife $\mathfrak{h}$ bzw. $\mathfrak{k}$ um $+1$ bzw. -1 als Drehpunkt im Uhrzeigersinne um den zwischen $-\varkappa$ und $+3\varkappa$ bzw. zwischen $-3\varkappa$ und $+\varkappa$ liegenden Drehwinkel δ in die neue Lage $\mathfrak{h}_1$ bzw. $\mathfrak{k}_1$. [Die Drehwinkelschranken sind erforderlich, damit bei der Drehung von $\mathfrak{h}$ bzw. $\mathfrak{k}$ nicht der kritische Punkt -1 bzw. $+1$ überstrichen wird. Um dieses Überstreichen für jeden der genannten Drehwinkel zu verhindern, muß zugleich der Schleifenradius ϱ hinreichend klein angenommen werden.]

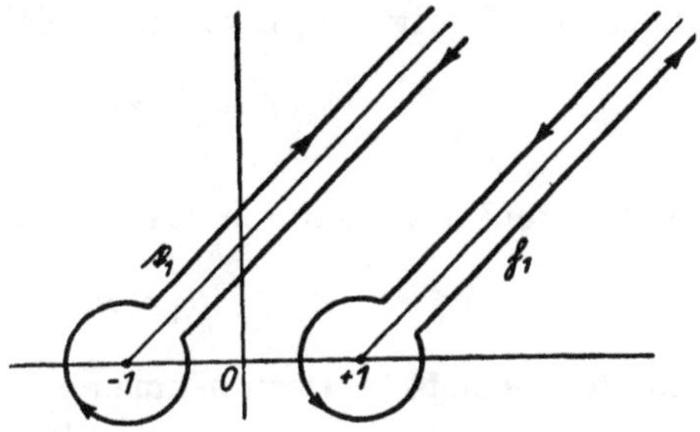

Wir behaupten, daß für jedes von Null verschiedene z, dessen Winkel θ von dem zu $\mathfrak{h}$ bzw. $\mathfrak{k}$ gehörigen Drehwinkel δ um weniger als $\varkappa$ abweicht,

$$H_n(z) = \mathfrak{Z} \int_{\mathfrak{h}_1} \mathfrak{p}\, dt \qquad \text{bzw.} \qquad K_n(z) = \mathfrak{Z} \int_{\mathfrak{k}_1} \mathfrak{p}\, dt$$

ist, wo $\mathfrak{Z}$ den obigen Faktor

$$\frac{\Gamma(\mathfrak{n})}{\Gamma\left(\frac{1}{2}\right)} \cdot \left(\frac{z}{2}\right)^n : \pi i \qquad \text{und} \qquad \mathfrak{p} = E P^{\mathfrak{n}} = e^{izt}(t^2 - 1)^{\mathfrak{n}}$$

den Integrand bedeutet.

Es wird genügen, die erste dieser Formeln, also die Gleichung

$$\int_{\mathfrak{h}_1} \mathfrak{p}\, dt = \int_{\mathfrak{h}} \mathfrak{p}\, dt$$

zu beweisen. Dieser Beweis erfolgt in zwei Schritten.

Im *ersten* Schritt zeigen wir, daß

$$h_1 = h_1(z) = \int_{\mathfrak{h}_1} \mathfrak{p}\, dt$$

eine Regularfunktion von z in jedem den Nullpunkt ausschließenden Bereich $\mathfrak{H}$ der z-Ebene ist, in dessen Punkten

$$|\theta - \delta| < \varkappa$$

ist.

Um die Richtigkeit dieser Behauptung darzutun, weisen wir zunächst die gleichmäßige Konvergenz des Integrals h_1 für den Bereich $\mathfrak{H}$ nach.

Z sei der Betrag von z, a sein (von 0 verschiedenes) Minimum, α das unterhalb $\varkappa$ liegende Maximum von $|\theta - \delta|$ in $\mathfrak{H}$, U der Betrag, φ der Winkel von $u = t - 1$. Bei hinreichend kleinem Schleifenradius ϱ unterscheidet sich auf den Ufern von $\mathfrak{h}_1$ φ von $\varkappa - \delta$ nicht merklich, so daß der Realteil des Exponenten $izt = iz + izu$ von E den Wert $-y - ZU\cos(\theta - \delta)$ hat. Da nun $Z > a$ und $\cos(\theta - \delta) > \cos\alpha$, so ist $ZU\cos(\theta - \delta) > bU$ mit $b = a\cos\alpha$, folglich auf den Ufern von $\mathfrak{h}_1$

$$|E| < c\, e^{-bU} \qquad \text{mit} \quad c = e^{-y}.$$

Aus dieser Ungleichung laßt sich das behauptete Konvergenzgleichmaß leicht entnehmen. Und aus der gleichmäßigen Konvergenz des Integrals h_1 folgt (auf Grund von Weierstraß' Konvergenzsatz) die Regularität von h_1 in $\mathfrak{H}$.

Im *zweiten* Schritt zeigen wir die Gleichheit von

$$h_1(z) = \int_{\mathfrak{h}_1} \mathfrak{p}\, dt \qquad \text{und} \qquad h(z) = \int_{\mathfrak{h}} \mathfrak{p}\, dt$$

für alle Punkte z des durch das Bedingungspaar

$$|\theta| < \varkappa, \qquad |\theta - \delta| < \varkappa$$

fixierten Gebiets $\mathfrak{G}$. Dazu nehmen wir einen aus den drei Teilen I, II, III bestehenden Umlauf $\mathfrak{u}$ zu Hilfe. I bestehe aus einem Stück der Schleife $\mathfrak{h}_1$, in dessen Punkten $U \leqq \omega$ ist, wo ω eine positive Größe bedeutet, die wir später unbegrenzt wachsen lassen, III bestehe aus einem Uferteil der Schleife $\mathfrak{h}$, in dessen Punkten $U \geqq \omega$ ist, der Zwischenteil II endlich bestehe aus dem die Teil I und III verbindenden Kreisbogenpaar, so daß auf II $U = \omega \pm \varepsilon$ ist. Demgemaß ist

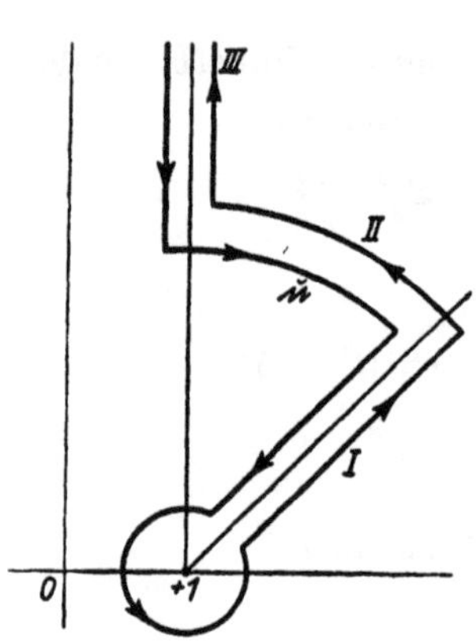

$$\mathfrak{U} = \int_{\mathfrak{u}} \mathfrak{p}\, dt = \int_{\text{I}} \mathfrak{p}\, dt + \int_{\text{II}} \mathfrak{p}\, dt + \int_{\text{III}} \mathfrak{p}\, dt$$

und außerdem nach Cauchys Hauptsatz

$$h = \mathfrak{U}.$$

Nun streben die Integrale $\int_{\text{II}} \mathfrak{p}\, dt$ und $\int_{\text{III}} \mathfrak{p}\, dt$ bei unbegrenzt wachsendem ω wegen $|E| \leqq e^{-Z\omega}$ gegen Null, das Integral $\int_{\text{I}} \mathfrak{p}\, dt$ gegen h_1. Folglich ist

$$h = \mathfrak{U} = \lim_{\omega \to \infty} \int_{\text{I}} \mathfrak{p}\, dt = h_1$$

oder überall in $\mathfrak{G}$

$$h_1 = h, \qquad \text{q. e. d.}$$

Ferner verschwindet in $\mathfrak{G}$ (weil hier $\Re z > 0$) die hier reguläre Funktion $H_n(z) - \mathfrak{Z}h(z)$, mithin auch $H_n(z) - \mathfrak{Z}h_1(z)$ identisch. Da nun die in $\mathfrak{H}$ reguläre Funktion $H_n(z) - \mathfrak{Z}h_1(z)$ in dem *Teilgebiet* $\mathfrak{G}$ von $\mathfrak{H}$ identisch verschwindet, muß sie nach Riemanns Satze *überall* in $\mathfrak{H}$ identisch verschwinden. Daher gilt in jedem den Nullpunkt ausschließenden Bereich $\mathfrak{H}$ der z-Ebene, in dessen Punkten $|\theta - \delta| < \varkappa$ ist, für die Hankelfunktion $H_n(z)$ die Integraldarstellung

$$\boxed{H_n(z) = \mathfrak{Z} \int_{\mathfrak{h}_1} EP^{\dot{n}}\, dt} \qquad \text{mit} \quad \mathfrak{Z} = \frac{\Gamma(\mathfrak{n})}{\Gamma\left(\frac{1}{2}\right)} \cdot \left(\frac{z}{2}\right)^n : \pi i.$$

Und natürlich ebenso für $K_n(z)$ die Darstellung

$$\boxed{K_n(z) = \mathfrak{Z} \int_{\mathfrak{k}_1} E P^n \, dt}$$

in jedem Bereich $\mathfrak{K}$ der z-Ebene, in dem $|\theta - \delta| < \varkappa$ ist. Bei $\mathfrak{H}$ liegt δ zwischen $-\varkappa$ und $3\varkappa$, bei $\mathfrak{K}$ zwischen $-3\varkappa$ und $+\varkappa$. Bei $\mathfrak{h}_1$ bzw. $\mathfrak{k}_1$ wächst bzw. fällt der Winkel von u bzw. v von $-3\varkappa - \delta$ bis $+\varkappa - \delta$ bzw. von $\varkappa - \delta$ bis $-3\varkappa - \delta$. Die beiden soeben notierten Integraldarstellungen gelten für jedes endliche von Null verschiedene z, für welches

$$-\varkappa < \theta - \delta < \varkappa \qquad \text{oder} \qquad -\varkappa + \delta < \theta < \varkappa + \delta$$

ist. Da bei der ersten Darstellung δ zwischen $-\varkappa$ und $+3\varkappa$, bei der zweiten zwischen $-3\varkappa$ und $+\varkappa$ liegt, so können wir die Gültigkeit der ersten bzw. zweiten Darstellung für jedes zwischen $-2\varkappa$ und $+4\varkappa$ bzw. für jedes zwischen $-4\varkappa$ und $+2\varkappa$ liegende θ verbürgen. Folglich:

Für jedes endliche nichtverschwindende z, dessen Winkel θ zwischen $-\pi$ und $+\pi$ liegt, und für jedes von 0,5, 1,5, 2,5, 3,5, ... verschiedene endliche n gilt das Formelpaar

$$\text{(III)} \qquad \boxed{H_n(z) = \mathfrak{Z} \int_{\mathfrak{h}_1} E P^n \, dt, \qquad K_n(z) = \mathfrak{Z} \int_{\mathfrak{k}_1} E P^n \, dt}$$

mit

$$\mathfrak{Z} = \frac{\Gamma(n)}{\Gamma\left(\frac{1}{2}\right)} \cdot \left(\frac{z}{2}\right)^n : \pi i, \quad E = e^{izt}, \quad P = uv, \quad u = t - 1, \quad v = t + 1,$$

wo $\mathfrak{h}_1$ bzw. $\mathfrak{k}_1$ die im positiven bzw. negativen Sinne zu durchlaufende Schleife bedeutet, deren Kreis das Zentrum $+1$ bzw. -1 hat, deren Ufer mit der positiven Imaginärachse den im Uhrzeigersinne bewirkten Drehwinkel δ bilden, der bei $\mathfrak{h}_1$ bzw. $\mathfrak{k}_1$ zwischen $-\varkappa$ und $+3\varkappa$ bzw. $-3\varkappa$ und $+\varkappa$ liegt.

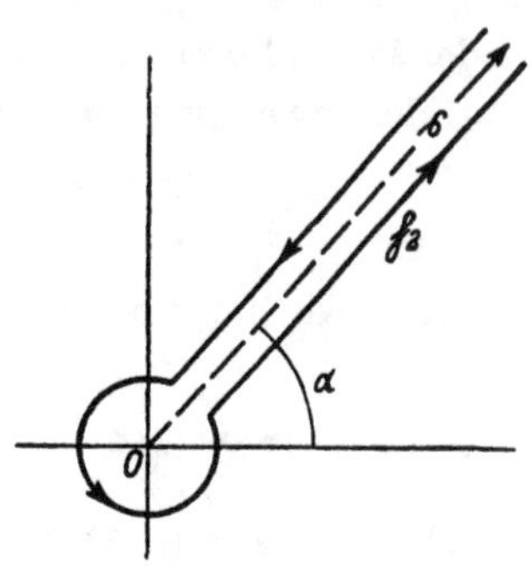

In dieser Integraldarstellung der Hankelfunktion $H_n(z)$ bzw. $K_n(z)$ führen wir nun statt t die neue Integrationsvariable

$$\tau = zu : i \qquad \text{bzw.} \qquad \tau = zv : i$$

ein. Wenn t die Schleife $\mathfrak{h}_1$ bzw. $\mathfrak{k}_1$ durcheilt, beschreibt τ die Schleife $\mathfrak{h}_2$ bzw. $\mathfrak{k}_2$, deren Kreis den Nullpunkt zum Zentrum hat, deren Ufer mit der positiven Realachse den spitzen Winkel α bzw. β bilden, der durch Subtraktion unseres Drehwinkels δ von θ entsteht (es ist $-\varkappa < \theta - \delta < +\varkappa$). Da bei $\mathfrak{h}_1$ bzw. $\mathfrak{k}_1$ der Winkel von u bzw. v von $-3\varkappa - \delta$

bis $\varkappa - \delta$ wächst bzw. von $\varkappa - \delta$ bis $-3\varkappa - \delta$ fällt, so wächst bzw. fallt bei $\mathfrak{h}_2$ bzw. $\mathfrak{k}_2$ der Winkel von τ von $\alpha - 2\pi$ bis α bzw. von β bis $\beta - 2\pi$. Demgemäß wird jetzt

$$\text{(IV)}\qquad H_n(z) = i^{\mathfrak{n}} g e^{iz} \int_{\mathfrak{h}_2} e^{-\tau} \tau^{\mathfrak{n}} h^{\mathfrak{n}}\, d\tau, \quad K_n(z) = i^{3\mathfrak{n}} g e^{-iz} \int_{\mathfrak{k}_2} e^{-\tau} \tau^{\mathfrak{n}} k^{\mathfrak{n}}\, d\tau,$$

wo

$$g = \frac{\Gamma(\mathfrak{n})}{\Gamma(^1/_2)} : \pi \sqrt{2z}, \quad \mathfrak{n} = {}^1/_2 - n, \quad h = 1 + \frac{i\tau}{2z}, \quad k = 1 - \frac{i\tau}{2z} \quad \text{ist},$$

i^w natürlich den Wert $e^{\varkappa i w}$ bedeutet, und die Ufer von $\mathfrak{h}_2$ bzw. $\mathfrak{k}_2$ mit der positiven Realachse den spitzen Winkel α bzw. β bilden, der mit dem Winkel θ von z durch die Ungleichung $-\varkappa + \alpha < \theta < +3\varkappa + \alpha$ bzw. $-3\varkappa + \beta < \theta < +\varkappa + \beta$ verknüpft ist. Die Winkel von h und k sind so zu nehmen, daß sie an der Stelle $\tau = 0$ verschwinden.

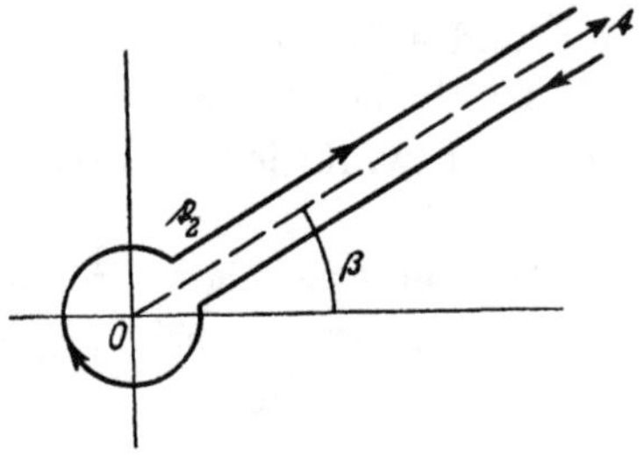

Die hier auftretenden Integrale gestatten eine wesentliche Vereinfachung, wenn wir, was wir jetzt tun wollen,

$$\Re\, \mathfrak{n} \text{ nichtnegativ}$$

voraussetzen. Unter dieser Voraussetzung strebt nämlich der zum Schleifenkreis gehörige Anteil jedes der beiden Integrale bei unbegrenzt abnehmendem Schleifenradius gegen Null, und es verbleibt nur der zu den Ufern der Schleife gehörige Anteil. Nun fallen die Ufer der Schleife $\mathfrak{h}_2$ bzw. $\mathfrak{k}_2$ nach diesem Grenzübergange mit dem Strahl $\mathfrak{s}$ bzw. $\mathfrak{t}$ zusammen, der vom Ursprung O unter dem spitzen Winkel α bzw. β gegen die positive Realachse geneigt ins Unendliche läuft. Nennen wir also das über den Strahl $\mathfrak{s}$ bzw. $\mathfrak{t}$ erstreckte Integral des Integranden $e^{-\tau}\tau^{\mathfrak{n}} h^{\mathfrak{n}}$ bzw. $e^{-\tau}\tau^{\mathfrak{n}} k^{\mathfrak{n}}$ für den Augenblick H bzw. K, so wird [da der Winkel von τ auf dem ersten Ufer von $\mathfrak{h}_2$ bzw. $\mathfrak{k}_2$ den Wert $\alpha - 2\pi$ bzw. β, auf dem zweiten Ufer den Wert α bzw. $\beta - 2\pi$ hat]

$$\int_{\mathfrak{h}_2} = H - e^{-4\varkappa i \mathfrak{n}} H, \quad \int_{\mathfrak{k}_2} = -K + e^{-4\varkappa i \mathfrak{n}} K,$$

und wenn wir hier noch mit dem obigen Faktor $i^{\mathfrak{n}} = e^{\varkappa i \mathfrak{n}}$ bzw. $i^{3\mathfrak{n}} = e^{3\varkappa i \mathfrak{n}}$ behaften,

$$i^{\mathfrak{n}} \int_{\mathfrak{h}_2} = H e^{-\varkappa i \mathfrak{n}} [e^{2\varkappa i \mathfrak{n}} - e^{-2\varkappa i \mathfrak{n}}] = 2i H e^{-\varkappa i \mathfrak{n}} \sin \pi \mathfrak{n} = 2H e^{-\varkappa i \mathfrak{n}} \cos \pi n,$$

$$i^{3\mathfrak{n}} \int_{\mathfrak{k}_2} = K e^{\varkappa i \mathfrak{n}} [e^{-2\varkappa i \mathfrak{n}} - e^{2\varkappa i \mathfrak{n}}] = -2i K e^{\varkappa i \mathfrak{n}} \sin \pi \mathfrak{n} = 2K e^{\varkappa i \mathfrak{n}} \cos \pi n.$$

Berücksichtigen wir bei der Substitution dieser Werte in den für $H_n(z)$ und $K_n(z)$ gewonnenen Formeln noch die bekannte Relation (§ 100)

$$\Gamma\left(\frac{1}{2} - n\right) \Gamma\left(\frac{1}{2} + n\right) = \pi : \cos \pi n,$$

so erscheint als Endergebnis das *für jedes nicht verschwindende z gültige*

fundamentale Formelpaar

$$\text{(V)}\quad \boxed{H_n(z) = \frac{1}{\sqrt{\varkappa z}} \frac{e^{i(z-\varkappa \acute{n})}}{\Gamma(\acute{n})} \int_{\mathfrak{s}} e^{-\tau} \tau^{\grave{n}} h^{\grave{n}} d\tau, \quad K_n(z) = \frac{1}{\sqrt{\varkappa z}} \frac{e^{-i(z-\varkappa \acute{n})}}{\Gamma(\acute{n})} \int_{\mathfrak{t}} e^{-\tau} \tau^{\grave{n}} k^{\grave{n}} d\tau}$$

mit

$$h = 1 + \frac{i\tau}{2z}, \quad k = 1 - \frac{i\tau}{2z}, \quad \grave{n} = n - \frac{1}{2}, \quad \acute{n} = n + \frac{1}{2}, \quad |\theta| < \pi,$$

in welchem die Integration über den Strahl $\mathfrak{s}$ bzw. $\mathfrak{t}$ zu erstrecken ist, der vom Nullpunkt unter dem spitzen Winkel α bzw. β gegen die positive Realachse geneigt ins Unendliche läuft.

Der mit dem Winkel θ von z durch die Vorschrift $-\varkappa + \alpha < \theta < +3\varkappa + \alpha$ bzw. $-3\varkappa + \beta < \theta < +\varkappa + \beta$ verknüpfte Winkel α bzw. β entsteht durch Subtraktion des Drehwinkels δ von θ (und der Drehwinkel δ bedeutet eine im Uhrzeigersinne erfolgte zwischen $-3\varkappa$ und $+\varkappa$ bzw. zwischen $+\varkappa$ und $-3\varkappa$ liegende Drehung).

Wir fügen hinzu: Da die Integrale in (V) auch für die bislang ausgeschlossenen n-Werte: $n = {}^1/_2, {}^3/_2, {}^5/_2, \ldots$ ihren Sinn behalten und beide Seiten unserer Formeln analytische Funktionen von n darstellen, so gilt das Formelpaar (V) auch in den Ausnahmefallen $n = {}^1/_2, {}^3/_2, {}^5/_2, \ldots$ Die Annahme nichtnegativen Realteils von $\acute{n}$ bleibt jedoch bestehen.

§ 135. Asymptotische Entwicklung der Hankelfunktionen

Wir stellen uns die Aufgabe, einfache Reihenentwicklungen zu finden, die das Verhalten der Hankelfunktionen im Unendlichen und bei großen Argumentbeträgen erschließen. Wir betrachten zunächst die H-Funktion

$$H_n(z) = \frac{1}{\sqrt{\varkappa z}} \frac{e^{i(z-\varkappa \acute{n})}}{\Gamma(\acute{n})} \int_{\mathfrak{s}} e^{-\tau} \tau^{\grave{n}} h^{\grave{n}} d\tau \qquad \text{mit} \qquad h = 1 + \frac{i\tau}{2z}.$$

Es kommt nur darauf an, das Integral

$$\mathfrak{S} = \int_{\mathfrak{s}} e^{-\tau} \tau^{\grave{n}} h^{\grave{n}} d\tau$$

zu entwickeln. Dabei benutzen wir die Binomialreihe für die Funktion

$$f(\tau) = h^{\grave{n}} = \left(1 + \frac{i\tau}{2z}\right)^{\grave{n}},$$

(in welcher z als Konstante fungiert), wie sie die Taylorreihe der Form [§ 30]

$$f(a+u) = \sum_0^{\nu} \frac{f^s(a)}{s!} u^s + \varrho_\mu, \qquad [\mu = \nu + 1]$$

mit

$$\varrho_\mu = \frac{u^\mu}{\nu!}\int_0^1 (1-\xi)^\nu f^\mu(a+u\xi)\,d\xi$$

liefert. Hier ist $a = 1$, $u = \frac{i\tau}{2z}$, und wir bekommen

$$\left(1+\frac{i\tau}{2z}\right)^{\grave{n}} = \sum_0^\nu \grave{n}_s \left(\frac{i\tau}{2z}\right)^s + \varrho_\mu$$

mit

$$\varrho_\mu = \mu\,\grave{n}_\mu \left(\frac{i\tau}{2z}\right)^\mu \int_0^1 (1-\xi)^\nu \left(1+\frac{i\tau\xi}{2z}\right)^{\grave{n}-\mu} d\xi.$$

Diese Binomialentwicklung gilt in jedem Gebiet der τ-Ebene, in welchem die Funktion $1+\frac{i\tau\xi}{2z}$ nicht verschwindet oder $\tau\xi$ von $2iz$ verschieden ist. Diese Verschiedenheit besteht aber, da die Winkel von $\tau\xi$ und $2iz$ oder, was dasselbe bedeutet, die Winkel α (von τ) und $\varkappa+\theta$ (von iz) in Anbetracht der oben verzeichneten Ungleichung $\alpha < \varkappa + \theta$ verschieden sind. Die Substitution dieser Binomialentwicklung in die erste Formel von (V) des vorigen Paragraphen gibt

$$H_n(z) = \frac{1}{\sqrt{\varkappa z}}\, e^{i(z-\varkappa\grave{n})} \left\{ \sum_0^\nu \frac{\grave{n}_s}{\Gamma(\grave{n})} \left(\frac{i}{2z}\right)^s \int_{\mathfrak{F}} e^{-\tau}\tau^{\grave{n}+s}\,d\tau + r_\mu \right\}$$

mit

$$r_\mu = \frac{\mu\,\grave{n}_\mu}{\Gamma(\grave{n})}\left(\frac{i}{2z}\right)^\mu \int_{\mathfrak{F}} e^{-\tau}\tau^{\grave{n}+\mu} \int_0^1 (1-\xi)^\nu \left(1+\frac{i\tau\xi}{2z}\right)^{\grave{n}-\mu} d\xi\,d\tau.$$

Nun ist (§ 99)

$$\int_{\mathfrak{F}} e^{-\tau}\tau^{\grave{n}+s}\,d\tau = \Gamma(n+\grave{s}+1),$$

und dies findet sich, wenn $s, r, q, \ldots$ aufeinanderfolgende abnehmende Ganzzahlen bedeuten, nach der Erganzungsformel der Gammafunktion, sukzessiv gleich

$$(n+\grave{s})\,\Gamma(n+\grave{r}+1) = (n+\grave{s})\,(n+\grave{r})\,\Gamma(n+\grave{q}+1) = \cdots$$
$$= (n+\grave{s})\,(n+\grave{r})\,(n+\grave{q})\ldots(n+\grave{1})\,\Gamma(\grave{n}).$$

Mithin erscheint im Gliede mit der Potenz $\left(\frac{i}{2z}\right)^s$ der Koeffizient

$$\overline{n,s} = \frac{(n-\grave{1})(n-\grave{2})\ldots(n-\grave{s})\cdot(n+\grave{1})(n+\grave{2})\ldots(n+\grave{s})}{s!}$$
$$= \frac{(n^2-\grave{1}^2)(n^2-\grave{2}^2)\ldots(n^2-\grave{s}^2)}{s!},$$

wobei $\overline{n,0}$ die Einheit bedeuten soll, und wir erhalten

$$H_n(z) = \frac{1}{\sqrt{\varkappa z}}\, e^{i(z-\varkappa\grave{n})}\{\textstyle\sum_\mu + r_\mu\}$$

mit

$$\Sigma_\mu = \sum_0^\nu \overline{n, s}\left(\frac{i}{2z}\right)^s, \qquad r_\mu = \frac{\mu\, \dot{n}_\mu}{\Gamma(\dot{n})}\left(\frac{i}{2z}\right)^\mu \int_{\mathfrak{S}} e^{-\tau}\, \tau^{\dot{n}+\mu} \int_0^1 (1-\xi)^\nu \left(1 + \frac{i\tau\xi}{2z}\right)^{\dot{n}-\mu} d\xi\, d\tau .$$

Um die Brauchbarkeit dieser Entwicklung beurteilen zu können, muß der Betrag R_μ des Restes r_μ abgeschätzt werden.

Die gewonnene Formel gilt unter den Bedingungen

$$-\varkappa < \alpha < \varkappa, \quad -\varkappa + \alpha < \theta < 3\varkappa + \alpha \qquad [\text{und } \Re \dot{n} > 0],$$

von denen die erste aussagt, daß das Komplement von $|\alpha|$, die zweite, daß das Supplement von $|\varkappa + \alpha - \theta|$ positiv ist. Wir nehmen einen positiven spitzen Winkel ψ zu Hilfe, der jede dieser beiden Ergänzungen unterschreitet, so daß also

$$\psi < \varkappa - |\alpha| \qquad \text{und auch} \qquad \psi < \pi - |\varkappa + \alpha - \theta|$$

ist. Die Einzeichnung des Punktes

$$\mathfrak{p} = 1 + \frac{i\tau\xi}{2z}, \qquad [\sphericalangle\, \tau = \alpha, \quad \sphericalangle\, z = \theta, \quad 0 < \xi < 1]$$

in der Zahlenebene führt dann leicht auf die Ungleichungen

$$\mathfrak{P} = |\mathfrak{p}| \geqq \mathfrak{q} = \sin\psi \qquad \text{und} \qquad |\omega| = |\sphericalangle\, \mathfrak{p}| < \pi .$$

Daraufhin wird nun

$$\begin{aligned} |\mathfrak{p}^{\dot{n}-\mu}| &= e^{\Re[(\dot{n}-\mu) l\, \mathfrak{p}]} = e^{\Re[(\dot{n}-\mu) l\, \mathfrak{P}] - \omega \Im(\dot{n}-\mu)} \\ &= \mathfrak{P}^{\Re(\dot{n}-\mu)} \cdot e^{-\omega \Im(\dot{n}-\mu)} = \mathfrak{P}^{\Re(\dot{n})-\mu} \cdot e^{-\omega \Im(n)} . \end{aligned}$$

Wir wählen jetzt μ größer als $\Re \dot{n}$. Dann wird

$$\mathfrak{P}^{\Re \dot{n}-\mu} \cdot e^{-\omega \Im n} < \mathfrak{q}^{\Re \dot{n}-\mu}\, e^{\pi |\Im n|},$$

mithin, wenn die rechte Seite dieser Ungleichung mit A_μ bezeichnet wird,

$$R_\mu < A_\mu \left|\frac{\mu\, \dot{n}_\mu}{\Gamma(\dot{n})}\right| \left|\frac{i}{2z}\right|^\mu \int_0^1 (1-\xi)^\nu\, d\xi \int_{\mathfrak{S}} |e^{-\tau}\, \tau^{\dot{n}+\mu}\, d\tau| .$$

Um auch noch das rechtsstehende Integral abzuschätzen, substituieren wir in diesem $\tau = T e^{i\alpha}$ und erhalten (wegen $\alpha_0 = \cos\alpha > \sin\psi = \mathfrak{q}$)

$$\begin{aligned} \int_{\mathfrak{S}} |e^{-\tau}\, \tau^{\dot{n}+\mu}\, d\tau| &= \int_0^\infty e^{-\alpha_0 T}\, T^{\Re n + \dot{\mu}}\, e^{-\alpha \Im n}\, dT \\ &< e^{\varkappa |\Im n|} \int_0^\infty e^{-\mathfrak{q} T}\, T^{\Re n + \dot{\mu}}\, dT . \end{aligned}$$

Da die rechte Seite dieser Ungleichung einen nur von n, μ und ψ, aber nicht von z abhangigen Wert a_μ darstellt und $\int_0^1 (1-\xi)^\nu d\xi$ den Wert $1/\mu$ hat, so entsteht

$$R_\mu < A_\mu\, a_\mu \left| \frac{\grave{n}_\mu}{2^\mu\, \Gamma(\acute{n})} \right| : |z|^\mu$$

oder, wenn wir den Dividend der rechten Seite dieser Ungleichung kurz mit $\mathfrak{A}_\mu$, den Betrag von z mit Z bezeichnen,

$$R_\mu < \frac{\mathfrak{A}_\mu}{Z^\mu},$$

wobei also $\mathfrak{A}_\mu$ eine nur von n, μ und ψ abhängige, von z aber unabhängige Größe bedeutet.

Liegt μ nicht oberhalb $\Re\,\acute{n}$, so wahlen wir den Zeiger M größer als $\Re\acute{n}$. Es folgt dann bei hinreichend großem Z aus

$$\Sigma_\mu + r_\mu = \Sigma_M + r_M \qquad \text{und} \qquad R_M < \frac{\mathfrak{A}_M}{Z^M} < \frac{\mathfrak{A}_\mu}{Z^\mu}$$

$$R_\mu = |\Sigma_M - \Sigma_\mu + r_M| < \sum_\mu^M \frac{|n,s|}{2^s Z^s} + R_M < \frac{\mathfrak{A}_\mu}{Z^\mu},$$

wo $\mathfrak{A}_\mu$ eine gewisse nur von n, μ und ψ, nicht aber von z abhängige Zahl ist. Als Ergebnis unserer Untersuchung erscheint die Reihenentwicklung

$$\text{(I)} \qquad \boxed{H_n(z) = \frac{1}{\sqrt{\varkappa z}}\, e^{i(z-\varkappa\acute{n})} \cdot \left\{ \sum_0^\nu \frac{h_s}{z^s} + r_\mu \right\}}, \qquad (\mu = \nu + 1)$$

mit

$$h_s = \overline{n,s} \left(\frac{i}{2}\right)^s, \qquad R_\mu < \frac{\mathfrak{A}_\mu}{Z^\mu},$$

wobei $\overline{n,0} = 1$ ist, $\overline{n,s}$ den Wert

$$\overline{n,s} = (n^2 - \grave{1}^2)(n^2 - \grave{2}^2) \ldots (n^2 - \grave{s}^2) : s!,$$

R_μ den Betrag von r_μ, Z den von z bedeutet und $\mathfrak{A}_\mu$ eine von z unabhängige (von n, μ und ψ abhängige) endliche Größe ist.

Eine ganz ähnliche Entwicklung resultiert für die K-Funktion

$$K_n(z) = \frac{1}{\sqrt{\varkappa z}} \frac{e^{-i(z-\varkappa\acute{n})}}{\Gamma(\acute{n})} \int_t e^{-\tau}\tau^{\grave{n}} k^{\grave{n}}\, d\tau \qquad \text{mit} \quad k = 1 - \frac{i\tau}{2z},$$

indem man in der obigen Entwicklung überall $+i$ durch $-i$ ersetzt. Den Bedingungen

$$-\varkappa < \beta < \varkappa \qquad \text{und} \qquad -3\varkappa + \beta < \theta < \varkappa + \beta$$

für den spitzen Winkel β entsprechend unterschreitet der hier zu verwendende positive spitze Hilfswinkel ψ das Komplement von $|\beta|$ und das Supplement von $|\varkappa+\theta-\beta|$:

$$\psi < \varkappa - |\beta| \qquad \text{und} \qquad \psi < \pi - |\varkappa+\theta-\beta|,$$

und es wird jetzt

$$|\mathfrak{p}| = \left|1 - \frac{i\tau\xi}{2z}\right| \geqq \sin\psi \qquad \text{und} \qquad \omega = |\sphericalangle \mathfrak{p}| < \pi.$$

Als Endergebnis der Rechnung erscheint die folgende Entwicklung für $K_n(z)$:

$$\text{(II)} \qquad \boxed{K_n(z) = \frac{1}{\sqrt{\varkappa z}}\, e^{-i(z-\varkappa\acute{n})} \cdot \left\{\sum_0^{\nu} \frac{k_s}{z^s} + r'_\mu\right\}}, \qquad (\mu = \nu + 1)$$

mit

$$k_s = \overline{n,s}\left(\frac{-i}{2}\right)^s, \qquad R'_\mu < \frac{\mathfrak{B}_\mu}{Z^\mu},$$

wo wieder $\mathfrak{B}_\mu$ eine von n, μ und ψ abhangige, von z unabhängige endliche Größe bedeutet.

Die Formeln (I) und (II) wurden hier unter den Bedingungen

$$-\pi < \theta < \pi, \qquad \Re\acute{n} > 0$$

hergeleitet.

Ist $\Re\acute{n}$ nicht positiv, so führe man statt n seinen entgegengesetzten Wert

$$m = -n$$

ein. Es ist dann

$$\Re\acute{m} > 0,$$

so daß man für $H_m(z)$ und $K_m(z)$ Entwicklungen von der Form

$$H_m(z) = \frac{1}{\sqrt{\varkappa z}}\, e^{i(z-\varkappa\acute{m})}\left\{\sum_0^{\nu} \frac{h'_s}{z^s} + r_\mu\right\}, \quad K_m(z) = \frac{1}{\sqrt{\varkappa z}}\, e^{-i(z-\varkappa\acute{m})}\left\{\sum_0^{\nu} \frac{k'_s}{z^s} + r'_\mu\right\}$$

mit

$$h'(s) = \overline{m,s}\left(\frac{i}{2}\right)^s, \quad k'(s) = \overline{m,s}\left(\frac{-i}{2}\right)^s$$

und mit den Restgliedern r_μ und r'_μ erhält. Von H_m und K_m gelangt man dann auf Grund der Formeln

$$H_m = e^{\pi i n} H_n, \qquad K_m = e^{\pi i m} K_n, \qquad (\S\ 134)$$

und

$$\overline{m,s} = \overline{n,s}$$

zu den Entwicklungen

$$H_n(z) = \frac{1}{\sqrt{\varkappa z}}\, e^{i(z-\varkappa\acute{n})}\left\{\sum_0^{\nu} \frac{h_s}{z^s} + r_\mu\right\}, \qquad K_n(z) = \frac{1}{\sqrt{\varkappa z}}\, e^{-i(z-\varkappa\acute{n})}\left\{\sum_0^{\nu} \frac{k_s}{z^s} + r'_\mu\right\}$$

mit

$$h(s) = \overline{n,s}\left(\frac{i}{2}\right)^s, \qquad k(s) = \overline{n,s}\left(\frac{-i}{2}\right)^s$$

und mit den die Ungleichungen

$$R_\mu < \frac{\mathfrak{A}_\mu}{Z^\mu}, \qquad R'_\mu < \frac{\mathfrak{B}_\mu}{Z^\mu}$$

befriedigenden Restgliedern r_μ und r'_μ.
Daher kann man die Voraussetzung

$$\Re \acute{n} > 0$$

bei den Entwicklungen (I) und (II) fallen lassen.

§ 136. Wurzeln der Besselfunktion

Von größtem Interesse ist die Frage nach etwaigen Nullstellen der Besselfunktion $I_n(z)$. Bei Beantwortung dieser Frage liegt es nahe, den Cauchyschen Pol-Wurzel-Satz heranzuziehen. Dieser gibt bekanntlich Auskunft über den Überschuß der Anzahl der Nullstellen über die Anzahl der Pole, die eine Regulärfunktion $f(z)$ in einem vorgelegten Bereich der z-Ebene besitzt. Nun wissen wir, daß die Funktion

$$Q_n(z) = I_n(z) : z^n$$

als ganze transzendente Funktion von z keine Pole, mithin höchstens Nullstellen besitzt. Daher ist die Anzahl der Wurzeln von $Q_n(z)$ in einem vorgeschriebenen Bereich $\mathfrak{B}$ der z-Ebene, dessen Rand $\mathfrak{u}$ keine Wurzel enthält,

$$N = \mathfrak{T} \int_{\mathfrak{u}} Q_n^*(z)\, dz,$$

wo $\mathfrak{T}$ den Wert $1 : 2\pi i$, Q_n^* die bezogene Ableitung $Q'_n(z) : Q_n(z)$ von z bedeutet. Es ist aber, unter $\mathfrak{D}$ den Operator $\frac{d}{z\,dz}$ verstanden (§ 128),

$$\mathfrak{D} Q_n = -Q_m \qquad \text{mit} \quad m = n + 1,$$

folglich

$$\frac{Q'_n}{z} = -Q_m \qquad \text{oder} \qquad \frac{Q'_n}{Q_n} = -\frac{z\,Q_m}{Q_n} = -\frac{I_m}{I_n},$$

so daß

$$N = -\mathfrak{T} \int_{\mathfrak{u}} \frac{I_m(z)}{I_n(z)}\, dz$$

wird.
Hier empfiehlt es sich, die Funktion I durch die Hankelfunktionen H und K auszudrücken:

$$2 I_n(z) = H_n(z) + K_n(z), \qquad 2 I_m(z) = H_m(z) + K_m(z),$$

wodurch sich für die Wurzelzahl der Wert

$$N = -\mathfrak{T} \int_{\mathfrak{u}} \frac{H_m + K_m}{H_n + K_n}\, dz$$

ergibt.

Für die Hankelfunktionen besitzen wir die Formeln (§ 135)

$$H_n(z) = \frac{1}{\sqrt{\varkappa z}} e^{i(z-\varkappa \acute{n})}\left[1 + \frac{\hat{n}\, i}{2z} + \frac{e_n}{z^2}\right],$$

$$K_n(z) = \frac{1}{\sqrt{\varkappa z}} e^{-i(z-\varkappa \acute{n})}\left[1 - \frac{\hat{n}\, i}{2z} + \frac{f_n}{z^2}\right],$$

wo

$$\hat{n} = \acute{n} \cdot \grave{n} = n^2 - {}^1/_4$$

ist und e_n und f_n Größen sind, die bei hinreichend großen $|z|$ betraglich unterhalb gewisser endlicher von z unabhängiger Zahlen E und F liegen.

Um einfache Verhaltnisse zu bekommen, wählen wir $\mathfrak{B}$ als Rechteck $ABCD$, dessen Seite AD auf die Imaginärachse fällt, dessen Seite BC rechts von AD liegt. Um auf BC einen möglichst einfachen Wert für den im Exponenten der Exponentialfunktion stehenden Unterschied $\mathfrak{r} = z - \varkappa \acute{n}$ zu bekommen, nehmen wir

$$B = \pi g + \varkappa \acute{n} - i\omega \qquad \text{und} \qquad C = \pi g + \varkappa \acute{n} + i\omega,$$

wobei g eine große natürliche Zahl ist und ω eine sehr große positive Zahl bedeutet, die wir alsbald unbegrenzt wachsen lassen. Die Endpunkte der linken Rechtecksseite sind dann,

$$\varkappa \acute{n} = c = a + ib$$

gesetzt,

$$A = ib - i\omega \qquad \text{und} \qquad D = ib + i\omega.$$

Das Integral N besteht aus den vier den Randstücken

$$\mathfrak{a} = AB, \qquad \mathfrak{b} = BC, \qquad \mathfrak{c} = CD, \qquad \mathfrak{d} = DA$$

entsprechenden Teilen I, II, III, IV.

Auf $\mathfrak{a}$ ist $z = A + x$, wo x von 0 bis $\pi g + a$ läuft. Der Integrand in I strebt bei unbegrenzt wachsendem ω (mit $z - c = \mathfrak{r}$) gegen

$$\frac{1}{i} \lim \frac{e^{2i\mathfrak{r}} - 1}{e^{2i\mathfrak{r}} + 1} = \frac{1}{i} \lim \frac{e^{2\omega + 2ix - 2ia} - 1}{e^{2\omega + 2ix - 2ia} + 1} = \frac{1}{i},$$

das Integral also gegen $(\pi g + a) : i$ und I gegen

$$\lim \mathrm{I} = \frac{g}{2} + \frac{\Re \acute{n}}{4}.$$

Für III erhalten wir gerade so

$$\lim \mathrm{III} = \frac{g}{2} + \frac{\Re \acute{n}}{4}.$$

Was II anbetrifft, so geht der Grenzübergang (da z nicht wie bei I und III in jedem Punkte des Integrationsintervalls mit unbegrenzt wachsendem ω gegen ∞ strebt) nicht so bequem vor sich wie bei I und III. Es ist hier notwendig, auch die im Zähler und Nenner des Integranden stehenden eckigen Klammern (auf die wir bei I und III verzichten konnten) zu berücksichtigen.

Bei der Integration wandert $z = x + iy$ von $B = \pi g + c - i\omega$ bis $C = \pi g + c + i\omega$, so daß

$$z = z_0 + iy \qquad \text{mit} \quad z_0 = \pi g + c$$

ist, wo y von $-\omega$ bis $+\omega$ läuft.

Demnach erhalten wir – von Gliedern 2ter Ordnung abgesehen – für den Integrand den Wert

$$-i\,\frac{(\mathfrak{e}-1)+\frac{\hat{m}\,i}{2z}(\mathfrak{e}+1)}{(\mathfrak{e}+1)+\frac{\hat{n}\,i}{2z}(\mathfrak{e}-1)} = -i\left[\frac{\mathfrak{e}-1}{\mathfrak{e}+1}+\frac{\hat{m}\,i}{2z}-\frac{\hat{n}\,i}{2z}\left(\frac{\mathfrak{e}-1}{\mathfrak{e}+1}\right)^2\right]$$

$$\text{mit} \quad \mathfrak{e} = e^{2i\mathfrak{r}}, \qquad \mathfrak{r} = z - c,$$

oder

$$t + \frac{\hat{m}-\hat{n}}{2z} + \frac{\hat{n}}{2z\,o^2} \qquad \text{mit} \quad t = \operatorname{tg}\mathfrak{r}, \quad o = \cos\mathfrak{r},$$

für das Integral also den Wert

$$\mathrm{II} = -\mathfrak{T}\left[\int_{\mathfrak{b}} t\,dz + \int_{\mathfrak{b}} \frac{m+n}{2z}\,dz + \int \frac{\hat{n}}{2z\,o^2}\,dz\right]$$

oder wegen $\mathfrak{r} = \pi g + iy$, $z = z_0 + iy$

$$\mathrm{II} = -\mathfrak{T}\left[i\int_{-\omega}^{+\omega} \operatorname{tg} iy\,dy + \int_{z_0-i\omega}^{z_0+i\omega} \frac{m+n}{2z}\,dz + \frac{\hat{n}\,i}{2}\int_{-\omega}^{+\omega}\frac{dy}{z\,o^2}\right].$$

Das erste der Klammerintegrale hat, da $\operatorname{tg} iy$ eine ungerade Funktion von y ist, den Wert Null. Das zweite wird gleich

$$\frac{m+n}{2}\,l\,\frac{z_0+i\omega}{z_0+i\omega}, \qquad \text{bei } \omega \to \infty \text{ also gleich } \hat{n}i\pi.$$

Das dritte schreibt sich wegen $o^2 = \operatorname{Cos}^2 y = O^2$

$$S = \int_{-\omega}^{+\omega} \frac{dy}{zO^2}$$

und hat wegen $z = \alpha + i\eta$ mit $\alpha = \pi g + a$, $\eta = y + b$ den Real- bzw. Imaginärteil

$$R = \int_{-\omega}^{+\omega} \frac{\alpha}{\alpha^2+\eta^2}\,\frac{dy}{O^2}, \qquad J = -\int_{-\omega}^{+\omega} \frac{\eta}{\alpha^2+\eta^2}\,\frac{dy}{O^2}.$$

Um R abzuschätzen, schreiben wir

$$R = \int_0^{\omega} \frac{\alpha}{\alpha^2+\eta^2}\,\frac{dy}{O^2} + \int_0^{\omega} \frac{\alpha}{\alpha^2+\zeta^2}\,\frac{dy}{O^2} \qquad \text{mit} \quad \zeta = b - y.$$

Es wird dann

$$R < \frac{1}{A}\int_0^\omega \frac{dy}{O^2} + \frac{1}{A}\int_0^\omega \frac{dy}{O^2} = \frac{2}{A}\int_0^\omega \frac{dy}{O^2} \quad \text{mit} \quad A = |\alpha|.$$

Nun ist $O = (e^y + e^{-y}) : 2 > e^y : 2$, mithin

$$\int_0^\omega \frac{dy}{O^2} < \int_0^\omega \frac{4\,dy}{e^{2y}} < \int_0^\infty \frac{4\,dy}{e^{2y}} = 2,$$

und wir erhalten

$$R < \frac{4}{A} \qquad \text{oder} \qquad R = \frac{4\Theta}{\pi g + a} \qquad \text{mit} \quad |\Theta| < 1,$$

wobei wir g so groß gewählt denken, daß $\pi g + a$ zumindest positiv ist.
Die Abschätzung von J ist unnötig; es genügt, einzusehen, daß J endlich ist und bei unbegrenzt wachsendem ω gegen einen endlichen Grenzwert E konvergiert.
Unsere Überlegung liefert die Gleichung

$$\lim \mathrm{II} = -\frac{1}{2}\acute{n} + \theta + \varepsilon i,$$

wo $\theta = -\Theta\hat{n} : \pi(\pi g + a)$ bei hinreichend großem g ein beliebig kleiner Echtbruch ist, und wo ε die endliche Größe $-\hat{n}E : 4\pi$ bedeutet.
Das Integral IV ist wieder sehr einfach zu bestimmen. Wir haben zunächst

$$\mathrm{IV} = -\mathfrak{T}\int_{ib+i\omega}^{ib-i\omega} I_m(z) : I_n(z)\,dz.$$

Da der Integrand eine ungerade Funktion von z ist, bleibt nur

$$\mathrm{IV} = -\mathfrak{T}\int_{ib+i\omega}^{i\omega-ib} = \mathfrak{T}\int_{i\omega-ib}^{i\omega+ib} I_m(z) : I_n(z)\,dz$$

oder

$$\mathrm{IV} = \mathfrak{T}\int_{i\omega-ib}^{i\omega+ib} \frac{H_m(z) + K_m(z)}{H_n(z) + K_n(z)}\,dz.$$

Hier strebt der Integrand bei unbegrenzt wachsendem ω (s. o.) gegen $\mathrm{tg}\,\mathfrak{r}$, das Integral sonach gegen

$$\lim \mathfrak{T}\, l \frac{\cos(i\omega - a - 2ib)^{*)}}{\cos(i\omega - a)} = \frac{bi}{\pi} = \frac{i}{2}\Im n,$$

so daß

$$\lim \mathrm{IV} = \frac{i}{2}\Im n = \frac{i}{2}\Im \acute{n}$$

wird.

*) Es ist $\lim \mathrm{tg}(i\omega - a) = i$.

Die Anzahl N der Nullstellen der Besselfunktion $I_n(z)$ in dem zwischen der Imaginärachse und der Parallelgeraden $x = g\pi + \Re n$ liegenden Streifen der z-Ebene ist demnach

$$N = \lim (\mathrm{I} + \mathrm{II} + \mathrm{III} + \mathrm{IV}) = g + \frac{\Re \acute{n}}{2} + \frac{i}{2}\Im \acute{n} - \frac{1}{2}\acute{n} + \theta + \varepsilon i$$

oder, da $\Re \acute{n} + i\Im \acute{n} = \acute{n}$ ist,

$$N = g + \theta + \varepsilon i .$$

Hier steht links eine natürliche Zahl; mithin muß auch rechts eine natürliche Zahl stehen, also zunachst $\varepsilon = 0$ sein und außerdem bei hinreichend hohem g, da ja dann θ ein beliebig kleiner Echtbruch wird, θ gleich Null sein. Bleibt die einfache Formel

$$\boxed{N = g}.$$

In Worten:

Wurzelsatz der Besselfunktion:

Bei hinreichend hohem g liegen im Streifen $0 < x < g\pi + \varkappa \acute{n}$ *genau g Wurzeln der Besselfunktion* $I_n(z)$.

Dabei darf die imaginarachsenparallele Ausdehnung des Streifens endlich angenommen werden.

(Eine Wurzel z mit sehr großem Imaginarteil y kann es nicht geben, da für solche z $I_n(z) = H_n(z) + K_n(z)$ als $[e^{i(z-c)} + e^{-i(z-c)}] : \sqrt{\varkappa z}$ geschrieben werden kann, welcher Quotient aber nicht verschwindet.)

Im vorstehenden wurde die Existenz unendlich vieler Nullstellen der Besselschen I-Funktion durch Cauchys Pol-Wurzel-Satz bewiesen. Wir geben noch einen anderen Beweis, beschranken uns aber auf Besselfunktionen

$$\varphi(z) = I_n(z) \qquad \textit{reeller nichtnegativer Ordnung } n.$$

Es sei also

$$\varphi(z) = z^n \sum_0^\infty b_s z^{2s} \qquad \text{mit} \quad b_s = \frac{\iota^s}{2^{n+2s}\Pi(s)\Pi(s+n)}.$$

Wir zeigen zunächst, daß φ *keine komplexe Wurzel hat.*

Für einen rein imaginaren Wert $z = iy$ ist $\varphi(iy) = i^n y^n \sum_0^\infty B_s y^{2s}$,

wo B_s den Betrag $[1 : 2^{n+2s}\Pi(s)\Pi(s+n)]$ von b_s bedeutet. Da $\sum$ nicht verschwindet, kann auch $\varphi(iy)$ nicht verschwinden. $\varphi(z)$ kann also keine reinimaginäre Wurzel haben.

Angenommen nun, $h = x + iy$ mit $y \neq 0$, $x \neq 0$ wäre eine komplexe Nullstelle von φ, und die Konjugierte von h sei $k = x - iy$. Dann hat man

$$\varphi(h) = h^n \mathfrak{p}(h) \qquad \text{und} \qquad \varphi(k) = k^n \mathfrak{p}(k),$$

wo $\mathfrak{p}(z)$ die obige Potenzreihe

$$\mathfrak{p}(z) = \sum_0^\infty b_s z^{2s}$$

bedeutet. Da aber, wovon man sich leicht überzeugt, bei einer Potenzreihe $\mathfrak{p}(z)$ mit reellen Koeffizienten die Beträge von $\mathfrak{p}(h)$ und $\mathfrak{p}(k)$ übereinstimmen:

$$|\mathfrak{p}(k)| = |\mathfrak{p}(h)|,$$

so müßte auch die Konjugierte k von h eine Nullstelle von $\varphi(x)$ sein. Dann hätten also die Funktionen $\varphi(hx)$ und $\varphi(kx)$ in $x = 1$ Nullstellen, und nach der Formel

$$\int_0^1 x\,\varphi(hx)\,\varphi(kx)\,dx = \Big|_0^1 x\,\frac{k\,\varphi(hx)\,\varphi'(kx) - h\,\varphi(kx)\,\varphi'(hx)}{h^2 - k^2}$$

von § 132 müßte wegen des Verschwindens ihrer rechten Seite das Integral

$$\int_0^1 x\,\varphi(hx)\,\varphi(kx)\,dx$$

verschwinden. Da aber $\varphi(hx)$ und $\varphi(kx)$ konjugiert sind, ist ihr Produkt positiv, so daß besagtes Integral *nicht* verschwinden kann. Dieser Widerspruch zeigt, daß unsere Annahme von der Existenz komplexer Nullstellen falsch war.

Die Besselfunktion I_n kann höchstens reelle Nullstellen haben.

Wir zeigen jetzt, daß I_n stets unendlich viele reelle Nullstellen hat.
Bei der Suche nach ihnen können wir uns wegen der Relation

$$I_n(-x) = \iota^n I_n(x)$$

auf Stellen der positiven Realachse beschränken.
Schon die für große x geltende Näherungsformel

$$I_n(x) = \frac{\cos(x - \varkappa\acute{n})}{\sqrt{\varkappa x}}, \qquad [\S\ 135,\ (\mathrm{I})\ \text{und}\ (\mathrm{II})]$$

laßt vermuten, daß I_n — zumindest in den entlegenen Teilen der x-Achse — unendlich viele Wurzeln hat, die in Intervallen von der Länge π aufeinanderfolgen. Wir erheben jetzt diese Vermutung zur Gewißheit. Dazu dient uns die Lommelgleichung

(1) $$u'' + Hu = 0 \qquad \text{mit} \quad H = 1 + \frac{1 - 4n^2}{4x^2}$$

für die Funktion

$$u = \sqrt{x}\,\varphi(x), \qquad [\varphi = I_n],$$

im Verein mit der Hilfsgleichung

(2) $$v'' + Kv = 0 \qquad \text{mit} \quad K = -\pi^2 : h^2$$

für die Hilfsfunktion

$$v = \varepsilon \sin\frac{\pi}{h}(x - a),$$

in welcher ε eine passend gewählte Einheit, a eine Stelle der positiven Realachse und h die Länge $b - a$ des Intervalls $j[a, b]$ mit $b > a$ bedeutet.
Durch Kombination von (1) und (2) entsteht zunächst

$$uv'' - vu'' = uvw \qquad \text{mit} \quad w = H - K = 1 - \frac{\pi^2}{h^2} + \frac{1 - 4n^2}{4x^2}$$

und hieraus durch Integration über das Intervall j die *Hilfsformel*

$$(3) \qquad \Big|_0^1 (uv' - vu') = \int_a^b uvw\,dx,$$

deren Linksseite die Differenz $(u_1 v_1' - v_1 u_1') - (u_0 v_0' - v_0 u_0')$ darstellt, in welcher der Index 0 bzw. 1 dem Wert der betreffenden Funktion im Anfangspunkte a bzw. Endpunkte b des Intervalls j entspricht.
Mittels dieser Hilfsformel zeigen wir jetzt, daß $u = \sqrt{x}\,\varphi(x)$ im Intervall j, *dessen Länge h den Wert π übersteigt,* bei hinreichend hohem a stets mindestens eine Nullstelle besitzt.
Angenommen nämlich, u behielte in j dasselbe Vorzeichen, so daß u_0 und u_1 vorzeichengleich sind. Wir wählen dann ε so, daß sein Vorzeichen mit dem von u in j übereinstimmt. Bei dieser Wahl bleibt das Produkt uv in j positiv. Nun ist $v_0 = 0$, $v_1 = 0$, $v_0' = \varepsilon\pi/h$, $v_1' = -\varepsilon\pi/h$, mithin die Linksseite der Hilfsformel gleich $-\pi\,\varepsilon(u_1 + u_0)/h$ und damit *negativ*. Bei hinreichend hohem a und $h > \pi$ ist aber w und damit auch (wegen der Positivität von uv) die Rechtsseite der Hilfsformel *positiv*. Angesichts dieses Widerspruchs kann es bei hinreichend hohem a kein Intervall (a, b) von größerer Länge als π geben, in welchem u nicht verschwindet. Demnach hat u und damit auch $\varphi = I_n$ in jedem hinreichend entlegenen Intervall von größerer Länge als π mindestens eine Nullstelle.

Die Besselfunktion I_n hat also unendlich viele Realwurzeln.

Von der Existenz dieser Wurzeln überzeugt, betrachten wir nunmehr zwei *sukzessive* Wurzeln a und $b = a + h$ von I_n und damit auch von u. Für diese Wurzeln haben die vier Größen u_0, v_0, u_1, v_1 alle den Wert Null, so daß die Linksseite der Hilfsformel verschwindet. Damit verschwindet auch die rechte Seite von (3), und da u und v in j ihr Vorzeichen nicht wechseln, also uv in j sein Vorzeichen beibehält, muß der Faktor w an den Intervallenden ungleiche Vorzeichen haben oder aber verschwinden, muß also

$$1 - \frac{\pi^2}{h^2} + \frac{1 - 4n^2}{4a^2} < 0 < 1 - \frac{\pi^2}{h^2} + \frac{1 - 4n^2}{4b^2} \qquad \text{bei} \quad 4n^2 > 1,$$

$$1 - \frac{\pi^2}{h^2} + \frac{1 - 4n^2}{4a^2} > 0 > 1 - \frac{\pi^2}{h^2} + \frac{1 - 4n^2}{4b^2} \qquad \text{bei} \quad 4n^2 < 1,$$

$$1 - \frac{\pi^2}{h^2} = 0 = 1 - \frac{\pi^2}{h^2} \qquad \text{bei} \quad 4n^2 = 1$$

sein.

Im Falle $4n^2 > 1$ ist demnach $\pi < h < \dfrac{\pi}{\sqrt{1 - \dfrac{4n^2-1}{4a^2}}}$,

im Falle $4n^2 < 1$ $\qquad \dfrac{\pi}{\sqrt{1 + \dfrac{1-4n^2}{4a^2}}} < h < \pi$,

im Falle $4n^2 = 1$ $\qquad h = \pi$.

Zwei Sukzessivwurzeln von I_n liegen bei $4n^2 > 1$ um mehr als π, bei $4n^2 < 1$ um weniger als π, bei $4n^2 = 1$ endlich um genau π auseinander; doch nähert sich auch in den ersten beiden Fällen das Wurzelintervall dem Werte π um so mehr, je weiter es vom Nullpunkt absteht.

[Die Intervallänge π im Falle $4n^2 = 1$ erklärt sich ungezwungen durch die Formeln

$$I_{1/2}(z) = \sqrt{\frac{2}{\pi}}\frac{\sin z}{\sqrt{z}}, \qquad I_{-1/2}(z) = \sqrt{\frac{2}{\pi}}\frac{\cos z}{\sqrt{z}}$$

von § 130.]

Wir werfen noch einen Blick auf die *kleinste* positive Wurzel $x = h$ von I_n, wobei vorerst $4n^2 > 1$ sei. Als Hilfsfunktion v wählen wir $v = \varepsilon \sin \frac{\pi}{h} x$, so daß wieder $w = 1 - \frac{\pi^2}{h^2} + \frac{1-4n^2}{4x^2}$ ist, als Integrationsintervall das Intervall $(0, h)$. Wieder verschwindet dann die Linksseite von (3) und damit auch die Rechtsseite. Da nun das Produkt uv das Vorzeichen im Intervall nicht ändert, muß der Integrandfaktor w es tun. Da w im Anfange des Intervalls negativ ist, muß es am Ende positiv sein, muß also

$$1 - \frac{\pi^2}{h^2} + \frac{1-4n^2}{4h^2} > 0 \qquad \text{oder} \qquad 4h^2 + 1 > 4\pi^2 + 4n^2,$$

mithin sicher $h > n$ sowie $h > \pi$ sein.

Im Falle $4n^2 < 1$ finden wir gerade so

$$h < \sqrt{9{,}62 + n^2} < \pi.$$

Die kleinste positive Wurzel von I_n liegt demnach jenseits oder diesseits der Stelle $x = \pi$, je nachdem $4n^2$ oberhalb oder unterhalb der Einheit liegt, liegt zudem bei $4n^2 > 1$ jenseits der Stelle $x = n$.

Was speziell I_0 anbetrifft, so findet man seine kleinste positive Wurzel leicht durch Annäherung zu

$$\boldsymbol{h = 2{,}40483\ldots.}$$

Die im obigen betrachteten Nullstellen sind alle *einfach*. Denn es gilt der

Satz:

Besselfunktionen haben – mit eventueller Ausnahme des Nullpunkts – nur einfache Wurzeln.

Beweis. Wäre $\alpha\,(\neq 0)$ eine zwei- oder mehrfache Wurzel der Besselfunktion $\varphi(x)$, so wäre wegen $\varphi(\alpha) = 0$, $\varphi'(\alpha) = 0$ und wegen der Differentialgleichung $x^2\varphi''(x) + x\varphi'(x) + (x^2 - n^2)\,\varphi(x) = 0$ auch $\varphi''(\alpha) = 0$. Sodann würde die Ableitung der Differentialgleichung die Relation $\varphi'''(\alpha) = 0$ liefern, die nochmalige Ableitung auf $\varphi''''(\alpha) = 0$ führen usw. Damit würden alle Ableitungen von $\varphi(x)$ an der Stelle $x = \alpha$ verschwinden, und $\varphi(x)$ würde nach Taylors Satz in einem gewissen Kreise um α überall verschwinden, was natürlich nicht sein kann. Vom Nullpunkt abgesehen, kann also φ keine mehrfache Wurzel haben.

Zum Schluß noch ein Wort über die Nullstellen der Ableitung $\varphi' = I_n'$ von $\varphi = I_n$.

Aus Rolles Satz ergibt sich zunachst, daß zwischen zwei sukzessiven Wurzeln a und b von φ mindestens eine Wurzel von φ' liegt.

Aus der Formel [§ 132]

$$D\frac{\varphi}{x\varphi'} = \frac{Z}{x^2\varphi'^2} \qquad \text{mit} \quad Z = 2\int_0^x x\,\varphi^2\,d\,x$$

geht hervor, daß die Funktion $\varphi/x\,\varphi'$ zwischen zwei sukzessiven Wurzeln von φ' dauernd und zwar von $-\infty$ bis $+\infty$ wächst, mithin genau einmal durch Null geht.

Zwischen zwei Sukzessivwurzeln von I_n' liegt genau e i n e *Wurzel von I_n.*

Und weiter folgt hieraus:

Zwischen zwei Sukzessivwurzeln von I_n liegt genau e i n e *Wurzel von I_n'.*

Fassen wir diese beiden Satze zusammen, so können wir sagen:

Die Wurzeln von I_n und I_n' trennen einander.

Was die Ordnung der Wurzeln von I_n' anbetrifft, so gilt der *Satz:*

Jede nichtverschwindende Wurzel von I_n' ist einfach.

Beweis. Wäre für die nichtverschwindende Wurzel α von φ' sowohl $\varphi'(\alpha)$ als auch $\varphi''(\alpha) = 0$, so ware der Differentialgleichung

$$x^2\varphi'' + x\varphi' + (x^2 - n^2)\,\varphi = 0$$

gemäß auch

$$(\alpha^2 - n^2)\,\varphi(\alpha) = 0,$$

mithin nach der Formel [§ 132]

$$Z_\alpha = (\alpha^2 - n^2)\,\varphi^2(\alpha) + \alpha^2\varphi'^2(\alpha) \qquad \text{mit} \quad Z_\alpha = 2\int_0^\alpha x\,\varphi^2(x)\,d\,x$$

auch $Z_\alpha = 0$, q. e. a.

§ 137. Besselfunktionen als unendliche Produkte

Fundamentalaufgabe: Die Besselfunktion $I_n(z)$ als unendliches Produkt darzustellen.

Die folgende auf Watson zurückgehende Lösung dieser Aufgabe beruht auf der Anwendung des Cauchyschen Residuensatzes auf die Funktion

$$f(\zeta) = \frac{z}{\zeta(\zeta - z)} \frac{I_m(\zeta)}{I_n(\zeta)},$$

in welcher n eine beliebige komplexe oder (nicht negativ ganzzahlige) reelle Ordnung, $m = n + 1$ und z irgendein fester Punkt der ζ-Ebene ist, in dem $I_n(z)$ nicht verschwindet.

Nach diesem Satze ist das über eine Kontur $\mathfrak{k}$, auf der f überall stetig bleibt, erstreckte Integral

$$J = \mathfrak{T} \int_{\mathfrak{k}} f(\zeta)\, d\zeta, \qquad [\mathfrak{T} = 1 : 2\pi i]$$

gleich der Summe S der Residuen R_ν (mit $\nu = 0, \pm 1, \pm 2, \ldots$) von f für alle innerhalb $\mathfrak{k}$ liegenden Singularitäten von f:

$$\boxed{J = S}, \quad \text{ausführlich:} \quad \mathfrak{T} \int_{\mathfrak{k}} f(\zeta)\, d\zeta = \sum R_\nu .$$

Die einzigen im Endlichen liegenden Singularitaten von f sind die Stelle $\zeta = \alpha_0 = z$ und die nichtverschwindenden Wurzeln $\pm\alpha_1, \pm\alpha_2, \pm\alpha_3, \ldots$ von I_n. (Da wegen der Rekursionsformel $\mathfrak{D}\, Q_n = -Q_m$, in welcher $Q_n = I_n(\zeta) : \zeta^n$ ist und $\mathfrak{D}$ den Operator $d : \zeta d\zeta$ bedeutet [§ 128], $I_n(\zeta)$ und $I_m(\zeta)$ nicht gleichzeitig verschwinden können, ist jede Wurzel $\pm\alpha_\nu$ von I_n ein Pol von f.)

Wir denken uns die Wurzeln $\alpha_1, \alpha_2, \alpha_3, \ldots$ von I_n so angeordnet, daß

$$|\Re\alpha_1| \leqq |\Re\alpha_2| \leqq |\Re\alpha_3| \ldots$$

ist und die Werte $\alpha_1, \alpha_2, \alpha_3, \ldots$ selbstverstandlich paarweise ungleich sind.

Als Kontur $\mathfrak{k}$ wählen wir ein Rechteck mit den Ecken $\pm A \pm iB$ derart, daß $\mathfrak{k}$ keine Wurzel von I_n enthalt, und daß A und B große positive Zahlen sind. Die innerhalb $\mathfrak{k}$ liegenden Wurzeln von I_n seien $\pm\alpha_1, \pm\alpha_2, \ldots, \pm\alpha_k$.

Um das Residuum R_ν von $f(\zeta)$ an der Stelle $\zeta = \alpha_\nu$ zu finden, setzen wir in $f(\zeta)$ für ζ $\alpha_\nu + u$ und entwickeln $f(\zeta)$ in eine nach Potenzen von u fortschreitende Laurentreihe; der zu u^{-1} gehörige Koeffizient dieser Reihe ist R_ν. So ist das Residuum an der Stelle $\zeta = \alpha_0 = z$

$$R_0 = \frac{I_m(z)}{I_n(z)},$$

wahrend das Residuum an der Stelle $\zeta = \alpha_\nu$ mit $\nu \neq 0$ den Wert

$$R_\nu = \frac{z}{\alpha_\nu(\alpha_\nu - z)} \cdot \frac{I_m(\alpha_\nu)}{I_n'(\alpha_\nu)}$$

hat. Da nun nach der Rekursionsformel $\mathfrak{D}\,Q_n = -Q_m\; I_n'(\alpha_\nu) = -I_m(\alpha_\nu)$ ist, wird einfacher

$$R_\nu = \frac{z}{\alpha_\nu(z-\alpha_\nu)} = \frac{1}{z-\alpha_\nu} + \frac{1}{\alpha_\nu}, \qquad [\nu \neq 0].$$

Ebenso ist das Residuum an der Stelle $\zeta = -\alpha_\nu$

$$R_{-\nu} = \frac{1}{z+\alpha_\nu} - \frac{1}{\alpha_\nu}.$$

Damit erhält Cauchys Residuenformel für unser Beispiel die Gestalt

$$\mathfrak{T}\int_{\mathfrak{k}} f(\zeta)\,d\zeta = \frac{I_m(z)}{I_n(z)} + \sum_1^k \left(\frac{1}{z-\alpha_8} + \frac{1}{\alpha_8}\right) + \sum_1^k \left(\frac{1}{z+\alpha_8} - \frac{1}{\alpha_8}\right).$$

Nun ist für große $|\zeta|$ mit großer Annäherung

$$I_n(\zeta) = \frac{1}{\sqrt{\varkappa\,\zeta}}\cos(\zeta-\gamma) \qquad \text{mit} \quad \gamma = \varkappa\,\acute{n},$$

so daß in den entfernten Gebieten der ζ-Ebene die Wurzeln von $I_n(\zeta)$ in der Nähe der Zahlen $\pm A_M$ mit

$$A_M = \gamma + (2M-1)\,\varkappa$$

liegen, wo M eine große natürliche Zahl bedeutet. Wählt man also

$$A = \Re\gamma + 2M\varkappa, \qquad B \geqq A$$

und M hinreichend groß, so ist man sicher, daß auf $\mathfrak{k}$ keine Wurzel von I_n liegt. Zugleich erkennt man durch eine kleine Nebenrechnung, daß dann $|I_m : I_n|$ auf $\mathfrak{k}$ beschränkt ist, so daß bei unbegrenzt wachsendem M das Integral

$$\int_{\mathfrak{k}} f(\zeta)\,d\zeta = \int_{\mathfrak{k}} \frac{z}{\zeta(\zeta-z)}\,\frac{I_m(\zeta)}{I_n(\zeta)}\,d\zeta$$

gegen Null konvergiert.
Somit ergibt sich die Formel

$$0 = \frac{I_m(z)}{I_n(z)} + \sum_1^\infty \left(\frac{1}{z-\alpha_8} + \frac{1}{\alpha_8}\right) + \sum_1^\infty \left(\frac{1}{z+\alpha_8} - \frac{1}{\alpha_8}\right)$$

oder

$$-\frac{I_m(z)}{I_n(z)} = \sum_1^\infty \left(\frac{1}{z-\alpha_8} + \frac{1}{\alpha_8}\right) + \sum_1^\infty \left(\frac{1}{z+\alpha_8} - \frac{1}{\alpha_8}\right).$$

Nun ist die linke Seite dieser Gleichung die bezogene Ableitung von $Q_n(z)$

$= I_n(z) : z^n$, die erste bzw. zweite Summe der rechten Seite die bezogene Ableitung von

$$\prod_1^\infty \left(1 - \frac{z}{\alpha_s}\right) e^{\frac{z}{\alpha_s}} \quad \text{bzw.} \quad \prod_1^\infty \left(1 + \frac{z}{\alpha_s}\right) e^{-\frac{z}{\alpha_s}}.$$

Daher wird

$$K Q_n(z) = \prod_1^\infty \left(1 - \frac{z}{\alpha_s}\right) e^{\frac{z}{\alpha_s}} \cdot \prod_1^\infty \left(1 + \frac{z}{\alpha_s}\right) e^{-\frac{z}{\alpha_s}},$$

wo K eine Konstante bedeutet. Um diese zu ermitteln, setzen wir in der erhaltenen Formel $z = 0$ und bekommen $KQ_n(0) = 1$ oder da $Q_n(0)$ der Wert ist, den die Funktion $I_n(z) : z^n$ an der Stelle 0 annimmt, also der Wert $1 : 2^n \Pi(n)$, so ist $K = 2^n \Pi(n)$, und wir bekommen die Formel

$$\boxed{I_n(z) = \frac{z^n}{2^n \Pi(n)} \prod_1^\infty \left(1 - \frac{z}{\alpha_s}\right) e^{\frac{z}{\alpha_s}} \cdot \prod_1^\infty \left(1 + \frac{z}{\alpha_s}\right) e^{-\frac{z}{\alpha_s}}}.$$

Sie enthält die *Verwandlung der Besselfunktion $I_n(z)$ in ein unendliches Produkt.*

Faßt man in ihr die Faktoren $\left(1 - \frac{z}{\alpha_s}\right) e^{\frac{z}{\alpha_s}}$ und $\left(1 + \frac{z}{\alpha_s}\right) e^{-\frac{z}{\alpha_s}}$ zu *einem* Faktor $1 - \frac{z^2}{\alpha_s^2}$ zusammen, so wird etwas einfacher

$$\boxed{I_n(z) = \frac{z^n}{2^n \Pi(n)} \prod_1^\infty \left(1 - \frac{z^2}{\alpha_s^2}\right)}.$$

Hier durchläuft α_s alle in der rechten Halbebene $[x > 0]$ liegenden Wurzeln der Funktion $I_n(z)$.

§ 138. Entwicklung einer Funktion in eine Besselreihe

Vorgelegt sei eine im Grundintervall $\mathfrak{g}\,[0, 1]$ definierte Funktion $f(x)$. Soll diese Funktion in eine *Sinus*reihe entwickelt werden:

$$f(x) \doteq c_1 \sin\alpha_1 x + c_2 \sin\alpha_2 x + c_3 \sin\alpha_3 x + \cdots,$$

wobei dann zusätzlich vorausgesetzt wird, daß

im Intervall $[-1, 0]$ $\qquad f(x) = -f(-x)$,

also im besonderen $\qquad f(0) = 0$

sein soll, so führt man zunächst die neue Variable

$$y = \pi x$$

ein und betrachtet statt $f(x)$ die Funktion

$$F(y) = f(y : \pi)$$

im Intervall $[-\pi, +\pi]$.

Diese Funktion besitzt, wofern sie z. B. im Intervall beschrankt schwankend verläuft (§ 107), im Intervallinnern die Entwicklung

$$F(y) = c_1 \sin y + c_2 \sin 2y + c_3 \sin 3y + \cdots,$$

in welcher natürlich an Unstetigkeitsstellen links

$$\frac{F(y+0) + F(y-0)}{2}$$

stehen muß, und wobei für jeden Zeiger s

$$c_s = \frac{1}{\pi} \int_{-\pi}^{+\pi} f(t) \sin s t \, dt$$

ist.

Demnach ergibt sich für die Ausgangsfunktion $f(x)$ des Arguments x die Entwicklung

$$f(x) = c_1 \sin \alpha_1 x + c_2 \sin \alpha_2 x + c_3 \sin \alpha_3 x + \cdots,$$

in welcher *die Koeffizienten*

$$\alpha_1, \quad \alpha_2, \quad \alpha_3, \quad \ldots$$

die sukzessiven positiven Nullstellen der Funktion $\sin x$ bedeuten.

Im Hinblick auf diesen Sachverhalt wird man naturgemäß zu der *fundamentalen Frage* geführt:

Ist es möglich, eine im Grundintervall $\mathfrak{g}$ *definierte Funktion* $f(x)$ *in eine „Besselreihe" zu entwickeln:*

$$f(x) = c_1 \varphi(\alpha_1 x) + c_2 \varphi(\alpha_2 x) + c_3 \varphi(\alpha_3 x) + \cdots,$$

wobei

$$\varphi(x) = I_n(x)$$

die Besselfunktion nter Ordnung bedeutet und

$$\alpha_1, \quad \alpha_2, \quad \alpha_3, \quad \ldots$$

die sukzessiven positiven Nullstellen dieser Funktion sind?

Bei der Beantwortung dieser Frage setzen wir die Möglichkeit dieser Entwicklung zunachst voraus und versuchen daraufhin, die *Entwicklungskoeffizienten*

$$c_1, \quad c_2, \quad c_3, \quad \ldots$$

zu ermitteln.

Wir gehen aus von dem Formelpaare

$$\int x \varphi(hx) \varphi(kx) \, dx = x \frac{k \varphi(hx) \varrho(kx) - h \varphi(kx) \varrho(hx)}{h^2 - k^2},$$

$$2 \int x \varphi^2(x) \, dx = (x^2 - n^2) \varphi^2(x) + x^2 \varrho^2(x),$$

in welchem $\varrho(x)$ die Ableitung $\varphi'(x)$ von $\varphi(x) = I_n(x)$ bedeutet (§ 132), und die rechte Seite der zweiten Formel als Potenzreihe in x mit x^{2n+2} beginnt.

Als Integrationsintervall wahlen wir das Grundintervall $\mathfrak{g}$, als Konstanten h und k zwei ungleiche Positivwurzeln α und β von φ. Es wird dann – unter der stillschweigenden Voraussetzung, daß n reell und > -1 ist –

$$\int_0^1 x\,\varphi(\alpha x)\,\varphi(\beta x)\,dx = 0 \tag{1}$$

und

$$\int_0^1 x\,\varphi^2(\alpha x)\,dx = \frac{1}{2}\,\varrho^2(\alpha)\,. \tag{2}$$

Nunmehr multiplizieren wir nach Eulers Vorgange den Ansatz

$$f(x) = c_1\,\varphi(\alpha_1 x) + c_2\,\varphi(\alpha_2 x) + \cdots$$

mit $x\varphi(\alpha_s x)$ und integrieren die entstehende Gleichung über das Intervall $\mathfrak{g}$, indem wir die Zulässigkeit dieser Integration stillschweigend voraussetzen. Bei dieser Integration verschwindet gemaß (1) jedes Glied von der Form

$$c_r \int_0^1 x\,\varphi(\alpha_r x)\,\varphi(\alpha_s x)\,dx\,,$$

in welchem der Zeiger r von s verschieden ist, wahrend das Glied

$$c_s \int_0^1 x\,\varphi^2\,(\alpha_s x)\,dx$$

als einziges nichtverschwindendes rechtsseitiges Glied erhalten bleibt. Da dieses Glied nach (2) den Wert

$$\frac{1}{2}\,c_s\,\varrho^2(\alpha_s)$$

hat, ergibt sich die Formel

$$\int_0^1 x\,\varphi(\alpha_s x)\,f(x)\,dx = \frac{1}{2}\,c_s\,\varrho^2(\alpha_s)\,.$$

Sie liefert für den gesuchten Entwicklungskoeffizient c_s den Wert

$$c_s = \frac{2}{\varrho^2(\alpha_s)} \int_0^1 x\,\varphi\,(\alpha_s x)\,f(x)\,dx\,.$$

Bei Einführung der der Funktion

$$\varphi(x) = I_n(x)$$

„folgenden“ Besselfunktion

$$\psi(x) = I_m(x) \qquad \text{mit} \quad m = n + 1$$

läßt sich die gewonnene Formel noch etwas anders schreiben.

Nach der ersten Rückgriffsformel

$$\varphi'(x) = \frac{n}{x}\varphi(x) - \psi(x)$$

der Besselfunktion hat man für $x = \alpha_s$

$$\varrho(\alpha_s) = \varphi'(\alpha_s) = -\psi(\alpha_s),$$

und es wird

$$c_s = \frac{2}{\psi^2(\alpha_s)}\int_0^1 x\,\varphi(\alpha_s x)\,f(x)\,dx.$$

Damit erscheint die *Entwicklungsformel*

$$\boxed{f(x) = c_1\varphi(\alpha_1 x) + c_2\varphi(\alpha_2 x) + c_3\varphi(\alpha_3 x) + \cdots}$$

in welcher

$$\varphi(x) = I_n(x)$$

die Besselfunktion $n$ter Ordnung,

$$\alpha_1, \quad \alpha_2, \quad \alpha_3, \quad \ldots$$

die Schar ihrer nach Größe geordneten positiven Wurzeln und der $s$te Entwicklungskoeffizient c_s den Wert

$$\boxed{c_s = \frac{2}{\psi^2(\alpha_s)}\int_0^1 t\,\varphi(\alpha_s t)\,f(t)\,dt} \qquad \text{mit} \quad \psi = \varphi'$$

bedeutet.

Wenn nun auch das geschilderte Verfahren weit davon entfernt ist, streng zu sein, so hat es doch den unbestreitbaren Vorteil, die Koeffizienten der Entwicklung geliefert und zugleich den Weg vorgezeichnet zu haben, den man zur strengen Lösung des Problems einschlagen kann. Dieser Weg besteht darin, den $r$ten Abschnitt

$$\mathfrak{S}_r = c_1\varphi(\alpha_1 x) + c_2\varphi(\alpha_2 x) + \cdots + c_r\varphi(\alpha_r x)$$

der Besselentwicklung

$$\mathfrak{S} = c_1\varphi(\alpha_1 x) + c_2\varphi(\alpha_2 x) + \cdots \quad \text{in inf.}$$

ins Auge zu fassen und zu untersuchen, ob er bei unbegrenzt wachsendem Zeiger r einem Grenzwert zueilt, und ob dieser Grenzwert $f(x)$ ist.

Für $\mathfrak{S}_r$ findet sich der Ausdruck

$$\mathfrak{S}_r = \int_0^1 t\,f(t)\sum_1^r \frac{2\varphi(\alpha_s t)\,\varphi(\alpha_s x)}{\psi^2(\alpha_s)}\,dt,$$

so daß es sich zunächst darum handeln wird, die für unser Problem in Betracht kommenden Eigenschaften der Summe

$$\Phi_r = \Phi_r(t, x) = \sum \frac{2\varphi(\alpha t)\varphi(\alpha x)}{\psi^2(\alpha)},$$

in welcher α die ersten r Positivwurzeln der Besselfunktion

$$\varphi(x) = I_n(x)$$

durchläuft, ausfindig zu machen. Dieser Untersuchung soll der nächste Paragraph gewidmet werden.

§ 139. Eigenschaften der Summe Φ

Unsere Aufgabe besteht jetzt darin, die für unsern Zweck nötigen Eigenschaften der Summe

$$\Phi = \sum_1^r \frac{2\varphi(\alpha_s x)\varphi(\alpha_s t)}{\psi^2(\alpha_s)}$$

ausfindig zu machen, in welcher φ bzw. ψ die Besselfunktion $n$ter bzw. $m$ter Ordnung (mit $m = n + 1$) und α_s die $s$te positive Wurzel von $\varphi(x)$ bedeutet. Die Ordnung n wird reell und (s. u.) $\geqq -{}^1/_2$ vorausgesetzt; x und t sind positive die Einheit nicht überschreitende Größen.

Bei der Beurteilung der Summe Φ und anderer eng mit ihr zusammenhängender r-gliedriger Summen leistet Cauchys Residuensatz wesentliche Dienste. Man faßt das $s$te Glied ϱ_s einer solchen Summe

$$\mathfrak{S} = \sum_1^r \varrho_s$$

als Residuum einer gewissen analytischen ungeraden Funktion $F(w)$ der komplexen Variable $w = u + iv$ im Punkte α_s der w-Ebene auf und berechnet die Summe $\mathfrak{S}$ auf Grund der Residuenformel

$$\mathfrak{S} = \mathfrak{T} \int_{\mathfrak{k}} F(w)\, dw.$$

Als Kontur $\mathfrak{k}$ fungiert hier ein Rechteck $\mathfrak{k}$ mit den vier Ecken

$$-\omega i, \qquad a_r - \omega i, \qquad a_r + \omega i, \qquad +\omega i,$$

welches von den Wurzeln der Funktion $\varphi(w)$ nur die r Wurzeln $\alpha_1, \alpha_2, \ldots, \alpha_r$ umschließt. Dabei wählt man

$$a = a_r = 2r\varkappa + \varkappa\acute{n}, \qquad [\acute{n} = n, 5]$$

und r so groß, daß die Gerade $u = a_r$ der w-Ebene nahezu in der Mitte zwischen den beiden Wurzeln α_r und α_{r+1} die u-Achse durchsetzt. [Bei hinreichend hohem

r ist in Gemaßheit der asymptotischen Formel $\varphi(w) = \cos(w - \varkappa \acute{n}) : \sqrt{\varkappa w}$ nahezu $\alpha_r = (2r-1)\varkappa + \varkappa\acute{n}$, $\alpha_{r+1} = (2r+1)\varkappa + \varkappa\acute{n}$], und ω ist ein sehr großer Positivwert, den man dann unbegrenzt wachsen laßt.

Wenn der Punkt w das Rechteck $\mathfrak{k}$ beschreibt, durchlauft er, im Punkte $-\omega i$ beginnend, sukzessiv die untere Seite $\mathfrak{u}$, die rechte Seite $\mathfrak{r}$, die obere Seite $\mathfrak{o}$ und die linke Seite $\mathfrak{l}$. Die zugehörigen Anteile des Integrals $\mathfrak{S}$ seien bzw. U, R, O, L. Wegen der Ungeradheit der Funktion $F(w)$ wird der Bestandteil L im allgemeinen verschwinden. Bei hinreichend hohem ω verschwinden, wie sich zeigen wird, auch die Bestandteile U und O. Demnach wird der Wert des Integrals $\mathfrak{S}$ im allgemeinen von

$$R = \mathfrak{T}\int_{\mathfrak{r}} F(w)\, dw, \qquad [\mathfrak{T} = 1 : 2\pi i]$$

allein bestritten werden ($\mathfrak{S} = R$).

Auf $\mathfrak{r}$ aber ist

$$w = u + iv = a + iv \qquad \text{mit} \quad a = a_r = \pi r + \varkappa\acute{n},$$

so daß bei hinreichend hohem r der Betrag W von w sehr groß ausfällt. Für solche w aber gelten gewisse zur Abschätzung von R vorteilhafte Ungleichungen, die wir zunächst herleiten werden.

Bekanntlich ist $\varphi(w)$ das arithmetische Mittel der beiden Hankelfunktionen $H = H_n(w)$ und $K = K_n(w)$:

$$\varphi = \frac{H+K}{2}$$

mit $\quad H = \dfrac{e^{iw'}}{\sqrt{\varkappa w}}\left(1 + \dfrac{\mathfrak{a}}{w}\right), \quad K = \dfrac{e^{-iw'}}{\sqrt{\varkappa w}}\left(1 + \dfrac{\mathfrak{b}}{w}\right) \quad$ und $\quad w' = w - \varkappa\acute{n}$,

wobei die Betrage von $\mathfrak{a}$ und $\mathfrak{b}$ bei hinreichend hohem W unterhalb einer gewissen von w unabhängigen endlichen Größe E liegen. Dann ist

$$1 + \frac{\mathfrak{a}}{w} = 1 + \varepsilon, \qquad 1 + \frac{\mathfrak{b}}{w} = 1 + \eta,$$

wo ε und η bei hinreichend hohem r betraglich beliebig kleingemacht werden können, und weiter (auf $\mathfrak{r}$, wo $w = a + iv$ ist)

$$2\sqrt{\varkappa w}\,\varphi = \iota^r\,[e^{-v} + e^{v} + e^{-v}\varepsilon + e^{v}\eta].$$

Bedeutet also V den Betrag von v, so wird, einerlei ob v positiv oder negativ ist,

$$|\,2\sqrt{\varkappa w}\,\varphi\,| = e^{V}\{1 + e^{-2V} + \varepsilon'\},$$

wo ε' einen Echtbruch bedeutet, dessen Betrag durch Wahl von r beliebig tief herabgedrückt werden kann.

Für hinreichend hohe r ist sicher

$$\frac{2\sqrt{\varkappa}}{3} < |\{\ \}| < 2\sqrt{\varkappa},$$

und wir bekommen unsere erste Ungleichung:

Bei hinreichend hohem r und hinreichend hohem Betrag W von $w = \pi r + \varkappa \acute{n} + iv$ ist

(U₁)
$$\boxed{\frac{1}{3}\frac{e^V}{\sqrt{W}} < |\varphi(w)| < \frac{e^V}{\sqrt{W}}}.$$

Dieselbe Ungleichung gilt für die Besselfunktion zweiter Art $Y_n(w)$.

Wir benötigen ferner eine Schranke für den Betrag J des Integrals

$$j = \int_{\mathfrak{r}} \frac{\cos(\varepsilon w - \varkappa \acute{n})}{w \cos(w - \varkappa \acute{n})} dw,$$

in welchem ε eine Zahl des Intervalls $[-1, +1]$ bedeutet.

Setzen wir wieder

$$w = a + iv \qquad \text{mit} \quad a = \pi r + \varkappa \acute{n},$$

so wird der Integrand

$$\mathfrak{g} = \frac{\cos(i\varepsilon v - \eta a)}{w \cos i v} \qquad \text{mit} \quad \eta = 1 - \varepsilon$$

oder

$$\mathfrak{g} = \frac{\cos \eta a \operatorname{Cos} \varepsilon v + i \sin \eta a \operatorname{Sin} \varepsilon v}{w \operatorname{Cos} v}$$

oder, $\quad \dfrac{1}{w} = \dfrac{a - iv}{a^2 + v^2}\quad$ gesetzt,

$$\mathfrak{g} = \mathfrak{h} + i\mathfrak{k}$$

mit

$$\mathfrak{h} = a \cos \eta a \frac{\operatorname{Cos} \varepsilon v}{W^2 \operatorname{Cos} v} + \sin \eta a \frac{v \operatorname{Sin} \varepsilon v}{W^2 \operatorname{Cos} v},$$

$$\mathfrak{k} = a \sin \eta a \frac{\operatorname{Sin} \varepsilon v}{W^2 \operatorname{Cos} v} - \cos \eta a \frac{v \operatorname{Cos} \varepsilon v}{W^2 \operatorname{Cos} v}.$$

Demnach wird

$$j = \mathfrak{H} + i\mathfrak{K} \qquad \text{mit} \quad \mathfrak{H} = \int_{\mathfrak{r}} \mathfrak{h}\, dw, \quad \mathfrak{K} = \int_{\mathfrak{r}} \mathfrak{k}\, dw$$

oder, da auf $\mathfrak{r}$ $\;dw = i\,dv$ ist, $\quad \mathfrak{H} = i \int\limits_{-\omega}^{+\omega} \mathfrak{h}\, dv, \quad \mathfrak{K} = i \int\limits_{-\omega}^{+\omega} \mathfrak{k}\, dv.$

Da $\mathfrak{h}$ eine gerade, $\mathfrak{k}$ eine ungerade Funktion von v ist, verschwindet $\mathfrak{K}$, und es bleibt

$$j = \mathfrak{H} = 2i \int_0^{\omega} \mathfrak{h}\, dv.$$

Wir haben es daher nur noch mit dem Integral

$$\int_0^{\omega} \mathfrak{h}\, dv$$

zu tun, welches aus den beiden Teilen

$$\mathrm{I} = a \cos \eta a \cdot p \qquad \text{und} \qquad \mathrm{II} = \sin \eta a \cdot q$$

mit

$$p = \int_0^\omega \frac{\operatorname{Cos} \varepsilon v}{W^2 \operatorname{Cos} v} dv, \qquad q = \int_0^\omega \frac{v \operatorname{Sin} \varepsilon v}{W^2 \operatorname{Cos} v} dv$$

besteht.

Ist zunächst ε ein *positiver* Echtbruch oder Null, so schreiben wir

$$\frac{\operatorname{Cos} \varepsilon v}{\operatorname{Cos} v} = \frac{e^{\varepsilon v} + e^{-\varepsilon v}}{e^v + e^{-v}} = \frac{e^{\varepsilon v}}{e^v} \cdot \frac{1 + e^{-2\varepsilon v}}{1 + e^{-2v}} = e^{-\eta v} \cdot \frac{1 + e^{-2\varepsilon v}}{1 + e^{-2v}},$$

so daß wegen $1 + e^{-2\varepsilon v} \leqq 2$ und $1 + e^{-2v} > 1$

$$\frac{\operatorname{Cos} \varepsilon v}{\operatorname{Cos} v} < 2 e^{-\eta v}$$

ist. Ebenso wird

$$\frac{\operatorname{Sin} \varepsilon v}{\operatorname{Cos} v} = \frac{e^{\varepsilon v} - e^{-\varepsilon v}}{e^v + e^{-v}} = e^{-\eta v} \cdot \frac{1 - e^{-2\varepsilon v}}{1 + e^{-2v}} < e^{-\eta v}.$$

Folglich ist wegen $W^2 > a^2$

$$p < \frac{1}{a^2} \int_0^\omega \frac{\operatorname{Cos} \varepsilon v}{\operatorname{Cos} v} dv < \frac{2}{a^2} \int_0^\omega e^{-\eta v} dv < \frac{2}{a^2} \int_0^\infty e^{-\eta v} dv = \frac{2}{a^2 \eta} < \frac{2}{a^2 \eta^2}$$

und

$$q < \frac{1}{a^2} \int_0^\infty v e^{-\eta v} dv = \frac{1}{a^2 \eta^2} < \frac{1}{a \eta^2}.$$

Daher wird

$$|\mathrm{I}| < \frac{2}{a \eta^2}, \qquad |\mathrm{II}| < \frac{1}{a \eta^2},$$

und für den Betrag J von j entsteht die Ungleichung

$$J < \frac{6}{a(1 - \varepsilon)^2}.$$

Ist jetzt ε ein *negativer* Echtbruch, E sein Betrag, so wird

$$-q < \frac{1}{a^2 (1 - E)^2}, \qquad |\mathrm{I} + \mathrm{II}| \leqq a p - q < \frac{3}{a(1 - E)^2}$$

und

$$J < \frac{6}{a(1 - E)^2}.$$

Unsere gefundene Ungleichung wird illusorisch, wenn sich ε unbegrenzt der Einheit nahert. Wir sind dann aber immer noch in der Lage, für J eine obere *endliche* Schranke anzugeben, wenigstens bei *positivem* ε. Wir verfahren dann wie folgt.

Was zunächst p anbetrifft, so ist wegen $\operatorname{Cos}\varepsilon v \leqq \operatorname{Cos} v$

$$p \leqq \int_0^{\omega} \frac{d\,v}{a^2+v^2} < \int_0^{\infty} \frac{d\,v}{a^2+v^2} = \frac{\varkappa}{a}$$

und

$$|\mathrm{I}| < \varkappa .$$

Was

$$\mathrm{II} = \int_0^{\omega} \frac{v \sin \eta\, a \operatorname{Sin} \varepsilon v}{W^2 \operatorname{Cos} v}\, d\,v$$

angeht, so ist

$$|v \sin \eta\, a| < a \eta v$$

und

$$\frac{\operatorname{Sin} \varepsilon v}{\operatorname{Cos} v} = \frac{e^{\varepsilon v} - e^{-\varepsilon v}}{e^{v} + e^{-v}} = \frac{e^{\varepsilon v}}{e^{v}} \cdot \frac{1 - e^{-2\varepsilon v}}{1 + e^{-2v}} < \frac{1}{e^{\eta v}} < \frac{1}{\eta v},$$

mithin der Integrand von II kleiner als $a : W^2$ und

$$|\mathrm{II}| < \int_0^{\omega} \frac{a}{W^2}\, d\,v < \int_0^{\infty} \frac{a}{a^2+v^2}\, d\,v = \varkappa .$$

Damit wird $|\mathrm{I} + \mathrm{II}| < \pi$ und

$$J < 2\pi \qquad \text{mit} \quad 0 \leqq \varepsilon \leqq 1 .$$

Ergebnis:

Für den Betrag J des Integrals

$$j = \int_{\mathfrak{r}} \frac{\cos(\varepsilon v - \varkappa \acute{n})}{w \cos(v - \varkappa \acute{n})}\, d\,v \qquad \text{mit} \quad |\varepsilon| \leqq 1$$

gelten die Ungleichungen

$$(\mathrm{U}_2) \qquad J < \frac{6}{a(1-E)^2} \qquad \text{mit} \quad \begin{Bmatrix} a = a_r = \pi r + \varkappa \acute{n} \\ E = |\varepsilon| < 1 \end{Bmatrix}$$

und

$$(\mathrm{U}_3) \qquad J < 2\pi \qquad \text{mit} \quad 0 \leqq \varepsilon \leqq 1 .$$

Integraldarstellung und Abschätzung der Summe Φ

Wir suchen zunächst eine analytische ungerade Funktion $f(w)$, die im Punkte $w = \alpha_s$ das Residuum

$$\varrho_s = \frac{2\,\varphi(\alpha_s x)\,\varphi(\alpha_s t)}{\psi^2(\alpha_s)}$$

hat. Zu diesem Zwecke betrachten wir den Quotient $P : Q$ von zwei analytischen Funktionen P und Q so beschaffen, daß P im Punkte $w = \alpha = \alpha_s$ nicht verschwindet und Q hier eine Wurzel zweiter Ordnung hat, so daß in der Umgebung dieses Punktes

$$P = \mathfrak{A} + \mathfrak{B}z + \mathfrak{C}z^2 + \cdots, \quad Q = \mathfrak{a}z^2 + \mathfrak{b}z^3 + \cdots \qquad \text{mit} \quad z = w - \alpha$$

und nichtverschwindendem $\mathfrak{A}$ und $\mathfrak{a}$ ist.

Dieser Quotient hat (§ 44) an der Stelle α das Residuum

$$\varrho = -\Delta : \mathfrak{a}^2 \qquad \text{mit} \quad \Delta = \begin{vmatrix} \mathfrak{A} & \mathfrak{B} \\ \mathfrak{a} & \mathfrak{b} \end{vmatrix}.$$

Wir wählen

$$P = t\varphi(xw)\,\psi(tw) - x\varphi(tw)\,\psi(xw), \qquad Q = \varphi^2(w).$$

Bei der Entwicklung dieser Funktionen in der Umgebung der Stelle $w = \alpha$ nach Potenzen von $z = w - \alpha$ bekommen wir — unter Berücksichtigung der Besselgleichung $\alpha^2\varphi''(\alpha) + \alpha\varphi'(\alpha) = 0$ und der Rekursionsformeln

$$\varphi'(w) = \frac{n}{w}\varphi(w) - \psi(w), \qquad \psi'(w) = \varphi(w) - \frac{m}{w}\psi(w)$$

$$\mathfrak{A} = t\Psi\varphi - x\Phi\psi, \qquad \mathfrak{B} = \frac{x}{\alpha}\Phi\psi - \frac{t}{\alpha}\Psi\varphi + (\Pi = \mathfrak{d}\Phi\varphi),$$

wo für den Augenblick statt $\varphi(\alpha t)$, $\varphi(\alpha x)$, $\psi(\alpha t)$, $\psi(\alpha x)$ kurz Φ, φ, Ψ, ψ geschrieben ist und

$$\boxed{\mathfrak{d} = t^2 - x^2}$$

ist,

$$\mathfrak{a} = \psi^2(\alpha), \qquad \mathfrak{b} = -\mathfrak{a} : \alpha$$

und

$$\Delta = \begin{vmatrix} \mathfrak{A} & \mathfrak{B} \\ \mathfrak{a} & \mathfrak{b} \end{vmatrix} = \begin{vmatrix} t\Psi\varphi - x\Phi\psi & \frac{x}{\alpha}\Phi\psi - \frac{t}{\alpha}\Psi\varphi + \Pi \\ \mathfrak{a} & -\mathfrak{a} : \alpha \end{vmatrix} = -\mathfrak{a}\Pi,$$

so daß das Residuum von $P : Q$ in α den Wert

$$\varrho = \Pi : \mathfrak{a} = \mathfrak{d}\,\frac{\varphi(\alpha x)\,\varphi(\alpha t)}{\psi^2(\alpha)}$$

hat.

Die gesuchte Funktion $f(w)$ ist daher

$$f(w) = \frac{2}{\mathfrak{d}}\,\frac{t\varphi(xw)\,\psi(tw) - x\varphi(tw)\,\psi(xw)}{\varphi^2(w)} \qquad \text{mit} \quad \mathfrak{d} = t^2 - x^2.$$

Sie hat an der Stelle $w = \alpha = \alpha_s$ das Residuum

$$\varrho = \varrho_s = \frac{2\varphi(\alpha_s t)\,\varphi(\alpha_s x)}{\psi^2(\alpha_s)}$$

und ist zudem, wie ohne weiteres zu sehen, eine ungerade Funktion von w.

Nach Cauchys Residuensatz ist nun

$$\Phi_r = \mathfrak{T} \int_{\mathfrak{k}} f(w)\,dw.$$

Wir spalten das rechtsstehende Integral in die vier Teile

$$\int_{\mathfrak{u}} f\,dw, \qquad \int_{\mathfrak{r}} f\,dw, \qquad \int_{\mathfrak{o}} f\,dw, \qquad \int_{\mathfrak{l}} f\,dw,$$

von denen der vierte wegen der Ungeradheit des Integranden verschwindet. Was den ersten und dritten Teil anbetrifft, so hat nach Ungleichung (U_1) der Integrand f bei hinreichend hohem W die Form $O e^{(x+t-2)V}$, so daß jedes der beiden Integrale bei echtgebrochenem x und t sowie unbegrenzt zunehmendem ω gegen Null konvergiert. Bleibt

$$\Phi_r = \frac{1}{2\pi} \int_{-\infty}^{+\infty} f(w)\,dv,$$

und es handelt sich darum, dieses Integral abzuschätzen.
Nun ist bei hinreichend hohem r nach (U_1)

$$|\varphi(w)| > \frac{1}{3}\frac{e^V}{\sqrt{W}}, \qquad |\varphi(xw)\,\psi(tw)| < \frac{e^{(x+t)V}}{\sqrt{x\,t\,W}}.$$

Daher ist unter der Voraussetzung $x + t < 2$

$$|f(w)| < \frac{36}{\mathfrak{D}\sqrt{x\,t}} e^{(x+t-2)V} \qquad \text{mit} \quad \mathfrak{D} = |\mathfrak{d}| = |t^2 - x^2|,$$

also

$$|\Phi_r| < \frac{36}{\pi\,\mathfrak{D}\sqrt{x\,t}} \cdot \frac{1}{2 - x - t}.$$

Als Ergebnis dieser Überlegung erscheint der

Satz:

Sind x und t positive, die Einheit nicht überschreitende Größen derart, daß

$$x \neq t \qquad \text{und} \qquad x + t < 2$$

ist, so gilt die Abschätzung

$$\text{(I)} \qquad \boxed{|\Phi_r| < \frac{c}{\mathfrak{D}\sqrt{x\,t}\,(2 - x - t)}} \qquad \text{mit} \quad \begin{Bmatrix} c = 36 : \pi \\ \mathfrak{D} = |t^2 - x^2| \end{Bmatrix}.$$

Unser nächstes Ziel ist die Abschätzung des Integrals

$$\int_0^t \mathfrak{d}\, t^m\, \Phi_r\, d\,t$$

vermittels der Formel

$$\int_0^t \mathfrak{d}\, t^m\, \Phi_r\, d\,t = \frac{t^m}{\pi} \int_{-\infty}^{+\infty} \frac{t\,\varphi(x\,w)\,\chi(t\,w) - x\,\psi(t\,w)\,\psi(x\,w)}{w\,\varphi^2(w)}\,d\,v,$$

wo im rechtsseitigen Integrand $w = u + iv = a_r + iv$ die Gerade $\mathfrak{r}$ durchlauft und

$$\chi(z) = I_{n+2}(z)$$

ist. Die Formel gilt, weil die nach t genommenen Ableitungen ihrer beiden Seiten übereinstimmen. [Die linke Ableitung ist $\mathfrak{d} t^m \Phi_r$. Um die rechte zu bekommen, leiten wir zunächst den Ausdruck

$$A = t^{m+1} \varphi(xw)\, \chi(tw) - x t^m \psi(tw)\, \psi(xw)$$

unter Berücksichtigung der beiden Rekursionsformeln $\left(\varphi'(z) = \frac{n}{z} \varphi(z) - \psi(z),\ \psi'(z) = \varphi(z) - \frac{m}{z} \psi(z)\right)$ der Besselfunktionen ab. Das gibt nach einfacher Rechnung

$$A' = w t^m \{t \varphi(xw)\, \psi(tw) - x \varphi(tw)\, \psi(xw)\} = w t^m P,$$

so daß die rechte Ableitung

$$\mathfrak{d} t^m \cdot \frac{1}{2\pi} \int_{-\infty}^{+\infty} f(w)\, dv = \mathfrak{d} t^m \Phi_r$$

wird.]

Bei hinreichend hohem r ist nun nach (U_1) ähnlich wie oben der Integrandbetrag kleiner als $\frac{18}{\sqrt{xt}} e^{(x+t-2)V}$, das Integral also wegen $W > a_r$ betraglich kleiner als $36 : [a_r \sqrt{xt}\,(2 - t - x)]$.

Somit ist

für $\qquad 0 < t \leqq 1, \quad 0 < x \leqq 1, \quad t + x < 2, \quad \mathfrak{d} = t^2 - x^2,$

(II) $$\boxed{\left|\int_0^t \mathfrak{d} t^m \Phi_r\, dt\right| < c \frac{t^m}{a_r \sqrt{xt}\,(2 - x - t)}}, \qquad \left(c = \frac{36}{\pi}\right).$$

Die nächsten drei Eigenschaften der Summe Φ_r nehmen ihren Ausgangspunkt in der Formel

($\mathfrak{I}$) $$\boxed{\int_0^g \tau^m \varphi(\alpha\tau)\, d\tau = \frac{g^m \psi(\alpha g)}{\alpha}},$$

in welcher α eine positive Wurzel von $\varphi(z)$ und g eine beliebige obere Integrationsgrenze bedeutet.

Zur Gewinnung dieser Formel dient die Rekursionsformel

$$\psi'(z) = \varphi(z) - \frac{m}{z} \psi(z) \qquad [\text{mit } \varphi = I_n, \quad \psi = I_m, \qquad m = n + 1]$$

der Besselfunktionen. Diese gibt infolge ihrer Schreibung

$$D z^m \psi(z) = z^m \varphi(z)$$

$$\int_0^{\alpha g} z^m \varphi(z)\, dz = \alpha^m g^m \psi(\alpha g),$$

und diese Formel geht durch die Substitution $z = \alpha\tau$ in ($\mathfrak{I}$) über.

In ($\mathfrak{J}$) nun setzen wir sukzessiv

$$1^\circ\ g = 1, \qquad 2^\circ\ g = x, \qquad 3^\circ\ g = t$$

1° $g = 1$.

Wir haben
$$\int_0^1 t^m \varphi(\alpha_s t)\, dt = \psi(\alpha_s) : \alpha_s,$$

mithin
$$\int_0^1 t^m \frac{2\varphi(\alpha_s t)\varphi(\alpha_s x)}{\psi^2(\alpha_s)}\, dt = \frac{2\varphi(\alpha_s x)}{\alpha_s \psi(\alpha_s)}$$

und, $s = 1, 2, 3, \ldots, r$ setzend und addierend,

$$\int_0^1 t^m \Phi_r\, dt = \sum_1^r \frac{2\varphi(\alpha_s x)}{\alpha_s \psi(\alpha_s)}.$$

Nun ist das Residuum der Funktion

$$\frac{\varphi(xw)}{w\varphi(w)} \quad \text{an der Stelle } w = \alpha \qquad \frac{\varphi(\alpha x)}{\alpha\varphi'(\alpha)} = -\frac{\varphi(\alpha x)}{\alpha\psi(\alpha)}.$$

Folglich wird laut Residuensatz (Kontur $\mathfrak{k}$)

$$\int_0^1 t^m \Phi_r\, dt = \mathfrak{T} \int_{-\infty i}^{+\infty i} \frac{2\varphi(xw)}{w\varphi(w)}\, dw - \mathfrak{T} \int_{a_r - \infty i}^{a_r + \infty i} \frac{2\varphi(xw)}{w\varphi(w)}\, dw,$$

da die über die Seiten $\mathfrak{u}$ und $\mathfrak{o}$ unserer Kontur $\mathfrak{k}$ erstreckten Integrale bei unbegrenzt wachsendem ω fortfallen.

Was das erste dieser Integrale angeht, so wird der Integrand im Nullpunkt ∞, so daß der Nullpunkt beim Durcheilen der linken Rechtecksseite $\mathfrak{l}$ durch eine rechtsseitige halbkreisförmige Ausbuchtung $\mathfrak{h}$ umgangen werden muß. Wegen der Ungeradheit des Integranden bleibt dann beim Integrieren nur das Integral

$$\mathfrak{T} \int_{\mathfrak{h}} \frac{2\varphi(xw)}{w\varphi(w)}\, dw$$

erhalten. Dieser Ausdruck ist aber nichts anderes als das *halbe* Residuum der Funktion $2\varphi(xw) : w\varphi(w)$ an der Stelle $w = 0$, d. h. (da in der Umgebung dieser Stelle die Entwicklung des Zählers mit $2x^n w^n$, die des Nenners mit w^m beginnt, das Residuum also $2x^n$ ist) der Wert x^n.

Damit wird

$$\int_0^1 t^m \Phi_r\, dt = x^n - \frac{1}{2\pi} \int_{-\infty}^{+\infty} \frac{2\varphi(xw)}{w\varphi(w)}\, dv, \qquad [w = a_r + iv].$$

Hier ist wieder nach (U_1) bei hinreichend hohem r

$$|\varphi(xw)| < \frac{e^{xV}}{\sqrt{xW}}, \qquad |\varphi(w)| > \frac{1}{3}\frac{e^V}{\sqrt{W}}, \quad (W > a_r),$$

so daß der Subtrahend betraglich kleiner als

$$\frac{3}{\pi a_r \sqrt{x}} \int\limits_{-\infty}^{+\infty} e^{(x-1)V} dv = \frac{6}{\pi a_r \sqrt{x}(1-x)}$$

wird.

Ergebnis:

Für $0 < x < 1$ ist

$$\int\limits_0^1 t^m \Phi_r dt = x^n - S \qquad \text{mit} \quad |S| < \frac{6}{\pi a_r (1-x)\sqrt{x}}$$

und deshalb

$$(1^\circ) \qquad \boxed{\lim_{r\to\infty} \int\limits_0^1 t^m \Phi_r dt = x^n}, \quad (0 < x < 1).$$

2° $g = x$ mit $0 < x < 1$.

Nach ($\mathfrak{Z}$) ist

$$\int\limits_0^x t^m \varphi(\alpha_s t)\, dt = \frac{x^m \psi(\alpha_s x)}{\alpha_s}.$$

Hieraus folgt zunächst

$$\int\limits_0^x t^m \frac{2\varphi(\alpha_s t)\varphi(\alpha_s x)}{\psi^2(\alpha_s)} dt = x^m \frac{2\varphi(\alpha_s x)\psi(\alpha_s x)}{\alpha_s \psi^2(\alpha_s)}$$

und weiter

$$\int\limits_0^x t^m \Phi_r dt = \sum_1^r \frac{2x^m \varphi(\alpha_s x)\psi(\alpha_s x)}{\alpha_s \psi^2(\alpha_s)}.$$

Um die analytische ungerade Funktion zu bekommen, die an der Stelle $w = \alpha_s$ das Residuum

$$\frac{2\varphi(\alpha_s x)\psi(\alpha_s x)}{\alpha_s \psi^2(\alpha_s)}$$

besitzt, betrachten wir die Funktion

$$F(w) = \frac{\varphi(w)\eta(xw) - \eta(w)\varphi(xw)}{\varphi(w)} \psi(xw),$$

in welcher $\eta(w)$ die Besselfunktion $Y_n(w)$ zweiter Art bedeutet.
Die Funktion F besitzt an der Stelle $w = \alpha = \alpha_s$ das Residuum

$$R = \frac{-\eta(\alpha)\varphi(\alpha x)\psi(\alpha x)}{\varphi'(\alpha)}.$$

Da aber nach der Reduktionsformel der Besselfunktionen $\varphi'(\alpha) = -\psi(\alpha)$ ist, und da die Wronskideterminante des Grundsystems $\varphi(w)$, $\eta(w)$ den Wert

$$\begin{vmatrix} \varphi(w) & \eta(w) \\ \varphi'(w) & \eta'(w) \end{vmatrix} = \frac{1}{\varkappa w}$$

besitzt, mithin $\eta(\alpha) = -1 : \varkappa\alpha\varphi'(\alpha) = 1 : \varkappa\alpha\psi(\alpha)$ ist, so wird

$$R = \frac{\varphi(\alpha x)\,\psi(\alpha x)}{\varkappa\,\alpha\,\psi^2(\alpha)}.$$

Daher hat die Funktion $\pi x^m F(w)$ an der Stelle α_s das Residuum

$$x^m \cdot \frac{2\,\varphi(\alpha_s x)\,\psi(\alpha_s x)}{\alpha_s\,\psi^2(\alpha_s)}.$$

Außerdem ist $F(w)$ ungerade, da der Quotient $\psi(xw) : \varphi(w)$ eine ungerade, der in $F(w)$ auftretende Zähler dagegen, wie man unter Darstellung von η als Linearaggregat von I_n und I_ν mit $\nu = -n$ sofort einsieht, eine gerade Funktion von w ist.

Ähnlich wie oben ist daher

$$\sum_1^r \frac{2\,x^m\,\varphi(\alpha_s x)\,\psi(\alpha_s x)}{\alpha_s\,\psi^2(\alpha_s)} = \frac{x^m}{2}\int_{-\infty}^{+\infty} F(w)\,d\,v \qquad \text{mit} \quad w = a_r + i\,v,$$

und für unser Integral entsteht die Formel

$$\int_0^x t^m\,\Phi_r\,d\,t = \frac{x^m}{2}\int_{-\infty}^{+\infty} F(w)\,d\,v, \qquad (w = a_r + i\,v).$$

Um das rechtsstehende Integral $\mathfrak{I}_r$ auszuwerten, setzen wir — unter der Annahme eines hinreichend hohen r — für jede der am Aufbau von F beteiligten Besselfunktionen ihren ersten Näherungswert:

$$\varphi(w) = \frac{\cos(w - \varkappa\acute{n})}{\sqrt{\varkappa\,w}}, \qquad \varphi(x\,w) = \frac{\cos(x\,w - \varkappa\acute{n})}{\sqrt{\varkappa\,x\,w}},$$

$$\eta(w) = \frac{\sin(w - \varkappa\acute{n})}{\sqrt{\varkappa\,w}}, \qquad \eta(x\,w) = \frac{\sin(x\,w - \varkappa\acute{n})}{\sqrt{\varkappa\,x\,w}},$$

$$\psi(x\,w) = \frac{\cos(x\,w - \varkappa\acute{m})}{\sqrt{\varkappa x\,w}} = \frac{\sin(x\,w - \varkappa\acute{n})}{\sqrt{\varkappa\,x\,w}}$$

und bekommen

$$\mathfrak{I}_r = \int_{-\infty}^{+\infty} \frac{-\sin(1-x)\,w\,\sin(x\,w - \varkappa\acute{n})}{\varkappa\,x\,w\cos(w - \varkappa\acute{n})}\,d\,v = \int_{-\infty}^{+\infty} \frac{\cos(w - \varkappa\acute{n}) - \cos(\varepsilon\,w - \varkappa\acute{n})}{2\,\varkappa\,x\,w\cos(w - \varkappa\acute{n})}\,d\,v,$$

wo ε der Echtbruch $2x - 1$ ist.

Das neue Integral besteht aus dem Minuend

$$\mathfrak{m} = \int_{-\infty}^{+\infty} \frac{d\,v}{\pi\,x\,w} \qquad \text{und dem Subtrahend} \quad \mathfrak{s} = \int_{-\infty}^{+\infty} \frac{\cos(\varepsilon\,w - \varkappa\acute{n})}{\pi\,\varkappa\,w\cos(w - \varkappa\acute{n})}\,d\,v,$$

so daß

$$\mathfrak{I}_r = \mathfrak{m} - \mathfrak{s}$$

wird.

Der mit dieser Ersetzung im Integrand F begangene Fehler liegt – wie sofort aus den schon oben angegebenen Näherungsformeln für die Hankelfunktionen hervorgeht – betraglich unterhalb eines Quotienten mit festem endlichem Zahler $\mathfrak{x}$ und dem Nenner W^2, so daß das Integral um weniger als

$$\int_{-\infty}^{+\infty} \frac{\mathfrak{x}}{W^2}\, d v = \frac{\pi \mathfrak{x}}{a_r}$$

fehlerhaft wird und der Fehler bei hinreichend hohem r verschwindet.
Mithin ist in der Tat

$$\lim_{r\to\infty} \dot{\mathfrak{J}}_r = \lim_{r\to\infty} \int_{-\infty}^{+\infty} F(w)\, d w = \lim (\mathfrak{m} - \mathfrak{s}) .$$

Der Minuend $\mathfrak{m}$ hat den Wert

$$\frac{1}{\pi x} \int_{-\infty}^{+\infty} \frac{a - i v}{a^2 + v^2}\, d v = \frac{1}{\pi x} \int_{-\infty}^{+\infty} \frac{a\, d v}{a^2 + v^2} = \frac{1}{x} .$$

Der Subtrahend $\mathfrak{s}$ strebt, da $\varepsilon = 2x - 1$ für unser zwischen 0 und 1 liegendes x ein zwischen -1 und $+1$ liegender Echtbruch ist, nach (U_2) bei unbegrenzt wachsendem r gegen Null.

Als Ergebnis erscheint die zweite Limesformel:

$$(2^\circ) \qquad \boxed{\lim_{r\to\infty} \int_0^x t^m \Phi_r\, d t = \frac{1}{2}\, x^n}\,, \quad 0 < x < 1 .$$

Aus (1°) und (2°) folgt noch

$$\lim_{r\to\infty} \int_x^1 t^m \Phi_r\, d t = \frac{1}{2}\, x^n, \qquad 0 < x < 1 .$$

3° $g = t$ mit $0 < t \leqq 1$.

Nach ($\mathfrak{J}$) ist

$$\mathfrak{T} = \int_0^t t^m \varphi(\alpha_s t)\, d t = \frac{t^m \psi(\alpha_s t)}{\alpha_s} .$$

Durch Multiplikation mit $2\varphi(\alpha_s x) : \dot{\psi}^2(\alpha_s)$ und Summation über $s = 1, 2, \ldots, r$ entsteht

$$\int_0^t t^m \Phi_r\, d t = \sum_1^r \frac{2\, t^m \varphi(\alpha_s x)\, \psi(\alpha_s t)}{\alpha_s \dot{\psi}^2(\alpha_s)} .$$

Hier handelt es sich darum, eine ungerade analytische Funktion anzugeben, welche in $w = \alpha = \alpha_s$ das Residuum

$$\frac{2\, t^m \varphi(\alpha x)\, \psi(\alpha t)}{\alpha \dot{\psi}^2(\alpha)}$$

besitzt.

Wir nennen gleich zwei derartige Funktionen. Die erste heißt

$$\pi t^m \mathfrak{F}(w) \qquad \text{mit} \quad \mathfrak{F}(w) = [\varphi(w)\,\eta(xw) - \eta(w)\,\varphi(xw)] \cdot \frac{\psi(tw)}{\varphi(w)},$$

die zweite

$$\pi t^m \mathfrak{G}(w) \qquad \text{mit} \quad \mathfrak{G}(w) = [\varphi(w)\,\zeta(tw) - \psi(tw)\,\eta(w)] \cdot \frac{\varphi(xw)}{\varphi(w)},$$

wobei η und ζ Abkürzungen der Funktionszeichen Y_n und Y_m bedeuten. In der Tat: sowohl $\mathfrak{F}$ als auch $\mathfrak{G}$ hat in α das Residuum

$$\frac{-\eta(\alpha)\,\varphi(\alpha x)\,\psi(\alpha t)}{\varphi'(\alpha)} = \frac{\varphi(\alpha x)\,\psi(\alpha t)}{\varkappa\,\alpha\,\psi^2(\alpha)},$$

und bei $\mathfrak{F}$ ist die eckige Klammer gerade, der Bruchfaktor ungerade, bei $\mathfrak{G}$ die eckige Klammer ungerade, der Bruchfaktor gerade.

Demnach erhalten wir die beiden Formeln (wieder mit $w = a_r + iv$)

$$(1) \qquad \mathfrak{T} = \frac{t^m}{2} \int_{-\infty}^{+\infty} [\varphi(w)\,\eta(xw) - \eta(w)\,\varphi(xw)]\,\frac{\psi(tw)}{\varphi(w)}\,dv,$$

$$(2) \qquad \mathfrak{T} = \frac{t^m}{2} \int_{-\infty}^{+\infty} [\varphi(w)\,\zeta(tw) - \psi(tw)\,\eta(w)]\,\frac{\varphi(xw)}{\varphi(w)}\,dv.$$

Ähnlich wie oben erhalten wir – bis auf einen Fehler von der Ordnung $1 : a_r$ – die Werte der in (1) und (2) verzeichneten Integrale, wenn wir für die in den Integranden auftretenden Besselfunktionen ihre ersten Näherungswerte setzen. Der erste Integrand wird so

$$-\frac{2\sin(1-x)\,w\,\sin(tw-\varkappa\acute{n})}{\pi w\sqrt{xt}\cos(w-\varkappa\acute{n})} = \frac{\cos[(1+t-x)\,w-\varkappa\acute{n}] - \cos[(x+t-1)\,w-\varkappa\acute{n}]}{\pi w\sqrt{xt}\cos(w-\varkappa\acute{n})},$$

der zweite

$$-\frac{2\cos(1-t)\,w\cos(xw-\varkappa\acute{n})}{\pi w\sqrt{xt}\cos(w-\varkappa\acute{n})}$$

$$= -\frac{\cos[(1+x-t)\,w-\varkappa\acute{n}] + \cos[(x+t-1)\,w-\varkappa\acute{n}]}{\pi w\sqrt{xt}\cos(w-\varkappa\acute{n})}.$$

Bis auf einen Fehler von der Ordnung $1 : a_r$ ist daher

$$(1') \quad \mathfrak{T} = \frac{t^{\acute{n}}}{2\pi\sqrt{x}} \cdot (\mathsf{M} - \mathsf{N}), \qquad (2') \quad \mathfrak{T} = \frac{-t^{\acute{n}}}{2\pi\sqrt{x}}(\Lambda + \mathsf{N}),$$

wo Λ, M, N die drei Integrale

$$\Lambda = \int_{-\infty}^{+\infty} \frac{\cos(\lambda w - \varkappa\acute{n})}{w\cos(w-\varkappa\acute{n})}\,dv, \qquad \mathsf{M} = \int_{-\infty}^{+\infty} \frac{\cos(\mu w - \varkappa\acute{n})}{w\cos(w-\varkappa\acute{n})}\,dv,$$

$$\mathsf{N} = \int_{-\infty}^{+\infty} \frac{\cos(\nu w - \varkappa\acute{n})}{w\cos(w-\varkappa\acute{n})}\,dv$$

mit
$$\lambda = 1 + x - t, \qquad \mu = 1 + t - x, \qquad \nu = x + t - 1$$
bedeuten.

Wir unterscheiden — unter $\mathfrak{e}$ einen kleinen festen positiven Echtbruch verstanden, unter den x und t nicht herabsinken dürfen — zwei Falle

$$\mathrm{I}^\circ \quad x \leqq t, \qquad \mathrm{II}^\circ \quad t \leqq x,$$

wobei außerdem im Falle I° t (und damit auch x), im Falle II° x (und damit auch t) die Einheit nicht überschreitet.

Ad I° gelten die Ungleichungen $\mathfrak{e} \leqq \lambda \leqq 1, \qquad 2\mathfrak{e} - 1 \leqq \nu \leqq 1,$

Ad II° gelten die Ungleichungen $\mathfrak{e} \leqq \mu \leqq 1, \qquad 2\mathfrak{e} - 1 \leqq \nu \leqq 1.$

Im Falle I° liegen Λ und N, im Falle II° M und N (bei hinreichend hohem r) betraglich unterhalb einer festen endlichen Zahl. Mithin liegt in beiden Fällen auch $\mathfrak{T}$ betraglich unterhalb einer festen von x und t unabhängigen, von $\mathfrak{e}$ abhängigen endlichen Größe.

Ergebnis:

Sind x und t positive, den festen positiven Echtbruch $\mathfrak{e}$ nicht unterschreitende, die Einheit nicht überschreitende Größen, so liegt das Integral $\mathfrak{T}$ unterhalb einer festen von x und t unabhängigen endlichen Zahl G:

$$(3^\circ) \qquad \left| \mathfrak{T} = \int_0^t t^m \Phi_r \, dt \right| < G .$$

§ 140. Konvergenz der Besselreihe

Auf Grund der im vorigen Paragraph ermittelten Eigenschaften der Summe Φ_r sind wir jetzt imstande, die Konvergenz der im § 138 aufgestellten Entwicklung $\sum_1^\infty c_s \varphi(\alpha_s x)$ einer vorgelegten Funktion $f(x)$ gegen den Wert $f(x)$ m. a. W. die Gleichung

$$f(x) = c_1 \varphi(\alpha_1 x) + c_2 \varphi(\alpha_2 x) + \cdots \qquad \text{mit} \quad c_s = \frac{2}{\psi^2(\alpha_s)} \int_0^1 t \varphi(\alpha_s t) f(t) \, dt$$

zu beweisen, falls die Funktion $f(x)$ gewisse, doch recht allgemein gehaltene Bedingungen befriedigt.

Wir beginnen unsere Darlegung mit dem

Lemma:

Gehört der positive die Einheit nicht überschreitende Argumentwert x dem Teil-

intervall $\mathfrak{i}[a, b]$ *des Grundintervalls* $\mathfrak{g}[0, 1]$ *nicht an, und ist die Funktion* $\sqrt{x}\, f(x)$ *in* $\mathfrak{i}$ *absolut integrierbar, so konvergiert das Integral*

$$\Psi_r = \int_a^b \mathfrak{P}\, dt \qquad \text{mit} \quad \mathfrak{P} = \mathfrak{P}(t) = t\, f(t)\, \Phi_r$$

bei unbegrenzt wachsendem r *gegen Null:*

$$\boxed{\lim_{r \to \infty} \int_a^b t\, f(t)\, \Phi_r\, dt = 0}\,.$$

Beweis. Es sei zunachst $a \neq 0$ und $f(t)$ in $\mathfrak{i}$ beschrankt. Dann ist auch die Funktion

$$F(t) = \frac{f(t)}{t^n\, \mathfrak{d}} \qquad \text{mit} \quad \mathfrak{d} = t^2 - x^2$$

in $\mathfrak{i}$ beschrankt, liegt hier also betraglich unterhalb einer gewissen endlichen Schranke C.

Wir teilen $\mathfrak{i}$ durch die sukzessiven Teilpunkte

$$t_0 = \alpha, \qquad t_1, \qquad t_2, \qquad \ldots, \qquad t_N, \qquad t_M = b$$

in M sukzessive gleiche Teile:

$$\tau_1 = t_1 - t_0, \quad \tau_2 = t_2 - t_1, \quad \ldots, \quad \tau_\mu = t_\mu - t_\nu, \quad \ldots, \quad \tau_M = t_M - t_N.$$

ε sei eine beliebig klein vorgegebene positive Zahl und O_μ die Schwankung von $F(t)$ im Intervall τ_μ. Dann existiert ein endlicher Zeiger derart, daß für jeden höheren Zeiger M

$$\sum_1^M O_\mu \tau_\mu < \varepsilon$$

ausfällt. Außerdem vermag der Betrag $\varDelta_\mu = \varDelta_\mu(t)$ der Differenz

$$\delta_\mu(t) = F(t) - F(t_\mu)$$

im Intervall τ_μ den Wert O_μ nicht zu überschreiten:

$$\varDelta_\mu \leqq O_\mu.$$

Darauf schreiben wir

$$\Psi_r = \int_a^b t^m\, \mathfrak{d}\, F(t)\, \Phi_r\, dt = \mathrm{I} + \mathrm{II}$$

mit

$$\mathrm{I} = \sum_1^M F(t_\mu) \int_{t_\nu}^{t_\mu} t^m\, \mathfrak{d}\, \Phi_r\, dt, \qquad \mathrm{II} = \sum_1^M \int_{t_\nu}^{t_\mu} t^m\, \mathfrak{d}\, \delta_\mu(t)\, \Phi_r\, dt.$$

Nun ist

$$\int_{t_\nu}^{t_\mu} t^m\, \mathfrak{d}\, \Phi_r\, dt = \int_0^{t_\mu} t^m\, \mathfrak{d}\, \Phi_r\, dt - \int_0^{t_\nu} t^m\, \mathfrak{d}\, \Phi_r\, dt,$$

und da nach (II)

$$\left| \int_0^{t_\mu} t^m\, \mathfrak{d}\, \Phi_r\, dt \right| < \frac{c\, t_\mu^{\bar{n}}}{a_r \sqrt{x}\,(2 - x - t_\mu)} \leqq \frac{c}{a_r \sqrt{x}\,(2 - x - b)}$$

und ebenso

$$\left|\int_0^{t_\nu} t^m \mathfrak{d}\Phi_r\, dt\right| \leqq \frac{c}{a_r\sqrt{x}(2-x-b)}$$

ist, so wird wegen $|F(t_\mu)| < C$

$$|\mathrm{I}| < \frac{2MCc}{a_r\sqrt{x}(2-x-b)} < \frac{2MC}{a_r}q \qquad \text{mit} \quad q = \frac{c}{\sqrt{x}(2-x-b)}.$$

Ferner wird wegen $\Delta_\mu \leqq O_\mu$ und [cfr. (I)] $|t^m \mathfrak{d}\Phi_r| < q$

$$|\mathrm{II}| < q\sum_1^M O_\mu \tau_\mu < q\varepsilon.$$

Folglich wird

$$|\Psi_r| < q\left(\varepsilon + \frac{2MC}{a_r}\right).$$

Wählen wir r so groß, daß $2MC : a_r$ unterhalb ε liegt, so entsteht

$$|\Psi_r| < 2q\varepsilon,$$

und diese Ungleichung lehrt, daß

$$\lim_{r\to\infty} \Psi_r = 0$$

ist.

Ist nach wie vor $a \neq 0$, aber $f(t)$ und damit auch $F(t)$ nicht mehr beschränkt in $\mathfrak{i}$, so stellt Ψ_r ein uneigentliches Integral dar. Wir dürfen aber ohne Beschränkung der Allgemeinheit annehmen, daß die kritischen Integrandenstellen gerade an den Enden a und b des Intervalls liegen, daß also im Teilintervall $[a+\delta, b-\delta]$ von $\mathfrak{i}$ mit positivem δ der Integrand eigentlich integrabel ist.

Wir zerlegen dann Ψ in die drei Teile:

$$\mathrm{I} = \int_a^{a+\delta} \mathfrak{P}\, dt, \qquad \mathrm{II} = \int_{a+\delta}^{b-\delta} \mathfrak{P}\, dt, \qquad \mathrm{III} = \int_{b-\delta}^{b} \mathfrak{P}\, dt$$

I schreibt sich

$$\mathrm{I} = \int_a^{a+\delta} t^m \mathfrak{d}\Phi_r \cdot F\, dt.$$

Da aber nach (I) $|t^m \mathfrak{d}\Phi_r| < q$ ist, wird

$$|\mathrm{I}| < q\int_a^{a+\delta} |F|\, dt.$$

Ebenso entsteht

$$|\mathrm{III}| < q\int_{b-\delta}^{b} |F|\, dt.$$

Wegen der vorausgesetzten Integrabilität von f, d. h. auch von F läßt sich δ so klein angeben, daß

$$\left|\int_a^{a+\delta} |F|\,dt\right| < \varepsilon \qquad \text{und} \qquad \left|\int_{b-\delta}^{b} |F|\,dt\right| < \varepsilon$$

ausfallt. Folglich ist

$$|\mathrm{I}| + |\mathrm{III}| < 2q\varepsilon.$$

Nachdem δ, wie beschrieben, bestimmt ist, laßt sich r so groß angeben, daß, unserer obigen Untersuchung zufolge,

$$|\mathrm{II}| < 2q\varepsilon$$

wird.

Deshalb ergibt sich

$$|\Psi| < 4q\varepsilon;$$

und hieraus folgt, daß auch im Falle der Nichtbeschränktheit von f

$$\lim_{r\to\infty} \Psi_r = 0$$

ist.

Zum Schluß erledigen wir den Fall, in dem der Anfangspunkt a des Intervalls $\mathfrak{i}$ im Nullpunkt liegt.

Wir zerlegen Ψ in die beiden Teile

$$\mathrm{I} = \int_0^\delta \mathfrak{P}\,dt \qquad \text{und} \qquad \mathrm{II} = \int_\delta^b \mathfrak{P}\,dt.$$

Da $\sqrt{t}f(t)$ absolut integrabel ist, so gilt dasselbe von $\sqrt{t}f(t):\mathfrak{d}$. Daher laßt sich die positive Größe δ so klein auswahlen, daß

$$\int_0^\delta \left|\frac{\sqrt{t}f(t)}{\mathfrak{d}}\right| dt < \varepsilon$$

ausfallt. Darauf schreiben wir den Integranden von Ψ

$$\mathfrak{P} = t f(t)\,\Phi_r = \frac{\sqrt{t}f(t)}{\mathfrak{d}} \cdot \mathfrak{d}\,\Phi_r \sqrt{t},$$

berücksichtigen die Ungleichung [cfr. (I)]

$$|\mathfrak{d}\,\Phi_r \sqrt{t}| < q$$

und bekommen

$$|\mathrm{I}| = \left|\int_0^\delta \mathfrak{P}\,dt\right| < q \int_0^\delta \left|\frac{\sqrt{t}f(t)}{\mathfrak{d}}\right| dt < q\,\varepsilon.$$

Nach obiger Wahl von δ folgt weiter ähnlich wie oben

$$|\mathrm{II}| = \left|\int_\delta^b \mathfrak{P}\,dt\right| < 2q\varepsilon,$$

und wir erhalten die Ungleichung

$$|\Psi_r| < 3q\varepsilon,$$

aus welcher wir erkennen, daß auch diesmal

$$\lim_{r\to\infty} \Psi_r = 0$$

wird.

Damit ist der Beweis des Lemma erbracht.

Nach dieser Vorbereitung ist es nun leicht, den folgenden fundamentalen Satz zu beweisen, welcher das Ziel unserer Untersuchungen bildet.

Konvergenzsatz für Besselreihen:

Für jede im Grundintervall $\mathfrak{g}\,[0, 1]$ *definierte Funktion* $f(x)$, *die in* $\mathfrak{g}$ *oder einem Innenintervall* $\mathfrak{i}[a, b]$ *von* $\mathfrak{g}$ *beschränkt schwankt, und deren* $\sqrt{x}$*-faches in* $\mathfrak{g}$ *absolut integrierbar ist, gilt für* $\acute{n} \geqq 0$ *in* $\mathfrak{g}$ *bzw.* $\mathfrak{i}$ *die Besselentwicklung*

$$f(x) = c_1\varphi(\alpha_1 x) + c_2\,\varphi(\alpha_2 x) + c_3\varphi(\alpha_3 x) + \cdots$$

mit

$$c_s = \frac{2}{\psi^2(\alpha_s)} \int_0^1 t\,f(t)\,\varphi(\alpha_s t)\,dt,$$

wobei jedoch an einer Unstetigkeitsstelle von $f(x)$ *die linke Seite dieser Formel durch das arithmetische Mittel von* $f(x-0)$ *und* $f(x+0)$ *zu ersetzen ist.*

Hier bedeutet φ bzw. ψ die Besselfunktion I_n bzw. I_m (mit $m = n + 1$) und $\acute{n}$ ist gleich $n + {}^1/_2$.

Beweis. Wir erinnern uns der Limesformeln

$$\lim_{r\to\infty} \int_0^x t^m\,\Phi_r\,dt = \frac{x^n}{2}, \qquad \lim_{r\to\infty} \int_x^1 t^m\,\Phi_r\,dt = \frac{x^n}{2}$$

aus § 139, und haben, wenn wir

$$f(x-0) = f_1, \qquad f(x+0) = f_2,$$

$$\mathfrak{F}_r = \frac{f_1}{x^n} \int_0^x t^m\,\Phi_r\,dt + \frac{f_2}{x^n} \int_x^1 t^m\,\Phi_r\,dt$$

setzen,

$$\frac{f_1 + f_2}{2} = \lim_{r\to\infty} \mathfrak{F}_r.$$

Für den $r$ten Abschnitt $\mathfrak{S}_r$ der Besselentwicklung hatten wir laut § 138

$$\mathfrak{S}_r = \int_0^1 t\,f(t)\,\Phi_r\,dt.$$

Nun lenken wir unsere Aufmerksamkeit auf den Unterschied

$$\mathfrak{U}_r = \mathfrak{S}_r - \mathfrak{F}_r.$$

Wir haben nachzuweisen, daß er bei unbegrenzt wachsendem r gegen Null konvergiert.

Zu dem Zwecke denken wir uns $\mathfrak{U}_r$ aus den beiden Bestandteilen

$$\mathrm{I} = \int_0^x t^m \left(\frac{f(t)}{t^n} - \frac{f_1}{x^n}\right) \Phi_r \, dt \qquad \text{und} \qquad \mathrm{II} = \int_x^1 t^m \left[\frac{f(t)}{t^n} - \frac{f_2}{x^n}\right] \Phi_r \, dt$$

zusammengesetzt:

$$\mathfrak{U}_r = \mathrm{I} + \mathrm{II}$$

und bestimmen die Grenzwerte von I und II bei unbegrenzt wachsendem r.

Wir beginnen mit I. Da die Funktion $f(x)$ im Intervall $[a, b]$ beschränkt schwankt, können wir in diesem Intervall die runde Klammer als Differenz zweier fallenden Positivfunktionen $P(t)$ und $p(t)$ darstellen:

$$(\quad) = P(t) - p(t) \qquad \text{mit} \quad P(x - 0) = p(x - 0) = 0.$$

Ferner läßt sich zu jedem positiven ε ein positives $\delta[< x - a]$ angeben derart, daß

$$\text{für } x - \delta \leqq t \leqq x \qquad 0 \leqq P(t) < \varepsilon \qquad \text{und} \qquad 0 \leqq p(t) < \varepsilon$$

ausfallt. Daraufhin zerlegen wir wie folgt

$$\mathrm{I} = \int_0^{x-\delta} t^m (\quad) \Phi_r \, dt + \int_{x-\delta}^{x} t^m \, P(t) \, \Phi_r \, dt - \int_{x-\delta}^{x} t^m \, p(t) \, \Phi_r \, dt.$$

Nach dem Lemma strebt das erste der drei rechtsstehenden Integrale bei unbegrenzt wachsendem r gegen Null. Das zweite bzw. dritte Integral hat nach dem zweiten Mittelwertsatz den Wert

$$P(x - \delta) \int_{x-\delta}^{Z} t^m \Phi_r \, dt \qquad \text{bzw.} \qquad p(x - \delta) \int_{x-\delta}^{z} t^m \Phi_r \, dt,$$

wo Z und z gewisse Zwischenwerte zwischen $x - \delta$ und x sind. Nach (3°) liegt jedes der hier stehenden Integrale betraglich unterhalb des Doppelten der unter (3°) erwähnten endlichen Größe G, ist also jeder der hier stehenden Werte betraglich kleiner als $2G\varepsilon$, strebt mithin bei unbegrenzt wachsendem r gleichfalls gegen Null. Folglich wird

$$\lim_{r \to \infty} \mathrm{I} = 0.$$

Ganz ähnlich zeigt man die Limesformel

$$\lim_{r \to \infty} \mathrm{II} = 0.$$

Damit ergibt sich

$$\lim_{r \to \infty} \mathfrak{U}_r = 0 \qquad \text{und schließlich} \qquad \lim \mathfrak{S}_r = \lim \mathfrak{F}_r.$$

Q. e. d.

DRITTER TEIL

ANWENDUNGEN DER UNENDLICHEN REIHEN

ERSTER ABSCHNITT

ARITHMETISCHE ANWENDUNGEN

§ 141. Kompositionen

Unter einer Komposition einer natürlichen Zahl k in n Teile versteht man die Darstellung von k als Summe von n natürlichen Zahlen.

So ist z. B.

$$3 + 7 + 3 + 8$$

eine vierteilige oder viergliedrige Komposition von 21. Diese eine Komposition von 21 liefert durch Permutation ihrer vier Elemente allein 12 *verschiedene Kompositionen* von 21, nämlich die 12 Kompositionen

$$\begin{matrix} 3378 & 3387 & 3738 & 3783 & 3837 & 3873 \\ 7338 & 7383 & 7833 & 8337 & 8373 & 8733, \end{matrix}$$

wobei wir der Kürze wegen die Teile einfach nebeneinander geschrieben haben. Wir stellen uns folgende zwei Aufgaben:

I. *Wie groß ist die Anzahl der n-teiligen Kompositionen der Zahl k?*

II. *Wie groß ist die Anzahl aller Kompositionen von k?*

Lösung von I. Wir bezeichnen die Anzahl der n-gliedrigen Kompositionen von k mit $\overline{k, n}$. Um $\overline{k, n}$ zu finden, betrachten wir das Produkt

$$P = (x + x^2 + x^3 + \cdots)\,(x + x^2 + x^3 + \cdots) \ldots (x + x^2 + x^3 + \cdots)$$

von n gleichen Klammern

$$y = (x + x^2 + x^3 + \cdots),$$

wobei wir natürlich, um konvergente Reihen zu haben, x als Echtbruch voraussetzen. Da die Klammern absolut konvergente Reihen darstellen, können wir die Klammerregel anwenden „Klammern werden miteinander multipliziert, indem man jedes Glied jeder Klammer mit jedem Gliede jeder andern Klammer multipliziert". Wir nehmen z. B. aus der ersten Klammer das Glied x^a, aus der zweiten das Glied x^b, aus der dritten das Glied x^c usw. und bekommen

$x^{a+b+c+\cdots}$ als einen Posten g des Produkts P. Wir denken uns $a, b, c, \ldots$ so gewählt, daß

$$a+b+c+\cdots=k$$

wird, so daß

$$g=x^k$$

ist. So oft wir beim Ausmultiplizieren das Glied $g=x^k$ des Produkts P erzielen, so viele n-teilige Kompositionen von k gibt es.

Die Anzahl $\overline{k,n}$ der n-teiligen Kompositionen der Zahl k ist also der Koeffizient von x^k in der Potenzreihe für die Funktion y^n, welchen Sachverhalt man auch so ausdrückt:

Die erzeugende Funktion für die Anzahl der n-teiligen Kompositionen ist

$$y^n=(x+x^2+x^3+\cdots)^n.$$

Nun ist

$$y=\frac{x}{1-x},$$

mithin laut Binomialreihe

$$y^n=x^n\,(1-x)^{-n}=x^n\,[1+\overset{1}{n}\,x+\overset{2}{n}\,x^2+\overset{3}{n}\,x^3+\cdots]$$

mit

$$\boxed{\overset{\nu}{n}=\frac{n\,(n+1)\,(n+2)\ldots(n+\nu-1)}{\nu!}}\,.$$

Daher ist

$$y^n=\sum_0^\infty \overset{r}{n}\,x^{n+r},$$

und der Koeffizient von x^k in dieser Potenzreihe hat den Wert

$$\overline{k,n}=\overset{d}{n}\qquad\text{mit}\quad d=k-n.$$

Da

$$\overset{d}{n}=\frac{n\,(n+1)\,(n+2)\ldots(n+d-1)}{d!}=\frac{(n+d-1)!}{d!\,(n-1)!}=\frac{(k-1)!}{d!\,(n-1)!}=(k-1)_{n-1}$$

ist, kann man auch schreiben

$$\overline{k,n}=(k-1)_{n-1}.$$

Ergebnis:

Die Anzahl der n-teiligen Kompositionen der Zahl k ist

$$\boxed{\overline{k,n}=\overset{d}{n}=(k-1)_{n-1}}\qquad\text{mit}\quad d=k-n,$$

Lösung von II. Wir bezeichnen die Totalzahl aller Kompositionen von k mit $\bar{k}$.

Die erzeugende Funktion für die Totalzahl aller Kompositionen ist

$$z=y^1+y^2+y^3+\cdots=\sum_1^\infty y^n,$$

wobei wir uns natürlich x so klein vorstellen, daß auch y ein Echtbruch ist. Diese Summe ist aber

$$z = \frac{y}{1-y} = \frac{x:(1-x)}{1-x:(1-x)} = \frac{x}{1-2x}$$

oder

$$z = x + 2x^2 + 2^2x^3 + 2^3x^4 + \cdots$$

Der Koeffizient von x^k in dieser Entwicklung hat den Wert 2^{k-1}.
Folglich:

Die Totalzahl aller Kompositionen der Zahl k ist

$$\boxed{\bar{k} = 2^{k-1}}\,.$$

So erhalten wir beispielsweise für die Zahl $k = 5$ folgende $2^4 = 16$ Kompositionen:

$$5,\quad 4+1,\quad 1+4,\quad 2+3,\quad 3+2,$$

$$1+1+3,\ 1+3+1,\quad 3+1+1,\quad 1+2+2,\quad 2+1+2,\quad 2+2+1,$$

$$1+1+1+2,\quad 1+1+2+1,\quad 1+2+1+1,\quad 2+1+1+1,$$

$$1+1+1+1+1.$$

§ 142. Das Verteilungsproblem

Auf wieviel Arten lassen sich a Äpfel, b Birnen, c Citronen, ..., im ganzen n Früchte, auf v verschiedene Pakete verteilen?

Die Verschiedenheit der Pakete ist etwa durch verschiedene Farben kenntlich gemacht.

Einige Bemerkungen mögen der Lösung dieser interessanten Aufgabe vorausgeschickt werden.

Eine *Form* vom Gewicht n ist ein homogenes Polynom $n$ten Grades in mehreren Variablen $\alpha, \beta, \gamma, \ldots$ So ist z. B.

$$a\alpha^2 + b\beta^2 + c\gamma^2 + d\alpha\beta + e\alpha\gamma + f\beta\gamma$$

eine ternäre Form zweiten Grades.

Eine Form vom Gewicht n in m Variablen $\alpha, \beta, \gamma, \ldots$ enthält im allgemeinen so viel Glieder wie es Kombinationen aus m Elementen zur $n$ten Klasse mit Wiederholung gibt. Wenn alle diese Glieder den Koeffizienten 1 haben, nennen wir die Form eine *Einform.* So heißt die Einform vom Gewicht 4 der drei Argumente α, β, γ

$$\alpha^4 + \beta^4 + \gamma^4 + \alpha^3\beta + \alpha^3\gamma + \beta^3\alpha + \beta^3\gamma + \gamma^3\alpha + \gamma^3\beta + \alpha^2\beta^2 + \alpha^2\gamma^2 + \beta^2\gamma^2$$
$$+ \alpha^2\beta\gamma + \alpha\beta^2\gamma + \alpha\beta\gamma^2.$$

Diese Einform besteht aus den vier symmetrischen Polynomen

$$\alpha^4 + \beta^4 + \gamma^4, \qquad \alpha^3\beta + \alpha^3\gamma + \beta^3\alpha + \beta^3\gamma + \gamma^3\alpha + \gamma^3\beta,$$
$$\alpha^2\beta^2 + \alpha^2\gamma^2 + \beta^2\gamma^2, \qquad \alpha^2\beta\gamma + \alpha\beta^2\gamma + \alpha\beta\gamma^2.$$

Ein symmetrisches Polynom der 5 Argumente α, β, γ, δ, ε, welches aus allen Gliedern besteht, die aus

$$\alpha^a\ \beta^b\ \gamma^c\ \delta^d\ \varepsilon^e$$

durch alle möglichen Permutationen der Exponenten a, b, c, d, e hervorgehen, werde kurz ein *Hauptpolynom* genannt und durch

$$\overbrace{a\ b\ c\ d\ e}$$

und wenn von den Exponenten etwa

$$a = b = c \qquad \text{und} \qquad d = e$$

ist, durch

$$\overbrace{a^3\ d^2}$$

bezeichnet.

So ist z. B., wenn es sich nur um drei Argumente α, β, γ handelt,

$$\overbrace{1^3} = \alpha\beta\gamma, \qquad \overbrace{1^2} = \alpha\beta + \alpha\gamma + \beta\gamma, \qquad \overbrace{4} = \alpha^4 + \beta^4 + \gamma^4,$$
$$\overbrace{32} = \alpha^3\beta^2 + \alpha^3\gamma^2 + \alpha^2\beta^3 + \alpha^2\gamma^3 + \beta^3\gamma^2 + \beta^2\gamma^3,$$
$$\overbrace{1^2\,3} = \alpha\beta\gamma^3 + \alpha\beta^3\gamma + \alpha^3\beta\gamma \quad \text{usw.}$$

Eine Einform vom Gewicht n ist demnach die Summe aller möglichen Hauptpolynome $\overbrace{a\,b\,c\ldots}$, bei denen $a + b + c + \cdots = n$ ist. Die Einform vom Gewicht n sei E_n.

Nun zur *Lösung unserer Aufgabe*!

Wenn ein Paket u Äpfel, v Birnen, w Citronen, ... enthält, ordnen wir ihm das Monom $\alpha^u\ \beta^v\ \gamma^w \ldots$ zu.

Eine Verteilungsart bestehe in der Beschickung von ϱ Paketen mit je r Früchten, σ Paketen mit je s Früchten, τ Paketen mit je t Früchten usw.

Der Inhalt eines der ϱ Pakete entspricht dann einem gewissen Gliede der Einform der Argumente α, β, γ, ... vom Gewicht r. Eine mögliche Verteilung entsteht daher, wenn man im Produkt

$$\Pi = E_r E_r \ldots \cdot E_s E_s \ldots \cdot E_t E_t \ldots \cdots = E_r^\varrho E_s^\sigma E_t^\tau \cdots$$

aus jedem Faktor E ein Glied aussucht *so*, daß das Produkt der ausgesuchten Glieder $\alpha^a\ \beta^b\ \gamma^c \ldots$ wird. So oft dieses Produkt beim Ausmultiplizieren auftritt, so oft haben wir eine mögliche Verteilung.

Da das Produkt Π auf $\overline{\varrho\,\sigma\,\tau\ldots} = \nu!:\varrho!\,\sigma!\,\tau!\ldots$ Arten geschrieben werden kann, so entstehen allein aus *obiger Verteilungsart* so viel zulässige Verteilungen, wie der Koeffizient von $\underbrace{a\,b\,c\ldots}$ im ausmultiplizierten Produkt

$$\overline{\varrho\;\sigma\;\tau\ldots}\;E_r^{\varrho}E_s^{\sigma}E_t^{\tau}\ldots$$

angibt.

Da nun aber statt $r, s, t, \ldots$ andere Basen, statt $\varrho, \sigma, \tau, \ldots$ andere Exponenten gewählt werden können, wofern nur die Bedingungen

$$\boxed{\varrho+\sigma+\tau+\cdots=\nu}, \qquad \boxed{r\varrho+s\sigma+t\tau+\cdots=n}$$

unverletzt bleiben, so ist die gesamte Anzahl aller zulässigen Verteilungen der Koeffizient von $\underbrace{a\,b\,c\ldots}$ in

$$\sum\overline{\varrho\;\sigma\;\tau\ldots}\;E_r^{\varrho}E_s^{\sigma}E_t^{\tau}\ldots,$$

weshalb diese Summe auch die *Verteilungsfunktion* heißt.

Die Verteilungsfunktion für n Früchte in ν verschiedene Pakete ist demnach der Koeffizient von x^n in der Potenzreihe der Funktion

$$(E_1x+E_2x^2+E_3x^3+\cdots)^{\nu}.$$

Natürlich denken wir uns die Argumente $\alpha, \beta, \gamma, \ldots$ und x so klein, daß die runde Klammer absolut konvergiert.

Jetzt setzen wir

$$1+E_1x+E_2x^2+E_3x^3+\cdots=y$$

und suchen den Koeffizient von

$$\underbrace{abc\ldots}\;x^n$$

in der Entwicklung von $(y-1)^{\nu}$; er stellt die gesuchte Anzahl ζ aller zulässigen Verteilungsarten dar.

Nun ist aber

$$y=\frac{1}{1-\alpha x}\cdot\frac{1}{1-\beta x}\cdot\frac{1}{1-\gamma x}\cdot\ldots,$$

da das rechtsstehende Produkt den Wert

$$(1+\alpha x+\alpha^2x^2+\cdots)\;(1+\beta x+\beta^2x^2+\cdots)\;(1+\gamma x+\gamma^2x^2+\cdots)\cdots$$

hat und der Koeffizient von x^{μ} im Produkt dieser Potenzreihen gerade die Einform E_{μ} ist.

Nach dem binomischen Satze ist ferner

$$(y-1)^{\nu}=y^{\nu}-\nu_1y^{\nu-1}+\nu_2y^{\nu-2}-+\cdots$$

Daher ist die gesuchte Verteilungszahl ζ folgende Summe:

$$\begin{array}{llll} & \text{Koeffizient von } \overbrace{abc\ldots}\, x^n & \text{in} & +\, y^\nu, \\ + & \quad ,, \quad ,, \quad ,, & ,, & -\, \nu_1 y^{\nu-1}, \\ + & \quad ,, \quad ,, \quad ,, & ,, & +\, \nu_2 y^{\nu-2}, \\ \cdot & \cdot\ \cdot\ \cdot\ \cdot\ \cdot\ \cdot & \cdot & \cdot\ \cdot\ \cdot \end{array}$$

Nun ist aber z. B.

$$y^\nu = (1-\alpha x)^{-\nu} \cdot (1-\beta x)^{-\nu} \cdot (1-\gamma x)^{-\nu} \cdot \ldots$$

$$= (1 + \nu\alpha x + \overset{2}{\nu}\alpha^2 x^2 + \cdots)(1 + \nu\beta x + \overset{2}{\nu}\beta^2 x^2 + \cdots)(1 + \nu\gamma x + \overset{2}{\nu}\gamma^2 x^2 + \cdots)\cdots$$

$$[\text{mit } \overset{r}{\nu} = \nu(\nu+1)(\nu+2)\ldots(\nu+r-1) : r!]$$

$$= \cdots + \overset{a}{\nu}\overset{b}{\nu}\overset{c}{\nu} \ldots \cdot \alpha^a \beta^b \gamma^c \ldots \cdot x^n + \cdots$$

und ähnlich für $y^{\nu-1}$, $y^{\nu-2}$, ...
Folglich ist die gesuchte Anzahl

$$u = \overset{a}{\nu}\overset{b}{\nu}\overset{c}{\nu} \cdots - \nu_1 (\overset{a}{\nu - 1})(\overset{b}{\nu - 1})(\overset{c}{\nu - 1}) \cdots + \nu_2 (\overset{a}{\nu - 2})(\overset{b}{\nu - 2})(\overset{c}{\nu - 2}) \cdots - + \cdots$$

Ergebnis:

Die Anzahl aller möglichen Verteilungen von a Äpfeln, b Birnen, c Citronen, ..., zusammen n Früchten, auf ν verschiedene Pakete ist

$$\overset{a}{\nu}\overset{b}{\nu}\overset{c}{\nu} \cdots - \nu_1 (\overset{a}{\nu - 1})(\overset{b}{\nu - 1})(\overset{c}{\nu - 1}) \cdots + \nu_2 (\overset{a}{\nu - 2})(\overset{b}{\nu - 2})(\overset{c}{\nu - 2}) \cdots - + \cdots$$

oder auch

$$\Gamma_\nu^a \Gamma_\nu^b \Gamma_\nu^c \cdots - \nu_1 \Gamma_{\nu-1}^a \Gamma_{\nu-1}^b \Gamma_{\nu-1}^c \cdots + \nu_2 \Gamma_{\nu-2}^a \Gamma_{\nu-2}^b \Gamma_{\nu-2}^c \cdots - + \cdots,$$

wo Γ_n^k die Anzahl der Kombinationen aus n Elementen zur $k$ten Klasse mit Wiederholung bedeutet.

§ 143. Newtons Formeln

Die Newtonschen Formeln sind ein System von Formeln, vermittels welcher sich die Potenzsummen

$$s_r = \alpha^r + \beta^r + \gamma^r + \cdots \qquad \text{mit} \quad r = 1, 2, 3, \ldots$$

der $r$ten Potenzen der Wurzeln α, β, γ, ... einer vorgelegten Gleichung $n$ten Grades

$$f(x) = x^n + c_1 x^{n-1} + c_2 x^{n-2} + \cdots + c_n = 0$$

durch die Koeffizienten

$$c_1, \quad c_2, \quad c_3, \quad \ldots, \quad c_n$$

der Gleichung ausdrücken lassen.

Am bequemsten erhält man sie wie folgt.

Man bilde die bezogene Ableitung der Identität

$$f(x) = (x-\alpha)(x-\beta)(x-\gamma)\cdots$$

$$f^*(x) = \frac{f'(x)}{f(x)} = \frac{1}{x-\alpha} + \frac{1}{x-\beta} + \frac{1}{x-\gamma} + \cdots.$$

Nunmehr entwickle man jeden Stammbruch der rechten Seite — unter der Annahme, daß der Betrag von x den Betrag jeder Wurzel übersteige — in eine unendliche geometrische Reihe, z. B.

$$\frac{1}{x-\alpha} = \frac{1}{x} + \frac{\alpha}{x^2} + \frac{\alpha^2}{x^3} + \frac{\alpha^3}{x^4} + \cdots.$$

Durch Addition der entstehenden n Gleichungen erhält man die bemerkenswerte Formel $[s_0 = n]$

$$\boxed{f^*(x) = \frac{s_0}{x} + \frac{s_1}{x^2} + \frac{s_2}{x^3} + \frac{s_3}{x^4} + \cdots}\ .$$

Sie enthält den

Satz:

Die Newtonsumme s_r ist der Koeffizient von $1 : x^{r+1}$ in der nach steigenden Potenzen von $1 : x$ fortschreitenden Potenzreihe für die bezogene Ableitung von $f(x)$.

Demgemäß liefert die Methode der unbestimmten Koeffizienten aus der Gleichung

$$f(x) \cdot \left[\frac{s_0}{x} + \frac{s_1}{x^2} + \frac{s_2}{x^3} + \cdots\right] = f'(x)$$

die gesuchten Newtonschen Formeln, indem aus

$$(x^n + c_1 x^{n-1} + c_2 x^{n-2} + \cdots + c_n)\left(\frac{s_0}{x} + \frac{s_1}{x^2} + \frac{s_2}{x^3} + \cdots\right)$$
$$= n x^{n-1} + (n-1) c_1 x^{n-2} + \cdots$$

sukzessiv folgt

$$\begin{aligned} s_0 &= n \\ s_1 + c_1 s_0 &= (n-1) c_1 \\ s_2 + c_1 s_1 + c_2 s_0 &= (n-2) c_2 \\ s_3 + c_1 s_2 + c_2 s_1 + c_3 s_0 &= (n-3) c_3 \\ \cdots & \cdots \end{aligned}$$

oder

$$\boxed{\begin{aligned} s_1 + c_1 &= 0 \\ s_2 + c_1 s_1 + 2 c_2 &= 0 \\ s_3 + c_1 s_2 + c_2 s_1 + 3 c_3 &= 0 \\ s_4 + c_1 s_3 + c_2 s_2 + c_3 s_1 + 4 c_4 &= 0 \\ \cdots\cdots & \\ s_r + c_1 s_{r-1} + c_2 s_{r-2} + \cdots &= 0 \end{aligned}}\ .$$

Dieses Rekursionsformelsystem gestattet sukzessiv die Ermittlung der Newtonschen Summen $s_1, s_2, s_3, \ldots$

Um eine *independente Darstellung für* s_r zu bekommen, verfahren wir folgendermaßen.

Wir setzen $x = 1 : y$ und haben

$$1 + c_1 y + c_2 y^2 + \cdots + c_n y^n = (1 - \alpha y)(1 - \beta y)(1 - \gamma y) \ldots$$

oder,

$$c_1 y + c_2 y^2 + \cdots + c_n y^n = Y$$

gesetzt,

$$1 + Y = (1 - \alpha y)(1 - \beta y)(1 - \gamma y) \ldots$$

Diese Gleichung, in welcher wir uns y und Y als kleine Echtbrüche vorstellen, logarithmieren wir:

$$l(1 + Y) = l(1 - \alpha y) + l(1 - \beta y) + l(1 - \gamma y) + \cdots$$

und erhalten durch Benutzung der logarithmischen Reihe die Gleichung

$$\sum_1^\infty \iota^\mu Y^\mu : \mu = \sum_1^\infty s_r y^r : r .$$

In der polynomischen Entwicklung von Y^μ enthält das Glied

$$\frac{\mu!}{\mu_1!\,\mu_2!\ldots\mu_\nu!} \cdot (c_1 y)^{\mu_1} (c_2 y^2)^{\mu_2} \ldots (c_\nu y^\nu)^{\mu_\nu} \qquad \text{mit} \quad \mu_1 + \mu_2 + \cdots + \mu_\nu = \mu$$

dann und nur dann den Faktor y^r, falls die natürlichen Zahlen $\mu_1, \mu_2, \ldots, \mu_\nu$ die Relation

$$\mu_1 + 2\mu_2 + 3\mu_3 + \cdots + \nu\mu_\nu = r$$

befriedigen.

Daher gibt die Methode der unbestimmten Koeffizienten die Formel

$$\boxed{\frac{s_r}{r} = \sum \frac{\iota^\mu}{\mu} \cdot \frac{\mu!}{\mu_1!\,\mu_2!\ldots\mu_\nu!} \cdot c_1^{\mu_1} c_2^{\mu_2} \ldots c_\nu^{\mu_\nu}} ,$$

in welcher die Summationszeiger $\mu_1, \mu_2, \ldots, \mu_\nu$ alle Zahlwerte annehmen, welche die Bedingung

$$\mu_1 + 2\mu_2 + 3\mu_3 + \cdots + \nu\mu_\nu = r$$

befriedigen, und wo

$$\mu = \mu_1 + \mu_2 + \mu_3 + \cdots + \mu_\nu$$

ist.

Durch diese Formel wird die Newtonsche Summe s_r unmittelbar als Funktion der Koeffizienten $c_1, c_2, \ldots, c_n$ dargestellt.

Zusatz. Entwickelt man in der obigen Formel für $f^*(x)$ jeden Stammbruch nach steigenden Potenzen von x, z. B.

$$\frac{1}{x - \alpha} = -\frac{1}{\alpha} - \frac{1}{\alpha^2} x - \frac{1}{\alpha^3} x^2 - \cdots ,$$

wobei man sich $|x|$ so klein denkt, daß es unterhalb des Betrages jeder Wurzel liegt, so verwandelt sich die Formel in

$$f^*(x) = -\sigma_1 - \sigma_2 x - \sigma_3 x^2 - - \cdots$$

mit

$$\sigma_r = \frac{1}{\alpha^r} + \frac{1}{\beta^r} + \frac{1}{\gamma^r} + \cdots.$$

In Worten:

Die Summe der rten Potenzen der Wurzelkehrwerte unserer Gleichung $f(x) = 0$ ist der entgegengesetzte Koeffizient von x^{r-1} in der Potenzreihe für die bezogene Ableitung $f^*(x)$.

Ähnlich wie oben erhält man durch den Vergleich entsprechender Koeffizienten der beiden Potenzreihen

$$n x^{n-1} + (n-1) c_1 x^{n-2} + \cdots + c_{n-1}$$
$$= (x^n + c_1 x^{n-1} + \cdots + c_n)(-\sigma_1 - \sigma_2 x - \sigma_3 x^2 - \cdots)$$

das Formelsystem

$$c_n \sigma_1 + c_{n-1} = 0$$
$$c_n \sigma_2 + c_{n-1} \sigma_1 + 2 c_{n-2} = 0$$
$$c_n \sigma_3 + c_{n-1} \sigma_2 + c_{n-2} \sigma_1 + 3 c_{n-3} = 0$$
$$\cdots\cdots\cdots\cdots$$

welches die sukzessive Berechnung der Potenzsummen $\sigma_1, \sigma_2, \sigma_3, \ldots$ gestattet.

§ 144. Stetige Funktionen ohne Ableitung

In früheren Zeiten nahm man als selbstverständlich an, daß eine stetige Kurve in jedem ihrer Punkte auch eine Tangente habe, arithmetisch gesprochen: daß eine stetige Funktion $f(x)$ für jeden Wert ihres Arguments x auch eine Ableitung $f'(x)$ besitze. Dieser allgemein herrschenden Vorstellung bereitete erst Weierstraß durch sein berühmtes Beispiel *einer stetigen Funktion ohne Ableitung* ein Ende.

Die Weierstraßsche Funktion $f(x)$ hat die Gestalt

$$f(x) = \sum e^\nu \cos \pi a^\nu x,$$

wo e einen positiven Echtbruch, a eine oberhalb der Einheit liegende ungerade Ganzzahl bedeutet derart, daß das Produkt $\boxed{p = ae}$ oberhalb der Zahl $\lambda = 1{,}5\,\pi + 1$ liegt, und der Zeiger ν alle Ganzzahlen von 0 bis $+\infty$ durchläuft.

Zunächst leuchtet ein, daß $f(x)$ eine stetige Funktion von x darstellt, da $f(x)$ eine für alle x gleichmäßig konvergente Reihe ist (§ 61). Auch die Formalableitung von $f(x)$ konvergiert gleichmäßig, solange das Produkt p unterhalb der Einheit liegt, und stellt dann natürlich (§ 63) die Ableitung $f'(x)$ von $f(x)$ dar.

Diese einfachen Verhältnisse erfahren aber, wie wir im folgenden sehen werden, eine einschneidende Änderung, wenn das Produkt p unecht gebrochen, und zwar größer als λ ausfallt.

Wir bilden den Differenzenquotient $\mathfrak{D}$ von f:

$$\mathfrak{D} = \frac{f(X) - f(x)}{X - x} = \frac{f(X) - f(x)}{\xi} \qquad \text{mit} \quad \xi = X - x,$$

wobei x ein zwar beliebiger, dann aber festgehaltener Wert ist, während X und ξ variabel sind.

Wir zerlegen ihn in zwei Teile:

$$\mathfrak{D} = u + v$$

mit

$$u = \frac{1}{\xi} \sum_{0}^{n-1} e^{\mathfrak{r}} (\cos \pi a^{\mathfrak{r}} X - \cos \pi a^{\mathfrak{r}} x), \qquad v = \frac{1}{\xi} \sum_{n}^{\infty} e^{\mathfrak{r}} (\cos \pi a^{\mathfrak{r}} X - \cos \pi a^{\mathfrak{r}} x),$$

wobei n ein vorerst willkürlicher, später geeignet gewählter Zeigerwert ist.

Wir bestimmen zuerst eine *obere* Schranke für $|u|$.

Da $|\cos \pi a^{\mathfrak{r}} X - \cos \pi a^{\mathfrak{r}} x| < \pi a^{\mathfrak{r}} |\xi|$ ist, erhalten wir sofort

$$|u| < \sum_{0}^{n-1} \pi p^{\mathfrak{r}} = \pi \frac{p^n - 1}{p - 1},$$

also a. f.

$$|u| < \pi \frac{p^n}{p - 1}. \tag{1}$$

Sodann ermitteln wir eine *untere* Schranke für $|v|$. Man kann schreiben

$$a^n x = g_n + \varepsilon_n,$$

wo g_n eine Ganzzahl und ε_n ein zwischen $-\frac{1}{2}$ und $+\frac{1}{2}$ liegender Echtbruch ist.

Für das Inkrement ξ treffen wir die Wahl

$$\xi = \frac{E - \varepsilon_n}{a^n},$$

wo E die positive oder negative Einheit darstellt. ξ hat dann das Vorzeichen von E und befriedigt die Ungleichung

$$|\xi| < \frac{3}{2a^n}.$$

Bedeutet N eine der natürlichen Zahlen $n, n+1, n+2, \ldots$, etwa die Zahl $n + \nu$, so ergibt sich

$$\pi a^N x = \pi a^\nu \cdot a^n x = \pi a^\nu g_n + \pi a^\nu \varepsilon_n,$$

mithin

$$\cos \pi a^N x = \iota^{g_n} \cos \pi a^\nu \varepsilon_n ,$$

ferner

$$\pi a^N X = \pi a^\nu (g_n + E) ,$$

mithin

$$\cos \pi a^N X = \cos \pi a^\nu (g_n + E) = \iota^{g_n + 1}.$$

Daher wird

$$v = \frac{\iota^{g_n+1}}{\xi} \cdot \sum_n^\infty e^N (1 + \cos \pi a^\nu \varepsilon_n) \qquad \text{mit} \quad \nu = N - n .$$

Da alle Glieder der hier stehenden Summe positiv sind, liegt die Summe oberhalb ihres Erstgliedes e^n $(1 + \cos \pi \varepsilon_n)$, also erst recht oberhalb e^n, und wir haben

$$|v| > \frac{e^n}{|\xi|}$$

oder, da $|\xi|$ unterhalb des Bruches $3 : 2a^n$ liegt,

$$(2) \qquad |v| > \frac{2}{3} p^n .$$

Im Hinblick auf die Ungleichungen (1) und (2) wählen wir jetzt das bislang noch unbestimmt gelassene Produkt p so groß, daß die rechte Seite von (2) die von (1) überschreitet:

$$\frac{2}{3} p^n > \pi \frac{p^n}{p-1} ,$$

d. h.

$$\boxed{p > \lambda} \qquad \text{mit} \quad \lambda = 1{,}5\,\pi + 1 .$$

Aus (1) und (2) folgt nunmehr für den Restbruch $\mathfrak{D}$ wegen $|\mathfrak{D}| > |v| - |u|$ die Ungleichung

$$\boxed{|\mathfrak{D}| > \frac{2}{3} p^n \cdot \frac{p-\lambda}{p-1}} \qquad \text{mit} \quad \xi = \frac{E - \varepsilon_n}{a^n} .$$

Wie klein also auch die positive Größe δ sein mag, es läßt sich stets durch Wahl von n ein betraglich unterhalb δ liegendes Inkrement $\xi = X - x$ angeben derart, *daß der Differenzenquotient*

$$\mathfrak{D} = \frac{f(X) - f(x)}{X - x}$$

betraglich größer ausfällt als jeder noch so groß vorgelegte Wert G.
Demnach hat die stetige Funktion $f(x)$ (in welcher $p > \lambda$ vorausgesetzt ist) *an der beliebigen Stelle x keinen Differentialquotient!*

§ 145. Einige Bestimmte Integrale

I. Das Integral $\int\limits_0^\infty \frac{x^{\varepsilon-1}}{1+x}\,dx$

Wir stellen uns die Aufgabe, das in der Überschrift genannte Integral, in welchem ε einen positiven Echtbruch bedeutet, zu berechnen.

Zu dem Zwecke gehen wir aus vom Integral

$$J=\int\limits_0^1 \frac{x^{\varepsilon-1}}{1+x}\,dx, \qquad (0<\varepsilon<1).$$

Es gilt,

$$\frac{1}{1+x}=f$$

gesetzt, die Identität

$$f=1-xf.$$

Aus ihr bilden wir eine Kette sukzessiver Gleichungen, indem wir rechts jedesmal f der Identität gemäß ersetzen. Das gibt

$$\begin{aligned}
f&=1-x+x^2f\\
f&=1-x+x^2-x^3f\\
f&=1-x+x^2-x^3+x^4f\\
&\cdots\cdots\cdots\\
f&=1-x+x^2-x^3+-\cdots-x^n+x^mf,
\end{aligned}$$

wobei n eine ungerade Zahl und $m=n+1$ ist.

Den letzten dieser für f gefundenen Ausdrücke substituieren wir in J und erhalten bei gliedweiser Integration

$$J=\frac{1}{\varepsilon}-\frac{1}{1+\varepsilon}+\frac{1}{2+\varepsilon}-\frac{1}{3+\varepsilon}+-\cdots-\frac{1}{n+\varepsilon}+\int\limits_0^1 x^{n+\varepsilon}f\,dx.$$

Da $f<1$ ist, liegt der Wert des rechts stehengebliebenen Integrals unterhalb

$$\int\limits_0^1 x^n\,dx=\frac{1}{m},$$

und wir haben die Formel

$$J=\frac{1}{\varepsilon}-\frac{1}{1+\varepsilon}+\frac{1}{2+\varepsilon}-\frac{1}{3+\varepsilon}+-\cdots-\frac{1}{n+\varepsilon}+\frac{\Theta}{m},$$

wo Θ einen positiven Echtbruch bedeutet. Daher gilt für J die unendliche Reihe

$$(1)\qquad J=\frac{1}{\varepsilon}-\frac{1}{1+\varepsilon}+\frac{1}{2+\varepsilon}-\frac{1}{3+\varepsilon}+-\cdots.$$

Nun betrachten wir das Integral

$$J' = \int_0^1 \frac{x^{\varepsilon'-1}}{1+x}\,dx \qquad \text{mit} \quad \varepsilon' = 1 - \varepsilon$$

und formen es gemäß der Substitution

$$x = 1 : y, \qquad dx = -dy : y^2$$

um. Das gibt

$$J' = \int_1^\infty \frac{y^{\varepsilon-1}}{1+y}\,dy,$$

wofür wir, als Integrationsvariable wieder x einführend, vorziehen,

$$J' = \int_1^\infty \frac{x^{\varepsilon-1}}{1+x}\,dx$$

zu schreiben.

Nach (1) hat J' den Wert

$$J' = \frac{1}{\varepsilon'} - \frac{1}{1+\varepsilon'} + \frac{1}{2+\varepsilon'} - \frac{1}{3+\varepsilon'} + - \cdots$$

oder

(2) $$J' = \frac{1}{1-\varepsilon} - \frac{1}{2-\varepsilon} + \frac{1}{3-\varepsilon} - \frac{1}{4-\varepsilon} + - \cdots$$

Daher ergibt sich für das gesuchte Integral, weil aus den beiden Posten J und J' bestehend:

$$\int_0^\infty \frac{x^{\varepsilon-1}}{1+x}\,dx = \int_0^1 \frac{x^{\varepsilon-1}}{1+x}\,dx + \int_1^\infty \frac{x^{\varepsilon-1}}{1+x}\,dx = J + J',$$

die unendliche Reihe

$$\int_0^\infty \frac{x^{\varepsilon-1}}{1+x}\,dx = \frac{1}{\varepsilon} + \frac{2\varepsilon}{1-\varepsilon^2} - \frac{2\varepsilon}{2^2-\varepsilon^2} + \frac{2\varepsilon}{3^2-\varepsilon^2} - + \cdots$$

$$= \sum_{-\infty}^{+\infty} \frac{\iota^r \varepsilon}{\varepsilon^2 - r^2}.$$

Setzen wir in der unendlichen Reihe $\varepsilon = \eta : \pi$, so erhält sie die Form

$$\pi \sum_{-\infty}^{+\infty} \frac{\iota^r \eta}{\eta^2 - \pi^2 r^2} = \pi : \sin \eta$$

(§ 88). Daher wird

$$\boxed{\int_0^\infty \frac{x^{\varepsilon-1}}{1+x}\,dx = \frac{\pi}{\sin \pi \varepsilon}}, \qquad 0 < \varepsilon < 1.$$

Vermöge der Substitution $x = \mathrm{tg}^2 t$ und der Einführung des neuen beliebig echtgebrochenen Parameters $q = 2\varepsilon - 1$ entsteht hieraus

$$\boxed{\int_0^{\varkappa} \mathrm{tg}^q t\, d t = \varkappa \sec \varkappa q} \qquad \text{mit} \quad -1 < q < +1 .$$

II. Das Integral $\int_0^\infty l \,\mathrm{Cot}\, x\, dx$

In der Aufgabe, das Integral

$$J = \int_0^\infty l \,\mathrm{Cot}\, x\, d x$$

zu bestimmen, bedeutet $\mathrm{Cot}\, x$ den hyperbolischen Cosinus von x:

$$\mathrm{Cot}\, x = \frac{e^x + e^{-x}}{e^x - e^{-x}} = \frac{e^{2x} + 1}{e^{2x} - 1},$$

so daß

$$J = \int_0^\infty l \frac{e^{2x} + 1}{e^{2x} - 1} d x$$

ist. Durch die Substitution $2x = \xi$ und nachherige Rückkehr zur Integrationsvariable x ergibt sich einfacher

$$2 J = \int_0^\infty l \frac{e^x + 1}{e^x - 1} d x .$$

Nun substituiert man $e^{-x} = u$ und erhält, wieder mit Rückkehr zum Integrationsbuchstaben x,

$$2 J = \int_0^1 l \frac{1 + x}{1 - x} \frac{d x}{x} .$$

Aus

$$l \frac{1 + x}{1 - x} = 2 \left[x + \frac{1}{3} x^3 + \frac{1}{5} x^5 + \cdots\right], \qquad |x| < 1 ,$$

folgt, daß der Integrand in der Nachbarschaft der Untergrenze 0 eine stetige Funktion von x darstellt, so daß hinsichtlich der Integration über diese Nachbarschaft keine Anstande zu erheben sind.

Um das Verhalten des Integrals hinsichtlich seiner Obergrenze 1 zu erkennen, setzen wir

$$\frac{1 + x}{1 - x} = u, \qquad x = \frac{u - 1}{u + 1}, \qquad d x = \frac{2 d u}{(u + 1)^2}$$

und erhalten

$$J = \int_1^\infty \frac{l u}{u^2 - 1} d u .$$

Nun ist nach der Ungleichung der logarithmischen Funktion

$$l\sqrt{u} < \sqrt{u} - 1 \qquad \text{oder} \qquad lu < 2(\sqrt{u} - 1),$$

mithin

$$\frac{lu}{u^2 - 1} < \frac{2}{(\sqrt{u} + 1)(u + 1)} < \frac{2}{u^{1,5}}$$

und

$$J < 2\int_1^\infty \frac{du}{u^{1,5}},$$

so daß auch hinsichtlich der Obergrenze keine Bedenken bestehen.
Auch erkennen wir, daß die Funktion

$$F(X) = \int_0^X l\frac{1+x}{1-x}\,\frac{dx}{x} \qquad \text{mit} \quad 0 < X \leqq 1$$

im Punkte $X = 1$ eine *stetige* Funktion von X ist.
Bedeutet nämlich X einen dicht unterhalb der Obergrenze 1 liegenden Argumentwert, $U = (1 + X) : (1 - X)$ den zugehörigen u-Wert, so ist

$$F(1) - F(X) = \int_X^1 l\frac{1+x}{1-x}\,\frac{dx}{x} = \int_U^\infty \frac{lu}{u^2 - 1}\,du,$$

und die rechte Seite dieser Gleichung ist kleiner als

$$\int_U^\infty \frac{2}{u^{1,5}}\,du = \frac{4}{\sqrt{U}} = 4\sqrt{\frac{1-X}{1+X}},$$

so daß

$$0 < F(1) - F(X) < 4\sqrt{(1-X):(1+X)}$$

ist, womit die Stetigkeit von $F(X)$ an der Stelle $X = 1$ dargetan ist.
Nun ist die Reihe

$$\frac{1}{x}\,l\frac{1+x}{1-x} = 2\left[1 + \frac{1}{3}x^2 + \frac{1}{5}x^4 + \cdots\right]$$

im Intervall $[0, X]$ mit $X < 1$ gleichmäßig konvergent, so daß die gliedweise Integration auf der rechten Seite von

$$F(X) = \int_0^X l\frac{1+x}{1-x}\,\frac{dx}{x}$$

erlaubt ist. Das gibt

$$F(X) = 2\left(X + \frac{X^3}{3^2} + \frac{X^5}{5^2} + \frac{X^7}{7^2} + \cdots\right)$$

und wegen der Stetigkeit von $F(X)$ an der Stelle $X = 1$

$$F(1) = 2\left(1 + \frac{1}{3^2} + \frac{1}{5^2} + \frac{1}{7^2} + \cdots\right)$$

oder

$$J = F(1):2 = \frac{1}{2}\int_0^1 l\frac{1+x}{1-x}\frac{dx}{x} = 1 + \frac{1}{3^2} + \frac{1}{5^2} + \frac{1}{7^2} + \cdots.$$

Nun ist bekanntlich (§ 89)

$$\frac{1}{1^2} + \frac{1}{2^2} + \frac{1}{3^2} + \frac{1}{4^2} + \frac{1}{5^2} + \cdots = \frac{\pi^2}{6}.$$

Hieraus folgt

$$J + \frac{1}{2^2}\left[1 + \frac{1}{2^2} + \frac{1}{3^2} + \frac{1}{4^2} + \frac{1}{5^2} + \cdots\right] = \frac{\pi^2}{6}$$

oder, da [ ] $= \pi^2 : 6$ ist,

$$J = \pi^2 : 8.$$

Ergebnis: $\boxed{\int_0^\infty l \operatorname{Cot} x \, dx = \frac{\pi^2}{8}}$.

III. Das Integral $\int_0^\pi \cos(c\cos x)\,dx$

Wir gehen aus von Hansens Formel

$$e^{v(\alpha-\bar{\alpha})} = \sum_{-\infty}^{+\infty} I_n \alpha^n \qquad \text{mit} \quad \bar{\alpha} = -1 : \alpha,$$

in welcher α irgendeine endliche von Null verschiedene Zahl, v einen beliebigen endlichen Wert und I_n die $n$te Besselfunktion des Arguments $w = 2v$ bedeutet (§ 126). In ihr nehmen wir α als Gaußzahl

$$\alpha = \cos\varphi + i\sin\varphi$$

an und bekommen zunächst

$$e^{iw\sin\varphi} = \sum_{-\infty}^{+\infty} I_n \alpha^n.$$

Um auch die rechte Seite $\mathfrak{r}$ der Formel umzuformen, bedenken wir, daß (§ 126)

$$I_{-1} = -I_1, \quad I_{-2} = I_2, \quad I_{-3} = -I_3, \quad I_{-4} = I_4, \ \ldots$$

ist, und erhalten für sie die Reihe

$$\mathfrak{r} = I_0 + I_1\left(\alpha - \frac{1}{\alpha}\right) + I_2\left(\alpha^2 + \frac{1}{\alpha^2}\right) + I_3\left(\alpha^3 - \frac{1}{\alpha^3}\right) + I_4\left(\alpha^4 + \frac{1}{\alpha^4}\right) + \cdots$$

oder, da nach Moivres Formel für ganzzahliges ν

$$\alpha^\nu + \alpha^{-\nu} = 2\cos\nu\varphi, \qquad \alpha^\nu - \alpha^{-\nu} = 2i\sin\nu\varphi$$

ist,

$$\mathfrak{r} = (I_0 + 2I_2\cos 2\varphi + 2I_4\cos 4\varphi + \cdots) + i\,[2I_1\sin\varphi + 2I_3\sin 3\varphi + \cdots].$$

Da sich die linke Seite von Hansens Formel

$$\mathfrak{l} = \cos(w\sin\varphi) + i\sin(w\sin\varphi)$$

schreibt, so ergibt sich aus

$$\mathfrak{l} = \mathfrak{r}$$

durch Gleichsetzung der Realteile sowie der Imaginärteile das Formelpaar

(1) $$\cos(w\sin\varphi) = I_0 + 2I_2\cos 2\varphi + 2I_4\cos 4\varphi + \cdots,$$

(2) $$\sin(w\sin\varphi) = 2I_1\sin\varphi + 2I_3\sin 3\varphi + \cdots$$

Um auf den im Integranden des auszuwertenden Integrals stehenden Ausdruck $\cos(c\cos x)$ zu kommen, brauchen wir nur in (1) w in c und φ in $\varkappa - x$ (mit $2\varkappa = \pi$) zu verwandeln. Das gibt

$$\cos(c\cos x) = I_0 - 2I_2\cos 2x + 2I_4\cos 4x - 2I_6\cos 6x + - \cdots,$$

wo nun I_n die $n$te Besselfunktion für das Argument c bedeutet.
Da die rechtsstehende Reihe für alle x gleichmäßig konvergiert, gestattet sie die gliedweise Integration im vorgelegten Intervall $[0, \pi]$, und wir erhalten, da $\int_0^\pi \cos\nu x\,dx$ für jedes nichtverschwindende ganzzahlige ν den Wert Null hat,

$$\boxed{\int_0^\pi \cos(c\cos x)\,dx = \pi I_0}\,.$$

Hierbei hat wegen

$$I_n = \sum_0^\infty \iota^s \frac{c^{n+2s}}{2^{n+2s}\,s!\,(n+s)!}$$

die nullte Besselfunktion I_0 von c den Wert

$$\boxed{I_0 = 1 - \frac{c^2}{2^2\cdot 1!^2} + \frac{c^4}{2^4\cdot 2!^2} - \frac{c^6}{2^6\cdot 3!^2} + - \cdots}\,.$$

Diese Reihe konvergiert für jedes endliche c, für nicht zu große c auch ziemlich schnell.

IV. Bestimmung der Integrale

$$A = \int_0^\infty e^{-a^2x^2}\cos 2bx\,dx \qquad \text{und} \qquad B = \int_0^\infty e^{-a^2x^2}\sin bx\,dx\,.$$

Wir gehen aus von den beiden Integralen

$$\alpha = \int_0^\infty e^{-x^2}\,dx \qquad \text{und} \qquad \beta = \int_0^\infty x e^{-x^2}\,dx\,.$$

Zur Berechnung von α benutzen wir die Ungleichung der Exponentialfunktion in den beiden Formen

$$e^{-\frac{x^2}{n}} > 1 - \frac{x^2}{n}, \qquad e^{\frac{x^2}{m}} > 1 + \frac{x^2}{m},$$

wo n und $m = n + 1$ natürliche Zahlen sind. Aus ihnen folgt

$$e^{-x^2} > \left(1 - \frac{x^2}{n}\right)^n, \qquad e^{-x^2} < 1 : \left(1 + \frac{x^2}{m}\right)^m$$

und hieraus

$$\alpha > \int_0^{\sqrt{n}} e^{-x^2}\, d\, x > \int_0^{\sqrt{n}} \left(1 - \frac{x^2}{n}\right)^n d\, x, \qquad \alpha < \int_0^{\infty} \frac{d\, x}{\left(1 + \frac{x^2}{m}\right)^m}.$$

In den rechtsstehenden Integralen substituieren wir

$$x = \sqrt{n} \sin \varphi, \quad d\, x = \sqrt{n} \cos \varphi\, d\, \varphi, \qquad x = \sqrt{m}\, \mathrm{tg}\, \varphi, \quad d\, x = \sqrt{m} \sec^2 \varphi\, d\, \varphi$$

und erhalten

$$\sqrt{n} \int_0^{\varkappa} \cos^{2n+1} \varphi\, d\, \varphi < \alpha < \sqrt{m} \int_0^{\varkappa} \cos^{2n} \varphi\, d\, \varphi \qquad \text{mit} \quad \varkappa = \frac{\pi}{2}.$$

Da das linke Integral den Wert $1 : c_n (2n + 1)$, das rechte den Wert $\varkappa c_n$ hat, wo c_n den Bruch

$$c_n = \frac{1 \cdot 3 \cdot 5 \cdot \ldots \cdot (2\, n - 1)}{2 \cdot 4 \cdot 6 \cdot \ldots \cdot (2\, n)}$$

bedeutet, so wird

$$\sqrt{n} : c_n (2n + 1) < \alpha < \varkappa\, c_n \sqrt{m}.$$

Die hier angegebenen Schranken für α streben auf Grund von Wallis' Formel

$$\lim c_n \sqrt{n} = 1 : \sqrt{\pi}$$

gegen denselben Wert $\sqrt{\pi} : 2$.

Daher ist

$$\text{(1)} \qquad \boxed{\alpha = \int_0^{\infty} e^{-x^2}\, d\, x = \sqrt{\pi} : 2}\, .$$

Die Ermittlung von β ist bedeutend einfacher. Wir substituieren $x^2 = u$, $2\, d\, x = d\, u : \sqrt{u}$ und erhalten

$$2\, \beta = \int_0^{\infty} e^{-u}\, d\, u = 1,$$

so daß

$$\text{(2)} \qquad \boxed{\beta = \int_0^{\infty} x\, e^{-x^2}\, d\, x = 1 : 2}$$

ist.

Nun ersetzen wir in (1) und (2) x durch ax, wo a eine beliebige positive Konstante bedeutet, und erhalten die Formeln

$$\int_0^\infty e^{-a^2x^2}\,dx = \sqrt{\pi} : 2a \qquad \text{und} \qquad \int_0^\infty x\,e^{-a^2x^2}\,dx = 1 : 2a^2.$$

Diese Formeln differenzieren wir fortlaufend nach dem Parameter a auf Grund der Leibnizschen Regel. Diese Ableitungen sind zulässig, da jedes der neu entstehenden Integrale in jedem endlichen Gebiet der positiven Variable a gleichmäßig konvergiert. So entstehen folgende Formelketten

$$\int_0^\infty e^{-a^2x^2}\,dx = \frac{\sqrt{\pi}}{2}\cdot\frac{1}{a} \qquad \int_0^\infty x\,e^{-a^2x^2}\,dx = \frac{1}{2a^2}$$

$$\int_0^\infty x^2 e^{-a^2x^2}\,dx = \frac{\sqrt{\pi}}{2}\cdot\frac{1}{2a^3} \qquad \int_0^\infty x^3 e^{-a^2x^2}\,dx = \frac{2}{2^2 a^4}$$

$$\int_0^\infty x^4 e^{-a^2x^2}\,dx = \frac{\sqrt{\pi}}{2}\cdot\frac{1\cdot 3}{2^2 a^5} \qquad \int_0^\infty x^5 e^{-a^2x^2}\,dx = \frac{2\cdot 4}{2^3 a^6}$$

$$\int_0^\infty x^6 e^{-a^2x^2}\,dx = \frac{\sqrt{\pi}}{2}\cdot\frac{1\cdot 3\cdot 5}{2^3 a^7} \qquad \int_0^\infty x^7 e^{-a^2x^2}\,dx = \frac{2\cdot 4\cdot 6}{2^4 a^8}$$

. . . .

$$\int_0^\infty x^{2n} e^{-a^2x^2}\,dx = \frac{\sqrt{\pi}}{2}\cdot\frac{1\cdot 3\cdot 5\ldots(2n-1)}{2^n a^{2n+1}} \qquad \int_0^\infty x^{2n+1} e^{-a^2x^2}\,dx = \frac{2\cdot 4\cdot 6\ldots(2n)}{2^{n+1} a^{2n+2}},$$

so daß für jedes ganzzahlige $n \geqq 0$

$$\int_0^\infty x^{2n} e^{-a^2x^2}\,dx = \frac{\sqrt{\pi}}{2}\,\frac{(2n)!}{2^{2n}\,n!\,a^{2n+1}}, \qquad \int_0^\infty x^{2n+1} e^{-a^2x^2}\,dx = \frac{n!}{2a^{2n+2}}$$

ist.

Nun haben die Glieder der Reihen für $\cos 2bx$ und $\sin bx$ die Form

$$\pm\frac{2^{2n}b^{2n}x^{2n}}{(2n)!} \qquad \text{bzw.} \qquad \pm\frac{b^{2n+1}x^{2n+1}}{(2n+1)!}.$$

Multiplizieren wir demgemäß die Formeln der ersten Kette mit

$$1,\ -\frac{2^2b^2}{2!},\ +\frac{2^4b^4}{4!},\ -\frac{2^6b^6}{6!},\ +-\cdots,$$

die der zweiten Kette mit

$$b,\ -\frac{b^3}{3!},\ +\frac{b^5}{5!},\ -\frac{b^7}{7!},\ +-\cdots$$

und addieren, so ergibt sich das Formelpaar

$$\int_0^\infty e^{-a^2x^2} u_n\,dx = \frac{\sqrt{\pi}}{2a} w_n, \qquad \int_0^\infty e^{-a^2x^2} v_n\,dx = \frac{1}{2a}\omega_n$$

$$\text{mit}\quad\begin{cases} u_n = 1 - \frac{(2bx)^2}{2!} + \frac{(2bx)^4}{4!} - + \cdots + \iota^n \frac{(2bx)^{2n}}{(2n!)}, \\ w_n = 1 - \frac{Q}{1!} + \frac{Q^2}{2!} - \frac{Q^3}{3!} + - \cdots + \iota^n \frac{Q^n}{n!}, \qquad [Q = b^2 : a^2], \\ v_n = bx - \frac{(bx)^3}{3!} + \frac{(bx)^5}{5!} - + \cdots + \iota^n \frac{(bx)^{2n+1}}{(2n+1)!}, \\ \omega_n = q - \frac{1!}{3!} q^3 + \frac{2!}{5!} q^5 - \frac{3!}{7!} q^7 + - \cdots + \iota^n \frac{n!}{(2n+1)!} q^{2n+1}, \qquad [q = b : a]. \end{cases}$$

Nun ist

$$u_n, \quad v_n, \quad w_n, \quad \omega_n$$

bzw. der $n$te Näherungswert der unendlichen Reihe

$$U = 1 - \frac{(2bx)^2}{2!} + \frac{(2bx)^4}{4!} - + \cdots = \cos 2bx,$$

$$V = bx - \frac{(bx)^3}{3!} + - \cdots = \sin bx,$$

$$W = 1 - \frac{Q^1}{1!} + \frac{Q^2}{2!} - + \cdots = e^{-Q},$$

$$\Omega = q - \frac{1!}{3!} q^3 + \frac{2!}{5!} q^5 - \frac{3!}{7!} q^7 + - \cdots.$$

Da für reelle x

$$|u_n - U| < \frac{(2B)^{2m} X^{2m}}{(2m)!} \quad \text{und} \quad |v_n - V| < \frac{B^{2m+1} X^{2m+1}}{(2m+1)!}$$

mit $m = n + 1$ ist, so konvergiert der Unterschied der beiden Integrale

$$\int_0^\infty e^{-a^2x^2} u_n \, dx \quad \text{und} \quad \int_0^\infty e^{-a^2x^2} U \, dx,$$

ebenso der Unterschied der beiden Integrale

$$\int_0^\infty e^{-a^2x^2} v_n \, dx \quad \text{und} \quad \int_0^\infty e^{-a^2x^2} V \, dx$$

bei $n \to \infty$ gegen Null, und da auch die Unterschiede $w_n - W$ und $\omega_n - \Omega$ bei $n \to \infty$ gegen Null streben, so ergeben sich die beiden Formeln

$$\int_0^\infty e^{-a^2x^2} U \, dx = \frac{\sqrt{\pi}}{2a} W \quad \text{und} \quad \int_0^\infty e^{-a^2x^2} V \, dx = \frac{1}{2a} \Omega,$$

ausführlich

$$\boxed{\int_0^\infty e^{-a^2x^2} \cos 2bx \, dx = \frac{\sqrt{\pi}}{2a} e^{-b^2 : a^2}}$$

und

$$\boxed{\int_0^\infty e^{-x^2a^2} \sin b\,x\,d\,x = \frac{1}{2a}\left[q - \frac{1!}{3!}q^3 + \frac{2!}{5!}q^5 - \frac{3!}{7!}q^7 + - \cdots\right]} \quad \text{mit} \quad q = \frac{b}{a}.$$

Die in der eckigen Klammer stehende Reihe konvergiert, wie leicht zu sehen, für jedes endliche q.

§ 146. Die diophantische Gleichung von Fermat-Euler

Eine der berühmtesten diophantischen Gleichungen ist die Gleichung

$$x^2 + y^2 = g,$$

von Fermat-Euler, in welcher g eine gegebene positive Ganzzahl, x und y ganzzahlige Unbekannten sind.

Jedes Ganzzahlenpaar (x, y), welches die Gleichung befriedigt, heißt eine Lösung der Gleichung, und die wichtige Frage, die uns hier beschäftigt, lautet:

Wieviel Lösungen besitzt die Fermat-Euler-Gleichung?

Um die gesuchte *Lösungszahl* – sie heiße $\bar{g}$ – zu ermitteln, gehen wir von der Thetafunktion $\vartheta_3(v; \tau)$ aus, setzen in ihr $v = 0$, $\vartheta_3(0, \tau) = \vartheta_3$ und haben

$$\vartheta_3 = \sum q^{x^2} \qquad \text{mit} \quad q = e^{i\pi\tau},$$

worin x alle Ganzzahlen durchläuft. Multiplizieren wir diese Gleichung mit

$$\vartheta_3 = \sum q^{y^2}, \qquad [y = 0, \pm 1, \pm 2, \ldots],$$

so entsteht

$$\vartheta_3^2 = \sum q^{x^2+y^2},$$

in welcher Summe x und y unabhängig voneinander alle Ganzzahlen durchlaufen. In dieser Summe tritt die Potenz q^g genau $\bar{g}$ mal auf, so daß

$$\vartheta_3^2 = 1 + \sum_1^\infty \bar{g}\,q^g$$

ist, wo g alle positiven Ganzzahlen durchläuft.

Wenn es also gelingt, ϑ_3^2 als Potenzreihe

$$\vartheta_3^2 = \sum_0^\infty c_n\,q^n$$

mit *bekannten* Koeffizienten c_n darzustellen, so erhalten wir für die gesuchte Lösungszahl

$$\bar{g} = c_g.$$

Um eine solche Potenzreihe zu finden, gehen wir aus vom Quotient der beiden Thetafunktionen $\vartheta_2(v)$ und $\vartheta(v)$:

$$f(v) = \frac{\vartheta_2(v)}{\vartheta(v)}.$$

In der Umgebung des Nullpunkts ($v = 0$) gelten für $\vartheta_2(v)$ und $\vartheta(v)$ die Taylorentwicklungen

$$\vartheta_2(v) = a + bv^2 + \cdots, \qquad \vartheta(v) = \alpha v + \beta v^3 + \cdots$$

$$\text{mit} \quad a = \vartheta_2, \quad b = \vartheta_2'' : 2, \quad \ldots, \quad \alpha = \vartheta', \quad \beta = \vartheta''' : 6, \quad \cdots,$$

so daß hier

$$f(v) = \frac{1}{v} \frac{a + bv^2 + \cdots}{\alpha + \beta v^2 + \cdots} = \frac{a}{\alpha} \cdot \frac{1}{v} [1 + A v^2 + B v^4 + \cdots]$$

ist.

Um eine Entwicklung von $f(v)$ zu bekommen, die einfacher mit $1 : v$ beginnt, brauchen wir nur statt $f(v)$ die Funktion

$$F(v) = \frac{\alpha}{a} \cdot f(v) = \frac{\vartheta' \vartheta_2(v)}{\vartheta_2 \vartheta(v)}$$

zu nehmen. Diese Funktion besitzt in der Umgebung des Nullpunkts die Entwicklung

$$F(v) = \frac{1}{v} + Av + Bv^3 + \cdots.$$

Die wichtigste Eigenschaft der Funktion $F(v)$ ist ihre doppelte Periodizität *). Vermehren wir nämlich v um 1 bzw. τ, so ergibt sich vermöge der Funktionalgleichungen der Thetafunktionen [$\vartheta_2(v + 1) = \vartheta_2(v), \ldots, \vartheta(v + \tau) = ip\vartheta(v)$ mit $p = 1 : qx$]

$$F(v + 1) = -F(v), \qquad F(v + \tau) = F(v),$$

so daß

$$F(v + 2) = F(v), \qquad F(v + \tau) = F(v)$$

ist. Die Funktion $F(v)$ hat also die beiden Perioden 2 und τ und nimmt deshalb ihren ganzen Wertevorrat im Periodenparallelogramm $\mathfrak{P} = OABC$, d. h. im Parallelogramm mit den 4 Ecken

$$O[v = 0], \qquad A[v = 2], \qquad B[v = \tau], \qquad C[v = 2 + \tau]$$

an. Sie verhält sich in $\mathfrak{P}$ mit Ausnahme der beiden Stellen $O[v = 0]$ und $M[v = 1]$, in denen sie einfache Pole hat, regular. Die Potenzreihen für $F(v)$ für Punkte v der Umgebung von O und Punkte $1 + v$ der Umgebung von M sehen so aus:

um O:
$$F(v) = \frac{1}{v} + Av + Bv^3 + \cdots$$

und [wegen $F(v + 1) = -F(v)$]

um M:
$$F(1 + v) = -\frac{1}{v} - Av - Bv^3 - \cdots$$

Die Residuen der Funktion $F(v)$ in den Polen O und M sind sonach $+1$ und -1. Es kommt jetzt darauf an, noch eine zweite Funktion $\mathfrak{F}(v)$ mit den Perioden 2

*) Eine Funktion einer komplexen Variable heißt doppeltperiodisch, wenn sie ihren Wert bei Vermehrung des Arguments um ω wie auch um ω' nicht ändert, wobei die sog. *Perioden* ω und ω' gewisse Zahlen mit *nichtreellem* Quotienten sind.

und τ, also dem Periodenparallelogramm $\mathfrak{P}$ und mit den Einfachpolen O und M nebst zugehörigen Residuen $+1$ und -1 ausfindig zu machen

Zu dem Zwecke betrachten wir zunächst die bezogene Ableitung $\varphi(v)$ der Funktion $\vartheta(\mathfrak{v}, \mathfrak{t})$ nach v, in welcher $\mathfrak{v}$ die Hälfte von v, $\mathfrak{t}$ die Hälfte von τ bedeuten soll, d. h. die Funktion

$$\varphi(v) = \frac{1}{2}\vartheta'(\mathfrak{v}, \mathfrak{t}) : \vartheta(\mathfrak{v}, \mathfrak{t})$$

[wobei $\vartheta'(\mathfrak{v}, \mathfrak{t})$ natürlich die nach $\mathfrak{v}$ genommene Ableitung von $\vartheta(\mathfrak{v}, \mathfrak{t})$ bedeutet].

Der Vermehrung von v um die Perioden 2 und τ entspricht die Vermehrung von $\mathfrak{v}$ um die Quanten 1 und $\mathfrak{t}$. Es ist aber (mit $\mathfrak{p} = e^{-2i\pi\mathfrak{v}}\, e^{-i\pi\mathfrak{t}}$)

$$\vartheta(\mathfrak{v}+1, \mathfrak{t}) = -\vartheta(\mathfrak{v}, \mathfrak{t}), \qquad \vartheta(\mathfrak{v}+\mathfrak{t}, \mathfrak{t}) = -\mathfrak{p}\,\vartheta(\mathfrak{v}, \mathfrak{t})$$

mithin

$$\vartheta'(\mathfrak{v}+1, \mathfrak{t}) = -\vartheta'(\mathfrak{v}, \mathfrak{t}), \qquad \vartheta'(\mathfrak{v}+\mathfrak{t}, \mathfrak{t}) = -\mathfrak{p}\,\vartheta'(\mathfrak{v}, \mathfrak{t}) - \mathfrak{p}'\vartheta(\mathfrak{v}, \mathfrak{t}).$$

Und hieraus ergibt sich

$$\varphi(v+2) = \varphi(v), \qquad \varphi(v+\tau) = \varphi(v) + \mathfrak{p}' : 2\mathfrak{p}.$$

Genau so findet sich für die bezogene Ableitung

$$\psi(v) = \frac{1}{2}\vartheta_1'(\mathfrak{v}, \mathfrak{t}) : \vartheta_1(\mathfrak{v}, \mathfrak{t})$$

von $\vartheta_1(\mathfrak{v}, \mathfrak{t})$ nach v

$$\psi(v+2) = \psi(v), \qquad \psi(v+\tau) = \psi(v) + \mathfrak{p}' : 2\mathfrak{p}.$$

Daher ist die Differenz

$$\mathfrak{F}(v) = \varphi(v) - \psi(v)$$

eine doppeltperiodische Funktion mit dem Periodenparallelogramm $\mathfrak{P}$.

Die Funktion $\varphi(v)$ hat in $\mathfrak{P}$ nur den einen Pol — Einfachpol — $v = 0$ mit dem Residuum $+1$, da um $\mathfrak{v} = 0$ herum

$$\frac{\vartheta'(\mathfrak{v}, \mathfrak{t})}{\vartheta(\mathfrak{v}, \mathfrak{t})} = \frac{1}{\mathfrak{v}} + \mathfrak{A}\mathfrak{v} + \mathfrak{B}\mathfrak{v}^3 + \cdots,$$

also um $v = 0$ herum

$$\varphi(v) = \frac{1}{v} + \mathfrak{a}v + \mathfrak{b}v^3 + \cdots$$

ist.

Die Funktion $\psi(v)$ hat in $\mathfrak{P}$ nur den einen Pol — Einfachpol — $v = 1$, wiederum mit dem Residuum $+1$, da für Punkte $\frac{1}{2}$ + der Umgebung der Stelle $\frac{1}{2}$ der $\mathfrak{v}$-Ebene

$$\frac{\vartheta_1'\left(\frac{1}{2}+\mathfrak{v}, \mathfrak{t}\right)}{\vartheta_1\left(\frac{1}{2}+\mathfrak{v}, \mathfrak{t}\right)} = \frac{\vartheta'(\mathfrak{v}, \mathfrak{t})}{\vartheta(\mathfrak{v}, \mathfrak{t})} = \frac{1}{\mathfrak{v}} + \mathfrak{A}\mathfrak{v} + \mathfrak{B}\mathfrak{v}^3 + \cdots,$$

mithin wie oben (um $v = 1$ herum)

$$\psi(1+v) = \psi(v) = \frac{1}{v} + \mathfrak{a}v + \mathfrak{b}v^3 + \cdots$$

ist.

Demgemäß hat unsere zweite doppeltperiodische Funktion

$$\mathfrak{F}(v) = \varphi(v) - \psi(v)$$

im Periodenparallelogramm nur die beiden Pole — Einfachpole — O und M mit den Residuen $+1$ und -1.

Der Unterschied

$$\mathfrak{U}(v) = F(v) - \mathfrak{F}(v)$$

der beiden Funktionen $F(v)$ und $\mathfrak{F}(v)$ ist also erstens doppeltperiodisch und verhält sich zweitens an *allen* Stellen des Periodenparallelogramms regulär. $\mathfrak{U}(v)$ verhält sich sonach *überall* regulär und ist infolgedessen nach Liouvilles Satz eine Konstante:

$$\mathfrak{U}(v) = \text{const.}$$

Um den Wert der Konstante zu bestimmen, entwickeln wir $\mathfrak{U}(v)$ in der Umgebung der Stelle O in eine Potenzreihe.

Es war hier

$$F(v) = \frac{1}{v} + Av + Bv^3 + \cdots, \quad \varphi(v) = \frac{1}{v} + \mathfrak{a}v + \mathfrak{b}v^3 + \cdots,$$

und $\psi(v)$ hat, wie man leicht feststellt, um $v = 0$ die Entwicklung

$$\psi(v) = \mathfrak{a}_1 v + \mathfrak{b}_1 v^2 + \cdots.$$

Daher ist um O

$$\mathfrak{U}(v) = \mathfrak{A}_1 v + \mathfrak{B}_1 v^2 + \cdots,$$

mithin

$$\mathfrak{U}(0) = 0$$

und wegen der Konstanz von $\mathfrak{U}$ überall

$$\mathfrak{U}(v) = 0$$

oder

$$F(v) = \mathfrak{F}(v)$$

oder endlich

$$\boxed{\frac{\vartheta' \vartheta_2(v)}{\vartheta_2 \vartheta(v)} = \varphi(v) - \psi(v)}$$

mit

$$2\varphi(v) = \vartheta^*(\mathfrak{v}, \mathfrak{t}), \qquad 2\psi(v) = \vartheta_1^*(\mathfrak{v}, \mathfrak{t}),$$

wo z. B. $\vartheta^*(\mathfrak{v}, \mathfrak{t})$ die bezogene Ableitung von $\vartheta(\mathfrak{v}, \mathfrak{t})$ nach $\mathfrak{v}$ bedeutet.

Um die bezogenen Ableitungen von $\vartheta(\mathfrak{v}, \mathfrak{t})$ und $\vartheta_1(\mathfrak{v}, \mathfrak{t})$ zu bilden, benutzen wir die Produktdarstellungen

$$\vartheta(\mathfrak{v}, \mathfrak{t}) = 2\,\mathfrak{o}\,\mathfrak{Q} \sin \pi \mathfrak{v} \prod_1^\infty (1 - \mathfrak{q}^{2n}\mathfrak{x})(1 - \mathfrak{q}^{2n} : \mathfrak{x})$$

und

$$\vartheta_1(\mathfrak{v}, \mathfrak{t}) = 2\,\mathfrak{o}\,\mathfrak{Q} \cos \pi \mathfrak{v} \prod_1^\infty (1 + \mathfrak{q}^{2n}\mathfrak{x})(1 + \mathfrak{q}^{2n} : \mathfrak{x})$$

mit

$$\mathfrak{q} = e^{i\pi \mathfrak{t}}, \qquad \mathfrak{x} = e^{2i\pi\mathfrak{v}}, \qquad \mathfrak{o} = \sqrt[4]{\mathfrak{q}}, \qquad \mathfrak{Q} = \prod_1^\infty (1 - \mathfrak{q}^{2n}).$$

Das gibt

$$\vartheta^*(\mathfrak{v}, \mathfrak{t}) = \pi \cot \pi \mathfrak{v} - 2 i \pi \sum_1^\infty \left(\frac{\mathfrak{q}^{2n} \mathfrak{x}}{1 - \mathfrak{q}^{2n} \mathfrak{x}} - \frac{\mathfrak{q}^{2n} : \mathfrak{x}}{1 - \mathfrak{q}^{2n} : \mathfrak{x}} \right),$$

$$\vartheta_1^*(\mathfrak{v}, \mathfrak{t}) = -\pi \operatorname{tg} \pi \mathfrak{v} + 2 i \pi \sum_1^\infty \left(\frac{\mathfrak{q}^{2n} \mathfrak{x}}{1 + \mathfrak{q}^{2n} \mathfrak{x}} - \frac{\mathfrak{q}^{2n} : \mathfrak{x}}{1 + \mathfrak{q}^{2n} : \mathfrak{x}} \right).$$

Die spaltenweise Subtraktion dieser beiden Gleichungen liefert für die Differenz $\vartheta^*(\mathfrak{v}, \mathfrak{t}) - \vartheta_1^*(\mathfrak{v}, \mathfrak{t})$ den Ausdruck

$$2\pi : \sin 2\pi \mathfrak{v} - 4 i \pi \sum_1^\infty \left(\frac{q^n \mathfrak{x}}{1 - q^{2n} \mathfrak{x}^2} - \frac{q^n : \mathfrak{x}}{1 - q^{2n} : \mathfrak{x}^2} \right),$$

so daß

$$\varphi(v) - \psi(v) = \frac{\pi}{\sin \pi v} - 2 i \pi \sum_1^\infty \left(\frac{q^n \mathfrak{x}}{1 - q^{2n} \mathfrak{x}^2} - \frac{q^n : \mathfrak{x}}{1 - q^{2n} : \mathfrak{x}^2} \right)$$

wird.

Nun setzen wir in der Hauptformel dieses Paragraphen

$$v = \frac{1}{2}, \qquad \text{also} \qquad \mathfrak{v} = \frac{1}{4}, \qquad \mathfrak{x} = i, \qquad \vartheta_2\left(\frac{1}{2}\right) = \vartheta_3, \qquad \vartheta\left(\frac{1}{2}\right) = \vartheta_1$$

und erhalten

$$\frac{\vartheta' \vartheta_3}{\vartheta_2 \vartheta_1} = \pi + 2\pi \sum_1^\infty \left(\frac{q^n}{1 + q^{2n}} + \frac{q^n}{1 + q^{2n}} \right)$$

oder wegen $\vartheta' = \pi \vartheta_1 \vartheta_2 \vartheta_3$

$$\vartheta_3^2 = 1 + 4 \sum_1^\infty \frac{q^n}{1 + q^{2n}}$$

oder im Hinblick auf die obige Reihe für ϑ_3^2

$$\boxed{\sum_1^\infty \bar{g}\, q^g = 4 \sum_1^\infty \frac{q^n - q^{3n}}{1 - q^{4n}}}\,.$$

Nun ist

$$\frac{1}{1 - q^{4n}} = 1 + q^{4n} + q^{8n} + q^{12n} + \cdots,$$

mithin die rechtsstehende Summe

$$\sum [q^{(4m+1)n} - q^{(4m+3)n}],$$

wo m alle Ganzzahlen von 0 bis $+\infty$, n unabhängig davon alle Ganzzahlen von 1 bis $+\infty$ durchläuft. In dieser Summe kommt q^g als Minuend so oft vor, wie es, der Gleichung $(4m + 1) \cdot n = g$ entsprechend, Teiler von g von der Form $4m + 1$ gibt, als Subtrahend so oft vor, wie es Teiler von g von der Form $4m + 3$ gibt. Hat also die positive Ganzzahl g g_1 positive Teiler von der Form $4m + 1$

und g_3 positive Teiler von der Form $4m + 3$, so kommt q^g in unserer Summe genau $(g_1 - g_3)$mal vor, und die Summe schreibt sich

$$\sum_1^\infty (g_1 - g_3)\, q^g,$$

die gewonnene Gleichung sonach

$$\sum_1^\infty \bar{g}\, q^g = \sum_1^\infty 4\,(g_1 - g_3)\, q^g.$$

Aus ihr folgt sofort

$$\boxed{\bar{g} = 4\,(g_1 - g_3)}\,.$$

In Worten:

Die Lösungszahl der diophantischen Gleichung

$$x^2 + y^2 = g, \qquad [g > 0]$$

ist der vierfache Überschuß der Anzahl der positiven Teiler von g von der Form $4m + 1$ über die Anzahl der positiven Teiler von g von der Form $4m + 3$.

Ein Sonderfall dieses allgemeinen Ergebnisses ist

Fermat-Eulers Primzahlsatz:

Jede Primzahl von der Form $4n + 1$ ist nur auf eine Weise als Summe der Quadrate von zwei natürlichen Zahlen darstellbar; bei Primzahlen von der Form $4n + 3$ ist eine derartige Darstellung unmöglich.

[Dabei gelten die beiden Darstellungen $3^2 + 2^2$ und $2^2 + 3^2$ von 13 z. B. als eine einzige Darstellung.]

§ 147. Die diophantische Gleichung von Lagrange-Jacobi

Die diophantische Gleichung

$$x^2 + y^2 + z^2 + t^2 = g,$$

in welcher g eine gegebene positive Ganzzahl, x, y, z, t ganzzahlige Unbekannten bedeuten, wurde zuerst von *Lagrange* betrachtet. Er fand u. a. den

Satz:

Jede natürliche Zahl ist als Summe von vier Quadratzahlen darstellbar.

Spater bestimmte Jacobi die Lösungszahl dieser diophantischen Gleichung, d. h. die Anzahl der Lösungen (x, y, z, t) der Gleichung. Es gilt der

Satz von Jacobi:

Die Lösungszahl der diophantischen Gleichung

$$x^2 + y^2 + z^2 + t^2 = g$$

ist die achtfache Summe der durch 4 unteilbaren positiven Teiler von g.

Der obige Satz von Lagrange ist natürlich in Jacobis Satz enthalten.
Der folgende Beweis des Jacobischen Satzes beruht auf der Thetaformel

$$\vartheta_1(v)\vartheta_2'(v) - \vartheta_2(v)\vartheta_1'(v) = \pi\vartheta_3^2\vartheta_3(v)\vartheta(v),$$

die wir deshalb zunachst herleiten.
Das kann man ähnlich wie im vorigen Paragraphen machen, indem man die Funktion

$$\mathfrak{U}(v) = F(v) : \mathfrak{F}(v)$$

betrachtet, wo

$$F(v) = \vartheta_1(v)\vartheta_2' v - \vartheta_2(v)\vartheta_1'(v), \quad \mathfrak{F}(v) = \vartheta_3(v)\vartheta(v)$$

ist, und dann nachweist, daß $\mathfrak{U}(v)$ eine überall reguläre doppeltperiodische Funktion und damit eine Konstante darstellt. Für letztere ergibt sich dann durch Spezialisierung der Wert $\pi\vartheta_3^2$.
Wir wollen es hier der Abwechslung wegen etwas anders machen, nämlich ausgehen von Jacobis Grundformel

$$\underline{3333} + \underline{1111} = \overline{3333} + \overline{1111}$$

(vgl. § 97).
Wir ersetzen die beiden Vierer (x, y, z, t) und (X, Y, Z, T) der Grundformel einmal durch

$$(x+h,\ y+h,\ z+h,\ t-h) \quad \text{und} \quad (X-h,\ Y-h,\ Z-h,\ T+h),$$

dann durch

$$(x+h,\ y+k,\ z-h,\ t-k) \quad \text{und} \quad (X+h-k,\ Y,\ Z-h-k,\ T)$$

mit $h = 1:2$, $k = \tau:2$.
Das erstemal verwandelt sich die Grundformel nach den Funktionalgleichungen der Thetafunktionen in

$$\underline{2222} - \underline{0000} = \overline{2222} - \overline{0000}, \tag{1}$$

das andere Mal in

$$\underline{2121} - \underline{0303} = \overline{2121} - \overline{0303}. \tag{2}$$

[Beim zweiten Male ist die neue linke Seite mit dem Faktor ι^{y-t+2c}, die rechte mit dem Faktor $\iota^{-X-Z+2c}$ behaftet $(4c = \tau)$. Da aber $X + Z = t - y$ ist, fallen diese Faktoren weg.]
In (1) setzen wir

$$x = t = v,\ y = z = u,\ X = v - u,\ Y = 0,\ Z = 0,\ T = v + u,$$

in (2)

$$z = t = v,\ y = x = u,\ X = 0,\ Y = 0,\ Z = v - u,\ T = v + u.$$

Dadurch verwandeln sich (1) und (2) in

$$\vartheta_2^2(v)\,\vartheta_2^2(u) - \vartheta^2(v)\,\vartheta^2(u) = \vartheta_2^2\,\vartheta_2(v+u)\,\vartheta_2(v-u)$$

und

$$\vartheta_1(v)\,\vartheta_2(v)\,\vartheta_1(u)\,\vartheta_2(u) - \vartheta_3(v)\,\vartheta(v)\,\vartheta_3(u)\,\vartheta(u) = \vartheta_1\vartheta_2\vartheta_1(v+u)\,\vartheta_2(v-u).$$

Die Division dieser Formeln gibt

$$\frac{\vartheta_1}{\vartheta_2}\,\frac{\vartheta_1(v+u)}{\vartheta_2(v+u)} = \frac{\vartheta_1(v)\,\vartheta_2(v)\,\vartheta_1(u)\,\vartheta_2(u) - \vartheta_3(v)\,\vartheta(v)\,\vartheta_3(u)\,\vartheta(u)}{\vartheta_2^2(v)\,\vartheta_2^2(u) - \vartheta^2(v)\,\vartheta^2(u)}.$$

Wir bilden jetzt die bezogene Ableitung dieser Gleichung nach u, wobei wir den Zähler bzw. Nenner der rechten Seite der Gleichung mit Z bzw. N abkürzen und erhalten

$$\frac{\vartheta_1'(v+u)}{\vartheta_1(v+u)} - \frac{\vartheta_2'(v+u)}{\vartheta_2(v+u)}$$

$$= \frac{\vartheta_1(v)\,\vartheta_2(v)\,[\vartheta_1(u)\,\vartheta_2'(u) + \vartheta_2(u)\,\vartheta_1'(u)] - \vartheta_3(v)\,\vartheta(v)\,[\vartheta_3(u)\,\vartheta'(u) + \vartheta(u)\,\vartheta_3'(u)]}{Z}$$

$$- \frac{2\,\vartheta_2^2(v)\,\vartheta_2(u)\,\vartheta_2'(u) - 2\,\vartheta^2(v)\,\vartheta(u)\,\vartheta'(u)}{N}.$$

In dieser Gleichung setzen wir nun $u = 0$. Sie erhält dann wegen $\vartheta(0) = 0$, $\vartheta_1'(0) = 0$, $\vartheta_2'(0) = 0$, $\vartheta_3'(0) = 0$ die einfache Form

$$\frac{\vartheta_1'(v)}{\vartheta_1(v)} - \frac{\vartheta_2'(v)}{\vartheta_2(v)} = -\frac{\vartheta_3\vartheta'}{\vartheta_1\,\vartheta_2}\,\frac{\vartheta_3(v)\,\vartheta(v)}{\vartheta_1(v)\,\vartheta_2(v)}$$

oder wegen $\vartheta' = \pi\vartheta_1\,\vartheta_2\,\vartheta_3$ die Gestalt

$$\vartheta_1(v)\,\vartheta_2'(v) - \vartheta_2(v)\,\vartheta_1'(v) = \pi\vartheta_3^2\,\vartheta_3(v)\,\vartheta(v),$$

womit die obige Thetaformel hergeleitet ist.

Wir bilden die Ableitung unserer Thetaformel:

$$\vartheta_1(v)\,\vartheta_2''(v) - \vartheta_2(v)\,\vartheta_1''(v) = \pi\vartheta_3^2\,[\vartheta_3(v)\,\vartheta'(v) + \vartheta(v)\,\vartheta_3'(v)]$$

ersetzen in ihr gemäß der Differentialgleichung der Thetafunktionen

$$\theta_{vv} = 4i\pi\theta_\tau$$

$\vartheta_2''(v)$ und $\vartheta_1''(v)$ durch $4i\pi\vartheta_{2\tau}(v)$ und $4i\pi\vartheta_{1\tau}(v)$ und setzen dann $v = 0$. Dadurch entsteht wegen $\vartheta' = \pi\vartheta_1\,\vartheta_2\,\vartheta_3$

$$4i\,[\vartheta_1\vartheta_2' - \vartheta_2\vartheta_1'] = \pi\vartheta_3^4\,\vartheta_1\,\vartheta_2,$$

wobei ϑ_2' z. B. die Ableitung von ϑ_2 nach τ bedeutet. Auf diese Weise gelangen wir zu der für unsern Zweck brauchbaren Formel

$$\boxed{\vartheta_3^4 = \frac{4i}{\pi}\,[\vartheta_2^* - \vartheta_1^*]},$$

wo ϑ_1^* und ϑ_2^* die bezogenen Ableitungen von ϑ_1 und ϑ_2 (nach τ) darstellen. Die Brauchbarkeit dieser Formel liegt darin, daß sich ihre linke Seite als Summe

$$S = \sum q^{x^2+y^2+z^2+t^2}$$

schreiben läßt, wo x, y, z, t unabhangig voneinander *alle* Ganzzahlen durchlaufen, und daß ihre rechte Seite eine Entwicklung von der Form

$$\mathfrak{S} = 1 + \sum_1^\infty \tilde{g}\, q^g$$

gestattet, deren Koeffizienten $\tilde{g}$ sich leicht ergeben werden. Es ist nämlich

$$\vartheta_2 = Q\,Q_2^2, \qquad \vartheta_1 = 2oQ\,Q_1^2$$

mit

$$Q = \prod_1^\infty (1 - q^{2n}), \quad Q_1 = \prod_1^\infty (1 + q^{2n}), \quad Q_2 = \prod_1^\infty (1 - q^{2n-1}), \quad o = \sqrt[4]{q}.$$

Daher wird

$$\vartheta_2^* - \vartheta_1^* = 2Q_2^* - 2Q_1^* - o^*,$$

und da wegen $q' = i\pi q$

$$Q_2^* = -i\pi \sum_1^\infty \frac{(2n-1)\,q^{2n-1}}{1 - q^{2n-1}}, \qquad Q_1^* = i\pi \sum_1^\infty \frac{2n\,q^{2n}}{1 + q^{2n}}, \qquad o^* = \frac{i\pi}{4}$$

ist,

$$\mathfrak{S} = 1 + 8\sum_1^\infty \frac{(2n-1)\,q^{2n-1}}{1 - q^{2n-1}} + 8\sum_1^\infty \frac{2n\,q^{2n}}{1 + q^{2n}}$$

$$= 1 + 8\sum_1^\infty \frac{(2n-1)\,q^{2n-1}}{1 - q^{2n-1}} + 8\sum_1^\infty \frac{2n\,q^{2n}}{1 - q^{2n}} - 8\sum_1^\infty \frac{4n\,q^{4n}}{1 - q^{4n}}$$

$$= 1 + 8\sum_1^\infty \frac{n\,q^n}{1 - q^n} - 8\sum_1^\infty \frac{4n\,q^{4n}}{1 - q^{4n}}$$

oder schließlich

$$\mathfrak{S} = 1 + 8\left[\sum_1^\infty \frac{n\,q^n}{1 - q^n} - \sum_4^\infty \frac{N q^N}{1 - q^N}\right],$$

wo in der ersten Summe n alle natürlichen Zahlen, in der zweiten Summe N alle natürlichen durch 4 teilbaren Zahlen durchlauft.

Nun schreiben wir gemäß den Entwicklungen

$$\frac{1}{1 - q^n} = 1 + q^n + q^{2n} + \cdots, \qquad \frac{1}{1 - q^N} = 1 + q^N + q^{2N} + \cdots$$

jede dieser beiden Summen als Doppelreihe, deren $r$te Zeile

$$\sum_s n q^{ns} \qquad \text{bzw.} \qquad \sum_s N q^{Ns} \qquad \text{mit} \quad r = n \quad \text{bzw.} \quad r = N:4$$

ist, ordnen aber so an, daß in der $g$ten Spalte nur $g$te Potenzen von q stehen. Nach dem zweiten Doppelreihensatze gestattet jede dieser Doppelreihen spaltenweise Summierung. Die $g$te Spalte der ersten bzw. zweiten Doppelreihe habe die Summe $g_1 q^g$ bzw. $g_2 q^g$. Die in der $g$ten Spalte stehenden Terme $n q^{ns} = n q^g$ bzw. $N q^{Ns} = N q^g$ haben als Koeffizienten wegen der Gleichung $ns = g$ bzw. $Ns = g$ sukzessiv die positiven Teiler n bzw. durch 4 teilbaren Teiler N von g. Daher ist g_1 die Summe der positiven Teiler von g, g_2 die Summe der positiven durch 4 teilbaren Teiler von g. Die Differenz $g_1 - g_2$ ist aber der Koeffizient von q^g in der Potenzreihenentwicklung der eckigen Klammer. Folglich erhalten wir für den gesuchten Koeffizient $\tilde{g}$ von q^g in der Entwicklung für $\mathfrak{S}$ den Wert

$$\tilde{g} = 8(g_1 - g_2),$$

und die rechte Seite dieser Gleichung ist nichts anderes als die achtfache Summe der durch 4 unteilbaren positiven Teiler von g.

Bedeutet nun $\bar{g}$ die Lösungszahl der diophantischen Gleichung

$$x^2 + y^2 + z^2 + t^2 = g,$$

so ist, der Formel

$$S = \sum q^{x^2+y^2+z^2+t^2}$$

entsprechend,

$$S = 1 + \sum_1^\infty \bar{g}\, q^g,$$

mithin wegen $S = \mathfrak{S}$

$$\bar{g} = \tilde{g},$$

und diese Relation enthält den obigen Jacobischen Satz.

§ 148. Dirichlets Primzahlsatz

Von Lejeune-Dirichlet stammt der berühmte

Satz von den Primzahlen einer arithmetischen Reihe:

Unter den Gliedern einer arithmetischen Reihe mit dem positiven Anfangsgliede a und der zu a fremden positiven Differenz d befinden sich unendlich viele Primzahlen.

Beweis. Nach dem Entwicklungssatz für den Quotient $Q = \Delta : L$ einer Dirichletschen L-Reihe (§ 118) ist

$$Q = Q(x, \chi) = \frac{\Delta(x, \chi)}{L(x, \chi)} = \sum_1^\infty \frac{\chi(s)\,\Lambda(s)}{s^x},$$

wo χ irgendeinen Charakter modulo d bedeutet. Teilen wir hier durch $\chi(a)$ und summieren über alle k Charaktere modulo d, so wird

$$\sum_\chi \frac{Q(x, \chi)}{\chi(a)} = \sum_1^\infty \frac{\Lambda(s)}{s^x} \sum_\chi \frac{\chi(s)}{\chi(a)}.$$

Nach dem Divisionssatz für Charaktere ist aber

$$\sum_{\chi} \frac{\chi(s)}{\chi(a)} = \begin{Bmatrix} k, \text{ falls } s \equiv a \bmod d \\ 0, \text{ falls } s \not\equiv a \bmod d \end{Bmatrix}.$$

Damit entsteht die Gleichung

$$\text{(D)} \qquad \sum_{\chi} \frac{1}{\chi(a)} Q(x, \chi) = k \sum_{s \equiv a} \frac{\Lambda(s)}{s^x}.$$

Nach dem Schrankensatz für den Quotient Q strebt bei $x \to 1$ $Q(x, \chi)$ für den Hauptcharakter gegen ∞, während es für jeden Nebencharakter beschränkt bleibt. Daher strebt die linke Seite der Gleichung (D) bei $x \to 1$ gegen $+\infty$. (Für den Hauptcharakter ist $\chi(a) = +1$, für jeden Nebencharakter $|\chi(a)| = 1$.) Damit strebt auch die rechte Seite gegen ∞:

$$\lim_{x \to 1} \sum_{s \equiv a} \frac{\Lambda(s)}{s^x} = \infty.$$

Die in dieser Limesgleichung auftretende Summe ist nun

$$\sum_{p \equiv a} \frac{lp}{p^x} + \left\{ \sum_{p^2 \equiv a} \frac{lp}{p^{2x}} + \sum_{p^3 \equiv a} \frac{lp}{p^{3x}} + \sum_{p^4 \equiv a} \frac{lp}{p^{4x}} + \cdots \right\},$$

wo p eine Primzahl bedeutet.

Hier liegt die geschweifte Klammer für $x \geqq 1$ unterhalb der endlichen Größe

$$E = 2 \sum_{1}^{\infty} \frac{l\,s}{s^2}.$$

Es ist nämlich

$$E = \sum_{1}^{\infty} \frac{2\,l\,s}{s^2} > \sum_{2}^{\infty} \frac{l\,s}{s(s-1)} > \sum_{p} \frac{lp}{p(p-1)},$$

wo p alle Primzahlen durchlauft. Die rechtsstehende Summe schreibt sich

$$\sum_{p} \frac{lp}{p} \left(\frac{1}{p} + \frac{1}{p^2} + \frac{1}{p^3} + \cdots \right) = \sum_{p} \frac{lp}{p^2} + \sum_{p} \frac{lp}{p^3} + \sum_{p} \frac{lp}{p^4} + \cdots$$

und ist sonach größer als

$$\sum_{p^2 \equiv a} \frac{lp}{p^2} + \sum_{p^3 \equiv a} \frac{lp}{p^3} + \sum_{p^4 \equiv a} \frac{lp}{p^4} + \cdots,$$

also auch größer als $\{\ \}$, einerlei ob $x = 1$ oder $x > 1$ ist. Damit haben wir, wie behauptet wurde,

$$\{\ \} < E.$$

und natürlich auch

$$\lim_{x \to 1} \{\ \} < E.$$

Demnach ist

$$\lim_{x\to 1} \sum_{s\equiv a} \frac{\Lambda(s)}{s^x} = \lim_{x\to 1} \sum_{p\equiv a} \frac{l p}{p^x},$$

und wir bekommen die neue Limesformel

$$\lim_{x\to 1} \sum_{p\equiv a} \frac{l p}{p^x} = \infty .$$

Diese kann aber nur dann zutreffen, wenn die Summe

$$\sum_{p\equiv a} \frac{l p}{p^x}$$

unendlich viele Glieder enthält, d. h. wenn es *unendlich viele* Primzahlen p gibt, für welche

$$p \equiv a \bmod d$$

ist.

Damit ist Dirichlets Primzahlsatz bewiesen.

ZWEITER ABSCHNITT

GEOMETRISCHE ANWENDUNGEN

§ 149. Dreieckswinkelberechnung

Von einem Dreieck sind zwei Seiten, a und b, sowie der eingeschlossene Winkel γ bekannt; die fehlenden Winkel ohne Zuhilfenahme der Logarithmentafel zu berechnen.

Lösung. Wir dürfen annehmen, daß eine der gegebenen Seiten, etwa a, kleiner als die andere, b, ist, so daß der Quotient

$$q = a : b$$

einen echten Bruch darstellt. Von den beiden gesuchten Winkeln α und β ist dann α der kleinere, und es wird genügen, diesen zu bestimmen.

Aus

$$\sin\alpha : \sin\beta = a : b$$

folgt zunachst

$$\operatorname{tg}\frac{\beta-\alpha}{2} : \operatorname{tg}\frac{\beta+\alpha}{2} = (b-a):(b+a)$$

oder, wenn wir

$$\frac{\beta-\alpha}{2} = \varphi\,, \qquad \frac{\beta+\alpha}{2} = \Phi\,, \qquad \frac{b-a}{b+a} = \varepsilon$$

setzen,

$$\boxed{\operatorname{tg}\varphi = \varepsilon \operatorname{tg}\Phi} \qquad \text{mit} \quad \varepsilon < 1\,,$$

wo nun die Differenz $\Phi - \varphi$ der beiden Winkel Φ und φ den gesuchten Winkel α darstellt.

Wir behandeln jetzt die gerahmte Gleichung, in welcher wir uns ε als einen vorgelegten positiven Echtbruch, φ und Φ als zwei nichtnegative Winkel vorstellen, von denen der zweite die Bedingung

$$0 \leqq \Phi < \varkappa \qquad \text{mit} \quad 2\varkappa = \pi$$

erfüllt.

Wir setzen

$$e^{2i\varphi} = v\,, \qquad e^{2i\Phi} = V$$

und schreiben die gerahmte Gleichung

$$\frac{e^{i\varphi} - e^{-i\varphi}}{e^{i\varphi} + e^{-i\varphi}} = \varepsilon\,\frac{e^{i\Phi} - e^{-i\Phi}}{e^{i\Phi} + e^{-i\Phi}}$$

oder

$$\frac{v-1}{v+1} = \varepsilon\,\frac{V-1}{V+1}\,.$$

Diese Formel lösen wir einmal nach v, dann nach V auf und erhalten

$$v = V\,\frac{1+q\overline{V}}{1+qV} \qquad \text{bzw.} \qquad V = v\,\frac{1-q\overline{v}}{1-qv}\,,$$

wo

$$q = \frac{1-\varepsilon}{1+\varepsilon}$$

das Quasireziprok von ε und

$$\overline{V} = e^{-2i\Phi}\,, \qquad \overline{v} = e^{-2i\varphi}$$

ist.

Wir schreiben die gefundenen Formeln

$$e^{2i\alpha} = \frac{1+qV}{1+q\overline{V}} \qquad \text{bzw.} \quad e^{2i\alpha} = \frac{1-q\overline{v}}{1-vq}$$

und logarithmieren beiderseits. Das gibt

$$2i\alpha + \mathsf{M} = l(1+qV) - l(1+q\overline{V}) \qquad \text{bzw.} \qquad 2i\alpha + \mu = l(1-q\overline{v}) - l(1-qv)\,,$$

wo M bzw. μ ein gewisses, einstweilen noch unbekanntes Multiplum der Periode $2i\pi$ der Exponentialfunktion bedeutet. Da q einen Echtbruch darstellt, gelten die Entwicklungen

$$l(1+qV) = qV - \frac{1}{2}q^2V^2 + \frac{1}{3}q^3V^3 - + \cdots,$$

$$l(1+q\overline{V}) = q\overline{V} - \frac{1}{2}q^2\overline{V}^2 + \frac{1}{3}q^3\overline{V}^3 - + \cdots,$$

$$l(1-q\overline{v}) = -q\overline{v} - \frac{1}{2}q^2\overline{v}^2 - \frac{1}{3}q^3\overline{v}^3 - - \cdots,$$

$$l(1-qv) = -qv - \frac{1}{2}q^2v^2 - \frac{1}{3}q^3v^3 - - \cdots.$$

Folglich wird

$$2i\alpha + \mathsf{M} = q(V-\overline{V}) - \frac{1}{2}q^2(V^2-\overline{V}^2) + \frac{1}{3}q^3(V^3-\overline{V}^3) - + \cdots$$

und

$$2i\alpha + \mu = q(v-\overline{v}) + \frac{1}{2}q^2(v^2-\overline{v}^2) + \frac{1}{3}q^3(v^3-\overline{v}^3) + + \cdots.$$

Hier teilen wir durch $2i$ und schreiben

$$\frac{V^r - \overline{V}^r}{2i} = \sin 2r\Phi, \qquad \frac{v^r - \overline{v}^r}{2i} = \sin 2r\varphi$$

$$\mathsf{M} : 2i = \mathsf{N}, \qquad \mu : 2i = \nu$$

und haben

$$\alpha + \mathsf{N} = q \sin 2\Phi - \frac{1}{2} q^2 \sin 4\Phi + \frac{1}{3} q^3 \sin 6\Phi - + \cdots,$$

$$\alpha + \nu = q \sin 2\varphi + \frac{1}{2} q^2 \sin 4\varphi + \frac{1}{3} q^3 \sin 6\varphi + + \cdots,$$

wobei nun N und ν gewisse Multipla von π bedeuten.

Zur Bestimmung von N und ν setzen wir $\Phi = 0$. Dann wird auch $\varphi = 0$ und $\alpha = \Phi - \varphi = 0$. Daher ist sowohl N als auch ν gleich Null, und wir haben den sehr bemerkenswerten

Satz:

Besteht zwischen den Winkeln φ und Φ die Beziehung

$$\operatorname{tg}\varphi = \varepsilon \operatorname{tg}\Phi,$$

wo ε einen positiven Echtbruch bedeutet, so läßt sich die Winkeldifferenz $\Phi - \varphi$ auf zwei Arten in eine konvergente unendliche Sinusreihe entwickeln:

$$\boxed{\begin{aligned} \Phi - \varphi &= q \sin 2\varphi + \frac{1}{2} q^2 \sin 4\varphi + \frac{1}{3} q^3 \sin 6\varphi + \cdots \\ \Phi - \varphi &= q \sin 2\Phi - \frac{1}{2} q^2 \sin 4\Phi + \frac{1}{3} q^3 \sin 6\Phi - + \cdots, \end{aligned}},$$

wobei

$$q = \frac{1 - \varepsilon}{1 + \varepsilon}$$

das Quasireziprok von ε ist.

Für die Lösung unserer Dreiecksaufgabe kommt nur die zweite dieser Reihen in Frage, da $2\varphi = \beta - \alpha$ unbekannt ist, während

$$2\Phi = \alpha + \beta$$

das Supplement Γ des vorgelegten Winkels γ darstellt.

Die Lösung der Dreiecksaufgabe wird sonach durch die Formel

$$\alpha = q \sin\Gamma - \frac{1}{2} q^2 \sin 2\Gamma + \frac{1}{3} q^3 \sin 3\Gamma - + \cdots$$

geliefert.

Da

$$\sin n\Gamma = \sin n(\pi - \gamma) = -\cos n\pi \sin n\gamma = -\iota^n \sin n\gamma$$

ist, so wird

$$\alpha = q \sin\gamma + \frac{1}{2} q^2 \sin 2\gamma + \frac{1}{3} q^3 \sin 3\gamma + \cdots$$

Ergebnis:

Der kleinere der beiden unbekannten Winkel eines Dreiecks, von dem zwei Seiten und der eingeschlossene Winkel γ bekannt sind, hat den Wert

$$\alpha = q \sin\gamma + \frac{1}{2} q^2 \sin 2\gamma + \frac{1}{3} q^3 \sin 3\gamma + \cdots,$$

wo q das echtgebrochene Verhältnis der beiden gegebenen Seiten bedeutet.

§ 150. Rektifikation des Kreises

Die Rektifikation des Kreises kommt auf die Berechnung der Zahl π hinaus. und diese erfolgt am besten und genauesten durch gewisse unendliche Reihen. Reihen, die für diesen Zweck geeignet sein sollen, müssen rasch konvergieren. Wir geben im folgenden drei rasch konvergente Reihen für die Berechnung von π an.

Da ist zuerst die Reihe des Englanders Machin, die man folgendermaßen gewinnt.

Nach der Formel

$$2 \operatorname{at} x = \operatorname{at} \frac{2x}{1-x^2}$$

ist $\quad 2 \operatorname{at} \frac{1}{5} = \operatorname{at} \frac{5}{12} \quad$ und weiter $\quad 2 \operatorname{at} \frac{5}{12} = \operatorname{at} \frac{120}{119},$

mithin

(1) $$4 \operatorname{at} \frac{1}{5} = \operatorname{at} \frac{120}{119}.$$

Nach den Formeln

$$\operatorname{at} x + \operatorname{at} \frac{1}{x} = \frac{\pi}{2} \quad \text{und} \quad \operatorname{at} x + \operatorname{at} \frac{1-x}{1+x} = \frac{\pi}{4}$$

ist

(2) $$\operatorname{at} \frac{120}{119} + \operatorname{at} \frac{119}{120} = \frac{\pi}{2}$$

und

(3) $$\frac{\pi}{4} = \operatorname{at} \frac{119}{120} + \operatorname{at} \frac{1}{239}.$$

Die Addition der drei Gleichungen (1), (2), (3) gibt

$$\boxed{\frac{\pi}{4} = 4 \operatorname{at} \frac{1}{5} - \operatorname{at} \frac{1}{239}},$$

und dies ist *Machins Formel.*

Sie liefert π vermöge der Arcustangensreihe

$$\operatorname{at} x = x - \frac{1}{3} x^3 + \frac{1}{5} x^5 - + \cdots,$$

in welcher einmal $x = \frac{1}{5}$, dann $x = \frac{1}{239}$ substituiert werden muß. Beide Male entstehen schnell konvergente Reihen. Machin hat mittels dieser Reihen π auf 100 Dezimalen berechnet.

Die beiden andern hier anzugebenden Reihen gehen auf Euler zurück, dessen Scharfsinn es gelang, auch die langsam konvergente Arcussinusreihe diesem Zwecke dienstbar zu machen.

Wir beginnen mit der Herleitung der diesbezüglichen Eulerschen Formel. Euler bildet das Produkt der beiden Potenzreihen für die Funktion

$$y = \operatorname{as} x \qquad \text{und ihre Ableitung} \qquad \frac{1}{w} = \frac{1}{\sqrt{1-x^2}},$$

also die Potenzreihe für die Funktion

$$u = \operatorname{as} x : w\,.$$

Da die Potenzreihen für $\operatorname{as} x$ und $1 : w$

$$\operatorname{as} x = x + c_1 \frac{x^3}{3} + c_2 \frac{x^5}{5} + \cdots \qquad 1 : w = 1 + c_1 x^2 + c_2 x^4 + \cdots$$

für Echtbrüche x absolut konvergieren, gestatten sie für diesen Fall die Multiplikation nach Cauchys Vorschrift, so daß die Existenz der Potenzreihe für $\operatorname{as} x : w$

$$u = \operatorname{as} x : w = a_1 x + a_3 x^3 + a_5 x^5 + \cdots, \qquad |x| < 1,$$

gesichert ist.

Um die unbekannten Koeffizienten $a_3, a_5, \ldots$ [a_1 ist gleich 1] bequem zu ermitteln, leiten wir die Gleichung

$$uw = \operatorname{as} x$$

nach x ab:

$$w^2 u' = 1 + xu$$

und vergleichen die beiderseitigen Koeffizienten der Gleichung

$$(1 - x^2)\,[a_1 + 3a_3 x^2 + 5a_5 x^4 + \cdots] = 1 + x\,[a_1 + a_3 x^3 + a_5 x^5 + \cdots]$$

miteinander. Der Vergleich der Koeffizienten von x^{n+1} ergibt die Rekursionsformel

$$(n+2)\,a_{n+2} = (n+1)\,a_n.$$

Mit $a_1 = 1$ folgt hieraus sukzessiv

$$\boxed{a_3 = \frac{2}{3}, \qquad a_5 = \frac{2 \cdot 4}{3 \cdot 5}, \qquad a_7 = \frac{2 \cdot 4 \cdot 6}{3 \cdot 5 \cdot 7}, \ldots}\,.$$

Damit haben wir folgende *Eulersche Formel* für $\operatorname{as} x : \sqrt{1-x^2}$:

$$\boxed{\frac{\operatorname{as} x}{\sqrt{1-x^2}} = x + \frac{2}{3}x^3 + \frac{2 \cdot 4}{3 \cdot 5}x^5 + \frac{2 \cdot 4 \cdot 6}{3 \cdot 5 \cdot 7}x^7 + \cdots}, \qquad |x| < 1.$$

Diese Eulersche Formel dient nun dazu, eine Reihe für $\operatorname{at}\frac{r}{s}$ zu gewinnen, wo r und s beliebige positive Größen sind.

Setzt man $t=\sqrt{r^2+s^2}$, so ist zunächst, wie man am Rechtwinkeldreieck mit den Katheten r und s leicht abliest,

$$\operatorname{at}\frac{r}{s}=\operatorname{as}\frac{r}{t}.$$

Nach Eulers Formel ist aber für

$$\frac{\operatorname{as}\frac{r}{t}}{\frac{s}{t}}=\frac{r}{t}+a_3\frac{r^3}{t^3}+a_5\frac{r^5}{t^5}+a_7\frac{r^7}{t^7}+\cdots,$$

mithin

$$\operatorname{as}\frac{r}{t}=\frac{rs}{t^2}+a_3\frac{r^3s}{t^4}+a_5\frac{r^5s}{t^6}+a_7\frac{r^7s}{t^8}+\cdots$$

oder

$$\boxed{\operatorname{at}\frac{r}{s}=\frac{rs}{t^2}\left[1+a_3\frac{r^2}{t^2}+a_5\frac{r^4}{t^4}+a_7\frac{r^6}{t^6}+\cdots\right]}\,,\qquad t^2=r^2+s^2.$$

Dies ist die erwähnte gleichfalls von *Euler* herrührende *Arcustangensformel.* In ihr sind r und s beliebige positive Zahlen und

$$a_3=\frac{2}{3},\quad a_5=\frac{2\cdot 4}{3\cdot 5},\quad a_7=\frac{2\cdot 4\cdot 6}{3\cdot 5\cdot 7},\quad \ldots$$

Nach der Funktionalgleichung

$$\operatorname{at}x\pm\operatorname{at}y=\operatorname{at}\frac{x\pm y}{1\mp xy}$$

der Arcustangensfunktion ist nunmehr

$$\operatorname{at}\frac{1}{2}-\operatorname{at}\frac{1}{3}=\operatorname{at}\frac{1}{7}\qquad\text{oder}\qquad\operatorname{at}\frac{1}{2}=\operatorname{at}\frac{1}{3}+\operatorname{at}\frac{1}{7}.$$

Da aber $\frac{1}{2}$ und $\frac{1}{3}$ quasireziproke Werte sind, gilt die Gleichung

$$\operatorname{at}\frac{1}{2}+\operatorname{at}\frac{1}{3}=\frac{\pi}{4}.$$

Demnach hat man

$$\frac{\pi}{4}=2\operatorname{at}\frac{1}{3}+\operatorname{at}\frac{1}{7}.$$

Auf die rechten Seiten dieser Gleichung wenden wir Eulers Arcustangensformel an und bekommen

$$\frac{\pi}{4}=\frac{3}{5}\left[1+\frac{2}{3}\cdot\frac{1}{10}+\frac{2\cdot 4}{3\cdot 5}\cdot\frac{1}{10^2}+\frac{2\cdot 4\cdot 6}{3\cdot 5\cdot 7}\cdot\frac{1}{10^3}+\cdots\right]$$
$$+\frac{7}{50}\left[1+\frac{2}{3}\cdot\frac{2}{100}+\frac{2\cdot 4}{3\cdot 5}\cdot\frac{2^2}{100^2}+\frac{2\cdot 4\cdot 6}{3\cdot 5\cdot 7}\cdot\frac{2^3}{100^3}+\cdots\right]$$

eine Gleichung, die in hervorragendem Maße für die Berechnung von π geeignet ist.

Nach obiger Funktionalgleichung ist ferner

$$\operatorname{at}\frac{1}{3} - \operatorname{at}\frac{1}{7} = \operatorname{at}\frac{2}{11} \quad \text{und} \quad \operatorname{at}\frac{2}{11} - \operatorname{at}\frac{1}{7} = \operatorname{at}\frac{3}{79},$$

mithin

$$\operatorname{at}\frac{1}{3} = 2\operatorname{at}\frac{1}{7} + \operatorname{at}\frac{3}{79}$$

und wegen der obigen Gleichung $\frac{\pi}{4} = 2\operatorname{at}\frac{1}{3} + \operatorname{at}\frac{1}{7}$

$$\frac{\pi}{4} = 5\operatorname{at}\frac{1}{7} + 2\operatorname{at}\frac{3}{79}.$$

Auch hier wenden wir auf die rechten Seiten Eulers Arcustangensformel an und bekommen die *Eulersche Formel*

$$\boxed{\begin{aligned}\frac{\pi}{4} &= \frac{7}{10}\left[1 + \frac{2}{3}\cdot\frac{2}{100} + \frac{2\cdot 4}{3\cdot 5}\cdot\frac{2^2}{100^2} + \frac{2\cdot 4\cdot 6}{3\cdot 5\cdot 7}\cdot\frac{2^3}{100^3} + \cdots\right] \\ &+ \frac{7584}{10^5}\left[1 + \frac{2}{3}\cdot\frac{144}{10^5} + \frac{2\cdot 4}{3\cdot 5}\cdot\frac{144^2}{10^{10}} + \frac{2\cdot 4\cdot 6}{3\cdot 5\cdot 7}\cdot\frac{144^3}{10^{15}} + \cdots\right]\end{aligned}}.$$

Die beiden eckigen Klammern stellen *außerordentlich rasch konvergente* und numerisch leicht auszuwertende Reihen dar, so daß diese Eulersche Formel das Mittel bietet, π ohne große Mühe mit jeder erwünschten Genauigkeit zu berechnen.

Wir schließen unsere Betrachtungen mit der Angabe des Zahlwerts für die Archimedische Zahl auf 30 Dezimalen:

$$\pi = 3,\ 14159\ 26535\ 89793\ 23846\ 26433\ 83279.$$

Als mnemotechnisches Mittel zu ihrer Einprägung dienen die folgenden Verse:

Que j'aime à faire apprendre un nombre utile aux sages!
Immortel Archimède, artiste ingénieur,
Qui de ton jugement peut priser la valeur?
Pour moi ton problème eut de pareils avantages.

Eine für die meisten Zwecke hinreichend genaue Rektifikation des Kreises liefert der Spechtsche Naherungswert

$$\boxed{\pi = 0{,}26\sqrt{11^2 + 5^2}} = 3{,}14159195.$$

Bei seiner Verwendung erhalt man für den Umfang eines Kreises von 1 m Durchmesser einen nur um 7/10000 mm zu kleinen Wert.

§ 151. Rektifikation von Ellipse und Lemniskate

Ellipse und Lemniskate sind geschlossene Kurven, bei denen zwei Fixpunkte, die *Brennpunkte*, eine besondere Rolle spielen. Die halbe Brennpunktsdistanz wird bei den beiden Kurven mit e bezeichnet, und die Abstände eines beliebigen Punktes P der Kurve von den Brennpunkten heißen die *Brennstrahlen* des Punktes P.

Die Ellipse ist der Ort des Punktes, dessen Brennstrahlen ein konstantes, den Wert e überschreitendes arithmetisches Mittel besitzen.

Die Lemniskate ist der Ort des Punktes, dessen Brennstrahlen ein konstantes, dem Werte e gleiches geometrisches Mittel besitzen.

Als Ellipsengleichung wählen wir die Parameterdarstellung

$$\boxed{x = a\cos\varphi, \qquad y = b\sin\varphi},$$

wo a die große, b die kleine Halbachse der Ellipse ist und φ den Parameter bedeutet. Letzterer ist übrigens, wie bekannt, die exzentrische Anomalie, d. h. die Neigung des zum Schnittpunkt der verlangerten Ellipsenordinate y mit dem Hauptkreis der Ellipse laufenden Hauptkreisradius gegen die Hauptachse.

Als Lemniskatengleichung ziehen wir die Polarkoordinatengleichung vor. Die Lage eines variablen Lemniskatenpunktes wird fixiert durch den Abstand r des Punktes vom Kurvenzentrum und durch die Neigung ϑ von r gegen die Achse. Bedeuten u und v die beiden Brennstrahlen des Punktes, so ist nach dem Cosinussatz

$$u^2 = e^2 + r^2 - 2er\cos\vartheta, \qquad v^2 = e^2 + r^2 + 2er\cos\vartheta,$$

mithin

$$u^2v^2 = (e^2 + r^2)^2 - 4e^2r^2\cos^2\vartheta.$$

Nach der Definition der Lemniskate ist aber

$$\sqrt{uv} = e.$$

Folglich gilt die Gleichung

$$(e^2 + r^2)^2 - 4e^2r^2\cos^2\vartheta = e^4$$

oder

$$\boxed{r = a\sqrt{\cos 2\vartheta}} \qquad \text{mit} \quad a = e\sqrt{2}.$$

als Lemniskatengleichung.

Für das Bogenelement ds der Ellipse ergibt sich die Formel

$$ds^2 = dx^2 + dy^2 = a^2\sin^2\varphi + b^2\cos^2\varphi$$

oder

$$\boxed{ds = a\Delta\, d\varphi} \qquad \text{mit} \quad \Delta^2 = 1 - \varepsilon^2\sin^2\varphi,$$

wo $\varepsilon = e : a$ die Formzahl der Ellipse ist.

Wenn ein Mobil den Ellipsenquadrant durchlauft, wächst φ von 0 bis $\varkappa = \pi : 2$. Demnach hat der Ellipsenquadrant die Lange

$$(1) \qquad \boxed{q = a\int_0^{\varkappa} \Delta\, d\varphi} \qquad \text{mit} \quad \Delta = \sqrt{1 - \varepsilon^2 \sin^2 \varphi}.$$

Für das Bogenelement ds der Lemniskate gilt die Formel

$$ds^2 = dr^2 + r^2\, d\vartheta^2$$

oder

$$r^2 ds^2 = (r\, dr)^2 + r^4 d\vartheta^2 = a^4 [\sin^2 2\vartheta + \cos^2 2\vartheta]\, d\vartheta^2 = a^4 d\vartheta^2$$

oder

$$\boxed{ds = a^2 d\vartheta : r}.$$

Wenn ein Mobil den Lemniskatenquadrant durchwandert, wachst ϑ von 0 bis $\lambda = \pi : 4$. Folglich hat der Lemniskatenquadrant die Lange

$$q = a^2 \int_0^{\lambda} \frac{d\vartheta}{r} = a \int_0^{\lambda} \frac{d\vartheta}{\sqrt{1 - 2\sin^2\vartheta}}.$$

Durch die Substitution

$$\sin\varphi = \sqrt{2} \sin\vartheta, \qquad \cos\varphi\, d\varphi = \sqrt{2}\cos\vartheta\, d\vartheta$$

verwandelt sich das rechte Integral in

$$\frac{1}{\sqrt{2}} \int_0^{\nu} \frac{d\varphi}{\sqrt{1 - \varepsilon^2 \sin^2\varphi}} \qquad \text{mit} \quad \varepsilon = \sqrt{{}^1/_2},$$

und wir erhalten

$$(2) \qquad \boxed{q = e \int_0^{\varkappa} \frac{d\varphi}{\Delta}} \qquad \text{mit} \quad \Delta = \sqrt{1 - \varepsilon^2 \sin^2\varphi} \qquad \text{und} \qquad \varepsilon = \sqrt{1:2}.$$

Es handelt sich nun um die Auswertung der beiden in (1) und (2) auftretenden Integrale.

Nach der Binomialreihe ist, $\sin\varphi = i$ gesetzt,

$$\Delta = \sqrt{1 - \varepsilon^2 i^2} = -\sum_0^{\infty} C_n \varepsilon^{2n} i^{2n} \qquad \text{mit} \quad C_n = c_n : (2n - 1),$$

wo c_0 die Eins und bei nichtverschwindendem Zeiger n c_n den Bruch $[1 \cdot 3 \cdot 5 \cdot \cdots \cdot (2n - 1)] : [2 \cdot 4 \cdot 6 \cdot \cdots \cdot (2n)]$ bedeutet.

Da die Reihe $\sum C_n \varepsilon^{2n} i^{2n}$ in jedem Intervall des Arguments φ gleichmäßig konvergiert, gestattet sie die gliedweise Integration; und da

$$\int_0^{\varkappa} i^{2n}\, d\varphi = c_n \varkappa$$

ist, so erhalten wir die Formel

$$\int_0^{\varkappa} \Delta\, d\varphi = -\sum_0^{\infty} \varkappa \frac{c_n^2}{2n-1} \varepsilon^{2n}.$$

Demnach hat *die Ellipse die Länge*

$$\boxed{l = 2a\pi\left[1 - \frac{c_1^2}{1}\varepsilon^2 - \frac{c_2^2}{3}\varepsilon^4 - \frac{c_3^2}{5}\varepsilon^6 - \cdots\right]},$$

wo $\varepsilon = e : a$ die Formzahl der Ellipse und $c_n = \dfrac{1\cdot 3\cdot 5\cdot \ldots \cdot (2n-1)}{2\cdot 4\cdot 6\cdot \ldots \cdot (2n)}$ ist.
Laut Binomialreihe ist ferner

$$1 : \Delta = 1 : \sqrt{1 - \varepsilon^2 i^2} = \sum_0^{\infty} c_n \varepsilon^{2n} i^{2n}.$$

Auch diese Reihe konvergiert in jedem Intervall von φ gleichmäßig, gestattet also ebenfalls gliedweise Integration.
Demgemäß wird

$$\int_0^{\varkappa} \frac{d\varphi}{\Delta} = \sum_0^{\infty} \varkappa c_n^2 \varepsilon^{2n}.$$

Die Länge der Lemniskate ist

$$\boxed{l = 2e\pi\,[1 + c_1^2\varepsilon^2 + c_2^2\varepsilon^4 + c_3^2\varepsilon^6 + \cdots]},$$

wo $\varepsilon = \sqrt{{}^1/_2}$ ist.

§ 152. Meridiankrümmung

Eine der wichtigsten Aufgaben der Geodäsie besteht in der Bestimmung der Krümmung eines Meridians der Erdoberfläche an einem Orte der Breite φ.
Das Erdspharoid ist ein abgeplattetes Ellipsoid, welches durch Rotation der Meridianellipse mit den Halbachsen

$$a = 6\,377\,397 \qquad \text{und} \qquad b = 6\,356\,079 \text{ Meter}$$

um die kleine Achse entsteht.
Nun ist bekanntlich der Krümmungsradius ϱ der Ellipse

$$x = a\cos E, \qquad y = b\sin E$$

(wo der variable Parameter E die exzentrische Anomalie darstellt) an der Stelle E

$$\varrho = W^3 : ab$$

mit

$$W^2 = a^2 I^2 + b^2 O^2, \qquad I = \sin E, \qquad O = \cos E.$$

In der Geodäsie legt man diese Stelle durch ihre Breite φ fest, welche mit der Anomalie E durch die Relation

$$aIo = bOi$$

verbunden ist, in welcher o den Cosinus, i den Sinus der Breite bedeutet. Mit Einführung des Ausdrucks

$$w^2 = a^2o^2 + b^2i^2$$

und Benutzung dieser Relation wird

$$\begin{aligned} W^2w^2 &= (a^2I^2 + b^2O^2)(a^2o^2 + b^2i^2) = a^2b^2(O^2o^2 + I^2i^2) + a^2 \cdot (aIo)^2 \\ &+ b^2 \cdot (bOi)^2 = a^2b^2(O^2o^2 + I^2i^2) + a^2 \cdot b^2O^2i^2 + b^2 \cdot a^2I^2o^2 \\ &= a^2b^2(O^2o^2 + I^2i^2 + O^2i^2 + I^2o^2) = a^2b^2(O^2 + I^2)(o^2 + i^2) = a^2b^2, \end{aligned}$$

also

$$Ww = ab$$

und folglich

$$\varrho = \frac{a^2b^2}{w^3}.$$

Durch Einführung der Formzahl $\varepsilon = e : a$ der Ellipse (mit $e^2 = a^2 - b^2$) ergibt sich

$$w^2 = a^2 - a^2\varepsilon^2 i^2 = a^2\Delta^2 \qquad \text{mit} \quad \Delta^2 = 1 - \varepsilon^2 i^2$$

und

$$\boxed{\varrho = \frac{p}{\Delta^3}},$$

wo $p = b^2 : a = a(1 - \varepsilon^2)$ den Halbparameter der Ellipse bedeutet.
Um zu einem für die Bedürfnisse der geodätischen Praxis brauchbaren Ausdruck für den Krümmungsradius zu gelangen, entwickeln wir

$$1 : \Delta^3 = (1 - \varepsilon^2 i^2)^{-1,5}$$

auf Grund der Binomialreihe in eine unendliche Reihe:

$$1 : \Delta^3 = 1 + \frac{3}{2}\varepsilon^2 i^2 + \frac{15}{8}\varepsilon^4 i^4 + \cdots.$$

Da ε^2 den kleinen Wert $1 : 150$ hat, erhalten wir genügende Genauigkeit, wenn wir alle Potenzen von ε von höherer als der vierten vernachlässigen. Das gibt mit hinreichender Annäherung

$$1 : \Delta^3 = 1 + \frac{3}{2}\varepsilon^2 i^2 + \frac{15}{8}\varepsilon^4 i^4.$$

Das zweite Glied der rechten Seite dieser Formel schreiben wir

$$\frac{3}{4}\varepsilon^2 \cdot 2i^2 = \frac{3}{4}\varepsilon^2(1 - \mathfrak{o}) \qquad \text{mit} \quad \mathfrak{o} = \cos 2\varphi,$$

das dritte

$$\frac{15}{64}\varepsilon^4\cdot 2\,(2\,i^2)^2 = \frac{15}{64}\varepsilon^4\cdot 2\,(1-\mathfrak{c})^2 = \frac{15}{64}\varepsilon^4\,(2-4\,\mathfrak{c}+2\,\mathfrak{c}^2)$$

oder wegen

$$2\,\mathfrak{c}^2 = 1+\mathfrak{C} \qquad \text{mit} \quad \mathfrak{C} = \cos 4\varphi$$

$$\frac{15}{8}\varepsilon^4 i^4 = \frac{45}{64}\varepsilon^4 - \frac{15}{16}\varepsilon^4\,\mathfrak{c} + \frac{15}{64}\varepsilon^4\,\mathfrak{C}.$$

Demnach wird

$$\varrho = a\,(1-\varepsilon^2)\cdot\left(1+\frac{3}{4}\varepsilon^2+\frac{45}{64}\varepsilon^4-\left[\frac{3}{4}\varepsilon^2+\frac{15}{16}\varepsilon^4\right]\mathfrak{c}+\frac{15}{64}\varepsilon^4\,\mathfrak{C}\right),$$

also

$$\varrho = a\left\{\left[1-\frac{1}{4}\varepsilon^2-\frac{3}{64}\varepsilon^4\right]-\left[\frac{3}{4}\varepsilon^2+\frac{3}{16}\varepsilon^4\right]\mathfrak{c}+\frac{15}{64}\varepsilon^4\,\mathfrak{C}\right\}.$$

Mit Einsetzung der Zahlwerte für a und ε^2 entsteht schließlich

$$\boxed{\varrho = 6\,366\,755 - 31\,940\cos 2\varphi + 66\cos 4\varphi}\,.$$

Diese Formel liefert den *Krümmungsradius eines Meridians* an einem in der Breite φ liegenden Orte, ausgedrückt in Metern.

Sie findet z. B. Anwendung, wenn die Lange l einer in der Breite φ liegenden Breitenminute ermittelt werden soll. Es ist namlich

$$l = \pi\varrho : 10\,800 \ \text{Meter}$$

oder

$$l = 1852 - 9\cos 2\varphi.$$

§ 153. Die Keplersche Gleichung

Eine der wichtigsten Aufgaben der Astronomie ist das Keplersche Problem, bei welchem es sich um die Losung der Keplerschen Gleichung

$$E - \varepsilon\sin E = M$$

bei bekanntem M und ε handelt.

Ein Planet durchlaufe in T Tagen seine elliptische Bahn $\mathfrak{e}$. Die Ellipse $\mathfrak{e}$ habe das Zentrum O, die Halbachsen a und b, die Exzentrizitat e und die Formzahl $\varepsilon = e : a$; in ihrem Brennpunkt F stehe die Sonne. Bedeutet A das Perihel der Bahn, P die Stellung des Planeten zur Zeit t [als Anfangspunkt der Zeitzählung diene der Augenblick des Periheldurchgangs], so handelt es sich darum, den vom Brennstrahl in der Zeit t beschriebenen Sektor $S = FAP$ einerseits als Funktion der Zeit t, andererseits als Funktion der Lage von P darzustellen.

Die erste Aufgabe findet ihre Lösung durch Keplers Flachensatz: ,,Der Planetenbrennstrahl bestreicht in gleichen Zeiten gleiche Flachen.'' Diesem Satz zufolge gilt die Proportion

$$S : \pi ab = t : T,$$

so daß

(1) $$2S = abM,$$

wo $M = \frac{2\pi t}{T}$ die sog. *mittlere Anomalie* des Planeten bedeutet.

Zur Lösung der zweiten Aufgabe fixieren wir die Lage des Punktes P durch die *exzentrische Anomalie* E. Diese entsteht folgendermaßen. Wir zeichnen die durch P laufende Normale zur Ellipsenhauptachse und markieren ihren mit P auf derselben Hauptachsenseite liegenden Schnittpunkt Q mit dem Umkreise der Ellipse. Die Neigung des Halbmessers OQ gegen OFA ist die exzentrische Anomalie E des Planeten. Nun hat das Flächenstück AFQ des Umkreises, wie leicht zu sehen, den Doppelinhalt

$$2I = a^2 E - e \cdot a \sin E.$$

Da sich der elliptische Sektor S als affines Bild von I auffassen läßt (mit der Ellipsenhauptachse als Affinitätsachse, mit dem Quotient $b:a$ als Affinitätsmaßstab), so ist

$$S = \frac{b}{a} I,$$

mithin

(2) $$2S = ab\,(E - \varepsilon \sin E).$$

Aus (1) und (2) folgt nun

$$\boxed{E - \varepsilon \sin E = M}.$$

Dies ist *Keplers Gleichung*.

Das wichtige *Keplersche Problem* besteht, wie schon erwähnt, darin:

Zu gegebener mittlerer Anomalie die exzentrische Anomalie zu berechnen.

Um diese Aufgabe zu lösen, brauchen wir Keplers Gleichung nur als Lagrangegleichung

$$\zeta - z - \varepsilon f(\zeta) = 0$$

zu schreiben, indem wir z und ζ statt M und E und $f(\zeta)$ statt $\sin E$ schreiben. Für die Punkte ζ des Randes $\mathfrak{k}$ des um $\zeta = M$ beschriebenen Kreises $\mathfrak{K}$ vom Halbmesser $k = \varepsilon$ ist, wie man leicht feststellt, Lagranges Bedingung

$$\left| \frac{\varepsilon f(\zeta)}{\zeta - z} \right| < 1$$

erfüllt (cfr. § 81). Daher liegt nach Lagranges Satz in $\mathfrak{K}$ genau *eine* Wurzel α der Lagrangegleichung, die sich durch Lagranges Entwicklung

$$\alpha = z + \sum_{1}^{\infty} \frac{\varepsilon^n}{n!} D^{n-1} [f(z)]^n$$

bestimmt. Kehren wir zu unsern obigen Bezeichnungen zurück, so haben wir als Lösung der Keplerschen Gleichung den Lagrangeausdruck

$$\boxed{E = M + \sum_{1}^{\infty} \frac{\varepsilon^n}{n!} D^{n-1} \sin^n M},$$

wobei die Differentiationen natürlich nach M erfolgen.

Wegen der Kleinheit von ε – bei der Erdbahn ist z. B. $\varepsilon = 0{,}01674$ – konvergiert unsere Lagrangereihe ziemlich schnell, so daß man zur Berechnung von E meist nur wenige Glieder der Lagrangereihe benötigt.

Bei der Erdbahn ist beispielsweise

$$D^0 \sin^1 M = \sin M, \quad D^1 \sin^2 M = \sin 2M.$$

Zur Bestimmung von $D^2 \sin^3 M$ benutzen wir die Formel

$$4 \sin^3 M = 3 \sin M - \sin 3M.$$

Diese liefert, mit $\sin M = i$, $\cos M = o$,

$$4\,D\,i^3 = 3o - 3\cos 3M, \quad 4\,D^2 i^3 = 9 \sin 3M - 3i,$$

so daß

$$D^2 \sin^3 M = \frac{9}{4} \sin 3M - \frac{3}{4} \sin M$$

ist.

Bei Beschränkung auf drei Glieder der Lagrangeentwicklung wird sonach

$$\boxed{E = M + \left(\varepsilon - \frac{1}{8}\varepsilon^3\right) \sin M + \frac{1}{2}\varepsilon^2 \sin 2M + \frac{3}{8}\varepsilon^3 \sin 3M}$$

eine Näherungsformel, die in den meisten Fällen eine hinreichend genaue Auswertung von E verbürgt.

Keplergleichung und Besselfunktionen

Auch Bessel hat sich mit der Lösung der Keplerschen Gleichung befaßt.

Faßt man in der Keplergleichung

$$E - \varepsilon \sin E = M$$

die exzentrische Anomalie E als Funktion der mittleren Anomalie M auf: $E = F(M)$, so folgt aus

$$\frac{dE}{dM} = \frac{1}{1 - \varepsilon \cos E},$$

daß (wegen $1 - \varepsilon \cos E > 0$) die Funktion E mit zunehmendem Argument M wächst, sowie daß sie stetige Ableitungen besitzt. Aus der Keplergleichung folgt: Ändert man M in seinen entgegengesetzten Wert, so geht auch E in seinen entgegengesetzten Wert über, so daß E und damit auch $\sin E$ eine ungerade Funktion von M ist. Ferner: Wächst M um 2π, so wächst auch E um 2π, aber $\sin E$ bleibt unverändert. Daher ist $\sin E$ eine periodische Funktion von M mit der Periode 2π. Folglich:

Die Funktion $\varepsilon \sin E$ von M ist eine normale, und zwar ungerade Funktion von M mit der Periode 2π. Sie läßt sich demnach nach dem Hauptsatz über Normalfunktionen (§ 110) in eine gleichmäßig und absolut konvergente Fourierreihe entwickeln, die wegen der Ungeradheit der Funktion nur Sinusterme umfaßt:

$$\varepsilon \sin E = \sum_1^\infty b_n \sin n M .$$

Dabei hat der Fourierkoeffizient b_n den Wert

$$b_n = \frac{1}{\pi} \int_0^{2\pi} \varepsilon \sin E \sin n M \, d M .$$

Durch partielle Integration ergibt sich

$$S = \int_0^{2\pi} \varepsilon \sin E \sin n M \, d M = \frac{1}{n} \int_0^{2\pi} \cos n M \cdot \frac{d \varepsilon \sin E}{d M} \, d M$$

oder, da $d\varepsilon \sin E / dM = \varepsilon \cos E \cdot dE/dM$ ist,

$$n S = \int_0^{2\pi} \cos n M \, \varepsilon \cos E \cdot d E .$$

Hier kann man der Ableitung der Keplergleichung zufolge $\varepsilon \cos E \cdot dE$ durch $dE - dM$ ersetzen und bekommt wegen des Verschwindens von $\int \cos n M \, dM$

$$n S = \int_0^{2\pi} \cos n M \, d E$$

oder

$$n S = \int_0^{2\pi} \cos (n E - n \varepsilon \sin E) \, d E .$$

Das hier rechtsstehende Integral ist uns im Abschnitt über Besselfunktionen (§ 131) begegnet; es hat den Wert

$$2\pi I_n(n\varepsilon) .$$

Daher ergibt sich

$$b_n = \frac{2}{n} I_n(n\varepsilon) ,$$

und man hat

Bessels Lösung der Keplergleichung

$$\boxed{E = M + \sum_{1}^{\infty} \frac{2}{n} I_n(n\varepsilon) \sin n M}\,.$$

Die drei ersten Glieder der hier stehenden Besselschen Reihe wurden (angenähert) schon oben angegeben.

§ 154. Brennstrahl und Mittlere Anomalie

Neben der Keplerschen Aufgabe ist eine weitere fundamentale Aufgabe der Astronomie die Darstellung des Brennstrahls eines Planeten als Funktion seiner mittleren Anomalie. Nachdem wir im vorigen Paragraphen die Keplersche Gleichung gelöst haben, ist die Lösung dieses zweiten Problems nicht schwierig.

Gewöhnlich erscheint der Brennstrahl r des Planeten in funktionaler Abhängigkeit zur wahren Anomalie W gemäß der Bahngleichung

$$r = \frac{p}{1 + \varepsilon \cos W},$$

wo p den Halbparameter der Bahn und ε wieder die astronomische Exzentrizitat der Bahnellipse bedeutet. Bei unserm Problem erscheint es jedoch angebracht, r als Funktion der exzentrischen Anomalie E darzustellen. Um das zu erreichen, drücken wir zunächst sowohl die Abszisse als auch die Ordinate des Planeten zweimal aus:

$$r \cos W = a \cos E - e, \qquad r \sin W = b \sin E,$$

wobei a und b die Halbachsen, e die lineare Exzentrizität der Bahn bedeuten. Durch Quadrierung und nachfolgende Addition dieser Gleichungen entsteht

$$r^2 = e^2 - 2ea \cos E + a^2 \cos^2 E + (a^2 - e^2) \sin^2 E$$

oder

$$r^2 = a^2 + e^2 \cos^2 E - 2ae \cos E$$

oder endlich

$$r = a - e \cos E = a(1 - \varepsilon \cos E),$$

womit die gewünschte Darstellung vollzogen ist.

Da E eine ungerade Normalfunktion von M ist, stellt sich r als gerade Normalfunktion der mittleren Anomalie M mit der Periode 2π heraus. Sie gestattet demgemaß eine absolut und gleichmäßig konvergente Fourierentwicklung:

$$r = \frac{1}{2} a_0 + \sum_{1}^{\infty} a_n \cos n M.$$

Hierbei ist für jeden Zeiger n (auch $n = 0$)

$$a_n = \frac{a}{\pi} \int_0^{2\pi} (1 - \varepsilon \cos E) \cos n M \, d M .$$

Wir berechnen zuerst a_0:

$$a_0 = \frac{a}{\pi} \int_0^{2\pi} (1 - \varepsilon \cos E) \, d M$$

oder da der Keplergleichung zufolge $dM = (1 - \varepsilon \cos E)\, dE$ ist, [ohne Grenzenanderung]

$$a_0 = \frac{a}{\pi} \int_0^{2\pi} (1 - \varepsilon \cos E)^2 d E = a (2 + \varepsilon^2) .$$

Für positives n entsteht, partiell integrierend,

$$\frac{\pi a_n}{a} = \int_0^{2\pi} (1 - \varepsilon \cos E) \cos n M \, d M = \frac{1}{n} \int_0^{2\pi} \frac{d \varepsilon \cos E}{d M} \sin n M \, d M$$

und weiter

$$-\frac{\pi n a_n}{a} = \int_0^{2\pi} \varepsilon \sin E \sin n M \, d E = \int_0^{2\pi} \varepsilon \sin E \sin (n E - x \sin E) \, d E ,$$

wo x eine Abkürzung für das Produkt $n\varepsilon$ bedeutet. Damit ist

$$-\frac{n a_n}{2 a \varepsilon} = \frac{1}{2\pi} \int_0^{2\pi} \sin E \sin (n E - x \sin E) \, d E .$$

Nach Leibniz' Regel stellt die rechte Seite dieser Gleichung die Ableitung des Integrals

$$I_n (x) = \frac{1}{2\pi} \int_0^{2\pi} \cos (n E - x \sin E) \, d E$$

dar (cfr. § 131). Daher ist

$$-\frac{n a_n}{2 a \varepsilon} = I'_n (x)$$

und

$$a_n = -\frac{2 a \varepsilon}{n} I'_n (n \varepsilon) .$$

Demgemaß gilt für den Brennstrahl des Planeten die Fourierentwicklung

$$\boxed{r = a \left[1 + \frac{\varepsilon^2}{2} - 2 \varepsilon \sum_1^\infty \frac{I'_n (n \varepsilon)}{n} \cos n M\right]} .$$

(Fr. W. Bessel, Abhandlungen der Berliner Akademie, 1824.)

§ 155. Der isoperimetrische Hauptsatz

Eine der ältesten und berühmtesten Extremaufgaben ist das Problem:

Unter allen geschlossenen Kurven von gegebener Länge L diejenige zu finden, die den größten Flächeninhalt S umschließt.

Man wird vermuten, daß der Kreis die gestellte Bedingung erfüllt. Bedeutet r den Radius dieses Kreises, so ist $L = 2\pi r$ und $S = \pi r^2$, so daß zwischen L und S die Relation

$$S = \frac{L^2}{4\pi}$$

besteht, also der Ausdruck

$$D = \frac{L^2}{4\pi} - S$$

verschwindet. Dieser Ausdruck – gebildet für eine beliebige doppelpunktfreie geschlossene Kurve – heißt das *isoperimetrische Defizit* der Kurve.

Beim Kreise ist das isoperimetrische Defizit Null. Wenn also obige Vermutung zutrifft, muß das Defizit für jede *nicht* kreisförmige Kurve der Länge L positiv sein.

Unser Problem kommt demnach darauf hinaus, die *isoperimetrische Ungleichung*

$$\boxed{D \geqq 0} \qquad \text{mit} \quad D = \frac{L^2}{4\pi} - S$$

zu beweisen und zu zeigen, daß das Gleichheitszeichen in ihr nur beim Kreise gilt.

Der folgende geistvolle Beweis der isoperimetrischen Ungleichung stammt von Hurwitz und wurde von ihm im Jahre 1902 in den Annalen der École Normale in der Abhandlung ,,Quelques Applications géometriques des Séries de Fourier“ veröffentlicht.

Wir führen den Beweis unter der Voraussetzung, daß die betrachteten Kurven Umläufe sind, d. h. aus glatten Bogenstücken bestehen. Wenn dann (mit s als variabler Bogenlänge)

$$x = \varphi(s), \qquad y = \psi(s), \qquad [0 \leqq s \leqq L]$$

die Parameterdarstellung des Umlaufs u mit der Länge L und dem Inhalt S ist, so sind x und y Normalfunktionen ihres Arguments.

Um x und y als periodische Funktionen mit der Periode 2π darzustellen, führen wir anstatt s den Parameter $t = 2\pi s : L$ als Argument ein und bezeichnen die Ableitungen von x und y nach s bzw. t mit x' und y' bzw. $\dot{x}$ und $\dot{y}$, so daß

$$\dot{x} = \frac{L}{2\pi} x' \qquad \text{und} \qquad \dot{y} = \frac{L}{2\pi} y'$$

ist. Die Beziehung $x'^2 + y'^2 = 1$ schreibt sich dann

$$\dot{x}^2 + \dot{y}^2 = \frac{L^2}{4\pi^2},$$

und für den von $\mathfrak{u}$ umschlossenen Flächeninhalt S gilt die Inhaltsformel

$$S = \int_0^{2\pi} x\dot{y}\,dt.$$

Damit erhalten wir für das isoperimetrische Defizit den Ausdruck

$$D = \frac{L^2}{4\pi} - S = \pi(\dot{x}^2 + \dot{y}^2) - \int_0^{2\pi} x\dot{y}\,dt$$

oder im Interesse einheitlicher Schreibung auf der rechten Seite, da ja $\dot{x}^2 + \dot{y}^2$ konstant ist, für $2D$ den Wert

$$2D = \int_0^{2\pi} (\dot{x}^2 + \dot{y}^2)\,dt - 2\int_0^{2\pi} x\dot{y}\,dt.$$

Nun sind x und y Normalfunktionen $\dot{x}$ und $\dot{y}$ stückweise stetige Funktionen von t mit der Periode 2π, so daß sich auf die Integrale

$$\int \dot{x}^2\,dt, \qquad \int \dot{y}^2\,dt, \qquad \int x\dot{y}\,dt$$

Parsevals Formel anwenden läßt.

Sind demgemäß a_ν und b_ν die Fourierkonstanten von x, α_ν und β_ν die von y, also (§ 101) νb_ν und $-\nu a_\nu$ die von $\dot{x}$, endlich $\nu\beta_\nu$, und $-\nu\alpha_\nu$ die von $\dot{y}$, so gelten nach Parsevals Formel die Relationen

$$\frac{1}{\pi}\int \dot{x}^2\,dt = \sum_1^\infty \nu^2(a_\nu^2 + b_\nu^2), \qquad \frac{1}{\pi}\int \dot{y}^2\,dt = \sum_1^\infty \nu^2(\alpha_\nu^2 + \beta_\nu^2)$$

$$\frac{1}{\pi}\int x\dot{y}\,dt = \sum_1^\infty \nu(a_\nu\beta_\nu - b_\nu\alpha_\nu).$$

Substituieren wir diese Integralwerte in der für $2D$ gewonnenen Formel, so entsteht durch passendes Anordnen die Gleichung

$$\frac{2D}{\pi} = \sum_1^\infty (\nu a_\nu - \beta_\nu)^2 + (\nu b_\nu + \alpha_\nu)^2 + (\nu^2 - 1)(\alpha_\nu^2 + \beta_\nu^2).$$

Der Anblick ihrer rechten Seite lehrt, daß das Defizit im allgemeinen positiv ausfällt und nur ganz ausnahmsweise verschwinden kann.

Setzen wir die Rechtsseite gleich Null, so muß zunächst für $\nu > 1$ $\alpha_\nu = 0$ und $\beta_\nu = 0$, ferner $a_\nu = \beta_\nu/\nu = 0$ und $b_\nu = -\alpha_\nu/\nu = 0$ sein, so daß *alle* Fourierkonstanten mit $\nu > 1$ verschwinden müssen. Für $\nu = 1$ kommt noch hinzu $a_1 = \beta_1$ sowie $b_1 = -\alpha_1$.

Für $D = 0$ hat daher die Kurvengleichung notwendig die Form

$$x = \frac{a_0}{2} + a_1 \cos t + b_1 \sin t, \qquad y = \frac{\alpha_0}{2} - b_1 \cos t + a_1 \sin t.$$

Bestimmt man die Konstanten h, k, r und λ gemäß den Forderungen

$$h = a_0/2, \qquad k = \alpha_0/2, \qquad r \cos\lambda = a_1, \qquad r \sin\lambda = b_1,$$

so nimmt sie die Form

$$x = h + r \cos(t - \lambda), \qquad y = k + r \sin(t - \lambda)$$

an, stellt mithin einen Kreis dar.

Ergebnis:

Von allen umfangsgleichen Konturen schließt der Kreis die größte Fläche ein.

M. a. W.:

Das isoperimetrische Defizit einer Kontur ist Null oder positiv, je nachdem die Kontur Kreisform hat oder nicht.

DRITTER ABSCHNITT

PHYSIKALISCHE ANWENDUNGEN

§ 156. Schwingungsdauer des Pendels

Ein Pendel schwinge um eine waagrechte Achse. Seine Masse sei M gr, sein Schwerpunkt S, das von S auf die Achse gefällte Lot $AS = s$ cm, sein Trägheitsmoment für die Achse I cm² gr. Die Strecke AS bilde zur Zeit t (sec) mit der Lotrechten den Winkel ϑ. Dann ist die Drehbeschleunigung (Winkelbeschleunigung) des Pendels $\ddot{\vartheta}$ (die Zweitableitung von ϑ nach der Zeit). Da nach der dynamischen Grundgleichung

$$\text{Drehbeschleunigung} = \frac{\text{Drehmoment}}{\text{Trägheitsmoment}}$$

ist und das Drehmoment hier den Wert $-gM \cdot s \cdot \sin\vartheta$ hat, so lautet die Schwingungsgleichung des Pendels

$$\ddot{\vartheta} = -\frac{gMs}{I}\sin\vartheta .$$

Durch Einführung der „reduzierten Pendellänge"

$$l = I : Ms$$

und der „Kreisfrequenz"

$$\omega = \sqrt{g : l}$$

wird einfacher

$$\ddot{\vartheta} = -\omega^2 \sin\vartheta . \tag{1}$$

Bedeutet α die Schwingungsweite, d. h. den maximalen Wert des Winkels ϑ, so folgt aus der gefundenen Gleichung

$$\frac{1}{2}\dot{\vartheta}^2 = \omega^2(\cos\vartheta - \cos\alpha) , \tag{2}$$

da (1) der Anstieg von (2) ist und die Winkelgeschwindigkeit oder Drehgeschwindigkeit im Augenblicke, wo der Ausschlag α erreicht wird, verschwinden muß.

In (2) führen wir gemäß der Substitution

$$\sin\frac{\vartheta}{2} = k\sin\varphi \qquad \text{mit} \qquad \boxed{k = \sin\frac{\alpha}{2}.}$$

die neue Variable φ ein so, daß für $\vartheta = \alpha$ φ den Wert $\varkappa = \frac{\pi}{2}$ hat.

Wegen

$$\cos\vartheta = 1 - 2\sin^2\frac{\vartheta}{2}, \qquad \cos\alpha = 1 - 2\sin^2\frac{\alpha}{2},$$

$$\cos\frac{\vartheta}{2} = \Phi = \sqrt{1 - k^2\sin^2\varphi}, \qquad \frac{\dot\vartheta}{2}\cos\frac{\vartheta}{2} = k\dot\varphi\cos\varphi$$

wird dann aus (2) einfach

(3) $$\dot\varphi = \omega\Phi$$

oder, wenn wir φ als Argument, t als Funktion von φ auffassen,

(4) $$\frac{dt}{d\varphi} = \frac{1}{\omega\Phi}.$$

Wenn der Ausschlag ϑ des Pendels von seinem Anfangswerte $\vartheta = 0$ bis zu seinem Maximalwerte $\vartheta = \alpha$ ansteigt, wächst die Hilfsvariable φ von 0 bis $\varkappa$, und für die für diese Viertelschwingung erforderliche Zeit, die den vierten Teil der Schwingungsperiode oder Schwingungsdauer T ausmacht, bekommen wir nach (4) die Gleichung

$$\frac{T}{4} = \frac{1}{\omega}\int_0^{\varkappa}\frac{d\varphi}{\Phi},$$

so daß die Schwingungsdauer den Wert

$$T = 4\sqrt{\frac{l}{g}}\cdot\int_0^{\varkappa}\frac{d\varphi}{\Phi}$$

hat.

Hier führen wir den Mittelwert μ der Funktion

$$\frac{1}{\Phi} = \frac{1}{\sqrt{1 - k^2\sin^2\varphi}}$$

im Intervall $(0, \varkappa)$ ein:

$$\mu = \frac{1}{\varkappa}\int_0^{\varkappa}\frac{d\varphi}{\Phi}$$

und haben für die *Schwingungsdauer T des Pendels* die einfache Formel

$$\boxed{T = \mu\cdot\tau} \qquad \text{mit} \qquad \boxed{\tau = 2\pi\sqrt{\frac{l}{g}}}.$$

Den Mittelwert μ berechnen wir zweckmäßig durch eine unendliche Reihe. Zunächst ist

$$\frac{1}{\Phi} = \frac{1}{\sqrt{1 - k^2 \sin^2\varphi}} = c_0 + c_1 k^2 \sin^2\varphi + c_2 k^4 \sin^4\varphi + c_3 k^6 \sin^6\varphi + \cdots$$

$$\text{mit} \quad c_n = \frac{1 \cdot 3 \cdot 5 \cdot \ldots \cdot (2n-1)}{2 \cdot 4 \cdot 6 \cdot \ldots \cdot (2n)}, \quad c_0 = 1.$$

Die rechtsstehende Reihe konvergiert für alle Winkel φ gleichmäßig, wofern

$$k = \sin\frac{\alpha}{2}$$

ein Echtbruch ist. Um die Erfüllung dieser Bedingung zu erreichen, setzen wir von jetzt an

$$\alpha < \pi$$

voraus.

Wegen der damit gesicherten gleichmäßigen Konvergenz unserer Reihe für $1 : \Phi$, kann die Mittelwertbildung gliedweise bewirkt werden.

Nun ist der Mittelwert von $\sin^{2n}\varphi$ im Intervall $(0, \varkappa)$ bekanntlich c_n (§ 33). Folglich erhalten wir für den Mittelwert μ der Funktion $1 : \Phi$ im Intervall $(0, \varkappa)$ den Wert

$$\mu = c_0^2 + c_1^2 k^2 + c_2^2 k^4 + c_3^2 k^6 + \cdots,$$

und diese Reihe konvergiert für jeden Echtbruch k. Als Ergebnis unserer Untersuchung erscheint der schöne Satz

Die Schwingungsdauer des Pendels ist $\boxed{T = \mu\tau}$

mit

$$\boxed{\mu = c_0^2 + c_1^2 k^2 + c_2^2 k^4 + c_3^2 k^6 + \cdots},$$

$$c_0 = 1, \quad c_n = \frac{1 \cdot 3 \cdot 5 \cdot \ldots \cdot (2n-1)}{2 \cdot 4 \cdot 6 \cdot \ldots \cdot (2n)}, \quad k = \sin\frac{\alpha}{2}$$

und

$$\boxed{\tau = 2\pi\sqrt{\frac{l}{g}}}, \quad l = I : Ms.$$

Bei *kleiner* Schwingungsweite α hat μ nahezu den Wert 1; bei z. B. $\alpha = 1^0$ weicht μ von 1 um weniger als 2 : 100 000 ab. Für solche „kleine Schwingungen" ist also mit großer Annäherung

$$\boxed{T = \tau}.$$

Will man die Genauigkeit dieser Huygensschen Pendelformel verbessern, so wird es meist genügen, die Korrektion $k^2\tau : 4$ hinzuzufügen, was darauf hinauskommt, nur *zwei* Glieder der unendlichen Reihe für den Mittelwert μ zu benutzen.

§ 157. Saitenschwingungen

Bringt man eine in Ruhe befindliche zwischen ihren Endpunkten A und B hinreichend stark gespannte Saite, etwa durch Zupfen, aus ihrer waagrechten Ruhelage AB heraus und überläßt sie dann sich selbst, so wird sie um ihre Ruhelage Schwingungen ausführen. Dieser Schwingungsvorgang wird durch eine gewisse Ausschlagsfunktion

$$y = f(x, t)$$

gekennzeichnet sein, in welcher x die Abszisse eines beliebigen Saitenpunktes und y den Ausschlag dieses Punktes zur Zeit t bedeutet. Dabei gilt AB als Abszissenachse, A als Abszissenursprung.

Wir stellen uns die *Aufgabe, die Ausschlagsfunktion der schwingenden Saite zu bestimmen.* Wir beschranken uns auf *kleine Schwingungen*, d. h. auf Schwingungen, bei denen der Ausschlag y sehr klein ist, so klein, daß in der schwingenden Saite nur unmerkliche Spannungsänderungen auftreten.

Wir stellen zunächst die Bewegungsgleichung unseres Punktes auf, d. h. die Relation, die über die Beschleunigung $\frac{\partial^2 y}{\partial t^2} = \ddot{y}$ des Punktes Auskunft erteilt. Zu dem Zwecke begrenzen wir auf der Saite ein sehr kurzes Stück pP, dessen Projektion auf AB gleich $2e$ ist. Hat die Saite die Masse M gr und die Länge l cm, so besitzt unser Stückchen die Masse $m = 2Me/l$.

Die Bewegung des Stückchens wird durch die Spannungen s und S bewirkt, die in p und P auf das Stück wirken. Jede dieser Spannungen zerlegen wir in zwei Komponenten, eine parallel, eine normal zu AB. Nennen wir den Winkel, den die Saite in p bzw. P mit AB bildet, ϑ bzw. Θ, so ist die Parallelkomponente $s\cos\vartheta$ bzw. $S\cos\Theta$, die Normalkomponente $s\sin\vartheta$ bzw. $S\sin\Theta$. Da parallel zu AB keine Bewegung vorhanden ist, indem jeder Saitenpunkt nur normal zu AB schwingt, so heben sich die Parallelkomponenten auf, und es ist

$$S\cos\Theta = s\cos\vartheta.$$

Das heißt: *Die Horizontalspannung der Saite ist konstant.* Es gilt also die Formel

$$S\cos\Theta = s\cos\vartheta = T,$$

wo T (Dyn) die gegebene Spannung der ruhenden Saite bedeutet.

Die Bewegung des Stückchens findet nur normal zu AB statt. Wir achten auf die Bewegung des Schwerpunktes O unseres Stücks. Da Pp als geradlinig gelten kann, so liegt O in der Mitte von Pp, und die Projektionen von Op und OP auf AB haben dieselbe Lange e. Die Abszisse des Punktes O sei x, sein Ausschlag zur Zeit t y.

Da die (zu AB normale) bewegende Kraft den Wert $S\sin\Theta - s\sin\vartheta$ hat, so gilt die dynamische Grundgleichung

$$m\ddot{y} = S\sin\Theta - s\sin\vartheta$$

oder wegen der obigen Formel für S und s

$$m\ddot{y} = T(\operatorname{tg}\Theta - \operatorname{tg}\vartheta).$$

Nun sind $\operatorname{tg}\vartheta$ und $\operatorname{tg}\Theta$ die Steigungen der Saite an den Stellen p und P; und da die Steigung der Saite in O den Wert $y' = \partial y/\partial x$ ihre Ableitung nach x den Wert $y'' = \partial^2 y/\partial x^2$ hat, so ist nach Lagranges Formel

$$\operatorname{tg}\vartheta = y' - e y'', \qquad \operatorname{tg}\Theta = y' + e y'',$$

und wir erhalten die Relation

$$m\ddot{y} = 2eTy''.$$

Hier schreiben wir $2eM/l$ statt m und bekommen die gewünschte Bewegungsgleichung in der Form

$$M\ddot{y} = lTy''.$$

Mit Einführung der *Schwingungskonstante*

$$\boxed{c^2 = \frac{lT}{M} = \frac{\text{Saitenlänge mal Saitenspannung}}{\text{Saitenmasse}}}$$

schreibt sie sich

$$\boxed{\ddot{y} = c^2 y''}\,.$$

Folglich:

Der Ausschlag y befriedigt die partielle Differentialgleichung

$$\boxed{\frac{\partial^2 y}{\partial t^2} = c^2 \frac{\partial^2 y}{\partial x^2}}\,,$$

wobei $c^2 = lT : M$ die Schwingungskonstante der Saite bedeutet.

Damit ist indessen nicht gesagt, daß jede Lösung y dieser Differentialgleichung einen möglichen Schwingungsvorgang unserer Saite beschreibt. So stellt beispielsweise jedes der vier Produkte

$$pu, \; pv, \; qu, \; qv$$

mit

$$p = \cos kx, \qquad q = \sin kx, \qquad u = \cos kct, \qquad v = \sin kct,$$

wo k eine willkürliche Konstante bedeutet, eine Lösung y — eine sog. *Elementarlösung* — der Differentialgleichung dar; aber weder $y = pu$ noch $y = pv$ kann einen Schwingungsvorgang der Saite beschreiben, da ja der gesuchte Ausschlag eine Funktion von x sein muß, die an der Stelle $x = 0$ verschwindet [was p nicht tut]. Anders ist es mit den Lösungen $y = qu$ und $y = qv$, wenn man die Konstante k so wählt, daß y auch an der Stelle $x = l$ verschwindet. Demgemäß wahlen wir

$$\boxed{k = \nu\frac{\pi}{l}}\,,$$

wo ν eine beliebige natürliche Zahl bedeutet. Dann liefert jeder der Elementarlösungen

$$y = qu \qquad \text{und} \qquad y = qv$$

einen möglichen Schwingungsvorgang. Um die Abhängigkeit der Funktionen

$$q = \sin \nu \frac{\pi}{l} x, \qquad u = \cos \nu \frac{\pi}{l} ct, \qquad v = \sin \nu \frac{\pi}{l} ct$$

von ν zum Ausdruck zu bringen, schreiben wir statt q, u, v q_ν, u_ν, v_ν und haben den

Satz:

Jedes der unendlich vielen Produkte $q_\nu u_\nu$ und $q_\nu v_\nu$ stellt den Ausschlag einer möglichen Saitenschwingung dar.

Daran ändert sich auch nichts, wenn man besagte Produkte mit beliebigen konstanten Faktoren A_ν bzw. B_ν behaftet.
Auch die Ausschlagsformel

$$y = q_\nu (A_\nu u_\nu + B_\nu v_\nu)$$

beschreibt eine mögliche Schwingung, eine sog. *Eigenschwingung der Saite.*
Und auch eine Summe aus beliebig vielen Ausdrücken von der Form

$$A_\nu q_\nu u_\nu \qquad \text{und} \qquad B_\nu q_\nu v_\nu$$

liefert den Ausschlag einer möglichen Saitenschwingung.
Folglich:

Die in hohem Grade allgemein gestaltete aus Elementarlösungen (Eigenschwingungen) aufgebaute Summe

$$y = \sum_1^n (A_\nu q_\nu u_\nu + B_\nu q_\nu v_\nu)$$

stellt den Ausschlag einer möglichen Saitenschwingung dar; und dieses Ergebnis gilt auch noch, wenn die rechtsstehende Reihe unendlich viele Glieder enthält, wofern die zweite Formalableitung der Reihe nach x $[\mathrm{II} = -\sum \nu^2 (A_\nu q_\nu u_\nu + B_\nu q_\nu v_\nu)]$ und damit auch nach t $[c^2\,\mathrm{II}]$ gleichmäßig konvergiert.

Demgemäß denken wir uns die Konstanten $A_1, A_2, A_3, \ldots; B_1, B_2, B_3, \ldots$ so gewählt, daß die Reihe

$$\sum_1^\infty \nu^2 (A_\nu q_\nu u_\nu + B_\nu q_\nu v_\nu)$$

gleichmäßig konvergiert.

Unter dieser Annahme beschreibt die Bernoullische Formel

$$y = \sum_1^\infty (A_\nu q_\nu u_\nu + B_\nu q_\nu v_\nu)$$

eine mögliche Saitenschwingung.

Wegen der immer noch großen Willkür der Koeffizienten A_ν und B_ν ist das Problem der Saitenschwingung noch unbestimmt. Um es zu einem bestimmten zu machen, ***müssen noch die Anfangsbedingungen gegeben sein***: die Form der Saite und die Geschwindigkeiten der schwingenden Saitenpunkte zur Anfangszeit $t = 0$ müssen bekannt sein. M. a. W.: Die Ausschlagsfunktion y und die Geschwindigkeit $\dot{y}$ im Augenblicke $t = 0$ sind gegeben. Bedeutet also $g(x, t)$ die nach t genommene Ableitung der Ausschlagsfunktion $f(x, t)$, so sind die Funktionen

$$F(x) = f(x, 0) \quad \text{und} \quad G(x) = g(x, 0)$$

bekannt.

Unter der Voraussetzung, daß die Funktionen $F(x)$ und $G(x)$ normal sind, lassen sie sich in (gleichmäßig) konvergente Fourierreihen

$$F(x) = \sum_1^\infty {}_\nu \sin \nu \frac{\pi}{l} x \quad \text{und} \quad G(x) = \sum_1^\infty b_\nu \sin \nu \frac{\pi}{l} x$$

entwickeln.

Andererseits ist

$$F(x) = f(x, 0) = \sum_1^\infty A_\nu \sin \nu \frac{\pi}{l} x$$

und wegen

$$g(x, t) = \sum_1^\infty \nu \frac{\pi}{l} c \left[B_\nu q_\nu u_\nu - A_\nu q_\nu v_\nu\right]$$

$$G(x) = g(x, 0) = \sum_1^\infty \nu \frac{\pi}{l} c B_\nu \sin \nu \frac{\pi}{l} x .$$

Damit entstehen die Relationen

$$\sum A_\nu \sin \nu \frac{\pi}{l} x = \sum a_\nu \sin \nu \frac{\pi}{l} x$$

und

$$\sum \nu \frac{\pi}{l} c B_\nu \sin \nu \frac{\pi}{l} x = \sum b_\nu \sin \nu \frac{\pi}{l} x ,$$

aus denen nach dem Eindeutigkeitssatze (§ 101)

$$A_\nu = a_\nu \quad \text{und} \quad B_\nu = \frac{l}{\pi c \nu} b_\nu$$

folgt, *womit die gesuchten Koeffizienten A_ν und B_ν des Ausschlags*

$$y = \sum_1^\infty A_\nu q_\nu u_\nu + B_\nu q_\nu v_\nu$$

der schwingenden Saite bestimmt sind.

Diese Lösung des Problems der schwingenden Saite gab Daniel Bernoulli in der 1753 erschienenen Abhandlung „Sur les cordes vibrantes".

§ 158. Schwingungen eines frei herabhängenden Seils

Im Jahre 1738 untersuchte Daniel Bernoulli als erster das Problem der kleinen Schwingungen eines schweren lotrecht herabhängenden homogenen Seils (Commentarii Academiae Petropolitanae, Bd. 6). Diese kleinen Schwingungen, die das Seil ausführt, wenn es um ein geringes aus seiner Ruhelage gebracht und sich dann selbst überlassen wird, sollen im folgenden kurz betrachtet werden.

Das Seil habe l cm Länge und M gr Masse, also die Längendichte $\delta = M : l$ und in seinem Ruhezustande die Lage AB, wo A das untere freie Ende, B das feste obere Ende bedeutet.

Unser Problem unterscheidet sich von dem im vorigen Paragraphen erörterten Problem der schwingenden Saite dadurch, daß die Seilspannung nicht konstant, sondern eine Funktion der vom Nullpunkt A lotrecht nach oben gerechneten Abzsisse x des Seilpunktes O ist, mithin an der Stelle x den Wert

$$T = \varkappa x \text{ (Dyn)} \qquad \text{mit} \quad \varkappa = \delta g$$

hat.

Wir betrachten nur so kleine Schwingungen des Seils, daß die Bewegung eines hin und her gehenden Seilpunktes als horizontal aufgefaßt werden kann, so daß die Abszisse des schwingenden Punktes sich im Laufe der Zeit nicht andert.

Wir achten wieder auf die Bewegung des Mittelpunktes O des sehr kurzen Seilstücks $pP = 2e$, dessen unterer bzw. oberer Endpunkt p bzw. P die Abszisse $x - e$ bzw. $x + e$ hat.

Im Augenblicke t bildet das Seil die Kurve $\mathfrak{c}$, die im Punkte p bzw. P gegen die x-Achse um den Winkel ϑ bzw. Θ geneigt sei und hier die Spannungen s und S und die Steigungen $\mathfrak{s}$ bzw. $\mathfrak{S}$ habe, so daß $\mathfrak{s} = \operatorname{tg} \vartheta, \mathfrak{S} = \operatorname{tg} \Theta$ ist.

Von den Bewegungsgleichungen

$$S \cos \Theta = s \cos \vartheta \qquad \text{und} \qquad m\ddot{y} = S \sin \Theta - s \sin \vartheta$$

des vorigen Paragraphen bleibt hier nur die zweite bestehen, während die erste wegen der Veränderlichkeit der Seilspannung von Ort zu Ort und wegen des Gewichts $\varkappa \cdot 2e$ (Dyn) des Stückchens $2e$ übergeht in

$$S \cos \Theta = s \cos \vartheta + 2\varkappa e \qquad \text{oder} \qquad V - v = 2\varkappa e,$$

wo $v = s \cos \vartheta$ bzw. $V = S \cos \Theta$ die Vertikalspannung des Seils an der Stelle p bzw. P ist. Diese Gleichung besagt in der Sprache der Differentialrechnung, daß für die Ableitung T' der Seilspannung T an der Stelle x die Formel

$$T' = \varkappa$$

gilt.

Die zweite Bewegungsgleichung schreiben wir

$$m\ddot{y} = V\mathfrak{S} - v\mathfrak{s}.$$

Führen wir jetzt das Produkt $\mathfrak{p}$ aus Spannung T und Kurvensteigung y' ein, so ist nach Lagranges Formel

$$V\mathfrak{S} = \mathfrak{p} + e\,\mathfrak{p}', \qquad v\,\mathfrak{s} = \mathfrak{p} - e\,\mathfrak{p}',$$

wo $\mathfrak{p}'$ die Ableitung von $\mathfrak{p}$ nach x bedeutet, und unsere Bewegungsgleichung verwandelt sich in $m\,\ddot{y} = 2e\,\mathfrak{p}'$ oder

$$\delta\,\ddot{y} = \mathfrak{p}'.$$

Führen wir die Differentiation rechts aus, so entsteht schließlich

$$\boxed{\ddot{y} = g\,(x\,y'' + y')}$$

als *Bewegungsgleichung des Seils.*

Wir versuchen diese Differentialgleichung durch den Ansatz

$$y = \varphi\,\psi$$

zu lösen, wo φ eine Funktion von x allein, ψ eine Funktion von t allein ist. Aus

$$\ddot{y} = \varphi\,\ddot{\psi}, \qquad y' = \psi\,\varphi', \qquad y'' = \psi\,\varphi''$$

folgt dann

$$\frac{\ddot{\psi}}{\psi} = g\,\frac{x\,\varphi'' + \varphi'}{\varphi}.$$

Da die linke Seite dieser Gleichung eine Funktion von t, die rechte eine Funktion von x ist, x und t aber voneinander unabhangig sind, muß jede Seite der letzten Gleichung eine Konstante darstellen, die natürlich, da ψ eine periodische Funktion von t sein muß, negativ, etwa gleich $-k^2$, ist. Damit entsteht das Gleichungspaar

$$(1)\quad \ddot{\psi} = -k^2\psi, \qquad (2)\quad x\varphi'' + \varphi' + c\varphi = 0 \qquad \text{mit} \quad c = k^2/g.$$

Die Lösung von (1) ist schnell gefunden:

$$\psi = A\sin(kt + \alpha),$$

wo A und α Konstanten sind. Zugleich erkennen wir, daß k die Kreisfrequenz der Seilschwingungen bedeutet.

Um die Lösung von (2) zu finden, führen wir anstatt x ein neues Argument ξ ein, das mit x durch die Vorschrift

$$\xi^2 = Cx$$

zusammenhängt, wo C eine passend zu wahlende Konstante bedeutet. Um auszudrücken, daß jetzt φ als Funktion von ξ aufzufassen ist, setzen wir

$$\varphi(x) = \varphi = \eta(\xi) = \eta$$

und erhalten für η die Differentialgleichung

$$\xi^2\eta'' + \xi\eta' + \frac{4c}{C}\xi^2\eta = 0,$$

wo jetzt der Strich Differentiation nach dem neuen Argument ξ bedeutet. Wir wählen natürlich

$$C = 4c = 4k^2/g$$

und erhalten für η die *Besselsche Differentialgleichung*

$$\xi^2\eta'' + \xi\eta' + \xi^2\eta = 0$$

mit der Ordnung Null.

Die Lösung dieser Differentialgleichung ist bekanntlich

$$\eta = I_0(\xi) = I(\xi) = 1 - \frac{\xi^2}{2^2 \cdot 1!^2} + \frac{\xi^4}{2^4 \cdot 2!^2} - \frac{\xi^6}{2^6 \cdot 3!^2} + - \cdots.$$

Zu x und φ zurückkehrend, ergibt sich

$$\varphi = I\left(a\sqrt{x}\right) \qquad \text{mit} \quad a = 2k/\sqrt{g}.$$

Damit wird schließlich

$$y = \varphi\psi = A\, I\left(a\sqrt{x}\right) \sin(kt + \alpha).$$

Wenn aber diese Gleichung eine Seilschwingung darstellen soll, muß der Ausschlag y im obersten Seilpunkte ($x = l$) dauernd verschwinden, muß also

$$I\left(a\sqrt{l}\right) = 0$$

sein. Als mögliche Schwingungsfrequenz k kommt demnach nur eine solche in Frage, für die

$$\lambda = 2k\sqrt{\frac{l}{g}}$$

eine Nullstelle der Besselfunktion I ist.

Ergebnis:

Die Gleichung

$$y = A\, I\left(a\sqrt{x}\right) \sin(kt + \alpha)$$

beschreibt eine mögliche Seilschwingung, eine sog. Eigenschwingung des Seils.

In ihr sind A, α, a und k Konstanten, von denen die beiden letzten durch die Vorschrift

$$a = 2k/\sqrt{g}$$

verknüpft sind. Die Kreisfrequenz der Schwingung, die sog. *Eigenfrequenz* k hat den Wert

$$k = \lambda\sqrt{\frac{g}{l}} : 2,$$

wo λ eine Nullstelle der Besselschen I-Funktion bedeutet.

Indem man sich nun — wie bei der Saite — eine beliebige Seilschwingung durch Superposition (unendlich) vieler passender Eigenschwingungen zustandekommend denkt, erhält man als *allgemeine Lösung des Bernoullischen Seilproblems* die Gleichung

$$\boxed{y = \sum_1^\infty A_\nu I\left(a_\nu \sqrt{x}\right) \sin\left(k_\nu t + \alpha_\nu\right)}$$

mit

$$a_\nu = 2k_\nu / \sqrt{g} \qquad \text{und} \qquad k_\nu = \lambda_\nu \sqrt{\frac{g}{l}} : 2,$$

wobei

$$\lambda_1, \quad \lambda_2, \quad \lambda_3, \quad \ldots$$

die Nullstellen der Besselschen I-Funktion ($I = I_0$) bedeuten.

Jedes Glied dieser unendlichen Reihe beschreibt eine Eigenschwingung des Seils.

Um die bislang noch unbestimmten Koeffizienten A_ν und Anfangsphasen α_ν festzulegen, müssen wie bei der schwingenden Saite die Anfangsbedingungen gegeben sein: die Form des Seils und die Geschwindigkeiten der schwingenden Seilpunkte zur Anfangszeit $t = 0$ müssen bekannt sein. Bedeutet also $g(x, t)$ die nach t genommene Ableitung der Ausschlagsfunktion $y = f(x, t)$, so sind die beiden Funktionen

$$F(x) = f(x, 0) \qquad \text{und} \qquad G(x) = g(x, 0)$$

als bekannt anzusehen.

Damit haben wir dann zur Bestimmung der Konstanten A_ν und α_ν die beiden Gleichungen

$$F(x) = \sum_1^\infty \mathfrak{A}_\nu I\left(a_\nu \sqrt{x}\right) \qquad \text{mit} \quad \mathfrak{A}_\nu = A_\nu \sin \alpha_\nu$$

und

$$G(x) = \sum_1^\infty \mathfrak{B}_\nu I\left(a_\nu \sqrt{x}\right) \qquad \text{mit} \quad \mathfrak{B}_\nu = k_\nu A_\nu \cos \alpha_\nu .$$

Aus ihnen ergeben sich die $\mathfrak{A}_\nu$ und $\mathfrak{B}_\nu$ vermittels der Relationen von § 138.

§ 159. Schwingungen einer kreisförmigen Membran

Vorgelegt ist die Aufgabe, *die Schwingungen einer sehr dünnen elastischen kreisförmigen Membran zu beschreiben.*

Die Membran habe den Halbmesser h, also den Inhalt $I = \pi h^2$, die Masse M und die Spannung T. Im Ruhezustande bilde sie die waagrechte Kreisscheibe $\mathfrak{K}$ mit dem Zentrum O.

Die Punkte der schwingenden Membran fixieren wir durch ihre auf ein in $\mathfrak{K}$ liegendes orthogonales Koordinatensystem mit dem Ursprung O bezogenen

Koordinaten x und y sowie durch ihren zu $\mathfrak{K}$ normalen Ausschlag u aus der Ruhelage zur Zeit t.

Um die Bewegung der Membran an der Stelle $P(x, y)$ zu untersuchen, denken wir uns in $\mathfrak{K}$ einen *sehr kleinen* Kreis $\mathfrak{P}$ mit dem Zentrum P, dem Radius p und dem Rande $\mathfrak{p}$. Ein auf $\mathfrak{K}$ senkrechter Zylinder mit der Grundflache $\mathfrak{P}$ schneidet aus der Membran eine sehr kleine kreisartige jedoch gewölbte Fläche $\mathfrak{S}$ mit dem Rande $\mathfrak{s}$ aus, so daß $\mathfrak{P}$ bzw. $\mathfrak{p}$ die Projektion von $\mathfrak{S}$ bzw. $\mathfrak{s}$ auf $\mathfrak{K}$ und P die Projektion des „Mittelpunktes" S von $\mathfrak{S}$ ist.

Die Gleichung der Fläche $\mathfrak{S}$ im Moment t, bezogen auf ein dem obigen paralleles Koordinatensystem $\xi\,\eta$ mit dem Ursprung P kann wegen der Kleinheit der Membranschwingungen mit

$$\zeta = u + \alpha\,\xi + \beta\eta + \frac{1}{2}(a\,\xi^2 + 2b\,\xi\,\eta + c\eta^2)$$

angesetzt werden, wo u den Ausschlag des Membranpunktes S zur Zeit t bedeutet.

Bei Einführung von Polarkoordinaten ϱ, Θ gemäß den Relationen

$$\xi = \varrho\lambda, \quad \eta = \varrho\mu \qquad \text{mit} \quad \lambda = \cos\Theta, \qquad \mu = \sin\Theta$$

nimmt die Flächengleichung die Form

$$\zeta = u + (\alpha\,\lambda + \beta\,\mu)\,\varrho + \frac{1}{2}(a\,\lambda^2 + 2b\,\lambda\,\mu + c\,\mu^2)\,\varrho^2$$

an.

Eine durch PS berandete Halbebene schneidet $\mathfrak{P}$ längs eines Radius p, $\mathfrak{S}$ langs eines Kurvenbogens SZ, dessen Horizontalneigung ω im Bogenendpunkte Z — die wegen der Kleinheit von ω auch gleich $\operatorname{tg}\omega$ oder gleich $\sin\omega$ gesetzt werden kann — den Wert hat, welcher entsteht, wenn man in der Ableitung $(\alpha\lambda + \beta\mu) + (a\lambda^2 + 2b\lambda\mu + c\nu^2)\,\varrho$ von ζ nach ϱ für ϱ den Wert p einsetzt.

Um die Bewegung des Membranteilchens $\mathfrak{S}$ zu erforschen, benötigen wir die vertikale Komponente v der Spannung, die im Randpunkte Z von $\mathfrak{S}$ auf die Längeneinheit des Randes $\mathfrak{s}$ ausgeübt wird. Diese Vertikalkomponente ist

$$v = T\sin\omega = T\,[\alpha\lambda + \beta\mu + (a\lambda^2 + 2b\lambda\mu + c\nu^2)\,p].$$

Der gesamte auf $\mathfrak{S}$ infolge seiner Deformation ausgeübte Vertikalzug hat also den Wert

$$V = \int_{\mathfrak{s}} v\,d\mathfrak{s} = \int_0^{2\pi} v\,p\,d\Theta = T\,\pi\,p^2(a + c)\,.$$

Nun ist πp^2 wegen der vorausgesetzten Kleinheit von p der Inhalt s der Scheibe $\mathfrak{S}$, während a und c die Partialableitungen

$$a = \frac{\partial^2\zeta}{\partial\,\xi^2}, \qquad c = \frac{\partial^2\zeta}{\partial\,\eta^2}$$

von ζ an der Stelle $\xi = 0, \eta = 0$, d. h. – indem wir uns u und P wieder variabel denken – die Partialableitungen

$$a = \frac{\partial^2 u}{\partial x^2}, \qquad c = \frac{\partial^2 u}{\partial y^2}$$

von u an der Stelle $P(x, y)$ darstellen.

Durch Einführung der Laplaceableitung

$$\Delta u = \frac{\partial^2 u}{\partial x^2} + \frac{\partial^2 u}{\partial y^2}$$

von u wird also

$$V = s T \Delta u.$$

Wirken – wie wir jetzt zusätzlich annehmen – außer der Spannung keine Kräfte auf die Membran, so lautet die Bewegungsgleichung des Teilchens $\mathfrak{S}$, wenn D die Massendichte der Membran bedeutet $[M = D \cdot I = D \cdot \pi h^2]$,

$$D \frac{\partial^2 u}{\partial t^2} = T \Delta u.$$

Hier führen wir die durch die Formel

$$\boxed{C^2 = T : D = I T : M}$$

definierte *Membrankonstante* C ein und bekommen

$$\boxed{\frac{\partial^2 u}{\partial t^2} = C^2 \Delta u}$$

als *Schwingungsgleichung der Membran.*

Um diese partielle Differentialgleichung zu lösen, machen wir die plausible Annahme, daß u das Produkt einer Funktion von t und einer Funktion von x und y ist:

$$u = F(t) \cdot f(x, y).$$

Das gibt dann

$$\frac{\ddot{F}}{F} = C^2 \frac{\Delta f}{f}.$$

Hier steht links eine Funktion der Zeit, rechts eine Funktion des Ortes, so daß diese Gleichung nur bestehen kann, wenn jede ihrer Seiten eine Konstante, und zwar, da F eine *periodische* Funktion der Zeit sein muß, mit negativem Vorzeichen ist:

$$\frac{\ddot{F}}{F} = -K^2, \qquad C^2 \frac{\Delta f}{f} = -K^2.$$

So entsteht das Gleichungspaar

(I) $$\boxed{\ddot{F} = -K^2 F},$$

(II) $$\boxed{\Delta f = -k^2 f} \quad \text{mit} \quad K = C k.$$

Die Lösung

[I] $$F = A\cos Kt + B\sin Kt$$

(mit beliebigen Konstanten A und B) von (I) ist aus den Elementen der Physik bekannt.

Bleibt sonach nur die Gleichung (II) zu lösen. Hier empfiehlt es sich, Polarkoordinaten r, θ gemäß den Formeln

$$x = ro, \quad y = ri \qquad \text{mit} \quad o = \cos\theta, \quad i = \sin\theta$$

einzuführen und

$$f(x, y) = \mathfrak{F}(r, \theta)$$

zu setzen.

Um Δf durch r und ϑ auszudrücken, bestimmen wir zunächst die Partialableitungen

$$r_x = o, \qquad r_y = i; \qquad \theta_x = -i:r, \qquad \theta_y = o:r;$$

$$r_{xx} = \frac{i^2}{r}, \quad r_{xy} = -\frac{io}{r}, \quad r_{yy} = \frac{o^2}{r}; \quad \theta_{xx} = \frac{2oi}{r^2}, \quad \theta_{xy} = \frac{i^2 - o^2}{r^2}, \quad \theta_{yy} = \frac{-2oi}{r^2},$$

finden so

$$\Delta f = f_{xx} + f_{yy} = \mathfrak{F}_{rr} + \frac{\mathfrak{F}_r}{r} + \frac{\mathfrak{F}_{\theta\theta}}{r^2}$$

und bekommen die neue Gleichung

$$\mathfrak{F}_{rr} + \frac{1}{r}\mathfrak{F}_r + \frac{1}{r^2}\mathfrak{F}_{\theta\theta} = -k^2\mathfrak{F}.$$

Diese versuchen wir durch den Ansatz

$$\mathfrak{F} = \varphi(r) \cdot \psi(\theta)$$

zu lösen. Es ergibt sich zunächst

$$\frac{r^2\varphi_{rr} + r\varphi_r + k^2r^2\varphi}{\varphi} = -\frac{\psi_{\theta\theta}}{\psi},$$

und diese Gleichung, deren linke Seite nur von r, deren rechte Seite nur von θ abhängt, kann nur bestehen, wenn jede Seite eine Konstante $\mathfrak{k}$ darstellt. Diese muß *positiv* sein, also die Form n^2 mit *natürlichem* n haben, da nur dann die Differentialgleichung $-\psi_{\theta\theta} : \psi = \mathfrak{k} = n^2$ eine *periodische* Funktion ψ von θ liefert, wie es ja sein muß. Damit ist (II) auf die beiden Differentialgleichungen

(1) $$r^2\varphi_{rr} + r\varphi_r + (k^2r^2 - n^2)\varphi = 0$$

und

(2) $$\psi_{\theta\theta} = -n^2\psi$$

zurückgeführt.

Es liegt nahe, in der ersten dieser Gleichungen statt r das Argument

$$v = kr$$

einzuführen und zugleich

$$\varphi(r) = \chi(v), \qquad \varphi_r = k\chi_v, \qquad \varphi_{rr} = k^2\chi_{vv}$$

zu setzen. Man erhält so für die unbekannte Funktion $\chi = \chi(v)$ die

Besselsche Differentialgleichung

(1′) $$v^2\chi_{vv} + v\chi_v + (v^2 - n^2)\chi = 0.$$

Sie zeigt, daß χ eine Besselfunktion der Ordnung n ist:

$$\chi = \chi(v) = I_n(v).$$

Demnach erhalten wir als Lösung von (1)

[1] $$\varphi = \varphi(r) = I_n(kr),$$

während (2) [s. o.] die Lösung

[2] $$\psi = \mathfrak{A}\cos n\theta + \mathfrak{B}\sin n\theta$$

mit konstanten Koeffizienten $\mathfrak{A}$ und $\mathfrak{B}$ besitzt. Damit erhält dann die Lösung von (II) die Form

[II] $$f = (\mathfrak{A}\cos n\theta + \mathfrak{B}\sin n\theta)\cdot I_n(kr).$$

Da f der von der Zeit unabhängige Faktor des Ausschlags u ist und die eingespannten Randpunkte der Membran *nicht* ausschlagen, muß hier $(r = h)$ f verschwinden, also

$$I_n(hk) = 0$$

sein.

Sonach ist die Konstante k an die Bedingung geknüpft, daß ihr h-faches eine Nullstelle α der Besselfunktion I_n sein muß:

$$hk = \alpha.$$

Denken wir uns ferner den Anfangspunkt der Zeit so gewählt, daß der Zeitfaktor $F(t)$ von u dem Cosinus von Kt proportional ist, so erhält die gefundene Lösung der Bewegungsgleichung der Membran die Form

$$\boxed{u = (\mathfrak{A}\cos n\theta + \mathfrak{B}\sin n\theta)\cdot I_n(kr)\cdot\cos Kt},$$

wobei also n eine natürliche Zahl ist, k durch die Bedingung $hk = \alpha$ bestimmt ist und K den Wert Ck hat.

Die Membran vermag demnach unendlich viele Eigenschwingungen von einer der beiden Formen

$$u = \cos n\theta\cdot I_n(kr)\cdot\cos Kt \qquad \text{und} \qquad u = \sin n\theta\cdot I_n(kr)\cdot\cos Kt$$

auszuführen.

Jede beliebige Schwingung läßt sich als Summe solcher Eigenschwingungen auffassen:

$$u = \sum (\mathfrak{A}_n^k \cos n\theta + \mathfrak{B}_n^k \sin n\theta) \cdot I_n(kr) \cdot \cos Kt,$$

wobei die Summation über alle möglichen n und k zu erstrecken ist und die Koeffizienten $\mathfrak{A}_n^k$ und $\mathfrak{B}_n^k$ aus der Anfangsbedingung zu bestimmen sind, welche die Lage der Membranfläche für den Nullpunkt der Zeit durch die Flächengleichung

$$u = f(r, \theta)$$

fixiert.

Diese Koeffizientenbestimmung erfolgt nach den in den Paragraphen 101 und 138 auseinandergesetzten Verfahren.

§ 160. Atmosphärische Strahlenbrechung

Wenn ein von einem Stern kommender Lichtstrahl die Atmosphäre durchsetzt, so passiert er sukzessiv kugelschalenförmige sehr dünne Luftschichten, deren auf das Vakuum bezogenes Brechungsverhältnis dauernd zunimmt. Bei jedem Übergang aus einer Schicht in die nächste wird der Lichtstrahl, etwa unter dem Einfallswinkel Φ und Brechungswinkel Ψ, gebrochen und erfahrt dabei eine Ablenkung

$$\Delta = \Phi - \Psi$$

aus seiner jeweiligen Richtung. Diese Ablenkung ist wegen des geringen Unterschiedes in den optischen Dichten der beiden benachbarten Schichten sehr klein. Die gesamte Ablenkung $\mathfrak{R}$, die *Refraktion*, die der Lichtstrahl beim Durchlaufen der Atmosphäre erfährt,

$$\mathfrak{R} = \sum \Delta$$

kann aber beträchtliche Werte erreichen.

Wir fixieren die Kurve $\mathfrak{c}$, die der Lichtstrahl beim Durchlaufen der Atmosphäre beschreibt, durch ihre Polargleichung $r = f(\vartheta)$, wobei das Erdzentrum O als Koordinatenursprung dient.

pP sei der Weg, den der Strahl in einer der genannten sehr dünnen Luftschichten durchmißt. Das Brechungsverhältnis dieser Schicht sei n, das der nächsten N. Ferner sei

$$Op = r = f(\vartheta), \qquad OP = R = f(\Theta),$$

$\sphericalangle\, OpP = \psi$ der Brechungswinkel bei p, Φ der Einfallswinkel, Ψ der Brechungswinkel bei P. Dann gilt nach dem Brechungsgesetz die Gleichung

$$n \sin \Phi = N \sin \Psi,$$

nach dem Sinussatz die Gleichung

$$r \sin \psi = R \sin \Phi,$$

und die Multiplikation dieser beiden Gleichungen führt auf die Relation

$$n r \sin \psi = N R \sin \Psi.$$

Das heißt:

Wenn der Lichtstrahl, von Stelle zu Stelle eilend, die Atmosphäre von der Eintrittsstelle E bis zur Austrittsstelle A (an der Erdoberfläche) durchsetzt, bleibt das Produkt aus dem für die Stelle geltenden Brechungsverhältnis, dem Radiusvektor der Stelle und dem Sinus des Winkels, den der Strahl an dieser Stelle mit dem Radiusvektor bildet, konstant:

$$(1) \qquad n r \sin \psi = \text{const} = c.$$

Die Konstante c hat den Wert

$$c = \nu \varrho \sin z,$$

wo ν das Brechungsverhaltnis der Luft an der Erdoberfläche in A, ϱ den Erdradius, z die scheinbare Zenitdistanz des Sterns in A bedeutet.

Aus unserem Dreieck $O p P$ gewinnt man noch durch einfache Überlegungen die Relationen

$$\Delta = \Phi - \Psi = (\Theta - \vartheta) - [\Psi - \psi], \qquad R \sin(\Theta - \vartheta) = \operatorname{tg} \psi \, [r - R \cos(\Theta - \vartheta)].$$

Sind die Punkte p und P unendlich nahe, so gehen diese Relationen in

$$(2) \quad \Delta = d\vartheta - d\psi, \qquad (3) \quad r\, d\vartheta = -t\, dr$$

über, wo t den Tangens von ψ bedeutet.

Nun folgt aus (1) durch Differenzieren

$$\frac{dn}{n} + \frac{dr}{r} + \frac{d\psi}{t} = 0,$$

aus (2) wegen (3)

$$\frac{\Delta}{t} = \frac{d\vartheta}{t} - \frac{d\psi}{t} = -\frac{dr}{r} - \frac{d\psi}{t},$$

so daß der Vergleich dieser beiden Formeln für die unendlich kleine Refraktion Δ den Wert

$$\Delta \doteq t \frac{dn}{n}$$

ergibt. Die Gesamtrefraktion $\mathfrak{R}$ ist daher

$$\mathfrak{R} = \sum \Delta = \int_1^\nu t \frac{dn}{n}$$

oder, da t nach (1) den Wert $c : \sqrt{r^2 n^2 - c^2}$ hat,

$$\mathfrak{R} = \int_1^\nu \frac{c\, dn}{n \sqrt{r^2 n^2 - c^2}}.$$

Nun weicht der Bruch $r:\varrho$ wegen der im Vergleich zum Erdradius ϱ geringen Höhe der Atmosphäre nur sehr wenig von der Einheit ab, so daß man ihn gleich $1+\varepsilon$ setzen kann, wo ε einen sehr kleinen Echtbruch bedeutet. Daher ist hinreichend genau

$$r^2:\varrho^2 = 1+2\varepsilon \qquad \text{und} \qquad r^2 = \varrho^2 + 2\varepsilon\varrho^2,$$

so daß wir wegen des obigen Wertes von c

$$\mathfrak{R} = \int\limits_1^\nu \frac{\nu\, e\, d\, n}{n\sqrt{n^2-\nu^2e^2+2\,\varepsilon\, n^2}} \qquad \text{mit} \quad e = \sin z$$

erhalten.

Hier schreiben wir

$$\frac{1}{\sqrt{n^2-\nu^2e^2+2\,\varepsilon\, n^2}} = \frac{1}{\sqrt{n^2-\nu^2e^2}}\left(1+\frac{2\,\varepsilon\, n^2}{n^2-\nu^2\,\varepsilon^2}\right)^{-\frac{1}{2}},$$

entwickeln den Klammerausdruck auf Grund der Binomialreihe, berücksichtigen von dieser in Anbetracht der Kleinheit von ε aber nur den Abschnitt

$$1-\frac{\varepsilon\, n^2}{n^2-\nu^2e^2}$$

und bekommen

$$\mathfrak{R} = \int\limits_1^\nu \frac{\nu\, e\, d\, n}{n\sqrt{n^2-\nu^2e^2}} - \int\limits_1^\nu \frac{\varepsilon\,\nu\, e\, n\, d\, n}{\sqrt{n^2-\nu^2e^2}^{\,3}} = M - S\,.$$

Am einfachsten gestaltet sich die Ermittlung des Subtrahenden S. Wegen der Kleinheit von ε und der geringen Abweichung des Brechungsverhältnisses n von ν kann man *hier* $n=\nu=1$ setzen und erhält mit großer Annäherung

$$S = (T+T^3)\int\limits_1^\nu \varepsilon\, d\, n \qquad \text{mit} \quad T = \operatorname{tg} z.$$

Nun besteht zwischen der Dichte D der Luft und dem Brechungsverhältnis n die Beziehung

$$n = 1 + kD$$

von Gladstone-Dale, in welcher k eine Konstante bedeutet. Ihr zufolge wird

$$S = k(T+T^3)\int\limits_0^\delta \varepsilon\, d\, D,$$

wo δ die Luftdichte an der Erdoberfläche ist. Das rechtsstehende Integral hat eine einfache Bedeutung. Integriert man nämlich die Gleichung

$$d\varepsilon D = \varepsilon\, d\, D + D\, d\,\varepsilon$$

zwischen den Grenzen der Atmosphäre, so ergibt sich

$$\int\limits_0^\delta \varepsilon\, d\, D + \int\limits_\varkappa^0 D\, d\,\varepsilon = 0,$$

wo $\varkappa$ den Bruch $h:\varrho$ und h die Höhe der Atmosphäre bedeutet. Damit wird

$$S = k(T + T^3)\int_0^{\varkappa} D\,d\varepsilon,$$

und wenn man hier noch $\varepsilon = (r - \varrho):\varrho$ substituiert,

$$S = \frac{k}{\varrho}(T + T^3)\int_{\varrho}^{\varrho+h} D\,dr.$$

Das hier rechtsstehende Integral ist die Gesamtmasse m der über einem Quadratzentimeter der Erdoberfläche liegenden Luft und deshalb dem atmosphärischen Druck proportional.

Der Subtrahend S unserer für die Refraktion $\mathfrak{R}$ gefundenen Gleichung ist sonach dem Binom $T + T^3$ proportional, wo T den Tangens der Zenitdistanz z bedeutet:

$$(1) \qquad S = K(\operatorname{tg} z + \operatorname{tg}^3 z) \qquad \text{mit} \quad K = km:\varrho.$$

Nun zum Minuenden

$$M = \int_1^{\nu} \frac{\nu e\,dn}{n\sqrt{n^2 - \nu^2 e^2}}\,!$$

Durch die Substitution $n = 1:x$, $dn = -dx:x^2$ verwandelt er sich in

$$M = \int_{1/\nu}^{1} \frac{\nu e\,dx}{\sqrt{1 - \nu^2 e^2 x^2}} = \Big|_{1/\nu}^{1} \operatorname{as} \nu e x,$$

und das ist

$$M = \operatorname{as}\nu e - \operatorname{as} e = \operatorname{as}\nu e - z.$$

Hier benutzen wir für $\operatorname{as}\nu e$ die Arcussinusreihe:

$$\operatorname{as}\nu e = \nu e + \frac{c_1}{3}\nu^3 e^3 + \frac{c_2}{5}\nu^5 e^5 + \frac{c_3}{7}\nu^7 e^7 + \cdots,$$

schreiben rechts $\nu = 1 + u$ und behalten von den Binomialentwicklungen der Potenzen von ν, da der Überschuß u des Brechungsverhältnisses ν über die Einheit nur ein sehr kleiner Echtbruch ist, nur die nullte, erste und zweite Potenz von u. Das gibt

$$\operatorname{as}\nu e = a_0 + a_1 u + a_2 u^2$$

mit

$$\left\{\begin{aligned} a_0 &= e + \frac{c_1}{3}e^3 + \frac{c_2}{5}e^5 + \cdots \\ a_1 &= e + c_1 e^3 + c_2 e^5 + c_3 e^7 + \cdots \\ a_2 &= c_1 e^3 + 2c_2 e^5 + 3c_3 e^7 + 4c_4 e^9 + \cdots \end{aligned}\right\}.$$

Die erste dieser Reihen hat den Wert

$$a_0 = \operatorname{as} e = \operatorname{as}\sin z = z,$$

die zweite den Wert

$$a_1 = e(1 + c_1 e^2 + c_2 e^4 + c_3 e^6 + \cdots) = \frac{e}{\sqrt{1-e^2}} = \operatorname{tg} z.$$

Für die dritte findet sich

$$a_2 = e^3 [c_1 + 2c_2 e^2 + 3c_3 e^4 + 4c_4 e^6 + \cdots].$$

Um die eckige Klammer auszuwerten, bedenken wir, daß für echtgebrochene x die Entwicklung

$$\frac{1}{\sqrt{1-x}} = 1 + c_1 x + c_2 x^2 + c_3 x^3 + \cdots$$

gilt. Durch Ableitung wird hieraus

$$\frac{1}{2\sqrt{1-x}^3} = c_1 + 2c_2 x + 3c_3 x^2 + \cdots.$$

Daher ist die eckige Klammer

$$c_1 + 2c_2 e^2 + 3c_3 e^4 + \cdots = \frac{1}{2\sqrt{1-e^2}^3} = \frac{1}{2\cos^3 z}$$

und

$$a_2 = \frac{e^3}{2\cos^3 z} = \frac{1}{2} \operatorname{tg}^3 z.$$

Somit hat sich für as νe der Ausdruck

$$\operatorname{as} \nu e = z + u \operatorname{tg} z + \frac{u^2}{2} \operatorname{tg}^3 z$$

ergeben, und der gesuchte Wert des Minuenden M ist

$$M = (\nu - 1) \operatorname{tg} z + \frac{(\nu-1)^2}{2} \operatorname{tg}^3 z. \tag{2}$$

Die Formeln (1) und (2) liefern nun das folgende sehr bemerkenswerte

Ergebnis:

Die atmosphärische Refraktion $\mathfrak{R}$ hat die Form

$$\boxed{\mathfrak{R} = A \operatorname{tg} z + B \operatorname{tg}^3 z},$$

wo A und B gewisse Konstanten sind und z die scheinbare Zenitdistanz des strahlenden Sterns am Beobachtungsorte bedeutet.

Die Bedeutung der Konstanten A und B geht aus (1) und (2) hervor. Ihre Bestimmung erfolgt durch Beobachtungen. Man mißt z. B. die scheinbaren Zenitdistanzen z und Z eines Zirkumpolarsterns bei seiner oberen und unteren Kulmination. Die wahren Zenitdistanzen sind dann

$$z_0 = z + A \operatorname{tg} z + B \operatorname{tg}^3 z, \quad Z_0 = Z + A \operatorname{tg} Z + B \operatorname{tg}^3 Z.$$

Da das arithmetische Mittel von z_0 und Z_0 die Zenitdistanz des Pols, also das Breitenkomplement b ist, so resultiert die Relation

$$Z + z + A\,(\operatorname{tg} Z + \operatorname{tg} z) + B\,(\operatorname{tg}^3 Z + \operatorname{tg}^3 z) = 2\,b\,.$$

Dies ist eine lineare Gleichung für die drei Unbekannten A, B und b.
Die Wiederholung der Beobachtung an zwei anderen Zirkumpolarsternen liefert zwei weitere Lineargleichungen für diese drei Unbekannten, und das so ermittelte Lineargleichungentripel gestattet die Berechnung von A und B (und b).

§ 161. Beugung an einer Kreisöffnung

Wir betrachten die *Fraunhofersche Beugungserscheinung*, welche entsteht, wenn ein Bündel paralleler einfarbiger Lichtstrahlen (Wellenlänge λ, Schwingungsperiode T) senkrecht auf eine kreisförmige Öffnung fallt.
M sei der Mittelpunkt der Öffnung, r der Radius, AB der Öffnungsdurchmesser, welcher mit der Projektion des in M gebeugten Strahls auf die Öffnungsebene zusammenfällt. Wir achten auf das gebeugte Bündel paralleler Strahlen, das unter dem Beugungswinkel θ aus der Öffnung hervorbricht. Die Strahlen dieses Bündels verlassen die Öffnung mit gleichen Amplituden und gleichen Phasen. Im Punkte O der Brennebene des Fernrohrobjektivs angekommen, haben sie die durch die Beugung θ bedingten Phasenunterschiede.
Wird der von einem bei M liegenden Flächenelement f_0 auf O übertragene Lichtvektor durch $f_0 \sin\mu$ mit $\mu = 2\pi t : T$ ausgedrückt, und sind

$$MP = \varrho \qquad \text{und} \qquad \sphericalangle\, AMP = \sigma$$

die Polarkoordinaten eines am Öffnungspunkte P liegenden Flachenelements

$$f = \varrho\, d\varrho\, d\sigma\,,$$

so ist der zu diesem Flächenelement gehörige Lichtvektor in O

$$v = f \sin(\mu - \delta)\,,$$

wo

$$\delta = c\varrho o \qquad \text{mit} \quad c = \frac{2\pi}{\lambda} \sin\theta\,, \quad o = \cos\sigma$$

den Phasenunterschied zwischen den beiden von f_0 und f kommenden Strahlen in O bedeutet.
Da die Vektoren aller in O ankommenden von den verschiedenen Flachenelementen f herrührenden Parallelbündel in O gleichgerichtet sind, so führt ihre arithmetische Summation zum resultierenden Lichtvektor V in O:

$$V = \sum v = \sin\mu \sum f\cos\delta - \cos\mu \sum f \sin\delta\,.$$

Die zweite der hier rechtsstehenden Summen verschwindet, da sich je zwei

Summanden dieser Summe, die zu O spiegelbildlich liegenden Flächenelementen f und f entsprechen, wegheben. Bleibt

$$V = A \sin \mu,$$

wo

$$A = \sum f \cos \delta$$

die Amplitude der harmonischen Größe $V = A \sin \mu$ darstellt.

Nun ist die Lichtintensität in O dem Quadrat der Lichtvektoramplitude A proportional. Bei passend gewählten Einheiten können wir also für die gesuchte Lichtintensität J in O setzen:

$$J = A^2.$$

Wir schreiben

$$A = \int_0^{2\pi} \int_0^r \varrho \cos \delta \, d\sigma \, d\varrho$$

und erhalten für J den Ausdruck

$$J = \left[\int_0^{2\pi} \int_0^r \varrho \cos c \varrho o \, d\varrho \, d\sigma\right]^2.$$

Unsere Aufgabe besteht in der Ermittlung des Integrals A.

Wir integrieren zunächst nach ϱ. Teilweise Integration ergibt

$$\int_0^r \varrho \cdot \cos c \varrho o \, d\varrho = \left|\frac{\varrho \cdot \sin c \varrho o}{c o}\right|_0^r - \int_0^r \frac{\sin c \varrho o}{c o} d\varrho$$

$$= \frac{r \sin c r o}{c o} + \frac{\cos c r o - 1}{c^2 o^2} = \frac{r \sin c r o}{c o} - \frac{2 \sin^2 c r o/2}{c^2 o^2}.$$

Wir führen jetzt das Produkt

$$\boxed{p = c r}$$

ein und setzen seine Hälfte gleich n. Dadurch vereinfacht sich unsere Gleichung zu

$$\int_0^r \varrho \cos c \varrho o \, d\varrho = r^2 \frac{\sin p o}{p o} - \frac{r^2}{2} \frac{\sin^2 n o}{n^2 o^2}.$$

Dieser Ausdruck ist nun über das Intervall $[0, 2\pi]$ zu integrieren. So wird

$$2A = r^2 \int_0^{2\pi} \left(2 \frac{\sin p o}{p o} - \frac{\sin^2 n o}{n^2 o^2}\right) d\sigma.$$

Die Ausführung der Integration beruht auf der Verwandlung des Integranden

$$i = 2 \frac{\sin p o}{p o} - \frac{\sin^2 n o}{n^2 o^2}$$

in eine unendliche Reihe.

Es ist

$$\frac{\sin x}{x} = 1 - \frac{x^2}{3!} + \frac{x^4}{5!} - \frac{x^5}{7!} + - \cdots,$$

$$\frac{\sin^2 x}{x^2} = 1 - \frac{2^3 x^2}{4!} + \frac{2^5 x^4}{6!} - \frac{2^7 x^6}{8!} + - \cdots,$$

mithin, wenn noch p durch $2n$ ersetzt wird,

$$i = 2\left[1 - \frac{2^2 n^2}{3!} o^2 + \frac{2^4 n^4}{5!} o^4 - + \cdots\right] - \left(1 - \frac{2^3 n^2}{4!} o^2 + \frac{2^5 n^4}{6!} o^4 - + \cdots\right).$$

In diesem Ausdruck ist der Koeffizient von $n^{2\nu} o^{2\nu}$ – vom Vorzeichen abgesehen –

$$C_\nu = \frac{2^{2\nu+1}}{(2\nu+1)!} - \frac{2^{2\nu+1}}{(2\nu+2)!} = \frac{2^{2\nu}}{(2\nu)!\,(\nu+1)}$$

so daß

$$i = 1 - C_1 n^2 o^2 + C_2 n^4 o^4 - C_3 n^6 o^6 + - \cdots$$

ist. Da ferner

$$\int_0^{\varkappa} o^{2\nu}\, d\sigma = \frac{(2\nu)!}{2^{2\nu} \cdot \nu!^2}\varkappa, \qquad (2\varkappa = \pi),$$

ist, erhalten wir

$$2A = r^2 \int_0^{4\varkappa} i\, d\sigma = 2\pi r^2 \left[1 - \frac{n^2}{1!^2 2} + \frac{n^4}{2!^2 3} - \frac{n^6}{3!^2 4} + - \cdots\right].$$

Hier führen wir wieder statt n $p = 2n$ ein und bekommen

$$A = \pi r^2 \left[1 - \frac{p^2}{2^2\, 1!^2\, 2} + \frac{p^4}{2^4\, 2!^2\, 3} - \frac{p^6}{2^6\, 3!^2\, 4} + - \cdots\right].$$

Nehmen wir in die eckige Klammer noch den Faktor $p/2$ auf und schreiben statt $\nu!^2(\nu+1)$ $\Pi(\nu)\,\Pi(\nu+1)$, so entsteht

$$A = \frac{2\pi r^2}{p} \sum_0^{\infty} \iota^s \frac{p^{1+2s}}{2^{1+2s}\,\Pi(s)\,\Pi(s+1)}$$

oder, da die rechtsstehende Summe nichts anderes ist als die Besselfunktion $I_1(p)$ erster Ordnung,

$$\boxed{A = \frac{2\pi r^2}{p} I_1(p)}\ .$$

Für die Lichtintensität selbst entsteht die Formel

$$\boxed{J = 4\pi^2 r^4 \cdot \frac{I_1^2(p)}{p^2}} \qquad \text{mit} \quad p = r\frac{2\pi \sin\theta}{\lambda}.$$

Die Funktion $I_1(p)$ hat bekanntlich unendlich viele positive Nullstellen

$$p = \alpha_1, \quad \alpha_2, \quad \alpha_3, \quad \alpha_4, \quad \ldots$$

deren erste $\alpha_1 = 3{,}8317$ ist, deren νte bei großem ν nahezu $\alpha_\nu = \nu\pi + \pi/4$ ist.

Demnach durchläuft J bei wachsendem p abwechselnd Maxima und Minima, deren letztere Null sind.

Die zugehörigen Bewegungswinkel ergeben sich dabei nach der Vorschrift

$$\sin\theta = \frac{\lambda}{2\pi r} p,$$

aus welcher hervorgeht, daß bei veränderlicher Öffnung der zu einem Extrem gegebener Ordnung gehörige Beugungswinkelsinus dem Öffnungsdurchmesser umgekehrt proportional ist.

Die folgende kleine Tafel enthält die den ersten Extremen entsprechenden Werte des Arguments p und der Intensität J, wobei die zum ersten Maximum gehörige Intensität als Intensitätseinheit fungiert.

Ordnung	Extrem	Argument	Intensität
1	Maximum	0	1
1	Minimum	3,832	0
2	Maximum	5,146	0,01745
2	Minimum	7,012	0
3	Maximum	8,376	0,00415
3	Minimum	10,172	0
4	Maximum	11,605	0,00165
4	Minimum	13,32	0
5	Maximum	14,83	0,00078
5	Minimum	16,47	0

SACHREGISTER

Vom gleichen Verfasser liegen außerdem vor:

EBENE UND SPHÄRISCHE TRIGONOMETRIE

518 Seiten mit zahlreichen Textzeichnungen, 8^0, 1950

Halbleinen DM 19.50

(Im Gemeinschaftverlag mit Muster-Schmidt KG., Gottingen)

„Zum ersten Male liegt mit diesem Buch eine geschlossene Darstellung des gesamten Gebietes der Trigonometrie vor. Der Stoff wird seiner Natur nach in zwei Hauptteile zerlegt: Ebene und sphärische Trigonometrie. Da der heutige Trigonometriebegriff alle mathematischen Untersuchungen uber die Eigenschaften der Winkelfunktionen umfaßt, mußte der Verfasser, wenn er den Umfang des Buches nicht zu groß gestalten wollte, sich in der Stoffauswahl auf die wichtigsten Dinge beschranken. Die Darstellung ist ebenso einfach, abwechslungsreich und anregend wie in den anderen Buchern des Verfassers. Dazu tragen die zahlreichen Anwendungsbeispiele und auch die Hinweise auf berühmte und wichtige Probleme der Geometrie, der Feldmessung, Geodasie und Nautik sehr wesentlich bei.
Das Buch ist auch fur den Fachmathematiker sehr zu empfehlen, und er wird es mit großem Gewinn lesen, weil eine ganze Reihe analytischer Probleme einmal ganz anders dargestellt wird, als man es von den Lehrbuchern der Mathematik gewohnt ist. Nach dem Studium dieses Buches, das sehr anregend geschrieben ist, muß man die Feststellung treffen, daß die Trigonometrie, was Ideenfulle, Farbenpracht und asthetische Wirkung anbetrifft, den reinen Geometrien in nichts nachsteht."

„Archiv der Elektrischen Übertragung"
Band 5, Heft 2 vom Februar 1951

VERLAG VON R. OLDENBOURG · MÜNCHEN

KUBISCHE UND BIQUADRATISCHE GLEICHUNGEN

260 Seiten mit 19 Abbildungen, Gr.-8^0, 1948

Halbleinen DM 24.—

Wer dieses Buch auch nur oberflachlich durchblattert, wird erkennen, daß hier von Trockenheit und Einformigkeit zu sprechen, vollig unberechtigt und abwegig ist. Das Buch zeigt vielmehr eindringlich, wie erstaunlich viele und verschiedenartige, einfache und schwierige Gedankengange mit der Lehre von den kubischen und biquadratischen Gleichungen verflochten sind.

Diese Fulle und Mannigfaltigkeit der hier geschilderten Erscheinungen erweckt ein Gefuhl der Bewunderung für die Leistungen der Manner, denen die Menschheit die Kenntnis dieser Gesetze und Methoden verdankt, und wird alle, die eine mathematische, naturwissenschaftliche oder technische Ausbildung anstreben, von der Notwendigkeit uberzeugen, sich mit diesem wichtigen Wissenszweig vertraut zu machen.

Im Sommer 1951 erscheint:

EINFÜHRUNG IN DIE FUNKTIONENTHEORIE

559 Seiten mit 64 Abbildungen, Gr.-8^0, 1951

Halbleinen etwa DM 48.—

Diesem neuesten Buch Professor Dörrie's liegt der Gedanke zugrunde, nicht nur eine weitgehend streng wissenschaftliche Begründung der Hauptsatze zur Funktionstheorie, sondern auch eine Reihe funktionentheoretischer Anwendungen zu bringen, die als Beweis für die Fruchtbarkeit dieser Satze dienen können. Deshalb ist diese Veröffentlichung ein Buch, wie es Ingenieure der Praxis, aber auch Mathematiker und Physiker bisher entbehren mußten.

VERLAG VON R. OLDENBOURG · MÜNCHEN

Wir empfehlen:

LEON WELICZKER

MATHEMATISCHE VORSCHULE FÜR INGENIEURE UND NATURFORSCHER

Eine Anleitung zum selbständigen mathematischen Denken und zur Handhabung der mathematischen Lösungsmethoden

356 Seiten mit 96 Abbildungen, Gr.-8°, 1950
broschiert DM 12.50

„... Was das Buch auszeichnet, ist die Art der Darstellung, das Berücksichtigen von Schwierigkeiten beim Studium und bei der praktischen Lösung von gewiß nicht immer leichten Aufgaben.
Der Verfasser hat das Buch wahrend der Zeit seines Studiums begonnen; er weiß genau, wo der Studierende plötzlich steckenbleiben kann und nicht weiter weiß; er kennt die Schwierigkeiten, gerade jene Literatur zu finden, die einem weiterhilft; er zeigt, wie man das Rüstzeug der Mathematik anzuwenden hat. Der Verfasser setzt sich sozusagen vom Katheder weg in die Banke der Studierenden, denkt, folgert und sucht mit ihnen. Bei dieser Grundeinstellung ist es klar, daß fast die Halfte des Buches rund 250 Beispielen gewidmet ist, von denen bis auf einige auch die Lösungen gebracht werden. Alles zusammen, ein erfreuliches Buch, das weiteste Beachtung verdient."

„Praktisches Wissen", Graz
25. Jahrgang, Heft 2/1951

VERLAG VON R. OLDENBOURG · MÜNCHEN

www.ingramcontent.com/pod-product-compliance
Lightning Source LLC
LaVergne TN
LVHW080750300926
849162LV00008BA/1783